ASTRONOMIE

THÉORIQUE ET PRATIQUE.

ASTRONOMIE

THÉORIQUE ET PRATIQUE;

Par M. DELAMBRE,

Trésorier de l'Université de France, Secrétaire perpétuel de l'Institut pour les Sciences Mathématiques, Professeur d'Astronomie au Collége Royal de France, Membre du Bureau des Longitudes, des Sociétés Royales de Londres, d'Upsal et de Copenhague, des Académies de Saint-Pétersbourg, de Berlin et de Suède, de la Société Italienne, de l'Académie de Philadelphie, etc. Chevalier de la Légion-d'Honneur.

TOME PREMIER.

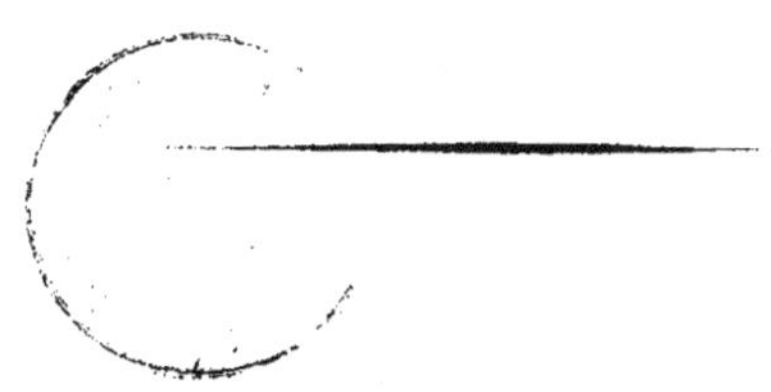

PARIS,

Mᵐᵉ Vᵉ COURCIER, Imprimeur-Libraire pour les Mathématiques, quai des Augustins, n° 57.

1814.

PRÉFACE.

Ce nouveau Cours d'Astronomie est composé des Leçons que j'ai données depuis six ans au Collége de France. Je m'étais proposé de le faire précéder d'une analyse des principaux Traités qui ont paru dans presque toutes les langues, depuis Géminus et Ptolémée jusqu'à MM. Lalande et Schubert. J'y aurais placé le tableau de la science astronomique dans tous les âges ; j'aurais indiqué les améiiorations successives qu'ont reçues l'art d'observer et surtout celui d'appliquer le calcul aux observations. Ce discours, déjà beaucoup trop étendu, et susceptible encore de bien des développemens, n'a pu trouver ici sa place : forcé par le manque d'espace, j'en diffère la publication, et me conténterai d'exposer briévement le plan que je me suis fait et les principes qui m'ont guidé.

Pendant long-tems les Astronomes, habitués aux méthodes de Tycho et de Kepler, ou à la Trigonométrie de Regiomontanus, de Briggs et de Gelibrand, avaient négligé les secours que leur offrait l'application de l'algèbre à la géométrie ; ils rejetaient toute formule, ne mettaient aucun problème en équation, ne se guidaient que par des considérations purement synthétiques, et se privaient par là de très-grands avantages. M. Lagrange ayant été, par occasion, conduit à s'occuper de quelques questions d'Astronomie pratique, les avait traitées par les méthodes qui lui étaient familières ; et pour montrer les ressources de son analyse, il avait, sans rien emprunter de la trigonométrie sphérique, résolu le problème de la rotation, calculé les effets de la parallaxe, et donné des formules pour trouver directement le lieu apparent des planètes ; il avait ensuite appliqué les mêmes méthodes aux éclipses de soleil et d'étoiles, au calcul du lieu géocentrique des planètes, soit par rapport à l'écliptique, soit même par rapport à l'équateur. Malgré l'imposante réputation de l'auteur, ces innovations n'avaient eu que peu d'influence, et les Astronomes continuaient à marcher dans la route qu'ils s'étaient frayée. Mais depuis quelques années, la révolution qui s'est faite dans l'enseignement des mathématiques pures commence à s'étendre aux mathématiques appliquées ; pour les problèmes les plus simples, on prodigue tout l'appareil de la science analytique ; ou bien,

<table><tr><td>1.</td><td align="right">a</td></tr></table>

sous prétexte que la trigonométrie sphérique est réellement contenue toute entière dans une équation fondamentale, pour chaque question on veut partir de cette équation première, et l'on se donne, à chaque fois, la peine de refaire, sous une autre forme, la trigonométrie toute entière. On voudrait ainsi nous porter d'un excès dans un autre non moins nuisible : ce serait, à plaisir, rendre plus longues et plus obscures les avenues d'une science dont trop de personnes déjà se sentaient écartées par les difficultés qu'on lui suppose assez gratuitement. En effet, à la réserve des perturbations planétaires, qui exigent l'analyse la plus savante, laquelle même n'y suffit pas toujours, tout le reste, c'est-à-dire les mouvemens sphériques et elliptiques, les phénomènes annuels ou diurnes, les éclipses, le cours des comètes, les observations et les calculs de toute espèce, tout cela suppose uniquement la trigonométrie et quelques théorèmes de la géométrie la plus élémentaire.

Les observations n'exigent presque aucune théorie, et sont, par elles-mêmes, une occupation plus propre à donner des partisans à l'Astronomie qu'à lui en ôter. Les calculs sont plus longs et plus fastidieux, ils sont, en général, fort peu du goût de ceux qui ont fait quelques progrès dans l'analyse. D'ailleurs nos grands Géomètres, et surtout l'auteur de la *Mécanique céleste*, paraissent avoir épuisé tout ce qui restait à faire dans l'Astronomie transcendante; ils ont réduit tous les grands problèmes en équations, où l'Astronome, sans être lui-même un analyste bien habile, peut substituer les nombres qu'il tire de ses observations; ce genre de calcul n'est même nécessaire que pour celui qui veut construire de nouvelles tables planétaires, ou perfectionner celles qui sont en usage, c'est-à-dire pour deux ou trois Astronomes par génération. Les autres ont rarement besoin de ces théories relevées; avec des connaissances plus communes on peut se rendre très-utile, par le travail des observations et par le soin beaucoup plus pénible de les calculer.

C'est donc l'Astronome-pratique qu'il importe d'encourager, en écartant toutes les difficultés qui pourraient le rebuter : c'est pour lui prouver combien l'Astronomie est aisée, que j'ai formé le plan de ce Traité, que j'en ai ordonné les différentes parties et rédigé tous les détails. Mais en ramenant tous les problèmes usuels à la plus simple géométrie ou à l'analyse la plus élémentaire, partout je me suis imposé la loi d'être exact et rigoureux. Aux solutions indirectes ou imparfaites dont on s'était contenté trop long-tems, j'ai tâché de substituer des formules.

précises, et qui ne laissassent rien à desirer ; j'ai montré l'usage de ces formules par des exemples numériques propres à guider le calculateur encore peu exercé. Pour faire usage de ces méthodes il n'est pas nécessaire qu'on soit en état de les démontrer ; mais il est bon d'en avoir une fois compris les démonstrations, qu'on peut se dispenser de retenir. Après avoir lu tout l'ouvrage la plume à la main, pour s'assurer de l'exactitude des formules finales et usuelles, et rectifier les fautes d'impression qui pourraient s'y trouver, on n'aura plus aucune attention à faire à cet échafaudage devenu inutile, et l'on se bornera, dans chaque problème, à la formule donnée pour le résoudre.

Les démonstrations elles-mêmes sont présentées de la manière la plus simple et la plus facile à suivre. Peu de raisonnemens, une suite d'équations qui se déduisent les unes des autres par des substitutions claires par elles-mêmes, ou dont les raisons sont exposées aux articles indiqués par des renvois, voilà ce qui les compose toutes ; rien n'y est omis ; le calcul est tout entier sous les yeux du lecteur, qui peut à son gré le suivre, ou passer par-dessus les développemens qui lui seraient inutiles.

J'ai voulu que toutes les parties de l'ouvrage fussent liées entre elles, et formassent un tout où jamais on ne fût obligé de supposer que ce qui est démontré précédemment et non ce qui pourra l'être par la suite, et dans lequel ce qui paraît simplement historique servît de plus à lier les découvertes et les théories.

Long-tems l'Astronomie s'est bornée à l'observation des levers et des couchers des étoiles et des planètes ; il n'en fallait pas davantage pour conduire aux connaissances des vérités astronomiques dont la tradition s'est conservée, et qui se retrouvent dans l'histoire des différens peuples. Sans considérer ces notions grossières comme les restes d'une science anciennement perfectionnée par un peuple dont la mémoire et le nom seraient perdus, il est bien plus simple de dire que tous les peuples ont eu des yeux, qu'ils n'ont pu s'empêcher de voir les mêmes phénomènes et d'en tirer les mêmes conséquences à peu près. Aucun auteur ne nous a conservé les raisonnemens par lesquels ils étaient tous parvenus à l'idée de la sphère, de ses mouvemens uniformes et réguliers, et des différens cercles qui la composent ; je tâche de suppléer à ce silence. Je ne dis pas précisément comment l'Astronomie s'est réellement formée, ni quelle a été la véritable marche des inventeurs ; cette marche a été trop longue et trop incertaine ; mais je montre comment, avec les secours de la géométrie, de l'optique et de l'horlogerie, cette marche pourrait être aujourd'hui beaucoup plus sûre et plus rapide. Après les observations qui ne demandent que des yeux, et qui conduisent naturellement à l'idée que les étoiles tournent autour de nous comme si elles étaient attachées à la surface concave d'une sphère dont nous occuperions le centre, je montre à régler une pendule sur les étoiles, et je prouve, dès les premiers pas, cette régularité de mouvemens que tous les auteurs supposent, sans se mettre en peine d'en donner des preuves directes. Le soleil se refuse à ce genre d'observations ; il nous démontre ainsi son mouvement particulier, qui nous avait été révélé déjà par nombre de phénomènes. Les ombres, projetées par les corps qu'il éclaire, nous fournissent une nouvelle ressource, et conduisent à l'invention du gnomon, le plus ancien instrument de l'Astronomie, et qu'on retrouve en effet chez plusieurs peuples qui n'ont probablement eu entre eux aucune communication. Je donne la théorie de cet instrument ; une formule générale renferme tous les effets de la pénombre ; mais la pénombre physique et sensible différant beaucoup de la pénombre mathématique, cette formule ne convient véritablement qu'aux gnomons modernes, qui donnent l'ombre des deux bords du soleil, et n'aurait pu être d'aucun usage ni à Pythéas, ni à Eratosthène, qui, négligeant le demi-diamètre du soleil, n'ont jamais pu déterminer une latitude qu'à un quart de degré près. Les ombres du gnomon, qui sont les tangentes des distances au zénit, ont donné aux Arabes l'idée d'introduire ces lignes dans le calcul trigonométrique : les Grecs, qui n'ont pas eu cette pensée, ont dû sentir la nécessité de remplacer le gnomon par le quart de cercle. Je décris cet instrument d'après Ptolémée, et j'ajoute aussitôt tous les perfectionnemens imaginés par les modernes.

La marche rectiligne des ombres, aux jours des équinoxes, a dû donner l'idée du cadran équinoxial, d'où il était aisé de passer aux cadrans verticaux de toute espèce et à la machine parallactique, ou à l'équatorial décrit par Ptolémée, et si singulièrement perfectionné par les modernes. Ces deux instrumens, dont on ne voit pas que les Grecs se soient servis réellement, étaient de beaucoup préférables à ceux qu'ils ont employés ; mais n'ayant aucune idée de la trigonométrie sphérique, ils ont dû imaginer un instrument beaucoup plus compliqué, plus inexact, mais qui avait le mérite de leur épargner des calculs alors impossibles. Les ombres solsticiales et équinoxiales, les azimuts du soleil, à son lever et son coucher en différentes saisons de l'année.

avaient conduit les anciens à l'idée de l'équateur, de l'écliptique et des tropiques ; ils construisirent les armilles, c'est-à-dire une machine composée de l'équateur et de l'écliptique assemblés par les deux colures. C'est à l'aide de ces armilles, posées dans l'observatoire d'Alexandrie par Eratosthène, que les Grecs employant le soleil à régler les mouvemens de la machine, purent suivre en même tems tous les mouvemens de la lune ou des planètes, et les rapporter, ainsi que les étoiles, au cercle que le soleil paraissait parcourir annuellement.

Les observations des modernes sont beaucoup plus faciles et infiniment plus sûres : par une suite de remarques et de réflexions très-simples, nous avons pu donner la connaissance de tous les instrumens modernes. Toute l'Astronomie est aujourd'hui fondée sur les passages au méridien ou à un cercle horaire. Une étude de quelques heures peut donner l'intelligence de tous les moyens qu'elle emploie ; mais on ne peut, sans calcul, tirer aucune conséquence de ce qu'on observe. Quoique la trigonométrie sphérique fût bien moins nécessaire aux Grecs, ils n'avaient pas tardé à sentir de quelle utilité elle pouvait être. Hipparque avait composé un grand ouvrage sur les cordes ; il avait ainsi posé les fondemens de la trigonométrie ; peut-être est-il l'auteur des théorèmes qui nous ont été transmis par Ménélaüs et Ptolémée. Ces théorèmes donnent les moyens de résoudre les triangles rectangles ; les Grecs n'ont jamais été plus loin ; ce n'était que par de longs détours qu'ils pouvaient calculer la hauteur d'un astre sur l'horizon à un instant donné, ou l'angle que forment, au centre de cet astre, le vertical et la distance polaire ; ils n'avaient pas même de théorèmes pour résoudre directement tous les cas des triangles rectangles ; pour arriver à l'ascension droite du soleil, ils étaient obligés de passer par la déclinaison. Les Arabes substituèrent les sinus aux cordes, ils introduisirent les tangentes, ils simplifièrent la théorie des triangles rectangles, et trouvèrent même deux de nos théorèmes généraux pour les triangles obliquangles. A l'aide de la projection gnomonique et de la projection orthographique, je donne deux démonstrations du premier et du plus important de ces théorèmes ; j'en déduis tous les autres par des considérations fort simples, et sans recourir au triangle ni supplémentaire ni complémentaire. Par la suite j'ai montré, dans le chapitre des projections, comment on pouvait tirer les trois premiers de nos théorèmes presqu'à vue de la figure que les Grecs avaient nommée *analemme*, et qui était la projection orthographique de la sphère sur l'un des colures, ou sur le méridien. Je montre comment toutes les formules connues sont des cas particuliers ou de simples développemens de ces théorèmes généraux. Les célèbres analogies de Neper méritaient une attention particulière ; je les démontre de deux manières différentes. Ensuite, par une construction très-simple, et qui nous donne par occasion d'autres formules et d'autres théorèmes, je mets les deux premières de ces analogies sous les yeux du lecteur, qui n'y voit plus qu'une formule connue, un cas particulier et très-commun dans la solution des triangles obliquangles. Les autres formules de Neper se déduisent de la même figure par les règles des triangles rectangles.

Quoique le triangle supplémentaire me soit entièrement inutile, j'en expose les propriétés, qui servent à démontrer plus simplement le quatrième des théorèmes généraux. J'en déduis encore, et sans autre peine que celle de les écrire, une foule de formules qui offrent les relations entre quatre, cinq ou six parties des triangles sphériques. Ces formules peuvent simplifier les expressions différentielles de ces mêmes triangles. Je donne de ces différentielles une collection plus complète et plus méthodique : je les ai toutes vérifiées sur un même triangle, dont je présente un tableau qui renferme les logarithmes des sinus et tangentes de toutes les quantités qu'on peut y considérer, et ce triangle d'épreuve peut en effet servir à vérifier toutes les formules trigonométriques données dans l'ouvrage, et même toutes celles qu'on pourra trouver désormais. Je termine ce chapitre de la trigonométrie par les développemens en séries des fonctions qui se rencontrent le plus souvent dans les calculs astronomiques.

Le chapitre suivant renferme quelques applications à la gnomonique ; le chapitre XII est consacré à la trigonométrie des Grecs, et à donner une idée de ce qu'on peut trouver d'utile dans les sphériques de Théodose.

Ces préparatifs achevés, et ils ne supposent encore rien que de très-élémentaire, nous sommes en état de commencer un cours d'observations exactes, desquelles pourra sortir, par suite, l'Astronomie toute entière. Au moyen de la trigonométrie nous pouvons examiner si les mouvemens diurnes ont en effet toute la régularité que nous avons déjà rendue très-probable, mais non tout à fait démontrée. Pour calculer les distances au zénit, et les comparer à celles que donne l'observation hors du méridien, il faut connaître la hauteur du pôle ; on la trouve par les distances zénitales des étoiles circompolaires au méridien ; mais chaque étoile donne un résultat un peu différent. Cette

remarque conduit à la découverte de la réfraction, dont elle donne
même une connaissance approchée. Par une construction fort simple,
et qui est celle de Cassini, j'arrive à une formule qui ressemble beaucoup à celle de Bradley, car je trouve la réfraction proportionnelle à
la tangente de la distance au zénit diminuée, non pas précisément d'un
multiple constant de la réfraction, mais d'un arc fonction de la distance zénitale, de la réfraction horizontale et d'une constante, fonction
qui à l'horizon est environ trois fois la réfraction horizontale. On voit
par là une grande analogie entre la formule de Cassini, celle de Bradley,
et par conséquent celle de Simpson. Cette dernière n'est donc qu'une
approximation ; mais cette approximation est suffisante pour toutes les
hauteurs où l'on observe communément. Quand elle cesse d'être exacte,
les autres formules deviennent bien douteuses : on peut donc, dans la
pratique, s'en tenir presque toujours à cette formule. Je donne des
moyens très-simples pour la calculer ; j'expose ensuite des moyens commodes pour déduire de l'observation les constantes qu'elle suppose, et je
montre enfin comment on pourrait calculer une table d'après les observations, sans le secours d'aucune théorie.

Ce premier obstacle surmonté, il nous reste à lever un scrupule.
Nous avons raisonné jusqu'ici comme si l'observateur était immobile
au centre des mouvemens ; pour immobile, nous n'avons rien jusqu'ici
qui puisse autoriser le moindre soupçon à cet égard ; mais pouvons-
nous croire que nous soyons au centre de l'univers ? Cette supposition, nécessaire d'abord, n'en est pas moins invraisemblable ; elle ne
pourrait être vraie que pour un seul observatoire au plus ; elle doit
être fausse pour tous. Cette réflexion nous était venue d'abord à l'occasion des discordances sur la hauteur du pôle déterminée par diverses
étoiles ; mais nous avons reconnu bientôt que la position excentrique
de l'observateur n'expliquerait pas les principales irrégularités observées dans les hauteurs : s'il reste quelques légères anomalies que n'ex-
pliquent pas les réfractions, on se convaincra facilement qu'elles ne
sauraient dépendre de la position de l'observateur. Mais pour cela il
faut se faire une théorie des parallaxes ; cette recherche est beaucoup
plus facile que celle des réfractions ; elle est toute trigonométrique ; elle
ne renferme aucun principe physique, et ne dépend que de la distance de l'observateur au centre des mouvemens.

Je cherche donc les formules de parallaxes, je leur donne toutes
les formes et tous les développemens qui servent à faciliter les calculs.

dont en même tems elles assurent l'exactitude dans tous les cas. Elles indiquent aussi les circonstances les plus propres à faire connaître le rapport qui existe entre la distance de l'observateur au centre des mouvemens et la distance de l'astre à ce même centre : par là nous pouvons acquérir la certitude que les étoiles n'ont aucune parallaxe diurne qui soit sensible, c'est-à-dire qu'à leur égard l'observateur peut se croire au centre de la sphère, qui paraît les emporter autour de nous en vingt-quatre heures. Il n'en est pas tout à fait de même du soleil; si nous observons soigneusement ses distances zénitales au méridien pendant plusieurs jours de suite, que nous en déduisions ses distances polaires et leurs variations diurnes, nous trouverons que, pour faire accorder les distances zénitales calculées avec celles qu'on observe loin du méridien, il faut lui supposer une parallaxe fort petite, et dont le maximum ne doit jamais surpasser 9 ou 10″, qui même est un peu plus faible, et que La Hire, il y a cent ans, croyait à peine de 6″. Mais puisque les étoiles n'en ont aucune, rien n'empêche que nous en dressions un catalogue, qui renfermera le tems, c'est-à-dire l'ordre de leurs passages au méridien, et leur distance au pôle visible. Pour cela il suffit de régler sa pendule sur une belle étoile, et d'observer chaque jour combien de temps s'écoule entre le passage de cette étoile et ceux de toutes les autres, ou au moins de celles qui paraissent mériter quelque attention. Avec le tems du passage on observe aussi la distance zénitale.

Ce catalogue ne peut être encore fort exact, et la suite nous fera découvrir quelques mouvemens apparens peu considérables en eux-mêmes, et qui différant très-peu d'une étoile aux étoiles voisines, ne nuisent presque pas à l'exactitude des positions relatives, surtout si on les détermine par un milieu entre un certain nombre d'observations faites en différentes saisons. D'ailleurs les observations subsistent, elles ne laissent rien à desirer; la rédaction peut en être imparfaite à cause des mouvemens que nous ne savons pas encore calculer; mais ces observations elles-mêmes serviront à trouver la loi de ces mouvemens : nous saurons en tenir compte, et nous pourrons donner à notre catalogue le degré de perfection qui lui manquait d'abord.

Un catalogue étant formé sur ce plan, on pourra le comparer aux catalogues publiés il y a cinquante ans ou davantage. Pour cette comparaison je choisis le catalogue de Piazzi, comme le plus récent, et celui que La Caille a composé pour l'an 1750; je les ramène tous deux à la même étoile fondamentale; j'aperçois des changemens notables
dans

dans les distances polaires et dans les intervalles des passages. La loi de ces changemens n'est pas difficile à reconnaître ; ils montrent évidemment que le pôle paraît s'approcher de certaines étoiles et s'éloigner précisément de la même quantité des étoiles qui passent douze heures plus tard au méridien.

Ce mouvement du pôle se fait-il dans un grand cercle ? alors le pôle s'approchera toujours uniformément des mêmes étoiles en s'éloignant des étoiles opposées ; dans ce cas les formules qui expriment tous les mouvemens observés seront un peu plus simples. Le pôle se meut-il suivant un petit cercle de la sphère? la formule du changement de passage au méridien aura un terme de plus; mais ce terme sera le même pour toutes les étoiles, et pourra se négliger pour toutes. En le négligeant, d'abord nous pouvons, avec la même exactitude, calculer pour un tems assez considérable, le changement de la distance polaire et celui du passage relatif au méridien, nous pourrons régler notre pendule, marquer chaque jour la position du soleil, et nous démontrer que sa route est un grand cercle qui coupe l'équateur sous un certain angle. Nous déterminerons cet angle et les deux points d'intersection, c'est-à-dire les points équinoxiaux. Si nous faisons les calculs pour 1750 et 1800, d'après les observations faites à ces deux époques, nous verrons que ces points rétrogradent de 46″ chaque année le long de l'équateur, et que le point d'intersection vernale est celui vers lequel le pôle paraît diriger son mouvement ; il suit de là que le pôle de l'équateur tourne autour du pôle de l'écliptique, et que la rétrogradation du point équinoxial, qui n'est que de 46″ par an le long de l'équateur, doit être de 50″ sur l'écliptique ; que toutes les étoiles, outre leurs mouvemens particuliers et différens les uns des autres, ont un mouvement commun de 46″ le long de l'équateur, et de 50″ le long de l'écliptique ; enfin qu'elles conservent invariablement la même distance au pôle de l'écliptique, autour duquel le pôle de l'équateur doit faire une révolution entière dans une période de 25 à 26000 ans. Ainsi, sans avoir encore aucune idée de la cause qui produit ce mouvement du pôle, nous sommes en possession des règles de calcul qui serviront à déterminer, pour un siècle au moins, la position de chaque étoile relativement aux points équinoxiaux et au pôle du monde. Nous pouvons régler nos horloges sur le passage du point équinoxial au méridien, ce qui nous donnera le tems sidéral de tous les phénomènes que nous pourrons observer.

1. b

C'est par d'autres moyens qu'Hipparque et Ptolémée étaient arrivés à la connaissance de ce mouvement connu sous le nom de *précession;* mais ces moyens tenaient à un genre d'observation abandonné depuis long-tems. En établissant l'Astronomie sur les bases actuelles, j'ai cru devoir conduire le lecteur à cette découverte par des voies toutes différentes de celle des inventeurs ; je ne voyais d'ailleurs aucune nécessité de m'écarter, en cette occasion, du plan que je m'étais formé , de tirer tout des observations mêmes, et des observations telles qu'elles se pratiquent aujourd'hui.

Ici je complète l'exposition des phénomènes du mouvement diurne; je calcule les levers et les couchers, les phénomènes généraux du mouvement annuel du soleil, les saisons, les climats , les crépuscules , dont j'avais déjà parlé dans le chapitre des réfractions, où j'avais résolu, par des considérations très-élémentaires et très-simples, le problème du plus court crépuscule, dont la solution analytique avait donné tant de peine à Jean Bernoulli. Je donne l'histoire et la théorie des hauteurs correspondantes ; pour les corriger du mouvement en déclinaison, je trouve une expression en deux parties, dont la première est la formule ordinaire et l'autre ce qui manquait à la première pour être tout à fait rigoureuse ; mais ce dernier terme est si peu de chose, qu'on peut le négliger presque toujours.

Passant ensuite au mouvement annuel du soleil, j'en explique les inégalités, d'abord à la manière des anciens, par un excentrique ou un épicycle; mais je tire de ces hypothéses des expressions qui se trouvent de même forme que celles du mouvement elliptique , et qui nous mettent en état d'évaluer les erreurs de ces anciennes théories. J'en fais de même pour l'hypothèse elliptique simple, après quoi j'arrive aux lois de Kepler et à l'ellipse vraie.

Je développe ces lois ; parmi les moyens que je donne pour calculer les tables de l'équation du centre, du rayon vecteur et de son logarithme, de l'anomalie de l'excentrique et de l'anomalie vraie par l'anomalie moyenne, il en est plusieurs qui sont nouveaux et vont directement au but avec une précision suffisante pour la plus excentrique des planètes actuellement connues.

Les lois de Kepler commencent à rendre suspecte l'ancienne hypothése qui faisait tourner le soleil autour de la terre. La comparaison de ce système avec celui de Copernic est toute en faveur de ce dernier, cependant comme les phénomènes observés sont également bien repré-

sentés dans l'une et l'autre hypothèse, il convient d'attendre, pour se décider, quelque phénomène qui soit inexplicable dans l'une ou dans l'autre.

En résumant toute la théorie des tables du soleil, j'indique les moyens
dont je me suis servi pour déterminer plus exactement les points équinoxiaux et l'obliquité de l'écliptique; je donne en même tems les corrections qu'on doit appliquer à ces observations ainsi qu'à toutes celles
qu'on peut faire avec les cercles répétiteurs.

Dans le chapitre suivant on trouvera la théorie des phases de la lune
et de la terre, on prendra une première idée de l'excentricité de l'orbite lunaire, du lieu de l'apogée et de son mouvement; je détermine
la parallaxe et l'inclinaison, les nœuds et leur mouvement, la révolution
moyenne et les dimensions de l'ellipse. J'expose les moyens ingénieux
par lesquels les Grecs avaient reconnu l'équation du centre et l'inégalité,
connue depuis sous le nom d'*évection;* ceux qui ont conduit Tycho à
découvrir la *variation*, et qui ont mis Kepler en état de reconnaître
l'*équation annuelle.* Je simplifie les raisonnemens des inventeurs, en
remontant à la cause qui a pu produire ces inégalités; je fais voir, sans
calcul, comment on aurait pu de même remarquer les autres inégalités
moins sensibles, dont l'analyse a seulement donné la forme, ou ce qu'on
appelle l'*argument*, en laissant aux Astronomes le soin de déterminer
les coefficiens. Ce chapitre finit par une méthode générale pour corriger
et compléter les tables lunaires; cette méthode, avec quelques modi-
fications légères, peut servir pour les tables solaires et pour celles de
toutes les planètes. Le calcul des différentes révolutions ou mois lunaires,
sert d'introduction au calcul des éclipses. Je donne les constructions
graphiques qui suffisent pour les annonces que l'on met dans les Éphémérides, et les méthodes exactes qui servent à tirer, des éclipses observées, les corrections des tables et des longitudes géographiques.

C'est ici que les formules des parallaxes me sont d'une grande utilité;
mais je montre aussi comment on peut s'en passer, ou en faire une
application nouvelle au calcul direct de la distance apparente des centres.
Ce moyen, purement trigonométrique, me met en état de calculer plus
simplement et plus exactement toutes les circonstances d'une éclipse
de soleil, d'étoile ou de planète; les lignes de commencement et de fin,
et les phases pour tous les pays de la terre, que tous les auteurs cher-
chent par les projections, ou autres moyens moins naturels et plus
pénibles. Toutes mes solutions se réduisent au calcul de deux triangles
au plus, l'un sphérique, qui est d'un usage général, l'autre rectiligne,

qui ne sert que dans les problèmes les moins utiles : les mêmes formules
suffisent pour toutes les circonstances, ce qui est un avantage particulier de la nouvelle méthode.

Il reste peu de chose à faire aujourd'hui pour la théorie des planètes; les anciens nous en avaient transmis les orbites au moins ébau-
chées : cependant c'est encore une chose, au moins curieuse, que de
voir par quels moyens on pourrait aujourd'hui déterminer, en assez
peu de tems, toutes ces orbites, en les supposant tout à fait inconnues.
Les phases de Vénus démontrent que cette planète fait sa révolution
autour du soleil; les passages par les nœuds donnent le tems de la
révolution, le demi-grand axe, et même une idée approximative de
l'excentricité; trois conjonctions inférieures donneront l'ellipse exacte et
l'inclinaison; pour les nœuds, ils sont déjà connus. Les passages de
Vénus font connaître plus exactement la parallaxe du soleil, qu'on
savait déjà n'être que d'un petit nombre de secondes. J'avais d'abord
employé, pour le calcul de ces phénomènes rares et importans, la
méthode que j'avais publiée dans le tome III des *Mémoires de l'Institut*, à l'occasion d'un passage de Mercure; mais depuis l'impression
de cette partie de l'ouvrage, j'ai vu que je pouvais avec succès appliquer à Vénus la méthode que j'avais donnée pour les éclipses de soleil;
la méthode est plus claire, les formules beaucoup plus simples, les
calculs trois fois plus courts, et les résultats au moins aussi certains.
J'expose cette méthode dans mes supplémens, et je l'applique au passage de 1769, d'où je tire la parallaxe moyenne de 8″,55.

Après avoir calculé l'orbite de Vénus, nous avons tous les moyens
nécessaires pour déterminer les orbites des autres planètes; il n'y a
que les observations et les nombres à changer. Pour Uranus, la longueur de la révolution et la nouveauté de la découverte forcent à chercher d'autres méthodes; j'expose celles que j'ai suivies dans la construction des tables de cette planète; je rapporte avec tous les détails
nécessaires, l'observation que Mayer en avait faite en 1756, en la prenant pour une petite étoile. J'ajoute quelques développemens de plus
pour les petites planètes nouvellement découvertes, et j'y applique la
belle et savante méthode de M. Gauss, dont je donne un exemple nù-
mérique suffisamment détaillé. Je montre comment, par une application toute naturelle de ce qu'on s'est vu contraint de faire pour la lune,
on aurait pu reconnaître aussi les inégalités les plus simples de toutes
ces planètes, c'est-à-dire les équations qui, dans leurs théories, se

rapprochent de la variation et de l'évection de la lune, ou qui ont pour argumens les combinaisons les plus simples de l'anomalie et de la distance au nœud avec les distances angulaires des planètes, qui peuvent, par leurs attractions, modifier les mouvemens de la planète que l'on considère pour l'instant. Les Astronomes avaient déterminé les mouvemens des aphélies et des nœuds, les principales équations de la lune tant en longitude qu'en latitude, long-tems avant que les Géomètres eussent pu trouver comment toutes ces inégalités étaient produites par l'attraction ; l'analyse même ne prouve que la légitimité de ces équations, dont la nécessité est reconnue depuis des siècles, et qui ne se déterminent encore que d'après les observations. Les inégalités des planètes sont beaucoup moins sensibles ; les Astronomes ont pu les négliger jusqu'à nos jours, mais ils commençaient à les entrevoir, et les auraient démêlées sans doute avec le tems : ils n'avaient qu'à imiter des procédés qui leur avaient déjà réussi ; mais il eût fallu bien des siècles pour déterminer avec quelque précision ces inégalités à longues périodes, qui sont peu sensibles et si peu sûres dans la théorie de la lune, mais si frappantes, et pourtant si difficiles à calculer, dans les planètes supérieures. Voilà le service le plus signalé que l'analyse moderne ait su rendre à l'Astronomie. Les Géomètres nous ont démontré la précession, la diminution de l'obliquité, la nutation et quelques autres inégalités, mais ils n'ont pu encore en assigner les quantités précises ; on ne les connaît que par les observations qui les ont fait découvrir. L'analyse pure n'avait indiqué aux Astronomes aucune équation nouvelle qui méritât d'entrer dans les tables. M. Laplace a trouvé les équations séculaires de l'apogée et du nœud de la lune ; c'est à ses recherches heureuses que nous devons la perfection à laquelle nous avons pu porter les Tables d'Uranus, de Saturne, de Jupiter et de ses satellites.

Dans les chapitres suivans, qui ouvrent le troisième volume, j'expose la théorie des stations et des rétrogradations, celle de la rotation des planètes, de la lune et de l'anneau de Saturne. Pour en calculer tous les phénomènes, je donne des formules auxquelles rien ne manque, ni pour la généralité, ni pour la simplicité. L'aberration vient ensuite lever les doutes qui pouvaient nous rester sur le mouvement annuel de la terre ; j'en déduis toutes les règles d'une formule générale dont les formules que j'ai publiées en différens tems ne sont que des cas particuliers. Tout ce chapitre est extrait du premier Mémoire que j'avais présenté à l'Académie des Sciences, il y a vingt-huit ans, et qui devait paraître dans

un volume des Savans étrangers qui n'a jamais été imprimé. Il en est
à peu près de même d'un grand nombre d'autres formules qu'on trouvera ici pour la première fois, quoique j'en fasse un usage continuel
depuis nombre d'années. La nutation, qui vient après, complète la
théorie des planètes principales. Pour achever celle des étoiles, il me
reste à parler de la parallaxe annuelle, qui résulte du mouvement de
la terre autour du soleil, mouvement qui nous est prouvé par l'aberration. J'en démontre toutes les formules d'une manière plus simple et
plus exacte; j'expose ce qu'on sait des mouvemens propres et du mouvement général qu'on soupçonne dans notre système solaire vers une partie
du ciel qui n'est pas encore bien déterminée.

Nous avons, pour les comètes, plusieurs méthodes qui toutes se recommandent par quelque avantage particulier; avant de les exposer et
de les comparer entre elles, j'en donne une très-générale, et qui, comme
tout ce qui précède, ne repose que sur la simple trigonométrie. Quand
un problème est transcendant, ou qu'il conduit à une équation qu'on
ne peut résoudre directement ou commodément, on tâche de le mettre
en tables; c'est ce qu'on a fait pour les fonctions circulaires et logarithmiques; c'est ce que M. Legendre a commencé pour les transcendantes elliptiques, et ce dont on a un exemple tout récent dans la
théorie des planètes de M. Gauss. A l'aide de quelques tableaux d'une
construction facile, on peut éliminer, pour le calcul d'une orbite cométaire, la considération du lieu géocentrique. Par des essais faciles, en
m'aidant du célèbre théorème de Lambert, présenté sous une forme
nouvelle, je détermine une première ébauche de l'orbite; je la corrige
ensuite par les équations de condition, ou sur la totalité des observations, ou sur un nombre arbitraire d'observations choisies à volonté
sur différens points de l'arc parcouru. Ce qui distingue cette méthode
de correction, c'est qu'elle peut s'appliquer avec une égale facilité à
toutes les approximations, de quelque manière qu'on les ait obtenues.
Toutes mes formules sont disposées de sorte que le premier terme suffit
si l'orbite est parabolique, et qu'il suffit de prendre un ou deux termes
de plus si l'orbite est elliptique. Un avantage encore très-précieux de
la méthode, c'est que les calculs s'y font à mesure que les observations se succèdent, et que, quelques heures après la troisième observation, on peut avoir une orbite aussi approchée que le permettent les
circonstances du mouvement observé, ce qui procure à l'Astronome
qui aura fait la découverte, la satisfaction de donner aussitôt les pre

miers élémens. Je donne ensuite des exemples des méthodes les plus généralement estimées, c'est-à-dire de celles de MM. Laplace, Olbers et Legendre. Pour ces recherches j'ai calculé en entier, et avec plus de précision, deux tables générales du mouvement parabolique des comètes, l'une suivant la forme imaginée par La Caille, et que je préfère, l'autre suivant l'idée de Barker, que quelques Astronomes ont nouvellement essayé de mettre en crédit, et qui me semble moins commode.

Dans le chapitre où je parle des satellites de Jupiter, j'ai tâché de donner, d'une manière claire et complète, la partie purement astronomique; mais je n'ai pu que rapporter les équations dont j'ai déterminé les coefficiens numériques d'après la théorie de M. Laplace comparée à toutes les observations que j'ai pu recueillir. Pour la partie analytique, je renvoie aux *Mémoires de l'Académie des Sciences* et à la *Mécanique céleste*, où l'auteur a exposé, dans le plus grand détail, ses heureuses et savantes recherches.

Le chapitre sur la mesure de la terre est, en général, extrait de l'ouvrage que j'ai publié en trois volumes in-4°, sous le titre de *Base du système métrique décimal :* on trouvera cependant ici plus de développemens sur l'histoire des mesures précédentes, et quelques calculs nouveaux sur les incertitudes qui peuvent nous rester sur l'aplatissement et les irrégularités de l'ellipsoïde terrestre.

A l'article de l'Astronomie nautique j'ai comparé les méthodes les plus importantes et les plus sûres, et j'ai rassemblé les formules que j'avais, à différentes époques, publiées dans la *Connaissance des Tems.* A l'occasion des cartes réduites, je donne aussi les projections orthographiques et stéréographiques, qui suffisent pour la construction des planisphères, des cartes célestes et des cartes d'éclipses, les seules dont on fasse usage dans l'Astronomie proprement dite.

Je termine enfin par un article sur le calendrier, où j'ai tâché d'exposer clairement tout ce que le sujet offre de vraiment utile.

On vient de lire l'exposé fidèle, mais abrégé, de ce que renferme mon ouvrage, et des vues dans lesquelles je l'ai composé. J'ai tâché que tout y fût lié et se développât dans l'ordre le plus naturel; j'y ai réuni la plupart des formules que je me suis faites, et que j'ai eu bien des occasions d'éprouver depuis trente ans, que je m'occupe uniquement d'Astronomie.

L'Astronomie est, à plusieurs égards, une science faite; mais, à beaucoup d'autres, elle a besoin d'être entretenue continuellement, à peu près comme une excellente pendule qu'on aurait bien réglée et bien mise sur l'heure, doit être sans cesse comparée aux observations. Les mouvemens moyens des planètes sont connus, à très-peu près, pour 5o ans; mais la petite erreur qu'on y peut encore soupçonner s'accroîtrait avec le tems : on les connaîtra mieux quelque jour, mais jamais avec la dernière exactitude. Les excentricités, les inclinaisons, les aphélies sont suffisamment connus pour le présent; mais ces élémens ont des variations lentes qui ne sont pas rigoureusement déterminées. On a fait bien des essais pour perfectionner les instrumens; mais les meilleurs présentent encore des anomalies de peu d'importance en elles-mêmes, et qui cependant font le tourment des observateurs. Tout paraît aller assez bien pendant un certain tems; mais pour peu que l'on continue, on ne tarde pas à se convaincre qu'il faut rabattre des espérances qu'on avait conçues et de la précision qu'on s'était promise. Malgré toutes les ressources de l'art, nos sens seront toujours très-bornés; les machines les plus parfaites sont sujettes à des altérations, à des changemens de forme impossibles à prévenir et à calculer. Il est douteux que l'art d'observer puisse faire actuellement quelques progrès sensibles. Les théories supposent des constantes arbitraires difficiles à démêler et à constater; on ne peut plus, à cet égard, attendre rien que du tems, et même d'un tems assez long. Les inégalités qui servent à les calculer ne peuvent être connues qu'après un grand nombre de périodes, et quelques-unes de ces périodes sont à peine commencées; il reste donc à faire de longs travaux; mais la route est tracée, les méthodes sont connues. Les améliorations que l'on peut espérer seront lentes et presque imperceptibles; elles demanderont de longues recherches et des calculs immenses; mais si elles se trouvaient impossibles, il suffirait de maintenir l'Astronomie au point d'exactitude où elle est maintenant parvenue.

Il ne me reste plus qu'à dire un mot sur l'impression de l'ouvrage; elle a duré plus de trois ans; on conçoit que dans un tel espace de tems, en revoyant plusieurs fois tous les chapitres, soit pour la correction des feuilles, soit pour mes Leçons orales, j'ai dû sentir la nécessité ou l'utilité de quelques additions et corrections plus ou moins importantes; je les rassemble ici, pour que le lecteur puisse les connaître à tems, et les reporter aux endroits qu'elles doivent compléter ou rectifier. Il sera bon de faire aux endroits défectueux les corrections indiquées, du moins quand elles porteront sur des formules définitives, car si elles ne regardent que les démonstrations, elles ne pourraient échapper au lecteur attentif, et ne seraient utiles que pour une première lecture.

ADDITIONS

ADDITIONS ET CORRECTIONS.

Tome **I**, page 3, ligne 26, aujourd'hui, *lisez* parvenue

Page 9, ligne 23, zénit, *lisez* le zénit

  11,   7 *en remont.*, — mCS, *lisez* + mSC

  12,   10, ST, *lisez* S'T

  ibid.   9 *en remont.*, BDO, *lisez* BD'O

  18,   14, L'N, *lisez* L'IN

  19,   2, $2\left(\dfrac{m-n}{n}\right)\dfrac{r}{d'}$, *lisez* $2\left(\dfrac{m-n}{n}\right); \dfrac{r}{d'}$

  24,   17, fait voir, *lisez* fait

  33,   13, *effacez* AC

  35,   6, BC, *lisez* AC

Page 46, à la suite de l'article 43, *ajoutez :* au reste la pénombre diffère assez peu de la lumière pure ; s'il y a quelque incertitude elle n'existe que tout près du point D, et l'ombre qu'on peut mesurer est toujours à peu près celle du bord supérieur. *Voyez* chap. XXXII.4.

Page 47, ligne 16, *lisez* $\frac{1}{2}(FC + CD) = \dfrac{AB \, \mathrm{tang}\, \frac{1}{2}\, \delta \, \mathrm{tang}\Delta}{\cos^2\Delta}$

  52,   15, C'est, *lisez* C est

  53, à l'article 57, *ajoutez :* la formule est pour le cas où AB est l'ombre de la boule entourée de la pénombre ; si AB était l'ombre pure, r changerait de signe.

Page 56, ligne 2, Cb', *lisez* Cb

  57,   9, la règle, *lisez* l'instrument

  60,   13, B et P, *lisez* B et p

  64,   21, car nous supposons Пo, *lisez* et nous supposons ПO.

  ibid.   28, Пo cos fo, *lisez* ПO cos fO

  ibid.   29, PO, *lisez* ПO

  ibid.   *dernière*, P, *lisez* p

  77,   5 *en remont.*, pour, *lisez* par

  80,   1, ou, *lisez* ou

  89,   21, fig. 50, *lisez* fig. 49

  90,   7 *en remont.*, après *la lunette*, *ajoutez :* il est une invention de Bradley. Optique de Smith, livre III.8.876.

Page 92, ligne 18, microscope, *lisez* micromètre

  93,   8 *en remont.*, autre cercle, *ajoutez* horaire

A la suite de l'article 18, *ajoutez :* ce mouvement serait encore dû à Bradley suivant Smith ; mais Lalande a vu à Londres un ancien micromètre d'Hévélius qui avait cette vis sans fin.

Page 94, ligne *dern.*, Cb, *lisez* Cd

1.

c

Page 96, ligne 12, $+ \sin \mathrm{K}i$, *lisez* $- \sin \mathrm{K}i$
   ibid.   24, $\mathrm{H'} + \mathrm{H}$, *lisez* $\mathrm{H'} - \mathrm{H}$
   97,   6 *en rem.*,   HEPG, *lisez* HEFG
   ibid.   10 *en rem.*,   de Bradley, *lisez* de Cassini. Smith, liv. III, ch. 8.
   98,   4 et 5, $\mathrm{H'} + \mathrm{H}$, *ligne* $\mathrm{H'} - \mathrm{H}$
   ibid. On peut changer ainsi les démonstrations des articles 26, 27 et 28. Par
le point d menez xdy perpendiculaire à $\mathrm{K}m$; $yda = bdx$ sera l'inclinaison $= \mathrm{I}$;

$$\left. \begin{array}{l} \mathrm{K}bd = 45° + \mathrm{I} \\ \mathrm{K}ad = 45° - \mathrm{I} \end{array} \right\} \; \mathrm{K}bd - \mathrm{K}ad = 2\mathrm{I} \; ; \quad \mathrm{I} = \frac{\mathrm{K}bd - \mathrm{K}ad}{2}$$

$$\operatorname{tang} \mathrm{I} = \operatorname{tang} \tfrac{1}{2} (\mathrm{K}bd - \mathrm{K}ad) = \left(\frac{\mathrm{K}a - \mathrm{K}b}{\mathrm{K}a + \mathrm{K}b} \right) \cot \tfrac{1}{2} b\mathrm{K}a = \left(\frac{\mathrm{K}a - \mathrm{K}b}{\mathrm{K}a + \mathrm{K}b} \right) \cot 45°$$

$$= \frac{\mathrm{K}a - \mathrm{K}b}{\mathrm{K}a + \mathrm{K}b} = \frac{ad - bd}{ad + bd} = \frac{15 \cos \mathrm{D} \, (ad - bd)}{15 \cos \mathrm{D} \, (ad + bd)} = \frac{t - t'}{t + t'} \text{,}$$

$$\mathrm{KD} = ad \cos \mathrm{I} - ad \sin \mathrm{I} = bd \cos \mathrm{I} + bd \sin \mathrm{I} = \tfrac{1}{2} (ad + bd) \cos \mathrm{I} - \tfrac{1}{2} (ad - bd) \sin \mathrm{I}$$

$$= \tfrac{1}{2} (ad + bd) \cos \mathrm{I} \left(1 - \frac{\tfrac{1}{2} (ad - bd)}{\tfrac{1}{2} (ad + bd)} \operatorname{tang} \mathrm{I} \right) = \tfrac{1}{2} (ad + bd) \cos \mathrm{I} \, (1 - \operatorname{tang}^2 \mathrm{I}) \text{,}$$

$$m\mathrm{K} = \mathrm{K}d \cos \mathrm{I} = \tfrac{1}{2} (ad + bd) \cos^2 \mathrm{I} (1 - \operatorname{tang}^2 \mathrm{I}) = \tfrac{1}{2} (ad + bd) \frac{1 - \operatorname{tang}^2 \mathrm{I}}{1 + \operatorname{tang}^2 \mathrm{I}} = \tfrac{1}{2} (ad + bd) \cos 2\mathrm{I}$$

$$= \tfrac{15}{2} (\mathrm{H'} - \mathrm{H}) \cos \mathrm{D} \cos 2\mathrm{I} = \tfrac{15}{2} (t' + t) \cos \mathrm{D} \cos 2\mathrm{I} \; ;$$

c'est la différence de déclinaison.

$$md = m\mathrm{K} \operatorname{tang} \mathrm{I} = \tfrac{15}{2} (t + t') \cos \mathrm{D} \cos 2\mathrm{I} \operatorname{tang} \mathrm{I} = \tfrac{15}{2} (t + t') \cos \mathrm{D} \cos 2\mathrm{I} \cdot \frac{t - t'}{t + t'}$$

$$= \tfrac{15}{2} (t - t') \cos \mathrm{D} \cos 2\mathrm{I} \text{,}$$

$$md \text{ en tems} = \tfrac{1}{2} (t - t') \cos 2\mathrm{I} \; ;$$

c'est la correction du passage en d au fil du milieu.

   Page 99, ligne 7 et 14, $\mathrm{H'} + \mathrm{H}$, *lisez* $\mathrm{H'} - \mathrm{H}$
   ibid.   9, $ab - bd$, *lisez* $ad - bd$

   ibid.   3 *en rem.*, *ajoutez* $= \dfrac{t^2 t' + t t'^2}{t^2 + t'^2}$

   ibid.   1 *en rem.*, $= \dfrac{t^2 t' - t t'^2}{t^2 + t'^2}$

   100,   11,   dont voici la construction, *ajoutez :* Bradley, qui paraît le premier auteur de ce réticule, n'en employait que la moitié, c'est-à-dire le triangle inférieur.
   Page 100, lig. 16, la demi-diagonale BD, *effacez* demi-

   ibid.   22, $\operatorname{tang} \mathrm{A} = \dfrac{\mathrm{CD}}{\mathrm{AC}} = \dfrac{b}{a}$ le b ne marque pas.

   ibid.   *dern.*,   RV, *lisez* ou RV
   101, formule IV, cot D, *lisez* cos D
   103,   2, $2at' \sin \mathrm{A}$, *lisez* $2a \sin \mathrm{A}$
   107,   7 *en rem.*, $2at' \sin \mathrm{A}$, *lisez* $2a \sin \mathrm{A}$
   108,   5, cd', *lisez* $\mathrm{C}d'$

   ibid.   7,   *ajoutez :* et $\mathrm{C}d' = a \left(\dfrac{\mathrm{T} - t'}{\mathrm{T} + t'} \right)$

Page 108, ligne 7 *en rem.*, à la fin de la ligne, *ajoutez* c'est

 112, article 65, au lieu de la lettre *♂*, la figure porte la lettre S

 118, ligne 3 *en rem.*, arc, *lisez* axe

 120, *dern.*, fils, *lisez* fil

 122, 1, peut glisser, *lisez* est mobile

 ibid. 19, la distance, *ajoutez :* d'une étoile

 124, 12 *en rem.*, VC, *lisez* Ve

 126, 15 *ib.*, dès qu'il, *lisez* dès qu'on

 128, 13 *ib.*, il ne, *lisez* il

 129, 12, 524″, *lisez* 324″

 130, 12 *en rem.*, il a, *lisez* il y a

 131, article 3, *ajoutez :* voyez fig. 12

 138, ligne 13, MZA $=$ MZB, *lisez* mZA $=$ mZB

 ibid. 4 *en rem.*, cos B*m*, *lisez* cos A*m*

 141, 10 et 11 *en rem.*, trois angles, *lisez* trois côtés ; trois côtés, *lisez*
trois angles.

On peut démontrer plus simplement le quatrième théorème.

Le 3ᵉ donne
$$\cot A'' = \frac{\cot C'' \sin C - \cos C \cos A'}{\sin A'},$$

le 2ᵉ
$$\sin A'' = \frac{\sin A' \sin C''}{\sin C'};$$

le produit est
$$\cos A'' = \frac{\cos C'' \sin C}{\sin C'} - \cos A' \frac{\sin C''}{\sin C'} \cos C.$$

Ici je vois A″ et C″ côté opposé, avec un second angle A′ ; tâchons d'amener le troisième
angle en éliminant C.

$$\cos A'' = \frac{\cos C'' \sin A}{\sin A'} - \cos A' \frac{\sin C''}{\sin C'} (\cos A \sin C' \sin C'' + \cos C' \cos C'')$$
$$= \frac{\cos C'' \sin A}{\sin A'} - \cos A \cos A' \sin^2 C'' - \cos A' \sin C'' \cos C'' \cot C';$$

il ne reste plus qu'à éliminer C′ par le théorème III, et l'on aura

$$\cos A'' = \frac{\cos C'' \sin A}{\sin A'} - \cos A \cos A' \sin^2 C'' - \cos A' \sin C'' \cos C'' \left(\frac{\cos C'' \cos A + \sin A \cot A'}{\sin C''} \right)$$
$$= \frac{\cos C'' \sin A}{\sin A'} - \cos A \cos A' \sin^2 C'' - \cos A \cos A' \cos^2 C'' - \frac{\sin A \cos^2 A' \cos C''}{\sin A'}$$
$$= \frac{\cos C'' \sin A}{\sin A'} - \cos A \cos A' - \frac{\cos C'' \sin A}{\sin A'} \cos^2 A'$$
$$= \frac{\cos C'' \sin A \sin^2 A'}{\sin A'} - \cos A \cos A' = \cos C'' \sin A \sin A' - \cos A \cos A'.$$

Page 144, ligne 7, sphériques, *ajoutez :* rectangles

 ibid. article 34, le sinus de l'angle opposé, *lisez* le cosinus de, etc.

Page 145, après l'article *44 ajoutez :*

$$\cos C'' = \cos A'' \sin C \sin C' + \cos C \cos C' = (2\cos^2 \tfrac{1}{2} A'' - 1) \sin C \sin C' + \cos C \cos C'$$
$$= 2\cos^2 \tfrac{1}{2} A'' \sin C \sin C' + \cos C \cos C' - \sin C \sin C'$$
$$= \cos (C + C') + 2\sin C \sin C' \cos^2 \tfrac{1}{2} A'',$$
$$1 - 2\sin^2 \tfrac{1}{2} C'' = 1 - 2\sin^2 \tfrac{1}{2} (C + C') + 2\sin C \sin C' \cos^2 \tfrac{1}{2} A''$$
$$\sin^2 \tfrac{1}{2} (C + C') - \sin^2 \tfrac{1}{2} C'' = \sin C \sin C' \cos^2 \tfrac{1}{2} A'' = \sin \tfrac{1}{2} (C + C' + C') \sin \tfrac{1}{2} (C + C' - C''),$$

donc $C + C' > C''$, car $\tfrac{1}{2} (C + C' + C'') < 180°$.

Donc dans un triangle sphérique quelconque un côté quelconque est moindre que la somme des deux autres.

Page 146, ligne 7 *en rem.*, pareillement. *Ajoutez :* donc les deux sinus sont ou tous deux positifs ou tous deux négatifs. Mais $\dfrac{C'' + C'}{2} < 180°$; donc, à plus forte raison, $\dfrac{C'' + C' - C}{2} < 180°$; donc les deux sinus ne pourraient être tous deux négatifs que dans le cas où l'on aurait à la fois $C'' + C' < C$ et $C'' + C < C'$, d'où l'on tirerait $C' > C'' + C$ et $C' < C - C''$, ce qui est absurde; car de $\left\{ \begin{array}{l} C'' + C' < C \\ C'' + C < C' \end{array} \right\}$ on tire $2C'' + C' + C < C + C'$ et $2C'' < 0$, ce qui est absurde.

On peut varier cette preuve de plusieurs manières, et démontrer que la demi-somme des trois côtés est toujours plus grande qu'un côté quelconque, car de $C'' + C' > C$ on tire $C'' + C' + C > 2C$ et $\tfrac{1}{2} (C'' + C' + C) > C$.

Page 152, ligne 17,   des trois côtés, *ajoutez :* et des trois angles.

153,	11 *en rem.*,	$- \cos B \cos C$, *lisez* $- \cos A \cos A'$
155,	1,	le quatrième, *lisez* le troisième
ibid.	10 *en rem.*,	le troisième, *lisez* le quatrième
156,	25,	$- \sin C'' \cos C \cos A''$, *lisez* $- \sin C'' \cos C \cos A'$
158,	14,	$\tang\tfrac{1}{2}(A''-A)\tang\tfrac{1}{2}(C''-C)$, *lis.* $\tang\tfrac{1}{2}(A''-A)\tang\tfrac{1}{2}(C''+C)$
159,	2,	$\tfrac{1}{2}(C - C'')$, *lisez* $\tfrac{1}{2}(C'' - C)$
ibid.	12,	(22), *lisez* (21)
160,	8 *en rem.*,	$1 - 2\sin^2 \tfrac{1}{2} C'$, *lisez* $1 - 2\sin^2 \tfrac{1}{2} C''$
161,	5,	de ces deux valeurs de $\sin \tfrac{1}{2} C''$ on tire $\dfrac{\sin \tfrac{1}{2}(C' - C) \cot \tfrac{1}{2} A'}{\sin \tfrac{1}{2}(C' + C)}$

$= \tang\tfrac{1}{2}(A' - A)$, qui est une des formules de Neper.

Page 161, ligne 12, $+ 2\cos^2 \tfrac{1}{2} (C' + C) \cos^2 \tfrac{1}{2} A''$, *lisez* $- 2\cos^2 \tfrac{1}{2} (C' + C) \cos^2 \tfrac{1}{2} A''$.

De (107) on tire $\dfrac{\cos \tfrac{1}{2}(C' - C) \cot \tfrac{1}{2} A''}{\cos \tfrac{1}{2}(C' + C)} = \tang\tfrac{1}{2}(A' + A)$, autre formule de Neper.

Page 162, ligne	10,	$\cos A - \cos A$, *lisez* $\cos A - \cos A'$
ibid.	11,	le théorème III, *lisez* le théorème IV
ibid.	13,	$2\sin \tfrac{1}{2} C''$, *lisez* $2\sin^2 \tfrac{1}{2} C''$
163,	18,	$\cos^2 \tfrac{1}{2} (C' + C)$, *lisez* $\cos^2 \tfrac{1}{2} (C' - C)$
ibid.	4 *en rem.*,	$(\sin A' - A)$, *lisez* $(\sin A' - \sin A)$
165,	21,	C en I, *lisez* CE en I
166,	10,	$\sin C \sin A$, *lisez* $\sin C \sin A'$
167,	7 *en rem.*,	30, sin angle éclipt., *lisez* tang angle éclipt.

Page 169, après l'article 135, *ajoutez :*

de $\tang \frac{1}{2} A'' = \left(\dfrac{\sin (C - C')}{\sin (C + C')} \right)^{\frac{1}{2}}$ on tire $\sin (C - C') = \sin (C + C') \tang^2 \frac{1}{2} A''$.

Soit C l'hypoténuse et C′ la base d'un triangle rectangle, A″ sera l'angle compris,

d'où $\quad \sin x = \sin (2C - x) \tang^2 \frac{1}{2} A'' = \tang^2 \frac{1}{2} A'' \sin 2C \cos x - \tang^2 \frac{1}{2} A'' \cos 2C \sin x$,

$$\tang x = \tang^2 \frac{1}{2} A'' \sin 2C - \tang x \, \tang^2 \frac{1}{2} A'' \cos 2C$$

et $\tang x = \dfrac{\tang^2 \frac{1}{2} A'' \sin 2C}{1 + \tang^2 \frac{1}{2} A'' \cos 2C}$,

ou $\quad x = C - C' = \tang^2 \frac{1}{2} A'' \dfrac{\sin 2C}{\sin 1''} - \tang^4 \frac{1}{2} A'' \dfrac{\sin 4C}{\sin 2''} + \tang^6 \frac{1}{2} A'' \dfrac{\sin 6C}{\sin 3''} - \text{etc.}$

Nous aurons de même $\sin x = \sin (2C' + x) \tang^2 \frac{1}{2} A''$,

d'où $\quad \tang x = \dfrac{\tang^2 \frac{1}{2} A'' \sin 2C'}{1 - \tang^2 \frac{1}{2} A'' \cos 2C'}$

$$C - C' = \tang^2 \frac{1}{2} A'' \frac{\sin 2C'}{\sin 1''} + \tang^4 \frac{1}{2} A'' \frac{\sin 4C'}{\sin 2''} + \tang^6 \frac{1}{2} A'' \frac{\sin 6C'}{\sin 3''} + \text{etc.}$$

Ces deux séries, que nous démontrerons (X.211), nous donneront la réduction de l'écliptique à l'équateur et la réduction de l'équateur à l'écliptique. L'équation

$$\sin (C - C') = \sin (C + C') \tang^2 \frac{1}{2} A''$$

prouve que la réduction sera au maximum quand on aura $\sin (C+C') = 1$ et $C+C' = 90°$, ou $C' = 90° - C$;

or $\quad \tang C' = \cos A'' \tang C = \cos A'' \cot C'$, $\quad \tang C' = \cot C = \sqrt{\cos A''}$,

$$1 + \cot^2 C = \cosec^2 C = \frac{1}{\sin^2 C} = 1 + \cos A'' = 2\cos^2 \frac{1}{2} A'',$$

$$\sin^2 C = \frac{1}{2\cos^2 \frac{1}{2} A''} = \frac{\sin^2 45°}{\cos^2 \frac{1}{2} A''} ; \quad \sin C = \frac{\sin 45°}{\cos \frac{1}{2} A''} = \cos C',$$

$$\cos^2 C = 1 - \sin^2 C = 1 - \frac{\sin^2 45°}{\cos^2 \frac{1}{2} A''} = \frac{\cos^2 \frac{1}{2} A'' - \cos^2 45°}{\cos^2 \frac{1}{2} A''} = \frac{\sin^2 45° - \sin^2 \frac{1}{2} A''}{\cos^4 \frac{1}{2} A''}$$

$$= \frac{\sin (45° - \frac{1}{2} A'') \sin (45° + \frac{1}{2} A'')}{\cos^4 \frac{1}{2} A''} = \frac{\frac{1}{2} \sin (90° - A'')}{\cos^2 \frac{1}{2} A''} = \frac{\cos A''}{2\cos^4 \frac{1}{2} A''},$$

$$\cos C = \frac{\sin 45° \sqrt{\cos A''}}{\cos \frac{1}{2} A''}.$$

Ainsi la plus grande réduction se trouvera par la formule

$$\sin \text{ gr. réduction} = \tang^2 \tfrac{1}{2} \text{ inclinaison} = \sin R ;$$
$$\text{lieu de la plus gr. réduct.} = 45° + \tfrac{1}{2} R,$$
$$\text{arc réduit} = 45° - \tfrac{1}{2} R.$$

on peut trouver directement C et C′ par leur sinus, leur cosinus, leur tangente et leur cotangente.

Dans la première série supposez $A'' = 90°$, vous aurez

$$C' = 0, \quad C - C' = C = \sin 2C - \tfrac{1}{2} \sin 4C + \tfrac{1}{3} \sin 6C - \tfrac{1}{4} \sin 8C + \text{etc.},$$

ou en général

$$\tfrac{1}{2} A = \sin A - \tfrac{1}{2} \sin 2A + \tfrac{1}{3} \sin 3A - \tfrac{1}{4} \sin 4A + \text{etc.}$$

Page 171, ligne 7, $\cos(90^\circ - C'' - y)$, *lisez* $\cos(90^\circ - C'')\cos y$

ibid.   4.6.7 *en rem.*, $(x - y)$, *lisez* $(y - x)$

172,   12, même des formules, *lisez* les mêmes formules

172,   *dern.*, et le premier, *lisez* ou le premier

173,   3, $1 + \cos \Lambda$, *lisez* $1 + \cos A''$

174,   1, (127), *lisez* (144)

175,   10, article (152) $\frac{1}{2}\sin^2 C''$, *lisez* $\frac{1}{4}\sin^2 C''$

179,   6° à la valeur de tang x ajoutez : $= \tang\frac{1}{2}(A' + A)$ (92)

     ligne suiv., *effacez* $\cot\frac{1}{2}(A' + A)$ (92)

180,   6, $\sin C \sin C$, *lisez* $\sin C \sin C'$

181,   8, $\sin C' \cos C$, *lisez* $\sin x \cos C$

ibid.   *ibid.* $\cot A$, *lisez* $\cot A'$

182,   5, $\cos AB : \cos BC$, *lisez* $\cos AZ : \cos CZ$

ibid.   3 *en rem.*, $\sin ABD : \sin CBD$, *lisez* $\sin AZD : \sin CZD$

ibid.   5 *ib.*, les perpendiculaires, *lisez* la perpendiculaire

183,   8.9 *ib.*, $\sin^2\frac{1}{2}C$, *lisez* $\sin^2\frac{1}{2}C''$; $\cot^2\frac{1}{2}C$, *lisez* $\cot^2\frac{1}{2}C''$

184,   2, $\cos(A' + A)$, *lisez* $\cos(A' - A)$

185,   5, $\tang AB$, *lisez* $\tang ZB$

ibid.   20, $\cot C$, *lisez* $\cos C$

186,   *dern.*, des quatre sinus, ajoutez : qui donnera le troisième angle.

ibid.   9 *en rem.*, $\cos BZ$, *lisez* $\cos CZ$

ibid.   11 *ib.*, $\cos BC$, *lisez* $\cos CZ$

187,   5 *ib.*, $= \cos ZD \sin BZD$, *lisez* $= \cos ZD \sin CZD$

188,   5, $\cot A''$, *lisez* $\cos A''$

189,   5, $n \cos\frac{1}{2}(C' + C)$, *lisez* $n \cos\frac{1}{2}(C' - C)$

ibid.   *ib.*, $n \sin\frac{1}{2}(C' + C)$, *lisez* $n \sin\frac{1}{2}(C' - C)$

ibid.   22, après $\cos PB \tang B$, ajoutez : $= \cot\frac{1}{2}P$

     dern. formule, $\sin\frac{1}{2}(C' + C)$, *lisez* $\sin\frac{1}{2}(C' - C)$

190, ligne 5 *en rem.*, $\tang AP \tang A$, *lisez* $\tang AP \cos A$

ibid.,   *ib.*, $\tang PB \tang B$, *lisez* $\tang PB \cos B$

ibid.   10 *en rem.*, ajoutez :

$$\text{donc}\quad \tang\tfrac{1}{2}(C' + C)\,\tang\tfrac{1}{2}(C' - C) = m^2\,\frac{\sin\frac{1}{2}(A' - A)\cos\frac{1}{2}(A' - A)}{\sin\frac{1}{2}(A' + A)\cos\frac{1}{2}(A' + A)}$$

$$= \frac{\tang^2\frac{1}{2}C''\,\sin\frac{1}{2}(A' - A)\cos\frac{1}{2}(A' - A)}{\sin\frac{1}{2}(A' - A)\cos\frac{1}{2}(A' + A)},$$

par l'article 90, donc $m = \tang\frac{1}{2}C''$; on aurait de même, page 189, par les formules (M) et (N),

$$\tang\tfrac{1}{2}(A' + A)\,\tang\tfrac{1}{2}(A' - A) = \frac{n^2 \sin\frac{1}{2}(C' - C)\cos\frac{1}{2}(C' - C)}{\sin\frac{1}{2}(C' + C)\cos\frac{1}{2}(C' + C)}$$

$$= \frac{\cot^2\frac{1}{2}A''\,\sin\frac{1}{2}(C' - C)\sin\frac{1}{2}(C' - C)}{\sin\frac{1}{2}(C' + C)\cos\frac{1}{2}(C' + C)};$$

donc $n = \cot\frac{1}{2}A''$; autre manière plus générale pour arriver aux formules de Neper.

Page 192, ligne 14, $2MEC + 2AEF$, *lisez* $2MEC + MEF$

Page 192, ligne 20, $-\frac{1}{2}$ A, *lisez* $-\frac{1}{2}$ AC

 193,   4,   sin MEC, *lisez* sin MCE

 ibid.   12,   formule, *lisez* figure

 ibid.   5 *en rem.*, ACF, *lisez* ACE

 ibid.   4 *ib.*, FE', *lisez* FF'

 ibid.   3 *ib.*, CF', *lisez* CE'

 194,   4,   AF', *lisez* AE'

 ibid.   7,   triangles CE'F, *lisez* les triangles CE'F'

 195,   14,   C' et C'', *lisez* C' et C

 ibid. article 183, *ajoutez :* la formule (1) prouve que $\frac{1}{2}(A'-A) < 90°$, ou $A'-A < 180°$; la formule (2) que $\frac{1}{2}(C'+C)$ et $\frac{1}{2}(A'+A)$ sont toujours de même espèce; la formule (3) que $\frac{1}{2}(C'-C)$ et $\frac{1}{2}(A'-A)$ sont toujours de même signe, ou que le plus grand angle est toujours opposé au plus grand côté, et réciproquement; la formule (4) que $\frac{1}{2}(C'-C) < 90°$, ou $(C'-C) < 180°$.

 Page 196, ligne 12, *au numér.*, cos CF, *lisez* cos CE

 ibid.   6 *en rem.*, usités, *lisez* ajoutés

A la suite de l'article 183, *ajoutez :* on peut démontrer généralement que le plus grand côté est toujours opposé au plus grand angle, le moyen côté au moyen angle, le plus petit côté au plus petit angle, et réciproquement.

Supposons que C'' soit le grand côté, C' le côté moyen, C le petit côté, je dis que A'' sera le grand angle, A' l'angle moyen et A le petit angle, et réciproquement, si A'', A', A sont supposés décroissans, c'est-à-dire $A'' > A'$ et $A' > A$.

Soit $2S = C'' + C' + C$, $2T = A'' + A' + A$, nous aurons (145 et 151)

$$\tan^2 \tfrac{1}{2} A'' = \frac{\sin(S-C')\sin(S-C)}{\sin(S-C'')\sin S}, \quad \tan^2 \tfrac{1}{2} A' = \frac{\sin(S-C)\sin(S-C'')}{\sin(S-C')\sin S},$$

$$\tan^2 \tfrac{1}{2} A = \frac{\sin(S-C'')\sin(S-C')}{\sin(S-C)\sin S}; \quad \text{quantités positives; donc}$$

$$\tan^2 \tfrac{1}{2} A'' - \tan^2 \tfrac{1}{2} A' = \frac{\sin(S-C)}{\sin S}\left(\frac{\sin(S-C')}{\sin(S-C'')} - \frac{\sin(S-C'')}{\sin(S-C')}\right)$$

$$= \frac{\sin(S-C)}{\sin S}\left(\frac{\sin^2(S-C') - \sin^2(S-C'')}{\sin(S-C')\sin(S-C'')}\right)$$

$$= \frac{\sin(S-C)\sin(S-C'-S+C'')\sin(S-C'+S-C'')}{\sin S \sin(S-C')\sin(S-C'')}$$

$$= \frac{\sin(S-C)\sin(C''-C')\sin(2S-C''-C')}{\sin S \sin(S-C')\sin(S-C'')}$$

$$= \frac{\sin(S-C)\sin(C''-C')\sin C}{\sin S \sin(S-C')\sin(S-C'')} = \frac{\tan^2 \tfrac{1}{2} A'' \sin C \sin(C''-C')}{\sin^2(S-C')},$$

quantité nécessairement positive; donc $\tan^2 \tfrac{1}{2} A'' > \tan^2 \tfrac{1}{2} A'$; donc $A'' > A'$, car $A'' < 180°$, et $A' < 180°$, donc aussi $A'' = A'$ quand $C'' = C'$ et réciproquement.

Nous aurons, par un calcul tout semblable,

$$\tan^2 \tfrac{1}{2} A' - \tan^2 \tfrac{1}{2} A = \frac{\sin(S-C'')\sin(C'-C)\sin C''}{\sin S \sin(S-C)\sin(S-C')} = \frac{\tan^2 \tfrac{1}{2} A' \sin C'' \sin(C'-C)}{\sin^2(S-C)};$$

donc $A' > A$; donc les trois angles vont en diminuant aussi bien que les trois côtés.

Pour la proposition inverse nous aurons

$$\tan^2 \tfrac{1}{2}\,C'' = \frac{-\cos T \cos (T-A'')}{\cos (T-A') \cos (T-A)}, \quad \tan^2 \tfrac{1}{2}\,C' = \frac{-\cos T \cos (T-A')}{\cos (T-A) \cos (T-A'')},$$

$$\tan^2 \tfrac{1}{2}\,C = \frac{-\cos T \cos (T-A)}{\cos (T-A') \cos (T-A'')}, \text{ quantités positives.}$$

$$\tan^2 \tfrac{1}{2}\,C'' - \tan^2 \tfrac{1}{2}\,C' = -\frac{\cos T}{\cos (T-A)} \left(\frac{\cos (T-A'')}{\cos (T-A')} - \frac{\cos (T-A')}{\cos (T-A'')} \right)$$

$$= -\frac{\cos T}{\cos (T-A)} \left(\frac{\cos^2 (T-A'') - \cos^2 (T-A')}{\cos (T-A') \cos (T-A'')} \right)$$

$$= -\frac{\cos T}{\cos (T-A)} \left(\frac{\sin^2 (T-A') - \sin^2 (T-A'')}{\cos (T-A') \cos (T-A'')} \right)$$

$$= -\frac{\cos T \sin (T - A' - T + A'') \sin (T - A' + T - A'')}{\cos (T-A) \cos (T-A') \cos (T-A'')}$$

$$= -\frac{\cos T \sin (A''-A') \sin A}{\cos (T-A) \cos (T-A') \cos (T-A'')} = \frac{\tan^2 \tfrac{1}{2}\,C'' \sin A \sin (A''-A')}{\cos^2 (T-A'')},$$

quantité nécessairement positive si $A'' > A'$; donc aussi $A'' = A'$ quand $C'' = C'$.

Nous aurons encore, par un calcul tout semblable,

$$\tan^2 \tfrac{1}{2}\,C' - \tan^2 \tfrac{1}{2}\,C = -\frac{\cos T \sin (A'-A) \sin A''}{\cos (T-A) \cos (T-A') \cos (T-A'')} = \frac{\tan^2 \tfrac{1}{2}\,C' \sin A'' \sin (A'-A)}{\cos^2 (T-A')},$$

quantité nécessairement positive, si $A' > A$; ainsi le théorème est entièrement démontré.

Page 198, ligne 20,   par AA'D', *lisez* sur AA'D'
     199,   11,   inconnu, *lisez* connu
     200,   10,   et le quatrième angle, *lisez* et le troisième côté
     201,   1, $1 + \cos C'' = 2\cos^2 \tfrac{1}{2}\,C''$, *lisez* $1 - \cos C'' = 2\sin^2 \tfrac{1}{2}\,C''$

Il s'est glissé quelques fautes dans les huit formules du bas de la page; il est plus sûr de les reproduire ici; on a donc

$$\sin^2 \tfrac{1}{2}\,C'' = \sin^2 \tfrac{1}{2}\,(C'+C) - \sin C \sin C' \sin^2 \tfrac{1}{2}\,(A'+A) \ldots (1)$$

$$= \sin^2 \tfrac{1}{2}\,(C'-C) + \sin C \sin C' \cos^2 \tfrac{1}{2}\,(A'+A) \ldots (2)$$

$$\cos^2 \tfrac{1}{2}\,C'' = \cos^2 \tfrac{1}{2}\,(C'+C) + \sin C \sin C' \sin^2 \tfrac{1}{2}\,(A'-A) \ldots (3)$$

$$= \cos^2 \tfrac{1}{2}\,(C'-C) - \sin C \sin C' \cos^2 \tfrac{1}{2}\,(A'-A) \ldots (4)$$

$$\tan^2 \tfrac{1}{2}\,C'' = \frac{\sin^2 \tfrac{1}{2}\,(C'+C) - \sin C \sin C' \sin^2 \tfrac{1}{2}\,(A'+A)}{\cos^2 \tfrac{1}{2}\,(C'+C) + \sin C \sin C' \sin^2 \tfrac{1}{2}\,(A'-A)} \ldots \frac{(1)}{(3)}$$

$$= \frac{\sin^2 \tfrac{1}{2}\,(C'+C) - \sin C \sin C' \sin^2 \tfrac{1}{2}\,(A'+A)}{\cos^2 \tfrac{1}{2}\,(C'-C) - \sin C \sin C' \cos^2 \tfrac{1}{2}\,(A'-A)} \ldots \frac{(1)}{(4)}$$

$$= \frac{\sin^2 \tfrac{1}{2}\,(C'-C) + \sin C \sin C' \cos^2 \tfrac{1}{2}\,(A'+A)}{\cos^2 \tfrac{1}{2}\,(C'+C) + \sin C \sin C' \sin^2 \tfrac{1}{2}\,(A'-A)} \ldots \frac{(2)}{(3)}$$

$$= \frac{\sin^2 \tfrac{1}{2}\,(C'-C) + \sin C \sin C' \cos^2 \tfrac{1}{2}\,(A'+A)}{\cos^2 \tfrac{1}{2}\,(C'-C) - \sin C \sin C' \cos^2 \tfrac{1}{2}\,(A'-A)} \ldots \frac{(2)}{(4)}$$

On

On en déduit (p. 202)

$$\tan^2 \tfrac{1}{2} C'' = \frac{\tan^2 \tfrac{1}{2}(C'+C) - \dfrac{\sin C \sin C'}{\cos^2 \tfrac{1}{2}(C'+C)} \sin^2 \tfrac{1}{2}(A'+A)}{1 + \dfrac{\sin C \sin C'}{\cos^2 \tfrac{1}{2}(C'+C)} \sin^2 \tfrac{1}{2}(A'-A)}$$

$$= \frac{\tan^2 \tfrac{1}{2}(C'-C) + \dfrac{\sin C \sin C'}{\cos^2 \tfrac{1}{2}(C'-C)} \cos^2 \tfrac{1}{2}(A'+A)}{1 - \dfrac{\sin C \sin C'}{\cos^2 \tfrac{1}{2}(C'-C)} \cos^2 \tfrac{1}{2}(A'-A)}.$$

Trois lignes plus loin, *lisez* : $\cos A'' = \tan p \cot C' \tan p \cot C - \dfrac{\cos A}{\cos p} \cdot \dfrac{\cos A'}{\cos p}$.

Enfin, la seconde et la troisième valeur de $\tan \tfrac{1}{2} A''$ sont

$$\tan \tfrac{1}{2} A'' = \frac{\cos^2 \tfrac{1}{2}(A'-A) - \sin A \sin A' \cos^2 \tfrac{1}{2}(C'-C)}{\sin^2 \tfrac{1}{2}(A'-A) - \sin A \sin A' \cos^2 \tfrac{1}{2}(C'+C)}$$

$$= \frac{\cos^2 \tfrac{1}{2}(A'+A) + \sin A \sin A' \sin^2 \tfrac{1}{2}(C'-C)}{\sin^2 \tfrac{1}{2}(A'-A) + \sin A \sin A' \cos^2 \tfrac{1}{2}(C'+C)}.$$

Page 203, ligne 12, *lisez* l'angle ACD devient A, et nous avons

$$\sin(C'-C) = \sin C'' (\cos A - \sin A \cos C' \tan \tfrac{1}{2} A'') = \sin C'' \cos A (1 - \tan A \cos C' \tan\tfrac{1}{2}A'').$$

Après la ligne 20 vous pouvez ajouter

$$= \sin C (\sin AC \cot AD - \cos AC) = \sin C (\sin AC \cos A \cot AE - \cos AC)$$
$$= \sin C (\sin AC \cos A \cot \tfrac{1}{2} AB - \cos AC).$$

Page 204, ligne 16, cot AC, *lisez* tang AC
     207,   2 et 4, *lisez*

$$\cot A'' = \cot A' \left(\frac{\cot C'' \sin C'}{\cos A'} - \cos C' \right) \quad \text{et} \quad \cot C'' = \cot C \left(\frac{\cot A'' \sin A'}{\cos C} + \cos A' \right)$$

Page 209, ligne 7, $\sin A \cot \beta'$, *lisez* $\sin A \cot \beta$
    ibid.   13, $\sin \tfrac{1}{2}(\beta' - \beta)$, *lisez* $\sin (\beta' - \beta)$
    ibid.   14, $\cot \tfrac{1}{2}(A'-A)$, *lisez* $\tan \tfrac{1}{2}(A'-A)$
    211,   10 *en rem.*, $= \dfrac{\sin C}{\cos C}$, *lisez* $+ \dfrac{\sin C}{\cos C}$
    212,   6 *ib.*, ses différences, *lisez* les différences
    213, art. 207, $- \dfrac{\sin \Delta A}{\sin A \sin(A+B)}$, *lisez* $- \dfrac{\sin \Delta A}{\sin A \sin(A+\Delta A)}$
    214, ligne dern., *lisez* $\dfrac{m \cos C dC}{1 - m \cos C} - \dfrac{m \sin C d (1 - m \cos C)}{(1 - m \cos C)^2}$
    215,   2, *lisez* $\dfrac{m \cos C dC (1 - m \cos C) - m^2 \sin^2 C dC}{(1 - m \cos C)^2} =$
    ibid.   18, $\delta = 2\gamma - \beta$, *lisez* $\delta = 2\gamma \cos C - \beta = 2\cos 3C \cos C - \cos 2C = \cos 4C$
    216,   6 *en rem.*, $\dfrac{m^4 \cos 4B}{\sin 4''}$, *lisez* $\dfrac{m^4 \sin 4B}{\sin 4''}$

1.   *d*

Page 222. En suivant les procédés indiqués dans l'article 222, on trouvera les deux angles inconnus par les deux formules suivantes.

$$A'' = \operatorname{tang} \tfrac{1}{2} C'' \left(\cot \tfrac{1}{2} C' + \operatorname{tang} \tfrac{1}{2} C'\right) \sin A + \tfrac{1}{2} \operatorname{tang}^2 \tfrac{1}{2} C'' \left(\cot^2 \tfrac{1}{2} C' - \operatorname{tang}^2 \tfrac{1}{2} C'\right) \sin 2A$$
$$+ \tfrac{1}{3} \operatorname{tang}^3 \tfrac{1}{2} C'' \left(\cot^3 \tfrac{1}{2} C' + \operatorname{tang}^3 \tfrac{1}{2} C'\right) \sin 3A + \tfrac{1}{4} \operatorname{tang}^4 \tfrac{1}{2} C'' \left(\cot^4 \tfrac{1}{2} C' - \operatorname{tang}^4 \tfrac{1}{2} C'\right) \sin 4A$$
$$+ \text{etc.}$$

$$A' = (180^\circ - A) - \operatorname{tang} \tfrac{1}{2} C'' \left(\cot \tfrac{1}{2} C' - \operatorname{tang} \tfrac{1}{2} C'\right) \sin A$$
$$- \tfrac{1}{2} \operatorname{tang}^2 \tfrac{1}{2} C'' \left(\cot^2 \tfrac{1}{2} C' + \operatorname{tang}^2 \tfrac{1}{2} C'\right) \sin 2A$$
$$- \tfrac{1}{3} \operatorname{tang}^3 \tfrac{1}{2} C'' \left(\cot^3 \tfrac{1}{2} C' - \operatorname{tang}^3 \tfrac{1}{2} C'\right) \sin 3A$$
$$- \tfrac{1}{4} \operatorname{tang}^4 \tfrac{1}{2} C'' \left(\cot^4 \tfrac{1}{2} C' + \operatorname{tang}^4 \tfrac{1}{2} C'\right) \sin 4A - \text{etc.}$$

Page 224, ligne 5, $\operatorname{tang} u \cos C \operatorname{tang}^2 u$, *lisez* $\operatorname{tang} u \cos C - \operatorname{tang}^2 u$

225. Pour calculer plus facilement $\operatorname{tang} \tfrac{1}{2} x$ faites

$$\operatorname{tang}^2 \varphi = 4(a-b)b, \quad \operatorname{tang} \tfrac{1}{2} x = -\frac{1}{2(a-b)} \pm \frac{\sec \varphi}{2(a-b)} = \frac{\sec\varphi \pm 1}{2(a-b)} = \frac{\operatorname{tang}\varphi \operatorname{tang}\tfrac{1}{2}\varphi + 0 \text{ ou } 2}{2(a-b)},$$
$$\operatorname{tang} \tfrac{1}{2} x = \frac{\operatorname{tang} \varphi \operatorname{tang} \tfrac{1}{2} \varphi}{\left(\dfrac{\operatorname{tang}^2 \varphi}{2b}\right)} = \frac{2b \operatorname{tang} \varphi \operatorname{tang} \tfrac{1}{2} \varphi}{\operatorname{tang}^2 \varphi} = 2b \cot \varphi \operatorname{tang} \tfrac{1}{2} \varphi.$$

Page 225, ligne 3 *en rem.*, $\operatorname{tang} \tfrac{1}{2} x \left(\cos^2 x\right)^{-\tfrac{1}{3}}$, *lisez* $\operatorname{tang} \tfrac{1}{2} x \left(\cos^2 x\right)^{\tfrac{1}{3}}$

226,   14,   en parties nouvelles, *lisez* en partie nouvelles

232, après l'article 235 *ajoutez :* le produit de ces deux dernières valeurs sera

$$\left[- \cos \tfrac{1}{2} (A + A' + A'')\right]^2 = \frac{\sin A' \sin A'' \sin^2 \tfrac{1}{2} C \sin \tfrac{1}{2} C' \sin \tfrac{1}{2} C''}{\cos \tfrac{1}{2} C' \cos \tfrac{1}{2} C''}$$
$$= \sin A' \sin A'' \sin^2 \tfrac{1}{2} C \operatorname{tang} \tfrac{1}{2} C' \operatorname{tang} \tfrac{1}{2} C'' ;$$

on aura ensuite

$$- \cos^3 \tfrac{1}{2} (A + A' + A'') = \sin A \sin A' \sin A'' \sin \tfrac{1}{2} C \operatorname{tang} \tfrac{1}{2} C \sin \tfrac{1}{2} C' \operatorname{tang} \tfrac{1}{2} C' \sin \tfrac{1}{2} C'' \operatorname{tang} \tfrac{1}{2} C''.$$

Pages 237 et 238. L'omission du log. de 2 fait que tous les nombres de ces deux pages ne sont que moitié de ce qu'ils doivent être ; le log. constant doit être 14.7069695.

$$
\begin{aligned}
\text{CAIR} &= 20278400000 = \text{zône du milieu.} \\
\text{CALO} &= 13218200000 = \text{zône tempérée boréale.} \\
&= 13218200000 = \text{zône tempérée australe.} \\
&\; 2105900000 = \text{zône glaciale boréale.} \\
&\; 2105900000 = \text{zône glaciale australe.} \\
\hline
&\; 50926600000 = \text{surface entière.}
\end{aligned}
$$

La zône torride sera donc de........ 20278 millions d'hectares.
La partie tempérée, de............ 26436
La partie glaciale................. 4212
La surface entière................ 50927

Page 241, ligne 7, $10' \sin A \sin C''$, *lisez* $10' \sin A' \sin C''$

245,   12, $dA'' \cos C'' \sin C$, *lisez* $dA'' \cos A'' \sin C$

248,   3, $dA \cos A' \sin C$, *lisez* $dA' \cos A' \sin C$

250,   5, $\dfrac{dC}{\cos^2 C''}$, *lisez* $\dfrac{dC''}{\cos^2 C''}$

253,   *dern.*, $\dfrac{dC}{\cos^2 C'}$, *lisez* $\dfrac{dC'}{\cos^2 C'}$

255. Les quatre dernières lignes sont un double emploi, on peut les supprimer.

256, ligne *4 en rem.*, $\dfrac{dC''}{dA'}$, *lisez* $\dfrac{dC''}{dA}$

257,   2 *ib.*, $-\dfrac{dA''}{dC}$, *lisez* $-\dfrac{dA''}{dC'}$

258,   15, $\dfrac{\sin C \cot A \tang A'}{\tang A'} = \dfrac{\sin C}{\tang A}$, *lisez* $\dfrac{\sin C \cot A'' \tang A'}{\tang A'} = \dfrac{\sin C}{\tang A''}$

261,   10, si l'on a trois angles. Ces mots devraient être à la ligne.

275,   *dern.*, g', *lisez* g

276. A la fin de l'article 15, *ajoutez :* et la ligne de 6^h est oblique.

278. A l'article 21 *ajoutez :*

On peut considérer le cadran incliné déclinant MX comme un cadran vertical dont le zénit serait M ; M et Z sont sur le même méridien et comptent les mêmes heures. PZ = (90°—H) devient PM = PZ + ZM = (90° — H + dH) = 90° — (H — dH) ; l'angle M sera le complément de la déclinaison du plan, ou M = 90°—D′

Le triangle rectangle MZa donne $\tang Ma = \sin Za \, \tang MZa = \sin I \tang D$.... (1) M$a$ sera l'angle de la méridienne avec la verticale ; cet angle s'évanouit avec I et avec D. Si l'inclinaison est de 90° on a Ma = D

$$\tang ZM = \tang dH = \frac{\tang Za}{\cos MZa} = \frac{\tang I}{\cos D} \ldots (2), \quad \cos M = \sin D' = \sin D \cos I \ldots (3),$$

$$\sin PQ = \sin \text{haut. pol. sur le plan} = \sin M \sin PM = \cos D' \cos (H - dH) \ldots (4).$$

Soit Pb un cercle horaire quelconque, $\cot Mb = \sin D' \tang(H - dH) + \dfrac{\cos D'}{\cos(H - dH)} \cot P \ldots (5)$; c'est la formule générale des cadrans déclinans verticaux ; Mb est l'inclinaison de la ligne horaire avec la méridienne.

$\tang MX = \tang (Ma + 90°) = - \cot Ma$; MX est l'inclinaison de l'horizontale avec la méridienne ; ainsi le cadran incliné sera ramené au cadran vertical.

On peut éliminer dH et D′ ;

$$\sin D' \tang(H - dH) = \sin D \cos I \left(\frac{\tang H - \tang dH}{1 + \tang dH \, \tang H} \right) = \frac{\sin D \cos I \left(\tang H - \dfrac{\tang I}{\cos D} \right)}{1 + \dfrac{\tang I}{\cos D} \tang H}$$

$$= \frac{\sin D \cos I \tang H - \sin I \tang D}{1 + \tang I \sec D \tang H}$$

$$\frac{\cos D'}{\cos(H - dH)} = \frac{\sin M}{\cos(H - dH)} = \frac{\sin I}{\sin dH \, (\cos H - dH)} = \frac{\sin I}{\sin dH \cos dH \cos H + \sin^2 dH \sin H}$$

$$= \frac{\sin I}{\cos^2 dH (\tang dH \cos H + \tang^2 dH \sin H)} = \frac{\sin I (1 + \tang^2 dH)}{\tang dH \cos H + \tang^2 dH \sin H}$$

$$= \frac{\sin I \left(1 \cdots \dfrac{\tan^2 I}{\cos^2 D}\right)}{\dfrac{\tan I \cos H}{\cos^2 D} + \dfrac{\tan^2 I}{\cos^2 D} \sin H} = \frac{\sin I (\cos^2 D + \tan^2 I)}{\tan I \cos D \cos H + \tan^2 I \sin H}$$

$$= \frac{\sin I (1 - \sin^2 D + \tan^2 I)}{\tan I \cos D \cos H + \tan I \sin H} = \frac{\sin I (\sec^2 I - \sin^2 D)}{\tan I \cos D \cos II + \tan^2 I \sin H}$$

$$= \frac{\cos I (\sec^2 I - \sin^2 D)}{\cos D \cos H + \tan I \sin H} = \frac{\cos^2 I (\sec^2 I - \sin^2 D)}{\cos I \cos D \cos II + \sin I \sin H}$$

$$= \frac{1 - \cos^2 I \sin^2 D}{\cos H \cos I \cos D + \sin I \sin H};$$

$$\cot MB = \left(\frac{\sin D \cos I \tan H - \sin I \tan D}{1 + \tan I \sec D \tan H}\right) + \left(\frac{1 - \cos^2 I \sin^2 D}{\cos H \cos I \cos D + \sin H \sin I}\right) \cot P \ldots (6)$$

C'est l'expression générale de l'inclinaison de la ligne horaire avec la méridienne.

Soit $I = 0$, vous retrouverez la formule du cadran vertical déclinant;

Soit de plus $D = 0$, vous retrouverez la formule du vertical non-déclinant;

Soit $D = 0$ et $I = 90°$, vous aurez l'expression du cadran horizontal.

Le premier terme de la formule (6) est constant, le second a un coefficient constant, il n'y a de variable que P ; il suffira toujours de tracer une moitié du cadran pour avoir aussi l'autre.

Pour la soustylaire ,

$$\tan MQ = \cos M \tan PM = \sin D' \cot (H - dH) = \sin D \cos I \left(\frac{1 + \tan dH \tan H}{\tan H - \tan dH}\right)$$

$$= \sin D \cos I \left(\frac{\cot H + \tan dH}{1 - \tan dH \cot H}\right) = \sin D \cos I \left(\frac{\cot H + \tan I \sec D}{1 - \tan I \sec D \cot H}\right)$$

$$= \frac{\sin D \cos I \cot H + \sin I \tan D}{1 - \tan I \sec D \cot H} \ldots (7);$$

$$\cos D' \cos (H - dH) = \sin M \sin PM = \frac{\sin I}{\sin dH} (\cos H \cos dH + \sin H \sin dH)$$

$$= \sin I (\cos H \cot dH + \sin H),$$

$\sin$ haut. pôle sur le plan $= \sin I (\sin H + \cos H \cos D \cot I) = \sin I \sin H + \cos I \cos D \cos H \ldots (8)$

Ces formules renferment toute la gnomonique plane.

Soit $I = 0$ et $D = 90°$, la formule (8) se réduit à 0, l'axe est parallèle au plan ; la formule (7) se réduit à $\tan MQ = \cot H$, l'angle de la soustylaire avec la verticale $= 90° - H$, l'angle de la soustylaire avec l'horizontal $= H$.

La formule (6) n'apprend plus rien, parce qu'il n'y a plus de méridienne; le cadran n'a plus de centre , toutes les lignes horaires sont parallèles à la soustylaire, qui est la ligne de 6^h, et elles en sont distantes de $h \cot P$, h étant la hauteur du style , ou la distance de l'axe au plan. A midi il n'y a plus d'ombre.

Page 295, ligne 7 *en rem.*, MUN , *lisez* MUP
    296,   4, $+ n^2 - 1$, *lisez* $- (n^2 - 1)$
    ibid.   6, $- \frac{1}{2} . \frac{1}{4} . (n^2 - 1)$, *lisez* $- \frac{1}{2} . \frac{1}{4} . (n^2 - 1)^2$
    ibid.   7, $-$ etc., *lisez* $-$ etc.]
    ibid.   10, $\frac{1}{2} . \frac{1}{4} . \frac{3}{4}$, *lisez* $\frac{1}{2} . \frac{1}{4} . \frac{3}{6}$
    299,   2,   0.0001158, *lisez* 0.00061158
    300, article 19, *ajoutez :*

Soit $N = 90°$, $y = 90° - u = 87°59'48''$, $y + \frac{1}{2} r = 87°59'48'' + 16'10'' = 88°15'58''$, la distance $N = 90°$ sera diminuée de $1°44'2'' = 3.2177\,R$; c'est un peu plus que trois fois la réfraction ; mais ce rapport se réduit bientôt à moitié.

$$r = 58''7265 \; \text{tang} \, (y + \tfrac{1}{2} r) = 58''7265 \; \text{tang} \, (N - x) \; ; \; \text{donc} \; N - x = y + \tfrac{1}{2} r,$$

$$x = N - y - \tfrac{1}{2} r = \varphi - \tfrac{1}{2} r \; ; \; \text{mais} \; \sin y = \cos u \sin N, \; \text{donc}$$

$$\sin N - \sin y = 2 \sin \tfrac{1}{2} (N - y) \cos \tfrac{1}{2} (N + y) = 2 \sin \tfrac{1}{2} \varphi \cos (N - \tfrac{1}{2} \varphi) = 2 \sin^2 \tfrac{1}{2} u \sin N$$

$$2 \sin \tfrac{1}{2} \varphi \cos \tfrac{1}{2} \varphi + 2 \sin^2 \tfrac{1}{2} \varphi \, \text{tang} \, N = 2 \sin^2 \tfrac{1}{2} u \, \text{tang} \, N. \quad (X.226)$$

$$\varphi = 2 \sin^2 \tfrac{1}{2} u \, \text{tang} \, N - 2 \sin^4 \tfrac{1}{2} u \, \text{tang}^3 N + \tfrac{4}{3} \sin^6 \tfrac{1}{2} u \, \text{tang}^3 N + 4 \sin^6 \tfrac{1}{2} u \, \text{tang} \, 5N - \text{etc.}$$

$$= 126''07 \; \text{tang} \, N - 0''038529 \; \text{tang}^3 N + 0''00002.3548 \; \text{tang}^5 N - \text{etc.}$$

$$= A \, \text{tang} \, N - B \, \text{tang}^3 N + C \, \text{tang}^5 N - \text{etc.},$$

$$\tfrac{1}{2} r = a \, \text{tang} \, N - b \, \text{tang}^3 N + c \, \text{tang}^5 N - \text{etc.},$$

$$\varphi - \tfrac{1}{2} r = (A - a) \, \text{tang} \, N - (B - b) \, \text{tang}^3 N + (C - c) \, \text{tang}^5 N = x.$$

La quantité x, dont il faut diminuer la distance N, n'est donc pas précisément un multiple constant de la réfraction ; mais, comme la réfraction, elle est une fonction de u, de R et de N.

Page 302, ligne dern., *ajoutez :* il paraît convenable de faire

$$R' = \left(\frac{1 + \dfrac{dB}{B}}{1 + mdt} \right) R \; ; \quad \text{tang} \, x = \sin nR' \, \text{tang} \, N, \quad \text{et} \; r = R' \, \text{tang} \tfrac{1}{2} x.$$

Page 303, ligne dern., $\sin nR = \text{tang} \tfrac{1}{2} x \cot N$, *lisez* $\sin nR = \text{tang} \, x \cot N$
    306,   6, $- \tfrac{1}{2} (mdt)^2$, *lisez* $+ \tfrac{1}{2} (mdt)^2$
    307,   11,   (30), *lisez* (28)
    310, article 33, *ajoutez :* si vous avez observé une étoile près du zénit et au midi, vous en avez conclu $\Delta' = N + 90° - H' = N + 90° - H - \tfrac{1}{2} (r + r')$; donc Δ' est trop faible de $\tfrac{1}{2} (r + r')$; la déclinaison D sera trop forte d'autant, et $dD = \tfrac{1}{2} (r + r')$, car je regarde comme nulle l'erreur de la réfraction près du zénit.

$$dN' \sin N' = \tfrac{1}{2}(r + r') \cos P (\sin H \cos D + \cos H \sin D) - \tfrac{1}{2}(r + r')(\sin H \cos D + \cos H \sin D)$$

$$= \tfrac{1}{2}(r + r') \sin (H + D) (\cos P - 1) = - (r + r') \sin (H + D) \sin^2 \tfrac{1}{2} P,$$

$$\text{et} \; dr'' = - dN = \frac{(r + r') \sin (H + D) \sin^2 \tfrac{1}{2} P}{\sin N}.$$

Page 311, deux dern. lignes, *lisez*

$$N + N' + \varsigma + \varsigma' = 180° - 2H = 180° - S - S' - r - r',$$

d'où
$$r + r' + \varsigma + \varsigma' = 180° - N - N' - S - S'.$$

Page 311, ligne 8 *en rem.*, en hiver. *effacez* le point.

312, 9, la valeur de A dépendra, *lisez* la valeur de A et celle de H dépendront

Page 313, 15, fig. 106, *lisez* fig. A

316, à la fin de l'article 42 *ajoutez :* en supposant B et C $= 0$, les deux premières étoiles donnent $A = 57''755$; supposez $C = 0$, les trois premières donnent $A = 60''828$ et $B = 0.22601$.

Les articles 37 et 38 ont été supprimés sans changer les n^{os} des articles suivans.

Page 323, lign. 5 et 6 *en rem.*, $22''0$ et $113''2$, *lisez* $2''2$ et $-113''2$

324, article 57, *ajoutez :* par 25 étoiles circompolaires, M. Groombridge a trouvé $r = 58''1193 \, \text{tang} \, (N - 3.3625 \, r)$: de $73°$ à $88° \frac{1}{2}$.

M. John Brinkley a trouvé

$$r = 56''9 \, \text{tang} \, (N - 3.32 \, r) \left(\frac{B}{29.6} \right) \left(\frac{500}{450 + t} \right).$$

Page 327, ligne 12, il s'est glissé dans le calcul une faute de signe, car $dV = dN + dr$; en la corrigeant on aura

$$\sin^2 \tfrac{1}{2} I = \frac{\tfrac{1}{2} d\varrho}{dN + d\varrho}, \quad \cos^2 \tfrac{1}{2} I = 1 - \frac{\tfrac{1}{2} d\varrho}{dN + d\varrho}, \quad \text{tang}^2 \tfrac{1}{2} I = \frac{\tfrac{1}{2} d\varrho}{dN + \tfrac{1}{2} d\varrho}.$$

Page 328, ligne 14, *lisez* $\delta - \delta' = 2\delta \, \text{tang}^2 \tfrac{1}{2} I \sin^2 a = \delta \left(\frac{d\varrho}{dN + \tfrac{1}{2} \varrho} \right) \sin^2 a$

Pour avoir l'accourcissement du demi-diamètre vertical, il faut employer $\sin^2 \tfrac{1}{2} I$ au lieu de $\text{tang}^2 \tfrac{1}{2} I$. Par la table des distances vraies,

$$\sin^2 \tfrac{1}{2} I = \frac{\tfrac{1}{2} d\varrho}{dV}, \quad \cos^2 \tfrac{1}{2} I = 1 - \frac{\tfrac{1}{2} d\varrho}{dV}, \quad \text{tang}^2 \tfrac{1}{2} I = \frac{\tfrac{1}{2} d\varrho}{dV - \tfrac{1}{2} d\varrho}.$$

La table des réfractions pour les distances apparentes N, peut servir quand on n'a que les distances vraies; on réunit les deux premières colonnes en une, et l'on a $V = N + r$; les différences alors sont pour l'argument, $dV = dN + dr$, au lieu d'être simplement dN.

Dans le calcul de $\delta - \delta'$, pag. 328, lig. 5, on a mis $\tfrac{1}{4} \text{tang}^4 \tfrac{1}{2} I$ au lieu de $\tfrac{1}{2} \text{tang}^2 \tfrac{1}{2} I$; en corrigeant cette erreur on aurait, dans la formule définitive, $5\cos^2 a - 1$ au lieu de $(4\cos^2 a - 1)$, ce qui n'est d'aucune importance.

Page 330, ligne 15, à la formule dP *ajoutez :* $= \dfrac{R}{\cos D \cos H \sin P} + \dfrac{R \sin R \, \text{tang} D \, \text{tang} H}{\cos^2 D \cos^3 H \sin^3 P}$, en mettant pour $\cos P$ sa valeur $- \text{tang} D \, \text{tang} H$. Si D est austral, le second terme change de signe.

Page 331, ligne 12, $\sin (ZPB + ZPS)$, *lisez* $\sin (PZB + PZS)$

336, 7, (fig. 113), *lisez* (fig. 124)

337, *ajoutez au bas :* J'ai suivi le raisonnement de La Hire; mais la réfraction à 108° de distance au zénit est bien plus grande qu'il n'a cru.

Soit $\quad \text{tang} \, y = 0.0662437 \, \text{tang} \, 108 = \text{tang} \, 168°28'36''$, $\tfrac{1}{2} y = 84°14'18''$,
$R = 1709'',36 \, \text{tang} \, 84°14'18'' = 4°41'40''$; $18° - R = 13°18'20'' = 2u$; $u = 6°39'10''$,
$\tfrac{1}{2} u = 3°19'35''$, $h = CB \, \text{tang} \, 6°39'10 \, \text{tang} \, 3°39'35'' = 22175$ toises.

Page 339, ligne 11 *en rem.*, encore une réfraction de 33′, *lisez* de plus de 33′

339,   *dern.*, *ajoutez :* Cette formule est de M. Mallet de Genève (*Philos. Transact.*, 1764) ; j'en ai déduit la série suivante (C).

Page 356, à l'article 13 *ajoutez :*

$$\cot (P + \Pi) = \frac{1 - \tang \Pi \tang P}{\tang P + \tang \Pi} = \frac{1 - \dfrac{m \sin P \tang P}{1 - m \cos P}}{\tang P + \dfrac{m \sin P}{1 - m \cos P}}$$

$$= \frac{\cos P - m \cos^2 P - m \sin^2 P}{\sin P} = \cot P - \frac{m}{\sin P}$$

$$= \cot P - \frac{\sin \varpi \cos H}{\sin \Delta \cos P} = \cot P - \cot Q = \frac{\sin (Q - P)}{\sin P \sin Q} \text{ ,}$$

quand on a fait $\cot Q = \dfrac{\sin \varpi \cos H}{\sin \Delta \sin P}$.

Page 357, à l'article 14 *ajoutez :* soit $\cot \varphi = \dfrac{\sin \varpi \sin H}{\sin \Delta}$, vous aurez

$$\cot (\Delta + x) = \frac{\sin (P + \Pi)}{\sin P} (\cot \Delta - \cot \varphi) = \frac{\sin (P + \Pi) \sin (\varphi - \Delta)}{\sin P \sin \varphi \sin \Delta} \text{ ,}$$

et vous aurez l'angle horaire apparent ainsi que la distance polaire apparente, sans rien supposer d'ailleurs que la parallaxe horizontale.

Page 358, à la formule $\tang x$ *ajoutez :*

$$\cot (\Delta - x + \pi) = \frac{1 - \tang \pi \tang (\Delta - x)}{\tang (\Delta - x) + \tang \pi} = \frac{1 - \dfrac{n \sin (\Delta - x) \tang (\Delta - x)}{1 - n \cos (\Delta - x)}}{\tang (\Delta - x) + \dfrac{n \sin (\Delta - x)}{1 - n \cos (\Delta - x)}}$$

$$= \frac{\cos (\Delta - x) - n}{\sin (\Delta - x)} = \cot (\Delta - x) - \frac{\sin \varpi \sin H}{\cos x \sin (\Delta - x)}$$

$$= \cot (\Delta - x) - \cot \varphi' = \frac{\sin (\varphi' - \Delta + x)}{\sin \varphi' \sin (\Delta - x)}.$$

En faisant $\tang \varphi' = \dfrac{\cos x \sin (\Delta - x)}{\sin \varpi \sin H}$,

$$\cot (\Delta - x + \pi) = \cot Bb, \quad \text{et} \quad (\Delta + \pi) = (\Delta - x + \pi) + x.$$

Page 359, après l'article 16, *ajoutez :*

$$\frac{\sin \frac{1}{2} \text{ diam. appar.}}{\sin \frac{1}{2} \text{ diam. vrai}} = \frac{\sin (\Delta - x + \pi)}{\sin (\Delta - x)} = \cos \pi + \sin \varpi \cot (\Delta - x).$$

Page 362, ligne 5, un petit angle, *lisez* un angle trop grand

364,   2 *en rem.*, $\dfrac{\tang H d}{\cos d}$, *lisez* $\dfrac{\tang H d}{\cos (180^\circ - d)}$

369, à l'article 33 *ajoutez :* nous aurons ainsi, pour l'ascension droite et la déclinaison apparente,

$$\tang \mathbb{R}' = \frac{\tang \mathbb{R} - \left(\dfrac{\sin \varpi \cos H}{\cos \mathbb{R} \cos D} \right) \sin M}{1 - \left(\dfrac{\sin \varpi \cos H}{\cos \mathbb{R} \cos D} \right) \cos M} \text{ ; } \tang D' = \frac{\tang D \, \sec \mathbb{R} - \left(\dfrac{\sin \varpi \sin H}{\cos D \cos \mathbb{R}} \right)}{1 - \left(\dfrac{\sin \varpi \cos H}{\cos \mathbb{R} \cos D} \right) \cos M}.$$

Ces expressions sont identiques à celles qui se déduisent par une simple soustraction, de trois formules données par Lagrange dans son Mémoire sur le passage de Vénus (*Mém. de Berlin*, 1766); Mémoire dont je n'ai eu connaissance que depuis quelques mois, à l'occasion de ma Notice sur la vie et les ouvrages de Lagrange.

Dans la première, mettons pour tang Æ sa valeur $\cos \omega \, \mathrm{tang}\, L - \dfrac{\sin \omega \cot \delta}{\cos L}$, et pour $\cos Æ \cos D$ sa valeur $\cos L \sin \delta$, nous aurons

$$\mathrm{tang}\ Æ' = \frac{\cos \omega \, \mathrm{tang}\, L - \sin \omega \cot \delta \, \mathrm{séc}\, L - \dfrac{\sin \varpi \cos H}{\cos L \sin \delta}}{1 - \left(\dfrac{\sin \varpi \cos H}{\cos L \sin \delta}\right) \cos M} ;$$

mettons pour

$$\mathrm{tang}\, D \sec R = \frac{\sin D}{\cos D \cos Æ} = \frac{\sin D}{\cos L \sin \delta} = \frac{\cos \omega \cos \delta + \sin \omega \sin \delta \sin L}{\cos L \sin \delta} ,$$

nous aurons

$$\mathrm{tang}\ D' = \frac{\left(\dfrac{\cos \omega \cos \delta + \sin \omega \sin \delta \sin L}{\cos L \sin \delta} - \dfrac{\sin \varpi \sin H}{\cos L \sin \delta}\right) \cos Æ'}{1 - \left(\dfrac{\sin \varpi \cos H}{\cos L \sin \delta}\right) \cos M} ;$$

Ces formules sont identiques à celles de M. Olbers.

Soit $\qquad \mathrm{tang}\, \psi = \mathrm{tang}\, \delta \sin L, \quad$ ou $\quad \cot \delta = \cot \psi \sin L,$

$$\mathrm{Tang}\ Æ' = \frac{\cos \omega \, \mathrm{tang}\, L - \dfrac{\sin \omega \cot \psi \sin L}{\cos L} - \left(\dfrac{\sin \varpi \cos H}{\cos L \sin \delta}\right) \sin M}{1 - \left(\dfrac{\sin \varpi \cos H}{\cos L \sin \delta}\right) \cos M}$$

$$= \frac{\mathrm{tang}\, L \,(\cos \omega - \sin \omega \cot \psi) - \left(\dfrac{\sin \varpi \cos H}{\cos L \sin \delta}\right) \sin M}{1 - \mathrm{etc.}}$$

$$= \frac{\left(\dfrac{\mathrm{tang}\, L}{\sin \psi}\right) \sin (\psi - \omega) - \left(\dfrac{\sin \varpi \cos H}{\cos L \sin \delta}\right) \cos M}{1 - \mathrm{etc.}}$$

$$\mathrm{tang}\ D' = \frac{\left[\dfrac{\cos \omega \cot \delta}{\cos L} + \sin \omega \, \mathrm{tang}\, L - \left(\dfrac{\sin \varpi \sin H}{\cos L \cos \delta}\right)\right] \cos Æ}{1 - \mathrm{etc.}}$$

$$= \frac{\left[\left(\dfrac{\mathrm{tang}\, L}{\sin \psi}\right) \cos (\psi - \omega) - \dfrac{\sin \varpi \sin H}{\cos L \cos \delta}\right] \cos Æ'}{1 - \left(\dfrac{\sin \varpi \cos H}{\cos L \sin \delta}\right) \cos M} ;$$

Ces formules sont encore identiques à celles de M. Olbers,

Page 374, ligne 4,   *ajoutez :* donc Z est le pôle.
    383, article 55, *lisez* 54

Page 405

Page 405, ligne 5 *en rem.*, différences, *lisez* distances

    419,   8 *ib.*, du parallèle, *lisez* de l'almicantarat

    ibid.   3 *ib.*, ZE $=$ ZM, *lisez* ZE $-$ ZM

    420,   6,   E, *lisez* P

    421,   7 *en rem.*, du, *lisez* au

    444,   14 et 23, tang Δ, *lisez* cot Δ ou tang D

    446,   2 *en rem.*, $\dfrac{\sin(\Delta - x)}{\sin\Delta}$, *lisez* $\dfrac{\sin\Delta}{\sin(\Delta - x)}$

    447,   9, $-\sin(d\mathrm{Æ} - x)$, *lisez* $-\sin\frac{1}{2}(d\mathrm{Æ} - x)$

Après l'article 88 *ajoutez :*

Soit $\sin d\Delta \cot \Delta + 2\sin^2 \frac{1}{2} d\Delta \cos \mathrm{Æ} = m$, nous aurons exactement

$$\operatorname{tang} d\mathrm{Æ} = \frac{m \sin \mathrm{Æ}}{1 - m \cos \mathrm{Æ}}, \quad d\mathrm{Æ} = \frac{m \sin \mathrm{Æ}}{\sin 1''} + \frac{m^2 \sin 2\mathrm{Æ}}{\sin 2''} + \text{etc.}$$

Page 448, après l'article 92 *ajoutez :* Ces formules sont plus générales ; pour les ramener à la première hypothèse, il suffit de supposer CP $=$ 90°.

Page 449, ligne 3 *en rem.*, (82), *lisez* (93 *a*)

    450,   7 *ib.*, *lisez* $\dfrac{\sin(\mathrm{A}' - \mathrm{Æ})}{\cos \mathrm{Æ}' \cos \mathrm{Æ}}$

    451,   1, $\cos \mathrm{Æ}$, *lisez* $\cos^2 \mathrm{Æ}$

A la fin de l'article (97), (82), *lisez* (93)

Page 452, ligne 3, *lisez* $dL d\mathrm{Æ} \sin \omega \sin 1''$, etc.

    ibid.   3 *en rem.* Ce précepte n'est pas d'une exactitude rigoureuse, mais il doit être d'un usage extrêmement rare.

Page 480, ligne 6 *en rem.*, étoiles nébuleuses, *lisez* étoiles, nébuleuses

    486,   3 *ib.*,   tang DE, *lisez* tang DF

    492, article 35,   fig. 152, *lisez* fig. 152*

    492, ligne 35, *ajoutez :*

$$\cot \text{ angle position} = \frac{\cot \omega \sin \delta}{\cos L} - \cos \delta \operatorname{tang} L = \frac{\cot \omega \sin \Delta}{\cos \mathrm{Æ}} + \cos \Delta \operatorname{tang} \mathrm{Æ}.$$

Page 493, ligne 6 *en rem.*, fig. 152, *lisez* fig. 152*

    497, lig. 5, et p. 500, lig. 13, fig. 153, *lisez* fig. 153*

    500, ligne dern., Pa, *lisez* Pb

    517,   6,   observées, *ajoutez :* au même instant.

    521,   3 *en rem.*, connu, *lisez* inconnu

    523,   *dern.*, a cos W, *lisez* on a cos W

    529,   18, $-\dfrac{\operatorname{tang} \mathrm{D} \cot \mathrm{D}'}{\sin \omega}$, *lisez* $-\dfrac{\operatorname{tang} \mathrm{D}' \cot \mathrm{D}}{\sin \omega}$

    548,   18, $\sin$ OS $\sin$ B, *lisez* $\sin$ OS $\sin a$

    557, formule N, $\cos(\mathrm{P}' + \mathrm{P})$, *lisez* $\cos\frac{1}{2}(\mathrm{P}' + \mathrm{P})$

    560, ligne 8, $\operatorname{tang}\frac{1}{2}(\mathrm{D}' - \mathrm{D})$, *lisez* $\operatorname{tang}\frac{1}{2}(\mathrm{D}' + \mathrm{D})$

    574,   3 *en rem.*, ce tems, *lisez* ce terme.

TOME II.

Page 13, ligne 7 *en rem.*, la différence de ces deux angles, *lisez* la différence des angles AFS et ATS

Page 13, ligne dern., tang SFT, *lisez* tang FST

14,   4, $\frac{1}{2}$T, *lisez* $\frac{1}{2}$FT

19,   2.3.4 *en rem.*, QS′, *lisez* Q′S′

25, art. 26, (S — x), *lisez* (S — X)

45, ligne 5, e^4, *lisez* $2u$; e^6, *lisez* $4u$

46,   11 *en rem.*, e^6, *lisez* $8u$

66,   14 *ib.*, *lisez* 0.0551325

138,   3 *ib.*, *lisez* $\frac{1}{V'}$ —, et $\frac{1}{V''}$ —

143,   4,   quand a, *lisez* quand on a

169,   1.   La première ligne doit être portée au haut de la page 177.

ibid.   5,   XXIII, *lisez* XXIV

177. La première ligne manque, la voici : la courbe doit, vers les extrémités du petit axe, être convexe du

Page 210, titre de la table III, 1800, *lisez* 1810

230, ligne 10 *en rem.*, VAN, *lisez* VN

233,   *dern.*, (1 — sin² D), *lisez* (1 — sin² D)$^{\frac{1}{2}}$

236,   tems moyen à midi vrai, $0^h 14' 36'' 10$

281,   19,   LS et T, *lisez* LS et TS

295,   7 *en rem.*,   EC, *lisez* BC,   et $\dfrac{\text{tang EC}}{\sin \text{BC}}$, *lisez* $\dfrac{\text{tang BV}}{\sin \text{BC}}$

296,   8 *ib.*, Zl, *lisez* Zl'

308,   6,   16° 18′, *lisez* 6° 18′

327,   5 *en rem.*, *ajoutez :* Voyez (165) des formules plus commodes.

328,   1,   Π, *lisez* ϖ ;   fig. 47, *lisez* fig. 46

339,   19, mm', *lisez* Mm'

365,   14,   sin PC, *lisez* cos PC

ibid.   17,   — b cotang, *lisez* + b cotang

366,   6,   Ha — HL, *lisez* Ha + HL

ibid.   5 *en rem.*, OO′, *lisez* mO′

367,   1,   AO, *lisez* AO′

ibid.   6,   PQH, *lisez* PHQ

373,   5 *en rem.*, (fig. 71), *lisez* (fig. 81)

412. Après la dernière ligne *ajoutez :* On pourra les réduire en différences vraies en les dépouillant de la parallaxe ; et par le mouvement vrai et relatif, on conclura la conjonction vraie, soit par le commencement, soit par la fin. Par le mouvement relatif apparent on pourra calculer la conjonction apparente ; pour cet instant on calculera la parallaxe, on la convertira en tems par le mouvement vrai, et l'on aura la conjonction vraie resultante des deux observations. Le calcul analytique des articles 181 et 182 n'est pas suffisamment développé, et l'on trouvera (200) des formules plus commodes et plus générales.

Page 415, ligne 16,   tang SP, *lisez* tang ESP
   423,   5 *en rem.*,   fig. 92, *lisez* fig. 94
   457,   13,   — R sin $\odot$, *lisez* —V sin $\odot$
   ibid.   6 *en rem.*, *lisez*

$$\text{tang } G = -\frac{\nu \cos \lambda \cos \text{long. tang } \lambda}{V \cos \oplus - \nu \cos \lambda \cos P} = \frac{\nu \sin \lambda \cos L}{V \cos \odot + \nu \cos \lambda \cos P}$$

ibid. ligne dern.,

$$\text{tang } G = \frac{\nu \cos \lambda \text{ tang } \lambda}{TV} = \frac{\nu \cos \lambda \cos L \text{ tang } \lambda}{\nu \cos \odot + \nu \cos \lambda \cos P} = \frac{\nu \cos \lambda \text{ tang } I \sin (P - \Omega) \cos L}{V \cos \odot + \nu \cos \lambda \cos P}$$

Page 458, ligne 11 *en rem.*, Ac $=$ aC, *lisez* AC $=$ ac
   459,   *dern.*, tang E, *lisez* tang T
   475,   5,   fig. 101, *lisez* fig. 110
   ibid.   13,   BV et FE, *lisez* DV et FE
   ibid.   14,   AV et FE, *lisez* AV et BE
   480,   3 *en rem.*, $cc \sin^2 A$, *lisez* $cc \sin^2 A$
   488,   3,   *ajoutez :* fig. 111.
   493,   11, $6^h 6° \frac{1}{2}$, *lisez* $6^h 6' \frac{1}{2}$

Supplément aux articles 59, 60, 85 et 89 *du chapitre XXVII.*

A cette méthode analytique qui est encore bien longue, on peut substituer une solution trigonométrique beaucoup plus courte, plus claire, et surtout moins embarrassante dans la pratique ; je la tire de mes formules pour les parallaxes de distance.

Nous avons (XXVI. 189) la formule finie

$$\text{tang } SV = \text{tang } E' = \frac{\sin S'}{\sin S''}\left(\frac{\sin E}{\cos E - \sin \varpi \sin N}\right) = \frac{\sin S'}{\sin (S' + \Pi)}\left(\frac{\text{tang } E}{1 - \sin \varpi \text{ séc } E \sin N}\right)$$
$$= \left(\frac{\sin S'}{\sin S' \cos \Pi + \cos S' \sin \Pi}\right)\left(\frac{\text{tang } E}{1 - \sin \varpi \text{ séc } E \sin N}\right)$$
$$= \frac{\text{tang } E \text{ séc } \Pi}{(1 + \text{tang } \Pi \cot S')(1 - \sin \varpi \text{ séc } E \sin N)}.$$

Développons cette formule, en négligeant ce qui est toujours insensible.

$$\text{tang } E' = \text{tang } E\,(1 + \text{tang } \Pi \text{ tang } \tfrac{1}{2}\Pi)\,(1 - \text{tang } \Pi \cot S' + \text{tang}^2 \Pi \cot^2 S') \times$$
$$(1 + \sin \varpi \text{ séc } E \sin N + \sin^2 \varpi \text{ séc}^2 E \sin^2 N) = \text{tang } E\,(1 + \text{tang } \Pi \text{ tang } \tfrac{1}{2}\Pi$$
$$- \text{tang } \Pi \cot S' - \text{tang}^2 \Pi \text{ tang } \tfrac{1}{2}\Pi \cot S' + \text{tang}^2 \Pi \cot^2 S' + \sin \varpi \text{ séc } E \sin N$$
$$+ \text{tang } \Pi \text{ tang } \tfrac{1}{2}\Pi \sin \varpi \text{ séc } E \sin N - \text{tang } \Pi \cot S' \sin \varpi \text{ séc } E \sin N$$
$$+ \sin^2 \varpi \text{ séc}^2 E \sin^2 N - \text{tang } \Pi \cot S' \sin^2 \varpi \text{ séc}^2 E \sin^2 N),$$
$$\text{tang } E' = \text{tang } E + \text{tang } E\,(\tfrac{1}{2}\text{tang}^2 \Pi - \text{tang } \Pi \cot S' - \tfrac{1}{2}\text{tang}^3 \Pi \cot S' + \text{tang}^2 \Pi \cot^2 S'$$
$$+ \sin \varpi \text{ séc } E \sin N + \tfrac{1}{2}\text{tang}^2 \Pi \sin \varpi \text{ séc } E \sin N - \text{tang } \Pi \cot S' \sin \varpi \text{ séc } E \sin N$$
$$+ \sin^2 \varpi \text{ séc}^2 E \sin^2 N - \text{tang } \Pi \cot S' \sin^2 \varpi \text{ séc}^2 E \sin^2 N),$$
$$\text{tang } E - \text{tang } E' = \text{tang } E\,(\text{tang } \Pi \cot S' - \tfrac{1}{2}\text{tang}^2 \Pi + \tfrac{1}{2}\text{tang}^3 \Pi \cot S' - \text{tang}^2 \Pi \cot^2 S'$$
$$- \sin \varpi \text{ séc } E \sin N - \tfrac{1}{2}\text{tang}^2 \Pi \sin \varpi \text{ séc } E \sin N + \text{tang } \Pi \cot S' \sin \varpi \text{ séc } E \sin N$$
$$- \sin^2 \varpi \text{ séc}^2 E \sin^2 N + \text{tang } \Pi \cot S' \sin^2 \varpi \text{ séc}^2 E \sin^2 N),$$

$$\sin(E-E') = \sin E \cos E' \,\big(\tang \Pi \cot S' - \sin\varpi\,\text{séc}\,E \sin N - \tfrac{1}{2}\tang^2\Pi - \tang^3\Pi\cot^2 S'$$
$$+ \tang\Pi\cot S'\sin\varpi\,\text{séc}\,E \sin N - \tfrac{1}{2}\tang^2\Pi\sin\varpi\,\sec E \sin N - \sin^2\varpi\,\text{séc}^2 E \sin^2 N \big)\,,$$

$$\sin(E-E') = \sin E \cos E'\,\tang\Pi\cot S' - \sin\varpi\sin E\left(\frac{\cos E'}{\cos E}\right)\sin N - \tfrac{1}{2}\sin E\cos E'\,\tang^2\Pi$$
$$- \sin E \cos E'\,\tang^2\Pi\cot^2 S' + \sin E \cos E'\,\tang\Pi\cot S'\sin\varpi\,\text{séc}\,E \sin N$$
$$- \tfrac{1}{2}\sin E\left(\frac{\cos E'}{\cos E}\right)\tang^2\Pi\sin\varpi\sin N - \sin^2\varpi\,\tang E\left(\frac{\cos E'}{\cos E}\right)\sin^2 N$$
$$+ \tfrac{1}{2}\sin E\cos E'\,\tang^3\Pi\cot S' + \sin^2\varpi\,\tang E\left(\frac{\cos E'}{\cos E}\right)\sin^2 N\,\tang\Pi\cot S'.$$

En développant successivement tous ces termes, et nous bornant à ceux qui peuvent mériter d'être conservés, nous aurons

$$\sin(E-E') = \sin\varpi\cos E'\sin N\cos S' - \sin\varpi\sin E\left(\frac{\cos E'}{\cos E}\right)\sin N - \tfrac{1}{2}\sin^2\varpi\cot E\sin^2 N\sin^2 S'$$
$$+ \frac{\sin^3\varpi}{\sin^2 E}\sin^3 N\cos^3 S'\ldots\text{(M)}$$

Ce dernier terme ne saurait passer $0''0115\sin^3 N\cos^3 S'$; il faut le négliger. Le précédent peut aller à $0''252\sin^2 N\sin^2 S'$; il faut le conserver. Le terme $\sin\varpi\sin E\sin N$ ne passe jamais $0''0922\sin N$; on pourrait, sans inconvénient, s'en tenir à $(E-E')=\varpi\cos E'\sin N\cos S'$, car les deux termes suivans sont invariables pour le signe, et disparaissent presque entièrement par la soustraction, quand on compare deux durées pour en conclure la parallaxe : dans ce cas on peut éliminer $\cos S'$.

En effet $\qquad \cos S' = \cos(S-a) = \cos S\cos a + \sin S\sin a \quad$ (fig. 90),
$$\varpi\sin N\cos S' = \varpi\sin N\cos S\cos a + \varpi\sin N\sin S\sin a\,;$$

or le triangle ZPS donne

$$\cos a\sin N\cos D + \cos N\sin D = \sin H,\quad\text{ou}\quad \cos a\sin N = \frac{\sin H - \cos N\sin D}{\cos D}\,,$$

et $\qquad \sin a\sin N = \cos H\sin\text{ZPS} = \cos H\sin O\,;\quad$ donc

$$(E-E') = \varpi\cos S\left(\frac{\sin H - \cos N\sin D}{\cos D}\right) + \varpi\sin S\cos H\sin O$$
$$= \varpi\cos S\left(\frac{\sin H - \sin D\cos O\cos H\cos D - \sin D\sin H\sin D}{\cos D}\right) + \varpi\sin S\cos H\sin O$$
$$= \varpi\cos S\left(\frac{\sin H\cos^2 D - \sin D\cos O\cos H\cos D}{\cos D}\right) + \varpi\sin S\cos H\sin O$$
$$= \varpi\cos S\sin H\cos D - \varpi\cos S\sin D\cos H\cos O + \varpi\sin S\cos H\sin O\,;$$

formule qui dispense de calculer le triangle ZPS : ϖ est la parallaxe relative que nous avons désignée par P (XXVII.88).

La formule suppose l'angle S après la conjonction et l'angle horaire O avant midi; après midi il changerait de signe, et la formule *après* la conjonction et *après* midi serait

$$E-E' = \varpi\cos S\sin H\cos D - \varpi\cos S\sin D\cos H\cos O - \varpi\sin S\cos H\sin O\ldots\text{(N)}.$$

Avant la conjonction et *avant* midi, $\sin S$ et $\sin O$ changeant de signe à la fois, la formule reste la même. Les deux premiers termes sont invariables, le troisième aura le signe — *avant* midi et *avant* la conjonction, ou *après* midi et *après* la conjonction ; il aura le signe + si l'observation est *avant* la conjonction et *après* midi, ou *avant* midi et *après* la conjonction.

Nous avons supposé la latitude H boréale quand Vénus est plus boréale que le soleil, et australe quand elle est plus australe ; si la latitude est australe quand Vénus est plus boréale, ou boréale quand Vénus est plus australe, il faut employer $P'SV = 180°$ —$PSV = 180° - S$ au lieu de S, c'est-à-dire changer le signe de cos S. (pl. VIII, fig. A).

L'expression ci-dessus donne la parallaxe de distance (E—E') en secondes de degré ; pour la convertir en tems de l'orbite relative, soit $\sin A = \dfrac{Sm}{\frac{1}{2}\odot \pm \frac{1}{2}\,\female}$, le signe + pour le contact extérieur, le signe — pour le contact intérieur, M le mouvement relatif horaire sur l'écliptique, $\left(\dfrac{E-E'}{\cos A}\right)\left(\dfrac{3600''\cos I}{M}\right) = n\,(E-E')$, sera l'effet de la parallaxe en tems. La correction du tems observé T de l'entrée sera $+ n\,(E-E')$, et l'entrée vraie $T + n\,(E-E')$.

Si la sortie observée est T', la sortie vraie sera $T' - n\,(E,-E',)$, la durée vraie $T' - T - n\,(E-E') - n\,(E,-E',) = T' - T - \mu P$; par une autre observation complète, la durée vraie $= \theta' - \theta - \mu'P$,

d'où
$$o = (T'-T) - (\theta'-\theta) - (\mu-\mu')\,P ,$$

et
$$P = \frac{(T'-T) - (\theta'-\theta)}{(\mu-\mu')}.$$

Nous aurons donc deux manières pour corriger les entrées et les sorties : la première, plus exacte, mais aussi un peu plus longue, suppose le calcul du triangle ZPS pour avoir N, a, $S' = S \pm a$, après quoi l'on calcule

$$n(E-E') = P(n\cos E \sin N \cos S' - n\sin E\sin N - \tfrac{1}{2}n\sin P\cot E\sin^2 N\sin^2 S')\ \text{et}\ T+n(E-E') ;$$

la seconde néglige les petits termes presque constans que la soustraction fera disparaître, et se borne à

$$n\,(E-E') = nP\,(\cos D\sin H\cos S - \sin D\cos S\cos H\cos O - \sin S\cos H\sin O).$$

Donnons un exemple de cette méthode.

Nous avons déjà $\qquad I = 8°\,31'\,59''\ldots(73),$
angle de position $= 7.\ 2.48\ \ldots(79).$

Somme ou différ. selon les cas $= 15.34.47$
$90 - A = 49.12.\ 9\ldots(76)$

angle S pour l'entrée $= 33.37.22$
angle S pour la sortie $= 64.46.56$

Ces angles sont calculés pour l'entrée et la sortie pour le centre de la terre ; il serait encore plus exact de les calculer pour l'instant de chaque observation.

$$\log n = \left(\frac{3600\cos I}{M\cos A}\right)\ldots\ 1.3065914$$
$$9.6989700$$
$$\log \tfrac{1}{2}n\ldots\ldots\ 1.0055614$$

Ces préliminaires sont communs à toutes les méthodes, et serviront pour tous les calculs d'un même passage.

Pour Paris,   H = haut. du pôle — angle de la verticale = $48°38'50''$
Angle horaire   O = $114°42'$,   déclinaison $22°25'47''$ pour l'entrée,
                         et $22.27.30$ pour la sortie.

$$\sin H \dots 9.8754409 \qquad\qquad \cos H \dots 9.8200000$$
$$\sin D \dots 9.5815514 \qquad\qquad \cos D \dots 9.9658356$$
$$\qquad\qquad\qquad\qquad\qquad\qquad\qquad \cos O - \dots 9.6210382$$
$$0.286413 \dots 9.4569923$$
$$-0\,255196 \dots\dots\dots - 9.4068738$$
$$+0.031217 \dots 8.4943912 \qquad \cos N = 88°12'40''$$

$$\textit{avant} \text{ la conjonction et} \qquad \cos H \dots 9.8200000$$
$$\textit{après} \text{ midi}, \qquad\qquad\qquad \sin O \dots 9.9583288$$
$$\qquad\qquad\qquad\qquad\qquad\qquad C.\ \sin N \dots 0.0002117$$

$$\sin a = \quad 36°54'30'' \dots\dots 9.7785405$$
$$S = \quad 33.37.27$$

$$\cos S' = \cos (S-a) = -\ 3.17.\ 3 \qquad\qquad +\ 9.9992823$$
$$\qquad\qquad\qquad\qquad\qquad\qquad\qquad \sin N \dots 9.9997883$$
$$\qquad\qquad\qquad\qquad\qquad\qquad\qquad n \dots 1.3065914$$

$$\tfrac{1}{3}n - \qquad 1.00556 \qquad\qquad +\ 20,2144 \dots 1.3056620$$
$$\sin P = 22'' \qquad 6.02800 \qquad\qquad C.\ \cos (S-a) \dots 0.0007177$$
$$\cot 16' = E \qquad 2.33215 \qquad\qquad - \sin E = 16' \dots - 7.6678400$$
$$\qquad\qquad\qquad 9.36571$$
$$\sin^2 N \qquad 9.99958 \qquad\qquad -\ 0.0942 \dots 8.97422$$
$$\sin^2 S' \qquad 7.51613 \qquad\qquad -\ 0.0008$$
$$-0.0008 - 6.88142 \qquad\qquad +20.1194 \quad \text{log rayon de la terre } 9.9991780$$

$$T + n(E - E') = 7^h 38' 48'' + 20.1194\,P.$$

Pour Pétersbourg, hauteur du pôle corrigée = $59°46'25''$,

$$o = 15^h 25' 43'' = \frac{925°43'}{4} = 231°25'45'', \quad \text{ou} \quad 128°34'15'' \text{ à l'orient,}$$

$$\text{log rayon de la terre} \quad 9.9989151.$$

$$\sin H \dots 9.9365353 \qquad\qquad \cos H \dots 9.7019287$$
$$\sin D' \dots 9.5820917 \qquad\qquad \cos D' \dots 9.9657434$$
$$\qquad\qquad\qquad\qquad\qquad\qquad\qquad \cos O - \dots 9.7948237$$
$$0.330086 \dots 9.5186270$$
$$-0.390065 \dots\dots\dots - 9.4624928$$
$$+0.040021 \dots 8.6022879 \qquad \cos N = 87°42'23'';$$

après la conjonction et   cos H 9.7019287
avant midi, S′ = (S—a)   sin O′ — 9.8931167
                         C. sin N 0.0003481

$\sin a = - 23° 11' 52''$ — 9.5953935
$S = - 64.46.56$

$\cos S' = \cos (S - a) = - 41.35.\ 4$ 9.8738890
                       sin N 9.9996519
                       n 1.3065914

$-\tfrac{1}{2} n \sin P \cot E$ —   9.36571 $+15.1402$ 1.1801323
$\sin^2 N$ . . . . . .   9.99930   C. cos S′ 0.12611
$\sin^2 S'$ . . . . . .   9.64398 $- \sin E = 16'$ 7.66784

    — 0.1021   9.00899   — 0.0942   8.97408
                           — 0.1021

         $n\,(E - E') = 14.9439$

       sortie vraie $= 15^h 25' 43'' - 14.9439\,P.$

Pour plus d'exactitude il convient de multiplier les deux valeurs $n\,(E - E')$ par le rayon de la terre pour Paris et pour Petersbourg ; on aura de cette manière

     sortie vraie Pétersbourg $= 15° 25' 43'' - 14.9066\,P$
     différence des méridiens $= 1.51.54$

     sortie tems de Paris. . . . $= 13.33.49 - 14.9066\,P$
     entrée à Paris . . . . $= 7.38.48 + 20.0814\,P$

     durée . . . . $= 5.55.\ 1 - 34.9880\,P.$

En négligeant les deux petits termes et l'aplatissement nous aurions eu 35.3546 P ; mais cette légère différence disparaîtrait presque dans la comparaison de deux durées. Par ces nouvelles formules avec de très-légères différences dans les données, j'ai trouvé les quantités ci-jointes.

Paris, Pétersbourg. . .	5.55. 1 — 35.0907 P
Ward'hus.	5.53.31 — 31.6562 P
Kola.	5.53.18 — 31.9572 P
Cajanebourg	5.53.29 — 33.5953 P
Baie d'Hudson.	5.45.24 — 9.9042 P
Californie.	5.37.23 + 12.8647 P
Taïti	5.30. 8 + 33.5100 P
Milieu des quatre. . . .	5.53.35 — 33.07485 P
4 du nord et Taïti . . .	23.27 = 66.58485 P
B. d'Hud. et Californ.	8. 1 = 22.77290 P

On ne voit aucune raison bien sûre pour diriger un choix entre les quatre premières équations ; j'en prends le milieu que je compare à l'observation de Taïti ; j'ai

$$P = \frac{23'27''}{66.58485} = 21''1309, \quad \text{et} \quad \varpi = 8''5356.$$

Ces équations sont les plus concluantes ; celles qui le sont le moins sont celles de la Baie d'Hudson et de la Californie, qui donnent $P = \dfrac{8'1''}{22.7729} = 21''1337$ et $\varpi = 8''5367$; ce qui s'accorde très-bien. On peut supposer $\varpi = 8''536$; nous avons par l'autre méthode

$$\varpi = 8.569$$
$$\overline{\text{milieu} = 8.5525.}$$

Cet accord prouve la bonté des deux méthodes ; mais par la seconde le travail est considérablement diminué, et l'on peut, dans une matinée, trouver la parallaxe par les sept durées complètes observées en 1769.

En se bornant au premier terme, et faisant $n(E-E') = n\varpi \sin N \cos S' = n\varpi \cos \zeta$, ζ sera le troisième côté d'un triangle rectilatère ZSZ' (fig. B, pl. VIII) entre le zénit de Paris, le soleil et le zénit qui est à 90° du soleil, sur le prolongement de SV ou de SE ; ζ sera la distance du zénit de Paris à celui qui voit le premier ou le dernier Vénus sur le bord du soleil. De ce zénit comme pôle, avec la distance $\zeta = ZZ'$, décrivez un petit cercle ZZ''Y ; tous les points de ce cercle auront même distance au pôle Z' ; $\sin N \cos S' = \cos \zeta$ aura une même valeur ; l'effet $n\varpi \cos \zeta$ de la parallaxe de distance sera le même ; si l'un de ces points voit entrer ou sortir Vénus, tous les autres la verront de même sur le bord du soleil. Tout cela n'est vrai qu'en négligeant les petits termes, mais cela suffit pour l'annonce d'un passage. Le cercle décrit du pôle Z' sera un petit cercle du globe terrestre ; pour le tracer il suffira de trouver le pôle Z' par le triangle Z'PS, dans lequel SZ' = SV + VZ' = 90°. Pour le point Z' l'accélération de l'entrée sera $n\varpi$, ou la plus grande, parce que $\cos \zeta = 1$. Pour toute autre accélération $\dfrac{n\varpi}{m}$, vous aurez

$$\frac{n\varpi}{m} = n\varpi \cos \zeta \quad \text{et} \quad \cos \zeta = \frac{n\varpi}{m.n\varpi} = \frac{1}{m} ;$$

vous aurez ainsi la distance ζ au pôle Z' pour une accélération en rapport quelconque avec la plus grande accélération possible. L'accélération sera nulle si $\zeta = 90°$, le soleil sera au zénit ; l'accélération sera négative si $\zeta > 90°$, l'entrée sera retardée par l'effet de la parallaxe.

Vous tracerez tous ces petits cercles du pôle Z' pour l'entrée, vous en ferez autant pour la sortie ; vous pourrez les placer sur une mappemonde pour les règles de la projection stéréographique (XXXVII). C'est ainsi que Delisle et Lalande en usèrent pour les passages de 1761 et 1769 ; c'est ce que Lagrange a démontré analytiquement dans les Mémoires de Berlin pour 1766 : le procédé est suffisamment exact, mais il n'est qu'approximatif. La distance E change continuellement, E' est constant ; le pôle Z', qui est à 90° de distance sur le prolongement de E, change à chaque instant, ce qui multiplierait les calculs sans les rendre plus difficiles. Pour chaque dis-

tance

tance E.vous chercherez $\cos \zeta = \dfrac{n\,(E - E')}{n\,x}$; mais le procédé ci-dessus n'est encore que trop bon pour des annonces de ce genre, et l'on peut se contenter du procédé bien plus expéditif qui n'emploie que le globe (XXXVII.78).

Page 498, ligne 5, $\cos u' + I$, *lisez* $\cos (u' + I)$
 ibid.   7, $\cos (u - I)$, *lisez* $\cos (u + I)$
 ibid.   13, $\frac{1}{2} n\Pi)$, *lisez* $\frac{1}{2} n\pi)$
 501, 1er terme, -1.130, *lisez* -4.130
 521,   6 en rem., et Vénus *lisez* et Vénus,
 523,   *dern.*, mais, *lisez* mais la terre
 549,   11, $a^2 - \text{tang}^2 \, T$, *lisez* $a^2 - a\,\text{tang}^2\,T$
 554,   8 en rem., 83°, *lisez* 53°

Voyez d'ailleurs tome II, page 623, et tome III, page dernière.

TOME III, page 6, article 11, ajoutez :

$$-\frac{d\odot}{d\pi} = \left(\frac{v}{V}\right)\frac{\cos P}{\cos T} = \frac{\sin T}{\sin P}\cdot\frac{\cos P}{\cos T} = \frac{\text{tang}\,T}{\text{tang}\,P}, \quad \text{ou} \quad \frac{d\Pi}{d\pi} = \frac{\text{tang}\,P}{-\text{tang}\,P} = \frac{\text{tang}\,T}{+\,\text{tang}\,P'} ;$$

$d\Pi$ étant généralement le mouvement héliocentrique de la planète supérieure, $d\pi$ celui de la planète inférieure, V et v les deux rayons vecteurs projetés sur l'écliptique, T l'angle à la planète supérieure, qui est aigu, et P' l'angle à la planète inférieure, mais pris extérieurement au triangle pour avoir cet angle aigu. On aura donc, en nommant S l'angle au soleil

$$\frac{d\Pi}{d\pi} = \left(\frac{v \sin S}{V - v \cos S}\right)\left(\frac{V \cos S - v}{V \sin S}\right) = \left(\frac{v}{V}\right)\left(\frac{V \cos S - v}{V - v \cos S}\right) = \left(\frac{v}{V}\right)\left(\frac{\cos S - \left(\frac{v}{V}\right)}{1 - \left(\frac{v}{V}\right)\cos S}\right),$$

d'où
$$\left(\frac{d\Pi}{d\pi}\right)\left(\frac{V}{v}\right) = \frac{\cos S - \left(\frac{v}{V}\right)}{1 - \left(\frac{v}{V}\right)\cos S},$$

et
$$\left(\frac{d\Pi}{d\pi}\right)\left(\frac{V}{v}\right) - \left(\frac{d\Pi}{d\pi}\right)\cos S = \cos S - \left(\frac{v}{V}\right); \left(\frac{d\Pi}{d\pi}\right)\left(\frac{V}{v}\right) + \left(\frac{v}{V}\right) = \cos S + \left(\frac{d\Pi}{d\pi}\right)\cos S,$$

et
$$\cos S = \frac{\left(\frac{v}{V}\right) + \left(\frac{V}{v}\right)\left(\frac{d\Pi}{d\pi}\right)}{1 + \left(\frac{d\Pi}{d\pi}\right)},$$

expression purement trigonométrique ; mais si nous supposons $\dfrac{d\Pi}{d\pi} = \left(\dfrac{v}{V}\right)^{\frac{3}{2}}$ nous aurons

$$\cos S = \frac{\left(\frac{v}{V}\right) + \left(\frac{v}{V}\right)^{\frac{1}{2}}}{1 + \left(\frac{v}{V}\right)^{\frac{3}{2}}} = \frac{\text{tang}^2\,x + \text{tang}\,x}{1 + \text{tang}^3\,x},$$

valeur moyenne qui s'accorde avec celle de l'article (14).

1.   *f*

TABLE DES MATIÈRES

CONTENUES DANS CET OUVRAGE.

Nota. *Le premier chiffre indique le Volume, le second le Chapitre, le troisième et les suivans les Articles.*

A

Abaissement de l'horizon sensible, 1.8.3 et 4 ; — de l'horizon de la mer, 3.36.17.

Aberration, 3.30.1 ; formule générale, 3.30.11 ; application, 3.30.12 et suiv. ; — moyens de l'observer, 3.30.28. Aberration des planètes, 3.30.33, des comètes, 3.30.44 ; de la lune et du soleil, 3.30.47 et 48 ; aberration diurne, 3.30.45.

Accélération diurne des étoiles, 1.3.27 ; 2.23.44 et 46.

Acronyque, ἀκρόνυχος ; qui est visible d'un bout à l'autre de la nuit. ἄκρος, *extremus ;* νὺξ, *nox*, 1.18.90 ; 2.27.123.

Aires proportionnelles au tems, 2.21.6 ; expression de l'aire elliptique, 2.21.42 et 93 ; valeurs approximatives, 2.21.221.

Alignemens (méthode pour trouver la position d'un astre), formule générale, 1.16.119. Les alignemens de plusieurs étoiles observés par Hipparque, rapportés par Ptolémée, sont encore aujourd'hui les mêmes ; ce qui prouve que la position relative des étoiles ne change pas sensiblement.

Almicantarat, terme arabe : c'est un petit cercle parallèle à l'horizon, et dont les pôles sont le zénit et le nadir. Tous les points d'un almicantarat sont à égale hauteur au-dessus de l'horizon.

Amphisciens, ἀμφίσκιοι, qui voient l'ombre à midi dans deux directions opposées en différentes saisons : σκιὰ, ombre ; ἀμφὶ, de part et d'autre. Tous les peuples de la zone torride sont amphisciens.

Amplification des lunettes, 1.3.11.

Amplitude ortive et occase, 1.2.13.

Anabibazon, mot grec ; qui fait monter ; nœud ascendant.

Analemme, projection orthographique de la sphère sur le plan du colure ou du méridien, 3.37.1 ; sert à démontrer les trois théorèmes principaux de la trigonométrie moderne, 3.37.8.

Analogies de Neper, 1.10.92 et 93 ; diverses démonstrations, 1.10.172 et suiv.

Angle sphérique, 1.10.4 ; — de position, 2.24.8 ; — horaire, 2.25.36. —— *parallactique*, ainsi nommé parce qu'il sert à calculer les parallaxes : c'est l'angle B au centre de l'astre, entre le vertical et le cercle de déclinaison, 1.15.16 ;

1. 𝑔

Hétérosciens, qui ne voient jamais l'ombre que d'un même côté : ἑτέρος, *alter*, et σκιά, ombre. Ce sont les peuples des zones tempérées comprises entre les tropiques et les cercles polaires.

Heures, divisions du jour. Les anciens avaient des heures égales qu'ils appelaient *équinoxiales*, et des heures temporaires qui variaient de longueur suivant les saisons, parce qu'elles étaient toujours des douzièmes de la durée variable du jour ou de la nuit. Les modernes ont des heures sidérales et des heures de tems moyen qui sont de longueur constante, et des heures solaires vraies qui sont variables, 2.23.28.

Méthode pour trouver l'heure à terre, 1.18.18 ; — en mer, 3.36.29 et 76.

Hiver, saison qui commence à l'entrée du soleil dans le signe du capricorne, ou plus généralement au jour le plus court de l'année, au jour où l'ombre méridienne est la plus longue.

Homogène, de même genre, composé de parties de même nature, opposé de hétérogène.

Horaire (angle), 1.5.30 ; cercle horaire, *ibid.*

Horizon, 1.2.10 ; horizon astronomique, 1.6.11 ; horizon sensible, *ibid.* ; horizon rationnel ou géocentrique, grand cercle de la sphère mené par le centre de la terre parallèlement à l'horizon astronomique. La différence entre ces deux horizons est insensible pour les étoiles : pour les planètes elle est égale à leur parallaxe horizontale ; voyez *parallaxe*.

Horloge astronomique, 1.3.1.

Hyperbole, route de l'ombre sur nos cadrans, 1.4.21.

Hypoliptique, 3.28.4.

Hypoténuse. Chez les anciens c'est généralement le côté opposé à un angle quelconque d'un triangle, la corde du cercle circonscrit au triangle rectiligne : chez les modernes c'est le côté opposé à l'angle droit : ὑποτείνουσα.

Différence entre l'hypoténuse et l'un des côtés d'un triangle sphérique rectangle en fonction de l'hypoténuse et de l'angle compris, ou du côté moyen et de l'angle compris, 1.10.215 et 216.

En fonction de l'hypoténuse et du petit côté, 3.35.135.

En fonction des deux côtés, 3.35.131.

Hypothèse elliptique simple, 2.20.30 et 31.

I

Immersion, entrée dans l'ombre.

Incidence (angle d'), 1.3.5, 1.13.15.

Inclinaison d'un plan. Sa mesure, 1.6.38 ; moyen de la trouver, voyez *niveau*.

Inclinaison de la lunette méridienne, 1.16.48 ; — de l'axe optique, 1.16.50.

Inclinaison des orbites planétaires ; moyens pour la déterminer, 2.27.21.

Tableau des inclinaisons, 2.27.235.

Indiction, 3.38.52.

Inégalités du soleil, de la lune et des planètes ; moyens de les découvrir par les observations, 2.25.68,79.

Inflexion, 2.26.198.

P

Premier

I. *h*

Tome III, page 720, à *l'Errata*, lig. 4, diamètre divisé, *lisez* dirigé.

ASTRONOMIE

THÉORIQUE ET PRATIQUE.

CHAPITRE PREMIER.

INTRODUCTION.

1. L'astronomie est la science des astres (*) et de leurs mouvemens; elle se fonde sur l'observation et le calcul; elle est une des branches les plus importantes et les plus curieuses des Mathématiques.

2. Mais quoiqu'elle emprunte presque tous ses principes de la Géométrie et de la Mécanique, et qu'à cet égard elle ait toute l'exactitude de ces deux sciences, elle ne peut suivre leur marche rigoureuse, pour plusieurs raisons : la première, c'est qu'elle est obligée d'admettre quelques suppositions qu'on peut bien se rendre très-vraisemblables par le rapprochement et la comparaison des phénomènes, et dont il est pourtant impossible de donner une démonstration directe et satisfaisante ; mais de toutes les raisons, la principale c'est qu'aucun des phénomènes

---

(*) On a dit que le mot Astronomie venait de deux mots grecs ἀστήρ ou ἄστρον, et νόμος, loi, c'est-à-dire, lois que suivent les astres dans leurs mouvemens : ἀστρονομία vient de ἀστρονόμος, mot qui signifie celui qui a les astres dans son département, qui se mêle des astres, comme ἀστυνόμος, μετρονόμος, οἰκονόμος, signifient ceux qui ont l'intendance de la ville, des mesures, de la maison; αἰγονόμος, βουνόμος, ἱππονόμος, ceux qui conduisent les chèvres, les bœufs et les chevaux.

ne se présente isolément, et qu'au contraire ils sont toujours accompagnés de circonstances qui en rendent l'explication plus difficile.

3. Un auteur qui veut écrire des élémens de géométrie peut, à l'aide d'un petit nombre de principes, par des raisonnemens clairs, par des démonstrations rigoureuses, arriver aux théorèmes les plus difficiles, sans jamais être obligé de revenir sur ses pas ou de supposer rien que ce qu'il a précédemment démontré. Il n'en est pas tout-à-fait de même en Astronomie : le problème le plus simple et le plus usuel, celui, par exemple, de déterminer l'heure par l'observation d'une étoile, suppose, indépendamment de l'uniformité du mouvement diurne du ciel, la connaissance de la précession, de l'aberration, de la nutation, de la réfraction ; et si c'est une planète qu'on y emploie, il faut joindre à ces connaissances celle de la parallaxe, ou, ce qui revient au même, celle de la distance à la terre et de toutes les inégalités du mouvement.

4. Il en résulte que l'élève qui veut se livrer à l'étude de l'Astronomie est réduit à cette alternative, ou de lire et réfléchir long-tems avant que de faire la moindre observation, ou d'observer long-tems sans rien entendre aux réductions de toute espèce qu'il est obligé d'appliquer aux résultats immédiats de son observation ; ce sera seulement après quelques mois d'application qu'il pourra se rendre raison des pratiques qu'il aura commencé par suivre en aveugle et sur la parole de son maître.

5. Il faut bien qu'on ait cru cet inconvénient inévitable, et il l'est jusqu'à un certain point, puisqu'aucun des Astronomes soit anciens, soit modernes, dans les Traités nombreux que nous possédons, n'a pris le soin de s'assujettir à un ordre plus satisfaisant et plus lumineux, et qu'on les voit même, pour la plupart, se contenter d'une exposition plus ou moins méthodique des phénomènes et des méthodes, supposant partout des observations bien faites et bien réduites, sans nous apprendre comment se font toutes ces réductions, sur lesquelles même plusieurs auteurs ont gardé le silence le plus absolu.

6. Cet inconvénient sera de beaucoup diminué, si celui qui veut devenir Astronome s'applique d'abord aux observations. Une étude de quelques heures lui suffira pour acquérir les idées qui ont fait imaginer les principaux instrumens de l'Astronomie ; un noviciat de quelques jours suffira pour le familiariser avec l'usage de ces instrumens, le former à prendre avec précision le passage d'un astre aux différens fils d'une lunette, à régler une pendule, à mesurer une distance au zénit, à faire

les calculs des premières réductions; enfin à tenir un registre dans lequel il pourra trouver par la suite toutes les données qui le conduiront pas à pas à l'explication du système du monde et au calcul de tous les mouvemens célestes.

7. Ainsi, l'observation précédera la théorie, et les théories naîtront par degrés du calcul des observations. Je ne prendrai pour données que les phénomènes les plus frappans, ceux que ne peut s'empêcher de remarquer un observateur attentif; je ne lui supposerai que les connaissances les plus élémentaires de la Géométrie; je le supposerai capable de s'élever au-dessus des préjugés et de rectifier par le raisonnement les erreurs de ses sens; mais il sera également dépourvu de toutes notions contraires, qui, pour être plus vraies, n'en seraient pas moins en lui des préjugés, s'il les avait adoptées sans un mûr examen; il doutera de tout et ne se rendra qu'à l'évidence; il trouvera de lui-même par les observations, l'Astronomie telle qu'elle était il y a soixante ans, c'est-à-dire avant que l'analyse moderne eût expliqué et calculé jusqu'aux plus petites irrégularités des mouvemens célestes.

8. On a dit avec beaucoup de raison, que l'Astronomie est la fille du tems : on n'est guère en état de bien expliquer ou de prédire un phénomène, qu'après l'avoir observé plusieurs fois, et l'Astronomie en a plusieurs qui ne reviennent qu'à de très-longs intervalles; mais ce n'est pas là seulement ce qui a retardé les progrès de cette science. La marche des inventeurs a été lente, parce qu'ils n'avaient pas les secours qui sont aujourd'hui entre nos mains : dans l'état de perfection où sont maintenant les arts et la science analytique, cinquante ans suffiraient pour élever l'Astronomie au point de perfection où elle est aujourd'hui, du moins à très-peu près, quand même elle n'aurait jamais été cultivée précédemment.

9. En profitant des lumières actuelles, en nous prévalant de l'invention des lunettes et des progrès de l'horlogerie, nous montrerons comment un Géomètre pourrait aujourd'hui découvrir tout ce qu'on sait d'Astronomie; mais si le lecteur ne peut lui-même faire ces observations, nous supposerons qu'il puisse consulter les recueils qui ont paru depuis cinquante ans; il prendra les observations brutes et telles que l'observateur les a déposées dans ses registres, il pourra comparer celles de divers Astronomes, et il se convaincra facilement qu'elles ont toute l'authenticité que l'on peut desirer.

10. Sans adopter aucune hypothèse, aucun système, il ne raisonnera que d'après des faits incontestables ; d'ailleurs s'il est à portée d'un Observatoire, s'il possède des instrumens, ses propres observations, en admettant qu'il les continue seulement durant l'espace de quelques années, lui feront trouver les mêmes théories, le mèneront aux mêmes conséquences, et seulement avec un peu moins de précision et de sureté en raison de l'intervalle beaucoup moindre.

11. Nous supposerons donc qu'un jeune homme, frappé de la régularité des mouvemens célestes, consacre pendant un an ou deux ses nuits à l'observation des étoiles et des planètes ; que le jour il prenne le passage et la hauteur des bords du soleil, surtout au méridien (*voy*. le chapitre suivant) ; qu'il s'occupe à trouver des règles pour la solution de tous les problèmes d'Astronomie sphérique qui se présenteront à lui ; il n'aura pas même besoin de supposer que la terre est un globe, cette connaissance lui sera long-tems inutile ; il reconnaîtra ce que les phénomènes ont de régulier, et les petites irrégularités qui les altèrent ; s'il n'en aperçoit pas d'abord les causes, il en aura du moins la mesure et les règles de calcul qui en détermineront jusqu'aux plus petites circonstances ; il se fera d'abord l'Astronomie telle qu'elle était il y a soixante ans, et avec ces connaissances approchées, il pourra trouver par la Géométrie les petites corrections dont elle avait besoin pour devenir ce qu'elle est aujourd'hui.

Aux observations faites, il y a cinquante ans, par la Caille et Bradley, nous joindrons celles que M. Maskelyne publie régulièrement depuis plus de quarante ans, et l'ouvrage où sont consignées les observations toutes récentes de M. Piazzi ; enfin celles que le Bureau des Longitudes publie annuellement dans la *Connaissance des tems*.

12. Selon ce plan, nous n'admettrons rien qui ne soit clairement prouvé : nous pourrons même varier les preuves autant que nous le jugerons nécessaire. Nous passerons ainsi en revue toutes les parties de l'Astronomie ; nous les présenterons dans un autre ordre que les auteurs qui nous ont précédé ; mais la forme seule aura changé.

13. Des auteurs justement célèbres ont voulu suivre une méthode à peu près semblable dans des traités de Géométrie ou d'Algèbre ; ils ont tenté de faire inventer la science à leurs lecteurs. On leur a reproché de n'avoir ainsi donné que des traités plus longs et moins complets. La raison en est peut-être que dans la Géométrie et l'analyse, si tous les théorèmes sont essentiellement liés à quelque théorème précédent, on ne voit pas

toujours la nécessité de passer des premiers à ceux qui en sont les corollaires; que le même théorème peut avoir un grand nombre de conséquences qui ont peu d'analogie entre elles, et dont on ne prévoit pas
l'utilité; au lieu qu'en Astronomie les phénomènes à expliquer nous
tiendront continuellement sur la voie : notre traité sera complet quand
tout sera expliqué, quand nous aurons pour tout des règles de calcul.
Ainsi nous ne dirons rien d'inutile, nous n'omettrons rien d'essentiel, et
nous ne serons pas plus longs que si nous avions, à l'exemple de la Caille,
supposé tout d'abord l'observateur au centre du soleil.

14. Nos démonstrations commenceront généralement par la synthèse;
la méthode purement analytique ne serait pas toujours la plus facile ou la
plus courte : quand les problèmes seront susceptibles d'une construction
facile et qui parle aux yeux, nous l'emploierons de préférence : cette
construction nous fournira l'équation fondamentale; mais si l'analyse peut
ensuite simplifier cette formule, la présenter sous une forme qui soit
plus commode pour le calcul, ou qui facilite les combinaisons et nous
puisse conduire à des résultats plus généraux et plus féconds, nous ne
laisserons pas échapper ces avantages.

15. Que ce mot d'analyse n'effraie cependant aucun de nos lecteurs :
l'Astronomie, si l'on fait abstraction des perturbations planétaires, n'exige
véritablement que la connaissance des théorèmes les plus élémentaires
de la Géométrie, les plus simples règles de l'Algèbre, quelques propriétés
principales des sections coniques, les deux théorèmes fondamentaux
du calcul différentiel et intégral, et surtout la Trigonométrie sphérique,
que l'Astronomie a fait inventer, et que nous déduirons de nos observation mêmes, à l'aide de la Trigonométrie rectiligne.

CHAPITRE II.

Premières observations ou remarques fondamentales déduites de la simple inspection du mouvement des Astres.

1. Imaginons un observateur placé dans un lieu parfaitement libre, c'est-à-dire où le sol ne soit couvert d'aucun objet, d'aucun édifice, d'aucune montagne, enfin de rien qui s'élève au-dessus de la surface de la terre et qui puisse gêner la vue; ou bien plaçons-le sur la plate-forme d'une tour élevée de laquelle il domine tous les objets voisins.

2. Dans cette position, imaginons qu'un beau jour d'hiver il se tourne du côté où le soleil commence à paraître : il verra cet astre se lever obliquement, monter, en allant de gauche à droite (*) pendant une partie de la journée; puis, en continuant de se mouvoir toujours vers la droite, redescendre par degrés, se coucher et disparaître.

3. La lumière que la présence du soleil avait répandue sur la terre ne cesse pas brusquement à la disparition de cet astre; elle s'affaiblit par degrés, et à mesure qu'elle diminue, le spectacle change : on voit poindre çà et là dans le ciel quelques points brillans dont le nombre augmente progressivement, et lorsque l'obscurité devient totale, cet espace immense est parsemé de ces points brillans que nous nommons *étoiles*. Ces étoiles ne paraissent former entre elles aucuns dessins réguliers, mais on peut les distinguer par la différence de leur lumière, et surtout par leur grandeur apparente et leurs configurations.

4. Si l'observateur se tourne du même côté où il a vu paraître le soleil, il verra se lever successivement de nouvelles étoiles à sa droite et à sa gauche; il les verra monter obliquement, comme fait le soleil, pendant une partie de leur course, redescendre ensuite, disparaître ou se coucher du côté opposé; non pas au même point où le soleil s'est couché, mais

---

(*) L'observateur est censé placé dans nos climats septentrionaux.

l'étoile qui s'est levée le plus à droite se couchera le plus à gauche du côté
opposé, et réciproquement. Il remarquera aussi que le tems que chaque
étoile emploie depuis son lever jusqu'à son coucher est d'autant plus
grand que cette étoile se lève plus à gauche et se couche par conséquent
plus à droite.

5. De ces observations on peut conclure, 1° que la marche visible du
soleil, et celle de toutes les étoiles, s'effectuent dans le même sens ;
2° que ces astres paraissent décrire des lignes parallèles entre elles, ou
que du moins ces lignes ne se croisent pas ; 3° que le tems que chacun
d'eux emploie à parcourir l'espace visible du ciel est différent, mais d'autant plus grand que l'astre se lève plus à gauche.

6. Si notre observateur a bien remarqué, au moyen de quelques objets
terrestres ou par des marques posées sur la circonférence de la tour, les
endroits où le soleil et quelques-unes des étoiles les plus remarquables se
sont levées et les endroits où elles se sont couchées, et que quelques jours
après il revienne pour répéter son observation, il verra le soleil se lever
un peu plus matin et plus vers la gauche, parvenir vers le milieu de sa
course, à une plus grande élévation, redescendre ensuite et se coucher
un peu plus à droite et plus tard que le premier jour.

7. En se tournant vers l'endroit où se lève le soleil, aussitôt après le
coucher de cet astre, l'observateur verra déjà à quelque hauteur quelques-
unes des étoiles qu'il n'avait vues le premier jour que quelque tems après
le coucher du soleil. Mais chacune de ces étoiles se levera au même point
que le premier jour, parviendra vers le milieu de sa course à la même
hauteur, redescendra ensuite et disparaîtra sur le même point, elles
garderont entre elles dans leur marche le même ordre et les mêmes distances qu'il avait remarquées dans sa première observation.

8. Il verra encore, en comparant entre elles les deux observations
de chaque étoile, que le tems qu'une même étoile emploie à parcourir
l'espace visible du ciel depuis son lever jusqu'à son coucher, est constamment le même, mais que ce tems est d'autant plus long que cette étoile
se lève plus vers la gauche, et d'autant plus court qu'elle se lève plus à
droite ; de manière qu'en se tournant vers la région où il a vu le soleil
à midi, il verra des étoiles se coucher presque aussitôt qu'elles sont levées,
et au contraire en se tournant vers la région opposée du ciel, il verra des
étoiles qui ne se couchent jamais et qui paraissent décrire dans le ciel des

cercles plus ou moins grands ; il en verra même qui viennent raser la terre
de très-près et qui se relèvent aussitôt.

9. De cette dernière remarque l'observateur conclura, par analogie,
que les étoiles qui se lèvent et se couchent font sous terre la partie de
révolution qui est invisible pour nous ; d'où il résulte que suivant toute
apparence, tout le ciel tourne autour de nous d'un mouvement régulier
comme serait celui d'une sphère autour d'un axe incliné.

10. Cette conséquence est assez importante pour mériter un examen
plus approfondi. Il est plus d'un moyen pour la vérifier, mais avant tout
il faut répéter avec plus de précision ce que nous avons jusqu'ici estimé
à la simple vue.

En regardant autour de lui de tous côtés, l'observateur voit le ciel
comme une voûte ou calotte hémisphérique, appuyée sur un plan qui
est la terre. L'intersection de la sphère et du plan lui paraît un cercle
dont il croit occuper le centre. Ce cercle terminateur sépare la partie
supérieure du ciel de la partie inférieure qui est invisible pour nous.
On l'appelle *horizon*, du verbe grec ὁρίζω, qui signifie *terminer*.

Ce cercle est d'un rayon trop grand pour que l'observateur puisse atteindre à la circonférence ; mais tous les cercles sont semblables. L'observateur peut tracer autour de lui un cercle qui sera concentrique et semblable à l'horizon, il peut diviser ce cercle en degrés. Il peut s'entourer
d'une balustrade sur laquelle il tracera ce cercle : s'il est sur une tour
circulaire, il peut le marquer sur le mur d'appui. Il peut placer au centre
un piquet de même hauteur, au sommet duquel il viendra placer son
œil pour être toujours au centre. De ce centre il peut mener des rayons
à tous les points de son horizon factice, et ces rayons prolongés par la
pensée jusqu'à l'horizon naturel, couperont les cercles en parties semblables. De cette manière il marquera fort exactement les points de lever
et de coucher des plus belles étoiles.

Soit donc HORI (planche I, fig. 1), cet horizon factice qu'on nomme
cercle azimutal. L'œil étant au centre C, voit une étoile se lever en A
sur le rayon CA, il la voit ensuite se coucher en B : que l'observateur
marque ou fasse marquer les points A et B sur le cercle azimutal, qu'il
en fasse de même pour une étoile qui se lève en D et se couche en E ; il
remarquera facilement que l'arc AD est égal à l'arc BE ; il en sera toujours
de même, quelles que soient les étoiles qu'il compare ainsi deux à deux.

11. Il suit de là que toutes les cordes de lever et de coucher, telles
que

que AB et DE, sont parallèles entre elles ; qu'un diamètre comme OCI, qui serait perpendiculaire sur une de ces cordes, serait aussi perpendiculaire sur toutes les autres, qu'il les couperait toutes en deux segmens égaux, et qu'il couperait aussi en deux également tous les arcs appuyés sur ces cordes; et qu'ainsi l'on aurait AO = OB, OD = OE, etc.

12. Un diamètre HR perpendiculaire à OI serait parallèle aux cordes AB, DE : ces deux diamètres partagent l'horizon en quatre parties égales, ils marquent sur l'horizon ou sur le cercle azimutal les quatre points *cardinaux; * H est l'*est*, O le *sud*, R l'*ouest* et I le *nord*.

13. L'arc AO se nomme l'*azimut* de l'astre qui se lève en A, OB l'azimut du même astre lorsqu'il se couche en B, et ces deux azimuts sont égaux. HA est l'*amplitude* du même astre à son lever, elle s'appelle *ortive*. BR est l'amplitude au coucher, et se nomme *amplitude occase*. L'amplitude est toujours le complément de l'azimut.

14. Un plan élevé perpendiculairement sur un diamètre quelconque de l'horizon irait couper la sphère céleste, et l'intersection de ce plan avec la sphère serait un grand cercle, puisque son plan passe par le centre de la sphère. On appelle *petit cercle* celui dont le plan ne passe pas par le centre ; il divise la sphère en deux parties inégales.

Les grands cercles perpendiculaires à l'horizon s'appellent *verticaux;* ils ont tous un diamètre commun qui est perpendiculaire à l'horizon, et dont l'extrémité supérieure, qui est un des pôles de l'horizon, s'appelle *zénit*, d'un mot arabe qui signifie *point*. Ainsi *zénit* est le point remarquable entre tous les points de la sphère céleste, le point auquel on rapporte tous les autres. C'est celui qui est au-dessus de la tête de l'observateur.

L'extrémité inférieure de ce diamètre est l'autre pôle de l'horizon ; il s'appelle *nadir*, ou point opposé.

En général on appelle pôles d'un grand cercle les deux extrémités du diamètre de la sphère qui est perpendiculaire au plan de ce grand cercle. Ce diamètre prend le nom d'*axe;* il traverse perpendiculairement et par le centre, non-seulement le grand cercle, mais tous ses parallèles.

Le grand cercle et tous ses parallèles ont les mêmes pôles.

Le mot pôle est grec, $\pi\acute{o}\lambda o\varsigma$, d'où $\pi o\lambda\acute{\epsilon}\omega$, *verto*, est le point autour duquel tournerait le grand cercle avec tous ses parallèles.

15. Le vertical qui s'élève sur HR, ou qui se dirige de l'est à l'ouest, s'appelle le *premier vertical;* il partage la sphère céleste en deux hémis-

phères, l'un sud vers O et l'autre nord vers I. Ces deux hémisphères s'appellent encore, l'un *austral* ou *méridional*, l'autre *boréal* ou *septentrional*.

16. Le vertical qui s'élève sur OI partage la sphère en deux hémisphères, l'un oriental et l'autre occidental. Il s'appelle *méridien* ou *cercle du milieu du jour*, parce qu'il partage en deux parties égales la course visible de tous les astres. Ce vertical est le plus important de tous.

Si le ciel est une sphère qui tourne autour de la terre, chaque astre doit décrire la circonférence d'un cercle, grand ou petit. L'intersection de ce cercle avec l'horizon sera une corde comme AB ou DE, ou le diamètre HR, et toutes ces intersections seront parallèles (II, 11) (*).

17. Les cercles décrits par les étoiles sont parallèles entre eux ; car ils sont décrits par des lignes perpendiculaires à l'axe de rotation, c'est-à-dire par le sinus de la distance de l'astre au pôle. S'ils sont tous parallèles, ils ont même inclinaison, c'est-à-dire qu'ils font des angles égaux avec l'horizon. C'est ce qu'on peut vérifier d'une manière fort simple.

18. Imaginez que le demi-cercle ORI (fig. 1) soit relevé à angles droits sur le demi-cercle OHI. ORI sera la partie visible du méridien, OHI la partie orientale de l'horizon (II, 16). Supposons qu'une étoile S ait été observée dans le plan du méridien, sa hauteur sur l'horizon se connaîtra en mesurant l'angle OCS ; car on ne peut mesurer ni la vraie longueur du rayon visuel CS, ni la droite perpendiculaire Sn, qui, dans l'acception ordinaire, serait la hauteur vraie de l'étoile, on ne peut mesurer que l'angle OCS, en plaçant en C un cercle concentrique à l'horizon qui soit divisé en degrés, et d'un rayon incomparablement plus petit que le rayon visuel CS.

Menez Sm au milieu de la corde AB. Le plan mCS qui fait partie du méridien sera perpendiculaire à la corde AB, réciproquement la corde AB sera perpendiculaire au plan mCS et à toutes les lignes comme mC, mS qui passent par son pied ; mS est dans le plan du cercle décrit par l'étoile dans sa révolution, mS et mO sont perpendiculaires à l'intersection du plan AmS avec l'horizon, OmS sera l'angle de ce plan avec l'horizon. Or,

$$\tang O m S = \frac{Sn}{mn} = \frac{Sn}{Cn - Cm} = \frac{\sin OS}{\cos OS - \sin AH} = \frac{\sin OS}{\cos OS - \cos AO} = \frac{\sin h}{\cos h - \cos z}.$$

(*) Ces renvois, composés de deux chiffres séparés par une virgule, indiquent le premier le chapitre, l'autre le paragraphe où l'on peut trouver la preuve de ce qui est énoncé immédiatement avant le renvoi.

Nous prenons pour unité le rayon inconnu CS et nous nommons h la hauteur méridienne de l'étoile. Nous pouvons mesurer l'amplitude AH ou l'azimut AO que nous appellons z. Il reste à mesurer l'angle $h = $ OS pour connaître OmS ou l'inclinaison commune des cercles parallèles décrits par les étoiles. Vous avez en C, au centre de votre Observatoire, un piquet dont la hauteur est égale à celle du mur d'appui sur lequel est décrit votre cercle azimutal : élevez quelque part sur le rayon CmO de votre cercle azimutal un autre piquet plus long.

Soit (fig. 2) MC le piquet central, QE l'autre piquet dressé dans le plan du méridien. Dirigez de C à l'étoile S une règle qui représentera le rayon visuel et qui touchera en N le jalon QE. Faites marquer le point de contingence N. Marquez un point L tel que QL $=$ MC, mesurez NL et vous aurez

$$\tan h = \tan \text{NCL} = \frac{\text{NL}}{\text{CL}} = \frac{\text{NQ} - \text{CM}}{\text{MQ}} = \frac{\text{différence des hauteurs}}{\text{distance des piquets}}.$$

Connaissant h, vous aurez, en désignant par I l'angle OmS (fig. 1),

$$\tan \text{I} = \frac{\sin h}{\cos h - \cos z} = \frac{\tan h}{1 - \dfrac{\cos z}{\cos h}}.$$

19. Faites cette opération sur plusieurs étoiles et vous aurez toujours la même valeur pour l'angle I, c'est-à-dire pour l'inclinaison des plans; d'où il suit que toutes les étoiles font leurs révolutions dans des plans qui sont parallèles entre eux.

Supposons que parmi ces étoiles il y en ait une dont l'azimut $z = 90°$, c'est-à-dire que l'étoile se soit levée et couchée dans le premier vertical (II, 15), vous aurez $\tan \text{I} = \tan h$, car $\cos z = 0$: ainsi, pour connaître l'inclinaison des parallèles de la sphère, il suffit de prendre la hauteur méridienne d'une étoile qui se lève en H et se couche en R dans le premier vertical; mais le procédé est général, et en l'appliquant à des étoiles différentes, on pourra se convaincre que cette inclinaison est la même pour toutes.

Dans le triangle mCS vous connaîtrez donc mCS $= h$; OmS $= m$CS $- m$CS; car l'angle extérieur est égal à la somme des angles intérieurs opposés : donc mSC $=$ I $- m$CS $=$ (I $- h$).

20. Soit mSC $=$ D. D variera pour chaque étoile, puisque I est constant et h variable. Par le point C menez CS′ parallèle à mS, vous aurez SCS′ $= m$SC $=$ D. Cet angle s'appelle *la déclinaison de l'étoile* : l'angle OCS′ est celui qu'on observerait si l'étoile se levait en H et se cou-

chait en **R. Pour** cette étoile le triangle *m*CS se réduirait à la droite CS′. La déclinaison D serait nulle, z serait 90°, $\cos z = 0$, l $= h =$ OCS′. La déclinaison d'une étoile est donc la différence de hauteur méridienne entre cette étoile et l'étoile qui se lève et se couche aux points est et ouest de l'horizon. Le plan HCS′ se nomme *équateur*, par une raison que nous verrons bientôt. La déclinaison d'une étoile est donc l'arc perpendiculaire abaissé de cette étoile sur l'équateur. Cet arc peut être au-dessous de l'équateur, comme SS′ dans la fig. 1 ; et alors la déclinaison s'appelle *australe*, ou déclinaison sud, parce qu'elle est vers le sud. Il pourrait être au-dessus de l'équateur, comme serait l'arc ST ; alors la déclinaison s'appelle *boréale*, ou déclinaison *nord*, parce que l'astre est au nord de l'équateur. C'est ce qui aurait lieu pour l'étoile qui se leverait en D et se coucherait en E : l'azimut de cette étoile serait OD $=$ OE $=$ 90 $+$ amplitude ; cosinus z serait une quantité négative, et l'on aurait

$$\tan l = \frac{\sin h}{\cos h + \cos z}.$$

21. Il suit de là qu'une étoile a la déclinaison boréale quand elle se lève et se couche dans l'arc septentrional HIR de l'horizon, et qu'elle a une déclinaison australe quand elle se lève et se couche dans l'arc austral HOR ; que sa déclinaison est nulle quand elle se lève et se couche en H et R dans le premier vertical, ou à 90° des points sud et nord de l'horizon.

22. Soit OZI (fig. 3) le méridien céleste ou le vertical qui passe par les points nord et sud de l'horizon (II, 16), Z le zénit ou le point qui divise en deux également le demi-cercle OZI, C le centre de la sphère, A une étoile dont la déclinaison est nulle (II, 21), B une étoile dont la déclinaison est boréale, E une étoile dont la déclinaison est australe. Menez les rayons CA, CB, CE ; AB $=$ ACB sera la déclinaison de B ; AE $=$ ACE la déclinaison de E. Menez BD, EM parallèles à CA. Les angles EMO, ACO, BDO, seront égaux et marqueront les inclinaisons égales des trois cercles décrits par les étoiles avec l'horizon. Par le point C, menez la droite PCP′ perpendiculaire à CA, la ligne PP′ sera l'axe autour duquel se fait la révolution diurne des étoiles, P et P′ seront les pôles de cette révolution. Le premier est le pôle boréal, toujours visible pour notre observateur ; le second est le pôle austral invisible pour lui, vous aurez

$$\text{OCA} + \text{ACP} + \text{PCI} = 180°,$$

ou I $+$ 90° $+$ PCI $=$ 180° et par suite PCI $=$ 90° $-$ I.

PCI est la hauteur du pôle sur l'horizon, elle est le complément de la hauteur méridienne de l'étoile qui n'a point de déclinaison.

23. Cette étoile A décrit par sa révolution diurne un cercle dont le rayon est CA et dont le centre est celui de la sphère : c'est donc un grand cercle, ainsi que l'horizon. Tous les grands cercles se coupent réciproquement en deux parties égales ; ainsi la moitié du cercle CA est au-dessus de l'horizon, l'autre moitié est au-dessous. L'horizon partage en deux parties égales la course diurne de l'étoile A, cette étoile est visible pendant une moitié de sa révolution, invisible pendant l'autre moitié ; c'est ce qui a fait donner au cercle dont le rayon est CA, le nom d'équateur (II, 21), parce qu'il rend égales la partie visible et la partie invisible. Ce cercle est partout à 90° de l'un et l'autre pôle P et P'.

24. Prolongez en F la droite EM : FE sera le rayon du cercle décrit par l'étoile E. Ce cercle s'appelle le parallèle de l'étoile ; il est en effet parallèle à l'équateur. Le centre F est au-dessous de l'horizon : la partie visible de ce cercle sera plus petite que la partie invisible. La partie visible sera d'autant moindre, que le centre sera plus bas sur le rayon CP'.

Du point sud ou O de l'horizon abaissez la perpendiculaire OG. Le parallèle qui aurait GO pour rayon ne ferait que toucher l'horizon, l'étoile qui décrirait ce cercle ne ferait que paraître et disparaître au point sud de l'horizon. Et si le centre du parallèle était encore plus bas sur GP', l'étoile serait toujours invisible.

25. Au contraire, l'étoile B décrit un parallèle dont le centre H est au-dessus de l'horizon. La partie visible de ce parallèle surpasse la partie invisible, et la surpasse d'autant plus, que le centre H est plus élevé sur l'axe CP.

Du point I, ou du point nord de l'horizon, menez IL perpendiculaire sur l'axe CP. Le parallèle décrit par le rayon LI toucherait l'horizon au point nord et serait visible tout entier ; l'étoile qui le décrirait ne se coucherait pas, elle tournerait autour du pôle P sans jamais disparaître, au moins dans les lunettes, l'éclat du jour peut seul empêcher qu'on ne l'aperçoive.

Une étoile dont le parallèle aurait son centre plus élevé que le point L, ne descendrait jamais jusqu'à l'horizon.

IL = OG est le sinus de la hauteur du pôle.

26. Il résulte de tout ceci, que si l'on divise en 24 heures la révolution

des étoiles, une étoile dans l'équateur sera sur l'horizon pendant 12^h et sous l'horizon pendant 12^h.

Qu'une étoile boréale sera sur l'horizon pendant plus de 12^h, et qu'elle y sera toujours si sa distance au pôle est plus petite que la hauteur du pôle. Dans ce cas on la nomme *circompolaire*.

Qu'une étoile australe sera moins de 12^h sur l'horizon, et qu'elle ne se montrera jamais si sa distance polaire est moindre que la hauteur du pôle.

AB + BP = 90°; AB est la déclinaison boréale, BP la distance polaire; ainsi, pour une étoile boréale la distance polaire = 90° — déclinaison.

EP — EA = 90°, d'où il suit que pour une étoile australe la distance polaire = 90 + D. En général la distance polaire = 90° — D; si la déclinaison est australe, D change de signe et la distance polaire = 90 + D.

27. *Conclusion.* Nous avons acquis de fortes présomptions que les mouvemens célestes s'accomplissent comme si toutes les étoiles étaient enchâssées dans une sphère creuse dont nous occuperions le centre, et qui tournerait autour d'un axe incliné sur notre horizon.

On voit dans ce chapitre le plan que nous suivrons jusqu'à la fin. A mesure que nous observons un phénomène, nous cherchons les moyens de mettre dans l'observation toute la précision qui nous est possible, nous imaginons des hypothèses pour expliquer les apparences, nous appliquons le calcul géométrique aux hypothèses. Les calculs sont certains, les observations n'ont jamais qu'un degré borné d'exactitude; les hypothèses sont incertaines, mais susceptibles d'acquérir un certain degré de probabilité qui augmente jusqu'à équivaloir à la certitude.

Les moyens employés jusqu'ici sont grossiers, les résultats peuvent laisser des doutes qui ne peuvent être levés que par des observations plus exactes.

CHAPITRE III.

De la Pendule et de la Lunette astronomique.

Observations plus exactes sur la révolution des Étoiles.

1. Avant de commencer les recherches propres à lever ses doutes, l'observateur sentira la nécessité de se pourvoir de plusieurs instrumens pour reconnaître si la révolution des fixes autour de l'axe du monde est uniforme, ou si elle a quelques inégalités : il se munira d'une horloge qui puisse mesurer exactement le retour de chaque étoile à une même position. Cette horloge est celle dont on se sert dans les Observatoires ; elle a trois aiguilles pour marquer les heures, les minutes et les secondes; une lentille pesante pour être moins susceptible de dérangement : cette lentille sera soutenue par une verge de compensation, c'est-à-dire propre à corriger les effets de la dilatation.

2. On sait que la chaleur alonge les verges métalliques; on sait aussi que si la verge métallique qui soutient un pendule vient à s'alonger, les oscillations deviennent plus lentes ; l'effet est contraire si la verge se raccourcit par le froid : ainsi la pendule réglée en été avancera en hiver ; réglée en hiver, elle retardera en été. Pour y remédier, on a fort ingénieusement opposé dilatation à dilatation en composant les verges de deux métaux dont les dilatations sont différentes, de manière que si l'un des métaux tend à faire descendre la lentille, ou à l'éloigner du point de suspension, l'autre détruise cet effet en la remontant d'une quantité équivalente.

3. On a varié ces compensations de bien des manières qu'il n'est pas de notre objet d'expliquer (*) : il nous suffira d'en indiquer en général le principe, afin qu'on en puisse concevoir le jeu.

Soit S (fig. 4) le point de suspension, les lignes pleines AD, A'D', GH, G'H', VR, SC, indiquent les verges de fer; les lignes ponctuées

---

(*) *Voyez* Ferdin. Berthoud, Histoire de la mesure du tems, t. II.

FE, F'E', KI, K'I' sont des verges de cuivre : la figure indique assez la manière dont les premières s'attachent aux secondes au moyen des traverses de fer AA', KK', FG, F'G', DE, D'E', HI, H'I', pour n'en former qu'un système lié et symétrique à droite et à gauche de la lentille R et du point de suspension S.

4. Supposons maintenant qu'on ait trouvé par l'expérience, qu'une verge qui, à la température o de la glace fondante, avait la longueur L, étant exposée ensuite à un degré de chaleur t, s'alonge de la quantité ntL si elle est de fer, et de la quantité mtL étant de cuivre. Cela étant, supposons que AD vienne à s'alonger par l'effet de la chaleur, le point D descendra par rapport au point de suspension S, de la quantité nt (SC + AD), le point E descendra de la même quantité, le point F descendrait donc avec E de la même quantité nt (SC+AD), si la tringle de cuivre EF ne s'alongeait pas elle-même de la quantité $mt.$EF. Cet alongement fera remonter le point F, et le déplacement total de ce point sera nt (SC + AD) — mt EF, ce sera aussi le déplacement de G. Le point G porte une tringle de fer GH qui s'alongera de $nt.$GH, le déplacement du point H sera donc

$$nt\,(\text{SC} + \text{AD}) - mt.\text{EF} + nt.\text{GH};$$

ce sera aussi le déplacement du point I : ce point porte une tringle de cuivre IK qui s'alonge de $mt.$IK, le déplacement du point K sera donc

$$nt\,(\text{SC} + \text{AD}) - mt.\text{EF} + nt.\text{GH} - mt.\text{IK};$$

ce sera le déplacement du point V : ce point porte la verge de fer VR qui s'alonge de $nt.$VR, R est le centre de la lentille. Ce centre sera donc descendu de la quantité

$$nt\,(\text{SC} + \text{AD}) - mt.\text{EF} + nt.\text{GH} - mt.\text{IK} + nt\text{VR}$$
$$= nt\,(\text{SC} + \text{AD} + \text{GH} + \text{VR}) - mt\,(\text{EF} + \text{IK}).$$

Mais si nous voulons que la pendule n'avance ni ne retarde, il faut que le centre R reste constamment à la même distance du point S, ou que l'expression ci-dessus soit égale à zéro, ce qui donne

$$\frac{m}{n} = \frac{\text{SC} + \text{AD} + \text{GH} + \text{VR}}{\text{EF} + \text{IK}} = \frac{a}{c} \dots\dots\dots (1).$$

Le problème se réduit donc à trouver quatre longueurs de fer ou d'acier et deux longueurs de cuivre dont les sommes soient dans le rapport de m à n, ou en raison inverse des coefficiens de leurs dilatations.

Ce

Ce problème est indéterminé ; mais si l'on veut que le pendule batte les secondes ou 86400 fois dans une révolution du soleil, il faut, d'après l'expérience, que la distance SR soit de $0,^{m}9938$ ou de $36^{pouces} 8^{lignes},68$ que je désignerai par p ; mais on a $SR = SC + AD - EF + GH - IK + VR = SC + AD + GH + VR - (EF + IK) = a - c$, donc $a - c = p \dots (2)$.

Des équations (1) et (2) on tire $a = \dfrac{mp}{m-n}$, $c = \dfrac{np}{m-n}$.

Nous nous sommes contentés, pour simplifier, de considérer les verges ou cylindres d'acier et de cuivre qui sont à gauche ; chacune d'elles a sa correspondante à droite qui éprouve les mêmes variations ; une traverse inférieure joint les parties DE et E′D′ ; elle est percée pour laisser passer la verge VR, ce qui n'apporte aucun changement ni dans les raisonnemens ni dans les résultats que nous venons d'obtenir ; car on voit bien que AD et A′D′ s'alongent à la fois de la même quantité ; ce que l'on peut dire également de tous les autres points correspondans à droite et à gauche.

Nous avons supposé que les dilatations dans chacun des métaux employés étaient proportionnelles à la température t, et nous avons désigné par m et n ces rapports constans ; et comme a et c ne dépendent que des constantes m, n, p, il s'ensuit que le pendule une fois construit, sa longueur restera inaltérable, quelle que soit la température. Ces machines sont en effet d'une précision et d'une régularité qu'on aurait peine à croire, si on ne l'éprouvait pas soi-même. Tel est le premier instrument dont un Astronome doit se munir.

5. Le second est une lunette astronomique. Il n'entre pas dans notre plan de donner ici des leçons d'optique, non plus que d'horlogerie ; mais nous ne pouvons nous dispenser de donner une idée abrégée de la lunette et de ses effets.

Soit ABED (fig. 5) un verre convexe des deux côtés et de fort peu d'épaisseur. Sa figure lui a fait donner le nom de *lentille* ; on l'appelle encore *objectif*, parce qu'elle est tournée vers l'objet qu'on observe. Soit L un objet quelconque duquel part un rayon lumineux qui tombe perpendiculairement sur la surface convexe en B ; ce rayon traversera le verre sans se détourner, et continuera de se mouvoir sur le prolongement de la ligne LBD.

Soit un autre rayon oblique LI qui vienne tomber en I : on prouve dans tous les traités d'optique que ce rayon changera de direction en entrant dans le verre, qu'il s'approchera de la perpendiculaire CI, ensorte que le

<table><tr><td>1.</td><td>3</td></tr></table>

sinus de l'angle d'incidence CIL et le sinus de l'angle rompu CII' sont
dans un rapport constant que nous désignons par $m : n$. On prouve également que le rayon II', en sortant du verre, au lieu de continuer sa route
II'P, s'infléchit en s'écartant de la perpendiculaire C'I', de manière que
le sinus de l'angle d'incidence C'I'I : sin de l'angle rompu C'I'L' :: $n : m$.
D'après ce principe, tiré de l'expérience, on a les analogies suivantes :

6. $m : n$ :: sin LIC : sin CIP :: sin angle d'incid. : sin angle rompu
      :: sin LIM : sin CIP ;   car LIM $= 180 - $ LIC
      :: sin $(L + C)$: sin $(C - P)$; car l'angle extérieur est la somme
                                des intérieurs opposés.

D'où

   $m : n$ :: $(L + C)$: $(C - P)$; car tous ces angles sont forts petits.

Pareillement

   $m : n$ :: sin L'I'C' : sin C'I'I :: sin angle rompu : sin angle d'incid.
      :: sin L'N : sin C'I'I ; car L'I'N $= 180° - $ L'I'C'.
      :: sin $(L' + C')$: sin $(C' + P)$; car l'angle extérieur est la somme
                                des intérieurs opposés.
   $m : n$ :: L' $+$ C' : C' $+$ P.

donc en faisant la somme

   $m : n$ :: L $+$ L' $+$ C $+$ C' : C $+$ C' $-$ P $+$ P
      :: L $+$ L' $+$ 2C : 2C ; car les angles C et C' diffèrent très-peu,
donc
   $m - n : n$ :: L $+$ L' $+$ 2C $-$ 2C : 2C
      :: L $+$ L' : 2C ,

d'où $L + L' = 2\left(\dfrac{m - n}{n}\right) C$;

or le triangle CIL donne CI : LI :: sin L : sin C :: L : C

   $$r : d :: L : C \quad \text{et} \quad L = \frac{rC}{d}.$$

Le triangle C'I'L' donne C'I' : L'I' :: sin L' : sin C' :: L' : C

   $$r : d' :: L' : C \quad \text{et} \quad L' = \frac{rC}{d'},$$

donc

   $$L + L' = \frac{rC}{d} + \frac{rC}{d'} = 2\left(\frac{m - n}{n}\right) C,$$

et en divisant par C

$$\frac{r}{d} + \frac{r}{d'} = 2 \left(\frac{m-n}{n}\right) \frac{r}{d'} = 2 \left(\frac{m-n}{n}\right) - \frac{r}{d},$$

de cette équation on tire

$$d' = \frac{r}{2\left(\dfrac{m-n}{n}\right) - \dfrac{r}{d}} = \frac{r}{2\left(\dfrac{m}{n} - 1\right) - \dfrac{r}{d}}.$$

Dans le passage de l'air au verre $\frac{m}{n} = \frac{3}{2}$ à fort peu près, donc

$$d' = \frac{r}{2\left(\dfrac{3}{2} - 1\right) - \dfrac{r}{d}} = \frac{r}{3 - 2 - \dfrac{r}{d}} = \frac{r}{1 - \dfrac{r}{d}} = r + r\left(\frac{r}{d}\right) + r\left(\frac{r}{d}\right)^2 + \text{etc.}$$

Soit $\frac{r}{d} = \frac{1}{10000}$, on aura $d' = r + \frac{r}{10000} + \frac{r}{(10000)^2} + \text{etc.}$

Et si $r = 1$ mètre $d' = 1$ mèt. $+ \frac{1}{10}$ de millimètre, en supposant $d = 10000$ mèt.

si $r = 2$ mètres $d' = 2$ mèt. $+ \frac{2}{10}$ de millimètre.

On peut donc supposer $d' = r$ ou $L'I' = CI$, dès que l'objet observé est à une distance égale à dix mille fois la longueur de la lunette.

7. Il suit de là, 1° que tous les rayons qui viennent d'un point quelconque d'un objet placé à une très-grande distance, et qui traversent une lentille bi-convexe, se réunissent à son centre de sphéricité; 2° que les rayons qui partent d'un même point d'un objet placé au centre de sphéricité d'une lentille et traversent cette lentille, en sortent sensiblement parallèles ou ne se réunissent qu'à une distance très-grande.

Ces deux conclusions ne sont vraies qu'approximativement; elles supposent les arcs convexes ABE, ADE fort petits, et l'épaisseur du verre fort petite; mais tout cela ne s'écarte pas sensiblement de la vérité : il en résulte seulement que le foyer L' n'est pas un point mathématique, et que ce foyer a une certaine étendue qui varie avec la distance de l'objet et la grandeur des arcs.

8. Cela posé, si l'on adapte aux deux extrémités d'un tube deux lentilles BD et *bd* (fig. 6) de manière que leurs centres de sphéricité coïncident en un point F, et que ce point et les centres des deux lentilles soient dans une même droite, on voit que les rayons de lumière qui viennent d'un même point d'un objet éloigné L, après avoir traversé la lentille BD, se réuniront au centre de sphéricité, qu'on appelle pour cette raison *foyer des rayons parallèles;* qu'ils formeront à ce foyer une image de l'objet L;

que tous les rayons se croiseront au foyer, qu'ils s'en éloigneront en divergeant, traverseront la seconde lentille qu'on nomme *oculaire*, et qu'ils en sortiront parallèles.

9. On voit que l'image formée en deçà du foyer, et reçue par l'œil appliqué en O, doit être renversée ; car les rayons partis de l'extrémité **A** de l'objet **AC**, traversant l'objectif en **B**, iront tomber au point δ de l'oculaire ; et que les rayons partis de l'extrémité **C**, tombant en **D**, iront traverser l'oculaire en $\mathcal{E}$.

Les lunettes astronomiques renversent donc les objets, ce qui est un fort médiocre inconvénient : il en résulte seulement que le bord supérieur d'un astre nous paraît être le bord inférieur, et réciproquement ; et que si un astre va de gauche à droite par le mouvement diurne, il nous paraîtra marcher de droite à gauche. Ces apparences étant les mêmes pour tous les astres, il n'en résulte aucun embarras dans la pratique.

10. La surface de l'objectif étant toujours beaucoup plus considérable que celle de l'oculaire, qui est d'un foyer plus court, il en résulte que tous les rayons tombés sur la surface BD se trouvent rassemblés sur la surface bd, y sont réunis dans un espace beaucoup moindre, et que la lumière y doit être plus vive, et que si l'on prend pour unité l'intensité de la lumière à l'entrée dans la lunette, l'intensité à la sortie sera $\left(\dfrac{\mathrm{BD}}{bd}\right)^2$; ainsi les lunettes rendent en général les objets plus lumineux et plus faciles à distinguer ; mais ce n'est pas leur unique avantage.

11. Les lunettes amplifient les objets.

Soit **A** le centre et **B** le bord d'un objet (fig. 7). Le point **A** sera vu de l'œil O par le rayon AD*a*EO, qui traverse les deux lentilles sans éprouver de réfraction (Nous faisons en ce moment abstraction de tous les rayons obliques partis du même point **A**, et que la réfraction réunira au foyer à ce rayon principal). Le bord **B** envoie aussi un rayon principal BD*b* au foyer b de l'objectif : ce rayon poursuivant sa route, éprouve une réfraction en d à la seconde lentille ; il en éprouve une seconde en e ; et se rend au foyer O de l'oculaire, ensorte que O*e* est parallèle à E*b*. L'image est vue sous l'angle eOE $= b$E*a* ; or, $ab = \mathrm{D}a$ tang D $= \mathrm{E}a$ tang E ;

$$\text{donc tang } \mathrm{E} = \frac{\mathrm{D}a}{\mathrm{E}a}\text{ tang } \mathrm{D} = \frac{\mathrm{R}}{r}\text{ tang } \mathrm{D}, \quad \text{ou bien } \mathrm{E} = \left(\frac{\mathrm{R}}{r}\right)\mathrm{D};$$

R étant le rayon de sphéricité de l'objectif, et r celui de l'oculaire. L'angle sous lequel sera vue l'image sera donc augmenté dans le rapport des deux rayons. L'image sera augmentée dans le même rapport.

Le grossissement sera donc d'autant plus fort, que le rayon de l'oculaire sera plus court en comparaison du rayon de l'objectif.

Les lunettes astronomiques grossissent ordinairement de 70 à 100 fois, quelques-unes même grossissent 500 fois. Il ne faut pourtant pas donner à cette expression un sens trop rigoureux, et s'attendre, par exemple, à trouver la lune 100 fois plus grande dans une lunette qui sera donnée pour grossir 100 fois; il s'en faut beaucoup : cela signifie seulement qu'elle fait voir la lune sous un angle cent fois plus grand; mais l'angle de vision n'est pas seul ce qui détermine la grandeur que nous attribuons aux objets : la distance à laquelle nous les supposons y entre aussi pour beaucoup.

12. En effet, quand nous voyons un objet sous l'angle AKB (fig. 8), rien ne détermine si cet objet est véritablement AB ou CD ou EF, et selon qu'il nous paraîtra à la première, à la seconde, à la troisième de ces positions ou dans telle autre encore plus éloignée, nous lui assignerons des grandeurs toujours croissantes, quoique l'angle soit toujours le même; mais ce jugement étant incertain et ne pouvant être soumis au calcul, on estime l'amplification d'une lunette par l'angle de vision tout seul, parce qu'il est susceptible d'une détermination précise.

13. Si l'angle HCG (fig. 9) est tel que HG = 2FH = 2CF tang HCF soit égal au diamètre du tube intérieur de la lunette, l'angle HCG s'appellera *champ de la lunette :* tout objet dont l'image au foyer serait plus grande que HG, nepourrait être vu tout entier dans la lunette. C'est ce qui arrive au soleil et à la lune quand on les observe avec des lunettes de 2^m,6 de longueur focale, comme celles des grands Observatoires : dans ces lunettes l'image du soleil serait de 0^m,0242, ou 0,9^{pieds} = 10,8^{pouces}, ou de près de 11 pouces, ce qui excède le diamètre du tube; d'autant plus que l'on resserre encore l'ouverture de ce tube par un diaphragme ou cloison circulaire qui porte les fils du réticule et diminue d'autant le champ que déterminent les dimensions de la lunette.

14. L'office de ce diaphragme est en outre d'arrêter les rayons irrégulièment réfléchis par les parois intérieures du tube : l'expérience a fait voir d'ailleurs que la vision serait moins nette, moins distincte dans les parties du champ qui avoisinent trop le tube, ou qui sont trop éloignées du centre de l'objectif; la réunion des images ne s'y fait pas aussi exacte-

ment, parce que les rayons s'y décomposent et font paraître les couleurs de l'arc en ciel, produisent des iris, ensorte que l'observation n'y saurait être aussi exacte que dans les parties qui avoisinent le milieu. Pour déterminer le champ de la lunette resserré par le diaphragme, on a l'équation $2 \tang HCF = \dfrac{HG}{CF} = \dfrac{2\,HF}{CF}$, ou champ de la lunette en secondes

$$= \frac{2\,HF \cdot 1''}{CF \sin 1''} = \frac{2\,\text{rayon du diaphragme} \cdot 1''}{\text{rayon de sphéricité de l'objectif} \sin 1''} = \frac{2r}{R \sin 1''} ;$$

En effet $\dfrac{HF}{CF}$ est la tangente de HCF ; mais HCF étant un petit angle, on a cette analogie :

$$\tang HCF : HCF :: \tang 1'' : 1'' :: \sin 1'' : 1'', \text{ d'où } HCF = \frac{\tang HCF}{\sin 1''} ;$$

Ainsi, pour changer la tangente ou le sinus d'un très-petit arc en l'arc même, il suffit de diviser la tangente ou le sinus de cet arc par le sinus de 1″.

15. L'effet des lunettes est donc de nous montrer les astres plus gros, plus lumineux, de rendre leurs figures et leurs mouvemens plus distincts et plus sensibles ; mais ces divers avantages ne sont pas encore les plus importans.

Au foyer commun de l'objectif et de l'oculaire on place deux fils à angles droits AB et DF (fig 10). Une étoile qui entre dans la lunette en E pour en sortir en S, met deux ou trois minutes à décrire la ligne ES ; mais elle n'emploie pas 1″ ordinairement à traverser le fil en G ou en C si elle se meut le long de la ligne FD : on note l'heure, la minute, la seconde et la fraction de seconde que marquait la pendule à l'instant où l'étoile était en C à la croisée des fils, ou, ce qui revient au même, lorsqu'elle était en G ; mais pour que cette observation tienne lieu véritablement de l'observation en C, il faut que le fil AB soit perpendiculaire à la route ES de l'étoile, et que DF soit exactement parallèle à cette route.

16. Quand une étoile cesse de monter ou de descendre, sa route est pendant quelques secondes sensiblement parallèle à l'horizon. Il faut à cet instant que le fil DF soit horizontal et le fil AB bien vertical ; quand l'étoile est près de l'horizon, sa route est fort inclinée ; si elle entre en E (fig. 11), elle sortira en S : il faut alors donner aux fils la position inclinée AB, ensorte que DF soit parallèle à ES.

Pour ces observations, on attache le diaphragme qui porte les fils au tube qui contient l'oculaire, et qui peut tourner selon son axe dans le grand tube qui porte l'objectif, au lieu qu'à l'ordinaire ce diaphragme est fixé au grand tuyau pour plus de solidité.

17. Pour plus d'exactitude encore, on ne se contente pas du seul fil perpendiculaire AB, on en place deux autres à égale distance, tant à gauche qu'à droite ; l'étoile les traverse tous à des intervalles égaux de tems ; et l'on a ainsi cinq observations au lieu d'une. Supposons, pour plus de simplicité, que l'étoile emploie exactement 1′ à passer d'un fil au fil qui suit immédiatement (fig. 10), et soit τ le temps que marque la pendule au passage par le fil du milieu, le tems du passage

$$\text{sera au 1}^{\text{er}} \text{ fil.................} \quad \tau - 2',$$
$$\text{au 2}^{\text{e}}.............. \quad \tau - 1',$$
$$\text{au 3}^{\text{e}}.............. \quad \tau \pm 0,$$
$$\text{au 4}^{\text{e}}.............. \quad \tau + 1',$$
$$\text{au 5}^{\text{e}}.............. \quad \tau + 2';$$
$$\text{somme...... } 5\tau + 0' :$$

on divise la somme par cinq, nombre des observations, et l'on a pour quotient $\tau + 0'$.

Si l'on a observé avec précision, ce quotient s'accordera parfaitement avec l'observation faite au fil du milieu. Mais chaque observation portant sa petite erreur, la somme, au lieu d'être $5\tau + 0'$, sera $5\tau \pm \varepsilon$ ($\pm \varepsilon$ étant la résultante des erreurs commises dans les cinq observations), et le quotient sera $\tau \pm \frac{\varepsilon}{5}$. Mais s'il est impossible de ne pas se tromper de $0'',1$ ou de $0'',2$ à chaque observation, il arrivera du moins que les erreurs seront les unes en plus et les autres en moins, qu'elles se compenseront en partie ; et il est probable que l'erreur $\pm \frac{\varepsilon}{5}$ sera plus petite que celle de la troisième observation, si elle était seule.

18. Cet assemblage de fils (fig. 10) dont nous venons de parler, s'appelle *réticule* ou *réseau* ; ces fils s'aperçoivent facilement, quand on observe de jour ou dans le crépuscule, ou même la nuit quand il fait clair de lune : mais dans la nuit close, ces fils disparaissent ; l'observation devient plus incertaine, parce qu'on n'est pas aussi bien préparé, faute de voir l'instant où l'étoile s'approche du fil et va le traverser. On a donc senti la nécessité d'éclairer, ce qu'on a fait successivement de plusieurs manières. Nous ne décrirons en ce moment que celle qui

est le plus généralement usitée, quoiqu'elle ne soit ni la meilleure, ni la plus commode.

19. P (fig 12) est une plaque elliptique de métal argenté, ou simplement recouverte d'un papier blanc; elle est percée d'un trou elliptique, dont le petit diamètre est un peu moindre que le diamètre de l'objectif, et le grand est à peu près égal à ce diamètre. Cette plaque tourne à frottement autour du petit axe A*b* ; on lui donne l'inclinaison nécessaire pour qu'elle puisse réfléchir, dans l'intérieur de la lunette, la lumière d'une bougie placée au-dessous ou aux environs ; on ménage l'inclinaison de la plaque, de manière à n'admettre que bien strictement la quantité de lumière réfléchie qui est nécessaire pour faire appercevoir les fils ; c'est ce qu'on appelle assez improprement *éclairer les fils*, car ils ne sont éclairés que par la face que ne voit point l'observateur; le champ de la lunette parait alors comme un disque pâle et faiblement éclairé, qui serait traversé par des fils noirs. La lumière vive et étincelante des étoiles se distingue parfaitement sur ce fond terne, à moins que l'étoile ne soit de 8ᵉ ou 9ᵉ grandeur. C'est ce qui fait voir aussi la difficulté qu'on éprouve à observer les comètes qui, le plus souvent, n'ont qu'une lumière pâle et incertaine, à cause de la nébulosité qui les entoure, et qui fait que la moindre lumière étrangère les éclipse et les rend invisibles. On n'a d'autre ressource alors que de substituer à l'un des fils une petite plaque de métal, d'une largeur suffisante pour cacher entièrement la comète ou la petite étoile pendant quelques instans, et alors c'est le moment de la disparition que l'on observe.

20. Avec la lunette et la pendule dont nous avons donné la description abrégée, nous pouvons maintenant commencer des observations plus précises sur la révolution diurne des étoiles.

Placez la lunette d'une manière stable, ensorte qu'elle puisse rester plusieurs jours en place et parfaitement immobile ; je suppose que vous l'ayez d'avance dirigée sur quelque belle étoile ; observez alors et notez les tems où l'étoile aura traversé les fils du réticule.

Si vous restez ensuite quelque tems à la lunette, vous verrez infailliblement plusieurs autres étoiles qui viendront successivement traverser les fils ; notez de même les instans de tous ces passages.

Le lendemain à pareille heure, mais un peu plutôt, guettez l'instant où la même étoile sera prête à entrer dans le champ de la lunette ; observez de même le passage aux cinq fils, comparez les tems de ces observations

aux

aux tems correspondans du premier jour. Je suppose, par exemple, que vous ayez eu pour chacun de ces deux jours les quantités suivantes :

	1er FIL.	2eme FIL.	3eme FIL.	4eme FIL.	5eme FIL.
1er jour	$9^h. 53' 19''5.$	$9^h. 53' 56''2.$	$9^h. 54' 32''5.$	$9^h. 55' 9''5.$	$9^h. 55' 46''1.$
2e jour	$9\ 53\ 18\ 8.$	$9\ 53\ 55\ 7.$	$9\ 54\ 32\ 3.$	$9\ 54\ 9\ 3.$	$9\ 55\ 45\ 7.$

Vous conclurez de ces comparaisons que par le premier fil, la pendule a retardé sur l'étoile, ou que l'étoile a avancé sur la pendule,

en $24^h.$ de. . . . . $0'',7$
par le 2eme. . . . . $0, 5$
par le 3eme. . . . . $0, 2$
par le 4eme. . . . . $0, 2$
par le 5eme. . . . . $0, 4$

Somme. . . . . $2, 0$, le cinquième sera $0',4.$

Ainsi par un milieu, la révolution de l'étoile en tems de la pendule est de $24^h. — 0'' 4$, ou de $23^h. 59' 59'' 6.$

21. Les différences légères que présentent ces observations (qui ont été réellement faites), sont les petites erreurs dont un observateur, même exercé, ne peut répondre, et vous ne tomberez pas aussi juste du premier coup. Vous pourrez avoir des différences d'une seconde que vous attribuerez à votre inexpérience, et vous resterez convaincu, par plusieurs comparaisons de ce genre, que toutes les étoiles emploient le même tems à faire leur révolution diurne.

22. Cette révolution, en tems de la pendule, ne vous paraîtra pas d'abord si exactement de $24^h.$; mais c'est que la pendule ne sera pas encore bien réglée; elle retardera probablement, d'abord de quelques minutes; si vous vous servez d'une pendule qui marque le tems civil, la révolution ne vous paraîtra que de $23^h. 56'$ environ. Pour amener la pendule à suivre les étoiles, relevez la lentille, ce qui accélérera le mouvement, et pour cela, tournez la vis qui est au-dessus de la suspension.

Cette vis V' (fig. 4) traverse un cadran divisé et porte une aiguille qui sert à compter les tours de vis et les fractions de tour; faites un tour entier, immédiatement après le passage de l'étoile : il faut pour cela que l'aiguille, ayant parcouru toutes les divisions du cadran, soit revenue au même point où elle était. Vous verrez le lendemain de combien la marche de l'horloge est accélérée. Je suppose qu'avant la correction que vous y avez faite la pendule retardait de $4'$ par jour sur l'étoile, et qu'après la correction, c'est-à-dire du 2e au 3e jour, elle n'avait plus retardé que de $3'$, vous en conclurez qu'un tour de la vis vaut une minute ou $60''$; et comme il vous reste $3'$ de retard, il faudra donc tourner trois tours environ, et vous verrez que la pendule suivra les étoiles à peu près, il ne s'en faudra que de quelques secondes.

Supposons alors, que vous ayiez trouvé, par de nouvelles observations, $3''$ de retard; en supposant que le cadran est divisé en 40 parties, vous ferez le raisonnement suivant : $60''$ d'altération sont produites par 40 parties du cadran, trois secondes qui restent à corriger demanderont $\frac{3 \times 40}{60} = 2$ parties (*). Ainsi, par une règle de trois vous trouverez

---

(*) Pour concevoir la raison de ce procédé, cherchons de quelle quantité il faudrait alonger ou raccourcir un pendule de la longueur L, faisant un nombre a d'oscillations dans un certain tems, pour l'amener à en faire un nombre b dans le même tems : appelons y cette quantité, on aura, à cause que les longueurs des pendules sont en raison inverse des carrés des nombres des oscillations, la proportion

$$L : L + y :: b^2 : a^2,$$

de laquelle on tire

$$y = L \left(\frac{a^2 - b^2}{b^2} \right) \dots\dots\dots (1);$$

pour un autre alongement ou raccourcissement y', le pendule fera un nombre b' d'oscillations dans le même tems, et on aura

$$y' = L \left(\frac{a^2 - b'^2}{b'^2} \right);$$

divisant la première équation par la seconde, on en déduira

$$y = y' \frac{b'^2}{b^2} \left(\frac{a^2 - b^2}{a^2 - b'^2} \right) \dots\dots\dots (2).$$

Si l'on désigne respectivement par m et n les parties du cadran qu'il faut faire décrire à l'aiguille pour diminuer ou augmenter la longueur du pendule des quantités y et y', on aura, à cause que les accroissemens des longueurs des pendules sont proportionnels à ceux des oscillations,

$$m = n \frac{b'^2}{b^2} \left(\frac{a^2 - b^2}{a^2 - b'^2} \right).$$

Si les nombres b et b' diffèrent de a d'un petit nombre d'unités, et que δ et δ' expriment ces différences, on aura, à peu de chose près, en supposant toutefois le nombre a très-grand comparativement à δ et δ',

$$m = n \frac{\delta'}{\delta},$$

qu'il faut tourner encore la vis et l'aiguille de deux parties du cadran. De cette manière et par un petit nombre d'essais vous parviendrez à régler votre pendule sur les fixes, c'est-à-dire à lui faire marquer 24$^{h.}$ à très-peu près entre deux passages d'une même étoile au fil de votre lunette immobile.

Quand le retard est de quelques minutes, au lieu de tourner la vis de la suspension, il vaut mieux relever la lentille en tournant la vis qui est au bas du pendule. Pour quatre minutes il faudrait remonter la lentille de 2^{lis},44 environ. (*Voyez* la note ci-dessous.)

Votre pendule étant réglée, vous pouvez changer la position de votre lunette, observer la même étoile en différens points de sa route, et partout vous trouverez qu'elle emploie 24^h· à revenir au même point du ciel.

Il est d'abord évident que si la route de l'étoile n'est pas un cercle, elle est au moins une courbe rentrante. Soit ABCD (fig. 13) cette courbe, et supposons que dans la première position de la lunette, l'étoile emploie 24^h· à passer de A en B, C, D, et à revenir en A. Soit B le second point de la révolution où vous l'aurez observée après avoir changé la position de votre lunette; il est encore sûr que, partant de B, elle emploie de même 24^h· à revenir en B par une révolution entière; en quelque point C, D, E, que vous l'observiez, vous lui trouverez la même révolution, et vous serez bien tenté de croire qu'elle parcourt sa courbe d'un mouvement uniforme, que cette courbe est un cercle; mais la conséquence serait hasardée. Suspendez donc votre jugement, et vous conclurez seu-

---

c'est-à-dire que dans notre hypothèse les parties du cadran que parcourt l'aiguille sont sensiblement proportionnelles aux différences des nombres des oscillations, ce qui est la règle énoncée (III, 19). C'est encore ce qu'on pouvait déduire de la première équation; car b étant peu différent de a, on aura, en désignant par δ cette différence,

$$y = \frac{2\,L\,\delta}{a},$$

expression exacte aux quantités près du second ordre de $\frac{\delta}{a}$, c'est-à-dire qu'en raccourcissant ou alongeant le pendule, les arcs décrits par l'aiguille sont sensiblement proportionnels aux différences des nombres des oscillations.

Si dans la première formule on fait L $= 36^{pouc.}6^{lis}$·2 (qui est la longueur qu'il convient de donner au pendule pour que le nombre des oscillations faites entre le passage d'une étoile au méridien et son retour au même méridien soit de 86400), et qu'on substitue pour a, 86400 et pour b, 240, on trouvera $y = 2^{lis}$·4446.

lement que la révolution des fixes est constante, qu'elle est la même pour toutes et en tout tems. Vous serez du moins autorisé à supposer ce principe dans tous vos raisonnemens et vos calculs, jusqu'à ce que de nouvelles observations vous y fassent découvrir quelques inégalités, s'il y en a.

25. On peut vérifier à la fois, la circularité et l'uniformité du mouvement d'une manière assez simple. A mesure que l'étoile avance sur la courbe, tournez le tube de l'oculaire de manière que l'étoile suive un des fils (III, 16), ce fil sera tangent à la courbe : si en tems égaux vous êtes obligé de tourner l'oculaire de la même quantité, le mouvement sera circulaire et uniforme. Or il n'est pas difficile de s'assurer de la quantité de ce mouvement. Que la figure 10 représente le bord circulaire du tube de la lunette à l'endroit où elle reçoit l'oculaire qui y tourne à frottement dur. Divisez la circonférence en 24 parties égales qui seront de 15° chacune, et marquez o au point le plus élevé de cette division.

Quand l'étoile sera au sommet de la courbe qu'elle décrit, sa marche sera horizontale et parallèle au fil qui est au foyer. Marquez d'un trait le tube de l'oculaire à l'endroit de ce tube qui correspond au zéro du cercle divisé. Une heure après, tournez l'oculaire de manière que le trait corresponde à 15° de la circonférence, et dirigez la lunette à l'étoile. Si la marche de l'étoile est encore parallèle au même fil, vous en conclurez que cette marche fait avec la précédente un angle de 15°, puisque le fil perpendiculaire a eu un mouvement de 15°. Tournez l'oculaire de 15 autres degrés, et une heure après la seconde observation, dirigez de nouveau votre lunette à l'étoile, sa marche sera encore parallèle au même fil, d'où vous conclurez que la direction de sa courbe s'est encore infléchie de 15°, et ainsi de suite pendant les 24[h].

De là vous conclurez que tous les arcs décrits en une heure ont leurs normales inclinées, les unes aux autres, de 15° régulièrement. Ce qui a lieu dans un cercle décrit d'un mouvement uniforme, et vu du centre, ou au moins d'un point situé dans l'*axe* du cercle (II, 14).

Puisque nous sommes placés sensiblement dans l'axe du cercle que décrit chaque étoile, et que d'ailleurs tous ces cercles sont parallèles entre eux (II, 17). Il en résulte que cet axe est le même pour toutes. Ainsi le ciel étoilé tourne comme s'il était une calotte sphérique au centre de laquelle nous serions placés.

Autre moyen avec un réticule.

24. Quand l'étoile est au plus haut ou au plus bas de son cercle, elle ne monte ni ne descend; son mouvement est parallèle à l'horizon; pour qu'elle suive le fil CB (fig. 14), il faut donner à ce fil une position horizontale; mais la position de ce fil restant la même, si vous dirigez la lunette à l'étoile qui aura changé de direction, la route CD sera inclinée au fil, l'étoile décrira l'hypoténuse CD, qui est plus grande que la base CB; si le mouvement est uniforme, l'étoile mettra plus de tems à parcourir CD qu'elle n'en mettait à décrire CB dans son mouvement horizontal.

Soit τ le tems de CB, τ' le tems de CD, on aura

$$\tau : \tau' :: CB : CD :: \cos BCD : 1 :: \cos I' : 1;$$

donc
$$\cos I' = \frac{\tau}{\tau'}.$$

Ainsi le rapport des tems observés vous donne l'inclinaison du mouvement par rapport à l'horizon.

Quelque tems après vous aurez de même $\cos I'' = \frac{\tau}{\tau''}$;
ainsi

$$\cos I' : \cos I'' :: \frac{\tau}{\tau'} : \frac{\tau}{\tau''} :: \tau'' : \tau'.$$

Donc $\cos I' - \cos I'' : \cos I' + \cos I'' :: \tau'' - \tau' : \tau'' + \tau';$
d'où

$$\frac{\tau'' - \tau'}{\tau'' + \tau'} = \frac{\cos I' - \cos I''}{\cos I' + \cos I''} = \frac{2 \sin\frac{1}{2}(I'' - I') \sin\frac{1}{2}(I'' + I')}{2 \cos\frac{1}{2}(I'' - I') \cos\frac{1}{2}(I'' + I')} = \operatorname{tg}\tfrac{1}{2}(I'' - I')\operatorname{tg}\tfrac{1}{2}(I'' + I').$$

Supposons $I' = 0$, alors $\tau' = \tau$ et l'équation devient $\operatorname{tang}^2\tfrac{1}{2} I'' = \frac{\tau'' - \tau}{\tau'' + \tau}.$

On pourrait, au lieu de déterminer l'angle $\tfrac{1}{2} I''$ par sa tangente, le déterminer par son sinus ou son cosinus au moyen des formules suivantes :

$$\sin^2 \tfrac{1}{2} I'' = \frac{\tau'' - \tau}{2\tau''};$$

$$\cos^2 \tfrac{1}{2} I'' = \frac{\tau'' + \tau}{2\tau''}.$$

Ainsi, en supposant qu'on puisse connaître exactement le moment où l'étoile est au plus haut ou au plus bas de son cercle, on aura l'inclinaison de son mouvement, par l'une des quatre formules, $\cos I''$, $\sin^2 \tfrac{1}{2} I''$, cos² ½ l″ et tang² ½ l″. On trouverait ainsi, sauf les petites erreurs de l'observation, que I change de 15° par heure, de 90° en 6ʰ, de 180° en 12ʰ, de 270° en 18ʰ et de 36o° en 24ʰ, et qu'ainsi le mouvement est non-seulement circulaire, mais uniforme.

25. Il est fort aisé, en choisissant une étoile qui ne se couche jamais, de vérifier qu'en effet si l'étoile a eu dans un instant quelconque son mouvement parallèle au fil horizontal, 6ʰ après elle décrira le fil vertical, 12ʰ après elle sera devenue horizontale. Ce qui prouve évidemment que la révolution est circulaire et que le cercle est partagé en quatre tems sensiblement égaux; d'où, par analogie, on déduirait l'uniformité constante, pour s'épargner une observation intermédiaire qui est plus difficile et qui demande un petit calcul.

26. Cette première conséquence n'est pas la seule que vous puissiez tirer de ces observations. Vous avez marqué les instans des passages de plusieurs étoiles; je suppose que les intervalles entre ces passages aient été, le premier jour, de 6′, 12′, 15′ et 20′; tous les jours suivans, ces intervalles se retrouveront sensiblement les mêmes; d'où vous seriez encore tenté de conclure que les étoiles gardent constamment entre elles les mêmes positions, les mêmes distances; mais cette conclusion, qui est vraie à très-peu près quant aux distances, ne le serait pourtant pas dans la position des étoiles rapportées à la terre et à la position de l'observateur.

27. Une remarque plus importante, c'est que le passage des étoiles à la lunette, passage qu'on aurait observé d'abord au commencement de la nuit, s'observerait bientôt après dans le crépuscule, ensuite de jour, et ainsi progressivement en avançant par jour de 4′ comptées sur une horloge ordinaire, ensorte qu'il faudrait un an pour que l'étoile reparût dans la lunette au même instant du jour où elle aurait été observée pour la première fois.

28. Mais les positions des étoiles sont presque constantes, on n'y voit du moins que des changemens presque imperceptibles; elles n'ont donc guère que ce mouvement commun qui paraît les entraîner chaque jour de l'orient à l'occident autour d'un axe fixe; elles se lèvent et se couchent constamment aux mêmes points de l'horizon. Le soleil change au contraire tous les jours ses points de lever et de coucher : sa hauteur méridienne ou sa plus grande hauteur change aussi très-sensiblement, tandis que celle de chaque étoile reste sensiblement la même.

Il faut donc attribuer au soleil un mouvement particulier, puisqu'il ne reste pas, comme les étoiles, attaché au même point de cette voûte dont le mouvement les ramène si régulièrement à des intervalles égaux dans une lunette immobile.

Dirigez de même une lunette au soleil ; mais pour que son éclat ne vous blesse pas les yeux, commencez par visser à l'oculaire un verre coloré qui amortisse la vivacité de la lumière. Faites que le centre du soleil traverse exactement la lunette par le centre ; dès le lendemain il passera plus haut ou plus bas, et au bout de fort peu de jours il cessera d'entrer dans la lunette.

Les moyens d'observation qui nous ont prouvé la régularité du mouvement des étoiles, sont donc insuffisans pour suivre la marche du soleil ; ainsi il faut en imaginer de nouveaux : on en verra plusieurs dans le chapitre suivant.

Je dis encore que les étoiles sont ou paraissent attachées à la voûte céleste, ce qui signifie seulement qu'elles se comportent à notre égard, qu'elles nous présentent les mêmes apparences que si elles étaient toutes placées dans la surface concave d'une voûte sphérique ; nous n'avons encore aucun moyen de juger de leurs distances rectilignes, ces distances sont entièrement indéterminées. On ne peut juger de la longueur d'une ligne que lorsqu'on la voit en travers ; si vous la regardez dans le sens de sa longueur, cette longueur disparaît. Dans le fait, il peut paraître fort peu vraisemblable que toutes les étoiles soient également éloignées de la terre ; mais si on les considérait comme placées à distances inégales du centre sur des rayons d'une même sphère qu'on imaginerait dans l'espace et qui n'aurait aucune réalité, on ne ferait que compliquer inutilement le problème, et l'on serait plus éloigné de bien concevoir comment tous ces corps, nageant dans le vide ou dans un fluide délié comme l'air, pourraient tourner si rapidement autour de nous, en conservant entre eux leurs distances angulaires, c'est-à-dire, en nous envoyant des rayons qui fissent toujours le même angle au fond de notre œil. Il serait bien difficile que l'une n'allât pas plus vite que l'autre, qu'elles revinssent toutes en 24^h bien juste aux mêmes positions, et c'est ce qui avait fait imaginer les cieux solides ou le firmament : continuons donc encore de considérer le ciel comme une calotte solide qui porte les étoiles fixes, et qui tourne uniformément autour de la terre ; attachons-nous à tirer de nos observations toutes les conséquences qui s'en déduisent rigoureusement ; mais distinguons soigneusement parmi ces conséquences celles qui ne sont et ne peuvent être que conjecturales ;

n'en négligeons pourtant aucune ; c'est par leur rassemblement, leurs comparaisons, que nous serons menés à des doutes qui occasionneront de nouvelles recherches, et nous mèneront enfin à une connaissance du vrai système du monde.

Parmi ces étoiles, on en apperçoit pourtant quelques-unes dont les révolutions diurnes ne sont pas de la même durée, qui ne repassent pas toujours au même point de la lunette fixe, et qui finissent par ne plus la traverser. Ces étoiles ont pour la plupart un disque sensible et remarquable, et des phases, ce qui fait qu'on ne peut les confondre les unes avec les autres ; on les appelle *planètes* ou *astres errans*.

29. La manière dont nous avons réglé notre pendule par les passages des étoiles aux fils d'une lunette immobile, est la plus simple dont on se soit encore avisé. Elle n'exige aucun calcul ; il suffit que la lunette soit parfaitement immobile, et pour cet effet on peut l'attacher d'une manière inébranlable à un mur, à la hauteur et avec l'inclinaison convenable pour que le champ de la lunette soit traversé par une étoile assez belle pour être vue pendant le jour.

On peut marquer avec des repères, sur le plancher ou sur le carreau, la place des trois pieds du support de la lunette, et diriger la lunette sur un objet terrestre, comme un point remarquable d'un clocher, la tige d'une girouette, ou l'angle d'un mur, et observer les disparitions des étoiles derrière le mur et le clocher, leurs passages sous la tige de la girouette, ou sous la flèche d'un paratonnerre. De cette manière on n'aura pas besoin de rendre la lunette fixe, on pourra la ramener au même point après s'en être servi ailleurs, et observer des étoiles en plus grand nombre et à diverses hauteurs. J'ai employé ce moyen avec succès à Évaux, où, pour m'assurer que ma pendule suivait le tems sidéral, j'observais chaque jour les disparitions et réapparitions des étoiles au clocher, qui était assez aigu pour ne remplir qu'une partie du champ de la lunette. Voyez *Base du Système métrique*, t. II, p. 421.

30. Tous les auteurs ont supposé le mouvement diurne circulaire et uniforme, sans se mettre en peine de démontrer cette supposition qui est le premier fondement de l'Astronomie. Cette hypothèse est en effet assez bien prouvée par son accord constant avec les phénomènes. Cependant il m'a paru convenable de la démontrer plus expressément, ne fût-ce que pour avoir occasion de placer plusieurs notions qu'il était indispensable de donner au lecteur pour le préparer à ce qui doit suivre.

CHAPITRE

CHAPITRE IV.

Premières observations du Soleil; idées de Gnomonique ou de la science des cadrans.

1. Si les mouvemens du soleil nous ont paru plus irréguliers que ceux des étoiles, cet astre nous offre aussi des facilités particulières dans les ombres que projettent les corps exposés à ses rayons.

2. Les ombres nous donnent des moyens commodes pour obtenir la hauteur du soleil et son azimut. L'horizon étant un cercle, l'azimut se désigne et se mesure par l'arc de l'horizon compris entre le méridien et le vertical dans lequel il se trouve à l'instant pour lequel on calcule.

3. Soit S (fig. 15) le soleil, BA un style élevé perpendiculairement à l'horizon, un obélisque, une colonne, ou tout autre corps droit placé dans une position verticale AC.

Les rayons lumineux formant toujours des lignes droites, un rayon qui viendra du soleil, et qui rasera le sommet de BA, ira tomber sur le plan horizontal en C.

Tout autre rayon qui viendra frapper AB en un point D, sera arrêté par le corps opaque AB, mais prolongé par la pensée, il arriverait en E : le point E ne recevra pas le rayon solaire; il ne sera pas éclairé directement par le soleil, il sera dans l'ombre; tous les points placés entre A et C seront également privés de la lumière directe, et la ligne AC sera la projection polaire de AB, ou, comme on dit, l'ombre de AB.

Dans le triangle rectangle ABC, nous aurons R : tang ABC :: AB : AC = AB tang ABC = AB . cot BCA : l'angle SCA sera la hauteur du soleil sur l'horizon; si donc on désigne le soleil par $\odot$, on aura

$$\text{cot haut } \odot = \frac{AC}{AB} = \frac{ombre}{style}.$$

Ainsi, connaissant la hauteur du style, il suffira de mesurer la longueur de l'ombre pour avoir la hauteur du soleil.

4. Prolongez par la pensée AB jusqu'au ciel en Z, le point Z est ce

1.   5

qu'on appelle *zénit du point A* (II, 14) l'angle ZBS $=$ ABC est la distance du soleil au zénit, et l'on aura par conséquent

$$\text{cot haut} \odot = \text{tang dist} \odot \text{au zénit} = \frac{AC}{AB} = \frac{ombre}{style}.$$

Ainsi la distance du soleil au zénit est la même chose que l'angle que le rayon lumineux forme avec un style vertical.

5. BAC est un triangle plan ; prolongeons CA indéfiniment, et imaginons SP perpendiculaire ; SCP, BCA seront des parties d'un même plan, d'où nous conclurons que l'objet lumineux, l'ombre et le corps qui la projette sont dans un même plan.

L'ombre CA prolongée, marque sur le terrain la direction dans laquelle on doit marcher pour aller droit au soleil.

CP est l'intersection du plan de l'horizon et du plan vertical CPS où se trouve le soleil à l'instant de l'observation ; ainsi l'ombre CA indique la position de ce vertical.

6. L'équation *tang dist* $\odot$ *zén* $= \dfrac{AC}{AB}$ fait voir que la distance du soleil au zénit sera d'autant plus grande, que l'ombre AC sera plus longue ; car le dénominateur AB est une constante pour un même style.

Si l'on fait cette constante égale à l'unité, au mètre par exemple, on y trouvera cet avantage, que la distance au zénit étant donnée, la longueur de l'ombre se trouvera, sans aucun calcul, dans les tables des tangentes en nombres naturels, exprimée en mètres et fractions décimales du mètre ; et réciproquement l'ombre étant donnée en mètres et parties décimales du mètre, fera trouver, dans les tables des tangentes, la distance du soleil au zénit.

7. Les ombres ont réellement donné la première idée des tangentes, et ce sont les Arabes qui, les premiers, les ont introduites dans les calculs trigonométriques. Aboulhassan, qui vivait dans le 12ᵉ siècle, a donné la plus ancienne table des tangentes dont il soit fait mention dans l'Histoire des Sciences ; il les désigne sous le nom d'*ombres*. Rheticus, dans son *Thesaurus mathematicus*, les a nommées *bases*, ce qui revient à l'idée des Arabes. Jusqu'ici on avait fait honneur de cette idée à Regiomontanus, né en 1436. Les ombres se divisaient en ombres droites et en ombres verses ; l'ombre droite était l'ombre horizontale d'un style vertical ; l'ombre verse était l'ombre d'un style

horizontal projetée sur un plan vertical : l'une était la tangente d'un angle, l'autre en était la cotangente.

8. Si la distance au zénit est de 90°, sa tangente sera infinie; donc l'ombre AC sera infinie; car AC $=$ AB tang dist zénitale.

On voit en effet que si ZBS $=$ 90°, ABC' (fig 16) opposé au sommet, $=$ 90° $=$ BAC, les lignes BC' et BC seront parallèles et ne se rencontreront nulle part.

Si la distance au zénit était nulle, sa tangente serait zéro, et l'ombre AC $=$ o : ainsi, quand l'objet lumineux est au zénit, les corps ne projettent aucune ombre.

Quand le soleil, le matin ou le soir, est à l'horizon, que sa distance au zénit est de 90°, les ombres sont infiniment longues, et ne peuvent plus se mesurer; mais la direction de ces ombres indique toujours la direction du vertical dans lequel se trouve le soleil.

A mesure que la hauteur augmente, la distance au zénit devient moindre, les ombres diminuent; et quelque temps après le lever, elles deviennent assez courtes pour être mesurées et donner la hauteur.

9. La direction de l'ombre, ainsi que sa longueur, changent par le mouvement du $\odot$; ainsi, quelque temps après le lever, l'ombre sera la ligne AE (fig. 17); elle deviendra successivement AI, AM, AL, AH, etc. ; le soleil ira successivement dans les plans des triangles rectangles BAE, BAI, BAM, BAL, BAH, etc. ; les ombres iront d'abord en diminuant jusqu'au milieu du jour, et puis en augmentant jusqu'au coucher du $\odot$.

Les droites AE, AI, etc. indiqueront les azimuts du soleil, et les angles EAI, IAM, MAL, LAH, etc. seront les mouvemens en azimuts. (IV, 2.)

Chaque ombre du matin, comme AE, AI aura le soir sa correspondante AH, AL, qui sera de même longueur, et l'on observera que les angles, tels que EAI et LAH, seront égaux quand ils seront compris entre des ombres égales chacune à chacune.

10. Si l'on multiplie ces points ou sommets d'ombre, qu'on les marque de 10' en 10' de l'horloge, et qu'on fasse passer par tous ces points une courbe telle que HLMIE, les deux branches HM, EM seront semblables, et le sommet M se trouvera en partageant également l'angle IAL de deux ombres égales observées le même jour.

Partagez de même l'angle EAH en deux également par la ligne AM', cette ligne se confondra avec AM, trouvée par la division de l'angle IAL ; autant on aura de ces lignes égales deux à deux, autant on aura de moyens de tracer la droite AM, qui, prolongée, sera l'axe de la courbe.

La droite AM en elle-même sera l'ombre la plus courte ce jour-là, et l'on trouvera par l'observation, que c'est celle qui a lieu à midi, c'est-à-dire, au milieu du jour.

11. Pour faire ces observations, il suffit de noter les instans que marquait la pendule, quand l'ombre avait le matin les longueurs AE et AI, et le soir les longueurs AH, AL.

Supposons que AE soit l'ombre de... $8^h \cdot 4'$,
que AH soit celle de...... 14.12, ou $2^h \cdot 12'$ après $12^h \cdot$.

la somme sera........... 22.16,
la demi-somme......... 11.8.

D'où vous conclurez qu'à midi l'horloge marquait $11^h \cdot 8'$.

Que l'ombre AI soit celle de $9^h \cdot 8'$,
et que l'ombre AL soit celle de 13.8,

la somme sera........ 22.16
la demi-somme ou midi de la pendule... 11.8.

12. Toutes ces ombres, prises deux à deux, donneront la même somme pour les temps de la pendule et le même midi ; il ne s'en faudra tout au plus que de quelques secondes, que vous rejetterez avec beaucoup de vraisemblance sur la petite erreur des observations.

13. La ligne AM sera la ligne du midi, pendant toute l'année ; quand vous verrez l'ombre sur la ligne AM, vous pourrez en conclure qu'il est midi, du moins à quelque chose près ; nous verrons plus loin la cause de cette différence, qui n'empêche pas que la direction de la ligne méridienne ne soit constante.

14. Il n'en est pas de même des autres ombres.

A midi l'horloge marquait.................. $11^h \cdot 8'$;
quand l'ombre était en AE, elle marquait.... $8\ 4$.

Donc en AE, il était................... $3\ 4$ avant midi, ou

8ʰ· 56′ matin ; mais il ne faudrait pas conclure qu'il est 8ʰ· 56′ dans une autre saison lorsque l'ombre se trouvera sur AE : cela ne serait vrai que dans le cas où l'ombre serait, comme la première fois, de la longueur de AE bien juste ; si l'ombre est plus courte, la distance au zénit sera moindre, et il sera plus de 8ʰ· 56′ du matin ; si l'ombre est plus longue que AE, la distance au zénit sera plus grande, il ne sera pas encore 8ʰ· 56′.

15. Si l'on compare les angles EAI, IAM, du matin, ou les angles HAL, LAM, du soir avec les tems correspondans de la pendule, on verra que ces angles ne varient pas de quantités égales en tems égaux, mais seulement, que la variation du soir a sa correspondante qui lui est égale parmi les heures du matin ; et qu'à des longueurs égales matin et soir, répondent les azimuts égaux, les azimuts étant comptés depuis la méridienne AM ; ensorte que MAH = MAE, MAL = MAI, et ainsi des autres.

16. De là on tire une méthode fort simple pour tracer une méridienne sans le secours de la pendule et par les ombres. Observez une ombre quelconque du matin ; tracez sur le terrain cette ombre, selon sa direction et sa longueur, ou marquez-en l'extrémité E ; avec la ligne AE, décrivez un cercle qui ait pour centre le point A ; attendez le soir que l'ombre redevenant de la même longueur, ait son sommet sur la circonférence décrite ; marquez ce nouveau sommet, que je suppose H ; partagez en deux également l'arc HE ; le point M′, milieu de cet arc, sera un point de la méridienne, et menant l'indéfinie AM′, vous aurez la méridienne même.

17. Cette opération sera très-exacte vers le 22 décembre et vers le 22 juin ; dans toute autre saison, vous vous tromperiez de quelques secondes ; la ligne AM ne serait pas la vraie méridienne, elle en serait seulement très-voisine : nous verrons plus loin la cause de cette erreur, et les moyens de la corriger.

18. La courbe HME tracée par points, et l'axe MM′ étant connus, on pourrait déterminer la nature de cette courbe en comparant les ordonnées et les abscisses ; mais on y parviendra plus directement en raisonnant ainsi qu'il suit.

19. Si le soleil décrit un cercle, comme font les étoiles, imaginons du sommet B du style AB, des lignes droites à tous les points du cercle décrit par le soleil ; toutes ces lignes formeront la surface d'un cône

lumineux, qui aura pour base le cercle décrit par le soleil, et pour sommet l'extrémité B du style.

Toutes ces lignes, prolongées jusqu'à leur rencontre avec le plan horizontal, feront un autre cône qui sera opposé au premier par le sommet.

Le cône lumineux est coupé par l'horizon, puisque le soleil se lève et se couche, et qu'une partie de son cercle ou de la base du cône est au-dessous de l'horizon. Le cône d'ombre, opposé par le sommet au cône lumineux, est aussi coupé par l'horizon, puisque toutes les lignes menées du sommet, aboutissent au plan horizontal : nous avons donc deux cônes opposés par le sommet et coupés par le même plan ; donc la section conique est une hyperbole ; donc la ligne HME est une hyperbole.

20. Nous aurons donc dans la courbe formée par les sommets des ombres, un moyen de reconnaître si le soleil se meut dans une surface conique.

Les ombres au lever et au coucher sont infinies, les extrémités appartiendront à l'hyperbole et ces ombres en seront les asymptotes.

S'il y a sur la terre un pays où le style BA soit l'axe du cercle décrit par le soleil, c'est-à-dire où le soleil tourne d'un mouvement égal autour du style prolongé, sans changer de hauteur ; la base du cône sera parallèle au plan horizontal, l'ombre du style décrira un cercle ; le cercle est aussi une section conique.

Si le soleil tourne autour du style en changeant de hauteur et sans se coucher, la trace de l'ombre ne sera plus un cercle, elle sera une ellipse.

Si le soleil dans son plus grand abaissement ne fait que raser l'horizon, le plan coupant sera parallèle à un des côtés du cône, et la section sera une parabole.

Si le soleil se couche, la courbe, comme nous avons dit, sera une hyperbole, et c'est le seul cas que nous ayons à considérer dans le lieu que nous habitons, parce que le soleil se couche tous les jours.

Or nous pouvons nous convaincre aisément que la courbe des ombres est sensiblement une hyperbole, et qu'ainsi la courbe décrite par le soleil peut être un cercle.

21. En effet la théorie des sections coniques nous dit que dans la parabole $y^2 = px$. Une autre ordonnée donnera de même $y'^2 = px'$, d'où

$$\frac{y'^2}{y^2} = \frac{px'}{px} = \frac{x'}{x}.$$

Donc les carrés des ordonnées sont entre eux comme les abscisses, et croissent et diminuent comme elles.

L'équation à l'hyperbole donnera

$$\frac{y'^2}{y^2} = \frac{ap.x' + px'^2}{ap.x + px^2} = \frac{\dfrac{x'}{x} + \dfrac{x'^2}{ax}}{1 + \dfrac{x}{a}} = \frac{x'}{x}\left(\frac{1 + \dfrac{x'}{a}}{1 + \dfrac{x}{a}}\right)$$

Or en supposant $x' > x$, on aura $1 + \dfrac{x'}{a} > 1 + \dfrac{x}{a}$, donc

$$\frac{y'^2}{y^2} > \frac{x'}{x}.$$

En changeant le signe de x et de x', nous aurions pour l'ellipse

$$1 - \frac{x'}{a} < 1 - \frac{x}{a}, \text{ donc } \frac{xy'^2}{x'y^2} < 1 \text{ et par conséquent } \frac{y'^2}{y^2} < \frac{x'}{x}.$$

Donc si les carrés des ordonnées croissent en plus grande raison que les abscisses, la courbe sera une hyperbole, et c'est ce qu'on reconnaîtra facilement.

22. Les équations $y^2 = px + \dfrac{p}{a}x^2$, $y'^2 = px' + \dfrac{p}{a}x'^2$ comparées entre elles donneront

$$a = \frac{x'^2 y^2 - x^2 y'^2}{xy'^2 - x'y^2}, \quad p = \frac{ay'^2}{ax' + x'^2} = \frac{ay^2}{ax + x^2};$$

nous aurons donc l'axe et le paramètre de l'hyperbole. Prenez sur la méridienne $\frac{1}{2}a$ à partir du sommet et du côté de la convexité, vous aurez le centre de l'hyperbole.

L'hyperbole ira en se rétrécissant de jour en jour depuis l'équinoxe jusqu'au solstice d'hiver (*) ; parce que les ombres deviennent plus longues, et qn'en même tems l'angle compris entre l'ombre du lever et celle du coucher diminue chaque jour ; réciproquement elle s'élargira depuis le solstice d'hiver jusqu'à l'équinoxe suivant ; le jour de l'équinoxe elle se réduira à une ligne droite, parce que le cône se réduit à un plan, ensuite elle redeviendra hyperbole, moins ouverte de jour en jour et tournant sa convexité du côté opposé jusqu'au solstice d'été ; mais la di-

----

(*) On appelle *équinoxe* le tems où la nuit est égale au jour ; *solstice* ou station du soleil, le jour où le soleil s'arrête, cesse de monter ou de descendre. Le solstice d'été donne le plus long jour et la plus courte nuit ; le solstice d'hiver le jour le plus court et la nuit la plus longue.

rection de l'axe sera toujours la même (n° 13) quoique la courbe varie d'un jour à l'autre.

23. Arrêtons-nous sur cette circonstance très-remarquable qu'il y a deux jours dans l'année (ce sont ceux des équinoxes) où la trace de l'extrémité de l'ombre est sensiblement une ligne droite. Cette droite prouve que dans ces deux jours le mouvement du soleil se fait dans un plan dont cette droite est la commune intersection avec l'horizon.

Du pied A du style abaissez une perpendiculaire sur la ligne des sommets de l'ombre, cette droite AM sera la méridienne (16).

Par la droite OMR (fig. 18.) des sommets de l'ombre et par le sommet B du style, faites passer un plan OBR, ce plan sera celui dans lequel le soleil a fait son mouvement le jour de l'équinoxe; AB sera le style, AM la méridienne horizontale, et la ligne BM la méridienne dans le plan incliné.

24. Voici un moyen fort simple de reconnaître si le soleil tourne uniformément dans le plan OBR. Sur le plan MBDEF (fig. 19.), élevez un style BS perpendiculaire; du point B, pied de ce style, décrivez sur le plan un cercle de rayon arbitraire, et partant du rayon qui se confond avec la méridienne BM, marquez des arcs de 15°, 30°, 45°, 60°, 75°, 90°.

25. Si le soleil se meut circulairement dans le plan, une heure après midi, il se trouvera sur le rayon de 15°, et ainsi des autres, en sorte qu'à six heures du soir il sera sur le rayon de 90°; or c'est ce que l'expérience vérifiera le jour de l'équinoxe.

Le lendemain le soleil s'élevera un peu au-dessus du plan et les ombres seront un peu plus courtes, mais sensiblement égales toute la journée. A 6ʰ· du matin il sera sur le rayon de 90°, à 7ʰ· sur le rayon de 75°, et ainsi des autres ; après midi il se trouvera de l'autre côté de la méridienne sur le rayon de 15° à 1ʰ·, sur celui de 30° à 2ʰ·, etc.

Les jours suivans jusqu'à l'équinoxe d'automne, le soleil sera plus ou moins élevé sur le plan, mais l'ombre sera toujours sur le même rayon à la même heure, en sorte que nous aurons la preuve que le soleil tourne uniformément autour de notre axe ou du style BS.

Ainsi notre cercle divisé de 15° en 15° sera un cadran infaillible qui nous donnera l'heure du soleil pendant six mois. Après l'équinoxe d'automne le soleil s'abaissera au-dessous du plan, et notre cadran ne marquera

quera plus; mais si nous prolongeons notre axe SB jusqu'au plan horizontal MT, et que sur la face inférieure nous tracions un autre cercle
du centre B, et divisé de même de 15° en 15°, nous aurons un autre
cadran tout semblable, mais renversé, qui nous servira les six autres
mois; ce cadran s'appelle *équinoxial:* c'est le plus simple et le plus régulier des cadrans; les autres s'en déduisent d'une manière fort simple.

26. Pendant que le style BS ou BT (fig. 19) marque les heures sur
l'une des faces du plan incliné, le style BT les marque sur le plan horizontal. Ainsi quand l'ombre sur le plan incliné couvre le rayon qui fait
un angle de 15° avec la méridienne tracée sur ce plan et qu'il est 11^h du
matin ou 1^h après midi, tracez sur le plan horizontal (fig. 20) la direction
de l'ombre, ce sera aussi la ligne de 11^h du matin ou de 1^h après midi.
Faites une opération semblable pour toutes les heures, vous aurez un
cadran horizontal aussi bon que l'autre. Vous remarquerez que les angles
formés par les lignes horaires sur ce plan ne sont pas égaux entre eux,
parce que le style TB autour duquel se fait la révolution uniforme, est
incliné à l'horizon; mais le cadran n'en sera pas moins bon et il servira
de même toute l'année.

27. Voulez-vous mesurer cette inclinaison: dans le triangle BAM nous
avons tang $\text{ABM} = \dfrac{\text{AM}}{\text{AB}} = \dfrac{\text{ombre mérid. équinox.}}{\text{hauteur du style droit AB}}$, mais à cause de l'angle
droit TBM, ABM $= 90°$ — TBA $=$ ATB à cause de l'angle droit TAB,
donc

$$\text{tang BTA} = \frac{\text{ombre mérid. équinox.}}{\text{hauteur du style droit AB}}.$$

28. Enfoncez donc en terre une verge de fer ST qui soit dans le méridien et qui fasse avec la méridienne et du côté du nord un angle dont
la tang $= \dfrac{\text{ombre mérid. équinox.}}{\text{hauteur du style droit AB}}$ et vous aurez l'axe autour duquel tourne
le soleil.

Alors, au moyen de la pendule sidérale, tracez la direction de l'ombre
1^h 0′ 10″ après midi, 2^h 0′ 20″, 3^h 0′ 30″, et ainsi de suite, vous aurez les
lignes horaires de votre cadran horizontal qui marquera toute l'année le
tems civil.

Tracez ensuite de l'autre côté de la méridienne, des lignes qui fassent
des angles égaux aux premiers chacun à chacun, et vous aurez votre cadran entier (fig. 20).

La ligne de 6^h sera perpendiculaire à la méridienne et les lignes suivantes du soir seront les prolongemens de celles du matin, et réciproquement celles du matin les prolongemens de celles du soir également éloignées de la méridienne.

29. Prenez AB pour rayon (fig. 19), AM sera la cotangente de la hauteur équinoxiale du $\odot$, BM en sera la cosécante, AT la tangente et BT la sécante, et si AB est un mètre, vous trouverez ces lignes dans les tables des tangentes et sécantes en nombres naturels.

5o. Voilà donc deux méthodes également simples de décrire le cadran horizontal. Il n'est pas plus difficile de tracer les cadrans verticaux, c'est-à-dire ceux que nous voyons sur les murs des édifices, et même les cadrans sur un plan quelconque.

Par le style droit AB (fig. 19) imaginez un plan quelconque, ce sera un plan vertical. Le style BT en même tems qu'il projette une ombre sur le plan horizontal, en projette une sur le plan vertical, marquez d'heure en heure la trace de cette ombre, en consultant votre cadran équinoxial ou même le cadran horizontal (27); ces nouvelles lignes serviront également toute l'année, puisqu'elles seront toujours les intersections des méridiens dans lesquels se trouve le soleil à chaque heure du jour avec le plan vertical.

51. Si le plan vertical fait un angle droit avec la méridienne, c'est-à-dire, si le mur est dirigé d'un côté vers le levant, et de l'autre vers le couchant des équinoxes, votre cadran sera aussi régulier que le cadran horizontal; les angles seront différens, mais symétriques de part et d'autre de AB; l'angle de l'axe avec le plan, sera le complément de l'angle de cet axe avec le cadran horizontal, ce qui résulte évidemment du triangle rectangle TAB. Ce cadran s'appelle *vertical non déclinant ou régulier*.

52. Si le plan vertical ne se dirige pas suivant la ligne du lever et du coucher équinoxial, le cadran sera moins régulier, du moins sa régularité sera plus difficile à reconnaître, et elle n'a été jusqu'ici remarquée par personne, que je sache; l'angle de l'axe avec le plan ne sera pas le même.

33. Voulez-vous trouver par le calcul tous les angles des lignes horaires dans le cadran horizontal, prolongez dans le cadran équinoxial les lignes horaires jusqu'à la ligne MD (fig. 21), trace de l'ombre le jour de l'équinoxe. Soit AM une de ces lignes; on a

$$CM = AC \text{ tang } MAC = AC \text{ tang angle horaire};$$

tirez **TM**, **TM** sera la ligne de la même heure du cadran horizontal ; car le point **M** est un point de l'ombre du style AS et de l'ombre du style TS, et tout angle MAC d'une ombre avec la méridienne s'appelle *angle horaire de l'équinoxial.*

$$\text{tang MTC} = \frac{CM}{CT} = \frac{AC \text{ tang angle hor}}{CT} = \text{sin ATC tang angle hor}$$
$$= \text{sin haut du pôle tang angle hor. de l'équinoxial.}$$

Imaginez un plan ABN perpendiculaire au plan TAC, AN sera l'ombre du style sur le cadran vertical, et BAN l'angle de cette ombre avec la méridienne AB tracée dans le plan vertical ; or BN $=$ BT tang BTN $=$ AB tang BAN ; donc

$$\text{tang BAN} = \frac{BT}{AB} \cdot \text{tang NTB} = \frac{BT}{AB} \text{ sin haut du pôle tang ang horaire}$$
$$= \frac{\cos \text{haut du pôle}}{\sin \text{haut du pôle}} \text{sin haut du pôle tang ang hor}$$
$$= \cos \text{haut du pôle tang angle horaire}$$

Ainsi les angles du cadran vertical ne diffèrent des angles correspondans du cadran horizontal que par le cosinus substitué au sinus dans l'expression de la tangente de ces angles.

34. Comme il n'est pas facile de placer dans un mur ou sur un plan une verge qui fasse exactement l'angle requis, formez le triangle rectangle TBC (fig. 22), dont l'angle C vers le midi soit la hauteur équinoxiale du soleil au milieu du jour ; l'angle T sera le complément de cet angle et le côté TB sera l'axe du cadran horizontal. Ménagez au-dessous de TC une bande TPQC ; enfoncez-la perpendiculairement dans le plan horizontal jusqu'à la ligne TAC, TB marquera l'heure par ses ombres sur le cadran horizontal. TC sera dirigé du sud au nord. Pour le cadran vertical, enfoncez la bande TPQC dans le mur vertical sur la méridienne qui est une ligne à plomb, CB sera l'axe, CT la méridienne.

35. Si vous placez à portée de votre axe BT un plan quelconque, il recevra les ombres du style ou axe ; et en traçant ces ombres comme nous avons dit, on aurait un cadran qu'on appelle *déclinant ;* nous y reviendrons après la Trigonométrie sphérique.

36. Nous voilà donc convaincus de l'uniformité du mouvement du soleil. Comme les étoiles, il décrit un cercle au moins sensiblement, et chaque jour il décrit ce cercle d'un mouvement égal : mais nous

avons encore des conséquences intéressantes à tirer de nos observations, quoique toujours un peu grossières.

37. Nous avons vu (25) qu'après le jour de l'équinoxe du printems, le soleil s'élevait sans cesse ; et qu'après l'équinoxe d'automne, il s'abaissait continuellement jusqu'au 22 décembre, jour où le soleil paraît s'arrêter pour revenir sur ses pas, ce qui a fait donner à ce jour le nom de solstice d'hiver, comme on appelle jour du solstice d'été, le jour où il cesse de monter. (*Voyez* la note de la page 39.)

38. Nous pouvons aisément mesurer de combien il s'élève ou s'abaisse relativement à ce plan. Le jour du solstice d'été, mesurons l'ombre méridienne BM (fig. 23), nous aurons

$$\text{cotang. SMB} = \frac{BM}{BS} = \frac{\text{ombre mérid solstice}}{\text{style}} = \text{cotang } 23^\circ\ 28'.$$

Au solstice d'hiver, mesurons l'ombre BM, et si nous avons pris BS′ = BS, nous aurons aussi l'ombre d'hiver égale à l'ombre d'été ; d'où nous conclurons que le soleil en hiver s'abaisse de 23° 28′ au-dessous de ce même plan, au-dessus duquel il s'élève de 23° 28′ en été.

Le plan équinoxial s'appelle l'*équateur*, parce qu'il fait les nuits égales aux jours.

Ce plan, supposé prolongé jusqu'à la sphère céleste, y fera une trace ou un cercle qui aura pour centre le sommet du style, ou l'œil de l'observateur.

Si le plan équinoxial fait avec l'horizon un angle de 41° 8′, comme à Paris, en y ajoutant 23° 28′, nous en conclurons qu'en été le soleil doit s'élever de 64° 36′ au-dessus de l'horizon ; en retranchant ce même angle, nous trouverons 17° 40′ pour la hauteur méridienne du soleil en hiver. Nous pourrons vérifier la chose en mesurant les ombres sur le plan horizontal.

39. Il nous reste à trouver la durée de la révolution du soleil en tems de notre pendule, qui est réglée sur les étoiles, et marque 24$^\text{h}$ justes entre deux retours de la même étoile à une même position.

Observons journellement le tems de la pendule au passage du soleil par la méridienne de nos cadrans, nous verrons que ce passage retarde tous les jours de 3 à 5′ sur l'horloge sidérale ; la révolution du soleil est donc un peu inégale, mais toujours elle est plus longue que la révolution des fixes, de 4′ environ ; et voilà pourquoi ci-dessus (n° 28), pour trouver notre cadran horizontal ou vertical, je disais de marquer les ombres, non pas d'heure en heure, mais de 1ʰ· 0′ 10″, ce qui suffit pour avoir toute l'année l'heure à quelques secondes près.

40. Nous venons de voir (n° 38) que le cercle décrit par le soleil, s'élève au solstice d'été de 23° 28′ au-dessus de l'équateur, et s'abaisse d'autant au solstice d'hiver au-dessous de l'équateur. Soit (fig. 24) PEP′RP le cercle vertical qui passe par le zénit et les points nord et sud de l'horizon, et qu'on appelle le *méridien*.

Soit P et P′ (fig. 24) les deux pôles du mouvement diurne, HOR l'horizon où sa trace dans le ciel, PR = 48° 52′, à Paris. Soit EOQ un cercle perpendiculaire au méridien et à l'axe des pôles POP′, ce cercle sera l'équateur : HE = 41° 8′, ainsi que nous l'avons trouvé (n° 38), PE = 90°. Imaginons un autre grand cercle CL perpendiculaire au méridien, ensorte que EC = LQ = 23° 28′, ce cercle sera la route annuelle du soleil ; en été le soleil sera en C, 23° 28′ au-dessus de l'équateur, en hiver il sera en L, 23° 28′ au-dessous ; aux équinoxes, le soleil sera en O dans l'équateur, ce qui satisfera à toutes les observations précédentes. Ce cercle s'appelle aujourd'hui *écliptique*, et nous verrons pourquoi par la suite ; les Grecs le nommaient λοξός, ou *l'oblique* : l'angle que fait ce cercle avec l'équateur, se nomme *l'obliquité de l'écliptique*.

41. Par la révolution diurne le point C, au bout de 12ʰ·, se trouve en c, et le soleil paraîtra avoir décrit le demi-petit cercle Cc ; en hiver le soleil paraîtra décrire Ll.

Ces deux cercles s'appellent les *tropiques*, τροπὴ, *tour* ou *retour*, parce que le soleil, qui pendant trois mois s'était continuellement éloigné de l'équateur, paraît retourner sur ses pas pour s'en rapprocher. Quand le soleil est en un point quelconque a de son cercle oblique, il paraît décrire le petit cercle *tad*. Dans la réalité, il ne décrit jamais un petit cercle, puisqu'il n'est pas un seul instant à la même distance de l'équateur ; mais en un jour la différence est peu sensible, si ce n'est vers l'équinoxe.

Ces notions nous suffisent pour le moment, jusqu'à ce que nous appliquions à tous les problèmes du mouvement diurne, les règles rigoureuses de la Trigonométrie sphérique.

42. Dans la mesure des hauteurs par les ombres, nous avons, à l'exemple des Anciens, regardé jusqu'ici le soleil comme un point mathématique ; mais il n'en est pas tout-à-fait ainsi : le soleil a un disque sensible ; ainsi toutes nos observations et nos conséquences ne sont que

des à peu près, mais qui suffisaient dans les premières recherches que nous n'avons pas voulu compliquer ; il est au reste facile de reconnaître et de mesurer l'erreur, et par conséquent aussi de la corriger.

43. Si le soleil n'était qu'un point S (fig. 25), l'ombre de AB serait AC ; c'est celle que nous avons considérée uniquement jusqu'ici. Mais si le soleil a un disque sensible aSb, le point a enverra un rayon aBD, qui terminera en D l'ombre AD ; le point D ne verra que le point supérieur a du soleil, le point C verra la moitié du disque Sa, le point F verra le disque entier ab.

Le point milieu de FC verrait les trois quarts du disque, le milieu de CD n'en verrait que le quart, ainsi à proportion de tous les points entre F et D.

La ligne AD sera dans l'ombre pure, la ligne FG dans la lumière pure ; les points entre D et F seront plus fortement éclairés en proportion de ce qu'ils seront plus loin de D.

Cet espace DF s'appelle *la pénombre*, c'est-à-dire presqu'ombre : on peut observer cette pénombre toutes les fois que le soleil luit ; l'espace qui sépare l'ombre pure de la lumière pure, offre une lumière plus faible, ou une ombre moins forte dont les limites sont difficiles à reconnaître. Le milieu C de cette lumière ou ombre incertaine est à peu près l'extrémité de l'ombre du soleil considéré comme un point.

44. Cependant il n'est pas rigoureusement exact que CF = CD ; en effet, les angles SBa, SBb sont égaux, ainsi que leurs opposés au sommet DBC et CBF. Ainsi dans le triangle DBF, nous avons une droite BC qui coupe en deux également l'angle au sommet : nous avons donc BF : BD :: CF : CD ; or BF $>$ BD, donc CF $>$ CD.

Cette analogie donne CF : CD :: BF : BD :: sin D : sin F ;

CF + CD : CF — CD :: sin D + sin F : sin D — sin F

$$:: \text{tang } \tfrac{1}{2} (D+F) : \text{tang } \tfrac{1}{2} (D—F)$$

$$:: \text{tang } \tfrac{1}{2} (D+D—DBF) : \text{tang } \tfrac{1}{2} DBF$$

$$:: \text{tang } (D—\tfrac{1}{2} DBF) : \text{tang } \tfrac{1}{2} DBF$$

$$:: \text{tang } C : \text{tang } \tfrac{1}{2} DBF.$$

Faisons DBF = δ = diamètre du soleil, on aura donc

$$\tfrac{1}{2}(CF - CD) = \frac{\tfrac{1}{2}(CF + CD)\,\tang\tfrac{1}{2}\delta}{\tang C} = \tfrac{1}{2}\text{ pénombre } \tang \tfrac{1}{2}\text{ diamètre } \odot$$

$\tang$ distance $\odot$ au zénit.

On peut même éliminer la pénombre : en effet, nommons Δ la distance du soleil au zénit, ou l'angle ABC, on aura

$$AF = AB\ \tang\ ABF = AB\ \tang\ (ABC + CBF) = AB\ \tang\ (\Delta + \tfrac{1}{2}\delta)$$
$$AD = AB\ \tang\ ABD = AB\ \tang\ (ABC - CBD) = AB\ \tang\ (\Delta - \tfrac{1}{2}\delta)$$

et par conséquent

$$FC + CD = AF - AD = AB\,[\tang\,(\Delta + \tfrac{1}{2}\delta) - \tang\,(\Delta - \tfrac{1}{2}\delta)]$$
$$= \frac{AB \sin\delta}{\cos(\Delta + \tfrac{1}{2}\delta)\cos(\Delta - \tfrac{1}{2}\delta)};$$

car on a généralement $\tang P - \tang Q = \dfrac{\sin(P - Q)}{\cos P \cos Q}$, P et Q étant des

arcs quelconques. On a de même $\tang P + \tang Q = \dfrac{\sin(P + Q)}{\cos P \cos Q}$.

Développons le dénominateur, il deviendra

$$(\cos\Delta \cos\tfrac{1}{2}\delta - \sin\Delta \sin\tfrac{1}{2}\delta)(\cos\Delta \cos\tfrac{1}{2}\delta + \sin\Delta \sin\tfrac{1}{2}\delta)$$
$$= \cos^2\Delta \cos^2\tfrac{1}{2}\delta - \sin^2\Delta \sin^2\tfrac{1}{2}\delta,$$

d'où $FC + CD = \dfrac{2AB \sin\tfrac{1}{2}\delta \cos\tfrac{1}{2}\delta}{\cos^2\Delta \cos^2\tfrac{1}{2}\delta - \sin^2\Delta \sin^2\tfrac{1}{2}\delta} = \dfrac{2AB\,\tang\tfrac{1}{2}\delta}{\cos^2\Delta(1 - \tang^2\tfrac{1}{2}\delta\,\tang^2\Delta)},$

et $\tfrac{1}{2}(FC - CD) = \dfrac{AB\,\tang^2\tfrac{1}{2}\delta\,\tang\Delta}{\cos^2\Delta}\left(1 + \tang^2\tfrac{1}{2}\delta\,\tang^2\Delta \text{ etc.}\right) = Cm.$

Ainsi, quand on aura mesuré la ligne Am, du pied du style au milieu de la pénombre, pour en conclure $AC = Am - Cm$,

Il en faudra retrancher là quantité $Cm = \dfrac{AB\,\tang^2\tfrac{1}{2}\delta\,\tang\Delta}{\cos^2\Delta}$,

calculée en faisant par approximation $\tang\Delta = \dfrac{Am}{AB}$.

Supposons $AB = 10$ mètres, c'est-à-dire un gnomon de plus de 5o pieds et $\tfrac{1}{2}\delta = 16'$, on aura $Cm = 0^m.0002166\mathrm{2}\ \tang\Delta\ \sec^2\Delta$, c'est-à-dire à 45° $Cm = 0.^m0004532\mathrm{4}$ à 70° $0.^m0050879$ à 80°.... $0.^m040742$. On voit donc que cette correction peut devenir sensible si le soleil est fort bas.

45. Si l'on prenait AF pour l'ombre vraie, on n'aurait que la hauteur

du bord inférieur, c'est-à-dire, une hauteur trop petite de 16'; si l'on prenait AD, ou l'ombre pure, on aurait une hauteur trop forte de 16'.

La correction précédente dépend du demi-diamètre du soleil, et puisqu'on ne peut la négliger quand le soleil est fort bas, cherchons à déterminer le demi-diamètre du soleil.

Le premier moyen qui se présente est de calculer les arcs de hauteur par l'ombre vraie d'abord, et puis par l'ombre vraie augmentée de la pénombre, la différence sera le diamètre du $\odot$: ce moyen est bien géométrique, mais il ne promet pas beaucoup d'exactitude dans la pratique.

46. Voici un moyen plus exact : dirigeons une lunette le jour de l'équinoxe vers le soleil quand il est à sa plus grande hauteur, c'est-à-dire à midi; observons combien de minutes et de secondes il emploie à traverser le fil; ensuite nous ferons ce raisonnement : le soleil fait sa révolution en 24ʰ· 4' environ de l'horloge sidérale; il emploie environ 2' 8″,5 à traverser le méridien. Nous dirons 24ʰ· 4' : 2' 8″,5 :: les 360° de l'équateur : à l'arc de l'équateur qui passe au méridien en 2' 8″5; or le diamètre du soleil est cet arc de l'équateur; donc il sera de $360° \left(\dfrac{2' 8″ 5}{24^{h}·4'} \right) = 32'$ environ.

Dans tout autre tems de l'année on trouverait un tems plus considérable pour le passage, parce que le soleil ne serait pas dans l'équateur, mais dans un cercle plus petit. Le diamètre du soleil qui est égal à la corde de 32' dans un grand cercle, étant transporté dans un petit cercle, s'y trouverait égal à la corde de 36' ou 40', plus ou moins; mais les 40' d'un petit cercle emploient à passer au méridien le même tems que 40' d'un grand cercle. Ainsi, en calculant le diamètre du soleil par le tems du passage, nous le trouverions de 40', tandis qu'il n'est que de 32'.

D'où il suit que pour trouver la mesure juste, il faut attendre que le soleil soit dans l'équateur, sans quoi le diamètre conclu aurait besoin d'une correction dont nous donnerons ci-après le calcul.

Le jour de l'équinoxe est le seul tems où nous soyons dans le plan et au centre du parallèle décrit par le soleil; dans tout autre tems nous ne sommes pas au centre du mouvement, le rapport entre les tems et les arcs qui passent au méridien n'est plus de la même simplicité.

47. La première mesure du soleil que nous connaissions est celle d'Aristarque, la seconde est celle d'Archimède. Le procédé d'Aristarque est beaucoup trop compliqué pour être rapporté ici, il suppose des connaissances que nous n'avons pas encore; celui d'Archimède, moins scientifique,

mais

mais plus ingénieux, est beaucoup plus simple, et en le simplifiant, on le réduit à ceci.

48. Soit ABDE (fig. 26) une longue règle bien dressée qui ait en AB un rebord dont la hauteur soit de quelques millimètres; supposons que cette règle soit également partagée par la droite *am*. Si on dirige la ligne *am* au centre du soleil levant ou couchant, le rebord AB projettera sur la règle une ombre triangulaire ACB, et dont la pointe sera en C. L'angle ACB sera le diamètre du soleil, mais le point C est trop loin pour qu'on mesure, ni cet angle, ni la ligne *m*C. Promenez sur la règle et parallèlement à AB une petite règle *pq*, et approchez-la de AB jusqu'à ce qu'elle soit tout à fait dans l'ombre. Mesurez AB et *pq*, ainsi que la distance *am*.

$$\text{A}m = \text{C}m \text{ tang A}\text{C}m = \text{C}m \text{ tang } \tfrac{1}{2} \text{ diamètre } \odot = \text{C}m \text{ tang}\tfrac{1}{2}\,\delta;$$

on a pareillement $ap = \text{C}a \text{ tang. } \tfrac{1}{2}\,\delta$, et par conséquent

$$\text{A}m - ap = (\text{C}m - \text{C}a) \text{ tang } \tfrac{1}{2}\,\delta = am \text{ tang } \tfrac{1}{2}\,\delta,$$

et

$$\text{tang } \tfrac{1}{2}\,\delta = \frac{\text{A}m - pa}{am} = \frac{2\text{A}m - 2pa}{2\,am} = \frac{\text{AB} - pq}{2\,am}.$$

49. Ce procédé est géométriquement bon ; cependant Archimède a trouvé de cette manière que le diamètre du soleil était de plus de 27′ et de moins de 32′,55, ou entre $\frac{1}{200}$ et $\frac{1}{164}$ de l'angle droit. (Voyez *l'Arénaire* d'Archimède).

On voit donc que des procédés géométriquement vrais, peuvent être fort imparfaits en Astronomie ; on en trouve beaucoup d'exemples, même dans des auteurs modernes.

50. Quoique Archimède ait mesuré le diamètre du soleil, quoique les Astronomes l'aient depuis mesuré d'une manière moins inexacte, on ne voit pourtant pas que les astronomes d'Alexandrie aient jamais tenu compte de ce diamètre dans la mesure des ombres; il n'en est pas une seule fois question dans l'Astronomie de Ptolémée, ni dans son commentateur Théon. Pline est le premier qui nous parle d'une tentative faite pour rendre plus exacte l'observation des ombres. Il rapporte qu'un géomètre, nommé Manlius, imagina de placer une boule sur l'obélisque qu'on avait dressé à Rome dans le Champ-de-Mars. Cet obélisque devait par son ombre marquer les heures.

I.

7

51. D'après ce que nous avons vu ci-dessus, l'obélisque élevé perpendiculairement sur le terrain, ne pouvait marquer l'heure que par son sommet et non par son ombre entière (IV, 12).

Pour rendre cette ombre du sommet, mieux terminée, et plus sensible, on mit une boule à la pointe de l'obélisque, afin, dit Pline, que l'ombre se ramassât en elle-même (*umbra colligeretur in semetipsam*); mais il faut avouer que ces expressions sont fort équivoques. L'on pourrait croire que Pline ne s'entendait pas bien lui-même. Ces mots signifient peut-être, tout simplement, pour qu'une ombre circulaire (à peu près) marquât par son centre le point vrai qui devait désigner l'heure, ce que n'aurait pas fait aussi précisément une ombre finissant par une pointe incertaine.

Quoi qu'il en soit, ce moyen remédiait en grande partie à l'inconvénient des gnomons ordinaires. Il restait encore une petite erreur dont on aurait pu trouver la correction sans alonger sensiblement le calcul.

52. Les modernes ont employé divers moyens pour avoir une ombre mieux terminée. Au haut du gnomon ils ont placé une plaque percée d'un trou circulaire.

Soit (fig. 27) PN le gnomon, IN le diamètre de ce trou circulaire qui est dans le plan du méridien BPN. Abaissez la perpendiculaire IQ : mesurez cette perpendiculaire, ainsi que la hauteur du gnomon et le diamètre IN.

Le bord supérieur du soleil enverra un rayon NA, qui terminera l'ombre pure PA. Le bord inférieur enverra un rayon IB qui terminera l'ombre pure DB. AB sera l'image du soleil entourée de sa pénombre, et l'on aura

$$QB = IQ \text{ tang } BIQ = H \text{ tang } (\Delta + \tfrac{1}{2} \delta)$$

$$PA = NP \text{ tang } PNA = h \text{ tang } (\Delta - \tfrac{1}{2} \delta);$$

mais

$$H = \tfrac{1}{2}(H + h) + \tfrac{1}{2}(H - h); \quad h = \tfrac{1}{2}(H + h) - \tfrac{1}{2}(H - h);$$

donc

$$QB = \tfrac{1}{2}(H + h) \text{ tang } (\Delta + \tfrac{1}{2} \delta) + \tfrac{1}{2}(H - h) \text{ tang } (\Delta + \tfrac{1}{2} \delta).$$

$$PA = \tfrac{1}{2}(H + h) \text{ tang } (\Delta - \tfrac{1}{2} \delta) - \tfrac{1}{2}(H - h) \text{ tang } (\Delta - \tfrac{1}{2} \delta)$$

$$QB + PA = \tfrac{1}{2} (H + h) \left[\operatorname{tang} (\Delta + \tfrac{1}{2} \delta) + \operatorname{tang} (\Delta - \tfrac{1}{2} \delta) \right]$$
$$+ \tfrac{1}{2} (H - h) \left[\operatorname{tang} (\Delta + \tfrac{1}{2} \delta) - \operatorname{tang} (\Delta - \tfrac{1}{2} \delta) \right]$$

$$= \frac{\tfrac{1}{2} (H + h) \sin 2\Delta}{\cos (\Delta + \tfrac{1}{2} \delta) \cos (\Delta - \tfrac{1}{2} \delta)} + \frac{\tfrac{1}{2} (H - h) \sin \delta}{\cos (\Delta + \tfrac{1}{2} \delta) \cos (\Delta - \tfrac{1}{2} \delta)}$$

$$= \frac{(H + h) \sin \Delta \cos \Delta}{\cos^2 \Delta \cos^2 \tfrac{1}{2} \delta - \sin^2 \Delta \sin^2 \tfrac{1}{2} \delta} + \frac{(H - h) \sin \tfrac{1}{2} \delta \cos \tfrac{1}{2} \delta}{\cos^2 \Delta \cos^2 \tfrac{1}{2} \delta - \sin^2 \Delta \sin^2 \tfrac{1}{2} \delta}$$

$$= \frac{(H + h) \operatorname{tang} \Delta}{\cos^2 \tfrac{1}{2} \delta (1 - \operatorname{tang}^2 \tfrac{1}{2} \delta \operatorname{tang}^2 \Delta)} + \frac{(H - h) \operatorname{tang} \tfrac{1}{2} \delta}{\cos^2 \Delta (1 - \operatorname{tang}^2 \tfrac{1}{2} \delta \operatorname{tang}^2 \Delta)}$$

donc

$$(QB + PA) \cos^2 \tfrac{1}{2} \delta (1 - \operatorname{tang}^2 \tfrac{1}{2} \delta \operatorname{tang}^2 \Delta) = (H + h) \operatorname{tang} \Delta$$
$$+ \frac{(H - h) \sin \tfrac{1}{2} \delta \cos \tfrac{1}{2} \delta}{\cos^2 \Delta};$$

d'où

$$\operatorname{tang} \Delta = \left(\frac{QB + PA}{H + h} \right) \left(\cos^2 \tfrac{1}{2} \delta - \sin^2 \tfrac{1}{2} \delta \operatorname{tang}^2 \Delta \right) - \left(\frac{H - h}{H + h} \right) \frac{\sin \tfrac{1}{2} \delta \cos \tfrac{1}{2} \delta}{\cos^2 \Delta}$$

$$= \left(\frac{QB + PA}{H + h} \right) \left(1 - \frac{\sin^2 \tfrac{1}{2} \delta}{\cos^2 \Delta} \right) - \left(\frac{H - h}{H + h} \right) \frac{\sin \tfrac{1}{2} \delta \cos \tfrac{1}{2} \delta}{\cos^2 \Delta}$$

$$= \left(\frac{QB + PA}{H + h} \right) \left(1 - \frac{\sin^2 \tfrac{1}{2} \delta}{\cos^2 \Delta} \right) - \left(\frac{QB + PA}{H + h} \right) \left(\frac{H - h}{QB + PA} \right) \frac{\sin \tfrac{1}{2} \delta \cos \tfrac{1}{2} \delta}{\cos^2 \Delta}$$

$$= \left(\frac{QB + PA}{H + h} \right) \left[1 - \frac{\sin^2 \tfrac{1}{2} \delta}{\cos^2 \Delta} - \left(\frac{H - h}{QB + PA} \right) \frac{\sin \tfrac{1}{2} \delta \cos \tfrac{1}{2} \delta}{\cos^2 \Delta} \right]$$

On voit que $\left(\dfrac{QB + PA}{H + h} \right)$ est la valeur approchée de $\operatorname{tang} \Delta$, que le terme $\dfrac{\sin^2 \tfrac{1}{2} \delta}{\cos^2 \Delta}$ est la correction du demi-diamètre du soleil; que le dernier terme est la correction qui dépend du diamètre IN; que QI et PN sont deux gnomons; qu'à l'un on observe le bord supérieur, à l'autre le bord inférieur; enfin que des deux observations réunies on tire la distance du centre du soleil au zénit.

53. Soit donc $\operatorname{tang} x = \left(\dfrac{QP + PA}{H + h} \right)$;

$$\log \operatorname{tang} \Delta = \log \operatorname{tang} x - K \left[\frac{\sin^2 \tfrac{1}{2} \delta}{\cos^2 x} + \frac{H - h}{QB + PA} \cdot \frac{\sin \tfrac{1}{2} \delta \cos \tfrac{1}{2} \delta}{\cos^2 x} \right]$$

$$K = \frac{1}{\log \text{hyperb. } 10}, \quad \log K = 9.6377843.$$

Calculez les nombres $\dfrac{K \sin^2 \tfrac{1}{2} \delta}{\cos^2 x}$, $K \left(\dfrac{H - h}{QB + PA} \right) \dfrac{\sin \tfrac{1}{2} \delta \cos \tfrac{1}{2} \delta}{\cos^2 x}$;

retranchez-les de $\log \operatorname{tang} x$, et vous aurez $\log \operatorname{tang} \Delta$.

54. L'équation finale du n° 52 est générale, quelle que soit la longueur et l'inclinaison de la ligne IN. Dans le gnomon simple $IN = 0, H = h,$

$H - h = 0$; IQ se confond avec PN. L'équation se simplifie et devient

$$\tang \Delta = \left(\frac{PB + PA}{2PN} \right) \left(1 - \frac{\sin^2 \frac{1}{2} \delta}{\cos^2 \Delta} \right).$$

55. Si la plaque est horizontale comme dans la figure 28, vous aurez

$$IQ = NP,\ H - h = 0,\ \tang \Delta = \left(\frac{QB + PA}{2PN} \right) \left(1 - \frac{\sin^2 \frac{1}{2} \delta}{\cos^2 \Delta} \right)$$

$$= \left(\frac{P'B - P'Q + P'A + PP'}{2PN} \right) \left(1 - \frac{\sin^2 \frac{1}{2} \delta}{\cos^2 \Delta} \right) = \left(\frac{P'B + P'A}{2P'C} \right) \left(1 - \frac{\sin^2 \frac{1}{2} \delta}{\cos^2 \Delta} \right) ;$$

car je suppose $PP' = P'Q$.

CP′ est la perpendiculaire abaissée du centre de la plaque percée, et c'est du pied de cette perpendiculaire qu'il faut mesurer les ombres.

Cette formule est beaucoup plus commode que la règle donnée par Cassini, Mémoires de l'Académie pour 1732.

56. Si la plaque est verticale (fig. 29), alors $IN = PI - PN = H - h$, les lignes IQ et NP se confondent, la formule du n° 52 devient

$$\tang \Delta = \left(\frac{PB + PA}{PI + PN} \right) \left(1 - \frac{\sin^2 \frac{1}{2} \delta}{\cos^2 \Delta} - \frac{PI - PN}{PB + PA} \frac{\sin \frac{1}{2} \delta \cos \frac{1}{2} \delta}{\cos^2 \Delta} \right).$$

57. Enfin la même formule s'applique également aux gnomons surmontés d'une boule (fig. 30). C'est le centre de la boule, CP l'axe de l'obélisque. IN sera la partie de cet axe comprise entre les deux rayons solaires NA, IB : abaissez sur ces deux rayons solaires les rayons Ca et Cb, vous aurez

$$CI = \frac{Cb}{\sin I} = \frac{r}{\sin (\Delta + \frac{1}{2} \delta)} ;\ CN = \frac{Ca}{\sin N} = \frac{r}{\sin (\Delta - \frac{1}{2} \delta)} ;$$

la formule générale du n° 52 deviendra

$$\tang \Delta = \left(\frac{PB + PA}{PI + PN} \right) \left(1 - \frac{\sin^2 \frac{1}{2} \delta}{\cos^2 \Delta} - \frac{PI - PN}{PB + PA} \frac{\sin \frac{1}{2} \delta \cos \frac{1}{2} \delta}{\cos^2 \Delta} \right) ;$$

il faut mettre dans cette formule les valeurs de $PI \pm PN$:

$$PI + PN = PC + CI + PC - CN = 2PC - (CN - CI)$$

$$= 2PC - \left(\frac{r}{\sin (\Delta - \frac{1}{2} \delta)} - \frac{r}{\sin (\Delta + \frac{1}{2} \delta)} \right) = 2PC - r \left(\frac{\sin (\Delta + \frac{1}{2} \delta) - \sin (\Delta - \frac{1}{2} \delta)}{\sin (\Delta + \frac{1}{2} \delta) \sin (\Delta - \frac{1}{2} \delta)} \right)$$

$$= 2PC - \frac{2r \sin \frac{1}{2} \delta \cos \Delta}{\sin^2 \Delta \cos^2 \frac{1}{2} \delta - \cos^2 \Delta \sin^2 \frac{1}{2} \delta}$$

$$= 2PC - \frac{2r \tang \frac{1}{2} \delta \sec \frac{1}{2} \delta \cot \Delta \cosec \Delta}{1 - \tang^2 \frac{1}{2} \delta \cot^2 \Delta} = 2PC - \frac{2r \tang \frac{1}{2} \delta \cos \Delta}{\sin^2 \Delta}.$$

sans erreur sensible,

$$PI - PN = IN = CN + CI = \frac{r}{\sin\left(\Delta - \frac{1}{2}\delta\right)} + \frac{r}{\sin\left(\Delta + \frac{1}{2}\delta\right)}$$

$$= \frac{2r \cos\frac{1}{2}\delta \sin\Delta}{\sin^2\Delta \cos^2\frac{1}{2}\delta - \cos^2\Delta \sin^2\frac{1}{2}\delta} = \frac{2r}{\sin\Delta},$$

en négligeant tout ce qui est insensible. Nous aurons ainsi

$$\tan\Delta = \frac{PB + PA}{2PC - \dfrac{2r \tan\frac{1}{2}\delta \cot\Delta}{\sin\Delta}}\left(1 - \frac{\sin^2\frac{1}{2}\delta}{\cos^2\Delta} - \frac{2r}{(PB+PA)\sin\Delta}\frac{\sin\frac{1}{2}\delta \cos\frac{1}{2}\delta}{\cos^2\Delta}\right)$$

$$= \left(\frac{\left(\dfrac{PB+PA}{2PC}\right)}{1 - \dfrac{2r}{2PC}\dfrac{\tan\frac{1}{2}\delta \cot\Delta}{\sin\Delta}}\right)\left(1 - \frac{\sin^2\frac{1}{2}\delta}{\cos^2\Delta} - \frac{2r}{(PB+PA)\sin\Delta}\frac{\sin\frac{1}{2}\delta}{\cos^2\Delta}\right)$$

$$= \left(\frac{PB+PA}{2PC}\right)\left(1 + \frac{2r}{2PC}\cdot\frac{\tan\frac{1}{2}\delta \cot\Delta}{\sin\Delta}\right)\left(1 - \frac{\sin^2\frac{1}{2}\delta}{\cos^2\Delta} - \frac{2r \sin\frac{1}{2}\delta}{(PB+PA)\sin\Delta \cos^2\Delta}\right)$$

$$= \left(\frac{PB+PA}{2PC}\right)\left(1 - \frac{\sin^2\frac{1}{2}\delta}{\cos^2\Delta} + \frac{2r \tan\frac{1}{2}\delta \cot\Delta}{2PC \sin\Delta} - \frac{2r \sin\frac{1}{2}\delta}{(PB+PA)\sin\Delta \cos^2\Delta}\right)$$

$$= \left(\frac{PB+PA}{2PC}\right)\left(1 - \frac{\sin^2\frac{1}{2}\delta}{\cos^2\Delta} + \frac{2r \sin\frac{1}{2}\delta \cot\Delta}{2PC \sin\Delta} - \frac{2r \sin\frac{1}{2}\delta \cot\Delta}{2PC \sin\Delta \cos^2\Delta}\right)$$

$$= \left(\frac{PB+PA}{2PC}\right)\left(1 - \frac{\sin^2\frac{1}{2}\delta}{\cos^2\Delta} + \frac{2r \sin\frac{1}{2}\delta \cot\Delta \cos^2\Delta - 2r \sin\frac{1}{2}\delta \cot\Delta}{2PC \sin\Delta \cos^2\Delta}\right)$$

$$= \left(\frac{PB+PA}{2PC}\right)\left(1 - \frac{\sin^2\frac{1}{2}\delta}{\cos^2\Delta} - \frac{2r \sin\frac{1}{2}\delta \cot\Delta \sin^2\Delta}{2PC \sin\Delta \cos^2\Delta}\right)$$

$$= \left(\frac{PB+PA}{2PC}\right)\left(1 - \frac{\sin^2\frac{1}{2}\delta}{\cos^2\Delta} - \frac{r \sin\frac{1}{2}\delta}{PC \cos\Delta}\right).$$

Nous avons vu qu'on pouvait dans les petits termes de correction sup-poser $\tan\Delta = \dfrac{PB+PA}{2PC}$; ou $\dfrac{\cot\Delta}{2PC} = \dfrac{1}{PB+PA}$, par ce moyen les deux termes de correction dépendans de r se sont fondus en un terme fort simple.

58. Au lieu d'une plaque percée verticale, horizontale ou inclinée, le Monnier imagina de placer au gnomon de l'église de Saint-Sulpice à Paris, une lentille d'un long foyer, qui réunissant tous les rayons en un moindre espace forme une image mieux terminée; mais à ce moyen était attaché un inconvénient qui consistait en ce que si la réunion était exacte au solstice d'été, elle l'était beaucoup moins au solstice d'hiver, où l'ombre est beaucoup plus longue. Heureusement l'église n'était pas assez grande pour recevoir cette ombre, et l'on éleva sur la ligne méri-dienne un mur qui interceptait le rayon et accourcissait la distance. On

ne pouvait plus mesurer la longueur de l'ombre horizontale, mais le gnomon était destiné à un autre usage. Il s'agissait de déterminer si tous les ans en été et en hiver l'image du soleil revenait exactement aux mêmes points, ou, en d'autres termes, si l'obliquité de l'écliptique est constante, ou si elle a une diminution progressive. Nous avons dit (40) qu'elle est de 23° 28′, et l'on a reconnu qu'elle diminue de 0′ 5 par an.

59. Pour tirer le meilleur parti de l'objectif on aurait dû placer le mur qui recevait l'image du soleil en hiver, à la même distance de la lentille que le point de la méridienne horizontale qui recevait l'image en été.

Soit GN (fig. 31) la hauteur du gnomon, G le centre de la lentille, A l'image du soleil en été sur la méridienne horizontale NA. Du rayon GA décrivez l'arc AD $= 46°\ 56′ =$ double obliquité. L'image du soleil en hiver se trouvera dans la direction de GD, car la distance zénitale du soleil, en hiver, diffère de 46° 56′ de la distance zénitale en été (IV, 40); c'était donc en PD qu'il eût fallu placer le mur.

Il reste à déterminer la distance NP et la hauteur PD, rien de plus simple, menez Dd parallèle à PN. Faites $r =$ GD distance focale, H $=$ hauteur du pôle, et vous aurez

$$\text{PN} = \text{D}d = \text{DG}\cos\text{GD}d = r\cos\text{haut.}\ \odot\ \text{au solstice d'hiver}$$
$$= r\sin\Delta' = r\sin(\text{H} + \text{obliquité}) = r\sin(\text{H} + \omega),$$
$$\text{G}d = \text{DG}\sin\text{GD}d = r\sin\text{haut.}\ \odot = r\cos\Delta' = r\cos(\text{H} + \omega),$$
$$\text{PD} = \text{N}d = \text{GN} - \text{G}d = r\cos\text{dist zénit.}\ \odot\ \text{en été} - \text{G}d$$
$$= r\cos\Delta - r\cos\Delta' = r(\cos\Delta - \cos\Delta') = 2r\sin\tfrac{1}{2}(\Delta' - \Delta)\sin\tfrac{1}{2}(\Delta' + \Delta)$$
$$= 2r\sin\omega\sin\text{H} = 2r\sin\omega\sin\text{haut. du pôle.}$$

Nous avons supposé que la distance focale r de la lentille était donnée, supposons maintenant que ce soit la hauteur du gnomon.

$$\text{Alors } r = \text{GA} = \frac{\text{GN}}{\cos\Delta} = \frac{\text{GN}}{\cos(\text{H} - \omega)} = \frac{h}{\cos(\text{H} - \omega)}.$$

Mettons cette valeur de r dans nos formules et nous aurons

$$\text{PN} = \frac{h\sin(\text{H} + \omega)}{\cos(\text{H} - \omega)};\quad \text{G}d = \frac{h\cos(\text{H} + \omega)}{\cos(\text{H} - \omega)};\quad \text{PD} = \frac{2h\sin\omega\sin\text{H}}{\cos(\text{H} - \omega)}.$$

60. Au lieu d'un mur droit PD on pourrait construire un mur en arc de cercle comme DA, et l'on aurait en tout tems la même netteté d'image. On diviserait l'arc AD en degrés et fractions de degrés, et l'on aurait, avec beaucoup plus d'exactitude, le mouvement apparent du soleil en déclinaison.

CHAPITRE V.

Suite des Observations du soleil, Méthodes et Instrumens des Anciens.

1. Les Anciens qui n'avaient ni nos horloges, ni nos lunettes, se bornèrent long-tems à observer les levers et les couchers des étoiles et du soleil. Ils avaient reconnu que les étoiles étaient fixes et que le soleil changeait continuellement de position; en remarquant, dans les différens tems de l'année, quelles étoiles commençaient à être visibles le matin, ou cessaient de l'être le soir, ils avaient composé de ces observations une espèce de calendrier qui marquait les saisons et le tems des divers travaux.

2. Le plus ancien instrument qu'ils eussent imaginé, est celui dont nous avons déjà parlé, et qu'ils appelèrent *gnomon*; ils s'en servirent pour trouver la hauteur du soleil par la longueur de l'ombre.

Les géomètres grecs appellent *gnomon* ou *règle* l'espèce d'équerre qui reste lorsque dans un parallélogramme quelconque ABCD (fig. 32) on a retranché un autre parallélogramme équiangle au premier, en menant les deux droites EF, GH parallèles à BC et CD, le gnomon est donc l'équerre BCDGIE. Supposons que l'angle en I soit de 90°.

En plaçant ce gnomon dans le plan vertical du soleil S, la branche verticale CE projetant sur la branche horizontale CG une ombre IK, le rapport $\frac{EI}{IK}$ nous donnerait la tangente de la hauteur du soleil; mais les Grecs qui n'avaient pas songé aux tangentes, ne voyaient dans ces deux lignes que les cordes des angles en K et en E formés à la circonférence dont EK était le diamètre.

3. Pour rendre le gnomon vertical, ils y suspendaient un fil à plomb *fp*, comme on le pratique encore aujourd'hui dans les équerres de nos étuis de mathématiques.

Ils auraient pu diviser graphiquement la branche horizontale, de manière à trouver la hauteur par l'ombre sans aucun calcul, il suffisait pour cela, de prendre le sommet du gnomon pour centre et de décrire d'un rayon

arbitraire le **quart de cercle** *abdc* (fig. 33) qu'on aurait divisé en degrés
par des lignes **C***a*, **C***b′*, etc. prolongées jusqu'à la branche horizontale.

4. Ils auraient de cette manière obtenu plus de précision que par un
autre instrument qu'ils appelaient *scaphé* (σκάφη), *barque* ou *esquif*.

Imaginez que ABD (fig. 34) est la coupe verticale d'un hémisphère
creux; que C soit le centre et CB un rayon qui partage la demi-circonférence ABD en deux arcs égaux. Imaginez de plus que l'arc AB soit
divisé en 90°, faites tourner ABD autour du rayon CB, cet arc engen-
drera l'hémisphère concave dont tous les cercles seront divisés en degrés.

Ajoutez-y une base *abcd* telle que le plan *bc* soit perpendiculaire au
rayon CB; cet instrument posé sur un plan horizontal dans un lieu décou-
vert, donnait toute la journée la hauteur du soleil par l'arc AO.

Mais, comme le gnomon, il ne donnait que la hauteur de l'un des bords
du soleil, et par conséquent toutes les hauteurs étaient en erreur de 16′
environ; et de-là sans doute la différence de 15′ qu'on trouve aujourd'hui
entre la latitude d'Alexandrie et celle que Ptolémée donne dans son
Almageste et dans sa Géographie.

On aurait pu éviter cette erreur, en faisant de AD une règle d'une
certaine largeur percée au point C d'un trou rond qui aurait donné en O
une petite image du soleil, dont le centre eût marqué la hauteur AO et
la distance au zénit BO du centre du soleil.

5. Si nous en croyons Cléomède, Eratosthène aurait déterminé la hauteur du soleil aux deux solstices à Alexandrie, et par conséquent la hauteur de l'équateur, avec ce petit instrument, mais Ptolémée ne parle
jamais de l'esquif, et l'on croirait plutôt d'après ses paroles, qu'Eratosthène
a dû se servir du gnomon.

Quoi qu'il en soit, l'erreur du demi-diamètre sera toujours la même;
et si Eratosthène a en effet employé le scaphé, cet instrument de dimensions médiocres ne lui donnait peut-être les hauteurs qu'à $\frac{1}{4}$ de degré près,
surtout à cause de la pénombre; il aura cru en conséquence pouvoir
négliger le demi-diamètre du soleil.

6. Dans l'usage ordinaire nous appelons *gnomon* un obélisque ou corps
droit qui projette une ombre, ou même une ouverture circulaire au
haut d'un mur, laquelle transmet l'image du soleil, ou enfin une plaque
percée, telle qu'on en voit sur presque tous nos cadrans.

7. Au lieu d'employer le gnomon, comme ses prédécesseurs, Ptolémée imagina de se servir du quadrilatère tout entier, ce qui avait plusieurs avantages.

D'un point pris sur la ligne horizontale CD (fig. 35) décrivez le quart de cercle BD, et d'un rayon un peu moindre, le quart de cercle *bd*; divisez cette bande BD*bd* en ses 90° et autant de fractions de degré que le permettra la grandeur de l'instrument (ce sont les termes de Ptolémée).

Au centre C placez un cylindre dont l'axe soit perpendiculaire au plan de la règle; que ce cylindre entre dans une règle mobile C*e* terminée en pointe; abandonnée à son poids, cette règle sera verticale et sa pointe couvrira le point 90° de la division. Au-dessus de la pointe est un petit cylindre égal au cylindre du centre. Le fil à plomb *fp* sert à rendre le plan de l'instrument vertical.

Avec cet instrument voulez-vous prendre la hauteur du soleil, élevez la pointe de la règle en la faisant glisser le long de l'arc BD jusqu'à ce que l'ombre du cylindre central couvre le second cylindre; alors la pointe marquera la hauteur D*e* du centre du soleil.

8. Si Ptolémée s'est en effet servi de cet instrument, l'erreur de 15′ sur la hauteur de l'équateur à Alexandrie est inconcevable, à moins que son instrument ne fût très-petit; il n'en donne pas les dimensions, il dit seulement qu'il était divisé en degrés et en fractions de degré.

Il ajoute que l'épaisseur était assez considérable pour que l'instrument se tînt droit de lui-même. On peut en induire que l'instrument était petit.

Pour avoir la hauteur méridienne du soleil, on plaçait l'instrument sur une ligne méridienne tracée sur le terrain; on mettait des cales, s'il le fallait, pour rendre l'instrument bien vertical. On pouvait placer également ce quart de cercle dans un azimut quelconque, tracé d'avance sur le terrain, ou en le dirigeant à un astre.

Ptolémée dit qu'il a fait ainsi plusieurs observations, mais il n'en rapporte aucune; qu'il a mesuré un arc du grand cercle de la terre, mais il n'en donne aucun détail, aucun résultat même; il se contente partout de dire qu'il a trouvé les mêmes quantités qui avaient été précédemment déterminées par Eratosthène ou Hipparque, d'où l'on pourrait induire qu'il n'a pas réellement exécuté son instrument, qu'il s'est contenté d'en donner l'idée. Cette idée est au moins ingénieuse, et elle était préférable à tout ce qu'on a eu pendant bien long-tems.

9. Pour en rendre l'usage plus sûr et plus commode, imaginez dans

l'épaisseur de l'instrument, qui était de bois, un axe de fer, reçu par le haut et le bas dans deux coquilles G, H, le quart de cercle de Ptolémée aura tous les mêmes usages que nos quarts de cercle modernes; les deux coquilles pourraient avoir un petit mouvement au moyen de quatre vis qui auraient servi à ramener l'axe à une position bien verticale.

10. Au lieu de deux cylindres imaginez encore deux pinnules, comme dans la figure 36, fendues longitudinalement : on aurait pu viser par les deux fentes, à une étoile ou planète dont on aurait ainsi mesuré à la fois la hauteur et l'azimut : car rien de plus simple que de tracer sur le terrain autour de l'axe de rotation, un cercle horizontal divisé en 360°.

11. Ptolémée ne parle pas de ce cercle azimutal. Tycho perfectionna cette idée de Ptolémée : on voit dans son livre *Astronomiæ instauratæ Mechanica*, plusieurs instrumens à la fois azimutaux et verticaux.

Dans l'un de ces instrumens, (fig. 38), il a substitué un demi-cercle au quart de cercle vertical. Les angles observés avaient leur sommet, non au centre mais à la circonférence, et les 180° n'en valaient réellement que 90°, ou bien ils étaient des demi-degrés. Le cercle azimutal était porté sur quatre piliers, un cinquième pilier soutenait le centre de l'azimutal et l'axe du vertical.

Enfin dans le dernier on voit, comme dans Ptolémée, un carré circonscrit au quart de cercle, et les côtés de ce carré portent des divisions obliques qui sont les sécantes des arcs dans lequel le limbe est divisé.

Au lieu des cylindres de Ptolémée, il a mis des pinnules fendues longitudinalement, qui sont en effet préférables, surtout pour les observations des étoiles.

12. Enfin Ramsden, enchérissant sur les idées de Tycho, a réuni dans la composition d'un même instrument le cercle azimutal et le cercle vertical entier.

13. Le cercle de Borda est encore un instrument, non-seulement azimutal et vertical, mais il peut recevoir toutes les inclinaisons possibles et mesurer des arcs dans un plan quelconque. Il est vrai que l'azimut ne donne que les minutes.

14. Les lunettes qui remplacent avec tant d'avantage les pinnules dans les instrumens modernes, sont une application heureuse dont on est redevable à Picard et Auzout; cette idée et le pendule de Huygens ont fait faire une révolution complète en Astronomie.

15. Ptolémée avait encore inventé un instrument composé de trois règles, qu'il nomme *parallactique*, parce qu'il lui servait aux recherches sur les parallaxes de la lune. La règle $\beta\gamma$ (fig. 39) était divisée de manière à donner l'angle opposé α.

Les modernes n'en ont fait aucun usage depuis Copernic.

Cet instrument eût été inutile à Ptolémée, s'il avait eu le grand quart de cercle décrit ci-dessus. Il en résulte, ou que ce quart de cercle était petit et insuffisant, ou qu'il n'a pas existé. Ces règles *n'étaient pas moindres que de 4 coudées;* or, suivant Paucton, la coudée égyptienne était de 10,272 pouces, quatre coudées font 41,088 pouces, donc le quart de cercle n'avait pas 40 pouces de rayon; et sans doute il était moindre de beaucoup. Or, qu'on juge si un quart de cercle qui n'avait pas trois pieds de rayon, pouvait être divisé en minutes; 10′ ne faisaient qu'une ligne sur les règles parallactiques, elles ne faisaient qu'une fraction de ligne sur le quart de cercle. C'est tout au plus s'il était divisé en quarts de degré.

On a donc des raisons de croire qu'aucun instrument de l'Observatoire d'Alexandrie ne donnait mieux que les quarts de degré, ou tout au plus un cinquième de degré; puisque Ptolémée n'a imaginé ses règles parallactiques que pour avoir des divisions plus sensibles et en plus grand nombre, et que ce plus grand nombre ne pouvait pas encore permettre la division en minutes.

16. La machine parallactique dont on se sert aujourd'hui est tout-à-fait différente dans sa construction, et elle est d'un usage bien plus étendu. Cassini s'en servit pour la parallaxe de Mars; l'idée en découle de celle du cadran équinoxial, dont nous avons donné la construction (ch. IV); elle avait même été trouvée par les anciens, et Tycho s'honore de l'avoir perfectionnée.

17. Toutes les étoiles font leurs révolutions autour d'un même axe dans lequel nous sommes placés, et nous avons déterminé à peu près la position de cet axe (II, 22).

Nous avons vu que le soleil tourne continuellement tantôt plus haut tantôt plus bas, mais toujours autour d'un même axe dont nous avons trouvé la position (fig. 19). Cet axe nous a paru le même que celui des étoiles; mais c'est une question intéressante, on ne saurait trop scrupuleusement l'éclaircir.

18. Soit OB (fig. 36) notre style droit placé sur la méridienne PL,

DBS le plan équatorial, ou celui que décrit le soleil le jour de l'équinoxe, PB le style perpendiculaire sur ce plan, ou l'axe autour duquel
s'accomplit uniformément la révolution diurne du soleil. Les étoiles ne
jetant aucune ombre, nous ne pouvons pas vérifier si elles tournent uniformément autour de ce même axe, ou si elles ont leur axe particulier:
pour lever ce doute, voici ce qu'imaginèrent les anciens.

Sur l'axe PB prolongé ils attachèrent invariablement un cercle, et sur
ce cercle une alidade mobile qui, en tournant autour du centre C, pouvait parcourir toute la circonférence et prendre avec l'axe toutes les inclinaisons possibles.

En *ag* imaginez une aiguille dont la tête enfilée par l'axe y tienne à
frottement, ensorte qu'elle suive exactement les mouvemens de l'axe qui
peut tourner dans une coquille P et dans un collet vers les points B et P.

19. Imaginez autour de l'axe le cadran équinoxial tracé et divisé sur
le plan SD; dirigez l'alidade à une étoile et fixez-la sur le cercle par
une vis de pression, ensorte que son inclinaison avec l'axe ne puisse
changer. A mesure que l'étoile tourne poussez le cercle dans le sens où
va l'étoile, vous ferez tourner l'axe, l'alidade et l'aiguille *ag*.

20. Notez à la pendule les tems où l'aiguille répondait successivement à tous les degrés du cadran en même tems que l'étoile paraissait
dans le plan de l'alidade, vous verrez si les arcs parcourus sont égaux
en tems égaux; ils le sont effectivement, vous en conclurez que l'axe
du soleil est le même que celui des étoiles, et que tout le ciel tourne
autour du même axe comme s'il était une calotte sphérique solide; mais
le soleil, les planètes, et la lune, en tournant autour du même axe,
emploient des tems différens; ces révolutions sont en général un peu
plus lentes que celles des étoiles.

21. Au lieu de l'alidade substituez une lunette, et vous aurez la machine parallactique des modernes.

Vous pouvez porter le cadran DS et son aiguille plus près du point
inférieur de l'axe, mais toujours le cadran doit être fixe.

Vous pouvez placer un peu différemment le cercle sur lequel sont
marquées les inclinaisons de la lunette avec l'axe. Mais toutes ces machines connues sous le nom de machines *parallactiques*, *équatoriaux*,
secteurs équatoriaux, sont les mêmes dans le principe; elles ne diffèrent
que dans quelques détails qu'il suffit d'avoir sous les yeux pour en saisir
la raison et les avantages.

22. Les Anciens n'avaient pu observer les rapports des tems aux mouvemens, que par des clepsydres qui n'avaient pas une précision comparable à celle de nos horloges; ils ne pouvaient donc avoir une certitude égale à celle que nous avons aujourd'hui de l'uniformité de la révolution diurne.

23. La machine que nous venons de décrire sert à plusieurs usages. D'abord elle est un cadran équinoxial bien supérieur à tous les cadrans que nous pouvons tracer sur des murs ou sur des plaques de métal. Si le cadran DS est de cuivre, il est facile de le diviser en heures et en minutes. A un instant quelconque de la journée dirigez le fil de la lunette au centre du soleil et l'aiguille marquera le tems vrai; et comme la lunette peut prendre autour de l'axe toute sorte d'inclinaisons à volonté, on peut ainsi observer le soleil à toutes les heures du jour, dans toutes les saisons de l'année.

24. Cette même machine sert à suivre une étoile, une planète et une comète pendant tout le tems de sa révolution, pourvu qu'elle ait assez d'éclat pour être apperçue de jour; ce qui a lieu pour les belles étoiles, Mercure, Vénus et Jupiter.

Quand on sait à quelle heure un astre est passé ou doit passer au méridien, c'est-à-dire l'instant de sa plus grande hauteur, et quand on sait quelle est cette hauteur, on peut à chaque instant de la journée diriger la lunette sur l'astre qu'on ne voit pas à la vue simple. Supposez qu'il soit passé au méridien depuis trois heures, vous tournerez l'axe de manière à conduire l'aiguille sur trois heures du soir. S'il doit s'écouler trois heures jusqu'au passage de l'astre par le méridien, vous tournerez l'axe de manière à amener l'aiguille sur neuf heures du matin.

L'équateur fait un angle de 90° avec l'axe; si l'étoile est de 10° au-dessus de l'équateur, placez la lunette de manière qu'elle soit inclinée de 10° à l'équateur, ou de 80° avec l'axe, et aussitôt en regardant à la lunette vous appercevrez l'astre cherché.

25. Comme le mouvement de tous les astres est uniforme autour de l'axe, on peut observer leurs positions respectives et trouver de combien de tems telle étoile passe après telle autre, de combien elle est plus loin ou plus près de l'équateur.

26. Si les déclinaisons de deux astres sont assez peu différentes pour qu'ils traversent tous deux la lunette immobile, on mesure l'intervalle

entre deux passages avec plus de sureté ; quant aux différences de déclinaison, nous donnerons ci-après les moyens de les mesurer.

Si la différence de déclinaison est plus grande que le champ de la lunette,
de manière que pour mettre le second astre dans la lunette on soit obligé
de changer l'angle que celle-ci fait avec l'axe, il faut alors que le cercle
de déclinaison soit parfaitement divisé et que l'axe soit placé bien rigoureusement, l'observation est alors un peu moins sûre ; c'est ce qui fait
qu'on n'emploie guère cette machine que pour les comètes ; on a des
moyens meilleurs pour les étoiles et les planètes ; pour les comètes même,
on a soin de choisir une étoile qui n'en diffère en déclinaison que de
quelques minutes, pour n'avoir pas besoin de changer l'inclinaison de la
lunette avec l'axe.

27. L'alidade ou lunette AE (fig. 36) une fois dirigée à un astre quelconque, et fixée invariablement sur le plan du cercle MZON, ne peut
plus recevoir de mouvement que par la rotation de l'axe, et par ce
mouvement elle suivrait l'astre exactement pendant toute sa révolution
diurne. Dans ce mouvement l'alidade décrirait une surface conique dont
le sommet est au centre C du cercle, et dont l'axe est l'axe même de la
machine ou l'axe du monde.

28. Quand ce cercle est dans une position verticale, ce qui se reconnaît par un fil à plomb qui, suspendu en Z, vient battre en N ; alors
le point A de l'alidade est à sa plus grande élévation ; l'axe venant à
tourner, A ne peut que descendre pendant une demi-révolution de
l'axe. Cette demi-révolution terminée, le point A se trouve dans son plus
grand abaissement, et il se retrouve dans le même plan vertical ; il re-
monte de là pendant l'autre demi-révolution, pour redescendre ensuite,
et tout cela est également vrai, quel que soit l'astre que l'on observe et
l'angle que l'alidade fait avec l'axe. D'où il suit que *tous les astres sont
au plus haut point de leurs cercles quand ils se trouvent dans le plan vertical qui passe par l'axe du monde et au-dessus de cet axe, et qu'ils sont
dans leur plus grand abaissement quand ils sont dans ce même plan, mais
au-dessous de l'axe.* Ces deux positions se désignent par les noms de
passage supérieur et *passage inférieur.*

29. Dans ces deux positions, ou dans ces deux passages, l'aiguille *ag*
du cadran doit marquer $0^h \cdot 0'$; car le cadran est divisé en deux fois douze
heures : si elle marquait plus ou moins, ce serait une erreur facile à
corriger. On arrêterait le cercle MZON dans la position verticale ; on

lâcherait la vis de pression *a* qui fixe l'aiguille contre l'axe ; on amènerait cette aiguille sur le zéro ; on serrerait la vis *a* ; alors l'aiguille, suivant les mouvemens de l'axe, indiquerait à chaque instant l'angle horaire, ou l'angle que fait autour de l'axe le cercle MZON avec la position verticale qu'il avait quand l'aiguille était sur le zéro. C'est l'angle que nous avons nommé angle horaire du cadran équinoxial (IV, 33).

30. Le cercle MZON, prolongé par la pensée jusqu'au ciel, renferme en un instant quelconque tous les astres qui en ce même instant sont à leur plus grande élévation, ou dans leur plus grand abaissement ; il partage les cercles décrits par tous ces astres en deux parties égales ; l'une qui est la partie orientale est celle dans laquelle les astres ne font que monter dans l'autre qui est la partie occidentale dans laquelle ils ne font que descendre. Ce vertical partage donc en deux parties égales la course diurne de tous les astres. L'instant de leur plus grande élévation est celui où ils sont au milieu de la partie supérieure de leur cercle. S'il s'agit du soleil, ce vertical partage le jour en deux parties égales, c'est ce qui lui a fait donner le nom de *méridien*, du mot *meridies*, *midi*. Dans toute autre position, le cercle MZON s'appelle simplement *cercle horaire*, parce que l'heure n'est rien autre chose que l'angle que fait avec le méridien le cercle MZON, dirigé à l'astre. Cet angle, ainsi que l'heure, croit en proportion du tems écoulé depuis le passage supérieur de l'astre : l'heure est une fraction du tems que dure la révolution diurne ; l'angle horaire est une fraction égale de la révolution entière, ou de 360°. Le méridien lui-même est un cercle horaire : dans sa partie supérieure il est le cercle de 0^h; dans sa partie inférieure il est le cercle de 12^h. En Astronomie les cercles horaires sont proprement des demi-cercles ; dans la Gnomonique, ils sont des cercles entiers, le soleil étant dans le premier demi-cercle, l'ombre de l'axe est dans le second.

31. Tout ceci suppose que l'axe P*p* de la machine se dirige exactement aux deux pôles du monde, c'est-à-dire que PL est exactement une ligne méridienne, et que l'angle LP*p* est rigoureusement égal à l'angle que l'axe du monde fait avec le plan de l'horizon. S'il y avait quelque erreur, voici comment on pourrait la reconnaître et la corriger.

32. Vérifiez exactement par le fil à plomb la position du plan LP*p* ; puis observez à la lunette le passage supérieur et inférieur d'une même étoile ; notez à une pendule bien réglée et dont la marche soit bien connue, les instans précis des deux passages. Si l'intervalle est bien exacte-

ment la moitié de la révolution diurne, c'est-à-dire de 12^h· juste de la pendule sidérale, la machine est dans le méridien.

A l'instant des deux passages, amenez le fil horizontal sur l'étoile, ensorte que l'étoile soit coupée en deux également par le fil, et voyez ce que marque l'alidade sur le limbe du cercle. Si elle marque le même nombre dans les deux passages, l'axe Pp se dirige exactement au pôle.

33. Si les deux nombres diffèrent un peu, si l'intervalle des observations n'est pas précisément de 12^h· sidérales, voici comment vous pourrez corriger ces deux erreurs.

Soit MOM'e (fig. 37) le cercle diurne décrit par l'étoile, Π le centre de ce cercle est le point auquel doit se diriger l'axe de la machine, le diamètre vertical MM' est dans le plan du méridien, M est le point du passage supérieur, M' celui du passage inférieur.

Supposons que l'axe de la machine, au lieu de se diriger en Π, se dirige en un point quelconque I, la corde verticale ff' passant par le point I, vous donnera le point f du passage supérieur observé à la machine, et le point f' du passage inférieur.

Entre ces deux passages observés, l'étoile aura décrit l'arc fMOM'f'; mais le demi-cercle MOM' répond à 12^h·; ainsi l'intervalle sera de 12^h·, plus le tems qui répond aux arcs Mf et M'f'. Or, Mf = M'f'; car les deux verticales MM' et ff' sont parallèles; car nous supposons Πo fort petit.

Soit Oe un diamètre horizontal, nous aurons MO = M'O = 90°, donc fO = f'O = 90 + Mf.

Soit IH parallèle à Oe, HI = $\Pi\pi$ sera la quantité dont l'axe I est à l'orient du méridien MM', ΠH = πI sera la quantité dont l'axe doit être relevé Il reste donc à connaître HI et ΠH.

$$\text{Or, } HI = \Pi O \sin Mf = \Pi O \sin (fO - 90°) = - \Pi o \cos fo$$
$$= PO \sin (15 \text{ fois le demi-intervalle} - 90°)$$
$$= \sin \Delta \sin (\tfrac{15}{2}.I - 90°). = - \sin \Delta \cos \tfrac{15}{2} I,$$

Δ étant la distance polaire de l'étoile : en effet nous avons vu (II, 25) que le rayon du parallèle de l'étoile est le sinus de sa distance polaire.

D'ailleurs, nous savons que les 360° du cercle sont décrits uniformément en 24^h·. Nous dirons donc 24^h· : 360° ou 1 : $\frac{360}{24}$ ou 1 : 15 :: le demi-intervalle des observations : Of = 15 demi-intervalles.

Nous connaîtrons donc HI = $\Pi\pi$; ainsi il faudra que le point p restant immobile, le point P (fig. 36) décrive le petit arc = III (fig. 37), c'est-à-dire
qu'il

qu'il faudra donner au point P un mouvement horizontal $= p$P sin Δ sin $(\frac{15}{2}$I$ - 90°)$ vers l'orient.

Si l'intervalle était moindre que de 12^h; $\frac{15}{2}$I serait moindre que $90°$, sin $(\frac{15}{2}$I$ - 90°)$ serait une quantité négative, il faudrait faire mouvoir P en sens contraire, c'est-à-dire vers l'occident.

Par ce mouvement la machine, c'est-à-dire le plan PLp (fig. 36) sera dans le méridien. Il ne reste plus qu'à relever l'axe Pp de la quantité πI$=$ΠH (fig. 37).

L'étoile dans son passage supérieur nous a paru à la distance polaire. . . . . MH $=$ ΠM $+$ ΠH.

Dans son passage inférieur, elle paru à la distance polaire. . . . . M'H $=$ ΠM $-$ ΠH.

D'où. . . . . MH $-$ M'H $=$ 2ΠH,

et ΠH $= \dfrac{MH - M'H}{2} = \frac{1}{2}$ différence des deux distances polaires observées $=$ moitié du mouvement qu'il a fallu donner à la lunette pour l'amener sur l'étoile à son passage inférieur, soit $\frac{1}{2}$ m, cette moitié du mouvement, il faudra relever l'axe Pp de $\frac{1}{2}$ m ou de Pp sin $\frac{1}{2}$ m. Si MH était moindre que M'H, il faudrait baisser l'axe au lieu de le relever.

Quand nous aurons fait ces deux corrections, en répétant l'observation des deux passages, nous devrons trouver l'intervalle de 12^h sidérales, et l'étoile placée sous le fil au passage supérieur doit s'y retrouver exactement au passage inférieur.

S'il restait encore quelque erreur, elle viendrait de ce que les corrections n'auraient pas été faites avec assez d'exactitude; elle serait au moins beaucoup diminuée, on la corrigerait par les mêmes moyens. Au reste, pour l'usage qu'on fait de la machine parallactique, tant de précision est rarement nécessaire; il suffit que l'axe Pp se dirige vers le pôle à quelques minutes près.

34. La machine dont nous venons d'expliquer la construction et les usages, n'est pas la seule que les Anciens aient imaginée. Ils en formèrent une qui leur parut préférable, et qui est décrite plus au long dans l'Almageste de Ptolémée. Aux avantages de la précédente elle en réunissait beaucoup d'autres, et c'est la cause qui a fait qu'on ne voit presque aucun vestige de la précédente dans les ouvrages des Grecs. Les modernes, au contraire, en perfectionnant la première, ont absolument abandonné la seconde. Tycho est le dernier qui en ait fait quelque usage; elle est cependant connue bien plus universellement, ainsi qu'on va le voir. Nous la nommons *sphère armillaire*.

I.   9

35. Au tems des équinoxes, le soleil se meut dans un plan perpendiculaire à l'axe du monde (IV, 23) : sur cet axe P*p* (fig. 40), imaginons un diamètre perpendiculaire, et sur ce diamètre un cercle EQ, ce sera l'équateur.

Au solstice d'été, le soleil est élevé de 23° 28′ au-dessus de l'équateur; au solstice d'hiver il est moins élevé que l'équateur, de 23° 28′ (IV, 38) : dans l'intervalle il change tous les jours de déclinaison. Imaginons donc un diamètre qui fasse au-dessus du plan de l'équateur, par rapport à l'horizon, un angle de 23° 28′; et sur ce diamètre un grand cercle CL, ce cercle sera l'écliptique, ou la route annuelle du soleil. Divisez ce cercle en 360°, en mettant o à l'endroit où l'écliptique coupe l'équateur, c'est-à-dire à l'endroit où le soleil passe de l'hémisphère austral à l'hémisphère boréal. Divisez aussi l'équateur en 360° en partant du même zéro, vous aurez ainsi 90° au solstice d'été, 180° à l'équinoxe d'automne, et 270° au solstice d'hiver.

36. Ce second cercle était nommé *l'oblique*, ou λοξός, λοξιὰς par les Grecs : en effet, il est oblique à l'axe du monde, au lieu que l'équateur est perpendiculaire.

37. Pour donner plus de solidité à la machine, plutôt que pour aucune autre raison d'utilité, par les points solstitiaux et les deux pôles, ils firent passer un grand cercle, qu'ils nommèrent *le colure des solstices*. Par les points équinoxiaux et les mêmes pôles, ils firent passer un quatrième cercle, qu'ils nommèrent *colure des équinoxes*.

Le mot colure signifie tronqué, mutilé : ce n'est pas que ces cercles fussent en effet mutilés; mais leur partie inférieure, celle qui avoisine le pôle austral, était toujours au-dessous de l'horizon : elle était toujours invisible, l'horizon coupait ou tronquait ces deux cercles; c'est ce qui leur fit donner le nom de colure.

38. L'axe P*p* de la machine était prolongé au-delà des colures : on le plaçait dans le méridien comme l'axe de la machine parallactique (fig. 56); les deux prolongemens de l'axe tournaient dans des coquilles fixes; l'axe faisait avec l'horizon un angle de 31°, hauteur du pôle à Alexandrie. Toute la machine pouvait tourner autour de son axe. La partie de cet axe intérieure à la machine, n'était d'aucune utilité, elle aurait pu nuire aux observations, on l'avait retranchée.

39. A 90° des points solsticiaux, c'est-à-dire 23° 28′ au-dessous de P et au-dessus de *p* dans le colure des solstices, marquez deux points, et

par ces points faites passer un diamètre, il sera perpendiculaire au plan de l'écliptique, il sera l'axe de l'écliptique, ses deux extrémités seront les pôles de l'écliptique, comme P et p sont ceux de l'équateur. Par les deux points des colures où sont ces deux pôles, faites passer deux petites verges de fer, elles feront partie de l'axe de l'écliptique, par ces deux pointes faites passer un cercle qui sera perpendiculaire à l'écliptique. Rendez ce cercle mobile autour des deux verges ou de l'axe, et l'instrument sera construit. Telles étaient les armilles d'Alexandrie. En voici les usages et la manière dont Hipparque et Ptolémée s'en servaient pour leurs observations.

40. Au jour de l'équinoxe, le soleil étant dans le plan de l'équateur, et l'armille équatoriale présentant au soleil sa convexité, l'ombre de la partie supérieure du cercle tombait nécessairement sur la partie concave inférieure; avant l'instant de l'équinoxe, le soleil étant au-dessous de l'équateur, l'ombre passait au-dessus de la partie concave, aussitôt après l'équinoxe, la déclinaison du soleil étant devenue boréale, l'ombre passait sous le plan. En suivant la marche de l'ombre, on pouvait saisir assez exactement le passage du soleil par l'équateur; mais le soleil ne quitte jamais l'écliptique, il est donc à la fois dans les deux cercles, la partie convexe de l'écliptique doit donc aussi jeter une ombre sur la partie concave; mais il fallait pour cela tourner convenablement la machine, ensorte que le diamètre équinoxial fût dirigé vers le soleil. Le colure des équinoxes devait aussi présenter le même phénomène, et l'observateur avait, pour déterminer le passage du soleil par l'équateur, trois cercles dont la partie concave était toute entière dans l'ombre; mais Ptolémée ne parle que du cercle équatorial.

Pour que cette observation fût juste, on sent qu'il fallait que l'axe autour duquel la machine tournait fût bien exactement dirigé au pôle ; mais les astronomes d'Alexandrie se trompaient de 15′ sur la hauteur du pôle : le point de l'équateur qui était au méridien, était trop élevé de 15′. Il faut environ 15^h au soleil pour s'élever de 15′ en déclinaison : ainsi quand l'équinoxe avait été observé au méridien, il avait dû avoir lieu 15 plutôt. L'erreur était moindre si le soleil était moins élevé. Une autre cause dont nous parlerons dans la suite, pouvait encore altérer l'observation, et Ptolémée rapporte que le soleil dans un même jour avait passé deux fois par l'équateur ; ce qu'il attribuait au défaut des armilles qui avaient pu se fausser par un long usage.

4ı. A l'instant du solstice, on tournait la machine, ensorte que le point solsticial regardât le soleil, alors la partie boréale de l'écliptique couvrait de son ombre la partie australe, ou réciproquement si l'on observait en hiver; mais le mouvement du soleil en déclinaison étant insensible en un jour, l'observation du solstice avait bien moins de précision que celle de l'équinoxe. Il est vrai que l'on pouvait s'aider du colure des solstices dont la partie convexe couvrait de son ombre la partie concave; mais Ptolémée ne faisant aucune mention de cette épreuve, il paraît que les Grecs, ou ne l'ont pas tentée, ou qu'ils n'y ont pas trouvé une précision suffisante.

42. On aurait pu faire chaque jour de l'année des opérations analogues, chercher quel point de l'écliptique il fallait présenter au soleil pour que la partie concave fût toute entière dans l'ombre de la partie convexe; on aurait ainsi connu le lieu que le soleil occupait à chaque instant dans l'écliptique; mais cette manière eût été trop incertaine : on s'y prenait d'une manière un peu différente. On avait deux pinnules mobiles que l'on plaçait à 180° l'une de l'autre sur l'écliptique; on les tournait vers le soleil, et si l'ombre de la pinnule antérieure couvrait exactement l'autre pinnule, on en concluait que les pinnules étaient bien placées, le milieu de la pinnule antérieure marquait le lieu du soleil. On faisait tourner la machine à mesure que le soleil s'avançait dans son parallèle diurne, jusqu'à ce qu'on aperçût la lune. Au moyen du cercle mobile autour des pôles de l'écliptique, armé de pinnules semblables, mais percées, et qu'on dirigeait à la lune, on trouvait à quel lieu de l'écliptique répondait la lune. On faisait ensuite suivre aux armilles le mouvement diurne de la lune, jusqu'à ce qu'on aperçût une belle étoile, on déterminait le lieu de l'étoile par celui de la lune. Le lieu d'une étoile ainsi connu, on s'en servait pour déterminer le lieu des autres étoiles. Au moyen du cercle mobile, on mesurait l'arc perpendiculaire compris entre chaque étoile de l'écliptique, c'est ce qu'on appelle *latitude*. On appelle *longitude* l'arc de l'écliptique compté depuis le point équinoxial du printems jusqu'au cercle de latitude qui passait par l'étoile. Tous les cercles de latitude sont perpendiculaires à l'écliptique et passent tous par les pôles de l'écliptique. Le cercle mobile dont nous avons expliqué l'usage était donc un cercle de latitude, il était divisé en 90° degrés depuis l'écliptique où était le zéro, jusqu'au pôle où était le 90ième degré.

C'est ainsi que les Grecs déterminaient la longitude et la latitude du soleil, de la lune et de tous les astres. La latitude du soleil est toujours o, puisqu'il est toujours dans l'écliptique.

43. Telle était la manière d'observer des Grecs, et c'est là l'instrument auquel ils avaient le plus de confiance. Toutes ces observations étaient assez grossières, et ils devaient s'estimer heureux quand ils ne se trompaient que d'un quart de degré. Mais ces détails ne sont pas sans intérêt : outre qu'ils servent à l'histoire de la science, ils donnent une idée claire des mouvemens célestes; on voit que l'équateur dans sa révolution diurne gardait invariablement la même position, mais que l'écliptique en changeait continuellement, ce qu'on peut vérifier en faisant tourner une sphère armillaire.

44. Notre sphère armillaire avait en effet une grande ressemblance avec les armilles d'Alexandrie. La différence était nulle quant à l'axe, aux pôles, à l'équateur, à l'écliptique et aux colures. Pour l'usage que nous en faisons aujourd'hui, c'est-à-dire pour présenter aux yeux une image sensible des mouvemens célestes, nous avons ajouté quelques cercles. Par les points solsticiaux et parallèlement à l'équateur nous plaçons deux petits cercles qui nous représentent les parallèles que paraît décrire le soleil au jour le plus long et le plus court de l'année. Ces cercles s'appellent *tropiques* du mot τροπὴ, *conversio;* τροπαὶ ἠελίοιο, retours du soleil, parce que le soleil arrivé au tropique paraît revenir sur ses pas pour se rapprocher de l'équateur.

45. Nous avons ajouté deux autres petits cercles à 23° 28′ des pôles de l'équateur. Ces cercles sont presqu'inutiles, ils sont les parallèles diurnes que décrivent les pôles de l'écliptique. Nous les nommons *cercles polaires*, l'un arctique à cause du voisinage d'une constellation qui s'appele l'*Ourse* ἀρκτός en grec, l'autre antarctique, c'est-à-dire opposé à l'Ourse.

46. Dans notre sphère tous ces cercles sont enchâssés dans un grand cercle qui passe par les pôles du monde et que nous nommons *méridien;* ce cercle est fixe, et c'est dans son intérieur que tourne toute la machine.

47. Enfin nous avons ajouté un cercle horizontal, qui nous sert à expliquer les levers et les couchers des astres. Ce cercle est supporté par quatre quarts de cercle verticaux emboîtés dans un même pied. Ce cercle horizontal est entaillé aux points nord et sud pour recevoir le méridien fixe qui est toujours perpendiculaire à l'horizon (IV, 40).

Au centre on place un petit globe qui représente la terre; il n'est d'aucune utilité réelle.

48. Nous avons donné à l'écliptique une largeur de plusieurs degrés pour représenter la zône du ciel dans laquelle se meuvent les planètes. Zône est un mot grec qui signifie *ceinture*. Cette zône s'appelle le *zodiaque* ou *zône des animaux* de ζωδιον diminutif de ζωον animal, parce que les constellations qui sont dans l'écliptique ont (dans nos cartes) pour la plupart des figures d'animaux.

49. L'écliptique, l'horizon, le méridien sont divisés en degrés. Les degrés sur l'écliptique sont comptés depuis o jusqu'à 360°; le o est aussi à l'équinoxe du printems; sur l'horizon les points est et ouest sont marqués o et l'on compte ensuite de part et d'autre jusqu'à 90° qui répondent au point sud et nord. Les divisions indiquent les amplitudes ortives ou occases.

50. Les divisions du méridien commencent à l'équateur où l'on a mis o, elles vont de o à 90° qui sont marqués à chacun des pôles. Les divisions servent à marquer les déclinaisons, ainsi pour connaître la déclinaison d'un point quelconque de l'écliptique du zodiaque ou d'un colure, faites tourner la sphère jusqu'à ce que ce point arrive au méridien fixe; voyez à quel point du méridien il répond, vous aurez la déclinaison. Ainsi l'équateur répond à 0°, le tropique à 23° 28′, le cercle polaire à 66° 32′.

Ces divisions servent encore à élever le pôle de la quantité convenable; ainsi à Paris où l'équateur est élevé d'environ 41°, mettez dans l'horizon les points 41° tant au nord qu'au sud, le point sud du méridien qui sera dans l'horizon, aura 41° de déclinaison australe, le point nord 41° de déclinaison boréale, de là jusqu'au pôle il restera 49°, c'est la hauteur du pôle.

Pour plus de facilité on met aussi o au pôle nord du méridien, et de là on compte 90° jusqu'à l'équateur, et pour élever le pôle de 49° il suffit de mettre le 49ᵉ degré à l'horizon nord.

51. Le pôle étant ainsi placé, mettez le pied de votre sphère sur une méridienne, de manière que l'axe de la sphère soit tout entier dans le méridien et se dirige aux deux pôles du monde; vous pourrez faire mouvoir la machine comme se meut le ciel même.

52. Voulez-vous savoir la durée du plus long jour; tournez la sphère

et amenez le point solsticial au méridien ; placez sur midi l'aiguille qui
tourne à frottement sur le prolongement de l'axe au pôle nord ; faites
ensuite tourner la machine jusqu'à ce que le point solsticial arrive à
l'horizon, l'aiguille du petit cadran marquera 8^h ; c'est l'heure du coucher, le plus long jour est donc de 16^h quand la hauteur du pôle est
de 49° ; de 8^h jusqu'à 12^h il y a quatre heures ; c'est l'heure du lever au
jour du solstice, ainsi que vous le vérifierez en amenant le point solsticial à l'horizon oriental.

Au solstice d'hiver, par une opération pareille, vous trouverez 4^h pour
le coucher, 8^h pour la durée du jour et pour le lever.

53. L'observation des équinoxes expliquées ci-dessus (40) a prouvé
que la durée de l'année était de 365 ¼ jours à quelques minutes près.
Divisez l'écliptique en 365 ¼ parties, vous aurez la position moyenne du
soleil pour tous les jours de l'année, et vous pourrez, en procédant de
la même manière, trouver le lever, le coucher du soleil et la durée du
jour dans toutes les saisons de l'année. Cette division en jours est en
effet marquée sur le zodiaque des sphères armillaires.

On voit que le petit cadran qui a pour centre le pôle, et qui est traversé par l'axe, est le cadran équinoxial de la figure 56.

54. La sphère armillaire était donc dans l'origine un instrument qui
servait aux observations. Pour la plupart des usages auxquels elle sert
aujourd'hui, un globe solide serait plus commode. Ptolémée en cons-
truisit un dont il nous a laissé la description. Il y plaça les pôles, l'équateur, l'écliptique, les colures, les tropiques. Les deux premiers cercles
étaient divisés en leurs 360 degrés. Des pôles de l'écliptique il conduisit
perpendiculairement à ce cercle douze cercles ou demi-cercles de latitude qui partageaient la circonférence en douze portions de 30° chacune,
que nous appelons *signes* et que les Grecs ont nommés *dodécatémories*
ou *douzièmes parties;* entre chacun de ces principaux cercles il en traça
deux autres, et le signe se trouva partagé en trois portions de dix degrés
chacune, qui s'appelèrent *décans.* Au moyen de ces divisions qu'on peut
imaginer multipliées à volonté, Ptolémée put placer sur son globe toutes
les étoiles d'après les latitudes et différences de longitude qu'il avait
observées. Il y plaça en effet les 1022 étoiles les plus apparentes. Au
moyen de son globe, il pouvait voir tous les jours à quelle heure
et à quel point de l'horizon chaque étoile devait se lever et se coucher,
quelles étoiles se levaient et se couchaient ensemble. Il suffisait pour

cela d'amener sous le méridien, le lieu du soleil dans l'écliptique pour le jour de l'observation, de placer l'aiguille du cadran sur o^h, le globe alors présentait la position du ciel à midi. Pour en trouver la position 8^h plus tard, il suffisait de faire tourner le globe ensorte que l'aiguille marquât 8^h et le globe montrait toutes les étoiles à la place qu'elles occupaient dans le ciel : c'est la même chose pour une autre heure quelconque. Il faut remarquer seulement que le ciel nous paraît une voûte sphérique dont nous occupons le centre, que le globe qui en est l'image, est solide, et qu'il nous est impossible de nous placer au centre, que nous le voyons extérieurement, et qu'ainsi nous voyons à notre gauche sur le globe ce que nous avons à notre droite dans le ciel, et réciproquement. Pour éviter cet inconvénient, les astronomes ont fait des cartes où ils ont représenté la voûte concave du ciel, et dans laquelle toutes les étoiles sont placées comme nous les voyons au ciel. Nous expliquerons ci-après la construction de ces cartes, dont la première invention est due à Hipparque.

55. Nous avons promis de ne rien emprunter aux astronomes qui ont précédé le 17me siècle; mais cela doit s'entendre de leurs idées systématiques, de leurs raisonnemens souvent faux, de leurs assertions, de leur doctrine. En montrant comment l'observation a pu conduire à ce qu'ils ont connu et à ce qu'ils n'ont pas trouvé, nous ne négligerons pourtant pas de comparer leurs méthodes aux nôtres ; nous ne laisserons de côté que leurs tentatives infructueuses, que leurs erreurs, ou si nous parlons de leurs erreurs, ce sera seulement quand elles donneront lieu à des réflexions utiles.

Nous leur rendrons tout ce qui leur appartient véritablement, mais nous n'imiterons pas quelques auteurs célèbres qui ont vu si souvent chez les anciens, ce que les anciens n'ont jamais su, et dont on ne trouve pas le moindre vestige dans leurs livres.

CHAPITRE VI.

CHAPITRE VI.

Du Fil à plomb et des différentes espèces de Niveau.

1. Dans les chapitres précédens où il ne s'agissait que d'observations encore un peu grossières, nous avons supposé l'usage du fil à plomb sans l'expliquer et sans le démontrer. Cependant ses propriétés sont le premier fondement de toute observation astronomique.

2. C'est une vérité confirmée par une expérience continuelle, que tous les corps abandonnés à eux-mêmes tombent sur la surface de la terre, et qu'ils pénétreraient même dans l'intérieur, sans la résistance qu'elle leur oppose par sa dureté, et ils pénètrent dans l'eau qui cède et se divise pour leur livrer passage.

3. Il est une autre vérité non-moins certaine, mais qui mériterait une démonstration en forme; c'est que la direction des graves, c'est-à-dire que la ligne décrite par un corps, dans sa chute vers la terre, est perpendiculaire à la surface de la terre quand cette surface est régulière, c'est-àdire sans pente et sans inégalité, et qu'elle est toujours perpendiculaire à la surface d'une eau tranquille, parce que cette surface a toujours la régularité qui manque souvent à la terre.

4. La démonstration exige des principes dont nous n'avons point encore parlé, et nous la remplacerons bientôt par une démonstration purement pratique et d'expérience; mais on entrevoit déjà que la chose ne saurait guère être autrement.

5. Cette force inconnue, mais qui se manifeste sans cesse, en vertu de laquelle tous les corps se précipitent vers la terre, doit les y entraîner par la voie la plus courte; or si la terre est plane ainsi que le paraît une eau tranquille, la ligne la plus courte est une perpendiculaire au plan.

6. Si la terre est une surface convexe régulière, comme le serait une surface sphérique, la plus courte distance sera une perpendiculaire qui

suffisamment prolongée passerait par le centre. Dans ce cas, les directions des graves convergeraient vers un même point, au lieu que si la terre était plane, toutes les directions des graves seraient parallèles.

Si la courbe de la terre, sans être circulaire, appartient à une courbe régulière, le plus court chemin sera toujours dans une perpendiculaire à la surface; les directions des graves seront légèrement convergentes, mais non pas toutes vers le même point.

7. Si vous suspendez à un crochet C (fig. 41) un fil chargé d'un plomb, le plomb tendra à tomber sur la terre et s'en approchera autant que le lui permettra la longueur du fil qui sera d'autant plus fortement tendu que le plomb aura plus de masse.

Suspendez en C′ à quelque distance un autre fil à plomb, partout la distance des deux fils sera la même, ou du moins vous ne pourrez y reconnaître la moindre différence; d'où vous conclurez, avec beaucoup de vraisemblance, que la surface de la terre, ou plutôt encore celle des eaux, est plane ou du moins appartient à un corps d'une courbure très-peu sensible à la distance où vous aurez placé vos deux fils.

8. Sur le mur où votre fil est accroché, décrivez du crochet C comme centre, et d'une longueur arbitraire Cc, l'arc acb; marquez de la lettre c le point que couvre le fil en repos.

Écartez le poids de manière que le fil tendu couvre le point a, abandonnez le plomb à lui-même, il descendra aussitôt vers c; mais la vitesse qu'il aura acquise dans ce mouvement, le fera remonter vers b, et vous trouverez $cb = ca$.

Le poids alors redescendra pour remonter vers a, décrivant autour du point de repos c, des arcs égaux, ou sensiblement égaux, pendant un certain tems.

Si vous observez d'un œil attentif, vous verrez les arcs diminuer peu à peu, ce que vous attribuerez à la résistance de l'air et au défaut de flexibilité du fil qui, pour se prêter aux mouvemens du poids, est obligé de fléchir au-dessous du point de suspension.

Ce mouvement alternatif du poids s'appelle *oscillation*, et dans un air tranquille, ces oscillations durent pendant plusieurs heures, mais toujours en diminuant; à la fin le fil s'arrêtera au point c, et ce point est toujours le même.

9. Cette propriété suffirait à l'astronome, elle est le fondement de presque toutes les observations; on n'aurait pas même besoin d'y joindre

cette autre propriété qu'a le fil d'être toujours perpendiculaire à la surface d'une eau tranquille ; mais ces deux propriétés tiennent essentiellement l'une à l'autre, elles ne sont que le même phénomène considéré sous deux aspects différens, et ce double aspect a donné naissance à deux espèces de niveaux qui sont d'un usage continuel dans la pratique de l'Astronomie.

10. Le premier et le plus ancien est connu sous le nom de *niveau des maçons*, il est d'une grande simplicité. Dans une planche de bois ou de métal, tracez une ligne AC (fig. 42) et une perpendiculaire BD, du point B comme centre, avec le rayon BD décrivez l'arc de cercle *db*, à une distance arbitraire menez EF parallèle à AC, en B percez un trou, faites-y passer un fil délié qui supporte un poids *p*, sciez la planche suivant EF, et le niveau est construit. On lui donne la forme de la figure 43.

11. Tenez cet instrument de manière que le fil à plomb B*p* couvre le rayon BD, ce rayon BD sera ce qu'on appelle proprement une *ligne perpendiculaire;* c'est-à-dire une ligne qui peut être couverte par un fil à plomb ou perpendicule. Les lignes AC ou EF qui font des angles droits avec BD ou le fil à plomb sont ce qu'on appelle *lignes horizontales*.

Un plan auquel BD serait perpendiculaire est ce qu'on appelle *plan horizontal*. Ainsi l'horizon astronomique n'est rien autre chose qu'un plan auquel le fil à plomb est perpendiculaire. L'horizon sensible, qui est celui dont nous avons parlé (II, 10), peut n'être pas tout-à-fait parallèle à l'horizon astronomique, il peut être plus élevé dans une partie que dans l'autre, il pourrait induire en erreur; on n'en fait nul usage. On rapporte tout à l'horizon rigoureux, à l'horizon astronomique, et c'est le seul dont nous parlerons désormais.

Posez la base EF du niveau sur un plan *ef*, si le fil à plomb s'écarte de BD, le plan n'est pas horizontal; il l'est si BD est entièrement couvert par le fil; car alors EF est horizontal, et EF s'applique exactement sur *ef*.

Elevez alors la branche F (fig. 44) au-dessus du plan horizontal, la branche E continuant à rester appliquée sur ce plan, le fil à plomb B*p* conservera sa position perpendiculaire sur *ef*; mais le rayon BD venant à s'incliner, sortira de dessous le fil, et l'angle DB*u* marquera l'inclinaison donnée à l'instrument. En effet, cette inclinaison est visiblement l'angle FE*f*. Continuez DA jusqu'à sa rencontre en *e* avec le plan *ef*, vous aurez D*u*B = *que*; donc DB*u* = *ueq* = FE*f* = inclinaison.

12. Supposons que l'arc *db* soit divisé en degrés, depuis le point *d*,

marqué zéro jusqu'en b, et soit $d\mathrm{D}=\mathrm{D}b$; quand l'inclinaison est nulle, le fil à plomb marque le degré D sur l'arc db; mais si l'instrument s'élève du côté F d'une quantité x, le fil marquera $\mathrm{D}-x$. Retournez alors l'instrument de manière que l'angle F vienne en E et que E vienne en F, le fil à plomb s'écartera de D, et marquera l'arc $\mathrm{D}+x$.

Soit, d'après la première observation,

$$\mathrm{D}-x=a;$$

et, d'après la seconde, $\qquad \mathrm{D}+x=b;$

vous en conclurez $\qquad 2\mathrm{D}=a+b, \quad 2x=b-a,$

ou bien $\qquad \mathrm{D}=\tfrac{1}{2}(a+b), \; x=\tfrac{1}{2}(b-a).$

Vous connaîtrez donc l'inclinaison x, et le point D que doit marquer le fil à plomb quand le plan sera horizontal.

Supposez $x=0$, alors $\mathrm{D}=a$, $\mathrm{D}=b$, d'où $a=b$; ainsi quand le plan est horizontal $a=b=\mathrm{D}$.

13. Nous avons supposé les deux branches égales et l'instrument bien construit; supposons maintenant que la branche BF soit trop longue ou vienne à s'alonger, l'angle FEf restant le même, l'instrument dans la première position donnera

$$\mathrm{D}-x-y=a.$$

Dans la seconde, $\qquad \mathrm{D}+x-y=b;$

car dans la seconde position l'alongement de la branche BF agira en sens contraire de l'inclinaison, et vous aurez

$$\mathrm{D}-y=\tfrac{1}{2}(b+a); \; x=\tfrac{1}{2}(b-a).$$

Ainsi, *toutes les fois qu'après le retournement vous aurez* $\mathrm{b}=\mathrm{a}$, *ou que le fil, dans les deux positions, battra sur le même point, vous aurez aussi* $\mathrm{D}-\mathrm{y}=\mathrm{a}=\mathrm{b}$, *et l'arc* $(\mathrm{D}-\mathrm{y})$ *sera celui que doit marquer le fil à plomb quand l'instrument sera bien horizontal.*

En effet l'inclinaison étant nulle, sans l'inégalité des branches le fil marquerait l'arc D; mais la branche BF étant la plus longue, la perpendiculaire doit s'approcher de la plus courte branche, et marquer $(\mathrm{D}-y)$ au lieu de D, y étant l'inclinaison du fil par rapport au rayon BD, provenant de cette inégalité.

Soit en général $\mathrm{D}'=\mathrm{D}-y$; toute la théorie du niveau est renfermée dans les deux équations

$$\mathrm{D}'=\tfrac{1}{2}(b+a) \text{ et } x=\tfrac{1}{2}(b-a).$$

14. Ainsi, tout ce que nous avons dit du niveau isocèle s'applique à un niveau quelconque. *Le plan sur lequel on le posera sera horizontal, quand l'instrument dans les deux positions aura son fil à plomb sur le même point de la division.*

Le point o du niveau sera au degré D′ qui tiendra le milieu entre les deux positions du fil, quand ces positions seront différentes, et l'inclinaison sera la moitié de l'arc compris entre ces deux positions.

15. Quand le point zéro est connu, au lieu de compter les arcs de l'extrémité *d*, on peut les compter à droite et à gauche de ce point, et alors il suffira de poser cet instrument sur un plan pour en connaître l'inclinaison sans retournement et sans calcul.

16. Ce niveau n'est pas précisément celui dont se servent les astronomes; mais la forme seule est changée, les principes et les effets sont les mêmes.

Au lieu du triangle ci-dessus, imaginez deux règles enchâssées l'une dans l'autre à angles droits; que le fil soit suspendu au point B (fig. 45), milieu de la règle horizontale; que ce fil couvre le milieu de la règle verticale, la ligne B*p* sera la verticale, elle sera perpendiculaire à la ligne AC, qui sera par conséquent parallèle à l'horizon astronomique.

Sur AC, imaginez deux crochets égaux A*a*, C*c*; par ces crochets, imaginez une verge ou un cylindre quelconque *ef* auquel est accroché l'instrument : ce cylindre, sa surface supérieure et son axe seront parallèles à l'horizon astronomique; car ils seront parallèles à AC.

17. Retournez l'instrument bout pour bout, en mettant le crochet A à la place du crochet C, et réciproquement, le fil à plomb couvrira toujours la même ligne ou le milieu de la règle verticale.

18. Soit maintenant un autre cylindre EF (fig. 46) qui soit incliné à l'horizon astronomique, et accrochez-y l'instrument; ou bien, relevez le côté F du cylindre (fig. 45), la ligne AC sera parallèle à EF, le fil à plomb s'écartera de B*o* d'un angle *o*B*p* égal à l'inclinaison : car, la ligne B*p* ne changeant point sa direction verticale, il est évident que l'angle *o*B*p* est la quantité dont l'axe EF s'est incliné pour rapport à sa première position B*f*; cet angle est indiqué par l'arc *ox*.

19. Retournez l'instrument bout pour bout, le fil viendra battre en *x*′, au lieu de couvrir, comme auparavant, *x*, et vous aurez

$$o x' = o x = \text{inclinaison.}$$

Le milieu de l'arc xx' donnerait le point o de l'arc, s'il n'était pas connu d'avance.

Mais si ce point est connu d'avance, il suffit d'abaisser ou de relever le bout F jusqu'à ce que le fil vienne à couvrir le point o.

On commence donc par rectifier ce niveau, c'est-à-dire à bien déterminer son zéro, en suspendant l'instrument au même cylindre et en prenant le milieu entre les deux points que le fil aura couverts dans les deux positions de l'instrument.

L'instrument rectifié sert ensuite à connaître l'inclinaison d'un axe ou cylindre, ou verge quelconque, et à corriger cette inclinaison, ce qui s'exécute au moyen d'une vis verticale (fig. 45), placée sous l'un des bouts du cylindre.

20. Les crochets qui servent à suspendre l'instrument, ne sont pas de courbure circulaire à l'intérieur, le frottement serait trop considérable; ils sont terminés intérieurement par deux plans (fig. 45).

Nous pouvons appliquer à ce niveau le raisonnement fait ci-dessus à l'occasion du premier (13) : si l'axe de suspension est horizontal et les crochets égaux, le fil marquera le nombre D sur la division; si l'axe se relève à droite, le fil marquera $D-x$, et si le crochet à droite est plus court que l'autre, le fil marquera $D-x-y=a$: retournez l'instrument, le fil marquera $D+x-y=b$, ce qui donne

$$x = \tfrac{1}{2}(b-a), \; D-y = \tfrac{1}{2}(b+a) = D'.$$

D'où l'on tire exactement les mêmes conséquences : c'est-à-dire pour avoir l'inclinaison, il faut prendre la moitié de l'arc intercepté entre les deux positions du fil; et que pour avoir le point milieu ou le zéro, il faut prendre la demi-somme.

21. Nous avons d'abord supposé nos crochets bien égaux, et alors l'axe ef auquel nous suspendons l'instrument, est parallèle à la règle AC (fig. 45). Supposons qu'un des crochets s'alonge, ce parallélisme ne subsistera plus, la ligne AC penchera du côté du plus grand crochet, le fil à plomb s'approchera du côté qui penchera, le zéro de l'instrument changera; pour le trouver, élevez le bout auquel tient le plus grand crochet, ou bien abaissez l'autre bout au moyen de la vis verticale, jusqu'à ce que l'inclinaison de l'axe, corrigeant l'inégalité des crochets, le fil couvre de nouveau le zéro, et rende par conséquent AC horizontal : alors retournez l'instrument, le plus grand crochet tenant au bout le moins

élevé, le fil s'écartera du zéro d'une quantité qui sera le double de l'inclinaison de l'axe, c'est-à-dire de la ligne qui passe par les deux crochets; car les deux inclinaisons égales et opposées qui se corrigent d'abord, conspirent maintenant dans le même sens. Prenez donc le milieu entre le zéro et le point que couvre maintenant le fil à plomb, marquez bien ce point, et redressez l'axe jusqu'à ce que le fil vienne couvrir ce point, et l'instrument sera rectifié, quelle que soit l'inégalité des crochets.

22. Mais comme il est commode que le point de l'arc où aboutit le rayon vertical soit marqué zéro, on donne à l'arc divisé *mn* un mouvement au moyen d'une vis de rappel *v* (fig. 45), et quand l'axe est placé de manière à ce que le fil couvre le rayon principal qui doit être marqué o, on amène le zéro de la division sous le fil, et c'est alors que l'instrument est complètement vérifié; ce dont on s'assure en le retournant bout pour bout, le fil à plomb ne doit pas cesser de couvrir le zéro. S'il restait une erreur, elle serait beaucoup moindre qu'auparavant; elle prouverait qu'on n'a pas bien opéré, on recommencerait de la même manière, et l'erreur disparaîtrait totalement au second ou au troisième essai.

23. L'artiste apporte ordinairement tous ses soins à rendre les crochets bien égaux; mais quand il y réussirait, l'usage pourrait user bientôt un des crochets plus que l'autre. Voilà pourquoi on a rendu l'arc mobile, et c'est à l'astronome à vérifier de tems en tems son niveau.

24. Quand le niveau est bien rectifié, il sert à reconnaître et corriger, sans peine, l'inclinaison de l'instrument auquel il peut être utile de le suspendre pour en assurer la position.

Tel est l'instrument que M. Maskelyne préfère à tous les niveaux dans les observations auxquelles il peut servir; mais il ne convient guère qu'à la lunette méridienne, et pour cet instrument même on emploie plus ordinairement une autre espèce de niveau que nous allons décrire.

25. Soit un tube CD de verre (fig. 47), bien cylindrique en dedans : supposons qu'on l'emplisse d'une liqueur très-mobile et à une haute température qui l'aura dilatée, qu'on le bouche hermétiquement et qu'on le laisse refroidir. Le liquide se condensera par le refroidissement, il ne remplira plus la capacité du tube, il y laissera un vide dans la partie supérieure, surtout si le tube n'a pas été rempli entièrement.

Posez ce tube horizontalement, le liquide, en vertu de sa pesanteur, occupera la partie inférieure, la partie supérieure restera vide, la surface supérieure du liquide sera plane, on prendra la courbure insensible de la surface des eaux, ou des liquides enfermés dans des vases.

26. D'après cette construction, le vide occuperait toute la longueur du tube, et n'aurait que très-peu de hauteur; mais si vous donnez à la partie supérieure du tube une courbure légère dans le sens de la longueur, le vide gagnera de la hauteur vers le milieu et le liquide emplira les deux extrémités du tube; le vide aura une longueur déterminée qui ne pourra changer qu'avec les degrés de dilatation ou de condensation que peut acquérir le liquide : on distinguera facilement les extrémités A et B du vide ou de la bulle d'air que son défaut de couleur rendra invisible par lui-même, et fera prendre pour un vide absolu.

On enfermera ce tube dans une garniture de cuivre MNOR, de manière que la base RO étant posée sur un plan parallèle à la surface d'une eau tranquille, la bulle AB soit renfermée entre deux repères tracés sur le verre, ou entre deux anneaux de cuivre qui, embrassant la garniture, puissent glisser le long du tube.

27. Ce niveau ensuite placé sur un plan quelconque, servira à connaître si ce plan est horizontal; car alors la bulle doit être renfermée entre les deux repères, ou déborder également des deux côtés, ou se tenir entre les deux repères à une distance égale.

28. Sur le verre ou sur le bord de la garniture en cuivre, ou sur une règle attachée à cette garniture, on trace des lignes également espacées et fort voisines; marquez o la ligne du milieu, et à partir de ce point, mettez des chiffres de distance en distance.

Pour adapter ce niveau aux usages astronomiques, on y joint à chaque bout un crochet semblable à ceux que nous avons décrits (VI, 16).

29. Supposons les deux crochets parfaitement égaux, et attachons-les sur un cylindre parallèle à la surface d'une eau tranquille, le liquide enfermé dans le tube se placera de lui-même dans une position parallèle au cylindre; la bulle sera comprise entre ses repères, ou s'étendra de part et d'autre à égale distance du o de la division, et se terminera à des chiffres pareils comme 20 et 20; 15 et 15, etc. selon la longueur actuelle de la bulle.

Si la bulle n'avait pas exactement cette position, on l'y amènerait au moyen d'une vis de rappel v qui hausse ou baisse une des extrémités du tube dans sa monture.

30.

30. *Ce niveau*, d'alcool ou d'éther, a plus de sensibilité, c'est-à-dire plus de mobilité qu'un fil à plomb, tous les astronomes en conviennent; quelques astronomes, et M. Maskelyne en particulier, lui trouvent une marche plus irrégulière; mais quand il est travaillé avec soin, il est d'un usage plus commode, et généralement il est préféré.

31. Pour trouver les formules relatives à ce niveau, apportons quelques changemens aux dispositions précédentes, et calculons les effets qui doivent en résulter.

Nous avons supposé l'axe de suspension parallèle à la surface d'une eau dormante, et la bulle exactement contenue entre ses repères, occupant le milieu de la longueur, alors les deux extrémités, arrivent au nombre $\frac{1}{2}$B, B étant la longueur actuelle de la bulle.

Retournons le niveau bout pour bout, la bulle après quelques oscillations reprendra sa situation primitive entre les nombres $\frac{1}{2}$B, puisque nous supposons la construction parfaitement symétrique.

Donnons à l'axe, par un des bouts, un mouvement en hauteur, le tube suivra ce mouvement, la liqueur se déplacera par l'effet de la pesanteur qui la précipitera du côté qui sera le moins élevé; la bulle au contraire marchera vers l'endroit le plus élevé.

Si c'est l'extrémité du côté droit qui est la plus haute, l'extrémité droite de la bulle arrivera au nombre $\frac{1}{2}$B$+x$, et l'extrémité gauche viendra au nombre $\frac{1}{2}$B$-x$, car la bulle ne changera pas de longueur si le tube est bien calibré.

Dérangeons de même le tube par la vis de rappel v (fig. 47), que l'extrémité droite vienne à marquer $\frac{1}{2}$B$+x+y$, et la gauche $\frac{1}{2}$B$-x-y$. Ici nous connaîtrons les changemens x et y que nous avons opérés nous-mêmes; mais supposons qu'ils aient été faits en notre absence, et cherchons la valeur inconnue de ces deux quantités.

Le niveau étant suspendu à l'axe incliné, nous donnera

$$\frac{1}{2}\text{B}+x+y=a \text{ vers la droite.} \ldots\ldots (1)$$
$$\frac{1}{2}\text{B}-x-y=b \text{ vers la gauche.} \ldots\ldots (2)$$

la somme de ces deux équations donnera d'abord

$$\text{B}=a+b,$$

c'est-à-dire que la somme des deux nombres marquée par la bulle, sera la longueur même de la bulle.

Retournons le niveau bout pour bout, et lisons les nouveaux

nombres qui seront marqués par la bulle. L'inclinaison de l'axe, qui n'a point changé, est toujours dans le même sens et porte la bulle vers la droite ; mais l'inclinaison du tube agit en sens contraire, parce que le tube est retourné ; nous avons donc, après le retournement :

$$\tfrac{1}{2}B + x - y = a' \text{ vers la droite} \ldots \ldots (3)$$
$$\tfrac{1}{2}B - x + y = b' \text{ vers la gauche} \ldots \ldots (4)$$

de ces quatre équations on tire

$$a - a' = 2y \quad \text{ou } y = \tfrac{1}{2}(a - a') \ldots \ldots (I)$$
$$b' - b = 2y \quad \text{ou } y = \tfrac{1}{2}(b' - b) \ldots \ldots (II)$$
$$a - b' = 2x \quad \text{ou } x = \tfrac{1}{2}(a - b') \ldots \ldots (III)$$
$$a' - b = 2x \quad \text{ou } x = \tfrac{1}{2}(a' - b) \ldots \ldots (IV).$$

Ces équations donnent les règles suivantes :

32. 1re *La différence des deux nombres de la droite donne le double de l'inclinaison du tube ; le second nombre se retranche du premier.*

2e *La différence des deux nombres marqués à gauche, est le double de la même inclinaison ; ici le premier nombre se retranche du second.*

Si y *est positif, c'est que le bout du tube, qui était d'abord à droite, est plus élevé que celui qui était à gauche. Si* y *est négatif, c'est le contraire.*

3e *La différence des nombres indiqués successivement par l'extrémité qui d'abord était à droite, est le double de l'inclinaison de l'axe de suspension ; le second nombre se retranche ici du premier.*

4e *La différence des deux nombres marqués successivement par l'extrémité qui d'abord était à gauche, est encore le double de l'inclinaison de l'axe ; le premier nombre se retranche du second.*

Si x *est positif, c'est la partie droite de l'axe qui est trop élevée ; elle le serait trop peu, si* x *se trouvait négatif.*

Les équations précédentes donnent aussi.

$$a + a' = B + 2x,$$
$$b + b' = B - 2x$$

ou
$$a + a' - (b + b') = 4x = (a - b) + (a' - b') \ldots \ldots (V)$$
$$a + b' = B + 2y \ldots \ldots \ldots (VI)$$
$$a' + b = B - 2y \ldots \ldots \ldots (VII)$$

ou
$$a + b' - a' - b = 4y = (a - b) - (a' - b') \ldots \ldots (VIII).$$

Si $a = a'$ on aura $b = b'$ et $y = 0$: d'où il suit que, *si après le retour-*

nément les nombres à droite et à gauche restent les mêmes, y est nul et le tube est bien rectifié.

Si $a = b'$ on aura $a' = b$ et $x = 0$; d'où il suit que *si le nombre à droite dans la première observation est le même que le nombre à gauche de la seconde, l'axe est bien, ce qui a lieu également si le second nombre à gauche est le même que le premier.*

De l'équation $a - a' = 2y$, on tire $a - y = a' + y$: d'où il suit que *pour rectifier le tube, il faut retrancher* y *du nombre* a *et l'ajouter au nombre* a'.

De
$$b' - b = 2y \text{ on tire } b' - y = b + y,$$
$$a - b' = 2x \text{ donne } a - x = b' + x,$$
$$a' - b = 2x \text{ donne } a' - x = b + x,$$

d'où l'on déduit quatre règles différentes pour faire les corrections.

33. Supposons qu'on ait trouvé par observation

$$a = 25, \quad b = 30.$$
$$a' = 37, \quad b' = 18.$$

$2y = a - a' = -12,$ $b' - b = 2y = -12,$ $2x = a - b' = 7,$ $x = 3,5,$
$\quad\quad y = -6,$ $\quad\quad\quad y = -6,$ $2x = a' - b = 7,$ $x = 3,5,$
$\quad a - y = 31,$ $\quad\quad b' - y = 24,$ $\quad a - x = 21,5,$ $b' + x = 21,5,$
$\quad a' + y = 31,$ $\quad\quad b + y = 24,$ $\quad a' - x = 33,5,$ $b + x = 33,5,$
$4x = (a-b) + (a'-b') = -5 + 19 = +14,$ d'où l'on tire $x = 3,5,$
$4y = (a-b) - (a'-b') = -5 - 19 = -24,$ d'où l'on tire $y = -6.$
$$B = a + b = 55 = a' + b' = 55;$$

on voit que toutes ces formules conduisent aux mêmes résultats.

Mais pour ne rien faire d'inutile, après la seconde observation, vous aurez sous les yeux $a' = 37,$ $b' = 18$; tournez la vis v (fig. 47) du tube, de manière que a' qui est 37 devienne 31, ou que b' devienne 24, et le niveau sera corrigé.

Tournez la vis de l'axe de manière que le tube marque de part et d'autre $\frac{1}{2}B = 27,5,$ l'axe sera rectifié.

Si vous voulez commencer par l'axe, faites que $a' = 37$ devienne $a' - x = 33,5,$ vous aurez en même tems $b' + x = 21,5.$ Tournez alors la vis du tube de manière que la bulle marque 27,5, le niveau sera rectifié. Vous aurez le tube rectifié, en faisant que l'extrémité droite de la bulle marque $\frac{1}{2}(a + a') = \frac{25 + 37}{2} = 31,$ ou que l'extrémité gauche marque $\frac{1}{2}(b + b') = \frac{30 + 18}{2} = 24.$

34. Il est assez indifférent de corriger le niveau ou de le laisser tel qu'il est, alors l'opération se simplifie.

Dans les deux positions de la bulle, remarquez le nombre qui est indiqué par la même extrémité de la bulle; si le nombre est le même, l'axe est bien; si les nombres diffèrent, faites marquer à cette extrémité le nombre moyen arithmétique entre les deux. Vous pourrez indifféremment observer l'un ou l'autre bout de la bulle, pourvu que vous observiez toujours le même.

L'axe rectifié, amenez la bulle entre ses repères. C'est la règle donnée par Lalande; en voici une autre aussi simple.

Ne considérez que *la droite, ou la gauche, à votre choix; prenez le milieu entre les deux nombres, et faites-le marquer à la bulle, le niveau sera rectifié; mais les deux extrémités pourront marquer des nombres différens; faites qu'elles marquent le même, l'axe sera aussi rectifié.*

La règle de Lalande est celle à laquelle on s'en tient ordinairement dans la pratique : elle est de moitié plus courte, en ce qu'on est dispensé de corriger le tube.

35. Nous avons considéré les deux crochets comme parfaitement égaux et l'axe comme un cylindre parfait. La première condition est assez indifférente, il n'en est pas de même de la seconde, c'est ce que nous allons démontrer.

Si l'axe n'est pas parfaitement cylindrique, ou si les deux tourillons sur lesquels tourne cet axe et auxquels on suspend le niveau, ne sont pas d'égale grosseur, quand on aura rendu horizontales les surfaces supérieures des tourillons, l'axe commun de ces tourillons sera incliné.

Soit x l'inclinaison de l'axe provenant de ses deux supports, y celle du tube, et z l'inégalité des tourillons, et supposons que toutes ces erreurs fassent aller la bulle à droite, on aura,

dans la première observation $\quad a = \frac{1}{2}B + x + y + z$;

après le retournement du niveau $\quad a' = \frac{1}{2}B + x - y + z$,

d'où l'on tire $\dots\dots\dots\dots\dots \begin{cases} a + a' = B + 2x + 2z : \\ a - a' = 2y, \text{ ou } a - y = a' + y; \end{cases}$

corrigez l'inclinaison y du tube, ce qui sera facile en supposant les crochets égaux, et ce qui remédiera à l'inégalité de leur longueur, s'il y en a. Recommencez l'observation; alors, à cause de $y = 0$, vous aurez $a' = \frac{1}{2}B + x - z$, retournez la tringle sans retourner le niveau, vous aurez $a = \frac{1}{2}B + x + z$; d'où l'on tire $a - a' = 2z$, ou $z = \frac{1}{2}(a - a')$. En effet, l'inégalité de hauteur et d'angle dans les supports, fait aller la bulle à droite d'une quantité x. L'inégalité du rayon dans les tourillons fait aller la bulle du même côté d'une quantité z.

x reste toujours positif, parce que vous ne pouvez échanger les supports; mais z change de signe en retournant l'axe bout pour bout.

Vous connaîtrez donc z; mais pour le corriger il n'y a d'autre moyen que de faire limer le tourillon le plus gros, de sorte que son diamètre diminue de z où son rayon de $\frac{1}{2} z$.

Mais sans limer, descendez le support de la droite de $\frac{1}{2} z$ (fig. 47), si z est positif, élevez-le de $\frac{1}{2} z$ s'il est négatif, l'axe de la tringle, ou l'axe de rotation sera horizontal, quoique les surfaces supérieures et inférieures soient inclinées.

Pour connaître z, il faut donc retourner la tringle ou l'axe, sans retourner le niveau, z sera la demi-différence des nombres marqués par l'extrémité droite de la bulle, en retranchant la seconde de la première, ou la demi-différence des nombres marqués par l'extrémité gauche, en retranchant la première de la seconde.

Nous donnerons ci-après une méthode pour déterminer à la fois, par trois observations d'étoiles connues, les quantités x, y et z.

36. Quand vous aurez corrigé l'inclinaison de l'axe, soit par le niveau à bulle d'air, soit par le niveau à fil à plomb, suspendez à cet axe l'un et l'autre niveau successivement, vous verrez que la bulle, malgré le retournement, conserve sa position, d'où vous conclurez que la surface de l'eau est parallèle à l'axe.

Suspendez-y le niveau à fil, vous verrez, par le retournement, que le fil est perpendiculaire à l'axe, d'où vous conclurez que le fil à plomb est perpendiculaire à la surface de l'eau. C'est ce que j'ai éprouvé plus d'une fois à une lunette méridienne, qui avait les deux espèces de niveaux, et c'est la démonstration pratique que j'avais annoncée ci-dessus (n° 4).

Avec l'un ou l'autre de ces instrumens, nous pouvons donc rendre horizontal un axe quelconque. Avec le niveau simple et sans crochets, nous pouvons vérifier l'horizontalité d'un plan quelconque, en y présentant ce niveau successivement dans deux directions à peu près à angles droits. Nous pouvons donc rendre un plan bien horizontal, et placer sur le plan un style bien vertical, et mesurer les ombres du soleil.

Nous avons, en commençant, supposé le plan bien horizontal, et supposé de plus qu'avec un fil à plomb on pourrait rendre le style bien vertical, ou trouver le point auquel répond sur le terrain le centre d'une plaque percée qui est au haut d'un gnomon. Ces pratiques sont si vulgaires, que nous avons pu regarder comme des axiómes les principes sur lesquels elles sont fondées; mais si on veut les vérifier, on vient d'en voir les moyens.

37. Un plan incliné quelconque a toujours un sens dans lequel il est horizontal : en effet, supposez ce plan prolongé, s'il est nécessaire, jusqu'à sa rencontre avec l'horizon, l'intersection commune sera dans les deux plans; cette ligne est donc horizontale, mais elle appartient aussi au plan incliné; donc tout plan incliné a une ligne horizontale; mais elle n'est pas la seule : toute ligne parallèle à l'intersection est parallèle à l'horizon et par conséquent horizontale.

Pour trouver cette ligne, décrivez sur le plan un cercle dans lequel vous tracerez un grand nombre de diamètres. Nous avons dit ci-dessus (n° 14) que si l'on pose sur un plan horizontal un niveau, l'extrémité de la bulle occupera le même point, soit avant, soit après le retournement. Essayez donc successivement tous les diamètres du cercle, et celui qui vous mettra la bulle au même point, avant et après le retournement, sera la ligne horizontale.

Le diamètre qui coupera celui-ci à angles droits sera celui de la plus grande inclinaison, et vous indiquera le sens dans lequel il faut baisser ce plan pour le rendre horizontal.

38. L'inclinaison d'un plan se mesure par l'angle que font les lignes perpendiculaires à la section commune, et tracées l'une dans le premier plan et l'autre dans le second.

Pour le prouver, soient PM et Pp (fig. 48) perpendiculaires à l'intersection commune IK des plans HOIK, IPM. De M abaissez la perpendiculaire Mp sur le plan HOIK, et menez pI et MI qui seront obliques à l'intersection

$$\tang \, \mathrm{MI}p = \frac{\mathrm{M}p}{p\mathrm{I}} = \left(\frac{\mathrm{M}p}{\dfrac{\mathrm{PI}}{\cos \mathrm{I}}}\right) = \frac{\mathrm{M}p \, \cos \mathrm{I}}{\mathrm{PI}} \, ;$$

car le triangle IpM est rectangle en p, et le triangle IPp est rectangle en P. Ainsi l'angle MIp sera d'autant plus petit que PI sera plus grand, la ligne pI plus oblique et l'angle I plus aigu. Au contraire, supposez PI $=$ o, pI deviendra pP, et $\tang \, \mathrm{MI}p = \tang \, \mathrm{MP}p = \dfrac{\mathrm{M}p}{\mathrm{P}p}$.

L'angle MIp sera d'autant plus grand que la base pI sera plus courte, et la plus courte des bases est évidemment la perpendiculaire Pp.

39. Nous suivons ici l'usage commun qui est d'appeler perpendiculaire à une ligne et à un plan une ligne qui fait des angles droits avec la ligne ou avec le plan, quelle que soit la position de cette ligne ou de ce plan. Dans la rigueur, une perpendiculaire est une ligne à plomb (VI, 7); cette ligne prolongée jusqu'à la voûte du ciel, y détermine le zénit que les Latins désignaient sous le nom de *vertex*, d'où elle a reçu le nom de *verticale*.

Une ligne verticale et une ligne horizontale forment entre elles des angles droits; il en est de même d'un plan vertical et d'un plan horizontal. La ligne verticale est donnée par la direction des graves (VI, 7); le plan horizontal, par la surface d'une eau tranquille (VI, 3).

40. MPp est donc le plus grand angle qu'on puisse former entre deux lignes menées dans différens plans, et qui passent par une même perpendiculaire Mp. C'est le seul qui puisse donner une mesure certaine; par des lignes menées obliquement à l'intersection et sans aucune loi, on aurait une inclinaison arbitraire qui pourrait varier depuis zéro jusqu'à 180°. On a donc eu raison de choisir entre tous ces angles, celui qui est formé par deux perpendiculaires, c'est celui qui tient le milieu entre toutes les valeurs possibles, c'est celui qui croît uniformément avec l'inclinaison.

Supposez que les plans soient d'abord couchés l'un sur l'autre, l'inclinaison sera nulle. Supposez maintenant que l'un vienne à tourner autour de l'intersection commune, toutes les lignes menées dans le plan mobile perpendiculairement à l'intersection commune, décriront des cercles, l'arc croîtra en raison directe du mouvement, et c'est le seul qui soit dans ce cas là.

$$\text{tang MI}p = \frac{\text{M}p}{p\text{I}} = \frac{\text{P}p \text{ tang MP}p}{p\text{I}} = \sin \text{PI}p \text{ tang MP}p.$$

Pour que tang MIp croisse comme tang MPp, et l'angle MIp comme MPp, il faut donc que I soit un angle droit.

41. Dans tout ce que nous avons dit sur le niveau à bulle d'air, pour ne pas compliquer inutilement les formules, nous avons supposé le zéro bien placé : s'il y avait une erreur sur ce point, elle se combinerait avec l'erreur y de manière à ne pouvoir en être séparée, et les deux erreurs se corrigeraient à la fois comme si y était seul.

CHAPITRE VII.

Du Vernier, du Micromètre et du Réticule.

1. Les niveaux que nous avons décrits servent à donner une position certaine aux instrumens astronomiques, et à les ramener à cette même position quand ils ont pu s'en écarter. Nous allons décrire les moyens par lesquels les astronomes modernes ont singulièrement ajouté à la perfection de ces instrumens.

Le vernier est un petit arc de cercle qu'on adapte à l'extrémité de l'alidade des instrumens qui servent à mesurer des angles.

2. Le vernier a reçu ce nom d'un artiste français qui en fut l'inventeur; l'idée en est ingénieuse et l'usage très-commode : voici en quoi il consiste. Soit LIMB (fig. 49) une portion de limbe d'un instrument.

Soit n le nombre des parties que contient l'intervalle entre deux traits consécutifs du limbe; ainsi, quand le degré est divisé en six parties égales, l'intervalle est de 10′ : en ce cas, pour avoir la minute par le vernier VERN, on prend sur le limbe $(n — 1)$ intervalles que l'on divise en n parties égales; dans notre exemple, on prend 9 intervalles qui font 90′, que l'on divise en 10 parties égales : chaque intervalle du vernier vaudra donc 9′, tandis que les intervalles sur le limbe en valent 10; la différence des intervalles du vernier à ceux du limbe sera donc de 1′.

3. Supposons que le zéro du vernier coïncide avec une division du limbe, par exemple avec le 36ᵉ degré. La lunette répondra exactement au 36ᵉ degré; le trait marqué 1 sur le vernier sera d'une minute en arrière du trait marqué 10 sur le limbe, le trait marqué 2 sera en arrière de deux minutes, et ainsi des autres; le trait marqué 9 sera en arrière de 9′, et le trait marqué 10′ coïncidera, puisqu'il est en arrière de 10′, c'est-à-dire d'une division entière du limbe.

Supposez que la lunette avance d'une minute, le trait 1 coïncidera avec le trait 10, le zéro dépassera d'une minute le 36ᵉ degré.

Si la lunette avance de deux minutes, ce sera le trait 2 qui coïncidera, et ainsi des autres; d'où il résulte que pour trouver à quel point du limbe

répond

répond la lunette, on prendra d'abord le chiffre du trait qui dépasse le zéro du vernier, on aura ainsi les degrés et les dixaines de minutes ; on cherchera le trait qui coïncide, et son numéro indiquera les unités de minutes.

Si aucun des traits du vernier ne coïncide exactement avec le limbe, on s'arrêtera au trait qui est le moins en avant sur le trait voisin du limbe, et l'on estimera de combien il le dépasse.

4. On voit comment le vernier donne les minutes sur un arc qui n'est divisé que de 10 en $10'$; on peut pousser la subdivision beaucoup plus loin en suivant les mêmes principes. Supposons qu'on veuille faire marquer au vernier les dixaines de secondes : un arc de $10'$ contient soixante dixaines de secondes, on prendra donc 59 intervalles de dix minutes chacun, qu'on divisera en 60 parties égales, l'intervalle sur ce vernier sera plus petit que l'intervalle entre deux divisions du limbe, de $10''$.

5. La formule $\dfrac{n-1}{n}$ est générale, et peut s'appliquer à un intervalle quelconque de degrés, de minutes ou de secondes ; mais un vernier trop long a plusieurs inconvéniens, les traits trop nombreux et trop rapprochés rendent la lecture plus difficile, et l'on ne sait plus quel trait choisir entre plusieurs qui paraissent coïncider également bien. D'ailleurs, c'est un embarras de plus que d'avoir à promener sur une longue division un microscope, surtout si une vis de rappel lui donne un mouvement lent.

6. Le vernier que nous venons de décrire (fig. 5o); pourrait s'appeler *direct*, parce que la numération s'y fait dans le même sens que celle du limbe. Il en est une autre espèce que j'appellerai *rétrograde* par la raison contraire ; il n'est pas plus difficile à construire ni à comprendre, il suffit de changer le signe de n dans la formule précédente, et elle deviendra $\dfrac{-n-1}{-n}$.

7. Prenez donc en rétrogradant $(n+1)$, intervalles (fig. 5o) que vous diviserez en n parties égales. Supposons, comme ci-dessus, $n=10'$ $n+1=11'$, vous prendrez donc 11 intervalles en rétrogradant, vous diviserez cet arc en dix parties égales. En supposant que le zéro coïncide comme dans la fig. 5o, la lunette répondra à $37° 5o'$. Le trait 1 sera en arrière de $1'$ du premier trait du limbe, le second de $2'$, le troisième de $3'$, et ainsi de suite, et enfin le dixième de $10'$, c'est-à-dire qu'il coïncidera avec un des traits du limbe, les intervalles de ce vernier vaudront $\dfrac{110'}{10}=11'$, au lieu que dans le précédent ils ne valaient que $\dfrac{90'}{10}=9'$.

8. Quelquefois la même alidade porte un vernier double, le zéro tient le milieu et les divisions s'étendent à droite et à gauche en partant toutes deux de ce point commun.

Dans les instrumens qui ont deux divisions, l'une en 90°, l'autre en 96 parties, le vernier glisse entre les deux divisions, on y voit des nombres différens, mais le principe en est le même.

9. Le vernier a été long-tems beaucoup plus connu sous le nom de *Nonius*, astronome portugais, auteur d'un moyen fort ingénieux aussi, mais moins simple et moins commode, et qui a pu donner l'idée du vernier. Pierre Nunes se proposait de diviser en minutes et même en secondes les degrés de l'astrolabe, instrument qui avait tout au plus un pied de diamètre, et le plus souvent beaucoup moins. Voici la description qu'il en donne lui-même, *propos.* 3 de son livre *De Crepusculis*.

Dans l'un des quarts de cercle de l'astrolabe, décrivez 43 autres quarts de cercle concentriques (fig. 51); divisez le quart de cercle extérieur en 90 parties égales, le plus voisin en 89, le suivant en 88, et ainsi de suite, le dernier n'aura que 46 parties. Pour éviter la confusion, marquez les parties de dix en dix seulement.

Supposez maintenant que vous ayez observé un astre sur le rayon CA ; pour connaître l'angle OCA, voyez d'abord si l'arc OA est d'un nombre juste de degrés; s'il ne l'est pas et qu'il y ait une fraction de plus, cherchez sur les circonférences intérieures celle où l'alidade couvre une des divisions tracées ; supposons que ce soit la circonférence qui est divisée en 87 parties et que le trait couvert par l'alidade soit le 30°, l'arc cherché sera $\frac{30}{87}$ du quart du cercle $= \frac{30}{87} 90° = 31°,05448 = 31° \ 2' \ 4'' \ 7''' \ 40^{\text{IV}} \ 48^{\text{V}}$.

10. Les verniers donnent immédiatement 15″ et même 9, sur les grands quarts de cercle qui ont une division de 96; on estime les quantités plus petites ; mais il y a deux autres manières d'obtenir une exactitude peut-être plus grande encore, c'est ce qui se fait au moyen du micromètre intérieur ou extérieur.

Le micromètre intérieur se place au foyer de la lunette; il est composé d'un châssis (fig. 52) qui porte deux fils fixes qui se coupent à angles droits, un second châssis mobile porte un fil nommé *curseur*. Ce second châssis peut monter ou descendre à l'aide d'une vis latérale. La tête de la vis porte une aiguille qui, tournant sur un cadran fixe divisé en quarante parties, plus ou moins, indique les fractions de tours que la vis a faites. Une entaille pratiquée dans ce cadran laisse voir un cadran intérieur dont le trait qui coïncide avec le zéro du cadran extérieur, indique le nombre de tours entiers faits par la vis.

11. La première vérification consiste à s'assurer si l'aiguille marque bien exactement o quand le curseur EF couvre exactement le fil CD. On n'en jugerait pas assez surement par la simple superposition. Pour confirmer cette première épreuve, rendez le curseur tangent au fil fixe d'abord en dessus et ensuite en dessous, remarquez le chemin qu'aura fait l'aiguille pour passer de la première position à la seconde, le milieu entre les deux sera le véritable o du micromètre : cet instrument est ainsi nommé, parce qu'il est destiné à mesurer de petites quantités qu'on ne saurait marquer sur le limbe de l'instrument.

Vous jugerez que le contact des fils est parfait quand, en regardant dans la lunette, vous ne verrez plus le moindre jour entre les deux fils. Cette épreuve vous montrera, en outre, si les fils sont exactement parallèles.

12. Voici maintenant l'usage du micromètre. Quand on voit l'astre vers le milieu de la lunette et près du fil AB, on amène le zéro du vernier sur une des divisions du limbe, cette division indique la distance au zénit pour le fil CD; il n'arrivera presque jamais que l'astre passe exactement sur le fil CD : en tournant la vis on amène le curseur à la hauteur de l'astre; le cadran de la vis indique alors, par le nombre des tours, la distance du curseur au fil fixe, et cette distance s'ajoute à l'arc marqué par le limbe ou se retranche de cet arc.

13. Il y a plusieurs manières de s'assurer de la valeur des parties du micromètre en secondes : nous n'en donnerons qu'une pour le moment.

Supposons qu'on ait près de l'horizon un objet assez éloigné pour que les rayons de lumière qu'il envoie à l'objectif de la lunette puissent être regardés comme parallèles, l'image de cet objet se formera au foyer des rayons parallèles (III, 3) : observez la distance de cet objet au zénit, en dirigeant à cet objet la lunette du quart de cercle, il arrivera le plus souvent que, si vous amenez le fil fixe de la lunette sur cet objet, le vernier de la lunette n'aura son zéro sur aucune des divisions du limbe. Amenez le zéro du vernier sur la division du limbe la plus voisine, fixez bien la lunette dans cet état par sa vis de pression, et amenez ensuite le curseur du micromètre sur cet objet horizontal : marquez les nombres indiqués par les deux cadrans.

Placez ensuite le zéro du vernier sur une autre division du limbe, faites mouvoir le curseur pour qu'il couvre l'objet, et notez les nombres des deux cadrans.

La différence des nombres marqués par les cadrans dans les deux observations, aura évidemment la même valeur que l'intervalle des deux divisions du limbe : réduisez cet intervalle en secondes et divisez-le par le nombre des parties du micromètre, le quotient sera le nombre des parties du micromètre qui répond à $1''$ de degré.

Recommencez ensuite en partant d'un autre point de la division et donnant au curseur un mouvement plus considérable; faites de cette manière autant de mesures différentes que le mouvement du curseur pourra le permettre, vous connaîtrez la valeur des pas de vis, et vous verrez si cette valeur est la même dans toute l'étendue de la vis.

EXEMPLE. Par un milieu entre dix comparaisons faites à Bourges par La Caille en 1739, je vois que 342 parties du micromètre, ou 8 tours et 22 parties, équivalaient à $10'$ ou $600''$; ainsi chaque seconde valait $\frac{3,42}{6} = 0,57$ du micromètre, et chaque partie du micromètre valait $\frac{600''}{342} = 1'',754386$. Or on estimait aisément une demi-partie sur le cadran : ainsi, au moyen du microscope, un quart de cercle de deux pieds de rayon, dont le limbe n'était divisé que de 10 en $10'$, pouvait donner les secondes. On voit l'avantage immense des observations modernes sur celles des Grecs, qui ne pouvaient avoir sur leurs instrumens de divisions plus petites que $10'$, et qui n'avaient pas, comme nous, le secours du microscope, pour juger à quel point point précis de la division répondait l'alidade, au lieu que tous nos verniers portent des microscopes, soit pour faire correspondre le zéro du vernier à l'une des divisions du limbe, soit pour estimer les fractions des intervalles.

14. Passons maintenant au micromètre extérieur; il est placé à la vis de rappel qui donne à la lunette un mouvement lent et régulier quand on l'a fixée contre le limbe à la hauteur de l'astre à peu près. Quand l'astre entre dans la lunette, on tourne cette vis jusqu'à ce que le fil de la lunette coupe en deux exactement l'étoile qu'on veut observer; quand l'observation est faite, on amène contre le zéro du cadran de la vis un index qui tourne à frottement et qui ne reçoit de la vis aucun mouvement; alors on tourne la vis de rappel jusqu'à ce que le zéro du vernier réponde bien juste à l'un des points de la division; le chemin qu'a fait l'ai-

guille dans le mouvement, donne ce qu'il faut retrancher ou ajouter à la distance au zénit qui correspond à la division du limbe.

15. Ce micromètre se vérifie avec la plus grande facilité : on place le zéro du vernier sur un point de la division : on place l'index sur le zéro du cadran, on tourne la vis jusqu'à ce que le zéro du vernier arrive à la division voisine, et l'on a le nombre de tours qui répond à l'un des intervalles sur le limbe : on répète cette opération sur toute la division, et l'on vérifie ainsi, l'une par l'autre, la vis et la division du limbe ; si l'une et l'autre sont parfaites, on trouvera partout le même nombre de tours pour des arcs semblables.

16. Le cadran de ce micromètre est divisé en secondes ; pour trouver le nombre de secondes que vaut un tour entier, ou un pas de la vis, on fait faire à la vis autant des tours entiers qu'il en faut pour que le vernier parcoure un nombre entier de divisions du limbe ; on sait par conséquent le nombre de secondes que valent les tours qu'on a faits, et par conséquent la valeur de chaque tour ; s'il a fallu dix tours de la vis pour parcourir un arc de 8′ ou de 480″, on en conclut que chaque tour vaut 48″.

17. Ces notions suffisent pour comprendre l'usage des verniers et des micromètres, l'exercice et l'inspection de l'instrument suggéreront à l'observateur bien des idées que nous sommes forcés d'omettre pour ne point trop nous appesantir sur des détails arides et minutieux.

18. Nous avons déjà vu que les micromètres pouvaient servir à mesurer les différences de passage des astres à un même cercle horaire (V, 24) ; mais pour connaître exactement ces différences, il faut que le fil AB (fig. 52) soit exactement dans le plan du cercle horaire, et que le fil CD soit perpendiculaire à ce plan. Si l'on observe au méridien, qui est en même tems un vertical, il faut que le fil EF soit bien horizontal, alors l'astre en traversant la lunette, suivra exactement le fil EF. Si l'on observe dans un autre cercle qui est incliné à l'horizon, il faut que CD soit incliné de manière que l'astre suive CD ou EF. Pour cet effet, on tourne le tube qui renferme l'oculaire et le micromètre, et l'on tâche de lui donner l'inclinaison convenable. Dès qu'on y est arrivé à fort peu près, on achève, en tournant une vis sans fin, laquelle engrenant dans un arc de cercle L attaché au châssis qui porte le micromètre, sert à rendre le fil CD exactement parallèle au mouvement des étoiles (fig. 52).

19. Les micromètres servent encore à mesurer les différences de décli-

naison entre les astres qui traversent le champ d'une lunette immobile. On place le curseur successivement sur les deux astres, le mouvement du curseur donné par les cadrans et réduit en secondes, sera la différence cherchée.

Il est bon que l'astronome se fasse, pour l'usage, une table qui lui donne à vue le nombre de secondes qui répond au nombre de parties qu'il aura lues sur les cadrans.

20. Quand les astres se suivent de près, ou qu'on veut déterminer les différences de passage et de déclinaison entre toutes les étoiles qui passent par la lunette dans le cours d'une nuit, ainsi que le pratiquait La Caille au Cap de Bonne-Espérance, on perdrait trop de tems à mouvoir continuellement la vis du micromètre, et souvent l'observation deviendrait impossible : dans ce cas on emploie des réticules de constructions différentes. (Voyez le *Cœlum australe* de La Caille.)

21. Le plus simple, le dernier imaginé, et quelquefois le moins sûr de tous, est le micromètre circulaire; mais à certains égards, il est plus commode qu'aucun autre. Le voici tel qu'il a été amélioré par M. Köhler.

Soit ABCD (fig. 53) le diaphragme d'une lunette. Les parties blanches sont évidées, les parties noires sont de cuivre et noircies.

Une étoile entre dans la lunette en a; pour se préparer à l'observation, on a tout le tems qu'elle emploie à parcourir la droite ab, on voit l'instant précis où elle disparaît en b et reparaît en c, la seconde disparition en d et la réapparition en e, ou bien si la lame bc a peu de largeur, on observe l'instant où elle coupe l'étoile en deux également à l'entrée bc et à la sortie de.

L'observation est, comme on voit, tout ce qu'il y a de plus simple. En voici le calcul : du centre K abaissez la perpendiculaire Ki; il est clair que Ki est une partie du cercle horaire, et que $ic = id$, $ib = ie$; ainsi la moyenne arithmétique, entre les tems de b, c, d, e, vous donnera le passage en i; $\frac{ic}{Kc} = \sin iKc$. Soit t le tems que l'étoile emploie à décrire ic, ce tems est connu par l'observation, τ le tems qu'elle emploirait à décrire le rayon du cercle, vous aurez

$$\sin iKc = \frac{t}{\tau} \quad \text{et} \quad Ki = Kc \cos iKc.$$

Ki sera la différence de déclinaison entre le centre de la lunette K et l'étoile qui a décrit la corde cb.

Il reste donc à déterminer le rayon Kc et le tems qu'une étoile emploie à le parcourir. Pour le tems, il suffirait d'observer une étoile qui traverserait la lunette par le centre; la moitié du tems observé serait $= \tau$; mais pour en conclure K$c =$ K$r =$ Ks en secondes de degrés, il y faut une attention.

22. Le moyen le plus simple serait de diriger la lunette dans le méridien à la hauteur de l'équateur, et d'observer une étoile qui passerait par le centre de la lunette. On pourrait choisir la plus boréale des trois belles étoiles qui sont sur la ceinture d'Orion, et qui sont connues sous le nom des *trois rois*, désignée sur nos cartes par la lettre δ, et qui passe au méridien $5^{\text{h}} \cdot \frac{1}{3}$ après le point équinoxial; mais toute autre étoile équatoriale donnerait la même chose.

Observez donc le tems que cette étoile emploie à parcourir le diamètre rKs. Soit 2τ ce tems K$r = \dfrac{15.}{2} 2\tau = 15.\tau$, ce sera la valeur de K$r$ en secondes de degré.

En effet, nous avons vu que la sphère étoilée fait sa révolution en 24^{h}; que $360°$ passent au fil horaire en 24^{h}, ce qui fait $15°$ par heure, $15'$ par minute et $15''$ de degré par chaque seconde de tems; l'arc de l'équateur qui est couvert par Kr est fort petit, la courbure en est insensible, il se confond avec sa tangente et son sinus, l'arc couvert par rs se confond avec sa corde; Kr et rs peuvent donc se prendre pour des arcs de l'équateur, et en général pour des arcs de grands cercles : ainsi, K$r = 15$ temps de K$r = 7,5$ tems de rs.

23. Quel que soit le point du ciel auquel nous dirigions notre lunette, Kr couvrira un arc de grand cercle, et cet arc aura toujours la même valeur en secondes, parce que notre œil occupera toujours le centre du grand cercle.

Mais le tems employé par les différentes étoiles à parcourir Kr, sera différent et croîtra avec la déclinaison.

Les étoiles, par le mouvement diurne, décrivent des cercles d'autant plus petits que la déclinaison est plus grande, puisque ces petits cercles ont pour rayon le sinus de leur distance polaire, ou le cosinus de leur déclinaison : ces cercles décroissent donc comme le sinus de la distance polaire.

Mais $rs = 2$Kr est une quantité constante. Quand vous dirigez la lunette à une étoile hors de l'équateur, rs devient la corde d'un arc de petit cercle; cet arc est une fraction d'autant plus grande du cercle, que le cercle a un rayon plus petit; il répondra donc à une plus grande partie de la révolution diurne, qui est la même pour toutes les étoiles. Si le tems de Kr est τ pour une étoile équatoriale, il sera $\frac{\tau}{\cos D}$ pour une étoile dont la déclinaison sera D, ou bien il sera

$$\tau \ \text{séc.} \ D = \tau + \tau . \tang D \tang \tfrac{1}{2} D.$$

Si le tems de la corde cd est $2t$ pour une étoile équatoriale, il sera $\frac{2t}{\cos D}$ pour une étoile quelconque, et cette expression se réduit à $\frac{2t}{1} = 2t$ pour une étoile équatoriale.

Il suit de là que si θ est le tems qu'une étoile dont la déclinaison est D aura mis à parcourir Kr, on aura

$$\theta = \frac{K r}{15 \cos D} \ \text{et} \ K r = 15\,\theta \cos D; \ ic = 15\,\theta' \cos D' = 15\,\theta' \cos (D+Ki),$$

$$\text{et} \ \sin iKc = \frac{ic}{Kc} = \frac{ic}{Kr} = \frac{15\theta' \cos (D+Ki)}{15\,\theta \cos D} = \frac{\theta'}{\theta} (\cos Ki + \sin Ki \tang D) = \frac{\theta'}{\theta},$$

sans erreur sensible, parce que Ki est un fort petit arc dont le cosinus est presque égal à l'unité, et le sinus sensiblement égal à zéro. A présent nous sommes en état de calculer

$$Ki = Kr \cos iKc = 15\,\theta \cos D \cos iKc.$$

24. Tout se réduit donc à connaître la déclinaison du centre K de la lunette. Dans les observations de cette espèce, on se propose toujours de déterminer la position d'un astre inconnu par celle d'une étoile connue.

Supposons que l'étoile connue ait décrit la corde mxn, nous aurons,

1°. Tems du passage de l'étoile connue par le fil horaire en $x = \frac{H'+H}{2}$; c'est-à-dire la demi-somme des instans de la pendule quand l'étoile entrait en m et sortait en n.

2°. $\quad \sin xKm = \dfrac{15 (H'+H) \cos (D+Kx)}{15.\ 2\theta \cos D} = \dfrac{H'+H}{2\theta}.$

3°. $\quad Kx = 15\,\theta \cos D \cos xKm.$

4°. $\quad$ Déclin. du centre de la lunette $= D - Kx.$

Si le point x était au-dessous du centre, la différence de déclinaison Kx serait additive pour une étoile boréale, soustractive pour une étoile australe.

Pour

Pour l'astre qui passerait ensuite en i, on aurait le tems du passage $= \frac{h + h'}{2}$. Ainsi $\frac{h + h'}{2} - \frac{H + H'}{2}$ serait la différence de passage entre les deux astres; $D - Kx + Ki$ serait la déclinaison ; Ki serait connu par les formules ci-dessus.

Le seul embarras dans l'usage de ce réticule, c'est qu'il est quelquefois difficile de décider si l'étoile a passé au-dessus ou au-dessous du centre K.

On se souviendra que les lunettes renversent, et qu'ainsi l'étoile passera réellement au-dessus du centre si elle paraît passer au-dessous.

Les cordes qui avoisinent le diamètre en diffèrent fort peu en longueur, et comme la différence de déclinaison Ki dépend du rapport $\frac{ic}{Kr}$, la déclinaison est alors un peu incertaine.

Au contraire, si la corde est fort petite, l'étoile peut demeurer cachée sous la lame métallique, ou du moins l'observation de l'entrée et de la sortie pourra se trouver un peu douteuse. Au total, on n'emploie ce réticule qu'à défaut de tout autre ; mais ce qui le rend très-commode, c'est qu'il est le même dans toutes les positions, et qu'on n'a pas besoin de le diriger dans un sens plutôt que dans un autre.

Si le réticule circulaire a une largeur suffisante pour cacher l'étoile pendant quelques secondes, l'inflexion que la lumière éprouve en rasant une lame métallique, retardera la disparition et avancera la réapparition ; mais comme l'effet est sensiblement le même, il n'en résultera aucune erreur sensible, parce que la compensation sera presque entière ; au reste cette attention est assez superflue dans ces observations, qui ne sont en général susceptibles que d'une précision assez médiocre.

25. Le plus simple des réticules, après le réticule circulaire, est celui qui s'appelle *le réticule de Bradley* ou de 45°.

Partagez le cercle (fig. 54) en 8 parties égales par 4 diamètres formant entre eux des angles de 45° ; placez quatre fils AB, CD, EG, FH et le réticule est construit.

Les huit triangles égaux dans lesquels le quarré HEPG est divisé, sont isocèles et rectangles. On a donc $MF = KM$; ainsi la différence de déclinaison KM est égale à la demi-corde. Il en est de même pour une corde quelconque ef, vous avez $Km = mf$.

Observez le tems qu'une étoile équatoriale emploie à parcourir le rayon KC ; soit τ ce tems, $\frac{\tau}{\cos D}$ sera le tems employé par une étoile, dont la déclinaison est D, à parcourir le rayon KC (VII, 23). Cette même formule donne la valeur en tems du demi-champ de la lunette.

Soit H et H′ les tems de l'horloge quand l'étoile est en f et e.

Le tems du passage en $m = \frac{1}{2}$ (H + H′).

$$K m = m f = \frac{15 \,(H' + H)}{2} \cos D = 7,5 \,(H' + H) \cos D.$$

Ainsi, quand une étoile connue aura décrit une corde quelconque, on connaîtra par ces formules la différence de déclinaison Km entre l'étoile et le centre de la lunette ; on aura ensuite par les mêmes formules la différence de déclinaison entre le centre de la lunette et l'astre inconnu.

26. Si l'on n'a pas eu le loisir de rendre le fil CD parallèle au mouvement diurne (fig. 54), les différences de passage et de déclinaison auront besoin de corrections.

Soit ba la route de l'astre, Km perpendiculaire à ba sera évidemment la différence de déclinaison entre l'étoile et le centre du réticule ; les tems de ad et de db, ou les intervalles de tems entre les trois fils, seront inégaux.

$$b K d = a K d = 45° ; \text{ donc } a K m = 45° + m K d, \text{ et } b K m = 45° - m K d ;$$

$$a = 90° - a K m = 45° - m K d ; \quad b = 90° - b K m = 45° + m K d.$$

$$\sin a K d : ad :: \sin a : K d = \frac{ad \sin (45° - m K d)}{\sin 45°} = ad \,(\cos m K d - \sin m K d) ;$$

$$\sin b K d : bd :: \sin b : K d = \frac{bd \sin (45° + m K d)}{\sin 45°} = bd \,(\cos m K d + \sin m K d) ;$$

donc $\qquad ad \,(\cos m K d - \sin m K d) = bd \,(\cos m K d + \sin m K d),$

d'où l'on tire $\qquad ad : bd :: \cos m K d + \sin m K d : \cos m K d - \sin m K d$

par conséquent $ad + bd : ad - bd :: 2 \cos m K d : 2 \sin m K d :: 1 : \text{tang } m K d,$

ainsi $\qquad\qquad\qquad \text{tang } m K d = \dfrac{ad - bd}{ad + bd} = \dfrac{t - t'}{t + t'} ;$

car les lignes ad et bd sont proportionnelles aux tems employés à les parcourir : la tangente de l'angle $m K d$ ou de l'inclinaison du fil Kd avec le cercle horaire Km est donc connue par les intervalles des tems entre les trois fils.

27. Dans le triangle $m K d$ on a Km = K$d \cos m K d$. Si l'on substitue successivement dans le second membre les expressions trouvées pour Kd dans l'article précédent, on aura

par la première substitution $\quad$ K$m = ad \cos^2 m K d - ad \sin m K d \cos m K d,$

par la deuxième $\qquad\qquad\quad$ K$m = bd \cos^2 m K d + bd \sin m K d \cos m K d.$

Ajoutant ces deux équations, membre à membre, on aura

$$2Km = (ad + bd)\cos^2 mKd - (ad - bd)\sin mKd \cos mKd$$
$$= (ad+bd)\cos^2 mKd\left(1 - \frac{ad-bd}{ad+bd}\cdot\text{tang } mKd\right)$$
$$= (ad+bd)\cos^2 mKd\,(1 - \text{tang}^2 mKd)$$
$$= (ad+bd)\cos^2 mKd - (ad+bd)\sin^2 mKd.$$
$$2Km = (ad+bd)(1 - 2\sin^2 mKd) = (ad+bd)\cos 2.mKd.$$
$$Km = \left(\frac{ad+bd}{2}\right)\cos 2.mKd = \left(\frac{ab}{2}\right)\cos 2mKd = \frac{15(H'+H)\cos D}{2}\cdot\cos 2mKd,$$
$$md = Km\,\text{tang } mKd = \left(\frac{ad+bd}{2}\right)\cos.2mKd\,\text{tang } mKd$$
$$= \frac{ad+bd}{2}\cdot\frac{ad-bd}{ad+bd}\cos 2mKd = \left(\frac{ab-bd}{2}\right)\cos 2mKd = \left(\frac{t-t'}{2}\right)\cos 2mKd$$

pour avoir md en tems.

Passage en m au cercle horaire $=$ passage au fil $Kd + \left(\frac{t-t'}{2}\right)\cos 2mKd.$

28. Par ce moyen, je réduis tout le calcul aux trois formules suivantes:

$$\text{tang } mKd = \frac{t-t'}{t+t'} = \text{tang } I$$

$$\text{différ. déclin.} = Km = \frac{15(H'+H)\cos D\cos 2mKd}{2} = \frac{15}{2}(H'+H)\cos D\cos 2I.$$

$$\text{Correction du passage au fil} = \left(\frac{t-t'}{2}\right)\cos 2mKd = \left(\frac{t-t'}{2}\right)\cos 2I.$$

Si le second intervalle t' était plus grand que le premier, l'inclinaison I serait négative et la correction du passage changerait de signe, parce que sa perpendiculaire Km tomberait sur ad et non plus sur bd.

29. Si l'on voulait se passer de l'inclinaison mKd, on aurait

$$Km = \left(\frac{ad+bd}{2}\right)\cos^2 mKd\,(1 - \text{tang}^2 mKd) = \frac{ad+bd}{2}\,\frac{1-\text{tang}^2 mKd}{1+\text{tang}^2 mKd}$$
$$= \left(\frac{ad+bd}{2}\right)\left(\frac{1-\left(\frac{ad-bd}{ad+bd}\right)^2}{1+\left(\frac{ad-bd}{ad+bd}\right)^2}\right) = \left(\frac{ad+bd}{2}\right)\left(\frac{(ad+bd)^2-(ad-bd)^2}{(ad+bd)^2+(ad-bd)^2}\right)$$
$$= \left(\frac{ad+bd}{2}\right)\left(\frac{4\,ad.bd}{(ad)^2+(bd)^2+2\,ad.bd+(ad)^2+(bd)^2-2\,ad.bd}\right)$$
$$= \frac{(ad+bd)(ad.bd)}{(ad)^2+(bd)^2} = \frac{(ad)^2 bd+(ad)(bd)^2}{(ad)^2+(bd)^2}$$
$$md = \left(\frac{ad-bd}{2}\right)\cos 2mKd = \left(\frac{ad-bd}{2}\right)\left(\frac{1-\text{tang}^2 mKd}{1+\text{tang}^2 mKd}\right)$$
$$= (ad-bd)\frac{ad\times bd}{(ad)^2+(bd)^2} = \frac{(ad)^2 bd-ad(bd)^2}{(ad)^2+(bd)^2}$$

Ce sont les formules que Zanotti avait données sans démonstration, dans les Mémoires de l'Institut de Bologne, t. II, part. 3, pag. 75, et que La Caille a depuis démontrées d'une autre manière dans les Mémoires de l'Académie des Sciences pour 1742. Nos formules sont beaucoup plus expéditives.

30. Ce réticule est presque abandonné, malgré la facilité de sa construction et celle des calculs. On a trouvé qu'à l'intersection des quatre fils l'observation était trop incertaine : on pouvait remédier à cet inconvénient par deux fils latéraux EH et FG ; mais la plus forte objection se fonde sur l'inutilité des deux segmens EAF et HBG. On a préféré le réticule *rhomboïde*, dont voici la construction.

Soit un carré R'S'T'V' (fig. 55), partagé en quatre autres carrés égaux ; par les droites AE, XZ, menez les obliques AV', AT', ER', ES' des angles au milieu des côtés. Ces quatre lignes avec les deux AE, XZ sont les fils du réticule.

Par la construction la demi-diagonale BD est égale à la demi-diagonale AC ; car AE : V'E :: 2 : 1 :: AC : DC $= \frac{1}{2}$ AC ; nous laisserons indéterminé le rapport de ces diagonales ; mais comme les angles ACD $=$ ACB $=$ BCE $=$ ECD $= 90°$, si nous nommons 2A l'angle au sommet A, a la demi-diagonale horaire AC du réticule, b la demi-diagonale CD, nous aurons toujours

$$\tan A = \frac{CD}{AC} = \frac{b}{a} \dots \dots (I).$$

On trouve les valeurs de a et b par les tems qu'une étoile équatoriale emploie à parcourir ces deux lignes (VII, 25) : nous pouvons donc supposer A connu.

31. Pour donner des formules générales, nous ne supposerons pas que la diagonale BCD ait été rendue parallèle au mouvement diurne.

Nous nommerons premier austral le fil AT', second austral le fil AV' qui se réunissent au sommet austral A du réticule ; on n'oubliera pas que la lunette renverse.

Premier boréal le fil ES', second boréal le fil ER', parce qu'ils se réunissent au sommet boréal.

t l'intervalle de tems entre le premier austral et la diagonale a ; Fd ou Nd'.

t' l'intervalle entre la diagonale a et le second austral ; dH ou d'Q.

$t' + t =$ FH ou NQ ; RV dans la partie boréale.

τ l'intervalle de tems entre le premier boréal et la diagonale a; Gd.

τ' l'intervalle entre la diagonale a et le second boréal; dh.

$\tau + \tau' = $ Gh ou MP.

q l'intervalle entre le premier austral et la diagonale b; Fi ou NO.

q' l'intervalle entre la diagonale b et le second austral; Hi ou OQ.

$q + q' = $ NO $+$ OQ $=$ NQ $=$ N$d' + d'$Q.

Q l'intervalle entre le premier boréal et la diagonale b; Gi ou MO.

Q$'$ l'intervalle entre la diagonale b et le second boréal; OP ou hi.

Q $+$ Q$' = $ MO $+$ OP $= $ MP.

R l'intervalle entre la diagonale a et la diagonale b; di ou d'O.

I l'inclinaison du réticule.

D la déclinaison de l'astre.

dD la différence de déclinaison entre l'astre et le centre du réticule.

dP la correction du passage à la diagonale a.

32. Si l'on a observé t et t', on aura

$$\tan \mathrm{I} = \left(\frac{t'-t}{t'+t}\right) \cot \mathrm{A} \dots\dots\dots\dots\dots\dots\dots\dots\dots\dots \text{(II)}.$$

$$\left.\begin{aligned} d\mathrm{D} &= a \cos \mathrm{I} - \frac{15\,t \cos \mathrm{D} \cos \mathrm{I} \cos(\mathrm{A}-\mathrm{I})}{\sin \mathrm{A}} \\ &= a \cos \mathrm{I} - \frac{15\,t' \cos \mathrm{D} \cos \mathrm{I} \cos(\mathrm{A}+\mathrm{I})}{\sin \mathrm{A}} \end{aligned}\right\} \dots\dots\dots\dots \text{(III)}.$$

$$\left.\begin{aligned} d\mathrm{D} &= a \cos \mathrm{I} - \left(\frac{30\,t'\,t}{t'+t}\right) \cot \mathrm{D} \cos^2 \mathrm{I} \cot \mathrm{A} \\ &= a \cos \mathrm{I} - \left(\frac{30\,t'\,t}{t'-t}\right) \cos \mathrm{D} \sin \mathrm{I} \cos \mathrm{I} \end{aligned}\right\} \dots\dots\dots\dots \text{(IV)}.$$

$$\left.\begin{aligned} d\mathrm{P} &= \frac{d\mathrm{D} \tan \mathrm{I}}{15 \cos \mathrm{D}} = \frac{a \sin \mathrm{I}}{15 \cos \mathrm{D}} - \left(\frac{2\,t'\,t}{t'+t}\right) \cot \mathrm{A} \sin \mathrm{I} \cos \mathrm{I} \\ &= \frac{a \sin \mathrm{I}}{15 \cos \mathrm{D}} - \left(\frac{2\,t'\,t}{t'-t}\right) \sin^2 \mathrm{I} \end{aligned}\right\} \dots\dots \text{(V)}.$$

L'astre passe au sud du centre du réticule, et dP est additif au passage observé à la diagonale horaire, à moins que le second terme de dD ne surpasse le premier, auquel cas l'astre aurait passé au nord et dP serait soustractif.

Si $t' = t$, alors I $= 0$, dP $= 0$ et dD $= a - 15t \cos$ D cot A... (VI).

Si $t' < t$ tang I, sin I, et l'angle I sont négatifs, (A $-$ I) devient (A $+$ I) et réciproquement (A $+$ I) se change en (A $-$ I).

53. Avec τ et τ' on aura

$$\operatorname{tang} I = \left(\frac{\tau - \tau'}{\tau + \tau'}\right) \operatorname{cotang} A \dots\dots\dots\dots\dots\dots\dots\dots\dots\text{(VII)}$$

$$\left.\begin{aligned} dD &= a \cos I - \frac{15\tau \cos D \cos I \cos (A+I)}{\sin A} \\ &= a \cos I - \frac{15\tau' \cos D \cos I \cos (A-I)}{\sin A} \end{aligned}\right\} \dots\dots\dots\dots\text{(VIII)}$$

$$\left.\begin{aligned} dD &= a \cos I - \left(\frac{30\tau\tau'}{\tau+\tau'}\right) \cos D \cos {}^2I \cot A \\ &= a \cos I - \left(\frac{30\tau\tau'}{\tau+\tau'}\right) \cos D \sin I \cos I \end{aligned}\right\} \dots\dots\dots\dots\text{(IX)}$$

$$\left.\begin{aligned} dP &= \frac{dD \operatorname{tang} I}{15 \cos D} = \frac{a \sin I}{15 \cos D} - \left(\frac{2\tau\tau'}{\tau+\tau'}\right) \cot A \sin I \cos I \\ &= \frac{a \sin I}{15 \cos D} - \left(\frac{2\tau\tau'}{\tau-\tau'}\right) \sin {}^2I \end{aligned}\right\} \dots\text{(X)}.$$

L'astre a passé au nord du centre et dP est soustractif à m oins que le second terme ne surpasse le premier.

Si $\tau = \tau'$, $\operatorname{tang} I = \sin I = I = 0$, $dP = 0$, $dD = a - 15\tau \cos D \cot A$ (XI)

Si $\tau' > \tau$, I, $\operatorname{tang} I$ et $\sin I$ sont négatifs, observez les changemens de signe et si dD devenait négatif, ce serait un indice que l'astre aurait passé au sud, A — I deviendrait (A + I) et réciproquement.

34. Avec τ, τ' et t

$$\cos(A-I) = \frac{2a \sin A}{15 \cos D . (\tau+\tau')}; \dots\dots\dots\dots\dots\dots\dots\text{(XII)}$$

$$dD = a\left(\frac{\tau'-t}{\tau'+t}\right) \cos I \dots\dots\dots\dots\dots\dots\dots\text{(XIII)}$$

$$dP = \frac{dD \operatorname{tang} I}{15 \cos D} = a \left(\frac{\tau'-t}{\tau+t}\right)\frac{\sin I}{15 \cos D} \dots\dots\dots\dots\text{(XIV)}$$

Si $15 \cos D (\tau'+t) = 2b$, alors $\cos(A-I) = \dfrac{2a\sin A}{2b}$
$$= \cot A \sin A = \cos A \text{ et } I = 0, \ dP = 0$$

et

$$dD = a \left(\frac{\tau'-t}{\tau'+t}\right) = \frac{a(\tau'-t)\,15 \cos D}{2b} = \frac{15}{2}(\tau'-t) \cos D \cot A \dots\text{(XV)}$$

$15(\tau'-t) \cos D$ est alors le chemin parcouru par l'astre entre le second austral et le prolongement du premier boréal.

Si A — I > A, I est négatif, dP change de signe, à moins que $(\tau'-t)$ ne soit aussi négatif; mais s'il est positif, c'est une preuve que l'astre est plus austral que le centre du réticule et alors dP est additif.

55. Avec $\tau . \tau'$ et t'

$$\cos(A+I) = \frac{2a\, t'\, \sin A}{15(\tau'+t')\cos D}; \dots\dots\dots\dots\dots (XVI)$$

$$dD = a\left(\frac{\tau-t'}{\tau+t'}\right)\cos I.\dots\dots\dots\dots\dots (XVII)$$

$$dP = \frac{dD\, \operatorname{tang} I}{15\cos D} = a\left(\frac{\tau-t'}{\tau+t'}\right)\frac{\sin I}{15\cos D}\dots\dots\dots (XVIII)$$

L'astre est au sud du centre et dP positif, à moins que t' ne surpasse τ. Si $15(\tau+t')\cos D = 2b$; alors

$$\cos(A+I) = \frac{2a\sin A}{2b} = \cos A, \quad I = 0, \quad dP = 0,$$

$$dD = 15\left(\frac{\tau-t'}{2}\right)\cos D \cot A.\dots\dots\dots (XIX)$$

$15\left(\frac{\tau-t'}{2}\right)\cos D$ est alors le chemin parcouru entre le prolongement du premier boréal et le premier austral.

Si $(A+I) < A$ c'est que I est négatif, ce qui change le signe de dP à moins que $(\tau-t')$ ne soit aussi négatif, dans ce dernier cas l'astre est au nord du centre.

56. Avec τ', t, q et Q'

$$\operatorname{tang} I = \left(\frac{\tau'-t}{q-Q'}\right)\cot A.\dots\dots\dots\dots (XX)$$

$$dD = a\left(\frac{\tau'-t}{\tau'+t}\right)\cos I.\dots\dots\dots\dots (XXI)$$

$$dP = \frac{dD\, \operatorname{tang} I}{15\cos D} = \left(\frac{\tau'-t}{\tau'+t}\right)\frac{a\sin I}{15\cos D}\dots\dots\dots (XXII)$$

L'astre est au sud du centre et dP est additif, à moins que $(\tau'-t)$ ne soit négatif, remarquons que $(\tau'-t)$ et $(q-Q')$ passent au même instant par zéro, et c'est quand l'astre passe par le centre même du réticule.

57. Avec τ, t', q' et Q

$$\operatorname{tang} I = \left(\frac{\tau-t'}{Q-q'}\right)\cot A.\dots\dots\dots\dots (XXIII)$$

$$dD = a\left(\frac{\tau-t'}{\tau+t'}\right)\cos I\dots\dots\dots\dots (XXIV)$$

$$dP = \frac{dD\, \operatorname{tang} I}{15\cos D} = \left(\frac{\tau-t'}{\tau+t'}\right)\frac{a\sin I}{15\cos D}\dots\dots\dots (XXV)$$

L'astre au-dessus du centre et dP additif à moins que $(\tau-t')$ et $(Q-q')$ ne soient négatifs, ce qui leur arrive à tous deux ensemble.

38. Dans ces deux derniers cas on a observé le passage aux deux dia-gonales, on connaît donc R et l'on a

$$dD = 15R \cos D \sin I \cos I = 15\,dP \cos D \cot I \dots\dots(\text{XXVI})$$

$$dP = \frac{15R \cos D \sin I \cos I \tang I}{15 \cos D} = R \sin^2 I \dots\dots\dots(\text{XXVII})$$

Ainsi quand on connaîtra l'inclinaison, il suffira d'observer aux deux diagonales et de remarquer si l'astre passe au sud ou au nord du centre.

S'il traverse la première diagonale horaire avant l'autre diagonale, dP sera additif; il sera soustractif dans le cas contraire.

Ces dernières formules sont les plus commodes de toutes; mais pour que les astres passent tous aux deux diagonales, il faut donner une incli-naison sensible au réticule.

39. Si l'on plaçait le réticule de manière que la première oblique boréale fût parallèle au mouvement diurne, on aurait $I = A$. Mais sans se donner la peine de chercher cette position, on peut se contenter d'un à-peu-près : alors tous les astres qui passeraient par le réticule, traver-seraient les deux diagonales, et le calcul aurait toute la simplicité possible. Il est vrai qu'alors on ne pourrait observer que les astres pour lesquels $dD < b \cos A$.

Au reste quelle que soit la position du réticule, on trouvera dans les formules précédentes de quoi corriger les observations des effets de l'inclinaison.

40. Les formules II, VII, XII, XVI, XX et XXIII serviront à déter-miner l'inclinaison. A l'exception des formules XII et XVI, toutes les autres sont indépendantes de la déclinaison. On pourra donc prendre les astres connus et inconnus indistinctement pour déterminer l'inclinaison, qui est l'élément fondamental, et l'on prendra le milieu entre tous les résultats.

41. Après cela on déterminera la déclinaison du centre du réticule par toutes les étoiles connues, en y employant l'une des formules III, IV, VIII, IX, XI, XIII, XVII, XXI, XXIV et XXVI.

42. On corrigera de même le passage des étoiles connues par l'une des formules, V, X, XIV, XVIII, XXII, XXV et XXVII.

43. Ensuite on cherchera la déclinaison des étoiles inconnues, par celle des formules citées ci-dessus, dont on aura les élémens : les formules XIII,

XIII, XVII, XXI et XXIV sont les plus commodes en ce cas, parce qu'elles n'emploient pas la déclinaison inconnue, et qu'ainsi elles n'exigent aucun tâtonnement, aucune fausse position.

44. Enfin on corrigera les passages des astres inconnus, et pour en déterminer les positions, il n'y aura plus qu'à en comparer les observations corrigées avec celles des astres connus.

45. On pourrait tirer des formules précédentes de quoi corriger les différences des passages et de déclinaison des deux astres observés. Il y aurait peu de chose à gagner quand on n'en a observé que deux, et il n'y aurait plus aucun avantage si l'on en avait observé plusieurs; ainsi je m'en tiens aux méthodes que je viens d'indiquer.

46. Les formules VI, XI, XV et XIX serviront quand la diagonale b sera parallèle au mouvement diurne.

47. Si l'on suppose $A = 45°$, c'est-à-dire si le réticule est carré, plusieurs de nos formules deviendront plus simples; en effet $\cot A = 1$; mais cet avantage se bornera aux formules qui donnent l'inclinaison par la tangente, car pour les dD et les dP nous avons dans tous les cas des formules indépendantes de A.

48. Dans toutes nos formules nous avons supposé la pendule reglée sur les fixes et la révolution des astres de 24^h justes à cette pendule. S'il en est autrement, il faudra substituer au nombre 15 le nombre $\frac{360°}{24^h + x}$, x étant la fraction d'heure que la pendule marque de plus que 24^h entre deux passages de l'astre au même cercle horaire. Si la pendule marquait moins de 24^h, x serait négatif.

49. Nous avons donné ces formules sans interruption et dans l'ordre où elles doivent servir suivant les cas, pour qu'on les trouvât plus facilement au besoin, il nous reste à les démontrer.

Supposons que l'astre ait décrit FdH dans la partie australe,

Le triangle HAd donne, $\sin A : \sin H :: Hd : Ad = \dfrac{Hd \sin H}{\sin A}$

$$= \frac{Hd \sin (90° - A - I)}{\sin A} = \frac{Hd \cos (A + I)}{\sin A}.$$

Le triangle AdF donne, $\sin A : \sin F :: Fd : Ad = \dfrac{Fd \sin F}{\sin A}$

$$= \frac{Fd \sin (90° - A + I)}{\sin A} = \frac{Fd \cos (A - I)}{\sin A}.$$

Donc $Hd : Fd :: \cos(A - I) : \cos(A + I) :: \cos A \cos I + \sin A \sin I$
$$: \cos A \cos I - \sin A \sin I.$$

$Hd + Fd : Hd - Fd :: \cos A \cos I : \sin A \sin I :: \cot A : \tang I$

$$= \left(\frac{Hd - Fd}{Hd + Fd}\right) \cot A = \left(\frac{t' - t}{t' + t}\right) \cot A,$$

c'est la formule (II). Observez la règle des signes.

$$5o. \; dD = Ca = Cd\cos I = (AC - Ad) \cos I = a \cos I - \frac{Hd \cos(A+I) \cos I}{\sin A}$$

$$= a \cos I - \frac{Fd \cos(A - I) \cos I}{\sin A}.$$

$$= a \cos I - \frac{15 t' \cos D \, \cos(A+I) \cos I}{\sin A} = a \cos I - \frac{15 t \cos D \cos(A - I) \cos I}{\sin A};$$

$$= a \cos I - \frac{7,5 \, \cos D \, \cos I}{\sin A} \left(t' \cos(A + I) + t \cos(A - I) \right),$$

$$= a \cos I - \frac{7,5 \, \cos D \, \cos I}{\sin A} \binom{t'\cos A\cos I - t'\sin A\sin I + t\cos A\cos I}{\qquad\qquad + t\sin A\sin I,}$$

$$= a \cos I - 7,5 \cos D \cos^2 I \left((t' + t) \cot A - (t' - t) \tang I \right),$$

$$= a \cos I - 7,5 \cos D \cos^2 I \left((t' + t) \cot A - \frac{(t' - t)^2 \cot A}{(t' + t)} \right),$$

$$= a \cos I - 7,5 \cos D \cos I^2 \cot A \left(\frac{(t' + t)^2 - (t' - t)^2}{t' + t} \right);$$

$$= a \cos I - 7,5 \cos D \cos^2 I \cot A \left(\frac{4 t t'}{t' + t} \right),$$

$$= a \cos I - \left(\frac{3o t' t}{t' + t} \right) \cos D \, \cot A \, \cos^2 I,$$

$$= a \cos I - \left(\frac{3o t' t}{t' + t} \right) \cos D \, \cos^2 I \left(\frac{t' + t}{t' - t} \right) \tang I,$$

$$= a \cos I - \left(\frac{3o t' t}{t' - t} \right) \cos D \, \sin I \cos I.$$

Ce sont les formules III et IV; multipliez-les par $\tang I$ et vous aurez
ad. Or $dP = \dfrac{ad}{15 \cos D}$; c'est la formule (V).

51. Si l'astre avait parcouru FdH dans la partie boréale ou inférieure
en apparence, l'angle H serait $9o - A + I$, l'angle $F = 9o - A - I$;
FD serait proportionnel à τ, dH à τ', et par un calcul tout semblable
on trouverait les formules VII, VIII, IX et X.

52. Ces deux suppositions sont les plus ordinaires, l'astre a été observé
aux fils du réticule et non pas aux prolongemens qui manquent en effet

dans beaucoup de réticules. Ceux qui sont composés de lames métalliques, se bornent au rhombe ABED avec ses deux diagonales AE, BD. Mais mon réticule étant filaire, j'ai trouvé utile d'employer les quatre prolongemens aussi bien que les quatre côtés, et les prolongemens de la diagonale BD.

Supposons donc que l'astre ait décrit $Nd'a'P$, nous aurons Nd' par t, Pd' par τ'. Les triangles $Nd'A$, $Pd'E$ donnent

$$Ed' : Ad' :: Pd' : Nd';$$
$$Ed' + Ad' : Ed' - Ad' :: Pd' + Nd' : Pd' - Nd';$$
$$2a : 2Cd' :: \tau' + t : \tau' - t;$$

par conséquent

$$Cd' = a\left(\frac{\tau' - t}{\tau' + t}\right);$$

multipliant les deux membres par cos I, on a la formule XIII.

$$\sin N = \cos(A - I) = \frac{Ad' \sin A}{Nd'} = \frac{(AC - Cd')\sin A}{Nd'} = \left[a - a\left(\frac{\tau' - t}{\tau' + t}\right)\right]\frac{\sin A}{Nd'},$$
$$= a\left(\frac{(\tau' + t) - (\tau' - t)}{\tau' + t}\right)\frac{\sin A}{Nd'} = \frac{2at \sin A}{(\tau' + t).15t \cos D} = \frac{2a \sin A}{15(\tau' + t)\cos D};$$

c'est la formule XII.

La formule XIV se déduit de la formule XIII.

53. Si l'astre a décrit $Md'Q$, on aura Md' ou τ, Qd' ou t', les triangles semblables MEd', $Ad'Q$ donnent

$$Ed' : Ad' :: Md' : d'Q,$$
$$Ed' + Ad' : Ed' - Ad' :: Md' + d'Q : Md' - d'Q :: \tau + t' : \tau - t',$$

d'où

$$Cd' = a\left(\frac{\tau - t'}{\tau + t'}\right) \text{ et } Ca' = a\left(\frac{\tau - t'}{\tau + t'}\right)\cos I;$$

c'est la formule XVII, la formule XVIII s'en déduit, en la multipliant par tang I.

$$\sin Q = \frac{Ad' \sin A}{d'Q} \text{ ou } \cos(A + I) = \frac{2at' \sin A}{15(\tau + t')\cos D};$$

c'est la formule XVI.

54. Si l'astre a été observé en N, d', O et P, nous aurons t par Nd', τ' par $d'P$, q par NO, Q' par PO, et par la formule XIII démontrée ci-dessus,

$$Cd' = a\left(\frac{\tau' - t}{\tau' + t}\right).$$

Multipliez par cos I, vous aurez la formule XIII.

Les triangles BNO, DOP donnent

$$BO : OD :: NO : OP,$$
$$BO + OD : BO - OD :: NO + OP : NO - OP,$$
$$2b \quad : \quad 2CO \quad :: \quad q + Q' : \quad q - Q',$$
$$CO = b \left(\frac{q - Q'}{q + Q'} \right); \quad \tang I = \tang O = \frac{cd'}{CO} = \frac{a}{b} \cdot \frac{\tau' - t}{\tau' + t} \cdot \frac{q + Q'}{q - Q'}$$
$$= \cot A \left(\frac{\tau' - t}{q - Q'} \right).$$

Car $\tau' + t = q + Q'$; c'est la formule XX.

La formule XXI est la même que la formule XIII.

La formule XXII est la même que la formule XIV.

55. Si l'astre a été observé en M, d', O et Q; Md' donnera τ, NO donnera Q, OQ donnera q', d'Q donnera t'. La formule XIII donne

$$Cd' = a \left(\frac{\tau' - t}{\tau' + t} \right).$$

$$dD = Cd' \cos I = a \left(\frac{\tau' - t}{\tau' + t} \right) \cos I, \text{ formule XVII.}$$

Les triangles MOB, QOD donnent

$$BO : OD :: MO : OQ,$$
$$BO + OD : BO - OD :: MO + OQ : MO - OQ,$$
$$2b \quad : \quad 2CO \quad :: \quad Q + q' : \quad Q - q',$$
$$CO = b \left(\frac{Q - q'}{Q + q'} \right),$$
$$\tang I = \tang O = \frac{Cd'}{CO} = \frac{a}{b} \left(\frac{\tau' - t}{\tau' + t} \right) \left(\frac{Q + q'}{Q - q'} \right) = \left(\frac{\tau' - t}{Q - q'} \right) \cot A;$$

c'est la formule XXIII. Les formules XXIV et XXV sont les mêmes que XXVII et XXVIII; on ne les a répétées que pour donner dans chaque supposition un système complet de formules.

On a encore

$$Ca' = Cd' \sin d' = Od' \sin O \sin d' = 15R \cos D \sin I \cos I;$$

la formule XXVI.

$$d'd' = Ca' \tang I = 15R \cos D \sin I \cos I \tang I = 15R \cos D \sin^2 I, \text{ c'est}$$

la formule XXVII.

56. Plusieurs astronomes ont imaginé de retrancher les deux diagonales AE et BD. La Caille leur en avait donné l'exemple; mais observant toujours au méridien, il lui était aisé de rendre l'inclinaison nulle et le

calcul était fort simple. Voici cependant des formules pour le cas où l'on n'aurait point de diagonales, et pour celui où l'on n'aurait pu les observer. Supposons qu'on ait observé l'étoile en G, en F, en H et h.

Les triangles FBG, FAH, hDH donnent

$$\sin B : FG :: \sin G : FB = \frac{FG \sin G}{\sin B} = \frac{FG \cos(A+I)}{\sin 2A};$$

$$\sin 2A : HF :: \sin H : AF = \frac{HF \sin H}{\sin 2A} = \frac{HF \cos(A+I)}{\sin 2A},$$

d'où
$$FB + AF = AB = \frac{(HF + FG)\cos(A+I)}{\sin 2A} = \frac{GH \cos(A+I)}{\sin 2A}.$$

$$\sin D : Hh :: \sin h : DH = \frac{Hh \sin h}{\sin D} = \frac{Hh \cos(A-I)}{\sin 2A},$$

$$\sin 2A : HF :: \sin F : AH = \frac{HF \sin F}{\sin 2A} = \frac{HF \cos(A-I)}{\sin 2A},$$

d'où $AB = AD = AH + HD = \dfrac{(HF + Hh)\cos(A-I)}{\sin 2A} = \dfrac{Fh \cos(A-I)}{\sin 2A}.$

Donc
$$\frac{GH \cos(A+I)}{\sin 2A} = \frac{Fh \cos(A-I)}{\sin 2A}.$$

$$GH \cos A \cos I - GH \sin A \sin I = Fh \cos A \cos I + Fh \sin A \sin I,$$
$$(GH - Fh) \cos A \cos I = (GH + Fh) \sin A \sin I,$$

d'où l'on tire
$$\frac{GH - Fh}{GH + Fh} = \tang A \tang I,$$

par conséquent
$$\tang I = \left(\frac{GH - Fh}{GH + Fh}\right) \cot A.$$

Soient H' et H'ᵛ les passages aux deux fils boréaux, H″ et H‴ les passages aux deux autres fils.

$$\tang I = \frac{(H''' - H') - (H'^v - H'')}{(H''' - H') + (H'^v - H'')} \cot A \ldots\ldots\ldots (XXVIII);$$

mais
$$AB = \frac{a}{\cos A} = \frac{GH \cos(A+I)}{\sin 2A};$$

ainsi
$$\cos(A+I) = \frac{a \sin 2A}{GH \cos A} = \frac{2a \sin A}{GH} = \frac{2a \sin A}{15(H''' - H')\cos D} = \frac{a \sin A}{7,5\,(H''' - H')\cos D} \quad (XXIX)$$

nous avons encore
$$AB = \frac{a}{\cos A} = \frac{Fh \cos(A-I)}{\sin 2A},$$

d'où
$$\cos(A-I) = \frac{a \sin A}{7,5\,(H'^v - H'')\cos D} \cdot\cdot\cdot\cdot\cdot\cdot\cdot\cdot\cdot\cdot\cdot\cdot\cdot\cdot (XXX).$$

57. Il suffit donc pour obtenir l'inclinaison, d'observer les passages d'une étoile à deux fils parallèles du réticule, pourvu que l'on connaisse à peu près la déclinaison du centre de la lunette ou celle de l'étoile.

Mais ces deux observations ne donneraient rien de plus, car les parallèles étant toujours également distantes, toutes les étoiles qui traverseront le champ de la lunette emploieront à très-peu près le même tems à passer de l'une à l'autre. Ce tems, si l'inclinaison était nulle, serait

$$\frac{2b}{15 \cos D} = \frac{a \, \mathrm{tang}\, A}{7,5 \cos D};$$

mais avec l'inclinaison I ce tems devient évidemment

$$\frac{a \, \mathrm{tang}\, A \cos A}{7,5 \cos D \, . \, \cos (A \pm I)} = \frac{a \sin A}{7,5 \cos D \cos (A \pm I)},$$

d'où l'on tire les formules XXIX et XXX. Le signe $+$ est pour les parallèles qui penchent du même côté que le cercle horaire.

Ces trois formules sont invariables, quel que soit l'ordre dans lequel se succèdent les passages aux fils de différentes dénominations; car on ne compare entre eux que les tems H''' et H', H'' et H', et jamais l'ordre ne change pour ces deux couples.

La formule XXVIII donnera une inclinaison négative si $(H'' - H')$ $> (H''' - H')$, dans ce cas $\cos(A + I)$ devient $\cos(A - I)$ et réciproquement; mais on s'en apercevra toujours en ce que le calcul donnera un angle plus petit que A dans la formule XXIX, et plus grand dans la formule XXX.

58. Il reste à trouver les passages au fil horaire et les déclinaisons. Nous connaissons par l'article (56)

$$AF = \frac{HF \cos(A + I)}{\sin 2A} = \frac{15(H''' - H'') \cos D \cos (A + I)}{\sin 2A}$$

$$AF = AB - BF = \frac{a}{\cos A} - \frac{FG \cos (A + I)}{\sin 2A} = \frac{2a \sin A - FG \cos(A + I)}{\sin 2A}$$

$$AF = \frac{2a \sin A - 15(H'' - H') \cos D \cos (A + I)}{\sin 2A}.$$

59. Nous avons de même

$$AH = \frac{HF \cos(A - I)}{\sin 2A} = \frac{15 (H''' - H'') \cos D \cos (A - I)}{\sin 2A}$$

$$AH = AD - DH = \frac{a}{\cos A} - \frac{Hh \cos (A - I)}{\sin 2A} = \frac{2a \sin A - Hh \cos(A - I)}{\sin 2A}$$

$$= \frac{2a \sin A - 15 (H^{IV} - H'') \cos D \cos (A - I)}{\sin 2A}$$

60. On aurait encore

$$\sin B : FG :: \sin F : BG = \frac{FG \sin F}{\sin B} = \frac{15\,(H'' - H')\cos D \cos(A - I)}{\sin 2A}$$

$$\sin D : Hh :: \sin H : Hd = \frac{Hh \sin H}{\sin D} = \frac{15\,(H^{iv} - H''')\cos D \cos(A + I)}{\sin 2A}.$$

61. Or dans le triangle FHA dont l'angle au sommet est partagé en deux également par la diagonale AC, nous avons

$$AH : AF :: Hd : dF$$

$$AH + AF : AH - AF :: Hd + dF : Hd - dF :: HF : Hd - dF,$$

donc

$$(Hd - dF) = HF\left(\frac{AH - AF}{AH + AF}\right) = HF\left(\frac{1 - \dfrac{AF}{AH}}{1 + \dfrac{AF}{AH}}\right);$$

mais

$$\frac{AF}{AH} = \frac{\cos(A + I)}{\cos(A - I)}\ (56) = \frac{\cos A \cos I - \sin A \sin I}{\cos A \cos I + \sin A \sin I} = \frac{1 - \tang A\ \tang I}{1 + \tang A\ \tang I},$$

donc

$$(Hd - dF) = HF\left(\frac{1 - \dfrac{1 - \tang A\ \tang I}{1 + \tang A\ \tang I}}{1 + \dfrac{1 - \tang A\ \tang I}{1 + \tang A\ \tang I}}\right) = HF\left(\frac{1 + \tang A\,\tang I - 1 + \tang A\,\tang I}{1 + \tang A\,\tang I + 1 - \tang A\,\tang I}\right)$$

$$= HF\ \tang A\ \tang I$$

$$\tfrac{1}{2}(Hd - dF) = \tfrac{1}{2}(H''' - H'')\ \tang A\ \tang I$$

$$Hd = \tfrac{1}{2}HF + \tfrac{1}{2}(Hd - dF); \quad dF = \tfrac{1}{2}HF - \tfrac{1}{2}(Hd - dF).$$

Ainsi H^v où le passage par la diagonale AC se trouvera par la formule

$$H^v = H'' + \tfrac{1}{2}(H''' - H'') - \tfrac{1}{2}(H''' - H'')\ \tang A\ \tang I$$

$$= \tfrac{1}{2}(H'' + H'') - \tfrac{1}{2}(H''' - H')\ \tang A\ \tang I.$$

62. Le triangle FBG nous donnera de même le passage à la diagonale qui partagerait en deux également l'angle B

$$H^{vi} = \tfrac{1}{2}(H'' + H') + \tfrac{1}{2}(H'' - H')\ \tang A\ \tang I.$$

63. Le triangle DhH nous donnera pour le passage à la diagonale qui partagerait en deux également l'angle D

$$H^{vii} = \tfrac{1}{2}(H^{iv} + H''') + \tfrac{1}{2}(H^{iv} - H''')\ \tang A\ \tang I.$$

Dans ces deux dernières formules, le second terme a le signe + au lieu du signe —, parce que ces deux triangles sont dans une situation renversée; il n'y a que le signe et quelques accens à changer. Nous aurons donc les passages aux trois diagonales qui passent par les sommets du réticule.

64. On a d'ailleurs $H^v = H^{vi} + \dfrac{b}{15\cos D} = H^{vii} - \dfrac{b}{15\cos D}$.

Ainsi connaissant le passage à l'une des diagonales, on aura le passage aux deux autres, mais ces passages ne sont pas encore les passages aux fils horaires.

65. Le triangle FBG partagé en deux triangles inégaux par sa diagonale $B\delta$, donne

$$\sin\delta : BG :: \sin G : B\int = \frac{BG \cdot \sin G}{\sin \delta} = \frac{BG \cdot \cos (A + I)}{\cos I};$$

substituant pour BG sa valeur trouvée dans le n° 60, on aura

$$B\delta = \frac{15 (H'' - H') \cos D \cos(A - I) \cos(A+I)}{\sin 2A \cos I}.$$

La réduction au fil horaire et en tems

$$= \frac{B\delta \sin I}{15\cos D} = \frac{15 (H'' - H') \cos D \cos (A - I) \cos (A + I) \tan I}{15 \cos D . \sin 2A};$$

ainsi le passage en δ

$$= H^v + \frac{(H'' - H') \cos (A - I) \cos (A + I) \tan I}{\sin 2A}.$$

On trouverait la même formule en faisant

$$\sin \delta : BF :: \sin F : B\delta = \frac{BF \sin F}{\sin \delta} = \frac{BF \cos(A - I)}{\cos I},$$

et substituant à BF sa valeur (56).

66. Le triangle DhH donnerait en changeant les accens, passage au fil horaire

$$D\delta' = H^{vii} + \frac{(H^{iv} - H'') \cos (A - I) \cos (A + I) \tan I}{\sin 2A}.$$

67. Le triangle dAF donne

$$\sin d : AF :: \sin F : Ad = \frac{AF \sin F}{\sin d} = \frac{AF \cos (A - I)}{\cos I} = \frac{HF \cos (A + I) \cos (A - I)}{\sin 2A \cos I}$$

$$Cd = AC - Ad = a - \frac{HF \cos (A + I) \cos (A - I)}{\sin 2A \cos I},$$

et la réduction au fil horaire

$$= \frac{a \sin I}{15 \cos D} - \frac{(H'' - H'') \cos(A + I) \cos(A - I) \tan I}{\sin 2A},$$

et le passage

$$H^v + \frac{a \sin I}{15 \cos D} - \frac{(H'' - H'') \cos (A + I) \cos (A - I) \tan I}{\sin 2A}.$$

68.

68. C*d* connu, la différence de déclinaison se trouve par la formule
$$Ca = Cd \cos I = (AC - Ad) \cos I = a \cos I$$
$$-\frac{15\,(H''' - H'')\cos D \cos(A + I)\cos(A - I)}{\sin 2A}$$

69. Ainsi, par une étoile connue observée aux quatre fils, on obtient la déclinaison du centre de la lunette et le passage au fil horaire qui traverse la lunette par le centre.

Si l'on observe ensuite un astre inconnu aux deux côtés d'un même triangle, on réduira les passages au fil horaire et l'on aura la différence de déclinaison entre l'astre et le centre de la lunette, par une des formules précédentes.

70. Quand on connaît la déclinaison du centre de la lunette, on connaît aussi celle des sommets aigus A et E qui en diffèrent de $a \cos I$, et celles des sommets obtus B et D qui en diffèrent de $b \sin I$, et l'on peut rapporter les différences de déclinaison à l'un de ces sommets.

71. Les triangles GE*h*, NEP, RAV fourniraient des équations semblables, mais en voilà suffisamment sur ce problème dont les applications n'ont guères lieu que pour les comètes quand on ne peut les observer au méridien, et dans ce cas il vaut mieux employer le micromètre que le réticule.

72. La Caille a pourtant fait un grand usage de ce réticule, mais c'était dans une circonstance presque unique. Il voulait connaître toutes les étoiles australes, depuis le pôle jusqu'au tropique du Capricorne. Il plaçait son réticule dans le méridien et dans la lunette d'un quart de cercle. Il rendait la grande diagonale bien verticale et son quart de cercle lui donnait la déclinaison du centre de son réticule et celle des deux sommets. Il avait immédiatement le passage au méridien $= \frac{1}{2}(H''' - H')$ ou $\frac{1}{2}(H^{IV} - H')$.

La différence de déclinaison entre l'étoile et le sommet du réticule
$$Ad = \frac{15\,(H''' - H'')\cos D \cot A}{2}$$
$$Ed = \frac{15\,(H^{IV} - H')\cos D \cot A}{2} \text{ suivant les cas.}$$

Il observait ainsi, pendant toute une nuit, les étoiles qui traversaient sa lunette immobile et il en connaissait les positions par le plus simple des calculs. C'est ainsi qu'il observa les dix mille étoiles qui composent son *Cœlum australe*, et jamais le réticule n'avait été si éminemment utile.

Hors de là il ne faut l'employer que comme dernière ressource, à défaut de tout autre instrument.

Les étoiles voisines du pôle auraient mis trop de tems à traverser le réticule, mais il en changeait et diminuait l'angle A à mesure que la distance au pôle diminuait.

Ses réticules étaient métalliques et les côtés avaient une largeur suffisante pour qu'il fût dispensé d'éclairer la lunette. Il n'avait pas supprimé les diagonales, mais il n'en faisait aucun usage, et pour distinguer la partie australe de la boréale, il avait rempli par une lame de cuivre le trapèze R'ADZ'. Ainsi quand l'étoile ne reparaissait plus après le passage au côté AD, elle avait passé dans la partie australe.

Dans toute autre occasion, je pense qu'il vaut mieux conserver et employer les diagonales : elles abrègent considérablement les calculs et donnent mieux les passages. Pour les déclinaisons qui dépendent du tems et de l'exacte construction du rhombe, elles sont toujours un peu suspectes.

Quelque parti que l'on prenne, il ne faut pas espérer beaucoup d'exactitude dans ces observations. Il faut éviter le voisinage de l'horizon, sans quoi le calcul se compliquerait encore, ou l'on commettrait des erreurs dont on verra le calcul au chapitre des réfractions et des parallaxes.

Quand on observe hors du méridien, il faut éviter aussi le voisinage du pôle, par la raison que la route des étoiles n'est pas assez rectiligne.

Si l'astre qu'on observe a un diamètre sensible, et qu'on soit obligé d'en observer les bords, les calculs exigent quelques attentions qu'on trouvera détaillées dans un Mémoire de M. Monteiro. (Voyez *Mémoires sur l'Astronomie pratique*, par M. *de Monteiro da Rocha*, Paris 1808).

73. Ce réticule, ainsi que le micromètre filaire décrit ci-dessus (52), peuvent s'appliquer aux simples lunettes aussi bien qu'à tous les instrumens à lunettes.

Il y a une autre espèce de micromètre qui ne s'applique qu'aux lunettes et aux télescopes, on l'appelle *micromètre objectif*, ou *héliomètre de Bouguer*. On n'en fait pas un usage très-fréquent : il sert à mesurer les diamètres des planètes, et la distance des cornes dans les éclipses de soleil.

Imaginez un objectif coupé diamétralement en deux parties égales (fig. 56), tant que les deux parties resteront à leur place, elles ne formeront qu'une seule image, comme si l'objectif était d'un seul morceau.

Supposons maintenant que par un mécanisme qu'on trouvera décrit dans l'Astronomie de Lalande (2442), l'observateur, sans cesser d'avoir l'œil à l'oculaire de la lunette, ait fait mouvoir les deux parties de l'objectif de manière à séparer les centres C et C' (fig. 57), les deux parties de l'objectif donneront chacune une image du soleil, par exemple. Les centres des deux images seront à la distance CC', et si cette distance est égale au diamètre du soleil, les images se toucheront par les bords, ainsi qu'on le voit (figure 58).

74. Entre les deux moitiés de l'objectif est une règle AD, divisée en parties égales, et qui indique le chemin fait par les centres, ensorte que si l'on connaît la valeur de ces parties en secondes d'un arc de grand cercle, la distance CC' fera trouver le diamètre du soleil, ou la somme des demi-diamètres CS et C'S.

Au contraire, si l'on suppose connu le demi-diamètre du soleil en secondes, on connaîtra par là même la valeur des parties du micromètre.

75. On ne peut nier que cette invention ne soit ingénieuse ; cependant on en fait rarement usage. J'ai souvent répété quinze et vingt fois de suite la mesure du diamètre, sans pouvoir faire accorder mes observations mieux qu'à 3 ou 4 secondes près. J'ai fait répéter les mêmes mesures par un autre observateur qui n'eut pas plus de succès : j'ai vu des observations du même genre, par des astronomes exercés et qui n'étaient pas mieux d'accord. Je trouvais des différences de moitié moindres en me servant du micromètre filaire ; et je le préfère.

76. Les astronomes ont mesuré le diamètre du soleil en prenant successivement les distances zénitales des deux bords, et ensuite en comparant les passages des deux bords au fil d'une lunette placée dans le méridien ; et ils y trouvent aussi plus d'accord. Ainsi, on fera bien de prendre le diamètre du soleil dans les Tables astronomiques, et l'on pourra s'en servir pour connaître en secondes la valeur des parties du micromètre objectif. Voyez néanmoins dans l'Astronomie de Lalande, la méthode qu'il a suivie pour connaître les parties de son héliomètre et pouvoir ensuite déterminer les diamètres de la lune et du soleil. Nous dirons seulement que cette méthode consiste à faire coïncider les images de deux objets A, B (fig. 59) dont on connaît la distance mutuelle AB et l'éloignement CM. En effet on a tang $ACM = $ tang $\frac{1}{2} ACB = \frac{AM}{MC}$, connaissant le nombre de secondes de l'angle ACB et le nombre de parties dont on a déplacé les centres pour faire coïncider les images, on a le rapport des secondes aux parties du micromètre. Quand on est obligé de mesurer tout exprès la distance CM, cette méthode devient longue et pénible, elle de-

mande des attentions minutieuses qui l'ont fait abandonner. Le diamètre du soleil donne un moyen plus facile et d'une exactitude très-suffisante.

77. Les parties du micromètre filaire se déterminent commodément par le tems qu'une étoile emploie à passer du fil fixe au curseur placée à une distance connue en parties du cadran. Ce tems réduit en secondes et multiplié par 15 cos D, est la valeur de l'intervalle en secondes.

On détermine de même la valeur des diagonales d'un réticule. Il faut pour cela que l'étoile suive exactement la diagonale qu'on veut connaître.

78. Avant de se servir d'un réticule, il faut en vérifier la construction. On trace avec soin sur un carton une image d'un réticule semblable, on la place à une distance convenable, et l'on voit si tous les fils du réticule couvrent exactement toutes les lignes de la figure.

79. Il est utile de connaître en secondes de grand cercle l'épaisseur des fils des réticules et des micromètres. Ces fils sont d'argent ou de soie de cocon. On roule ces fils sur un cylindre dont on couvre une longueur donnée en millimètres ; on compte les tours de fil, on divise le nombre des millimètres par le nombre des tours, on a le diamètre du fil en parties de millimètre ; on divise ce diamètre par la longueur focale de la lunette et l'on a la tangente du diamètre du fil. Ce moyen est le meilleur que je connaisse, et donnera le diamètre vrai, qui m'a toujours paru moindre d'un tiers ou d'un quart que le diamètre apparent.

Le peu d'accord entre les moyens astronomiques et le procédé direct, vient peut-être de la difficulté de rendre les bords de l'astre ou de l'objet terrestre bien exactement tangens aux bords du fil; il m'a paru que le contact apparent avait lieu quand il y avait réellement un intervalle entre les bords ; mais cette raison n'est peut-être pas la seule : on peut soupçonner quelque cause physique ; mais quand elle serait bien connue, elle ne diminuerait guère la difficulté qu'on éprouve à bien déterminer le diamètre d'un fil. Heureusement l'erreur qu'on peut y commettre est rarement d'une grande importance ; le diamètre de nos fils est de 6″ environ : l'erreur sur un demi-diamètre de 3″ ne saurait donc être bien considérable.

CHAPITRE VIII.

Description et usage du Quart de cercle, du Cercle entier et du Cercle répétiteur.

1. Nous avons déjà ébauché (chap. VI) la description du quart de cercle d'après Ptolémée ; voyons ce que les modernes y ont ajouté.

2. Soient d'abord deux rayons CA, CB qui forment au centre un angle de 90° (fig. 60) ; un limbe ou bord de cuivre ABDE d'une largeur AE et d'une épaisseur beaucoup moindre, le tout solidement assemblé par des traverses, que nous supprimons parce qu'on peut les varier de plusieurs manières ; CBHG une règle aussi de cuivre, bien dressée et formant un même plan avec le limbe et les deux rayons ; sur le milieu de cette règle pend un fil à plomb qui traversera les traits croisés ✕ ✕ lorsque le rayon CB sera vertical : une tringle GI, parallèle au rayon CA, et par conséquent horizontale ; sur cette tringle on place un niveau à bulle d'air *nv* qui fournit une seconde vérification de la position exacte du quart de cercle ; une règle CK qui tourne autour du centre C, et qui porte une lunette qu'on peut diriger sur un astre, quelle que soit sa hauteur au-dessus de l'horizon. Cette hauteur sera marquée par l'arc AK qui mesure l'angle ACK ou son opposé au sommet A′CK′, lequel est visiblement la hauteur de l'astre au-dessus de l'horizontale ACA′ du quart de cercle.

L'angle BCK est égal à l'angle K′CZ, c'est-à-dire à l'angle que forme le rayon mené à l'astre avec la verticale BC prolongée jusqu'à la voûte céleste en un point *z* qui est appelé le zénit.

La direction du fil à plomb nous donne ce point d'une manière invariable, comme le niveau à bulle nous fait connaître la direction AC de la ligne horizontale.

3. Nous sommes donc en état de mesurer l'angle de distance entre l'astre et le zénit, quoique nous ne puissions distinguer ce zénit dans le ciel ; et le niveau *nv* nous donne pareillement un horizon constant, et qui n'est pas tout-à-fait celui que nous donnerait la surface de la terre.

4. Soit en effet RE la partie visible de la surface de la terre (fig. 61) ; en la supposant toute unie et sans aucune éminence sensible, le rayon

visuel OR formera avec la verticale OT un angle aigu, et si l'observateur
se tourne successivement vers les différens points de son horizon circulaire, la ligne OR décrira une surface conique dont l'angle au sommet sera
ROE $<$ 180° et d'autant moindre que la distance TE, rayon de l'horizon
visible, sera moindre en comparaison de la hauteur OT ; c'est déjà une
raison suffisante pour ne pas rapporter les astres à l'horizon visible ; d'ailleurs, il n'arrivera presque jamais sur la terre que les extrémités visibles R
et E soient dans un même plan avec T, et la différence sera toujours inconnue : on est donc obligé de se former un horizon que nous nomme-
rions *artificiel*, si ce nom, dans l'usage ordinaire, n'avait un sens tout
différent, et que nous expliquerons par la suite : mais comme il n'y a pas
la même équivoque pour le zénit, nous rapporterons toutes nos mesures
au zénit, et nous ne ferons que rarement usage de l'horizon.

5. Ainsi toutes nos mesures seront données par des angles tels que
BCK (fig. 6o), que nous nommerons *distance au zénit* ou *distance zénitale*,
dénominations reçues, mais incommodes, auxquelles quelques astronomes
ont substitué celle de *cohauteurs*, parce que ces distances au zénit sont les
complémens des hauteurs ; mais cette expression indirecte n'a pas fait
fortune jusqu'ici. Il serait à desirer, pour la briéveté du langage, qu'on
formât un substantif dérivé du mot zénit, et qu'il signifiât l'arc ou l'angle
de distance au zénit, tel que serait *zénital*, ou *apozénit* : on objectera
contre ce dernier mot qu'il est composé d'un mot arabe avec une prépo-
sition grecque ; mais nous en avons déjà une excuse dans le mot *apojove*.

6. On conçoit aisément que l'on ait pu diviser l'arc AB en 90°, et si
l'arc a 7 ou 8 pieds de rayon, comme dans les grands instrumens, on
conçoit encore la possibilité d'y lire les minutes ; mais la vue n'aperçoit
pas plus loin, et pour pousser la division jusqu'aux secondes, on a imaginé deux petits instrumens fort ingénieux que nous avons décrits (VII).

7. Le quart de cercle, tel que le représente la figure 6o, peut s'attacher
d'une manière solide et fixe contre un mur, et alors il prend le nom
de *mural*, ou bien on le fait tourner autour d'un axe vertical, pour l'amener facilement à un azimut donné.

8. Les modernes ont placé cet axe derrière le quart de cercle ; ils
le font porter par un pied composé d'un arc vertical et de trois rayons
horizontaux fortement assemblés, et qui portent sur trois vis lesquelles
servent à donner à l'axe la position verticale.

L'axe traverse un cercle azimutal divisé ordinairement en 360°; une alidade avec un vernier suit les mouvemens de l'axe et marque les azimuts.

On a varié ces pieds et la forme de l'instrument de différentes manières.

9. Enfin Ramsden a fait des cercles entiers, qu'il fait porter de même par un axe vertical; son axe n'est pas un cylindre, il est composé de deux cônes tronqués, assemblés par quatre colonnes verticales AB, CD, EF, GH (fig. 62). Deux autres colonnes M, N soutiennent un essieu horizontal qui traverse le cercle KL par le centre.

Le cercle KL est une espèce de roue dans laquelle s'enchâsse la lunette.

10. Pour observer au zénit, l'artiste a ménagé une ouverture Oo′ dans le cône supérieur, et pour que l'observateur puisse mettre l'œil à la lunette, il a entouré le cercle azimutal d'une balustrade sur laquelle on peut s'appuyer et au lieu du tube oculaire droit ab (fig. 62), qui sert pour toutes les observations obliques, il a adapté à la lunette, pour l'observation verticale, un tube courbé en équerre ABCDE (fig. 63) qui renferme un miroir BC incliné à 45°. Le rayon lm fait donc l'angle d'incidence lmB $= 45° = Cm$D, angle de réflexion, et le rayon vertical lm arrive ainsi à l'œil de l'observateur en D par la direction horizontale mD.

Cet instrument, d'ailleurs, est pourvu partout de niveaux et de fils à plomb qui servent à lui donner la position qu'il doit avoir.

Mais cet instrument est rare, et nous ne connaissons que M. Piazzi, de Palerme, qui en possède un, dont il a fait un excellent usage. Revenons au quart de cercle, il exige deux vérifications en le supposant, d'ailleurs, parfaitement construit.

11. Mais avant tout il faut que le fil F du milieu de la lunette soit très-exactement au foyer de l'objectif, sans quoi l'on s'exposerait dans les observations à une erreur connue sous le nom de *parallaxe des fils*. Voici en quoi elle consiste : παράλλαξις est un mot grec qui signifie *variation, changement*.

12. Si le fil est exactement au foyer, tous les rayons envoyés par l'étoile et rendus convergens par l'objectif, se réuniront sur le fil; l'étoile sera entièrement cachée si elle est très-petite ou coupée en deux également par le fil; l'œil, soit qu'il se tienne en O (fig. 64) sur l'axe optique EO, soit qu'il s'en écarte vers a ou vers b, ne verra aucun changement, aucune parallaxe dans le lieu de l'étoile.

13. Mais supposons que le fil soit en f, entre l'oculaire O et le foyer F ; tant que l'œil se tiendra en O sur l'axe optique, l'étoile paraîtra coupée par le fil ; mais s'il s'élève, il verra l'image de l'étoile en F au-dessus du fil horizontal f, et s'il s'abaisse en a, il verra l'étoile au-dessous du fil. Pour anéantir cette parallaxe, il faudra enfoncer l'objectif de E en e, ensorte que E$e=$Ff, et que le foyer arrive sur le fil.

14. Supposons maintenant le fil en f' entre l'objectif et le foyer. Si l'œil se place en O, l'étoile paraîtra sur le fil ; mais s'il s'élève en b, il verra l'étoile F au-dessous du fil f', et s'il s'abaisse en a, il le verra au-dessus. Pour anéantir la parallaxe, il faudra retirer l'objectif de E en e', ensorte que E$e'=$Ff', et le fil sera au foyer.

15. Pour donner ce mouvement à l'objectif, il faut bien se garder de le faire tourner autour de son axe, comme on ferait pour le visser : il faut le tirer ou l'enfoncer parallèlement à lui-même, pour ne pas déranger le centre de réfraction, qui n'est pas toujours le centre de figure, surtout dans les lunettes achromatiques qui sont composées de deux ou trois verres de courbure différente.

16. Ainsi tout se réduit à ces deux règles fort simples pour anéantir la parallaxe des fils, *si l'image de l'étoile paraît s'élever et s'abaisser avec l'œil, enfoncez l'objectif parallèlement à lui-même jusqu'à ce que le mouvement de l'image cesse entièrement.*

Si l'image de l'étoile s'abaisse quand l'œil s'élève, et s'élève quand il s'abaisse, retirez l'objectif parallèlement à lui-même jusqu'à ce que tout mouvement cesse.

Mais quelque soin que l'on prenne en faisant mouvoir l'objectif, il est presque impossible qu'on ne dérange pas un peu l'axe optique qui est déterminé par le fil ou le foyer d'une part et par le centre de réfraction de l'objectif. C'est pourquoi cette vérification, qui est commune à toutes les lunettes, doit précéder les vérifications propres à chaque instrument.

Pour ces vérifications générales, il convient d'employer une étoile plutôt qu'un objet terrestre, à moins que cet objet ne soit à une distance de plusieurs lieues.

17. Ce n'est pas tout encore que le fil soit au foyer de l'objectif, il faut aussi qu'il soit au foyer de l'oculaire, et comme ce dernier foyer change pour les vues plus ou moins longues, il faut que l'observateur enfonce l'oculaire convenablement pour voir le fils bien distinctement.

Cette

Cette vérification n'est soumise à aucun calcul, elle ne dépend que d'un tâtonnement qui n'est ni long ni difficile. Chacun trouve facilement le degré d'enfoncement qui convient à sa vue.

18. Pour le quart de cercle il faut, premièrement, que l'axe optique de la lunette soit parfaitement bien parallèle au plan de l'instrument; secondement, il faut que cet axe optique soit parfaitement vertical quand l'index de l'alidade marque zéro de distance au zénit. Ces deux conditions, quand même elles auraient été rigoureusement remplies dans l'origine, peuvent cesser de l'être; il faut donc des vérifications fréquentes; elles ne sont pas difficiles.

19. Pour la première, on se sert d'une petite lunette (fig. 65) qu'on appelle, pour cette raison, *lunette d'épreuve*. Cette lunette traverse deux plaques carrées de cuivre MP, M'P' travaillées avec soin, parfaitement égales, de manière que l'axe optique traverse exactement leurs centres; ce qui se vérifie de la manière suivante. Au foyer de la lunette on place à l'ordinaire deux fils à angles droits et parallèles aux côtés Mp et Pp. La lunette étant posée sur les côtés mP, m'P', si l'on regarde un objet assez éloigné qui soit bien coupé par la croisée des fils, et qu'ensuite on retourne la lunette pour la poser sur les côtés Mp, M'p', le même point de l'objet doit se trouver encore sous la croisée des fils; si cela n'a pas lieu exactement, il faudra limer l'un des côtés des carrés, jusqu'à ce qu'on parvienne à cette parfaite coïncidence.

20. Cela étant, portez cette lunette sur le quart de cercle, posez-la, d'une part sur le limbe à côté de la lunette, et de l'autre, auprès du centre.

Le fil qui dans la lunette d'épreuve deviendra vertical, sera parallèle au fil vertical de la lunette du quart de cercle; attendez dans cette position qu'une étoile vienne se placer sous le fil de la lunette d'épreuve, elle doit se trouver au même instant sous le fil du quart de cercle.

Si vous n'observez pas cette simultanéité de passage aux deux fils, vous corrigerez la différence en tournant une vis de rappel adaptée au réticule de la lunette du quart de cercle; par ce moyen vous approcherez le fil du plan du limbe, ou vous l'en éloignerez, et vous réitérerez aussitôt l'épreuve en observant une seconde étoile, puis une troisième, jusqu'à ce que l'erreur soit nulle. Vous pouvez viser à un objet éloigné vers l'horizon, et la vérification sera plus commode.

Pour rendre cette correction possible, le réticule peut glisser dans une coulisse perpendiculaire au plan du limbe.

21. Pour le cercle entier de la figure 62, cette vérification peut se faire sans lunette d'épreuve. Observez le passage des deux bords du soleil au fil vertical de la lunette, observez l'instant où l'ombre de la partie convexe K du cercle tombera sur la partie concave en L, et sera terminée de part et d'autre par un petit filet égal de lumière. Si les deux observations vous donnent le même instant pour le passage du centre du soleil, l'axe de la lunette sera parallèle au limbe de l'instrument. S'il y a une différence, vous la ferez disparaître en faisant mouvoir le réticule. Cette épreuve m'a parfaitement réussi pour le cercle de Borda, dont nous parlerons bientôt, et la lunette d'épreuve a pleinement confirmé le résultat de cette observation, la plus facile de toutes.

22. La seconde correction est encore plus importante; pour se la ménager on donne aux quarts de cercle quelques degrés de plus que 90°, comme 95 ou 96° (fig. 60). Ces degrés additionnels se tracent sur l'arc BH au-delà du zéro.

Placez le cercle ou le quart de cercle dans le plan du méridien; observez la distance au zénit, que je suppose de 4°; donnez ensuite au quart de cercle un mouvement de 180° en azimut, et le lendemain, observez de même la plus petite distance au zénit, supposons qu'elle soit de 3° 58', on en conclura facilement que la vraie distance au zénit est de 3° 59', milieu entre les deux distances observées. En effet les deux observations ayant été faites de part et d'autre du zéro, l'une des deux distances a été augmentée de 1', et l'autre diminuée de 1' après le retournement; on en conclura donc qu'il faut ôter 1' de toutes les distances observées sur l'arc, et ajouter 1' à celles qui s'observent sur le prolongement par-delà le zéro. Cette erreur vient évidemment de ce que la lunette amenée sur le zéro de la division n'est pas parallèle au rayon vertical, et qu'elle a sur ce rayon une inclinaison de 1'; quand on la fait mouvoir de 3° 59', pour arriver à l'étoile elle marque 4° au lieu de 3° 59', au contraire, après le retournement elle se trouve déjà avancée de 1' vers l'étoile qui est à 3° 59'; il ne reste donc plus que 3° 58' de mouvement à lui donner pour la conduire à 3° 59' du zénit.

23. Il n'est pas nécessaire de corriger cette erreur, pourvu qu'on en tienne compte dans les observations, mais on peut la rectifier par le

moyen d'une autre vis, qui fait mouvoir le fil horizontal du réticule dans un sens parallèle au limbe de l'instrument.

24. Si le quart de cercle est mural, on ne peut pas en faire directement la vérification, mais on se sert d'un quart de cercle mobile précédemment vérifié; on observe la même étoile aux deux instrumens, et la différence est la correction cherchée.

25. Dans les grands Observatoires, on a ordinairement un instrument mobile, d'un plus grand rayon et qu'on appelle *secteur*, parce qu'au lieu d'avoir un arc de 90°, il n'en a qu'un de 10°, 15° ou 20°, ce qui le rend plus léger et plus facile à placer successivement dans les deux positions contraires.

La demi-somme des deux distances d'une même étoile, observées dans les deux positions sera la distance vraie, la demi-différence sera la correction du zéro.

Dans les secteurs le zéro est au milieu de l'arc.

Le cercle entier de la figure 62 se vérifie de même, en le tournant à l'est et à l'ouest.

26. Les petits quarts de cercle mobiles de la figure 60 se vérifient encore d'une autre manière, que voici :

Le quart de cercle étant dans sa position naturelle (fig. 60), observez la distance zénitale d'un objet terrestre voisin de l'horizon.

Ensuite retournez l'instrument de manière que le rayon horizontal CA restant à la même hauteur, la partie HBK soit au-dessus de CA au lieu d'être au-dessous; détachez le fil à plomb et attachez-le à l'arc BH, de manière qu'il coupe exactement la croisée des traits × × ; observez alors la distance zénitale du même objet terrestre. La demi-somme des deux distances sera la distance vraie. La demi-différence sera la correction des distances observées à la manière ordinaire. Cette correction s'appelle *correction de collimation*. La position de l'axe optique de la lunette, quand le vernier marque 0, s'appelle *ligne de collimation*, c'est-à-dire ligne suivant laquelle on vise.

27. Ces grands quarts de cercle, ou ces cercles entiers exactement placés dans le plan du méridien, sont ce qu'on peut imaginer de plus simple, de plus exact et de plus commode pour les observations journalières. Mais ils sont rares et fort chers; on n'en trouve que dans les grands Observatoires, ou chez quelques riches amateurs, en très-petit nombre.

On les remplace avec avantage, du moins à certains égards, avec les cercles répétiteurs de Borda, qui sont d'un petit rayon et faciles à transporter.

28. Soit LBV (fig. 66) un cercle entier divisé en degrés, LV la lunette placée sur une alidade qui tourne autour du centre C. Cette alidade porte deux verniers a et b qui donnent la facilité de lire l'observation sur les deux points opposés de la circonférence, à cette première alidade joignez-en par la pensée une seconde placée à angles droits avec la première et qui fait corps avec elle. Cette seconde alidade porte de même deux verniers, ensorte qu'à chaque observation ces verniers donnent des angles qui diffèrent entre eux de $\frac{1}{4}$, $\frac{1}{2}$ et $\frac{3}{4}$ de circonférence. Cette construction atténue considérablement les petites erreurs qui peuvent se rencontrer dans la division.

29. La lunette LV étant dirigée à une étoile E, imaginez la ligne ZC partant du zénit et soutenant l'instrument dans une situation exactement verticale, il est évident que l'angle ZCE sera la distance de l'étoile au zénit.

La lunette LV étant invariablement fixée dans cette position, par une vis de pression qui serre l'alidade contre le limbe, imaginez que le cercle fasse un mouvement azimutal de 180° autour du fil ZC, et prenne la position marquée par la figure 67 ; la lunette sera dans la position LV, l'étoile restera dans la direction CE; l'angle ZCV qui n'a pas changé, sera toujours la distance au zénit; ZCE sera de même la distance de l'étoile au zénit, ainsi l'angle VCE est le double de la distance au zénit.

Le cercle demeurant immobile, faites tourner la lunette LV et amenez-la sur le rayon CE ; le mouvement VC que vous donnerez ainsi à la lunette vous sera indiqué par la différence des nombres marqués par chaque alidade dans les deux observations ; vous connaîtrez donc la double distance au zénit, sans aucune erreur de collimation (19).

30. La lunette restant fixée au point e du limbe, donnez de nouveau un mouvement azimutal de 180° au cercle, la lunette reviendra en LV (fig. 67); pour la ramener sur l'étoile, faites tourner le cercle autour de son centre et placez le fil horizontal de la lunette sur l'étoile, tout cela sans toucher à la lunette, tout sera de nouveau comme il était dans la figure 66 en commençant l'observation ; faites tourner le cercle azimutalement autour de ZC, vous vous retrouverez dans la position de la figure 67 ; amenez la lunette sur l'étoile, en la faisant tourner autour

du centre C, vous aurez une seconde distance double, qui, réunie à la première, formera une distance quadruple. Le mouvement total de l'alidade indiqué par le vernier vous donnera donc le quadruple de l'angle cherché ; vous vous procurerez de la même manière l'angle sextuple, octuple, décuple, etc., centuple, si vous voulez ; alors, divisant l'arc total par le nombre cent des observations, vous aurez l'angle simple, avec une précision cent fois plus grande que par une observation unique, ou avec la précision que vous pourriez espérer d'un instrument d'un rayon centuple.

31. Cette idée de multiplier les angles pour avoir une grande précision au moyen d'un instrument médiocre, est due à Mayer, mais il n'en avait tiré aucun parti pour les observations astronomiques.

Voici en quoi consistait l'idée première de Mayer. Prenez une planche, décrivez-y un cercle ; au centre du cercle attachez une règle qui puisse tourner autour d'un clou ; cette règle étant placée sur le point B, fig. 68, du cercle, visez suivant NCBZ, à un objet terrestre Z ; puis le cercle restant immobile dans sa position horizontale, faites tourner l'alidade jusqu'à ce qu'elle arrive dans la direction LCE d'un autre objet terrestre ; l'arc parcouru BV sera l'angle simple entre les objets Z et E. Tournez le cercle de manière que V arrive en B dans la direction CZ, et ramenez ensuite la règle dans la direction CE, vous aurez l'angle double. Ramenez ensuite successivement, et autant de fois que vous jugerez à propos, la règle fixée sur l'instrument de E vers Z, et l'instrument restant fixe, conduisez la lunette de Z sur E, vous aurez successivement tous les angles multiples, 1, 2, 3, etc. Quand vous aurez fini la dernière observation, je suppose la dixième, supposons que la règle soit arrivée en ω ; le chemin total de la règle sera l'arc Bω, plus, un certain nombre de circonférences entières que vous aurez soin de compter dans le cours de l'opération.

Mesurez avec un compas la corde Bω, portez-la sur une ligne de cordes telle qu'on en voit une sur tous les compas de proportion des étuis de mathématiques, vous connaîtrez le nombre des degrés de l'arc Bω, supposons que ce soit 36° et que les circonférences entières soient au nombre de 2, l'arc décuple sera 36° + 720° = 756° dont le dixième sera 75° 6 = 75° 36'.

Ce moyen est extrêmement ingénieux ; Mayer qui n'était pas riche, mais qui avait du génie, imagina cette ressource pour suppléer à l'instrument qu'il ne pouvait se procurer, et dont il avait besoin pour une opération topographique. Depuis il employa le même moyen pour perfectionner un instrument utile à la navigation, et qu'il appela *cercle de réflexion*. Mais ce projet publié à la suite de ses *Tables lunaires*, imprimées à Londres en 1770, n'eut aucune exécution; et il y avait loin de là au cercle de Borda. Les premières idées de Mayer avaient paru dans les *Mémoires* de Gottingue en 1752; personne n'y avait pris garde, si ce n'est Montucla qui en parla dans ses *Récréations mathématiques*.

52. On sent bien que le cercle ne peut rester suspendu comme nous avons dit en expliquant les figures 66 et 67. Il fallait remplacer le fil imaginaire ZC, et la chose n'était pas aisée. Borda en vint heureusement à bout.

Concevez le cercle fixé dans une position verticale et porté par un pied assez semblable à ceux des quarts de cercle mobiles de la figure 60. Pendant que l'observateur maintient la lunette LV, immobile sur le limbe, et dirigée à l'étoile ou à l'objet quelconque E; concevez qu'un second observateur travaille à mettre dans une position bien horizontale un niveau à bulle d'air attaché sur une alidade AI, laquelle est placée derrière le cercle AVIL (fig. 67). Cette alidade a une vis de pression qui la fixe sur le limbe du cercle, une vis de rappel qui achève de la placer dans une position bien horizontale, ce qu'on reconnaît à ce que la bulle se trouve renfermée entre deux nombres égaux.

Dès qu'il y est parvenu, la première observation est faite. Pour passer à la seconde, donnez au cercle un mouvement azimutal de 180°; si l'axe qui porte l'instrument est bien vertical, la bulle dans ce mouvement ne se dérangera pas; s'il n'est pas tout à fait vertical, la bulle se dérangera, mais de peu. On corrigera ce petit dérangement par les vis du pied de l'instrument et sans toucher à l'alidade. Quand la bulle sera revenue à sa première position, le cercle sera également rétabli dans sa position primitive, le diamètre AI du cercle sera horizontal comme auparavant, le même point B du limbe sera dirigé au zénit, comme dans la figure 67; vous tournerez alors la lunette LV et vous aurez la double distance au zénit.

53. Donnez un mouvement azimutal de 180° au cercle tout entier, la lunette reprendra la position LV (fig. 67); faites tourner le cercle autour de son centre pour ramener la lunette sur l'objet E, ce mouvement dérangera le niveau; lâchez sa vis de pression et rétablissez le

niveau, la troisième opération sera achevée. Faites la quatrième observation comme vous avez fait la seconde, vous aurez l'arc quadruple : et ainsi des autres.

34. Quand vous aurez ainsi vingt ou trente fois l'angle cherché, vous aurez anéanti les erreurs de la division en divisant par 20 ou 30 l'arc total.

.. Vous aurez donc la véritable distance zénitale de l'objet, si cet objet n'a eu aucun mouvement dans l'intervalle. Et c'est ainsi qu'on mesure les distances zénitales des objets terrestres dans les opérations géographiques et topographiques. Mais si l'objet observé est une étoile ou une planète, ou le soleil, dont la distance zénitale change à chaque instant, l'observation aura besoin de corrections, que nous expliquerons dans l'occasion. Nous ne nous étendrons pas davantage pour le moment sur cet instrument précieux, dont j'ai donné une description fort détaillée dans la *Base du système métrique.* Car c'est avec cet instrument que nous avons déterminé la grandeur et la figure de la terre, ainsi que nous le verrons plus loin.

Comme notre dessein n'est pas de former un constructeur d'instrumens d'Astronomie, mais de nous borner aux notions nécessaires à l'astronome qui veut faire usage des instrumens construits par l'ingénieur, nous supprimons tout ce qui n'est pas indispensable. Les ingénieurs perfectionnent sans cesse la construction, les descriptions imprimées il y a 15 ans sont déjà incomplètes; d'ailleurs rien de plus sec et de plus fastidieux que tous ces détails; la simple inspection d'un instrument en dit plus que la plus longue description. De tous les instrumens astromiques le cercle de Borda est certainement le plus compliqué. Je ne l'avais pas même aperçu une seule fois quand il me fut remis pour la mesure de la terre; je le considérai attentivement pendant une demi-heure; j'étudiai les effets de toutes les vis de rappel, tous les mouvemens; je me mis à observer; j'allais d'abord fort lentement et avec circonspection, j'ai acquis depuis une bien plus grande facilité, mais jamais je n'ai mieux observé que cette première fois.

35. Avant de passer à un autre instrument, ajoutons cependant que l'alidade AI, qui est à la face inférieure ou au revers du cercle, porte avec le niveau une seconde lunette, qui sert à prendre les angles entre deux objets terrestres, comme Z et E (fig. 68) : dans les opérations topographiques on dirige la lunette supérieure sur l'objet à droite Z, l'infé-

rieure sur l'objet à gauche E. On fait tourner l'instrument de manière que la lunette inférieure vienne de B en Z, et on conduit la lunette de Z en E, ce qui donne l'angle double. On répète les mêmes mouvemens autant qu'on juge à propos, et l'on obtient le multiple qu'on veut de l'angle cherché. Nous expliquerons cette opération à l'article de la mesure de la terre.

36. C'est à force de tems et de soins qu'on obtient une précision si supérieure à celle qu'on pourrait naturellement attendre d'un instrument de dimensions si médiocres; les réductions exigent aussi plus de calculs que les observations faites aux grands quarts de cercle; ainsi cet instrument ne convient pas aux observations communes, mais il s'emploie avec avantage à la détermination de quelques angles sur lesquels toute l'Astronomie repose, tels que la hauteur du pôle, l'obliquité de l'écliptique, etc.

37. Ce cercle présente une division auparavant inusitée. Tous les astronomes, à l'exemple des Grecs, avaient divisé le cercle en 360°, le degré en 60′ et la minute en 60″. Ptolémée lui-même nous dit que ce qui avait fait préférer cette division, c'est le grand nombre de diviseurs du nombre 60. Les artistes anglais, sans renoncer à la division du quart de cercle en 90°, y avaient ajouté une division en 96 parties, qui leur donne plus de facilité et d'exactitude dans leurs divisions, qu'ils exécutent ainsi par des bissections continuelles. L'astronome lit son observation de deux manières : à l'aide d'une Table facile à construire, il transforme en degrés, minutes et secondes les parties de 96; il ne devrait retrouver ainsi les mêmes nombres que par l'autre expression de son angle. Il y a ordinairement peu de différence, mais en général on a plus de confiance aux parties de 96.

Prenons au hasard une observation de ce genre.

Le 7 juin 1765, M. Maskelyne trouva pour la distance zénitale de α du Serpent, $47^{div.}\ 3^{p.}\ 12 + 10''$.

Suivant la table	$47^{div.} = 44°$	3′	45″
$3^{p.}$ 12.... $=$		13	11
10″ ... $=$			10
Valeur totale.............	44	17	6
La division en 90° avait donné..	44	17	5

Chaque division principale vaut $56'\ 15'' = \dfrac{90°}{96}$.

Chacune

Chacune de ces divisions est partagée en 16 parties, dont chacune vaut $3'\,3o''\frac{15}{16}$, et chacune de ces parties est divisée en 16 autres qui valent chacune $13''18$. On estime en secondes la quantité dont le trait du vernier dépasse le trait du limbe.

Cette double division offre une vérification précieuse.

38. Dans le cercle répétiteur, Borda a partagé le quart de cercle en 100°, le degré en 100' et la minute en 100''.

Le limbe donne immédiatement les dixaines de minutes ou les millièmes du quart de cercle, ou les dixièmes du nouveau degré. Le vernier donne les minutes, on estime les dixièmes de minute.

Le degré nouveau n'est que les $\frac{90}{100}$ ou les $\frac{9}{10}$ du degré ancien; il ne vaut donc que 54 minutes, la minute nouvelle ne vaut que $o'54$ ou $52''4$ de la division sexagésimale.

Voilà ce que le vernier donne indubitablement. On estime les dixièmes, c'est-à-dire des parties de $3''\,24$. On peut se tromper de 1 ou 2 parties, ou de 6 à 7 secondes; mais on a quatre lectures; on pourrait donc espérer que par un milieu l'erreur se réduirait à $1''6$ ou $2''$ par une simple observation; mais on n'en a jamais moins de deux. L'erreur serait donc $1''$ environ. Mais il y a nécessairement des erreurs de plusieurs secondes dans la division d'un aussi petit cercle, puisqu'elles sont inévitables sur des instrumens d'un bien plus grand rayon; il y a les erreurs de l'observation même, car dans une lunette qui grossit peu, il est difficile de ne pas se tromper de quelques secondes en plaçant le fil sur une étoile ou sur un autre objet quelconque; mais la multiplication des angles détruit ces erreurs en grande partie.

39. Pour l'usage des observateurs qui emploieraient sa division du cercle, Borda fit calculer et imprimer à ses frais les Tables trigonométriques des sinus, des tangentes et des sécantes pour toutes les minutes décimales du quart de cercle. Mais cela ne suffit pas. Il faudrait réimprimer, sous la forme décimale, toutes les autres Tables astronomiques. En attendant cette réforme, qui est fort à désirer pour la commodité et la brièveté des calculs, on est obligé de transformer les divisions centésimales en sexagésimales. Pour abréger cette traduction, Borda avait calculé des Tables; mais l'opération est si simple, que je l'ai toujours préférée à l'usage de ces Tables.

1.   17

Supposons que la vingtième observation vous ait donné pour l'arc
total.. 1194°7105
   Divisez par 20 pour avoir l'angle simple........... 59,75 55 25
   Pour le réduire à ses $\frac{9}{10}$ retranchez $\frac{1}{10}$............... 5,97 35 525
   Vous aurez en degrés et décimales.... .... 53°76 19 725
   Multipliez la fraction par 60, vous aurez........... 45'71 8350
   Multipliez la fraction de minute par 60............ 43'10 10
      L'arc réduit sera............................ 53°45'43"1010.

Pour convertir les degrés sexagésimaux en degrés centésimaux et leurs
fractions, on fait l'opération inverse.

   Supposons qu'on ait à convertir.................. 53°45'45"1010 ;
commencez par diviser les secondes par 60........... 53°45'71 835 ,
puis les minutes aussi par 60...................... 53,76 19 725 ;
prenez-en le neuvième .... 5,97 35 525 ;
faites l'addition des deux dernières lignes............. 59°75'55"250 ,
vous retrouverez tous les mêmes chiffres que dans la ligne des neuvièmes ;
mais ils seront avancés d'un rang vers la gauche, ce qui fera une bonne
vérification.

40. Ces opérations sont extrêmement simples et n'ont aucun besoin de
tables subsidiaires ; mais elles seraient bien fastidieuses si l'on avait à tra-
duire en cette division nouvelle de longues tables, telles que celles du
soleil. Il a un moyen assez simple pour faire ces conversions à vue et
sans calcul.

   La seconde sexagésimale vaut 0°00'03"0864 19753 08641 9753,0 etc.
Ajoutez ce nombre 3240 fois, et vous aurez une table de la valeur en
fraction du degré décimal pour toutes les secondes contenues dans 54' ;
le reste du cercle vous ramènerait les mêmes décimales, il n'y aurait de
différence que dans les degrés sur lesquels on ne peut se tromper quand
on traduit une suite de nombres qui croissent régulièrement.

   Ainsi pour convertir 9' 10° 30' 14", époque du soleil,
ma table me donnait à vue pour 9' 9° 54'...... 311°
                pour   36',14"... 0.67,09,9
  Total qu'on pouvait écrire tout d'un coup..... 311,67,09,9.

CHAPITRE IX.

De l'Instrument des passages.

1. CET instrument, l'un des plus utiles et des plus parfaits de l'Astronomie moderne, est aussi l'un des plus simples et des plus commodes qu'on ait pu imaginer ; il sert à observer le passage d'un astre dans le plan d'un cercle vertical quelconque où l'on voudra le fixer.

2. Cet instrument est une lunette LN (fig. 68) enchâssée dans un axe CtBt'. Cet axe qu'on appelle l'*axe de rotation* de la lunette, est composé d'un cube creux CB et de deux cônes tronqués également creux Bt, Ct', terminés chacun par un cylindre t, t' qu'on nomme *tourillon ;* la lunette porte à son foyer un fil horizontal et cinq fils verticaux espacés le plus également que l'on peut.

3. Le tourillon t' est creux et laisse passer la lumière d'une lampe P qui est reçue en m sur un miroir incliné à 45° et de là renvoyée parallèlement à l'axe optique de la lunette ; cette lumière est en partie interceptée par les fils en n, qui paraissent ainsi noirs sur un fond éclairé ; sans cet artifice, qu'on emploie également pour les quarts de cercle, on ne pourrait guère distinguer les fils pendant la nuit, et l'observation deviendrait ou impossible ou incertaine.

4. A l'un des bras de l'axe est attachée avec des vis de pression, une alidade al qui tourne avec la lunette et qui marque sur un demi-cercle vertical, gradué bcd et dont le centre est dans l'axe du tourillon t, la distance au zénit pour l'astre auquel on pointe la lunette ; car celle-ci ne peut tourner que dans un plan vertical quand l'axe de rotation est placé bien horizontalement.

5. On pose les tourillons de l'axe sur deux coussinets formés, comme on voit (chap. V, fig. 47), par deux plans inclinés, que le cylindre ou tourillon ne touche que par deux lignes, ce qui diminue le frottement. L'un des coussinets est garni d'une vis V qui peut le faire glisser verticalement dans une coulisse pour amener ce coussinet à la même hauteur

que l'autre dont la hauteur est fixée. L'autre coussinet est garni d'une vis horizontale qui le pousse en avant ou l'attire en arrière, afin que l'axe optique de la lunette puisse se diriger exactement sur un point fixe dans l'horizon.

6. Les plaques dans lesquelles glissent les coussinets, sont fixées solidement sur deux murs en regard, ou sur deux colonnes inébranlables.

7. Pour diminuer encore le frottement, on place une bascule sur chacune des colonnes; d'un côté la bascule porte un poids p, et de l'autre un crochet qui soulève l'axe, ou du moins l'empêche de porter de tout son poids sur le tourillon.

8. Les deux contrepoids doivent, à quelques onces près, égaler le poids total de la lunette et de son axe.

9. Pour rendre horizontal l'axe de rotation, on y suspend un niveau à bulle d'air ou à perpendicule, dont nous avons donné (chap. V) la description et l'usage pour rendre bien horizontale une tringle, ou un axe donné.

10. Dans cet état la lunette qui est bien perpendiculaire à l'axe, ne peut par son mouvement sur les coussinets, tourner que dans un plan vertical.

11. Pour s'assurer que l'axe optique de la lunette est bien perpendiculaire à l'axe de rotation, voici un procédé bien simple.

La lunette (fig. 69) étant posée sur ses coussinets, cherchez à l'horizon un objet bien terminé, bien distinct et rond, s'il est possible, que le fil du milieu coupe en deux également; le meilleur est une plaque noire percée d'un trou circulaire à travers lequel on voit le ciel comme un point rond et lumineux.

12. Retournez l'axe de rotation bout pour bout, de manière que le tourillon t (fig. 69) vienne prendre la place du tourillon t', et réciproquement, que t' prenne la place de t; si le point de mire est également coupé en deux par le fil du milieu dans les deux situations de la lunette, l'axe optique est exactement perpendiculaire à l'axe de rotation. En effet, dans le retournement la lunette prolongée par la pensée depuis l'oculaire N jusqu'à la mire M, aura tourné sur la ligne NM, et les deux tourillons ont pu prendre la place l'un de l'autre, ce qui n'aurait pas lieu si l'axe tt', au lieu d'être perpendiculaire à NM, faisait avec celui-ci tout autre angle.

13. Supposons qu'après le retournement, le fil de la lunette, au lieu de couvrir le centre de la mire, en soit à une distance qu'on estimera en parties du diamètre de la mire, par exemple à deux diamètres, ce sera une preuve que l'axe optique n'est pas perpendiculaire à l'axe de rotation ; que s'il a couvert la mire dans la première observation, c'est l'effet de l'inclinaison de l'axe optique; et cette inclinaison s'étant portée en sens contraire par le retournement, son effet, ou le déplacement observé, est le double de l'inclinaison réelle, ou $m\mathrm{M} = 2\mathrm{M}o$.

14. Pour corriger l'erreur, il faut d'abord se faire une idée nette de ce qu'on appelle *axe optique*.

L'axe optique est une ligne droite menée du centre de l'objectif au fil du milieu de la lunette, en supposant que ce fil occupe le foyer de l'objectif.

Supposons que l'axe optique LF est incliné sur l'axe de rotation tt'; imaginons TL perpendiculaire à tt', T sera le point où il faudra transporter le fil du milieu pour que l'axe optique devienne perpendiculaire à l'axe de rotation tt'. Ce mouvement s'exécutera au moyen d'une vis de rappel, ou d'un petit carré qui est sur le côté de la lunette; on fait entrer dans ce carré une clef semblable à celle que nous employons à remonter nos montres; en tournant ce carré l'on amène le fil au point T de la perpendiculaire.

15. Maintenant pour trouver ce point, remarquez bien le point m couvert par le fil et sa distance au centre M de la mire, tournez la clef de manière que le fil vienne occuper la position o qui tient exactement le milieu entre le centre de la mire et le point m, vous aurez alors corrigé l'inclinaison, qui était le double de cette distance.

16. Pour vous en assurer, tournez la vis horizontale du coussinet, c'est-à-dire celle qui donne à l'axe de rotation un mouvement azimutal, et amenez la lunette sur le centre de la mire; puis retournez bout pour bout l'axe de rotation et rendez-lui sa première position, vous verrez que le fil couvrira exactement le point de mire, ou du moins la distance sera infiniment moindre; corrigez-en de nouveau la moitié par la clef des fils, et l'autre moitié par la vis horizontale du coussinet; retournez de nouveau l'instrument, la distance sera tout à fait nulle ou du moins considérablement diminuée : ainsi, après un petit nombre d'essais vous parviendrez à rendre l'axe optique perpendiculaire à l'axe

de rotation; et l'axe optique dans sa révolution autour de l'axe de rotation décrira un plan perpendiculaire à ce second axe, et par conséquent un vertical, puisque l'axe lui-même est horizontal.

17. Si l'on avait fait quelques observations avec un instrument des passages non rectifié, il y aurait des moyens pour corriger ces observations, et nous les donnerons par la suite; nous ne saurions aller plus loin, sans nous créer de nouvelles ressources pour les calculs. Nous trouverons ces ressources dans la Trigonométrie sphérique, qui fera le sujet du chapitre suivant.

18. Pour avoir plus de détails sur la construction des instrumens, on pourrait consulter,

1°. Le livre de M. Piazzi, *Specola di Palermo*, où l'on trouverait la description complète du grand cercle vertical et azimutal;

2°. Le *Traité d'Astronomie pratique* de M. Vince, où l'on verrait principalement la description du secteur équatorial, celles du cercle entier, et du quart de cercle mobile, et de l'instrument des passages;

3°. Les *Transactions philosophiques de* 1803, pour le secteur de Ramsden, l'un des plus beaux ouvrages de cet habile artiste;

4°. Le *Degré d'Amiens*, de Lemonnier, pour le secteur de Graham et celui de Picard;

5°. Les *Méthodes de Bird, pour construire les muraux et diviser les instrumens d'astronomie;*

6°. La *Description de l'équatorial* de Ramsden, ses machines à diviser les instrumens d'astronomie et les lignes droites;

7°. Le *Mémoire* du major-général Roy, pour la jonction des Observatoires de Paris et de Greenwich, traduit de l'anglais par M. de Prony.

Voyez enfin l'*Optique* de Smith, les différens ouvrages sur la figure de la terre, les Œuvres de Roëmer, premier auteur de la lunette méridienne, et l'*Astronomie mécanique* de Tycho et l'Astronomie de Lalande.

CHAPITRE X.

Trigonométrie sphérique.

1. La Trigonométrie sphérique a pour objet de trouver parmi les relations qui existent entre les angles et les côtés d'un triangle sphérique, celles qui conduisent à la connaissance de chacun des trois angles ou des trois côtés, lorsque parmi ces six choses trois quelconques d'entre elles sont données.

2. Un triangle sphérique est celui qui est formé sur la surface de la sphère par trois arcs dont le centre est le centre même de la sphère.

3. Les côtés du triangle sphérique sont donc trois arcs de grands cercles.

4. Les angles du triangle sphérique sont les inclinaisons réciproques des côtés. Les côtés, à leur origine, c'est-à-dire au sommet de l'angle, se confondent avec les tangentes menées par le point d'intersection. L'angle des deux côtés est le même que celui de leurs tangentes.

Les tangentes au point d'intersection sont perpendiculaires au diamètre commun, elles sont perpendiculaires à l'intersection commune des plans des deux cercles. L'angle des tangentes mesure donc l'inclinaison des plans des deux cercles (VI, 40).

Ainsi un angle sphérique est l'angle des plans des deux cercles qui fournissent les deux côtés du triangle sphérique.

5. Les problèmes d'Astronomie élémentaire dépendent ordinairement de la résolution d'un ou plusieurs triangles sphériques.

Supposons, par exemple, qu'on ait mesuré la distance zénitale ZA d'une étoile (fig. 72); que C soit le centre de la sphère, et le centre du cercle azimutal *ab* et de l'horizon astronomique, ZC*a* sera le vertical de l'étoile, et le point *a* déterminera l'azimut de l'étoile.

Par le mouvement diurne, au bout de quelques heures, l'astre A sera parvenu en B. Je suppose qu'on ait mesuré sa distance zénitale ZB et marqué son azimut *b*. On connaîtra l'arc *ab* qui sera la différence azimutale.

Par les points A et B imaginez un grand cercle de la sphère, vous aurez un triangle sphérique AZB dans lequel vous connaîtrez ZA, ZB, et l'angle compris AZB, car cet angle AZB est l'angle que forment entre eux les plans verticaux aCZ et bCZ, c'est l'angle des tangentes ZP, ZQ menées au point d'intersection (fig. 73); c'est l'angle aCb des rayons Ca et Cb (fig. 72), parallèles aux tangentes ZP et ZQ, puisque Ca, Cb, ZP et ZQ sont également perpendiculaires au rayon vertical CZ.

6. On connaît donc deux côtés et l'angle compris, on peut desirer de connaître le troisième côté AB et les angles ZBA, ZAB.

Prolongez ZA jusqu'en a, ZB jusqu'en b; les arcs Za, Zb seront chacun de 90° puisque les angles ZCa et ZCb sont droits tous les deux.

7. Vous pouvez remarquer que la mesure de l'angle sphérique Z est l'arc de grand cercle ab mené par les points a et b à 90° de l'intersection ou du sommet Z.

8. Abaissez la perpendiculaire Am sur le rayon Ca; Am sera le sinus de Aa ou le cosinus de ZA : Cm sera le sinus de ZA.

De même, si vous menez la perpendiculaire Bn sur le rayon Cb, vous aurez

$$\mathrm{B}n = \sin \mathrm{B}b = \cos \mathrm{ZB} \text{ et } \mathrm{C}n = \sin \mathrm{ZB}.$$

Menez mn, vous aurez par la Trigonométrie rectiligne

$$\overline{mn}^2 = \overline{\mathrm{C}m}^2 + \overline{\mathrm{C}n}^2 - 2\mathrm{C}m.\mathrm{C}n\cos\mathrm{C} = \sin^2\mathrm{ZA} + \sin^2\mathrm{ZB} - 2\sin\mathrm{ZA}\sin\mathrm{ZB}\cos\mathrm{Z}.$$

Par le point A menez AD parallèlement à mn, vous aurez

$$\mathrm{AD} = mn \text{ et } \mathrm{BD} = \mathrm{B}n - n\mathrm{D} = \mathrm{B}n - \mathrm{A}m = \cos\mathrm{ZB} - \cos\mathrm{ZA}.$$

Par les points A et B, imaginez la corde $\mathrm{AB} = 2\sin\frac{1}{2}\mathrm{AB}$.
Le triangle ABD rectangle en D, vous donnera

$$\overline{\mathrm{AD}}^2 = \overline{\mathrm{AB}}^2 - \overline{\mathrm{BD}}^2 = 4\sin^2\tfrac{1}{2}\mathrm{AB} - (\cos\mathrm{ZB} - \cos\mathrm{ZA})^2$$

ou $\quad \overline{mn}^2 = 4\sin^2\tfrac{1}{2}\mathrm{AB} - \cos^2\mathrm{ZB} - \cos^2\mathrm{ZA} + 2\cos\mathrm{ZA}\cos\mathrm{ZB},$

égalez cette valeur à celle que nous avons trouvée ci-dessus, vous aurez

$$4\sin^2\tfrac{1}{2}\mathrm{AB} - \cos^2\mathrm{ZB} - \cos^2\mathrm{ZA} + 2\cos\mathrm{ZA}\cos\mathrm{ZB}$$
$$= \sin^2\mathrm{ZA} + \sin^2\mathrm{ZB} - 2\sin\mathrm{ZA}\sin\mathrm{ZB}\cos\mathrm{Z};$$
$$4\sin^2\tfrac{1}{2}\mathrm{AB} = \cos^2\mathrm{ZA} + \sin^2\mathrm{ZA} + \cos^2\mathrm{ZB} + \sin^2\mathrm{ZB} - 2\cos\mathrm{ZA}\cos\mathrm{ZB}$$
$$- 2\sin\mathrm{ZA}\sin\mathrm{ZB}\cos\mathrm{Z}$$
$$= 1 + 1 - 2\cos\mathrm{ZA}\cos\mathrm{ZB} - 2\sin\mathrm{ZA}\sin\mathrm{ZB}\cos\mathrm{Z};$$
$$2\sin^2\tfrac{1}{2}\mathrm{AB} = 1 - \cos\mathrm{ZA}\cos\mathrm{ZB} - \sin\mathrm{ZA}\sin\mathrm{ZB}\cos\mathrm{Z},$$

ou $\cos\mathrm{ZA}\cos\mathrm{ZB} + \sin\mathrm{ZA}\sin\mathrm{ZB}\cos\mathrm{Z} = 1 - 2\sin^2\tfrac{1}{2}\mathrm{AB} = \cos\mathrm{AB}$,

ou

ou $\quad\cos AB = \cos Z \sin ZA \sin ZB + \cos ZA \cos ZB,$

c'est-à-dire que *dans un triangle sphérique quelconque, le cosinus d'un côté est égal au produit des sinus des deux autres côtés par le cosinus de l'angle compris, plus le produit des cosinus de ces mêmes côtés.*

9. Cette démonstration n'est pas difficile; en voilà une autre qui paraît encore plus aisée. Soit C le centre de la sphère (fig. 75), ZP la tangente de ZA, CP sera la sécante; ZQ la tangente de ZB, CQ sera la sécante; menez la droite PQ.

Le triangle PZQ donnera

$$\overline{PQ}^2 = \overline{ZP}^2 + \overline{ZQ}^2 - 2ZP.ZQ \cos Z = \tang^2 ZA + \tang^2 ZB$$
$$- 2 \tang ZA \, \tang ZB \cos Z.$$

Le triangle PCQ donnera

$$\overline{PQ}^2 = \overline{CP}^2 + \overline{CQ}^2 - 2CP.CQ \cos PCQ = \sec^2 ZA + \sec^2 ZB$$
$$- 2 \sec ZA \, \sec ZB \cos AB.$$

Car il est visible que l'arc de grand cercle AB est la mesure de l'angle ACB = PCQ. Retranchez la première de ces équations de la seconde, vous aurez

$$0 = (\sec^2 ZA - \tang^2 ZA) + (\sec^2 ZB - \tang^2 ZB) - 2\sec ZA \, \sec ZB \cos AB$$
$$+ 2 \tang ZA \, \tang ZB \cos Z$$
$$= 2 - 2\sec ZA . \sec ZB \cos AB + 2 \tang ZA \, \tang ZB \cos Z,$$

ou divisant par 2

$$0 = 1 - \sec ZA \, \sec ZB \cos AB + \tang ZA \, \tang ZB \cos Z;$$

et multipliant par $\cos ZA \cos ZB$

$$0 = \cos ZA \cos ZB - \cos AB + \sin ZA \sin ZB \cos Z;$$

et enfin

$$\cos AB = \cos Z \sin ZA \sin ZB + \cos ZA \cos ZB$$

comme ci-dessus.

Ce théorème renferme toute la Trigonométrie sphérique, les autres règles qu'on emploie à la solution des autres cas que l'on rencontre dans la pratique, n'en sont véritablement que des corollaires.

10. Notre théorème est général pour un triangle quelconque, il peut

I. 18

se simplifier dans quelques circonstances. Supposons $ZA = ZB$, ou que le triangle soit isocèle (fig. 74), nous aurons

$$\cos AB = \cos Z \sin^2 ZA + \cos^2 ZA = \sin^2 ZA + \cos^2 ZA - 2\sin^2 ZA \sin^2 \tfrac{1}{2}Z$$
$$= 1 - 2\sin^2 ZA \sin^2 \tfrac{1}{2}Z,$$

et $1 - \cos AB = 2\sin^2 \tfrac{1}{2}AB = 2\sin^2 \tfrac{1}{2}Z \sin^2 ZA$, d'où $\sin \tfrac{1}{2}AB = \sin \tfrac{1}{2}Z \sin ZA$.

Ainsi *dans tout triangle isoscèle le sinus de la moitié de la base = sinus moitié de l'angle au sommet par le sinus de l'un des côtés égaux.*

11. Dans le triangle isocèle AZB, menez l'arc Zm qui divise en deux l'angle AZB; nos deux triangles AZm, BZm donnent par le théorème fondamental (8).

$$\cos mA = \cos mZA \sin ZA \sin Zm + \cos ZA \cos Zm,$$
$$\cos mB = \cos mZB \sin ZB \sin Zm + \cos ZB \cos Zm.$$

Or, à cause de $MZA = MZB$, et de $ZA = ZB$, il est évident que les seconds membres deviennent identiques. On aura donc $\cos mA = \cos mB$; donc $mA = mB$ ou $mA = 360° - mB$, ce qui donnerait $mA + mB = 360°$; ce qui est impossible. Donc $mA = mB$.

Ainsi *dans le triangle isoscèle, l'arc qui divise en deux également l'angle au sommet, divise aussi la base en deux parties égales.*

12. Les mêmes triangles donnent
$$\cos AZ = \cos AmZ \sin Zm \sin mA + \cos Zm \cos mA,$$
$$\cos BZ = \cos BmZ \sin Zm \sin mB + \cos Zm \cos mB;$$
d'où l'on conclura
$$\cos BmZ = \cos AmZ;$$
et
$$BmZ = AmZ = 90°.$$

Ainsi *dans tout triangle isoscèle, l'arc qui coupe en deux également l'angle au sommet est perpendiculaire sur le milieu de la base, et réciproquement, car du point* m *on ne saurait élever deux arcs perpendiculaires sans qu'ils ne se confondent.*

13. Les mêmes triangles donnent encore
$$\cos Zm = \cos ZAm \sin ZA \sin Am + \cos ZA \cos Bm,$$
$$\cos Zm = \cos ZBm \sin ZB \sin Bm + \cos ZB \cos Bm,$$
d'où
$$ZAm = ZBm.$$

Donc *dans tout triangle isoscèle les deux angles sur la base sont égaux.*

14. Mais nous avons (10) sin $Am =$ sin ZA sin AZM; ainsi *dans un triangle rectangle quelconque le sinus d'un côté est égal au produit du sinus de l'angle opposé par le sinus de l'hypoténuse.* On appelle *hypoténuse* le côté opposé à l'angle droit.

Il est évident que tout triangle rectangle ZmA peut être considéré comme la moitié d'un triangle isoscèle. En effet continuez Am jusqu'en B, ensorte que $Bm = Am$, vous prouverez comme ci-dessus (12), que $AZ = BZ$ et que $ZAm = ZBm$ (13). Ainsi les deux triangles seront parfaitement égaux, ainsi AZB est un triangle isoscèle.

15. Nous avons vu (12) que $AmZ = 90° = BmZ$; donc

$$\cos AmZ = 0 = \cos BmZ ;$$

donc

$$\cos AZ = \cos Zm \cos mA = \cos Zm \cos mB.$$

Ainsi *dans tout triangle rectangle le cosinus de l'hypoténuse est égal au produit des cosinus des deux autres côtés.*

16. Du sommet Z d'un triangle quelconque AZC (fig. 75), ou AZC', faites tomber l'arc perpendiculaire ZD, vous aurez par l'article précédent

$$\text{sin } ZD = \text{sin } ZC \text{ sin } C = \text{sin } ZC' \text{ sin } C' = \text{sin } ZA \text{ sin } A ;$$

d'où l'on tire $\begin{cases} \text{sin } ZC : \text{sin } ZA :: \text{sin } A : \text{sin } C \\ \text{sin } ZC' : \text{sin } ZA :: \text{sin } A : \text{sin } C'; \end{cases}$

donc *dans un triangle quelconque, les sinus de deux côtés sont entre eux comme les sinus des angles opposés*, ou

$$\frac{\sin A}{\sin C} = \frac{\sin A'}{\sin C'} = \frac{\sin A''}{\sin C''} ,$$

second théorème général des triangles sphériques.

17. Prolongez la perpendiculaire mZ (fig. 74) et d'un point quelconque P de cette perpendiculaire, menez aux points A et B les arcs PA, PB, je dis que ces arcs sont égaux. Car on a $\cos PA = \cos mA \cos mP$, $\cos PB = \cos mB \cos mP$; donc puisque $mA = mB$, on aura $PA = PB$.

Il en serait de même si le point P était au-dessous de Z, il en serait encore de même s'il était au-dessous de AB; ainsi quand l'arc mZ serait prolongé jusqu'à faire un cercle entier, tous les points de ce cercle seraient à la même distance du point A que du point B.

18. Tout point pris à droite ou à gauche de l'arc mZ prolongé, s'il le faut, sera plus près de l'un des points A ou B que de l'autre.

Soit R (fig. 76) un point quelconque hors de l'arc mP; menez les arcs RA, Rm, RB, et vous aurez dans les triangles

$$B m R \quad \left\{ \cos BR = \sin m R \, \sin m B \, \cos B m R + \cos m R \, \cos m B \right. ;$$
$$A m R \quad \left\{ \cos AR = \sin m R \, \sin m A \, \cos A m R + \cos m R \, \cos m A \right. ;$$

donc

$$\cos BR - \cos AR = \sin m R \, \sin m A \, (\cos B m R - \cos A m R) ;$$

ou

$$2 \sin \tfrac{1}{2} (AR - BR) \sin \tfrac{1}{2} (AR + BR) = \sin m R \, \sin m A . \, 2 \sin \tfrac{1}{2} (A m R - B m R)$$
$$\sin \tfrac{1}{2} (A m R + B m R)$$
$$= 2 \sin m R \, \sin m A \sin \tfrac{1}{2} (90° + P m R - 90° + P m R) \sin \tfrac{1}{2} (90 + P m R + 90 - P m R)$$
$$= 2 \sin m R \, \sin m A \sin P m R \sin (90°) = 2 \sin m R \, \sin m A \, \sin P m R$$

$$\sin \tfrac{1}{2} (AR - BR) = \frac{\sin m R \, \sin m A \, \sin P m R}{\sin \tfrac{1}{2} (AR + BR)} .$$

Or $\sin m R$ est nécessairement positif, car $m R < 180°$, $\sin m A$ est positif par la même raison, $P m R < 90°$; donc son sinus est positif.

$$\tfrac{1}{2} (AR + BR) = \tfrac{1}{2} (180° - x + 180° - y) = (180° - \tfrac{1}{2} (x + y)$$

donc $\sin \tfrac{1}{2} (AR + BR)$ est positif; donc $\sin \tfrac{1}{2} (AR - BR)$ est positif; donc AR $>$ BR.

19. Je dis que RA, Rm, RB sont moindres que 180°; car deux grands cercles ayant pour intersection commune un diamètre de la sphère, se coupent réciproquement en deux parties égales et de 180° chacune, donc *deux arcs de grand cercle, qui se coupent en un point R, ne se rencontrent qu'à 180° de là, et comme en vertu de la construction, ils ne se sont pas encore rencontrés*. Il s'ensuit que *chacun des trois côtés d'un triangle sphérique est moindre que 180°*.

20. Notre théorème fondamental (18) appliqué successivement aux trois côtés d'un même triangle, nous donne les trois équations

$$\left. \begin{array}{l} \cos C = \cos A \, \sin C' \sin C'' + \cos C' \cos C'' \\ \cos C' = \cos A' \, \sin C'' \sin C + \cos C'' \cos C \\ \cos C'' = \cos A'' \, \sin C \, \sin C' + \cos C \cos C' \end{array} \right\} \dots (P)$$

Le second théorème général (16) nous donne

$$\frac{\sin A}{\sin C} = \frac{\sin A'}{\sin C'} = \frac{\sin A''}{\sin C''} \dots \dots \dots \dots \dots (Q)$$

des formules P et Q on déduit

$$\cot A'' = \frac{\cos A''}{\sin A''} = \frac{\cos C'' - \cos C \cos C'}{\sin C \sin C'} \cdot \frac{\sin C'}{\sin A' \sin C''} = \frac{\cos C'' - \cos C \cos C'}{\sin A' \sin C \sin C''}$$

ou
$$\sin A' \cot A'' = \frac{\cos C'' - \cos C \cos C'}{\sin C \sin C''};$$

Cette formule exprime une relation entre cinq parties d'un triangle sphérique, les trois côtés et deux angles.

21. Éliminons $\cos C'$ au moyen de la formule P.

$$\sin A' \cot A' = \frac{\cos C'' - \cos C (\cos A' \sin C \sin C'' + \cos C \cos C'')}{\sin C \sin C''}$$

$$= \frac{\cos C'' - \sin C \cos C \sin C'' \cos A' - \cos^2 C \cos C''}{\sin C \sin C''}$$

$$= \frac{\cos C'' \sin^2 C - \sin C \cos C \sin C'' \cos A'}{\sin C \sin C''}$$

$$= \cot C'' \sin C - \cos C \cos A'$$

ou $\quad \cos C \cos A' = \cot C'' \sin C - \sin A' \cot A'$

et $\quad \cos C' \cos A'' = \cot C \sin C' - \sin A'' \cot A \quad \Big\} \dots (R)$

$\quad\quad \cos C'' \cos A = \cot C' \sin C'' - \sin A \cot A'$

C'est le troisième théorème général des triangles sphériques.

La deuxième et la troisième des formules se déduisent de la première, en ajoutant un trait de plus à chaque lettre, et supprimant trois traits dès qu'ils s'y trouvent, parce qu'il n'y a que trois angles C'', C, C', et trois côtés A'', A', A.

22. De ces trois formules P, Q, R on déduit le quatrième théorème général.

$$\cot A'' = \frac{\cot C'' \sin C - \cos C \cos A'}{\sin A'}$$

Multipliez par $\sin A''$

$$\cos A'' = \frac{\cos C'' \sin C \sin A''}{\sin A' \sin C''} - \left(\frac{\cos A' \sin A''}{\sin A'}\right) \cos C.$$

Mettez pour $\frac{\sin C \sin A''}{\sin C''}$ sa valeur $\sin A$ formule (Q), pour $\cos C$ sa valeur formule (P) et pour $\frac{\sin A''}{\sin A'}$ sa valeur $\frac{\sin C''}{\sin C'}$, et vous aurez

$$\cos A'' = \frac{\cos C'' \sin A}{\sin A'} - \frac{\cos A' \sin C''}{\sin C'} (\cos A \sin C' \sin C'' + \cos C' \cos C'')$$

$$= \frac{\cos C'' \sin A \sin A'}{\sin^2 A'} - \cos A \cos A' \sin^2 C'' - \cos A' \sin C'' \cos C'' \cot C'.$$

Mettez pour $\dfrac{1}{\sin^2 A'}$ sa valeur $1 + \cot^2 A' = \operatorname{coséc}^2 A'$, pour $\sin^2 C''$ sa valeur $1 - \cos^2 C''$, vous aurez

$$\cos A'' = \cos C'' \sin A \sin A' + \cos C'' \sin A \cot^2 A' \sin A' - \cos A \cos A'$$
$$+ \cos A \cos A' \cos^2 C'' - \cos A' \cos C'' \sin C'' \cot C'$$
$$= \cos C'' \sin A \sin A' - \cos A \cos A' + \cos A \cos A' \cos^2 C''$$
$$+ \cos C'' \sin A \cos A' \cot A' - \cos A' \cos C'' \sin C'' \cot C'$$
$$\cos A'' = \cos C'' \sin A \sin A' - \cos A \cos A' + \cos A \cos A' \cos^2 C''$$
$$+ \cos A' \cos C'' (\sin A \cot A' - \sin C'' \cot C')$$
$$= \cos C'' \sin A \sin A' - \cos A \cos A' + \cos A \cos A' \cos^2 C''$$
$$- \cos A' \cos C'' \cos C'' \cos A \quad \}$$

$$\cos A'' = \cos C'' \sin A \sin A' - \cos A \cos A'$$
$$\cos A = \cos C \sin A' \sin A'' - \cos A' \cos A'' \quad \Big\} \ldots\ldots (S)$$
$$\cos A' = \cos C' \sin A'' \sin A - \cos A'' \cos A$$

C'est le quatrième et dernier théorème général.

Toute la trigonométrie est renfermée dans les quatre formules P, Q ; R, S, elle était même toute entière dans la formule P, de laquelle nous avons déduit analytiquement toutes les autres.

Plusieurs auteurs ont ainsi déduit toutes les règles de la trigonométrie, d'un théorème fondamental. Bertrand de Genève, dans ses *Développemens de la partie élémentaire des mathématiques* 1778, paraît avoir été le premier; Euler donna sur ce sujet un Mémoire en 1779. M. Lagrange le traita d'une autre manière dans le 6ᵉ cahier de l'École Polytechnique. plusieurs autres géomètres se sont occupés de ce même problème ; je l'ai résolu de plusieurs manières, entre lesquelles celle qu'on vient de voir me paraît la plus simple et la plus naturelle.

23. Si l'on compare entre elles l'équation P et l'équation S

$$\cos C'' = \cos A'' \sin C \sin C' + \cos C \cos C'$$
$$\cos A'' = \cos C'' \sin A \sin A' - \cos A \cos A'$$

ou
$$- \cos A'' = - \cos C'' \sin A \sin A' + \cos A \cos A'.$$

On remarquera que tous les angles ont pris la place des côtés opposés, et réciproquement, que les cosinus sont devenus négatifs, tandis que les sinus sont demeurés positifs. Ainsi les deux formules deviendront identiques si l'on suppose $A'' = 180 - C''$; $A = 180 - C$, et $A' = 180 - C'$, et réciproquement. On pourra donc substituer l'un de ces triangles à l'autre. Ce second triangle s'appelle *supplémentaire*.

La plupart des auteurs de Trigonométrie font un grand usage de ce triangle, qu'ils appellent aussi *polaire*. Nous en démontrerons les propriétés d'une manière plus sensible, et nous en tirerons le parti le plus avantageux, mais il n'est pas d'une nécessité indispensable.

Continuons à tirer de nos quatre formules les conséquences les plus usuelles.

24. Dans la formule (Q), soit $A = 90$, nous aurons

$$\sin C' = \sin A' \sin C ; \quad \sin C' = \sin A'' \sin C.$$

Ainsi, dans tout triangle rectangle, *le sinus d'un côté est égal au produit du sinus de l'angle opposé par le sinus de l'hypoténuse.* (*Voyez* ci-dessus (14).

25. Le mot hypoténuse, ὑποτείνουσα, signifie soustendante ou le côté opposé à un angle : chez les Grecs, il indique indifféremment un côté quelconque. Les Modernes en ont restreint la signification au côté qui est opposé à l'angle droit.

Naturellement, le mot hypoténuse ne conviendrait qu'à la Trigonométrie rectiligne : l'hypoténuse est la corde ou le côté d'un triangle rectiligne inscrit au cercle ; les Modernes l'ont étendu à la Trigonométrie sphérique.

26. Dans la formule (P), soit $A'' = 90°$, alors $\cos C' = \cos C \cos C'$. Donc *dans tout triangle rectangle le cosinus de l'hypoténuse est égal au produit des cosinus des deux autres côtés.* Il en est de même des sécantes.

$$\sec C'' = \sec C \sec C'.$$

27. Dans la formule (S), soit $A'' = 90°$, vous aurez $\cos C' = \cot A \cot A'$. ou *dans tout triangle rectangle le cosinus de l'hypoténuse est égal au produit des cotangentes des deux angles obliques,*

on aurait donc $\dfrac{1}{\cos C''} = \dfrac{1}{\cot A \cot A'}$, ou $\sec C'' = \tang A \tang A'$,

ou la sécante de l'hypoténuse égale au produit des tangentes des deux angles obliques.

28. Dans la même formule (S), soit $A = 90°$, $\cos A'' = \cos C'' \sin A'$, ou *dans tout triangle rectangle le cosinus d'un angle oblique est égal au produit du cosinus du côté opposé par le sinus de l'autre angle.*

29. Dans la formule (R), soit $A' = 90°$, $\cot C'' = \cot C \cos A'$, ou $\tang C = \tang C'' \cos A'$, ou *dans tout triangle rectangle la tangente d'un côté*

est égale au produit de la tangente de l'hypoténuse par le cosinus de l'angle compris.

50. Enfin dans la même formule, soit $A' = 90°$, cot $A'' = $ cot C' sin C; ou tang $C' = $ tang A'' sin C, c'est-à-dire que *dans tout triangle sphérique rectangle la tangente d'un côté est égale au produit de la tangente de l'angle opposé par le sinus de l'autre côté.*

Ces six formules suffisent à la résolution des triangles sphériques dans tous les cas.

31. De nos quatre formules générales on tire de même les règles pour les triangles rectilatères, c'est-à-dire pour ceux qui ont un côté de 90°.

Ainsi dans la formule (Q), soit $C = 90°$, sin $A' = $ sin A sin C', sin $A'' = $ sin A sin C', ou *dans tout triangle rectilatère le sinus de l'un des angles est égal au sinus du côté opposé multiplié par le sinus de l'autre angle.*

52. Dans la formule (P), soit $C'' = 90°$, cos $A'' = - $ cot C cot C', ou *dans tout triangle rectilatère le cosinus de l'angle opposé à l'arc de 90° est égal au produit des cotangentes des deux autres côtés, pris avec le signe —.*

53. Dans la formule (P), soit $C = 90°$, cos $C'' = $ cos A'' sin C', ou *dans tout triangle rectilatère le cosinus d'un côté est égal au produit du cosinus de l'angle opposé par le sinus de l'autre côté.*

54. Dans la formule (S), soit $C'' = 90°$, cos $A'' = - $ cos A cos A', ou *dans tout triangle rectilatère le sinus de l'angle opposé à l'arc de 90° est égal au produit des cosinus des deux autres angles pris avec le signe —.*

55. Dans la formule (R), soit $C = 90°$, cot $C' = $ sin A' cot A'', ou *dans tout triangle rectilatère la cotangente d'un côté est égale au produit de la cotangente de l'angle opposé, par le sinus de l'angle opposé à l'autre côté.*

56. Soit enfin $C'' = 90°$ dans la formule (R), cos $C = - $ tang A' cot A'', ou *dans tout triangle rectilatère le cosinus d'un côté est égal au produit négatif de la cotangente de l'angle opposé à l'arc de 90° par la tangente de l'angle opposé à l'autre côté.*

37. On fait peu d'usage de ces formules, il est inutile de s'en charger la mémoire, on les retrouve au besoin dans les formules générales. D'ailleurs à tout triangle rectilatère on peut substituer un triangle rectangle qui donnera les mêmes valeurs. En effet, soit (fig 74) le triangle rectilatère PZA,

PZA, PA étant de 90°, continuez PZ en m, ensorte que $Pm = 90°$; menez mA le triangle est isoscèle, les angles PmA, PAm sont droits, $mA = mPA$ (7) $mZA = 180 - PZA$; $PAZ = 90 - ZAm$; PA est commun aux deux triangles, ainsi que ZA ; enfin $Zm = 90 - PZ$.

Ainsi, quand on connaîtra toutes les parties du triangle mZA, on connaîtra toutes celles du triangle PZA.

58. Les triangles rectilignes ne peuvent avoir qu'un angle droit : il n'en est pas de même des triangles sphériques.

59. Supposons $A' = A'' = 90°$ dans la formule (R), nous aurons

$$0 = \cot C'' \sin C; \quad \text{ainsi} \cot C'' = 0 \text{ et } C'' = 90°.$$

Ainsi, dans un triangle sphérique, lorsque les deux angles à la base sont de 90°, l'un des côtés est de 90°, et il aboutit au pôle de la base; car il est de 90°, et fait sur la base un angle droit (7).

L'autre côté, perpendiculaire à la base, est encore de 90° par la règle des quatre sinus (formule Q), et il se termine de même au pôle de la base.

40. *Ainsi quand deux arcs de cercle sont perpendiculaires à un troisième, ils se réunissent au pôle de ce troisième, et y forment un angle dont la mesure est le troisième côté (7).*

41. Donc si ce troisième côté est lui-même de 90°, l'angle au pôle sera de 90°, les trois angles seront droits de même que les côtés.

Le triangle est trirectangle et trirectilatère, chacun de ses sommets est le pôle du côté opposé.

42. Supposons maintenant deux côtés de 90° chacun, ou $C = C' = 90°$. Dans ce cas on a par la formule P

$$\cos C = \cos C' = 0 = \cos A \sin C'' = \cos A' \sin C'';$$

donc si deux côtés d'un triangle sont de 90°, les deux angles opposés sont droits. Si l'on n'avait pas $\cos A = 0 = \cos A'$, il faudrait que l'on eût $\sin C'' = 0$, c'est-à-dire $C'' = 0$, ou $C'' = 180°$. Dans le premier cas, il n'y aurait plus de triangle; dans le second, la formule P donnerait $\cos A'' = \cos C''$, c'est-à-dire $A'' = 180°$. Le triangle se réduirait à une figure de deux côtés et de deux angles qu'on appelle *fuseau*. Les deux côtés sont de 180° chacun; les deux angles sont égaux et indéterminés.

43. Supposons que $C'' = C' = C = 90°$, nous aurons $\cos A' = 0$, $A' = 90°$,

le triangle sera trirectangle et trirectilatère, et chacun des trois sommets sera le pôle du côté opposé.

44. Chacun des côtés est moindre que de 180°.

Ainsi,
$$\left. \begin{array}{l} C = 180° - x \\ C' = 180° - y \\ C'' = 180° - z \end{array} \right\} \text{ et } C + C' + C'' = 540° - (x + y + z)$$

On peut supposer x, y, z, chacun en particulier, aussi petits qu'on voudra, mais non pas nuls. Ainsi la somme des trois côtés ne pourrait atteindre à 540 degrés; mais elle ne peut être même de 360; car si deux côtés étaient de 180° chacun, ils formeraient un fuseau (42), et le troisième côté C'' serait 0. Nous donnerons plus loin le théorème de la somme des angles.

Si C et C', sans être tout-à-fait de 180°, en approchent beaucoup, dans la formule

$$\cos C'' = \cos A'' \sin C \sin C' + \cos C \cos C'$$
$$= \sin C \sin C' + \cos C \cos C' - 2\sin C \sin C' \sin^2 \tfrac{1}{2} A''$$
$$= \cos (C - C') - 2\sin C \sin C' \sin^2 \tfrac{1}{2} A'';$$

$\cos (C - C')$ différera peu de l'unité, puisque $(C - C')$ sera un petit arc, et $2\sin C \sin C' \sin^2 \tfrac{1}{2} A''$ sera une petite fraction; $\cos C''$ différera donc peu de l'unité et C'' sera un très-petit arc.

45. De la formule précédente on tire

$$\cos (C - C') - \cos C'' = 2\sin C \sin C' \sin^2 \tfrac{1}{2} A'',$$

ou
$$2\sin \left(\frac{C'' - \overline{C - C'}}{2} \right) \sin \left(\frac{C'' + \overline{C - C'}}{2} \right) = 2\sin C \sin C' \sin^2 \tfrac{1}{2} A'',$$

et
$$\sin \tfrac{1}{2} (C'' + C' - C) \sin \tfrac{1}{2} (C' + C - C') = \sin C \sin C' \sin^2 \tfrac{1}{2} A'';$$

or, le second membre est nécessairement positif; le premier l'est donc pareillement. Ainsi on aura toujours et à la fois $C'' + C' > C$ et $C' + C > C'$, *c'est-à-dire que dans tout triangle sphérique la somme de deux côtés quelconques est plus grande que le troisième côté*, sinon il faudrait que la somme de deux côtés quelconques fût toujours plus petite que le troisième, ce qui serait absurde et contradictoire

$\sin \tfrac{1}{2} (C'' + C - C')$ et $\sin \tfrac{1}{2} (C' + C' - C)$ étant donc nécessairement positifs, il faut que $\sin \tfrac{1}{2} (C'' - \overline{C - C'})$ et $\sin \tfrac{1}{2} (C'' - \overline{C' - C})$ le soient pareillement : ainsi dans *tout triangle sphérique un côté quelconque est plus grand que la différence des deux autres.*

46. Supposons $A'' = 0$ dans la formule de l'article précédent, nous aurons $$\cos (C - C') = \cos C'';$$

ainsi la limite de C' est donnée par l'équation $C'' = C - C'$.

En effet, quand l'angle est 0, deux côtés sont couchés sur le troisième, et l'un des côtés est la différence des deux autres.

Supposons $A'' = 180°$, ce qui est l'autre extrémité, alors $\frac{1}{2} A'' = 90°$

$$\cos C'' = - \sin C \sin C' + \cos C \cos C' = \cos (C + C'), \quad C'' = C + C'.$$

Ainsi les valeurs de C' sont toujours entre les deux limites $C - C'$ et $C + C'$.

47. Si C et C' surpassaient $180°$, on n'aurait pas seulement un triangle, mais d'abord un fuseau, puis un triangle dont les côtés seraient $(C - 180°)$ et $(C' - 180°)$, et dont l'angle serait A', compris entre les côtés C et C', ou l'angle du fuseau.

48. Dans un fuseau les deux angles sont égaux (42), et ils ont pour mesure l'arc de grand cercle qui divise les deux demi-cercles par le milieu. Les sommets du fuseau sont les pôles de cet arc.

49. Nous avons supposé deux angles ou deux côtés égaux à $90°$, supposons maintenant que l'angle et le côté adjacent soient tous deux de $90°$.

La formule $$\cos C'' = \cos A' \sin C \sin C' + \cos C \cos C',$$

en supposant $A'' = C = 90$, deviendra $\cos C'' = 0$, donc $C'' = 90°$; donc *si un arc de grand cercle est de $90°$, et qu'il soit perpendiculaire à un autre arc de grand cercle, il s'ensuivra d'abord qu'il aboutira au pôle de cet arc, et on en conclura de plus que tout arc mené de ce pôle à l'arc de cercle, sera lui-même de $90°$;* il formera donc, avec les deux premiers, un triangle isoscèle; il sera perpendiculaire sur le premier arc, d'où il suit que *tout arc mené du pôle d'un grand cercle est perpendiculaire à ce grand cercle, et qu'il est de $90°$.*

50. Réciproquement, tout arc mené perpendiculairement sur un grand cercle, passe nécessairement par le pôle de ce grand cercle.

Tous les arcs perpendiculaires à un cercle quelconque, le sont pareillement sur tous ses parallèles, et *un arc perpendiculaire à un petit cercle passe par les pôles de ce petit cercle ;* mais tout petit cercle est à des distances inégales de ses deux pôles, au lieu que le grand cercle en est également éloigné.

Au reste, les petits cercles n'entrent jamais directement dans les calculs trigonométriques.

51. Ainsi, pour trouver les pôles d'un grand cercle, il faut élever sur ce cercle deux arcs perpendiculaires ; ils se rencontreront aux deux pôles.

De deux points pris au hasard sur un grand cercle, avec une ouverture de compas égale à la corde de 90°, décrivez deux grands cercles qui s'entre-couperont en deux points opposés de la surface, ces deux points seront les pôles cherchés.

Il est plus aisé de prendre arbitrairement un point pour pôle : de ce point comme centre, avec l'ouverture du compas égale à la corde de 90°, décrivez un cercle, ce sera le grand cercle dont le point choisi est le pôle ; du même centre, avec une autre ouverture de compas, décrivez un cercle, ce sera un parallèle au grand cercle ; et l'ouverture de compas sera la corde de la distance polaire du parallèle.

Pour ces opérations, on a des compas dont les pointes sont courbées, et qu'on appelle *compas sphériques.*

52. Nous avons des formules pour tous les cas qui peuvent se pré-senter dans la résolution des triangles ; mais ces formules sont toutes trouvées, en supposant les angles, aussi bien que les côtés, moindres que de 90°.

Nous avons vu ce qu'elles deviennent quand les angles ou les arcs sont de 90°, il nous reste à voir ce qu'elles sont quand quelque angle ou quelque côté surpasse 90°.

53. C'est une règle générale que toute quantité algébrique change de signe après être devenue o.

Ainsi le sinus d'un angle qui va croissant dans le premier quart du cercle, et qui décroît ensuite quand il a passé 90°, devient nul à 180° ; il change de signe et devient négatif quand l'arc ou l'angle est dans la dernière moitié du cercle. Nous pouvons donc poser pour principe gé-néral qu'*un sinus est positif quand l'arc est moindre que de 180°, et négatif quand il passe 180°.*

Si l'arc était pris négativement, son sinus serait négatif dans la première moitié du cercle, et positif dans la seconde.

54. Le *cosinus* d'un arc est l'unité quand l'arc est nul; il est o quand l'arc est de 90°; alors il change de signe : *il est donc négatif depuis 90° jusqu'à 270°, positif depuis 270° jusqu'à 90°. La règle est la même pour un arc négatif.*

55. En général, tang $A = \dfrac{\sin A}{\cos A}$; il suit de là que *la tangente est positive dans le premier quart de cercle, parce que le sinus et le cosinus sont tous deux positifs; la tangente est négative dans le second quart de cercle, parce que le sinus restant positif, le cosinus est devenu négatif. Elle redevient positive dans le troisième quart, parce que le sinus et le cosinus sont tous deux négatifs; enfin elle est négative dans le quatrième quart, parce que le sinus est négatif et le cosinus positif. La tangente change donc de signe à chaque quart du cercle : elle passe alternativement par o et par l'infini, et ces deux raisons font changer les signes algébriques.* Si l'arc est négatif, la règle est le contraire. La tangente est négative dans le premier et le troisième quarts, positive dans le second et le quatrième.

56. Quand on connaîtra l'arc, on sera donc toujours en état de donner à la tangente le signe qui lui conviendra.

Si l'on ne connaît pas l'arc, et qu'on ait simplement tang $x = a$, il n'y a aucun moyen de savoir quelle est l'espèce de l'arc x. Si a est une quantité positive, la tangente appartiendra également aux arcs x et $180° + x$: si a est une quantité négative, tang a appartiendra à un arc compris entre 90° et 180°, ou entre 270° et 360°; le problème aura donc deux solutions.

Mais si tang $x = \dfrac{m}{n}$ et que les deux termes de la fraction soient positifs, $x < 90°$. Si m est positif et n négatif, $x > 90°$; si m et n sont négatifs, $x > 180°$; enfin, si m est négatif et n positif, $x > 270°$.

57. La règle des signes pour les cotangentes est la même que pour les tangentes, puisque tang $x = \dfrac{1}{\cot x}$, ou cot $x = \dfrac{1}{\tan g\, x}$.

58. La règle des sécantes est la même que celle des cosinus, puisque séc $x = \dfrac{1}{\cos x}$.

59. La règle des cosécantes est la même que celle des sinus, puisque coséc $x = \dfrac{1}{\sin x}$.

60. Quand on connaît un arc, on sait quel signe convient à son sinus;

mais quand on a $\sin x = a$, ce sinus appartient également à x et $(180°-x)$ si a est positif; à $(180°+x)$ ou $(360°-x)$ si a est négatif. Il n'y a aucun moyen général pour lever le doute. Le problème a deux solutions.

61. Quand on connaît l'arc, on connaît le signe que doit avoir le cosinus; mais si on a $\cos x = b$, on ne sait si x est dans le premier ou le dernier quart en supposant b positif; ou s'il est dans le second ou le troisième quand b est négatif; le problème a encore deux solutions.

Au reste, les circonstances du problème déterminent souvent ce que la règle algébrique laisse indécis.

62. Ces règles sont générales et faciles à retenir. Jamais elles n'égareront le calculateur; au lieu que les règles, dont presque tous les auteurs ont hérissé la Trigonométrie, sont tellement compliquées, qu'il n'est presque pas un auteur qui n'en ait donné de fausses. Long-tems les astronomes ont négligé cette règle des signes, et j'ai connu un astronome célèbre à qui je n'ai jamais pu la faire adopter.

63. La formule $\cos C'' = \cos A' \sin C \sin C' + \cos C \cos C'$ donnera donc C'' obtus, si par l'application des règles que nous venons d'exposer le second membre se trouvait négatif.

$\cos A'' = \dfrac{\cos C'' - \cos C \cos C'}{\sin C \sin C'}$ donnerait de même A'' obtus si le second membre était négatif.

La formule $\cos A'' = \cos C'' \sin A \sin A' - \cos A \cos A'$ donnerait A'' obtus dans les mêmes circonstances; il en serait de même de

$$\frac{\cos A'' + \cos A \cos A'}{\sin A \sin A'} = \cos C''.$$

64. La formule $\cos C \cos A' = \cot C'' \sin C - \sin A' \cot A''$ peut également ment servir à trouver $\cot A' = \dfrac{\cot C'' \sin C - \cos C \cos A'}{\sin A'}$.

On saura toujours à quel quart appartient l'angle A'', si l'on observe les signes du numérateur et du dénominateur ci-dessus (56).

Elle donne aussi $\cot C'' = \dfrac{\cos C \cos A' + \sin A' \cot A''}{\sin C}$, et l'on saura de même dans quel quart on doit placer C''.

65. La formule $\dfrac{\sin A}{\sin C} = \dfrac{\sin A'}{\sin C'} = \dfrac{\sin A''}{\sin C''}$ admet toujours deux solutions; on ne sait si les angles trouvés ainsi par le sinus sont aigus ou obtus.

Ces règles sont faciles à retenir; elles sont maintenant universellement en usage : elles dispensent de toute autre pour déterminer l'espèce de l'inconnue. Elles vont encore nous fournir quelques remarques utiles : elles serviraient à démontrer d'une manière très-simple les règles synthétiques des anciens auteurs de Trigonométrie.

66. Nous avons trouvé $\cos C'' = \cos C \cos C'$ (26).
Il en résulte que *l'hypoténuse C'' est moindre que* 90°, *si C et C' sont de même espèce, c'est-à-dire tous deux moindres ou tous deux plus grands que* 90°, *et qu'elle sera plus grande que* 90°, *si C et C' sont d'espèce différente.* La même règle s'applique à l'un et l'autre des deux côtés C et C', c'est-à-dire, qu'*un côté quelconque d'un triangle sphérique rectangle sera plus petit ou plus grand que* 90°, *selon que les deux autres seront de même espèce ou d'espèce différente.*

67. La formule $\cos C' = \cot A' \cot A$ (27) prouve de même que *l'hypoténuse sera plus ou moins grande que* 90°, *selon que les deux angles seront d'espèces différentes ou de même espèce, et que l'un des angles sera plus petit ou plus grand que* 90°, *selon que l'autre angle et l'hypoténuse seront de même espèce, ou d'espèce différente.*

68. La formule $\cos A'' = \cos C' \sin A'$ (28) prouve que *dans un triangle sphérique rectangle, l'angle et le côté opposé sont toujours de même espèce.*

69. La formule $\tan C = \tan C' \cos A'$ (29) prouve que *l'hypoténuse et l'autre côté seront de même espèce si l'angle compris est aigu, d'espèces différentes s'il est obtus.*

70. Enfin, la formule $\tan C'' = \sin C \tan A'$ (30) prouve encore que *le côté et l'angle opposé sont toujours de même espèce dans tout triangle rectangle.*

71. Dans un triangle AZC (fig. 75), abaissez une perpendiculaire, vous aurez $\tan ZD = \tan A \sin AD = \tan C \sin CD$. D'où il suit que si A et C sont de même espèce, la perpendiculaire tombera dans le triangle ; au contraire si les angles sont d'espèce différente comme dans le triangle AZC' (fig. 75), la perpendiculaire tombe en dehors ; car $\tan ZD = \tan A \sin AD = \tan ZC'C \sin C'D$.

Ces trois expressions sont nécessairement de mêmes signes, donc A, C et ZC'D sont de mêmes signes ; donc C et ZC'D sont aigus ou obtus comme A ; donc ZC'A est obtus si A est aigu, et réciproquement.

Telles sont à peu près et en général les règles que l'observation des signes nous rend inutiles. Il y en a beaucoup d'autres qui ne sont toutes que des applications des mêmes principes.

72. Nous avons parlé d'un triangle supplémentaire, ou de la possibilité de trouver un triangle dont les angles soient les supplémens des côtés du triangle donné, et les côtés supplémens des angles. Nous avons trouvé dans l'analyse le moyen de nous passer de ce triangle, mais il aurait bien facilité la démonstration du quatrième théorème. Il va nous servir à démontrer quelques formules utiles et curieuses.

Ce triangle était absolument inconnu aux anciens : il n'en est fait aucune mention ni dans Regiomontanus, ni dans Clavius. Néper le suppose dans la construction de ses Tables logarithmiques des sinus et des tangentes. Wallis l'emploie au même usage, en citant Pitiscus. Mais Néper, Wallis et Pitiscus le présentent d'une manière moins simple et moins intelligible qu'on ne l'a fait depuis.

73. Soit un triangle quelconque ABC (fig. 77). Pour plus de simplicité dans la figure, nous supposerons que chacun des trois côtés est moindre que de 90°. Prolongez BA et BC en D et en E, ensorte que $BD = BE = 90°$.

Du point B comme pôle, décrivez l'arc indéfini MDEO, et même le cercle entier si vous voulez.

Prolongez de même AB, AC, ensorte que $AG = AF = 90°$, et décrivez de A comme pôle l'arc ou le cercle NGFO.

Enfin prolongez CA et CB en I et H, ensorte que $CI = CH = 90°$, et décrivez le troisième cercle MIHN.

Ces trois cercles se couperont nécessairement et formeront le triangle MNO qui se nomme *polaire*, parce que ses trois côtés ont pour pôles les trois sommets A, B, C du premier triangle, et que réciproquement ses trois sommets M, N, O sont les pôles des côtés BC, AC et AB.

En effet par construction, les angles H et E sont droits ; donc les arcs EM, HM sont de 90°, et se coupent au pôle de HE ou de BC (40).

Les angles F et I sont droits, $FN = IN = 90°$, et N est le pôle de AC.
Les angles D et G sont droits, $DO = GO = 90°$, et O est le pôle de AB.

Or (40).

L'angle M a pour mesure

$$\text{l'arc HBCE} = BE + CH - BC = 180° - BC ;$$

l'angle

l'angle N a pour mesure

$$\text{l'arc } FCAI = AF + CI - AC = 180° - AC;$$

l'angle O a pour mesure

$$\text{l'arc } DABG = AG + DB - AB = 180° - AB.$$

74. Ainsi nos trois angles sont les supplémens des côtés du triangle primitif.

Pareillement,

$$MN = MH + NI - IH = 180° - IH = 180° - C,$$
$$NO = NF + OG - FG = 180° - FG = 180° - A,$$
$$OM = ME + DO - DE = 180° - DE = 180° - B;$$

les trois côtés du triangle polaire sont donc les supplémens des angles du triangle donné.

75. Par le théorème fondamental, nous aurons

$$\cos NO = \cos M \sin MN \sin MO + \cos MN \cos MO,$$

ou

$$\cos(180° - A) = \cos(180° - BC) \sin(180° - C) \sin(180° - B)$$
$$+ \cos(180° - C) \cos(180° - B),$$

ou

$$- \cos A = - \cos BC \sin C \sin B - \cos C \times - \cos B$$
$$= - \cos BC \sin B \sin C + \cos B \cos C,$$

et

$$\cos A = \cos BC \sin B \sin C - \cos B \cos C,$$

et

$$\cos A'' = \cos C'' \sin A \sin A' - \cos B \cos C;$$

ce qui est précisément notre quatrième théorème (22), qui par là se trouve démontré d'une manière bien plus facile. Ce théorème a une ressemblance marquée avec le premier; les côtés s'y trouvent changés en angles, et les angles en côtés. Le produit des cosinus a le signe — : c'est la seule différence entre les deux formules.

76. Ainsi, dès qu'on a démontré une formule pour le triangle ABC, on la porte dans le triangle supplémentaire; et réduisant, on trouve une formule nouvelle, ce qui diminue presque de moitié le travail des démonstrations. Cependant, quand une formule est symétrique pour les angles et les côtés, il est inutile de la porter dans le triangle supplémen-

taire. Ainsi la formule trouvée n° 21.

$$\cos C \cos A' = \cot C'' \sin C - \sin A' \cot A''$$

appliquée au triangle supplémentaire, donnerait en faisant

$$MN = C, \quad NO = C', \quad OM = C',$$

et par conséquent,

$$O = A, \quad M = A', \quad N = A'',$$
$$\cos MN \cos M = \cot OM \sin MN - \sin M \cot N$$
$$- \cos C \times - \cos BC = - \cot B \sin C - \sin BC \times - \cot AC$$
$$\cos C \cos BC = - \cot B \sin C + \sin BC \cot AC$$
$$\cos BC \cos C = \cot AC \sin BC - \sin C \cot B,$$

formule toute semblable et qui n'apprend rien de nouveau.

77. Voilà tout le parti qu'on a tiré jusqu'ici de ce triangle ; il va nous donner encore d'autres formules remarquables.

Menez l'arc de grand cercle EF (fig. 77), les triangles FOE, FCE donneront (8)

$$\cos EF = \cos O \sin OE \sin OF + \cos OE \cos OF$$
$$\cos EF = \cos C \sin CE \sin CF + \cos CE \cos CF,$$

comparant les seconds membres de ces équations, on aura

$$- \cos AB \sin (90° - B) \sin (90° - A) + \cos (90° - B) \cos (90° - A)$$
$$= \cos C \sin (90° - BC) \sin (90° - AC) + \cos(90° - BC)\cos(90° - AC)$$
$$- \cos AB \cos B \cos A + \sin B \sin A = \cos C \cos BC \cos AC + \sin BC \sin AC,$$

ou

$$\sin A \sin B - \cos A \cos B \cos AB = \sin BC \sin AC + \cos BC \cos AC \cos C$$
$$\sin A \sin A' - \cos A \cos A' \cos C'' = \sin C \sin C' + \cos C \cos C' \cos A'',$$

équation remarquable entre les trois angles et les trois côtés d'un triangle. En comparant les deux membres terme à terme, on voit que BC est le côté opposé à l'angle A ; AC le côté opposé à l'angle B ; C l'angle opposé au côté AB : la symétrie est parfaite, à l'exception du signe dans le terme des trois cosinus.

M. Cagnoli a le premier trouvé cette relation qu'il a démontrée analytiquement : il s'est borné à cette formule ; mais notre triangle va nous en fournir plusieurs qui ne sont guère moins curieuses.

78. Appliquons à ces mêmes triangles le quatrième théorème, nous aurons

$$\cos FO \cos O = \cot EO \sin FO - \sin O \cot EFO$$
$$\cos FC \cos C = \cot CE \sin FC - \sin C \cot CFE.$$

Mais $CFE = 90 - EFO$; ainsi $\cot CFE = \tang EFO$.

De la première de ces équations, je tire

$$\cot EFO = \frac{\cot EO \sin FO - \cos FO \cos O}{\sin O} = \frac{\tang B \cos A - \sin A \times - \cos AB}{\sin AB}$$
$$= \frac{\cos A \tang B + \sin A \cos AB}{\sin AB};$$

de la seconde je tire

$$\tang EFO = \frac{\cot CE \sin FC - \cos FC \cos C}{\sin C} = \frac{\tang BC \cos AC - \sin AC \cos C}{\sin C},$$

ou

$$\cot EFO = \frac{\sin C}{\tang BC \cos AC - \sin AC \cos C} = \frac{\tang B \cos A + \sin A \cos AB}{\sin AB},$$

ou

$$\frac{\sin A''}{\tang C \cos C' - \sin C' \cos A''} = \frac{\tang A' \cos A + \sin A \cos C''}{\sin C''},$$

formule qui offre une nouvelle relation entre les six parties d'un triangle, et qui n'est guère moins symétrique que la précédente.

Chacune de ces deux formules peut s'écrire de trois manières différentes en changeant les accens de la manière prescrite (22).

79. Le troisième théorème appliqué à ces derniers triangles nous donnerait le cosinus et le sinus de CFE.

La formule des quatre sinus donnerait

$$\frac{\sin FEO}{\sin CEF} = \frac{\sin F''O}{\cos FEO} = \tang FEO = \frac{\sin AB \cos A}{\sin C \cos AC} = \frac{\sin C'' \cos A}{\sin A'' \cos C},$$

qui n'est pas plus utile.

Je ne vois pas d'autre formule qui exprime la relation entre les six parties d'un triangle.

80. Pour avoir la relation entre cinq parties seulement, menez l'arc DC (fig 77), le triangle DEC rectangle en E donnera

$$\cos CD = \cos DE \cos CE \; (15) = \cos B \sin BC = \cos A' \sin C,$$

le triangle DAC donnera

$$\cos CD = \cos DAC \sin DA \sin AC + \cos DA \cos AC$$
$$= -\cos A \cos AB \sin AC + \sin AB \cos AC$$
$$= -\cos A \cos C'' \sin C' + \sin C'' \cos C' = \cos A' \sin C.$$

81. En égalant les deux valeurs de cos CD, on aura donc les trois équations

$$\sin C \cos A' = \cos C' \sin C'' - \sin C' \cos C'' \cos A$$
$$\sin C' \cos A'' = \cos C'' \sin C - \sin C'' \cos C \cos A'$$
$$\sin C'' \cos A = \cos C \sin C' - \sin C \cos C' \cos A''.$$

82. Portez ces trois formules dans le triangle supplémentaire, et vous aurez, en changeant tous les signes,

$$\sin A \cos C' = \cos A' \sin A'' + \sin A' \cos C \cos A''$$
$$\sin A' \cos C'' = \cos A'' \sin A + \sin A'' \cos C' \cos A$$
$$\sin A'' \cos C = \cos A \sin A' + \sin A \cos C'' \cos A'$$

83. Conservez C et A, échangez les autres lettres dans les articles 82 et 81, vous aurez

$$\sin A \cos C'' = \cos A' \sin A' + \sin A'' \cos C \cos A'$$
$$\sin A' \cos C = \cos A \sin A'' + \sin A \cos C' \cos A''$$
$$\sin A'' \cos C' = \cos A' \sin A + \sin A' \cos C'' \cos A$$

84.
$$\sin C \cos A'' = \cos C'' \sin C' - \sin C'' \cos C' \cos A$$
$$\sin C' \cos A = \cos C \sin C'' - \sin C \cos C'' \cos A'$$
$$\sin C'' \cos A' = \cos C' \sin C - \sin C' \cos C \cos A.$$

85. Des équations

$$\sin C' \cos A = \cos C \sin C'' - \sin C \cos C'' \cos A' \qquad (84)$$
$$\sin C' \cos A'' = \cos C' \sin C - \sin C'' \cos C \cos A' \qquad (81)$$

on déduit

$$\sin C' (\cos A + \cos A'') = \sin C'' \cos C + \cos C'' \sin C -$$
$$\cos A' (\sin C \cos C'' + \sin C'' \cos C) = \sin (C'' + C) - \sin (C'' + C) \cos A'$$
$$2 \sin C' \cos \tfrac{1}{2} (A'' - A) \cos \tfrac{1}{2} (A'' + A) = 2\sin (C'' + C) \sin^2 \tfrac{1}{2} A',$$
$$\text{et} \quad \sin C' \cos \tfrac{1}{2} (A'' - A) \cos \tfrac{1}{2} (A'' + A) = \sin (C'' + C) \sin^2 \tfrac{1}{2} A'.$$

86. En employant la soustraction au lieu de l'addition, on en déduit

$$\sin C'(\cos A - \cos A'') = \sin(C'' - C) + \sin(C'' - C)\cos A' = 2\sin(C'' - C)\cos^2 \tfrac{1}{2} A'$$
$$\sin C' \sin \tfrac{1}{2} (A'' - A) \sin \tfrac{1}{2} (A'' + A) = \sin (C'' - C) \cos^2 \tfrac{1}{2} A'$$

sin C′, sin ½ (A″+A) et cos² ½ A′ sont nécessairement positifs ; ainsi sin ½ (A″—A) ou sin (C′— C) sont tous deux positifs ou tous deux négatifs à la fois.

Donc si A″ > A, on aura C′ > C, et si A′ < A, on aura C″ < C et réciproquement ; d'où ce théorème général, *que dans tout triangle sphérique le plus grand angle est opposé au plus grand côté, et réciproquement.* Les Anciens démontraient, par une figure fort simple, la première partie de cette proposition. Ils étaient un peu plus embarrassés pour l'autre.

87.
$$\sin A' \cos C = \sin A'' \cos A + \cos A'' \sin A \cos C' \quad (83)$$
$$\sin A' \cos C'' = \sin A \cos A'' + \sin A' \cos A \cos C' \quad (82)$$

$$\sin A' (\cos C + \cos C'') = \sin (A'' + A) + \sin (A'' + A) \cos C'$$
$$\sin A' \cos \tfrac{1}{2} (C'' + C) \cos \tfrac{1}{2} (C'' - C) = \sin (A'' + A) \cos^2 \tfrac{1}{2} C' ;$$

d'où il suit que $(A'' + A) > 180°$ si $(C'' + C) > 180°$, à moins que $(C'' - C)$ ne soit aussi $> 180°$.

88. Par soustraction on aura

$$\sin A' (\cos C - \cos C'') = \sin (A'' - A) - \sin (A'' - A) \cos C'$$
$$\sin A' \sin \tfrac{1}{2} (C'' - C) \sin \tfrac{1}{2} (C'' + C) = \sin (A'' - A) \sin^2 \tfrac{1}{2} C' ;$$

d'où résulte encore $(A' - A)$ et $(C' - C)$ de même signe, et le théorème (86).

89. La formule (85), divisée par la formule (86), donne

$$\cot^2 \tfrac{1}{2} A' \cot \tfrac{1}{2} (A'' - A) \cot \tfrac{1}{2} (A'' + A) = \frac{\sin (C'' + C)}{\sin (C'' - C)} ,$$
$$\text{ou} \ \frac{\sin (C' - C)}{\sin (C'' + C)} = \tang^2 \tfrac{1}{2} A' \tang \tfrac{1}{2} (A'' - A) \tang \tfrac{1}{2} (A'' + A)$$
$$= \frac{\sin \tfrac{1}{2} (C'' - C)}{\sin \tfrac{1}{2} (C'' + C)} \cdot \frac{\cos \tfrac{1}{2} (C'' - C)}{\cos \tfrac{1}{2} (C'' + C)} .$$

90. La formule (87), divisée par la formule (88), donne de même

$$\cot \tfrac{1}{2} (C' + C) \cot \tfrac{1}{2} (C'' - C) = \frac{\sin (A'' + A)}{\sin (A'' - A)} \cot^2 \tfrac{1}{2} C' ,$$
$$\text{et} \ \frac{\sin (A'' - A)}{\sin (A'' + A)} = \cot^2 \tfrac{1}{2} C' \tang \tfrac{1}{2} (C' + C) \tang \tfrac{1}{2} (C'' - C)$$
$$= \frac{\sin \tfrac{1}{2} (A'' - A)}{\sin \tfrac{1}{2} (A'' + A)} \cdot \frac{\cos \tfrac{1}{2} (A' - A)}{\cos \tfrac{1}{2} (A'' + A)} .$$

91. Multipliez le premier membre de la formule (89) par le second de

la formule (90), et réciproquement, vous aurez

$$\frac{\sin (C''-C)\ \cot^2 \tfrac{1}{2} C'\ \tang \tfrac{1}{2} (C''+C)\ \tang \tfrac{1}{2} (C''-C)}{\sin (C''+C)}$$

$$= \frac{\sin (A''-A)\ \tang^2 \tfrac{1}{2} A'\ \tang \tfrac{1}{2} (A''-A)\ \tang \tfrac{1}{2} (A''+A)}{\sin (A''+A)}$$

$$\frac{2\sin^2 \tfrac{1}{2} (C''-C)\ \cot^2 \tfrac{1}{2} C'}{2\cos^2 \tfrac{1}{2} (C''+C)} = \frac{2\sin^2 \tfrac{1}{2} (A''-A)\ \tang^2 \tfrac{1}{2} A'}{2\cos^2 \tfrac{1}{2} (A'+A)}$$

$$\text{et}\ \frac{\sin \tfrac{1}{2} (C''-C)\ \cot \tfrac{1}{2} C'}{\cos \tfrac{1}{2} (C''+C)} = \frac{\sin \tfrac{1}{2} (A''-A)\ \tang \tfrac{1}{2} A'}{\cos \tfrac{1}{2} (A''+A)}.$$

Cette formule renferme, mais implicitement, les six parties du triangle.

92. La formule (89) peut s'écrire ainsi :

$$\tang\tfrac{1}{2}(A''-A)\,\tang\tfrac{1}{2}(A''+A)=\frac{\sin \tfrac{1}{2}(C''-C)}{\sin \tfrac{1}{2}(C''+C)}\cot\tfrac{1}{2}A'\cdot\frac{\cos \tfrac{1}{2}(C''-C)}{\cos \tfrac{1}{2}(C''+C)}\cot\tfrac{1}{2}A'\ (x);$$

mais
$$\sin A'' : \sin A :: \sin C'' : \sin C$$
$$\sin A''+\sin A : \sin A''-\sin A :: \sin C''+\sin C : \sin C''-\sin C$$
$$2\sin \tfrac{1}{2}(A''+A)\cos \tfrac{1}{2}(A''-A) : 2\sin \tfrac{1}{2}(A''-A)\cos \tfrac{1}{2}(A''+A)$$
$$:: 2\sin \tfrac{1}{2}(C''+C)\cos \tfrac{1}{2}(C''-C) : 2\sin \tfrac{1}{2}(C''-C)\cos \tfrac{1}{2}(C''+C)$$
$$\tang \tfrac{1}{2}(A''+A):\tang \tfrac{1}{2}(A''-A) :: \tang \tfrac{1}{2}(C''+C):\tang \tfrac{1}{2}(C''-C)$$
$$\tang \tfrac{1}{2}(A''+A)\ \tang \tfrac{1}{2}(C''-C)=\tang \tfrac{1}{2}(A''-A)\ \tang \tfrac{1}{2}(C''-C);$$

multiplions par

$$\tang \tfrac{1}{2}(A''+A)\ \tang \tfrac{1}{2}(A''-A)=\frac{\cot^2 \tfrac{1}{2}A'\ \sin \tfrac{1}{2}(C''-C)\ \cos \tfrac{1}{2}(C''-C)}{\sin \tfrac{1}{2}(C''+C)\ \cos \tfrac{1}{2}(C''+C)},$$

nous aurons

$$\tang^2 \tfrac{1}{2}(A''+A)\,\tang\tfrac{1}{2}(C''-C)=\frac{\cot^2 \tfrac{1}{2}A'\ \tang \tfrac{1}{2}(C''+C)\ \sin \tfrac{1}{2}(C''-C)\ \cos \tfrac{1}{2}(C''-C)}{\sin \tfrac{1}{2}(C''+C)\ \cos \tfrac{1}{2}(C''+C)}$$

$$\tang^2 \tfrac{1}{2}(A''+A)=\frac{\cot^2 \tfrac{1}{2}A'\ \cos^2 \tfrac{1}{2}(C''-C)}{\cos^2 \tfrac{1}{2}(C''+C)}$$

$$\tang \tfrac{1}{2}(A''+A)=\frac{\cot \tfrac{1}{2}A'\ \cos \tfrac{1}{2}(C''-C)}{\cos \tfrac{1}{2}(C''+C)},\ \text{première formule de Néper.}$$

Divisons par cette formule la formule (x) ci-dessus, il restera

$$\tang \tfrac{1}{2}(A''-A)=\frac{\cot \tfrac{1}{2}A'\ \sin \tfrac{1}{2}(C''-C)}{\sin \tfrac{1}{2}(C''+C)},\ \text{deuxième formule de Néper.}$$

93. La formule (90) peut s'écrire comme il suit :

$$\tang\tfrac{1}{2}(C''-C)\,\tang\tfrac{1}{2}(C''+C)=\frac{\sin \tfrac{1}{2}(A''-A)}{\sin \tfrac{1}{2}(A''+A)}\tang\tfrac{1}{2}C'\cdot\frac{\cos \tfrac{1}{2}(A''-A)}{\cos \tfrac{1}{2}(A''+A)}\tang\tfrac{1}{2}C'\,(y);$$

mais

$$\tan\tfrac{1}{2}(A''-A)\,\tan\tfrac{1}{2}(C''+C) = \tan\tfrac{1}{2}(A''+A)\,\tan\tfrac{1}{2}(C-C'');$$

donc

$$\tan^2\tfrac{1}{2}(C''+C)\,\tan\tfrac{1}{2}(A''-A) = \frac{\tan^2\tfrac{1}{2}C'\,\tan\tfrac{1}{2}(A''+A)\,\sin\tfrac{1}{2}(A''-A)\cos^2(A''-A)}{\sin\tfrac{1}{2}(A''+A)\,\cos\tfrac{1}{2}(A''+A)}$$

$$\tan^2\tfrac{1}{2}(C''+C) = \frac{\tan^2\tfrac{1}{2}C'\,\cos^2\tfrac{1}{2}(A''-A)}{\cos^2\tfrac{1}{2}(A''+A)}$$

$$\tan\tfrac{1}{2}(C''+C) = \frac{\tan\tfrac{1}{2}C'\,\cos\tfrac{1}{2}(A''-A)}{\cos\tfrac{1}{2}(A''+A)}.$$

Divisons (y) par cette formule, qui est la troisième de Néper, il restera

$$\tan\tfrac{1}{2}(C''-C) = \frac{\sin\tfrac{1}{2}(A''-A)}{\sin\tfrac{1}{2}(A''+A)}\,\tan\tfrac{1}{2}C', \quad \text{quatrième formule de Néper.}$$

Ces formules expriment des relations entre cinq parties du triangle.

94. Le triangle rectangle CDE (fig. 77) donne encore

$$\tan CDE = \frac{\tan CE}{\sin DE} = \frac{\cot BC}{\sin B} = \frac{\cot C}{\sin A'}.$$

Le triangle DAC donne, par le troisième théorème (22),

$$\tan CDE = \frac{\cot AC \cos AB + \sin AB \cos A}{\sin A} = \frac{\cot C' \cos C'' + \sin C'' \cos A}{\sin A}$$

d'où

$$\frac{\cot C}{\sin A'} = \frac{\cot C' \cos C'' + \sin C'' \cos A}{\sin A},$$

$$\text{et} \quad \sin A\,\cot C = \sin A'\cot C'\cos C'' + \sin A'\sin C''\cos A$$
$$\sin A'\cot C' = \sin A''\cot C''\cos C + \sin A''\sin C\cos A'$$
$$\sin A''\cot C'' = \sin A\,\cot C\,\cos C' + \sin A\,\sin C'\cos A',$$

relation entre trois côtés et deux angles.

95. Conservons A et C, échangeons A' et A'', C' et C''.

$$\sin A\,\cot C = \sin A''\cot C'\cos C' + \sin A'\sin C'\cos A$$
$$\sin A'\cot C' = \sin A\,\cot C\,\cos C' + \sin A\,\sin C''\cos A'$$
$$\sin A''\cot C'' = \sin A'\cot C'\cos C + \sin A'\sin C\cos A''.$$

96. Les trois formules (94), portées dans le triangle supplémentaire deviennent

$$\sin C\,\cot A = \sin A''\cos C\,\sin C' - \cos A''\cot A'\sin C'$$
$$\sin C'\cot A' = \sin A\,\cos C'\sin C'' - \cos A\,\cot A''\sin C''$$
$$\sin C''\cot A'' = \sin A'\cos C''\sin C - \cos A'\cot A\sin C.$$

97. Les formules (95), portées dans le triangle supplémentaire, c'est-à-dire en changeant les angles en côtés et réciproquement, et changeant en même tems les signes des cosinus, des tangentes et des cotangentes, deviennent

$$\sin C \cot A = \sin C'' \sin A' \cos C - \sin C'' \cos A' \cot A''$$
$$\sin C' \cot A' = \sin C \sin A'' \cos C' - \sin C \cos A'' \cot A$$
$$\sin C'' \cot A'' = \sin C' \sin A \cos C'' - \sin C' \cos A \cot A'$$

98. La formule (85) $\sin(C''+C)\sin^2\frac{1}{2}A' = \sin C' \cos\frac{1}{2}(A''-A)\cos\frac{1}{2}(A''+A)$;

la formule (86) $\sin(C''-C)\cos^2\frac{1}{2}A' = \sin C'\sin\frac{1}{2}(A''-A)\sin\frac{1}{2}(A''+A)$,

donnent

$$\sin(C''-C)\sin(C''+C)\sin^2\tfrac{1}{2}A'\cos^2\tfrac{1}{2}A'$$
$$= \sin^2 C'\sin\tfrac{1}{2}(A''-A)\cos\tfrac{1}{2}(A''-A)\sin\tfrac{1}{2}(A''+A)\cos\tfrac{1}{2}(A''+A),$$

ou

$$\sin^2 A'\sin(C''-C)\sin(C''+C) = \sin^2 C'\sin(A''-A)\sin(A''+A)$$

$$\frac{\sin^2 A'}{\sin^2 C'} = \frac{\sin^2 A}{\sin^2 C} = \frac{\sin^2 A''}{\sin^2 C''} = \frac{\sin A}{\sin C}\cdot\frac{\sin A''}{\sin C''} = \frac{\sin A\,\sin A'}{\sin C\,\sin C'} = \frac{\sin A'\,\sin A''}{\sin C'\,\sin C''}$$
$$= \frac{\sin(A''-A)\,\sin(A''+A)}{\sin(C''-C)\,\sin(C''+C)}.$$

99. Le théorème fondamental nous donne

$$\cos C'' = \cos A''\sin C\sin C' + \cos C\cos C'$$
$$= \cos C\cos C' + \sin C\sin C' - 2\sin^2\tfrac{1}{2}A''\sin C\sin C'$$
$$= \cos(C'-C) - \sin^2\tfrac{1}{2}A''[\cos(C'-C) - \cos(C'+C)]$$
$$= \cos(C'-C) - \cos(C'-C)\sin^2\tfrac{1}{2}A'' + \cos(C'+C)\sin^2\tfrac{1}{2}A''$$
$$= \cos(C'-C)\cos^2\tfrac{1}{2}A'' + \cos(C'+C)\sin^2\tfrac{1}{2}A''$$

100. $\cos C'' = \cos(C'-C) - \sin^2\tfrac{1}{2}A''\left[1 - 2\sin^2\tfrac{1}{2}(C'-C) - 1\right.$
$$\left. + 2\sin^2\tfrac{1}{2}(C'+C)\right]$$
$$= \cos(C'-C) - \sin^2\tfrac{1}{2}A''\left[2\sin^2\tfrac{1}{2}(C'+C) - 2\sin^2\tfrac{1}{2}(C'-C)\right]$$

$$1 - 2\sin^2\tfrac{1}{2}C'' = 1 - 2\sin^2\tfrac{1}{2}(C'-C) - 2\sin^2\tfrac{1}{2}A''\sin^2\tfrac{1}{2}(C'+C)$$
$$+ 2\sin^2\tfrac{1}{2}(C'-C)\sin^2\tfrac{1}{2}A''$$

$$\sin^2\tfrac{1}{2}C'' = \sin^2\tfrac{1}{2}(C'-C) - \sin^2\tfrac{1}{2}(C'-C)\sin^2\tfrac{1}{2}A''$$
$$+ \sin^2\tfrac{1}{2}(C'+C)\sin^2\tfrac{1}{2}A''$$
$$= \sin^2\tfrac{1}{2}(C'-C)\cos^2\tfrac{1}{2}A'' + \sin^2\tfrac{1}{2}(C'+C)\sin^2\tfrac{1}{2}A''.$$

101. $\sin^2\tfrac{1}{2}C'' = \sin^2\tfrac{1}{2}(C'-C)\cos^2\tfrac{1}{2}A''\left(1 + \frac{\sin^2\tfrac{1}{2}(C'+C)\,\sin^2\tfrac{1}{2}A''}{\sin^2\tfrac{1}{2}(C'-C)\,\cos^2\tfrac{1}{2}A''}\right)$
$$= \sin^2\tfrac{1}{2}(C'-C)\cos^2\tfrac{1}{2}A''\left[1 + \cot^2\tfrac{1}{2}(A'-A)\right]\;(\textit{Voyez } 92)$$
$$= \frac{\sin^2\tfrac{1}{2}(C'-C)\,\cos^2\tfrac{1}{2}A''}{\sin^2\tfrac{1}{2}(A'-A)}.$$

102.

102. L'équation (100) peut encore s'écrire de la manière suivante :

$$\sin^2 \tfrac{1}{2} C'' = \sin^2 \tfrac{1}{2} (C' + C) \sin^2 \tfrac{1}{2} A'' \left(1 + \frac{\sin^2 \tfrac{1}{2} (C' - C) \cot^2 \tfrac{1}{2} A''}{\sin^2 \tfrac{1}{2} (C' + C)} \right)$$
$$= \frac{\sin^2 \tfrac{1}{2} (C' + C) \sin^2 \tfrac{1}{2} A''}{\cos^2 \tfrac{1}{2} (A' - A)}.$$

103. Des expressions (101) et (102), on tire

$$\sin \tfrac{1}{2} C'' = \frac{\sin \tfrac{1}{2} (C' - C) \cos \tfrac{1}{2} A''}{\sin \tfrac{1}{2} (A' - A)} = \frac{\sin \tfrac{1}{2} (C' + C) \sin \tfrac{1}{2} A''}{\cos \tfrac{1}{2} (A' - A)}.$$

104. De l'expression générale $\cos C''$, nous pourrions également tirer

$$\cos C'' = \cos C \cos C' - \sin C \sin C' + 2 \cos^2 \tfrac{1}{2} A'' \sin C \sin C'$$
$$= \cos (C' + C) + \cos^2 \tfrac{1}{2} A'' \left[\cos (C' - C) - \cos (C' + C) \right]$$
$$= \cos (C' + C) + \cos^2 \tfrac{1}{2} A'' \left[2 \cos^2 \tfrac{1}{2} (C' - C) - 1 \right.$$
$$\left. - 2 \cos^2 \tfrac{1}{2} (C' + C) + 1 \right]$$
$$2 \cos^2 \tfrac{1}{2} C'' - 1 = 2 \cos^2 \tfrac{1}{2} (C' + C) - 1 + 2 \cos^2 \tfrac{1}{2} (C' - C) \cos^2 \tfrac{1}{2} A''$$
$$+ 2 \cos^2 \tfrac{1}{2} (C' + C) \cos^2 \tfrac{1}{2} A''$$
$$\cos^2 \tfrac{1}{2} C'' = \cos^2 \tfrac{1}{2} (C' + C) \sin^2 \tfrac{1}{2} A'' + \cos^2 \tfrac{1}{2} (C' - C) \cos^2 \tfrac{1}{2} A''$$

105. D'où $\cos^2 \tfrac{1}{2} C'' = \cos^2 \tfrac{1}{2} (C' + C) \sin^2 \tfrac{1}{2} A'' \left(1 + \dfrac{\cos^2 \tfrac{1}{2} (C' - C) \cos^2 \tfrac{1}{2} A''}{\cos^2 \tfrac{1}{2} (C' + C) \sin^2 \tfrac{1}{2} A''} \right)$

$$= \frac{\cos^2 \tfrac{1}{2} (C' + C) \sin^2 \tfrac{1}{2} A''}{\cos^2 \tfrac{1}{2} (A' + A)}.$$

106. et $\cos^2 \tfrac{1}{2} C'' = \cos^2 \tfrac{1}{2} (C' - C) \cos^2 \tfrac{1}{2} A'' \left(1 + \dfrac{\cos^2 \tfrac{1}{2} (C' + C) \sin^2 \tfrac{1}{2} A''}{\cos^2 \tfrac{1}{2} (C' - C) \cos^2 \tfrac{1}{2} A''} \right)$

$$= \frac{\cos^2 \tfrac{1}{2} (C' - C) \cos^2 \tfrac{1}{2} A''}{\sin^2 \tfrac{1}{2} (A' + A)},$$

107. et $\cos \tfrac{1}{2} C'' = \dfrac{\cos \tfrac{1}{2} (C' + C) \sin \tfrac{1}{2} A''}{\cos \tfrac{1}{2} (A' + A)} = \dfrac{\cos \tfrac{1}{2} (C' - C) \cos \tfrac{1}{2} A''}{\sin \tfrac{1}{2} (A' + A)}.$

108. En divisant les formules (103) par les formules (107), on aura

$$\tan \tfrac{1}{2} C'' = \frac{\sin \tfrac{1}{2} (C' - C) \cos \tfrac{1}{2} A'' \cos \tfrac{1}{2} (A' + A)}{\sin \tfrac{1}{2} (A' - A) \cos \tfrac{1}{2} (C' + C) \sin \tfrac{1}{2} A''} = \frac{\sin \tfrac{1}{2} (C' - C) \cos \tfrac{1}{2} (A' + A) \cot \tfrac{1}{2} A''}{\cos \tfrac{1}{2} (C' + C) \sin \tfrac{1}{2} (A' - A)}$$

$$= \frac{\sin \tfrac{1}{2} (C' - C) \cos \tfrac{1}{2} A'' \sin \tfrac{1}{2} (A' + A)}{\sin \tfrac{1}{2} (A' - A) \cos \tfrac{1}{2} (C' - C) \cos \tfrac{1}{2} A''} = \frac{\tan \tfrac{1}{2} (C' - C) \sin \tfrac{1}{2} (A' + A)}{\sin \tfrac{1}{2} (A' - A)} \quad \text{(Néper)}$$

$$= \frac{\sin \tfrac{1}{2} (C' + C) \sin \tfrac{1}{2} A'' \cos \tfrac{1}{2} (A' + A)}{\cos \tfrac{1}{2} (A' - A) \sin \tfrac{1}{2} A'' \cos \tfrac{1}{2} (C' + C)} = \frac{\tan \tfrac{1}{2} (C' + C) \cos \tfrac{1}{2} (A' + A)}{\cos \tfrac{1}{2} (A' - A)} \quad \text{(Néper)}$$

$$= \frac{\sin \tfrac{1}{2} (C' + C) \sin \tfrac{1}{2} A'' \sin \tfrac{1}{2} (A' + A)}{\cos \tfrac{1}{2} (A' - A) \cos \tfrac{1}{2} (C' - C) \cos \tfrac{1}{2} A''} = \frac{\tan \tfrac{1}{2} A'' \sin \tfrac{1}{2} (A' + A) \sin \tfrac{1}{2} (C' + C)}{\cos \tfrac{1}{2} (A' - A) \cos \tfrac{1}{2} (C' - C)}.$$

109.
$$\sin \tfrac12 C'' \cos \tfrac12 C' = \tfrac12 \sin C';$$

ainsi, au moyen des expressions précédentes, nous aurons

$$\sin C'' = \frac{\sin\frac12(C'-C)\cos\frac12 A''\cos\frac12(C'+C)\sin\frac12 A''}{\sin\frac12(A'-A)\cos\frac12(A'+A)} = \frac{\frac12\sin A''\sin\frac12(C'-C)\cos\frac12(C'+C)}{\sin\frac12(A'-A)\cos\frac12(A'+A)}$$

$$= \frac{\frac12\sin A'\cdot\frac12(\sin C'-\sin C)}{\frac12(\sin A'-\sin A)} = \frac{\frac12\sin(C'-C)\cos^2\frac12 A''}{\sin\frac12(A'-A)\sin\frac12(A'+A)} = \frac{\frac12\sin(C'-C)\cos^2\frac12 A''}{\frac12(\cos A-\cos A')}$$

$$= \frac{\sin\frac12(C'+C)\sin^2\frac12 A''\cos\frac12(C'+C)}{\cos\frac12(A'-A)\cos\frac12(A'+A)} = \frac{\frac12\sin(C'+C)\sin^2\frac12 A''}{\frac12(\cos A+\cos A')}$$

$$= \frac{\sin\frac12(C'+C)\sin\frac12 A''\cos\frac12(C'-C)\cos\frac12 A''}{\cos\frac12(A'-A)\sin\frac12(A'+A)} = \frac{\frac12\sin A''\sin\frac12(C'+C)\cos\frac12(C'-C)}{\sin\frac12(A'+A)\cos\frac12(A'-A)}$$

$$= \tfrac12\sin A''\left(\frac{\sin C'+\sin C}{\sin A'+\sin A}\right) = \frac{\frac12\sin A''\cdot\frac12(\sin C'+\sin C)}{\frac12(\sin A'+\sin A)},$$

ou
$$\frac{\sin C''}{\sin A''} = \frac{\sin C'+\sin C}{\sin A'+\sin A}, \qquad \frac{\sin C''}{2\cos^2\frac12 A''} = \frac{\sin(C'-C)}{\cos A-\cos A'}$$

$$\frac{\sin C''}{2\sin^2\frac12 A''} = \frac{\sin(C'+C)}{\cos A+\cos A'}$$

$$\tan^2\tfrac12 A'' = \frac{\sin(C'-C)}{\sin(C'+C)}\cdot\frac{\cos A+\cos A'}{\cos A-\cos A'}$$

110. Le théorème III

$$\cos A'' = \cos C''\sin A\sin A' - \cos A\cos A' = \sin A\sin A'$$
$$- \cos A\cos A' - 2\sin^2\tfrac12 C''\sin A\sin A'$$
$$= - \cos(A'+A) - 2\sin^2\tfrac12 C''\sin A\sin A'$$
$$= - \cos(A'+A) - \sin^2\tfrac12 C''\left[\cos(A'-A) - \cos(A'+A)\right]$$
$$= - \cos(A'+A)\cos^2\tfrac12 C'' - \cos(A'-A)\sin^2\tfrac12 C''$$

$$\cos A'' = - \sin A\sin A' - \cos A\cos A' + 2\cos^2\tfrac12 C''\sin A\sin A'$$
$$= - \cos(A'-A) + \cos^2\tfrac12 C''\left[\cos(A'-A) - \cos(A'+A)\right]$$
$$= - \cos(A'-A)\sin^2\tfrac12 C'' - \cos(A'+A)\cos^2\tfrac12 C''$$

111.
$$- \cos A'' = \cos(A'-A)\sin^2\tfrac12 C'' + \cos(A'+A)\cos^2\tfrac12 C''$$
$$= \cos(A'-A) - \cos^2\tfrac12 C''\left[1 - 2\sin^2\tfrac12(A'-A)\right.$$
$$\left. - 1 + 2\sin^2\tfrac12(A'+A)\right]$$
$$= \cos(A'-A) - \cos^2\tfrac12 C''\left[2\sin^2\tfrac12(A'+A)\right.$$
$$\left. - 2\sin^2\tfrac12(A'-A)\right]$$
$$= \cos(A'-A) - \cos^2\tfrac12 C''\left[2\cos^2\tfrac12(A'-A)\right.$$
$$\left. - 2\cos^2\tfrac12(A'+A)\right]$$
$$1 - \cos A'' = 1 + \cos(A'-A) - 2\cos^2\tfrac12(A'-A)\cos^2\tfrac12 C''$$
$$+ 2\cos^2\tfrac12(A'+A)\cos^2\tfrac12 C''$$
$$2\sin^2\tfrac12 A'' = 2\cos^2\tfrac12(A'-A) - 2\cos^2\tfrac12(A'-A)\cos^2\tfrac12 C''$$
$$+ 2\cos^2\tfrac12(A'+A)\cos^2\tfrac12 C''.$$

112. $\sin^2\tfrac{1}{2}A'' = \cos^2\tfrac{1}{2}(A'-A)\sin^2\tfrac{1}{2}C'' + \cos^2\tfrac{1}{2}(A'+A)\cos^2\tfrac{1}{2}C''$

$$= \cos^2\tfrac{1}{2}(A'+A)\cos^2\tfrac{1}{2}C''\left(1+\frac{\cos^2\tfrac{1}{2}(A'-A)\,\tang^2\tfrac{1}{2}C''}{\cos^2\tfrac{1}{2}(A'+A)}\right)$$

$$= \cos^2\tfrac{1}{2}(A'-A)\sin^2\tfrac{1}{2}C''\left(1+\frac{\cos^2\tfrac{1}{2}(A'+A)\,\cot^2\tfrac{1}{2}C''}{\cos^2\tfrac{1}{2}(A'-A)}\right)$$

$$= \cos^2\tfrac{1}{2}(A'+A)\cos^2\tfrac{1}{2}C''\left[1+\tang^2\tfrac{1}{2}(C'+C)\right]$$

$$= \cos^2\tfrac{1}{2}(A'-A)\sin^2\tfrac{1}{2}C''\left[(1+\cot^2\tfrac{1}{2}(C'+C)\right]$$

$$= \frac{\cos^2\tfrac{1}{2}(A'+A)\cos^2\tfrac{1}{2}C''}{\cos^2\tfrac{1}{2}(C'+C)} = \frac{\cos^2\tfrac{1}{2}(A'-A)\sin^2\tfrac{1}{2}C''}{\sin^2\tfrac{1}{2}(C'+C)}$$

$$\sin\tfrac{1}{2}A'' = \frac{\cos\tfrac{1}{2}(A'+A)\cos\tfrac{1}{2}C''}{\cos\tfrac{1}{2}(C'+C)} = \frac{\cos\tfrac{1}{2}(A'-A)\sin\tfrac{1}{2}C''}{\sin\tfrac{1}{2}(C'+C)}.$$

113. De l'article (111) nous pouvons également tirer

$$-1-\cos A'' = -1+\cos(A'-A)-2\cos^2\tfrac{1}{2}(A'-A)\cos^2\tfrac{1}{2}C''$$
$$+2\cos^2\tfrac{1}{2}(A'+A)\cos^2\tfrac{1}{2}C''$$

$$-2\cos^2\tfrac{1}{2}A'' = -2\sin^2\tfrac{1}{2}(A'-A)-2\cos^2\tfrac{1}{2}(A'-A)\cos^2\tfrac{1}{2}C''$$
$$+2\cos^2\tfrac{1}{2}(A'+A)\cos^2\tfrac{1}{2}C''$$

$$-1-\cos A'' = -1+\cos(A'-A)-2\sin^2\tfrac{1}{2}(A'+A)\cos^2\tfrac{1}{2}C''$$
$$+2\sin^2\tfrac{1}{2}(A'-A)\cos^2\tfrac{1}{2}C''$$

$$\cos^2\tfrac{1}{2}A'' = \sin^2\tfrac{1}{2}(A'-A)\sin^2\tfrac{1}{2}C'' + \sin^2\tfrac{1}{2}(A'+A)\cos^2\tfrac{1}{2}C''$$

$$= \sin^2\tfrac{1}{2}(A'-A)\sin^2\tfrac{1}{2}C''\left(1+\frac{\sin^2\tfrac{1}{2}(A'+A)\,\cot^2\tfrac{1}{2}C''}{\sin^2\tfrac{1}{2}(A'-A)}\right)$$

$$= \sin^2\tfrac{1}{2}(A'+A)\cos^2\tfrac{1}{2}C''\left(1+\frac{\sin^2\tfrac{1}{2}(A'-A)\,\tang^2\tfrac{1}{2}C''}{\sin^2\tfrac{1}{2}(A'+A)}\right)$$

$$= \frac{\sin^2\tfrac{1}{2}(A'-A)\sin^2\tfrac{1}{2}C''}{\sin^2\tfrac{1}{2}(C'-C)} = \frac{\sin^2\tfrac{1}{2}(A'+A)\cos^2\tfrac{1}{2}C''}{\cos^2\tfrac{1}{2}(C'+C)}$$

$$\cos\tfrac{1}{2}A'' = \frac{\sin\tfrac{1}{2}(A'-A)\sin\tfrac{1}{2}C''}{\sin\tfrac{1}{2}(C'-C)} = \frac{\sin\tfrac{1}{2}(A'+A)\cos\tfrac{1}{2}C''}{\cos\tfrac{1}{2}(C'-C)}.$$

114. D'où

$$\tang\tfrac{1}{2}A'' = \frac{\sin\tfrac{1}{2}(C'-C)\cos\tfrac{1}{2}(A'+A)\,\cot\tfrac{1}{2}C''}{\cos\tfrac{1}{2}(C'+C)\sin\tfrac{1}{2}(A'-A)}$$

$$= \frac{\sin\tfrac{1}{2}(C'-C)\cot\tfrac{1}{2}(A'-A)}{\sin\tfrac{1}{2}(C'+C)} = \frac{\cos\tfrac{1}{2}(C'-C)\cot\tfrac{1}{2}(A'+A)}{\cos\tfrac{1}{2}(C'+C)}$$

$$= \frac{\cos\tfrac{1}{2}(C'-C)\cos\tfrac{1}{2}(A'-A)\,\tang\tfrac{1}{2}C''}{\sin\tfrac{1}{2}(C'+C)\sin\tfrac{1}{2}(A'+A)}.$$

115. Et

$$\tfrac{1}{2}\sin A'' = \frac{\tfrac{1}{2}\sin C''\sin\tfrac{1}{2}(A'-A)\cos\tfrac{1}{2}(A'+A)}{\sin\tfrac{1}{2}(C'-C)\cos\tfrac{1}{2}(C'+C)} = \frac{\tfrac{1}{2}\sin C''(\sin A'-A)}{(\sin C'-\sin C)}$$

$$= \frac{\tfrac{1}{2}\sin(A'-A)\sin^2\tfrac{1}{2}C''}{\sin\tfrac{1}{2}(C'-C)\sin\tfrac{1}{2}(C'+C)} = \frac{\tfrac{1}{2}\sin(A'-A)\sin^2\tfrac{1}{2}C''}{\tfrac{1}{2}(\cos C-\cos C')}$$

$$= \frac{\tfrac{1}{2}\sin(A'+A)\cos^2\tfrac{1}{2}C''}{\cos\tfrac{1}{2}(C'-C)\cos\tfrac{1}{2}(C'+C)} = \frac{\tfrac{1}{2}\sin(A'+A)\cos^2\tfrac{1}{2}C''}{\tfrac{1}{2}(\cos C+\cos C')}$$

$$= \frac{\tfrac{1}{2}\sin C''\sin\tfrac{1}{2}(A'-A)\cos\tfrac{1}{2}(A'-A)}{\sin\tfrac{1}{2}(C'+C)\cos\tfrac{1}{2}(C'-C)} = \frac{\tfrac{1}{2}\sin C''\tfrac{1}{2}(\sin A'+\sin A)}{\tfrac{1}{2}(\sin C'+\sin C)}$$

116. Ou

$$\frac{\sin A''}{\sin C''} = \frac{\sin A' - \sin A}{\sin C' - \sin C} = \frac{\sin A' + \sin A}{\sin C' + \sin C}$$

$$\frac{\sin A''}{2 \sin^2 \frac{1}{2} C''} = \frac{\sin (A' - A)}{\cos C - \cos C'}$$

$$\frac{\sin A''}{2 \cos^2 \frac{1}{2} C''} = \frac{\sin (A' + A)}{\cos C + \cos C'},$$

et
$$\cot^2 \tfrac{1}{2} C'' = \frac{\cos C + \cos C'}{\cos C - \cos C} \cdot \frac{\sin (A' - A)}{\sin (A' + A)}.$$

J'avais donné les formules 87, 88, 103, 107, 108 et 109 dans la *Connaissance des Tems* de 1808. J'avais supprimé les démonstrations, parce que ces formules ne me paraissaient pas très-utiles. Mais M. Gauss, dans sa *Théorie des Planètes*, qui a paru en 1809, en a fait un grand usage et il a témoigné son étonnement de ne les trouver dans aucun Traité de Géométrie. Il paraît en promettre les démonstrations, j'ai donc jugé utile de donner ici les miennes.

117. On voit par toutes les formules que nous avons déduites analytiquement du triangle supplémentaire, au moyen de deux arcs que nous y avons ajoutés, ce que peut l'analyse trigonométrique appliquée à une construction fort simple. Je ne me flatte pas d'avoir épuisé les combinaisons que la figure 77 peut fournir, toutes les formules que nous en avons tirés ne sont pas toutes également utiles, mais il n'en est aucune peut-être que je n'aie eu quelquefois l'occasion d'employer dans mes recherches.

On peut aussi remarquer que l'analyse conduit quelquefois à des théorèmes qu'on ne cherchait pas et dont on n'avait aucune idée; il est vrai que la route parfois est assez longue; mais quand les théorèmes sont une fois découverts et qu'ils sont importans, on peut les construire et en donner des démonstrations beaucoup plus courtes : c'est ce que nous ferons pour les analogies de Néper qui sont d'un usage continuel; mais auparavant nous ferons encore quelques remarques pour terminer cette partie théorique de la Trigonométrie.

118. Dans la formation de notre triangle supplémentaire nous avons supposé les trois côtés AB, BC, AC plus petits que le quart de cercle et le triangle ABC se trouvait tout entier dans le triangle MNO. Si quelqu'un des côtés surpasse 90°, les côtés des deux triangles se couperont réciproquement, ainsi qu'on le voit (fig. 78 et 79), mais il n'en

peut résulter aucun changement dans les formules , on serait obligé seulement à donner aux cosinus et tangentes des angles ou côtés qui seraient de plus de 90° des signes contraires.

119. Au lieu du triangle supplémentaire on pourrait se servir d'un triangle complémentaire (fig. 80) formé en prolongeant les côtés AB et CB jusqu'à 90° en E et en D; par ces points on mènerait l'arc indéfini LDEG. Du point D comme pôle, on décrirait l'arc LMCF, du point E l'arc KAHG; on mènerait DAM=ECN=90°, on aurait M=N=90°. On appliquerait aux triangles qui naîtraient de cette construction les théorèmes fondamentaux , et l'on arriverait aux formules que nous a données le triangle supplémentaire; et c'est ainsi que je les avais trouvées d'abord.

120. Pour les triangles rectangles en particulier, nous aurions pu employer les triangles complémentaires de la figure 81.

Prolongez jusqu'à 90°, en D et en E les côtés BA, BC du triangle BAC rectangle en A. Prolongez de même AC jusqu'en F et menez FED, vous aurez un nouveau triangle FEC rectangle en E. L'angle C sera commun. CE et CF seront les complémens de BC et AC. L'angle E sera droit, car B est le pôle de DE , et BE = 90°.

L'angle F a pour mesure AD=90 — AB ; FE = 90 — DE = 90 — B.

Prolongez de même C en I, EF en H et du pôle C décrivez l'arc HIG, vous aurez un nouveau triangle HFI, complémentaire de FCE.

Au moyen de ces triangles, dès qu'une formule sera démontrée, pour ABC par exemple, portez-la dans le triangle FCE et mettez au lieu des parties de FCE leur valeur en parties du triangle ABC, vous verrez naître le plus souvent une autre formule qui sera générale comme la première. Voyez les *Leçons d'Astronomie* de La Caille (120 et suiv.)

TRIGONOMÉTRIE USUELLE.

Triangles sphériques rectangles.

121. Les formules que nous avons démontrées sont plus que suffisantes pour résoudre tous les cas ordinaires des triangles sphériques. Mais ces formules ne sont pas celles qu'on emploie le plus souvent, parce que pour la plupart elles ne sont pas disposées assez favorablement pour l'usage des logarithmes. On a donc imaginé des artifices de calculs pour éviter le passage des logarithmes aux nombres naturels, et réciproquement, dans les calculs des formules composées de plusieurs termes.

122. Les formules des triangles rectangles n'ont pas cet inconvénient, et c'est par elles que nous allons commencer.

Soit (fig. 82), le triangle $AA'A''$ rectangle en A dans lequel l'hypoténuse C peut être un arc de l'écliptique. La base C'' un arc de l'équateur, le côté C' une partie d'un cercle de déclinaison. L'angle A' sera l'obliquité de l'écliptique et l'angle A'' l'angle de l'écliptique avec le cercle de déclinaison. A côté des formules générales nous mettrons leur application la plus usuelle dans les calculs du soleil.

123. Si l'on connaît l'hypoténuse C et l'angle A' on aura

(24) $\sin C' = \sin C \sin A$, ou $\sin D = \sin \omega \sin L = \sin \text{obliq} \sin \text{long}$

(26) $\tang C'' = \tang C \cos A'$ ou $\tang \text{Æ} = \cos \omega \tang L = \cos \text{obliq} \tang. \text{long}$

On désigne par le caractère ou symbole Æ, la distance du point A au point A' ou l'arc de l'équateur compris entre le point équinoxial et le cercle de déclinaison ; D est la déclinaison.

(27) $\cot A'' = \cos C \tang A'$.   cot angle éclipt. $= \cos$ long. $\tang$ obliq.

Ces trois formules donnent la solution complète du triangle. Il ne présente aucune incertitude. L'angle C' est toujours de même espèce que le côté opposé, et réciproquement (70). L'espèce de l'arc C'' sera toujours connue, en écrivant ainsi la formule $\tang C'' = \left(\dfrac{\sin C}{\cos C} \right) \cos A'$, et se rappelant les règles données (55) pour les tangentes.

L'angle A'' sera aigu si C et A' sont de même espèce ; obtus dans le cas contraire (67).

124. Si l'on connaît l'hypoténuse C et l'angle A''

$$(24) \quad \sin C'' = \sin C \sin A''$$
$$(26) \quad \tang C' = \tang C \cos A''$$
$$(27) \quad \cot A' = \cos C \tang A''.$$

Ces formules sont celles de l'article 123, en changeant A' en A'', et réciproquement.

125. Si l'on connaît l'hypoténuse C et le côté C'

$$(24) \quad \sin A' = \frac{\sin C'}{\sin C} \qquad\qquad \sin \text{obliq} = \frac{\sin D}{\sin L}$$

l'angle A' est de même espèce que le côté opposé.

$$(26)\quad \cos C'' = \frac{\cos C}{\cos C'} \qquad\qquad \cos R = \frac{\cos L}{\cos D}$$

$$(29)\quad \cos A'' = \tang C' \cot C \qquad \cos\,angl\ éclipt = \tang D \cot L$$

126. Si l'on connaît l'hypoténuse C et C''

$$(26)\quad \cos C' = \frac{\cos C}{\cos C''} \qquad\qquad \cos D = \frac{\cos L}{\cos R}$$

$$(29)\quad \cos A' = \tang C'' \cot C \qquad \cos\,obliq = \tang R \cot L$$

$$(24)\quad \sin A'' = \frac{\sin C''}{\sin C} \qquad\qquad \sin\,angle = \frac{\sin R}{\sin L}$$

l'angle est de même espèce que le côté opposé.

127. Si l'on connaît C' et C'' on aura

$$(26)\quad \cos C = \cos C' \cos C'' \qquad ou\ \cos\,long = \cos D \cos R$$

$$(30)\quad \tang A' = \frac{\tang C'}{\sin C''} \qquad\qquad ou\ \tang\,obliq = \frac{\tang D}{\sin R}$$

$$(30)\quad \tang A'' = \frac{\tang C''}{\sin C'} \quad ou\ \tang\,angl\ éclipt.\ et\ cercle\ de\ décl = \frac{\tang R}{\sin D}$$

Aucun doute sur l'espèce de l'hypoténuse ni des deux angles.

128. Si l'on connaît C' et A'

$$(24)\quad \sin C = \frac{\sin C'}{\sin A'} \qquad\qquad \sin L = \frac{\sin D}{\sin\,obliq}$$

$$(30)\quad \sin C'' = \tang C' \cot A' \qquad \sin R = \tang D \cot obliq$$

$$(28)\quad \sin A'' = \frac{\cos A'}{\cos C'} \qquad\qquad \sin\,angl = \frac{\cos\,obliq}{\cos D}$$

Tous ces angles trouvés par leur sinus, peuvent être aigus ou obtus. C'est ce qu'on appelle *cas douteux*.

129. Si l'on connaît C' et A'

$$(30)\quad \tang C'' = \sin C' \tang A' \qquad \tang R = \sin D \sin\,angle\ éclipt.$$

$$(29)\quad \tang C = \frac{\tang C'}{\cos A'} \qquad\qquad \tang L = \frac{\tang D}{\cos\,angle\ éclipt}$$

$$(28)\quad \cos A' = \sin A'' \cos C' \qquad \cos\,obliq = \sin\,angle \cos\,décl.$$

130. Si l'on connaît C'' et A'

$$(30)\quad \tang C' = \tang A' \sin C'' \qquad \tang D = \tang\,obliq \sin R$$

$$(30)\quad \tang C = \frac{\tang C''}{\cos A'} \qquad\qquad \tang L = \frac{\tang R}{\cos\,obliq}$$

$$(28)\quad \cos A'' = \sin A' \cos C'' \qquad \cos\,obliq = \sin\,obliq \cos R$$

131. Si l'on connaît C' et A''

$$(24) \qquad \sin C = \frac{\sin C''}{\sin A''}$$

$$(30) \qquad \sin C' = \mathrm{taug}\, C'' \cot A'$$

$$(28) \qquad \sin A' = \frac{\cos A''}{\cos C''}$$

Ces formules sont les mêmes que celles de l'article 128 et sont sujettes à la même incertitude. Elles ne sont guère usitées dans les calculs du soleil.

132. Si l'on connaît A' et A''

$$(27) \qquad \cos C = \cot A' \cot A''$$

$$(28) \qquad \cos C'' = \frac{\cos A''}{\sin A'}$$

$$(28) \qquad \cos C' = \frac{\cos A'}{\sin A''}$$

Ces formules n'offrent aucune incertitude. Elles ne sont guère usitées dans les calculs du soleil.

133. Ces dix articles contiennent tout ce qui concerne les triangles rectangles. On peut dans certains cas modifier ces solutions. Quand un arc se trouve par son cosinus, on peut y substituer la tangente de la moitié de l'angle. Ainsi quand on a

$$\cos x = a = \frac{1 - \mathrm{tang}^2 \frac{1}{2} x}{1 + \mathrm{tang}^2 \frac{1}{2} x}$$

On en déduit

$$\mathrm{tang}^2 \tfrac{1}{2} x = \frac{1 - a}{1 + a}$$

Ainsi au lieu de $\cos C = \cot A' \cot A''$, on aura

$$\mathrm{tang}^2 \tfrac{1}{2} C = \frac{1 - \cot A' \, \cot A''}{1 + \cot A' \, \cot A''} = \frac{\sin A' \sin A'' - \cos A' \cos A''}{\sin A' \sin A'' + \cos A' \cos A''}$$

$$\mathrm{tang}^2 \tfrac{1}{2} x = \frac{- \cos (A' + A'')}{\cos (A' - A'')} \qquad \text{ou } \mathrm{tang}\, \tfrac{1}{2} x = \left(\frac{- \cos (A' + A'')}{\cos (A' - A'')} \right)^{\frac{1}{2}}$$

formule d'où l'on peut tirer deux conséquences : la première, c'est que dans tout triangle sphérique rectangle la somme de deux angles obliques surpasse toujours 90°, sans quoi l'expression précédente deviendrait imaginaire. $\cos (A' + A'')$ est donc une quantité essentiellement négative.

La

La seconde conséquence est qu'on peut avoir l'hypoténuse x ou C sans connaître autre chose que le cosinus de la somme et le cosinus de la différence des deux angles.

134. Nous aurions de même

$$\tang\tfrac{1}{2}C'' = \left(\frac{1-\dfrac{\cos A''}{\sin A'}}{1+\dfrac{\cos A''}{\sin A'}}\right)^{\frac{1}{2}} = \left(\frac{\sin A' - \cos A''}{\sin A' + \cos A''}\right)^{\frac{1}{2}} = \left(\frac{\sin A' - \sin B'}{\sin A' + \sin B'}\right)^{\frac{1}{2}}$$

$$= \left(\frac{2\sin\tfrac{1}{2}(A'-B')\ \cos\tfrac{1}{2}(A'+B')}{2\sin\tfrac{1}{2}(A'+B')\ \cos\tfrac{1}{2}(A'-B')}\right)^{\frac{1}{2}} = \left[\tang\tfrac{1}{2}(A'-B')\cot\tfrac{1}{2}(A'+B')\right]^{\frac{1}{2}}$$

$$= \left[\tang\tfrac{1}{2}(A'-90°+A'')\cot\tfrac{1}{2}(A'+90°-A'')\right]^{\frac{1}{2}}$$

$$= \left[\tang\left(\frac{A'+A''}{2}-45°\right)\cot\left(\frac{A'-A''}{2}+45°\right)\right]^{\frac{1}{2}}.$$

135. La formule 125 donne

$$\cos A'' = \tang C'\cot C, \quad \tang^2\tfrac{1}{2}A'' = \frac{1-\tang C'\cot C}{1+\tang C'\cot C} = \frac{\cos C'\sin C - \sin C'\cos C}{\cos C'\sin C + \sin C'\cos C}$$

$$= \frac{\sin(C-C')}{\sin(C+C')} \quad \text{et} \quad \tang\tfrac{1}{2}A'' = \left(\frac{\sin(C-C')}{\sin(C+C')}\right)^{\frac{1}{2}}.$$

Pour que cette expression ne devienne pas imaginaire, il faut que le numérateur et le dénominateur soient tous deux positifs ou tous deux négatifs; ainsi lorsque (C'+C) surpasse 180°, il faut que l'hypoténuse C soit moindre que l'autre côté. Ainsi quand il y a des angles obtus, l'hypoténuse n'est plus le plus grand côté. Et en effet, nous avons dit déjà que le plus grand côté est toujours opposé au plus grand angle.

136. Le même article donne

$$\cos C'' = \frac{\cos C}{\cos C'}; \quad \tang^2\tfrac{1}{2}C'' = \frac{1-\dfrac{\cos C}{\cos C'}}{1+\dfrac{\cos C}{\cos C'}} = \frac{\cos C' - \cos C}{\cos C' + \cos C},$$

$$\tang^2\tfrac{1}{2}C'' = \frac{2\sin\tfrac{1}{2}(C-C')\sin\tfrac{1}{2}(C+C')}{2\cos\tfrac{1}{2}(C+C')\cos\tfrac{1}{2}(C-C')} = \left[(\tang\tfrac{1}{2}(C-C')\tang\tfrac{1}{2}(C+C')\right]$$

$$\tang\tfrac{1}{2}C'' = \left[\tang\tfrac{1}{2}(C-C')\tang\tfrac{1}{2}(C+C')\right]^{\frac{1}{2}},$$

d'où l'on tire la même conséquence que dans l'article précédent.

Quand la quantité qu'on cherche est fort petite, on ne peut la trouver avec exactitude par son cosinus. Il sera alors utile de la chercher par la tangente de la moitié.

137. On éprouve le même inconvénient quand on cherche par le sinus un angle presque droit.

Soit, par exemple, $\sin C' = \sin C \sin A'$.

Soit

$$\sin C' = \sin(90° - 2z) = \cos 2z = \frac{1 - \tan^2 z}{1 + \tan^2 z} = \frac{1 - \tan x}{1 + \tan x} = \tan(45° - x)$$

$$\tan^2 z = \frac{1 - \sin C'}{1 + \sin C'} = \frac{1 - \sin C \sin A'}{1 + \sin C \sin A'} = \frac{1 - \tan x}{1 + \tan x} = \tan(45° - x).$$

Vous aurez

$$\sin C \sin A' = \tan x, \quad \tan^2 z = \tan(45° - x)$$
$$\tan z = \sqrt{\tan(45° - x)}$$
$$C' = (90° - 2z).$$

138. Quand la quantité qu'on cherche diffère peu de l'une des données, il est quelquefois plus commode et plus exact de chercher la différence. Nous en donnerons ci-après les moyens.

Triangles obliquangles.

139. Les formules qui servent à résoudre les triangles obliquangles expriment toujours la relation entre quatre quantités, dont trois seulement sont connues. Or quatre quantités prises trois à trois donnent $\frac{4 \cdot 3}{2} = 6$ combinaisons. Il n'y a donc que six cas différens qui peuvent s'offrir dans le calcul d'un triangle.

140. On peut connaître les trois côtés; par exemple, quand on a la distance polaire d'un astre, la hauteur du pôle et par conséquent la distance du pôle au zénit, et la distance observée d'un astre au zénit. On connaît les trois côtés, on peut avoir besoin des trois angles. C'est par ce moyen qu'on détermine le tems sidéral ou solaire.

Nous avons par l'article 63

$$\cos A'' = \frac{\cos C''}{\sin C \sin C'} - \cot C \cot C'.$$

On cherche un nombre $m = \frac{\cos C''}{\sin C \sin C'}$ et un nombre $n = \cot C \cot C'$, et l'on aura $\cos A'' = m - n$; mais les tables ne donnant que les cosinus et les cotangentes logarithmiques, quand on a trouvé les nombres m et n, on est obligé de chercher le logarithme de $(m - n)$ parmi ceux des nombres, ensuite il faut le chercher parmi ceux des cosinus. Pour éviter ce détour on a imaginé plusieurs moyens.

Au lieu de

$$\cos A'' = \frac{\cos C'' - \cos C \; \cos C'}{\sin C \; \sin C'},$$

écrivons

$$\cos A' = \frac{\dfrac{\cos C''}{\sin C''} - \dfrac{\cos C \; \cos C'}{\sin C''}}{\dfrac{\sin C \; \sin C'}{\sin C''}} = \frac{\cot C'' - \tang y}{\left(\dfrac{\sin C \; \sin C'}{\sin C''}\right)} = \frac{\tang (90° - C'') - \tang y}{\left(\dfrac{\sin C \; \sin C'}{\sin C''}\right)}$$

$$= \frac{\sin (90° - C'' - y)}{\cos (90° - C' - y) \dfrac{\sin C \; \sin C'}{\sin C''}} = \frac{\cos (C'' + y)}{\sin C \; \sin C' \cos y}.$$

Le procédé se réduit à faire $\tang y = \dfrac{\cos C \; \cos C'}{\sin C''}$, ce qui est toujours possible. A côté de $\tang y$ on trouvera $\cos y$; on en prendra le complément arithmétique, on y ajoutera ceux de $\sin C$ et $\sin C'$, et enfin le $\log \cos (C'' + y)$ et la somme sera le log de $\cos A''$. Ce moyen est simple, mais on pourrait ne pas s'en aviser. Je l'ai vu dans les *Tables* de Véga. Si la quantité $\tang y = \dfrac{\cos C \; \cos C'}{\sin C''}$ était négative, y le serait aussi.

141. Dans le triangle AZC (fig. 75), abaissez la perpendiculaire ZD les deux triangles AZD, CZD rectangles en D, donneront

$$\cos ZD = \frac{\cos AZ}{\cos AD} = \frac{\cos ZC}{\cos CD} = \frac{\cos C''}{\cos x} = \frac{\cos C}{\cos y},$$

d'où

$$\cos C'' : \cos C :: \cos x : \cos y,$$

x et y étant les deux segmens de la base $AC = C'$

$$\cos C'' + \cos C : \cos C'' - \cos C :: \cos x + \cos y : \cos x - \cos y$$
$$2 \cos \tfrac{1}{2}(C + C'') \cos \tfrac{1}{2}(C - C'') : 2 \sin \tfrac{1}{2}(C - C'') \sin \tfrac{1}{2}(C + C'')$$
$$:: 2 \cos \tfrac{1}{2}(x + y) \cos \tfrac{1}{2}(x - y) : 2 \sin \tfrac{1}{2}(x - y) \cos \tfrac{1}{2}(x + y)$$
$$1 : \tang \tfrac{1}{2}(C - C'') \tang \tfrac{1}{2}(C + C'') :: 1 : \tang \tfrac{1}{2}(x + y) \tang \tfrac{1}{2}(x - y),$$

d'où

$$\tang \tfrac{1}{2}(x - y) = \tang \tfrac{1}{2}(C - C'') \tang \tfrac{1}{2}(C + C'') \cot \tfrac{1}{2}(x + y)$$
$$= \tang \tfrac{1}{2}(C - C'') \tang \tfrac{1}{2}(C + C'') \cot \tfrac{1}{2} C';$$

car

$$x + y = AC = C'.$$

Cette formule donnera la demi-différence des segmens de la base.

Vous connaissez la demi-somme, vous aurez $x = \frac{1}{2}C' + \frac{1}{2}(x - y)$; $y = \frac{1}{2}C' - \frac{1}{2}(x - y)$. Les auteurs donnent des règles pour savoir si la perpendiculaire tombe en dedans comme dans le triangle AZC, ou en dehors comme dans le triangle AZC' ; mais faites attention aux signes algébriques. Et si tang $\frac{1}{2}d =$ tang $\frac{1}{2}(x - y)$ se trouve négative, faites $\frac{1}{2}d$ négative, vous aurez les vraies valeurs de x et de y.

Alors pour avoir l'angle A″ qui est ici ZAC (fig. 75)

$$\cos \text{A}'' = \text{tang AD } \cot \text{AZ} = \text{tang } x \cot \text{C} = \text{tang} \left(\tfrac{1}{2}\text{C}' + \tfrac{1}{4}d\right) \cot \text{C}$$

$$\cos \text{ZCA} = \cos \text{A} = \text{tang CD} \cot \text{CZ} = \text{tang } y \cot \text{C}' = \text{tang} \left(\tfrac{1}{2}\text{C}' - \tfrac{1}{4}d\right) \cot \text{C}''.$$

Vous aurez donc deux angles et vous pourrez trouver le troisième par la règle des quatre sinus $\dfrac{\sin \text{A}'}{\sin \text{C}'} = \dfrac{\sin \text{A}''}{\sin \text{C}''} = \dfrac{\sin \text{A}}{\sin \text{C}}$ et la solution sera complète ; on aura même des formules pour calculer A′.

142. Dans la solution du n° (140), on n'avait que l'angle A″ et la formule des quatre sinus donnait les deux autres angles.

Souvenez-vous que le plus grand angle est opposé au plus grand côté. Vous avez les trois côtés, vous savez donc dans quel ordre de grandeur doivent être les angles, et vous verrez si l'un de ces angles doit être obtus.

On pourrait les calculer tous trois par les formules (140 ou 141), mais le calcul serait plus long. Cette solution est moins commode que les suivantes.

143. La formule $\cos \text{A}'' = \dfrac{\cos \text{C}'' - \cos \text{C} \cos \text{C}'}{\sin \text{C} \sin \text{C}'}$ donne

$$1 - \cos \text{A}'' = 2\sin^2\tfrac{1}{2}\text{A}'' = \frac{\sin \text{C} \sin \text{C}' - \cos \text{C}'' + \cos \text{C} \cos \text{C}'}{\sin \text{C} \sin \text{C}'} = \frac{\cos (\text{C}' - \text{C}) - \cos \text{C}''}{\sin \text{C} \sin \text{C}'}$$

$$= \frac{2 \sin \tfrac{1}{2}(\text{C}'' - \text{C}' + \text{C}) \sin \tfrac{1}{2}(\text{C}'' + \text{C}' - \text{C})}{\sin \text{C} \sin \text{C}'}$$

$$\sin^2\tfrac{1}{2}\text{A}'' = \frac{\sin \left(\dfrac{\text{C}'' + \text{C}' + \text{C}}{2} - \text{C}'\right) \sin \left(\dfrac{\text{C}'' + \text{C}' + \text{C}}{2} - \text{C}\right)}{\sin \text{C} \sin \text{C}'}.$$

Ainsi *faites la demi-somme des trois côtés, retranchez-en successivement les côtés qui comprennent l'angle cherché ; faites la somme des sinus logarithmiques des deux restes, ajoutez-y les complémens arithmétiques des sinus des deux angles retranchés ; la demi-somme de ces quatre logarithmes sera le log sin de la moitié de l'angle cherché.* Vous pouvez appliquer la solution aux trois angles successivement, et le premier angle étant trouvé, chercher les deux autres par la règle des quatre sinus.

144. La même formule donne encore

$$1 + \cos A = 2\cos^2 \tfrac{1}{2} A'' = \frac{\sin C \sin C' + \cos C'' - \cos C \cos C'}{\sin C \sin C'} = \frac{\cos C'' - \cos(C' + C)}{\sin C \sin C'}$$

$$\cos^2 \tfrac{1}{2} A'' = \frac{\sin\tfrac{1}{2}(C' + C - C'')\sin\tfrac{1}{2}(C' + C + C'')}{\sin C \sin C'} = \frac{\sin\left(\dfrac{C'' + C' + C}{2} - C''\right)\sin\left(\dfrac{C'' + C' + C}{2}\right)}{\sin C \sin C'},$$

formule encore plus courte à calculer que la précédente, puisqu'il y a une soustraction de moins.

145. Divisez la formule (143) par la formule (144), vous aurez

$$\tan^2 \tfrac{1}{2} A'' = \frac{\sin\left(\dfrac{C'' + C' + C}{2} - C'\right)\sin\left(\dfrac{C'' + C' + C}{2} - C\right)}{\sin\left(\dfrac{C'' + C' + C}{2} - C''\right)\sin\left(\dfrac{C'' + C' + C}{2}\right)}.$$

146. Multipliez (143) par (144)

$$\tfrac{1}{4}\sin^2 A'' = \sin^2 \tfrac{1}{2} A'' \cos^2 \tfrac{1}{2} A'' =$$

$$\frac{\sin\left(\dfrac{C'' + C' + C}{2} - C'\right)\sin\left(\dfrac{C'' + C' + C}{2} - C\right)\sin\left(\dfrac{C'' + C' + C}{2} - C''\right)\sin\left(\dfrac{C'' + C' + C}{2}\right)}{\sin^2 C \sin^2 C'}$$

et

$$\sin A'' =$$

$$\frac{2\left[\sin\left(\dfrac{C'' + C' + C}{2}\right)\sin\left(\dfrac{C'' + C' + C}{2} - C\right)\sin\left(\dfrac{C'' + C' + C}{2} - C'\right)\sin\left(\dfrac{C'' + C' + C}{2} - C''\right)\right]^{\frac{1}{2}}}{\sin C \sin C'}$$

Si on divise les deux membres par sin C'', le second membre sera une fonction invariable des côtés, c'est-à-dire une fonction qui ne changera pas, quelque permutation qu'on fasse entre les côtés; on aura donc

$$\frac{\sin A}{\sin C} = \frac{\sin A'}{\sin C'} = \frac{\sin A''}{\sin C''},$$

et on retombe, comme on voit, sur le théorème de l'article 16.

La formule qui donne l'expression de sin A'' en fonction des côtés est plus curieuse qu'utile; la formule $\tan^2 \tfrac{1}{2} A''$ est exacte dans toutes les circonstances; la formule $\cos^2 \tfrac{1}{2} A''$ ne serait pas sûre si l'angle était trop petit; la formule $\sin^2 \tfrac{1}{4} A''$ aurait cet inconvénient si A'' approchait de 180°, mais ces cas sont rares. Il y a cent ans on ne connaissait guères que $\sin^2 \tfrac{1}{2} A''$, et il est curieux de voir dans Gellibrand, Briggs et Ozanam par quels moyens pénibles on démontrait cette formule.

Quand je dis que l'une de ces formules peut être plus exacte dans la pratique, c'est par la raison que les logarithmes ne sont que des approximations qui ne sont pas toujours suffisantes.

La formule (127)

$$2\cos^2 \tfrac{1}{2} A'' = \frac{\cos C'' - \cos(C' + C)}{\sin C \sin C'} = \frac{2\sin^2 \tfrac{1}{2}(C' + C) - 2\sin^2 \tfrac{1}{2} C''}{\sin C \sin C'}$$

prouve évidemment que $C' + C > C''$ propriété que nous avons démontrée (45).

Si $C' + C = C''$, alors $\cos \tfrac{1}{2} A'' = 0$, $\tfrac{1}{2} A'' = 90°$, $A'' = 180°$, il n'y a plus qu'un fuseau au lieu de triangle.

Nous avons donc six manières différentes de résoudre ce premier cas des triangles obliquangles. Passons au second.

147. Trois angles donnés, trouver le reste.

Par la formule S (22)
$$\cos C'' = \frac{\cos A'' + \cos A \cos A'}{\sin A \sin A'} = \frac{\cot A'' + \left(\dfrac{\cos A \cos A'}{\sin A''}\right)}{\left(\dfrac{\sin A \sin A'}{\sin A''}\right)}$$

$$= \frac{\tan(90° - A'') + \tan y}{\left(\dfrac{\sin A \sin A'}{\sin A''}\right)} = \frac{\sin(90° - A'' + y)}{\sin A'' \cos y \dfrac{\sin A \sin A'}{\sin A''}} = \frac{\cos(A'' - y)}{\sin A \sin A' \cos y}$$

Soit donc $\tan y = \left(\dfrac{\cos A \cos A'}{\sin A''}\right)$ et vous aurez $\cos C''$ par une équation qui n'aura qu'un terme.

148. Les deux triangles rectangles AZD, CZD (fig. 75) donnent
$$\cos C = \cos ZD \sin CZD; \quad \cos A = \cos ZD \sin AZD$$
$$\cos C : \cos A :: \sin CZD : \sin AZD$$
$$\cos A'' : \cos A :: \sin y : \sin x$$
$$\cos A + \cos A'' : \cos A - \cos A'' :: \sin x + \sin y : \sin x - \sin y$$
$$1 : \tan \tfrac{1}{2}(A'' - A) \tan \tfrac{1}{2}(A'' + A) :: 1 : \tan \tfrac{1}{2}(x - y)\cot \tfrac{1}{2}(x + y)$$
$$\tan \tfrac{1}{2} d = \tan \tfrac{1}{2}(x - y) = \tan \tfrac{1}{2}(A'' - A) \tan \tfrac{1}{2}(A'' + A) \tan \tfrac{1}{2} A',$$

vous aurez donc
$$x = \tfrac{1}{2} A' + \tfrac{1}{2} d, \quad y = \tfrac{1}{2} A' - \tfrac{1}{2} d;$$
alors
$$\cos AZ = \cot A \cot x, \quad \cos ZC = \cot C \cot y$$
$$\cos C' = \cot A \cot(\tfrac{1}{2} A' + \tfrac{1}{2} d), \quad \cos C = \cot A'' \cot(\tfrac{1}{2} A' - \tfrac{1}{2} d).$$

Si $\tan \tfrac{1}{2} d$ est négative, $\tfrac{1}{2} d$ changera de signe; cet angle auxiliaire est toujours aigu. Les solutions suivantes sont beaucoup plus commodes.

149. La formule analytique (147) peut s'écrire ainsi :
$$1 - \cos C'' = \frac{\sin A \sin A' - \cos A'' - \cos A \cos A'}{\sin A \sin A'} = \frac{-\cos A'' - \cos(A' + A)}{\sin A \sin A'}$$
$$= -\frac{\cos A'' + \cos(A' + A)}{\sin A \sin A'}$$

$$\sin^2\tfrac{1}{2}C'' = -\frac{\cos\frac{1}{2}(A''+A'+A)\cos\frac{1}{2}(A''-A'-A)}{\sin A \sin A'} = \frac{-\cos\frac{1}{2}(A''+A'+A)\cos\frac{1}{2}(A'+A-A'')}{\sin A \sin A'}$$

$$= \frac{-\cos\left(\dfrac{A''+A'+A}{2}\right)\cos\left(\dfrac{A''+A'+A}{2}-A''\right)}{\sin A \sin A'},$$

d'où il suit que

$$\frac{A''+A'+A}{2} > 90° \text{ et que } \left(\frac{A''+A'+A}{2}-A''\right) < 90°.$$

150. De même

$$1+\cos C'' = \frac{\sin A \sin A' + \cos A'' + \cos A \cos A'}{\sin A' \sin A'} = \frac{\cos(A'-A)+\cos A''}{\sin A \sin A'}$$

$$2\cos^2\tfrac{1}{2}C'' = \frac{2\cos\frac{1}{2}(A''+A'-A)\cos\frac{1}{2}(A''-A'+A)}{\sin A \sin A'}$$

$$\cos^2\tfrac{1}{2}C'' = \frac{\cos\left(\dfrac{A''+A'+A}{2}-A\right)\cos\left(\dfrac{A''+A'+A}{2}-A'\right)}{\sin A \sin A'}.$$

151. $\quad$
$$\tan^2\tfrac{1}{2}C' = \frac{-\cos\left(\dfrac{A''+A'+A}{2}\right)\cos\left(\dfrac{A''+A'+A}{2}-A''\right)}{\cos\left(\dfrac{A''+A'+A}{2}-A\right)\cos\left(\dfrac{A''+A'+A}{2}-A'\right)};$$

152. $\quad$
$$\tfrac{1}{2}\sin^2 C' =$$
$$\frac{-\cos\left(\dfrac{A''+A'+A}{2}\right)\cos\left(\dfrac{A''+A'+A}{2}-A\right)\cos\left(\dfrac{A''+A'+A}{2}-A'\right)\cos\left(\dfrac{A''+A'+A}{2}-A''\right)}{\sin^2 A \sin^2 A'}$$

Je n'ai jamais trouvé l'application de ce problème qu'une seule fois, et encore je pouvais m'en passer.

153. On voit qu'avec trois angles on peut trouver les trois côtés; on a dit que la Trigonométrie rectiligne n'avait pas cet avantage. La différence est plus apparente que réelle. Considérez le triangle rectiligne comme inscrit à un cercle dont le rayon soit l'unité, vous aurez les trois côtés par les trois angles; mais ils seront exprimés en parties d'un rayon indéterminé. Les côtés d'un triangle sphérique sont des arcs de grands cercles d'une sphère dont le rayon est indéterminé.

154. *Troisième cas.* Deux côtés connus avec l'angle compris.

C'est un de ceux qui se rencontrent le plus fréquemment; il sert à trouver la distance zénitale d'un astre dont on connaîtrait la distance polaire avec la distance polaire du zénit et l'angle horaire; ou la distance polaire d'un astre dont on connaîtrait l'azimut avec la distance zénitale aussi bien que la distance polaire du zénit.

La formule est

$$\cos C'' = \cos A' \, \sin C \, \sin C' + \cos C \, \cos C'.$$

On peut calculer tout naturellement cette équation qui est fort simple et fort aisée à retenir.

On peut faire

$$\cos C' = \cos C \, (\cos C' + \cos A'' \, \tang C \, \sin C')$$
$$= \cos C \, (\cos C' + \tang x \, \sin C')$$
$$= \frac{\cos C}{\cos x} (\cos C' \, \cos x + \sin C' \, \sin x) = \frac{\cos C \, \cos (C' - x)}{\cos x}.$$

Ce qui se réduit à chercher un arc auxiliaire par la formule

$$\cos A'' \, \tang C = \tang x.$$

Il est aisé de voir que x est la base d'un triangle rectangle dont l'hypoténuse est C et A'' l'angle à la base.

Soit $AZ = C$, $ZAC = A''$, $\tang AD = \tang x$ (fig. 75) $CD = C' - x$
$AC = C'$.

x peut être plus grand que C' (triangle AZC'); dans ce cas $(C' - x)$ sera négatif, ce qui ne change rien au cosinus.

L'arc auxiliaire indiqué par le calcul analytique est celui dont se servent les astronomes, de tems immémorial.

Cette solution est un peu plus courte que la formule analytique, elle exige une attention, c'est de faire tomber la perpendiculaire sur l'un des côtés connus.

155. La formule analytique peut s'écrire ainsi :

$$\cos C'' = \cos (C' - C) - 2 \sin^2 \tfrac{1}{2} A'' \, \sin C \, \sin C'$$
$$= \cos (C' - C) \left(1 - \frac{2 \sin^2 \tfrac{1}{2} A'' \, \sin C \, \sin C'}{\cos (C' - C)} \right)$$
$$= \cos (C' + C) + 2 \cos^2 \tfrac{1}{2} A'' \, \sin C \, \sin C'$$
$$= \cos (C' + C) \left(1 + \frac{2 \cos^2 \tfrac{1}{2} A'' \, \sin C \, \sin C'}{\cos (C' + C)} \right)$$
$$= \cos (C' - C) \, \cos^2 \tfrac{1}{2} A'' + \cos (C' + C) \, \sin^2 \tfrac{1}{2} A'' \ldots\ldots (99)$$

$\sin^2$

$$\sin^2\tfrac{1}{2}C'' = \sin^2\tfrac{1}{2}(C'-C)\,\cos^2\tfrac{1}{2}A''\left(1 + \frac{\sin^2\tfrac{1}{2}(C'+C)\,\mathrm{tang}^2\tfrac{1}{2}A''}{\sin^2\tfrac{1}{2}(C'-C)}\right)\ldots(101)$$

$$= \sin^2\tfrac{1}{2}(C'+C)\,\sin^2\tfrac{1}{2}A''\left(1 + \frac{\sin^2\tfrac{1}{2}(C'-C)\,\cot^2\tfrac{1}{2}A''}{\sin^2\tfrac{1}{2}(C'+C)}\right)\ldots(102)$$

$$\cos^2\tfrac{1}{2}C'' = \cos^2\tfrac{1}{2}(C'+C)\,\sin^2\tfrac{1}{2}A''\left(1 + \frac{\cos^2\tfrac{1}{2}(C'-C)\,\cot^2\tfrac{1}{2}A''}{\cos^2\tfrac{1}{2}(C'+C)}\right)\ldots(105)$$

$$= \cos^2\tfrac{1}{2}(C'-C)\,\cos^2\tfrac{1}{2}A''\left(1 + \frac{\cos^2\tfrac{1}{2}(C'+C)\,\mathrm{tang}^2\tfrac{1}{2}A''}{\cos^2\tfrac{1}{2}(C'-C)}\right)\ldots(106)$$

Voyez aussi 107 et suivans des formules pour $\mathrm{tang}\tfrac{1}{2}C''$ et $\sin C''$

Aucune de ces sept formules n'est assez commode, il faut pour en faciliter l'usage, chercher pour chacune un angle subsidiaire différent. Nous allons en indiquer les moyens.

Toutes ces équations sont de la forme $M\,(1 \pm N)$.

Si N est positif, faites $N = \mathrm{tang}^2\,x$, ou $N^{\frac{1}{2}} = \mathrm{tang}\,x$, alors $M\,(1+N)$ devient $M\,(1 + \mathrm{tang}^2\,x) = M\,\mathrm{séc}^2\,x = \dfrac{M}{\cos^2 x}$. Cette transformation est toujours possible.

Si N a le signe $-$, il peut arriver deux cas; N sera plus petit ou plus grand que l'unité.

Si N est plus petit que l'unité, faites $N^{\frac{1}{2}} = \sin y$; alors $M\,(1-N)$ devient $M\,(1 - \sin^2 y) = M\cos^2 y$. Si N est plus grand que l'unité, alors

$$M\,(1-N) = -M\,(N-1) = -M\,(\mathrm{séc}^2\,u - 1) = -M\,\mathrm{tang}^2\,u.$$

Appliquons ces principes à nos sept équations, nous aurons

$$1^\circ.\ N^{\frac{1}{2}} = \sin\tfrac{1}{2}A''\left(\frac{2\sin C\,\sin C'}{\cos(C'-C)}\right)^{\frac{1}{2}} = \sin y\ \text{ et } \cos C'' = \cos(C'-C)\cos^2 y.$$

Il arrivera bien rarement que $\cos(C'-C)$ soit une quantité négative; il faudrait que $(C'-C)$ surpassât 90°; dans ce cas l'équation primitive serait

$$\cos C'' = -\sin(C'-C-90^\circ) - 2\sin^2\tfrac{1}{2}A''\sin C'\sin C$$

$$= -[\sin(C'-C-90^\circ) + 2\sin^2\tfrac{1}{2}A''\sin C'\sin C]$$

$$= -\sin(C'-C-90^\circ)\left(1 + \frac{2\sin^2\tfrac{1}{2}A''\sin C\sin C'}{\sin(C'-C-90^\circ)}\right)$$

$$= -\sin(C'-C-90^\circ)(1 + \mathrm{tang}^2\,x) = -\frac{\sin(C'-C-90^\circ)}{\cos^2 x}$$

En faisant

$$\tan x = \sin \tfrac{1}{2} A'' \left(\frac{2 \sin C \sin C'}{\sin (C' - C - 90°)} \right)^{\frac{1}{2}}.$$

2°. Soit $N^{\frac{1}{2}} = \cos \tfrac{1}{2} A'' \left(\frac{2 \sin C \sin C'}{\cos (C' + C)} \right)^{\frac{1}{2}} = \tan x,$

et nous aurons par la seconde équation

$$\cos C'' = \frac{\cos (C' + C)}{\cos^2 x} \, ;$$

mais il peut arriver plus aisément que $\cos (C' + C)$ soit une quantité négative, alors

$$\cos C'' = - \sin (C' + C - 90°) + 2 \cos^2 \tfrac{1}{2} A'' \sin C \sin C'$$
$$= - \sin (C' + C - 90°) \left(1 - \frac{2 \cos^2 \tfrac{1}{2} A'' \sin C \sin C'}{\sin (C' + C - 90°)} \right)$$
$$= - \sin (C' + C - 90°) (1 - \sin^2 \tfrac{1}{2} y)$$
$$= - \sin (C' + C - 90°) \cos^2 y.$$

On voit que $N^{\frac{1}{2}} = \cos \tfrac{1}{2} A'' \left(\frac{2 \sin C \sin C'}{\sin (C' + C - 90°)} \right)^{\frac{1}{2}} = \sin y.$

mais quand on aura calculé

$$\log N^{\frac{1}{2}} = \log \cos \tfrac{1}{2} A'' + \tfrac{1}{2} \log \left(\frac{2 \sin C \sin C'}{\sin (C' + C - 90°)} \right),$$

si ce logarithme est celui d'un nombre qui surpasse l'unité, on en prendra le complément arithmétique dont on fera le cosinus d'un arc u, alors on aura

$$\cos C'' = - \sin (C' + C - 90°) (1 - \sec^2 u) = \sin (C' + C - 90°) \tan^2 u.$$

3°. Soit dans la troisième formule

$$N^{\frac{1}{2}} = \tan \tfrac{1}{2} A'' \left(\frac{\cos (C' + C)}{\cos (C' - C)} \right)^{\frac{1}{2}} = \tan x,$$

vous aurez

$$\cos C'' = \frac{\cos (C' - C)}{\cos^2 x} \, ;$$

mais si $\left(\frac{\cos (C' + C)}{\cos (C' - C)} \right)$ était une quantité négative, l'équation deviendrait

$$\cos C'' = \cos (C' - C) \cos^2 \tfrac{1}{2} A'' (1 - a^2 \tan \tfrac{1}{2} A'') ;$$

en faisant $- a^2 = \frac{\cos (C' + C)}{\cos (C' - C)}$, et $\sin y = a \tan \tfrac{1}{2} A'' \left(\frac{\cos (C' + C)}{\cos (C' - C)} \right)$

$$\cos C'' = \cos (C' - C) \cos^2 \tfrac{1}{2} A'' (1 - \sin^2 y) = \cos (C' - C) \cos^2 \tfrac{1}{2} A \cos^2 y.$$

Cette nécessité de changer l'arc subsidiaire suivant les circonstances fait qu'on n'emploie guères ces trois premières équations : les suivantes n'ont pas cet inconvénient, elles n'emploient que des quantités qui sont au carré, et par conséquent toujours positives ; ainsi

4°. Soit
$$\tang x = \frac{\sin\frac{1}{2}(C'+C)\,\tang\frac{1}{2}A''}{\sin\frac{1}{2}(C'-C)} = \cot\frac{1}{2}(A'-A)\ (92),$$

et
$$\sin\frac{1}{2}C'' = \frac{\sin\frac{1}{2}(C'-C)\cos\frac{1}{2}A''}{\sin\frac{1}{2}(A'-A)}.$$

Si $(A'-A)$ et $(C'-C)$ sont de petits angles, cette formule ne donnera pas assez de précision ; la suivante est plus sûre.

5°. Soit
$$\tang x = \frac{\sin\frac{1}{2}(C'-C)\cot\frac{1}{2}A''}{\sin\frac{1}{2}(C'+C)} = \tang\frac{1}{2}(A'-A)\ (92),$$

et
$$\sin\frac{1}{2}C'' = \frac{\sin\frac{1}{2}(C'+C)\sin\frac{1}{2}A''}{\cos\frac{1}{2}(A'-A)}.$$

6°. Soit
$$\tang x = \frac{\cos\frac{1}{2}(C'-C)\cot\frac{1}{2}A''}{\cos\frac{1}{2}(C'+C)},$$

et
$$\cos\frac{1}{2}C'' = \frac{\cos\frac{1}{2}(C'+C)\sin\frac{1}{2}A''}{\cos\frac{1}{2}(A'+A)} = \cot\frac{1}{2}(A'+A)\ (92).$$

7°. Soit
$$\tang x = \frac{\cos\frac{1}{2}(C'+C)\,\tang\frac{1}{2}A''}{\cos\frac{1}{2}(C'-C)} = \cot\frac{1}{2}(A'+A)\ (92)$$

$$\cos\frac{1}{2}C'' = \frac{\cos\frac{1}{2}(C'-C)\cos\frac{1}{2}A''}{\sin\frac{1}{2}(A'+A)}.$$

La première formule (155) donne
$$1 - 2\sin^2\tfrac{1}{2}C'' = 1 - 2\sin^2\tfrac{1}{2}(C'-C) - 2\sin^2\tfrac{1}{2}A''\sin C\sin C'$$
$$\sin^2\tfrac{1}{2}C'' = \sin^2\tfrac{1}{2}(C'-C) + \sin^2\tfrac{1}{2}A''\sin C\sin C'$$
$$= \sin^2\tfrac{1}{2}(C'-C)\left(1 + \frac{\sin^2\frac{1}{2}A''}{\sin^2\frac{1}{2}(C'-C)}\sin C\sin C'\right).$$

8°. Soit
$$\tang x = \frac{\sin\frac{1}{2}A''}{\sin\frac{1}{2}(C'-C)}\sqrt{\sin C\sin C'} \quad\text{et}\quad \sin\tfrac{1}{2}C'' = \frac{\sin\frac{1}{2}(C'-C)}{\cos x}.$$

Ici l'on pourrait toujours considérer $\sin\frac{1}{2}(C'-C)$ comme une quantité positive.

La même formule donne encore
$$2\cos^2\tfrac{1}{2}C'' - 1 = 2\cos^2\tfrac{1}{2}(C'-C) - 1 - 2\sin^2\tfrac{1}{2}A''\sin C\sin C'$$
$$\cos^2\tfrac{1}{2}C'' = \cos^2\tfrac{1}{2}(C'-C) - \sin^2\tfrac{1}{2}A''\sin C\sin C'$$
$$= \cos^2\tfrac{1}{2}(C'-C)\left(1 - \frac{\sin^2\frac{1}{2}A''}{\cos^2\frac{1}{2}(C'-C)}\sin C\sin C'\right).$$

$9°.$ Soit

$$\sin y = \frac{\sin\frac{1}{2}A'' \sqrt{\sin C \sin C'}}{\cos\frac{1}{2}(C'-C)} \quad \text{et} \quad \cos\frac{1}{2}C' = \cos\frac{1}{2}(C'-C)\cos y.$$

La seconde formule du même article donne

$$1 - 2\sin^2\tfrac{1}{2}C'' = 1 - 2\sin^2\tfrac{1}{2}(C'+C) + 2\cos^2\tfrac{1}{2}A''\sin C \sin C'$$

$$\sin^2\tfrac{1}{2}C'' = \sin^2\tfrac{1}{2}(C'+C) - \cos^2\tfrac{1}{2}A''\sin C \sin C'$$

$$= \sin^2\tfrac{1}{2}(C'+C)\left(1 - \frac{\cos^2\tfrac{1}{2}A''}{\sin^2\tfrac{1}{2}(C'+C)}\sin C \sin C'\right).$$

$10°.$ Soit

$$\sin y = \frac{\cos\frac{1}{2}A'' \sqrt{\sin C \sin C'}}{\sin\frac{1}{2}(C'+C)} \quad \text{et} \quad \sin\tfrac{1}{2}C'' = \sin\tfrac{1}{2}(C'+C)\cos y.$$

La même formule devient encore

$$2\cos^2\tfrac{1}{2}C'' - 1 = 2\cos^2\tfrac{1}{2}(C'+C) - 1 + 2\cos^2\tfrac{1}{2}A''\sin C \sin C'$$

$$\cos^2\tfrac{1}{2}C'' = \cos^2\tfrac{1}{2}(C'+C) + \cos^2\tfrac{1}{2}A''\sin C \sin C'$$

$$= \cos^2\tfrac{1}{2}(C'+C)\left(1 + \frac{\cos^2\tfrac{1}{2}A''}{\cos^2\tfrac{1}{2}(C'+C)}\sin C \sin C'\right).$$

$11.$ Soit

$$\tan x = \frac{\cos\frac{1}{2}A'' \sqrt{\sin C \sin C'}}{\cos\frac{1}{2}(C'+C)} \quad \text{et} \quad \cos\tfrac{1}{2}C'' = \frac{\cos\frac{1}{2}(C'+C)}{\cos x}.$$

156. Dans ces quatre dernières transformations, nous avions $\cos C''$ et $\cos(C'\pm C)$; nous avons changé l'un et l'autre cosinus de la même manière, afin que l'unité introduite dans chaque membre eût le même signe et disparût. Les deux cosinus avaient le même signe; s'ils avaient eu le signe contraire, il eût fallu les transformer de manière que l'unité dans les deux membres eût le même signe et pût s'effacer.

157. Quand on a calculé le troisième côté on peut avoir chacun des deux angles inconnus, par la règle $\frac{\sin C}{\sin A} = \frac{\sin C'}{\sin A'} = \frac{\sin C''}{\sin A''}$, si on veut les trouver tous deux à la fois et directement, on fera par les analogies de Néper,

$$\tan\tfrac{1}{2}(A'-A) = \frac{\sin\frac{1}{2}(C'-C)\cot\frac{1}{2}A''}{\sin\frac{1}{2}(C'+C)} \quad \text{et} \quad \tan\tfrac{1}{2}(A'+A) = \frac{\cos\frac{1}{2}(C'-C)\cot\frac{1}{2}A''}{\cos\frac{1}{2}(C'+C)};$$

$$A' = \tfrac{1}{2}(A'+A) + \tfrac{1}{2}(A'-A); \quad A = \tfrac{1}{2}(A'+A) - \tfrac{1}{2}(A'-A).$$

alors on aura le troisième côté par l'une des formules 4, 5, 6 ou 7 du n° 155, ou par la règle de quatre sinus.

158. Si l'on n'a besoin que d'un angle, on l'obtiendra par le théorème IIIe (21).

$$\cos C \cos A' = \cot C'' \sin C - \sin A' \cot A',$$

appelons A″ l'angle cherché,

ou $$\cot A'' = \frac{\cot C'' \sin C - \cos C \cos A'}{\sin A'} = \frac{\cot C'' \sin C}{\sin A'} - \cos C \cot A'.$$

Pour éviter les nombres naturels, soit

$$\cot A'' = \frac{\cos A'}{\sin A'}\left(\frac{\cot C''}{\cos A'}\sin C - \cos C\right) = \cot A'(\cot x \sin C - \cos C)$$

$$= \cot A'\left(\frac{\cos x \sin C - \sin C' \cos C}{\sin x}\right) = \frac{\cot A \sin(C - x)}{\sin x},$$

ou $\tan A'' = \dfrac{\tan A' \sin x}{\sin(C - x)}$; $\dfrac{\cot C''}{\cos A'} = \cot x$ ou $\tan x = \cos A' \tan C''$,

x est la base d'un triangle rectangle dont C″ est l'hypoténuse et A′ l'angle à la base; C″ est le côté opposé à l'angle cherché.

Soit donc AZ $=$ C″ (fig. 75), AC $=$ C.

Nous aurons

$$AD = x; \quad CD = C - x = AC - AD.$$

Ainsi de l'un des côtés connus abaissez sur l'autre l'arc perpendiculaire ZD, vous aurez

$$\tan AD = \cos A \tan AZ; \quad \text{et} \quad \tan ZD = \tan A \sin AD = \tan C \sin CD,$$

ou $\sin CD : \sin AD :: \tan A : \tan C$; $\sin(C - x) : \sin x :: \tan A' : \tan A''$.

C'est la méthode astronomique qui est, comme on voit, fort simple quand on songe à la règle des signes, qui dit que A″ sera obtus, si $(C - x)$ est négatif, parce qu'alors $\sin(C - x)$ est une quantité négative.

159. La méthode analytique trouve, comme on voit, la tangente en deux parties; la méthode astronomique divise un arc ou un angle connu en deux parties; elle calcule l'une de ces parties et trouve l'autre par une simple soustraction, après quoi elle trouve la tangente cherchée par une expression composée d'un seul terme.

La méthode astronomique est plus courte; mais elle ne peut servir qu'au calcul numérique. La méthode analytique a tous les avantages des expressions algébriques.

La méthode astronomique commence par calculer un angle subsidiaire. Les géomètres ont depuis emprunté à l'Astronomie ces angles subsidiaires qui simplifient une formule ; mais en empruntant cette idée, ils l'ont généralisée. Nous avons déjà déterminé plusieurs angles subsidiaires qu'aucune construction ne donnerait aussi facilement.

160. Quand on a calculé le second angle par cette méthode, on a (141).

$$\cos AD : \cos CD :: \cos AB : \cos BC,$$

$$\text{ou} \quad \cos x : \cos (C - x) :: \cos C'' : \cos C' = \frac{\cos C'' \cos (C - x)}{\cos x} ;$$

le troisième angle se trouve par la règle des sinus.

161. *Quatrième cas.* Deux angles et le côté compris étant connus, la formule est

$$\cos A'' = \cos C'' \sin A \sin A' - \cos A \cos A' \qquad \textit{Théorème IV}.$$

On pourrait faire $\quad \cos C'' \sin A \sin A' = \sin x, \cos A \cos A' = \sin y$;

$$\cos A'' = \sin x - \sin y = 2 \sin \tfrac{1}{2} (x - y) \cos \tfrac{1}{2} (x + y),$$

ou $\qquad \cos C'' \sin A \sin A' = \tang z, \cos A \cos A' = \tang u,$

$$\cos C'' = \tang z - \tang u = \frac{\sin (z - u)}{\cos z \cos u} :$$

on a toujours l'une de ces deux ressources, et quelquefois toutes deux quand une expression est binome ; mais ce calcul n'est pas le plus court.

162. Divisons tout par cos A pour laisser cos A' tout seul.

Nous aurons $\qquad \dfrac{\cos A''}{\cos A} = (\cos C'' \tang A \sin A' - \cos A')$

$$= (\cot x \sin A' - \cos A') = \left(\frac{\cos x \sin A' - \cos A \sin x}{\sin x} \right) = \frac{\sin (A' - x)}{\sin x} ;$$

en prenant, comme on voit, l'arc subsidiaire $\cot x = \cos C'' \tang A$.

On voit que x est l'angle au sommet d'un triangle rectangle dont C'' est l'hypoténuse et A l'angle à la base. Ainsi (fig. 75), appelant $AZ = C''$ l'hypoténuse, A l'angle ZAD, x sera l'angle AZD ; A' sera $= AZC$; $CZD = (A' - x)$. Les deux triangles formés par les perpendiculaires donnent

$$\cos A = \cos ZD \sin AZD ; \cos C = \cos ZD \sin CZD,$$

$$\cos A : \cos C :: \sin ABD : \sin CBD, \quad \text{ou} \quad \cos A : \cos A'' :: \sin x : \sin (A' - x)$$

$$\text{et} \cos A' = \frac{\cos A \sin (A' - x)}{\sin x}.$$

Nous sommes donc conduits de nouveau au procédé des astronomes. On pourrait réciproquement partir de la méthode astronomique pour arriver aux formules analytiques, et c'est la marche qu'a suivie M. Cagnoli. L'autre manière convenait mieux à mon plan et m'a paru plus féconde.

163. La formule analytique peut s'écrire ainsi :

$$-\cos A'' = \cos (A' + A) + 2\sin^2 \tfrac{1}{2} C'' \sin A \sin A'$$
$$= \cos (A' - A) - 2\cos^2 \tfrac{1}{2} C'' \sin A \sin A' \quad \Big\} \dots (110),$$
$$= \cos (A' - A)\sin^2 \tfrac{1}{2} C'' + \cos (A' + A)\cos^2 \tfrac{1}{2} C''$$

$$\sin \tfrac{1}{2} A'' = \frac{\cos\tfrac{1}{2}(A'+A)\cos\tfrac{1}{2} C''}{\cos\tfrac{1}{2}(C'+C)} = \frac{\cos\tfrac{1}{2}(A''-A)\sin\tfrac{1}{2} C''}{\sin\tfrac{1}{2}(C'+C)} \dots\dots (112),$$

$$\cos \tfrac{1}{2} A'' = \frac{\sin\tfrac{1}{2}(A'-A)\sin\tfrac{1}{2} C''}{\sin\tfrac{1}{2}(C''-C)} = \frac{\sin\tfrac{1}{2}(A'+A)\cos\tfrac{1}{2} C''}{\cos\tfrac{1}{2}(C'-C)} \dots\dots (113),$$

$$\tan \tfrac{1}{2} A'' = \frac{\sin\tfrac{1}{2}(C'-C)\cot\tfrac{1}{2}(A'-A)}{\sin\tfrac{1}{2}(C'+C)} = \frac{\cos\tfrac{1}{2}(C'-C)\cot\tfrac{1}{2}(A'+A)}{\cos\tfrac{1}{2}(C'+C)} \dots (114),$$

Sans parler de quelques autres formules pour $\tan\tfrac{1}{2} A''$ et $\sin A''$ (114 et 115), ces trois dernières formules n'exigent point d'autres préparatifs que le calcul des deux analogies de Néper pour avoir $(C'+C)$ et $(C'-C)$.

Les trois premières exigent un angle subsidiaire

$$-\cos A'' = \cos (A'-A)\left(1 - \frac{2\cos^2\tfrac{1}{2} C'' \sin A \sin A'}{\cos (A'-A)}\right).$$

$$\sin y = \cos\tfrac{1}{2} C''\left(\frac{2\sin A \sin A'}{\cos (A'-A)}\right)^{\tfrac{1}{2}} \text{ et } -\cos A'' = \cos (A'-A)\cos^2 y$$

$$-\cos A'' = \cos (A'+A)\left(1 + \frac{2\sin^2\tfrac{1}{2} C'' \sin A \sin A'}{\cos (A'+A)}\right)$$

$$\tan x = \sin\tfrac{1}{2} C''\left(\frac{2\sin A \sin A'}{\cos (A'+A)}\right)^{\tfrac{1}{2}} \text{ et } -\cos A'' = \frac{\cos (A'+A)}{\cos^2 x}$$

$$-\cos A'' = \cos (A'-A)\sin^2\tfrac{1}{2} C''\left(1 + \frac{\cos (A'+A)\cot^2\tfrac{1}{2} C}{\cos (A'-A)}\right)$$

$$\tan x = \cot\tfrac{1}{2} C''\left(\frac{\cos (A'+A)}{\cos (A'-A)}\right)^{\tfrac{1}{2}} \text{ et } -\cos A'' = \frac{\cos (A'-A)\sin^2\tfrac{1}{2} C}{\cos^2 x};$$

mais ces expressions supposent que la quantité sous le radical est positive; si elle était négative, $\sin y$ deviendrait $\tan x$; $\tan x$ deviendrait sinus y, ou même séc u si elle surpassait l'unité. Les formules suivantes n'ont pas cet inconvénient.

164. La formule (110) donne encore

$$1 + \cos A'' = 1 - \cos (A'+A) - 2\sin^2\tfrac{1}{2} C'' \sin A \sin A'$$
$$2\cos^2\tfrac{1}{2} A'' = 2\sin^2\tfrac{1}{2}(A'+A) - 2\sin^2\tfrac{1}{2} C'' \sin A \sin A'.$$

Soit $\sin y = \dfrac{\sin \frac{1}{2} C''}{\sin \frac{1}{2} (A'+A)} \sqrt{\sin A \sin A'}$; $\cos \frac{1}{2} A'' = \sin \frac{1}{2} (A'+A) \cos y$

$1 - \cos A'' = 1 + \cos (A'+A) - 2 \cos^2 \frac{1}{2} C'' \sin A \sin A'$

$2 \sin^2 \frac{1}{2} A'' = 2 \cos^2 \frac{1}{2} (A'-A) - 2 \cos^2 \frac{1}{2} C'' \sin A \sin A'.$

Soit $\sin y = \dfrac{\cos \frac{1}{2} C''}{\cos \frac{1}{2} (A'-A)} \sqrt{\sin A \sin A'}$ et $\sin \frac{1}{2} A'' = \cos \frac{1}{2} (A'-A) \cos y$

$1 - \cos A'' = 1 + \cos (A'+A) + 2 \sin^2 \frac{1}{2} C'' \sin A \sin A'$

$\sin^2 \frac{1}{2} A'' = \cos^2 \frac{1}{2} (A'+A) + \sin^2 \frac{1}{2} C'' \sin A \sin A'.$

Soit $\tan x = \dfrac{\sin \frac{1}{2} C''}{\cos \frac{1}{2} (A'+A)} \sqrt{\sin A \sin A'}$ et $\sin \frac{1}{2} A'' = \dfrac{\cos \frac{1}{2} (A'+A)}{\cos x}$

$1 + \cos A'' = 1 - \cos (A'-A) + 2 \cos^2 \frac{1}{2} C'' \sin A \sin A'$

$\cos^2 \frac{1}{2} A'' = \sin^2 \frac{1}{2} (A'-A) + \cos^2 \frac{1}{2} C'' \sin A \sin A'.$

Soit $\tan x = \dfrac{\cos \frac{1}{2} C''}{\sin \frac{1}{2} (A'-A)} \sqrt{\sin A \sin A'}$ et $\cos \frac{1}{2} A'' = \dfrac{\sin \frac{1}{2} (A'-A)}{\cos x}.$

On reconnaît une grande analogie entre toutes ces solutions et celles du troisième cas.

165. Quand on a calculé le troisième angle par l'une des formules précédentes, on peut avoir les deux côtés inconnus par la règle des sinus.

On peut les calculer tous deux à la fois par les deux analogies de Néper.

$$\tan \tfrac{1}{2} (C'+C) = \frac{\tan \frac{1}{2} C'' \cos \frac{1}{2} (A'-A)}{\cos \frac{1}{2} (A'+A)} ;$$

$$\tan \tfrac{1}{2} (C'-C) = \frac{\tan \frac{1}{2} C'' \sin \frac{1}{2} (A'-A)}{\sin \frac{1}{2} (A'+A)}$$

$$C' = \tfrac{1}{2} (C'+C) + \tfrac{1}{2} (C'-C); \quad C = \tfrac{1}{2} (C'+C) - \tfrac{1}{2} (C'-C).$$

166. Si l'on ne veut qu'un côté, on l'obtiendra par le théorème III, qui donne

$$\cot C'' = \frac{\cos C \cos A' + \sin A' \cot A''}{\sin C} = \frac{\cos C}{\sin C} \left(\cos A' + \frac{\cot A''}{\cos C} \sin A' \right)$$

$$= \cot C (\cos A' + \tan x \sin A') = \cot C \left(\frac{\cos A' \cos x + \sin A' \sin x}{\cos x} \right)$$

$$= \frac{\cot C \cos (A'-x)}{\cos x},$$

$$\text{ou} \quad \tan C'' = \frac{\tan C \cos x}{\cos (A'-x)},$$

en faisant

$$\frac{\cot A''}{\cos C} = \tan x, \quad \text{ou} \quad \cot x = \cos C \tan A';$$

alors

alors on voit que x est l'angle au sommet d'un triangle rectangle dont C est l'hypoténuse et A″ l'angle à la base.

Soit donc

$$C = A', \text{ fig. } 75, \quad ZC = C, \quad x = CZD, \quad A' - x = AZD$$
$$\tang ZD = \tang ZC \cos CZD = \tang AB \cos AZD,$$

ou $\quad \tang C \cos x = \tang C'' \cos (A' - x)$ et $\tang C'' = \dfrac{\tang C \cos x}{\cos (A' - x)}$;

c'est encore la méthode astronomique.

Quand on a ainsi A, C, AC, et par suite AZ, on trouve les deux autres côtés par la règle des sinus. On pourrait trouver ZC comme on a trouvé AZ; mais le calcul serait plus long.

167. *Cinquième cas.* Etant donnés deux côtés et un angle opposé : par exemple, C, C″ et A″ étant connus, on demande A; cet angle se trouverait par la règle des sinus.

La formule 166 donne

$$\cot C'' \sin C = \cot A'' \sin A' + \cos C \cos A';$$

A′ a dans cette équation son sinus et son cosinus : on ne pourrait éliminer l'un qu'en faisant monter l'équation au second degré. Elle aura donc deux racines ou deux solutions. J'écris

$$\cot C'' \sin C = \cos C \left(\frac{\cot A'' \sin A'}{\cos C} + \cos A' \right)$$

$$\cot C'' \tang C = \frac{\cot A''}{\cot C} \sin A' + \cos A' = \tang x \sin A' + \cos A'$$

$$= \frac{\sin x \sin A' + \cos x \cos A'}{\cos x} = \frac{\cos (A' - x)}{\cos x},$$

et $\cos (A' - x) = \cos x \tang C \cot C''$.

Si donc on fait $\quad \dfrac{\cot A''}{\cos C} = \tang x$ ou $\cot x = \cos C \tang A'$,

on aura $\quad \cos (A' - x) = \cos x \tang C \cot C'' = \cos (x - A')$.

La première supposition donne $(A' - x) + x = A'$; la seconde $x - (x - A') = A'$.

On essaiera l'un et l'autre, et si les deux valeurs satisfont à la condition de donner pour A′ une quantité positive, elles seront toutes deux admissibles; si l'une des deux était contraire à ce théorème général, elle devrait être rejetée. Ici on trouve la quantité cherchée en deux parties et par ses deux segmens, remarque importante indiquée par l'analyse, et qui peut guider le calculateur.

Soit $C'' = AZ$ (fig. 75), $C = ZC$; $A'' = C$, $A' = Z$. Il faudra donc abaisser la perpendiculaire de l'angle Z sur AC;

$$\cos C \tang A'' = \cos ZC \tang C = \cot CZD = \cot x, x = CZD; AZD = (A' - x)$$
$$\cos(A' - x) \tang C'' = \cos x \tang C, \text{ ou } \cos AZD \cdot \tang AZ = \cot CZD \tang ZC.$$

168. Pour avoir le troisième côté C', nous aurons la formule fondamentale

$$\cos C'' = \cos A'' \sin C \sin C' + \cos C \cos C',$$

où l'inconnue est encore exprimée par son sinus et son cosinus : ainsi le problème peut encore avoir deux solutions.

Divisons tout par $\cos C$, nous aurons

$$\frac{\cos C''}{\cos C} = \cos A'' \tang C \sin C' + \cos C' = \tang x \sin C' + \cos C'$$
$$= \frac{\sin x \sin C' + \cos x \cos C'}{\cos x}; \qquad \frac{\cos C'' \cos x}{\cos C} = \cos (C' - x) .$$

En faisant $\cos A'' \tang C = \tang x$, x sera la base d'un triangle rectangle dont C sera l'hypoténuse, A'' l'angle à la base, et l'inconnue C' se trouvera encore par ses deux segmens x et $(C - x)$.

Il faut donc abaisser la perpendiculaire sur le côté inconnu, qui est ici AC (fig. 75), nous aurons

$$\tang x = \tang CD = \cos C \tang ZC; AD = (C' - x)$$

et

$$\cos (C' - x) = \frac{\cos C'' \cos x}{\cos C} \quad \text{sera} \quad \cos AD = \frac{\cos AZ \cos CD}{\cos BC},$$

ou

$$\frac{\cos AD}{\cos CD} = \frac{\cos AZ}{\cos BZ};$$

c'est la règle des quatre cosinus.

C'est encore la méthode astronomique.

169. On ne sait encore si le calcul donne $C' - x$ ou $x - C'$, on aura donc deux solutions; mais nous ne considérons que des angles et des arcs positifs et moindres que 180°, ainsi dans tous les cas on rejettera les solutions qui donneraient au triangle un angle ou un côté négatif, ou plus grand que 180°.

Dans la règle de quatre sinus, on rejettera la valeur qui opposerait le plus grand angle au plus petit côté, ou le plus grand côté au plus petit angle.

On a donc toujours trois théorèmes généraux pour essayer de lever le doute. *Le plus grand côté est opposé au plus grand angle ; aucun angle ni aucun côté ne peut être négatif et ne peut surpasser* 180°.

Ces règles, au reste, ne sont bonnes qu'après le calcul. Nous en donnerons bientôt une qui fait voir, à l'inspection des données, si le doute peut être levé.

170. *Sixième et dernier cas.* Etant donnés deux angles et un côté opposé, déterminer le reste. Les données sont A'' et A avec C''.

On se doute bien que nous aurons ici les mêmes incertitudes.

On trouvera d'abord le second côté opposé par la règle des sinus, mais on ne saura si ce côté est x ou $(180° - x)$. Le troisième angle A' se trouve par la formule

$$\cos A'' = \cos C'' \sin A \sin A' - \cos A \cos A'.$$

Divisons par $\cos A$;

$$\frac{\cos A''}{\cos A} = \cos C'' \, \tang A \sin A' - \cos A' = \cot x \sin A' - \cos A'$$

$$= \frac{\cos x \sin A' - \cos A' \sin x}{\sin x} = \frac{\sin (A' - x)}{\sin x}.$$

Il faut encore diviser l'inconnue A' par la perpendiculaire : abaissez donc la perpendiculaire ZD de l'angle cherché $Z = A'$ (fig. 75)

$$\cot x = \cos C'' \, \tang A = \cos AZ \, \tang A = \cot AZD ; \quad (A' - x) = CZD$$

$$\sin (A' - x) = \frac{\cos A'' \sin x}{\cos A} = \sin CZD = \frac{\cos C \sin AZD}{\cos A} ;$$

car

$$\cos A = \cos ZD \sin AZD = \cos ZD \sin BZD = \cos C ;$$

donc

$$\frac{\cos C}{\cos A} = \frac{\sin CZD}{\sin AZD},$$

ce qui est précisément notre équation.

$$(A' - x) + x = A' ;$$

mais $(A' - x)$ est-il un angle obtus ou un angle aigu ? voilà le doute.

171. Il reste à trouver le côté compris entre les angles donnés, c'est-à-dire $AC = C'$,

$$\cot C \sin C' = \cot A \sin A' + \cos C' \cos A'',$$

ou

$$\cot C \sin C' - \cos A'' \cos C' = \sin A'' \cot A$$

$$\frac{\cot C}{\cot A''} \sin C' - \cos C' = \tang A'' \cot A$$

$$\cot x \sin C' - \cos C' = \tang A'' \cot A$$

$$\cos x \sin C' - \sin x \cos C' = \tang A'' \cot A \sin x$$

$$\sin (C' - x) = \sin x \tang A'' \cot A,$$

$$\frac{\cot C}{\cos A''} = \cot x, \text{ ou } \tang x = \cos A'' \tang C = \tang CD = \cos C \tang ZC;$$

$$C' - x = AD.$$

L'inconnue se trouve encore par ses deux segmens

$$\sin (C' - x) \tang A = \sin x \tang A'',$$

$$\text{ou} \quad \sin AD \tang A = \sin CD \tang C ;$$

c'est encore la méthode astronomique.

On ne sait pas encore quelle est l'espèce de $C' - x$; mais $(C' - x) + x = C'$.

Nouvelle démonstration des Analogies de Néper.

172. Nous avons déjà démontré ces analogies, mais elles sont comme perdues dans une foule de formules : en essayant des combinaisons analytiques, nous les avons trouvées comme par hasard et sans les chercher spécialement; on en peut desirer une démonstration plus directe.

Néper ne les avait pas démontrées, Wallis les tira d'une construction ingénieuse, au moyen de la projection stéréographique dont nous n'avons point encore parlé. Tous les autres auteurs les ont démontrées analytiquement; mais ces démonstrations sont pénibles : rien ne guide dans les transformations qu'on fait subir à l'équation primitive. Nous tâcherons d'éviter cet inconvénient, et nous finirons par une démonstration synthétique qui mettra la vérité de ces formules dans un plus grand jour.

173. Nous avons déjà démontré la formule bien connue

$$\tang \tfrac12 (A'+A) : \tang \tfrac12 (A'-A) :: \tang \tfrac12 (C'+C) : \tang \tfrac12 (C'-C) \ldots\ldots (L)$$

$$\left.\begin{aligned} &:: \frac{\sin\tfrac12(C'+C)}{\cos\tfrac12(C'+C)} : \frac{\sin\tfrac12(C'-C)}{\cos\tfrac12(C'-C)} \\[4pt] &:: \frac{\cos\tfrac12(C'-C)}{\cos\tfrac12(C'+C)} : \frac{\sin\tfrac12(C'-C)}{\sin\tfrac12(C'+C)} \\[4pt] &:: \frac{n\cos\tfrac12(C'+C)}{\cos\tfrac12(C'+C)} : \frac{n\sin\tfrac12(C'+C)}{\sin\tfrac12(C'+C)} ; \end{aligned}\right\} \; (*).$$

n est une quantité arbitraire, dont nous pouvons faire ce que nous voulons.

Soit n telle que $\tang \tfrac12 (A'+A) = \dfrac{n\cos\tfrac12(C'-C)}{\cos\tfrac12(C'+C)}$, $\ldots\ldots$ (M).

nous aurons

$$\tang \tfrac12 (A'-A) = \frac{n\sin\tfrac12(C'-C)}{\sin\tfrac12(C'+C)} ; \ldots\ldots (N)$$

Nous avons plusieurs manières de déterminer n.

n ne dépend ni de C' ni de C. L'équation (L) ne donne que le rapport entre $\tang \tfrac12 (A'+A)$ et $\tang \tfrac12 (A'-A)$; pour fixer les valeurs absolues, il faut introduire l'angle A'' qui est compris entre les côtés C et C', et qui achève de déterminer le triangle. n ne change qu'avec A'', et quelle que soit la valeur de C' et de C, nous aurons formule (M)

$$\tang \tfrac12 (A'+A) = \frac{n\cos\tfrac12(C'-C)}{\cos\tfrac12(C'+C)}.$$

Soit donc $\qquad C'=C ; \tang \tfrac12 (A'+A) = \tang A = \tang A'$

$$= \frac{n\cos o}{\cos C'} = \frac{n}{\cos C} ;$$

car les deux côtés étant égaux, les angles opposés le sont aussi; nous aurons donc

$$n = \tang A \cos C' = \tang A' \cos C = \cos PA \, \tang A = \cos PB \, \tang B \;(\text{fig. }76) ;$$

donc $\qquad\qquad \tang \tfrac12 (A'+A) = \dfrac{\cot \tfrac12 A'' \cos\tfrac12(C'-C)}{\cos\tfrac12(C'+C)},$

et $\qquad\qquad \tang \tfrac12 (A'-A) = \dfrac{\cot \tfrac12 A'' \sin\tfrac12(C'+C)}{\sin\tfrac12(C'+C)} ;$

ce sont les deux premières formules de Néper.

(*) Ces transformations ont pour objet de mettre dans chaque terme la demi-somme et la demi-différence.

Soient C et C' infiniment petits, la formule (N) deviendra

$$\tang \tfrac{1}{2}\,(A'-A) = \frac{n\,(C'-C)}{C'+C} = \frac{\cot \tfrac{1}{2}\,A''\,(C'-C)}{(C'+C)}\,;$$

c'est la formule que donne la Trigonométrie rectiligne.

La formule (M) devient

$$\tang \tfrac{1}{2}\,(A'+A) = n = \cot \tfrac{1}{2}\,A''\,;$$

car dans un triangle rectiligne quelconque

$$A'+A = 180° - A''\,;\ \tfrac{1}{2}\,(A'+A) = (90° - \tfrac{1}{2}\,A')\,;$$

notre valeur de n est donc la même dans deux cas très-différens :

$$\frac{C'-C}{C'+C}\ \text{est la limite du rapport}\ \frac{\sin \tfrac{1}{2}\,(C'-C)}{\sin \tfrac{1}{2}\,(C'+C)}\,;$$

$$\frac{1}{1}\ \text{la limite du rapport}\ \frac{\cos \tfrac{1}{2}\,(C'-C)}{\cos \tfrac{1}{2}\,(C'+C)}.$$

Ces rapports varient avec les côtés ; ils font varier $\tang \tfrac{1}{2}\,(A'+A)$ et $\tang \tfrac{1}{2}\,(A'-A)$; ils sont indépendans de n, et n en est indépendant de même.

174. Nous aurons de même

$$\tang \tfrac{1}{2}\,(C'+C) : \tang \tfrac{1}{2}\,(C'-C) :: \frac{\cos \tfrac{1}{2}\,(A'-A)}{\cos \tfrac{1}{2}\,(A'+A)} : \frac{\sin \tfrac{1}{2}\,(A'-A)}{\sin \tfrac{1}{2}\,(A'+A)}$$

$$:: \frac{m\cos \tfrac{1}{2}\,(A'-A)}{\cos \tfrac{1}{2}\,(A'+A)} : \frac{m\sin \tfrac{1}{2}\,(A'-A)}{\sin \tfrac{1}{2}\,(A'+A)}$$

$$\tang \tfrac{1}{2}\,(C'+C) = \frac{m\cos \tfrac{1}{2}\,(A'-A)}{\cos \tfrac{1}{2}\,(A'+A)}\ \text{et}\ \tang \tfrac{1}{2}\,(C'-C) = \frac{m\sin \tfrac{1}{2}\,(A'-A)}{\sin \tfrac{1}{2}\,(A'+A)}.$$

Soit $A' = A$; $\tang C = \tang C' = \dfrac{m}{\cos A'} = \dfrac{m}{\cos A}$;

$m = \cos A'\,\tang C = \cos A\,\tang C' =$ tangente de la base d'un triangle dont C est l'hypoténuse et A' l'angle à la base, ou C' l'hypoténuse et A l'angle à la base. Ainsi dans le triangle APB de la figure 76 nous aurons,

$$m = \tang A m = \tang AP\,\tang A = \tang BP\,\tang B$$

$$= \tang \tfrac{1}{2}\,AB = \tang \tfrac{1}{2}\,\text{base} = \tang \tfrac{1}{2}\,C''\,;$$

donc

$$\tang \tfrac{1}{2}\,(C'+C) = \frac{\tang \tfrac{1}{2}\,C''\cos \tfrac{1}{2}\,(A'-A)}{\cos \tfrac{1}{2}\,(A'+A)}\,;\ \tang \tfrac{1}{2}\,(C'-C) = \frac{\tang \tfrac{1}{2}\,C''\sin \tfrac{1}{2}\,(A'-A)}{\sin \tfrac{1}{2}\,(A'+A)}\,;$$

ce sont les deux autres formules de Néper.

Ces secondes formules se trouveraient en portant les deux premières dans le triangle supplémentaire, et c'est ainsi que la plupart des auteurs les ont démontrées.

Cette route est la plus courte et la plus facile pour arriver aux analogies de Néper; mais il faut admettre que n est fonction de A'' sans mélange de C' ni de C, et m fonction de C'' sans mélange de C' ni de C.

Si l'on trouve quelque obscurité dans cette proposition, voici des démonstrations synthétiques qui ne laisseront rien à desirer.

175. Soit ABC (fig. 83) un triangle sphérique quelconque. Mettez B au plus grand angle sur la base et C au plus petit. Menez CD ensorte que $DCB = B$ et prolongez BA en D, le triangle BCD sera isocèle. Menez DM perpendiculaire sur le milieu de BC, cet arc coupera en deux parties égales l'angle au sommet D.

L'angle $ACD = (B - C)$. Divisez cet angle en deux également par l'arc CE qui coupe en E la perpendiculaire DM.

$$FCE = \tfrac{1}{2}(B - C); \quad MCE = C + \tfrac{1}{2}B - \tfrac{1}{2}C = \tfrac{1}{2}C + \tfrac{1}{2}B = \tfrac{1}{2}(B + C).$$

Menez l'arc AE, il partagera en deux l'angle $DAC = (180 - A)$ et $CAE = (90° - \tfrac{1}{2}A) = DAE$.

En effet, abaissez les trois perpendiculaires EF, EG, EH, du point E sur les trois côtés, et vous aurez

$$\left.\begin{array}{l} \sin EF = \sin CE \sin ECF = \sin CE \sin\tfrac{1}{2}(B - C) \\ \sin EH = \sin CE \sin ECH = \sin CE \sin\tfrac{1}{2}(B - C) \end{array}\right\} \quad \text{d'où } EF = EH$$

$$\sin EH = \sin DE \sin EDH = \sin DE \sin EDG = \sin GE,$$

donc
$$EH = GE = EF.$$

$$\sin GAE = \frac{\sin GE}{\sin AE} = \frac{\sin EF}{\sin FAE} = \sin FAE,$$

donc
$$GAE = FAE = 90° - \tfrac{1}{2}A.$$

176. Il résulte d'abord de cette construction que *si dans un triangle quelconque ACD vous divisez en deux également deux angles D et C par des arcs qui se coupent en un point E, et que de ce point vous meniez un arc EA au troisième angle, il le divisera en deux également.*

Et réciproquement, que *les trois arcs qui divisent en deux également les trois angles du triangle, se coupent toujours en un même point E.*

On en déduit encore

$$\tang AF = \tang AE \cos EAF = \tang AE \cos EAG = \tang AG, \text{ d'où } AC = AF.$$

On prouvera de même que $DG = DH$ et $CH = CF$.

D'où il suit encore que *les trois perpendiculaires menées du point d'intersection sur les trois côtés seront égales et formeront six segmens égaux deux à deux.*

177. Je dis de plus que $CEM = AEF$. En effet

$$180° = MEC + CEH + HED = MEF + FEA + AEG + GED;$$

mais $HED = GED$, donc

$$MEC + CEH = MEF + FEA + AEG = MEF + 2AEF;$$

de plus $CEH = CEF$, car

$$\cot CEH = \cos CE \tang HCE = \cos CE \tang FCE = \cot CEF;$$

ainsi

$$MEC + CEF = MEF + 2AEF = 2MEC + 2AEF$$

ou $\qquad 2MEC + MEF = MEF + 2AEF$,   donc $MEC = AEF$.

On a enfin

$$BD = CD \text{ ou } BA + AG + GD = CH + HD; \text{ mais } GD = HD,$$

donc $\qquad BA + AG = CH = CF = CA - AF;$

$$BA = CA - AF - AG = CA - 2AF; \quad 2AF = AC - AB.$$

$AF = \tfrac{1}{2}(AC - AB)$; donc $CF = AC - AF = AC - \tfrac{1}{2}A + \tfrac{1}{2}AB = \tfrac{1}{2}(AC + AB).$

Cela posé, le triangle ACE coupé en deux triangles rectangles par la perpendiculaire EF donnera

$$\sin CF : \sin AF :: \tang FAE : \tang FCE \ (158)$$

ou $\qquad \sin\tfrac{1}{2}(AC + AB) : \sin\tfrac{1}{2}(AC - AB) :: \cot\tfrac{1}{2}A : \tang\tfrac{1}{2}(B - C)$

$$\sin\tfrac{1}{2}(C' + C) : \sin\tfrac{1}{2}(C' - C) :: \cot\tfrac{1}{2}A' : \tang\tfrac{1}{2}(A' - A).$$

C'est la première analogie de Néper.

178. Le triangle CEM donne

$$\tang ECM = \frac{\cot CEM}{\cos CE} \ (27) = \frac{\cot AEF}{\cos CE} = \frac{\tang FAE \cos AE}{\cos CE}$$
$$= \frac{\tang FAE \cos AF}{\cos CF} = \frac{\tang (90 - \tfrac{1}{2} A'') \cos\tfrac{1}{2}(C' - C)}{\cos\tfrac{1}{2}(C' + C)}.$$

C'est la seconde analogie de Néper.

179. Le triangle AEF donne

$$\tan AF = \sin EF \, \tan AEF = \sin CE \, \sin ECF \cdot \tan AEF$$

$$= \sin CE \, \sin ECF \, \tan CEM = \sin CE \, \sin ECF \, \frac{\tan MC}{\sin ME} = \frac{\sin\frac{1}{2}(A'-A)\,\tan\frac{1}{2}C''}{\left(\dfrac{\sin ME}{\sin CE}\right)}$$

$$= \frac{\sin\frac{1}{2}(A'-A)\,\tan\frac{1}{2}C''}{\sin MEC}$$

ou $$\tan\frac{1}{2}(C'-C) = \frac{\sin\frac{1}{2}(A'-A)\,\tan\frac{1}{2}C''}{\sin\frac{1}{2}(A'+A)}.$$

C'est la troisième analogie de Néper.

180. Enfin le triangle CEM donne

$$\tan\frac{1}{2}BC = \tan CM = \tan CE \, \cos MCE = \tan CE \, \cos\frac{1}{2}(A'+A)$$

$$= \frac{\tan CF}{\cos FCE}\cos\frac{1}{2}(A'+A) = \frac{\tan\frac{1}{2}(C'+C)\,\cos\frac{1}{2}(A'+A)}{\cos\frac{1}{2}(A'-A)}$$

ou $$\tan\frac{1}{2}(C'+C) = \frac{\cos\frac{1}{2}(A'-A)\,\tan\frac{1}{2}C''}{\cos\frac{1}{2}(A'+A)}.$$

C'est la quatrième de Néper.

Ainsi nous sommes parvenus à construire une formule fort simple, qui nous donne directement et à vue la première analogie de Néper, et par un calcul très-simple, les trois autres analogies.

C'est, je crois, la première fois qu'on ait démontré ces analogies par la trigonométrie sphérique toute seule.

J'ai varié cette construction de plusieurs manières.

Prolongez jusqu'à 180° en A' (fig. 84) le côté AC opposé au plus grand des deux angles; prolongez jusqu'au point A' le côté BA opposé au plus petit des deux angles; menez le demi-cercle AEA' qui partage également l'angle extérieur CAD; prenez AF = $\frac{1}{2}$(AC — AB), CF sera $\frac{1}{2}$(AC + AB), élevez la perpendiculaire FE et menez CE, vous aurez

$$\sin CF : \sin AF :: \tan CAE : \tan ACE$$

ou $\sin\frac{1}{2}(C'+C) : \sin\frac{1}{2}(C'-C) :: \cot\frac{1}{2}A : \tan ACF = \tan\frac{1}{2}(A'-A).$

Prenez FE' = 90°, par le point F' élevez la perpendiculaire F'E' et menez CF' vous aurez

$$\sin CF' : \sin A'F' :: \tan CA'E' : \tan A'CE'$$

ou $\cos\frac{1}{2}(C'+C) : \cos\frac{1}{2}(C'-C) :: \cot\frac{1}{2}A : \tan A'CE' = \tan\frac{1}{2}(A'+A).$

I.   25

On prouverait, comme ci-dessus, que $A'CE' = \frac{1}{2}(A' + A)$.

Menez CD' en sorte que $E'CD' = F'CE'$, vous aurez un triangle $A'CD'$ dont deux angles seront déjà partagés en deux également par les arcs AF' et CE'; du point E' abaissez les trois perpendiculaires, vous prouverez comme ci-dessus, que $A'CE' = \frac{1}{2}(A' + A)$ et vous aurez construit dans une même figure les deux analogies de Néper, et vous aurez pour en conclure les deux autres triangles CE'F et A'E'F' dont vous ferez le même usage que de CEF et AEF.

181. Néper n'avait pas donné précisément ces formules, ou du moins il n'avait donné que la première

ou $\qquad \sin\frac{1}{2}(B+C) : \sin\frac{1}{2}(B-C) :: \tang\frac{1}{2}BC : \tang\frac{1}{2}(AC - AB).$

Il ajoutait les deux analogies

$$\sin\tfrac{1}{2}(B-C) : \sin\tfrac{1}{2}(B+C) :: \sin(B-C) : (\sin B + \sin C)$$

$$\sin(B+C) : (\sin B + \sin C) :: \tang\tfrac{1}{2}BC : \tang\tfrac{1}{2}(AC + CB).$$

D'où l'on a tiré

$$\tang\tfrac{1}{2}(AC+AB) = \frac{\tang\frac{1}{2}BC.(\sin B + \sin C)}{\sin(B+C)} = \frac{\tang\frac{1}{2}BC.2\sin\frac{1}{2}(B+C)\cos\frac{1}{2}(B-C)}{2\sin\frac{1}{2}(B+C)\cos\frac{1}{2}(B+C)}$$

$$= \frac{\tang\frac{1}{2}BC\cos\frac{1}{2}(B-C)}{\cos\frac{1}{2}(B+C)},$$

c'est-à-dire la seconde formule. C'est Briggs qui a fait cette transformation et ajouté les deux autres formules, le tout sans démonstration. Voyez l'ouvrage intitulé *Logarithmorum Canonis Descriptio*, Lyon, 1620, et *Mirifici Logarithmorum canonis Constructio*, pag. 56 et 61. Ainsi Néper faisait trois analogies pour arriver à $\tang\frac{1}{2}(C' + C)$.

182. Dans le premier des deux ouvrages que nous venons de citer, Néper avait démontré par les propriétés de la projection stéréographique cette analogie.

$$\tang\tfrac{1}{2}C'' : \tang\tfrac{1}{2}(C'+C) :: \tang\tfrac{1}{2}(C'-C) : \tang\tfrac{1}{2} \text{ différence des seg-}$$

mens de la base C''.

La démonstration n'est pas courte; on la déduit au contraire avec la plus grande facilité de la règle des quatre cosinus; ainsi nous renverrons à l'article (141) ci-dessus.

Mettez les côtés au lieu des tangentes, c'est-à-dire, supposez le triangle très-petit et le théorème deviendra celui des triangles rectilignes.

183. Nous avons démontré ci-dessus, 105 et suivans, quatre formules qui pourraient tenir lieu des quatre principales analogies de Néper et que M. Gauss veut leur substituer dans les calculs ordinaires. Les voici :

$$(1)\ \frac{\sin\frac{1}{2}C''}{\sin\frac{1}{2}A''} = \frac{\sin\frac{1}{2}(C'+C)}{\cos\frac{1}{2}(A'-A)} \qquad (3)\ \frac{\sin\frac{1}{2}C''}{\cos\frac{1}{2}A''} = \frac{\sin\frac{1}{2}(C'-C)}{\sin\frac{1}{2}(A'-A)}$$

$$(2)\ \frac{\cos\frac{1}{2}C''}{\sin\frac{1}{2}A''} = \frac{\cos\frac{1}{2}(C'+C)}{\cos\frac{1}{2}(A'+A)} \qquad (4)\ \frac{\cos\frac{1}{2}C''}{\cos\frac{1}{2}A''} = \frac{\cos\frac{1}{2}(C'-C)}{\sin\frac{1}{2}(A'+A)}.$$

D'abord elles sont moins faciles à retenir que les formules de Néper. Pour en faire usage on divise la première par la seconde et l'on a

$$\tan\tfrac{1}{2}C'' = \frac{\tan\frac{1}{2}(C'+C)\cos\frac{1}{2}(A'+A)}{\cos\frac{1}{2}(A'-A)}$$

ou

$$\tan\tfrac{1}{2}(C'+C) = \frac{\tan\frac{1}{2}C''\cos\frac{1}{2}(A'-A)}{\cos\frac{1}{2}(A'+A)};$$

On divise la troisième par la quatrième et l'on a

$$\tan\tfrac{1}{2}(C'-C) = \frac{\tan\frac{1}{2}C''\sin\frac{1}{2}(A'-A)}{\sin\frac{1}{2}(A'+A)}.$$

On connaît donc C' et C'' au moyen de C'', A' et A.

On a ensuite quatre formules différentes pour calculer A''

Si l'on connaît C' et C avec A'', pour en déduire le reste, on divise la troisième par la première et l'on a

$$\tan\tfrac{1}{2}A'' = \frac{\sin\frac{1}{2}(C'-C)\cot\frac{1}{2}(A'-A)}{\sin\frac{1}{2}(C'+C)}$$

ou

$$\tan\tfrac{1}{2}(A'-A) = \frac{\cot\frac{1}{2}A''\sin\frac{1}{2}(C'-C)}{\sin\frac{1}{2}(C'+C)}.$$

On divise la quatrième par la deuxième et l'on obtient

$$\tan\tfrac{1}{2}(A'+A) = \frac{\cot\frac{1}{2}A''\cos\frac{1}{2}(C'-C)}{\cos\frac{1}{2}(C'+C)}.$$

Et l'on a quatre formules pour déterminer C'.

Mais on voit qu'on est obligé réellement d'en revenir aux formules de Néper, qui ne sont que déguisées, et que le calcul est un peu plus compliqué. Quand j'ai donné ces formules dans la *Connaissance des Tems*, de l'an 1808, je vis bien qu'elles pouvaient avoir cet usage; mais les formules connues me parurent bien préférables.

Au reste ces quatre formules se trouvent avec facilité par les triangles de la figure 83.

D'abord le triangle FAE donne

$$\cos FAE = \sin \tfrac{1}{2} A'' = \cos FE \sin AEF.$$

Le triangle CEF $\qquad \cos FCE = \cos \tfrac{1}{2} (A' - A) = \cos FE \sin CEF;$

d'où par la division

$$\frac{\sin \tfrac{1}{2} A''}{\cos \tfrac{1}{2} (A' - A)} = \frac{\sin AEF}{\sin CEF} = \frac{\sin CEM}{\sin CEF}$$

$$= \frac{\sin MC}{\sin CE} \cdot \frac{\sin CE}{\sin FC} = \frac{\sin \tfrac{1}{2} C''}{\sin \tfrac{1}{2} (C' + C)};$$

c'est la première formule.

Le triangle FAE donne

$$\cos FAE = \sin \tfrac{1}{2} A'' = \cos FE \sin AEF,$$

le triangle MCE $\qquad \cos MCE = \cos \tfrac{1}{2} (A' + A) = \cos ME \sin CEM.$

$$\frac{\sin \tfrac{1}{2} A''}{\cos \tfrac{1}{2} (A' + A)} = \frac{\cos FE}{\cos ME} = \frac{\cos CF}{\cos FC} \cdot \frac{\cos MC}{\cos CE} = \frac{\cos \tfrac{1}{2} C''}{\cos \tfrac{1}{2} (C' + C)}.$$

c'est la deuxième formule.

Le triangle FAE donne

$$\sin AF : \sin AEF :: \sin FE : \sin FAE = \cos \tfrac{1}{2} A',$$

ou

$$\sin \tfrac{1}{2} (C' - C) : \sin CEM :: \sin CE \sin FCE : \cos \tfrac{1}{2} A''$$

$$\sin \tfrac{1}{2} (C' - C) \cos \tfrac{1}{2} A'' = \sin CEM \sin CE \sin \tfrac{1}{2} (A' - A)$$

$$= \sin CM \sin \tfrac{1}{2} (A' - A) = \sin \tfrac{1}{2} C'' \sin \tfrac{1}{2} (A' - A);$$

c'est la troisième formule.

Enfin le triangle FAE donne

$$\sin FAE \cos AF, \quad \text{ou} \quad \cos \tfrac{1}{2} A'' \cos \tfrac{1}{2} (C' - C) = \cos AEF = \cos MEC$$

$$= \cos MC \sin MCE = \cos \tfrac{1}{2} C' \sin \tfrac{1}{2} (A' + A);$$

c'est la quatrième formule.

On les trouverait pareillement par les triangles usités à la figure 84.

Ces formules peuvent se transporter à tous les parties des triangles en changeant les accens suivant la règle donnée (21).

Il en est de même de toutes les formules démontrées dans ce chapitre, et c'est l'un des avantages de la notation, que nous avons préférée, que cette facilité dans les transformations.

Des Cas douteux dans le calcul des Triangles sphériques.

184. Les cas douteux sont en général ceux où l'inconnue se calcule au moyen de son sinus. On n'a pour lever le doute que ce théorème général, que *le plus grand angle est opposé au plus grand côté et réciproquement.* On rejetterait celle des deux valeurs qui ne satisferait pas à cette règle; mais elles y satisfont toutes deux la moitié du tems.

Les cas douteux sont encore ceux où l'inconnue se trouve exprimée à-la-fois par son sinus et son cosinus, ce qui arrive toujours quand on a deux côtés et un angle opposé, ou deux angles et un côté opposé. Nous avons vu que dans ces cas la perpendiculaire coupe l'inconnue en deux segmens que l'on calcule chacun séparément. Si on les trouve par leur sinus, l'espèce est incertaine; si on les calcule par leur cosinus, on ne sait si l'un des segmens est $x - y$ ou $y - x$; on n'a pour lever le doute que le théorème ci-dessus et ces deux autres, que *la somme des deux segmens doit être moindre que de 180° et que les angles et les côtés sont nécessairement positifs.*

185. On ne peut par ces différens moyens lever le doute, quand cela est possible, que quand tous les calculs sont achevés. Nous avons annoncé une règle qui lève le doute par la seule inspection des données. Voici cette règle :

Soient C' le côté opposé à l'angle connu et A' l'angle opposé au côté connu.

> Lorsque C' est *plus grand que C et plus petit que* 180° $- C$
> ou bien A' *plus grand que A et plus petit que* 180° $- A$

tout est déterminé dans le triangle, l'inconnue est toujours de même espèce que la quantité connue qui lui est opposée.

M. Cagnoli, à qui j'avais communiqué cette règle, en a donné une démonstration analytique. Voici comment je l'avais trouvée.

Soit $AA'A''A'''$ (fig. 85) un grand cercle de la sphère, DBD' un demi-cercle perpendiculaire sur le premier, ABA'', $A'BA'''$, CBC'', $C'BC''$ autant de demi-cercles inclinés sur le premier cercle et coupés inégalement au point B. Les segmens sont toujours supplémens l'un de l'autre.

Soit OBO' un demi-cercle coupé en deux segmens égaux au point B, vous aurez

$$BO = BO' = 90°.$$
$$DO = DO' = O'D' = OD' = 90°.$$

Les points O et O′ seront les pôles de l'arc BD ou BD′. Les angles DBO, DBO′, D′BO, D′BO′ sont tous de 90°. Tous les arcs comme BC qui tombent sur ODO′ sont moindres que 90°, et tous ceux qui tombent sur OD′O′ sont plus grands que 90°.

Le plus petit de tous les segmens ou arcs qui ont leur origine en B et se terminent à la circonférence du cercle AA′A″ est l'arc perpendiculaire BD, le plus grand est BD′, ils sont d'autant plus petits qu'ils approchent plus de la perpendiculaire BD, et d'autant plus grands qu'ils s'en éloignent davantage et s'approchent plus de la grande perpendiculaire BD′. Ainsi BD, BA, BC, BO, BC‴, BA″ et BD′ sont des quantités toujours croissantes; BD′, BA″, BC″, BO′, BC′, BA′, BD des quantités toujours décroissantes.

Les inclinaisons BAD, BCD, BOD vont en décroissant jusqu'au pôle O et croissant ensuite entre O et D′. Le *minimum* d'inclinaison $=$ BD, le *maximum* $=$ 90°, l'angle BAD $=$ BA′D; soit BA′ $=$ BA, on aura BA′D $=$ BAD $=$ BA″D. Ainsi les angles A′ et A″ C′ et C′ sont égaux, et il en sera de même pour deux points quelconques C′ et C′ quand ils seront à égale distance du pôle O′; alors on aura BC′ $=$ 180° $-$ BC″. Ainsi quand deux côtés BC′ et BC sont supplémens l'un de l'autre, ils ont la même inclinaison par AA′D′, C′ est ce qui fait que l'angle ne détermine pas l'espèce du côté inconnu; mais aussi l'angle de suite qui accompagne chaque inclinaison est obtus, ainsi BAD est aigu, mais BAD′ est obtus. En général *l'inclinaison est un angle aigu quand elle regarde la petite perpendiculaire BD et elle est un angle obtus si elle regarde la grande perpendiculaire BD′.*

186. Remarquons, en passant, que *d'un point quelconque B on peut abaisser sur le cercle AA′ deux perpendiculaires, l'une moindre que 90° dans l'angle aigu, et l'autre de plus de 90° dans l'angle obtus; jamais les deux perpendiculaires ne tombent toutes deux dans le triangle, car leurs pieds sont éloignés de 180° et aucune base de triangle ne peut être de 180°; mais les deux perpendiculaires pourraient tomber dehors, comme dans le triangle BCC″.* Toutes ces remarques pourraient se démontrer rigoureusement par nos formules, si elles n'étaient d'une vérité évidente.

187. Les segmens quelconques, comme BA et BC pris deux à deux, avec l'arc compris AC du cercle AA′A″ formeront toujours un triangle ABC, et l'on trouvera dans la figure 85 toutes les combinaisons possibles d'angles et d'arcs au-dessus et au-dessous de 90°.

Soit ABC ce triangle dont on connaît les côtés BC et BA, c'est-à-dire C' et C avec un angle opposé A : ici nous avons BC > AB, car il est plus loin de la perpendiculaire. Et BC < BA″ ou < 180° — BA, car BA″ est > 90° et BC < 90°, C est de la même espèce que AB.

Mais BA est plus petit que BC et plus petit que BC″ ou plus petit que 180 — BC.

A peut être obtus, et alors BA tombera sur l'arc CD, et sera moindre que de 90°; A peut être aigu, et alors BA sera BA′ ou BA″, puisque les angles A′ et A″ sont égaux; c'est ce qui fait le doute.

J'appelle premier côté celui qui est opposé à l'angle connu; premier angle celui qui est opposé au côté inconnu.

188. Appliquez ces raisonnemens à toutes les combinaisons possibles d'angles et de côtés, et vous reconnaîtrez la généralité de la règle, ainsi : supposez

1°. Un angle aigu adjacent à un côté aigu, comme BCA et BC
2°. Un angle obtus et un côté adjacent aigu, comme BAC et BA
3°. Un angle aigu et un côté adjacent obtus, comme BA‴C et BA‴
4°. Un angle obtus et un côté adjacent obtus, comme BA′C″ et BA°
5°. Un côté aigu adjacent à un angle aigu, comme BC et BCA
6°. Un côté obtus adjacent à un angle aigu, comme BA′ et BA″C′
7°. Un côté aigu adjacent à un angle obtus, comme BA et BAC
8°. Un côté obtus adjacent à un angle obtus, comme BA″ et BA‴D′.

Quand vous aurez ainsi les deux côtés et les deux angles opposés vous saurez *si la perpendiculaire tombe dans le triangle, ce qui aura lieu si les deux angles sont de même espèce* (71), alors *l'inconnue sera la somme des deux segmens; ou si elle tombe dehors, ce qui arrivera si les deux angles sont d'espèce différente, et alors l'inconnue sera la différence des segmens.* Vous aurez d'ailleurs la règle générale que *le grand angle est opposé au grand côté, le petit au petit, le moyen au moyen.*

189. Ces règles sont générales quand on n'admet dans les triangles sphériques aucun angle, ni aucun côté qui passe 180°, ce qui se peut toujours; mais si l'on admet toutes sortes d'angles et toutes sortes de côtés, ce qui est permis, mais souvent moins commode, nos règles seront souvent en défaut et les deux solutions seront admissibles, à moins que quelque circonstance astronomique ne donne l'exclusion à l'une des deux valeurs. Supposons, par exemple, que dans le calcul d'un

phénomène observé, on trouve pour l'astre deux distances zénitales, l'une au-dessous de 90°, l'autre au-dessus, cette dernière solution serait inutile; car si la distance eût surpassé 90°, le phénomène eût été invisible.

La même figure servirait à démontrer que la *demi-somme de deux angles quelconques est toujours de même espèce que celle des côtés opposés, et réciproquement.* Mais cette vérité est plus évidente dans la formule

$$\tan\tfrac{1}{2}(C' + C)\cos\tfrac{1}{2}(A' + A) = \tan\tfrac{1}{2}C''\cos\tfrac{1}{2}(A' - A).$$

dont le second membre est nécessairement positif.

100. Les géomètres n'ont point donné de formule analytique pour le troisième et le quatrième angle dans les cas douteux : on en peut cependant trouver plusieurs.

Dans le triangle ABC de la figure 85, abaissez l'arc AP perpendiculaire sur la base BC, il y formera deux segmens x et y, et l'on aura

$$x + y = BC = C''.$$

Ainsi
$$\cos C'' = \cos(x+y) = \cos x \cos y - \sin x \sin y$$
$$= \cos x \cos y\,(1 - \tan x\,\tan y)$$
$$= \frac{\cos AC}{\cos AP}\cdot\frac{\cos AB}{\cos AP}\left(1 - \cos C\,\tan AC.\cos B\,\tan AB\right)$$
$$= \frac{\cos C'\cos C}{\cos^2 p}\left(1 - \cos A\,\cos A'\,\tan C\,\tan C'\right)$$
$$= \frac{\cos C\cos C' - \sin C\sin C'\cos A\cos A'}{\cos^2 p = 1 - \sin^2 p}$$
$$= \frac{\cos C\cos C' - \sin C\sin C'\cos A\cos A'}{1 - \sin C\sin C'\sin A\sin A'}$$

$$1 - \cos C'' = 2\sin^2\tfrac{1}{2}C'' = \frac{1 - \sin C\sin C'\sin A\sin A' - \cos C\cos C' + \sin C\sin C'\cos A\cos A'}{1 - \sin C\sin C'\sin A\sin A'}$$
$$= \frac{1 - \cos C\cos C' + \sin C\sin C'\,(\cos A\cos A' - \sin A\sin A')}{1 - \text{etc.}}$$
$$= \frac{1 - \cos C\cos C' + \sin C\sin C'\cos(A' + A)}{1 - \text{etc.}}$$
$$= \frac{1 - \cos C\cos C' + \sin C\sin C' - 2\sin C\sin C'\sin^2\tfrac{1}{2}(A' + A)}{1 - \text{etc.}}$$
$$= \frac{1 - \cos(C' + C) - 2\sin C\sin C'\sin^2\tfrac{1}{2}(A' + A)}{1 - \text{etc.}}$$
$$= \frac{2\sin^2\tfrac{1}{2}(C' + C) - 2\sin C\sin C'\sin^2\tfrac{1}{2}(A' + A)}{1 - \text{etc.}}$$

$$1 + \cos C' = 2 \cos^2 \tfrac{1}{2} C'' = \frac{1 - \cos C \cos C' - \sin C \sin C' + 2 \cos^2 \tfrac{1}{2} (A' + A) \sin C \sin C'}{1 - \text{etc.}}$$

$$= \frac{1 - \cos (C' - C) + 2 \sin C \sin C' \cos^2 \tfrac{1}{2} (A' + A)}{1 - \text{etc.}}$$

$$= \frac{2 \sin^2 \tfrac{1}{2} (C' - C) + 2 \sin C \sin C' \cos^2 \tfrac{1}{2} (A' + A)}{1 - \text{etc.}} :$$

$$1 + \cos C'' = 2 \cos^2 \tfrac{1}{2} C'' = \frac{1 - \sin C \sin C' \sin A \sin A' + \cos C \cos C' - \sin C \sin C' \cos A \cos A'}{1 - \text{etc.}}$$

$$= \frac{1 + \cos C \cos C' - \sin C \sin C' (\cos A \cos A' + \sin A' \sin A)}{1 - \text{etc.}}$$

$$= \frac{1 + \cos C \cos C' - \sin C \sin C' \cos (A' - A)}{1 - \text{etc.}}$$

$$= \frac{1 + \cos C \cos C' - \sin C \sin C' + 2 \sin C \sin C' \sin^2 \tfrac{1}{2} (A' - A)}{1 - \text{etc.}}$$

$$= \frac{1 + \cos (C' + C) + 2 \sin C \sin C' \sin^2 \tfrac{1}{2} (A' - A)}{1 - \text{etc.}}$$

$$= \frac{2 \cos^2 \tfrac{1}{2} (C' + C) + 2 \sin C \sin C' \sin^2 \tfrac{1}{2} (A' - A)}{1 - \text{etc.}}$$

$$= \frac{1 + \cos C \cos C' + \sin C \sin C' - 2 \sin C \sin C' \cos^2 \tfrac{1}{2} (A' - A)}{1 - \text{etc.}}$$

$$= \frac{1 + \cos (C' - C) - 2 \sin C \sin C' \cos^2 \tfrac{1}{2} (A' - A)}{1 - \text{etc.}}$$

$$= \frac{2 \cos^2 \tfrac{1}{2} (C' - C) - 2 \sin C \sin C' \cos^2 \tfrac{1}{2} (A' - A)}{1 - \text{etc.}},$$

d'où
$$\sin^2 \tfrac{1}{2} C'' = \frac{\sin^2 \tfrac{1}{2} (C' + C) - \sin C \sin C' \sin^2 \tfrac{1}{2} (A' + A)}{1 - \sin C \sin C' \sin A \sin A'}$$

$$= \frac{\cos^2 \tfrac{1}{2} (C' - C) - \sin C \sin C' \cos^2 \tfrac{1}{2} (A' - A)}{1 - \sin C \sin C' \sin A \sin A'}$$

et
$$\cos^2 \tfrac{1}{2} C' = \frac{\cos^2 \tfrac{1}{2} (C' - C) \sin C \sin C' \cos^2 \tfrac{1}{2} (A' - A)}{1 - \sin C \sin C' \sin A \sin A'}$$

$$= \frac{\cos^2 \tfrac{1}{2} (C' - C) - \sin C \sin C' \cos^2 \tfrac{1}{2} (A' - A')}{1 - \sin C \sin C' \sin A \sin A'},$$

$$\tan^2 \tfrac{1}{2} C' = \frac{\sin^2 \tfrac{1}{2} (C' + C) - \sin C \sin C' \sin^2 \tfrac{1}{2} (A' + A)}{\cos^2 \tfrac{1}{2} (C' + C) + \sin C \sin C' \sin^2 \tfrac{1}{2} (A' - A)}$$

$$= \frac{\sin^2 \tfrac{1}{2} (C' + C) - \sin C \sin C' \sin^2 \tfrac{1}{2} (A' + A)}{\cos^2 \tfrac{1}{2} (C' + C) - \sin C \sin C' \cos^2 \tfrac{1}{2} (A' - A)}$$

$$= \frac{\sin^2 \tfrac{1}{2} (C' - C) + \sin C \sin C' \cos^2 \tfrac{1}{2} (A' + A)}{\cos^2 \tfrac{1}{2} (C' - C) + \sin C \sin C' \cos^2 \tfrac{1}{2} (A' - A)}$$

$$= \frac{\sin^2 \tfrac{1}{2} (C' - C) + \sin C \sin C' \cos^2 \tfrac{1}{2} (A' + A)}{\cos^2 \tfrac{1}{2} (C' + C) + \sin C \sin C' \sin^2 \tfrac{1}{2} (A' + A)}$$

I. 26

$$\tan^2 \tfrac{1}{2}\, C'' = \frac{\tan^2 \tfrac{1}{2}\,(C'+C) - \dfrac{\sin C \sin C'}{\cos^2 \tfrac{1}{2}\,(C'+C)}\, \sin^2 \tfrac{1}{2}\,(A'+A)}{1 + \dfrac{\sin C \sin C'}{\cos^2 \tfrac{1}{2}\,(C'+C)}\, \sin^2 \tfrac{1}{2}\,(A'+A)}$$

$$= \frac{\tan^2 \tfrac{1}{2}\,(C'-C) - \dfrac{\sin C \sin C'}{\cos^2 \tfrac{1}{2}\,(C'-C)}\, \cos^2 \tfrac{1}{2}\,(A'+A)}{1 - \dfrac{\sin C \sin C}{\cos^2 \tfrac{1}{2}\,(C'-C)}\, \cos^2 \tfrac{1}{2}\,(A'-A)}$$

Nommez u et z les segmens de l'angle $\mathrm{BAC} = A''$, vous aurez de même

$$\cos A'' = \cos(u + z) = \cos u \cos z - \sin u \sin z$$

$$= \tan p \ \mathrm{et} \ \cot C'' \cdot \tan p \cot C - \frac{\cos A}{\cos p} \cdot \frac{\cos A'}{\cos p}$$

$$= \frac{\sin^2 p \cot C \cot C' - \cos A \cos A'}{\cos^2 p}$$

$$= \frac{\sin A \sin A' \sin C \sin C' \cot C \cot C' - \cos A \cos A'}{1 - \sin A \sin A' \sin C \sin C'}$$

$$= \frac{\sin A \sin A' \cos C \cos C' - \cos A \cos A'}{1 - \sin A \sin A' \sin C \sin C'} ;$$

d'où par des calculs tout semblables, ou par le triangle supplémentaire

$$\sin^2 \tfrac{1}{2}\, A'' = \frac{\cos^2 \tfrac{1}{2}\,(A'+A) + \sin A \sin A' \sin^2 \tfrac{1}{2}\,(C'-C)}{1 - \sin A \sin A' \sin C \sin C'}$$

$$= \frac{\cos^2 \tfrac{1}{2}\,(A'-A) - \sin A \sin A' \cos^2 \tfrac{1}{2}\,(C'-C)}{1 - \sin A \sin A' \sin C \sin C'} ;$$

$$\cos^2 \tfrac{1}{2}\, A'' = \frac{\sin^2 \tfrac{1}{2}\,(A'+A) - \sin A \sin A' \sin^2 \tfrac{1}{2}\,(C'+C)}{1 - \sin A \sin A' \sin C \sin C'}$$

$$= \frac{\sin^2 \tfrac{1}{2}\,(A'-A) + \sin A \sin A' \cos^2 \tfrac{1}{2}\,(C'+C)}{1 - \sin A \sin A' \sin C \sin C'} ,$$

$$\tan^2 \tfrac{1}{2}\, A'' = \frac{\cos^2 \tfrac{1}{2}\,(A'+A) + \sin A \sin A' \sin^2 \tfrac{1}{2}\,(C'-C)}{\sin^2 \tfrac{1}{2}\,(A'+A) - \sin A \sin A' \sin^2 \tfrac{1}{2}\,(C'+C)}$$

$$= \frac{\cos^2 \tfrac{1}{2}\,(A'-A) - \sin A \sin A' \cos^2 \tfrac{1}{2}\,(C'-C)}{\sin^2 \tfrac{1}{2}\,(A'-A) - \sin A \sin A' \cos^2 \tfrac{1}{2}\,(C'+C)}$$

$$= \frac{\cos^2 \tfrac{1}{2}\,(A'+A) + \sin A \sin A' \sin^2 \tfrac{1}{2}\,(C'-C)}{\cos^2 \tfrac{1}{2}\,(A'-A) + \sin A \sin A' \cos^2 \tfrac{1}{2}\,(C'+C)}$$

$$= \frac{\cos^2 \tfrac{1}{2}\,(A'-A) - \sin A \sin A' \cos^2 \tfrac{1}{2}\,(C'-C)}{\sin^2 \tfrac{1}{2}\,(A'+A) - \sin A \sin A' \sin^2 \tfrac{1}{2}\,(C'+C)} .$$

Toutes ces expressions fournissent autant des relation différentes entre trois côtés et deux angles, ou trois angles et deux côtés. On trouve encore une relation de ce genre dans l'expression de la différence entre les deux angles d'un même triangle.

Soit un triangle quelconque ADC, figure 83. Prolongez le côté DA en B, ensorte que DB=DC, et menez BC. Le triangle BDC sera isoscèle et la perpendiculaire DM partagera également l'angle D

$$\sin B : \sin AC :: \sin ACB : \sin AB = \sin (DC - DA)$$

$$= \frac{\sin AC \sin ACB}{\sin B} = \frac{\sin AC \sin (DCB - ACD)}{\sin B} = \frac{\sin AC \sin (DBC - ACD)}{\sin B}$$

$$= \frac{\sin AC (\sin B \cos ACD - \cos B \sin ACD)}{\sin B}$$

$$= \sin AC (\cos ACD - \sin ACD \cot B)$$

$$= \sin AC (\cos ACD - \sin ACD \cos DC \, \tang \tfrac{1}{2} BDC).$$

Soit $CD = C'$, $AD = C$, $AC = C''$,

l'angle ACD devient A', et nous avons

$$\sin (C' - C) = \sin C'' (\cos A - \sin A' \cos C' \, \tang \tfrac{1}{2} A').$$

Soit un triangle quelconque ABC, figure 88, dans le plus grand des deux angles sur la base, menons BD ensorte que DBA = A, le triangle BDA sera isoscèle et l'arc perpendiculaire DE le partagera en deux également, nous aurons

$$CBD = CBA - CAB.$$

$$\sin DB : \sin C :: \sin CD : \sin CBD = \sin (B - A)$$

$$= \frac{\sin C \sin CD}{\sin DB} = \frac{\sin C \sin (AC - AD)}{\sin DB} = \frac{\sin C (\sin AC \cos AD - \cos AC \sin AD)}{\sin AD}$$

ou

$$\sin (A' - A) = \sin A'' (\sin C' \cos A \cot \tfrac{1}{2} C'' - \cos C').$$

Mnémonique de la Trigonométrie.

191. Les formules exposées jusqu'ici sont plus que suffisantes, l'embarras est de les retenir pour les employer au besoin. Dans l'impossibilité absolue de se les graver toutes dans la mémoire, il faut au moins bien savoir les règles fondamentales et celles qui reviennent à chaque instant et qui suffisent pour les problèmes ordinaires.

Néper, qui a rendu à la science des services bien plus importans, a tenté de réduire toutes ces règles, vraiment nécessaires, à deux règles générales, indiquées d'une manière fort obscure à la fin de son ouvrage *Mirifici Canonis Constructio*.

Gellibrand, au chapitre III du second livre de la *Trigonométrie britannique*, les a données d'une manière beaucoup plus claire.

Pingré, dans les *Mémoires de l'Académie* pour 1756, a donné les deux règles de Néper pour les triangles rectangles, et en a ajouté deux autres pour les triangles obliquangles.

M. Mauduit, dans son *Astronomie sphérique*, a donné aux règles de Néper une forme plus commode, que nous allons indiquer.

192. Soit un triangle ABC rectangle en A, on aura

$$\sin AB = \sin BC \; \sin C = \tang AC \; \cot B$$
$$\sin AC = \sin BC \; \sin B = \tang AB \; \cot C$$
$$\cos BC = \cos AB \cos AC = \cot B \cot C$$
$$\cos B = \cos \; AC \sin C = \tang AB \; \cot BC$$
$$\cos C = \cos \; AB \sin B = \cot BC \; \cot AC.$$

Ces équations n'offrent que cinq des six parties qui constituent le triangle, l'angle droit n'y paraît nulle part et n'est compté pour rien.

M. Mauduit partage ces cinq quantités en deux espèces.

L'hypoténuse BC et les deux angles adjacens B et C forment la première espèce.

Au lieu des deux côtés qui renferment l'angle droit, il prend leurs complémens (90 — AB) et (90—AC); ainsi à celles de la seconde espèce il substitue les complémens, et c'est pour cette raison qu'il en fait une espèce distincte.

Parmi ces cinq quantités prenez en une à volonté que vous appellerez *moyenne*, les deux quantités qui la touchent immédiatement s'appellent *adjacentes* ou *conjointes*, les deux autres qui en sont éloignées s'appellent *séparées;* l'angle droit ne compte pas et ne *sépare rien.*

193. Cela posé, nos six analogies sont contenues dans les formules suivantes,

cosinus moyenne = produit des cotangentes des parties adjacentes
　　　　　　　= produit des sinus des parties séparées.

En appelant quantité moyenne celle qu'on n'a pas et dont on n'a pas besoin, on a cette règle unique : *le produit des cotangentes des parties adjacentes est égal au produit des sinus des parties séparées*, et cette règle satisfait à tout; mais on perd l'avantage d'avoir le rayon au premier terme; ce qui alonge le calcul.

Les théorèmes ajoutés par Pingré sont encore moins commodes et moins complets, et je n'ai jamais vu que personne en ait fait usage. Mais on a souvent cité la règle de Néper. J'avoue cependant que je ne m'en suis jamais servi. J'ai eu beaucoup moins de peine à retenir les six analogies que je n'ai jamais oubliées depuis trente ans que je m'en sers. Il est extrêmement incommode de substituer les complémens aux quantités de la seconde espèce, d'examiner quelles parties sont adjacentes à la moyenne, ou en sont séparées; enfin d'avoir dans les analogies l'inconnue tantôt parmi les moyens et tantôt parmi les extrêmes; toutes ces attentions prennent plus de tems que le calcul réel.

Au reste mon avis peut n'être pas celui de tout le monde. La mémoire a ses caprices, et quoique je trouve le moyen indiqué par Néper extrêmement incommode, comme tout le monde n'en juge pas de même, j'ai cru devoir en parler.

Rien de si facile à retenir que les six analogies dont on fait un usage continuel pour le soleil.

$$\sin D = \sin \omega \sin \odot \,, \qquad \sin \text{côté} = \sin \text{angl opposé} \sin \text{hypoténuse},$$
$$\tang A = \cos \omega \, \tang \odot \,, \qquad \tang \text{base} = \tang \text{hyp} \cos \text{angl compris},$$
$$\tang D = \tang \omega \sin A \,, \qquad \tang \text{côté} = \tang \text{angle opposé} \sin \text{base},$$
$$\cos \odot = \cos A \cos D \,, \qquad \cos \text{hyp} = \cos \text{base} \cos \text{côté}$$
$$\cos \odot = \cot \omega \cot A \,, \qquad \cos \text{hyp} = \cot \text{angl obliq} \cot \text{second angl obliq},$$
$$\cos A = \sin \omega \cos A \,, \qquad \cos \text{sommet} = \cos \text{base} \sin \text{angle à la base}.$$

On fait usage surtout des quatre premières.

194. Pour les triangles obliquangles, nous n'avons que quatre formules qui donneraient au besoin les six des triangles rectangles. Or ces quatre analogies se retiendront aisément au moyen des réflexions suivantes.

Première règle.

$$\frac{\sin A}{\sin C} = \frac{\sin A'}{\sin C'} = \frac{\sin A''}{\sin C''}.$$

Il est impossible d'oublier cette formule.

Deuxième règle.

$$\cos C'' = \cos A'' \sin C \sin C' + \cos C \cos C'.$$

Il suffit de regarder cette formule, d'en observer la symétrie pour la retenir à jamais.

Troisième règle.

$$\cos A'' = \cos C'' \sin A \sin A' - \cos A \cos A'.$$

C'est la même que la précédente, en changeant les côtés en angles, les angles en côtés, et mettant — au dernier terme.

Quatrième règle.

$$\cos C \cos A' = \cot C'' \sin C - \sin A' \cot A''.$$

Appelez   A   l'angle inconnu dont vous n'avez pas besoin.

             A'   l'angle connu opposé au côté inconnu.

             A''   l'angle demandé ou opposé au côté demandé.

Les A ainsi appliqués, les C le sont nécessairement.

Remarquez que le premier membre renferme deux cosinus,

       que le premier terme du second membre renferme une cotangente et un sinus,

    que le second terme du second membre renferme un sinus et une cotangente avec le signe —,

    que vous avez successivement 1er côté, 2ème angle, 3ème côté; 1er côté, 2ème angle, 3ème angle.

Le second membre est symétrique, les deux sinus au milieu, les deux cotangentes aux extrémités. Le dernier terme, qui est l'inverse du précédent a le signe —, il a deux angles, au lieu que le précédent a deux côtés.

Depuis que j'ai disposé ainsi cette formule, je ne l'ai jamais oubliée, et auparavant je n'avais jamais pu la retenir.

Il reste à dégager l'inconnue. Si c'est A''

$$\cot A'' = \frac{\cot C'' \sin C - \cos C \cos A'}{\sin A'},$$

si c'est C''

$$\cot C' = \frac{\cot A'' \sin A' + \cos C \cos A'}{\sin C}.$$

voulez-vous C écrivez

$$\cot A' = \frac{\cot C'' \sin C - \cos A' \cos C}{\sin A'} = \cot A' \left(\frac{\cot C'' \sin A'}{\cos A'} - \cos A' \right).$$

Voulez-vous A′ écrivez

$$\cot A'' = \cot C \left(\frac{\cot A''}{\cos C} \sin A' + \cos A' \right)$$

et cherchez l'angle auxiliaire x par sa $\cot x = \frac{\cot C'}{\cos A'}$ ou $\frac{\cot A''}{\cos C}$, développez et réduisez. Ces petites préparations prennent moins de tems que d'ouvrir un livre (*).

Théorèmes sur quelques fonctions symétriques de trois arcs.

195. Nos quatre formules analytiques renferment toutes les solutions de six cas qui peuvent se présenter dans le calcul d'un seul triangle. Les solutions astronomiques qui en ont été déduites, nous ont montré deux triangles qui avaient une ou deux parties communes; le triangle supplémentaire et la figure qui nous a servi pour la démonstration des analogies de Néper, nous ont fait voir des triangles qui, sans avoir de partie commune, en avaient une qui était égale, et nous avons vu comment on s'en servait pour arriver à la solution d'un triangle adjacent. C'est ainsi que se résolvent tous les problèmes d'Astronomie sphérique. Il nous reste à placer ici, pour compléter notre répertoire, quelques formules dont nous aurons plus d'une occasion de faire usage.

Quelques-unes de ces formules ont été présentées dans plusieurs ouvrages, comme des théorèmes isolés dont on ne voyait ni la source,

---

(*) M. de Mello propose de donner à la formule la disposition suivante

$$\cot C \cot A' = \frac{\cot C''}{\sin A'} - \frac{\cot A''}{\sin C}.$$

On n'aura que des cotangentes et des sinus, les cotangentes de toutes les parties et les sinus des moyennes.

On a de suite cot 1er côté, cot 2ème angle, cot 3ème côté, cot 3ème angle et en revenant de droite à gauche, sin 1er côté, sin 2ème angle. On peut choisir; car je pense qu'il vaut mieux n'avoir qu'une seule règle.

ni les conséquences utiles. On aura plus de facilité pour les retenir ou les retrouver, quand on aura vu comment on y a été conduit.

196. Soit ♈NABC (fig. 86) l'écliptique ou un grand cercle quelconque. P le pôle de ce cercle. PA, PB, PC des cercles de latitude, ou en général des arcs de 90°, perpendiculaires à NC.

ΠNDEF un autre grand cercle quelconque qui coupe le premier en un point N qu'on appelle *nœud* et sous un angle quelconque DNA qu'on appelle *inclinaison*.

Les arcs PD, PE, PF ou Δ, Δ', Δ'' sont les distances polaires des points d'intersection.

Les arcs AD, BE, CF ou β, β', β'' sont les latitudes de ces mêmes points.

Les angles DPE, EPF, DPF ont pour mesures les arcs AB, BC, AC.

$$\left. \begin{aligned} AB &= NB - NA = A' - A \\ BC &= NC - NB = A'' - A' \\ AC &= NC - NA = A'' - A \end{aligned} \right\} \quad \text{Les A indiquent en général les distances au nœud N.}$$

Par le IIIe de nos théorèmes généraux (21) nous aurons

$$\cot PED = \frac{\cot\Delta\,\sin\Delta'}{\sin(A'-A)} - \cos\Delta'\cot(A'-A) = \frac{\tan\beta\,\cos\beta'}{\sin(A'-A)} - \sin\beta'\cot(A'-A)$$

$$\cot PEF = \frac{\cot\Delta''\,\sin\Delta'}{\sin(A''-A')} - \cos\Delta'\cot(A''-A') = \frac{\tan\beta''\,\cos\beta'}{\sin(A''-A')} - \sin\beta'\cot(A''-A')$$

Mais PED = 180 — PEF; donc $\cot PED = -\cot PEF$; donc $\cot PED + \cot PEF = 0$; donc

$$0 = \cos\beta'\left(\frac{\tan\beta}{\sin(A'-A)} + \frac{\tan\beta''}{\sin(A''-A')}\right) - \sin\beta'\left[\cot(A'-A) + \cot(A''-A')\right]$$

$$0 = \frac{\tan\beta}{\sin(A'-A)} + \frac{\tan\beta''}{\sin(A''-A')} - \tan\beta'\left(\frac{\sin(A''-A'+A'-A)}{\sin(A'-A)\,\sin(A''-A')}\right)$$

$$0 = \frac{\tan\beta}{\sin(A'-A)} + \frac{\tan\beta''}{\sin(A''-A')} - \frac{\tan\beta'\,\sin(A''-A)}{\sin(A'-A)\,\sin(A''-A')}$$

$$0 = \tan\beta\,\sin(A''-A') + \tan\beta''\,\sin(A'-A) - \tan\beta'\,\sin(A''-A). \quad (a);$$

expression remarquable et facile à retenir et qui exprime que les points D, E, F sont dans un même plan incliné sur le cercle des A.

197. On en déduit

$$\tan\beta' = \frac{\tan\beta\,\sin(A''-A') + \tan\beta''\,\sin(A'-A)}{\sin(A''-A)}.$$

Et

Et cinq de ces six quantités étant données, on en conclura toujours la sixième.

197. Le triangle EBN rectangle en B, donne

$$\operatorname{tang} NB = \sin EB \operatorname{tang} E \quad \text{et} \quad \cot NB = \frac{\cot E}{\sin EB} = -\frac{\cot PED}{\sin \beta'}$$

ou

$$\cot NB = \cot(A' - A) - \frac{\operatorname{tang} \beta \cot \beta'}{\sin(A' - A)} = \cot A'$$

$$\cot(A' - A) - \cot A' = \frac{\operatorname{tang} \beta \cot \beta'}{\sin(A' - A)} = \frac{\sin(A' - A' + A)}{\sin(A' - A)\sin A'} = \frac{\sin A}{\sin(A' - A)\sin A'}$$

et $\quad \dfrac{\sin A}{\sin A'} = \operatorname{tang} \beta \cot \beta' \quad$ ou $\sin A \cot \beta' = \sin A' \cot \beta'$; d'où

$$\sin A : \sin A' :: \cot \beta' : \cot \beta :: \operatorname{tang} \beta : \operatorname{tang} \beta',$$

c'est-à-dire que les tangentes des latitudes sont comme les sinus des distances au nœud : on connaîtra donc les distances au nœud N. En effet on aura

$$\sin A' + \sin A : \sin A' - \sin A :: \operatorname{tang} \beta' + \operatorname{tang} \beta : \operatorname{tang} \beta' - \operatorname{tang} \beta$$

$$\operatorname{tang} \tfrac{1}{2}(A' + A) : \operatorname{tang} \tfrac{1}{2}(A' - A) :: \sin(\beta' + \beta) : \sin \tfrac{1}{2}(\beta' - \beta),$$

et

$$\operatorname{tang} \tfrac{1}{2}(A' + A) = \frac{\sin(\beta' + \beta) \cot \tfrac{1}{2}(A' - A')}{\sin(\beta' - \beta)}.$$

On aura aussi l'inclinaison DNA = I, en faisant

$$\operatorname{tang} I = \frac{\operatorname{tang} \beta}{\sin A} = \frac{\operatorname{tang} \beta'}{\sin A'} = \frac{\operatorname{tang} \beta''}{\sin A''}.$$

198. Les A sont comptés depuis le nœud N, si nous voulons les compter du point ♈, équinoxe du printems, où l'on a placé l'origine, ou le 0 du cercle des longitudes, on aura

$$A = NA = \text{♈} A - \text{♈} N = L - \Omega = \text{longit du point A} - \text{longit du nœud}$$
$$A' = NB = \text{♈} B - \text{♈} N = L' - \Omega \quad \text{et} \quad A'' = \text{♈} C - \text{♈} N = L'' - \Omega.$$

199. Dans l'équation (a) mettons pour tang β sa valeur $\sin A \operatorname{tang} I$,

I.

pour tang β' sa valeur sin A' tangI , pour tang β'' sa valeur tang I sin A'', nous aurons

$$o = \text{tang I sin A sin}(A''-A') + \text{tang I sin A'' sin}(A'-A)$$
$$- \text{tang I sin A' sin}(A''-A)$$
$$o = \text{sin A sin}(A''-A') + \text{sin A''}(\text{sin A'}-A) - \text{sin A' sin}(A''-A).$$

formule remarquable en ce que les trois A se trouvent à chaque terme, et qu'on peut vérifier par le développement qui doit la réduire à o.

Nous avons vu qu'au lieu de A on peut mettre $(L-\Omega) = L+(360-\Omega) = (L+a)$.

Pour A' on peut mettre $(L'+a)$, pour A'', $(L''+a)$.

$$A''-A' = L'+a-L'-a = L''-L'$$
$$A'-A = L'+a-L-a = L'-L$$
$$A''-A = L''+a-L-a = L''-L.$$

Notre équation deviendra donc

$$o = \sin(L+a)\sin(L''-L') + \sin(L''+a)\sin(L'-L) - \sin(L'+a)\sin(L''-L),$$

équation où les trois L sont encore dans chaque terme et augmentés chacune de la constante a, a est une indéterminée à laquelle nous pouvons donner toutes les valeurs que nous voudrons.

Soit $a = b+90°$, $L+a$ deviendra $(L+b+90°)$

$$\sin(L+a) = \sin(L+b+90) = \sin(90+L+b)$$
$$= \sin[90-(L+b)] = \cos(L+b).$$

Nous aurons donc

$$o = \cos(L+b)\sin(L''-L') + \cos(L''+b)\sin(L'-L)$$
$$- \cos(L'+b)\sin(L''-L).$$

On pourrait donner le signe $+$ au dernier terme, en écrivant $(L-L')$; ce qui serait moins naturel et contraire à la manière de compter les longitudes.

200. Soient A, B, C les trois angles d'un triangle rectiligne,

$$C = 180 - (A+B), \quad \text{tang C} = -\text{tang}(A+B) = -\frac{\text{tang A}+\text{tang B}}{1-\text{tang A tang B}},$$

d'où
$$\operatorname{tang} C - \operatorname{tang} A \operatorname{tang} B \operatorname{tang} C = - \operatorname{tang} A - \operatorname{tang} B$$

et
$$\operatorname{tang} A + \operatorname{tang} B + \operatorname{tang} C = \operatorname{tang} A \operatorname{tang} B \operatorname{tang} C,$$

formule donnée par M. Cagnoli.

D'où
$$1 = \cot A \cot B + \cot B \cot C + \cot A \cot C.$$

Supposons maintenant $A + B + C = 360$, nous aurons
$$\operatorname{tang} C = - \operatorname{tang}(A + B).$$

Nous aurons encore la même formule, qui se trouve démontrée d'une manière moitié synthétique, moitié analytique dans un des derniers volumes des *Transactions philosophiques*. Il est aisé de voir qu'on a généralement cette formule toutes les fois que $A + B + C = n.180°$ ou $2n.90°$.

Supposons
$$A + B + C = 90°, \quad \operatorname{tang} C = \cot(A + B) = \frac{1}{\operatorname{tang}(A + B)},$$
$$\operatorname{tang} C = \frac{1 - \operatorname{tang} A \operatorname{tang} B}{\operatorname{tang} A + \operatorname{tang} B}$$

ou
$$\operatorname{tang} A \operatorname{tang} C + \operatorname{tang} B \operatorname{tang} C = 1 - \operatorname{tang} A \operatorname{tang} B$$

ou
$$1 = \operatorname{tang} A \operatorname{tang} B + \operatorname{tang} A \operatorname{tang} C + \operatorname{tang} B \operatorname{tang} C$$

et
$$\cot A \cot B \cot C = \cot A + \cot B + \cot C.$$

Formule qui aura lieu pareillement si $(A + B + C) = (2n + 1)90°$.

201. Les formules précédentes donnent pour $A + B + C = 2n.90°$.
$$\frac{\sin A}{\cos A} + \frac{\sin B}{\cos B} = \frac{\sin C}{\cos C} = \frac{\sin A \sin B \sin C}{\cos A \cos B \cos C}$$
$$\sin A \cos B \cos C + \sin B \cos A \cos C + \sin C \cos A \cos B$$
$$= \sin A \sin B \sin C \dots\dots\dots\dots\dots (X)$$

D'où
$$2 \sin A \sin B \sin C = \sin A \cos(C+B) + \sin B \cos(C+A) + \sin C \cos(B+A)$$
$$+ \sin A \cos(C-B) + \sin B \cos(C-A) + \sin C \cos(B-A)$$

Développez cette seconde ligne en l'égalant à la lettre N, vous aurez
$$N = \sin A \cos B \cos C + \sin B \cos A \cos C + \sin C \cos A \cos B$$
$$+ 3 \sin A \sin B \sin C = 4 \sin A \sin B \sin C$$

d'après l'équation (X).

Soit $\qquad A = (L + a), \quad B = (L' + a), \quad C = L'' + a$

$$4\sin(L+a)\sin(L'+a)\sin(L''+a) = N = \sin(L+a)\cos(L''-L')$$
$$+\sin(L'+a)\cos(L''-L)+\sin(L''+a)\cos(L'-L).$$

202. Si $A + B + C = (2n + 1)90°$, vous aurez par des opérations semblables,

$$4\cos(L+a)\cos(L'+a)\cos(L''+a) = \cos(L+a)\cos(L''-L')$$
$$+\cos(L'+a)\cos(L''-L)+\cos(L''+a)\cos(L'-L).$$

203. L'équation (X) donne encore

$$4\sin A \sin B \sin C = \sin A \cos B \cos C + \sin A \sin B \sin C$$
$$+ \sin B \cos A \cos C + \sin B \sin A \sin C$$
$$+ \sin C \cos A \cos B + \sin C \sin A \sin B$$
$$= \sin A \cos(C-B)+\sin B \cos(C-A)+\sin C \cos(B-A)$$
$$= \tfrac{1}{2}\sin(A+C-B)+\tfrac{1}{2}\sin(A-C+B)+\tfrac{1}{2}\sin(B+C-A)$$
$$+\tfrac{1}{2}\sin(B-C+A)+\tfrac{1}{2}\sin(C+B-A)+\tfrac{1}{2}\sin(C-B+A)$$
$$= \sin(A+C-B)+\sin(A+B-C)+\sin(B+C-A)$$
$$= \sin 2B + \sin 2C + \sin 2A.$$

Soit $\alpha = (A + 90)$, $\beta = B + 90$, $\gamma = C + 90°$, nous aurons

$$4\cos\alpha\cos\beta\cos\gamma = 2\cos\alpha + 2\cos\beta + 2\cos\gamma.$$

Cette dernière formule est pour le cas où $\alpha + \beta + \gamma = (2n + 1)90°$.
Les formules des articles 201, 202 et 203 m'ont été communiquées par M. de Mello.

Différences et différentielles des Lignes trigonométriques.

204. On fait dans la pratique de l'Astronomie un grand usage de ces différentielles, et dans certains cas, pour plus d'exactitude, on emploie ses différences finies.

$$\sin(A+B) = \sin A \cos B + \cos A \sin B$$
$$= \sin A - 2\sin^2\tfrac{1}{2}B \sin A + 2\sin\tfrac{1}{2}B \cos\tfrac{1}{2}B \cos A$$
$$\sin(A+B) - \sin A = 2\sin\tfrac{1}{2}B \cos\tfrac{1}{2}B \cos A - 2\sin^2\tfrac{1}{2}B \sin A = \Delta\sin A$$
ou $\qquad \Delta\sin A = 2\sin\tfrac{1}{2}\Delta A \cos\tfrac{1}{2}\Delta A \cos A - 2\sin^2\tfrac{1}{2}\Delta A \sin A.$

Telle est la différence finie de $\sin A$ ou sa variation exacte pour un changement ΔA dans l'arc. Si ce changement est fort petit on se permet de faire

$$d \sin A = dA \cos A \sin 1''$$

et c'est la différentielle de $\sin A$, en négligeant les quantités du second ordre.

205. $\cos(A+B) = \cos A \cos B - \sin A \sin B =$
$$\cos A - 2 \sin^2 \tfrac{1}{2} B \cos A - 2 \sin \tfrac{1}{2} B \cos \tfrac{1}{2} B \sin A$$
$$\Delta \cos A = \cos(A+B) - \cos A = - 2 \sin \tfrac{1}{2} \Delta A \cos \tfrac{1}{2} \Delta A \sin A$$
$$- 2 \sin^2 \tfrac{1}{2} \Delta A \cos A,$$

d'où

$$d \cos A = - dA \sin A \sin 1''.$$

206.
$$\tang(A+B) - \tang A = \frac{\sin B}{\cos A \cos(A+B)}$$

$$\Delta \tang A = \frac{\sin \Delta A}{\cos A \cos(A+\Delta A)} \quad \text{et } d \tang A = \frac{dA \sin 1''}{\cos^2 A}.$$

207. $\cot(A+B) - \cot A = \dfrac{-\sin B}{\sin A \sin(A+B)} = \dfrac{-\sin \Delta A}{\sin A \sin(A+B)} = \Delta \cot A,$

d'où

$$d \cot A = \frac{- dA \sin 1''}{\sin^2 A}.$$

208. $\séc(A+B) - \séc A = \dfrac{1}{\cos(A+B)} - \dfrac{1}{\cos A} = \dfrac{\cos A - \cos(A+B)}{\cos A \cos(A+B)}$
$$= \frac{2 \sin \tfrac{1}{2} B \sin(2A+B)}{\cos A \cos(A+B)}$$

$$\Delta \séc A = \frac{2 \sin \tfrac{1}{2} B \sin(A+\tfrac{1}{2}B)}{\cos A \cos(A+B)} = \frac{2 \sin \tfrac{1}{2} \Delta A \sin(A+\tfrac{1}{2}\Delta A)}{\cos A \cos(A+\Delta A)}$$

$$d \séc A = \frac{dA \sin 1'' \sin A}{\cos^2 A} = \frac{dA \sin 1'' \tang A}{\cos A}.$$

209. $\coséc(A+B) - \coséc A = \dfrac{1}{\sin(A+B)} - \dfrac{1}{\sin A} = \dfrac{\sin A - \sin(A+B)}{\sin A \sin(A+B)}$
$$= \frac{- 2 \sin \tfrac{1}{2} B \cos(A+\tfrac{1}{2}B)}{\sin A \sin(A+B)}$$

$$\Delta \coséc A = \frac{- 2 \sin \tfrac{1}{2} \Delta A \cos(A+\tfrac{1}{2}\Delta A)}{\sin A \sin(A+\Delta A)}$$

et
$$d \coséc A = - \frac{dA \sin 1'' \cos A}{\sin^2 A} = - \frac{dA \sin 1'' \cos A}{\sin A}.$$

Développement en séries de quelques formules usuelles.

210. Dans la pratique de l'Astronomie on a continuellement à déterminer des petites quantités que les formules ordinaires ne donneraient avec quelque précision que par des calculs qui exigeraient des attentions minutieuses. Je me suis attaché à développer ces expressions en séries ordonnées suivant les puissances d'un petit coefficient qui est une fonction des données du problème. La convergence de ces séries fait qu'on peut se contenter d'un petit nombre de termes. J'ai donné un assez grand nombre de ces séries dans les trois volumes de la *Base du Système métrique*. Mais je dois rappeler ici celles dont je fais depuis plus de vingt ans un usage continuel, et qui reviendront presque dans tous les chapitres de ce Traité.

211. Soit ABC (fig. 89) un triangle rectiligne; abaissez la perpendiculaire AD dans l'angle A que vous voulez calculer par l'angle C et les deux côtés qui le comprennent, vous aurez

$$\tang A = \frac{BD}{AD} = \frac{BC \sin C}{AC - BC \cos C} = \frac{\left(\frac{BC}{AC}\right) \sin C}{1 - \left(\frac{BC}{AC}\right) \cos C} = \frac{m \sin C}{1 - m \cos C}.$$

On sait que

$$A = \tang A - \tfrac{1}{3} \tang^3 A + \tfrac{1}{5} \tang^5 A - \text{etc.},$$

portez dans cette expression la valeur $\dfrac{m \sin C}{1 - m \cos C}$ et ses puissances; vous arriverez par un calcul aisé, mais excessivement long, à une formule très-régulière que nous allons démontrer d'une manière beaucoup plus simple.

Différentions notre équation. Le premier membre donnera

$$\frac{dA}{\cos^2 A} = dA \left(1 + \tang^2 A\right) = dA \left(1 + \frac{m^2 \sin^2 C}{(1 - m \cos C)^2}\right)$$
$$= dA \left(\frac{1 - 2m \cos C + m^2 \cos^2 C + m^2 \sin^2 C}{(1 - m \cos C)^2}\right) = dA \left(\frac{1 - 2m \cos C + m^2}{(1 - m \cos C)^2}\right).$$

Le second membre donnera

$$\frac{m \cos C \, dC}{1 - m \cos C} + \frac{m \sin C \, d\left(1 - m \cos C +\right)^{-1}}{(1 - m \cos C)^2}$$

ou

$$\frac{m\cos C dC\,(1-m\cos C)+m^2\sin^2 C dC}{(1-m\cos C)^2}=dC\left(\frac{m\cos C-m^2\cos^2 C-m^2\sin^2 C}{(1-m\cos C)^2}\right)$$
$$=dC\left(\frac{m\cos C-m^2}{(1-m\cos C)^2}\right);$$

d'où

$$\frac{dA}{dC}=\frac{m\cos C-m^2}{1-2m\cos C+m^2}=\alpha m+\beta m^2+\gamma m^3+\delta m^4+\text{etc.}$$

Nous allons déterminer les coefficiens α, β, γ, etc., de cette série que nous égalons à $\frac{dA}{dC}$.

Chassons le dénominateur et faisons passer le numérateur dans le second membre, nous aurons

$$o=\left\{\begin{array}{l}\alpha m+\beta m^2+\gamma m^3+\delta m^4+\\ -2\alpha\cos C m^2-2\beta\cos C m^3-2\gamma\cos C m^4-\\ -\cos C.m+m^2+\alpha m^3+\beta m^4+\text{etc.}\end{array}\right.$$

Pour que cette expression se réduise toujours à o, quelle que soit la valeur de C, égalons à o la somme des coefficiens de chaque puissance de m, nous en tirerons

$$\alpha=\cos C,\ \beta=2\alpha\cos C-1=2\cos^2 C-1=\cos 2C\,,$$
$$\gamma=2\beta\cos C-\alpha=2\cos 2C\cos C-\cos C=\cos 3C,$$
$$\delta=2\gamma-\beta=2\cos 3C-\cos 2C=\cos 4C.$$

Il est évident que tous les termes suivans sont de même forme et que le terme général est

$$2\cos nC\cos C-\cos(n-1)C=\cos(n+1)C;$$

ainsi

$$\frac{dA}{dC}=m\cos C+m^2\cos 2C+m^3\cos 3C+m^4\cos 4C+\text{etc.}=\frac{m\cos C-m^2}{1+m^2-2m\cos C}.$$

intégrons, et il viendra

$$A=m\sin C+\tfrac{1}{2}m^2\sin 2C+\tfrac{1}{3}m^3\sin 3C+\tfrac{1}{4}m^4\sin 4C+\text{etc.}$$
$$A=\frac{m\sin C}{\sin 1''}+\frac{m^2\sin 2C}{\sin 2''}+\frac{m^3\sin 3C}{\sin 3''}+\frac{m^4\sin 4C}{\sin 4''}+\text{etc.}$$

En effet, si vous différentiez cette formule, elle vous rendra la formule $\frac{dA}{dC}$.

Il n'y a point de constante à ajouter, parce que l'expression

$$\operatorname{tang} A = \frac{m \sin C}{1 - m \cos C} \quad \text{donne } A = 0 \text{ quand } C = 0.$$

Sin $1''$, sin $2''$, etc. sont ici pour sin $1''$, $2 \sin 1''$, $3 \sin 1''$, etc., et l'on voit que sin $1''$ sert à changer en seconde les différens termes qui sont exprimées en parties de rayon (III, 114).

Cette formule n'avait pas été remarquée quand je l'ai donnée dans la *Connaissance des Tems* de 1793, pag. 245. M. Legendre, à qui je la communiquai depuis, me dit qu'elle lui était inconnue, et il l'a insérée dans les dernières éditions de sa *Géométrie*, en y ajoutant une formule de même genre pour le petit côté du triangle.

212. Si l'on avait $\operatorname{tang} A = \dfrac{m \sin C}{1 + m \cos C}$, on aurait par des moyens semblables la formule

$$A = \frac{m \sin C}{\sin 1''} - \frac{m^2 \sin 2C}{\sin 2''} + \frac{m^3 \sin 3C}{\sin 3''} - \text{etc.}$$

213. Si l'on avait $\operatorname{tang} A = \dfrac{m \cos B}{1 - m \sin B}$, on ferait $C = (90 - B)$, $\cos B$ deviendrait $\sin C$, $\sin B$ deviendrait $\cos C$.

$$\sin 2C = \sin(180° - 2B), \ \sin 3C = \sin(270° - 3B) = -\cos 3B,$$

et

$$A = \frac{m \cos B}{\sin 1''} + \frac{m^2 \sin 2B}{\sin 2''} - \frac{m^3 \cos 3B}{\sin 3''} - \frac{m^4 \sin 4B}{\sin 4''} + \text{etc.}$$

On aurait alternativement des sinus et des cosinus et les signes changeraient de deux termes en deux termes.

214. Si l'on avait $\operatorname{tang} A = \dfrac{m \cos B}{1 + m \sin B}$, on aurait

$$A = \frac{m \cos B}{\sin 1''} - \frac{m^2 \sin 2B}{\sin 2''} - \frac{m^3 \cos 3B}{\sin 3''} + \frac{m^4 \cos 4B}{\sin 4''} + \text{etc.}$$

Les changemens de signes commenceraient au second terme.

215. Soit $\operatorname{tang} B = n \operatorname{tang} A$, n étant plus petit que l'unité : on fera

$$B = A - x, \ \operatorname{tang} B = \frac{\operatorname{tang} A - \operatorname{tang} x}{1 + \operatorname{tang} A \operatorname{tang} x} = n \operatorname{tang} A;$$

$$\operatorname{tang} A - \operatorname{tang} x = n \operatorname{tang} A + n \operatorname{tang}^2 A \operatorname{tang} x,$$
$$\operatorname{tang} A - n \operatorname{tang} A = \operatorname{tang} x + n \operatorname{tang}^2 A \operatorname{tang} x;$$

et

et

$$\tan (A - B) = \tan x = \frac{(1 - n)\,\tan A}{1 + n\,\tan^2 A} = \frac{(1 - n)\,\sin A\,\cos A}{\cos^2 A + n\,\sin^2 A}$$

$$= \frac{\frac{1}{2}(1 - n)\,\sin 2A}{\frac{1}{2}\cos 2A + \frac{1}{2} + \frac{1}{2}n - \frac{1}{2}n\,\cos 2A} = \frac{(1 - n)\,\sin 2A}{(1 + n) + (1 - n)\,\cos 2A}$$

$$= \frac{\left(\frac{1 - n}{1 + n}\right)\sin 2A}{1 + \left(\frac{1 - n}{1 + n}\right)\cos 2A}\,,$$

et $(A - B) = \left(\frac{1 - n}{1 + n}\right)\dfrac{\sin 2A}{\sin 1''} - \left(\frac{1 - n}{1 + n}\right)^2 \dfrac{\sin 4A}{\sin 2''} + \left(\frac{1 - n}{1 + n}\right)^3 \dfrac{\sin 6A}{\sin 3''} - $ etc.

Soit $n = \cos C$ $\qquad \dfrac{1 - n}{1 + n} = \dfrac{1 - \cos C}{1 + \cos C} = \tan^2 \tfrac{1}{2} C$

$$(A - B) = \frac{\tan^2 \tfrac{1}{2} C\,\sin 2A}{\sin 1''} - \frac{\tan^4 \tfrac{1}{2} C\,\sin 4A}{\sin 2''} + \frac{\tan^6 \tfrac{1}{2} C\,\sin 6A}{\sin 3''} - \text{ etc.}$$

Soit A l'hypoténuse d'un triangle sphérique rectangle, B la base, C l'angle compris, (A — B) sera la différence entre l'hypoténuse et la base. Cette formule donne la différence entre l'écliptique et l'équateur, ou la réduction de l'écliptique à l'équateur.

Cette formule a été donnée par M. la Grange qui l'a démontrée d'une manière toute différente.

216. Voulez-vous (A — B) exprimé en fonction de B ou de la base, vous aurez

$$A = B + x, \quad \tan A = \frac{\tan B + \tan x}{1 - \tan B\,\tan x}\,,$$

et par des calculs tout pareils vous aurez

$$(A - B) = \left(\frac{1 - n}{1 + n}\right)\frac{\sin 2B}{\sin 1''} + \left(\frac{1 - n}{1 + n}\right)^2 \frac{\sin 4B}{\sin 2''} + \text{ etc.}$$

$$= \frac{\tan^2 \tfrac{1}{2} C\,\sin 2B}{\sin 1''} + \frac{\tan^4 \tfrac{1}{2} C\,\sin 4B}{\sin 2''} + \text{ etc.}$$

c'est-à-dire la même formule, à la réserve que B prendra la place de A et que tous les termes seront positifs. Cette formule donne la réduction de l'équateur à l'écliptique. On a donc

$$B = A - \frac{\tan^2 \tfrac{1}{2} C\,\sin 2A}{\sin 1''} + \frac{\tan^4 \tfrac{1}{2} C\,\sin 4A}{\sin 2''} - \frac{\tan^6 \tfrac{1}{2} C\,\sin 6A}{\sin 3''} + \text{ etc.}$$

$$A = B + \frac{\tan^2 \tfrac{1}{2} C\,\sin 2B}{\sin 1''} + \frac{\tan^4 \tfrac{1}{2} C\,\sin 4B}{\sin 2''} + \frac{\tan^6 \tfrac{1}{2} C\,\sin 6B}{\sin 3''} + \text{ etc.}$$

217. Nous avons supposé n plus petit que l'unité. Si n est plus grand, la quantité $\frac{1-n}{1+n}$ sera négative : dans la formule de l'article 212 les termes impairs changeront de signe et la série entière sera soustractive, ce qui montre que $B > A$.

n ne pourra plus être un cosinus ; faisons-en une tangente

$$\frac{1-n}{1+n} = \frac{1-\tang\varphi}{1+\tang\varphi} = \tang(45°-\varphi),$$

la formule sera plus générale et deviendra

$$(A-B) = \tang(45°-\varphi)\frac{\sin 2A}{\sin 1''} - \tang^2(45°-\varphi)\frac{\sin 4A}{\sin 2''} + \tang^3(45°-\varphi)\frac{\sin 6A}{\sin 3''} - \text{etc.}$$

Il suffira d'observer la règle des signes.

218. Soit ABC (fig. 80) un triangle sphérique, partagé en deux triangles rectangles par la perpendiculaire BD

$$\cot \text{ABD} = \cos \text{AB} \tang A ; \quad \tang A - \cot \text{ABD} = \tang A (1 - \cos \text{AB})$$
$$= 2\sin^2 \tfrac{1}{2} \text{AB} \tang A$$

$$\tang A - \tang (90° - \text{ABD}) = \frac{\sin (A + \text{ABD} - 90°)}{\cos A \sin \text{ABD}} = 2 \sin^2 \tfrac{1}{2} \text{AB} \tang A$$

$$\sin (A + \text{ABD} - 90°) = 2\sin^2 \tfrac{1}{2} \text{AB} \sin A \sin \text{ABD}.$$

Cette expression nous prouve d'abord que dans un triangle sphérique rectangle, la somme des deux angles obliques surpasse 180° d'une quantité dont le sinus $= 2\sin^2 \tfrac{1}{2}$ AB sin A sin ABD.

$$\text{Soit } (A + \text{ABD} - 90°) = x, \quad \sin x = 2 \sin^2 \tfrac{1}{2} \text{AB} \sin A \sin(90° - A + x)$$
$$= 2\sin^2 \tfrac{1}{2} \text{AB} \sin A \cos (A - x)$$

$$\sin x = 2 \sin^2 \tfrac{1}{2} \text{AB} \sin A \cos A \cos x + 2\sin^2 \tfrac{1}{2} \text{AB} \sin^2 A \sin x$$

$$\tang x (1 - 2 \sin^2 \tfrac{1}{2} \text{AB} \sin^2 A) = 2\sin^2 \tfrac{1}{2} \text{AB} \sin A \cos A,$$

$$\tang x = \frac{2\sin^2 \tfrac{1}{2} \text{AB} \sin A \cos A}{1 - 2\sin^2 \tfrac{1}{2} \text{AB} \sin^2 A} = \frac{\sin^2 \tfrac{1}{2} \text{AB} \sin 2A}{1 - \sin^2 \tfrac{1}{2} \text{AB} (1 - \cos 2A)}$$

$$= \frac{\sin^2 \tfrac{1}{2} \text{AB} \sin 2A}{1 - \sin^2 \tfrac{1}{2} \text{AB} + \sin^2 \tfrac{1}{2} \text{AB} \cos 2A} = \frac{\sin^2 \tfrac{1}{2} \text{AB} \sin 2A}{\cos^2 \tfrac{1}{2} \text{AB} + \sin^2 \tfrac{1}{2} \text{AB} \cos 2A}$$

$$= \frac{\tang^2 \tfrac{1}{2} \text{AB} \sin 2A}{1 + \tang^2 \tfrac{1}{2} \text{AB} \cos 2A} = \frac{m \sin 2A}{1 + m \cos 2A} = \frac{\tang^2 \tfrac{1}{2} C'' \sin 2A}{1 + \tang^2 \tfrac{1}{2} C'' \cos 2A},$$

ou

$$x = \frac{\tang^2 \frac{1}{2} AB \sin 2A}{\sin 1''} - \frac{\tang^4 \frac{1}{2} AB \sin 4A}{\sin 2''} + \frac{\tang^6 \frac{1}{2} AB \sin 6A}{\sin 3''} - \text{etc.}$$

On a de même pour le triangle CBD

$$x' = \frac{\tang^2 \frac{1}{2} BC \sin 2C}{\sin 1''} - \frac{\tang^4 \frac{1}{2} BC \sin 4C}{\sin 2''} + \frac{\tang^6 \frac{1}{2} BC \sin 6C''}{\sin 3''} - \text{etc.}$$

donc

$$(A + B + C - 180°) = \frac{\tang^2 \frac{1}{2} AB \sin 2A}{\sin 1''} - \frac{\tang^4 \frac{1}{2} AB \sin 4A}{\sin 2''} + \text{etc.}$$
$$+ \frac{\tang^2 \frac{1}{2} BC \sin 2C}{\sin 1''} - \frac{\tang^4 \frac{1}{2} BC \sin 4C}{\sin 2''} + \text{etc.}$$

ou

$$(A + A' + A'' - 180°) = \frac{\tang^2 \frac{1}{2} C'' \sin 2A}{\sin 1''} - \frac{\tang^4 \frac{1}{2} C'' \sin 4A}{\sin 2''} + \text{etc.}$$
$$+ \frac{\tang^2 \frac{1}{2} C \sin 2A''}{\sin 1''} - \frac{\tang^4 \frac{1}{2} C \sin 4A''}{\sin 2''} + \text{etc.}$$

219. Soient A, A', A'' les trois angles d'un triangle sphérique quelconque

$$A + A' + A'' - 180° = y; \quad A' + A'' = 180° - (A - y);$$
$$\tfrac{1}{2}(A' + A'') = 90° - \tfrac{1}{2}(A - y),$$
$$\tang\tfrac{1}{2}(A' + A'') = \cot\tfrac{1}{2}(A - y) = \frac{1 + \tang\frac{1}{2}A \tang\frac{1}{2}y}{\tang\frac{1}{2}A - \tang\frac{1}{2}y}$$
$$= \frac{\cot\frac{1}{2}A \cos\frac{1}{2}(C' - C'')}{\cos\frac{1}{2}(C' + C'')} \quad \text{(Néper)}.$$

Faisant disparaître les dénominateurs, on aura

$$\cos\tfrac{1}{2}(C' + C'') + \cos\tfrac{1}{2}(C' + C'') \tang\tfrac{1}{2}A \tang\tfrac{1}{2}y$$
$$= \cos\tfrac{1}{2}(C' - C'') - \cot\tfrac{1}{2}A \cos\tfrac{1}{2}(C' - C'') \tang\tfrac{1}{2}y,$$

d'où

$$\cos\tfrac{1}{2}(C' + C'') \tang\tfrac{1}{2}A \tang\tfrac{1}{2}y + \cot\tfrac{1}{2}A \cos\tfrac{1}{2}(C' - C'') \tang\tfrac{1}{2}y$$
$$= \cos\tfrac{1}{2}(C' - C'') - \cos\tfrac{1}{2}(C' + C''),$$

$$\tang\tfrac{1}{2}y = \frac{2\sin\frac{1}{2}C' \sin\frac{1}{2}C''}{\cos\frac{1}{2}(C' + C'') \tang\frac{1}{2}A + \cos\frac{1}{2}(C' - C'') \cot\frac{1}{2}A}$$
$$= \frac{2\sin\frac{1}{2}C' \sin\frac{1}{2}C'' \sin\frac{1}{2}A \cos\frac{1}{2}A}{\cos\frac{1}{2}(C' + C'') \sin^2\frac{1}{2}A + \cos\frac{1}{2}(C' - C'') \cos^2\frac{1}{2}A}$$
$$= \frac{\sin\frac{1}{2}C' \sin\frac{1}{2}C'' \sin A}{\cos\frac{1}{2}C' \cos\frac{1}{2}C'' \sin^2\frac{1}{2}A - \sin\frac{1}{2}C' \sin\frac{1}{2}C'' \sin^2\frac{1}{2}A + \cos\frac{1}{2}C' \cos\frac{1}{2}C'' \cos^2\frac{1}{2}A + \sin\frac{1}{2}C' \sin\frac{1}{2}C'' \cos^2\frac{1}{2}A}$$
$$= \frac{\tang\frac{1}{2}C' \tang\frac{1}{2}C'' \sin A}{1 + \tang\frac{1}{2}C' \tang\frac{1}{2}C''(\cos^2\frac{1}{2}A - \sin^2\frac{1}{2}A)} = \frac{\tang\frac{1}{2}C' \tang\frac{1}{2}C'' \sin A}{1 + \tang\frac{1}{2}C' \tang\frac{1}{2}C'' \cos A}$$
$$\tfrac{1}{2}y = \frac{\tang\frac{1}{2}C' \tang\frac{1}{2}C'' \sin A}{\sin 1''} - \frac{\tang^2\frac{1}{2}C' \tang^2\frac{1}{2}C'' \sin 2A}{\sin 2''}$$
$$+ \frac{\tang^3\frac{1}{2}C' \tang^3\frac{1}{2}C'' \sin 3A}{\sin 3''} - \text{etc.}$$

Doublez cette série et vous aurez la valeur de $A + A' + A'' - 180°$, où l'excès des trois angles sur $180°$. Pour le calculer, il suffit donc de connaître deux côtés et l'angle compris.

220. La série n'est bien convergente que dans les cas où les côtés sont fort petits.

La limite de chaque angle en particulier est de $180°$; la limite de la somme des trois angles est donc de $540°$. On peut donc dire que la somme $A + A' + A''$ ne peut être tout-à-fait de $540°$ et qu'elle est toujours au-dessus de $180°$, à moins que le triangle ne soit infiniment petit. S'il est seulement fort petit, l'excès sphérique est $2 \left(\frac{1}{2} C' \times \frac{1}{2} C'' \right) \sin A = \frac{1}{2} C' C'' \sin A =$ surface du triangle $\sin^2 1''$. J'ai le premier employé ces séries dans les triangles sphériques mesurés à la surface de la terre. (Voyez *Base du Système métrique*, tom. I, pag. 148).

221. Nous avons

$$\text{tang } C' = \sin C'' \text{ tang } A' \ (50); \quad \text{tang } A' - \text{tang } C' =$$
$$\text{tang } A' - \sin C'' \text{ tang } A' = (1 - \sin C'') \text{ tang } A',$$
$$\sin (A' - C') = 2 \sin^2 (45° - \tfrac{1}{2} C') \sin A' \cos C',$$

ou
$$\sin x = 2 \sin^2 (45° - \tfrac{1}{2} C'') \sin A' \cos (A' - x)$$
$$= 2 \sin^2 (45° - \tfrac{1}{2} C'') \sin A' \cos A' \cos x$$
$$+ 2 \sin^2 (45° - \tfrac{1}{2} C'') \sin^2 A' \sin x$$

$$\text{tang } x - 2 \sin^2 (45° - \tfrac{1}{2} C'') \sin^2 A' \text{ tang } x = 2 \sin^2 (45° - \tfrac{1}{2} C'') \sin A' \cos A'$$

$$\text{tang } x = \frac{\sin^2 (45° - \tfrac{1}{2} C'') \sin 2A'}{1 - \sin^2 (45° - \tfrac{1}{2} C'')(1 - \cos 2A')} = \frac{\sin^2 (45° - \tfrac{1}{2} C'') \sin 2A'}{1 - \sin^2 (45° - \tfrac{1}{2} C'') + \sin^2 (45° - \tfrac{1}{2} C'') \cos 2A'}$$

$$\text{tang } (A' - C') = \frac{\text{tang}^2 (45° - \tfrac{1}{2} C'') \sin 2A'}{1 + \text{tang}^2 (45° - \tfrac{1}{2} C'') \cos 2A'} = \frac{m \sin 2A'}{1 + m \cos 2A'} ;$$

d'où (212)

$$A' - C' = m \sin 2A' - \tfrac{1}{2} m^2 \sin 4A' + \tfrac{1}{3} m^3 \sin 6A' - \text{etc.}$$

$$= \frac{\text{tang}^2 (45° - \tfrac{1}{2} C'') \sin 2A'}{\sin 1''} - \frac{\text{tang}^4 (45° - \tfrac{1}{2} C'')}{\sin 2''} \sin 4A'$$

$$+ \frac{\text{tang}^6 (45° - \tfrac{1}{2} C'')}{\sin 3''} \sin 6A' - \text{etc.}$$

C'est la différence entre un angle et le côté opposé dans un triangle sphérique rectangle. Mettez C' au lieu de A' dans la série et changez les signes des termes impairs, et vous aurez la même différence ordonnée suivant les sinus des multiples de C'.

Il peut arriver dans l'usage de cette formule, que $\sin A'$, $\sin 2 A'$, etc. soient des quantités constantes; alors $45° - \frac{1}{2} C''$ peut différer peu de l'unité, et la série cesserait de converger.

222. Nous venons de voir (219) que

$$\tfrac{1}{2}(A + A' + A'' - 180°) = \tang \tfrac{1}{2} C' \tang \tfrac{1}{2} C'' \sin A -$$
$$\tfrac{1}{2} \tang^2 \tfrac{1}{2} C' \tang^2 \tfrac{1}{2} C'' \sin 2A + \tfrac{1}{3} \tang^3 \tfrac{1}{2} C' \tang^3 \tfrac{1}{2} C'' \sin 3A - \text{etc.}$$

Prolongeons les côtés C et C' jusqu'à leur rencontre en A'' (fig. 87); le même théorème transporté au nouveau triangle sera

$$\tfrac{1}{2}(a + a' + a'' - 180°) = \tang \tfrac{1}{2} c' \tang \tfrac{1}{2} C'' \sin a - \tfrac{1}{2} \tang^2 \tfrac{1}{2} c' \tang^2 \tfrac{1}{2} C'' \sin 2a + \text{etc.}$$

Mettons pour a sa valeur $(180° - A)$, pour a' sa valeur $(180° - A')$, pour a'' sa valeur A'', enfin pour c' sa valeur $(180° - C')$, nous aurons

$$\tfrac{1}{2}(180° - A - A' + A'') = \tfrac{1}{2}\left[180° - A - (A' - A'')\right]$$
$$= \tang(90° - \tfrac{1}{2} C') \tang \tfrac{1}{2} C'' \sin A - \tfrac{1}{2} \tang^2(90° - \tfrac{1}{2} C')$$
$$\tang^2 \tfrac{1}{2} C'' \sin(360° - 2A) + \text{etc.}$$

ou

$$(90° - \tfrac{1}{2}A) - \tfrac{1}{2}(A' - A'') = \cot \tfrac{1}{2} C' \tang \tfrac{1}{2} C'' \sin A + \tfrac{1}{2} \cot^2 \tfrac{1}{2} C' \tang^2 \tfrac{1}{2} C'' \sin 2A$$
$$+ \tfrac{1}{3} \cot^3 \tfrac{1}{2} C' \tang^3 \tfrac{1}{2} C'' \sin 3A + \text{etc.}$$

Cette formule donne la demi-différence des angles inconnus A' et A''.

La première formule peut s'écrire de la manière suivante :

$$\tfrac{1}{2}(A' + A'') - (90° - \tfrac{1}{2}A) = \tang \tfrac{1}{2} C' \tang \tfrac{1}{2} C'' \sin A - \tfrac{1}{2} \tang^2 \tfrac{1}{2} C' \tang^2 \tfrac{1}{2} C'' \sin 2A$$
$$+ \tfrac{1}{3} \tang^3 \tfrac{1}{2} C' \tang^3 \tfrac{1}{2} C'' \sin 3A - \text{etc.}$$

Cette formule donne la demi-somme des angles inconnus.

La somme des deux formules donnera la valeur de A'', la différence sera

$$- (180° - A) + \tfrac{1}{2}(A' + A'') + \tfrac{1}{2}(A' - A'')$$
$$= - (180° - A) + A' = A + A' - 180°.$$

donc

$$A'' = \tang \tfrac{1}{2} C'' (\cot \tfrac{1}{2} C' + \tang \tfrac{1}{2} C') \sin A$$
$$+ \tfrac{1}{2} \tang^2 \tfrac{1}{2} C'' (\cot^2 \tfrac{1}{2} C' + \tang^2 \tfrac{1}{2} C') \sin 2A$$
$$+ \tfrac{1}{3} \tang^3 \tfrac{1}{2} C'' (\cot^3 \tfrac{1}{2} C' + \tang^3 \tfrac{1}{2} C') \sin 3A$$
$$+ \tfrac{1}{4} \tang^4 \tfrac{1}{2} C'' (\cot^4 \tfrac{1}{2} C' + \tang^4 \tfrac{1}{2} C') \sin 4A + \text{etc.}$$

La loi est évidente.

La différence des mêmes formules donne

$$A + A' - 180° = \tang \tfrac{1}{2} C'' (\tang \tfrac{1}{2} C' - \cot \tfrac{1}{2} C') \sin A$$
$$- \tfrac{1}{2} \tang^2 \tfrac{1}{2} C'' (\tang^2 \tfrac{1}{2} C' + \cot^2 \tfrac{1}{2} C') \sin 2A$$
$$+ \tfrac{1}{3} \tang^3 \tfrac{1}{2} C'' (\tang^3 \tfrac{1}{2} C' - \cot^3 \tfrac{1}{2} C') \sin 3A$$
$$- \tfrac{1}{4} \tang^4 \tfrac{1}{2} C'' (\tang^4 \tfrac{1}{2} C' + \cot^4 \tfrac{1}{2} C') \sin 4A + \text{etc.}$$

ou

$$180° - (A + A') = \tang \tfrac{1}{2} C'' (\cot \tfrac{1}{2} C' - \tang \tfrac{1}{2} C') \sin A$$
$$+ \tfrac{1}{2} \tang^2 \tfrac{1}{2} C'' (\cot^2 \tfrac{1}{2} C' + \tang^2 \tfrac{1}{2} C') \sin 2A$$
$$+ \tfrac{1}{3} \tang^3 \tfrac{1}{2} C'' (\cot^3 \tfrac{1}{2} C' - \tang^3 \tfrac{1}{2} C') \sin 3A$$
$$+ \tfrac{1}{4} \tang^4 \tfrac{1}{2} C'' (\cot^4 \tfrac{1}{2} C' + \tang^4 C') \sin 4A + \text{etc.}$$

ou bien

$$A' = (180° - A) - \tang \tfrac{1}{2} C'' (\cot \tfrac{1}{2} C' - \tang \tfrac{1}{2} C') \sin A$$
$$- \tfrac{1}{2} \tang^2 \tfrac{1}{2} C'' (\cot^2 \tfrac{1}{2} C' + \tang^2 \tfrac{1}{2} C') \sin 2A$$
$$- \tfrac{1}{3} \tang^3 \tfrac{1}{2} C'' (\cot^3 \tfrac{1}{2} C' - \tang^3 \tfrac{1}{2} C') \sin 3A$$
$$- \tfrac{1}{4} \tang^4 \tfrac{1}{2} C'' (\cot^4 \tfrac{1}{2} C' + \tang^4 \tfrac{1}{2} C') \sin 4A - \text{etc.}$$

Ces séries feront donc connaître les deux angles A″ et A′, et remplaceraient les formules de Néper. M. la Grange les a données dans les *Mém. de Berlin*, 1774; mais il les a démontrées d'une manière tout-à-fait différente, et il en a ensuite déduit le cas particulier que nous avons démontré directement ci-dessus (211). Par une marche inverse, après avoir démontré le cas le plus simple, j'en déduis la formule générale comme simple corollaire. Au reste ces formules, assurément fort élégantes, ne sont pas d'une grande utilité dans la pratique, j'en ai fait dans le troisième volume de la *Base du Système métrique*, le seul usage peut-être qu'on en fera jamais.

223. Nous avons donné (211) la série qui sert à calculer le plus petit des deux angles inconnus du triangle rectiligne. Le troisième est connu par là même, il ne reste à déterminer que le troisième côté. On le trouve

par la formule

$$C''^2 = C^2 + C'^2 - 2CC' \cos A'' = C^2 + C'^2 - 2CC' + 4CC' \sin^2 \tfrac{1}{2} A''$$
$$= (C - C')^2 + 4CC' \sin^2 \tfrac{1}{2} A''$$
$$= (C - C')^2 \left(1 + \frac{4CC' \sin^2 \tfrac{1}{2} A''}{(C - C')^2} \right).$$

Soit

$$\frac{2 \sin \tfrac{1}{2} A''}{C - C'} \sqrt{CC'} = \operatorname{tang} x; \text{ on aura } C'' = \frac{C - C'}{\cos x};$$

on aurait de même $C'' = (C + C') \cos y$ en faisant

$$\sin y = \frac{2 \cos \tfrac{1}{2} A''}{C + C'} \sqrt{CC'},$$

et ce moyen est ce qu'il y a de plus simple ; mais nous avons annoncé (211) une série de M. Legendre qui donne le logarithme de ce côté par une série ordonnée par rapport aux cosinus des multiples de l'angle compris, et qui a beaucoup d'analogie avec celle que j'ai donnée pour l'angle. Cette série donne le log. hyperbolique de C''

$$\log C'' = \log C' - \frac{C}{C'} \cos A'' - \tfrac{1}{2} \left(\frac{C}{C'} \right)^2 \cos 2A'' - \tfrac{1}{3} \left(\frac{C}{C'} \right)^3 \cos 3A'' - \text{etc.}$$

Si l'on veut le logarithme vulgaire de C'', il faudra multiplier chacun des termes de la série par 0,4342944Ḃ. Cette série n'a pas moins d'élégance que celle qui donne l'angle ; mais elle n'a pas la même commodité, et d'ailleurs je n'en ai pas encore trouvé l'application.

224. L'équation

$$C''^2 = C'^2 + C^2 - 2CC' \cos A'' = C'^2 \left(1 + \frac{C^2}{C'^2} - \frac{2C}{C'} \cos A'' \right)$$
$$= C'^2 (1 + \operatorname{tang}^2 u - 2 \operatorname{tang} u \cos A'') = C'^2 (\sec^2 u - 2 \operatorname{tang} u \cos A'')$$
$$C''^2 = C'^2 \sec^2 u \left(1 - \frac{2 \operatorname{tang} u}{\sec^2 u} \cos A'' \right) = \frac{C'^2}{\cos^2 u} (1 - 2 \operatorname{tang} u \cos^2 u \cos A'')$$
$$= \frac{C'^2}{\cos^2 u} (1 - \sin 2u \cos A''); \qquad \operatorname{tang} u = \left(\frac{C}{C'} \right)$$
$$C'' = \frac{C'}{\cos u} (1 - \sin 2u \cos A'')^{\tfrac{1}{2}} = \frac{C' \cos y}{\cos u};$$

en faisant

$$\sin y = \sqrt{\sin 2u \cos A''}$$
$$\log C'' = \log C' - \log \cos u + \tfrac{1}{2} \log (1 - \sin 2u \cos A'')$$
$$= \log C' - \log \cos u - \tfrac{1}{2} K \left[\sin 2u \cos A'' + \tfrac{1}{2} (\sin 2u \cos A'')^2 \right.$$
$$\left. + \tfrac{1}{3} (\sin 2u \cos A'')^3 + \text{etc.} \right]$$

Cette série serait du moins plus facile à calculer ; elle donne immédiatement le logarithme vulgaire. Mais les expressions finies données ci-dessus sont toujours plus commodes.

225. Nous avons trouvé ci-dessus (211)

$$\frac{dA}{dC} = \frac{m\cos C - m^2}{1 + m^2 - 2m\cos C} = \frac{\tan u\,\cos C\,\tan^2 u}{\sec^2 u - 2\tan u\cos C} = \frac{\sin u\cos u\cos C - \sin^2 u}{1 - 2\sin u\cos u\cos C}$$

$$= \frac{\tfrac{1}{2}\sin 2u\cos C - \tfrac{1}{2} + \tfrac{1}{2}\cos 2u}{1 - \sin 2u\cos C} = \frac{\tfrac{1}{2}\cos 2u - \tfrac{1}{2}(1 - \sin 2u\cos C)}{1 - \sin 2u\cos C} = \frac{\tfrac{1}{2}\cos 2u}{1 - \sin 2u\cos C} - \tfrac{1}{2} ;$$

d'où, mettant pour $\frac{dA}{dC}$ la série qui en est la valeur (211)

$$\frac{\tfrac{1}{2}\cos 2u}{1 - \sin 2u\cos C} = \tfrac{1}{2} + \tan u\cos C + \tan^2 u\cos 2C + \tan^3 u\cos 3C + \text{etc.}$$

$$\frac{\cos 2u}{1 - \sin 2u\cos C} = 1 + 2\tan u\cos C + 2\tan^2 u\cos 2C + 2\tan^3 u\cos 3C + \text{etc.}$$

Cette série m'a été indiquée par **M. de Mello** ; divisée par $\cos 2u$, elle peut servir à trouver les rayons vecteurs dans l'ellipse. Voyez le Chapitre du mouvement elliptique des planètes.

Développemens en séries moins régulières, mais utiles.

226. Soit ABC un triangle sphérique quelconque

$$\cos AC = \cos ABC\,\sin BA\,\sin BC + \cos BA\,\cos BC$$
$$\cos C = \cos(C + x)\cos D\cos D' + \sin D\sin D'.$$

En faisant $ABC = (C + x)$, $D = (90° - BA)$ et $D' = (90° - BC)$

$$\cos C = \cos C\cos x\cos D\cos D' - \sin C\sin x\cos D\cos D' + \sin D\sin D'$$
$$= \cos C\cos D\cos D' - 2\cos C\cos D\cos D'\sin^2\tfrac{1}{2}x$$
$$- \sin C\cos D\cos D'\sin x + \sin D\sin D',$$

et

$$\sin x\cos D\cos D'\sin C + 2\sin^2\tfrac{1}{2}x\cos D\cos D'\cos C = \sin D\sin D'$$
$$+ \cos D\cos D'\cos C - \cos C$$

$$2\sin\tfrac{1}{2}x\cos\tfrac{1}{2}x\cos D\cos D'\sin C + 2\sin^2\tfrac{1}{2}x\cos D\cos D'\cos C$$
$$= \sin D\sin D' + \cos C(\cos D\cos D' - 1)$$

$$2\sin\tfrac{1}{2}x\cos\tfrac{1}{2}x + 2\sin^2\tfrac{1}{2}x\cot C$$
$$= \frac{\sin D\sin D'\,\operatorname{coséc} C + (\cos D\cos D' - 1)\cot C}{\cos D\cos D'}$$

$$= \frac{\operatorname{coséc} C \left[\sin^2 \tfrac{1}{2}(D'+D) - \sin^2 \tfrac{1}{2}(D'-D)\right] - \cot C \left[\sin^2 \tfrac{1}{2}(D'+D) + \sin^2 \tfrac{1}{2}(D'-D)\right]}{\cos D \cos D'}$$

$$= \frac{\operatorname{tang} \tfrac{1}{2} C \sin^2 \tfrac{1}{2}(D'+D) - \cot \tfrac{1}{2} C \sin^2 \tfrac{1}{2}(D'-D)}{\cos D \cos D'}.$$

Cette équation $2 \sin \tfrac{1}{2} x \cos \tfrac{1}{2} x + 2 \sin^2 \tfrac{1}{2} x \cot C = 2b$, revient souvent dans l'Astronomie pratique. Pour la résoudre généralement, je la divise par $2 \cos^2 \tfrac{1}{2} x$, il vient $\operatorname{tang} \tfrac{1}{2} x + a \operatorname{tang}^2 \tfrac{1}{2} x = b \left(1 + \operatorname{tang}^2 \tfrac{1}{2} x\right) = b + b \operatorname{tang}^2 \tfrac{1}{2} x$

$$(a - b) \operatorname{tang}^2 \tfrac{1}{2} x + \operatorname{tang} \tfrac{1}{2} x = b$$

$$\operatorname{tang}^2 \tfrac{1}{2} x + \left(\frac{1}{a-b}\right) \operatorname{tang} \tfrac{1}{2} x = \left(\frac{b}{a-b}\right);$$

on a donc

$$\operatorname{tang} \tfrac{1}{2} x = -\frac{1}{2(a-b)} \pm \frac{1}{2(a-b)} \sqrt{1 + 4(a-b) b}$$

$$= \tfrac{1}{4} \cdot 4b - \tfrac{1}{4} \cdot \tfrac{1}{4} \cdot 4^2 (a-b) b^2 + \tfrac{1}{4} \cdot \tfrac{1}{4} \cdot \tfrac{3}{6} \cdot 4^3 (a-b)^2 b^3 - \tfrac{1}{4} \cdot \tfrac{1}{4} \cdot \tfrac{3}{6} \cdot \tfrac{5}{8} \cdot 4^4 (a-b)^3 b^4 + \text{etc.}$$

$$= b - (a-b) b^2 + \tfrac{3}{6} 4 (a-b)^2 b^3 - \tfrac{3}{6} \cdot \tfrac{5}{8} 4^2 (a-b)^3 b^4 + \text{etc.}$$

Développez cette série, mettez cette valeur dans la formule

$$\tfrac{1}{2} x = \operatorname{tang} \tfrac{1}{2} x - \tfrac{1}{3} \operatorname{tang}^3 \tfrac{1}{2} x + \tfrac{1}{5} \operatorname{tang}^5 \tfrac{1}{2} x - \text{etc.}$$

et vous aurez

$$\tfrac{1}{2} x = b - ab^2 + \left(\tfrac{2}{3} + 2a^2\right) b^3 - \left(3a + 5a^3\right) b^4 + \left(\tfrac{6}{5} + 12a^2 + 14a^4\right) b^5$$
$$- \left(10a + \tfrac{140}{3} a^3 + 42a^5\right) b^6 + \left(\tfrac{20}{7} + 60a^2 + 180a^4 + 132a^6\right) b^7 - \text{etc.}$$

Tous ces termes doivent être divisés par $\sin 1''$; x sera la différence entre le côté et l'angle opposé. Cette série ne peut être commode que dans les cas où l'on peut se contenter des premiers termes. Si x est de 5 ou 6°, déterminez la valeur de $\operatorname{tang} \tfrac{1}{2} x$ par la première formule dont la loi est évidente, et vous aurez, sans erreur sensible,

$$\log \tfrac{1}{2} x = \log \operatorname{tang} \tfrac{1}{2} x + \tfrac{2}{3} \log \cos \tfrac{1}{2} x - \log \sin 1''.$$

Pour avoir dans les tables $\log \cos \tfrac{1}{2} x$, il suffit de connaître à quelques secondes près $\tfrac{1}{2} x$, ce qui s'obtient facilement par $\operatorname{tang} \tfrac{1}{2} x$.

Pour vérifier cette approximation, il suffit de la développer

$$\tfrac{1}{2} x = \operatorname{tang} \tfrac{1}{2} x (\cos^2 \tfrac{1}{2} x)^{-\frac{1}{3}} = \frac{\operatorname{tang} \tfrac{1}{2} x}{(1 + \operatorname{tang}^2 \tfrac{1}{2} x)^{\frac{1}{3}}} = \operatorname{tang} \tfrac{1}{2} x - \tfrac{1}{3} \operatorname{tang}^3 \tfrac{1}{2} x + \text{etc.}$$

L'erreur ne peut donc être que sur les cinquièmes puissances, et elle est de $\dfrac{\operatorname{tang}^5 \tfrac{1}{2} x}{45}$, quantité absolument insensible.

227. Dans l'équation 226, soit $C = AC$, $AC = A - y$, vous aurez

$$\cos(A - y) = \cos A \cos y + \sin A \sin y = \cos A \cos D \cos D' + \sin D \sin D'$$

$$= \cos A + \sin y \sin A - 2 \sin^2 \tfrac{1}{2} y \cos A$$

$$= \cos A \cos D \cos D' + \sin D \sin D'$$

$$2 \sin \tfrac{1}{2} y \cos \tfrac{1}{2} y \sin A - 2 \sin^2 \tfrac{1}{2} y \cos A = \cos A (\cos D \cos D' - 1)$$
$$+ \sin D \sin D'$$

$$2 \sin \tfrac{1}{2} y \cos \tfrac{1}{2} y - 2 \sin^2 \tfrac{1}{2} y \cot A = \cot A (\cos D \cos D' - 1)$$
$$+ \sin D \sin D' \ \text{coséc.} \ A$$

$$= \tang \tfrac{1}{2} A \sin^2 \tfrac{1}{2} (D' + D) - \cot \tfrac{1}{2} A \sin^2 \tfrac{1}{2} (D' - D)$$

$$2 \sin \tfrac{1}{2} y \cos \tfrac{1}{2} y + 2a \sin^2 \tfrac{1}{2} y = 2b,$$

formule toute pareille à la précédente ; $a = - \cot A$ au lieu de $+ \cot C$, la valeur de $2b$ n'a point de dénominateur : a et b étant déterminés, la marche est la même pour trouver $\tfrac{1}{2} y$.

228. Pour vérifier toutes les formules, en parties nouvelles, que j'ai démontrées dans ce Chapitre, je les ai toutes appliquées à un même triangle que je joins ici sous le nom de *Triangle d'épreuve*. J'en donne toutes les parties avec les logarithmes de leurs sinus et de leurs tangentes, afin qu'on puisse l'employer à vérifier de nouveau ces formules, et s'assurer qu'il n'y a pas de faute d'impression. Il pourra servir pareillement à reconnaître l'exactitude de toute autre formule qu'on pourrait trouver. C'est une attention qui n'est pas à négliger.

Les côtés C, C', C'' ont été supposés arbitrairement, tout le reste en a été déduit par le calcul.

La perpendiculaire P est abaissée de l'angle A sur le côté C,
                       P' de l'angle A' sur le côté C',
                       P'' de l'angle A' sur le côté C'.

Les segmens S qui les suivent sont ceux qu'elles forment dans le côté sur lequel elles sont abaissées ; les segmens x et x' sont les segmens de l'angle duquel elles sont abaissées.

Les segmens négatifs S ou S' des côtés sont hors du triangle.

Les segmens négatifs x ou x' de l'angle vertical sont hors du triangle.

Triangle d'Épreuve.

	ANGLES ET ARCS.	SINUS.	COSINUS.	TANGENTES.	COTANGENTES.
A	121°36′19″81	9.9302747	—9.7193874	—0.2108873	—9.7891127
A′	42.15.13.66	9.8276379	9.8693336	9.9583044	0.0416956
A″	34.15. 2.76	9.7503664	9.9172860	9.8330804	0.1669196
C	76.35.36. 0	9.9880008	9.3652279	0.6227729	9.3772271
C′	50.10.30. 0	9.8853636	9.8064817	0.0788818	9.9211182
C″	40. 0.10. 0	9.8080926	9.8842363	9.9238563	0.0761437
½ A	60.48. 9.90	9.9409871	9.6882576	9.7472705	0.2527295
½ A′	21. 7.36.85	9.5568266	9.9697813	9.5870453	0.4129547
½ A″	17. 7.31.38	9.4690318	9.9803046	9.4887272	0.5112728
½ C	38.17.48. 0	9.7922049	9.8947658	9.8974391	0.1025609
½ C′	25. 5.15. 0	9.6273677	9.9539658	9.6704019	0.3295981
½ C″	20. 0. 5. 0	9.5340806	9.9729820	9.5610986	0.4389014
A′+A	163.51.33.47	9.4440403	—9.9825344	—9.4615059	—0.5384941
A″+A′	76.30.16.42	9.9878398	9.3680412	0.6197985	9.3802014
A″+A	155.51.22.57	9.6117520	—9.9602434	—9.6515086	—0.3484914
C′+C	126.46. 6. 0	9.9036663	—9.7771229	—0.1265434	—9.8734566
C″+C′	90.10.40. 0	9.9999979	—7.4917541	—2.5082458	—7.4917562
C″+C	116.35.46. 0	9.9514272	—9.6509856	—0.3004416	—9.6995584
½ (A′+A)	81.55.46.73	9.9956775	9.1473329	0.8483446	9.1516554
½ (A″+A′)	38.15. 8.21	9.7917785	9.8950314	9.8957471	0.1032529
½ (A″+A)	77.55.41.28	9.9902882	9.3204338	0.6698544	9.3301456
½ (C′+C)	63.23. 3. 0	9.9513523	9.6512840	0.3000683	9.6999317
½ (C″+C′)	45. 5.20. 0	9.8501577	9.8488102	0.0013475	9.9986525
½ (C′+C)	58.17.53. 0	9.9298240	9.7265732	0.2092509	9.7907491
A′—A	—79.21. 6.15	—9.9924563	+9.2666544	—0.7258019	—9.2741081
A″—A′	— 8. 0.10.90	—9.1437186	+9.9957495	—9.1479691	—0.8520309
A″—A	—87.21.17.05	—9.9995370	+8.6641744	—1.3353426	—8.6646574
C′—C	—26.25. 6. 0	—9.6482836	+9.5209992	—9.6961844	—0.3058156
C″—C′	—10.10.20. 0	—9.2470093	+9.9931193	—9.2538901	—0.7461090
C″—C	—36.35.26. 0	—9.7753137	+9.9046700	—9.8706437	—0.1293563
½ (A′—A)	—39.40.33.07	—9.8051225	+9.8863078	—9.9188187	—0.0811813
½ (A″—A′)	— 4. 0. 5.45	—8.8437485	+9.9989400	—8.8448085	—1.1551915
½ (A″—A)	—43.40.38.52	—9.8392245	+9.8592825	—9.9799421	—0.0200579
½ (C′—C)	—13.12.33. 0	—9.3588988	+9.9883548	—9.3705440	—0.6294560
½ (C″—C′)	— 5. 5.10. 0	—8.9476927	+9.9982866	—8.9494061	—1.0505939
½ (C″—C)	—18.17.43. 0	—9.4968110	+9.9774727	—9.5193383	—0.4806617

Perpendiculaires et Segmens S des côtés, et x des Angles verticaux.

	ARCS.	SINUS.	COSINUS.	TANGENTES.	COTANGENTES.
P	25°36′36″5	9.6357302	9.9550890	9.6806412	0.3193588
S	31.50.45.9	9.7223371	9.9291471	9.7931900	0.2068100
S′	44.44.50.1	9.8475606	9.8513925	9.9961681	0.0038319
x	55. 9.58.8	9.9142446	9.7567851	0.1574595	9.8425405
x′	66.26.21.0	9.9621970	9.6017587	0.3604383	9.6395617
P′	33.11.39.0	9.7383672	9.9226321	9.8157351	0.1842649
S	73.54.51.5	9.9826427	9.4425838	0.5400589	9.4599411
S′	−23.44.21.5	−9.6048477	9.9616046	−9.6432431	−0.3567569
x	−38.46.29.4	−9.7967556	9.8918792	−9.9048764	−0.0951236
x′	81. 1.43.1	9.9946542	9.1929597	0.8016946	9.1983054
P″	40.51. 3.0	9.8156385	9.8787600	9.9368784	0.0631216
S	−32. 8.50.0	−9.7259905	9.9277212	−9.7982692	−0.2017308
S′	+72. 9. 0.0	9.9785741	9.4864674	0.4921067	9.5078933
x	78. 6.19.3	9.9905733	9.3141056	0.6764677	9.3235323
x′	−43.51.16.2	−9.8406262	9.8580013	−9.9826249	−0.0173751

J'ai choisi exprès un triangle obtusangle ; et j'ai donné aux angles A, A′, A″ des valeurs décroissantes, afin que les différences A′—A, C′—C étant négatives, on pût se familiariser avec la règle algébrique des signes. Ce sera pour les commençans un exercice très-utile que de calculer sur ce triangle toutes les formules qui sont d'usage dans l'Astronomie sphérique.

(*Surface du Triangle sphérique.*)

Surface du Triangle sphérique.

229. Soit un triangle quelconque $AA'A''$ (fig. 90) et t la surface, pour trouver la valeur de t, prolongez le côté AA' ensorte qu'il devienne un cercle entier $AA'aa'A$; prolongez le côté AA'' jusqu'à la circonférence en a, vous aurez $A''a = 180° - AA''$; prolongez de même $A'A''$ jusqu'à la circonférence en a', vous aurez $A''a' = 180° - A'A''$ et $aa' = AA'$.

Les côtés $A''a, A''a'$ prolongés jusqu'à leur rencontre, formeraient dans l'autre hémisphère un triangle parfaitement égal au triangle $AA'A''$ puisque toutes les parties seraient comme celles du triangle $AA'A''$, supplémens des parties du triangle $A''aa'$ à la réserve de la base aa' qui est égale au côté AA' et de l'angle A'' qui est le même. Ainsi la surface des deux triangles t et c ou $t+c$ est égale à la surface du fuseau dont l'angle est A''.

Soit F'' la surface de ce fuseau, nous aurons..... $t + c = F''$
Les triangles $t + a$ composent le fuseau A, ou ... $t + a = F$
Les triangles $t + b$ composent le fuseau A', ou ... $t + b = F'$
On en conclut l'équation.............. $3t + a + b + c = F + F' + F''$.

Mais l'hémisphère entier est composé des quatre triangles

$$t + a + b + c = \text{hémisphère.}$$

Donc
$$2t = (F + F' + F'') - \tfrac{1}{2} \text{ surf. de la sphère}$$

et
$$t = \tfrac{1}{2}(F + F' + F'') - \tfrac{1}{4} \text{ surface.}$$

230. Or soit r le rayon de la sphère, π la demi-circonférence dont le rayon est l'unité; la circonférence du grand cercle sera $2r\pi$; la surface de ce grand cercle sera $2r\pi \times \tfrac{1}{2}r = r^2\pi$; la surface de la sphère $4r^2\pi$, celle de l'hémisphère $2r^2\pi$ et celle de la surface du fuseau de 90° sera $r^2 . \pi$ et $t = \tfrac{1}{2}(F + F' + F'') - r^2 . \pi$.

Celle du fuseau de $1°$ sera $\dfrac{r^2\pi}{90°}$; celle de A degrés sera exprimée par $\dfrac{r^2\pi A}{90°}$. Ainsi

$$t = \tfrac{1}{2}\left(\frac{r^2\pi . A}{90°} + \frac{r^2 . \pi . A'}{90°} + \frac{r^2\pi A''}{90°}\right) - r^2 . \pi$$

$$= \frac{r^2\pi}{180°}(A + A' + A'') - \frac{r^2\pi . 180°}{180°} = \frac{r^2\pi}{180°}(A + A' + A'' - 180°)$$

$$= r^2 \sin 1''(A + A' + A'' - 180°).$$

En effet

$$\frac{\pi}{180°} = \frac{3.14159265}{648000''} \qquad\qquad \begin{aligned} \text{or } \log \pi &\ldots\ldots\ldots 0.4971499 \\ \text{compl. } \log.648000 &\ldots\ldots 4.1884250 \\ \hline \log\left(\frac{\pi}{180°}\right)\ldots\ldots\ldots\ldots\ldots\ldots\ldots &\, 4.6855749 \end{aligned}$$

et ce logarithme est celui de $\sin 1''$, on peut donc indifféremment mettre $\sin 1''$ ou $\frac{\pi}{180°}$ dans la formule de la surface du triangle sphérique.

231. Nous avons montré ci-dessus (222) que

$$(A+A'+A''-180°) = \frac{2\tan\tfrac{1}{2}C'\tan\tfrac{1}{2}C''\sin A}{\sin 1''} - \frac{2\tan^2\tfrac{1}{2}C'\tan\tfrac{1}{2}C''\sin 2A}{2\sin 1''} + \text{etc.};$$

ainsi la surface du triangle

$$= r^2(A+A'+A''-180°)\sin 1'' =$$
$$2r^2(\tan\tfrac{1}{2}C'\tan\tfrac{1}{2}C''\sin A - \tfrac{1}{2}\tan^2\tfrac{1}{2}C'\tan^2\tfrac{1}{2}C''\sin 2A + \text{etc.})$$

De cette manière la surface du triangle sphérique sera exprimée en parties carrées du rayon de la sphère.

232. Les quatre triangles qui couvrent l'hémisphère de la fig. 90 ont ensemble douze angles dont les quatre qui ont pour sommet commun le point A'' équivalent à 360°, ou quatre angles droits; les huit autres valent quatre fois deux angles droits ou huit angles droits; total, douze angles droits ou 1080°.

Cette somme est constante, la somme des trois angles $AA'A''$ ne peut s'augmenter qu'aux dépens des autres triangles. Repoussons le point A' jusqu'à la circonférence, les trois angles A, A', A'' deviendront chacun de 180°; $A+A'+A''-180° = 540°-180°$; donc $A+A'+A''=540°$, ce qui ne fait que la moitié de la somme, mais on verra facilement que l'autre moitié passe dans l'hémisphère opposé.

Si le point A'' est le pôle du cercle $AA'aa'$, les quatre triangles seront égaux et trirectangles, et la somme de leurs angles sera 270°.

233. On peut trouver par une construction l'excès des trois angles sur 180° ou y. Nous avons trouvé

$$\tan\tfrac{1}{2}y = \frac{\tan\tfrac{1}{2}C'\tan\tfrac{1}{2}C''\sin A}{1+\tan\tfrac{1}{2}C'\tan\tfrac{1}{2}C''\cos A} \quad (219)$$
$$= \frac{\tan\tfrac{1}{2}C'\sin A}{\cot\tfrac{1}{2}C''+\tan\tfrac{1}{2}C'\cos A}.$$

Formez un triangle rectiligne MAN (fig. 91) dont l'angle extérieur A soit égal à l'angle A du triangle sphérique, que le côté $MA = \cot\frac{1}{2}C''$, le côté $AN = \tang\frac{1}{2}C'$. Abaissez la perpendiculaire NP ;

$$\tang M = \frac{NP}{MA + AP} = \frac{\tang\frac{1}{2}C' \sin A}{\cot\frac{1}{2}C'' + \tang\frac{1}{2}C' \cos A} = \tang\frac{1}{2}y \; ;$$

donc

$$2M = y = (A + A' + A'' - 180°),$$

de toutes ces quantités $\cos A$ est la seule qui puisse être négative. Si elle est positive, il est évident que $\frac{1}{2}y < 90°$ et $y < 180°$.

La même chose aura lieu si $\cos A = 0$ et $A = 90°$; alors

$$\tang M = \tang\frac{1}{2}C' \tang\frac{1}{2}C'' \sin A = \tang\frac{1}{2}C' \tang\frac{1}{2}C''$$
$$= \tang\frac{1}{2}(A' + A'' + 90° - 180°) = \tang\left(\frac{A' + A'' - 90°}{2}\right).$$

Elle aura lieu encore si $\cos A$ étant négatif, $\cot\frac{1}{2}C'' > \tang\frac{1}{2}C' \cos A$, si $\cot\frac{1}{2}C'' = \tang\frac{1}{2}C' \cos A$, $2M = 180°$, si $\cot\frac{1}{2}C'' < \tang\frac{1}{2}C' \cos A$ $\tang M$ sera négative et $2M > 180°$.

234. $\cot\frac{1}{2}y = \cot A + \dfrac{\cot\frac{1}{2}C' \cot\frac{1}{2}C''}{\sin A}$. Voyons si cette formule nous donne un nombre approchant de 540°.

Pour le *maximum* il faut que $\cot A$ soit négatif.

Soit

				Nomb.	Logarith.
$A = C' = C'' = 179°$, on aura cot $179° = -$ tang	$89° = -$	57.290...			1.7580785
$\cot\frac{1}{2}y = \cot 179° + \dfrac{\cot^2 89.30}{\sin 179}$	$\cot\frac{1}{2}C' =$ cot	89.30			8.1627267
	$\cot\frac{1}{2}C'' =$ cot	89.30			8.1627267
	compl. sin	179			1.7581447
		$+$ 0.012			8.0835981

$$\tfrac{1}{2}y = \quad 178°.59'.59''$$
$$y = \quad 357 \quad 59 \quad 58$$
$$ \quad 180$$
$$y + 180° = \quad 537 \quad 59 \quad 58 = A + A' + A''$$

$\cot\frac{1}{2}y = - \quad 57.278 - 1.7579078$

On voit que dans cet exemple le terme $\cot A$ surpasse de bien peu $\cot\frac{1}{2}y$.

Ainsi pour trouver la somme des trois angles il suffit de connaître deux côtés et l'angle compris. On peut trouver cette somme de diverses manières.

235. L'article 149 donne facilement

$$-\cos\tfrac{1}{2}(A+A'+A'') = \frac{\sin A \,\sin A' \,\sin^2\tfrac{1}{2}C''}{\cos\tfrac{1}{2}(A'+A-A'')}$$

$$= \frac{\sin A \,\sin A' \,\sin^2\tfrac{1}{2}C''}{\cos\tfrac{1}{2}(A'+A)\,\cos\tfrac{1}{2}A''+\sin\tfrac{1}{2}(A'+A)\sin\tfrac{1}{2}A''}.$$

Mettons au dénominateur pour $\cos\tfrac{1}{2}(A'+A)$ et $\sin\tfrac{1}{2}(A'+A)$ leurs valeurs tirées des formules (183), nous aurons

$$-\cos\tfrac{1}{2}(A+A'+A'') = \frac{\sin A \,\sin A' \,\sin^2\tfrac{1}{2}C''}{\dfrac{\cos\tfrac{1}{2}A''\,\sin\tfrac{1}{2}A''\,\cos\tfrac{1}{2}(C'+C)}{\cos\tfrac{1}{2}C''}+\dfrac{\sin\tfrac{1}{2}A''\cos\tfrac{1}{2}A''\cos\tfrac{1}{2}(C'-C)}{\cos\tfrac{1}{2}C''}}$$

$$= \frac{\sin A \,\sin A' \,\sin^2\tfrac{1}{2}C'' \,\cos\tfrac{1}{2}C''}{\tfrac{1}{2}\sin A''[\cos\tfrac{1}{2}(C'+C)+\cos\tfrac{1}{2}(C'-C)]}$$

$$= \frac{\sin A \,\sin C' \,\sin^2\tfrac{1}{2}C'' \,\cos\tfrac{1}{2}C''}{\sin C'' \,\cos\tfrac{1}{2}C \,\cos\tfrac{1}{2}C'}$$

$$= \frac{2\sin A \,\sin\tfrac{1}{2}C' \,\cos\tfrac{1}{2}C' \,\sin^2\tfrac{1}{2}C'' \,\cos\tfrac{1}{2}C''}{2\sin\tfrac{1}{2}C'' \,\cos\tfrac{1}{2}C'' \,\cos\tfrac{1}{2}C \,\cos\tfrac{1}{2}C'} = \frac{\sin A \,\sin\tfrac{1}{2}C' \,\sin\tfrac{1}{2}C''}{\cos\tfrac{1}{2}C}$$

$$= \frac{\sin A' \,\sin\tfrac{1}{2}C'' \,\sin\tfrac{1}{2}C}{\cos\tfrac{1}{2}C'} = \frac{\sin A'' \,\sin\tfrac{1}{2}C \,\sin\tfrac{1}{2}C'}{\cos\tfrac{1}{2}C''} \quad (21).$$

236. Ces trois dernières expressions supposent les trois côtés et l'un des angles ; elles sont d'un usage très-facile. On peut éliminer $\sin A''$; mais l'expression sera beaucoup plus composée. Elevons notre équation au carré

$$[-\cos\tfrac{1}{2}(A+A'+A'')]^2 = \frac{\sin^2\tfrac{1}{2}C \,\sin^2\tfrac{1}{2}C'}{\cos^2\tfrac{1}{2}C''}\,\sin^2 A'', \text{ mettons dans le second}$$

membre la valeur de $\sin A''$ prise dans l'art. 146. en faisant $S=\tfrac{1}{2}(C+C'+C'')$ nous aurons

$$= \frac{\sin^2\tfrac{1}{2}C \,\sin^2\tfrac{1}{2}C'}{\cos^2\tfrac{1}{2}C''}\,\frac{4\sin S \,\sin(S-C) \,\sin(S-C') \,\sin(S-C'')}{\sin^2 C \,\sin^2 C'}$$

$$= \frac{4\sin^2\tfrac{1}{2}C \,\sin^2\tfrac{1}{2}C' \,\sin S \,\sin(S-C) \,\sin(S-C') \,\sin(S-C'')}{16\sin^2\tfrac{1}{2}C \,\cos^2\tfrac{1}{2}C \,\sin^2\tfrac{1}{2}C' \,\cos^2\tfrac{1}{2}C' \,\cos^2\tfrac{1}{2}C''}$$

$$= \frac{\sin S \,\sin(S-C) \,\sin(S-C') \,\sin(S-C'')}{4\cos^2\tfrac{1}{2}C \,\cos^2\tfrac{1}{2}C' \,\cos^2\tfrac{1}{2}C''}$$

$$-\cos\tfrac{1}{2}(A+A'+A'') = \frac{[\sin S \,\sin(S-C) \,\sin(S-C') \,\sin(S-C'')]^{\tfrac{1}{2}}}{2\cos\tfrac{1}{2}C \,\cos\tfrac{1}{2}C' \,\cos\tfrac{1}{2}C''}.$$

C'est l'équation donnée par M. Cagnoli, mais démontrée d'une manière beaucoup plus facile.

237. Soit $N^{\tfrac{1}{2}}$ le numérateur de la formule 146 et P'' la perpendiculaire abaissée sur C''.

$N^{\tfrac{1}{2}}$

$$N^{\frac{1}{2}} = \tfrac{1}{2} \sin A'' \sin C \sin C'; \qquad \sin P'' = \sin A'' \sin C.$$

$$\text{D'où } \sin P'' = \frac{2N^{\frac{1}{2}}}{\sin C'}; \quad \sin P = \frac{2N^{\frac{1}{2}}}{\sin C''}; \quad \sin P' = \frac{2N^{\frac{1}{2}}}{\sin C} \ (21).$$

238. D'un angle quelconque A du triangle ABC (fig. 77) abaissez la perpendiculaire AP, prolongez-la jusqu'au point Q du côté NO du triangle supplémentaire, l'arc AQ sera perpendiculaire sur NO, puisque le point A est le pôle de NO; prolongé au-delà du point A, l'arc QPA passera par le point M qui est le pôle de BC; l'arc MQ sera donc la perpendiculaire menée de M sur NO; or

$$MA + AP = 90° = AP + PQ; \quad \text{donc } MA = PQ;$$
donc

$$MA + AP + AP + PQ = 180°; \quad \text{donc } MA + AP + PQ = MQ = 180° - AP.$$

ainsi la perpendiculaire dans le triangle supplémentaire est elle-même supplément de la perpendiculaire AP du triangle primitif.

Le segment PAB de l'angle vertical a pour mesure l'arc QG = 90° — QO.
Le segment PAC a pour mesure l'arc FQ = 90° — FN.

Les segmens de l'angle vertical dans le triangle primitif, sont donc complémens des segmens de la base dans le triangle supplémentaire; mais ces complémens sont dans une situation opposée par rapport à la perpendiculaire, c'est-à-dire que le segment à droite est complément du segment à gauche, et réciproquement.

De même le segment NMQ a pour mesure l'arc HP = 90° — PC
le segment OMQ a pour mesure l'arc EP = 90° — PB.

239. Portez les formules précédentes dans le triangle supplémentaire

$$-\cos\tfrac{1}{2}(A+A'+A'') = -\sin\!\left(90° - \frac{A+A'+A''}{2}\right) = +\sin\!\left(\frac{A+A'+A''}{2} - 90°\right)$$
$$= \sin\tfrac{1}{2}(A + A' + A'' - 180°)$$
$$= \sin\tfrac{1}{2}(180° - C + 180° - C' + 180° - C'' - 180°) = \sin\tfrac{1}{2}(360° - C - C' - C'')$$
$$= \sin\!\left(180° - \frac{C + C' + C''}{2}\right) = \sin\!\left(\frac{C + C' + C''}{2}\right)$$
$$S = \frac{C + C' + C''}{2} = \frac{180° - A + 180° - A' + 180° - A''}{2} = \frac{540° - A - A' - A''}{2}$$
$$= 270° - \tfrac{1}{2}(A + A' + A'')$$

$$\sin S = -\cos\tfrac{1}{2}(A + A' + A'') = -\cos\sigma$$

$$\sin(S - C) = \sin\left(\frac{540° - A - A' - A''}{2} - 180° + A\right) = \sin\left(\frac{180 - A - A' - A'' + 2A}{2}\right)$$

$$= \sin\left(90° - \frac{A + A' + A''}{2} + A\right)$$

$$= \cos\left(\frac{A + A + A''}{2} - A\right) = \cos(\sigma - A);\ \sin(S - C') = \cos(\sigma - A');$$

$$\sin(S - C'') = \cos(\sigma - A'')$$

$$N = -\cos\sigma\,\cos(\sigma - A)\,\cos(\sigma - A')\,\cos(\sigma - A'')$$

$$\cos\tfrac{1}{2}C = \cos\tfrac{1}{2}(180° - A) = \cos(90° - \tfrac{1}{2}A) = \sin\tfrac{1}{2}A;$$

$$\cos\tfrac{1}{2}C' = \sin\tfrac{1}{2}A';\ \cos\tfrac{1}{2}C'' = \sin\tfrac{1}{2}A''.$$

240. On aura donc

$$\sin\tfrac{1}{2}(C + C' + C'') = \frac{\left[-\cos\sigma\,\cos(\sigma - A)\cos(\sigma - A')\,\cos(\sigma - A'')\right]^{\frac{1}{2}} = N^{\frac{1}{2}}}{2\sin\tfrac{1}{2}A\,\sin\tfrac{1}{2}A'\,\sin\tfrac{1}{2}A''};$$

et les trois perpendiculaires

$$\sin P = \frac{2(N'^{\frac{1}{2}})}{\sin A''},\ \sin P' = \frac{2(N'^{\frac{1}{2}})}{\sin A},\ \sin P'' = \frac{2(N'^{\frac{1}{2}})}{\sin A'}.$$

241. Cherchons par nos formules la somme des trois angles dans notre triangle d'épreuve. Commençons par mes formules

$$\begin{aligned}
&\log\sin A'' \ldots\ldots\ldots\ldots\ 9.7503664\\
&\sin\tfrac{1}{2}C \ldots\ldots\ldots\ldots\ 9.7922049\\
&\sin\tfrac{1}{2}C' \ldots\ldots\ldots\ldots\ 9.6273677\\
&\text{compl } \sin\tfrac{1}{2}C' \ldots\ldots\ldots\ldots\ 0.0270180
\end{aligned}$$

$$-\cos\tfrac{1}{2}(A + A' + A'') = 99°\ 3'\ 18'' \qquad 9.1969570$$

$$A + A' + A'' = 198°\ 6'\ 36'';\ \text{c'est en effet la somme.}$$

On aurait deux autres calculs tout pareils en ajoutant un trait à chaque lettre (21).

$$\begin{aligned}
&\cot\tfrac{1}{2}C' \ldots\ldots\ldots\ldots\ 0.3295981\\
&\cot\tfrac{1}{2}C'' \ldots\ldots\ldots\ldots\ 0.4389014\\
&\text{compl } \sin A \ldots\ldots\ldots\ldots\ 0.0697253\\
\end{aligned}$$

$$\begin{aligned}
&\qquad\qquad +6.89009 \qquad 0.8382248\\
&\cot A\ -0.61553 \quad -\ 9.7891127\\
&-\cot\tfrac{1}{2}(A + A' + A'') \quad -6.27476 \qquad 0.7975972\\
&\tfrac{1}{2}(A + A' + A'') = 99°\ 3'\ 18''\\
&A + A' + A'' = 198\ \ 6\ \ 36
\end{aligned}$$

Formule de M. Cagnoli.

$$
\begin{array}{lll}
& & \textit{logarith.} \\
\mathrm{C} = 76°\,35'\,56'' & \sin \mathrm{S}\dots\dots\dots\dots & 9.9970996 \\
\mathrm{C}' = 50.10.30 & \sin(\mathrm{S}-\mathrm{C})\dots\dots\dots & 9.0728716 \\
\mathrm{C}'' = 40.\ 0.10 & \sin(\mathrm{S}-\mathrm{C}')\dots\dots\dots & 9.7385565 \\
2\mathrm{S} = 166.46.16 & \sin(\mathrm{S}-\mathrm{C}'')\dots\dots\dots & 9.8368740 \\
\mathrm{S} = 83.23.\ 8 & \log \mathrm{N}\dots\dots\dots\dots & 18.6454017 \\
\mathrm{S}-\mathrm{C} = 6.47.32 & \tfrac{1}{2}\log \mathrm{N}\dots\dots\dots\dots & 9.3227008 \\
\mathrm{S}-\mathrm{C}' = 33.12.38 & \mathrm{compl}.2\dots\dots\dots\dots & 9.6989700 \\
\mathrm{S}-\mathrm{C}'' = 43.22.58 & \mathrm{compl}.\cos\tfrac{1}{2}\mathrm{C} & 0.1052342 \\
3\mathrm{S}-2\mathrm{S}=\mathrm{S} = 83.23.\ 8 & \mathrm{compl}.\cos\tfrac{1}{2}\mathrm{C}' & 0.0430342 \\
& \mathrm{compl}.\cos\tfrac{1}{2}\mathrm{C}'' & 0.0270180 \\
-\cos\tfrac{1}{2}(\mathrm{A}+\mathrm{A}'+\mathrm{A}'') = 99°\,3'\,18'' & & 9.1969572
\end{array}
$$

La surface de notre triangle sera

$$t = r^2 \sin 1''(\mathrm{A}+\mathrm{A}'+\mathrm{A}''-180°) = r^2 \sin 1''(18°\ 6'\ 36'').$$

$$
\begin{array}{lll}
\text{Supposons } r = 1 & \log \sin 1''\dots\dots\dots\dots & 4.6855749 \\
& 65196'' = 18°\ 6'\ 36''\dots\dots & 4.8142210 \\
& t = 0.3160792\dots\dots & 9.4997959
\end{array}
$$

Calcul de la Série.

$$
\begin{array}{lll}
\mathrm{A} = 121.36.20 & \tang\tfrac{1}{2}\mathrm{C}'\dots\dots & 9.6704019 \\
2\mathrm{A} = 243.12.40 & \tang\tfrac{1}{2}\mathrm{C}''\dots\dots & 9.5610986 \\
3\mathrm{A} = 4.49.00 & \tang\tfrac{1}{2}\mathrm{C}'\ \tang\tfrac{1}{2}\mathrm{C}''\dots\dots & 9.2315005 \\
4\mathrm{A} = 226.25.20 & 2\dots\dots\dots & 0.3010300 \\
5\mathrm{A} = 248.\ 1.40 & \sin \mathrm{A}\dots\dots & 9.9302747 \\
6\mathrm{A} = 19.38.\ 0 & 0.2902720\dots\dots & 9.4628052 \\
7\mathrm{A} = 131.14.20 & & \\
8\mathrm{A} = 252.50.40 & -\tang\tfrac{1}{2}\mathrm{C}'\ \tang\tfrac{1}{2}\mathrm{C}''\dots\dots & -8.4630010 \\
9\mathrm{A} = 14.27.00 & \sin 2\mathrm{A}\dots\dots & -9.9506925 \\
& +0.0259235\dots\dots & +8.4156935
\end{array}
$$

<table>
<tr><td>

1er terme	0.2902720
2........	0.0259235
3........	0.00027702
	0.31647252
4.....—	0.00033930
	0.31613322
5.....—	0.00005331
	0.31607991
6.....—	0.00000137
	0.31607854
7.....+	0.00000090
	0.31607944
8 et 9..—	0.00000018
	0.31607926

$\mathrm{tang}^{7}\tfrac{1}{2}C'\ \mathrm{tang}^{7}\tfrac{1}{2}C''$ +	4.6205035
$\sin 7A$	9.8761992
2	0.3010300
compl. 7	9.1549020
0.00000090	3.9526347

</td><td>

+ $\mathrm{tang}^{3}\tfrac{1}{2}C'\ \mathrm{tang}^{3}\tfrac{1}{2}C''$	7.6945015
$\sin 3A$	8.9241123
compl. $3''$	9.5228788
2	0.3010300
+ 0.00027702	6.4425126

— $\mathrm{tang}^{4}\tfrac{1}{2}C'\ \mathrm{tang}^{4}\tfrac{1}{2}C''$ —	6.9260020
$\sin 4A$ +	9.9056143
$\tfrac{2}{4}$	9.6989700
— 0.00033930	— 6.5505863

$\mathrm{tang}^{5}\tfrac{1}{2}C'\ \mathrm{tang}^{5}\tfrac{1}{2}C''$ +	6.1575025
$\sin 5A$ —	9.9672509
$\tfrac{2}{5}=0.4$	9.6020600
— 0.00005331	— 5.7268154

— $\mathrm{tang}^{6}\tfrac{1}{2}C'\ \mathrm{tang}^{6}\tfrac{1}{2}C''$ —	5.3890030
$\sin 6A$ +	9.2236059
$\tfrac{2}{6}=\tfrac{1}{3}$	9.5228788
0.00000137	4.1354877

</td></tr>
</table>

242. On voit qu'il a fallu neuf termes de la série pour retrouver la valeur de t, telle que nous l'avait donnée tout d'un coup la première formule ; mais cette série nous servira dans la mesure de la terre, en la supposant de forme sphérique. Il resterait à multiplier cette valeur de t par r^{2}. Et si nous supposons $\log r$, par un milieu entre les logarithmes des deux axes, (*).................................... 6.8038798

$$2\log r \ldots\ 13.6077596$$
$$\log t \ldots\ 9.4997959$$

nous aurons $\log t = \log 1280841000000 \ldots\ldots\ 13.1075555$

Ce nombre est celui des mètres carrés que contiendrait notre triangle. Divisez-le par 10000 pour le réduire en hectares, vous aurez 1280841000 hectares ou arpens.

(*) Voyez *Base du Système métrique.* T. III, p. 196.

243. On voit comme on pourrait trouver la surface d'une grande région qu'on aurait partagée en triangles sphériques.

Nous verrons qu'on partage la terre en plusieurs zônes par des cercles qui ont les mêmes pôles. L'un de ces cercles est l'équateur EQ, (fig. 92), il est à 90° du pôle; deux autres sont CA et RI, tropiques du Cancer et du Capricorne; les deux derniers sont les cercles polaires OL, MN.

Les arcs OP, PL, CE, AQ, ER, QI, MP' et P'N sont chacun de 23° 28'. Les arcs OC, AL, RM, NI sont de $90° - 46° - 56'. = 43° 4'$. On demande la surface des zônes glaciales, ou calottes sphériques $OPL = MPN$; des zônes $OLAC = RMNI$ qu'on appelle *tempérées*; et de la double zône CAIR qu'on appelle *zône torride*.

La surface du grand cercle $= r^2 \pi$

$$
\begin{aligned}
\log \pi &\ldots\ldots 0.4971498.7 \\
2 \log r &\ldots\ldots 13.6077596.0 \\
\hline
\log r^2 \pi &\ldots\ldots 14.1049094.7 \\
\log 2 &\ldots\ldots 0.3010300 \\
\hline
\log \text{constant} &\ldots 14.4059395
\end{aligned}
$$

Pour CAIR

$$
\begin{aligned}
H' &= - \ 23°.28' \\
H &= + \ 23 .28 \\
\hline
H' + H &= \quad 0 . 0 \\
H' - H &= \quad 46 .56 \\
\hline
\tfrac{1}{2}(H' + H) &= \quad 0 . 0 \quad \cos\ldots\ldots 0.0 \\
\tfrac{1}{2}(H' - H) &= \quad 23 .28 \quad \sin\ldots\ldots 9.6001181 \\
& \qquad\qquad\qquad \log \text{constant}\ldots\ldots 14.4059395 \\
& \qquad 10139200000 \quad\ 14.0060576
\end{aligned}
$$

Pour CALO

$$
\begin{aligned}
H' &= \quad 66.32 \\
H &= \quad 25.28 \\
\hline
H' - H &= \quad 43. \ 4 \\
H' + H &= \quad 90. \ 0 \\
\hline
\tfrac{1}{2}(H' - H) &= \quad 21.32 \quad \sin\ldots\ldots 9.5647163 \\
\tfrac{1}{2}(H' + H) &= \quad 45. \ 0 \quad \cos\ldots\ldots 9.8494850 \\
& \qquad\qquad\qquad \log \text{constant} \ 14.4059395 \\
& \qquad 6609100000 \quad\ 13.8201408
\end{aligned}
$$

Pour les zônes glaciales $H' =$ $90°$

$H =$ 66.32

$H' - H =$ 23.28

$H' + H =$ 156.32

11.44 sin...... 9.3082390

78.16 cos..... 9.3082390

             14.4059395

105295000 13.0224175

Ainsi la zône du milieu, ou torride est de	10139200000 hectares
la zône tempérée boréale... est de	6609100000
australe... est de	6609100000
la zône glaciale du nord... est de	1052950000
du sud.... est de	1052950000
la surface entière...............	25463300000

Retranchez six chiffres pour ne considérer que les millions d'hectares, la partie torride ou du milieu sera de 10139 millions d'hectares.

La partie tempérée, que les Anciens croyaient seule habitable, sera de 13218; et la partie glaciale de 2106 seulement; la surface entière sera 25463.

244. Pour trouver la surface de la calotte sphérique OPL ou CPA, on multiplie la circonférence du grand cercle de la sphère ou $2r\pi$ par la flèche Pc ou Pb de cet arc. Or la flèche $= 2r \sin^2 \frac{1}{2} PO = 2r \sin^2 \frac{1}{2}$ distance polaire. Ainsi pour la surface de la zône glaciale, nous aurons

$$2r\pi \cdot 2r \sin^2 \cdot \frac{23°.28'}{2} = 4r^2\pi \sin^2 11°.44'.$$

Nous avons fait ci-dessus l'équivalent en calculant $4r^2\pi \sin 11°.44'$ cos $78°.16'$.

245. Si la sphère tourne autour de l'axe PP′ un point O quelconque décrira un petit cercle qui aura pour rayon $Oc = cL = \sin OP = \cos H$ ou $r \cos H$; ainsi la terre tournant en 24 heures, l'habitant du cercle

polaire OcL fait en 24^h· un chemin de...... 15928607 mètres
L'habitant de Paris....($2r\pi\cos H$)....... 26321287
L'habitant du tropique................. 26691659
L'habitant de l'équateur, en 24 heures..... 40000000
en 1 heure...... 1666667
en 1 minute..... 27778
en 1 seconde.... 463,

si cette vitesse paraît considérable, que serait donc celle des étoiles si elles tournaient autour de la terre à l'extrémité d'un rayon en comparaison duquel le rayon de l'équateur n'est qu'un point mathématique, ainsi que le reconnaissaient Archimède et Ptolémée, le plus célèbre partisan de l'immobilité de la terre.

Variations des six parties d'un triangle, ou formules différentielles qui expriment les rapports de ces variations.

246. Si l'une des parties d'un triangle sphérique vient à changer de valeur, comme le font continuellement les angles horaires de tous les astres et les distances polaires des planètes, pour que l'égalité subsiste entre les deux membres des formules trigonométriques, qui sont des vérités éternelles, il faut qu'il arrive dans les autres facteurs des formules, des variations propres à conserver l'égalité qui serait troublée par la première. Ainsi dans le cas de la variation de l'angle horaire, il arrive nécessairement un changement dans la distance au zénit, dans l'angle azimutal, et ces changemens simultanés font que l'équation

$$\cos C = \cos A \sin C' \sin C'' + \cos C' \cos C''$$

demeure toujours vraie quel que soit l'angle A.

247. On peut avoir besoin de connaître ce que devient la distance zénitale C quand l'angle horaire qui était de 15°, je suppose, devient 16°, ou qu'il reçoit une augmentation de 1°, on a toujours la ressource de calculer C successivement avec les deux valeurs de A; mais ce procédé est long, il ne suffit pas toujours, car on a souvent besoin de porter la variation dC de l'arc C dans un autre formule, et pour cela, il faut connaître le rapport $\frac{dC}{dA}$ des deux variations.

248. Tous les auteurs ont donné une collection, plus ou moins complète, de ces formules différentielles. J'aurais pu me dispenser de suivre cet exemple, par la raison que pour tous les problèmes où l'on considère ces variations, j'aurai soin de donner des formules plus rigoureuses et qu'on pourra reduire aux différentielles ordinaires, quand on voudra négliger les quantités du second ordre. Mais il peut arriver des cas imprévus où l'on aurait besoin de chercher soi-même les formules.

249. Pour trouver ces rapports, il faut différentier la formule qui exprime le rapport général, et la règle est bien simple.

Soit la formule $x = ayz + b$, a et b étant des constantes. Au lieu de x écrivez dx dans le premier membre où x est tout seul.

Dans le second mettez dy en place de y et vous aurez $dy \cdot az$.

Comme il y a une seconde variable z, écrivez encore $dz \cdot ay$.

a et b qui sont des constantes, n'ont point de variation.

Vous aurez donc au total $dx = dy \cdot az + dz \cdot ay$;

et

$$\frac{dx'}{dy} = az \; ; \quad \frac{dx''}{dz} = ay.$$

Si vous connaissez les valeurs de dy et de dz, vous en conclurez $dx' = dy \cdot az$; et $dx'' = dz \cdot ay$; ainsi la variation totale de x sera composée de deux parties, l'une qui dépend de dy et l'autre de dz.

250. Nous avons donné (204) les différentielles des sinus, cosinus, tangentes et cotangentes, on n'aura qu'à les transporter une à une dans la formule du problème, en la traitant comme si elle ne renfermait pas d'autre variable que celle dont on s'occupe pour le moment.

Deux côtés constans C' et C''.

Supposons que dans le triangle A, A', A'', (fig. 82) les côtés C' et C'' soient constans, c'est-à-dire, par exemple, que la hauteur du pôle et la déclinaison de l'astre soit invariable, mais que l'angle A vienne à changer, on demande de combien changera le côté opposé qui sera la distance zénitale. La formule

$$\cos C = \cos A \, \sin C' \, \sin C'' + \cos C' \, \cos C'' \text{ deviendra}$$
$$- dC \, \sin C = - dA \, \sin A \, \sin C' \, \sin C''.$$

La

La formule n'a que deux termes, parce qu'il n'y a que deux variables.
On en tire

$$\frac{dC}{dA} = \frac{\sin A \sin C' \sin C''}{\sin C} = \frac{\sin A' \sin C' \sin C''}{\sin C'} = \frac{\sin A'' \sin C' \sin C''}{\sin C''} \quad (\text{théor. II});$$

et réduisant

$$\frac{dC}{dA} = \sin A' \sin C'' = \sin A'' \sin C'.$$

Ainsi, que l'angle A augmente de 10′, on aura dC augmentation du côté $C = 10' \sin A \sin C'' = 10' \sin A'' \sin C'$. Parmi les différentes valeurs on choisit celle qui est la plus simple, ou celle qui ne renferme que des quantités connues et l'on connaît dC.

251. Tant que dA n'est que de quelques minutes le calcul est suffisamment exact; si dA était de 1°, il pourrait y avoir quelque petite erreur, mais on aurait toujours une valeur fort approchée de dC.

252. En conservant les mêmes constantes C′ et C″, la formule transportée au côté C′ deviendra

$$\cos C' = \cos A' \sin C'' \sin C + \cos C'' \cos C.$$

Nous aurions en différentiant, et nous souvenant que C′ et C″ n'ont point de variation

$$0 = - dA' \sin A' \sin C'' \sin C + dC \cos C \sin C'' \cos A' - dC \sin C \cos C''$$

ou

$$dA' \sin A' \sin C'' \sin C = - dC (\sin C \cos C'' - \cos C \sin C' \cos A')$$
$$= - dC \sin C' \cos A'' \quad (81);$$

et

$$-\frac{dA'}{dC} = \frac{\sin C' \cos A''}{\sin A' \sin C'' \sin C} = \frac{\sin C'' \cos A''}{\sin A'' \sin C'' \sin C} = \frac{\cot A''}{\sin C}$$
$$= \frac{\sin C \cos A''}{\sin A \sin C'' \sin C} = \frac{\cos A''}{\sin A \sin C''}.$$

Le signe — indique que si A′ augmente, C diminuera, et réciproquement.

253. En conservant la première valeur qui a deux termes, nous

aurions

$$-\frac{dA'}{dC} = \frac{\sin C \cos C'' - \cos C \sin C'' \cos A'}{\sin A' \sin C'' \sin C} = \frac{\cot C'' - \cot C \cos A'}{\sin A'}$$
$$= \frac{\cot C''}{\sin A'} - \cot C \cot A'.$$

Transportons notre formule au troisième côté, en conservant les mêmes constantes C' et C'', nous aurons

$$\cos C'' = \cos A'' \sin C \sin C' + \cos C \cos C';$$

d'où

$$o = -dA'' \sin A'' \sin C \sin C' + dC \cos C \sin C' \cos A'' - dC \sin C \cos C';$$

et

$$-\frac{dA''}{dC} = \frac{\sin C \cos C' - \cos C \sin C' \cos A''}{\sin A'' \sin C \sin C'} = \frac{\sin C'' \cos A'}{\sin A'' \sin C \sin C'} \quad (84)$$
$$= \frac{\cos A' \sin A''}{\sin A'' \sin A \sin C'} = \frac{\cos A'}{\sin A \sin C'} = \frac{\cos A' \sin C'}{\sin C \sin A' \sin C'} = \frac{\cot A'}{\sin C}$$
$$= \frac{\cot C'}{\sin A''} - \cot C \cot A''.$$

254. Les constantes étant toujours C' et C'', le second théorème donnera

$$\sin A' \sin C'' = \sin A'' \sin C' \text{ et } dA' \cos A' \sin C'' = dA'' \cos A' \sin C'$$
$$\frac{dA'}{dA''} = \frac{\cos A'' \sin C'}{\cos A' \sin C''} = \frac{\cos A'' \sin A'}{\cos A' \sin A''} = \cot A'' \tan A'.$$

Il serait inutile de transposer à d'autres lettres la formule des quatre sinus; $\sin A \sin C' = \sin A' \sin C$ ne renfermerait qu'une constante et trois variables.

255. La formule $\cos A = \cos C \sin A' \sin A'' - \cos A' \cos A''$ dans les trois transpositions ne renfermerait tout au plus qu'une constante, ou même tout serait variable. Celle du théorème III serait deux fois dans le même cas; mais la troisième donne

$$\cos C' \cos A = \cot C' \sin C'' - \sin A \cot A',$$

ici les deux constantes sont toujours C' et C'', les deux variables sont A et A′. Nous aurons

$$- dA \sin A \cos C' = - dA \cos A \cot A' + \frac{dA' \sin A}{\sin^2 A'}$$

$$- dA \left(\sin A \cos C'' - \cos A \cot A'\right) = \frac{dA' \sin A}{\sin^2 A'}$$

$$- \frac{dA'}{dA} = \frac{\sin^2 A'}{\sin A}\left(\sin A \cos C'' - \cos A \cot A'\right) = \frac{\sin^2 A'}{\sin A}\,\frac{\sin C'' \cot A''}{\sin C'} \quad (97)$$

$$= \frac{\sin A'}{\sin C'} \cdot \frac{\sin A'}{\sin A} \cdot \frac{\sin C'' \cos A''}{\sin A''} = \frac{\sin A''}{\sin C''} \cdot \frac{\sin A'}{\sin A} \cdot \frac{\sin C'' \cos A''}{\sin A''} = \frac{\sin A' \cos A''}{\sin A}$$

$$= \frac{\sin C' \cos A''}{\sin C}.$$

256. Il nous reste encore à trouver le rapport $\dfrac{dA}{dA''}$ pour épuiser toutes les combinaisons des variables dans la supposition de C′ et C″ constans, aucun de nos théorèmes ne l'a fait trouver.

Mais

$$- \frac{dA}{dA''} = - \frac{dA}{dA'} \cdot \frac{dA'}{dA''} = \tan A' \cot A'' . \frac{\sin A}{\sin A' \cos A''} = \frac{\sin A}{\cos A' \sin A''} = \frac{\sin C}{\cos A' \sin C''}.$$

Passons à une autre supposition, prenons pour constantes les deux angles.

Constantes A′, A″.

257. $\cos A = \cos C \sin A' \sin A'' - \cos A' \cos A''$

$$- dA \sin A = - dC \sin C \sin A' \sin A''$$

$$\frac{dA}{dC} = \frac{\sin C \sin A' \sin A''}{\sin A} = \frac{\sin C' \sin A' \sin A''}{\sin A'} = \frac{\sin C'' \sin A' \sin A''}{\sin A''},$$

$$= \sin C' \sin A'' = \sin C'' \sin A'.$$

258. $\cos A' = \cos C' \sin A'' \sin A - \cos A'' \cos A$

$$0 = - dC' \sin C' \sin A'' \sin A + dA \cos A \sin A'' \cos C' + dA \sin A \cos A'$$

$$\frac{dC'}{dA} = \frac{\sin A \cos A'' + \cos A \sin A'' \cos C'}{\sin C' \sin A'' \sin A} = \frac{\sin A' \cos C''}{\sin C' \sin A'' \sin A} \quad (82)$$

$$= \frac{\cot A''}{\sin C'} + \cot A \cot C' = \frac{\sin A'' \cos C''}{\sin C'' \sin A'' \sin A} = \frac{\cot C''}{\sin A}.$$

259. $\cos A'' = \cos C'' \sin A \sin A' - \cos A \cos A'$

$$o = - dC'' \sin C'' \sin A \cdot \sin A' + dA \cos A \sin A' \cos C'' + dA \sin A \cos A'$$

$$\frac{dC''}{dA} = \frac{\sin A \, \cos A' + \cos A \, \sin A' \cos C''}{\sin C'' \sin A \sin A'} = \frac{\sin A'' \cos C'}{\sin C'' \sin A \sin A'} \quad (83)$$

$$= \frac{\sin A' \cos C'}{\sin C' \sin A \sin A'} = \frac{\cot C'}{\sin A}$$

$$= \frac{\cot A'}{\sin C''} + \cot A \cot C''.$$

Ici chacune des trois expressions du théorème IV nous a fourni sa formule différentielle.

260.
$$\sin A' \sin C'' = \sin A'' \sin C'$$

$$dC'' \cos C'' \sin A' = dC' \cos C' \sin A''$$

$$\frac{dC''}{dC'} = \frac{\cos C' \sin A''}{\cos C'' \sin A'} = \frac{\cos C' \sin C''}{\cos C'' \sin C'} = \cot C' \, \mathrm{tang}\, C'.$$

Nous ne pouvons tirer rien autre chose du second théorème.

261.
$$\cos C \cos A' = \cot C'' \sin C - \sin A' \cot A'' \quad \text{(théor. III)}$$

$$- dC \sin C \cos A' = - \frac{dC'' \sin C}{\sin^2 C''} + dC \cos C \cot C''$$

$$\frac{dC''}{dC} = \frac{\sin^2 C''}{\sin C} \left(\sin C \cos A' + \cos C \cot C'' \right)$$

$$= \frac{\sin^2 C''}{\sin C} \frac{\sin A' \cot C'}{\sin A''} \quad (94)$$

$$= \sin^2 C'' \left(\cos A' + \cot C \cot C'' \right)$$

$$= \frac{\sin C''}{\sin A''} \cdot \frac{\sin C''}{\sin C} \cdot \frac{\sin A' \cos C'}{\sin C'}$$

$$= \frac{\sin C''}{\sin A''} \frac{\sin A''}{\sin C''} \frac{\sin C'' \cos C'}{\sin C} = \frac{\sin C'' \cos C'}{\sin C} = \frac{\sin A'' \cos C'}{\sin A}.$$

262.
$$dC' = dC'' \, \mathrm{tang}\, C' \cot C'' \quad (260)$$

$$dC = \frac{dC'' \sin C}{\sin C'' \cos C''}; \quad (261)$$

donc

$$\frac{dC'}{dC} = \frac{\mathrm{tang}\, C' \cot C'' \sin C'' \cos C'}{\sin C} = \frac{\sin C' \cos C''}{\sin C} = \frac{\sin A' \cos C''}{\sin A}.$$

Nous aurions pu trouver toutes les formules pour les constantes **A'** et A'' en portant dans le triangle supplémentaire les formules pour **C'** et C'', mais par nos formules la démonstration directe n'est pas plus longue et elle est plus claire, d'ailleurs on peut les vérifier les unes par les autres.

263. *Constantes A et C, un angle et le côté opposé.*

$$\cos C = \cos A \, \sin C' \, \sin C'' + \cos C' \, \cos C''$$

$$o = dC' \cos C' \sin C'' \cos A + dC'' \cos C'' \sin C' \cos A - dC' \sin C' \cos C'' - dC'' \sin C'' \cos C'$$

$$-\frac{dC''}{dC'} = \frac{\sin C' \cos C'' - \sin C'' \cos C' \cos A}{\sin C'' \cos C' - \sin C' \cos C'' \cos A} = \frac{\sin C \cos A''}{\sin C \cos A'} = \frac{\cos A''}{\cos A'} \ (84 \text{ et } 82)$$

$$= \frac{\cos C'' \sin A \sin A' - \cos A \cos A'}{\cos A'} = \cos C'' \sin A \, \tang A' - \cos A$$

$$= \frac{\cos A''}{\cos C' \sin A'' \sin A - \cos A \cos A''} = \frac{1}{\cos C' \sin A \, \tang A'' - \cos A}.$$

Les deux autres expressions du même théorème ne fournissent rien.

264.
$$\sin A \, \sin C' = \sin A' \, \sin C$$
$$dC' \cos C' \sin A = dA' \cos A' \sin C$$
$$\frac{dC'}{dA'} = \frac{\cos A' \sin C}{\cos C' \sin A} = \frac{\cos A' \sin C'}{\cos C' \sin A'} = \tang C' \, \cot A' = \frac{\tang C'}{\tang A'}.$$

265.
$$\sin A \, \sin C'' = \sin A'' \, \sin C$$
$$dC'' \cos C' \sin A = dA'' \cos C'' \sin C$$
$$\frac{dC''}{dA''} = \tang C'' \, \cot A'' = \frac{\tang C''}{\tang A''},$$

266. $\cos A = \cos C \sin A' \sin A'' - \cos A' \cos A''$

$$o = dA' \cos A' \sin A'' \cos C + dA'' \cos A'' \sin A' \cos C$$
$$+ dA' \sin A' \cos A'' + dA'' \sin A'' \cos A'$$

$$-\frac{dA''}{dA'} = \frac{\sin A' \cos A'' + \cos A' \sin A'' \cos C}{\sin A'' \cos A' + \cos A'' \sin A' \cos C} = \frac{\sin A \cos C''}{\sin A \cos C'} = \frac{\cos C''}{\cos C'} \ (83 \text{ et } 82)$$

$$= \frac{\cos A'' \sin C \sin C' + \cos C \cos C'}{\cos C'} = \cos A'' \sin C \, \tang C' + \cos C$$

$$= \frac{\cos C''}{\cos A' \sin C \sin C'' + \cos C \cos C''} = \frac{1}{\cos A' \sin C \, \tang C'' + \cos C}.$$

267. $\cos C' \cos A'' = \cot C \, \sin C' - \sin A'' \, \cot A$

$$- dC' \sin C' \cos A'' - dA'' \sin A'' \cos C' = dC' \cos C' \cot C - dA'' \cos A'' \cot A$$

$$- dC' (\sin C' \cos A'' + \cos C' \cot C) = dA'' (\sin A'' \cos C' - \cos A'' \cot A)$$

$$-\frac{dA''}{dC'} = \frac{\sin C' \cos A'' + \cos C' \cot C}{\sin A'' \cos C' - \cos A'' \cot A} = \frac{\left(\dfrac{\sin A'' \cot C''}{\sin A}\right) (94)}{\left(\dfrac{\sin C' \cot A'}{\sin C}\right) (97)}$$

$$-\frac{dA''}{dC'} = \frac{\sin C}{\sin A}\cdot\frac{\sin A''\ \cot C''}{\sin C'\ \cot A'} = \frac{\sin C'}{\sin A'}\cdot\frac{\sin A''}{\sin C'}\cdot\frac{\cot C''}{\cot A'} = \frac{\sin A''\ \cot C''}{\cos A'} = \frac{\sin A''}{\sin C''}\cdot\frac{\cos C''}{\cos A'}$$

$$= \frac{\sin A'\ \cos C''}{\sin C'\ \cos A'} = \frac{\tang A'\ \cos C''}{\sin C'}$$

$$-\frac{dC''}{dA'} = -\frac{dA''}{dA'}\cdot\frac{dC''}{dA''} = \frac{\cos C''\ \tang C''}{\cos C'\ \tang A''} = \frac{\sin C''}{\cos C'\ \tang A''} = \frac{\sin C''\ \cos A''}{\sin A''\ \cos C'} = \frac{\sin C'\ \cos A''}{\sin A'\ \cos C'}$$

$$-\frac{dC''}{dA'} = \frac{\tang C'\ \cos A''}{\sin A'}.$$

Constantes A et C", angle et côté adjacent.

268. $\cos C = \cos A\ \sin C'\ \sin C'' + \cos C'\ \cos C''$ (théorème I)

$$-\,dC\ \sin C = dC'\ \cos C'\ \sin C''\ \cos A - dC'\ \sin C'\ \cos C''$$

$$\frac{dC}{dC'} = \frac{\sin C'\cos C'' - \cos C'\sin C''\cos A}{\sin C} = \frac{\sin C\cos A''}{\sin C} = \cos A''\ (84).$$

269. $\sin A\ \sin C'' = \sin A''\ \sin C$

$$o = dA''\ \cos A''\ \sin C + dC\ \cos C\ \sin A''$$

$$-\frac{dA''}{dC} = \frac{\cos C\ \sin A''}{\cos A''\ \sin C} = \cot C\ \tang A' = \frac{\tang A''}{\tang C}$$

270. $\cos A'' = \cos C''\ \sin A\ \sin A' - \cos A\ \cos A'$

$$-\,dA''\ \sin A'' = dA'\ \cos A'\ \sin A\ \cos C'' + dA'\ \sin A'\ \cos A$$

$$-\frac{dA''}{dA'} = \frac{\sin A'\cos A + \cos A'\sin A\cos C''}{\sin A''} = \frac{\sin A''\ \cos C}{\sin A''} = \cos C\ (82)$$

$$= \frac{\cos A + \cos A'\ \cos A''}{\sin A'\ \sin A''}\ \text{(théorème IV)}_1$$

271. $\cos C''\ \cos A = \cot C'\ \sin C'' - \sin A\ \cot A'$

$$o = -\frac{dC'\ \sin C''}{\sin^2 C'} + \frac{dA'\ \sin A}{\sin^2 A'}$$

$$\frac{dC'}{dA'} = \frac{\sin^2 C'\ \sin A}{\sin^2 A'\ \sin C''} = \frac{\sin C'}{\sin A'}\cdot\frac{\sin C'}{\sin A'}\cdot\frac{\sin A}{\sin C''} = \frac{\sin C''}{\sin A''}\cdot\frac{\sin C}{\sin A}\cdot\frac{\sin A}{\sin C''} = \frac{\sin C}{\sin A''}$$

$$= \frac{\sin C'}{\sin A'}\cdot\frac{\sin C}{\sin A}\cdot\frac{\sin A}{\sin C''} = \frac{\sin C'\ \sin C}{\sin A'\sin C''} = \frac{\sin^2 C\ \sin A}{\sin^2 A\ \sin C''} = \frac{\sin^2 C}{\sin A\ \sin C''}$$

$$= \frac{\sin C''}{\sin A''}\cdot\frac{\sin C'}{\sin A'}\cdot\frac{\sin A}{\sin C''} = \frac{\sin C'\ \sin A}{\sin A''\ \sin A'} = \frac{\sin C''}{\sin A''}\cdot\frac{\sin A}{\sin A''} = \frac{\sin C'\ \sin C}{\sin A'\ \sin C''}$$

272. $-\dfrac{dC'}{dA''} = -\dfrac{dC'}{dC}\cdot\dfrac{dC}{dA''} = +\dfrac{1}{\cos A''}\ \tang C\ \cot A' = +\dfrac{\tang C}{\sin A''}$

273.
$$\frac{dC}{dA'} = \frac{dC}{dC'} \cdot \frac{dC'}{dA'} = \cos A'' \frac{\sin C}{\sin A''} = \sin C \cot A''.$$

Ces formules sont les plus simples que l'on puisse obtenir. On pourrait les transformer de bien d'autres manières par les substitutions, mais elles deviendraient moins simples et moins commodes. Elles se démontrent avec une facilité et une uniformité que nous devons aux formules de relations entre les cinq parties d'un triangle que nous avons exposées aux articles 80 et suivants. Ces équations, qu'on ne trouve qu'en petit nombre et tout-à-fait isolées dans les livres de Trigonométrie, ont cette propriété remarquable, qu'elles sont ce que deviennent les théorèmes fondamentaux quand ils ont été différentiés. Cette propriété singulière, dont personne que je sache n'avait encore parlé, est ce qui nous a engagés à les réunir en aussi grand nombre.

274. Ces formules se simplifieront encore et seront susceptibles de transformations plus nombreuses, si l'on suppose un des angles constans égal à 90°. En effet, les formules particulières des triangles rectangles donnent lieu à des substitutions dont on ne s'aviserait peut-être pas. Ainsi nous allons différentier à part les formules de ces triangles.

Différentielles des triangles rectangles.

Constantes A et C l'angle droit et l'hypoténuse.

275. $\tang C' = \cos A' \tang C$; $\dfrac{dC''}{\cos^2 C''} = -\, dA' \sin A' \tang C$

ou

$$-\frac{dC''}{dA'} = \sin A' \tang C \cos^2 C' = \sin A' \frac{\tang C''}{\cos A'} \cos^2 C''$$

$$= \tang A' \sin C'' \cos C'' = \tfrac{1}{2} \tang A' \sin 2C''$$

$$= \tang C' \cos C'' = \frac{\sin C' \cos C''}{\cos C'} = \frac{\sin C \sin A' \cos C''}{\cos C'} = \frac{\cos A'' \sin C}{\cos C'}$$

$$= \frac{\cos A'' \sin C'}{\cos C' \sin A'} = \frac{\cos A'' \tang C'}{\sin A'}$$

276. $\cos C \tang A' = \cot A''$; $\dfrac{dA' \cos C}{\cos^2 A'} = -\, \dfrac{dA''}{\sin^2 A''}$

$$-\frac{dA''}{dA'} = \frac{\sin^2 A'' \cos C}{\cos^2 A'} = \frac{\sin^2 A'' \cos C}{\sin^2 A'' \cos^2 C'} = \frac{\cos C' \cos C''}{\cos^2 C'} = \frac{\cos C''}{\cos C'} = \frac{\cos^2 C''}{\cos C}$$

$$= \frac{\cos C}{\cos^2 C'} = \frac{\cos A''}{\sin A'}\,\frac{\sin A''}{\cos A'} = \frac{\sin 2A''}{\sin 2A'},$$

car $\cos C'' = \dfrac{\cos A''}{\sin A'}$ et $\cos C' = \dfrac{\cos A'}{\sin A''}$ (28).

277. $\sin A' \sin C = \sin C'$; $dA\,\cos A'\,\sin C = dC' \cos C'$
$$\frac{dC'}{dA'} = \frac{\cos A'\,\sin C}{\cos C'} = \frac{\sin C \sin A'' \cos C'}{\cos C'} = \sin C \sin A' = \sin C'' = \frac{\tan C'}{\tan A'}$$

278. $\sin A'' \sin C = \sin C''$; $dA''\,\cos A''\,\sin C = dC'' \cos C''$
$$\frac{dC''}{dA''} = \frac{\cos A''\,\sin C}{\cos C''} = \frac{\sin C \sin A' \cos C''}{\cos C''} = \sin A'\,\sin C = \sin C' = \frac{\tan C'}{\tan A''}$$

279. $\cos A''\,\tan C = \tan C'$; $-dA''\,\sin A'\,\tan C = \dfrac{dC'}{\cos^2 C'}$
$$-\frac{dA''}{dC'} = \frac{1}{\sin A''\,\tan C\,\cos^2 C'} = \frac{1}{\tan C\,\cos C'\,\cos A'} = \frac{1}{\tan C''\,\cos C'} = \frac{\cot C''}{\cos C'}$$
$$= \frac{\cot C''\,\sin A''}{\cos A'} = \frac{\sin A''}{\sin C''}\cdot\frac{\cos C''}{\cos A'}$$
$$-\frac{dA''}{dC''} = \frac{\sin A'\cos C''}{\sin C'\cos A'} = \frac{\tan A'\cos C''}{\sin C'} = \frac{\tan A'\,\cos C''}{\sin A'\,\sin C} = \frac{\cos C''}{\cos A'\,\sin C} = \frac{\cos A''}{\cos A'\,\sin C'}$$

280. $-\dfrac{dC''}{dA'}\dfrac{dA'}{dC'} = -\dfrac{dC''}{dC'} = +\dfrac{\cos A''\,\tan C'}{\sin A'}\cdot\dfrac{\tan A'}{\tan C'} = +\dfrac{\cos A''}{\cos A'}$
$$= \frac{\sin A'\,\cos C''}{\sin A''\,\cos C'} = \frac{\sin C'}{\sin C''}\cdot\frac{\cos C''}{\cos C'} = \tan C'\,\cot C''$$

Les valeurs différentes d'un même rapport fournissent autant de relations entre plusieurs parties du triangle rectangle. Ces équations peuvent être utiles dans les recherches analytiques, et fournir des substitutions avantageuses.

Constantes A *et* C' *angle droit et côté adjacent.*

281. $\tan C' = \tan C \cos A'$; $o = \dfrac{dC \cos A'}{\cos^2 C} - dA'\,\sin A'\,\tan C$
$$\frac{dC}{dA'} = \tan A'\,\tan C\,\cos^2 C = \tan A'\,\sin C\,\cos C = \tfrac{1}{2}\tan A'\,\sin 2C$$
$$= \sin C\,\cot A'' = \frac{\sin C\,\cos A''}{\sin A''}$$
$$= \frac{\sin^2 C\,\cos A''}{\sin C\,\sin A''} = \frac{\sin^2 C\,\cos A''}{\sin C''} = \frac{\sin C\,\cos C\,\tan C\,\cos A''}{\sin C''} = \frac{\sin C\,\cos C\,\tan C'}{\sin C''}$$

282.

282. $\tang A' \sin C' = \tang C'$; $\dfrac{dA' \sin C''}{\cos^2 A'} = \dfrac{dC'}{\cos^2 C'}$

$$\frac{dC'}{dA'} = \frac{\cos^2 C' \sin C''}{\cos^2 A'} = \frac{\sin C''}{\sin^2 A''} = \frac{\sin A'' \sin C}{\sin^2 A''} = \frac{\sin C}{\sin A''} = \frac{\cos C' \cos C' \sin C''}{\cos A' \cos A'}$$
$$= \frac{\cos C' \cos C' \sin C''}{\sin A'' \cos C' \cos A'} = \frac{\cos C' \sin C''}{\cos A' \sin A''} = \frac{\cos C' \sin C'}{\cos A' \sin A'} = \frac{\sin 2C'}{\sin 2A''}.$$

283. $\cos C' \sin A' = \cos A''$; $dA' \cos A' \cos C' = - dA'' \sin A'$

$$-\frac{dA''}{dA'} = \frac{\cos A' \cos C''}{\sin A''} = \frac{\sin A'' \cos C' \cos C''}{\sin A''} = \cos C' \cos C' = \cos C = \cot A' \cot A''.$$

284. $\sin A'' \sin C = \sin C'$; $dA'' \cos A'' \sin C + dC \cos C \sin A'' = 0$

$$-\frac{dC}{dA''} = \frac{\cos A'' \sin C}{\cos C \sin A''} = \cot A'' \tang C = \cos C \tang A' \tang C = \sin C \tang A'.$$

285. $\sin C' \tang A'' = \tang C'$; $dC' \cos C' \tang A'' + \dfrac{dA'' \sin C'}{\cos^2 A''} = 0$

$$-\frac{dC'}{dA''} = \frac{\sin C'}{\cos^2 A'' \tang A'' \cos C'} = \frac{\tang C'}{\sin A'' \cos A''} = \frac{2 \tang C'}{\sin 2A''} = \frac{\cos A'' \tang C}{\sin A'' \cos A''} = \frac{\tang C}{\sin A''}.$$

286. $\cos C' \cos C'' = \cos C$; $- dC' \sin C' \cos C'' = - dC \sin C$

$$\frac{dC}{dC'} = \frac{\sin C' \cos C''}{\sin C} = \frac{\sin A' \sin C \cos C''}{\sin C} = \sin A' \cos C'' = \cos A'' = \tang C' \cot C.$$

Constantes A' *et* A'' *en supposant* $A' = 90^\circ$.

287. Le triangle rectangle en A' donne d'abord

$$\tang C = \cos A'' \tang C'; \qquad \frac{dC}{\cos^2 C} = \frac{dC' \cos A''}{\cos^2 C'}$$

$$\frac{dC}{dC'} = \frac{\cos A'' \cos^2 C}{\cos^2 C'} = \frac{\tang C \cot C' \cos^2 C}{\cos^2 C'} = \frac{\sin C \cos C}{\sin C' \cos C'} = \frac{\sin 2C}{\sin 2C'} = \frac{\cos A'' \cos^2 C}{\cos^2 C \cos^2 C''}$$
$$= \frac{\cos A''}{\cos^2 C''} = \frac{\cos C'' \sin A}{\cos^2 C''} = \frac{\sin A}{\cos C''}.$$

288. $\cos C' \tang A = \cot A'$; $- dC' \sin C' \tang A + \dfrac{dA \cos C'}{\cos^2 A} = 0$;

$$dC' \sin C' \sin A \cos A = dA \cos C';$$

$$\frac{dC'}{dA} = \frac{\cot C'}{\sin A \cos A} = \frac{2 \cot C'}{\sin 2A} = \frac{\cos C'}{\sin C \cos A}.$$

289. $\sin A'' \cos C = \cos A$; $- dC \sin C \sin A'' = - dA \sin A$

$$\frac{dA}{dC} = \frac{\sin C \sin A''}{\sin A} = \frac{\sin C \sin C''}{\sin C} = \sin C'' = \tang C \cot A = \frac{\cot A}{\cot C}.$$

290. $\sin A \cos C'' = \cos A''$; $dA \cos A \cos C'' - dC'' \sin C' \sin A = 0$;

$$\frac{dA}{dC''} = \frac{\sin C'' \sin A}{\cos C'' \cos A} = \tan C'' \tan A = \frac{\tan A}{\cot C''}$$

$$\frac{dA}{dC''} = \frac{\tan C''}{\cot A} = \frac{\tan C''}{\cos C' \tan A''} = \frac{\tan C' \cos A}{\cos C' \tan A''} = \frac{\tan A'' \sin C}{\cos C' \tan A''} = \frac{\sin C}{\cos C'}$$

$$= \frac{\sin C}{\cos C \, \cos C''} = \frac{\tan C}{\cos C''} = \frac{\sin C' \sin A}{\cos C'} = \tan C' \sin A.$$

291. $\tan C'' = \tan A' \sin C$; $\dfrac{dC}{\cos^2 C''} = dC \cos C \tan A''$;

$$\frac{dC''}{dC} = \cos C \cos^2 C'' \tan A'' = \frac{\cos C \cos^2 C'' \tan C''}{\sin C} = \cot C \sin C' \cos C''$$

$$\frac{dC''}{dC} = \frac{\sin 2C''}{2 \tan C}.$$

292. $$\frac{dC'}{dC''} = \frac{dC'}{dC} \cdot \frac{dC}{dC''} = \frac{\cos^2 C'}{\cos^2 C \cos A'' \cos C \cos^2 C'' \tan A''} = \frac{1}{\sin A'' \cos C}$$

$$= \frac{1}{\cos A} = \frac{1}{\tan C'' \cot C'} = \frac{\tan C'}{\tan C''}.$$

Ces formules ne coûtent guères que la peine de les écrire ; les transformations qui les amènent sont des applications continuelles des six
formules des triangles rectangles (de 24 à 30).

Ces formules des triangles rectangles serviront pour le soleil ; pour
savoir, par exemple, de combien une erreur sur l'obliquité affecterait
les ascensions droites, les déclinaisons ; de combien une erreur sur
l'ascension droite et la déclinaison observée, changerait la longitude
ou l'obliquité qu'on en voudrait conclure ; et ainsi du reste.

293. De tout tems les Astronomes ont fait des tables de l'écliptique ;
où ils ont placé de degré en degré les déclinaisons, les ascensions droites
et les angles de l'écliptique avec le méridien. Les formules différentielles peuvent servir à étendre ces tables par interpolation, et à les corriger même du changement survenu à l'obliquité.

Ces tables supposent toutes deux constantes, l'angle droit et l'obliquité ;
elles ne peuvent donc servir que pour une époque. Ptolémée supposait
23°.51′ ; Flamstéed 23°.29′. Les dernières tables de ce genre supposent
23°.28′, et ce nombre commence à être trop fort.

294. Supposez constans l'angle droit et le côté opposé ; c'est-à-

dire , A et C , alors

$$\frac{dC''}{dA'} = \frac{dA\!\!R}{d\omega} = \frac{\text{différence de l'asc. droite}}{\text{différence obliquité}} = \tfrac{1}{2} \text{ tang } A' \sin 2C'' = \tfrac{1}{2} \text{ tang } \omega \sin 2A\!\!R.$$

Vous aurez

$$dA\!\!R = \tfrac{1}{2} d\omega \text{ tang } \omega \sin 2A\!\!R.$$

dA'' sera le changement de l'angle et

$$dA'' = - \frac{dA' \sin 2A''}{\sin 2A'} = - \frac{d\omega \sin 2 . \text{ angle}}{\sin 2 . \text{obliquité}}.$$

L'angle augmente donc quand l'obliquité diminue , à moins que l'angle ne passe 90°; car alors $\sin 2A''$ est négatif, parce que $2A'$ est plus grand que 180°.

dC' est le changement de déclinaison.

$$dC' = dA' \sin C'' = \frac{dA' \text{ tang } C'}{\text{tang } A'} \text{ ou } dC = d\omega \sin A\!\!R = \frac{d\omega \text{ tang déclinaison}}{\text{tang } \omega}$$

Les facteurs $\tfrac{1}{2} d\omega$ tang ω , $\frac{d\omega}{\sin 2\omega}$, $\frac{d\omega}{\text{tang } \omega} = d\omega$ cot ω sont alors des constantes pour une époque donnée, et la variation cherchée ne dépend que d'un seul angle , et généralement de celui qu'on veut corriger.

Ces exemples suffisent pour montrer l'usage qu'on peut faire de ces formules, qui ont encore bien d'autres applications.

295. Les expressions différentielles du triangle rectilatère ou quadrantal , que les Auteurs donnent à la suite des autres, n'ont pas , à beaucoup près, autant d'utilité, ou plutôt elles ne font que reproduire les mêmes choses sous une forme moins familière.

296. Tout triangle peut devenir instantanément quadrantal ou rectilatère , ainsi le triangle entre le zénit, le pôle et un astre, devient quadrantal, quand cet astre se lève ou se couche; ce triangle se remplace par le triangle rectangle formé au pôle, au point nord de l'horizon , et à l'astre levant ou couchant.

297. Un autre triangle quadrantal bien commun, et qu'on ne calcule jamais, c'est celui qui est formé au pôle de l'équateur, au point équinoxial de l'écliptique et au soleil; mais il est remplacé par le triangle rectangle formé par l'équateur, l'écliptique et le cercle de déclinaison.

298. Quelques auteurs prescrivent de changer le triangle quadrantal en son triangle supplémentaire; il est plus naturel de le changer en son triangle complémentaire.

Soit PA′A″ ce triangle (fig. 99); le côté PA″ $=$ C′ $=$ 90° se trouve remplacé par l'angle A du triangle rectangle. L'angle PA″A′ est remplacé par son complément A′A″A, qui est l'obliquité de l'écliptique; le côté C est commun et reste le même, c'est l'arc de l'écliptique, l'angle PA′A″ se trouve remplacé par son supplément AA′A″; l'angle P ou A est remplacé par le côté C′ qui lui est égal; enfin le côté C″ ou PA′ est remplacé par son complément AA′ désigné aussi par C″. Ainsi toutes les formules démontrées pour le triangle rectangle sont applicables au triangle quadrantal, en changeant les sinus en cosinus et les tangentes en cotangentes pour A″ et C″. Pour l'angle A′, il suffit de changer le signe du cosinus, de la tangente et de la cotangente; il n'y a rien à changer pour C ni pour C′, qui redevient A.

299. Mais pour suivre l'ordre observé pour les triangles obliquangles, prenons d'abord pour constantes les côtés C′ et C″ du triangle devenu rectilatère. Les constantes dans le triangle rectangle complémentaire seront C″ et A, angle droit. Ce triangle donne

$$\operatorname{tang} C'' = \cos A' \operatorname{tang} C \qquad 0 = -\, dA' \sin A' \operatorname{tang} C + \frac{dC \cos A'}{\cos^2 C}$$

et

$$dA' \sin A' \operatorname{tang} C \cos^2 C = dC \cos A'$$

$$\frac{dC}{dA'} = \operatorname{tang} A' \sin C \, \cos C = \tfrac{1}{2} \operatorname{tang} A' \sin 2C \, ;$$

ce qui porté dans le quadrantal, devient

$$-\frac{dC}{dA'} = -\tfrac{1}{2} \operatorname{tang} A' \sin 2C, \quad \text{ou} \quad \frac{dA'}{dC} = \frac{2 \cot A'}{\sin 2C}$$

$$\cos C' \cos C'' = \cos C \, ; \quad -\, dC' \sin C' \cos C'' = -\, dC \sin C \, ;$$

$$\frac{dC}{dC'} = \frac{\sin C' \cos C''}{\sin C} = \frac{\sin C' \cos C}{\sin C \cos C'} = \frac{\cot C}{\cot C'}$$

et dans le quadrantal

$$\frac{dC}{dA} = \frac{\cot C}{\cot A}$$

$$\sin A' \cos C'' = \cos A'' \, ; \quad dA' \cos A' \cos C'' = -\, dA'' \sin A'' \, ;$$

$$-\frac{dA''}{dA'} = \frac{\cos A' \cos C''}{\sin A''} = \frac{\sin A'' \cos C' \cos C''}{\sin A''} = \cos C' \cos C''$$

$$= \cos C = \cot A'' \cot A'$$

et dans le quadrantal

$$-\frac{dA''}{dA'} = \cos C = -\ \tang A'' \cot A', \quad \text{ou} \quad \frac{dA''}{dA'} = \frac{\tang A''}{\tang A'} = -\cos C$$

$$\sin C' \tang A' = \tang C''; \quad dC' \cos C' \tang A'' + \frac{dA'' \sin C'}{\cos^2 A''} = 0;$$

$$dC' \cos C' \sin A'' \cos A'' = -\ dA'' \sin C'$$

$$-\frac{dA''}{dC'} = \cot C' \sin A'' \cos A'' = \tfrac{1}{2} \cot C' \sin 2A''$$

et dans le quadrantal

$$\frac{+\ dA''}{dA} = \tfrac{1}{2} \cot A \sin 2A'' = \frac{\sin 2A''}{2 \tang A}$$

$$\sin A'' \sin C = \sin C'; \quad dA'' \cos A'' \sin C + dC \cos C \sin A'' = 0;$$

$$-\frac{dA''}{dC} = \tang A'' \cot C = \frac{\tang A''}{\tang C}$$

et dans le quadrantal

$$\frac{+\ dA''}{dC} = \frac{\cot A''}{\tang C}$$

$$\tang C' = \sin C'' \tang A'; \quad \frac{dC'}{\cos^2 C'} = \frac{dA' \sin C''}{\cos^2 A'}; \quad \frac{dC'}{dA'} = \frac{\cos^2 C' \sin C''}{\cos^2 A'}$$

$$\frac{dC'}{dA'} = \frac{\cos^2 C' \sin C''}{\sin^2 A'' \cos^2 C'} = \frac{\sin C''}{\sin^2 A''} = \frac{\sin C \sin A''}{\sin^2 A''} = \frac{\sin C}{\sin A''};$$

et dans le quadrantal

$$-\frac{dA}{dA'} = \frac{\sin C}{\cos A''}.$$

Nous ne pouvons prendre pour constantes A′ et A″ du triangle quadrantal, parce que nous aurions trois constantes dans le triangle complémentaire rectangle.

300. Prenons pour constantes A et C=90° (fig. 100), prolongeons C′ en A″ jusqu'à 90°; le triangle rectangle complémentaire aura pour constante A supplément de l'angle A de notre triangle, et l'autre constante sera A″=90°.

Dans le triangle rectangle

$$\tang C' = \cos A \tang C''; \quad \frac{dC}{\cos^2 C'} = \frac{dC'' \cos A}{\cos^2 C''}$$

$$\frac{dC'}{dC''} = \frac{\cos^2 C' \, \cos A}{\cos^2 C''} = \frac{\cos^2 C' \, \cos A}{\cos^2 C \, \cos^2 C'} = \frac{\cos A}{\cos^2 C} = \frac{\cos C \sin A'}{\cos^2 C} = \frac{\sin A'}{\cos C}$$

$$= \frac{\cos^2 C' \, \tan g\, C' \, \cot C''}{\cos^2 C''} = \frac{\sin C' \cos C'}{\sin C'' \cos C''} = \frac{\sin 2 C'}{\sin 2 C''}$$

et dans le triangle quadrantal

$$\frac{-\, dC'}{dC''} = \frac{\sin 2 C'}{\sin 2 C''}$$

$$\tan g\, C = \sin C' \, \tan g\, A \,; \quad \frac{dC}{\cos^2 C} = dC' \cos C' \, \tan g\, A \,;$$

$$\frac{dC}{dC'} = \cos^2 C \, \cos C' \tan g\, A = \frac{\cos^2 C \, \cos C' \, \tan g\, C}{\sin C'} = \sin C \cos C \cot C'$$

$$= \tfrac{1}{2} \cot C' \sin 2 C = \frac{\sin 2 C}{2 \tan g\, C'}$$

et dans le triangle quadrantal

$$\frac{dA''}{-\, dC'} = \frac{\sin 2 A'}{2 \cot C'}$$

$$\sin A \cos C' = \cos A' \,; \; -\, dC' \sin C' \sin A = -\, dA' \sin A' \,;$$

$$\frac{dC'}{dA'} = \frac{\sin A'}{\sin A \sin C'} = \frac{\sin C'}{\sin C \sin C'} = \frac{1}{\sin C} = \frac{\tan g\, A'}{\tan g\, C'} = \frac{\cot C'}{\cot A'}$$

et dans le quadrantal

$$\frac{-\, dC'}{-\, dA'} = \frac{\tan g\, C'}{\tan g\, A'} = +\, \frac{dC'}{dA'}$$

$$\sin A' \cos C = \cos A \,; \quad dA' \cos A' \cos C - dC \sin C \sin A' = 0 \,;$$

$$\frac{dA'}{dC} = \frac{\sin C \sin A'}{\cos C \cos A'} = \tan g\, C \, \tan g\, A'$$

et dans le quadrantal

$$\frac{-\, dA'}{dA''} = \frac{\cot A'}{\cot A''}$$

$$\cot A' = \cos C'' \, \tan g\, A \,; \; \frac{-\, dA}{\sin^2 A'} = -\, dC'' \sin C'' \, \tan g\, A \,;$$

$$\frac{dA'}{dC''} = \sin C'' \sin^2 A' \, \tan g\, A = \frac{\sin C'' \sin^2 A' \cot A'}{\cos C''} = \tan g\, C'' \sin A' \cos A'$$

$$= \tfrac{1}{2} \tan g\, C'' \sin 2 A' = \frac{\sin 2 A'}{2 \cot C''}$$

et dans le quadrantal

$$\frac{-\, dA'}{dC''} = \frac{\sin 2 A'}{2 \cot C''}$$

$$\sin C = \sin C' \sin A$$

$$dC \cos C = dC'' \cos C'' \sin A; \quad \frac{dC}{dC''} = \frac{\cos C'' \, \sin A}{\cos C} = \cos C' \sin A = \cos A'$$

$$= \operatorname{tang} C \cot C'' = \frac{\operatorname{tang} C}{\operatorname{tang} C''}$$

et dans le quadrantal

$$\frac{dA''}{dC''} = \frac{\operatorname{tang} A''}{\operatorname{tang} C''}.$$

3o1. Constantes A et C″ (fig. 1o1) dans le triangle devenu quadrantal; les constantes dans le triangle rectangle seront C″ et l'angle A

$$\cos A' \operatorname{tang} C = \operatorname{tang} C''; \quad -dA' \sin A' \operatorname{tang} C + \frac{dC \cos A'}{\cos^2 C} = 0;$$

$$\frac{dC}{dA'} = \frac{\sin A'}{\cos A'} \sin C \cos C = \tfrac{1}{2} \operatorname{tang} A' \sin 2C$$

et dans le quadrantal

$$\frac{dC}{-dA'} = \frac{\sin 2C}{2\operatorname{tang} A'}$$

$$\cos C' \cos C'' = \cos C; \quad -dC' \sin C' \cos C'' = -dC \sin C; \quad \frac{dC}{dC'} = \frac{\sin C' \cos C''}{\sin C}$$

$$= \frac{\sin C'}{\sin C} \frac{\cos C}{\cos C'} = \operatorname{tang} C' \cot C = \frac{\operatorname{tang} C'}{\operatorname{tang} C} = \frac{\cot C}{\cot C'} = \frac{\operatorname{tang} C \cos A''}{\operatorname{tang} C} = \cos A''$$

et dans le quadrantal

$$\frac{dC}{-dC'} = \frac{\cot C}{\operatorname{tang} C'} = -\cos A''$$

$$\sin C' \operatorname{tang} A'' = \operatorname{tang} C''; \quad dC' \cos C' \operatorname{tang} A'' + \frac{dA'' \sin C'}{\cos^2 A''} = 0$$

$$-\frac{dC'}{dA''} = -\frac{\sin C'}{\cos C' \operatorname{tang} A'' \cos^2 A''} = \frac{\operatorname{tang} C'}{\sin A'' \cos A''} = \frac{2\operatorname{tang} C'}{\sin 2A''} = \frac{2\cos A'' \operatorname{tang} C}{2\sin A'' \cos A''} = \frac{\operatorname{tang} C}{\sin A''}$$

et dans le quadrantal

$$-\frac{dC'}{dA''} = \frac{2\cot C'}{-\sin 2A''} \quad \text{ou} \quad +\frac{dC'}{dA''} = \frac{2\cot C'}{\sin 2A''} = \frac{\operatorname{tang} C}{\sin A''}$$

$$\cos C'' \cos C' = \cos C; \quad -dC' \sin C' \cos C'' = -dC \sin C;$$

$$\frac{dC}{dC'} = \frac{\sin C' \cos C''}{\sin C} = \frac{\sin C' \cos C}{\sin C \cos C'} = \operatorname{tang} C' \cot C = \frac{\cot C}{\cot C'} = \cos A'',$$

et dans le quadrantal

$$\frac{dC}{-dC'} = \frac{\cot C}{\operatorname{tang} C'} = -\cos A''$$

$$\sin A' \cos C' = \cos A''; \quad dA' \cos A' \cos C' = -dA' \sin A'; \quad -\frac{dA'}{dA''} = \frac{\sin A''}{\cos A' \cos C''}$$

$$= \frac{\sin A''}{\sin A'' \cos C' \cos C''} = \frac{1}{\cos C} = \frac{1}{\cot A' \cot A''}$$

et dans le quadrantal

$$-\frac{dA''}{dA'} = -\frac{\cot A''}{\cot A'} = \cos C$$

$$\sin A'' \sin C = \sin C''; \quad dA'' \cos A'' \sin C + dC \cos C \sin A'' = 0$$

$$-\frac{dC}{dA''} = \tan C \cot A'' = \frac{\tan C}{\tan A''} = \operatorname{tg} C \cos C \operatorname{tg} A' = \sin C \operatorname{tg} A' = \frac{\sin C}{\cot A'}$$

et dans le quadrantal

$$\frac{-dC}{-dA''} = \frac{\tan C}{-\tan A''} \quad \text{et} \quad -\frac{dC}{dA''} = \frac{\sin C}{\cot A'}$$

$$\sin C'' \tan A' = \tan C'; \quad \frac{dA' \sin C''}{\cos^2 A'} = \frac{dC'}{\cos^2 C'}; \quad \frac{dC'}{dA'} = \frac{\sin C'' \cos^2 C'}{\cos^2 A'} = \frac{\sin C'' \cos^2 C}{\cos^2 C'' \cos^2 A'}$$

$$\frac{dC'}{dA'} = \frac{\cot A' \tan C' \cos^2 C'}{\cos^2 A'} = \frac{\sin C' \cos C'}{\sin A' \cos A'} = \frac{\sin 2C'}{\sin 2A'}$$

et dans le quadrantal

$$\frac{dC'}{dA'} = \frac{\sin 2C'}{\sin 2A'}.$$

RÉSUMÉ GÉNÉRAL.

Triangles obliquangles.

302.   *Constantes C' et C''.*   *Constantes A' et A''.*

Constantes C' et C''.	*Constantes A' et A''.*
$\dfrac{dC}{dA} = \sin A' \sin C'' = \sin A'' \sin C'$	$\dfrac{dA}{dC} = \sin C' \sin A'' = \sin C'' \sin A'$
$-\dfrac{dA'}{dC} = \dfrac{\cot A''}{\sin C} = \dfrac{\cos A''}{\sin A \sin C''}$	$\dfrac{dC'}{dA} = \dfrac{\cot C''}{\sin A} = \dfrac{\cos C''}{\sin A'' \sin C}$
$-\dfrac{dA''}{dC} = \dfrac{\cot A'}{\sin C} = \dfrac{\cos A'}{\sin A \sin C'}$	$\dfrac{dC''}{dA'} = \dfrac{\cot C'}{\sin A} = \dfrac{\cos C'}{\sin C \sin A'}$
$\dfrac{dA'}{dA''} = \dfrac{\tan A'}{\tan A''}$	$\dfrac{dC''}{dC'} = \dfrac{\tan C''}{\tan C'}$
$-\dfrac{dA'}{dA} = \dfrac{\sin A' \cos A''}{\sin A} = \dfrac{\sin C' \cos A''}{\sin C}$	$\dfrac{dC'}{dC} = \dfrac{\sin A' \cos C''}{\sin A} = \dfrac{\sin C' \cos C''}{\sin C}$
$-\dfrac{dA}{dA''} = \dfrac{\sin A''}{\cos A' \sin A''} = \dfrac{\sin C}{\sin A' \sin C''}$	$\dfrac{dC''}{dC} = \dfrac{\sin C'' \cos C'}{\sin C} = \dfrac{\sin A'' \cos C'}{\sin A}$

Constantes

Obliquangles.

Constantes A et C.   **Constantes A et C''.**

$$-\frac{dC''}{dC'}=\frac{\cos A''}{\cos A'}.$$

$$\frac{dC'}{dA'}=\frac{\tan C'}{\tan A'}.$$

$$\frac{dC''}{dA''}=\frac{\tan C''}{\tan A''}.$$

$$-\frac{dA''}{dA'}=\frac{\cos C''}{\cos C'}.$$

$$-\frac{dA''}{dC'}=\frac{\sin A''\cot C''}{\cos A'}=\frac{\tan A'\cos C''}{\sin C'}.$$

$$-\frac{dC''}{dA'}=\frac{\tan C'\cos A''}{\sin A'}=\frac{\sin C''\cot A''}{\cos C'}.$$

$$\frac{dC}{dC'}=\cos A''.$$

$$-\frac{dA''}{dC}=\frac{\tan A''}{\tan C}.$$

$$-\frac{dA''}{dA'}=\cos C.$$

$$\frac{dC'}{dA'}=\frac{\sin C}{\sin A''}=\frac{\sin^2 C}{\sin A\,\sin C''}=\frac{\sin C\,\sin C'}{\sin A'\,\sin C''}.$$

$$\frac{dC'}{dA''}=\frac{\tan C}{\sin A''}.$$

$$\frac{dC}{dA'}=\frac{\sin C}{\tan A''}.$$

Rectangles.

Constantes C' et C''.   **$A'=90°$ A'' constant.**

o

Il n'y a point de formules pour ce cas, deux constantes avec l'angle droit rendent le triangle tout constant.

$$\frac{dA}{dC}=\sin C''=\frac{\cot A}{\cot C}$$

$$\frac{dC'}{dA}=\frac{2\cot C'}{\sin 2A}=\frac{\cos C'}{\sin C\,\cos A}$$

$$\frac{dC''}{dA}=\frac{\cot C''}{\tan A}=\frac{\cos C'}{\sin C}=\frac{\cos C''}{\tan C}=\frac{\cot C'}{\sin A}$$

$$\frac{dC''}{dC'}=\cos A=\frac{\tan C''}{\tan C'}$$

$$\frac{dC'}{dC}=\frac{\sin 2C'}{\sin 2C}=\frac{\cos C''}{\sin A}$$

$$\frac{dC''}{dC}=\frac{\sin 2C''}{2\tan C}$$

$A=90°$ et C constant.   **$A=90°$ et C'' constant.**

$$-\frac{dC''}{dC'}=\frac{\cot C''}{\cot C'}.$$

$$\frac{dC'}{dA'}=\sin C''=\frac{\tan C'}{\tan A'}.$$

$$\frac{dC''}{dA''}=\sin C'=\frac{\tan C''}{\tan A''}.$$

$$-\frac{dA''}{dA'}=\frac{\sin 2A''}{\sin 2A'}.$$

$$-\frac{dA''}{dC}=\frac{\cos C''}{\cos A'\,\sin C}=\frac{\cos A''}{\sin C'\,\cos A'}.$$

$$-\frac{dC''}{dA'}=\frac{\sin 2C''}{2\cot A'}$$

$$\frac{dC}{dC'}=\cos A''=\sin A'\cos C''=\frac{\cot C}{\cot C'}$$

$$-\frac{dA''}{dC}=\frac{\tan A''}{\tan C}=\frac{\cot A'}{\sin C}$$

$$-\frac{dA''}{dA'}=\cos C=\cos C'\cos C''=\cot A'\cot A'$$

$$\frac{dC'}{dA'}=\frac{\sin C}{\sin A''}=\frac{\sin 2C'}{\sin 2A'}$$

$$-\frac{dC'}{dA''}=\frac{\tan C}{\sin A''}=\frac{2\tan C'}{\sin 2A''}$$

$$\frac{dC}{dA'}=\frac{\sin 2C}{2\cot A'}=\frac{\sin C}{\tan A''}$$

I.   33

Rectilatères.

Constantes C'' et $C' = 90°$.   **A' et A'' constantes.**

$$\frac{dC}{dA} = \frac{\cot C}{\cot A}$$

$$\frac{dA'}{dC} = \frac{2\cot A'}{\sin 2C}$$

$$\frac{dA''}{dC} = \frac{\cot A''}{\operatorname{tang} C}$$ Point de formules pour ce cas.

$$\frac{dA'}{dA''} = \frac{\operatorname{tang} A'}{\operatorname{tang} A''}$$

$$-\frac{dA'}{dA} = \frac{\cos A''}{\sin C}$$

$$\frac{dA}{dA''} = \frac{2\operatorname{tang} A}{\sin 2A''}.$$

Constantes A et $C = 90°$.   **Constantes A et $C'' = 90°$.**

$$-\frac{dC''}{dC'} = \frac{\sin 2C''}{\sin 2C'}$$

$$\frac{dC'}{dA'} = \frac{\operatorname{tang} C'}{\operatorname{tang} A'}$$

$$\frac{dC''}{dA''} = \frac{\operatorname{tang} C''}{\operatorname{tang} A''}$$

$$\frac{dA''}{dA'} = \frac{\cot A''}{\cot A'}$$

$$-\frac{dA''}{dC} = \frac{\sin 2A'}{2\cot C'}$$

$$-\frac{dC''}{dA'} = \frac{2\cot C''}{\sin 2A'}$$

$$-\frac{dC}{dC'} = -\cos A'' = \frac{\cot C}{\operatorname{tang} C'}$$

$$-\frac{dA''}{dC} = \frac{\operatorname{tang} A''}{\operatorname{tang} C} = \frac{\operatorname{tang} A'}{\sin C}$$

$$-\frac{dA''}{dA'} = \cos C = -\frac{\cot A''}{\cot A'} \qquad \text{C}$$

$$\frac{dC'}{dA'} = \frac{\sin 2C'}{\sin 2A'}.$$

$$\frac{dC'}{dA''} = \frac{2\cot C'}{\sin 2A''}.$$

$$-\frac{dC}{dA'} = \frac{\sin 2C}{2\operatorname{tang} A'} = \frac{2\sin C \cos C}{2\operatorname{tang} A'} = \frac{\sin C \cot A \operatorname{tg} A'}{\operatorname{tang} A'}$$

303. Nous avons averti que toutes ces expressions sont simplement approximatives, à moins que les variations ne soient infiniment petites. On trouverait aisément des formules rigoureuses, mais elles seraient d'un usage peu commode.

Supposons que l'angle A et le côté C' soient invariables (fig. 102), mais que le côté C' vienne à s'alonger de dC', et qu'il devienne $(C'+dC')$, il est évident que l'angle A' deviendra $(A'+dA')$, l'angle A'' deviendra $(A''+dA'')$, et le côté C sera $(C+dC)$.

Le triangle différentiel formé de cette manière, à côté du triangle primitif, donne d'abord

$$\sin (C+dC) : \sin A'' :: \sin dC' : \sin dA'$$

et

$$\frac{\sin d\mathrm{A}'}{\sin d\mathrm{C}'} = \frac{\sin \mathrm{A}''}{\sin(\mathrm{C} + d\mathrm{C})} = \frac{\sin \mathrm{A}''}{\sin \mathrm{C} \cos d\mathrm{C} + \cos \mathrm{C} \sin d\mathrm{C}},$$

expression peu commode, parce qu'elle renferme la variation $d\mathrm{C}$.

Le même triangle donne

$$\operatorname{tang} d\mathrm{A}' = \frac{\sin \mathrm{A}''}{\cot d\mathrm{C}' \sin \mathrm{C} - \cos \mathrm{C} \cos \mathrm{A}''} = \frac{\operatorname{tang} d\mathrm{C}' \sin \mathrm{A}''}{\sin \mathrm{C} - \operatorname{tang} d\mathrm{C}' \cos \mathrm{C} \cos \mathrm{A}''}$$

$$= \frac{\operatorname{tang} d\mathrm{C}' \left(\dfrac{\sin \mathrm{A}''}{\sin \mathrm{C}}\right)}{1 - \operatorname{tang} d\mathrm{C}' \cos \mathrm{A}'' \cot \mathrm{C}} = \operatorname{tang} d\mathrm{C}' \left(\frac{\sin \mathrm{A}''}{\sin \mathrm{C}}\right)\ldots\ldots$$

$$(1 + \operatorname{tang} d\mathrm{C}' \cos \mathrm{A}'' \cot \mathrm{C} + \operatorname{tang}^2 d\mathrm{C}' \cos^2 \mathrm{A}'' \cot^2 \mathrm{C} + \text{etc.})$$

On voit donc que le rapport est

$$\frac{\operatorname{tang} d\mathrm{A}'}{\operatorname{tang} d\mathrm{C}'} = \left(\frac{\sin \mathrm{A}''}{\sin \mathrm{C}}\right)(1 + \operatorname{tang} d\mathrm{C}' \cos \mathrm{A}'' \cot \mathrm{C} + \text{etc.})$$

On peut s'arrêter à l'expression finie, ou prendre de la série autant de termes qu'on voudra.

On peut éliminer $\sin \mathrm{A}''$ et $\cot \mathrm{C}$, en mettant leurs valeurs analytiques tirées du triangle primitif; mais l'expression deviendrait plus incommode.

304. Si c'est l'angle A' que vous faites varier, alors vous connaîtrez $d\mathrm{A}'$ ainsi que $d\mathrm{C}'$, et les mêmes formules serviront encore.

305. En général, en faisant varier une partie quelconque du triangle, vous donnez naissance à un triangle différentiel qui vous offrira les rapports entre les variations des différentes parties; il suffira d'appliquer à ce triangle nouveau les formules connues de la Trigonométrie; ainsi, dans la figure, nous avons trouvé le rapport $\frac{\operatorname{tang} d\mathrm{A}'}{\operatorname{tang} d\mathrm{C}'}$; mais ce triangle ne peut donner le rapport de $\frac{d\mathrm{A}''}{d\mathrm{C}''}$, il pourra donner seulement le rapport $\frac{\sin \mathrm{A}''}{\sin(\mathrm{A}'' + d\mathrm{A}'')}$; il faut alors recourir à l'analyse. Il serait trop long d'examiner tous les cas qui peuvent se présenter. Nous trouverons des occasions de montrer comment on doit procéder dans tous les cas où l'on aura besoin des différentielles exactes. Côtes est le premier qui ait considéré ces variations, dans un Mémoire intitulé : *Æstimatio errorum in mixtâ mathesi per variationes trianguli plani et sphærici*, imprimé à

la suite de son Ouvrage *Harmonia mensurarum*. Toute observation est sujette à erreur ; quel sera l'effet de cette erreur sur le résultat tiré de l'observation ? C'est ce que Côtes s'est proposé dans ce Mémoire. Il procède uniquement par synthèse ; aussi n'a-t-il donné qu'une partie des formules que nous avons démontrées ci-dessus. La Caille a considérablement augmenté le nombre de ces formules, mais il n'a rien démontré, et il s'est glissé quelques fautes d'impression qui ont été corrigées par M. Mauduit dans son Astronomie sphérique. M. Lalande et M. Cagnoli, ont reproduit ces formules. Nous avons tâché de les exposer dans un ordre plus méthodique , et qui aide à les trouver au besoin.

Nous avons essayé sur notre triangle d'épreuve toutes celles des triangles obliquangles. Nous avons calculé tout exprès un triangle rectangle et un triangle quadrantal, pour vérifier les formules qui conviennent à ces triangles. On peut donc compter sur toutes ces formules, à moins que quelque faute d'impression ne nous ait échappé ; mais les démonstrations que nous avons données en entier, sont si courtes et si faciles , qu'on pourra toujours corriger au besoin la formule dont on voudra faire usage.

Tableau synoptique des méthodes employées par les astronomes à la solution des triangles obliquangles , réduites en formules générales.

506. Ces formules sont déjà indiquées ci-dessus parmi beaucoup d'autres, il ne sera pas inutile de les réunir ici dans un moindre espace.

Soient A , A', A'' les trois angles, C, C', C'' les trois côtés opposés ; P' l'arc perpendiculaire abaissé de l'angle A'' sur le côté C''; S et S' les deux segmens du côté C'', S a son origine au sommet A, S' a la sienne au sommet A'; V et V' les segmens de l'angle vertical A''; V est opposé à S, V' est opposé au second segment S'.

307. Dans les cas où l'on n'a ni les trois angles, ni les trois côtés, on a toujours un angle et l'un des côtés adjacens, car si l'on n'a qu'un angle, il faut que l'un des deux côtés au moins soit adjacent à cet angle, et si l'on n'a qu'un côté, l'un des deux angles est nécessairement adjacent à ce côté.

508. Soit donc A l'angle et C' le côté adjacent, vous aurez toujours les formules suivantes.

$$(1) \quad \text{tang}\, S = \cos A\, \text{tang}\, C';$$
$$(2) \quad \cot V = \text{tang}\, A\, \cos C';$$
$$(3) \quad C'' = S \pm S';$$
$$(4) \quad A'' = V \pm V';$$
$$(5) \quad \frac{\cos C'}{\cos C} = \frac{\cos S}{\cos S'}\left(\frac{\cos P''}{\cos P''}\right);$$
$$(6) \quad \frac{\cos A}{\cos A'} = \frac{\sin V}{\sin V'}\left(\frac{\cos P''}{\cos P''}\right);$$
$$(7) \quad \frac{\text{tang}\, A}{\text{tang}\, A'} = \frac{\sin S'}{\sin S}\left(\frac{\text{tang}\, P''}{\text{tang}\, P''}\right);$$
$$(8) \quad \frac{\text{tang}\, C'}{\text{tang}\, C} = \frac{\cos V'}{\cos V}\left(\frac{\text{tang}\, P''}{\text{tang}\, P''}\right);$$
$$(9) \quad \frac{\sin A''}{\sin C''} = \frac{\sin A'}{\sin C'} = \frac{\sin A}{\sin C}.$$

Si l'on a trois côtés.

$$(10) \quad \text{tang}\,\tfrac{1}{2}(S - S') = \text{tang}\,\tfrac{1}{2}(C' - C)\, \text{tang}\,\tfrac{1}{2}(C' + C)\, \cot\tfrac{1}{2}\, C'';$$
$$(11) \quad S = \tfrac{1}{2}C'' + \tfrac{1}{2}(S - S'); \qquad S' = \tfrac{1}{2}C'' - \tfrac{1}{2}(S - S');$$
$$(12) \quad \cos A = \text{tang}\, S\, \cot C'; \qquad (13)\ \cos A' = \text{tang}\, S'\, \cot C.$$

Pour A'' la formule (9) donnera deux manières de le calculer si l'on a trois angles

$$(14) \quad \text{tang}\,\tfrac{1}{2}(V - V') = \text{tang}\,\tfrac{1}{2}(A' - A)\, \text{tang}\,\tfrac{1}{2}(A' + A)\, \text{tang}\,\tfrac{1}{2}\, A'';$$
$$(15) \quad V = \tfrac{1}{2}A'' + \tfrac{1}{2}(V - V'); \qquad V' = \tfrac{1}{2}A'' - \tfrac{1}{2}(V - V');$$
$$(16) \quad \cos C' = \cot A\, \cot V; \qquad (17)\ \cos C = \cot A'\, \cot V'.$$

Pour C'' vous aurez deux manières par la formule (9).

Ces formules renferment toute la trigonométrie sphérique, elles suffisent à tous les cas, l'usage en est simple, il suffit de se rendre attentif à la règle des signes algébriques.

309. Toutes les fois que l'on aura un angle et l'un des côtés adjacens, on pourra calculer les formules (1) et (2).

Si le produit $\cos A\, \text{tang}\, C'$ est négatif, on fera S négatif et ce segment sera hors du triangle. Il en est de même du segment V quand le produit $\text{tang}\, A\, \cos C'$ est négatif.

310. Si vous connaissez un second côté C'', vous en conclurez $S' = C'' - S$, et le second segment S' sera négatif si S se trouve plus grand que C'', alors ce sera le segment S' qui sera hors du triangle.

Vous aurez ensuite C par l'équation (5), A' par l'équation (7); et A'' par l'équation (9).

311. Au lieu de C'', si vous connaissez un second angle A'', vous en conclurez $V' = A'' - V$, V' sera négatif et hors du triangle, si V se trouve

plus grand que A″. Vous aurez ensuite A′ par l'équation (6), C par l'équation (3), et C″ par l'équation (9).

Tout est déterminé dans ces deux suppositions. La première exige qu'on commence par l'équation (1); la seconde, qu'on commence par l'équation (2).

312. Mais connaissez-vous le côté opposé C, les trois inconnues pourront avoir deux valeurs différentes; vous pouvez indifféremment commencer le calcul par l'équation (1) ou par l'équation (2).

Si vous cherchez d'abord le segment S, vous aurez S′ par l'équation (5); mais cos S′ appartenant également à un arc positif ou négatif, vous ne saurez s'il faut ajouter ou retrancher S′ pour avoir C″ par l'équation (3). Vous aurez ensuite A′ par l'équation (7), mais le signe de tang A′ dépendra du signe de sin S′; vous ne saurez donc si l'angle A′ est obtus ou aigu. C″ peut donc avoir deux valeurs; mais si l'une des deux était négative on la rejetterait, alors vous connaîtriez le signe de S′ et tout serait déterminé.

Si vous cherchez d'abord le segment V par l'équation (2), vous aurez V′, par l'équation (8) vous aurez V et V′ sans aucune incertitude, mais vous ne sauriez s'il faut en prendre la somme ou la différence pour avoir A″, vous aurez (A′) par l'équation (6), mais vous ignorerez si A′ est obtus ou aigu, ce qui dépendra du signe de sin V′; mais vous rejetterez la valeur de A″ qui serait négative ou plus grande que 180°.

Connaissez-vous l'angle opposé A′, vous pourrez encore indifféremment commencer par l'équation (1) ou par l'équation (2).

Si vous commencez par la première, vous aurez S′ par l'équation (7), mais S′ pourra être obtus aussi bien qu'aigu; C″ déduit de l'équation (3) aura deux valeurs. Vous aurez C par l'équation (5); mais S′ ayant deux valeurs, C en aura deux également. Si vous commencez par l'équation (2), vous aurez V′ par l'équation (6), mais V′ pourra être obtus aussi bien qu'aigu. Vous aurez C par l'équation (8), et C aura deux valeurs. On rejetterait cependant toutes les valeurs négatives pour l'angle et les deux côtés; on rejetterait aussi les valeurs plus grandes que 180°; on rejetterait encore les valeurs qui opposeraient un plus grand angle à un plus petit côté; et réciproquement.

313. Il est indifférent dans ces cas douteux, de commencer par l'équation (1) ou par l'équation (2), si l'on a besoin des trois inconnues; mais si

l'on n'en voulait qu'une ou deux, on commencerait par celle des deux équations (1) ou (2), qui donne plus directement ces deux inconnues.

Deux des inconnues ne se déterminent que par leurs segmens ; si l'on veut avoir le côté inconnu adjacent à l'angle donné, on commencera par l'équation (1); si l'on veut avoir l'angle inconnu adjacent au côté donné, on commencera par l'équation (2). La perpendiculaire qui partage l'inconnue, tombe, par là même, entre les deux côtés donnés, quand on a deux côtés, et elle se trouve opposée aux deux angles, quand on a deux angles.

314. Quand les trois données se suivent, il n'y a nulle incertitude sur l'espèce des inconnues ; alors la perpendiculaire tombe, d'un côté, sur l'autre côté connu, ou du second angle connu sur un côté inconnu.

315. Au lieu des formules (10....17), les Astronomes emploient plus fréquemment les formules des articles (143—146) et celle des articles (149—151), qui peuvent être préférées quand on ne veut qu'un angle ou qu'un côté ; ces formules (10....17) pourraient, au contraire, avoir quelques avantages, si l'on voulait deux angles ou deux côtés.

Les facteurs $\left(\dfrac{\cos P''}{\cos P''}\right)\left(\dfrac{\tang P''}{\tang P''}\right)$ qu'on voit dans les équations 5, 6, 7 et 8 sont évidemment inutiles dans le calcul des triangles obliquangles, mais il fallait les conserver pour que ces formules pussent résoudre tous les cas des triangles rectangles. En effet si $A' = 90°$, le côté C se confoudra avec la perpendiculaire P''; les segmens S' et V' seront o, ce qui se reconnaîtra facilement à ce que la formule (1) donnera $S = C''$ et la formule (2) donnera $V = A''$; la formule (5) deviendra $\dfrac{\cos C'}{\cos C} = \dfrac{\cos C'' \cos C}{\cos C}$; d'où $\cos C' = \cos C'' \cos C$; et la formule (6) deviendra $\dfrac{\cos A}{o} = \dfrac{\sin C'' \cos C}{o}$; les numérateurs sont égaux, par l'un des théorèmes des triangles rectangles, la division était inutile, nous supprimerons les deux dénominateurs devenus o; la formule (7) donnera $\dfrac{\tang A \sin C''}{\tang A' \sin S'} = \dfrac{\tang A \sin C''}{\infty . o} = \dfrac{\tang C}{\tang C}$; les numérateurs sont égaux, on ne peut rien tirer des dénominateurs, la division était inutile, puisque l'un des triangles s'est évanoui, qu'on n'avait plus de comparaison à faire, et qu'on appliquait directement au triangle unique les formules des triangles rectangles.

Développemens en séries de quelques fonctions angulaires.

316. Dans ce qui précède nous avons fait usage de plusieurs formules que nous n'avons point démontrées parce que la plupart d'entre elles sont familières au plus grand nombre de nos lecteurs. Néanmoins, comme les principes en sont simples, nous allons donner ici les principales.

317. Soit x un arc, son sinus sera une certaine fonction de cet arc et une fonction telle, qu'elle changera de signe sans changer de grandeur lorsque l'arc, sans changer de grandeur, changera de signe, puisqu'on sait que $\sin -x = -\sin x$; par conséquent le développement du sinus en fonction de l'arc ne contiendra que des puissances impaires de cet arc. Si donc on représente les coefficiens des puissances impaires de x par A, B, C, on aura

$$\sin x = Ax + Bx^3 + Cx^5 + Dx^7 + \text{etc. (1)}$$

Si, dans cette égalité, on change x en z on aura

$$\sin z = Az + Bz^3 + Cz^5 + Dz^7 + \text{etc.},$$

retranchant la seconde de ces deux égalités de la première, on aura

$$\sin x - \sin z = A(x-z) + B(x^3-z^3) + C(x^5-z^5) + D(x^7-z^7) + \text{etc.}$$

Divisant par $x-z$ et observant que $\sin x - \sin z = 2\sin\frac{1}{2}(x-z)\cos\frac{1}{2}(x+z)$, on aura

$$\frac{2\sin\frac{1}{2}(x-z)\cos\frac{1}{2}(x+z)}{x-z} = \frac{A(x-z)+B(x^3-z^3)+C(x^5-z^5)+\text{etc.}}{x-z}$$

Substituant pour $2\sin\frac{1}{2}(x-z)$ sa valeur qui est égale à $A(x-z) + \frac{1}{4}B(x-z)^3 + \frac{1}{16}B(x-z)^5 + \text{etc.}$; effectuant la division de chaque membre par $x-z$ et faisant après cette division $z = x$, on aura

$$A\cos x = A + 3Bx^2 + 5Cx^4 + 7Dx^6 + \text{etc. (2)},$$

si dans cette formule on change x en z on aura

$$A\cos z = A + 3Bz^2 + 5Cz^4 + 7Dz^6 + \text{etc.}$$

Retranchant la seconde de ces deux égalités de la première, on aura en observant

observant que

$$\cos x - \cos z = -2\sin \tfrac{1}{2}(x+z)\sin\tfrac{1}{2}(x-z)$$
$$= -\sin\tfrac{1}{2}(x+z)\{A(x-z)+\tfrac{1}{4}B(x-z)^3+\text{etc.}\},$$

Si on divise les deux membres par $x-z$, et qu'ensuite on fasse $z=x$ après la division effectuée, on aura

$$-A^2\sin x = 2.3Bx+4.5Cx^3+6.7Dx^5+\text{etc.}$$

Mais

$$\sin x = Ax + Bx^3 + Cx^5 + \text{etc.}$$

Donc

$$-A^2\sin x = -A^3x-A^2Bx^3-A^2Cx^5-\text{etc.}$$

Les premiers membres de la première et de la troisième égalité étant identiques, les seconds membres le sont; par conséquent les coefficiens des mêmes puissances de x sont égaux; on aura donc, pour déterminer ces coefficiens, les relations suivantes

$$2.3B=-A^3;\quad 4.5C=-A^2B;\quad 6.7D=-A^2C,\text{ etc.}$$

desquelles on tire successivement

$$B=-\frac{A^3}{2.3};\quad C=\frac{A^5}{2.3.4.5};\quad D=-\frac{A^7}{2\ldots7};\quad \text{etc.}$$

Ainsi on aura

$$\sin x = Ax - \frac{A^3x^3}{2.3} + \frac{A^5x^5}{2.3.4.5} - \frac{A^7x^7}{2\ldots.7} + \text{etc.}$$

Reste maintenant à trouver la valeur de A, si on divise les deux membres par x on aura

$$\frac{\sin x}{x} = A - \frac{A^3x^2}{2.3} + \text{etc.}$$

Or on peut prendre l'arc x d'une telle petitesse que le premier membre de cette égalité approche de l'unité d'aussi près qu'on le voudra, donc le second membre dans la même hypothèse doit s'approcher de l'unité d'aussi près qu'on le voudra. Mais la quantité A est celle vers laquelle s'approche continuellement le second membre de cette égalité à mesure que x diminue, ainsi $A=1$. Si on substitue pour A sa valeur, on aura

$$\sin x = x - \frac{x^3}{2.3} + \frac{x^5}{2\ldots5} - \text{etc.}$$

1.   34

318. Si dans l'équation (2) on substitue pour A, B, C, etc. les valeurs trouvées, on aura

$$\cos x = 1 - \frac{x^2}{2} + \frac{x^4}{2.3.4.} - \frac{x^6}{2\ldots 6} + \text{etc.}$$

319. Occupons-nous maintenant du développement de l'arc exprimé par le sinus, désignons par y le sinus de l'arc x et par u celui de l'arc z : cela posé, l'expression de cet arc par son sinus doit par sa nature, changer de signe lorsque l'arc en change ; par conséquent elle ne peut contenir que des puissances impaires du sinus ; ainsi puisque le sinus devient nul en même tems que l'arc, on aura

$$x = Ay + By^3 + Cy^5 + Dy^7 + \text{etc.}$$

On aura de même

$$z = Au + Bu^3 + Cu^5 + Du^7 + \text{etc.}$$

Retranchant ces deux égalités, membre à membre, on aura

$$x - z = A(y - u) + B(y^3 - u^3) + C(y^5 - u^5) + D(y^7 - u^7) + \text{etc.}$$

Si on divise chaque membre par $y - u$ et qu'après la division du second membre par cette quantité on fasse $u = y$, il deviendra

$$A + 3By^2 + 5Cy^4 + 7Dy^6 + \text{etc.}$$

Pour pouvoir établir une identité, nous allons chercher ce que devient le premier membre dans la supposition de $u = y$ après l'avoir divisé par $y - u$.

Or

$$\frac{x - z}{y - u} = \frac{x - z}{\sin x - \sin z} = \frac{x - z}{2\sin\frac{1}{2}(x - z)\,\cos\frac{1}{2}(x + z)}.$$

Si on substitue au dénominateur de cette dernière fraction pour $2\sin\frac{1}{2}(x - z)$ son développement en fonction de l'arc, et qu'ensuite on divise, après cette substitution, le numérateur et le dénominateur par $x - z$, elle sera égale à

$$\frac{1}{\left\{ 1 - \frac{1}{2.3.4}(x - z)^2 + \text{etc.} \right\}\cos\frac{1}{2}(x + z)}$$

Si maintenant on fait $z = x$ on trouvera que le résultat dont il s'agit est égal à $\frac{1}{\cos x}$:

Or $\dfrac{1}{\cos x} = \dfrac{1}{\sqrt{1 - \sin^2 x}} = \dfrac{1}{\sqrt{1 - y^2}} = (1 - y^2)^{-\frac{1}{2}}.$

Mais

$$(1 - y^2)^{-\frac{1}{2}} = 1 + \frac{y^2}{2} + \frac{1.3}{2.4}y^4 + \frac{1.3.5}{2.4.6}y^6 + \frac{1.3.5.7}{2.4.6.8}y^8 + \text{etc.}$$

Ainsi on aura

$$1 + \frac{1}{2}y^2 + \frac{1.3}{2.4}y^4 + \frac{1.3.5}{2.4.6}y^6 + \ldots = A + 3By^2 + 5Cy^4 + 7Dy^6 + \text{etc.},$$

comparant les termes affectés des mêmes puissances de y on trouvera

$$A = 1; \quad B = \frac{1}{2.3}; \quad C = \frac{1.3}{2.4.5}; \quad D = \frac{1.3.5}{2.4.6.7}; \text{ etc.}$$

Reportant ces valeurs de A, B, C, D, etc. dans l'équation hypothétique, et substituant $\sin x$ au lieu de y, on aura

$$x = \sin x + \frac{\sin^3 x}{2.3} + \frac{1.3}{2.4}\frac{\sin^5 x}{5} + \frac{1.3.5}{2.4.6}\frac{\sin^7 x}{7} + \text{ etc.}$$

Cette formule, qui donne l'arc en fonction du sinus, peut aussi donner l'arc en fonction du cosinus. Pour cela, il suffit de substituer dans l'équation précédente, au lieu de x, $\dfrac{\Pi}{2} - x$. Par ce moyen, les sinus se changent en cosinus, et on a

$$x = \frac{\Pi}{2} - \cos x - \frac{\cos^3 x}{2.3} - \frac{1.3}{2.4}\frac{\cos^5 x}{5} - \frac{1.3.5}{2.4.6}\frac{\cos^7 x}{7} - \text{ etc.}$$

formule connue et à laquelle on aurait pu arriver directement.

320. Cherchons maintenant une formule qui donne l'expression de l'arc en fonction de la tangente ; si x désigne un arc et que t exprime la tangente de cet arc, il est facile de voir que la fonction de t qui représente l'arc, ne peut contenir que des puissances impaires de t, puisque cette fonction doit changer de signe lorsque x en change, et qu'on sait d'ailleurs qu'au changement de signe de x, doit correspondre celui de t. Ainsi, on aura

$$x = At + Bt^3 + Ct^5 + Dt^7 + \text{etc.}$$

Si x se change en z ; t se change en t', et on a

$$z = At' + Bt'^3 + Ct'^5 + Dt'^7 + \text{etc.}$$

Retranchant ces deux égalités l'une de l'autre, on aura

$$x - z = A(t - t') + B(t^3 - t'^3) + C(t^5 - t'^5) + D(t^7 - t'^7) + \text{etc.}$$

Si on divise les deux membres par $t - t'$, et qu'après la division du second membre par $t - t'$, on fasse $t' = t$. Le résultat sera égal à

$$A + 3Bt^2 + 5Ct^4 + 7Dt^6 + \text{etc.}$$

Pour avoir une identité, nous allons chercher ce que devient le premier membre dans la même hypothèse. Or

$$t - t' = \tang x - \tang z = \frac{\sin x}{\cos x} - \frac{\sin z}{\cos z} = \frac{\sin(x - z)}{\cos x \, \cos z}$$

Ainsi

$$\frac{x - z}{t - t'} = \frac{(x - z)\cos x \, \cos z}{\sin(x - z)}$$

Mais

$$\sin(x - z) = (x - z) - \frac{1}{2.3}(x - z)^3 + \text{etc.}$$

Si donc on substitue pour $\sin(x - z)$, cette valeur dans le dénominateur de la fraction précédente, on trouvera, après la suppression du facteur $x - z$, qui se trouve au numérateur et au dénominateur, qu'elle se réduit à

$$\frac{\cos x \, \cos z}{1 - \dfrac{x - z}{2.3} + \text{etc.}}$$

Mais pour rentrer dans l'hypothèse faite sur le second membre, c'est-à-dire de $t' = t$, il faut faire $z = x$, et alors la valeur de cette fraction se réduit à $\cos^2 x$, or

$$\cos^2 x = \frac{1}{\sec^2 x} = \frac{1}{1 + \tang^2 x} = \frac{1}{1 + t^2}$$

Ainsi on aura à cause de $\dfrac{1}{1 + t^2} = 1 - t^2 + t^4 - t^6 + \text{etc.}$, l'équation suivante

$$1 - t^2 + t^4 - t^6 + \text{etc.} = A + 3Bt^2 + 5Ct^4 + 7Dt^6 + \text{etc.},$$

comparant les coefficiens affectés des mêmes puissances de t on aura les équations

$$A = 1; \quad 3B = -1; \quad 5C = 1; \quad 7D = -1; \text{etc.}$$

desquelles on tire successivement

$$A = 1; \quad B = -\tfrac{1}{3}; \quad C = \tfrac{1}{5}; \quad D = -\tfrac{1}{7}; \text{ etc.}$$

Substituant pour A, B, C, D, etc. les valeurs qu'on vient de trouver dans l'équation

$$x = At + Bt^3 + Ct^5 + Dt^7 + \text{etc.};$$

et observant que $t = \tang x$ on aura

$$x = \tang x - \tfrac{1}{3}\tang^3 x + \tfrac{1}{5}\tang^5 x - \tfrac{1}{7}\tang^7 x + \text{etc.}$$

321. Considérons maintenant le développement des puissances des sinus et des cosinus d'un arc en fonction des sinus et des cosinus des arcs multiples.

Pour reconnaître la loi suivant laquelle procèdent les termes de la série qui donne l'expression des puissances des sinus, nous partirons de l'identité

$$\sin x = \sin x.$$

Si on multiplie cette identité par $2 \sin x$, on aura

$$2 \sin^2 x = 2 \sin x \sin x = -\cos 2x + 1.$$

Multipliant cette égalité par $2 \sin x$, on aura pour $4 \sin^3 x$ une expression qui ne contiendra que des produits de sinus par des cosinus d'arcs multiples, et qui par conséquent pourront s'évaluer en sinus de l'arc simple et de ses multiples, en multipliant ce résultat par $2 \sin x$, on aura une expression de $8 \sin^4 x$, dans laquelle il y aura seulement des produits du sinus de l'arc simple par des sinus d'arcs multiples, qu'on pourra évaluer en fonction de cosinus d'arcs multiples. En général, si dans une puissance de $\sin x$ il n'y entre que des sinus d'arcs multiples, la puissance d'un degré plus élevé d'une unité, pourra se ramener à ne contenir que des cosinus d'arcs multiples, puisque les produits du sinus de l'arc simple par des sinus d'arcs multiples peuvent toujours s'évaluer en cosinus des multiples de l'arc, et si au contraire une puissance de $\sin x$ ne renferme dans son expression que des cosinus d'arcs multiples, la puissance d'un degré plus élevé d'une unité, qui pourra être considérée comme résultant de produits de sinus et de cosinus d'arcs, pourra s'évaluer en sinus d'arcs multiples seulement.

Si donc une puissance paire de $\sin x$ ne contient que des cosinus multiples, la puissance paire immédiatement au-dessus, et par conséquent toutes les autres puissances paires ne contiendront aussi que des cosinus multiples, et si une puissance impaire de $\sin x$ est exprimée en sinus d'arcs multiples, la puissance impaire immédiatement supérieure, et par conséquent toutes les puissances impaires seront exprimées par des sinus d'arcs multiples, et comme dans la seconde puissance de $\sin x$ il n'y entre que des cosinus, et que dans la première il n'y a que des sinus, il en résulte que toutes les puissances paires doivent être données par des cosinus d'arcs multiples, et toutes les puissances impaires par des sinus de ces mêmes arcs. Par conséquent la formule générale doit contenir deux espèces de termes, savoir, des sinus d'arcs multiples et des cosinus de ces mêmes arcs ; mais ces sinus et ces cosinus doivent y entrer de manière que la somme des termes affectés des cosinus soit nulle lorsque m sera impair, et que la somme des termes affectés des sinus disparaissent lorsque m sera pair.

322. Quoiqu'on puisse obtenir cette formule directement et d'une manière fort simple, néanmoins comme elle résulte immédiatement de celle qui donne les puissances du cosinus d'un arc en fonction des cosinus des multiples de cet arc, et que la série qui exprime les puissances des cosinus exige encore moins de calculs que pour les puissances des sinus ; nous allons nous occuper de la première des deux formules, après quoi nous en déduirons la seconde, comme simple corollaire.

Si on pose l'égalité $2\cos^2 x = 1 + \cos 2x$, et que l'on multiplie ses deux membres par $2\cos x$, on aura pour $4\cos^3 x$ une expression composée de produits du cosinus de l'arc simple, par des cosinus d'arcs multiples, laquelle pourra toujours se ramener à ne contenir que des cosinus de l'arc simple et de ses multiples ; si on multiplie ce résultat par $2\cos x$, on aura pour $8\cos^4 x$ une expression qui sera composée de produits du cosinus de l'arc simple par des cosinus d'arcs multiples, et qui par conséquent pourra s'exprimer par des cosinus d'arcs multiples ; le même raisonnement pouvant se répéter indéfiniment, on voit en général que dans l'expression d'une puissance d'un cosinus il ne doit y entrer que des cosinus d'arcs multiples ; de plus, si on a égard à la manière dont les réductions s'opèrent, lorsqu'après avoir multiplié l'expression d'une puissance par le double du cosinus de l'arc simple, on substitue aux produits de deux cosinus les cosinus de la demi-somme et de la demi-différence des arcs, on verra que le plus grand multiple de l'arc dont on prend le cosinus, est marqué par l'indice de la puissance, et que les autres vont toujours en diminuant de deux unités. Ainsi on aura

$$\cos^m x = A \cos mx + B \cos(m - 2)x + C \cos(m - 4)x + \text{etc.}$$

pour un autre arc z, on aura

$$\cos^m z = A \cos mz + B \cos(m-2)z + C \cos(m-4)z + \text{etc.}$$

si on retranche cette seconde égalité de la première, on aura

$$\cos^m x - \cos^m z = A(\cos mx - \cos mz) + B\{\cos(m-2)x - \cos(m-2)z\} + \text{etc.}$$

Si on divise les deux membres par $x - z$, on aura

$$\frac{\cos^m x - \cos^m z}{x-z} = A\,\frac{\cos mx - \cos mz}{x-z} + B\,\frac{\cos(m-2)x - \cos(m-2)z}{x-z} + \text{etc.} ;$$

or

$$\frac{\cos^m x - \cos^m z}{x-z} = \left(\frac{\cos x - \cos z}{x-z}\right)(\cos^{m-1}x + \cos^{m-2}x\cos z + \ldots\ldots + \cos^{m-1}z)$$

$$= -2\sin\tfrac{1}{2}(x+z)\,\frac{\sin\tfrac{1}{2}(x-z)}{x-z}\,(\cos^{m-1}x + \ldots\ldots + \cos^{m-1}z)$$

$$= -\sin\tfrac{1}{2}(x+z)\left\{\cos^{m-1}x + \ldots\right\}\left\{1 - \frac{1}{2.3}\left(\frac{x-z}{2}\right)^2 + \ldots\right\};$$

d'ailleurs

$$\frac{\cos mx - \cos mz}{x-z} = -2\,\frac{\sin m\left(\frac{x-z}{2}\right)\sin m\left(\frac{x+z}{2}\right)}{x-z}$$

$$= -m\sin m\left(\frac{x+z}{2}\right)\left\{1 - \frac{m^2}{2.3}\left(\frac{x-z}{2}\right)^2 + \text{etc.}\right\}$$

Si donc, après la division effectuée, on fait $z = x$, on aura, après avoir changé les signes,

$$m\cos^{m-1}x\sin x = mA\sin mx + (m-2)\,B\sin(m-2)x + \text{etc.}$$

Si on multiplie cette égalité par $\cos x$, et qu'on substitue dans le second membre, aux produits des cosinus de l'arc simple par les sinus des arcs multiples, leurs expressions en fonction des cosinus de la demi-somme et de la demi-différence des arcs, on aura

$$\begin{aligned}
m\cos^m x\sin x = {}& mA\,\{\sin(m+1)x + \sin(m-1)x\} \\
&+ (m-2)B\,\{\sin(m-1)x + \sin(m-3)x\} \\
&+ (m-4)C\,\{\sin(m-3)x + \sin(m-5)x\} \\
&\ldots\ldots\ldots\ldots\ldots\ldots\ldots\ldots\ldots\ldots\ldots
\end{aligned}$$

Mais si on multiplie la première équation par $m\sin x$, et qu'on substitue dans cette équation, aux produits des sinus et cosinus, les sinus de la demi-somme et de la demi-différence, on aura

$$m \cos^m x \sin x = m\text{A} \left\{ \sin (m+1)x - \sin (m-1)x \right\}$$
$$+ m\text{B} \left\{ \sin (m-1)x - \sin (m-3)x \right\}$$
$$+ m\text{C} \left\{ \sin (m-3)x - \sin (m-5)x \right\}$$
$$\dots\dots\dots\dots\dots\dots\dots\dots\dots\dots\dots\dots$$

Comparant les seconds membres de ces deux dernières égalités, on en tirera

$$m\text{A}-\text{B}=0, \quad (m-1)\text{B}-2\text{C}=0, \quad (m-2)\text{C}-3\text{D}=0, \quad (m-3)\text{D}-4\text{E}=0, \dots$$

desquels on déduira successivement

$$\text{B} = m\text{A}; \quad \text{C} = \frac{m \cdot m-1}{2}\text{A}; \quad \text{D} = \frac{m \cdot m-1 \cdot m-2}{2 \cdot 3}\text{A}; \quad \text{etc.}$$

Ainsi on aura

$$\cos^m x = \text{A} \left\{ \cos mx + m \cos (m-2)x + \frac{m \cdot m-1}{2} \cos (m-4)x + \dots \right\};$$

pour déterminer A, faisons $x = 0$, on aura

$$1 = \text{A} \left\{ 1 + m + \frac{m \cdot m-1}{2} + \dots \right\} = 2^m \text{A};$$

on aura donc, en substituant pour A sa valeur $\frac{1}{2^m}$,

$$(2 \cos x)^m = \cos mx + m \cos (m-2)x + \frac{m \cdot m-1}{2} \cos (m-4)x + \text{etc.}$$

323. Si dans cette formule on substitue, comme le fait M. Lagrange, $\frac{\Pi}{2} - x$ au lieu de x, on aura, pour toutes les valeurs entières et positives de m,

$$(2 \sin x)^m = \cos m \frac{\Pi}{2} \cdot \left\{ \cos mx + m \cos (m-2)x + \frac{m \cdot m-1}{2} \cos (m-4)x + \dots \right\}$$
$$+ \sin m \frac{\Pi}{2} \cdot \left\{ \sin mx + m \sin (m-2)x + \frac{m \cdot m-1}{2} \sin (m-4)x + \dots \right\}.$$

Les démonstrations des articles 316 et suivans, sont des applications ou des développemens des formules les plus élémentaires, et voilà pourquoi nous les avons adoptées de préférence; elles sont toutes de M. de Stainville.

CHAPITRE

CHAPITRE XI.

Application de la Trigonométrie à la Gnomonique.

1. Nous avons vu (IV, 33) que la Trigonométrie rectiligne suffisait pour les cadrans réguliers, c'est-à-dire le cadran horizontal et le cadran vertical tracé sur un mur, qui se dirige exactement suivant la ligne est et ouest, et qui est par conséquent perpendiculaire au méridien et regarde en face soit le midi, soit le nord. La Trigonométrie sphérique donne des formules plus générales et dont celles que nous avons déjà vues ne sont que des cas particuliers.

2. L'axe du cadran représente l'axe du monde. L'heure est marquée par l'ombre de cet axe. L'ombre est toujours dans le plan du cercle horaire où se trouve le soleil; car l'ombre est toujours dans le même plan que le corps lumineux et que le corps opaque (IV, 5) : ainsi quand le corps lumineux est dans une moitié d'un cercle horaire, l'ombre de l'axe est toujours dans l'autre demi-cercle.

3. Soit ABCD (fig. 103) le plan du mur sur lequel on veut tracer un cadran, AB = CD les deux lignes horizontales, AD et BC les deux lignes verticales qui terminent le cadran. Menez la verticale ME qui partage le rectangle AC en deux parties égales. Vous pouvez prendre ME pour méridienne, car la méridienne étant l'intersection de deux plans verticaux, est nécessairement verticale.

4. Le point M est le centre du cadran, c'est le point où l'axe traverse le mur : le point M est commun à toutes les lignes horaires, car le point M appartenant à l'axe et au cadran, il est évident qu'il sera toujours dans l'ombre.

La ligne AB est dans le plan de l'horizon astronomique (VI, 11), le point M est le centre de cet horizon et celui de la sphère.

5. Soit une autre ligne horaire quelconque MF. Pour la déterminer, il suffit de connaître l'angle EMF qu'elle fait avec la méridienne, ou ce qui revient au même, l'angle BMF = 90° — EMF que la ligne horaire fait avec la ligne horizontale.

I.   35

Prolongez EM jusqu'au ciel, cette ligne aboutira au zénit Z.

Prolongez de même FM, cette ligne aboutira au point G; le point G sera dans le cercle horaire aussi bien que dans le vertical du plan; il marquera donc dans le ciel l'intersection du plan avec le cercle horaire. L'arc ZG sera la distance zénitale de ce point. $GZ = ZMG = EMF = 90° - BMF$. Ainsi pour déterminer une ligne horaire quelconque, il faut chercher la distance zénitale d'un point G.

6. Soit HZPR le méridien (fig. 104), P le pôle, Z le zénit, HOR l'horizon, $HO = OR = 90°$; le point O sera le point orient équinoxial, ZO le premier vertical.

Soit ZT le plan du mur vertical, $OT = OZT$ sera ce qu'on appelle la déclinaison du plan, c'est-à-dire l'angle qu'il fait avec le premier vertical. $OT = OZT = 90° - PZT = HZT - 90°$.

7. Soit PSV un cercle horaire quelconque. Le point S marquera l'intersection du cercle horaire avec le plan du cadran, le point S de la fig. 104 sera le point G de la figure 103, ZS est la mesure cherchée. Or, dans le triangle ZPS nous connaissons $PZT = 90° - OT = 90° - D$, nous connaissons $ZPS = P$ ou l'angle horaire qui croît uniformément de 15° par heure, nous connaissons $PZ = 90° -$ hauteur du pôle $= (90° - H)$: le théorème IV nous donne

$$\cot ZS = \cot PZ \sin OZT + \frac{\cos OZT \; \cot P}{\sin PZ},$$

ou (fig. 103) $\cot GZ = \tang BMF = \tang H \sin D + \left(\frac{\cos D}{\cos H}\right) \cot P$.

8. Tout est constant dans ce second membre, à la réserve de cot P qui varie à chaque instant. Soit d'abord $P = 90°$, c'est-à-dire proposons-nous de tracer la ligne de 6^h $\cot P = 0$ $\tang BMF = \tang H \sin D$.

Soit donc

$$MB = 1 \text{ mètre}, \; \tang BMF = BF \text{ sera} = \tang H \sin D.$$

9. Dans notre figure 104 la déclinaison du plan est de l'est vers le nord, ou positive. Le soleil à 6^h sera dans un cercle PO perpendiculaire à PZ, l'intersection S sera élevée sur l'horizon : $ZS = GZ$ sera moindre que de 90°, par conséquent le point F sera au-dessous de l'horizontale.

Prenez donc (fig. 105) dans la partie occidentale à la gauche et au-dessous de l'horizontale, $BF = \tang H \sin D$, tirez MF, ce sera la ligne de 6^h du matin. Prolongez FM en G jusqu'à la rencontre avec le prolongement de DA, MG sera la ligne de 6^h du soir; car les deux cercles horaires de 6^h· sont les moitiés d'un même grand cercle qui ne peut avoir qu'une seule intersection avec le plan du méridien.

10. Soit $\qquad$ P $= 45°$ pour la ligne de 3^h· $\qquad$ cot P $= 1$

$$\tan BMF' = \tan H \sin D + \left(\frac{\cos D}{\cos H} \right);$$

mais $\qquad$ $\tan BMF = \tan H \sin D$ . . . . pour la ligne de 6^h·;

donc $\qquad$ $BF' - BF = FF' = \left(\frac{\cos D}{\cos H} \right).$

Prenez donc au-dessous de F une ligne $FF' = \dfrac{\cos D}{\cos H}$, et vous aurez MF' ligne de IX^h· du matin, F'M prolongée donnerait celle de IX^h· du soir, qui est inutile dans nos climats, parce que le soleil est toujours couché à 9^h· du soir.

11. Pour 3^h· après midi, cot P sera numériquement la même; mais elle aura le signe —, parce que l'angle P est de l'autre côté du méridien. Le second terme de la formule sera de signe contraire au premier: vous avez pris pour le soir AG en montant pour la ligne de VI^h·, il faudra prendre le terme $GG' = \dfrac{\cos D}{\cos H}$ en descendant au-dessous de G, et vous aurez AG' différence des deux termes, au lieu que BF' en était la somme.

Si vous n'avez pas marqué le point G qui peut excéder les limites du plan, menez F'G' parallèle à la ligne MF de 6 heures, et vous aurez la ligne MG' de III^h· après midi par celle de IX^h· du matin.

12. Pour tout autre angle horaire, prenez le matin $FF' = \left(\dfrac{\cos D}{\cos H} \right) \cot P$, et menez F'G' parallèle à MF, vous aurez pour le soir la ligne de l'heure également éloignée de midi. La ligne de X vous donnera celle de II, celle de XI vous donnera celle de I après midi, ensorte que les deux heures réunies feront toujours XII heures.

13. Nous avons supposé D positive quand la déclinaison est vers le nord; si elle était vers le sud, D changerait de signe, le point F serait au-dessus de AB et le point G au-dessous. Du reste la construction est la même.

Vers midi, les lignes BF' et GA' surpasseraient BC et AD. Menez une verticale ad, ensorte que Ma soit $= \frac{1}{2}$ MA ou $\frac{1}{4}$ MA suivant le besoin, et vous prendrez la moitié ou le quart du terme $\left(\dfrac{\cos D}{\cos H} \right) \cot$ P, et vous compterez les quantités du point g' de 6^h· sur ad.

14. Ainsi une moitié du cadran tracée donne l'autre par les distances à la ligne de 6ʰ· qui sont égales de part et d'autre, ou par des parallèles à la ligne de 6ʰ· ; entre deux heures quelconques du matin et les deux heures correspondantes du soir, les distances mesurées sur les deux verticales seront toujours égales ; par exemple

entre VI et VII du matin et entre V et VI du soir
VI et VIII   IV et VI
VI et IX   III et VI
VI et X   II et VI
VI et XI   I   et VI

personne, que je sache, n'avait fait cette remarque.

15. Si la déclinaison est nulle, $D = 0$, $BF = AG = 0$, la ligne de 6ʰ· se confond avec l'horizontale AB. La formule se réduit au second terme. On avait remarqué de tout tems que dans ce cadran les intervalles entre les heures étaient égaux sur les verticales AD, BC, et l'on avait donné pour cette raison le nom de régulier à ce cadran ; mais le cadran déclinant n'est pas moins régulier, puisqu'il est soumis à la même règle, seulement les lignes horaires correspondantes n'y sont pas à même distance angulaire de part et d'autre de la méridienne.

16. Sur ZS (fig. 104) abaissez l'arc perpendiculaire PQ, il sera le plus court que l'on puisse mener de P sur ZS, vous aurez

$$\sin PQ = \sin PZ \sin PZQ = \cos H \cos D.$$

Cet arc sera ce qu'on appelle la hauteur du pôle sur le plan, ou l'angle que l'axe doit faire avec le mur, car l'axe se dirige toujours au pôle.

17. $\text{Tang } ZQ = \text{tang } PZ \cos PZQ = \cot H \sin D = \cot$ angle de la soustylaire avec l'horizontale. On appelle *soustylaire* la ligne inclinée sur laquelle on place l'axe, en observant que cet axe fasse avec la soustylaire l'angle PQ = à la hauteur du pôle sur le plan.

$\text{Cot } ZPQ = \cos PZ \text{ tang } ZPQ = \sin H \cot D =$ différence des méridiens $=$ angle horaire de la soustylaire.

18. Toutes les lignes qui s'élèvent au-dessus de l'horizontale sont inutiles, parce qu'elles supposent le soleil au-dessous de l'horizon, et que par conséquent elles appartiennent à la nuit.

Il est encore une autre raison qui peut rendre quelques heures inutiles, c'est que le soleil peut être derrière le plan.

Si l'on connaît la distance polaire PS du soleil pour un jour donné, on pourra calculer à quelle heure il commencera à éclairer le plan. Dans le triangle PZS on connaît PS, PZ et l'angle PZS. On peut donc calculer l'angle P ou l'angle horaire pour l'instant où le soleil commence à éclairer le plan.

Si PS est plus petit que PZ, le soleil entré sur le plan en S, en sortira de l'autre côté de la perpendiculaire PQ avant le passage au méridien.

Si PS est plus grand que PZ, le soleil ne sortira du plan qu'après midi. Si PS est plus grand que 90°, le soleil passera par le plan avant de se lever, et pourra en sortir avant de se coucher.

Jamais le soleil n'éclaire ces plans déclinans pendant 12ʰ·, il n'éclaire le premier vertical pendant 12ʰ· que le jour de l'équinoxe.

19. Si le mur est isolé, on peut tracer sur l'autre face un cadran du nord, qui sera le supplément du cadran méridional. L'axe de celui-ci sera le prolongement de l'axe de l'autre cadran. Les heures seront les prolongemens des heures de l'autre cadran. Ainsi, en faisant la figure du cadran méridional (fig. 105), on n'a qu'à prolonger toutes les lignes au-dessus de l'horizontale et couper la figure suivant AB, la partie inférieure sera le cadran méridional, la partie supérieure le cadran septentrional. Tout y sera renversé : l'angle entre l'axe et la soustylaire regardera le ciel au lieu de regarder la terre.

Il y a des heures qu'il faut marquer sur les deux faces du cadran ; elles serviront dans des saisons différentes. On peut aisément déterminer quelles sont ces heures.

Connaissant le complément de déclinaison PZS, l'angle horaire P et PZ, on peut calculer PS, c'est-à-dire la distance polaire du soleil pour le jour où il éclaire les deux cadrans à cette heure. Si le calcul donnait PS plus petit que 66° 32′, jamais le soleil n'éclairerait le plan septentrional à l'heure donnée. Il serait inutile de l'y tracer.

20. Pour placer l'axe, on formera un triangle AMN (fig. 106), ensorte que AMN soit la hauteur du pôle sur le plan ; on placera ce triangle sur la soustylaire perpendiculairement au plan. La base MN sera placée à fleur du mur, dans lequel entreront les parties *a* et *b* qui serviront à sceller ce plan. M sera au centre du cadran, dans l'horizontale, N sera au-dessous dans le plan méridional et au-dessus dans le septentrional.

21. Si le mur n'est pas vertical, il ne passera pas par le zénit; alors il sera représenté par le grand cercle MaX (fig. 107). La perpendiculaire Za sera l'inclinaison du plan, OX sa déclinaison; $OXb=90°—Za$; avec cet angle et OX on calculerait bX, bO et ObX; on aurait Zb, ba et abZ, on pourrait calculer MZ et l'angle M; on aurait donc M, MP et l'angle horaire. On pourrait calculer Md ou l'inclinaison d'une ligne horaire quelconque avec la méridienne. Ma serait l'inclinaison de la méridienne avec la verticale. On pourrait réduire tout ce calcul en formules générales; mais on fait peu de ces cadrans inclinés.

22. Si la déclinaison est nulle aussi bien que l'inclinaison, le plan du mur sera le vertical ZO, l'angle $PZb=90°$, tang $Zb=$ sin PZ tang $P=$ cos H tang P.

C'est la formule que nous avons trouvée pour l'angle d'une ligne horaire avec la méridienne (IV, 33) dans le cadran vertical régulier.

23. Si le cadran est horizontal, le plan sera représenté par le grand cercle HOR (fig. 104), le triangle PHV rectangle en H donnera tang $HV=$ sin PH tang $HPV=$ sin H tang P.

C'est la formule trouvée (IV, 33) pour le cadran horizontal.

24. La route de l'ombre est une hyperbole. On trace ces courbes sur quelques cadrans pour les différentes saisons de l'année. On les trace par points et l'on fait ensuite à vue passer une courbe par tous ces points.

Quand l'axe n'est pas trop long, c'est par son extrémité qu'il envoie le point d'ombre qui décrit chaque jour la courbe hyperbolique.

S'il est trop long, on y place à une certaine distance du centre une plaque percée qui laisse tomber sur le cadran un point lumineux qui marque la route du soleil.

25. Ces courbes s'appellent *arcs des signes* ; en voici la raison : l'écliptique est divisée en 12^s, c'est-à-dire en douze arcs de 30° chacun. On calcule par un triangle sphérique rectangle la déclinaison du soleil quand il est à 0°, 30°, 60°, et 90°, de l'équinoxe. On a la déclinaison pour le commencement de chaque signe. Avec ces déclinaisons on calcule la route de l'ombre, en cherchant à quelle distance du centre se trouvera sur chaque ligne horaire le point de lumière de la plaque ou l'ombre de l'extrémité de l'axe.

Soit ZCR (fig. 108) le plan du cadran, $RO=90°$, le point O sera le pôle du plan ZCR (X. 49); menez PAO, PA sera la hauteur du pôle sur le plan, AO sera de $90°$. Soit S le soleil, OS sera la distance du soleil au pôle du plan. Le triangle SPO donnera

$$\cos OS = \cos OPS \, \sin PO \, \sin PS + \cos PO \, \cos PS$$
$$= \cos(ZPS - ZPA) \cos PA \, \cos \delta - \sin PA \, \sin \delta$$
$$= \cos \delta \, \cos P \, \cos ZPA \, \cos PA + \cos \delta \, \sin P \, \sin ZPA \, \cos PA - \sin \delta \, \sin PA,$$

mais
$$\sin PA = \sin ZP \, \sin PZA = \cos H \, \sin(90° - D) = \cos H \, \cos D$$
$$\sin ZPA \, \cos PA = \cos PZA = \sin D$$

et
$$\cos PA = \frac{\sin D}{\sin ZPA}$$
$$\cos ZPA \, \cos PA = \frac{\cos ZPA \, \sin D}{\sin ZPA} = \sin D \, \cot ZPA$$
$$= \sin D \, \cos PZ \, \tang PZA = \sin H \, \cos D.$$

Substituez ces valeurs dans celle de $\cos OS$, vous aurez

$$\cos OS = \sin H \, \cos D \, \cos \delta \, \cos P + \sin D \, \cos \delta \, \sin P - \cos H \, \cos D \, \sin \delta,$$

vous connaîtrez donc

$$\text{séc. } OS = \frac{1}{\cos OS};$$

c'est-à-dire la distance du centre de la plaque au centre du point de lumière, en prenant pour unité la distance perpendiculaire du trou de la plaque au plan du cadran. Soit h cette hauteur, $h \, \tang OS$ sera la distance du pied de la perpendiculaire au point de lumière. En effet, nous avons vu (IV.4) que la longueur de l'ombre $= h$ tang distance au pôle du plan. Ainsi en tendant du centre de la plaque une chaîne $= a = \frac{h}{\cos OS}$, vous aurez sur la ligne horaire le point où elle est traversée par l'arc de signe.

26. Si l'on marque à quelques heures d'intervalle plusieurs points de lumière, et qu'on en mesure les distances $a = \frac{h}{\cos OS}$ au centre de la plaque, à cause de $h = a \cos S$, on aura pour chacun de ces points une équation

$$h = a \sin H \cos D \cos \delta \cos P + a \sin D \cos \delta \sin P - a \cos H \cos D \sin \delta$$

$$\frac{h}{\cos D} = a \sin H \cos \delta \cos P + a \tang D \cos \delta \sin P - a \cos H \sin \delta$$

$$\frac{h}{\cos D} = a' \sin H \cos \delta' \cos P' + a' \tang D \cos \delta' \sin P' - a' \cos H \sin \delta',$$

si l'on prend la différence des deux équations, on en déduira

$$\tang D = \frac{\sin H \,(a' \cos \delta' \cos P' - a \cos \delta \cos P) - \cos H \,(a' \sin \delta' - a \sin \delta)}{a \cos \delta \sin P - a' \cos \delta' \sin P'}.$$

Cette équation est générale et ne suppose que deux distances mesurées et leurs angles horaires ; mais si l'on choisit $a' = a$, tous les a disparaîtront de la formule, et comme $\cos \delta$ varie peu en quelques heures, on pourra mettre $\cos \frac{1}{2}(\delta + \delta')$ au lieu de $\cos \delta$ et $\cos \delta'$, alors on aura

$$\tang D = \sin H \tang \tfrac{1}{2} (P + P') + \frac{\cos H \sin \frac{1}{2} (\delta - \delta')}{\sin \frac{1}{2} (P - P') \cos \frac{1}{2} (P + P')},$$

et en négligeant $\sin \frac{1}{2} (\delta - \delta')$ qui est nul aux solstices et qui est toujours fort petit en tout tems, on aura

$$\tang D = \sin H \tang \tfrac{1}{2} (P + P') = \tang HO = \sin PH \tang ZPO,$$

formule que donne directement le triangle PHO.

27. Observez donc deux ombres égales, la ligne qui partagera également l'angle formé au pied du style par les deux ombres sera la soustylaire ; observez l'heure où l'ombre du style couvrira la soustylaire et vous aurez ZPO, $\tang D$ et D ; or D = HO est l'angle formé au sommet du style, entre le style même et la ligne horizontale menée à la méridienne ; cette ligne sera donc $\dfrac{h}{\cos D}$; la ligne horizontale menée du pied du style à la méridienne sera $h \tang D$.

Soit mp cette dernière ligne, vous aurez le point p de la méridienne ; menez la verticale indéfinie $p\mathrm{M}$ ce sera la méridienne ; faites $p\mathrm{M} = \dfrac{h \tang H}{\cos D}$ M sera le centre du cadran que vous décrirez par la formule (7).

D'ailleurs pour avoir le centre, il suffirait de prolonger la soustylaire jusqu'à sa rencontre avec la verticale $p\mathrm{M}$.

28. Ce procédé serait rigoureusement exact sans le changement de
déclinaison

déclinaison du soleil qui fait que la soustylaire ne divise pas précisément en deux parties égales l'angle des deux ombres; mais vous pouvez
vous passer de la soustylaire. Prenez à midi le point d'ombre ou de
lumière, vous aurez un point de la méridienne, et la méridienne qui
est une ligne verticale. Du pied du style abaissez sur la méridienne
la perpendiculaire $mp = b$, vous aurez $\tan D = \dfrac{b}{h}$ et $pM = \dfrac{h \tan H}{\cos D}$.

Toutes ces méthodes appliquées au même plan m'ont également réussi;
les réfractions ne les altèrent en rien ainsi que nous le verrons dans le
chapitre XIII.

29. Dans la formule (7), supposez $D = 90°$; vous aurez

$$\mathrm{Cot}\, GZ = \tan BMF = \tan H + \frac{\cot P}{\cos H};$$

à 6^h $BMF = H$. La ligne de 6^h passe par le pied du style, et fait avec
l'horizontale, un angle $= H$. Toutes les autres lignes lui sont parallèles,
parce que l'axe est parallèle au plan, et par cette raison le cadran n'a
pas de centre. La distance à la ligne de 6^h est $\dfrac{h \cot P}{\cos H}$ sur la verticale et
$h \cot P$ sur une perpendiculaire à la ligne de 6^h.

30. Pour connaître la déclinaison du plan, il suffit de connaître l'heure
à laquelle le Soleil commence à éclairer le plan. En effet, dans le
triangle ZPS (fig. 104) on aura PZ, PS et l'angle horaire ZPS. On
cherchera l'angle PZS par sa cotangente (Théorème III) et cette cotangente sera la tangente de la déclinaison.

On pourra vérifier cette déclinaison, en observant de même l'heure
à laquelle le Soleil cesse d'éclairer le plan; on aura de même à résoudre
un triangle dont on connaîtra deux côtés et l'angle compris.

31. Tout ceci suppose que l'on connaît le tems vrai. Pour le connaître,
à défaut d'autre moyen, observez le tems où l'ombre du style droit
couvre la verticale qui passe par le pied du style; mesurez la longueur
de cette ombre; soit m cette longueur, $\dfrac{h}{m} = \tan$ de distance au zénit
avec cette distance (corrigée de la réfraction, chapitre XIII), vous calculerez l'angle horaire, et vous aurez la correction du tems marquée
par la pendule.

CHAPITRE XII.

Trigonométrie des Grecs.

1. Nous avons renfermé dans quatre formules générales (X.22) toute la Trigonométrie des modernes. Ptolémée, dans son Almageste, n'emploie que deux théorèmes pour tous les cas possibles des triangles sphériques ; et ce qui rendait la chose plus difficile encore, c'est que les Grecs n'avaient pas eu l'idée d'introduire les tangentes dans leur Trigonométrie, et qu'ils ne se servaient que des cordes qui faisaient d'une manière un peu plus embarrassante le même effet que les sinus. Les formules étant plus restreintes, les calculs en étaient d'autant plus prolixes. Théon, dans son Commentaire sur Ptolémée, introduisit deux règles de plus : ainsi la Trigonométrie de Théon, comme la nôtre, consiste en quatre formules différentes.

Les démonstrations de Ptolémée et de Théon sont simples et ingénieuses ; cependant comme elles exigent des figures en perspective, elles sont assez difficiles à bien saisir ; nous y arriverons par une voie plus simple en partant de la règle des quatre sinus.

2. Soient (fig. 109) deux arcs de grand cercle quelconques MN et PN qui s'entrecoupent au point N, et deux autres arcs MS et PR menés dans l'angle N et qui se coupent au point Q. Nommons A, A′, A″ et A‴ les segmens MR, MQ, PQ, PS ; B, B′, B″ et B‴ les côtés NR, QS, QR, NS du quadrilatère.

Vous aurez dans les triangles

$$\text{MNS} \qquad \sin(A'+B') : \quad \sin B''' \quad :: \sin N : \sin M$$
$$\text{MRQ} \qquad \qquad \sin B' \quad : \quad \sin A' \quad :: \sin M : \sin R$$
$$\text{PNR} \qquad \sin(A'''+B''') : \sin(A''+B'') :: \sin R : \sin N$$

multipliez par ordre, vous aurez

$$\sin B''' \sin(A'+B') \sin(A'''+B''') : \sin A' \sin B''' \sin(A''+B'') :: 1 : 1$$

ou

$$\sin B'' \sin (A'+B') \sin (A''+B'') = \sin A' \sin B'' \sin (A''+B').$$

L'artifice de cette démonstration consiste à disposer les seconds rap‑
ports de manière à ce que le même terme se trouvant à la fois parmi les
antécédens et les conséquens, le produit puisse se réduire à l'unité, d'où
résulte l'égalité des deux premiers produits.

3. Cette première formule qui est générale, se simplifie si nous sup‑
posons

$$PN = PR = MS = MN = 90° = N = S = R;$$

alors la formule devient

$$\sin B' = \sin A' \sin M \quad \text{ou} \quad \sin QR = \sin MQ \sin M,$$

c'est notre premier théorème pour les triangles rectangles (X.24).

4. On a de même par les triangles

MNS	$\sin (A'+B')$	: $\sin (A+B)$	:: $\sin N : \sin S$
PRN	$\sin B$	: $\sin (A''+B'')$	:: $\sin P : \sin N$
PSQ	$\sin A''$	: $\sin B'$	:: $\sin S : \sin P$;

d'où

$$\sin B \sin A'' \sin (A'+B') = \sin B' \sin (A+B) \sin (A''+B'');$$

formule générale qui se réduit à

$$\sin B \sin A'' = \sin B', \quad \text{ou} \quad \cos A \cos B'' = \cos A';$$

c'est un de nos théorèmes pour les triangles rectangles (X.26).

5. On a par les triangles

MQR	$\sin A$	: $\sin A'$ :: $\sin Q : \sin R$
PNR	$\sin (A''+B'')$	: $\sin B$ :: $\sin R : \sin P$
PQS	$\sin B'$	: $\sin A''$ :: $\sin P : \sin Q$,

et

$$\sin A \sin B' \sin (A''+B'') = \sin B \sin A' \sin A'',$$

ou

$$\sin A \sin B' = \cos A \cos B' \cos M;$$

d'où

$$\cos M = \tan A \tan B' = \tan A \cot A';$$

c'est encore un de nos théorèmes (X.29); mais il était moins simple et moins commode pour les Grecs qui n'avaient pas les tangentes. Ce pas fut fait par les Arabes qui divisèrent sin A par cos A et sin B′ par cos B′.

6. Enfin par les triangles

$$\text{MQR} \qquad \sin A \;:\quad \sin B'' \quad :: \sin Q \;:\; \sin M$$
$$\text{MNS} \qquad \sin B''' : \sin (A{+}B) :: \sin M \;:\; \sin S$$
$$\text{PQS} \qquad \sin A'' : \sin A''' \qquad :: \sin S \;\;:\; \sin Q$$

et

$$\sin A \, \sin A'' \, \sin B''' = \sin A''' \, \sin B'' \, \sin (A{+}B)$$

ou

$$\sin A \, \sin A'' \, \sin B''' = \sin A'' \, \sin B'$$
$$\sin A \, \sin A'' \, \cos A''' = \sin A''' \, \cos A'', \text{ et } \sin A \, \tang A'' = \tang A''',$$

ou $\sin A \, \cot B'' = \cot M$, qui est encore un de nos théorèmes (X.3o).

7. Il est à remarquer que dans la supposition des angles droits R, N, S, et des quarts de cercles MN, MS, PN et PR, le triangle PQS est le triangle complémentaire de MQR. Ces deux triangles ne fournissent que quatre théorèmes; pour avoir les deux autres, il faudrait former un troisième triangle comme dans la figure 81 : les Arabes ne s'en avisèrent pas plus que les Grecs. Ainsi ils ne pouvaient résoudre directement tous les cas des triangles rectangles. Ils calculaient d'abord une inconnue qu'ils joignaient aux données du problème, et s'en servaient ensuite à déterminer l'inconnue dont ils avaient besoin, faisant ainsi deux analogies où nous n'en avons qu'une à calculer.

8. S'ils avaient connu l'usage des équations, ils auraient pu combiner les équations fournies par les quatre premiers théorèmes pour obtenir les deux autres.

Ainsi de $\sin A \, \cos A' = \sin A' \, \cos A \, \cos M$, ils auraient tiré $\dfrac{\sin A}{\cos A}$ $= \dfrac{\sin A'}{\cos A'} \cos M$; ils auraient vu qu'on pouvait calculer des tables de $\dfrac{\sin A}{\cos A}$ pour tout le quart de cercle, c'est-à-dire des tables des rapports des sinus aux cosinus, ou des cordes aux cordes des arcs supplémentaires.

De $\tang A = \tang A' \, \cos M$, ils auraient conclu

$$\tang B'' = \tang A' \, \cos Q = \sin A \, \tang M; \quad (6)$$
$$\cos Q = \sin A \, \tang M \, \cot A' = \sin A \, \tang M \, \cos M \, \cot A = \cos A \, \sin M,$$

c'est-à-dire le cinquième théorème.

Ils avaient aussi

$$\sin Q = \frac{\sin A}{\sin A'} \quad \text{donc} \quad \frac{\cos Q}{\sin Q} = \cot Q = \frac{\cos A \sin M \sin A'}{\sin A} = \cot A \sin M \sin A'$$

$$= \frac{\cot A'}{\cos M} \sin M \sin A' = \cos A' \tang M.$$

C'est le sixième théorème.

). Au lieu des sinus les Grecs employaient les cordes des arcs doubles. Ainsi au lieu de la première analogie $\sin QR = \sin MQ \sin M$, ils faisaient réellement

$$\sin QR = \frac{2 \sin MQ . 2 \sin M}{2} \quad \text{ou plutòt corde } 2QR = \frac{\text{corde} . 2QM . \text{corde } 2M}{2}.$$

Nos analogies supposent le rayon $= 1$, ils le supposaient $60°$, et pour établir l'homogénéité, ils faisaient $\text{corde } 2QR = \dfrac{\text{corde } 2MQ . \text{corde } 2M}{2 . 60° = 120°}.$

Tout cela revenait au même, mais les calculs étaient beaucoup plus longs, d'autant plus que dans leurs règles fondamentales ils avaient conservé toute la généralité des théorèmes, et à chaque problème particulier, ils avaient à faire les réductions que permettent les angles et les côtés de $90°$.

o. Pour donner une idée des longs détours qu'ils prenaient dans les problèmes les plus usuels. Soit (fig. 109) MN l'équateur, MS l'écliptique, P le pôle de l'équateur. Si MN est de $90°$ on aura $90° = MS = PN = PR$; PS sera le colure des solstices. $SN = M =$ obliquité. Si Q est le lieu du soleil, QR sera la déclinaison. MR ce qu'ils appelaient *l'ascension dans la sphère droite*, MQ la longitude, Q l'angle de l'écliptique avec le cercle de déclinaison.

1. Par leurs analogies, ils déterminaient aisément QR et MR; mais supposons qu'on demandât l'angle Q; ils cherchaient d'abord MR par la formule $\dfrac{\sin MR}{\sin (90° - MR)} = \dfrac{\sin (90° - M) \sin MQ}{\sin (90° - MQ)}.$

Soit a le second membre, ils avaient

$$\frac{\sin MR}{(1 - \sin^2 MR)^{\frac{1}{2}}} = a \quad \text{ou} \quad \frac{\sin^2 MR}{1 - \sin^2 MR} = a^2; \quad \sin^2 MR = a^2 - a^2 \sin^2 MR$$

et
$$\sin MR = \frac{a}{(1 + a^2)^{\frac{1}{2}}}.$$

Mettez les cordes au lieu des sinus, ajoutez l'embarras des multiplications et des divisions des quantités sexagésimales et vous aurez une idée de la longueur de l'opération.

12. Si MN est l'horizon (fig. 109), P le zénit, Q le lieu du soleil dans l'écliptique MS, ils cherchaient à quel point l'écliptique coupait l'horizon, l'angle qu'elle y faisait avec MN en M; ils calculaient la hauteur du soleil ou sa distance PQ au zénit. Mais auparavant ils considéraient (fig. 110) les arcs ZH du méridien et de l'horizon HOR qui se coupent en H à angles droits; l'écliptique FG et l'équateur EQ se coupaient dans l'angle H au point ♈.

Prenant pour donnée le point Q de l'équateur qui était au méridien, ils calculaient QG et G♈ et l'angle G. Alors menant du zénit l'arc ZNI par le lieu N du soleil, ils cherchaient ZN = 90°— NI; à GN ils ajoutaient 90° pour avoir GOle point orient O de l'écliptique et l'angle O.

Ils avaient réduit en tables, toutes ces quantités, mais ces tables avaient trop peu d'étendue. Et dans le cas où ils avaient besoin de quelque précision, ils étaient obligés de faire les calculs en entier.

13. Ptolémée est le seul auteur qui nous ait transmis les détails de ces méthodes pénibles. Nous avons cependant deux ouvrages plus anciens. Les *Sphériques* de Théodose et les *Triangles* de Ménélaüs.

Le premier ne contient que les propriétés générales des cercles de la sphère, grands et petits, sans aucun rapport à l'Astronomie. Il n'est plus que curieux pour les amateurs de l'ancienne Géométrie qui faisaient beaucoup plus de cas des théories que des applications.

14. Ménélaüs expose longuement les propriétés générales des triangles sphériques. On a fait long-tems un grand usage de quelques uns de ses théorèmes; ils sont devenus presque inutiles. Le dernier livre contient les théorèmes que nous retrouvons dans Ptolémée, mais on n'y voit aucune application ni aucune règle de calcul.

15. Hipparque avait composé quatorze livres sur la Trigonométrie usuelle et la construction des cordes. On pourrait soupçonner qu'il est l'auteur de la théorie qui nous a été transmise par Ptolémée; mais ses livres sont perdus. Il avait aussi inventé la projection stéréographique

et construit un astrolabe ou planisphère astronomique dont nous aurons occasion de parler.

16. Voici les principaux théorèmes de Théodose.

Toute section de la sphère par un plan est un cercle.

En effet, imaginez du centre de la sphère une perpendiculaire sur le plan coupant, elle sera la hauteur commune d'une infinité de triangles rectangles, dont les bases seront dans le plan coupant, et dont les hypoténuses seront toutes des rayons de la sphère menés à tous les points de la section. Tous les triangles seront égaux. Le pied de la perpendiculaire sera à égale distance de tous les points de la section, cette section sera un cercle, d'autant moindre que la perpendiculaire sera plus grande : si elle se réduit à o, la section sera un grand cercle.

Cette perpendiculaire prolongée de part et d'autre ira couper la sphère en deux points qui seront les pôles du grand cercle et de tous les petits cercles qui lui sont parallèles. Tout cela est évident.

17. Les grands cercles se coupent réciproquement en deux parties égales, puisque leur section commune est un diamètre.

18. Si un grand cercle coupe perpendiculairement un petit cercle, il le coupe en deux parties égales et passe par les pôles.

19. Pour trouver le pôle d'un cercle donné, prenez-en le diamètre ce sera la corde de la double distance de ce cercle à son pôle.

Ou bien prenez arbitrairement deux points de ce cercle, et avec un rayon arbitraire décrivez deux arcs de cercle qui se rencontrent au-dessus du cercle donné, et deux autres arcs qui se coupent au-dessous.

Des deux points d'intersection, avec la corde de $90° = \sqrt{2}$, tracez deux arcs, ils se couperont aux pôles d'un grand cercle qui passera par les pôles cherchés. De l'un de ces pôles décrivez ce grand cercle.

Prenez arbitrairement deux autres points, et par une opération toute pareille, décrivez un second arc du grand cercle qui passe par ces pôles, l'intersection des deux grands cercles vous fera connaître les deux pôles.

20. Pour faire passer un arc de grand cercle par deux points donnés sur la sphère, de ces deux points avec la corde de 90° décrivez deux arcs, ils se couperont au pôle du cercle demandé.

21. Les arcs de parallèles qui sont enfermés entre deux arcs de grands cercles menés de leur pôle, sont semblables, c'est-à-dire d'un nombre égal de degrés. En effet, ils sont tous égaux à l'angle au pôle entre les

deux arcs de grand cercle. C'est une conséquence de la formation de la sphère, considérée comme solide de révolution.

C'est à peu près tout ce qu'on peut tirer de Théodose.

22. Passons à Ménélaüs.

Si un triangle est isoscèle, les angles opposés aux côtés égaux seront égaux, un triangle isoscèle est isogone, c'est-à-dire équiangle sur sa base, et réciproquement. Nous l'avons démontré (X.13).

23. Si deux triangles ont un angle égal compris entre deux côtés égaux chacun à chacun, ces deux triangles sont égaux en tout. Car avec trois données égales, les formules qui servent à calculer les trois inconnues sont identiques dans les deux triangles (X.22).

24. La somme de deux côtés quelconques est plus grande que le troisième côté. Nous l'avons démontré (X.45).

25. D'un point D (fig. 111) dans l'intérieur du triangle, menez DA et DC, la somme de ces deux côtés sera moindre que celle de (AB+BC). Continuez l'arc AD jusqu'en E,

$$AE = AD + DE < AB + BE$$
$$DC < DE + EC$$
$$AD + DE + DC < AB + BE + DE + EC$$

donc
$$AD + DC < AB + BC$$

26. Dans tout triangle sphérique l'angle le plus grand est opposé au plus grand côté. Nous l'avons démontré (X.86).

27. Dans tout triangle sphérique (fig 112), si $(AB+BC)=180°$, on aura $BC = BD$, et par conséquent $BCD = D = A$ ou $BCA = 180° - A$; ce qui est évident.

28. Dans tout triangle sphérique l'angle extérieur est plus petit que la somme des deux angles intérieurs opposés. C'est une conséquence de ce que la somme des trois angles d'un triangle sphérique est plus grande que $180°$; vérité que nous avons démontrée de plusieurs manières. Nous avons même donné plusieurs formules pour calculer l'excès des trois angles sur $180°$ (X.250 et suiv.)

29. Si vous divisez en deux également deux angles d'un triangle sphérique quelconque par deux arcs, et que du point de concours de ces deux arcs, vous meniez un troisième arc au troisième angle, il le partagera
aussi

aussi en deux également. Nous avons trouvé cette proposition (X.176) en construisant les analogies de Néper.

50. Une proposition que n'ont point démontrée ces auteurs, c'est que l'arc de grand cercle est le plus court chemin entre deux points donnés A et B sur une sphère, en supposant pourtant que l'arc de grand cercle ne soit pas au-dessus de 180°, car dans ce cas il serait le plus long.

M. Cagnoli a démontré la première partie de cette proposition en exprimant l'arc de grand cercle et l'arc de petit cercle qui ont une corde commune en fonction de cette corde et des rayons respectifs. Mais cette démonstration n'est pas élémentaire.

On peut prouver que le centre du petit cercle est plus près de la corde. En effet soient D et d les deux distances des centres au milieu de la corde, R et r les deux rayons, C la corde commune.

$$D^2 = R^2 - \tfrac{1}{4}C^2; \quad d^2 = r^2 - \tfrac{1}{4}C^2; \quad D^2 - d^2 = R^2 - r^2 \text{ ou } D - d = \frac{(R+r)(R-r)}{D+d}$$

quantité positive, donc $D > d$.

On en conclut $\dfrac{D-d}{R-r} = \dfrac{R+r}{D+d}$ et $D - d > R - r$; car $R + r > D + d$.

Il suit de là que la flèche de l'arc de petit cercle est plus grande que celle de grand cercle. Soient F et f les deux flèches

$$F = R - D; \quad f = r - d; \quad \text{donc } f - F = r - d - R + D = (D - d) - (R - r) \text{ et } f > F.$$

Ainsi l'arc de petit cercle ramené dans un même plan embrasserait l'arc de grand cercle qui s'y trouverait renfermé tout entier entre l'arc de petit cercle et la corde commune, ce qui se prouve d'ailleurs par l'expression analytique de la distance d'un point quelconque L de l'arc ACB (fig. 113) au centre du petit cercle. Soit ρ cette distance

$$r^2 - \rho^2 = 4(D - d) R \sin\tfrac{1}{2}BL \sin\tfrac{1}{2}AL ;$$

Le plus court chemin serait la corde, et comme on ne peut la suivre, le plus court chemin est l'arc de grand cercle, puisqu'il s'éloigne moins de la corde et que le détour est moindre.

Cette démonstration n'est pas encore assez rigoureuse.

Soit donc ADB (fig. 113) l'arc de petit cercle sur la corde AB, P le pôle du petit cercle. Menez PA et PB, les angles PAD, PBD seront droits, car tout petit cercle est parallèle à un grand cercle auquel tous les arcs menés du pôle sont perpendiculaires.

Menez l'arc de grand cercle ACB, le triangle sphérique PAB sera isoscèle et isogone, les angles PAB et PBA seront aigus; car cot PAB $=$ cos PA tang $\frac{1}{2}$ APB (X . 27) $=$ cos Δ tang $\frac{1}{2}$ P.

Il est donc démontré que l'arc ACB s'élève au-dessus de ADB vers le pôle P.

D'ailleurs, abaissez l'arc perpendiculaire PCD, vous aurez

$$\text{tang PC} = \text{tang PA} \cos \tfrac{1}{2} P, \quad \text{donc} \quad PC < PA.$$

Par le point D, menez les arcs de grand cercle AmD et DrB, ils s'élèveront au-dessus de AD et DB vers le pôle P, mais moins que ACB; car partagez le triangle isoscèle APD en deux triangles rectangles par la perpendiculaire Pm, vous aurez tang Pm $=$ tang PA cos $\frac{1}{4}$ P. Or cos $\frac{1}{4}$ P $>$ cos $\frac{1}{2}$ P, donc tang Pm $>$ tang PC. Ainsi les arcs AmD et DrB s'approchent plus du petit cercle que ACB, Or AD $+$ DB $>$ ACB.

Après avoir divisé ADB en deux parties, divisez-le successivement en 4, 8, 16, 32, etc. par des arcs perpendiculaires menés du pôle, et menez par tous les points de division des arcs de grands cercles, leurs distances au pôle seront successivement

$$\text{tang } \Delta = \text{tang PA} \cos \tfrac{1}{8} P ; \text{tang PA} \cos \tfrac{1}{16} P ; \text{tang PA} \cos \left(\tfrac{1}{2^n}\right) P.$$

Ainsi les arcs de grand cercle s'approchent de plus en plus de l'arc de petit cercle, et ne se confondront avec le petit cercle que quand on aura

$$\text{tang } \Delta = \text{tang PA} \cos \left(\tfrac{1}{2^n}\right) P = \text{tang PA}$$

ou

$$\cos \left(\tfrac{1}{2^n}\right) P = 1.$$

De cette manière vous aurez ACB $<$ 2AD ou ACB $<$ 2a'; puis 2a' $<$ 4a''; 4a'' $<$ 8a'''; 8a''' $<$ 16a^{iv} et ainsi de suite jusqu'à ce que cos $\left(\tfrac{1}{2^n}\right)$ P $=$ 1; alors les petits arcs seront des lignes droites qui se confondront avec leurs cordes, la somme de $2^n a^{(n)} =$ ADB, mais $2^n a^{(n)} >$ ACD; donc ACD $<$ ADB.

La seconde partie de la proposition est un corollaire de la première.

Soit A l'arc du grand cercle C, a l'arc du petit cercle c.

$$\left.\begin{array}{l} A < a \\ c < C \end{array}\right\} \quad \text{donc} \quad A + c < a + C ; \quad c - a < C - A.$$

CHAPITRE XIII.

Petites irrégularités dans les hauteurs des Étoiles.

Réfractions astronomiques.

1. Nous avons reconnu par une expérience constante, que les étoiles reviennent au méridien à des intervalles égaux que nous avons partagés en 24 heures sidérales.

Nous avons également reconnu qu'elles mettaient le même tems à revenir à une position quelconque sur leur courbe diurne; c'est-à-dire à la même distance soit au zénit, soit au pôle.

Ainsi les trois côtés du triangle sphérique PZS (fig. 104) étant constans, le cercle de déclinaison PS de l'étoile et son vertical ZS font à l'instant du passage de l'étoile à la lunette fixe, des angles qui sont toujours les mêmes, quand on observe plusieurs jours de suite la même étoile au même point de la lunette fixe.

De cette uniformité constante dans les retours à une même position, et de l'uniformité de mouvement autour d'un axe commun (III. 23), nous avons conclu avec beaucoup d'apparence, que la voûte céleste tourne régulièrement autour de l'axe PP′ et que les angles ZPS varient d'une manière proportionnelle au tems, à raison de 15° par heure. Mais cette proportion est – elle rigoureusement vraie ou simplement approchée? nous y avons été conduits par des observations encore un peu grossières, soutiendra-t-elle une épreuve plus rigoureuse? c'est ce qu'il est important d'éclaircir.

2. Nous connaissons PZ (fig. 104) distance du pôle au zénit, nous pouvons observer ZS′ distance méridienne de l'étoile au zénit, nous aurons la distance polaire PS′ = PS; car la distance de l'étoile au pôle ne change pas sensiblement, ainsi qu'on peut le vérifier en mesurant plusieurs jours de suite la distance méridienne ZS′.

Si le mouvement est uniforme, une pendule bien réglée nous donnera en tout tems l'angle horaire ZPS quand nous aurons observé le passage de l'étoile au méridien. Avec PZ, PS et P, nous pourrons calculer ZS, l'angle Z, et nous trouverons l'angle Z constamment tel que le donne l'observation. Mais la distance au zénit observée sera toujours moindre que la distance calculée. Il y a donc une cause qui nous est encore inconnue et qui approche l'étoile du zénit et augmente la hauteur sur l'horizon. Cette cause ne change point l'azimut ni le vertical de l'étoile.

3. Une irrégularité dans le mouvement angulaire autour du pôle ne pourrait altérer les distances au zénit sans altérer en même tems tous les azimuts. Cette irrégularité ne prouve donc aucune anomalie dans le mouvement diurne (*).

Cette cause qui élève tous les astres, agit très-sensiblement auprès de l'horizon; son effet est alors de 33′ environ; à 45° il n'est plus guère que de 1′. Cet effet connu sous le nom de *réfraction* décroît donc très-rapidement pour peu que l'astre commence à s'élever. Ces divers phénomènes s'observent également dans tous les climats, autre preuve qu'ils ne tiennent pas à la révolution diurne; car une même étoile ne se lève pas en même tems pour les différens pays.

4. L'observateur qui voit l'étoile très-près du zénit, la voit à sa véritable place. Un autre observateur qui au même instant la voit près de l'horizon, la voit élevée de plusieurs minutes. L'effet dépend donc de la hauteur de l'étoile.

5. Vous pouvez presque sans calcul vous assurer de cet effet, en observant des étoiles circompolaires, dans leurs deux passages au méridien.

Sans cet effet, la demi-somme des deux distances au zénit $\frac{1}{2}$(ZE+ZE′) (fig. 104) serait égale à ZP distance du pôle au zénit. A Paris, cette demi-somme aura les valeurs suivantes, selon les étoiles que vous observerez.

Par l'étoile polaire........	41°	9′	10″	plus ou moins.
Par β de la petite Ourse...	41	9	2	
Par α du Dragon.........	41	8	47	
Par α de la grande Ourse..	41	8	40	
Par la Chèvre...........	40	57	50.	

(*) ὁμαλὸς signifie égal, uni, ἀνωμαλος inégal, ἀνωμαλία inégalité.

Ainsi la demi-somme diminue quand l'étoile est plus éloignée du pôle. (Voyez l'*Atlas céleste* de Flamsteed ou celui de M. Bode). Vous trouverez la preuve de ces faits dans les observations de La Caille, *Astronomiæ fundamenta*, Paris, 1757, *Astronomical observations made at the royal Observatory, of Greenwich, from the year 1750, to the year 1762; Oxford 1798 et 1805*; dans le recueil semblable que M. Maskelyne publie à Londres depuis 1765; dans les observations que le Bureau des longitudes publie, tous les ans, à Paris, dans la *Connaissance des Tems*, et enfin dans la Base du Système métrique, tom. II.

Il en résulte que la demi-somme des réfractions est plus grande quand l'étoile, dans l'un de ses passages, est plus voisine de l'horizon; quoique dans l'autre passage elle soit voisine du zénit, où tout prouve que les réfractions sont fort petites. 15° de différence entre la Polaire et la petite Ourse font à peine une différence de 8″; 10° de différence entre $\mathcal{E}$ de la petite Ourse et α Dragon font 15″; 17° de différence entre α de la grande Ourse et la Chèvre font environ 11′.

6. Le premier soupçon qui pourrait venir, c'est que l'axe du mouvement diurne ne passerait pas par l'œil de l'observateur. Soit PP′ (fig. 114) cet axe, Z le zénit, ZCOC′ la verticale. Si l'observateur est sur l'axe O, les angles POE et POE′ seront égaux, notre œil étant dans l'axe de la surface conique que décrit le rayon OE. Si nous sommes placés en C au-dessus de l'axe, l'étoile en E nous paraîtra plus loin du zénit que nous ne la verrions en O; car les angles ZCE, ZCE′ sont plus grands que ZOE et ZOE′. L'effet serait donc contraire à celui qu'on observe, puisque toutes les distances seraient augmentées.

7. Si l'observateur est en C′ au-dessous de l'axe, les distances au zénit seront toutes diminuées; ZC′E est plus petit que ZOE, ZC′E′ plus petit que ZOE′.

$$\text{ZOE} - \text{ZC′E} = \text{C′EO}; \quad \text{ZOE′} - \text{ZC′E′} = \text{C′E′O},$$

ce dernier angle est moins aigu que C′EO.

Les grandes distances au zénit seraient donc plus diminuées que les petites, et jusqu'ici tout s'accorderait avec l'observation; mais le triangle COE donne

$$\text{OE} : \text{OC′} :: \sin \text{ZC′E} : \sin \text{C′EO} = \left(\frac{\text{OC′}}{\text{OE}}\right) \sin \text{ZC′E}$$

ou comme les angles sont petits

$$\mathrm{C'EO} = \left(\frac{\mathrm{OC'}}{\mathrm{OE}}\right)\frac{\sin \mathrm{N}}{\sin 1''} = a \sin \mathrm{N},$$

N étant la distance zénitale observée.

L'effet varierait donc comme le sinus de N, c'est-à-dire lentement à l'horizon quand Z est près de 90°, et plus rapidement au zénit quand N est un petit angle. On observe le contraire; le lieu de l'observateur hors de l'axe, n'est donc pas la cause cherchée.

En effet, soit e l'élévation de l'astre, $e = a \sin \mathrm{N}$, donc $de = a \cos \mathrm{N} d\mathrm{N}$, $\frac{de}{d\mathrm{N}} = a \cos \mathrm{N}$. Un changement de distance zénitale DN ferait varier l'effet e comme le cosinus de N. Le *maximum* serait au zénit, le *minimum* à l'horizon.

8. Les Anciens avaient observé cet effet, mais comme il n'est guère sensible qu'à l'horizon, où l'on observe peu, ils n'avaient pas cherché à le mesurer, d'ailleurs ils n'en avaient guère les moyens. Ils avaient cependant formé quelques conjectures sur la cause physique, qu'ils cherchèrent dans les vapeurs qui sont plus abondantes à l'horizon que vers le zénit. Ils négligèrent toujours cet effet dans leurs calculs.

9. Alhazen, astronome arabe, explique la réfraction, d'une manière assez juste, quoique longue et obscure, dans son *Traité d'Optique*, traduit par Vitellion. On soupçonne qu'il avait puisé ces notions dans l'optique de Ptolémée.

Tycho croyait que les réfractions étaient nulles au-dessus de 45° de hauteur, parce qu'une ou deux minutes n'étaient pas des quantités dont il pût répondre avec ses instrumens.

Dominique Cassini est le premier qui ait proposé une hypothèse propre à calculer les réfractions pour toutes les hauteurs; et la table qu'il en dressa était déjà d'une exactitude très-remarquable.

10. Nous savons par une expérience très-facile et très-connue, qu'en passant d'un milieu d'une certaine densité dans un milieu d'une densité différente, la lumière change de direction.

Nous observons que l'œil placé en O (fig. 115) ne peut apercevoir un objet E placé au fond d'un vase vide BGHF, si le rayon EBA passe un peu au-dessus de l'œil; mais que cet objet devient visible si l'on remplit d'eau le vase, parce que le rayon EB s'infléchit en BO, en s'éloignant de la perpendiculaire CBZ, ensorte que nous voyons l'objet E sur le rayon OBD comme s'il était en D; ZBE est la distance vraie de l'objet au zénit, ZBD la distance apparente qui est diminuée.

Réciproquement, un rayon lumineux qui traverserait l'air de O en B, en entrant dans l'eau, au lieu de continuer sa route BD s'infléchirait, se briserait, se réfracterait suivant BE et les points O et E deviendraient mutuellement visibles, EB et BO formant une ligne brisée.

11. Cet effet s'explique par une attraction proportionnelle à la densité des milieux. Le mouvement oblique UM (fig. 116) de la lumière peut se décomposer en deux mouvemens, l'un UK parallèle à la surface de l'eau, et l'autre KM perpendiculaire à cette même surface. Le premier reste le même parce qu'aucune attraction n'agit sur lui en ce sens, l'autre est accéléré par l'attraction de l'eau plus forte que celle de l'air qui est au-dessus: KM devient ainsi KN, UM se change en UN. La direction s'approche de la perpendiculaire lorsque la lumière entre du milieu, plus rare dans le milieu plus dense. MUN est ce qu'on appelle *réfraction*; et cet angle sera d'autant plus grand que la différence de densité sera plus forte.

12. L'angle MUP s'appelle l'*angle d'incidence*, NUP l'*angle rompu*. Le triangle MNU donne

$$\frac{UN}{UM} = \frac{\sin M}{\sin N} = \frac{\sin(PUN + MUN)}{\sin PUN} = \frac{\sin(ZVL' + MUN)}{\sin ZVL'} = \frac{\sin(D + r)}{\sin D};$$

UN est la vîtesse accrue de la lumière, UM la vîtesse primitive.

On observe que les milieux étant donnés, il y a toujours un rapport constant entre les sinus des angles MUN et NUP, et qu'ainsi D étant la distance apparente au zénit, r la réfraction, on aura

$$n \sin D = \sin(D + r),$$

n étant un nombre constant, pour les mêmes milieux; on a donc

$$n = \frac{\sin(D+r)}{\sin D} = \cos r + \sin r \cot D = \frac{1 - \tan^2 \frac{1}{2} r}{1 + \tan^2 \frac{1}{2} r} + \frac{2 \tan \frac{1}{2} r \cot D}{1 + \tan^2 \frac{1}{2} r},$$

et par conséquent,

$$n\left(1 + \tan^2 \tfrac{1}{2} r\right) = 1 - \tan^2 \tfrac{1}{2} r + 2 \tan \tfrac{1}{2} r \cot D;$$

ou

$$n \tang^2 \tfrac{1}{2} r + \tang^2 \tfrac{1}{2} r - 2 \tang \tfrac{1}{2} r \cot D = 1 - n$$

$$\tang^2 \tfrac{1}{2} r - \frac{2 \tang \tfrac{1}{2} r \cot D}{1 + n} = \left(\frac{1 - n}{1 + n} \right);$$

résolvant cette équation, on aura

$$\tang \tfrac{1}{2} r = \frac{\cot D}{(n+1)} \pm \sqrt{ \frac{\cot^2 D}{(n+1)^2} - \frac{n^2 - 1}{(n+1)^2} } = \frac{\cot D \pm \sqrt{\cot^2 D + n^2 - 1}}{n + 1}$$

$$= \left(\frac{\cot D}{n+1} \right) \left(1 \pm \sqrt{ 1 - (n^2 - 1) \tang^2 D } \right)$$

$$= \left(\frac{\cot D}{n+1} \right) \left[1 \pm \left(1 - \tfrac{1}{2} (n^2 - 1) \tang^2 D - \tfrac{1}{2}\tfrac{1}{4} (n^2 - 1) \tang^4 D \right.\right.$$

$$- \tfrac{1}{2} \cdot \tfrac{1}{4} \cdot \tfrac{3}{6} (n^2 - 1)^3 \tang^6 D - \text{etc.}$$

et en prenant le signe inférieur, le seul qui convienne puisque la réfraction n'est que de quelques minutes,

$$\tang \tfrac{1}{2} r = \tfrac{1}{2} (n^2 - 1) \frac{\tang D}{n + 1} + \tfrac{1}{2} \cdot \tfrac{1}{4} (n^2 - 1)^2 \frac{\tang^3 D}{n + 1} + \tfrac{1}{2} \cdot \tfrac{1}{4} \cdot \tfrac{3}{4} (n^2 - 1)^3 \frac{\tang^5 D}{n + 1} + \text{etc.}$$

Ainsi la formule de la réfraction est de la forme

$$\tang \tfrac{1}{2} r = A \tang N + B \tang^3 N + C \tang^5 N + \text{etc.}$$

Cette expression dépendant des tangentes, on conçoit que la réfraction doit varier rapidement quand la distance approche de 90°. Dans cette formule tous les coefficiens sont des fonctions connues de n.

13. Telle serait donc la formule de réfraction si l'atmosphère était terminée par une surface plane comme celle de l'eau, et si la densité était partout la même. Mais si la densité va croissant, à mesure que la lumière approche de la terre, la vitesse doit s'accélérer à chaque instant; et la route de la lumière sera une courbe; et si les couches atmosphériques sont courbes comme paraît être la surface de la terre et de la mer, les perpendiculaires convergeront, les coefficiens changeront, mais on peut croire que la forme de la série sera toujours la même. On peut du moins essayer cette formule jusqu'à ce que la véritable soit connue. On voit en effet que toutes les formules données jusqu'ici sont de cette forme ou peuvent s'y ramener.

14. Tycho qui s'était aperçu que la hauteur de l'équateur déduite

des

des solstices, n'était pas le complément exact de la hauteur du pôle, avait tenté de déterminer la réfraction qui convient à chaque distance zénitale, et sa table ne suppose aucune formule. La réfraction y est de 34′ à l'horizon, et de 5″ seulement à 45°. Cette table, qui lui avait coûté beaucoup de travail, est extrêmement défectueuse, et il était difficile qu'elle fût meilleure, puisque le plus souvent l'erreur de l'observation surpassait la réfraction cherchée.

15. Cassini supposa l'atmosphère sphérique ainsi que la terre, et voici à peu près comme il raisonna : nous donnerons seulement une forme plus analytique à ses calculs.

Soit CO (fig. 117) le rayon de la terre sphérique, OB′ la hauteur de l'atmosphère, CB = CB′ le rayon de la couche supérieure, D un astre à l'horizon astronomique, c'est-à-dire à 90° de distance au zénit.

Le lieu D de l'astre n'est qu'un lieu apparent; l'astre sera plus bas, en A par exemple. ABE sera l'angle d'incidence, ou l'angle que fait le rayon lumineux AB avec la perpendiculaire EBC. DBE, l'angle rompu.

On aura (12)

$$n = \frac{\sin ABE}{\sin DBE} ;$$

n étant un nombre constant, ainsi

$$n = \frac{\sin (DBE + R)}{\sin DBE} = \frac{\sin (OBC + R)}{\sin OBC}$$
$$= \cos R + \sin R \cot OBC = \cos R + \sin R \tan OCB$$
$$= \cos R + \sin R \tan u.$$

R étant, comme on voit, la réfraction horizontale.
Et $u = OCB$ du triangle rectangle COB.

16. Soit un autre rayon FG qui se rompt de même en G; FGI sera l'angle d'incidence, HGI l'angle rompu

$$n = \frac{\sin (HGI + r)}{\sin HGI} = \frac{\sin (OGC + r)}{\sin OGC} ;$$

et $\quad \sin (OGC + r) = n \sin OGC, \quad$ ou $\quad \sin (y + r) = n \sin y ;$
Mais on a

$$CG : CO :: \sin COG : \sin OGC = \left(\frac{CO}{CG}\right) \sin COG$$
$$= \left(\frac{CO}{CG}\right) \sin GOZ = \left(\frac{CO}{CG}\right) \sin N = \left(\frac{CO}{CB}\right) \sin N$$
$$= \sin CBO \sin N = \cos OCB \sin N = \cos u \sin N = \sin y,$$

ou $\sin(y+r) = n\sin y = (\cos R + \sin R \, \tang u)\cos u \sin N = \cos(u-R)\sin N.$

tout dépend donc de l'angle u dont la sécante est le rayon de la couche extérieure de l'atmosphère, quand on prend le rayon de la terre pour unité. Ainsi $CB = \sec u$; $OB = \tang u$ et $OB' = \tang u \, \tang \tfrac{1}{2} u = h.$

17. Cassini détermine par des essais successifs la valeur de $h = OB'$; mais il est plus court de chercher la valeur de l'angle u.

$$\sin(y+r) - \sin y = 2\sin\tfrac{1}{2}r\cos(y+\tfrac{1}{2}r) = n\sin y - \sin y = (n-1)\sin y$$
$$= (\sin R \, \tang u + \cos R - 1)\sin y = (2\sin\tfrac{1}{2}R\cos\tfrac{1}{2}R\,\tang u - 2\sin^2\tfrac{1}{2}R)\cos u \sin N$$
$$= 2\sin\tfrac{1}{2}R(\sin u \cos\tfrac{1}{2}R - \cos u \sin\tfrac{1}{2}R)\sin N = 2\sin\tfrac{1}{2}R\sin(u-\tfrac{1}{2}R)\sin N;$$

d'où l'on tire

$$\sin\tfrac{1}{2}r = \frac{\sin\tfrac{1}{2}R\sin(u-\tfrac{1}{2}R)\sin N}{\cos(y+\tfrac{1}{2}r)} = \sin\tfrac{1}{2}R\sin(u-\tfrac{1}{2}R)\,\tang(N-\omega),$$

ou bien

$$r = \frac{R\sin(u-\tfrac{1}{2}R)\sin N}{\cos(y+\tfrac{1}{2}r)} = \frac{58''69923\sin N}{\cos(y+\tfrac{1}{2}r)} \quad \dots\dots (a)$$

et

$$\frac{\sin\tfrac{1}{2}r\cos(y+\tfrac{1}{2}r)}{\cos u \sin N} = \sin\tfrac{1}{2}R\cos\tfrac{1}{2}R\,\tang u - \sin^2\tfrac{1}{2}R$$

$$\frac{\sin\tfrac{1}{2}r\cos(y+\tfrac{1}{2}r)}{\sin\tfrac{1}{2}R\cos\tfrac{1}{2}R\cos u \sin N} = \tang u - \tang\tfrac{1}{2}R = \frac{\sin(u-\tfrac{1}{2}R)}{\cos\tfrac{1}{2}R\cos u},$$

et

$$\sin(u-\tfrac{1}{2}R) = \left(\frac{\sin\tfrac{1}{2}r}{\sin\tfrac{1}{2}R\sin N}\right)\cos(y+\tfrac{1}{2}r).$$

Soit $y+\tfrac{1}{2}r = N - x$; x sera un petit angle; en le négligeant d'abord on aura

$$\sin(u-\tfrac{1}{2}R) = \left(\frac{\sin\tfrac{1}{2}r}{\sin\tfrac{1}{2}R\sin N}\right)\cos N;$$

valeur déjà fort approchée de $(u-\tfrac{1}{2}R)$.

Supposons avec Cassini $R = 32'20''$ et $r = 5'28''$ pour $N = 80°$, nous aurons

$$\sin(u'-\tfrac{1}{2}R) = \left(\frac{\sin\tfrac{1}{2}r}{\sin\tfrac{1}{2}R\sin N}\right)\cos N = \sin 1°.42'.30''; \quad u' = 1°.58'.40'';$$

et cette valeur sera un peu trop foible, faisons

$$\sin y'' = \cos u' \sin N = \sin 79°48'26''; \quad y'' + \tfrac{1}{2}r = 79°31'10''$$

$$\sin(u''-\tfrac{1}{2}R) = \left(\frac{\sin\tfrac{1}{2}r}{\sin\tfrac{1}{2}R\sin N}\right)\cos(y''+\tfrac{1}{2}r) = \sin 1°43'58'' \text{ et } u'' = 2°0'8''.$$

Enfin $\quad \sin y''' = \cos u'' \sin N = \sin 79°48'13''; \quad y''' + \tfrac{1}{2}r = 79°50'57''.$

$$\sin \left(u''' - \tfrac{1}{2} R\right) = \left(\frac{\sin \tfrac{1}{2} r}{\sin \tfrac{1}{2} R \sin N}\right) \cos \left(y''' + \tfrac{1}{2} r\right) = \sin 1°44'2'' \text{ et } u''' = 2°0'12''.$$

Nous aurons ainsi $\quad h = \tang u \tang \tfrac{1}{2} u = 0.0001158$

$BO = 0.03497946, \quad n = 1 - 2 \sin^2 \tfrac{1}{2} R + \sin R \tang u = 1.0002924339.$

mais si nous donnons au rayon de la terre sa valeur 3271200^T, nous aurons $h = 2000^T,4$; au reste nous n'avons besoin ni de ce rayon ni de h.

18. Il est bien sûr que la hauteur de l'atmosphère surpasse de beaucoup 2000^T, puisqu'on peut vivre et respirer sur le Mont-Blanc qui a 2400^T, sur le Pitchincha qui en a 3000, et que M. Gay-Lussac s'est élevé en ballon à 3600^T; mais les couches de l'atmosphère vont sans cesse en diminuant de densité, et l'atmosphère entière équivaut à peu près à une atmosphère d'une densité constante qui n'aurait que 2000^T de hauteur. On voit par là que l'hypothèse de Cassini ne saurait être qu'approximative.

19. Rien de plus simple que le calcul des formules

$$\sin(y + r) = \cos(u - R) \sin N; \quad \sin y = \cos u \sin N; \quad (y + r) - y = r;$$

mais quand y approche de $90°$, les tables donnent peu de précision, et l'on pourrait se tromper de 2 ou $3''$. La formule $(a, 17)$ serait plus exacte si l'on connaissait $(y + \tfrac{1}{2} r)$;

or $\quad \sin(y + r) + \sin y = 2 \sin(y + \tfrac{1}{2} r) \cos \tfrac{1}{2} r = (\cos(u - R) + \cos u) \sin N$
$$= 2 \cos \tfrac{1}{2} R \cos(u - \tfrac{1}{2} R) \sin N,$$

et $\sin(y + \tfrac{1}{2} r) = \left(\dfrac{\cos \tfrac{1}{2} R}{\cos \tfrac{1}{2} r}\right) \cos(u - \tfrac{1}{2} R) \sin N$:

à quelques degrés de hauteur, on peut supposer $\cos \tfrac{1}{2} r = 1$; et tout près de l'horizon $\left(\dfrac{\cos \tfrac{1}{2} R}{\cos \tfrac{1}{2} r}\right) = 1$, alors on aurait

$$\sin(y + \tfrac{1}{2} r) = \cos(u - \tfrac{1}{2} R) \sin N,$$

et l'on pourrait calculer la formule $(a, 17)$.

On a encore $n = \dfrac{\sin(y + r)}{\sin y} = \dfrac{\sin(y + \tfrac{1}{2} r + \tfrac{1}{2} r)}{\sin(y + \tfrac{1}{2} r - \tfrac{1}{2} r}$

$$= \frac{\sin(y + \tfrac{1}{2} r) \cos \tfrac{1}{2} r + \cos(y + \tfrac{1}{2} r) \sin \tfrac{1}{2} r}{\sin(y + \tfrac{1}{2} r) \cos \tfrac{1}{2} r - \cos(y + \tfrac{1}{2} r) \sin \tfrac{1}{2} r} = \frac{1 + \tang \tfrac{1}{2} r \cot(y + \tfrac{1}{2} r)}{1 - \tang \tfrac{1}{2} r \cot(y + \tfrac{1}{2} r)}$$

$$\tang \tfrac{1}{2} r \cot(y + \tfrac{1}{2} r) = \frac{n - 1}{n + 1} = \frac{\sin R \tang u + \cos R - 1}{\sin R \tang u + \cos R + 1}$$

$$= \frac{2 \sin \tfrac{1}{2} R \cos \tfrac{1}{2} R \tang u - 2 \sin^2 \tfrac{1}{2} R}{2 \sin \tfrac{1}{2} R \cos \tfrac{1}{2} R \tang u + 2 \cos^2 \tfrac{1}{2} R} = \frac{\tang \tfrac{1}{2} R \tang u - \tang^2 \tfrac{1}{2} R}{\tang \tfrac{1}{2} R \tang u + 1}$$

$$= \tang \tfrac{1}{2} R \left(\frac{\tang u - \tang \tfrac{1}{2} R}{1 + \tang u \tang \tfrac{1}{2} R}\right) = \tang \tfrac{1}{2} R \tang(u - \tfrac{1}{2} R),$$

et

$$\tan \tfrac{1}{2} r = \tan \tfrac{1}{2} R \, \tan (u - \tfrac{1}{2} R) \, \tan (y + \tfrac{1}{2} r),$$

ou

$$r = 58'',7265 \, \tan (y + \tfrac{1}{2} r) = 58'',7265 \, \tan (N - x) \dots (b).$$

On voit que les réfractions sont proportionnelles à la distance zénitale, diminuée d'un angle $x = N - (y + \tfrac{1}{2} r)$; cherchons cet angle x.

Soit $y' = (y + \tfrac{1}{2} r)$

$$\sin N - \sin y' = 2 \sin \tfrac{1}{2} (N - y') \cos \tfrac{1}{2} (N + y') = 2 \sin \tfrac{1}{2} x \cos (N - \tfrac{1}{2} x)$$
$$= \sin N - \left(\frac{\cos \tfrac{1}{2} R}{\cos \tfrac{1}{2} r} \right) \cos (u - \tfrac{1}{2} R) \sin N \qquad (19)$$
$$= \sin N \left(1 - \frac{\cos \tfrac{1}{2} R}{\cos \tfrac{1}{2} r} \cos (u - \tfrac{1}{2} R) \right).$$

Négligeons $\left(\dfrac{\cos \tfrac{1}{2} R}{\cos \tfrac{1}{2} r} \right)$ qui est sensiblement égal à l'unité, nous aurons

$$2 \sin \tfrac{1}{2} x = \frac{2 \sin^2 \tfrac{1}{2} (u - \tfrac{1}{2} R) \sin N}{\cos (N - \tfrac{1}{2} x)}$$

ou

$$x = \frac{2 \sin^2 \tfrac{1}{2} (u - \tfrac{1}{2} R) \sin N}{\cos N + \sin \tfrac{1}{2} x \sin N} = \frac{2 \sin^2 \tfrac{1}{2} (u - \tfrac{1}{2} R) \tan N}{1 + \sin \tfrac{1}{2} x \tan N};$$

x sera donc $\qquad\qquad < 2 \sin^2 \tfrac{1}{2} (u - \tfrac{1}{2} R) \tan N$;

soit $\qquad\qquad x = 2 \sin^2 \tfrac{1}{2} (u - \tfrac{1}{2} R) \tan (N - z)$;

z sera un fort petit angle

nous avons $\qquad\qquad r = \tan R \, \tan (u - \tfrac{1}{2} R) \, \tan (N - x)$.

Il y a donc une grande ressemblance entre ces valeurs de x et de r.

$$\frac{x}{r} = \frac{2 \sin^2 \tfrac{1}{2} (u - \tfrac{1}{2} R) \tan (N - z)}{\tan R \, \tan (u - \tfrac{1}{2} R) \, \tan (N - x)} = \frac{2 \cot R \sin^2 \tfrac{1}{2} (u - \tfrac{1}{2} R) \cos (u - \tfrac{1}{2} R)}{\sin (u - \tfrac{1}{2} R)} \cdot \frac{\tan (N - z)}{\tan (N - x)}$$
$$= \frac{2 \cot R \sin^2 \tfrac{1}{2} (u - \tfrac{1}{2} R) \cos (u - \tfrac{1}{2} R)}{2 \sin \tfrac{1}{2} (u - \tfrac{1}{2} R) \cos \tfrac{1}{2} (u - \tfrac{1}{2} R)} \cdot \frac{\tan (N - z)}{\tan (N - x)}$$
$$= \cot R \tan \tfrac{1}{2} (u - \tfrac{1}{2} R) \cos (u - \tfrac{1}{2} R) \cdot \frac{\tan (N - z)}{\tan (N - x)}$$
$$= 1.6081 \cdot \frac{\tan (N - z)}{\tan (N - x)} \quad \text{et} \quad x = 1.6081 \, r \tan (N - z) \cot (N - x).$$

Ainsi, en négligeant $\tan (N - z) \cot (N - x)$ qui diffère très-peu de l'unité, si ce n'est tout près de l'horizon.

$$= 58'',7265 \tan (N - 1.6081 \, r);$$

tel est à peu près et en dernière analyse le résultat de l'hypothèse de Cassini.

20. Cette hypothèse est abandonnée depuis long-tems ; mais elle a une analogie très-remarquable avec l'hypothèse qui l'a remplacée. Elle conduit à une formule toute pareille, et personne, ce me semble, n'avait remarqué cette parfaite ressemblance. En effet, supposer une atmosphère d'une densité moyenne, ou supposer une force réfractive constante dans toute l'étendue de l'atmosphère, la différence ne saurait être bien considérable. Ainsi, d'après l'hypothèse de Cassini, on devait croire que l'expression de la réfraction était de cette forme

$$r = p \tang (N - qr) :$$

p et q étant deux constantes qui ne pouvaient être déterminées que par l'observation.

21. M. Halley dans les *Transactions philosophiques*, n° 366, p. 118, et Lemonnier, page 418 de ses *Institutions astronomiques*, ont publié la Table de Newton sans en donner la formule. La réfraction est de $33'45''$ à l'horizon, de $4'52''$ à 80° et de $54''$ à 45°.

Daniel Bernoulli dans son *Hydrodynamique*, p. 222, en supposant, comme Cassini, la réfraction $5'28''$ à 80°, a donné une table où l'on trouve $34'53''$ à 90° et $63''$ à 45°. La formule est composée de trois termes, qui ont pour coefficient commun la réfraction à 45°.

22. Simpson, Boscovich et du Séjour, en supposant une force réfractive constante, ont trouvé de différentes manières la formule

$$m \sin N = \sin (N - nr).$$

23. Supposons $N = 90°$: nous aurons $m = \cos nR$, et par conséquent,

$$\cos nR \sin N = \sin (N - nr) ;$$

d'où
$$1 : \cos nR :: \sin N : \sin (N - nr)$$

$$1 + \cos nR \div 1 - \cos nR :: \sin N + \sin (N - nr) : \sin N - \sin (N - nr)$$

$$1 : \tang^2 \tfrac{1}{2} nR :: \tang (N - \tfrac{1}{2} nr) : \tang \tfrac{1}{2} nr,$$

et
$$\tang \tfrac{1}{2} nr = \tang^2 \tfrac{1}{2} nR \ \tang (N - \tfrac{1}{2} nr),$$

ou
$$r = p \tang (N - qr).$$

Bradley supposa $p = 57''$ et $q = \tfrac{1}{2} n = 3$, et donna sans démonstration la formule

$$r = 57'' \tang (N - 3r).$$

Il n'avait donc fait que changer les deux constantes de Cassini ; qui étaient $58''7265$ et 1.6081 ; il est vrai que Cassini n'ayant donné aucun développement analytique à la méthode, ces deux coefficiens ne s'apercevaient pas, et il est très-possible que Bradley soit arrivé à sa formule par une marche très-différente. Remarquons encore que le coefficient q dans la méthode de Cassini ne serait pas tout-à-fait constant, puisqu'il doit être multiplié par $\tang (N - z) \cot (N - x)$; cette multiplication produit des effets assez sensibles auprès de l'horizon.

24. En développant la formule (a) on obtient

$$\tang \tfrac{1}{2} nr = \tang^2 \tfrac{1}{2} nR \left(\frac{\tang N - \tang \tfrac{1}{2} nr}{1 + \tang \tfrac{1}{2} nr \, \tang N} \right)$$

$$\tang^2 \tfrac{1}{2} nr + \left(\frac{1 + \tang^2 \tfrac{1}{2} nR}{\tang N} \right) \tang \tfrac{1}{2} nr = \tang^2 \tfrac{1}{2} nR.$$

En résolvant cette équation du second degré, on a

$$\tang \tfrac{1}{2} nr = - \frac{\cot N}{2 \cos^2 \tfrac{1}{2} nR} \pm \left(\frac{\cot^2 N}{4 \cos^4 \tfrac{1}{2} nR} + \tang^2 \tfrac{1}{2} nR \right)^{\frac{1}{2}}$$

$$= \frac{\cot N}{2 \cos^2 \tfrac{1}{2} nR} \left[\left(1 + \sin^2 nR \, \tang^2 N \right)^{\frac{1}{2}} - 1 \right].$$

Soit $\tang x = \sin nR \, \tang N$; notre équation devient

$$\tang \tfrac{1}{2} nr = \frac{\cot N \, \tang x \, \tang \tfrac{1}{2} x}{2 \cos^2 \tfrac{1}{2} nR} = \frac{\cot N \, \sin nR \, \tang N \, \tang \tfrac{1}{2} x}{2 \cos^2 \tfrac{1}{2} nR}$$

$$= \frac{\sin nR \, \tang \tfrac{1}{2} x}{2 \cos^2 \tfrac{1}{2} nR} = \frac{2 \sin \tfrac{1}{2} nR \, \cos \tfrac{1}{2} nR \, \tang \tfrac{1}{2} x}{2 \cos^2 \tfrac{1}{2} nR} = \tang \tfrac{1}{2} nR \, \tang \tfrac{1}{2} x ;$$

mais

$$\tfrac{1}{2} nr = \tang \tfrac{1}{2} nr - \tfrac{1}{3} \tang^3 \tfrac{1}{2} nr + \tfrac{1}{5} \text{ etc.}$$

$$\tfrac{1}{2} nr = \tang \tfrac{1}{2} nR \, \tang \tfrac{1}{2} x - \tfrac{1}{3} \left(\tang^3 \tfrac{1}{2} nR \, \tang^3 \tfrac{1}{2} x \right) + \tfrac{1}{5} \text{ etc.}$$

ou

$$r = R \tang \tfrac{1}{2} x - 0'',013 \, \tang^3 \tfrac{1}{2} x$$

ensorte que le calcul se réduit aux formules suivantes, qui ont toute l'exactitude que comporte cette hypothèse ,

(1) $\tang x = \sin nR \, \tang N$,   (2) $r = R \tang\tfrac{1}{2} x$,   (3) $r' = R \cot\tfrac{1}{2} x$.

r et r' sont les réfractions pour les distances zénitales N et $180° - N$. Cette dernière est toujours la plus forte, et les réfractions vont toujours en augmentant avec la distance au zénit.

25. Cette même équation se développe en série de la forme

$$r = A \tang N + B \tang^3 N + \text{etc.}$$

et en y mettant les nombres de Bradley, $\tfrac{1}{2} n = 3$, $R = 32'56'',8$

$$r = 56'',64775 \tang N - 0'',04664,6938 \tang^3 N + 0'',00007,78129 \tang^5 N$$
$$- 0'',00000,0158 \tang^7 N + \text{etc.}$$

26. Les formules (24) donnent un moyen de trouver n et R par observation quand on connaît deux réfractions r et r'. En effet

$$\frac{r'}{r} = \frac{R \tang \tfrac{1}{2} x'}{R \tang \tfrac{1}{2} x} = \frac{\tang \tfrac{1}{2} x'}{\tang \tfrac{1}{2} x} ;$$

mais

$$\tang x = \frac{2 \tang \tfrac{1}{2} x}{1 - \tang^2 \tfrac{1}{2} x},$$

donc

$$\frac{r'}{r} = \frac{\tfrac{1}{2} \tang x' (1 - \tang^2 \tfrac{1}{2} x')}{\tfrac{1}{2} \tang x (1 - \tang^2 \tfrac{1}{2} x)} = \frac{\tang N'}{\tang N} \left(\frac{1 - \tang^2 \tfrac{1}{2} x'}{1 - \tang^2 \tfrac{1}{2} x} \right)$$

$$\frac{r'}{r} = \frac{\tang N'}{\tang N} \left(\frac{1 - \tang^2 \tfrac{1}{2} x'}{1 - \left(\frac{r}{r'}\right)^2 \tang^2 \tfrac{1}{2} x'} \right) ;$$

$$\frac{\tang N'}{\tang N} = \frac{\frac{r'}{r} - \frac{r'}{r}\left(\frac{r}{r'}\right)^2 \tang^2 \tfrac{1}{2} x'}{1 - \tang^2 \tfrac{1}{2} x'} = \frac{\frac{r'}{r} - \frac{r}{r'} \tang^2 \tfrac{1}{2} x'}{1 - \tang^2 \tfrac{1}{2} x'}$$

$$\frac{r'}{r} - \frac{r}{r'} \tang^2 \tfrac{1}{2} x' = \tang N' \cot N - \tang N' \cot N \tang^2 \tfrac{1}{2} x' ;$$

$$\tang^2 \tfrac{1}{2} x' = \frac{\tang N' \cot N - \frac{r'}{r}}{\tang N' \cot N - \frac{r}{r'}}.$$

$$= \frac{\tang A - \tang B}{\tang A - \cot B} = \frac{\sin (A - B) \tang B}{\sin (A + B - 90°)}.$$

Connaissant x', on aura

$$\tang \tfrac{1}{2} x = \frac{r}{r'} \tang \tfrac{1}{2} x' ; \qquad R = r' \cot \tfrac{1}{2} x' = r \cot \tfrac{1}{2} x,$$

$$\sin nR = \tang x \cot N = \tang x' \cot N' ; \qquad n = \frac{nR}{R},$$

et le problème résolu, quelles que soient les réfractions r et r'; mais si $r' = R$, $\tang \tfrac{1}{2} x' = 1$, $\tang \tfrac{1}{2} x = \frac{r}{R}$;

$$\sin nR = \tang \tfrac{1}{2} x \cot N = \frac{2\left(\frac{r}{R}\right) \cot N}{1 - \frac{r^2}{R^2}} = \frac{2 R r \cot N}{(R + r)(R - r)}.$$

27. Ces formules nous donnent un moyen bien simple pour comparer à la formule de Simpson toutes les tables existantes.

En prenant dans la table de Cassini

$$\frac{r}{R} = \frac{5'28''}{32.20}; \quad \text{tang} \tfrac{1}{2} x = \text{tang } 9°35'47''$$

$$\sin nR = \text{tang } x \cot 80° = \sin 3°31'8''$$

$$n = \frac{nR}{R} = 6,5299 \quad \tfrac{1}{2} n = 3,26495; \quad r \text{ à } 45° = 59''5,$$

en prenant dans la table de Bernoulli

$$\frac{r}{R} = \frac{5'28''}{34.53}; \quad n = 5,5862; \quad \tfrac{1}{2} n = 2,7931; \quad \text{à } 45° r = 59''26,$$

au lieu que Bernoulli donne 63''.

En prenant dans la table de Newton

$$\frac{r}{R} = \frac{4'52''}{33.45}, \quad \tfrac{1}{2} n = 2,646; \quad \text{à } 45° \, r = 52'',55 :$$

Newton donne 54''.

La table de La Caille ne suppose aucune formule; elle est toute fondée sur les observations, du moins pour les distances au zénit depuis 45° jusqu'à 90°, le reste est calculé par la formule de Bernoulli : à 45°, il fait $r = 66''$, c'est-à-dire 3'' de plus que Bernoulli, comme Bradley avait fait 57'' ou 3'' de plus que Newton.

La table de Piazzi n'est assujétie à aucune formule; mais sans faire violence aux observations qu'il a prises pour fondemens, on pourrait la ramener à la formule de Bradley en changeant un peu R et n.

La table de Mayer est calculée sur la formule

$$\sin nr = \cos nR \sin N \cot N \left[(1 + \text{tang}^2 \, nR \text{ séc}^2 N)^{\frac{1}{2}} - 1 \right]$$

qui n'est encore qu'un corollaire de la formule de Simpson. Il suppose $n = 6,3$.

Enfin M. Laplace, d'après une théorie plus complète et plus approfondie, a donné dans sa *Mécanique céleste* la formule

$$r = (a + \tfrac{3}{2} a^2 - ab) \text{ tang N} - ab \text{ tang}^3 N, \text{ où } b = 0,00125251 ;$$

mais cette formule ne sert que jusqu'à 74° de distance au zénit.

Pour les seize degrés suivans, la formule est plus compliquée, et ne peut se mettre en tables que par des artifices de calcul que nous ne pou-

vons

vous exposer ici. Il est curieux de voir ce que les réfractions de cette table donneraient pour n.

Cette table nous fournit

$$\frac{r}{R} = \frac{5'\,19''\,8}{33'\,46''\,3} = \tang\ 8°\,58'\,8''\ ;\quad \tfrac{1}{2} n = 2{,}91255\ ;$$

avec ces valeurs la formule de Simpson donne les différences suivantes :

90°	89°	88°	87°	86°	85°	84°	83°	82°	81°	80°	45°
$+0''$	$+14''$	$+36''$	$+24''$	$+12''$	$+9''$	$+5''$	$+4''$	$+2''$	$+1''$	0 0	$-0{,}3$

En prenant d'autres réfractions dans la même table, on aurait pour R et n des valeurs différentes, d'où il résulte que le coefficient n n'est pas constant, comme le supposait Simpson. Il était variable, dans l'hypothèse de Cassini. La formule de Simpson ne peut donc servir que jusqu'à 80° de distance au zénit ou 82°; il est vrai que passé 82° les réfractions varient d'un jour à l'autre et dans des circonstances en apparence toutes pareilles de quantités qui passent ces différences. Il est donc très-difficile de décider par les observations quelle est la meilleure formule ; c'est à la théorie seule qu'il appartient de lever ces incertitudes.

28. Jusqu'ici nous n'avons parlé que des réfractions moyennes ; mais les réfractions dépendent de la densité de l'atmosphère, cette densité varie et fait varier la hauteur de la colonne de Mercure dans les baromètres ; les réfractions auront donc des variations proportionnelles à peu de chose près aux variations du baromètre.

Soit B la hauteur du baromètre pour laquelle on a déterminé les réfractions moyennes, $(B+dB)$ la hauteur actuelle, on aura cette analogie :

$$B : B + dB :: r : r + dr = \left(\frac{B+dB}{B}\right) r = \left(1 + \frac{dB}{B}\right) r.$$

Ce n'est pas tout, la densité varie avec la température de l'air ; la densité décroît quand la chaleur augmente.

Si les réfractions ont été déterminées pour une température moyenne t, il faudra les diviser par un nombre $(1 + mdt)$, car on observe que les réfractions diminuent quand la chaleur augmente; ainsi la réfraction moyenne étant r, la réfraction $r + dr$ sera

1.   39

$$r + dr = \left[\frac{1 + \frac{dB}{B}}{1 + mdt} \right] r,$$

m étant un coefficient que donnera l'expérience quand on aura observé de combien une variation dt du thermomètre change une réfraction donnée.

On aura donc en faisant $\log \mathrm{K} = 9.6377843$

$$\log (r + dr) = \log r + \log \left(1 + \frac{dB}{B} \right) - \log (1 + mdt)$$
$$= \log r + \mathrm{K} \left[\frac{dB}{B} - \frac{1}{2} \left(\frac{dB}{B} \right)^2 + \text{etc.} - mdt - \frac{1}{2} (mdt)^2 - \text{etc.} \right].$$

Ainsi on pourra faire une table de logarithmes de r pour toutes les distances au zénit. Une table des logarithmes de $\left(1 + \frac{dB}{B} \right)$ pour toutes les hauteurs du baromètre. Une table des logarithmes de $(1 + mdt)$ pour tous les degrés des thermomètres. En réunissant ces trois logarithmes, on aura le logarithme de $(r + dr)$; et c'est ainsi que sont calculées nos dernières tables de réfraction, publiées par le Bureau des Longitudes.

29. Pour déterminer le coefficient m il faut connaître de combien le volume de l'air augmente pour chaque degré du thermomètre; l'expérience est délicate. Mayer supposait $m = 0,0045$; La Caille réduisait ce coefficient à 0.0037; Bradley trouvait $0,0055$. M. Laplace a trouvé, à fort peu près comme Mayer.

Soit r la réfraction moyenne pour une distance donnée,

$r' = \dfrac{r}{1 + mdt'}$ la réfraction pour la même hauteur à la température $(t + dt')$;

$r'' = \dfrac{r}{1 + mdt''}$ la réfraction pour la température $(t + dt'')$,

$\dfrac{r'}{r''} = \dfrac{1 + mdt''}{1 + mdt'}$: d'où $r' + r'mdt' = r'' + r''mdt''$

$$r'mdt' - r''mdt'' = r'' - r'$$
$$m = \frac{r'' - r'}{r'\, dt' - r''\, dt''}$$

Suivant des observations de Lemonnier (Hist. Céleste, pag. XXXII)

$$r'' = 640''\,; \quad dt'' = -2°\,; \quad r' = 560'', \quad dt' = 24°\,;$$

donc

$$m = \frac{640'' - 560''}{560''.24 - 640 \times -2} = \frac{80''}{560''.24 + 640.2} = \frac{8''}{56.24 + 64.2} = \frac{1}{7.24 + 8.2}$$
$$= \frac{1}{168 + 16} = \frac{1}{184} = 0,005435\,, \text{ ce qui diffère peu de Bradley.}$$

Ainsi pour un degré de Réaumur ou pour $\frac{1}{80}$ de l'espace entre la glace fondante et l'eau bouillante, et pour un degré centésimal ou $\frac{1}{100}$ du même intervalle, nous aurons pour m les quantités suivantes :

	1 : 80	1 : 100
Bradley	0,0055	0,0044
Lemonnier	0,005455	0,004348
Mayer	0,004527	0,003622
La Caille.......	0,00370	0,00296
Bonne..........	0,00400	0,0032
Laplace	0,004919	0,003935

30. Les tables logarithmiques dont nous avons expliqué la construction ci-dessus (30), sont les plus simples et les plus commodes quand on veut toute l'exactitude de la formule ; mais quand on n'a pas besoin d'une extrême précision, il est plus commode de trouver dans la table les réfractions mêmes en minutes et secondes, et l'on donne une disposition différente aux tables de correction.

La première idée qui se présente est de faire une table à double entrée comme la table de multiplication. Dans la colonne verticale à la gauche de la table, on met les hauteurs barométriques de ligne en ligne. Dans la première ligne en tête de la table on met tous les degrés du thermomètre, et dans la case qui répond à la fois aux nombres que marquait le baromètre et le thermomètre à l'instant pour lequel on veut la réfraction, on place le nombre $\left(\dfrac{1 + \frac{dB}{B}}{1 + mdt}\right)$ par lequel on multiplie r. Mais

$$dr = r + dr - r = \frac{\left(1 + \frac{dB}{B}\right)}{1 + mdt}\, r - r = \frac{\left(1 + \frac{dB}{B}\right) r - (1 + mdt)\, r}{(1 + mdt)}$$

$$= \frac{\frac{dB}{B}\, r - r.mdt}{1 + mdt} = \frac{r\left(\frac{dB}{B} - mdt\right)}{1 + mdt}$$

$$= \frac{r\left(\frac{dB}{B} + \frac{dB}{B}\, mdt - \frac{dB}{B}\, mdt - mdt\right)}{1 + mdt}$$

$$= \frac{r\left(\frac{dB}{B}\,(1 + mdt) - mdt - \frac{dB}{B}\, mdt\right)}{1 + mdt}$$

$$= r\left(\frac{dB}{B} - \frac{mdt}{1 + mdt} - \frac{dB}{B} \cdot \frac{mdt}{1 + mdt}\right).$$

J'ai fait une table de $\left(\dfrac{d\,\mathrm{B}}{\mathrm{B}}\right)$; une autre de $\left(\dfrac{-\,mdt}{1+mdt}\right)$. La première ne dépend que du baromètre, la seconde ne dépend que du thermomètre. Je multiplie r par le nombre $\left(\dfrac{d\,\mathrm{B}}{\mathrm{B}}\right)$, puis par le nombre $\dfrac{-\,mdt}{1+mdt}$, et si je veux par le produit de ces deux nombres, produit qui est toujours une petite fraction que souvent on peut négliger. Les tables sous cette forme sont moins volumineuses et plus exactes.

51. Toutes les formules de réfractions sont ordonnées par rapport à la distance apparente au zénit ou N, et c'est ainsi qu'il faut les avoir pour calculer les observations qui ne donnent que les distances apparentes. Mais quand c'est le calcul qui a donné une distance au zénit, ce ne peut être qu'une distance vraie; il serait alors plus commode d'avoir une table calculée pour les distances vraies V. Or $\mathrm{N} = \mathrm{V} - r$, portons cette valeur dans les formules ci-dessus, nous aurons

$$\tang \tfrac{1}{2} nr = \frac{n + (n+2)\,\tang^2 \tfrac{1}{2} n\mathrm{R}}{(n+2n)\,\tang \mathrm{V}}\left[\left(1 + \frac{\sin(n^2+2n)\,\tang^2 \tfrac{1}{2} n\mathrm{R}\,\tang^2 \mathrm{V}}{(n+(n+2)\,\tang^2 \tfrac{1}{2} n\mathrm{R})^2}\right)^{\tfrac{1}{2}} - 1\right]$$

Soit

$$\tang u = \frac{2\,(n^2+2n)^{\tfrac{1}{2}}\,\tang \tfrac{1}{2} n\mathrm{R}\,\tang \mathrm{V}}{n+(n+2)\,\tang^2 \tfrac{1}{2} n\mathrm{R}},$$

nous aurons

$$r = \left(\frac{n}{(n+2)}\right)^{\tfrac{1}{2}} \mathrm{R}\,\tang \tfrac{1}{2} u\;;$$

en supposant

$$n = 6, \quad \tang u = \frac{(48)^{\tfrac{1}{2}}\,\tang 3\mathrm{R}\,\tang \mathrm{V}}{3 + 4\,\tang^2 3\mathrm{R}} = 0{,}0662437\,\tang \mathrm{V}$$

et

$$r = 1709''{,}36\,\tang \tfrac{1}{2} u = \left(\frac{3}{4}\right)^{\tfrac{1}{2}} \mathrm{R}\,\tang \tfrac{1}{2} u = \mathrm{R}\,\sin 60°\,\tang \tfrac{1}{2} u.$$

et pour $\qquad\qquad 180° - \mathrm{V}, \quad r' = 1709''36\,\cot \tfrac{1}{2} u.$

52. Nous avons suffisamment exposé tout ce qu'on peut savoir de la théorie des réfractions sans y employer l'analyse transcendante. Pour connaître la véritable théorie, Voyez la *Mécanique céleste* de M. Laplace.

Nous avons fait voir quelle diversité régnait entre les astronomes sur la manière de calculer la réfraction et sur les deux élémens de ce calcul.

Voyons maintenant comment on peut trouver ces élémens, et quelle peut être la cause et l'effet de cette diversité.

53. Pour connaitre une réfraction, observez une belle étoile qui passe près du zénit. La réfraction sera nulle ou bien connue; car tous les astronomes s'accordent à faire la réfraction proportionnelle à la distance zénitale, à raison de $1''$ pour chacun des dix premiers degrés.

Si vous connaissez la hauteur du pôle, l'observation vous donnera la distance polaire de l'étoile $= (90° - H) + N$ si l'étoile passe au midi du zénit, ou $(90° - H) - N$ ou $N - (90° - H)$ si elle passe au nord. J'appellerai constamment H la hauteur du pôle, et N la distance au zénit.

Observez ensuite la distance de l'étoile quand elle s'approchera de l'horizon, c'ést-à-dire depuis $75°$ de distance jusqu'à 90 et $91°$, si vous êtes sur un lieu élevé. Notez l'instant de chaque observation, pour avoir les angles horaires. Avec ces angles horaires, la distance du pôle au zénit $= 90° - H$ et la distance polaire de l'étoile calculez la distance vraie de l'étoile au zénit. Comparez-la à la distance observée, vous aurez la réfraction pour chacune de ces distances.

Répétez un assez grand nombre de fois ces observations d'une même réfraction pour prendre un milieu entre toutes. Faites les observations, si vous pouvez, quand le baromètre est à une hauteur peu différente de la moyenne, à une température modérée, à des jours où le baromètre et le thermomètre marqueront des nombres peu différens.

Vous connaitrez ainsi les réfractions moyennes à peu près. Je dis à peu près, car pour que le procédé fût exact, il faudrait connaitre la vraie hauteur du pôle. Mais si vous l'avez déterminée par les étoiles voisines du pôle vous avez conclu................ $90° - H' = \frac{1}{2}(N' + N)$;

vous auriez dû faire................ $90° - H = \frac{1}{2}(N' + r' + N + r)$;

ainsi $H' - H = \frac{1}{2}(r' + r) = dH =$ erreur sur la hauteur du pôle.

Vous avez conclu $\Delta' = 90° - D' = \frac{1}{2}(N' - N)$;

vous auriez dû faire $\Delta = 90° - D = \frac{1}{2}(N' + r' - N - r)$;

ainsi $dD = \Delta - \Delta' = D' - D = \frac{1}{2}(r' - r)$.

Vous avez calculé hors du méridien la distance N', en faisant

$$\cos N' = \cos P \cos H \cos D + \sin H \sin D \quad \text{(Théorème I.)}$$
$$- dN' \sin N' = - dH \cos P \sin H \cos D - dD \cos P \cos H \sin D$$
$$+ dH \cos H \sin D + dD \sin H \cos D.$$

Mettez dans cette formule les valeurs de dH et de dD ci-dessus, développez et réduisez; faites $dr'' = dN'$, vous aurez

$$dr'' = \frac{r \sin (H-D) \cos^2 \tfrac{1}{2} P - r' \sin (H+D) \sin^2 \tfrac{1}{2} P}{\sin N'}.$$

Si c'est par la polaire que vous avez déterminé la hauteur du pole, vous aurez à fort peu près $r = r'$, et r' un peu plus grand que dH.

Telle sera l'erreur de vos réfractions.

34. Malgré cette erreur, vous pouvez chercher R et n par les formules données (27), et avec ces deux élémens calculer les réfractions pour les deux observations qui vous ont donné la hauteur du pôle, vous en ajouterez la demi-somme à la distance du pôle au zénit que vous aviez conclu de vos premières observations, et vous recommencerez le calcul des distances au zénit. Vous aurez des réfractions moins défectueuses avec lesquelles vous recommencerez encore le calcul. Il vous donnera des réfractions plus approchées avec lesquelles vous recommencerez encore jusqu'à ce que deux calculs consécutifs vous donnent les mêmes réfractions. Le procédé est un peu long; mais vous ne l'emploierez que pour quelques réfractions principales.

Dans l'état actuel de l'Astronomie, vous pouvez corriger la hauteur du pôle par les tables de réfraction qui diffèrent peu l'une de l'autre à 40 ou 45° de distance au zénit, r et r' ne désigneront plus que des erreurs fort petites, $r \sin(H-D)$ sera toujours insensible; vous aurez

$$dr'' = - \frac{r' \sin(H+D) \sin^2 \tfrac{1}{2} P}{\sin N'}, \quad \text{ou} \quad \frac{dr''}{dH} = - \frac{\sin (H+D) \sin^2 \tfrac{1}{2} P}{\sin N'},$$

ce qui prouve déjà qu'il n'est pas aisé d'avoir des réfractions exactes, puisqu'elles dépendent de H, qui réciproquement dépend des réfractions.

Si l'étoile passe au zénit on aura réellement $\sin (H - D) = 0$, et

$$\frac{dr''}{dH} = - \frac{\sin 2H \sin^2 \tfrac{1}{2} P}{\sin N'},$$

à Paris,

$$\frac{dr''}{dH} = - \frac{\sin 98° \sin^2 \tfrac{1}{2} P}{\sin N'} = - \frac{\sin 82° \sin^2 \tfrac{1}{2} P}{\sin N'}.$$

Ainsi dr différera peu de dH et sera de signe contraire.

Supposez H trop fort de $1''$, vous aurez des réfractions toutes trop foibles de $1''$ à fort peu près, et réciproquement, vous aurez autant de tables différentes pour les réfractions que vous aurez fait de suppositions différentes pour la hauteur du pôle, et chacune de ces tables, avec sa hauteur du pôle, satisfera également bien aux observations. C'est là la difficulté réelle du problème, l'une des causes des différences que nous trouvons entre les tables; mais l'impossibilité de bien déterminer les réfractions, nous prouve en même tems qu'il n'est pas bien indispensable de les connaître parfaitement.

Ce moyen pour connaître les réfractions est celui qui a dû se présenter le premier.

Nous avons supposé connus les côtés PA, PZ et P, nous avons calculé ZA par notre premier théorème.

Si l'on suppose connus P, Z et PA, nous calculerons ZA par le sixième cas des triangles sphériques. Cette méthode suppose un excellent cercle azimutal; elle n'a été employée que par M. *Piazzi, Specola di Palermo.*

Si nous ne voulons pas de l'angle P, parce que $1''$ de tems fait $15'$ de degré, nous pouvons prendre pour données PA, PZ et Z, nous aurons ZA par le cinquième cas des triangles sphériques.

Quoique ces deux cas soient ambigus, nous ne pourrons jamais nous tromper sur l'espèce de ZA, à moins que ZA soit à quelques secondes près de 90°.

Enfin, avec PZ, P, Z, nous nous servirons du troisième théorème.

Il serait aisé de prouver, par la différentiation des diverses formules, que ces quatre manières sont sujettes au même inconvénient.

35. Tycho imagina un autre moyen, et il fut imité par Bradley.

Soit S la distance solstitiale du soleil au zénit en été, ω l'obliquité de l'écliptique

$H - \omega = S$, et si S est la distance apparente, $H - \omega = S + r$ en hiver.

$H + \omega = S'$, et si S' est la distance apparente, $H + \omega = S' + r'$, d'où l'on tire $2H = S + S' + r + r'$.

Soit Δ la distance polaire d'une étoile voisine du pôle

$$\text{Dans le passage supérieur,} \quad N + \rho = 90° - H - \Delta,$$
$$\text{Dans le passage inférieur,} \quad N' + \rho' = 90° - H + \Delta,$$
donc
$$N + N' + \rho + \rho' = 180° - 2H,$$
et
$$2H = 180° - N - N' - S - = r + r' + \rho + \rho'.$$

Toutes nos formules nous disent que pour des distances au zénit, telles que S, S′, N et N′, la formule de réfraction se borne aux termes

$$A \ \text{tang} \ N + B \ \text{tang}^3 N$$

$$180° - N - N′ - S - S′ = A \ (\text{tang} \ S + \text{tang} \ S′ + \text{tang} \ N + \text{tang} \ N′)$$
$$+ \ B \ (\text{tang}^3 N + \text{tang}^3 N′ + \text{tang}^3 S + \text{tang}^3 S′)$$

$$A = \frac{180° - (N + N′ + S + S′) - B \ (\text{tang}^3 N + \text{tang}^3 N′ + \text{tang}^3 S + \text{tang}^3 S′)}{\text{tang} \ S + \text{tang} \ S′ + \text{tang} \ N + \text{tang} \ N′}.$$

Ici nous ne dépendons plus de H, et c'est un avantage ; mais nous dépendons de B ; nous n'avons qu'une équation et deux indéterminées, la valeur de A dépendra de celle que nous supposerons pour B.

Dans la formule de Bradley, que nous pouvons regarder comme une approximation, $B = - 0″,0466$.

En donnant à B différentes valeurs, j'ai formé le tableau suivant d'après les observations de Bradley. On y voit que la hauteur du pôle diminue de $\frac{1}{3}$ de seconde à mesure que B augmente de $0″,05$, ce qui fait augmenter A de $0″,445$. Il faudrait donc au moins que la théorie nous indiquât la limite des valeurs possibles de B. Si nous pouvons prouver que B diffère peu de $0″,05$, il en résultera $A = 56″,9$, à fort peu près.

B	A	H	dA	dH
— 0″05	56″92	51°28′39″65	+	0″33
10	57,36	39,32	0″44	0,32
15	57,81	39,00	0,45	0,33
20	58,25	38,67	0,44	0,33
25	58,70	38,34	0,45	0,33
0,30	59,14	38,01	0,44	0,33

36. Suivant la formule de Simpson

$$B = - \tfrac{1}{4} A \sin^2 nR = - \tfrac{1}{4} A \sin^2 6R.$$

R diffère peu de $33′$, $6R = 3° \ 18′$. Ainsi nous ne pouvons pas avoir une incertitude bien considérable sur le facteur $\tfrac{1}{4} \sin^2 nR = - \frac{B}{A}$ Portons cette valeur approximative dans la formule, et nous serons convaincus que A diffère peu de $57″$, du moins d'après ces observations.

Mais

Mais il faut démontrer bien clairement cette valeur ou telle autre du rapport $\frac{B}{A}$, sans quoi le problème reste indéterminé par cette méthode, aussi bien que par celle des angles horaires (36).

En prenant ce rapport dans la théorie de M. Laplace, j'ai trouvé $A = 57'',134$ par une multitude d'observations de M. Piazzi, et par toutes celles que j'avais faites à Bourges, depuis $74°$ jusqu'à $90°\frac{1}{3}$ de distance au zénit.

39. En adoptant la méthode de Tycho, Bradley l'a étendue et perfectionnée : il ne s'est pas borné aux distances solstitiales du soleil, il a fait des comparaisons pareilles dans toutes les saisons de l'année, et surtout aux équinoxes, en tenant partout compte de la parallaxe. (Voy. chap. XV.)

Pour bien entendre sa méthode, il faudrait quelques notions que nous n'avons pas encore données; mais pour ne pas revenir sur les réfractions, nous allons expliquer ici cette méthode, en priant le lecteur d'admettre quelques pratiques qui seront démontrées dans la suite.

Soient ZE' et ZF' (fig. 106) deux distances apparentes au zénit égales entre elles, et observées vers les équinoxes. Les distances apparentes étant égales, les réfractions seront égales, et les distances vraies ZE et ZF seront encore égales.

Soit O le point solstitial sur l'écliptique FOE. Les triangles ZOE, ZOF sont parfaitement égaux : ils sont rectangles en O, ils ont le côté commun ZO, et l'hypoténuse ZE $=$ ZF, d'où OZE $=$ OZF ou SA $=$ SB. Le soleil sera donc à égales distances du solstice O et des équinoxes Υ et $\triangle$.

En comparant chaque jour le soleil à une étoile G, on connaîtra l'arc AB du mouvement du soleil sur l'équateur entre ces deux observations, on connaîtra donc $A\Upsilon = B\triangle$. En observant plusieurs jours de suite le soleil, on connaîtra le mouvement diurne du soleil en déclinaison et sur l'équateur. On en conclura par des règles de trois les deux instans où le soleil aura été à $90°$ de part et d'autre du solstice S, et par conséquent dans les points équinoxiaux; on aura, par des calculs semblables, les deux distances apparentes de l'équateur au zénit pour ces deux instans; ou bien on calculera les déclinaisons AE $=$ BF par l'équation (X.50) $\tan AE = \sin A\Upsilon \tan A\Upsilon E$, ce qui suppose l'obliquité à peu près connue.

En combinant ainsi quatre équinoxes, Bradley trouve $N = 51°27'28''$.

Par un grand nombre d'observations de la polaire à ses deux passages par le méridien, il trouve . . . . $N' = 38\ 30\ 35$.

La somme qui devait être de $90°$ n'est que de . . . . $89\ 58\ \overline{5}$.

La somme des deux réfractions est donc de . . . . $1\ 57$.

A ces deux distances N et N' on peut supposer

$$r + r' = 117'' = A\,(\text{tang N} + \text{tang N'}), \quad \text{d'où} \quad A = 57'',046.$$

En supposant que la réfraction croît uniformément de N' à N, on aurait 58″5 pour la réfraction à 44° 59′ 1″,5; mais

$$
\begin{aligned}
&& 57'',046\;\text{tang N} &= 0° \;1′11″6 \\
\text{La distance apparente de l'équateur au zénit} &= N &&= 51\;27\;28 \\
\text{Ainsi la distance vraie}\dots\dots\dots\dots\dots\dots\dots\dots &= H &&= 51\;28\;39,6 \\
\text{On aura de même}\quad 57'',046\;\text{tang N'} &= &&\qquad 45,4 \\
\text{La distance apparente du pôle au zénit}\qquad N' &= 38\;50\;35 \\
\text{Et la distance vraie}\dots\dots\dots\dots\dots\dots 90° - H &= 38\;31\;20,4.
\end{aligned}
$$

On a donc par cette méthode deux réfractions et la hauteur du pôle; mais c'est en supposant B insensible à ces deux distances du zénit. Supposons B $=-0'',1$, les termes négligés seront

$$0'',1978 + 0'',0504 = 0'',2482 \quad A = \frac{117''2482\;\cos N \cos N'}{\sin\,(N+N')} = 57'',167\,;$$
$$H = 51°28′39'',56 \quad \text{et} \quad 90° - H = 58°\;31′\;20'',44\,,$$

ce qui s'accorde également bien.

Si l'on a calculé les déclinaisons AE=BF, on a ZE′+r+AE=90°—H, ZF′+r+BF=90°—H, la réfraction r sera celle qui convient à la distance zénitale ZE, et non plus celle qui convient à la distance ZA ; à cela près, le procédé est le même. (Voyez les Leçons de La Caille, 681.)

40. Mais N et N' sont-ils parfaitement connus? Connaissait-on bien l'erreur de collimation (VIII. 26), si difficile à bien déterminer. Supposons une erreur de 1″ sur N et N', r+r' sera 119 ou 115″, A deviendra 56 ou 58″. Ainsi l'erreur de collimation se porte en entier sur le coefficient A.

41. Quand nous supposerions les erreurs nulles, et B aussi petit, il s'ensuivrait seulement que les réfractions depuis le zénit jusqu'à $51°\frac{1}{2}$ seraient 57″ tang N; mais de là jusqu'à l'horizon, nous ne pourrons rien tirer de cette méthode; pour compléter la formule il faudrait observer diverses étoiles plus éloignées du pôle. On corrigerait la distance supérieure N en y ajoutant 57″ tang N : on en conclurait la distance

polaire $= (90° - H) \mp N$ corrigé $= \Delta$; alors la distance inférieure serait

$$N' - 90° + H - \Delta = r' = 57'' \text{ tang } N' - B \text{ tang}^3 N + C \text{ tang}^5 N.$$

On choisira d'abord des étoiles pour lesquelles C soit une quantité insensible.

Mais avec les erreurs de H et de Δ qui surpassent B et même B tang^3 N, comment déterminer B avec quelque sûreté ? La difficulté augmente encore pour C qui dépendra de A et de B. C'est donc à la théorie seule qu'il appartient de donner les réfractions au-delà de 51°.

42. Mais nous nous sommes fait une loi de ne rien admettre qui ne nous soit bien démontré : il faut donc tenter de nouveaux moyens. Nous nous défions des distances au zénit observées aux grands quarts de cercles muraux qui ne peuvent guère nous répondre de 2''. Les cercles répétiteurs qui n'ont point d'erreur de collimation, et qui multiplient les mesures des angles indéfiniment, nous donneront-ils plus de certitude ? c'est ce qui reste à examiner.

J'ai pris quatre étoiles circompolaires observées par Méchain à Montjouy avec un accord étonnant. Voyez *Base du Système métrique*, t. II, p. 643. La polaire m'a donné

$$180° - 2H = 97°14' 21''47 + 2,27634 \, A - 2,98440 \, B + 3,9740 \; C$$

β de la petite ourse

$$180° - 2H = 97°13 \, 58,17 + 2,67976 \, A - 3,47044 \, B + 33,31284 \, C$$

α du dragon

$$180° - 2H = 97°12 \, 58,60 + 3,75944 \, A - 36,50251 \, B + 400,06998 \, C$$

ζ de la grande ourse

$$180° - 2H = 97° \, 9 \, 51,65 + 7,8633 \; A - 439,26965 \, B + 25581,807 \, C$$

Éliminons $(180° - 2H)$ en prenant la différence de la première équation à chacune des trois autres, nous aurons

$$0 = 25''30 - 0,40342 \, A + 5,48504 \, B - 29,53864 \, C$$
$$0 = 82,87 - 1,4836 \, A + 33,51807 \, B - 596,09598 \, C$$
$$0 = 289,82 - 5,58696 \, A + 456,28513 \, B - 25577,8330 \, C;$$

d'où

$$0 = 57''7562 - A + 13,5983\,B - 72,7253\,C$$
$$0 = 55,8574 - A + 22,5924\,B - 266,9830\,C$$
$$0 = 51,8744 - A + 78,0899\,B - 4578,1280\,C,$$

et

$$0 = 1''8988 - 8,9941\,B + 194,2577\,C$$
$$0 = 5,8818 - 64,4916\,B + 4505,4027\,C$$
$$0 = 0''21112 - B + 21,5983\,C$$
$$0 = 0,09120 - B + 69,8603\,C\,;$$

Enfin

$$C = \frac{0''11992}{48,26200} = 0'',0024\ 85$$
$$B = 0'',2648$$
$$A = 61'',1766,$$

et $\quad r = 61''1766 \ \text{tang}\ N - 0''2648 \ \text{tang}^3\ N + 0'',0024\ 85 \ \text{tang}^5\ N.$

Ces valeurs portées dans les quatre premières équations donnent

$$180° - 2H = 97°16'\,39''95$$
$$39,95$$
$$39,95 \qquad \text{milieu} \qquad 97°16'\,39''9475$$
$$39,95 \qquad 90° - H = 48\ 38\ 19,97375$$
$$39,94 \qquad\qquad H = 41\ 21\ 40,02625.$$

43. Voilà donc une formule de réfraction, qui n'emprunte rien de la théorie, et qui satisfait pleinement aux huit distances au zénit que nous avons employées.

Mais elle diffère considérablement de la formule de Bradley.

Pour réduire ses observations à une hauteur moyenne du baromètre et à une température moyenne, Méchain s'était servi des tables de correction de Bradley (31). Il n'y a aucun doute pour le baromètre ; mais nous avons vu que les astronomes sont fort divisés pour le thermomètre. En me servant des tables de Mayer pour ces corrections, et recommençant les calculs, j'ai trouvé

$$r = 63'',302 \ \text{tang}\ N - 0'',34396 \ \text{tang}^3\ N + 0'',0033923 \ \text{tang}^5\ N.$$

Les observations étaient également bien représentées ; mais la latitude était diminuée de 2'', c'est-à-dire de la quantité dont A s'était accru. Voyez ci-dessus (36).

Le coefficient A que j'avais trouvé d'abord de 61″,18 tient assez exactement le milieu entre les diverses valeurs que les astronomes lui ont assignées, puisque Newton le faisait de 54″, Bradley de 57″, Cassini de 59″, Bernoulli de 63″, La Caille de 66″, La Hire de 71″, dont le milieu est 61″7.

44. En cherchant à corriger la table de Bradley par un très-grand nombre d'observations très-exactes de M. Piazzi et par les observations nombreuses que j'avais faites moi-même, j'avais trouvé 57″131 pour ce coefficient; mais j'employais des hauteurs du pôle déterminées avec les réfractions de Bradley : je ne pouvais donc guère trouver que 57″ comme Bradley.

Donnons cette valeur au coefficient A, et recommençons le calcul des observations de Méchain, nous trouverons

$$r = 57″,131 \ \tang N - 0″0085 \ \tang^3 N - 0″,001 \ \tang^5 N.$$

A étant diminué de 4″, j'ai trouvé H plus fort de 4″, ainsi que je devais m'y attendre (36).

45. En supposant A connu et de 57″,131, je pouvais déterminer le coefficient D de $\tang^7$ N, et j'ai trouvé   H = 41° 21′ 44″,1 ,

$$r = 57″,13 \ \tang N + 0″,1495 \ \tang^3 N - 0″,02069 \ \tang^5 N$$
$$+ 0″,00029,707 \ \tang^7 N.$$

En supposant A = 58″, j'ai trouvé H = 41°21′43″,2,

$$r = 58″ \ \tang N + 0″,060369 \ \tang^3 N - 0″,015727 \ \tang^5 N$$
$$+ 0″,00023,65 \ \tang^7 N ;$$

en supposant A = 59″, H est devenu   41° 21′ 42″,2,

$$r = 59″ \ \tang N - 0″,04077 \ \tang^3 N - 0″,01015425 \ \tang^5 N$$
$$+ 0″,00016243 \ \tang^7 N ;$$

avec A = 60″, j'avais H = 41° 21′ 41″,2, et

$$r = 60″ \ \tang N - 0″,14207 \ \tang^3 Z - 0″,0045055 \ \tang^5 N$$
$$+ 0″,00009,0099 \ \tang^7 N.$$

Ainsi entre 57 et 61″, on peut prendre telle valeur qu'on voudra pour la réfraction de 45°; on trouvera une formule qui satisfera également bien aux observations depuis le zénit jusqu'à 82°; mais on aura toujours $dH = - dA$.

D'où il résulte que la construction d'une table de réfractions par les observations est un problème véritablement indéterminé.

46. Dans la méthode de Tycho et de Bradley la latitude disparaît, mais on dépend de l'erreur de collimation et de la parallaxe du soleil. (Voyez chapitre XV). On suppose que les réfractions sont les mêmes la nuit que le jour : ce dont quelques astronomes ont douté. Enfin on n'a la réfraction que jusqu'à 51°; voilà des inconvéniens graves.

Dans ma méthode des quatre étoiles circompolaires, on peut avoir la réfraction jusqu'à $82°\frac{1}{2}$, et même plus loin; mais on voit par les équations ci-dessus, que c'est véritablement un terme de 25″ qui donne $A=61″$. Ainsi l'erreur de ce terme, qui est le résultat de quatre observations, est plus que doublée dans la valeur de A. Le coefficient m du thermomètre peut avoir une influence de 2″ sur cette valeur. Voilà donc des inconvéniens non moins graves.

47. Il est remarquable que les formules des articles 42 et 43 sont les seules où les signes soient alternatifs, ainsi que le demandent les formules de Cassini, de Simpson, Bradley et celle de M. Laplace : on pourrait donc soupçonner que ces formules approchent beaucoup plus de la vérité que celles où j'ai donné une valeur moindre au coefficient A.

Ces formules donnent aux coefficiens B et C des valeurs plus fortes que celles de Bradley. Mais ces diverses augmentations se compensent en grande partie à cause des signes contraires.

48. Avec la polaire, α du dragon, et ζ de la grande ourse, j'ai trouvé

$$r = 57″48 \tang N - 0″07177 \tang^3 Z.$$

Ce qui se rapprocherait de la formule de Bradley et surtout de celle de M. Laplace; B est plus fort, et tendrait à augmenter la constante n; mais est-il permis de négliger les $\tang^5 N$ à la distance de $82°\frac{1}{2}$?

49. Il résulte de tout ceci que la formule de Simpson et la table de Bradley ne satisfont pas à ces observations. Il y a une erreur d'environ 8″ à $82°\frac{1}{2}$; aucune table connue n'y satisfait. Celle du Bureau des Longitudes calculée sur la formule de M. Laplace, et sur la valeur que j'ai trouvée pour la constante α, s'accorde mieux; mais l'erreur est encore de 2 à 5″.

50. J'ai déjà parlé de l'incertitude des observations de réfraction dans le voisinage de l'horizon. J'ai remarqué que d'un jour à l'autre, et dans des circonstances qui étaient les mêmes en apparence, la réfraction variait de 15 à 20″ sans qu'on pût en soupçonner la cause ; mais les variations sont encore bien plus sensibles à l'horizon, on en jugera par le tableau suivant :

Distances zénit. calculées.	Observées.	Réfraction.	Baromètre.	Therm. de 80°.
90°44′ 5″,4	90° 8′ 36″8	35′ 26″8	p.° li.° 27 6,0	16,64
90 33 39,2	90 2 43,6	30 55,6	27 6,0	16,64
90 53 9,1	90 2 12,7	30 57,	27 7,4	20,64
90 53 13,0	90 1 53,	31 19,6	27 6,5	20,52
90 27 50,6	89 54 36,	33 14,6	27 8,1	11,84
90 59 34,5	90 4 37,	34 57,4	27 6,3	19,20

Toutes ces observations sont du mois de juin au lever du soleil. De la première à la seconde il y avait huit jours d'intervalle, onze jours de la seconde à la troisième. Le baromètre n'a presque pas varié ; le thermomètre n'a pas varié beaucoup davantage, et la réfraction a changé de 4′. A ces distances au zénit, suivant nos dernières tables, la réfraction change de 11 à 12″ pour chaque minute de variation dans la distance. Celle de Bradley et de tous les autres astronomes varient de 10 à 11″. Supposons 11″ de variation, et réduisons toutes ces réfractions à l'horizon astronomique, c'est-à-dire à 90° de distance apparente, nous aurons pour la réfraction horizontale,

$$\left.\begin{array}{l} 33'\ 52'' \\ 30\ 33 \\ 30\ 53 \\ 31\ \ 6 \\ 34\ 15 \\ 34\ 12 \end{array}\right\} \text{milieu } 32'\ 25''.$$

Du premier au second jour on a une différence de 3′ 19″, quoique le baromètre et le thermomètre soient les mêmes.

Du second au troisième, la réfraction n'a point changé, quoique le thermomètre se soit élevé de 4°.

Les deux derniers jours, la réfraction n'a varié que de 5″, quoique le thermomètre ait monté de 7°,56.

51. On ne peut donc compter à 2′ près sur le milieu, qui est à peu près celui de Cassini. Il paraît peu probable qu'on puisse jamais calculer des anomalies pareilles. Que serait-ce si j'eusse observé en hiver ?

A 75°, je n'ai pu accorder les observations des différens jours mieux qu'à 6 ou 7″ près entre les valeurs extrêmes.

A 77°, j'ai eu des variations de 10 à 11″.

A 79°, elles étaient de 15″.

A 82°, elles allaient jusqu'à 56″, c'est-à-dire que la table que j'avais construite, représentant les observations de plusieurs jours à 1″ ou 2″ près, s'est trouvé une fois en erreur de — 17″, et une autre fois de + 19″.

A 84°, j'ai été plus heureux. L'erreur était de moitié moindre.

A 86°, les différences entre les extrêmes étaient de 30″.

A 88°, les erreurs nulles pendant plusieurs jours, allaient ensuite à + 15″ et — 20″.

A 89°, de — 15″ à + 30″.

Les tables de Bradley et Mayer donnaient des erreurs plus fortes encore, ensorte qu'il me paraît impossible de faire aucune bonne table pour ces derniers degrés. Mais du zénit à 82°, on peut avoir nombre de tables à peu près également bonnes.

Dans le livre V de la *Specola di Palermo* de M. Piazzi, vous trouverez un grand nombre de réfractions observées : j'en ai refait tous les calculs, que j'ai trouvés très-justes. On remarque entre ces réfractions des différences au moins égales à celles qui se trouvent dans mes observations.

52. Dans les observations des distances au zénit des objets terrestres, j'ai remarqué nombre de fois qu'au coucher du soleil la réfraction augmentait de 2′ à 2′ ½, ensorte que des objets cachés pendant tout le jour devenaient visibles le soir. (Voyez *Base du Système métrique*, tome I, pages 157, 159, 165.) Je n'ai pas vu que l'état de l'hygromètre influât sensiblement sur les réfractions terrestres (*ibid.* p. 166.) MM. Laplace, Gay-Lussac et Biot ont prouvé qu'il ne produisait aucun changement dans les réfractions astronomiques.

53. Il nous reste à exposer la méthode suivie par La Caille.

Il avait observé à Paris une étoile E (fig. 118) dont la distance véritable était ZPE et la distance apparente ZPE'.

S'étant transporté au Cap, il voyait la même étoile éloignée de son
zénit V de l'angle VCE", la distance vraie devait être VCE, et sans la réfraction la somme des deux distances devait être égale à CKP + CEP;
mais CEP est insensible, ainsi que nous le verrons dans le chapitre XV.
Ainsi $N + N' + r + r' = CKP =$ angle des deux normales ZPK et VCK.
On a donc

$$PKC = N + N' + A (\tang N + \tang N') + B (\tang^3 N + \tang^3 N')$$
$$+ C (\tang^5 N + \tang^5 N') + \text{etc.}$$

Autant il observait d'étoiles différentes, autant il pouvait avoir d'équations de la forme

$$PKC = S + Am + Bn + Cp + Dq + \text{etc.} \ldots\ldots\ldots (a).$$

Avec quatre étoiles il pouvait déterminer trois coefficiens et l'angle
PKC qui était de 82°, à fort peu près.

Avec cinq étoiles il aurait déterminé quatre coefficiens avec l'angle
PKC.

54. Il s'y prit d'une autre manière, et par des combinaisons très-
adroites, il détermina plusieurs réfractions qu'il mit dans sa table comme
l'observation les avait fournies, et il interpola les autres par la formule
de Bernoulli, la seule qui fût alors connue. (Voyez *Mém. de l'Acad.
des Sciences*, 1755).

Il trouva que les réfractions étaient plus petites de $\frac{1}{45}$ au Cap qu'à Paris : on croit maintenant, avec beaucoup d'apparence, qu'elles sont les
mêmes par toute la terre, du moins dans les zônes habitables.

55. J'ai voulu voir ce qu'on pourrait tirer de ces observations réunies,
qui sont en très-grand nombre. J'ai donc calculé pour chacune l'équation (a) ci-dessus, et j'en ai déduit les valeurs de trois et même quatre
coefficiens avec l'arc PKC. J'ai trouvé différentes formules, mais dont les
coefficiens étaient constamment plus grands que ceux des formules précédentes. Le coefficient A était au moins de 63″, ensorte que je m'é-
loignais peu de 66″ que La Caille avait trouvées ; mais de ces longs calculs
il n'est résulté que des choses incertaines, des réfractions plus fortes

qu'on ne croit communément; et moins d'accord que par les observations de Méchain, parce que La Caille, malgré son adresse extrême, ne pouvait arriver à la même précision qu'un astronome également soigneux qui était muni d'un instrument beaucoup meilleur.

La méthode de La Caille aurait en elle-même tous les avantages et tous les inconvéniens de la méthode des étoiles circompolaires, et c'est un hasard singulier, mais remarquable, que les deux s'accordent à donner des réfractions plus fortes que les méthodes où l'on emploie aussi le soleil.

On a cru que la table de La Caille renfermait tout à la fois les réfractions et les erreurs de son instrument. Pour appuyer cette idée, on peut dire qu'avec ces réfractions il a trouvé les déclinaisons des étoiles et l'obliquité de l'écliptique sensiblement les mêmes que Bradley et Mayer ont trouvées avec des réfractions très-différentes. J'ai voulu appliquer les réfractions de Bradley aux observations de La Caille, et les déclinaisons ne s'accordaient plus avec celles d'aucun catalogue.

Cette idée, qui est de M. Maskelyne, a donc beaucoup de vraisemblance; cependant il me reste quelque doute. La Caille avait employé deux secteurs différens et tous deux de six pieds de rayon, et le grand quart de cercle de l'Observatoire. Est-il bien probable que ces instrumens eussent tous les trois les mêmes erreurs? Pour expliquer la différence de ses réfractions à celles de Bradley et de Mayer qui avaient des quarts de cercle de Bird, on a dit que l'arc du secteur de La Caille pouvait être trop faible de 9″; si les deux instrumens étaient du même artiste et divisés de la même manière, ils pouvaient avoir même erreur à peu près. Il n'est pas même impossible que le même défaut se trouvât dans le quart de cercle de l'Observatoire qui, je crois, était aussi de Langlois.

J'ai essayé de corriger les observations de La Caille d'après cette supposition, et je n'y ai pas trop bien réussi; mais les essais de ce genre que j'ai eu le loisir de tenter n'ont pas été assez nombreux pour être bien concluans.

56. Si les tables sont bonnes, elles doivent donner la déclinaison solstitiale du soleil en hiver égale à la déclinaison d'été, au signe près. MM. Maskelyne et Méchain avec les tables de Bradley, M. Piazzi avec sa propre table, y trouvèrent une différence de 8″. Avec les tables de Bradley, je n'ai trouvé que 3 ou 4″, et en faisant un petit changement aux quantités R et n, je parvenais facilement à tout accorder; mais la formule corrigée ne satisfaisait plus aussi bien à mes observations de

Bourges. Je faisais pour les solstices $R = 31'34''$ et $\frac{1}{2} n = 3,3$; mais tout prouve que la formule de Simpson est insuffisante vers l'horizon : elle suffit pour le soleil, la lune et toutes les planètes.

57. Pour mettre sous les yeux tous les résultats des recherches précédentes, j'ai réuni dans le tableau suivant les tables de réfractions moyennes calculées sur les formules qu'on vient de voir.

La colonne des N est celle des distances apparentes au zénit.

La colonne A montre les réfractions de Bradley.

La colonne B, la table que je me suis faite sur mes propres observations, jointes aux observations de M. Piazzi.

La colonne C, les réfractions

$$r = 57'',13 \text{ tang } N - 0''0085 \text{ tang}^3 N - 0''001 \text{ tang}^5 N;$$

la colonne D, les réfractions

$$r = 61''1766 \text{ tang } N - 0''2648 \text{ tang}^3 N + 0''002485 \text{ tang}^5 N;$$

la colonne E, les réfractions

$$r = 63''302 \text{ tang } N - 0''34396 \text{ tang}^3 N + 0''0033923 \text{ tang}^5 N;$$

la colonne F, les réfractions d'après la formule de M. Laplace et les calculs par lesquels j'en avais déterminé la constante.

Les réfractions B et F jusqu'à 80° ne diffèrent jamais de $1''$;

à 82°, les deux tables sont d'accord;

à 83°, ma table est en excès de $1''7$;
à 84°, ... $1,5$;
à 85°, ... $2,9$;
à 86°, ... $4,6$;
à 87°, ... $5,6$;
à 88°, ... $22,0$;
à 90°, ... $113,2$.

Ces différences sont fort au-dessous des variations communes et de l'inconstance des réfractions; ainsi, quoique la formule de Simpson soit certainement inexacte, elle fournit au moins une approximation très-souvent suffisante, et surtout bien commode.

La formule C, tirée uniquement des observations, tient jusqu'à 80° le milieu entre les formules B et F, à fort peu près.

Les formules D et E diffèrent de plusieurs secondes de la formule F ; mais elles supposent la hauteur du pôle différente de 4″ et 6″, ce qui fait à peu près compensation.

Je n'ai point prolongé C, D, E passé 83°, parce que les formules n'ont que trois termes qui ne suffisent plus.

Pour remplir la page, j'ai ajouté deux colonnes qui donnent les réfractions pour les distances vraies au zénit, suivant ma formule (53), en donnant à R et n les valeurs que supposent les réfractions B, c'est-à-dire 31′ 34″ et 6,6. Ces réfractions des colonnes V supposent que l'argument N est la distance vraie au zénit.

58. Bouguer a donné dans les Mémoires de 1749, pour la ville de Quito, c'est-à-dire 1479 toises au-dessus du niveau de la mer, une table où les réfractions sont considérablement plus faibles. Il est difficile d'assigner le degré de confiance que peut mériter cette table, construite par la méthode des angles horaires. Les observations ne pouvaient être que d'une précision assez médiocre ; mais l'erreur vient surtout des corrections barométriques et thermométriques, négligées par Bouguer. En effet, Le Gentil avait, par la même méthode, déterminé les réfractions à Pondichéry, en négligeant de même les deux corrections ; mais en y ayant égard et corrigeant d'ailleurs quelques erreurs de calcul, j'ai trouvé, d'après ces mêmes observations, pour Pondichéri des réfractions au moins aussi fortes que celles de Bradley. Quoi qu'il en soit, voici les réfractions de Bouguer, avec la variation additive qu'il a calculée pour une diminution de 500$^\mathrm{T}$, dans la hauteur.

N	r	dr	N	r	dr	N	r	dr	N	r	dr
71°	1′ 45″	14″	76°	2′ 24″	19″	81°	3′ 54″	29″	86°	8′ 11″	56″
72	1.51	15	77	2.37	22	82	4.23	32	87	9.53	67
73	1.58	16	78	2.50	24	83	4.59	36	88	12.40	80
74	2. 6	17	79	3. 8	26	84	5.50	41	89	16.48	94
75	2.14	18	80	3.28	29	85	6.52	48	90	22.50	102

Cette table s'accorde très-passablement avec les formules

$$\tan x = \sin 3^\mathrm{v}\ 8′\ 50″\ \tan \mathrm{N} \; ; \quad r = 22′\ 50″\ \tan \tfrac{1}{2}x \; ; \quad n = 8,255.$$

Réfractions Astronomiques.

N	A	B	C	D	E	F	V
30	0'32"7	0'33"1	0'35"0	0'35"3	0'36"5	0'33"2	0'32"7
45	0.56.6	0.57.4	0.57.1	1. 0.9	1. 5.0	0.57.6	0.56.6
50	1. 7.5	1. 8.4	1. 8.1	1.12.5	1.14.9	1. 8.6	1. 7.4
55	1.20.8	1.21.9	1.21.6	1.26.6	1.29.4	1.22.2	1.20.7
60	1.37.9	1.39.1	1.38.9	1.44.6	1.47.8	1.39.7	1.37.8
61	1.41.9	1.43.2	1.43.0	1.48.8	1.52.3	1.43.8	1.41.8
62	1,46,2	1.47.5	1.47.4	1.53.3	1.56.9	1.48.2	1.46.1
63	1.50.8	1.52.1	1.52.8	1.58.1	2. 1.7	1.52.8	1.52.7
64	1.55.7	1 57.1	1.57.0	2. 3.2	2. 6.9	1.57.8	1.55.6
65	2. 1.0	2. 2.5	2. 2.4	2. 8.7	2.12.5	2. 5.2	2. 0.8
66	2. 6.7	2. 8.2	2. 8.2	2.14.5	2.18.5	2. 8.9	2. 6.5
67	2.12.9	2.14.3	2.14.4	2.20.8	2.24.8	2.15.2	2.12.6
68	2.15.5	2.21.2	2.21.2	2.27.6	2.31.8	2.21.9	2.19.1
69	2.26.8	2.28.6	2.28.6	2.35.0	2.39.2	2.29.5	2.26.4
70	2.34.7	2.36.5	2.36.6	2.43.0	2.47.2	2.37.3	2.34.5
71	2.43.4	2.45.3	2.45.5	2.51.7	2.56.1	2.46.1	2.43.0
72	2.53.0	2.55.0	2.55.3	3. 1.3	3. 5.7	2.55.9	2.52.5
73	3. 3.7	3. 5.8	3. 6.2	3.11.7	3.16.3	3. 6.8	3. 5.1
74	3.15.6	3.17.9	3.18.4	3.23.5	3.28.8	3.18.7	3.15.0
75	3.29.0	3.31.4	3.32.1	3.36.4	3.40.8	3.32.5	3.28.2
76	3.44.3	3.46.8	3.47.6	3.50.9	3.55.2	3.47.6	3.43.3
77	4. 1.7	4. 4.3	4. 5.3	4. 7.3	4.11.4	4. 5.2	4. 0.5
78	4.21.8	4.24.6	4.25.6	4.26.0	4.29.8	4.25.4	4.20.5
79	4.45.4	4.48.2	4.49.2	4.47.6	4.51.1	4.49.0	4.43.3
80	5.13.2	5.16.2	5.16.6	5.13.2	5.16.2	5.16.8	5.10.4
81	5.46.7	5.49.8	5.48.5	5.44.5	5.47.1	5.50.1	5.43.1
82	6.27.5	6.30.7	6.25.2	6.25.2	6.28.4	6.30.7	6.22.7
83	7.18.5	7.21.7	7. 4.9	7.24.2	7.31.3	7.20.6	7.11.7
84	8.23.7	8.26.6	....	....	....	8.25.1	8 13.8
85	9.49.6	9.51.6	....	....	....	9 48.7	9.34.1
86	11.46.2	11 46.2	....	....	....	11.41.6	....
87	14.30.4	14.25.7	....	....	....	14.20.1	....
88	18.29.4	18.14.2	....	....	....	18.12.0	....
89	24.22.8	25.45.2	....	....	....	24. 7.3	....
90	32.53.8	31.54.0	....	....	....	33.27.2	....

N		V
84.	0	8'13"8
	10	8.25.7
	20	8.38.2
	30	8.51.2
	40	9. 4.9
	50	9.19.2
85.	0	9.34.1
	10	9.49.8
	20	10. 6.3
	30	10.23.6
	40	10.41.8
	50	11. 1.0
86.	0	11.21.2
	10	11.42.2
	20	12. 4.7
	30	12.28.3
	40	12.53.2
	50	13.19.4
87.	0	13.47.3
	10	14.16.7
	20	14.47.7
	30	15.20.6
	40	15.55.4
	50	16.32.7
88.	0	17.11.2
	10	17.52.6
	20	18.36.2
	30	19.22.0
	40	20.11.1
	50	21, 2.8
89.	0	21.57.3
	10	22.54.7
	20	23.55.3
	30	24.58.0
	40	26. 5.8
	50	27.15.9
90.	0	28.29.4
	10	29.26.2
	20	31. 6.1
	30	32.29.3
	40	33.55.8
	50	35.25.4

Effets particuliers des Réfractions.

59. Puisque les réfractions varient vers l'horizon de 6 à 7′ pour chaque minute de distance vraie au zénit, il s'ensuit que les deux bords du soleil qui diffèrent de 32′, doivent avoir une réfraction sensiblement différente.

Supposons que le bord supérieur soit à .... 90° 0′ 0″
la réfraction l'élevera de 28 29,4

La distance apparente sera.................... 89 31 30,6
le bord inférieur sera à la distance vraie........... 90 32 0,0
La réfraction l'élevera de 32 46,6

la distance apparente sera de 89 59 13,4

Le diamètre vertical apparent sera de 27 42,8
il paraîtra donc accourci de ....   4 17,2.

Le demi - diamètre vertical paraîtra donc plus court de 2′ 8″6 que le demi-diamètre horizontal. Les cordes parallèles au diamètre vertical seront accourcies en proportion de leur longueur. Et comme dans un espace de 16′ la variation de la réfraction est sensiblement proportionnelle à la différence de la distance au zénit, il s'ensuivra que toutes les ordonnées du cercle que nous présente le disque du soleil seront diminuées en raison de leur longueur, comme si on les multipliait toutes par une même fraction, et qu'ainsi le disque du soleil déformé par la réfraction, est sensiblement elliptique; et c'est ainsi que je l'ai vu très-souvent, surtout lorsque d'une tour ou d'une montagne élevée je le voyais se lever à l'horizon de la mer ou s'y coucher. Souvent même la demi-ellipse inférieure m'a semblé plus aplatie que la supérieure. Quelquefois la supérieure seule paraissait elliptique et l'inférieure était singulièrement défigurée, ce qui indiquait des réfractions très-irrégulières pour les différens points du bord inférieur; mais cet effet cesse dès que le soleil est sorti des vapeurs de l'horizon.

60. Supposons que l'ellipse du disque déformé soit la projection orthographique d'un cercle incliné sur le plan du disque vrai. On appelle projection orthographique celle qui se fait par des perpendiculaires abaissées de tous les points d'un plan ou d'une ligne.

Soit $CA = \delta = CH$ le demi-diamètre vrai (fig. 119), δ ou CH sera le demi-grand axe de l'ellipse, CD sera le demi-petit axe, et.. $CD = CA \cos I = \delta \cos I$, I étant l'inclinaison.

$$CD = CA - AD = \delta - dr ;$$

dr étant la différence de réfraction entre le bord et le centre, on aura donc

$$\delta : \delta - dr :: 1 : \cos I = \frac{\delta - dr}{\delta}$$

$$2 \sin^2 \tfrac{1}{2} I = 1 - \cos I = \frac{\delta - \delta + dr}{\delta} = \left(\frac{dr}{\delta}\right).$$

61. Le rapport $\frac{dr}{\delta}$ se prendrait à vue dans une table de réfraction qui dépendrait des distances vraies au zénit, telle que celle de la p. 325, et l'on aurait $\frac{dr}{\delta} = \frac{d\rho}{dV}$; $d\rho$ étant la différence de la réfraction entre le degré V et le degré $V \pm 1°$.

Pour trouver ce rapport $\frac{dr}{\delta}$ dans une table ordinaire, il faudrait prendre le demi-diamètre accourci par la réfraction, et l'on aurait

$$\sin^2 \tfrac{1}{2} I = \frac{d\rho}{2dV} = \frac{d\rho}{2\,(dN - d\rho)} = \frac{\tfrac{1}{2}\left(\frac{d\rho}{dN}\right)}{1 - \left(\frac{d\rho}{dN}\right)}$$

$$\cos^2 \tfrac{1}{2} I = 1 - \frac{\tfrac{1}{2}\left(\frac{d\rho}{dN}\right)}{1 - \frac{d\rho}{dN}} = \frac{1 - \frac{d\rho}{dN} - \frac{\tfrac{1}{2}d\rho}{dN}}{1 - \frac{d\rho}{dN}} = \frac{1 - \frac{\tfrac{3}{2}d\rho}{dN}}{1 - \frac{d\rho}{dN}}$$

$$\tan^2 \tfrac{1}{2} I = \frac{\sin^2 \tfrac{1}{2} I}{\cos^2 \tfrac{1}{2} I} = \frac{\tfrac{1}{2}\left(\frac{d\rho}{dN}\right)}{1 - \tfrac{3}{2}\left(\frac{d\rho}{dN}\right)}.$$

62. Soit CE un demi-diamètre incliné ; $ECF = v = $ inclinaison vraie, $ICF = a = $ inclinaison apparente, et $R = v - a$; nous aurons (X. 215 et 216)

$$R = \tan^2 \tfrac{1}{2} I \sin 2v - \tfrac{1}{2} \tan^4 \tfrac{1}{2} I \sin 4v + \text{etc.}$$
$$= \tan^2 \tfrac{1}{2} I \sin 2a + \tfrac{1}{2} \tan^4 \tfrac{1}{2} I \sin 4a + \text{etc.}$$

$$CE : CI :: \delta : \delta' :: \sin CIF : \sin CEF :: \cos a : \cos v$$

$$\delta' = \frac{\delta \cos v'}{\cos a} = \frac{\delta \cos(a+R)}{\cos a} = \delta\left(\frac{\cos a \cos R - \sin a \sin R}{\cos a}\right) = \delta(\cos R - \sin R \tang a)$$

$$= \delta(1 - 2\sin^2 \tfrac{1}{2}R - \sin R \tang a) = \delta(1 - \tfrac{1}{2}\sin^2 R - \sin R \tang a)\ \text{sans erreur,}$$

$$= \delta - \tfrac{1}{2}\delta \sin^2 R - \delta \sin R \tang a,$$

d'où $\delta - \delta' = \delta \sin R \tang a + \tfrac{1}{2}\delta \sin^2 R$

$$= \delta \tang a(\tang^2 \tfrac{1}{2}I \sin 2a + \tfrac{1}{4}\tang^4 \tfrac{1}{2}I \sin 4a) + \tfrac{1}{2}\delta \tang^4 \tfrac{1}{2}I \sin^2 2a$$

$$= \delta \tang^2 \tfrac{1}{2}I \tang a . 2\sin a \cos a + \tfrac{1}{4}\delta \tang a \tang^4 \tfrac{1}{2}I \sin 4a + 2\delta \tang^4 \tfrac{1}{2}I \sin^2 a \cos^2 a$$

$$= 2\delta \tang^2 \tfrac{1}{2}I \sin^2 a + \tfrac{1}{2}\delta \tang a \tang^4 \tfrac{1}{2}I \sin 2a \cos 2a + 2\delta \tang^4 \tfrac{1}{2}I \sin^2 a \cos^2 a$$

$$= 2\delta \tang^2 \tfrac{1}{2}I \sin^2 a + \delta \tang a \tang^4 \tfrac{1}{2}I \sin a \cos a \cos 2a + 2\delta \tang^4 \tfrac{1}{2}I \sin^2 a \cos^2 a$$

$$= 2\delta \tang^2 \tfrac{1}{2}I \sin^2 a + \delta \sin^2 a \tang^4 \tfrac{1}{2}I (\cos 2a + 2\cos^2 a)$$

$$= 2\delta \tang^2 \tfrac{1}{2}I \sin^2 a + \delta \sin^2 a \tang^4 \tfrac{1}{2}I (2\cos 2a + 1)$$

$$= 2\delta \tang^2 \tfrac{1}{2}I \sin^2 a + \delta \sin^2 a \tang^4 \tfrac{1}{2}I (4\cos^2 a - 1).$$

On peut s'en tenir au premier terme sans erreur de plus de 0″,1.

63. On aura donc

$$(\delta - \delta') = 2\delta \tang^2 \tfrac{1}{2}I \sin^2 a = \delta \frac{\left(\frac{d\rho}{dN}\right)\sin^2 a}{1 - \tfrac{3}{2}\left(\frac{d\rho}{dN}\right)}.$$

Exemple:

$$\delta = 15' = 900'', \quad N = 80°, \quad \frac{d\rho}{dN} = \frac{5''}{10'} = \frac{5}{600} = \frac{1}{120}$$

$$\delta - \delta' = \delta \frac{\left(\frac{1}{120}\right)\sin^2 a}{1 - \frac{3}{2}\frac{1}{120}};\ \log(\delta - \delta') = \log 900'' - \log 120 + 2\log \sin a$$

$$- \log\left(1 - \frac{1,5}{120}\right)$$

$$\log(\delta - \delta') = \log 900 + 2\log \sin a - \log 120 + K\left(\frac{15}{1200} + \tfrac{1}{2}\left(\frac{15}{1200}\right)^2 + \text{etc.}\right)$$

compl. log 120	7,92082	log K.,....	9,63778
second terme......	0,00543	C. log 1200	6,92082
troisième terme......	0,00003	15	1,17609
	7,92628	0,00543	7,73469
log 900	2,95424	½	9,69897
7″,595	0,88052	0,00003	5,53057

Ainsi l'accourcissement causé par la réfraction sera 7″,595 sin² a pour un demi-diamètre dont l'inclinaison apparente est a.

C'est

64. C'est ainsi à peu près que j'ai calculé la table d'accourcissement pour les diamètres inclinés parmi les tables de la lune, 3ᵉ édition de l'Astronomie de Lalande, et dans les Tables du Bureau des Longitudes.

Cette formule sert à corriger un demi-diamètre observé.

Si δ est une petite distance entre deux astres, la formule donnera la quantité dont la réfraction a fait paraître cette distance plus courte qu'elle n'est en effet.

δ peut encore être la ligne des cornes de l'ombre dans une éclipse de soleil, et δ' serait la ligne apparente.

65. Le diamètre horizontal éprouve lui-même une petite diminution, mais elle est beaucoup moindre.

Soit SMO (fig. 120) le diamètre du soleil, ZS et ZO les verticaux qui sont tangens aux deux bords S et O, ZM l'arc perpendiculaire qui coupe en deux l'angle SZO. La réfraction portera le centre M en m, le bord S en a, ensorte que le demi-diamètre sera ma. Soit $MS = \delta$, $ma = \delta'$.

Les triangles rectangles Zam, ZSM donnent

$$\sin SM : \sin am, \text{ ou } \sin \delta : \sin \delta' :: \sin ZM : \sin Zm$$
$$\tan\tfrac{1}{2}(\delta - \delta') : \tan\tfrac{1}{2}(\delta + \delta') :: \tan\tfrac{1}{2}(ZM - Zm) : \tan\tfrac{1}{2}(ZM + Zm)$$
$$\tan\tfrac{1}{2}(\delta - \delta') = \tan\tfrac{1}{2}(\delta + \delta')\tan\tfrac{1}{2} r \cot(Zm + \tfrac{1}{2} r)$$
$$= \tan\tfrac{1}{2}(\delta + \delta')\cot(N + \tfrac{1}{2} r)\tan\tfrac{1}{2} r,$$

ou

$$\delta - \delta' = (\delta + \delta')\tan 28'',5 \tan N \cot N = (\delta + \delta')\tan 28'',5,$$

en négligeant les termes du second ordre, et en faisant par conséquent

$$r = 57'' \tan N; \quad \tfrac{1}{2} r = 28'',5 \tan N.$$

Cette diminution est constante, puisque N a disparu de la formule.

Supposons le centre du soleil au zénit, le bord sera à 15 ou 16′, la réfraction pour 15 ou 16′ est de $\tfrac{1}{4}$ de seconde ; donc les bords seront rapprochés de 0'',5 ; c'est ce que donne aussi $(\delta + \delta')\tan 28'',5$.

66. La réfraction accélère le lever des astres et retarde leur coucher. En effet, soit un astre A (fig. 121) à l'horizon astronomique. ZA = 90°, le lieu vrai de l'astre est dans le vertical ZS à 90° 33′ du zénit.

Du pôle P avec la distance polaire PS, décrivez l'arc SB. Sans la réfraction, l'astre se serait levé en B avec l'angle horaire ZPB, au lieu qu'il paraît se lever en A, lorsque son angle horaire est ZPS, la différence est l'angle BPS

$$\cos ZPS = \frac{\cos ZS - \cos PS \cos PZ}{\sin PS \sin PZ} = \frac{\cos(90° + R) - \sin D \sin H}{\cos D \cos H}$$

$$= \frac{-\sin R - \sin D \sin H}{\cos D \cos H} = -\sin R \sec D \sec H - \tang D \tang H$$

$$\cos ZPB = -\tang PO \cot PB = -\tang D \tang H = \cos P$$

D est la déclinaison de l'astre et P l'angle ZPB

$$\cos ZPB - \cos ZPS = \sin R \sec D \sec H$$

$$2\sin\tfrac{1}{2}(ZPS - ZPB)\sin\tfrac{1}{2}(ZPS + ZPB) = \sin R \sec D \sec H$$

$$2\sin\tfrac{1}{2}dP \sin(P + \tfrac{1}{2}dP) = \sin R \sec D \sec H$$

$$2\sin\tfrac{1}{2}dP \cos\tfrac{1}{2}dP \sin P + 2\sin^2\tfrac{1}{2}dP \cos P = \frac{\sin R}{\cos D \cos H}$$

$$2\sin\tfrac{1}{2}dP \cos\tfrac{1}{2}dP + 2\sin^2\tfrac{1}{2}dP \cot P = \frac{\sin R}{\cos D \cos H \sin P}$$

Soit $\qquad \cot P = a ; \; b = \frac{\sin R}{2\cos D \cos H \sin P}$ (X. 226),

$$dP = 2b - 2ab^2 + \tfrac{4}{3}b^3 + 4a^2 b^3,$$

$$dP = \frac{R}{\cos D \cos H \sin P} - \frac{R \sin R \cot P}{\cos^2 D \cos^2 H \sin^2 P} + \text{etc.}$$

Pour convertir dP en tems, si c'est une étoile, divisez par 15, si c'est un astre qui ait un mouvement propre, au lieu de diviser par 15, divisez par $\frac{360°}{24^h + x} = \frac{15}{1 + \frac{x}{24^h}}$. On aura P en faisant $\cos P = -\tang D \tang H$.

Cette dernière formule prouve que P sera obtus si la déclinaison est boréale, alors cot P sera une quantité négative. En établissant la formule pour P au-dessous de 90°, nous avons dû trouver

$$dP = \frac{R}{\cos D \cos H \sin P} - \frac{R \sin R \cot P}{\cos^2 D \cos^2 H \sin^2 P},$$

mais le second terme deviendra positif si P est obtus. Ainsi l'effet de la réfraction est plus grand quand l'étoile est boréale.

67. La réfraction change l'azimut de l'astre à l'horizon : en effet, l'astre au lieu de se lever en B se lève en A, l'azimut est donc changé de BZS. Or

$$\cos BZS = \frac{\cos BS - \cos ZS \cos BZ}{\sin ZS \sin ZB} \quad (\text{Théorème I}^{\text{er}}.)$$

$$= \frac{\cos BPS \sin PS \sin PB + \cos PS \cos PB - \cos ZS \cos ZB}{\sin ZS \sin ZB}$$

$$= \frac{\cos dP \cos^2 D + \sin^2 D}{\cos R} = \frac{\sin^2 D + \cos^2 D - 2\cos^2 D \sin^2 \frac{1}{2} dP}{\cos R}$$

$$= \frac{1 - 2\cos^2 D \sin^2 \frac{1}{2} dP}{\cos R} \; ; \quad \text{car } \cos ZB = 0,$$

$$1 - 2\sin^2 BZS = 1 + \text{tang } R \text{ tang } \tfrac{1}{2} R - \frac{2\sin^2 \frac{1}{2} dP \cos^2 D}{\cos R}$$

$$\sin^2 \tfrac{1}{2} dZ = \frac{\sin^2 \frac{1}{2} dP \cos^2 D}{\cos R} - \tfrac{1}{2} \text{tang } R \text{ tang } \tfrac{1}{2} R \; ;$$

le triangle ZPS donne

$$\cos PZS = \frac{\cos PS - \cos ZS \cos ZP}{\sin ZS \sin ZP} = \frac{\sin D}{\cos R \cos H} + \text{tang } R \text{ tang } H ;$$

le triangle ZPB donne $\cos PZB = \dfrac{\sin D}{\cos H}$

$$\cos PZS - \cos PZB = \text{tang } R \text{ tang } H + \frac{\sin D}{\cos R \cos H} - \frac{\sin D}{\cos H}$$

$$= \text{tang } R \text{ tang } H + \frac{\sin D - \sin D \cos R}{\cos R \cos H}$$

$$2\sin\tfrac{1}{2}(PZB - PZS)\sin(ZPB + ZPS) = \text{tang } R \text{ tang } H + \frac{2\sin D \sin^2 \frac{1}{2} R}{\cos R \cos H}$$

$$2\sin\tfrac{1}{2} dZ = \frac{\sin R \sin H + 2\sin D \sin^2 \frac{1}{2} R}{\cos R \cos H \sin (Z - \frac{1}{2} dZ)}$$

$$2\sin\tfrac{1}{2} dZ \cos\tfrac{1}{2} dZ \sin Z - 2\sin^2\tfrac{1}{2} dZ \cos Z = \frac{\sin R \sin H + 2\sin^2 \frac{1}{2} R \sin D}{\cos R \cos H}$$

$$2\sin\tfrac{1}{2} dZ \cos\tfrac{1}{2} dZ - 2\sin^2\tfrac{1}{2} dZ \cot Z = \frac{\sin R \sin H + 2\sin^2 \frac{1}{2} R \sin D}{\cos R \cos H \sin Z}.$$

Soit donc $- \cot Z = a$ et $b = \dfrac{\sin R \sin H + 2\sin^2 \frac{1}{2} R \sin D}{2\cos R \cos H \sin Z},$

vous aurez (X. 226)

$$dZ = 2b - 2ab^2 + \tfrac{4}{3} b^3 + 4a^2 b^3$$

$$dZ = \left(\frac{\sin R \sin H + 2\sin^2 \frac{1}{2} R \sin D}{\cos R \cos H \sin Z \sin 1''} \right) + \tfrac{1}{2} (1^{\text{er}} \text{ terme})^2 \cot Z \sin 1''.$$

Si Z et dZ sont bien connus, on en pourra tirer R ; mais le calcul ne serait pas bien commode. Ce moyen de déterminer la réfraction horizontale a été proposé par M. Lemonnier ; mais l'avantage n'était pas aussi grand qu'il avait dit, et il est trop difficile de connaître Z et dZ avec la précision nécessaire. Z est l'azimut PZB.

68. La réfraction ne change pas l'azimut de l'astre qu'elle ne fait que porter de A en B dans le vertical ZA (fig. 122); mais l'angle horaire ZPA devient ZPB, et diminue par conséquent de APB; la distance polaire PA devient PB. On est obligé quelquefois de calculer ces variations.

Si l'on connaît ZPA, PA et PZ, on pourra calculer ZA et A; avec ZA, distance vraie au zénit, on calculera la réfraction AB. En abaissant la perpendiculaire BE sur PA, on aurait

$$\tan AE = \tan AB \cos A\,; \quad \tan APB = \frac{\tan A \, \sin AE}{\sin PE},$$

et
$$\tan PB = \frac{\tan PE}{\cos APB}.$$

69. Ces calculs sont faciles, mais longs. Au lieu de chercher AE par la formule $\tan AE = \tan AB \cos A$, on peut faire $AE = r \cos A$.

$$APB = \frac{AE \tan A}{\sin (\Delta - r \cos A)} = \frac{r \cos A \tan A}{\sin (\Delta - r \cos A)}.$$

Le triangle rectangle PEB nous donnera (X. 216)

$$PB - PE = \frac{\tan^2 \tfrac{1}{2} APB \, \sin 2PE}{\sin 1''} + \frac{\tan^4 \tfrac{1}{2} APB \, \sin 4PE}{\sin 2''} + \text{etc.}$$

et
$$PB = PE + \tan^2 \tfrac{1}{2} APB \, \frac{\sin 2PE}{\sin 1''}$$

$$\Delta' = \Delta - r \cos A + \tan^2 \tfrac{1}{2} APB \, \frac{\sin 2PE}{\sin 1''}.$$

Ce dernier terme est même tout-à-fait insensible.

Enfin on a
$$\sin \Delta' : \sin \Delta :: \sin PAZ : \sin PBZ.$$

70. On a vu (VII. 18) que pour observer les astres hors du méridien, on plaçait le réticule d'une lunette de manière que l'une de ses diagonales fût exactement dirigée dans le sens du mouvement diurne. Alors l'autre diagonale représente un cercle horaire qui, prolongé, passera par le pôle du monde. Cette diagonale prendrait le nom de fil horaire et l'autre celui de fil équatorial, parce qu'il serait parallèle à l'équateur.

Tout cela serait vrai si la réfraction était nulle, ou si elle demeurait toujours la même pendant que l'astre traverse la lunette; mais la distance au zénit change à chaque instant; la réfraction varie donc continuellement et change la direction du mouvement.

71. Soit ab (fig. 123) la route apparente et observée de l'astre, c'est-à-dire la position qu'on a donnée au réticule; prenez aA égal à la réfrac-tion du point a, et bB égal à la réfraction du point b, AB sera le paral-lèle vrai. Prenez ensuite bB′ $=a$A, menez AB′, cet arc sera parallèle à ab et représentera le parallèle apparent, tandis que AB sera le parallèle vrai, et BAB′ l'angle du parallèle apparent sur le parallèle vrai.

Abaissez la perpendiculaire B′C

$$\tan \text{BAB}' = \frac{\text{B}'\text{C}}{\text{AC}} = \frac{\text{BB}' \sin \text{B}}{\text{AB} - \text{BB}' \cos \text{B}} = \frac{dr \sin \text{B}}{\text{AB} - dr \cos \text{B}};$$

dr est la différence des réfractions.

Mais l'angle PBA est droit, donc PBZ $= 90° - $ B. Soit A cet angle du vertical avec le cercle horaire, nous aurons

$$\text{BAB}' = \frac{dr \cos \text{A}}{\text{AB} - dr \sin \text{A}}.$$

Abaissez AE perpendiculaire sur ZB; BE sera à fort peu près la diffé-rence entre ZA et ZB, ou

$$\text{BE} = (\text{N}' - \text{N}) = (n' + r' - n - r) = [n' - n + (r' - r)] = (dn + dr),$$

n étant la distance apparente au zénit.

Or, BE $=$ AB cos B $=$ AB sin A; donc

$$\text{AB} = \frac{\text{BE}}{\sin \text{A}} = \frac{d\text{N}}{\sin \text{A}} = \frac{dn + dr}{\sin \text{A}};$$

donc

$$\text{BAB}' = \frac{dr \cos \text{A}}{\dfrac{dn + dr}{\sin \text{A}} - dr \sin \text{A}} = \frac{dr \sin \text{A} \cos \text{A}}{(dn + dr) - dr \sin^2 \text{A}} \quad \cdots (a)$$

$$= \frac{\left(\dfrac{dr}{dn + dr}\right) \sin \text{A} \cos \text{A}}{1 - \left(\dfrac{dr}{dn + dr}\right) \sin^2 \text{A}} = \frac{\left(\dfrac{dr}{d\text{N}}\right) \sin \text{A} \cos \text{A}}{1 - \left(\dfrac{dr}{d\text{N}}\right) \sin^2 \text{A}} \quad \cdots (b)$$

$$= \frac{dr \sin \text{A} \cos \text{A}}{dn + dr \cos^2 \text{A}} \left(\text{form. } (a)\right) = \frac{\left(\dfrac{dr}{dn}\right) \sin \text{A} \cos \text{A}}{1 + \left(\dfrac{dr}{dn}\right) \cos^2 \text{A}}$$

$$= \left(\frac{dr}{dn}\right) \sin \text{A} \cos \text{A} - \left(\frac{dr}{dn}\right)^2 \sin \text{A} \cos^3 \text{A} + \text{etc.}$$

$$= \left(\frac{dr}{d\text{N}}\right) \sin \text{A} \cos \text{A} + \left(\frac{dr}{d\text{N}}\right)^2 \sin^3 \text{A} \cos \text{A} \left(\text{form. } (b)\right).$$

Le rapport $\left(\frac{dr}{dn}\right)$ se prend à vue dans la table de réfractions pour les distances apparentes au zénit : le rapport $\left(\frac{dr}{dN}\right)$ se prendrait dans ma table pour les distances vraies.

Ainsi quand on connaîtra la distance de l'astre au zénit à 1° près, on connaîtra $\frac{dr}{dn}$.

Notre théorème III nous donnera (X. 21)

$$\cot A = \frac{\tan H \cos D - \sin D \cos P}{\sin P}.$$

On connaîtra donc BAB′ ou l'inclinaison produite par la réfraction dans la route apparente de l'astre. Cette quantité va nous servir à corriger les observations.

72. Soit AB (fig. 124) le parallèle vrai de l'astre, NP le cercle horaire, l'angle N sera de 90°. Soit RE le réticule et FI le fil horaire, l'angle RMF est droit par la construction de l'instrument ; NMI sera l'inclinaison du fil horaire avec le cercle horaire, laquelle est égale à l'inclinaison du parallèle apparent sur le parallèle vrai.

Un premier astre a parcouru le réticule ER, il a été observé en M dans le fil FI et en même tems dans le cercle horaire NMP.

Un second astre vient ensuite qui décrit GF et passe en F au fil ; il sera donc observé au cercle horaire PF, au lieu que le premier astre a été observé au cercle horaire PM.

Ces observations ne sont donc pas comparables. Il faudrait donc connaître l'angle FPM des deux cercles horaires, on retrancherait FPM de l'observation faite en F, on aurait le passage vers m sur le cercle PmM, et alors l'intervalle des tems entre l'observation du premier astre en M et celle du second en m sera la différence des passages des deux astres au cercle horaire PM, ou à tout cercle horaire quelconque ; par exemple au méridien ; car les astres tournant autour de nous comme s'ils étaient enchâssés dans une sphère solide, les angles au pôle entre leurs cercles de déclinaison sont constans, à moins pourtant que l'un des deux astres n'ait un mouvement propre.

73. Le micromètre donne FM, ou la différence apparente de déclinaison, la différence vraie sera

$$Mx = FM \cos FM\, x = FM \cos I = dD.$$

Le triangle MPF donne

$$\sin PF : \sin I :: \sin FM : \sin P = \frac{\sin I \sin dD}{\cos I \cos D} = \frac{\sin dD \, \tan I}{\cos D}$$

$$= \left(\frac{\sin dD}{\cos D}\right) \left(\frac{dr}{dN}\right) \sin A \cos A ,$$

$$dP = \tfrac{1}{2} \left(\frac{\sin dD}{\cos D}\right) \left(\frac{dr}{dn}\right) \sin 2A ,$$

valeur qu'on multiplierait par $\frac{24^h+x}{360°}$ pour la réduire en tems.

C'est ce qu'on retrancherait de l'observation du second astre, et l'on aurait la différence des deux passages au même cercle horaire; mais cette différence même est affectée des deux réfractions qui ne sont pas tout-à-fait égales.

74. Dans la figure 124, supposons que FM soit la réfraction du premier astre, et par conséquent un arc de vertical; PMF sera l'angle à l'astre ou A : FPM sera l'effet de la réfraction sur le passage ;

$$\sin P = \frac{\sin FM \, \sin A}{\cos D} = \frac{r \sin A}{\cos D} ,$$

c'est ce qu'il faudrait ajouter à la première observation. Il faudrait de même ajouter $\frac{r' \sin A'}{\cos D'}$ à la seconde. Ainsi, soit T le tems de la première observation, T' celui de la seconde corrigé selon l'article 73

$$T' + \frac{r' \sin A'}{\cos D'} - \left(T + \frac{r \sin A}{\cos D}\right) = T' - T - \frac{r \sin A}{15 \cos D} + \frac{r' \sin A'}{15 \cos D'}$$

sera la différence des passages au même cercle horaire, ou l'angle au pôle entre les deux astres.

A et A', D et D' diffèrent peu, on aura donc

$$\text{diff. passages} = T' - T - (r - r') \frac{\sin A''}{15 \cos D''} = T' - T - \frac{dr \sin A''}{15 \cos D''} ,$$

en prenant $A'' = \tfrac{1}{2}(A+A')$, $D'' = \tfrac{1}{2}(D+D')$, et $dr = r - r'$.

Nous ignorons les deux réfractions, nous savons seulement que pour de petits intervalles dn et dn', les variations des réfractions sont comme ces intervalles, c'est-à-dire que

$$dn : dn' :: dr : dr' ,$$

c'est-à-dire que si $dn = 20'$, et $dn' = 10' = \frac{1}{2} dn$, on aura $dr' = \frac{1}{2} dr$,

on aura donc $\frac{dr\, dn'}{dn} = \left(\frac{dr}{dn}\right) dn'$, c'est-à-dire que dr ou $r - r'$, la différence des deux réfractions, sera la différence de distance apparente au zénit multipliée par le rapport $\left(\frac{dr}{dn}\right)$ pris dans les tables à la distance n à peu près connue.

75. Il reste donc à connaître dn', différence apparente des distances au zénit. Or, soit (fig. 113) $\mathrm{M}x = d\mathrm{D} = $ différence de déclinaison, MP le cercle horaire, MF le vertical; abaissez la perpendiculaire xy, vous aurez

$$\mathrm{M}y = dn' = \mathrm{M}x \cos \mathrm{A} = d\mathrm{D} \cos \mathrm{A};$$

ainsi

$$\text{différ. des passages} = \mathrm{T}' - \mathrm{T} - d\mathrm{D} \cos \mathrm{A} \left(\frac{dr}{dn}\right) \frac{\sin \mathrm{A}}{15 \cos \mathrm{D}}$$

$$= \mathrm{T}' - \mathrm{T} - \frac{1}{2} d\mathrm{D} \left(\frac{dr}{dn}\right) \frac{\sin 2\mathrm{A}}{15 \cos \mathrm{D}}.$$

Mais si T'' est le tems de la seconde observation, nous aurons

$$\mathrm{T}' = \mathrm{T}'' - \frac{1}{2} d\mathrm{D} \left(\frac{dr}{dn}\right) \frac{\sin 2\mathrm{A}}{15 \cos \mathrm{D}} \ (73);$$

la différence exacte des passages deviendra donc

$$= \mathrm{T}'' - \frac{1}{2} d\mathrm{D} \left(\frac{dr}{dn}\right) \frac{\sin 2\mathrm{A}}{15 \cos \mathrm{D}} - \mathrm{T} - \frac{1}{2} d\mathrm{D} \left(\frac{dr}{dn}\right) \frac{\sin 2\mathrm{A}}{15 \cos \mathrm{D}}$$

$$= \mathrm{T}'' - \mathrm{T} - d\mathrm{D} \cdot \left(\frac{dr}{dn}\right) \frac{\sin 2\mathrm{A}}{15 \cos \mathrm{D}}.$$

Ainsi, en doublant la correction trouvée d'abord, on corrigera à la fois l'inclinaison et l'effet de la réfraction sur les angles au pôle.

76. La réfraction élevant l'astre, accélère son passage au cercle PM si l'astre monte; pour avoir les passages vrais, il faut ajouter aux passages observés l'effet de la réfraction; mais l'astre le plus bas, celui que nous avons supposé observé le premier, a une réfraction plus grande; ainsi l'excès de la réfraction sur celle du second astre devra s'ajouter au tems T de la première observation; mais comme ce T se retranche, il s'ensuit que la correction de T'' à raison de l'inclinaison, et celle de T à raison de l'excès de la réfraction sont toutes deux soustractives; elles sont de plus égales. Elles seraient toutes deux additives si l'astre descendait.

Si

Si l'astre observé le premier n'était pas le plus bas, dD changerait de signe et la correction aussi.

Ces corrections ne sont qu'approximatives; mais suffisantes pour un genre d'observation qui n'est pas susceptible de la précision la plus rigoureuse

$$r = 57'' \tang n; \quad dr = \frac{\sin 57'' dn}{\cos^3 n}; \quad \frac{dr}{dn} = \frac{\sin 57''}{\cos^2 n} = 0,0002763 \, \sec^2 n$$

$$d\mathrm{D} . \left(\frac{dr}{dn}\right) \frac{\sin 2\mathrm{A}}{15 \cos \mathrm{D}} = \frac{0,0002763 \, d\mathrm{D} \sin 2\mathrm{A}}{15 \cos \mathrm{D} \cos^2 n};$$

dD ne peut guère passer $30'$; $\frac{30'}{15} = 2' = 120''$; l'expression devient donc au plus $\frac{0''0033156 \sin 2\mathrm{A}}{\cos \mathrm{D} \cos^2 n}$; il faut donc que $\frac{1}{\cos^2 n} = 100$ pour que la correction soit de $\frac{1}{3}$ de seconde.

77. Il nous reste encore à calculer un effet des réfractions.

Soit OA (fig. 125) la corde que décrit dans l'atmosphère le rayon OA tangent à la terre en O, l'angle OCA est celui que nous avons désigné par u dans l'hypothèse de Cassini sur les réfractions. Prenez ACB = ACO = u, AB sera tangent à la terre si la terre est sphérique. OAB = 180° — 2u = 180° — BAH, donc BAH = 2u. Ainsi un rayon solaire SOA qui raserait la terre en O, serait réfléchi par une particule A, suivant la ligne AB qui fait avec AC l'angle CAB = CAO.

Le point A sera donc éclairé par le soleil, et nous réfléchira la lumière; ainsi l'horizon commencera à s'éclairer au point A. Le rayon AO sera le premier qui nous viendra le matin, ou le dernier qui nous arrivera le soir.

HAB sera l'abaissement du soleil sous l'horizon : en effet

$$\mathrm{HAB} = \mathrm{ABS} + \mathrm{BSA} = \mathrm{ABS},$$

car BA est vu du Soleil sous un angle moindre que $9''$, puisque BA est plus petit que CB.

On a observé que l'atmosphère commençait à s'éclairer dès que le Soleil était arrivé à 108°. Ainsi HAB = 2u = 18°.

Mais le rayon SO en entrant dans l'atmosphère a subi une réfraction qui l'a élevé de $33'$; donc 18° = $33'$ + 2u et 2u = 17° 27' ou u = 8° 43'. Supposons 8° 30'. Donc

hauteur de l'atmosphère = CB $\tang$ 8° 30' $\tang$ 4° 15' = 36330^{T}.

Nous n'avons trouvé que 2000^t dans l'hypothèse de Cassini, mais nous avons donné (18) la raison de cette différence.

78. Nous avons avancé (XI.28) que la réfraction n'altérait en rien l'exactitude de la formule tang D de la page 280. En effet,

Soit (fig. 108) S le lieu vrai du soleil dans le vertical ZS, y le lieu apparent, Sy sera la réfraction. Menez le petit arc Sx perpendiculaire sur Oy. Vous aurez

$$xy = Sy \cos y = 57'' \operatorname{tang} Zy \cos Oy \, T = 57'' \operatorname{tang} Zy \operatorname{tang} y \, T \cot Oy = 57'' \cot Oy.$$

Quand vous mesurez de l'autre côté de la soustylaire une ombre égale à la première, vous avez $h \operatorname{tang} Oy' = h \operatorname{tang} Oy$; donc $Oy' = Oy$ et $57'' \cot Oy' = 57'' \cot Oy$.

Si vous mesurez les ombres du sommet du style h, et non du pied, les ombres auront pour longueur

$$a = \frac{h}{\cos Oy},$$

donc

$$da = \frac{h \, dOy \operatorname{tang} Oy}{\cos Oy} = \frac{h \cdot \operatorname{tang} 57'' \cot Oy \operatorname{tang} Oy}{\cos Oy} = a \operatorname{tang} 57''$$

$$a + da = a + a \operatorname{tang} 57'' = a \, (1 + \operatorname{tang} 57'') = a \, (1{,}000276).$$

Tous les a de la formule tang D (XI.26) ont donc été augmentées proportionnellement par la réfraction et multipliées tous par $(1{.}000276)$. Ce facteur constant affecte tous les termes, soit du numérateur, soit du dénominateur et la valeur de tang D n'en est changée en aucune façon ni dans aucun cas.

La méthode est donc indépendante des réfractions, du moins quand on mesure les ombres du sommet du style; ce qui est de toute manière la pratique la plus sûre, car le pied du style est assez difficile à bien déterminer.

Sur un plan horizontal le facteur n'est pas constant, car la longueur des ombres mesurées du pied du style est

$$h \operatorname{tang} N = b, \quad db = \frac{h \, dN}{\cos^2 N} = \frac{h \operatorname{tang} 57'' \operatorname{tang} N}{\cos^2 N} = \frac{b \cot N \operatorname{tang} 57'' \operatorname{tang} N}{\cos^2 N} = \frac{b \operatorname{tang} 57''}{\cos^2 N}.$$

Si les ombres sont comptées du sommet

$$\frac{h}{\cos N} = a \quad da = \frac{h \, dN \operatorname{tang} N}{\cos N} = a \operatorname{tang} 57'' \operatorname{tang}^2 N$$

$$a + da = a \, (1 + \operatorname{tang} 57'' \operatorname{tang}^2 N).$$

Mais sur ce plan la direction des ombres n'est point changée.

CHAPITRE XIV.

Crépuscules.

L'ATMOSPHÈRE produit les réfractions qui font le tourment des astronomes; mais elle produit aussi des crépuscules qui alongent sensiblement la durée du jour, et empêchent qu'une obscurité totale ne succède à une lumière vive à l'instant de la disparition du soleil.

1. On appelle *crépuscule* cette lumière qui va diminuant par degrés jusqu'à ce que le soleil soit descendu au-dessous de l'horizon à un abaissement que nous allons donner les moyens d'estimer.

On donne le même nom à cette lumière qui le matin va toujours croissant à mesure que le soleil monte vers l'horizon, et nous prépare à voir, sans en être trop éblouis, la première apparition du soleil. La lumière du matin s'appelle plus communément *aurore;* mais en astronomie on n'emploie que le mot crépuscule.

2. Quand le soleil est en S (fig. 126) à 33' de l'horizon, nous avons vu (XIII. 15) que le rayon SO se brisant en O, nous arrive en II par la tangente IIO, et que nous voyons le soleil en R ; mais quand le soleil est en S', le rayon S'O éprouvant encore une réfraction de 33', passe en OL au-dessus de nos têtes : nous ne voyons plus le soleil, mais la calotte OML est éclairée, et toutes les molécules de cette partie de l'atmosphère nous réfléchissent la lumière. Plus le soleil baisse, plus la calotte sphérique OML diminue, et enfin il arrive un moment où l'on n'aperçoit plus de lumière sensible, le crépuscule a fini et l'on dit qu'il est nuit close.

3. La partie éclairée de l'atmosphère à l'instant où le soleil va paraître ou vient de disparaître, a pour base le cercle de l'horizon ; quand le soleil est plus bas, la courbe qui est la limite de la lumière réfléchie devient de plus en plus oblique.

Quand la limite L passe par le zénit M, un observateur qui tournerait le dos au soleil, ne verrait plus de lumière, cet instant est celui que Lambert appelle *fin du crépuscule civil*, parce que dans une maison dont les fenêtres seraient à l'orient, on cesserait de voir assez le soir pour vaquer à ses opérations ordinaires. De même, dans une maison tournée à l'occident, on ne commencerait à voir un peu qu'à l'instant où la courbe crépusculaire atteindrait au zénit. Lambert a trouvé que l'abaissement du soleil en cet instant est de 6° 24′

4. En suivant attentivement les mouvemens de cette courbe dans une belle nuit, on peut saisir à peu près l'instant où elle disparait, et si l'on calcule pour ce moment la distance du soleil au zénit, on a l'abaissement du soleil pour les momens où le crépuscule commence et finit.

5. Soit TA (fig. 127) cet abaissement, et nommons $2a$ cet arc, nous aurons dans le triangle ZPA

$$\cos \text{ZPA} = \frac{\cos(90° + 2a)}{\cos \text{H} \cos \text{D}} - \text{tang H tang D};$$

mais quand le soleil est à l'horizon, on a

$$\cos \text{ZPS} = - \text{tang H tang D},$$

donc

$$\cos \text{ZPS} - \cos \text{ZPA} = \frac{\sin 2a}{\cos \text{H} \cos \text{D}}$$

$$2 \sin \tfrac{1}{2}(\text{ZPA} - \text{ZPS}) \sin \tfrac{1}{2}(\text{ZPA} + \text{ZPS}) = \frac{\sin 2a}{\cos \text{H} \cos \text{D}},$$

ou

$$\sin \tfrac{1}{2}(\text{P}' - \text{P}) = \frac{\sin 2a}{2 \sin \tfrac{1}{2}(\text{P}' + \text{P}) \cos \text{H} \cos \text{D}}.$$

Nous désignons constamment par la lettre P les angles au pôle ou les angles horaires.

La différence P′—P des angles horaires au lever et au commencement du crépuscule, divisée par 15, donnera la durée du crépuscule.

6. La durée connue par observation, on peut calculer l'abaissement TA = $2a$, et l'abaissement trouvé, on peut ensuite calculer la durée pour un jour et pour un lieu quelconque; car on voit que la durée dépend de la latitude et de la déclinaison.

7. On ne connaît qu'un petit nombre d'observations de cette durée :

deux sont de La Caille qui dans la zône torride a trouvé AT = 16° et 17° ; Lemonnier a trouvé de 17 à 21° : les Anciens supposaient 18°.

Supposons H = 0 , D = 0 , on aura

$$\cos H \cos D = 1 , \tang H \tang D = 0 = \cos P,$$

ou

$$P = 90° = 6^h , \cos P — \cos P' = \cos 90° — \cos P' = 0 — \cos P' = \sin 2a$$

ou $P' = 90° + 2a$, et la durée du crépuscule $= \frac{2a}{15}$. C'est le plus court de tous les crépuscules ; car l'expression ordinaire est

$$2 \sin \tfrac{1}{2} (P' — P) = \sin 2a \; \séc L \; \séc D \; \coséc \tfrac{1}{2} (P' + P);$$

et le produit des trois sécantes a l'unité pour *minimum*.

8. Les crépuscules sont donc plus longs par les latitudes plus hautes.

Supposons la latitude et la déclinaison nulles , les deux pôles seront dans l'horizon, et le soleil décrira l'équateur SZ (fig 128) qui passera par le zénit, l'arc OS, mouvement du soleil, est la mesure de l'angle crépusculaire OPS = 18° ; le crépuscule dure $\frac{18}{15} = 1^h. 12'$.

Dans une autre saison , soit PA la distance du soleil au pôle, ZA = 90° + 2a ; HA = 2a ; HPA sera la durée du crépuscule ; or le triangle HPA rectangle en H donne

$$\sin HPA = \frac{\sin HA}{\sin PA} = \frac{\sin 2a}{\cos D} > \sin 2a,$$

ainsi, même à l'équateur, la durée augmente avec la déclinaison.

9. Le problème du plus court crépuscule est de pure curiosité ; mais il a occupé cinq ans les frères Bernoulli ; Jean le résolut enfin par sa méthode *de maximis et minimis*. Il avoue que le calcul en est *prolixe et embarrassé*. Voyez ses œuvres, Tom. I, p. 64. On en trouve une solution bien plus embarrassée, mais synthétique, dans les leçons de Keill et les institutions astronomiques de Lemonnier ; nous allons le résoudre d'une manière plus complète et plus facile.

10. Soit (fig. 127) ZA = 90° + 2a ; AT = 2a. S le soleil à l'horizon. Le triangle rectangle ATS donne cos AS = cos AT cos ST = cos 2a cos (RS — RT) = cos 2a cos (PZS — PZT). Cos AT est constant. Plus ST sera petit, plus grands seront cos ST et cos AS ; plus petit par consé-

quent sera l'arc AS, et l'on voit en effet que le soleil ayant à monter de $18° = 2a$, depuis A jusqu'en S, doit y mettre d'autant moins de tems que le sens du mouvement sera moins incliné, et nous avons déjà remarqué que le plus court de tous les crépuscules possibles aurait lieu si AS était perpendiculaire à l'horizon, et $ST = 0$ et $PZS = PZA = 90°$.

Il faut donc que $ST = (PZS - PZA)$ soit le plus petit possible quand il ne pourra pas être 0. Or

$$\cos PZA = \frac{\cos PA - \cos PZ \cos ZA}{\sin PZ \sin ZA} = \frac{\sin D}{\cos H \cos 2a} + \text{tang } H \text{ tang } 2a$$

Supposez $2a = 0$, $\cos PZA$ devient $\cos PZS = \frac{\sin D}{\cos H}$;

$$\cos PZA - \cos PZS = \text{tang } H \text{ tang } 2a + \frac{\sin D}{\cos H}\left(\frac{1}{\cos 2a} - 1\right)$$

$$= \text{tang } H \text{ tang } 2a + \frac{\sin D}{\cos H}\left(\frac{1 - \cos 2a}{\cos 2a}\right)$$

$$\sin \tfrac{1}{2}(PZS - PZA) = \frac{\text{tang } H \text{ tang } 2a + \frac{2 \sin D \sin^2 a}{\cos H \cos 2a}}{2 \sin \tfrac{1}{2}(PZS + PZA)}$$

$(PZS - PZA)$ sera le moindre possible quand on aura $\sin \tfrac{1}{2}(PSZ + PZA) = 1$

alors $\qquad PZS + PZA = 180°, \quad PZS = 180° - PZA.$

11. Il faut donc que les deux azimuts soient supplémens l'un de l'autre, ou $RS + RT = 180°$; $\tfrac{1}{2}(RS + RT) = 90° = Rm$, et $mS = -mT$;

mais $\sin PS : \sin PZS :: \sin PZ : \sin PSZ$ } donc $\sin PSZ = \sin PAZ$;
$\sin PA : \sin PZA :: \sin PZ : \sin PAZ$ } donc $PSZ = PAZ$.

Ainsi les deux angles au soleil sont égaux au commencement et à la fin du crépuscule; c'est sur ce principe que M. Mauduit et M. Cagnoli ont fondé leurs solutions.

12. $\qquad \text{tang } PR = \sin SR \text{ tang } PSR = \sin TR \text{ tang } PTR;$

donc
$$\text{tang } PSR = \text{tang } PTR; \quad \text{ou} \quad PSR = PTR,$$

d'où $PS = 180° - PT$, mais $PS = 90° + D$; donc $PT = 90° - D$;

à présent $\qquad \text{tang } RPS = \frac{\text{tang } RS}{\sin PR} = -\frac{\text{tang } RT}{\sin PR} = -\text{tang } RPT$

donc $$\text{RPS} + \text{RPT} = 180°.$$

13.
donc $$\cos \text{PZA} = - \cos \text{PZS};$$

$$\text{tang H tang } 2a + \frac{\sin \text{D}}{\cos \text{H} \cos 2a} = - \frac{\sin \text{D}}{\cos \text{H}}$$

$$\sin \text{H} \sin 2a = - \sin \text{D} - \sin \text{D} \cos 2a = - \sin \text{D} (1 + \cos 2a)$$

$$2 \sin \text{H} \sin a \cos a = - 2 \cos^2 a \sin \text{D}, \quad \text{et} \quad \sin \text{D} = - \sin \text{H tang } a,$$

c'est la formule que Jean Bernoulli a donnée sans démonstration.

$$\cos \text{PZS} = \frac{\sin \text{D}}{\cos \text{H}} = - \text{tang H tang } a, \quad \text{et} \quad \cos \text{PZA} = + \text{tang H tang } a$$
$$= \sin m\text{T} = - \sin m\text{S},$$

formule nouvelle.

14. Cela posé, l'équation (10) $\cos \text{AS} = \cos \text{AT} \cos \text{ST}$ devient

$$\cos \text{AS} = \cos 2a \cos 2m\text{T}$$

$$1 - 2\sin^2 \tfrac{1}{2} \text{AS} = (1 - 2 \sin^2 a)(1 - 2 \sin^2 m\text{T})$$

$$= 1 - 2 \sin^2 a - 2\sin^2 m\text{T} + 4 \sin^2 a \sin^2 m\text{T}$$

$$\sin^2 \tfrac{1}{2} \text{AS} = \sin^2 a + \text{tang}^2 a \ \text{tang}^2 \text{H} - 2 \sin^2 a \ \text{tang}^2 a \ \text{tang}^2 \text{H}$$

$$= \frac{\sin^2 a}{\cos^2 \text{H}} \left(\cos^2 \text{H} + \frac{\sin^2 \text{H}}{\cos^2 a} - 2 \ \text{tang}^2 a \sin^2 \text{H} \right)$$

$$= \frac{\sin^2 a}{\cos^2 \text{H}} \left(\cos^2 \text{H} + \sin^2 \text{H} - \sin^2 \text{H tang}^2 a \right)$$

$$= \frac{\sin^2 a}{\cos^2 \text{H}} \left(1 - \sin^2 \text{D} \right) = \frac{\sin^2 a \cos^2 \text{D}}{\cos^2 \text{H}}$$

$$\sin \tfrac{1}{2} \text{AS} = \frac{\sin a \cos \text{D}}{\cos \text{H}};$$

or, $\quad \dfrac{\sin \frac{1}{2} \text{AS}}{\cos \text{D}} = \dfrac{\sin a}{\cos \text{H}} = \sin \tfrac{1}{2} (\text{angle de la durée}) = \sin \tfrac{1}{2} (\text{P}' - \text{P}),$

équation due à M. Cagnoli, et que n'avaient pas vue ceux qui avaient résolu le problème d'une manière purement analytique.

15. Mais

$$\sin \tfrac{1}{2} (\text{P}' + \text{P}) = \frac{\sin 2a}{2 \sin \frac{1}{2}(\text{P}' - \text{P}) \cos \text{H} \cos \text{D}} = \frac{2 \sin a \cos a}{\dfrac{2 \sin a}{\cos \text{H}} \cos \text{H} \cos \text{D}} = \frac{\cos a}{\cos \text{D}}$$

Le triangle PSZ donne

$$\cos PZ = \cos S \sin ZS \sin PS + \cos ZS \cos PS$$
$$\sin H = \cos S \cos D$$
$$\text{et} \quad \cos S = \cos A = \frac{\sin H}{\cos D},$$

expression que donne directement le triangle rectangle PRS.

Des formules (13 et 15) on conclura

$$\cos PZS \cos PSZ = \frac{\sin D}{\cos H} \cdot \frac{\sin H}{\cos D} = \tan D \tan H = \cos ZPS.$$

Ainsi dans un triangle rectilatère PZS le cosinus de l'angle opposé au côté de 90° est égal au produit des cosinus des deux autres angles.

16. De $PT = 180° - PS = 180° - PA = 180° - 90° - D = 90° - D$, il est aisé de conclure que l'équateur *dab* coupe TA en deux parties égales, et que $\frac{\sin D}{\sin a} = \sin$ angle du vertical avec l'équateur $= \frac{\sin Ab}{\sin Aa}$.

Ainsi, par la simple analyse appliquée à deux triangles sphériques, et sans avoir recours au calcul différentiel, nous sommes arrivés à une solution beaucoup plus complète qu'aucun des auteurs qui ont traité ce même sujet. Nous allons trouver les mêmes formules par des considérations toutes différentes, en supposant que le ciel est immobile et que c'est la terre qui tourne sur son axe.

17. Cette nouvelle recherche ne nous donnera que les mêmes formules, mais elles seront démontrées d'une manière plus rigoureuse. Elles serviront à montrer tout ce qu'on peut tirer, avec un peu d'attention, d'une construction très-simple; elles nous ferons voir que les mêmes phénomènes peuvent s'expliquer dans des hypothèses toutes contraires. Nous nous sommes jusqu'ici tenus aux premières apparences, en supposant que le ciel est une voûte sphérique qui tourne autour de la terre. En effet, tout ce que nous avons observé jusqu'ici s'explique parfaitement dans cette hypothèse; mais les phénomènes seraient également bien expliqués en supposant le ciel immobile et en donnant à la terre, en sens contraire, un mouvement de 360° en 24^h sidérales autour d'une ligne qui la traverserait et irait couper la voûte céleste en deux points opposés, c'est-à-dire en ces deux points que nous avons reconnus être les pôles du mouvement diurne.

Nous

Nous allons montrer comment dans cette hypothèse nouvelle on peut résoudre, par des considérations purement trigonométriques, le problème du plus court crépuscule.

Autre solution purement synthétique du Problème du plus court Crépuscule.

18. Soit (fig. 129) P le pôle du monde, Z le zénit de l'observateur, A le soleil ; $ZA = 108° = 90° + 18°$, ou plus généralement $ZA = 90° + 2a$. L'observateur, dont le zénit est Z, verra commencer le crépuscule.

Par le mouvement diurne le cercle de déclinaison PA tournant autour de l'axe, conduira le soleil de A en S à l'horizon, si c'est le ciel qui tourne autour de la terre ; dans l'hypothèse contraire, le zénit Z se rapprochera du soleil en décrivant autour de P le petit cercle $ZmbQ$; ensorte que les distances PZ, Pm, Pb, Pm et PQ seront toutes égales.

On tire les mêmes conséquences des deux hypothèses : j'emploierai ici la seconde qui est un peu plus commode.

Quand donc le zénit sera descendu de Z en un point m, quel qu'il soit, mais tel que $mA = 90°$, le soleil paraîtra à 90° du zénit, le jour commencera et mettra fin au crépuscule, et l'arc Zm du petit cercle sera la mesure de l'angle ZPm, et par conséquent de la durée du crépuscule. Pour connaître cet angle, menez l'arc de grand cercle ZBm, et sur le milieu B l'arc perpendiculaire PB, vous aurez

$$\sin \tfrac{1}{2} ZPm = \sin ZPB = \frac{\sin \frac{1}{2} Zm}{\sin PZ} = \frac{\sin \frac{1}{2} Zm}{\cos H}.$$

Or le triangle sphérique ZmA donne A$m + mZ > ZA$, ou $90° + mZ > 90° + 2a$, donc

$$mZ > 2a ; \tfrac{1}{2} mZ > a. \text{ Soit } \tfrac{1}{2} mZ = (a + x);$$

donc

$$\sin \tfrac{1}{2} ZPm = \frac{\sin (a+x)}{\cos H} = \frac{\sin a \cos x + \cos a \sin x}{\cos H} = \frac{\sin a + \cos a \sin x - 2 \sin a \sin^2 \frac{1}{2} x}{\cos H}$$

$$= \frac{\sin a}{\cos H} + \frac{2 \sin \frac{1}{2} x (\cos a \cos \frac{1}{2} x - \sin a \sin \frac{1}{2} x)}{\cos H} = \frac{\sin a}{\cos H} + \frac{2 \sin \frac{1}{2} x \cos (a + \frac{1}{2} x)}{\cos H}.$$

Or $\tfrac{1}{2} x$ est essentiellement positif, a et $\tfrac{1}{2} x$ de petits angles, $(a + \tfrac{1}{2} x) < 90°$; donc

$$\sin \tfrac{1}{2} ZPm > \frac{\sin a}{\cos H}.$$

19. Le crépuscule sera d'autant plus long que x sera plus considérable,

et d'autant plus court que x sera plus petit ; il serait le plus court possible si x pouvait être o. Or c'est ce qui arrive quand le triangle $Z m A$ se réduit à l'arc ZA, c'est-à-dire que le point m tombe en b ; c'est-à-dire quand la distance PA est telle, que la partie Zb du vertical ZA interceptée dans le petit cercle ZmQ est égale à $2a$ et la partie extérieure $bA = 90°$. Or on conçoit que si PA augmente, l'angle opposé PZA s'ouvrira, et qu'il diminuera au contraire si PA diminue. Dans ces variations le point m montera ou descendra, la partie interceptée Zb variera, et elle peut varier depuis o jusqu'à $ZQ = 2PZ$. Ainsi la partie interceptée peut avoir toutes les valeurs comprises entre o et $2(90°-H) = 180°-2H$ et par conséquent avoir la valeur $2a$. Ainsi dans le cas où $Zb = 2a$, et $bA = 90°$, le plus court crépuscule aura lieu et sa demi-durée se trouvera en faisant

$$\sin ZPB = \frac{\sin a}{\cos H} \text{ et la durée} = \frac{2}{15} ZPB.$$

Voilà donc le problème résolu de la manière la plus simple et la plus directe, et nous pourrions nous en tenir à cette formule que nous devons à M. Cagnoli qui l'avait trouvée par le calcul différentiel aidé d'une construction ingénieuse. Les géomètres qui avaient traité cette question avant lui, n'avaient pas aperçu cette formule et s'étaient contentés de donner la déclinaison du soleil au jour du plus grand crépuscule.

Nous allons trouver cette formule, et bien d'autres choses par une construction graphique à laquelle nous appliquerons ensuite le calcul.

20. Sur l'arc $Zb = 2a$ (fig. 130) et avec le complément de latitude ZP, formez le triangle isocèle ZPb, abaissez l'arc perpendiculaire Pm ; ZPb sera l'angle qui mesurera la durée.

Prolongez Zmb de manière que $bA = 90°$ et menez l'arc PA qui sera la distance polaire du soleil pour le jour du plus court crépuscule.

Le triangle ZPA vous donnera

$$\cos Zm : \cos mA :: \cos PZ : \cos PA \quad (\text{X. } 141)$$

ou

$$\cos a \quad : \cos (90°+a) :: \sin H : \sin D = \text{déclinaison du soleil,}$$

ou

$$\cos a : - \sin a :: \sin H : \sin D = -\frac{\sin a}{\cos a} \sin H = - \tang a \sin H.$$

C'est la formule qu'avaient donnée les géomètres qui avaient laissé aux astronomes la peine de résoudre les triangles APb, APZ pour en déduire ZPb = ZPA — bPA.

21. Le triangle rectangle PZm donnera

$$\tan Zm = \cos Z \tan PZ \quad \text{et} \quad \cos Z = \tan Zm \cot PZ = \tan a \tan H,$$

formule qu'on n'avait pas remarquée.

Z est l'azimut du soleil au commencement du crépuscule, mais PZb = PbZ = 180° — PbA ; or PbA est l'azimut du soleil à l'instant où son centre est à l'horizon vrai.

Donc l'azimut au commencement et l'azimut à la fin du crépuscule seront deux angles supplémens l'un de l'autre et dont la somme est de 180°, symptôme remarquable et qui n'avait pas été aperçu.

Donc cos Pba = — $\tan a \tan H$, puisque $\cos$ PZA = $\tan a \tan H$.

22. Le triangle bPA donne

$$\cos A = \frac{\cos Pb - \cos bA \cos PA}{\sin bA \; \sin PA} = \frac{\cos PZ}{\sin PA} = \frac{\sin H}{\cos D}.$$

C'est l'angle au soleil avec le vertical et le cercle de déclinaison, et cet angle est le même pour le commencement et pour la fin du crépuscule, puisqu'il est commun aux triangles bPA et ZPA. Cette égalité est le fondement de la solution analytique ; elle n'est ici qu'un accessoire presque indifférent. Ce symptôme et le précédent ont lieu même à l'équateur.

23. ZPA est l'angle horaire au commencement du crépuscule ; nous le nommerons P′ : bPA est l'angle horaire à la fin du crépuscule ; nous le nommerons P.

Ainsi ZPA — bPA = P′ — P = ZPb ; cet angle mesure la durée du crépuscule.

Nous aurons donc
$$\sin \tfrac{1}{2}(\text{P}' - \text{P}) = \frac{\sin a}{\cos H}$$

$$m\text{PA} = b\text{PA} + m\text{P}b = \text{P} + \tfrac{1}{2}(\text{P}' - \text{P}) = \tfrac{1}{2}(\text{P}' + \text{P}).$$

Or,

$$\sin \text{AP}m = \frac{\sin Am}{\sin PA} = \frac{\sin(90° + a)}{\cos D} = \frac{\cos a}{\cos D} = \sin \tfrac{1}{2}(\text{P}' + \text{P})$$

avec $\frac{1}{2}$ (P$'$+ P) et $\frac{1}{2}$ (P$'$— P) on aura P et P$'$, c'est-à-dire les angles horaires du commencement et de la fin. Nous avons vu que

$$\sin D = -\,\tan g\,a \sin H.$$

La solution ne laisse donc rien à desirer ; nous avons même

$$\cos Z = \tan g\,a \tan g\,H \quad \text{et} \quad \cos A = \frac{\sin H}{\cos D}.$$

24. Soit AT $= 2a = Zb$ et menez PT, vous aurez ZT $= 90°$. T est un point de l'horizon pour le moment où le zénit était en Z. Le triangle PZT donne

$$\cos PT = \cos Z \sin PZ \sin ZT + \cos PZ \cos ZT = \cos Z \sin PZ$$
$$= \tan g\,a \tan g\,H \cos H = \tan g\,a \sin H = \sin D;$$

donc

$$90° - PT = D \quad \text{ou} \quad PT = 90° - D\,;\, \text{mais } PA = 90° + D,$$

donc

$$PT + PA = 180°.$$

Autre symptôme remarquable et non encore remarqué du plus court crépuscule.

25. Le triangle APT donne, au moyen de la perpendiculaire Pm,

$$\sin A m : \sin T m :: \tan g\,T : \tan g\,A ,$$

ou $\quad \sin (90° + a) : \sin (90° - a) :: \tan g\,T : \tan g\,A\,; \quad$ donc $T = A.$

On aurait encore

$$\sin PT : \sin PA :: \sin A : \sin T = \frac{\sin A \,\sin PA}{\sin PT} = \frac{\sin A \sin (90° + D)}{\sin (90° - D)} = \sin A ,$$

donc $\quad T = A.$

Ainsi les angles du vertical TA avec le cercle de déclinaison menés au soleil A et à l'horizon T, sont encore égaux entre eux.

26. Prolongez PT jusqu'en O, de manière que PO $= 90°$, vous aurez OT $= D.$

Menez RQOM perpendiculairement à PO, RQM sera l'équateur. Vous aurez AR $= D.$

Les triangles TOQ, ARQ qui ont les trois angles égaux chacun à chacun et le côté homologue TO=AR, seront parfaitement égaux ; donc

$$TQ = AQ \text{ et } QR = OQ, \text{ donc } TQ = a = AQ, \text{ puisque } TQ + AQ = 2a.$$

Ainsi le jour du plus court crépuscule, l'équateur coupe en deux également l'arc d'abaissement $AT = 2a = 108°$.

27. Le triangle TQO donne

$$\sin Q = \frac{\sin TO}{\sin TQ} = \frac{\sin D}{\sin a} = \frac{\tang a \sin H}{\sin a} = \frac{\sin H}{\cos a} = \cos Pm;$$

c'est l'angle que fait le vertical ZA avec l'équateur.

Prolongez PZ et Pb jusqu'à l'équateur en M et en N, $PM = PN = 90°$; $ZM = bN = H,$

$$\cos QN = \frac{\cos bQ}{\cos bN} = \frac{\cos (90°-a)}{\cos H} = \sin \tfrac{1}{2} (P'-P) = \sin (90°-QN);$$

donc $\qquad 90° - QN = \tfrac{1}{2} (P'-P)$, et $QN = 90° - \tfrac{1}{2} (P'-P)$.

Prolongez Pm en m'; $m'N = \tfrac{1}{2} (P'-P)$.

28. Donc $Qm' = 90°$, ce qui était visible d'ailleurs, puisque les angles m et m' sont droits, Q est le pôle de mm', l'angle $Q = mm' = 90° - Pm$.

$$\cos OQ = \frac{\cos TQ}{\cos TO} = \frac{\cos a}{\cos D} = \sin \tfrac{1}{2} (P'+P) = \cos QR$$

$$m'R = mQ + QR = 90° + QR = \tfrac{1}{2}(P'+P)$$

Menez TH perpendiculaire à ZT; TH sera l'horizon au commencement du crépuscule.

$$\sin HT \tang THQ = \tang TQ, \text{ ou } \sin HT = \tang TQ \cos THQ =$$
$\tang a \tang H = \cos PZA = \sin$ amplitude du point T de l'horizon.

29. Menez AH$'$ perpendiculaire à ZA, AH$'$ sera l'horizon au lever du soleil.

L'horizon est descendu parallèlement le long de TA en même tems que le zénit descendait de Z en b comme à l'équateur (fig. 128) le jour de l'équinoxe il descend de O en S; ainsi le symptôme général du plus court crépuscule, c'est quand le zénit descend vers le soleil, en restant toujours dans un même plan qui passe par le soleil.

A l'équateur le jour du solstice, il ne sort réellement pas de ce plan; dans la sphère oblique le zénit se meut dans un petit cercle qui diffère un peu du plan; mais la corde de cet arc de petit cercle est toute entière dans le plan qui passe par le soleil, et le zénit lui-même se retrouve dans ce plan à la fin du crépuscule comme au commencement.

30. La corde de cet arc de petit cercle est toujours $= 2 \sin a$; mais l'arc du petit cercle a une plus grande courbure, parce qu'il a un plus petit rayon, cette corde soutend un arc d'un plus grand nombre de degrés, et voilà pourquoi le crépuscule dure plus long-tems.

Tous ces détails seraient plus curieux qu'utiles, s'ils ne servaient à montrer combien de conséquences découlent avec facilité d'une construction simple et bien conçue, qu'on ne tirerait qu'avec beaucoup de peine d'une formule analytique, où cependant elles seraient toutes renfermées.

Encore une réflexion; $HT = 90° - Z$, ou $Z = 90° - HT$; mais $PbA = 180° - Z = 180° - 90° + HT = 90° + HT$; donc au jour du plus court crépuscule les amplitudes du vertical sont égales et de signe contraire au commencement et à la fin du crépuscule.

RÉSUMÉ.

31. Formules relatives au plus court crépuscule.

1. $\sin D = - \operatorname{tang} a \sin H$. Ainsi la déclinaison est toujours de signe contraire à la hauteur du pôle.

2. $\cos Z = + \operatorname{tang} a \operatorname{tang} H$. Z sera aigu si H est positive.

3. $\cos A = \dfrac{\sin H}{\cos D}$

4. $\sin \frac{1}{2} (P' - P) = \dfrac{\sin a}{\cos H}$

5. $\sin \frac{1}{2} (P' + P) = \dfrac{\cos a}{\cos D}$

6. $Z' = 180° - Z$

7. $PT = 90° - D$

8. $PA = 90° + D$

9. $mS = mT$

10. l'équateur passe par le milieu de l'arc d'abaissement

11. sin angle du vertical et de l'équateur $\dfrac{\sin D}{\sin a} = - \dfrac{\operatorname{tang} a \sin H}{\sin a} = - \dfrac{\sin H}{\cos a}$.

Cet angle sera au-dessous de l'équateur ; mais l'angle au-dessus TQO a son sinus $= + \dfrac{\sin H}{\cos a}$.

Supposez H $=$ o, vous aurez D $=$ o ; mT $= m$S $=$ o ; 90° $=$ Z $=$ Z′ $=$ A $=$ S $=$ PT $=$ PA ; ensorte que 180° $=$ Z $+$ Z′ $=$ PT $+$ PA ; A $=$ S ; mT $= m$S , sont autant de symptômes inséparables du plus court crépuscule.

32. On voit qu'à l'exemple de tous les auteurs, nous avons négligé la réfraction et pris pour durée du crépuscule le tems écoulé entre la distance zénitale 90°$+$2a et la distance 90°.

Nous avons négligé le changement de déclinaison dans l'intervalle de 1$^\text{h.}$ 50′, pour Paris, ce changement passe une minute, cette quantité est bien peu importante dans une question de curiosité, et où il y a surtout un ou plusieurs degrés d'incertitude dans l'abaissement crépusculaire.

33. A Paris, par exemple, où H $= 48°$ 50′, on a

$$
\begin{array}{ll}
\text{compl cos H} = \text{0.1816080} & \qquad \log \sin \text{H} = 9.8766785 \\
\text{tang sin } 9° = \underline{9.1943324} & \qquad \log \text{tang} 9° = \underline{9.1997125} \\
\tfrac{1}{2}(\text{P}'-\text{P}) = 13° \, 44′ 53'' = 9.3759404 & \qquad \log \sin \text{D} = 9.0763910 \\
(\text{P}'-\text{P}) = 27° \, 29′ \, 46'' = 1^\text{h.} \, 50′. & \qquad \text{D} = - \, 6° \, 10′ \, 50''.
\end{array}
$$

Ainsi le plus court crépuscule à Paris est 1$^\text{h.}$ 50′, et il a lieu le 11 octobre et le 5 mars de chaque année.

34. Puisque le crépuscule ne finit que quand le soleil est abaissé de 18°, il ne finira pas si le soleil ne descend pas de 18° sous l'horizon. Le plus grand abaissement sous l'horizon est de 90°$-$H$+$90°$-$D$-$90° $=$ 90°$-$H$-$D ; donc il n'y aura pas de nuit close si 90°$-$H$-$D $< 18°$, ou si H$+$D $> 72°$; à Paris il suffit que la déclinaison soit au-dessus de 23° 10′ pour avoir H$+$D $> 72°$; donc il n'y aura pas de nuit close à Paris vers le solstice d'été.

Si l'abaissement crépusculaire était de 17°, il faudrait que H$+$D $> 73°$, et il aurait nuit close en tout tems à Paris.

CHAPITRE XV.

Des Parallaxes.

1. Tout ce que nous avons dit jusqu'à présent suppose que l'axe de la révolution des fixes passe par l'œil de l'observateur, et que cet œil est le centre de la sphère qui paraît entraîner tous les astres dans son mouvement diurne. Mais nous avons déjà remarqué que cette supposition ne pouvait être rigoureusement vraie que pour un seul observateur, et que très-probablement elle est également fausse pour tous : il reste donc à voir si l'effet de la distance de l'observateur à l'axe du mouvement est toujours aussi insensible qu'elle nous l'a paru jusqu'ici, et pour cela il est nécessaire d'avoir des formules pour calculer cet effet.

2. Soit O (fig. 131) le lieu de l'œil, Z le zénit, C le centre des mouvemens, p le pôle, Cp l'axe de la révolution diurne.

Z Op sera la distance du pôle au zénit pour l'observateur O, et ZCp sera la distance de ce même pôle au zénit pour l'observateur placé au centre C des mouvemens. Or le triangle OPC donne

$$\mathrm{C}p : \sin \mathrm{O} :: \mathrm{OC} : \sin p = \frac{\mathrm{OC}}{p\mathrm{C}} \sin \mathrm{O}, \ \text{ ou } \sin p = \frac{r}{\mathrm{R}} \sin \mathrm{N} \ \ldots\ldots \text{ (A)}.$$

3. En observant que l'angle N ou ZOp = OCp + CpO = C + p, l'équation (A) donnera

$$\sin p = \frac{r}{\mathrm{R}} \sin (\mathrm{C} + p) = \frac{r}{\mathrm{R}} \sin \mathrm{C} \cos p + \frac{r}{\mathrm{R}} \cos \mathrm{C} \sin p,$$

ou bien

$$\operatorname{tang} p = \frac{r}{\mathrm{R}} \sin \mathrm{C} + \frac{r}{\mathrm{R}} \cos \mathrm{C} \operatorname{tang} p,$$

et enfin

$$\operatorname{tang} p = \frac{\dfrac{r}{\mathrm{R}} \sin \mathrm{C}}{1 - \dfrac{r}{\mathrm{R}} \cos \mathrm{C}} \ \ldots\ldots \text{ (B)}.$$

4. Cette dernière formule étant réduite en série par le théorème (X. 211) donne

$$p = \frac{r}{R}\sin C + \tfrac{1}{2}\left(\frac{r}{R}\right)^{2}\sin 2C + \tfrac{1}{3}\left(\frac{r}{R}\right)^{3}\sin 3C + \tfrac{1}{4}\left(\frac{r}{R}\right)^{4}\sin 4C + \text{etc}\dots (C).$$

Ce que nous avons dit du pôle, ou d'une étoile qui serait au pôle, nous le dirions également d'un astre quelconque.

5. L'angle p se nomme parallaxe de hauteur de l'astre p. *Parallaxe* est un mot grec qui signifie changement, et l'on entend spécialement par ce mot le changement qui s'opère dans la position apparente d'un astre quand on l'observe d'un point qui n'est pas le centre de ses mouvemens. Il y a diverses espèces de parallaxes que nous ferons connaître à mesure que nous en aurons besoin.

La parallaxe fait que la distance apparente au zénit est plus grande que la vraie, si le centre des mouvemens est dans l'intérieur de la terre sous les pieds de l'observateur, et cette parallaxe de hauteur sera d'autant plus grande que $\frac{OC}{pC}$ ou $\frac{r}{R}$ sera une quantité plus forte, c'est-à-dire que la distance de l'observateur au centre ou à l'axe sera dans un rapport plus sensible avec la distance Cp.

Pour calculer la parallaxe, nous nous servirons de la formule (A), si nous connaissons la distance apparente au zénit; et des formules (B) ou (C), si nous connaissons la distance vraie.

6. Ces formules sont générales et s'appliquent à un astre quelconque en faisant $R =$ distance de l'astre au centre des mouvemens, ou à l'endroit où la verticale r de l'observateur va couper l'axe de ces mouvemens, et $N+p$ la distance apparente de l'astre au zénit.

7. Il s'ensuit que si $\frac{r}{R}$ est une quantité insensible, c'est-à-dire, si la distance de l'observateur à l'axe des mouvemens est une quantité très-petite en comparaison de la distance de l'astre au point C de l'axe, la parallaxe sera de même insensible; et c'est ce qui a lieu pour toutes les étoiles, puisque leurs distances au zénit, augmentées de la réfraction, satisfont aux règles de la Trigonométrie sphérique.

1.   45

8. Dans la formule (A), supposons $N = 90°$, sin N aura la plus grande valeur possible, donc la plus grande parallaxe aura lieu à l'horizon; car alors en désignant par ϖ cette parallaxe particulière

$$\sin \varpi = \frac{r}{R} \sin 90° = \frac{r}{R}.$$

Au-dessous de l'horizon, si on a $N + p = 90° + a$, on aura

$$\sin (N + p) = \sin (90° + a) = \sin (90° - a) < 1.$$

Ainsi la parallaxe diminue au-dessous de l'horizon comme au-dessus; il n'en est pas de même de la réfraction, qui augmente même au-dessous de l'horizon.

La plus grande des parallaxes est donc la parallaxe horizontale dont le sinus $= \frac{r}{R} = \sin \varpi.$

9. La parallaxe agit dans le sens du vertical comme la réfraction; mais la réfraction élève l'astre, au lieu que la parallaxe l'abaisse; du moins en supposant que l'axe de rotation traverse la terre et passe sous les pieds de l'observateur; s'il passait au-dessus de nos têtes, ce serait le contraire, mais la même formule servirait; il suffirait d'y faire r négative.

La parallaxe, en changeant la distance au zénit, ne change donc pas l'azimut; mais elle change la distance au pôle et l'angle horaire, ainsi que nous verrons bientôt.

10. La formule fondamentale est $\sin p = \sin \varpi \sin (N + p)$

$$1 : \sin \varpi :: \sin (N + p) : \sin p$$
$$1 + \sin \varpi : 1 - \sin \varpi :: \sin (N + p) + \sin p : \sin (N + p) - \sin p$$
$$\tang (45° + \tfrac{1}{2} \varpi) : \tang (45° - \tfrac{1}{2} \varpi) :: \tang (\tfrac{1}{2} N + p) : \tang \tfrac{1}{2} N$$
$$\tang (\tfrac{1}{2} N + p) = \tang \tfrac{1}{2} N \; \tang^2 (45° + \tfrac{1}{2} \varpi).$$

Cette formule, trouvée d'abord par Lexell et démontrée par un calcul analytique très-long, puis par une construction fort simple, se déduit, comme on voit, très-facilement de la formule commune. Elle est plus commode que la formule

$$\tang p = \frac{\sin \varpi \sin N}{1 - \sin \varpi \cos N} :$$

mais elle exige plus de précision dans le calcul.

$$11. \quad \tang (N+p) = \frac{\tang N + \tang p}{1 - \tang p \tang N} = \frac{\tang N + \dfrac{\sin \varpi \sin N}{1 - \sin \varpi \cos N}}{1 - \dfrac{\sin \varpi \sin N \ \tang N}{1 - \sin \varpi \cos N}}$$

$$= \frac{\tang N - \sin \varpi \sin N + \sin \varpi \sin N}{1 - \sin \varpi \cos N - \dfrac{\sin \varpi \sin^2 N}{\cos N}} = \frac{\sin N}{\cos N - \sin \varpi \cos^2 N - \sin \varpi \sin^2 N}$$

$$= \frac{\sin N}{\cos N - \sin \varpi},$$

et

$$\cot (N+p) = \frac{\cos N - \sin \varpi}{\sin N} = \frac{\sin (90° - N) - \sin \varpi}{\sin N}$$

$$= \frac{2 \sin \tfrac{1}{2} (90° - N - \varpi) \cos \tfrac{1}{2} (90° - N + \varpi)}{\sin N}.$$

Soit a la hauteur vraie

$$a = 90° - N; \quad \cot (N+p) = \tang (90° - N - p) = \tang (a - p),$$

et

$$\tang (a - p) = \frac{2 \sin \tfrac{1}{2} (a - \varpi) \cos \tfrac{1}{2} (a + \varpi)}{\cos a},$$

expression simple et commode pour la hauteur apparente, en fonction de la hauteur vraie et de la parallaxe horizontale.

12. J'ai cherché cette formule pour un astre qui serait sujet à une grande parallaxe, car tant que la parallaxe horizontale ne passera pas un degré, je préfère de beaucoup ma série

$$p = \frac{\sin \varpi \sin N}{\sin 1''} + \frac{\sin^2 \varpi \sin 2N}{\sin 2''} + \frac{\sin^3 \varpi \sin 3N}{\sin 3''} + \text{etc.}$$

dont les trois premiers termes suffisent toujours.

On peut encore faire en ce cas

$$\sin p = \frac{1}{\sin 2''} [\cos (N - \varpi) - \cos (N + \varpi)],$$

ou

$$p = \frac{1}{\sin 2''} [\cos (N - \varpi) - \cos (N + \varpi)].$$

On trouve dans les *Tables de Berlin*, tome III, une Table où l'on prend à vue

$$\frac{\cos (N - \varpi)}{\sin 1''} \quad \text{et} \quad \frac{\cos (N + \varpi)}{\sin 1''},$$

13. Pour trouver le changement que produit la parallaxe dans l'angle horaire,

Soit (fig. 132) A le lieu vrai, B le lieu apparent
Le triangle BAP donne

$$\sin PA : \sin B :: \sin AB : \sin APB = \sin \Pi = \frac{\sin AB \sin B}{\sin PA};$$

le triangle ZPB donne

$$\sin ZB : \sin ZPB :: \sin PZ : \sin B = \frac{\sin PZ \sin (ZPA + \Pi)}{\sin ZB};$$

donc

$$\sin \Pi = \frac{\sin AB}{\sin PA} \cdot \frac{\sin PZ \sin (P + \Pi)}{\sin ZB} = \frac{\sin \varpi \sin ZB \sin PZ \sin (P + \Pi)}{\sin PA \sin ZB}$$

$$= \frac{\sin \varpi \cos H \sin (P + \Pi)}{\sin \Delta} = \left(\frac{\sin \varpi \cos H}{\sin \Delta}\right) \sin (P + \Pi) \ldots (F)$$

$$= \left(\frac{\sin \varpi \cos H}{\sin \Delta}\right) \sin P \cos \Pi + \left(\frac{\sin \varpi \cos H}{\sin \Delta}\right) \cos P \sin \Pi$$

$$\tan \Pi = \frac{\left(\dfrac{\sin \varpi \cos H}{\sin \Delta}\right) \sin P}{1 - \left(\dfrac{\sin \varpi \cos H}{\sin \Delta}\right) \cos P} \ldots \ldots (G),$$

et

$$\Pi = \left(\frac{\sin \varpi \cos H}{\sin \Delta}\right) \frac{\sin P}{\sin 1''} + \left(\frac{\sin \varpi \cos H}{\sin \Delta}\right)^{\!2} \frac{\sin 2P}{\sin 2''} + \text{etc.} \ (H)$$

Si l'on connaît $P + \Pi =$ angle horaire apparent, on se servira de la
formule (F); si l'on ne connaît que P, on se servira de (G), si la parallaxe
passe beaucoup un degré, sinon on se contentera de la formule (H) dont
les trois premiers termes suffiront toujours. On a donc dans tous les cas
des formules commodes pour calculer la parallaxe horaire, et on ne peut
rien desirer de plus exact ou qui soit d'un usage plus facile.

14. Pour la parallaxe de distance polaire les mêmes triangles donneront

$$\cos Z = \frac{\cos PA - \cos PZ \cos ZA}{\sin PZ \sin ZA} = \frac{\cos PB - \cos PZ \cos ZB}{\sin PZ \sin ZB},$$

effaçons $\sin PZ$

$$\frac{\cos \Delta - \sin H \cos N}{\sin N} = \frac{\cos (\Delta + \varpi) - \sin H \cos (N + p)}{\sin (N + p)}$$

$$\cos \Delta \sin (N + p) - \sin H \cos N \sin (N + p) =$$
$$\cos (\Delta + \varpi) \sin N - \sin H \cos (N + p) \sin N$$

$$\cos(\Delta + \pi) = \frac{\cos\Delta \sin(N+p) - \sin H \cos N \sin(N+p) + \sin H \cos(N+p)\sin N}{\sin N}$$

$$= \frac{\cos\Delta \sin(N+p)}{\sin N} - \sin H \left(\frac{\sin(N+p)\cos N - \cos(N+p)\sin N}{\sin N}\right)$$

$$= \frac{\cos\Delta \sin(N+p)}{\sin N} - \frac{\sin H \sin p}{\sin N}$$

$$= \frac{\cos\Delta \sin(N+p)}{\sin N} - \frac{\sin H \sin \varpi \sin(N+p)}{\sin N}$$

$$= \frac{\sin(N+p)}{\sin N}\left(\cos\Delta - \sin\varpi \sin H\right) \ldots\ldots (I).$$

Cette formule est incommode en ce qu'elle suppose les distances au zénit.

15. Mais
$$\sin ZA : \sin ZPA :: \sin PA : \sin Z$$
$$\sin ZB : \sin ZPB :: \sin PB : \sin Z\,;$$

d'où

$$\frac{\sin ZB}{\sin ZA} = \frac{\sin PB \sin ZPB}{\sin PA \sin ZPA}, \quad \text{ou} \quad \frac{\sin(N+p)}{\sin N} = \frac{\sin(\Delta+\pi)\sin(P+\Pi)}{\sin\Delta \sin P}\,;$$

d'où

$$\cos(\Delta+\pi) = \frac{\sin(\Delta+\pi)\sin(P+\Pi)}{\sin\Delta \sin P}\left(\cos\Delta - \sin\varpi \sin H\right)$$

$$\cot(\Delta+\pi) = \frac{\sin(P+\Pi)}{\sin\Delta \sin P}\left(\cos\Delta - \sin\varpi \sin H\right)$$

$$= \frac{\sin(P+\Pi)}{\sin P}\left(\cot\Delta - \frac{\sin\varpi \sin H}{\sin\Delta}\right) \ldots\ldots (K).$$

16. Cette formule donne la distance apparente au pôle en fonction de la distance polaire vraie, de l'angle horaire vrai et de l'angle horaire apparent, qu'on connaît par ce qui précède. Elle a toute la simplicité que comporte le problème, c'est une des premières que j'ai trouvées ; mais Lexell l'avait donnée avant moi dans les *Ephémérides de Berlin*.

$$\frac{\cot(\Delta+\pi)\sin P}{\sin(P+\Pi)} = \cot\Delta - \frac{\sin\varpi \sin H}{\sin\Delta}$$

$$\cot\Delta - \frac{\cot(\Delta+\pi)\sin P}{\sin(P+\Pi)} = \frac{\sin\varpi \sin H}{\sin\Delta}$$

$$\cot\Delta - \cot(\Delta+\pi) + \cot(\Delta+\pi) - \frac{\cot(\Delta+\pi)\sin P}{\sin(P+\Pi)} = \frac{\sin\varpi \sin H}{\sin\Delta}$$

$$\frac{\sin\varpi}{\sin\Delta \sin(\Delta+\pi)} = \frac{\sin\varpi \sin H}{\sin\Delta} - \frac{\cot(\Delta+\pi)}{\sin(P+\Pi)}\left(\sin(P+\Pi) - \sin P\right)$$

$$= \frac{\sin\varpi \sin H}{\sin\Delta} - \frac{2\sin\frac{1}{2}\Pi \cos(P+\frac{1}{2}\Pi)\cot(\Delta+\pi)}{\sin(P+\Pi)}$$

$$\sin \pi' = \sin \varpi \sin H \sin (\Delta + \pi) - \frac{\sin \Delta \cos (\Delta + \pi) \sin \Pi \cos (P + \frac{1}{2}\Pi)}{\sin (P + \Pi) \cos \frac{1}{2}\Pi}$$

$$= \sin \varpi \sin H \sin (\Delta + \pi) - \sin \varpi \cos H \cos (P + \tfrac{1}{2}\Pi) \times$$
$$\sec \tfrac{1}{2}\Pi \cos(\Delta + \pi) \dots\dots (L)$$

$$= m \sin(\Delta + \pi) - n \cos(\Delta + \pi) \text{ pour abréger.}$$

$$= m \left[\sin(\Delta + \pi) - \frac{n}{m} \cos (\Delta + \pi) \right]$$

$$= m \left[\sin (\Delta + \pi) - \operatorname{tang} x \cos(\Delta + \pi) \right]$$

$$= \frac{m}{\cos x} \left[\sin(\Delta + \pi) \cos x - \sin x \cos (\Delta + \pi) \right]$$

$$= \left(\frac{m}{\cos x} \right) \sin (\Delta + \pi - x) \dots\dots\dots\dots (M)$$

$$= \left(\frac{m}{\cos x} \right) \sin (\Delta - x) \cos \pi + \left(\frac{m}{\cos x} \right) \cos(\Delta - x) \sin \pi ;$$

d'où

$$\operatorname{tang} \pi = \frac{\left(\frac{m}{\cos x} \right) \sin (\Delta - x)}{1 - \left(\frac{m}{\cos x} \right) \cos (\Delta - x)} \dots\dots\dots (N),$$

et

$$\pi = \left(\frac{m}{\cos x} \right) \frac{\sin(\Delta - x)}{\sin 1''} + \left(\frac{m}{\cos x} \right)^2 \frac{\sin 2(\Delta - x)}{\sin 2''} + \left(\frac{m}{\cos x} \right)^3 \frac{\sin 3(\Delta - x)}{\sin 3''} + \text{etc.}$$

On voit que

$$\operatorname{tang} x = \frac{n}{m} = \frac{\sin \varpi \cos H \cos (P + \frac{1}{2}\Pi)}{\sin \varpi \sin H \cos \frac{1}{2}\Pi} = \frac{\cot H \cos (P + \frac{1}{2}\Pi)}{\cos \frac{1}{2}\Pi}.$$

Si l'on connaît $(\Delta + \pi)$, on calculera $\sin \pi$ par la formule (M). Si l'on ne connaît que Δ, on calculera $\operatorname{tang} \pi$ par la formule (N), ou π par la série dont les trois premiers termes sont toujours suffisans.

Toutes ces formules sont rigoureuses; je les ai données, ainsi que les suivantes, dans le tome III des *Mémoires de l'Institut*. Elles supposent un angle subsidiaire facile à déterminer, et ce sont les plus courtes qu'on puisse trouver. La série est très-convergente.

On peut être curieux de savoir quel est cet angle subsidiaire x qui abrége le calcul.

Dans le triangle APB (fig. 132), menez PM qui partage en deux également l'angle APB, vous aurez $APM = MPB = \frac{1}{2}\Pi$ et $ZPM = (P + \frac{1}{2}\Pi)$, et par conséquent

$$\operatorname{tang} x = \frac{\operatorname{tang} PZ \cos ZPM}{\cos APM = \cos MPB},$$

d'où

$$\operatorname{tang} x \cos APM = \operatorname{tang} x \cos MPB = \operatorname{tang} PZ \cos ZPM ;$$

menez l'arc $Zamb$ perpendiculaire sur PM, vous aurez

$$\text{tang}\,Pm = \text{tang}\,Pa\,\cos APM = \text{tang}\,Pb\,\cos MPB = \text{tang}\,PZ\,\cos ZPM;$$

ainsi

$$x = Pa = Pb; \quad Aa = (\Delta - x) \quad \text{et} \quad Bb = (\Delta + \pi - x);$$

$$\sin \pi = \frac{\sin \varpi \,\cos PZ \,\sin Bb}{\cos Pb}$$

$$\text{tang}\,\pi = \frac{\left(\dfrac{\sin \varpi \,\cos PZ \,\sin Aa}{\cos Pa}\right)}{1 - \dfrac{\sin \varpi \,\cos PZ \,\cos Aa}{\cos Pa}} = \frac{\sin \varpi \,\cos PZ \,\sin Aa}{\cos Pa - \sin \varpi \,\cos PZ \,\cos Aa}.$$

Quand on considère π comme la différentielle infinitésimale de Δ APB comme celle de P; on néglige les termes du second ordre, on se sert indifféremment de P au lieu de $(P + \Pi)$ et $(P + \frac{1}{2}\Pi)$, de l'angle B et de l'angle A; on confond en un seul les trois points a, m et b; négligez ces différences, supposez $ZaP = ZbP = 90°$, la formule M se réduira à faire $\sin \pi = \sin p \cos B$, et la formule N, $\text{tang}\,\pi = \text{tang}\,p \cos A$; on suppose $\frac{1}{2}\Pi = o$, et de là vient l'erreur des formules employées par La Caille, Le Monnier et Lalande. Mais il était aisé de voir que si les variations des angles vont à $1°$, il n'est plus permis de les regarder comme infinitésimales, il faut tenir compte des quantités des trois premiers ordres, et c'est ce qui m'a fait chercher des formules exactes.

Lexell, Trembley, Carouge avaient déjà reconnu l'erreur; mais ils n'avaient trouvé d'autre remède que d'ajouter aux deux termes dont on s'était contenté avant eux, un troisième terme qui lui - même n'était qu'approximatif et n'aurait pas suffi pour une parallaxe plus grande que celle de la lune; personne n'avait trouvé l'expression vraie; on a encore

$$\left.\begin{aligned}\sin a \;\; &: \sin ZA :: \sin aZA : \sin Aa\\ \sin ZB &: \sin b \;\; :: \sin Bb \;\;\; : \sin AZb\end{aligned}\right\} \sin ZB : \sin ZA :: \sin Bb : \sin Aa$$

ou

$$\frac{\sin(N+p)}{\sin N} = \frac{\sin(\Delta + \pi - x)}{\sin(\Delta - x)} = \frac{\sin \frac{1}{2}\,\text{diamèt. apparent}}{\sin \frac{1}{2}\,\text{diamètre vrai}}.$$

17. L'équation (K) donne

$$\cot \Delta - \cot(\Delta + \pi) = \cot \Delta - \frac{\cot \Delta \,\sin(P+\Pi)}{\sin P} + \frac{\sin \varpi \,\sin H \,\sin(P+\Pi)}{\sin \Delta \,\sin P}$$

$$\frac{\sin \pi}{\sin \Delta \,\sin(\Delta + \pi)} = \frac{\sin \varpi \,\sin H \,\sin(P+\Pi)}{\sin \Delta \,\sin P} - \cot \Delta \left(\frac{\sin(P+\Pi) - \sin P}{\sin P}\right)$$

$$= \frac{\sin \varpi \,\sin H \,\sin(P+\Pi)}{\sin \Delta \,\sin P} - \frac{2 \cot \Delta \,\sin \frac{1}{2}\Pi \,\cos(P + \frac{1}{2}\Pi)}{\sin P}$$

$$\sin \pi = \left(\frac{\sin \varpi \sin H \sin (P + \Pi)}{\sin P} - \frac{\sin \Pi \cot \Delta \cos (P + \frac{1}{2}\Pi)}{\sin P \cos \frac{1}{2}\Delta} \right) \sin (\Delta + \pi)$$

$$= \frac{\sin \varpi \sin H \sin (P + \Pi)}{\sin P} (1 - \cot \Delta \, \mathrm{tang}\, x) \sin (\Delta + \pi) \dots (16)$$

$$= q \sin (\Delta + \pi) = q \sin \Delta \cos \pi + q \cos \Delta \sin \pi,$$

$$q = \frac{\sin \varpi \sin H}{\sin \Delta} \cdot \frac{\sin (P + \Pi)}{\sin P} \cdot \frac{\sin (\Delta - x)}{\cos x} \quad \text{et tang } \pi = \frac{q \sin \Delta}{1 - q \cos \Delta}, \quad \text{d'où}$$

$$\pi = \frac{q \sin \Delta}{\sin 1''} + \frac{q^2 \sin 2\Delta}{\sin 2''} + \frac{q^3 \sin 3\Delta}{\sin 3''} + \text{etc.} \dots \dots (P).$$

On voit que cette formule est rigoureuse; mais elle est longue à calculer. Pour les parallaxes qui ne surpassent guères un degré on peut, en négligeant tout ce qui est insensible, modifier ainsi la formule (L).

18. $\sin \pi = \sin \varpi \sin H \sin \Delta \cos \pi + \sin \varpi \sin H \cos \Delta \sin \pi$

$\qquad - \sin \varpi \cos H \cos (P + \frac{1}{2}\Pi) \sec \frac{1}{2}\Pi \cos \Delta \cos \pi$

$\qquad + \sin \varpi \cos H \cos (P + \frac{1}{2}\Pi) \sec \frac{1}{2}\Pi \sin \Delta \sin \pi$

$\qquad = \sin \varpi \sin H \sin \Delta + \sin \varpi \sin H \cos \Delta \cdot \sin \varpi \sin H \sin \Delta$

$\qquad - \sin \varpi \cos H \cos (P + \frac{1}{2}\Pi) \sec \frac{1}{2}\Pi \cos \Delta$

$\qquad + \sin \varpi \cos H \cos (P + \frac{1}{2}\Pi) \sec \frac{1}{2}\Pi \sin \Delta \sin \varpi \sin H \sin \Delta$

$\qquad = \sin \varpi \sin H \sin \Delta - \sin \varpi \cos H \cos (P + \frac{1}{2}\Pi) \sec \frac{1}{2}\Pi \cos \Delta$

$\quad + (\sin^2 \varpi \sin^2 H \sin^2 \Delta) \cot \Delta + \sin^2 \varpi \sin H \cos H \sin \Delta \cos (P + \frac{1}{2}\Pi) \sec \frac{1}{2}\Pi$

$\qquad = \sin \varpi \sin H \sin \Delta - \sin \varpi \cos H \cos (P + \frac{1}{2}\Pi) \sec \frac{1}{2}\Pi \cos \Delta$

$\qquad + (\sin \varpi \sin H \sin \Delta)^2 \cot \Delta + (\sin \varpi \sin H \sin \Delta)(\sin \varpi \cos H \sin \Delta)$

$\qquad\qquad\qquad \cos (P + \frac{1}{2}\Pi) \sec \frac{1}{2}\Pi$

$\pi = \varpi \sin H \sin \Delta - \varpi \cos H \cos (P + \frac{1}{2}\Pi) \sec \frac{1}{2}\Pi \cos \Delta$

$\qquad + (\varpi \sin H \sin \Delta)^2 \cot \Delta \sin 1''$

$\qquad + (\varpi \sin H \sin \Delta)^2 \cot H \cos (P + \frac{1}{2}\Pi) \sec \frac{1}{2}\Pi \sin 1''.$

Cette formule suffit toujours et l'on peut même y faire séc $\frac{1}{2}\Pi = 1.$

19. Développez cos $(P + \frac{1}{2}\Pi)$ dans le second terme, il vous viendra un terme qui aura pour un de ses facteurs tang $\frac{1}{2}\Pi$, ou $\frac{1}{2}\sin \Pi$, l'erreur sera insensible. Mettez pour $\sin \Pi$ sa valeur, et réduisez, vous aurez en négligeant $\frac{1}{2}\Pi$ dans les autres termes

$$\pi = \varpi \sin H \sin \Delta - \varpi \cos H \cos \Delta \cos P + \frac{1}{2}\varpi^2 \cos H \sin^2 P \cot \Delta \sin 1''$$
$$+ (\varpi \sin H \sin \Delta)^2 \sin 1'' (\cot \Delta + \cot H \cot P);$$

mais cette formule ne sera pas plus commode que la précédente.

Quelques-unes de ces formules de parallaxes peuvent paraître un peu longues

longues à évaluer. Les astronomes, il y a cinquante ans, en avaient de plus commodes qu'on retrouverait en négligeant les $\frac{1}{4}\Pi$ dans les formules précédentes. Mais on pourrait se tromper quelquefois de 8 à 10" dans la formule de la parallaxe en distance polaire. C'est ce qui m'a fait chercher, il y a plus de vingt ans, les formules qu'on vient de voir.

20. Si du point B vous menez l'arc By perpendiculaire sur PA prolongé (fig. 132), vous aurez

$$PB = Py + \frac{\text{tang}^2 \frac{1}{2}\,APB\,\sin 2\,PA}{\sin 1''} + \frac{\text{tang}^4 \frac{1}{2}\,APB\,\sin 4\,PA}{\sin 2''} + \text{etc.} \quad (X.216),$$

ou

$$\Delta + \pi = \Delta + Ay + \frac{\text{tang}^2 \frac{1}{2}\,\Pi\,\sin 2\Delta}{\sin 1''} + \text{etc.} ,$$

et

$$\pi = Ay + \frac{\text{tang}^2 \frac{1}{2}\,\Pi\,\sin 2\Delta}{\sin 1''} + \text{etc.} ;$$

or

$$\text{tang } Ay = \text{tang } AB \cos A = \frac{\sin \varpi \sin N}{1 - \sin \varpi \cos N} \cdot \frac{\sin H - \cos \Delta \cos N}{\sin \Delta \sin N}$$

$$= \frac{\sin \varpi \sin H - \sin \varpi \cos \Delta \cos N}{\sin \Delta - \sin \varpi \sin \Delta \cos N}$$

$$= \frac{\sin \varpi \sin H - \sin \varpi \cos \Delta \cos\Delta \sin H - \sin \varpi \cos \Delta \sin \Delta \cos H \cos P}{\sin \Delta - \sin \varpi \sin \Delta \cos \Delta \sin H - \sin \varpi \sin^2 \Delta \cos H \cos P}$$

$$= \frac{\sin \varpi \sin H \sin^2 \Delta - \sin \varpi \sin \Delta \cos \Delta \cos H \cos P}{\sin \Delta - \sin \varpi \sin \Delta \cos \Delta \sin H - \sin \varpi \sin^2 \Delta \cos H \cos P}$$

$$= \frac{\sin \varpi \sin H \sin \Delta - \sin \varpi \cos \Delta \cos H \cos P}{1 - \sin \varpi \cos \Delta \sin H - \sin \varpi \sin \Delta \cos H \cos P} ;$$

équation de même forme que l'équation (M), et nous aurions de plus à calculer le premier terme de la série $\dfrac{\text{tang}^2 \frac{1}{2}\,\Pi\,\sin 2\Delta}{\sin 1''} + \text{etc.};$ il y a donc de l'avantage à préférer la série de la formule (N)

21. Il est difficile de trouver mieux pour les parallaxes elles-mêmes. Cherchons à déterminer $(P + \Pi)$ ou P' et $(\Delta + \pi)$ ou Δ' en fonction de P et Δ. L'équation F (13)

$$\sin \Pi = \sin (P' - P) = \frac{\sin \varpi \cos H}{\sin \Delta} \sin P'.$$

$$\text{tang } P' \cos P - \sin P = \frac{\sin \varpi \cos H}{\sin \Delta} \text{tang } P'.$$

$$\tang P' - \tang P = \frac{\sin \varpi \cos H}{\sin \Delta \cos P} \tang P'$$

$$\tang P' - \frac{\sin \varpi \cos H}{\sin \Delta \cos P} \tang P' = \tang P$$

$$\tang P' = \frac{\tang P}{1 - \frac{\sin \varpi \cos H}{\sin \Delta \cos P}} = \frac{\sin \Delta \sin P}{\sin \Delta \cos P - \sin \varpi \cos H}$$

$$\log \tang P' = \log \tang P + K \left(\left(\frac{\sin \varpi \cos H}{\sin \Delta \cos P} \right) + \tfrac{1}{2} (\quad)^2 + \tfrac{1}{3} (\quad)^3 + \text{etc.} \right);$$

expression fort commode tant que P ne sera pas un petit angle.
Dans ce cas

$$\tang P' = \frac{\sin P}{\cos P - \frac{\sin \varpi \cos H}{\sin \Delta}} = \frac{\sin P}{1 - \left(2\sin^2 \tfrac{1}{2} P + \frac{\sin \varpi \cos H}{\sin \Delta} \right)}$$

22. L'équation K (13) donne

$$\cot (\Delta + \pi) = \frac{\sin P'}{\sin P} \cot \Delta - \frac{\sin \varpi \sin H \sin P'}{\sin \Delta \sin P}$$

$$= \left(\frac{\sin P'}{\sin P} \right) \cot \Delta \left(1 - \frac{\sin \varpi \sin H}{\cos \Delta} \right)$$

$$\log \cot (\Delta + \pi) = \log \cot \Delta + \log \sin P' - \log \sin P$$
$$- K \left[\left(\frac{\sin \varpi \sin H}{\cos \Delta} \right) + \tfrac{1}{2} (\quad)^2 + \tfrac{1}{3} (\quad)^3 + \text{etc.} \right) \right]$$

Equation qui sera convergente si Δ n'est pas un trop grand arc ; dans ce cas on s'en tiendra à l'équation (K), qui donne, en faisant $\tang y = \frac{\sin \varpi \sin H}{\sin \Delta}$,

$$\cot (\Delta + \pi) = \frac{\sin (P + \Pi)}{\sin P} (\tang \cdot (90° - \Delta) - \tang y) = \frac{\sin (P + \Pi)}{\sin P} \frac{\cos (\Delta + y)}{\sin \Delta \cos y}.$$

23. Nous avons calculé les effets de la parallaxe sur l'angle au pôle P et sur la distance de l'astre à ce pôle ; soit maintenant P' un point quelconque de la sphère céleste (fig. 133). Menons les arcs de cercle P'Z, P'A et P'B ; nous pourrons calculer de même les effets de la parallaxe sur l'angle ZP'A et la distance P'A. Il est évident que nous aurons des formules semblables ; il suffira de substituer la distance P'A à la distance PA, l'angle ZP'A à l'angle ZPA et P'Z à PZ.

On pourrait donc calculer ainsi la quantité dont la parallaxe AB rapproche ou éloigne l'astre A d'un astre quelconque P' dont la position serait connue par rapport à P et à Z.

Dans les calculs astronomiques nous verrons que le plus souvent on rapporte les astres au pôle de l'écliptique, au lieu de le rapporter au pôle du monde : on a donc besoin des parallaxes par rapport à ce pôle.

Ce pôle change continuellement de position par le mouvement de la sphère céleste. Supposons une étoile placée à ce pôle ; comme toutes les autres elle décrirait un cercle dont la distance polaire serait de 23° 28', ou dont le rayon serait le sinus de 23° 28'. En effet, telle est la distance réciproque de ces deux pôles ; car tout pôle est à 90° du cercle dont il est le pôle.

24. Soit (fig. 154) PZMH le méridien, EMQ l'équateur, E le point équinoxial ; l'arc EM est ce qu'on appelle l'ascension droite du milieu du ciel ; ce serait aussi l'ascension droite d'une étoile qui serait pour le moment au zénit Z ; ce sera, s'il est permis de s'exprimer ainsi, l'ascension droite du zénit. ZM serait la déclinaison de l'étoile, ce sera la déclinaison du zénit.

Soit EO l'écliptique. Sur l'équateur EQ prenez $ED = 90° = MQ$, il en résultera $DQ = EM = $ asc. dr. mil. du ciel $= M$.

Menez DCPp, les angles D et C seront droits, $EC = 90° = DP$, et si vous prenez $Cp = 90°$, p sera le pôle de l'écliptique, et vous aurez $Pp = CD = E = $ obliquité de l'écliptique $= \omega$.

Menez pZNI qui sera un cercle de latitude, puisqu'il part du pôle de l'écliptique, et en même temps un vertical, puisqu'il passe par le zénit ; les angles N et I seront droits, le point $\mathbf{O}$ sera le pôle de pZNI ; les arcs NO et IO seront de 90°.

Zp distance du pôle de l'écliptique au zénit $= 90° - ZN = NI = 90° - pr$; donc $ZN = pr = $ hauteur du pôle de l'écliptique sur l'horizon.

Le point O est le point orient de l'écliptique ; le point N est un point qui est de 90° moins avancé en longitude que le point O ; c'est le 90⁰ degré à partir du point O, c'est pourquoi on l'appelle *nonagé-sime*, c'est-à-dire, *nonantième*.

$NI = O = Zp$ est la hauteur du nonagésime sur l'horizon ; les anciens le nommaient l'angle de l'orient. La hauteur du nonagésime est complément de la hauteur du pôle de l'écliptique sur l'horizon.

Dans le triangle ZPp nous connaissons $PZ = 90° - H$; $Pp = \omega$ et $ZPp = 180° - ZPD = 180° - MD = 180° - (ED - EM) = 180° - 90° + EM = 90° + EM = 90° + M$.

Nous pourrons calculer les trois autres parties du triangle, qui sont

$$P p Z = NC = 90° - EN = 90° - \text{longitude du nonagésime} = 90° - N,$$
$$Z p = \text{hauteur du nonagésime} = \text{complément de la hauteur du pôle } p,$$

et enfin

$$PZp = HZI = HI = QO = \text{amplitude du point orient de l'écliptique.}$$

25. Le triangle PZp donne

$$\cos Zp = \cos \text{haut. nonagés.} = \sin \text{haut. pôle } p = \cos ZPp \sin PZ \sin Pp$$
$$+ \cos PZ \cos Pp = \cos \omega \sin H + \sin \omega \cos H \cos (90° + M)$$
$$= \cos \omega \sin H - \sin \omega \cos H \sin M,$$
$$\cot PpZ = \tan N = \frac{\sin \omega \, \tan H}{\sin(90° + EM)} - \cos \omega \cot (90° + EM)$$
$$= \frac{\sin \omega \, \tan H}{\cos M} + \cos \omega \, \tan M.$$

26. Le triangle rectangle EMd fournit un autre moyen,

$$\tan Ed = \frac{\tan EM}{\cos E} = \frac{\tan M}{\cos \omega}.$$

On connaîtra donc le point d, qu'on appelle le *point culminant de l'écliptique*, c'est-à-dire celui qui est à la plus grande hauteur,

$$\cos d = \sin \omega \cos EM = \sin \omega \cos M;$$

c'est ce qu'on appelle *l'angle de l'écliptique avec le méridien*

$$\tan Md = \sin EM \tan E = \sin M \tan \omega;$$

c'est la déclinaison du point culminant.

$$Hd = HM + Md = 90° - H + \delta,$$

δ étant la déclinaison du point culminant.

Alors le triangle HdO rectangle en H donnera

$$\tan Od = \tan(90° + Nd) = \frac{\tan Hd}{\cos d} = - \cot Nd,$$

et

$$\cos O = \cos \text{haut. nonagésime} = \sin d \cos Hd.$$

Cette manière paraît plus longue; mais les cinq formules sont très-simples. C'est la méthode de La Caille et Lalande.

27. Il vaut mieux avoir les valeurs analytiques ci-dessus, parce qu'on peut les substituer dans les formules.

Pour moi je trouve plus naturel de considérer le triangle EQO, dans lequel nous connaissons $EQ=(90°+M)$; $E=23° 28'$ et $Q=(90°+H)$.

Ce triangle donne

$$\cos O = \cos EQ \sin E \sin Q - \cos E \cos Q$$
$$= \cos(90°+M) \sin \omega \sin(90°+H) - \cos \omega \cos(90°+H)$$
$$= \cos \omega \sin H - \sin \omega \cos H \sin M$$

comme ci-dessus.

$$\cot EO = \cot(90°+M)\cos \omega + \frac{\sin \omega \cot(90° + H)}{\sin(90° + M)}$$

$$\cot(90°+N) = -\cos \omega \, \tang M - \frac{\sin \omega \, \tang H}{\cos M}$$

ou

$$\tang N = \cos \omega \, \tang M + \frac{\sin \omega \, \tang H}{\cos M} ,$$

comme ci-dessus.

Ainsi toutes les fois que l'on connaîtra le milieu M du ciel, ou le point de l'équateur qui est au méridien, on saura trouver le point oriental de l'écliptique, et le nonagésime dont la longitude $=$ longit.$O-90°$, et l'angle O de l'écliptique avec l'horizon. On aurait aussi l'amplitude QO du point orient. Les Grecs faisaient grand usage de ces arcs; dans l'astronomie moderne ils ne servent plus qu'à calculer les parallaxes.

L'arc pZNI étant un vertical, un astre qui serait dans le vertical aurait toute sa parallaxe en latitude, et sa longitude ne serait nullement changée.

Soit un astre en F, si l'on connaît sa latitude NF, on aura sa distance au zénit $ZF = ZN - NF = (90° - h - \lambda)$, et la parallaxe de latitude se trouvera par la formule

$$\tang \pi = \frac{\sin \varpi \sin ZF}{1 - \sin \varpi \cos ZF} = \frac{\sin \varpi \cos(h + \lambda)}{1 - \sin \varpi \sin(h + \lambda)}.$$

La quantité π serait l'effet de la parallaxe sur la distance au pôle de l'écliptique, ou la parallaxe de latitude; la latitude apparente serait $\lambda - \pi$; la distance polaire serait $\delta + \pi$.

La parallaxe sera nulle pour la longitude, parce que l'astre F sera porté un peu plus bas dans le vertical ou cercle de latitude pZF, et ne cessera pas de répondre perpendiculairement au point N , ensorte que l'angle au pôle p restera le même.

28. Mais si l'astre est en A dans le vertical ZAK, la parallaxe le portera en B ; le cercle de latitude pA deviendra pB ; l'angle ZpA deviendra ZpB, et l'angle ApB sera ce qu'on appelle la parallaxe de longitude ; l'astre , au lieu de répondre au point a , répondra au point b ; la longitude Ea deviendra Eb et $ab = apb$ sera la parallaxe de longitude.

Nous appliquerons aux triangles ZpA , ZpB les mêmes raisonnemens que nous avons faits sur les triangles ZPA , ZPB de la fig. 132; nous aurons dans les nouvelles formules $pZ =$ hauteur nonagésime au lieu de PZ $=$ hauteur de l'équateur, c'est-à-dire $\sin h$ et $\cos h$ au lieu de $\cos H$ et $\sin H$, et au lieu des angles horaires ZPA , ZPB, distances au méridien, nous aurons les angles NpA , NpB , distance vraie et apparente au nonagésime ; ainsi nommant Π la parallaxe de longitude, nous aurons

$$\sin \Pi = \frac{\sin \varpi \sin pZ \sin NPB}{\sin pA} = \frac{\sin \varpi \sin h \sin (a - N + \Pi)}{\sin \Delta}$$

$$= \frac{\sin \varpi \sin h \sin (L - N + \Pi)}{\sin \Delta}$$

L étant la longitude vraie de l'astre , Δ devenant la distance au pôle de l'écliptique.

$$\tan \Pi = \frac{\dfrac{\sin \varpi \sin h}{\sin \Delta} \sin (L - N)}{1 - \left(\dfrac{\sin \varpi \sin h}{\sin \Delta}\right) \cos (L - N)}$$

$$\Pi = \left(\frac{\sin \varpi \sin h}{\sin \Delta}\right) \frac{(\sin L - N)}{\sin 1''} + \left(\frac{\sin \varpi \sin h}{\sin \Delta}\right)^2 \frac{\sin 2(L - N)}{\sin 2''} + \text{etc};$$

$$\cot(\Delta + \pi) = \frac{\sin (L - N + \Pi)}{\sin (L - N)} \left(\cot \Delta - \frac{\sin \varpi \cos h}{\sin \Delta}\right).$$

Les formules seront toutes les mêmes ; P deviendra (L — N); $\sin$ H deviendra $\cos h$, et $\cos$ H deviendra $\sin h$

$$\sin \pi = \left(\frac{\sin \varpi \cos h \sin (L - N + \Pi)}{\sin (L - N)} - \frac{2\sin \frac{1}{2}\Pi \cos(L - N + \frac{1}{2}\Pi)}{\sin (L - N)}\right)\sin(\Delta + \pi)$$

$$q = \frac{\sin \varpi \cos h \sin (L - N + \Pi) \sin (\Delta - x)}{\sin \Delta \sin (L - N) \cos x} \quad \text{et} \quad \sin \pi = \frac{q \sin \Delta}{1 - q \cos \Delta}$$

$$\pi = \frac{q \sin \Delta}{\sin 1''} + \frac{q^2 \sin 2\Delta}{\sin 2''} + \frac{q^3 \sin 3\Delta}{\sin 3''} + \text{etc.}$$

$$\sin \pi = \sin \varpi \cos h \sin \Delta - \sin \varpi \sin h \cos (L - N + \tfrac{1}{2} \Pi) \sec \tfrac{1}{2} \Pi \cos \Delta$$
$$+ (\sin \varpi \cos h \sin \Delta)^2 \cot \Delta + (\sin \varpi \cos h \sin \Delta)(\sin \varpi \cos h \sin \Delta)$$
$$\cos (L - N + \tfrac{1}{2} \Pi) \sin \tfrac{1}{2} \Pi$$

$$\pi = \varpi \cos h \sin \Delta - \varpi \sin h \cos (L - N + \tfrac{1}{2} \Pi) \sec \tfrac{1}{2} \Pi \cos \Delta)$$
$$+ (\varpi \cos h \sin \Delta)^2 \cot \Delta \sin 1''$$
$$+ (\varpi \cos h \sin \Delta)^2 \cot \Delta \cos (L - N + \tfrac{1}{2} \Pi) \sec \tfrac{1}{2} \Pi \sin 1''.$$

9. Nous aurions pu mettre $\sin h$ au lieu de $\cos h$, et réciproquement, en prenant pour h la hauteur du pôle de l'écliptique, qui est
le complément de la hauteur du nonagésime, nous aurions eu l'avantage
d'avoir pour l'équateur et l'écliptique des formules absolument semblables. En nous conformant à l'usage des Astronomes, nous avons
pour l'équateur, des formules qu'il serait aisé de transporter à l'écliptique; réciproquement, les formules que nous venons de donner pour
la longitude et la latitude, serviront pour l'angle horaire et la distance au
pôle de l'équateur, en prenant N pour le milieu du ciel, pour L l'arc de
l'équateur compté depuis le point équinoxial jusqu'au cercle horaire de
l'astre; et pour h enfin la hauteur de l'équateur.

10. Le pôle de l'écliptique décrit un petit cercle autour du pôle P
de l'équateur; quand il sera dans la partie occidentale, comme dans la
figure, le nonagésime tombera dans la partie orientale, et réciproquement.

Si la valeur de $\cos O$ (27) se trouvait négative, O serait un angle
obtus, le pôle de l'écliptique serait au-dessous de l'horizon, ce qui
ne peut avoir lieu que dans la zône torride.

Si au lieu du pôle de l'écliptique on prend une étoile quelconque,
la distance Pp changera, le cercle sera plus petit ou plus grand; nous aurions PZ et Pp avec ZPp, angle horaire de l'étoile, pour déterminer pZN,
c'est-à-dire, le vertical de l'étoile; les angles ZpA seront les distances
polaires à ce vertical, pA la distance des deux astres; mais il n'y
a à cela aucun avantage, et les Astronomes ne font aucun usage
de ces parallaxes.

Cherchons maintenant les longitudes et distances apparentes au pôle de l'écliptique, et faisons $L'=L+\Pi$, $\Delta'=\Delta+\pi$;

$$\sin\Pi = \sin(L'-L) = \left(\frac{\sin\varpi\,\sin h}{\sin\Delta}\right)\sin(L'-N)$$

$$\sin L'\cos L - \cos L'\sin L = \left(\frac{\sin\varpi\sin h}{\sin\Delta}\right)\cos N\sin L' - \left(\frac{\sin\varpi\sin h}{\sin\Delta}\right)\sin N\cos L'$$

$$\tang L'-\tang L = \left(\frac{\sin\varpi\sin h}{\sin\Delta}\right)\frac{\cos N\,\tang L'}{\cos L} - \left(\frac{\sin\varpi\sin h}{\sin\Delta}\right)\frac{\sin N}{\cos L}$$

$$\tang L'-\left(\frac{\sin\varpi\sin h}{\sin\Delta}\right)\frac{\cos N\,\tang L'}{\cos L} = \tang L - \left(\frac{\sin\varpi\sin h}{\sin\Delta}\right)\frac{\sin N}{\cos L}$$

$$\tang L' = \frac{\tang L - \left(\frac{\sin\varpi\sin h}{\sin\Delta}\right)\frac{\sin N}{\cos L}}{1 - \left(\frac{\sin\varpi\sin h}{\sin\Delta}\right)\frac{\cos N}{\cos L}} = \frac{\tang L - \left(\frac{\sin\varpi\sin h}{\sin\Delta\cos L}\right)\sin N}{1 - \left(\frac{\sin\varpi\sin h}{\sin\Delta\cos L}\right)\cos N}$$

$$= \frac{\sin L\sin\Delta - \sin\varpi\sin h\,\sin N}{\cos L\sin\Delta - \sin\varpi\sin h\,\cos N}.$$

Mais

$\sin O : \sin Q :: \sin EQ : \sin EO$

$\sin h : \cos H :: \cos M : \cos N$ ou $\sin h\cos N = \cos H\cos M$;

multipliez par . . . . $\tang N = \cos\omega\,\tang M + \frac{\sin\omega\,\tang H}{\cos M}$;

le produit sera

$$\sin h\sin N = \cos\omega\cos H\sin M + \sin\omega\sin H.$$

$$\tang L' = \frac{\sin L\sin\Delta - \sin\varpi\cos\omega\cos H\sin M - \sin\varpi\sin\omega\sin H}{\cos L\sin\Delta - \sin\varpi\cos H\cos M}.$$

$$\tang L' = \frac{\sin L\sin\Delta - \sin\varpi\sin H(\sin\omega + \cos\omega\cot H\sin M)}{\cos L\sin\Delta - \sin\varpi\cos H\cos M}$$

$$= \frac{\sin L\sin\Delta - \dfrac{\sin\varpi\sin H}{\cos x}\sin(\omega+x)}{\cos L\sin\Delta - \sin\varpi\cos H\cos M} = \frac{\sin L\sin\Delta - \sin\varpi\sin H\left(\dfrac{\sin(\omega+x)}{\cos x}\right)}{\cos L\sin\Delta - \sin\varpi\cos H\cos M}.$$

C'est la formule donnée par M. Olbers, qui fait $\tang x = \cot H\sin M$.

32. Nous avons trouvé ci-dessus 28 　(formule de Lexell.)

$$\cot\Delta' = \frac{\sin(L'-N)}{\sin(L-N)}\left(\frac{\cos\Delta - \sin\varpi\cos h}{\sin\Delta}\right)$$

$$= \left(\frac{\cos\Delta - \sin\varpi\cos h}{\sin\Delta}\right)\left(\frac{\sin L'\cos N - \cos L'\sin N}{\sin L\cos N - \cos L\sin N}\right)$$

$$= \frac{\cos\Delta - \sin\varpi\cos h}{\sin\Delta}\left(\frac{\sin L' - \cos L'\,\tang N}{\sin L - \cos L\,\tang N}\right)$$

$$= \frac{(\cos\Delta - \sin\varpi\cos h)\cos L'}{\sin L\sin\Delta - \sin\Delta\cos L\,\tang N}(\tang L' - \tang N)$$

$$= \frac{(\cos\Delta - \sin\varpi\cos h)\cos L'}{\sin L\sin\Delta - \sin\Delta\cos L\,\tang N}\left(\frac{\sin L\sin\Delta - \sin\varpi\sin h\,\frac{\sin N}{\cos L\sin\Delta - \sin\varpi\sin h\,\cos N}} - \tang N\right) =$$

$$= \frac{(\cos\Delta - \sin\varpi\,\cos h)\,\cos L'}{\sin L\,\sin\Delta - \sin\Delta\,\cos L\,\operatorname{tang}N} \left(\frac{\sin L\,\sin\Delta - \cos L\,\sin\Delta\,\operatorname{tang}N}{\cos L\,\sin\Delta - \sin\varpi\,\sin h\,\cos N}\right)$$

$$= \frac{(\cos\Delta - \sin\varpi\cos h)\cos L'}{\cos L\sin\Delta - \sin\varpi\sin h\cos N} = \cos L'\left(\frac{\cos\Delta - \sin\varpi\cos\varpi\sin H + \sin\varpi\sin\varpi\cos H\sin M}{\cos L\,\sin\Delta - \sin\varpi\,\cos H\,\cos M}\right).$$

Seconde formule de M. Olbers qui prouve, comme les précédentes, qu'on ne peut calculer la distance apparente au pôle sans passer par la longitude apparente ou la parallaxe Π. On ne pourrait du moins y parvenir que par des séries trop compliquées pour l'usage ordinaire.

33. Ces formules ont un avantage sur les séries précédentes, elles sont finies et rigoureuses, et conviennent aux parallaxes quelconques. Mais, pour une parallaxe qui ne passe pas un degré, les séries sont plus commodes à calculer, on peut se contenter des premiers termes et de logarithmes à cinq décimales, sans parties proportionnelles, au lieu qu'il faut dans les formules finies une attention minutieuse aux fractions de seconde.

Ces formules se réduisent à l'équateur en supposant $\omega = 0$; alors L devient Æ, Δ est la distance au pôle de l'équateur, N devient M le milieu du ciel; $h =$ hauteur de l'équateur $= 90° - \Pi$.

34. On peut se passer de toutes ces formules; ainsi connaissant P, PZ et PA, on calculerait, par les règles ordinaires de la Trigonométrie, d'abord la distance zénitale N, en faisant

$$\cos N = \cos P\,\cos H\,\sin\Delta + \sin H\,\cos\Delta ;$$

puis l'azimut

$$\sin Z = \frac{\sin P\,\sin\Delta}{\sin N} ;$$

la parallaxe

$$\operatorname{tang}p = \frac{\sin\varpi\,\sin N}{1 - \sin\varpi\,\cos N} ;$$

$$\cos PB = \cos(\Delta + \pi) = \cos Z\,\cos H\,\sin(N+p) + \sin H\,\cos(N+p) ;$$

enfin

$$\sin(P+\Pi) = \frac{\sin(N+p)\,\sin Z}{\sin(\Delta+\varpi)} = \frac{\sin P\,\sin\Delta\,\sin(N+p)}{\sin(\Delta+\varpi)\,\sin N}.$$

On peut encore, dans le triangle PZA, calculer les angles Z et A et même $\frac{1}{2}$ ZA par les formules de Néper (X. 92 et 108); on aurait alors

$\tan(\frac{1}{2}ZA + AB)$ par la formule (10), $APB = \Pi$ par les formules

$$\tan x = \tan AB \cos A; \quad \tan \Pi = \frac{\tan A \sin x}{\sin(\Delta + x)}$$

et

$$\cos(\Delta + \pi) = \frac{\cos AB \cos(\Delta + x)}{\cos x}.$$

55. Pour les parallaxes de longitude et de latitude, on commencerait par calculer le nonagésime et sa hauteur par les formules (27) ou par les formules de Néper, après quoi on calculerait les triangles pZA et pZB par les méthodes des n°s 33 et 34, et cette manière aurait sur toutes les autres l'avantage de n'employer que des règles qui sont d'un usage continuel et par là même gravées dans la mémoire des astronomes.

Remarquez que dans les formules de parallaxe en longitude et en latitude, la lettre N indique la longitude du nonagésime, et que dans les formules de parallaxe de hauteur, N indique la distance au zénit. Mais ces différentes formules n'étant jamais employées dans les mêmes calculs, la double acception de N n'a aucun inconvénient réel.

Effets de la parallaxe sur les diamètres des astres.

56. Les réfractions diminuent les diamètres horizontaux, parce qu'elles élèvent l'astre dans le vertical, et que les verticaux convergent vers le zénit; elles diminuent les diamètres verticaux, parce qu'elles élèvent le bord inférieur plus que le supérieur. Par un effet contraire, la parallaxe augmentera les diamètres horizontaux, parce qu'elle abaisse l'astre et que les verticaux divergent vers l'horizon; elle augmentera les diamètres verticaux, parce que le bord inférieur est plus abaissé que le supérieur. Les diamètres inclinés seront augmentés par les deux causes à la fois; mais les deux augmentations étant toujours comme le sinus et le cosinus de l'inclinaison, l'effet total sera le même pour tous les diamètres.

57. Le soleil, la lune, les planètes ont des disques ronds, mais nous verrons par la suite que ces corps sont sensiblement sphériques.

Soit P (fig. 135) un corps sphérique qui circule autour du centre C et qui est observé du point O. Le demi-diamètre vu de C sera l'angle PCm, entre le rayon central CP et le rayon Cm tangent au corps sphérique.

Le demi-diamètre vu de O sera l'angle POm' et cet angle sera plus grand parce que la distance est plus courte. En effet,

$$\sin PCm = \frac{Pm}{CP} = \frac{\rho}{\alpha} \quad \text{et} \quad \sin POm' = \frac{Pm'}{PO} = \frac{\rho}{\alpha'}. \quad \text{Donc}$$

$$\sin PCm : POm' \text{ ou } \sin\delta : \sin\delta' :: \frac{\rho}{\alpha} : \frac{\rho}{\alpha'} :: \alpha' : \alpha :: \sin C : \sin O :: \sin N : \sin(N+p)$$

$$\text{et } \sin\delta' = \frac{\sin\delta\,\sin(N+p)}{\sin N} = \sin\delta(\cos p + \sin p \cot N)$$

$$= \sin\delta + \sin\delta\left(\sin p \cot N - 2\sin^2\tfrac{1}{2}p\right)$$

$$= \sin\delta + \sin\delta\left(\sin\varpi \frac{\sin(N+p)}{\sin N}\cos N - \tfrac{1}{2}\sin^2\varpi\sin^2 N\right)$$

$$\sin\delta' - \sin\delta = \sin\delta\left(\sin\varpi\frac{\sin\delta'}{\sin\delta}\cos N - \tfrac{1}{2}\sin^2\varpi\sin^2 N\right)$$

$$2\sin\tfrac{1}{2}(\delta'-\delta)\cos\tfrac{1}{2}(\delta'+\delta) = \sin\delta'\,\sin\varpi\cos N - \tfrac{1}{2}\sin\delta\,\sin^2\varpi\sin^2 N$$

$$\text{ou } (\delta'-\delta) = \delta'\sin\varpi\cos N - \tfrac{1}{2}(\delta\sin\varpi\cos N)\sin\varpi\sin N \tang N.$$

On emploiera cette formule si l'on connaît le demi-diamètre apparent $\delta' = \delta + a$.

38. Mais si l'on ne connaît que δ

$$(\delta'-\delta) = a = \delta\sin\varpi\cos N + a\sin\varpi\cos N - \tfrac{1}{2}\delta\sin^2\varpi\sin^2 N$$

$$= \delta\sin\varpi\cos N + (\delta\sin\varpi\cos N)(\sin\varpi\cos N)$$

$$- (\delta\sin\varpi\cos N)(\sin\varpi\cos N)(\tfrac{1}{2}\tang^2 N).$$

Je n'ai négligé, dans les développemens successifs, que les quantités du troisième ordre, toujours insensibles dans le calcul d'une quantité qui ne va pas à 20″.

39. Ces formules supposent la distance au zénit, qui est inconnue le plus souvent ; nous avons déjà vu (16 et 37) que l'on a

$$\frac{\sin\delta'}{\sin\delta} = \frac{\sin(N+p)}{\sin N} = \frac{\sin(P+\Pi)}{\sin P} \cdot \frac{\sin(\Delta+\pi)}{\sin\Delta} = \frac{\sin(\Delta-x+\pi)}{\sin(\Delta-x)}.$$

La seconde de ces valeurs est de Gerstner ; la troisième est nouvelle : on en déduit

$$\sin\delta' - \sin\delta = \frac{\sin\delta\,\sin(\Delta-x+\pi)}{\sin(\Delta-x)} - \sin\delta = \frac{\sin\delta(\sin(\Delta-x+\pi)-\sin(\Delta-x))}{\sin(\Delta-x)}$$

$$a = \frac{2\delta\sin\tfrac{1}{2}\pi\cos(\Delta-x+\tfrac{1}{2}\pi)}{\sin(\Delta-x)} = \delta\sin\pi\cot(\Delta-x) - \tfrac{1}{2}\delta\sin^2\pi.$$

De toutes les formules qui donnent directement l'augmentation, celle-ci est la plus commode et la plus exacte.

40.

$$\frac{\sin \delta'}{\sin \delta} = \frac{\sin (P+\Pi)}{\sin P}\frac{\sin (\Delta+\pi)}{\sin \Delta} = \frac{\cos (\Delta+\pi)}{\cos \Delta - \sin \varpi \sin H} = \frac{\cot (\Delta+\pi)\sin (\Delta+\pi)}{\cos \Delta - \sin \varpi \sin H}$$

$$= \frac{\cos \mathcal{R}' (\cos \Delta - \sin \varpi \sin H)}{(\cos \mathcal{R} \sin \Delta - \sin \varpi \cos H \cos (\mathcal{R}+P))}\frac{\sin (\Delta+\pi)}{(\cos \Delta - \sin \varpi \sin H)}$$

$$= \frac{\cos \mathcal{R}' \sin (\Delta + \pi)}{\cos \mathcal{R} \sin \Delta - \sin \varpi \cos H \cos (\mathcal{R}+P)} \quad (15, 32 \text{ et } 33),$$

formule de M. Olbers, $\mathcal{R}+P$ étant l'ascension droite du milieu du ciel.

Si vous avez calculé les parallaxes de longitude et de latitude, les formules (39) serviront en prenant Π et π pour ces parallaxes, P pour la distance au nonagésime, et Δ enfin pour la distance au pôle de l'écliptique. Dans ce cas, la formule de M. Olbers sera

$$\sin \delta' = \frac{\sin \delta \cos (L + \Pi) \sin (\Delta + \pi)}{\cos L \sin \Delta - \sin \varpi \cos H \cos M},$$

H étant ici la hauteur du pôle de l'équateur, et M le milieu du ciel.

41. Soit P (fig. 135) un astre sphérique, le demi-diamètre vu du centre, ou de l'axe en C, sera $PCm = PCa$; le demi-diamètre vu du point O, sera $POm' = POa$; les deux tangentes $Cmam'$ et Oam' se couperont au point a, de manière que $ma = m'a$; car imaginez la sécante Pa, les triangles rectangles aPm, aPm' auront deux côtés homologues égaux, ils seront parfaitement égaux.

La parallaxe du bord supérieur sera $CaO = ZOa - ZCa$

La parallaxe du centre sera........ $CPO = ZOP - ZCP$

La différence des deux parallaxes sera $= (ZOP - ZOa) - (ZCP - ZCa)$

$$= \delta' - \delta$$

Ainsi la différence de la parallaxe entre le centre et le bord supérieur sera égale à la différence des diamètres vrai et apparent. On ferait un raisonnement semblable pour le bord inférieur.

La Caille avait énoncé cette proposition sans la démontrer, Lalande l'avait attaquée comme fausse; on pouvait dire seulement qu'elle n'est ni assez claire, ni assez complète et qu'elle ne peut s'appliquer aux demi-diamètres inclinés ou parallèles à l'horizon, qui doivent être pareillement augmentés, puisqu'ils sont tous égaux en eux-mêmes et rapprochés également de l'observateur.

Si la planète n'était qu'un simple disque, l'augmentation du diamètre ne dépendrait pas seulement de la distance devenue moindre pour l'observateur en O ; elle dépendrait encore de l'obliquité différente sous laquelle le diamètre serait vu des points C et O. Mais nous ne connaissons aucun astre qui ne soit sphérique, au moins sensiblement.

42. Le point du disque auquel l'observateur en O rapporte le centre de l'astre est d, pour le centre de la terre ce sera c, la différence cd est la parallaxe pour le centre de l'astre, ou $\delta \sin dPc = \delta \sin OPC = \delta \sin p = \delta \sin \varpi \sin(N + p)$.

43. Nous avons supposé que la verticale ZO (fig. 136) passe par le centre des mouvemens ; si la terre est sphérique, toutes les normales se couperont en effet à ce centre. Mais si la terre a une autre courbure, il se pourra que la normale à la surface aille traverser l'axe en C au-dessous du centre K ; menez le rayon KO, et prolongez-le jusqu'à la voûte céleste en V.

Un astre en V n'aurait aucune parallaxe, puisque les trois points K, O, V sont dans une même droite. Un astre en Z, au contraire, aurait une parallaxe $\left(\dfrac{OK}{R}\right) \sin VZ$, R étant la distance de l'astre au centre K. C'est la distance OK de l'observateur au centre de la terre et l'angle VOA avec la distance $KA = R$, qui déterminent l'angle OAK différence entre le lieu géocentrique dans la ligne AK et le lieu vu de la surface dans la direction OA. Le plan OVA n'est pas le même que OZA, et ces deux plans ne se confondent qu'à l'instant du passage par le méridien.

C'est donc au zénit géocentrique V et à l'oblique KOV, qu'il faut appliquer tout ce que nous avons dit du zénit Z et de la normale ZOC.

Le fil à plomb détermine le zénit Z ; le zénit V, que j'appelle géocentrique, ne peut se trouver que par un calcul qui suppose connue la figure et la grandeur de la terre. Supposons que l'on connaisse $OK = \rho$ et $KOC = VOZ = VZ = a$, VZ sera la correction qu'il faudra faire à la distance PZ du pôle au zénit. $PV = PZ + VZ = 90° — H + a = 90° — (H — a)$: on diminuera donc la hauteur du pôle H d'un angle a que fait dans le plan du méridien la verticale ZO avec le rayon de .. terre OK. C'est cette latitude corrigée que l'on emploiera dans le calcul de la distance zénitale qui sera VA au lieu de ZA, dans celui de l'azimut qui sera PVA au lieu de PZA, et enfin dans le calcul du nonagésime et de sa hauteur. Cette manière si simple de tenir compte de la figure de la terre, est due à Mayer.

L'horizon des parallaxes, le cercle dans lequel les parallaxes seront les plus grandes, sera partout à 90° de V; il sera hOr, qui fera aux points Est et Ouest l'angle $\mathrm{HO}h = \mathrm{RO}r = \mathrm{VZ} = a$ avec l'horizon astronomique.

Ces deux horizons n'auront de commun que ces deux points. En tout autre point, les parallaxes à l'horizon astronomique seront moindres que la parallaxe horizontale.

En tout autre point comme c et b, ces deux horizons seront éloignés de cd ou bc, et l'on aura

$$\tan cd = \tan \mathrm{O} \sin \mathrm{O}c = \tan a \cos \mathrm{PZ}c$$

et

$$\tan bc = \tan \mathrm{O} \sin \mathrm{O}b = \tan a \cos \mathrm{PV}b.$$

Calcul des principales formules de parallaxe.

44. Supposons $\mathrm{P} = 58°.43'.50''$, $\Delta = 85°.10'.16''$, $\varpi = 54'.2''.5$ et $\mathrm{H} = 48°.39'.50''$, nous trouverons $\mathrm{N} = 66°.7'.3'',0$; avec N, nous sommes obligés d'employer pour la parallaxe p la formule (B. 3)

$$
\begin{array}{lll}
\sin \varpi \ldots\ldots 8.1964370 & \ldots\ldots\ldots\ldots & 8.1964370 \\
\cos \mathrm{N} \ldots\ldots 9.6072600 & \sin \mathrm{N} \ldots\ldots & 9.9611256 \\
\hline
0.0063635 \qquad 7.8036970 & \mathrm{C} \log. a \ldots\ldots & 0.0027725 \\
\hline
0.9936365 = 1 - \sin \varpi \cos \mathrm{N} = a & \tan p \ldots\ldots & 8.1603351 \\
\end{array}
$$

$$p = 49'.43''.5$$
$$\mathrm{N} = 66.\ 7.\ 3$$

$$(\mathrm{N}+p) = 66.56.46.5 \ldots\ldots \sin \ldots\ldots 9.9638529$$
$$\sin \varpi \ldots\ldots 8.1964370$$

$$\sin \varpi \sin (\mathrm{N}+p) = \sin p = 49'.43''5 \ldots\ldots 8.1602899$$

Ces deux formules se confirment mutuellement; elles vont être toutes deux confirmées par la série (C. 4)

$$
\begin{array}{ll}
\sin \varpi \ldots\ldots & 8.1964370 \\
\sin \mathrm{N} \ldots\ldots & 9.9611256 \\
\text{compl. } \sin 1'' \ldots\ldots & 5.3144251 \\
\hline
1^{\mathrm{er}} \text{ terme} + 49'.24''.75 & 3.4719877 \\
\end{array}
$$

$$
\begin{array}{ll}
\sin \varpi \ldots\ldots & 6.39287 \\
\sin 2\mathrm{N} = 132°.14'.6' \ldots\ldots & 9.86946 \\
\text{compl. } \sin 2'' \ldots\ldots & 5.01340 \\
\hline
2^{\mathrm{e}} \text{ terme} + 18''868 \ldots\ldots & 1.27573 \\
\end{array}
$$

$$\sin^3\varpi \ldots \ldots \ldots \ 4.58931$$
$$\sin 3N = 198°.21'9'' \ldots - 9.49812$$
$$\text{compl. } \sin 3'' \ldots \ldots \ 4.83730$$
$$5^e \text{ terme} - 0'',084 - 8.92473$$
$$p = \overline{49'\ 43''534}$$

Formule de Lexell. (10)

$$\text{tang}^2\ 45°.27'.\ 1''.25 \ldots \ldots 0.0156549$$
$$\text{tang } \tfrac{1}{2} N = 53.\ 3.31.\ 5 \ldots \ldots 9.8134918$$
$$\text{tang } (\tfrac{1}{2} N + p) = 53.53.15.03 \ldots \ldots 9.8271467$$
$$\text{différence} = p = \qquad 49.43.53$$
$$\text{somme} = N + p = 66.56.46.53.$$

Cette formule est certainement la plus courte de toutes quand on ne connaît que N ; on n'en fait cependant que peu d'usage, peut être parce qu'elle ne donne directement ni la parallaxe, ni la distance apparente ; on aura celle-ci par ma formule (11)

$$\text{tang}\ (a - p) = \cot\ (N + p) = \frac{2 \sin \tfrac{1}{2}(a - \varpi)\cos \tfrac{1}{2}(a + \varpi)}{\cos a},$$

dont voici le calcul :

$$45.\quad 90° - N = a = 23°\ 52'\ 57''$$
$$\varpi = \qquad 54.\ 2.5$$
$$a - \varpi = 22.58.54.5 \qquad C.\cos a \ldots\ 0.0388744$$
$$a + \varpi = 24.46.59.5 \qquad\qquad 2 \ldots\ 0.3010300$$
$$\tfrac{1}{2}(a - \varpi) = 11.29.27.25 \ldots \ldots \sin \ldots\ 9.2993162$$
$$\tfrac{1}{2}(a + \varpi) = 12.23.29.75 \ldots \ldots \cos \ldots\ 9.9897628$$
$$\text{tang}\ (a - p) = 23.\ 3.13.47 \ldots \ldots \ldots 9.6289854$$
$$p = \qquad 49.43.53$$
$$90° - (a - p) = 66.56.46.53 = N + p.$$

Toutes ces formules sont parfaitement d'accord.

46. Cherchons maintenant la parallaxe horaire, d'abord par les lieux vrais , puis par les lieux apparens , et ensuite l'angle apparent lui-même.

$$
\begin{aligned}
\sin \varpi &= & 54'.\ 2''.5 &\ldots\ldots & 8.1964370 \\
\cos H &= & 48.39.50 &\ldots\ldots & 9.8198564 \\
c.\sin \Delta &= & 85.10.16 &\ldots\ldots & 0.0015442 \\[4pt]
\sin \varpi' &= & 35.49.2 &\ldots\ldots & 8.0178376 \\
\cos P &= & 58.43.50 &\ldots\ldots & 9.7152204 \\[4pt]
n &= & 0.005408265 &\ldots & 9.7330580 \\[4pt]
1 - n &= & 0.994591735 &\ldots & 0.0023552 \\
& & \sin \varpi' &\ldots & 8.0178376 \\
& & \sin P &\ldots & 9.9318319 \\[4pt]
\tan \Pi &= & 0°.30'.46''9 &\ldots & 7.9520247 \\
P &= & 58.43.50 &\ldots & 58.43.50 \\[4pt]
P + \Pi &= & 59.14.36.9 & \tfrac{1}{2}\Pi = & 0.15.23.45 \\[4pt]
P + \tfrac{1}{2}\Pi &= & \ldots\ldots\ldots & & 58.59.13.45
\end{aligned}
$$

Cherchons Π par la série

$$
\begin{aligned}
\sin \varpi' \sin P &\ldots\ldots & 7.9496695 \\
c.\sin 1'' &\ldots\ldots & 5.3144251 \\[4pt]
1^{er}\ \text{terme} = 30'\ 36''\ 94 &\ldots\ldots & 3.2640946 \\[4pt]
\sin^2 \varpi' &\ldots\ldots & 6.0356752 \\
\sin 2P = 117°.27'.40'' &\ldots\ldots & 9.9480822 \\
c.\sin 2'' &\ldots\ldots & 5.0135951 \\[4pt]
2^e\ \text{terme} = +\ 9''.935 &\ldots\ldots & 0.9971525 \\[4pt]
\sin^3 \varpi' &\ldots\ldots & 4.0535128 \\
\sin 3P = 176.11.30 &\ldots\ldots & 8.8222925 \\
c.\sin 3'' &\ldots\ldots & 4.8373039 \\[4pt]
3^e\ \text{terme} = 0''.005 &\ldots\ldots & 7.7131092 \\[4pt]
\Pi = 30'.46''.880.
\end{aligned}
$$

On voit que nous aurions pu négliger le troisième terme , et nous en tenir à cinq décimales dans le calcul des deux premiers.

Formule

Formule du lieu apparent.

$$\begin{array}{rll}
 & \sin \varpi' \ldots & 8.0178376 \\
\sin (P + \Pi) = 59°.14'.36'',9 \ldots & & 9.9341697 \\
\sin \Pi = \quad 30'.46'',9 \ldots & & 7.9520073
\end{array}$$

47. Il nous reste à calculer directement $(P + \Pi)$ par la formule (21).

$$\begin{array}{rll}
 & \sin \varpi' \ldots & 8.0178376 \\
 & c.\cos P \ldots & 0.2847796 \\
\sin \varpi \, \sec P = m \ldots & & 8.3026172 \\
 & \log K \ldots & 9.6377843 \\
a = 0.0087176,9 \ldots & & 7.9404015 \\
 & \log \tfrac{1}{2} K \ldots & 9.3367543 \\
 & 2 \log m \ldots & 6.6052344 \\
b = 0.0000874,96 \ldots & & 5.9419887 \\
 & \log \tfrac{1}{3} K \ldots & 9.1606731 \\
 & 3 \log m \ldots & 4.9078516 \\
c = 0.0000011,709 \ldots & & 4.0685247 \\
 & \log \tfrac{1}{4} K \ldots & 9.0357243 \\
 & 4 \log m \ldots & 3.2104688 \\
d = 0.0000000.176 \ldots & & 2.2461931 \\
 & \log \tang P \ldots & 0.2166115 \\
 & a \ldots & 0.0087176.9 \\
 & b \ldots & 0.0000874.96 \\
 & c \ldots & 0.0000011.709 \\
 & d \ldots & 0.0000000.176 \\
\log \tang (P + \Pi) = 59°.54'.36''8 & & 0.2254178.745
\end{array}$$

On voit que rien n'est plus facile que ce calcul, et que passé le premier terme, on pourrait se contenter de cinq et même de quatre décimales dans le calcul de b, c, d; que d même est ici fort inutile, et qu'enfin les logarithmes de K, de $\tfrac{1}{2}$ K, de $\tfrac{1}{3}$ K, etc. sont des logarithmes constans.

48. Passons à la distance polaire et à sa parallaxe.

$$
\begin{aligned}
c.\ \log \sin P &\ldots\ldots\ 0.0681681 \\
\log \sin (P + \Pi) &\ldots\ldots\ 9.9341696 \\[4pt]
&\ \ \ 0.0023377 \\
\cot \Delta = 85°.10'.16'' &\ldots\ldots\ 8.9267546 \\[4pt]
\log \cot \Delta'' &\ldots\ldots\ 8.9290923 \\[4pt]
c.\cos \Delta &\ldots\ldots\ 1.0747897 \\
\sin \varpi &\ldots\ldots\ 8.1964370 \\
\sin H &\ldots\ldots\ 9.8755520 \\[4pt]
\sin \varpi'' &\ldots\ldots\ 9.1467787 \\
K &\ldots\ldots\ 9.6377843 \\[4pt]
a = 0.0608923.8 &\qquad 8.7845630 \\[4pt]
\tfrac{1}{2}K &\ldots\ldots\ 9.3367543 \\
\sin^2 \varpi'' &\ldots\ldots\ 8.2935574 \\[4pt]
b = 0.0062688.58 &\ldots\ldots\ 7.6303117 \\[4pt]
\tfrac{1}{3}K &\ldots\ldots\ 9.1606731 \\
\sin^3 \varpi'' &\ldots\ldots\ 7.4403361 \\[4pt]
c = 0.0003990.334 &\ldots\ldots\ 6.6010092 \\[4pt]
\tfrac{1}{4}K &\ldots\ldots\ 9.0357243 \\
\sin^4 \varpi'' &\ldots\ldots\ 6.5871148 \\[4pt]
d = 0.0000419.6035 &\ldots\ldots\ 5.6228391 \\[4pt]
\tfrac{1}{5}K &\ldots\ldots\ 8.9388143 \\
\sin^5 \varpi'' &\ldots\ldots\ 5.7338935 \\[4pt]
e = 0.0000047.066 &\ldots\ldots\ 4.6727078 \\[4pt]
\tfrac{1}{6}K &\ldots\ldots\ 8.8596331 \\
\sin^6 \varpi'' &\ldots\ldots\ 4.8806722 \\[4pt]
f = 0.0000005.499 &\ldots\ldots\ 3.7403053
\end{aligned}
$$

$$
\begin{aligned}
\log \cot \Delta'' \ldots &\quad 8.9290923 \\
a \ldots - &\quad 0.0608923.8 \\
b \ldots - &\quad 0.0042688.58 \\
c \ldots - &\quad 0.0003990.33 \\
d \ldots - &\quad 0.0000419.60 \\
e \ldots - &\quad 0.0000047.07 \\
f \ldots - &\quad 0.0000005.50 \\
g \ldots - &\quad 0.0000000.62 \\
\hline
\cot \Delta' = 85°.49'.23'',7 \quad &\quad 8.8634847.50
\end{aligned}
$$

49. Le calcul est un peu long , parce que Δ diffère peu de 90°. Au reste, il n'est pas alors bien nécessaire de connaître log cot Δ' à sept décimales, pour avoir Δ' à un dixième de seconde. D'ailleurs l'opération est de la plus grande facilité.

Mais dans tous les cas , on fera l'opération comme il suit :

$$
\begin{aligned}
\sin \varpi \sin H \ldots \ldots &\quad 8.0719890 \\
c.\sin \Delta \ldots \ldots &\quad 0.0015442 \\
\hline
\operatorname{tang} y = \quad 0°.40'.43''.0 \ldots \ldots &\quad 8.0735332 \\
\Delta = 85.10.16 & \\
\hline
\cos(\Delta + y) = 85.50.59 \ldots \ldots \ldots &\quad 8.8595747 \\
c.\sin \Delta \ldots \ldots &\quad 0.0015442 \\
c.\cos y \ldots \ldots &\quad 0.0000305 \\
\sin(P + \Pi) : \sin P \ldots \ldots &\quad 0.0023377 \\
\hline
\cot(\Delta + \pi) = 85°.49'.23''.6 \ldots \ldots &\quad 8.8634871
\end{aligned}
$$

50. Cherchons maintenant la parallaxe elle-même en fonction de Δ

$$
\begin{aligned}
c.\cos \tfrac{1}{2}\Pi = \quad 0°.15'.23''.45 \ldots \ldots &\quad 0.0000043 \\
\cos(P + \tfrac{1}{2}\Pi) = 58.59.13.45 \ldots \ldots &\quad 9.7124221 \\
\cot H = 48.39.50 \ldots \ldots \ldots &\quad 9.9443044 \\
\hline
\operatorname{tang} x = 24.21.8 \ldots \ldots \ldots &\quad 9.6567308 \\
\Delta = 85.10.16 & \\
\hline
\Delta - x = 60.49.8 &
\end{aligned}
$$

$$
\begin{aligned}
\sin \varpi \sin H &\ldots\ldots & 8.0719890 \\
c.\cos x &\ldots\ldots & 0.0404684 \\
\hline
m &\ldots\ldots & 8.1124574 \\
\sin (\Delta - x) &\ldots\ldots & 9.9410555 \\
c.\sin 1'' &\ldots\ldots\ldots & 5.3144251 \\
\hline
38'\,53''13 &\ldots\ldots & 3.3679380 \\[4pt]
m^2 &\ldots\ldots & 6.2249148 \\
\sin 2(\Delta - x) = 121°\,38'\,16'' &\ldots\ldots\ldots & 9.9301241 \\
c.\sin 2'' &\ldots\ldots\ldots & 5.0133951 \\
\hline
+\,14''74 &\ldots\ldots & 1.1684340 \\[4pt]
m^3 &\ldots\ldots & 4.3373722 \\
\sin 3(\Delta - x) = 182°\,27'\,24'' &\ldots\ldots\,-\, & 8.63209 \\
c.\sin 3'' &\ldots\ldots\ldots & 4.83730 \\
\hline
-\,0.01 &\ldots\,-\, & 7.80676 \\
\hline
\pi = 39.\ 7.86 \\
\Delta = 85.10.16 \\
\Delta + \pi = 85.49.23.86
\end{aligned}
$$

Ce calcul est un peu long, mais il est plus facile et plus sûr. Si nous ne connaissions que $(\Delta + \pi)$, nous aurions π par le calcul suivant :

$$
\begin{aligned}
x &= 24°\,21'\ 8'' \\
\Delta + \pi &= 85.49.23.8 \\
\hline
\Delta - x + \pi &= 61.28.15.8 \quad \sin\ldots\ 9.9437796 \\
m = \sin \varpi \sin H \sec x \text{ ci-dessus} &\ldots\ldots\ 8.1124574 \\
\hline
\sin \pi = 39'.7''9, &\ldots\ldots\ldots\ 8.0562370
\end{aligned}
$$

51. La solution est complète ; nous avons déterminé p, Π et π par les lieux vrais et les lieux apparens ; nous avons calculé directement $(N+p)$, $(P + \Pi)$ et $(\Delta + \pi)$. Ces méthodes me paraissent en même tems les plus exactes et les plus expéditives. Si l'on veut π en fonction de Δ ou de $(\Delta + \pi)$, cherchez comme ci-dessus l'angle auxiliaire x ; faites

$$
q = \frac{\sin \varpi \sin H}{\cos x} \cdot \frac{\sin (P + \Pi)}{\sin P} \cdot \frac{\sin (\Delta - x)}{\sin \Delta}.
$$

$$\sin \varpi \sin H \sec x \dots \quad 8.1124574$$
$$\sin (P + \Pi) : \sin P \dots \quad 0.0023377$$
$$\sin (\Delta - x) \dots \quad 9.9410555$$
$$c.\sin \Delta \dots \quad 0.0015442$$
$$q \dots \quad 8.0573948$$
$$\sin (\Delta + x) \dots \quad 9.9988450$$
$$\sin \pi = 39'.7''.9 \dots \quad 8.0562398.$$

Par la série en fonction de Δ,

$$q \dots \quad 8.0573948$$
$$\sin \Delta \dots \quad 9.9984558$$
$$c.\sin 1'' \dots \quad 5.3144251$$
$$1^{er} \text{ terme } \quad 39'.5''.715 \qquad 3.3702757$$

$$q^{2} \dots \quad 6.1147896$$
$$\sin 2\Delta = 170°.20'.32'' \dots \quad 9.2246960$$
$$c.\sin 2'' \dots \quad 5.0133951$$
$$2^{e} \text{ terme } \quad + 2''.254 \dots \quad 0.3528807$$

$$q^{3} \dots \quad 4.1721844$$
$$\sin 3\Delta = 255°.30'.48'' \quad - \quad 9.98597$$
$$c.\sin 3'' \dots \quad 4.83730$$
$$3^{e} \text{ terme } \quad - 0''.099 \quad - \quad 8.99545$$
$$\pi = 39'.7''.870$$

Ces deux calculs sont un peu plus longs ; ils ont la même exactitude. Je m'en tiens aux précédens.

52. Pour les formules de M. Olbers

$$\tan \mathcal{R} = \frac{\sin \mathcal{R} \sin \Delta - \sin \varpi \cos H \sin (\mathcal{R} + P)}{\cos \mathcal{R} \sin \Delta - \sin \varpi \cos H \cos (\mathcal{R} + P)}$$

$$\cot \Delta' = \frac{\cos \mathcal{R}' (\cos \Delta - \sin \varpi \sin H)}{\cos \mathcal{R} \sin \Delta - \sin \varpi \cos H \cos (\mathcal{R} + P)}.$$

$$\text{Nous avons} \qquad \mathcal{R} = \quad 369°.49'.14''$$
$$\text{angle horaire oriental} \quad P = - \quad 58.43.50$$
$$\mathcal{R} + P = \quad 311, 5.24$$
$$\Delta = \quad 85°.10'.16''$$

$$
\begin{aligned}
&\cos \text{Æ}\ldots\ 9.9935891 &\quad - \ \sin \varpi\ \ -\ 8.1964370\\
&\sin \Delta\ldots\ 9.9984558 &\cos \text{H}\ \ \ldots\ 9.8198564\\
+\ &0.9818405\ldots\ 9.9920449 &\cos(\text{Æ}+\text{P})\ldots\ 9.8177264\\
-\ &0.0068237\ldots\ldots\ldots\ldots\ldots\ldots\ldots\ldots\ldots\ldots\ 7.8340198\\
+\ &0.9750168 = \text{dénominateur commun.}
\end{aligned}
$$

$$
\begin{aligned}
\text{Compl. du dénominateur } &0.0109878\ldots\ldots\ldots\ldots\ -\ 0.0109878\\
\sin \text{Æ}\ldots\ &9.2318848 &\sin \varpi\ldots\ldots\ 8.1964370\\
\sin \Delta\ldots\ &9.9984558 &\cos \text{H}\ldots\ldots\ 9.8198564\\
0.1743125\ldots\ &9.2413284 &\sin(\text{Æ}+\text{P}).-\ 9.8771859\\
0.008025407\ &\ldots\ldots\ldots\ldots\ldots\ldots\ +\ 7.9044671\\
\tan g\ \text{Æ}' = 0.1823379\ldots\ &9.2608773\\
\text{Æ}' = 10°.20'.1''.2
\end{aligned}
$$

$$
\begin{aligned}
\text{Compl. dénominateur}\ldots\ &0.0109878\ldots\ldots\ldots\ldots\ -\ 0.0109878\\
\cos \Delta\ldots\ &8.9252103 &\sin \varpi\ldots\ 8.1964370\\
\cos \text{Æ}'\ \ldots\ &9.9928979 &\sin \text{H}\ldots\ 9.8755520\\
+\ 0.0849368\ldots\ &8.9290960 &\cos \text{Æ}'\ldots\ 9.9928979\\
-\ 0.0119090\ldots\ &\ldots\ldots\ldots\ldots\ldots\ldots\ -\ 8.0758747\\
\cot(\Delta+\pi) = 0.0730278\ldots\ &8.8634882\\
(\Delta+\pi) = 85°.49'.23''.7
\end{aligned}
$$

Ces formules rigoureuses et directes ont à peu près la même exactitude dans la pratique, mais le calcul en est un peu plus long et surtout plus pénible.

53. Il nous reste maintenant à chercher l'augmentation du demi-diamètre, ou le demi-diamètre augmenté. La formule de M. Olbers est

$$\sin \delta' = \frac{\sin \delta \cos \text{Æ}' \sin(\Delta+\pi)}{\sin \text{Æ} \sin \Delta - \sin \varpi \cos \text{H} \cos(\text{Æ}+\text{P})},$$ dont le calcul est fort simple quand on connaît le dénominateur, $\text{Æ}'$ et $(\Delta+\pi)$ par les calculs précédens.

$$
\begin{aligned}
\text{Complément dénominateur commun}\ldots\ &0.0109878\\
\cos \text{Æ}'\ldots\ &9.9928979\\
\sin(\Delta+\pi)\ldots\ &9.9988451\\
\delta = 14'.47''\ldots\ldots\ &2.9479236\\
\delta' = 14.52.59\ldots\ldots\ &2.9506544
\end{aligned}
$$

Par les distances au zénit

$$\sin (\text{N} + p) = 66° 56' 46'' 5 \dots \quad 9.9638529$$
$$c.\sin \text{N} = 66.\ 7.\ 3.0 \dots \quad 0.0388744$$
$$\sin (\text{N} + p) : \sin \text{N} \dots \quad 0.0027273$$
$$\delta = 14'.47'' \dots \dots \quad 2.9479236$$
$$\delta' = 14.52.59 \dots \quad 2.9506509$$
$$\delta' - \delta = 5''.59$$

Par les angles horaires et les distances polaires ,

$$\sin (\text{P} + \Pi) = 59.14.36.9 \dots \quad 9.9341697$$
$$c.\sin \text{P} = 58.43.50 \dots \quad 0.0681681$$
$$\sin (\Delta + \pi) = 85.43.23.7 \dots \quad 9.9988450$$
$$c.\sin \Delta = 85.10.16 \dots \quad 0.0015442$$
$$0.0027270$$
$$\delta = 14'.47'' \dots \dots \quad 2.9479236$$
$$\delta' = 14.52.59 \dots \quad 2.9506506$$
$$\delta' - \delta = \dots 5''.59$$

Par les angles subsidiaires ,

$$c.\left(\frac{\sin \varpi \sin \text{H}}{\cos x} \right) \dots \quad 1.8875426$$
$$\sin \pi \dots \quad 8.0562370$$
$$c.\sin (\Delta - x) \dots \quad 0.0589445$$
$$0.0027241$$
$$\delta = 14'.47'' \dots \dots \quad 2.9479236$$
$$\delta' = 14.52.58 \dots \quad 2.9506477$$
$$\delta' - \delta = \dots 5.58$$

55. Toutes ces méthodes ont l'avantage qu'il n'y entre que des logarithmes déjà employés dans les calculs précédens. Nous aurons encore (59)

$$\sin (\Delta + \pi - x) \dots \quad 9.9437796$$
$$c.\sin (\Delta - x) \dots \quad 0.0589445$$
$$0.0027241$$
$$\delta = 14'.47'' \dots \quad 2.9479236$$
$$\delta' = 14.52.58 \dots \quad 2.9506477$$
$$\delta' - \delta = \quad 5.58$$

55. On aura l'augmentation directement par la formule

$$\delta' - \delta = \delta \sin \pi \cot (\Delta - x) - \tfrac{1}{2} \delta \sin^2 \pi.$$

$$
\begin{aligned}
\delta &\ldots.. \quad 2.9479236 \\
\sin \pi &\ldots.. \quad 8.0562370 \\
\cos(\Delta - x) &\ldots.. \quad 9.7469832 \\
\text{1}^{\text{er}} \text{ terme } 5',64 &\ldots\ldots.. \quad 0.7511438 \\
-\tfrac{1}{2} &\ldots - 9.6989700 \\
\delta &\ldots.. \quad 2.9479236 \\
\sin^2 \pi &\ldots.. \quad 6.1124740 \\
- 0''0575 & \qquad 8.7593676 \\
\delta' - \delta &= 5.5825,
\end{aligned}
$$

ou par la formule

$$a = \delta \sin \varpi \cos N + (\delta \sin \varpi \cos N)(\sin \varpi \cos N)$$
$$- (\delta \sin \varpi \cos N)(\sin \varpi \cos N)\tfrac{1}{2}\tang^2 N.$$

$$
\begin{aligned}
\delta &\ldots.. \quad 2.94792 \\
\sin \varpi &\ldots.. \quad 8.19643 \\
\cos N &\ldots. \quad 9.60731 \\
+ 5'',645 &\ldots.. \quad 0.75166 \\
+ 0'',036 &\ldots.. \quad 8.55540 \\
\tfrac{1}{2} &\ldots.. \quad 9.69897 \\
\tang^2 N &\ldots.. \quad 0.70760 \\
- 0.092 & \qquad 8.96197 \\
a &= + 5''.589 ;
\end{aligned}
$$

et enfin si l'on ne connait que $(\delta + a)$ par la formule

$$a = (\delta + a)\sin \varpi \cos N - [(\delta + a)\sin \varpi \cos N](\tfrac{1}{2}\sin \varpi \sin N \tang N).$$

$$\delta$$

$$\mathcal{C} + a = 892''.59 \ldots\ldots \quad 2.95065$$
$$\sin \varpi \ldots\ldots \quad 8.19643$$
$$\cos N \ldots\ldots \quad 9.60731$$
$$5'',6802 \ldots\ldots \quad 0.75439$$
$$\tfrac{1}{2} \ldots\ldots \quad 9.69897$$
$$\sin \varpi \ldots\ldots \quad 8.19643$$
$$\sin N \ldots\ldots \quad 9.96112$$
$$\tan N \ldots\ldots \quad 0.35380$$
$$- \; 0.0922 \qquad 8.96471$$
$$a = + \; 5.5880$$

56. Les parallaxes de longitude et de distance au pôle de l'écliptique se calculent par des moyens tout semblables, il ne sera pourtant pas inutile d'en donner des exemples : nous choisirons ceux pour lesquels nous avons déjà calculé les parallaxes d'ascension droite et de distance au pôle de l'équateur, afin qu'on voye mieux jusqu'à quel point toutes ces parallaxes s'accordent entre elles.

Il faut d'abord chercher le nonagésime et sa hauteur par les formules (27).

Soit donc L $= 10°\ 55'\ 11'' =$ longitude de la lune, $\Delta = 89°\ 27'\ 15'$ $=$ distance au pôle de l'écliptique, $\omega = 23°\ 28'\ 21''$, H $= 48°\ 39'\ 50'$, M $= 311°\ 5'\ 24''$;

$$\cos \omega \ldots 9.96249 \qquad \sin \omega \ldots 9.60022$$
$$\tan M - 0.05946 \qquad C.\cos M.\;\; 0.18227$$
$$- 1.05185 - 0.02195 \qquad \tan H \ldots 0.05570$$
$$+ 0.68895 \ldots 9.83819$$
$$- 1.05185$$
$$\tan N = -\; 19°\ 56'\ 45'' \ldots - 0.36290 - 9.55979$$

ou N $=$ 340. 3.15 : nous négligerons les unités de seconde.

$$\cos \omega \ldots 9.96249 \qquad -\sin \omega - 9.60022$$
$$\sin H \ldots 9.87555 \qquad \cos H \ldots 9.81986$$
$$0.68872 \ldots 9.83804 \qquad \sin M \; - 9.87719$$
$$+ 0.19827 + 9.29727$$
$$+ 0.68872$$
$$\log \cos h = 27°\ 30'\ 10'' + 0.88699 \qquad 9.94792$$
$$\log \sin h = \ldots\ldots\ldots\ldots\ldots\ldots \qquad 9.66445$$

On peut très-bien dans ce calcul préparatoire se contenter de logarithmes à cinq décimales, et se borner aux dixaines de seconde; et c'est l'un des avantages de cette méthode.

57. Le nonagésime et le milieu du ciel sont toujours l'un et l'autre d'un même côté par rapport au colure des solstices; c'est-à-dire, tous les deux dans les signes ascendans, ou tous les deux dans les signes descendans. On appelle signes ascendans ceux dans lesquels le soleil monte vers le pôle boréal de l'équateur, c'est-à-dire les signes compris entre les solstices d'hiver et d'été. On appelle signes descendans ceux dans lesquels le soleil descend vers le pôle austral, depuis le solstice du Cancer jusqu'à celui du Capricorne.

$$L = \quad 10° \, 55' \, 11''$$
$$N = -19.56.40$$
$$L - N = \quad 30.51.51 \, ;$$

la parallaxe de longitude se trouvera par la formule

$$\tang \Pi = \frac{\left(\dfrac{\sin \varpi \sin h}{\sin \Delta}\right) \sin(L-N)}{1 - \left(\dfrac{\sin \varpi \sin h}{\sin \Delta}\right) \cos(L-N)},$$

$$\sin \varpi \ldots \; 8.1964370$$
$$C.\sin \Delta \ldots \; 0.0000197$$
$$\sin h \ldots \; 9.6644500$$

$$\sin \varpi' \ldots \; 7.8609067 \ldots\ldots\ldots\ldots\ldots \; 7.8609067$$
$$\cos(L-N) \; 9.93368 \qquad \sin(L-N) \ldots \; 9.71012$$

$$a = 0.0062315 \quad 7.79459 \qquad C.(1-a) \ldots \; 0.00271$$

$$1-a = 0.9937685 \qquad \tang \Pi = \quad 0° \, 12' \, 53'',0 \quad 7.57374$$
$$L-N = \quad 30.51.51$$

$$(L-N+\Pi) = \quad 31. \, 4.44$$
$$+ N = -19.56.40$$

$$L + \Pi = \quad 11. \, 8. \, 4$$
$$\tfrac{1}{2}\Pi = \quad 0. \, 6.26 \, ,5$$
$$L - N + \tfrac{1}{2}\Pi = \quad 30.58.17 \, ,5$$

58. Cherchons Π par la distance apparente au nonagésime,

$$\begin{aligned}
\sin \varpi' ; &\ldots\ 7.86091 \\
\sin(\text{L} - \text{N} + \Pi) &\ldots\ 9.71283 \\
\hline
\sin \Pi = 0° \ 12' \ 53'',0 &\ldots\ 7.57374
\end{aligned}$$

59. Cherchons Π par la série

$$\begin{aligned}
\text{C. } \sin 1'' &\ldots\ 5.31443 \\
\sin \varpi' &\ldots\ 7.86091 \\
\sin(\text{L} - \text{N}) &\ldots\ 9.71013 \\
\hline
1^{er} \text{ terme} \quad 12' \ 48'',18 &\ldots\ 2.88547 \\[1em]
\sin^2 \varpi' &\ldots\ 5.72182 \\
\sin 2(\text{L} - \text{N}) &\ldots\ 9.94483 \\
\text{C. } \sin 2'' &\ldots\ 5.01340 \\
\hline
2^e \text{ terme} \quad + 4'',79 &\ldots\ 0.68005 \\[1em]
\sin^3 \varpi' &\ldots\ 3.58273 \\
\sin 3(\text{L} - \text{N}) &\ldots\ 9.99955 \\
\text{C. } \sin 3'' &\ldots\ 4.83730 \\
\hline
+ 0'',03 &\quad 8.41958 \\
\hline
\Pi = \ 12' \ 53'',00
\end{aligned}$$

60. Nos trois formules sont donc parfaitement d'accord. Cherchons directement $(\text{L} - \text{N} + \Pi)$ par la formule (21), qui devient

$$\log \text{tang}(\text{L} - \text{N} + \Pi) = \log \text{tang}(\text{L} - \text{N}) + \text{K}\left[\left(\frac{\sin \varpi'}{\cos(\text{L}-\text{N})}\right) + \tfrac{1}{2}\left(\frac{\sin \varpi'}{\cos(\text{L}-\text{N})}\right)^2 + \text{etc.}\right]$$

$$\begin{aligned}
\sin \varpi' &\ldots\ 7.8609067 \\
\text{C. } \cos(\text{L} - \text{N}) &\ldots\ 0.0663174 \\
\log m &\ldots\ 7.9272241 \\
\log k &\ldots\ 9.6377843 \\
\hline
a = 0.0036728.94 &\ldots\ 7.5650084 \\[1em]
\log \tfrac{1}{2}k &\ldots\ 9.33675 \\
2 \log m &\ldots\ 5.85445 \\
\hline
b = 0.0000155.31 &\ldots\ 5.19120
\end{aligned}$$

$$\log \tfrac{1}{3} k \ldots\ 9.16067$$
$$3 \log m \ldots\ 3.78167$$
$$c = 0.0000000.876 \ldots\ 2.94234$$

$$\log \tan (L-N) \ldots\ 9.7764385.8$$
$$a \ldots\ .0036728.94$$
$$b \ldots\ \quad\ 155.31$$
$$c \ldots\ \quad\quad\ .876$$
$$\log (L-N+\Pi) = 9.7801270.9$$

$$L - N + \Pi = \quad 31°\ 4'\ 43'',96$$
$$N \qquad = -\ 19.56.40$$
$$L + \Pi = \quad\ 11.\ 8.31\ ,96$$

61. Cherchons la distance polaire apparente par les formules

$$\tan y = \frac{\sin \varpi \cos h}{\sin \Delta} \quad \text{et} \quad \cot (\Delta + \Pi) = \frac{\cos (\Delta + y) \sin (L - N + \Pi)}{\sin \Delta \cos y \sin (L - N)} ,$$

car la série logarithmique ne convergerait pas assez rapidement

$$\sin \varpi \ldots\ 8.1964370$$
$$\cos h \ldots\ 9.9479187$$
$$C. \sin \Delta \ldots\ 0.0000197$$

$$\tan y = \quad 0°\ 47'\ 55'',9 \qquad 8.1443754$$
$$\Delta = 89.27.15\ ,0$$

$$\Delta + y = 90.15.10\ ,9$$
$$C. \cos y \ldots\ 0.0000422$$
$$C. \sin \Delta \ldots\ 0.0000197$$
$$\cos (\Delta + y) - 7.6450441$$
$$C. \sin (L - N) \ldots\ 0.2898798$$
$$\sin (L - N + \Pi) \ldots\ 9.7128330$$

$$\cot (\Delta + \pi) = 90°\ 15'\ 16'',73 \quad - 7.6478188$$
$$\Delta = 89.27.15$$

$$\pi = \quad 0.48.\ 1\ ,73$$

62. Cherchons maintenant la parallaxe π par la série qui emploie l'angle subsidiaire x.

$$
\begin{aligned}
&\text{Compl. cos}\tfrac{1}{2}\Pi \ldots &0.0000008 \\
\cos(\text{L}-\text{N}+\tfrac{1}{2}\Pi) =\ & 30°\ 58'\ 17'',5\ldots &9.9331952 \\
\text{tang } h =\ & 27.30.10 \ldots &9.7165281 \\
\hline
\text{tang } x =\ & 24.\ 3.21 \ldots &9.6497241 \\
\Delta =\ & 89.27.15 \\
\hline
(\Delta - x) =\ & 65.23.54 \\
2(\Delta - x) =\ & 130.47.48 \\
3(\Delta - x) =\ & 196.11.42
\end{aligned}
$$

$$
\begin{aligned}
\sin\varpi\cos h \ldots &\ 8.1443557 \\
\text{C. } \cos x \ldots &\ 0.0394585 \\
\hline
\log m \ldots &\ 8.1838142 \\
\sin(\Delta - x) \ldots &\ 9.9586709 \\
\text{C. } \sin 1'' \ldots &\ 5.3144251 \\
\hline
1^{\text{er}}\text{ terme } 47'\,43'',59 \ldots &\ 3.3569102 \\
2\log m \ldots &\ 6.36753 \\
\sin 2(\Delta - x) \ldots &\ 9.87911 \\
\text{C.} \sin 2'' \ldots &\ 5.01340 \\
\hline
2^{\text{e}}\text{ terme } 18'',202 \ldots &\ 1.26004 \\
3\log m \ldots &\ 4.55144 \\
\sin 3(\Delta - x) - &\ 9.44546 \\
6\sin 3'' \ldots &\ 4.83730 \\
\hline
3^{\text{e}}\text{ terme } - 0'',068 \ldots &\ 8.83420
\end{aligned}
$$

$$
\begin{aligned}
\pi =\ & 48'\ 1'',724 \\
\Delta =\ & 89°\ 27.15,0 \\
\hline
\Delta + \pi =\ & 90.15.16,724 \\
x =\ & 24.\ 3.21 \\
\hline
\sin(\Delta + \pi - x) =\ & 66.11.55,7 \ldots &9.9613983 \\
\text{ci-dessus } \log m \ldots &\ & 8.1838142 \\
\hline
\sin\pi =\ & 48'\ 1'',71 \ldots &8.1452125
\end{aligned}
$$

63. Voilà déjà trois manières qui s'accordent parfaitement; en voici deux autres.

$$\log m \ldots \ldots 8.1838142$$
$$\log \frac{\sin(\mathrm{L}-\mathrm{N}+\Pi)}{\sin(\mathrm{L}-\mathrm{N})} \ldots \ldots 0.0027128$$
$$\mathrm{C}.\ \sin \Delta \ldots \ldots 0.0000197$$
$$\sin(\Delta - x) \ldots \ldots 9.9586709$$
$$\log q = \sin 48'\ 1'',75 \ldots \ldots 8.1452176$$
$$\sin(\Delta + \pi) \ldots \ldots 9.9999957$$
$$\sin \pi = 48'\ 1'',71 \ldots \ldots 8.1452133$$

64. Cette formule suppose connue la distance polaire apparente. Si l'on ne connaît que la distance vraie, on emploiera la série

$$\log q \ldots 8.1452176$$
$$\sin \Delta \ldots 9.9999803$$
$$\mathrm{C}.\ \sin 1'' \ldots 5.3144251$$
$$1^{\mathrm{er}}\ \text{terme}\quad 48'\ 1'',53 \ldots 3.4596230$$

$$2 \log q \ldots 6.29044 \qquad\qquad 4 \log q \ldots 2.58088$$
$$\sin 2\Delta = 178°\ 54'\ 30''\ \ 8.27994 \qquad \sin 4\Delta = 357°\ 49'\ - \ 8.58089$$
$$\mathrm{C}.\ \sin 2'' \ldots 5.01340 \qquad\qquad \mathrm{C}.\ \sin 4'' \ldots 4.71237$$
$$2^{\mathrm{e}}\ \text{terme}\quad +0'',384 \ldots 9.58378 \qquad - 0'',000075. \ \ 5.87414$$

$$3 \log q \ldots 4.43565$$
$$\sin 3\Delta = 268°\ 21'\ 45''\ - \ 9.99982$$
$$\mathrm{C}.\ \sin 3'' \ldots 4.83730$$
$$- 0'',187 \ - \ 9.27277$$
$$\pi = 48'\ 1'',727.$$

La série a l'air de ne plus converger après le second terme, parce que $\sin 2\Delta$ est fort petit, et $\sin 3\Delta$ fort grand; mais le terme $\dfrac{q^4 \sin 4\Delta}{\sin 4''}$ ne serait que $-0''.000075$.

65. On voit que dans les éclipses de soleil, quand la latitude apparente est presque nulle, comme ici, le facteur q est à fort peu près le sinus de π; on peut donc employer ce coefficient comme valeur approchée, pour calculer π par la formule $\sin \pi = \sin q \sin(\Delta + q)$, et

cette formule sera encore suffisamment exacte quand la latitude de la
lune sera de 5° ou 6°, c'est-à-dire dans toutes les éclipses, et dans
les mêmes limites pour la parallaxe de déclinaison. Ainsi, page 581,
nous avions $\Delta = 85°\,10'\,16''$

$$\sin q = \quad\quad 59.14\ldots\ldots\ 8.0573948$$
$$\sin (\Delta + q) = 85.49.30\ldots\ldots\ 9.9988460$$
$$\sin \pi = \quad\quad 59.\ 7.87\ldots\ 8.0562408,$$

comme par la série qui emploie ce même coefficient.

66. Essayons maintenant les formules de M. Olbers (51, 52 et 46).

$$\cos L \ldots\ldots\ 9.9920644 \quad\quad -\sin\pi\ -\ 8.1964570$$
$$\sin \Delta \ldots\ldots\ 9.9999803 \quad\quad \cos H \ldots\ 9.8190564$$
$$0.9818489 \quad 9.9920447 \quad\quad \cos M \ldots\ 9.8177264$$
$$-\ 0.0068257\ -\ 7.9540198$$
$$+\ 0.9818489$$

dénominateur commun $0.9750252\ldots\ 9.9890159.$

Ce dénominateur est commun aux trois formules, et c'est un avantage
qui en abrège le calcul. Il est numériquement le même que pour l'équateur.

$$\text{Compl. dénomin.}\ldots\ldots\ 0\ 0109841$$
$$\sin \Delta \ldots\ 9.9999803$$
$$\sin L = 10°\,55'\,11''\ldots\ 9.2774566$$
$$+\ 0.1942768\ldots\ 9.2884210$$

$$\text{Compl. dénomin.}\ldots\ldots\ 0.0109841$$
$$-\ \sin \varpi\ -\ 8.1964570$$
$$\cos \omega \ldots\ 9.9624884$$
$$\cos H \ldots\ldots\ 9.8198564$$
$$\sin M \ldots\ -\ 9.8771859$$
$$+\ 0.0073612.5\ +\ 7.8669518$$

$$\text{Compl. dénomin.}\ldots\ldots\ 0.0109841$$
$$-\ \sin \varpi\ -\ 8.1964570$$
$$\sin \omega \ldots\ 9.6002200$$
$$\sin H \ldots\ 9.8755520$$
$$-\ 0.0048216.2\ldots\ 7.6831951$$
$$0.1968164.3\ldots\ 9.2946615$$
$$\operatorname{tang}(L + \Pi) = 11°\,8'\,4'',0$$

$$\cos (L + \Pi) \dots\dots 9.9917473$$
$$\text{Compl. dénomin.} \dots\dots 0.0109841$$

$$\log n \dots\dots 0.0027314$$
$$\cos \Delta \dots\dots 7.9789309$$

$$+\ 0.0095865.5 \dots\dots 7.9816623$$

$$\log n \dots\dots 0.0027314$$
$$-\ \sin \varpi \cos \omega\ -\ 8.1589254$$
$$\sin H \dots\dots 9.8755520$$

$$-\ 0.0108945.3 \dots\dots 8.0372088$$

$$\log n \dots\dots 0.0027314$$
$$\sin \varpi \sin \omega \dots\dots 7.7966570$$
$$\cos H \sin M.\ -\ 9.6970423$$

$$-\ 0.0031364.0\ -\ 7.4964307$$
$$-\ 0.0044443.8\ -\ 7.6478111$$
$$\tan (\Delta + \pi) = 90° \ 15' \ 16'',71$$

$$\log n \dots\dots 0.0027314$$
$$\sin (\Delta + \pi) \dots\dots 9.9999957$$
$$\delta = 14' \ 47'' \dots\dots 2.9479236$$
$$\delta' = 14.52,59 \dots 2.9506507$$
$$\delta' - \delta = \qquad 5,59.$$

67. Ces formules élégantes, qui dispensent de calculer le nonagésime, confirment tout ce que nous avons trouvé par nos propres formules. Nous avons exposé ci-dessus (33) les avantages et les inconvéniens de ces méthodes ; on peut comparer et choisir.

Par la formule de Gerstner (39), nous aurons

$$\delta \dots\dots 2.9479236$$
$$\sin (\Delta + \pi) \dots\dots 9.9999957$$
$$\frac{\sin(L - N + \Pi)}{\sin (L - N)} \dots\dots 0.0027128$$
$$C.\ \sin \Delta \dots\dots 0.0000197$$
$$\delta' = 14' \ 52'',59 \dots\dots 2.9506518.$$

68. Notre formule (39) nous donnera directement $(\delta' - \delta)$.

$$\delta \ldots\ldots 2.94792$$
$$\sin \pi \ldots\ldots 8.14521$$
$$\cot(\Delta - \pi) \ldots\ldots 9.66074$$
$$5'',674 \ldots\ldots 0.75387$$

$$- \delta \ldots\ldots - 2.94792$$
$$2 \log \sin \pi \ldots\ldots 6.29042$$
$$\tfrac{1}{2} \ldots\ldots 9.69897$$
$$- 0'',087 \ldots\ldots 8.93731$$
$$5'',587.$$

On voit que nos formules, transportées de l'équateur à l'écliptique, donnent les parallaxes avec le même accord.

69. Les différentes parallaxes sont toutes fonctions de la parallaxe de hauteur, elles en sont déduites et doivent servir à la retrouver. Le triangle PAB (fig. 152) donne

$$\cos AB = \cos APB \sin PA \sin PB + \cos PA \cos PB$$
$$\cos p = \cos \Pi \sin \Delta \sin (\Delta + \pi) + \cos \Delta \cos (\Delta + \pi)$$
$$1 - 2\sin^2 \tfrac{1}{2} p = \cos \Delta \cos(\Delta + \pi) + \sin \Delta \sin(\Delta + \pi) - 2\sin^2 \tfrac{1}{2} \Pi \sin \Delta \sin(\Delta + \pi),$$
$$= \cos(\Delta + \pi - \Delta) - 2\sin^2 \tfrac{1}{2} \Pi \sin \Delta \sin(\Delta + \pi)$$
$$\sin^2 \tfrac{1}{2} p = \sin^2 \tfrac{1}{2} \pi + \sin^2 \tfrac{1}{2} \Pi \sin \Delta \sin (\Delta + \pi).$$

Cette équation est également vraie, soit que Π et π soient relatifs à l'équateur, soit qu'ils soient relatifs à l'écliptique; elle va nous montrer si tous nos calculs sont bien d'accord.

Nous aurons d'abord $\qquad \sin^2 \tfrac{1}{2} p = \sin^2 24'\ 51'',765 = 0.00005.2305$

ensuite $\qquad \sin^2 \tfrac{1}{2} \pi = \sin^2 19'\ 39'',9 \ldots\ldots\ldots\ldots\ldots\ldots\ldots = 0.00003.23898$

$\sin^2 \tfrac{1}{2} \Pi \sin \Delta \sin(\Delta + \pi) = \sin^2 15.23\ ,45 \sin 85°10'16'' \sin 85°49'23'',8 = 0.00001.99193$

$\qquad\qquad\qquad\qquad$ somme $= \sin^2 \tfrac{1}{2} p = 0.00005.23091$

enfin $\qquad \sin^2 \tfrac{1}{2} \pi = \sin^2 24'\ 0'',86 \ldots\ldots\ldots\ldots\ldots\ldots\ldots = 0.00004.87962.2$

$\sin^2 \tfrac{1}{2} \Pi \sin \Delta \sin(\Delta + \pi) = \sin^2 6.26\ ,50 \sin 89°27'15'' \sin 90°15'\ 17'' = 0.00000.35109.4$

$\qquad\qquad\qquad\qquad$ somme $= \sin^2 \tfrac{1}{2} p = 0.00005.23071.6$

Les tables de logarithmes ne peuvent donner plus de précision.

1. $\qquad\qquad\qquad\qquad\qquad\qquad\qquad$ 50

70. De toutes ces formules, les plus générales sont celles qui se rapportent au pôle de l'écliptique; on peut facilement en déduire celles
qui se rapportent à l'équateur et à l'horizon, c'est-à-dire les parallaxes d'ascension droite et de déclinaison, les parallaxes de hauteur
et d'azimut. En effet supposez $\omega = 0$, la formule (56) qui donne N se
réduit à tang N $=$ tang M; celle qui donne h se réduit à cos $h =$ sin H,
la distance Δ au pôle de l'écliptique se confond avec la distance au pôle
de l'équateur, L devient Æ, la parallaxe de longitude se change en parallaxe d'ascension droite, et se trouve en faisant

$$\tan \Pi = \frac{\left(\dfrac{\sin \varpi \cos H}{\sin \Delta}\right) \sin(\text{Æ} - M)}{1 - \left(\dfrac{\sin \varpi \cos H}{\sin \Delta}\right) \cos(\text{Æ} - M)},$$

en mettant pour la hauteur h du nonagésime, la hauteur de l'équateur $= 90° - H$; pour Δ la distance au pôle de l'équateur; Æ au lieu
de L, et M au lieu de N. $(\text{Æ} - M)$ sera l'angle horaire oriental de
l'astre, et la parallaxe Π sera additive à l'ascension droite; elle serait
soustractive si $(\text{Æ} - M)$ était une quantité négative, c'est-à-dire, si
l'angle horaire était occidental; la parallaxe, en abaissant l'astre, diminuerait l'ascension droite.

On voit que la série pour l'ascension droite sera

$$\Pi = \left(\frac{\sin \varpi \cos H}{\sin \Delta}\right) \frac{\sin(\text{Æ} - M)}{\sin 1''} + \left(\frac{\sin \varpi \cos H}{\sin \Delta}\right)^2 \frac{\sin 2(\text{Æ} - M)}{\sin 2''} + \text{etc.}$$

71. Par les mêmes substitutions, on aura pour l'équateur
$$\log \cot(\Delta + x) = \log \cot \Delta + \log \sin(\text{Æ} - M + \Pi) - \log \sin(\text{Æ} - M)$$

$$- K \left\{ \left(\frac{\sin \varpi \sin H}{\cos \Delta}\right) + \tfrac{1}{2}\left(\frac{\sin \varpi \sin H}{\cos \Delta}\right)^2 + \text{etc.} \right\},$$

$$\tan y = \frac{\sin \varpi \sin H}{\sin \Delta} \quad \text{et} \quad \cot(\Delta + \pi) = \frac{\sin(\text{Æ} - M + \Pi)}{\sin(\text{Æ} - M)} \frac{\cos(\Delta + y)}{\sin \Delta \cos y},$$

$$\tan x = \frac{\cot H \cos(\text{Æ} - M + \tfrac{1}{2}\Pi)}{\cos \tfrac{1}{2}\Pi},$$

$$\sin \pi = \left(\frac{\sin \varpi \sin H}{\cos x}\right) \sin(\Delta - x + \pi),$$

$$\pi = \left(\frac{\sin \varpi \sin H}{\cos x}\right) \frac{\sin (\Delta - x)}{\sin 1''} + \left(\frac{\sin \varpi \sin H}{\cos x}\right)_2 \frac{\sin 2(\Delta - x)}{\sin 2''} + \text{etc.},$$

$$q = \left(\frac{\sin \varpi \sin H}{\cos x}\right) \frac{\sin (\text{Æ} - M + \Pi)}{\sin (\text{Æ} - M)} \frac{\sin(\Delta - x)}{\sin \Delta}, \quad \sin \pi = q\sin(\Delta + \pi),$$

$$\pi = \frac{q \sin \Delta}{\sin 1''} + \frac{q^2 \sin 2\Delta}{\sin 2''} + \text{etc.}$$

72. Outre ces changemens, supposez $H = 90°$, vous aurez

$$\operatorname{tang} (\text{Æ} + \Pi) = \frac{\sin \text{Æ} \sin \Delta}{\cos \text{Æ} \sin \Delta} = \operatorname{tang} \text{Æ}, \quad \text{et} \quad \Pi = 0.$$

En effet le pôle étant au zénit, le cercle de distance polaire devient un vertical, la parallaxe agit dans ce vertical, l'ascension droite n'en est point altérée; Δ devient N, $(\Delta + \pi)$ devient $(N + p)$;

$$\text{et} \quad \cot (N + p) = \frac{\cos \text{Æ} (\cos N - \sin \varpi)}{\cos \text{Æ} \sin N} = \frac{\cos N - \sin \varpi}{\sin N} = \frac{\sin a - \sin \varpi}{\cos a}$$

$$= \frac{2 \sin \frac{1}{2} (a - \varpi) \cos \frac{1}{2} (a + \varpi)}{\cos a}.$$

C'est ma formule de hauteur apparente $\cot (N + p) = \operatorname{tang} (a - p)$ (11). Elle a lieu généralement pour la terre sphérique; elle a lieu pour la terre non sphérique quand on calcule N avec $(H - \alpha)$ au lieu de H; mais l'horizon auquel se rapporte cette hauteur n'est plus l'horizon astronomique, c'est l'horizon hO fig. 137.

73. Nous avons annoncé (43) que si la terre n'était pas parfaitement sphérique, la parallaxe n'agirait plus dans un cercle vertical; qu'ainsi elle altérerait l'azimut et changerait la distance au zénit apparent autrement qu'elle ne fait dans la sphère. Pour calculer tous les changemens qui résulteraient de cette hypothèse, établissons quelques définitions.

74. Le zénit Z (fig. 137), indiqué par le fil à plomb, sera le zénit apparent, ou simplement le zénit. V sera le zénit géocentrique, et $ZVA = V$ l'azimut géocentrique auquel la parallaxe ne peut apporter aucun changement.

$VA = N$ sera la distance zénitale géocentrique; $VB = (N + p)$ sera la distance apparente au zénit géocentrique. $AB = p = $ parallaxe de hauteur ou de distance zénitale.

L'azimut $VZA = Z$ sera l'azimut du lieu vrai, et l'azimut VZB l'azimut apparent.

$ZA = n$ sera la distance vraie au zénit apparent, $ZB = n + dn$ la distance apparente au zénit apparent.

75. On ne pourra observer que la distance apparente ZB et l'azimut apparent VZB; quant aux distances ZA et VA, et aux azimuts VZA, ZVA, on ne peut que les calculer sans jamais les voir.

76. Soit H la hauteur apparente du pôle sur l'horizon astronomique, $(H - \alpha) = Pr$ la hauteur du pôle sur l'horizon hOr dont le zénit géocentrique V est le pôle, α l'angle dont VZ est la mesure, vous aurez

$$\cos N = \cos P \sin \Delta \cos (H - \alpha) + \cos \Delta \sin (H - \alpha)$$

$$\sin p = \sin \varpi \sin (N+p) ; \quad \tang p = \frac{\sin \varpi \sin N}{1 - \sin \varpi \cos N} ;$$

$$p = \frac{\sin \varpi \sin N}{\sin 1''} + \frac{\sin^2 \varpi \sin 2N}{\sin 2''} + \text{etc.}$$

$$\sin \Pi = \left(\frac{\sin \varpi \cos (H - \alpha)}{\sin \Delta} \right) \sin (P + \Pi) ; \quad \tang \Pi = \frac{\left(\frac{\sin \varpi \cos (H - \alpha)}{\sin \Delta} \right) \sin P}{1 - \left(\frac{\sin \varpi \cos (H - \alpha)}{\sin \Delta} \right) \cos P}$$

$$\Pi = \left(\frac{\sin \varpi \cos (H - \alpha)}{\sin \Delta} \right) \frac{\sin P}{\sin 1''} + \left(\frac{\sin \varpi \cos (H - \alpha)}{\sin \Delta} \right)^2 \frac{\sin 2P}{\sin 2''} + \text{etc.}$$

comme ci-dessus.

77. Il restera à calculer ZB distance apparente, la seule qu'on puisse observer, VZB azimut apparent, et AZB parallaxe d'azimut.

Il est évident que le triangle ZAB se calculera comme le triangle PAB, ils sont tous deux appuyés obliquement sur AB; toute leur différence ne vient que de la distance VZ substituée à VP : nous aurons donc

$$\sin AZB = \left(\frac{\sin \varpi \sin VZ}{\sin ZA} \right) \sin (VZA + AZB)$$

$$\tang AZB = \frac{\left(\frac{\sin \varpi \sin VZ}{\sin ZA} \right) \sin VZA}{1 - \left(\frac{\sin \varpi \sin VZ}{\sin ZA} \right) \cos VZA}$$

et

$$AZB = \left(\frac{\sin \varpi \sin VZ}{\sin ZA} \right) \frac{\sin VZA}{\sin 1''} + \left(\frac{\sin \varpi \sin VZ}{\sin ZA} \right)^2 \frac{\sin 2VZA}{\sin 2''} + \text{etc.}$$

ou

$$\sin dZ = \left(\frac{\sin \varpi \sin \alpha}{\sin n}\right) \sin (Z + dZ)$$

$$\tan g\, dZ = \frac{\left(\dfrac{\sin \varpi \sin \alpha}{\sin n}\right) \sin Z}{1 - \left(\dfrac{\sin \varpi \sin \alpha}{\sin n}\right) \cos Z}$$

$$dZ = \left(\frac{\sin \varpi \sin \alpha}{\sin n}\right)\frac{\sin Z}{\sin 1''} + \left(\frac{\sin \varpi \sin \alpha}{\sin n}\right)^2 \frac{\sin 2Z}{\sin 2''} + \text{etc.}$$

Ce sont les formules F, G, H de l'article 13, transportées au triangle AZB.

78. Connaissant ainsi dZ, on aurait $(ZB - ZA) = dn$ par les formules des articles 14, 15, etc.

$$\cos (n + dn) = \frac{\sin (N + p)}{\sin N}(\cos n - \sin \varpi \cos \alpha)$$

$$\cot (n + dn) = \frac{\sin (Z + dZ)}{\sin Z}(\cos n - \sin \varpi \cos \alpha),$$

on ferait

$$\tan g\, x = \frac{\tan g\, \alpha \cos (Z + \frac{1}{2} dZ)}{\cos \frac{1}{2} dZ}$$

$$\sin dn = \left(\frac{\sin \varpi \cos \alpha}{\cos x}\right) \sin (n + dn)$$

$$\tan g\, dn = \frac{\left(\dfrac{\sin \varpi \cos \alpha}{\cos x}\right) \sin (n - x)}{1 - \left(\dfrac{\sin \varpi \cos \alpha}{\cos x}\right) \cos (n - x)}$$

$$dn = \left(\frac{\sin \varpi \cos \alpha}{\cos x}\right)\frac{\sin (n - x)}{\sin 1''} + \left(\frac{\sin \varpi \cos \alpha}{\cos x}\right)^2 \frac{\sin 2(n - x)}{\sin 2''} + \text{etc.}$$

$$q = \left(\frac{\sin \varpi \cos \alpha}{\sin n}\right)\frac{\sin (Z + dZ)}{\sin Z}\frac{\sin (n - x)}{\cos x}; \quad \tan g\, dn = \frac{q \sin n}{1 - q \cos n}$$

et

$$dn = \frac{q \sin n}{\sin 1''} + \frac{q^2 \sin 2n}{\sin 2''} + \text{etc.}$$

79. Si l'on a observé $(n + dn)$ et $(Z + dZ)$ pour calculer sin dn, il ne restera d'inconnue que cos x. Or

$$\tan x = \frac{\tan \alpha \cos (Z + \tfrac{1}{2} dZ)}{\cos \tfrac{1}{2} dZ} = \frac{\tan \alpha \cos (Z + dZ - \tfrac{1}{2} dZ)}{\cos \tfrac{1}{2} dZ}$$

$$= \frac{\tan \alpha \cos (Z + dZ) \cos \tfrac{1}{2} dZ + \tan \alpha \sin (Z + dZ) \sin \tfrac{1}{2} dZ}{\cos \tfrac{1}{2} dZ}$$

$$= \tan \alpha \cos(Z + dZ) + \tan \alpha \sin (Z + dZ) \tan \tfrac{1}{2} dZ$$

$$= \tan \alpha \cos(Z + dZ) + \tfrac{1}{2} \tan \alpha \sin (Z + dZ) \sin dZ,$$

sans erreur sensible,

$$= \tan \alpha \cos(Z + dZ) + \tfrac{1}{2} \tan \alpha \sin (Z + dZ) \frac{\sin \varpi \sin \alpha}{\sin n} \sin(Z + dZ)$$

$$= \tan \alpha \cos(Z + dZ) + \tfrac{1}{2} \frac{\sin \varpi \sin \alpha \tan \alpha \sin^2 (Z + dZ)}{\sin n}.$$

Ce dernier terme est fort petit, car il ne passe jamais $\frac{0'',02229 \sin^2 (Z + dZ)}{\sin n}$.

On pourrait donc le négliger tout-à-fait; mais il est au moins permis d'y mettre $(n + dn)$ au dénominateur au lieu de n; ainsi l'on pourra calculer $\tan x$, d'ailleurs

$$\sin dn = \left(\frac{\sin \varpi \cos \alpha}{\cos x} \right) \sin (n + dn) = (\sin \varpi \cos \alpha) \sin (n + dn) \frac{1 + \tan^2 \tfrac{1}{2} x}{1 - \tan^2 \tfrac{1}{2} x}$$

$$= \sin \varpi \cos \alpha \sin (n + dn) (1 + 2 \tan^2 \tfrac{1}{2} x)$$

$$= \sin \varpi \cos \alpha \sin (n + dn) (1 + \tfrac{1}{2} \tan^2 x)$$

$$= \sin \varpi \cos \alpha \sin (n + dn) \left(1 + \tfrac{1}{2} \tan^2 \alpha \cos^2 (Z + dZ) \right)$$

$$= \sin \varpi \sin (n + dn) \left(1 - 2 \sin^2 \tfrac{1}{2} \alpha + \tfrac{1}{2} \tan^2 \alpha \cos^2 (Z + dZ) \right)$$

$$= \sin \varpi \sin (n + dn) \left(1 - \tfrac{1}{2} \sin^2 \alpha + \tfrac{1}{2} \sin^2 \alpha \cos^2 (Z + dZ) \right)$$

$$= \sin \varpi \sin (n + dn) \left(1 - \tfrac{1}{2} \sin^2 \alpha \sin^2 (Z + dZ) \right);$$

le terme $\tfrac{1}{2} \sin \varpi \sin^2 a \sin^2 (Z + dZ) \sin (n + dn) = 0',0223 \sin^2 (n + dZ)$ $\sin(n + dn)$, il est toujours insensible; d'où il résulte que quand on a observé une distance zénitale apparente $ZB = n + dn$, on peut calculer la parallaxe $\sin dn = \sin \varpi \sin (n + dn)$, sans s'embarrasser de la petite correction qui dépend de α et de Z; on aura donc aisément $ZA = n$; il ne restera donc à calculer que $AZB = dZ$ pour corriger l'azimut observé $(Z + dZ)$ $= VZB$, si tant est qu'on ait cet azimut, qu'un seul instrument dans l'univers (celui de M. Piazzi) peut donner jusqu'ici sans qu'on ait à craindre une erreur de l'ordre de dZ.

On trouvera cette correction par la formule

$$dZ = \frac{\alpha \sin \varpi \sin (Z + dZ)}{\sin n} = \frac{12'',775 \sin (Z + dZ)}{\sin n} \text{ au plus.}$$

On aura donc PZ, PZA et ZA, et par conséquent, le reste du triangle.

80. Ces formules, toujours suffisantes, sont les plus expéditives; on en peut trouver pour $(Z + dZ)$ et $(n + dn)$; mais elles seront d'un usage moins commode.

Soit $\sin \varpi' = \dfrac{\sin \varpi \sin \alpha}{\sin n}$

$$\operatorname{tang}(Z + dZ) = \frac{\operatorname{tang} Z + \operatorname{tang} dZ}{1 - \operatorname{tang} Z \operatorname{tang} dZ} = \frac{\operatorname{tang} Z + \dfrac{\sin \varpi' \sin Z}{1 - \sin \varpi' \cos Z}}{1 - \dfrac{\sin \varpi' \sin Z \operatorname{tang} Z}{1 - \sin \varpi \cos Z}}$$

$$= \frac{\operatorname{tang} Z - \sin \varpi' \sin Z + \sin \varpi' \sin Z}{1 - \sin \varpi' \cos Z - \sin Z \operatorname{tang} Z}$$

$$= \frac{\sin Z}{\cos Z - \sin \varpi' \cos^2 Z - \sin \varpi \sin^2 Z} = \frac{\sin Z}{\cos Z - \sin \varpi}$$

$$= \frac{\sin Z \sin n}{\cos Z \sin n - \sin \varpi \sin \alpha} = \frac{\operatorname{tang} Z}{1 - \dfrac{\sin \varpi \sin \alpha}{\cos Z \sin n}};$$

ou $\qquad \dfrac{\operatorname{tang}(Z + dZ)}{\operatorname{tang} Z} = \dfrac{1}{1 - \dfrac{\sin \varpi \sin \alpha}{\cos Z \sin n}}.$

81. Nous avons ci-dessus

$$\cot(n + dn) = \frac{\sin(Z + dZ)}{\sin Z}\left(\frac{\cos n - \sin \varpi \cos \alpha}{\sin n}\right)$$

$$= \frac{\operatorname{tang}(Z + dZ) \cos(Z + dZ)}{\operatorname{tang} Z \cos Z}\left(\frac{\cos n - \sin \varpi \cos \alpha}{\sin n}\right)$$

$$= \frac{\cos(Z + dZ)}{\cos Z}\left(\frac{1}{1 - \dfrac{\sin \varpi \sin \alpha}{\cos Z \sin n}}\right)\left(\frac{\cos n - \sin \varpi \cos \alpha}{\sin n}\right)$$

$$= \frac{\cos(Z + dZ)(\cos n - \sin \varpi \cos \alpha)}{\cos Z \sin n - \sin \varpi \sin \alpha}.$$

82. On a encore (37)

$$\frac{\sin \delta'}{\sin \delta} = \frac{\sin(N + p)}{\sin N} = \frac{\cos(n + dn)}{\cos n - \sin \varpi \cos \alpha} = \frac{\cot(n + dn) \sin(n + dn)}{\cos n - \sin \varpi \cos \alpha}$$

$$= \left(\frac{\sin(n + dn)}{\cos n - \sin \varpi \cos \alpha}\right)\left(\frac{\cos(Z + dz)(\cos n - \sin \varpi \cos \alpha)}{\cos Z \sin n - \sin \varpi \sin \alpha}\right) (81)$$

$$= \frac{\cos(Z + dz) \sin(n + dn)}{\cos Z \sin n - \sin \varpi \sin \alpha}.$$

Ces trois dernières formules ont été démontrées différemment par M. Littrow, elles se déduiraient facilement des formules de M. Olbers, ainsi que je l'ai fait voir dans la *Connaissance des Tems* de 1812, page 400.

83. La petitesse des valeurs ϖ et α permet d'éliminer l'angle subsidiaire x dans la formule dn de la parallaxe pour le sphéroïde. En effet le premier terme (78)

$$\frac{\sin \varpi \, \cos \alpha \, \sin (n - x)}{\cos x} = \sin \varpi \, \cos \alpha \, (\sin n - \cos n \, \tang x)$$

$$= \sin \varpi \, \cos \alpha \, \sin n - \sin \varpi \, \cos \alpha \, \cos n . \frac{\tang \alpha \cos (Z + \frac{1}{2} dZ)}{\cos \frac{1}{2} dZ}$$

$$= \sin \varpi \, \cos \alpha \, \sin n - \sin \varpi \, \sin \alpha \, \cos n \, \cos Z.$$

Je néglige ce qui est toujours insensible. En développant de même le second terme de la série, on voit qu'il se réduit à

$$(\sin \varpi \, \cos \alpha)^2 \frac{\sin 2n}{\sin 2''} - \frac{\sin^2 \varpi \, \sin \alpha \, \cos \alpha \, \cos Z \, \cos 2n}{\sin 1''} - \frac{\sin^2 \varpi \sin^2 \alpha \, \cos^2 Z \, \sin 2n}{\sin 2''} ;$$

les x sont insensibles dans le troisième terme de la série, ainsi

$$dn = (\sin \varpi \cos \alpha) \frac{\sin n}{\sin 1''} + (\sin \varpi \cos \alpha)^2 \frac{\sin 2n}{\sin 2''} + (\sin \varpi \cos \alpha)^3 \frac{\sin 3n}{\sin 3''} + \text{etc.}$$

$$- \frac{\sin \varpi \, \sin \alpha \, \cos Z \, \cos n}{\sin 1''} - \frac{\sin^2 \varpi \, \sin \alpha \, \cos \alpha \, \cos Z \, \cos 2n}{\sin 1''} \quad \ldots \ldots (\omega).$$

On peut souvent négliger ce dernier terme qui ne passe jamais $0'',216$ $\cos Z \cos 2n$. On pourrait même négliger $\cos \alpha$ dans tous les termes : alors on aurait pour la terre sphéroïdique une formule de parallaxe, toute semblable à la formule pour la terre sphérique, sauf le terme $- \varpi \sin \alpha$ $\cos Z \cos n$; mais il est presque aussi simple de ne rien négliger dans la formule (ω). Je suppose toujours qu'on emploie la parallaxe horizontale ϖ qui convient à la latitude de l'observateur, c'est-à-dire, celle qui a pour base le rayon OK (46).

84. Le triangle ZVB donne

$$\cos ZB = \cos V \sin VZ \sin VB + \cos VZ \cos VB$$

$$\cos(n + dn) = \sin \alpha \cos V \sin(N + p) + \cos \alpha \cos(N + p)$$

$$= \sin \alpha \cos V \sin(N+p) + \cos(N+p) - 2\cos(N+p)\sin^2 \tfrac{1}{2}\alpha$$

$$\cos(n + dn) - \cos(N+p) = \sin\alpha \cos V \sin(N+p) - 2\sin^2 \tfrac{1}{2}\alpha \cos(N+p)$$

et

$$2\sin\tfrac{1}{2}(N + p - n - dn) = \frac{\sin\alpha \cos V \sin(N+p) - 2\sin^2\tfrac{1}{2}\alpha\cos(N+p)}{\sin\tfrac{1}{2}(N+p+n+dn)}.$$

On aurait de même

$$2\sin\tfrac{1}{2}(N - n) = \frac{\sin\alpha\cos V \sin N - 2\sin^2\tfrac{1}{2}\alpha\cos N}{\sin\tfrac{1}{2}(N+n)}.$$

85. Les mêmes triangles donnent encore

$$\cot Z = \frac{\cot N \sin\alpha}{\sin V} - \cos\alpha \cot V$$

$$\cot(Z + dZ) = \frac{\cot(N+p)\sin\alpha}{\sin V} - \cos\alpha\cot V$$

$$\cot Z - \cot(Z + dZ) = \frac{\sin\alpha}{\sin V}\left(\cot N - \cot(N+p)\right)$$

$$\frac{\sin dZ}{\sin Z \sin(Z + dZ)} = \frac{\sin\alpha \sin p}{\sin V \sin N \sin(N+p)} = \frac{\sin\alpha \sin \varpi}{\sin V \sin N}$$

$$\sin dZ = \frac{\sin\alpha \sin\varpi \sin Z \sin(Z+dZ)}{\sin V \sin N} = \frac{\sin\alpha \sin\pi \sin Z(\sin Z\cos dZ + \cos Z \sin dZ)}{\sin V \sin N}$$

$$= \frac{\sin\alpha \sin\varpi \sin(Z + dZ)}{\sin n}, \text{ car } \sin Z : \sin V :: \sin N : \sin n.$$

$$\text{tang } dZ = \frac{\sin\alpha \sin\varpi \sin^2 Z + \sin\alpha \sin\pi \sin Z \cos Z \text{ tang } dZ}{\sin V \sin N}$$

$$\text{tang } dZ(\sin V \sin N - \sin\alpha \sin\varpi \sin Z \cos Z) = \sin\alpha \sin\varpi \sin^2 Z$$

et

$$\text{tang } dZ = \frac{\sin\alpha \sin\varpi \sin^2 Z}{\sin V \sin N - \sin\alpha \sin\varpi \sin Z \cos Z}.$$

Les V sont comptés du nord à l'est, et les Z du sud à l'est; on peut ramener ces deux angles à la même origine, en changeant le cosinus de l'angle qu'on voudra prendre dans le sens contraire.

Dans tous les cas dZ est toujours vers le nord, tant que VZ est vers le sud; VZ diminue toujours l'angle PZA donné par le calcul du triangle APZ.

86. Mayer avait donné dans le tome II des *Mémoires de Gottingue*, des formules qui ont été réimprimées à la suite de ses *Tables lunaires*, Londres, 1770, page CII. Ces formules sont d'une exactitude suffisante le plus souvent, mais elles n'ont pas toute la simplicité desirable; et les astronomes en ont fait peu d'usage.

87. Du Séjour, dans son *Traité analytique des mouvemens célestes*, articles 538 et 550, a donné les expressions des principales parallaxes en élémens vrais et apparens; il les déduit toutes de ses constructions. Les expressions finales ont une forme très-simple, mais elles supposent des calculs préliminaires plus longs et moins commodes; il y fait entrer une hauteur du pôle différente de $(H - \alpha)$, et dont nous parlerons au Chap. de la *Figure de la Terre*.

88. Voyons maintenant comment on a pu déterminer les parallaxes par observation. Dans l'exposé des méthodes qui vont suivre, nous ne ferons aucune attention à l'ellipticité des méridiens terrestres; mais nous y aurons égard au Chap. de la *Théorie de la Lune*. Quant aux autres planètes, il n'en est aucune dont la parallaxe surpasse $30''$. La parallaxe de hauteur est donc, dans le cas le plus défavorable,

$$p = 30'' \sin N \; ; \; dp = 30'' \cos N \sin dN = 30'' \cos N \sin \alpha \cos Z$$
$$= 30'' \sin 12' \cos N \cos Z = 0'',1045 \cos N \cos Z;$$

mais quand on détermine la parallaxe par observation, N et Z sont toujours considérables. Soit N et $Z = 60°$; $dp = 0'',025$.

Ainsi l'ellipticité des méridiens ne peut guères changer la parallaxe que de $\frac{1}{40}$ de seconde, quantité dont il est impossible de répondre à beaucoup près. On peut donc sans scrupule considérer la terre comme sphérique quand il s'agit de planètes assez éloignées pour n'avoir qu'une demi-minute de parallaxe.

Méthodes pour observer les Parallaxes.

89. Observez un astre en B au méridien; à la distance zénitale ZB ajoutez la réfraction BB′, vous aurez la distance vraie ZB′ et la distance polaire PB′; mais cette distance est trop forte de l'angle $\sin p = \sin \varpi \sin ZB'$, l'erreur ne sera pas considérable; vous la négligerez dans une première approximation, et vous la corrigerez dans un second calcul.

Observez le même astre en **A**, le plus près de l'horizon que vous pourrez ; corrigez de même la distance, en ajoutant la réfraction, ce qui doit se sous-entendre de toute observation de distance zénitale.

Calculez ensuite ZA par la formule $\cos ZA = \cos P \sin PZ \sin PA + \cos PZ \cos PA$.

Comparez la distance observée avec le résultat du calcul, la différence sera la parallaxe, s'il en est une. Si la distance calculée se trouve plus petite, c'est que l'astre a une parallaxe qui l'abaisse et que nous sommes au-dessus du centre de ses mouvemens. Si la distance calculée était plus forte, le centre serait au-dessus de l'observateur.

De quelque manière qu'on ait pu s'y prendre jusqu'aujourd'hui, on n'a pu découvrir aucune parallaxe aux étoiles. Ainsi nous sommes sensiblement au centre de leurs mouvemens, c'est-à-dire que la distance de l'observateur au centre est insensible par rapport à la distance des étoiles ; $\frac{\rho}{D} = \sin \varpi$ est une quantité trop petite pour être aperçue.

Mais les planètes ont une parallaxe qui les abaisse, ainsi le centre de leurs mouvemens est sous nos pieds.

90. Soit donc $p =$ distance Z observée — distance Z calculée, vous aurez

$$\sin p = \sin \varpi \sin \text{distance Z observée} = \sin \varpi \sin (n + p)$$

et

$$\sin \varpi = \frac{\sin p}{\sin (n + p)} = \frac{\sin (\text{distance observée} - \text{distance calculée})}{\sin \text{distance Z observée}}.$$

C'est ainsi qu'on a pu sans peine reconnaître à la lune une parallaxe de 57′ environ. Nous reviendrons avec les détails convenables sur cet objet important.

91. Pour le soleil dont la parallaxe ne va pas à 9″, cette méthode n'avait pas assez de précision ; mais elle suffisait pour démontrer l'extrême petitesse de cette parallaxe. La Hire ne la trouvait que de 6″ tout au plus. Les anciens, par une méthode plus incertaine encore, l'avaient trouvée de 2′.51″, mais on l'a toujours diminuée de plus en plus, à mesure que les instrumens se sont perfectionnés.

92. La parallaxe de l'angle horaire fournit un second moyen pour dé-

terminer la parallaxe horizontale. On a

$$\sin \Pi = \frac{\sin \varpi \, \cos H}{\sin \Delta} \sin (P + \Pi);$$

d'où

$$\sin \varpi = \frac{\sin \Pi \sin \Delta}{\cos H \sin (P + \Pi)}.$$

Observez plusieurs jours de suite au méridien, de combien le passage de la planète diffère de celui d'une étoile voisine, et dont la déclinaison soit à quelques minutes près la même que celle de la planète.

Par ces comparaisons vous saurez de combien la planète se rapproche ou s'éloigne de l'étoile en 24 heures, et vous serez en état de calculer, pour un instant quelconque entre deux de ces passages au méridien, l'ascension droite vraie $Æ$ de la planète. Car au méridien $\Pi = 0$ puisque

$$\tang \Pi = \frac{a \sin P}{1 - a \cos P}.$$

93. Trois ou quatre heures avant ou après le passage au méridien, observez à la machine parallactique (V. 21) la différence du passage entre l'étoile et la planète ; concluez-en l'ascension droite apparente $Æ'$ de la planète ; $Æ$ est l'ascension droite calculée, $(Æ' - Æ)$ sera la parallaxe horaire Π. Avant le méridien, la parallaxe qui abaisse la planète, augmente l'ascension droite, $Æ' > Æ$; c'est le contraire après le passage

$$\sin 15 (Æ' - Æ) = \sin \Pi = \frac{\sin \varpi \, \cos H \sin (P + \Pi)}{\sin \Delta}.$$

et

$$\sin \varpi = \frac{\sin \Pi \sin \Delta}{\cos H \sin (P + \Pi)}.$$

Vous connaissez l'angle horaire vrai P, vous avez $\Pi = 15 (Æ' - Æ)$, vous aurez donc $\sin \varpi$; après le passage au méridien, la parallaxe en abaissant l'étoile qui descend, en accélère le passage au fil, $(Æ' - Æ)$ sera une quantité négative ; mais $\sin (P + \Pi)$ aura pareillement changé de signe ; ainsi l'équation subsiste. Multipliez ces comparaisons autant que vous le pourrez dans un même jour, prenez le milieu entre tous les résultats et vous aurez la valeur la plus probable de ϖ.

D'un jour à l'autre il serait possible que ϖ changeât de valeur, ce serait un signe que la planète se serait éloignée ou rapprochée de la terre,

$$\text{puisque } \sin \varpi = \frac{\text{dist. de l'observateur au centre des mouvemens}}{\text{dist. de la planète au centre des mouvemens}}.$$

94. C'est par ce moyen que Cassini et La Caille déterminèrent la parallaxe de la planète Mars ; d'où ils pouvaient conclure celle de toutes les autres planètes. En effet, on a sin $\varpi = \frac{\rho}{a}$, ρ étant la distance de l'observateur, et a celle de la planète au centre des mouvemens ; pour une autre planète sin $\varpi' = \frac{\rho}{a'}$.

Donc

$$\sin \varpi : \sin \varpi' :: \frac{\rho}{a} : \frac{\rho}{a'} :: a' : a, \quad \text{ou} \quad \sin \varpi' = \frac{a \sin \varpi}{a'} ;$$

on connaîtra donc ϖ' si l'on connaît ϖ et le rapport $\frac{a}{a'}$; il n'est pas même nécessaire de connaître les distances absolues.

C'est ainsi qu'on a trouvé que la parallaxe du soleil n'était pas de 10″.

95. Plus la planète est éloignée du méridien, plus grande est la parallaxe horaire ; elle est au maximum, quand $(P + \Pi) = 90°$. Il y aurait donc de l'avantage à observer la différence des passages au cercle de 6 heures. Mais la planète pourrait être trop voisine de l'horizon, et c'est ce qu'il faut éviter, parce que l'inconstance des réfractions pourrait altérer les résultats ; mais voici une autre raison pour éviter le voisinage de l'horizon.

96. Nous avons prouvé que les réfractions qui diminuent rapidement à mesure que les astres s'élèvent, changent la route apparente des astres.

La parallaxe diminue aussi à mesure que l'astre s'élève, mais ces diminutions sont très-lentes vers l'horizon. Ainsi l'inconvénient est moindre, la parallaxe n'altère pas la route apparente autant que le ferait la réfraction ; mais si le changement est moindre, il est vrai cependant qu'il faut être en état de le calculer, soit pour le corriger, soit pour se convaincre qu'il est possible de le négliger.

97. Soit P le pôle (fig. 138) abD le parallèle vrai, Z le zénit, Za et Zb les différences vraies au zénit, quand la planète entre dans la lunette et quand elle en sort, après avoir suivi le fil équatorial du réticule (VII. 18) ; aA et bB les parallaxes, bB $>$ aA, puisque Zb $>$ Za. Prenez bB′ $=$ aA, AB′ sera aussi un parallèle vrai ; prolongez-le indéfiniment vers A′ et C ; aA′ $=$ bb' $=$ DC est la parallaxe de déclinaison pour a ; DB

est la parallaxe de déclinaison pour le point b.

$$\text{Soit } a\text{A}' = \pi \text{ et DB} = \pi'\,;\ \text{CB} = \text{DB} - a\text{A}' = \pi' - \pi = d\pi.$$

Nous pouvons considérer ABC comme un triangle rectiligne rectangle en C, car le cercle de déclinaison est perpendiculaire à tous les parallèles.

$$\text{tang angle des parallèles vrai et apparent} = \text{tang BAC} = \frac{\text{BC}}{\text{AC}}$$

$$= \frac{d\pi}{\text{APC} \sin \text{PA}} = \frac{d\pi}{(\text{ZPC} - \text{ZPA}) \sin(\Delta + \pi)} = \frac{d\pi}{(\text{P}' + \Pi' - \text{P} - \Pi) \sin(\Delta + \pi)}$$

$$= \frac{d\pi}{(d\text{P} + d\Pi) \sin(\Delta + \pi)} = \frac{d\pi}{d(\text{P} + \Pi) \sin(\Delta + \pi)} = \left(\frac{d\pi}{d\Pi}\right) \cdot \frac{d\Pi}{d(\text{P} + \Pi) \sin(\Delta + \pi)}\,;$$

or

$$\Pi = \left(\frac{\pi \cos \text{H}}{\sin \Delta}\right) \sin(\text{P} + \Pi)\,;$$

donc

$$\frac{d\Pi}{d(\text{P} + \Pi)} = \frac{\varpi \cos \text{H} \cos(\text{P} + \Pi)}{\sin \Delta}\,;$$

donc

$$\text{tang BAC} = \left(\frac{d\pi}{d\Pi}\right) \cdot \frac{\varpi \cos \text{H} \cos(\text{P} + \Pi)}{\sin \Delta \sin(\Delta + \pi)}.$$

Cette quantité est nulle quand $(\text{P} + \Pi) = 90°$, ou dans le cercle de 6 heures.

Il reste à trouver l'expression de $\frac{d\pi}{d\Pi}$, nous avons déjà

$$d\Pi = \frac{d(\text{P} + \Pi) \sin \varpi \cos \text{H} \cos(\text{P} + \Pi)}{\sin \Delta},$$

d'ailleurs

$$\pi = \varpi \sin \text{H} \sin \Delta - \varpi \cos \text{H} \cos \Delta \cos(\text{P} + \tfrac{1}{2}\Pi) \quad (18)\,;$$

ϖ et H sont constans ainsi que $\sin \Delta$ pour l'intervalle des observations.

$$d\pi = \varpi \cos \text{H} \cos \Delta \sin(\text{P} + \tfrac{1}{2}\Pi)\, d(\text{P} + \tfrac{1}{2}\Pi)\,;$$

ainsi

$$\frac{d\pi}{d\Pi} = \frac{\varpi \cos \text{H} \cos \Delta \sin(\text{P} + \tfrac{1}{2}\Pi) d(\text{P} + \tfrac{1}{2}\Pi) \sin \Delta}{\varpi \cos \text{H} \cos(\text{P} + \Pi) d(\text{P} + \Pi)} = \frac{\sin \Delta \cos \Delta \sin(\text{P} + \tfrac{1}{2}\Pi) d(\text{P} + \tfrac{1}{2}\Pi)}{\cos(\text{P} + \Pi) d(\text{P} + \Pi)}$$

donc

$$\mathrm{tang\,BAC} = \frac{\varpi\cos H \cos (P+\Pi)\sin\Delta\cos\wedge\sin(P+\tfrac{1}{2}\Pi)\,d\,(P+\tfrac{1}{2}\Pi)}{\sin\Delta\sin(\Delta+\pi)\cos(P+\Pi)\,d\,(P+\Pi)}$$

$$= \frac{\varpi\cos H \cos\Delta\sin(P+\tfrac{1}{2}\Pi)\,d\,(P+\tfrac{1}{2}\Pi)}{\sin(\Delta+\pi)\,d\,(P+\Pi)}$$

$$= \varpi\,\cos H \cot\Delta\,\sin(P+\tfrac{1}{2}\Pi)\left(\frac{d\,(P+\tfrac{1}{2}\Pi)}{d\,(P+\tfrac{1}{2}\Pi+\tfrac{1}{2}\Pi)}\right)$$

$$= \varpi\,\cos H \cot\Delta\,\sin(P+\tfrac{1}{2}\Pi)\left(\frac{d\,(P+\tfrac{1}{2}\Pi)}{d\,(P+\tfrac{1}{2}\Pi)+d\tfrac{1}{2}\Pi}\right)$$

$$= \varpi\,\cos H \cot\Delta\,\sin(P+\tfrac{1}{2}\Pi)\left(\frac{1}{1+\dfrac{d\tfrac{1}{2}\Pi}{d\,(P+\tfrac{1}{2}\Pi)}}\right)$$

$$= \varpi\,\cos H \cot\Delta\,\sin(P+\tfrac{1}{2}\Pi).$$

M. Cagnoli donne

$$\varpi\,\cos H \cot\Delta\,\sin(P+\Pi).$$

Lexell a trouvé cette formule par un calcul analytique de deux pages. La démonstration de M. Cagnoli est beaucoup plus simple, mais peut-être moins claire que la précédente, et surtout un peu moins précise.

98. Nous avons supposé la déclinaison constante pendant quelques minutes, ce qui sera vrai pour toutes les planètes, mais pour la Lune et les Comètes, il peut en être tout autrement. Voyons ce qui en résultera pour le parallèle apparent.

Soit AC (fig. 158) le parallèle que décrirait la planète avec la déclinaison constante, CB le changement de distance polaire dans l'intervalle des observations en C et en A, AB sera le parallèle apparent, et

$$\mathrm{tang\,BAC} = \frac{BC}{CA} = \frac{d\Delta}{APC\,\sin\Delta}.$$

On trouve dans les Ephémérides le mouvement m de la lune en déclinaison pour 24 heures.

$$24^{\mathrm{h.}} : m :: \text{tems de } P : d\Delta;$$

donc

$$\mathrm{tang\,BAC} = \frac{m.\,\text{tems de APC}}{24^{\mathrm{h.}}\,APC.\,\sin\Delta}.$$

Mais la lune fait sa révolution ou $360°$, en $24^{\mathrm{h}}+x$, donc

$$\frac{24^{\mathrm{h.}}+x}{360°} = \frac{\text{tems de APC}}{APC};$$

donc

$$\operatorname{tang} \mathrm{BAC} = \frac{m}{24^{\mathrm{h}.}} \cdot \frac{24^{\mathrm{h}.} + x}{360^{\circ}} \frac{1}{\sin \Delta} = \frac{m}{360^{\circ}} \cdot \frac{24^{\mathrm{h}.} + x}{24^{\mathrm{h}.} \sin \Delta} = \frac{m}{360^{\circ} \sin \Delta} \left(1 + \frac{x}{24^{\mathrm{h}.}} \right)$$

$$= \frac{m}{360^{\circ} \sin \Delta} \left(1 + \frac{x \text{ en minutes}}{1440} \right) = \frac{m}{6 . 60 \sin \Delta} \left(1 + \frac{x'}{1440} \right).$$

m est donné en degré et fraction de degré , considérez ce nombre de degrés comme un nombre de minutes, ce sera l'avoir divisé par 60. Alors

$$\operatorname{tang} \mathrm{BAC} = \frac{m}{6 \sin \Delta} \left(1 + \frac{x \text{ minutes}}{1440} \right).$$

Lalande en négligeant x faisait $\operatorname{tang} \mathrm{BAC} = \frac{m}{6 \sin \Delta}$, ce qui suffit le plus souvent.

$$x = 50' \text{ environ}; \quad \frac{50}{1440} = \frac{100}{2880} = \frac{10}{288}$$

$$\operatorname{tang} \mathrm{BAC} = \frac{m}{6 \sin \Delta} \left(1 + \frac{10}{288} \right) = \frac{m}{6 \sin \Delta} \left(\frac{298}{288} \right) = \frac{m}{6 \sin \Delta} \left(\frac{149}{144} \right)$$

$$= \left(\frac{m}{\sin \Delta} \right) \left(\frac{149}{864} \right)$$

ce qui n'est pas plus long à calculer que la formule de Lalande.

99. Le mouvement diurne de la lune en déclinaison , peut aller jusqu'à 5° environ ; ces 5° deviendront 5′, le sixième sera 50″ : ainsi BAC ira bien rarement à 1′.

La formule (97) $\mathrm{BAC} = \varpi \cos \mathrm{H} \cot \Delta \sin \left(\mathrm{P} + \tfrac{1}{2} \Pi \right)$ donne une inclinaison toujours plus petite que la parallaxe ; car $\cos \mathrm{H}$ et $\sin(\mathrm{P} + \tfrac{1}{2} \Pi)$ sont toujours des fractions , et $\cot \Delta$ une fraction fort petite.

100. Quand on a trouvé de cette manière les deux inclinaisons BAC, produites l'une par la parallaxe , et l'autre par le changement de déclinaison , on en prend la somme ou la différence qu'on appelle I, et l'on s'en sert pour corriger les différences observées de déclinaison et de passage au fil horaire par des formules toutes pareilles à celles que nous avons données (XIII. 73) ; mais on évite autant qu'on peut de faire suivre le fil équatorial à l'astre dont la déclinaison est variable, et la parallaxe un peu considérable.

CHAPITRE

CHAPITRE XVI.

Formation d'un catalogue d'Étoiles.

Mouvemens apparens des Etoiles, explication de ces mouvemens.

1. Nous connaissons maintenant les instrumens qui peuvent donner aux observations toute la précision requise, nous avons dans la trigonométrie sphérique des moyens sûrs pour calculer ces observations.

Nous avons (chap. XIII) déterminé la réfraction et trouvé (chap. XV) les règles de la parallaxe pour les astres qui, par leur proximité à la terre, pourraient en être susceptibles. Toutes les fois que nous aurons mesuré une distance apparente au zénit, nous y ajouterons la réfraction pour avoir la distance vraie. Nous aurons égard dans le calcul de la réfraction, aux corrections qui dépendent du baromètre et du thermomètre. Il m'a paru, d'après plusieurs observations faites et continuées dans cette vue, que l'état de l'hygromètre n'exige aucune équation. M. Laplace a trouvé la même chose par la théorie, et les expériences de M. Biot ont confirmé l'idée de M. Laplace; cependant la chose ne paraît pas encore tout-à-fait hors de doute, surtout dans le voisinage de l'horizon.

2. Nous aurons donc fort exactement les distances au zénit, de tous les astres qui sont trop éloignés de la terre pour avoir une parallaxe; et toutes les étoiles sont dans ce cas.

A ces distances au zénit nous joindrons les tems des passages au méridien; il n'en faut pas davantage pour déterminer la position respective de toutes les étoiles, et les placer sur un globe qui sera l'image du ciel étoilé; nous pouvons faire un catalogue d'étoiles.

3. On appelle ainsi des listes où l'on range toutes les étoiles suivant l'ordre de leurs passages au méridien.

On y joint leur distance au pôle ou leur déclinaison, qui est leur distance à l'équateur, ou, ce qui revient au même, le complément de la distance au pôle.

4. On forme des groupes de différentes étoiles, on renferme ces groupes dans des figures d'hommes, d'animaux, ou d'objets connus quelconques, qu'on nomme *constellations* ou *astérismes*.

On marque chacune de ces étoiles d'une lettre de l'alphabet grec ou latin, en commençant par les plus brillantes; ainsi on appelle α la plus belle étoile d'une constellation, β celle qui en approche le plus en lumière ou en éclat, γ la troisième et ainsi de suite. Quand l'alphabet grec est épuisé, on a recours aux lettres latines, romaines et italiques. On se dispense par là de donner des noms particuliers à toutes les étoiles.

5. La première colonne du catalogue renferme toutes les lettres ou dénominations; la seconde offre un chiffre qui marque la grandeur; la troisième colonne donne pour chaque étoile le tems sidéral de son passage au méridien. Ce tems s'appelle aussi *ascension droite* de l'étoile, expression peu naturelle, mais qui nous est restée de l'ancienne Astronomie et que nous expliquerons ci-après.

La quatrième colonne donne la distance au pôle ou à l'équateur.

6. Il paraît d'abord indifférent de commencer le catalogue par telle ou telle étoile, ou du moins nous ne connaissons encore pour le moment aucune raison de préférence. Nous commencerons par celle qui passe au méridien lorsque notre horloge sidérale marque $0^h \cdot 0' 0''$; enfin dans une cinquième colonne on pourra marquer les jours où les étoiles auront été observées, et le nombre des observations qu'on aura faites.

7. L'observateur s'attachera de préférence aux plus belles étoiles, parce que leur éclat permet de les observer le jour comme la nuit, et parce qu'elles s'aperçoivent plus aisément quand le tems est brumeux et l'atmosphère chargée de vapeurs. On préférera celles qui sont voisines de l'équateur, parce que leur mouvement plus rapide promet plus d'exactitude dans les observations; plus voisines de l'horizon, elles se perdroient souvent dans les vapeurs; plus voisines du zénit, elles exigeraient une position plus rigoureusement exacte dans l'instrument des passages; voisines du pôle, elles ont un mouvement trop lent et sont d'un usage

moins fréquent; au lieu que les étoiles de la moyenne région, celles qui sont plus près de l'équateur et de l'écliptique, peuvent se comparer plus aisément aux planètes qui sont toutes dans cette région moyenne du ciel.

8. Je suppose donc qu'un observateur qui veut s'assurer par lui-même de toutes les assertions des astronomes, et former un catalogue d'étoiles, se munisse d'un instrument des passages et d'un mural (chap. VIII et IX), l'un et l'autre exactement placés dans le plan du méridien; que pour avoir des nuits plus longues, et terminer son catalogue en moins de tems, il commence, une belle soirée d'automne, la description du ciel étoilé, et qu'il observe successivement les étoiles les plus remarquables à mesure qu'elles passent par la lunette.

9. Pour plus de sureté, il répétera, trois ou quatre jours de suite, l'observation de chaque étoile, il prendra un milieu entre toutes les observations des différens jours, et chaque jour il prendra le milieu entre tous les fils auxquels il aura observé chaque passage.

10. Il s'attachera à déterminer non-seulement la seconde, mais la fraction de seconde pour l'instant où il aura vu l'étoile coupée en deux exactement par le fil vertical de la lunette. Du tems de Flamstéed et de La Hire, en 1680, on se contentait de la seconde, et quand on se donne la peine de calculer ces anciennes observations, les premières qui ont été faites au fil d'une lunette, on s'apperçoit assez souvent que la seconde n'était pas marquée avec beaucoup de justesse.

Vers 1750, Lacaille et Bradley marquèrent scrupuleusement les quarts de seconde. Lacaille les désignait par les fractions $\frac{1}{4}$, $\frac{1}{2}$, $\frac{3}{4}$; Bradley se servait des caractères $+$, $\frac{1}{2}$ et $-$. Le signe $+$ indiquait qu'il fallait ajouter $\frac{1}{4}$ à la seconde marquée, le signe $-$ qu'il fallait retrancher $\frac{1}{4}$.

M. Maskelyne commença vers 1765 à marquer de plus les huitièmes et il les désignait par des caractères de convention; mais peu de tems après, il s'habitua à marquer les dixièmes, et cet usage, le plus commode de tous, est aujourd'hui universellement adopté.

Ce n'est pas qu'aucun observateur ait jamais eu la prétention de répondre d'un dixième de seconde, mais le plus souvent on peut répondre de 0″, 2.

11. Quand on a observé à cinq fils, on prend le milieu entre tous,

en prenant la somme des cinq observations et la divisant par 5, ou en général, en divisant la somme des observations par leur nombre. Car quelques astronomes observent à sept fils, et quelques-uns se sont bornés à trois. Plus anciennement on n'en connaissait qu'un.

Il semble qu'on n'ait aucun précepte à donner pour une opération aussi simple, mais on ne saurait trop abréger un calcul qui revient si souvent, ainsi on ne fera la somme que des minutes et des secondes, car l'heure sera presque toujours la même pour les cinq fils. On peut même ne faire la somme que des secondes, ainsi qu'on va le voir par un même exemple calculé des deux manières. Je choisis une observation de α ♍, c'est-à-dire, *alpha de la Vierge* ou l'*Épi de la Vierge*.

12. Indiquons en passant les signes par lesquels on désigne les douze constellations du zodiaque, ou de la route annuelle du Soleil.

♈ ,	♉ ,	♊ ,	♋ ,	♌ ,	♍ ,
Bélier,	Taureau,	Gémeaux,	Cancer,	Lion,	La Vierge,
sunt Aries,	*Taurus,*	*Gemini,*	*Cancer,*	*Leo,*	*Virgo,*

♎ ,	♏ ,	♐ ,	♑ ,	♒ ,	♓ .
La Balance,	Scorpion,	Sagittaire,	Capricorne,	Verseau,	Poissons.
Libra,	*Scorpius,*	*Arcitenens,*	*Caper,*	*Amphora,*	*Pisces.*

Ces deux vers latins aideront à les retrouver. Les voici tels qu'ils ont été composés. Les éditions modernes y ont ajouté, après *Libra*, un *que* fort inutile vû les deux consonnes qui commencent le mot *Scorpius*.

Le premier signe indique les cornes du Bélier, le second la tête du Taureau; le symbole de la Balance est encore reconnaissable; le dard du Scorpion se distingue dans le trait qui termine une sorte de lettre *m*; pour le Sagittaire, la flèche ne peut laisser aucun doute; ♑ est la double lettre $\tau\rho$ qui commence le mot grec $\tau\rho\alpha\gamma\grave{o}\varsigma$ *Caper* ou Bouc; le Verseau est marqué par un courant d'eau, et les Poissons par deux portions d'arcs qui se présentent leur convexité, et qui sont traversés par un trait indiquant le lien qui unit les deux Poissons sur les cartes célestes. Les autres signes sont de convention, on n'en connaît pas bien l'origine.

Ces signes étaient ignorés des Grecs, et je les vois, pour la première fois, dans un ouvrage de Proclus, imprimé à Bâle en 1559. Πρόχλου Διαδόχου παραφρασις εἰς τὴν τοῦ Πτολεμαίου τετραβιβλον, paraphrase sur les quatre livres de Ptolémée.

Voici l'observation. Je range les passages aux cinq fils l'un au-dessous de l'autre.

$$\left.\begin{array}{l} 12'.55'',3 \\ 13\ .13\ ,0 \\ 13.15\ .30,7 \\ 13\ .48,3 \\ 14\ .\ 6,0 \end{array}\right\} \begin{array}{l} \alpha^{\mathrm{u}}\mathrm{\scriptstyle I\!I\!P} \\[1.2em] 17.33,\ \ 3 \\ 13.13.30,66 \end{array}$$

Je ne fais aucune attention aux dixaines de minutes qui sont communes aux cinq observations. Je fais la somme des minutes et des secondes, j'en prends le cinquième, et j'ai......... 3'.30''.66

L'observation du troisième fil est............... 13.30 .70

Ainsi, par un milieu le passage est arrivé à 13ʰ· 13' 30'' 66.

On peut négliger totalement les minutes. La somme des secondes, en rejetant les minutes que donne l'addition, sera 33'' 3. Multipliez par $\frac{2}{10}$, c'est-à-dire, doublez en changeant la virgule de place et vous aurez 6'',66. Mais l'observation directe est 30, 7, c'est que les minutes négligées auraient fourni 24''; je vois donc qu'au lieu de 6', 66 il faut écrire 30'', 66.

13. En effet les minutes négligées ne peuvent être qu'au nombre de 1, 2, 3 ou 4, ainsi il faut ajouter au quotient 0'', 12'', 24'', 36'' ou 48''.

On épargne donc l'addition des minutes; doubler la somme est certainement plus aisé que de la diviser par cinq.

On voit dans cet exemple que les intervalles des fils sont de 17'',7; 17'',7; 17'',6; et 17'',7; ces intervalles sont donc égaux ou peuvent passer pour l'être.

14. Mais ces intervalles changent suivant les étoiles qu'on observe : voici, par exemple, d'autres observations faites la veille au même instrument.

$$\left.\begin{array}{ll} \mathrm{{}^{h.}} & 32'.36'',3 \\ & 33\ .\ 1,0 \\ 20. & 33\ .25,3 \\ & 33\ .49,6 \\ & 34\ .14,0 \end{array}\right\}$$

α du Cygne		La somme des secondes en rejetant
6, 50		les minutes, est......... 6'', 50
1, 30		Le produit par 0, 2, est.... 1, 30
24		Ajoutez.................. 24
20.33.25.30		Le passage est à... 20ʰ· 53'.25.30

Les intervalles sont 24'',4; 24'',3; 24'',3 et 24'',4; ou par un milieu 24'', 35; nous avions pour α 17' 675 par un milieu entre les quatre intervalles; il faut trouver la raison de cette différence.

15. Nous l'avons déjà indiquée; l'intervalle des fils dirigé à l'équateur couvre un arc de grand cercle et sa corde; porté à 60° de distance à l'équateur ou à 30° du pôle, il couvrira la corde d'un petit cercle. Cette corde appartiendra à un arc qui sera une fraction plus grande de cette petite circonférence. Cette fraction plus grande mettra à passer au méridien le même tems qu'un arc de même nombre de minutes pris sur l'équateur, et ce passage prendra en conséquence plus de tems et sera une portion plus considérable des 24 heures.

Soit P le pôle, (fig. 139) FI l'arc de petit cercle dont la corde est couverte par le fil. Le tems employé à passer du cercle horaire F au cercle I sera proportionnel à l'angle au pôle P qui a pour mesure l'arc EQ de l'équateur (X.7). Le même intervalle des fils porté sur l'équateur, ne couvrirait que l'arc fi, dont la corde est égale à FI; l'arc FI passera au méridien dans le même tems que l'arc EQ, lequel emploiera plus de tems à passer que l'arc fi.

Du pôle P abaissez la perpendiculaire Pm sur le milieu de l'arc de grand cercle FmI qui a la même corde que l'arc de petit cercle FnI.

16. Le fil couvrira l'arc de grand cercle FmI, car l'œil de l'observateur qui est au centre, est dans le plan du grand cercle FmI et non dans celui du petit cercle FnI; et l'arc du cercle FmI emploiera à passer le même tems que FI et EQ puisque les extrémités de ces trois arcs sont dans les mêmes cercles horaires PFQ, PIE.

17. Il suit de là que l'étoile qui décrit l'arc de petit cercle FI ne peut suivre exactement le fil. Si elle entre en F, elle sortira en I sur le fil, mais dans l'intervalle elle s'en éloignera de la quantité mn.

18. L'intervalle FI entre les deux fils verticaux est égal à la corde commune des arcs FmI et FnI. Soit r le rayon du petit cercle FnI, et l'unité celui du grand FmI,

$$\mathrm{FI} = 2r \sin\tfrac{1}{2}Fn\mathrm{I} = 2\sin \mathrm{PF}\, \sin\tfrac{1}{2}\mathrm{FPI} = 2\sin\Delta\,\sin\tfrac{1}{2}(15.t),$$
$$\mathrm{FI} = 2\ \sin\tfrac{1}{2}Fm\mathrm{I} = 2\sin Fm;$$

donc

$$\sin Fm = \sin\Delta\,\sin\tfrac{1}{2}(15.t) \quad \text{et} \quad \sin\tfrac{1}{2}(15.t) = \frac{\sin Fm}{\sin\Delta},$$

t étant la durée du passage de F en I exprimée en secondes sidérales.

'19. Cette expression est générale, quelle que soit la distance Δ. Soit
$\Delta = 90°$; $\sin(15.t) = \sin Fm = \frac{1}{2}$ intervalle des fils.

Donc 1°. pour une étoile dans l'équateur, on aura $\frac{15}{2}t = \frac{1}{2}$ intervalle des fils ou $15t =$ intervalle des fils, car les arcs étant petits, on peut les mettre à la place de leurs sinus.

2°. Pour connaître l'intervalle des fils, il suffit d'observer une étoile dans l'équateur.

3°. Hors de l'équateur $\frac{15}{2}t = \dfrac{\sin Fm}{\sin \Delta} = \dfrac{\frac{1}{2}\text{intervalle équatorial}}{\sin \text{distance au pôle}}$.

Le tems croîtra donc comme la cosécante de la distance polaire, ou comme la sécante de la déclinaison.

4°. Si cet intervalle devient trop considérable, comme tout près du pôle, il ne sera plus permis de confondre l'arc avec son sinus.

5°. Si τ est l'intervalle des fils en tems à l'équateur, il sera $\dfrac{\tau}{\sin \Delta}$
$= \dfrac{\tau}{\cos D} = \tau'$, hors de l'équateur.

20. Cherchons par la formule $\tau' = \dfrac{\tau}{\sin \Delta}$ ou $\tau' \sin \Delta = \tau$ l'intervalle équatorial de la lunette méridienne de l'Observatoire impérial où ces deux observations ont été faites.

α ♍ $\tau'=17'',675$	1.24736	α Cygne $\tau'=24'',35$	1.38650
$\sin\Delta=79°51'50$	9.99317	$\Delta=45°24'40$	9.85258
$\tau=17'',399$	1.24053	$\tau=17'',342$	1.23908
		α ♍ $\tau=17,399$	
milieu................ $\tau=17,3705$			

Les deux calculs s'accordent à quelques centièmes de seconde près,

ce qui vient de la petite incertitude de chaque observation. On détermine ainsi l'intervalle équatorial des fils, par plusieurs centaines d'observations, pour l'avoir avec une précision plus grande. En nous bornant à celles-ci, nous aurons $\tau = \dfrac{17',3705}{\sin \Delta}$ et pour les fils extérieurs $\dfrac{24'',741}{\sin \Delta}$, on en forme une table qui sert à réduire au fil méridien ou du milieu les observations faites aux fils latéraux.

Supposons, par exemple, que dans l'observation de α du Cygne, les nuages ou d'autres causes eussent fait manquer trois fils et qu'on eût seulement

$\left.\begin{array}{l}\ldots\ldots\ldots \\ 33.\ 1.\ 0 \\ \ldots\ldots\ldots \\ \ldots\ldots\ldots \\ 30.14.\ 0\end{array}\right\}$ α Cygne.   On marque avec des points les fils non observés.

2e. fil 33. 1. 0 5e. fil 34.14

Intervalle.. $+$ 24.35............ $-$ 48,7

33.25.35   33.25.3

et le milieu eût été... 33′.25″.325

21. Toutes les étoiles peuvent ainsi déterminer l'intervalle équatorial ; le plus court est d'y employer les étoiles dans l'équateur, qui n'exigent aucun calcul. Un ou deux degrés de déclinaison n'apportent aucun changement sensible. Quelques astronomes ont cru qu'il y avait de l'avantage à choisir les étoiles circompolaires, parce qu'elles se meuvent beaucoup plus lentement, mais l'avantage que procure cette lenteur est plus que détruit par l'incertitude de l'observation. Depuis l'équateur jusqu'à 45° de déclinaison, j'ai trouvé les mêmes résultats lorsque par un millier d'observations semblables j'ai déterminé l'intervalle de mes fils.

22. Pour l'étoile polaire, qui est à peu près la plus voisine du pôle qu'on ait observée, l'intervalle serait $\frac{17'',3705}{\sin 1°.44'}=574'',4=9'.34'',42$ et $19'\ 8'',84$ pour les fils extérieurs ; les angles horaires seraient $2°.23'.38''$ et $4°.47'.12''$: on ne peut plus supposer l'arc égal au sinus. Il faut se servir de la formule $\frac{\frac{1}{2}t\sin 15''}{\sin \Delta}$.

Ainsi pour les fils extérieurs.... $\frac{1}{2}t$..... 17″ 3705....... 1.51931

sin 15″.......... 5.86167

C.sin Δ..... 1.23992

sin $\frac{1}{2}$P $=$ 2°.23′.39′... 8.62090

$\frac{1}{2}$ intervalle.... 9′.34″.36″ $=$ 9′ 34″ 6

La formule approximative donne..... 9.34.4

Les deux intervalles seront donc.. 9′ 34″ 6   et   19. 9.2

Au lieu de..... 9.34.4.......... 19. 8.8

Au reste, comme on ne peut être sûr de 1′ dans l'observation de la polaire, on peut négliger cette petite différence et se contenter généralement de $\tau' = \frac{\tau}{\sin \Delta}$.

23.

23. **Nous avons supposé** les intervalles des fils égaux, et l'on y trouvera toujours quelques petites différences quand on les aura déterminés avec la plus grande précision. On ne pourra plus prendre le milieu entre les cinq fils, on serait obligé de les réduire chacun séparément au méridien, d'après la table qu'on aura construite sur la formule $\frac{\tau}{\sin \Delta}$; mais cette attention bien facile prend beaucoup de tems quand on a observé des étoiles pendant toute une longue nuit. Voici comme je l'avais rendue inutile.

Soit M l'observation au fil du milieu.

Les cinq fils donneront

$$
\begin{aligned}
&M - a \\
&M - b \\
&M \\
&M + c \\
&M + d \\
\hline
&5M - a - b + c + d \\
&M - \left(\frac{a-d}{5} + \frac{b-c}{5} \right)
\end{aligned}
$$

Quand on aurait pris le milieu $M - \left(\frac{a-d}{5} + \frac{b-c}{5} \right)$ il faudrait y ajouter la correction $+ \left(\frac{a-d}{5} + \frac{b-c}{5} \right)$ pour une étoile dans l'équateur, ou $\frac{a-d+b-c}{5\sin\Delta}$ pour une étoile quelconque.

Soit, par exemple,

$$
\begin{aligned}
a &= 34''9 & b &= 17''1 \\
d &= 34.7 & c &= 17.5 \\
\hline
a - d &= +\ 0.2 & b - c &= -\ 0.4
\end{aligned}
$$

$$
\frac{a-d+b-c}{5\sin\Delta} = \frac{+0''2 - 0''4}{5\sin\Delta} = \frac{-0''2}{5\sin\Delta} = \frac{-0''04}{\sin\Delta}.
$$

La correction sera donc $= \frac{0''04}{\sin\Delta}$; il est aisé d'en faire une table qu'on joint à celles des intervalles $\frac{34''9}{\sin\Delta}$, $\frac{17''1}{\sin\Delta}$, $\frac{17''5}{\sin\Delta}$ et $\frac{34''7}{\sin\Delta}$; on réunit toutes ces quantités dans une table générale pour toutes les valeurs de Δ de degrés en degrés. En voici un échantillon de 10° en 10°; celle que j'avais construite pour mon usage était de 10′ en 10′. On donne pour argument à la table la déclinaison D et la distance polaire Δ.

Δ	D	Premier intervalle.	Deuxième intervalle.	Troisième intervalle.	Quatrième intervalle.	Correct. ——
90°	0°	34″ 90	17″ 50	17″ 10	34″ 70	0″ 040
80	10	35.44	17.77	17.36	35.24	0.041
70	20	36.29	18.20	17.78	36.09	0.042
60	30	40.30	20.22	19.75	40.07	0.046
	etc.	etc.	etc.	etc.	etc.	etc.

24. En général on nomme *argument d'une table* la quantité connue qui sert à trouver dans la table l'inconnue que l'on veut avoir; ainsi dans la table des sinus l'arc est l'argument qui sert à trouver les sinus, les tangentes et les cotangentes.

25. Nous avons vu qu'une étoile voisine du pôle peut s'écarter sensiblement du fil, en effet $Pm < PF$, car $\tang Pm = \tang PF \cos FPm$. Et

$$PF - Pm = \tang^2 \tfrac{1}{2} FPm \sin 2Pm + \tang^4 \tfrac{1}{2} FPm \sin 4Pm + \text{etc.} \qquad (\mathrm{X}.216)$$
$$= \tang^2 \tfrac{1}{2} FPm \sin 2PF - \tang^4 \tfrac{1}{2} FPm \sin 4PF \qquad (\mathrm{X}.215)$$

$$
\begin{aligned}
\tang^2 1° \; 11′ \; 50″ &\ldots\ldots\ldots\ldots 6.64023\\
\sin 3° \; 28′ &\ldots\ldots\ldots\ldots 8.78152\\
C.\sin 1″ &\ldots\ldots\ldots\ldots 5.31443\\
\hline
5″,4473\ldots &\; 0.73618
\end{aligned}
$$

$$
\begin{aligned}
\tang^4 1° \; 11′ \; 50″ &\ldots\ldots\ldots\ldots 3.28046\\
\sin 6° \; 56′ &\ldots\ldots\ldots\ldots 9.08176\\
C.\sin 2″ &\ldots\ldots\ldots\ldots 5.01340\\
\hline
- 0″ \; 0024\ldots &\; 7.37562
\end{aligned}
$$

$$mn = PF - Pm \ldots\ldots \; 5″ \; 4449$$

Ainsi l'étoile polaire au méridien s'écarterait du fil de 5″ 4449, si elle était sur le fil, 9′ 34″ 6 avant le passage, mais elle s'y retrouverait 9′ 34″ 6, après le passage.

En négligeant les puissances 4es, l'expression de mn se réduit à

$$\tang\left(\frac{15}{2} t\right)^2 \frac{\sin 2\Delta}{\sin 1″} = \left(\frac{15}{2} t\right)^2 \sin 2\Delta \sin 1″,$$

t étant la distance au méridien en tems quand l'étoile est sous le fil.

On pourrait trouver Pm par la formule

$$\tang P m = \tang \Delta \cos (15\,t);$$

mais la formule, quoique fort simple, serait moins commode et moins précise dans la pratique. Au reste, elle donne ici $5'',4$. L'autre formule nous montre que mn croit comme les carrés de t, mais les t sont assez petits quand l'étoile est loin du pôle.

26. On ne saurait donc en général, quand on prend une distance au zénit, l'observer trop près du passage au méridien; mais cela n'est pas toujours possible, car on est occupé à saisir le passage au fil du milieu de la lunette méridienne, et l'on ne peut être en même tems au quart de cercle pour observer la distance au zénit : un nuage peut vous cacher l'astre à l'instant précis du passage. On peut l'observer une minute avant ou après; mais il en résulte que la distance a besoin d'une correction; elle est du moins fort petite. En voici le calcul :

Soit PZM, fig. 140, le méridien, P le pôle, Z le zénit, ME l'arc du grand cercle que couvre le fil et qui coupe le méridien à angles droits, l'alidade vous indiquera la distance ZM au zénit; et l'observation sera bonne si vous observez l'étoile en M au méridien; mais si vous observez en E sur le fil, la distance au zénit sera ZE $>$ ZM.

Soit ZE $=$ Ze, Ze sera la distance que vous auriez dû observer, car Ee serait une portion du parallèle de l'étoile; M$e=$Z$e-$ZM$=$ZE$-$ZM sera donc la correction qu'il faudra faire à la distance ZM donnée par l'alidade. Or (X. 216)

$$ZE - ZM = \tang^2 \tfrac{1}{2}Z \, \sin 2ZM + \tang^4 \tfrac{1}{2}Z \, \sin 4ZM + \text{etc.}$$

On peut négliger les puissances supérieures, ainsi

$$ZE = ZM = \tang^2 \tfrac{1}{2}Z \, \sin 2ZM = \tang^2 \tfrac{1}{2}Z \, \sin 2N;$$

N étant la distance observée.

27. Mais les angles Z étant toujours fort petits, nous pouvons faire

$$ZE - ZM = \tfrac{1}{4}\,\mathrm{tang}^2 Z \sin 2N = \tfrac{1}{4}\left(\frac{\mathrm{tang}\,P \sin PM}{\sin ZM}\right)^2 \frac{\sin 2N}{\sin 1''} = \frac{\tfrac{1}{4} P^2 \mathrm{tang}^2 1'' \sin^2 PM \sin 2ZM}{\sin^2 ZM \sin 1''} $$

$$= \frac{\tfrac{1}{2}(15t)^2 \sin 1'' \sin^2 \Delta \sin ZM \cos ZM}{\sin^2 ZM}$$

$$= \tfrac{1}{2}(15t)^2 \sin 1'' \sin^2 \Delta \cot ZM$$

$$= (15t)^2 \sin \tfrac{1}{2} 1'' \sin^2 \Delta \cot ZM \ldots \ldots \ldots \ldots (a)$$

$$\log \sin \tfrac{1}{2}'' = 4.3845449.$$

$$\text{Soit } E = 1' = 60''; \ (ZE - ZM) = (15.60)^2 \sin \tfrac{1}{2}'' \sin^2 \Delta \cot ZM$$

$$= 1''.96350 \sin^2 \Delta \cot ZM = 1''.9635 \sin^2 \Delta \cot N$$

Supposons une étoile au zénit

$$ZE - ZM = ZE - o = PF - PZ = P^2 \sin \tfrac{1}{2}'' \sin 2PZ$$

$$= P^2 \sin \tfrac{1}{2}'' \sin 2(90° - H) = P^2 \sin \tfrac{1}{2}'' \sin 2H.$$

Si l'étoile a été observée du côté du nord, ZM devient négative; la correction change de signe, mais ZM en change aussi, et la correction est toujours additive à la distance observée : elle croît comme le carré de l'intervalle entre le passage et le moment de l'observation.

28. Avec ces attentions, nous aurons de bonnes distances au zénit et de bons passages au méridien, mais il faut que les deux instrumens soient bien exactement placés. Cela est absolument impossible pour les quarts de cercles, qui ne sont jamais des plans bien parfaits. Ainsi, quand on serait parvenu à mettre le 45ᵉ degré, par exemple, bien exactement dans le méridien, il se pourrait que le 60ᵉ degré et le 30ᵉ en fussent éloignés de 4 à 5″, et même plus. Il n'en résulterait pour les distances aucun inconvénient bien sensible; (a) il en résulte seulement qu'un quart de cercle n'est pas un bon instrument pour observer des passages au méridien; voilà pourquoi Roëmer imagina la lunette méridienne qu'on appelle aussi Instrument des Passages. Les Anglais le nomment *transit-instrument* ou simplement *transit*.

29. C'est donc à la lunette méridienne qu'on observe les passages des astres, quand on veut avoir exactement les tems entre leurs passages ou les angles au pôle entre leurs cercles de déclinaison.

Supposons un astre A au méridien (fig. 141), et un astre B à une distance APB du méridien; quand B sera au méridien en B′, l'autre astre sera en A′ hors du méridien, à la distance APA′=B′PA′=BPB′, en supposant qu'aucun des deux astres n'ait de mouvement propre ; ce qui n'est vrai que des étoiles.

Soit t la différence des tems observée entre les passages ; $15t =$ APB.

30. Mais pour qu'une lunette méridienne donne exactement les différences de passage, ou l'angle APB, il faut qu'elle tourne exactement dans le méridien; car si elle décrivait le vertical ZO (fig. 142) au lieu du méridien ZH, il est visible que les étoiles A et B à leur passage par la lunette, c'est-à-dire au vertical ZO, auraient les angles horaires ZPA et ZPB, dont la différence serait APB ; cet angle n'est pas le même que APB de la figure précédente; APB est ici seulement la quantité, dont la différence observée des passages différera de la véritable, puisqu'il est l'angle horaire entre les deux cercles différens PAB et PB dans lesquels ils ont été observés.

31. Le triangle ZPA donne

$$\sin PA : \sin ZA :: \sin Z : \sin ZPA = \frac{\sin Z \sin ZA}{\sin PA} = \frac{\sin HO \sin ZA}{\sin PA},$$

HO est la déviation horizontale de la lunette ; comme Z et P sont de très-petits angles, on peut faire $ZPA = \frac{HO \sin ZA}{\sin PA}$, mais ZA est sensiblement la distance du zénit au méridien, ainsi

$$ZPA = \frac{HO \sin (PA - PZ)}{\sin PA}$$
$$= \frac{HO \sin (\Delta - 90° + H)}{\sin \Delta}$$
$$= -\frac{HO \cos (\Delta + H)}{\sin \Delta}$$
$$= -\frac{H (\cos \Delta \cos H - \sin \Delta \sin H)}{\sin \Delta}$$
$$= -HO(\cos H \cot \Delta - \sin H)$$
$$= +HO(\sin H - \cos H \cot \Delta) = x(\sin H - \cos H \cot \Delta);$$

quantité additive du passage observé pour avoir le vrai passage au méridien.

32. La correction $x(\sin H - \cos H \cot \Delta)$ sera donc différente pour les étoiles inégalement éloignées du pôle, et cette différence peut servir à déterminer la déviation x; en effet, une première étoile donnera pour la correction du passage p

$$dp = x(\sin H - \cos H \cot \Delta) = nx$$

une seconde étoile

$$dp' = x\,(\sin H - \cos H \cot \Delta') = n'x;$$

on peut calculer pour la hauteur du pôle H, une Table des quantités $n = \sin H - \cos H \cot \Delta$.

Soit P le passage de la première étoile au méridien, c'est-à-dire l'ascension droite de l'étoile en tems, p le passage observé; $P - p = dp$, sera la correction du passage observé

Ainsi

$$P - p = nx$$
$$P' - p' = n'x$$
$$(P - p) - (P' - p') = (n - n')x$$

et

$$x = \frac{(P - p) - (P' - p')}{n - n'} = \frac{(P - p) - (P' - p')}{\cos H\,(\cot \Delta' - \cot \Delta)}$$
$$= \frac{[(P - p) - (P' - p')]\sin \Delta \sin \Delta'}{\cos H \sin(\Delta - \Delta')}$$
$$= \frac{[(P - P') - (p - p')]\sin \Delta \sin \Delta'}{\cos H \sin(\Delta - \Delta')}.$$

Ainsi, pour déterminer la déviation d'une lunette méridienne bien rectifiée d'ailleurs, il suffit de connaître les distances polaires Δ et Δ' à peu près, et les différences de passages ou d'ascension droite $(P - P')$ fort exactement. De cette différence $(P - P')$ on retranchera la différence des passages observés. On multipliera le reste par $\frac{\sin \Delta \sin \Delta'}{\cos H \sin(\Delta - \Delta')}$, et l'on aura la déviation horizontale x, qui sera vers l'orient, si $(P - P')$ surpasse $(p - p')$, et vers l'occident dans le cas contraire, parce que x deviendra négatif.

Le facteur $\sin(\Delta - \Delta')$ qui est au dénominateur, nous avertit de choisir pour cela des étoiles fort différentes en distance polaire. L'expression de x sera d'autant plus exacte, que $(\Delta - \Delta')$ approchera plus de 90°; c'est ce qui aurait lieu si vous observiez une étoile au zénit et l'autre à l'horizon. Dans ce cas, l'expression donne

$$\frac{\cos H \sin H}{\cos H} = \sin H \quad \text{et} \quad x = [(P - p') - (p - p')]\sin H.$$

Ces formules très-simples sont d'un usage continuel; je les ai données dans la Connaissance des Tems de 1792, avec des tables et des exemples.

33. Si l'on connaît exactement P et P', c'est-à-dire le tems sidéral des passages des deux étoiles, et non plus seulement leur différence (P—P'), on pourra trouver en même tems la correction dh de l'horloge. En effet, on aura les deux équations suivantes, dans lesquelles $dp = nx$, est la correction qui dépend de la déviation, et dh la correction propre de l'horloge.

$$p + nx + dh = P$$
$$p' + n'x + dh = P'$$
$$\overline{\qquad\qquad\qquad\qquad\qquad}$$
$$p - p' + nx - n'x = P - P'$$
$$x(n - n') = (P - P') - (p - p')$$
$$x = \frac{(P-P') - (p-p')}{n-n'} = \frac{[(P-P') - (p-p')]\sin\Delta\,\sin\Delta'}{\cos H\,\sin(\Delta - \Delta')}$$

comme ci-dessus. Connaissant x, vous connaîtrez $dp = nx$; $dp' = n'x$, et alors vous aurez $dh = (P-p) - nx = (P'-p') - n'x'$.

34. Tant que $\sin H > \cos H \cot \Delta$, le nombre n est positif. Il devient o quand $\sin H = \cos H \cot \Delta$; $\tan H = \cot \Delta$ et $\Delta = 90° - H$; l'étoile passera au zénit, la correction sera nulle; mais si vous avez $\sin H < \cos H \sin \Delta$, n sera négatif, et la correction du passage soustractive; en effet la figure montre que l'étoile C n'arrivera à la lunette qu'après son passage au vrai méridien.

35. Si l'étoile passe au-dessous du pôle, Δ, $\sin \Delta$ et $\cot \Delta$ sont des quantités négatives. Si, au lieu d'observer deux étoiles différentes, on observe la même étoile au-dessus et au-dessous du pôle, alors c'est Δ' qui devient négative et $= -\Delta$, la formule devient

$$x = -\frac{[(P-P') - (p-p')]\sin^2\Delta}{\cos H \sin 2\Delta} = -\frac{[(P-P') - (p-p')]\sin^2\Delta}{2\cos H \sin\Delta\cos\Delta}$$
$$= -\frac{[(P-P') - (p-p')]\tan\Delta}{2\cos H} = \frac{(p-p') - (P-P')}{2\cos H \cot\Delta} = \frac{(p-p') - 12^h\ \text{sid.}}{2\cos H \cot\Delta}$$

La formule devient plus simple et ne dépend plus de l'ascension droite ou du tems sidéral du passage, car il est sûr que les deux passages au méridien doivent différer de 12 heures sidérales. Ainsi, pour bien connaître x, il faut employer de préférence les étoiles circompolaires; c'est le moyen le plus sûr pour amener la lunette dans le méridien. Cette opération est donc le premier fondement d'un catalogue d'étoiles;

Elle suppose seulement que l'axe de rotation est parfaitement horizontal, et que l'axe optique est bien perpendiculaire à l'axe de rotation. Nous avons vu (IX. 9 et 11) les moyens qui servent à ces deux vérifications également fondamentales.

36. Voyons maintenant quelle précision on peut espérer de cette méthode.

$$x = (p - p' - \tfrac{1}{2}\mathrm{R})\,\frac{\tan\Delta}{2\cos\mathrm{H}}$$

Ainsi
$$dx = (dp - dp' - \tfrac{1}{2}d\mathrm{R})\,\frac{\tan\Delta}{2\cos\mathrm{H}}.$$

Soit e l'erreur que l'on peut commettre en observant le passage d'une étoile sans déclinaison ; $\dfrac{e}{\sin\Delta}$ sera l'erreur qu'on peut commettre sur une étoile dont la distance polaire sera Δ ; nous aurons

$$dx = \left(\frac{e}{\sin\Delta} - \frac{e'}{\sin\Delta} - \tfrac{1}{2}d\mathrm{R}\right)\frac{\tan\Delta}{2\cos\mathrm{H}}$$
$$= \frac{e-e'}{2\cos\Delta\cos\mathrm{H}} - \frac{\tfrac{1}{2}d\mathrm{R}\,\tan\Delta}{2\cos\mathrm{H}}.$$

Soit $H = 48° 50'$, on aura pour Paris, les facteurs de $(e-e')$ et $\tfrac{1}{2}d\mathrm{R}$ dans la Table suivante :

Δ	Facteur de $(e-e')$.	Facteur de $\tfrac{1}{2}d\mathrm{R}$.	Δ	Facteur de $(e-e')$	Facteur de $\tfrac{1}{2}d\mathrm{R}$.	Δ	Facteur de $(e-e')$.	Facteur de $\tfrac{1}{2}d\mathrm{R}$	Δ	Facteur de $(e-e')$.	Facteur de $\tfrac{1}{2}d\mathrm{R}$.
1°	0.760	0.013	13°	0.780	0.175	25°	0.838	0.354	37°	0.951	0.572
2	0.760	0.026	14	0.783	0.189	26	0.845	0.370	38	0.964	0.593
3	0.761	0.040	15	0.786	0.204	27	0.852	0.387	39	0.977	0.615
4	0.762	0.053	16	0.790	0.218	28	0.860	0.404	40	0.992	0.637
5	0.763	0.066	17	0.794	0.232	29	0.868	0.421	41	1.006	0.660
6	0.764	0.080	18	0.799	0.247	30	0.877	0.439	42	1.022	0.684
7	0.765	0.093	19	0.804	0.262	31	0.886	0.456	43	1.039	0.708
8	0.767	0.107	20	0.810	0.277	32	0.896	0.475	44	1.056	0.733
9	0.769	0.120	21	0.814	0.292	33	0.906	0.493	45	1.074	0.760
10	0.771	0.134	22	0.819	0.317	34	0.916	0.512	46	1.093	0.787
11	0.774	0.148	23	0.825	0.322	35	0.927	0.532	47	1.113	0.813
12	0.777	0.161	24	0.831	0.238	36	0.939	0.552	48	1.135	0.844

37. On y voit que l'erreur sur la déviation horizontale x, sera au moins

moins les trois quarts de l'erreur $(e - e')$ qu'on peut craindre sur les observations de deux étoiles équatoriales, et qu'elle peut aller à $\frac{6}{5}$, ce qui au reste est assez peu de chose.

L'erreur provenant de la demi-révolution ou des 12^h de la pendule, ne va pas à $\frac{1}{10}$ de dR tant que la distance polaire ne passe pas $7°$. Elle n'est guère que $\frac{8}{10}$ à $47°$.

Cette erreur de la pendule sera donc le plus souvent insensible et toujours inférieure à celle qui vient des deux observations p et p', dont les erreurs peuvent s'accumuler aussi bien que se compenser.

38. Pour être plus indépendant de l'extrême régularité de la pendule, on a proposé d'observer deux étoiles au lieu d'une.

La première donnera $2x \cos H \cot \Delta = p - p' - \frac{1}{2}R$

La seconde......... $2x \cos H \cot \Delta' = \pi - \pi' - \frac{1}{2}R'$

$$2x \cos H (\cot \Delta - \cot \Delta') = (p - p') - (\pi - \pi') + \frac{1}{2}(R' - R).$$

Mais si les observations p et π ne sont séparées que par un intervalle de quelques minutes, il en sera de même de p' et π' : les deux demi-révolutions $\frac{1}{2}R'$ et $\frac{1}{2}R$ ne différeront pas. $\frac{1}{2}(R' - R) = 0$, et l'on aura

$$x = \frac{[(p - p') - (\pi - \pi')]\sin \Delta \sin \Delta'}{2 \cos H \sin(\Delta' - \Delta)} = \frac{[(p - \pi) - (p' - \pi')]\sin \Delta \sin \Delta'}{2 \cos H \sin(\Delta' - \Delta)}$$

Je suppose que p et π sont les deux passages observés les premiers, et de plus, que ce sont des passages supérieurs; mais si p ou π était un passage inférieur, on changerait le signe de la distance polaire Δ ou de la distance polaire Δ'; si p et π étaient tous deux des passages inférieurs, on changerait les signes des deux distances. Après quoi il suffira pour tous les cas possibles d'observer la règle générale des signes.

39. Pour rendre plus sensible l'esprit et l'usage de la méthode, il est bon d'en donner un exemple. Supposons deux étoiles

		Passage supér.	Passage infér.
$\Delta =$	$1° 42' 20''$	$0^h 54' 33'' 13$	$12^h 54' 34'' 13$
$\Delta' =$	$33. \ 0.20$	$0.46.17.32$	$12.46.17.32$

Quand on aura observé ces deux étoiles, on prendra dans les catalogues leur position telle qu'on vient de la voir. Si la pendule est bien réglée et bien sur l'heure, elle doit marquer ces tems aux quatre passages; mais supposons une déviation de $10''$, et calculons l'effet qui en doit résulter sur les passages. Nous nous servirons de la formule (31) en changeant les signes, parce qu'il s'agit ici de chercher l'erreur et non la correction des passages.

L'expression de cette erreur sera donc $+ \dfrac{x \cos(\mathrm{H} \pm \Delta)}{\pm \sin \Delta}$.

Les signes supérieurs sont pour les passages supérieurs.

$$\mathrm{H} + \Delta = 50°\,32'\,20'' \qquad \mathrm{H} - \Delta = 47°\,7'\,40'' \qquad \mathrm{H} = 48°\,50'$$
$$\mathrm{H} + \Delta' = 81.50.20 \qquad \mathrm{H} - \Delta' = 15.49.40$$

$$
\begin{array}{ll}
\quad + 10''\ldots\ldots 1.00000 & \qquad\qquad + \ldots\ldots 1.00000 \\
\quad c.\sin \Delta \ldots\ldots 1.52632 & \qquad c.\sin \Delta - \ldots\ldots 1.52632 \\
\cos(\mathrm{H} + \Delta)\ldots\ldots 9.80315 & \cos(\mathrm{H} - \Delta)\ldots\ldots 9.83274 \\
\hline
\quad + 3'\,33''54 \qquad 2.32947 & \qquad - 3'48''59 \quad - 2.35906
\end{array}
$$

$$
\begin{array}{ll}
\text{Erreur} + 3'\,33''\,54 \ldots\ldots\ldots\ldots - 3'\,48''\,59 \\
\mathrm{P} = \quad 0.54.34.13 & \qquad \mathrm{P}' = 12.54.34.13 \\
\hline
p = \quad 0.58.\ 7.67 & \qquad p' = 12.50.45.54 \\
p' = 12.50.45.54 & \\
\hline
p - p' = 12.\ 7.22.13 & \\
p - p' - 12^{\mathrm{h}} = \qquad 7.22.13 &
\end{array}
$$

En supposant que la pendule marque exactement 24^{h} entre deux retours d'une même étoile au méridien, une déviation de $10''$ du sud à l'est ferait donc trouver $7'22''13$ d'erreur dans les intervalles qui devraient être de 12^{h}.

Prenons cette quantité pour déterminer la déviation

$$
\begin{array}{lr}
\text{compl. } 2 \ldots\ldots & 9.69897 \\
\cos \mathrm{H} \ldots\ldots & 0.18161 \\
\hline
c.(2\cos \mathrm{H}) \ldots\ldots & 9.88058 \\
\text{tang } \Delta \ldots\ldots & 8.47387 \\
7'22''13 = 442''13 \ldots\ldots & 2.64555 \\
\hline
x = + 10''00 \ldots\ldots & 1.00000.
\end{array}
$$

40. Ainsi des observations parfaites feraient trouver très-exactement

la déviation. Supposons 10″ d'erreur dans les deux observations de cette étoile qui est la polaire

$$\frac{\tang \Delta}{2\cos H}\ldots\ldots\ldots\ldots\ 8.35445$$
$$7'32''13 = 452''.13\ldots\ldots\ 2.65526$$
$$10''.226\ldots\ldots\ 1.00971$$

Ces dix secondes d'erreur ne produiront pas un quart de seconde en tems dans la déviation. Supposons que de ces 10″, huit appartiennent aux deux observations, et 2″ à l'irrégularité de la pendule, ce qui est presque impossible, vous n'aurez que $\frac{1}{40}$ d'erreur sur la déviation. On peut donc employer la polaire avec une grande confiance.

41. Faisons un calcul semblable pour la seconde étoile.

$$10''\ldots\ldots\ 1.00000$$
$$c.\sin \Delta'\ldots\ldots\ 0.26383$$
$$+\ 1.26383\ldots\ldots\ldots\ldots\ldots-\ 1.26383$$
$$\cos(H+\Delta')\ldots\ldots\ 9.15216\qquad \cos(H-\Delta')\ldots\ 9.98581$$
$$+\ 0.41599\qquad\qquad\qquad -\ 1.24764$$

Erreur $+\ 2''606\ldots\ldots\ldots\ldots\ldots-\ 17''662$

$$\Pi = 0.46.17.32\qquad\qquad \Pi' = 12.46.17.32$$
$$\pi = 0.46.19.926\qquad\qquad\qquad 12.45.59.658$$
$$\pi' = 12.45.59.658$$
$$\pi - \pi' = 12.\ 0.20.268$$
$$\pi - \pi' - 12^{\mathrm{h}} = 20.268$$

$$c.2\cos H\ldots\ldots\ 9.88058$$
$$\tang \Delta'\ldots\ldots\ 9.81261$$
$$20''268\qquad 1.30681$$
$$x = 10''00\ldots\ldots\ 1.00000.$$

Les effets de la déviation étant moindres, il y a moins de sûreté, mais la même précision ici, parce qu'il n'y a pas d'erreur dans les données.

42. Supposons 1″ d'erreur sur les observations, et 2″ sur la demi-révolution à la pendule.

$$\frac{\text{tang } \Delta}{2 . \cos H} \ldots \ldots \ldots \text{ 9.69319}$$

$$23.268 \ldots \ldots \text{ 1.56676}$$

$$x = 11''48 \ldots \ldots \text{ 1.05995.}$$

L'erreur est de $\frac{1}{7}$ de la déviation cherchée; cependant je n'ai supposé que $1''$ d'erreur sur les deux observations, au lieu de $8''$, parce qu'en effet, c'est tout ce qu'on peut supposer de plus fort pour une étoile à $30°$ du pôle, mais j'ai dû supposer la même erreur à la pendule. On voit donc que la polaire est la plus sûre de toutes les étoiles pour trouver la déviation.

43. Supposons maintenant que la pendule retarde de $10''$ sur le tems sidéral à $0'50'$, et qu'elle retarde de $20''$ à $12^h50'$; nous forçons l'erreur de la pendule pour être plus sûr de nos calculs.

Les passages affectés de cette erreur et de la déviation, seront

$$p = 0^h 57' 57''67 \qquad\qquad \pi = 0.46' \; 9''926$$
$$p' = 12.50.25.54 \qquad\qquad \pi' = 12.45.39.658$$
$$p - p' - 12^h = \quad 7.32.13 \qquad \pi - \pi' - 12^h = \quad 30.268$$
$$\pi - \pi' - 12 = \quad 30.268$$
$$\text{différence} = \quad 7. \; 1.862$$

$$\Delta' = 33. \; 0.20 \qquad\qquad c.2 \cos H \ldots . \; 9.88058$$
$$\Delta = \; 1.42.20 \qquad\qquad \sin \Delta \ldots . \; 8.47368$$
$$\Delta' - \Delta = 31.18.00 \qquad\qquad \sin \Delta' \ldots . \; 9.73617$$
$$\Delta' + \Delta = 54.42.40 \qquad\qquad c.\sin(\Delta - \Delta') \ldots . \; 0.28440$$
$$421''862 \ldots \; 2.62517$$
$$x = 10'' \ldots \ldots \; 1.00000.$$

Nous retrouvons notre déviation malgré les $10''$ de dérangement dans la pendule; la formule est donc sûre, et dans cette partie, elle est nouvelle, car personne encore n'a songé à employer ainsi deux étoiles qui passent presque ensemble, tant au méridien inférieur qu'au méridien supérieur.

44. M. Butt avait eu l'idée d'employer deux étoiles éloignées de 12^h en ascension droite, ensorte que l'une passe au méridien inférieur, quand

l'autre est au méridien supérieur, et réciproquement ; il remarquait que la déviation devait faire paraître la différence d'ascension plus grande dans une position , et plus petite dans la position contraire ; il proposait de faire évanouir cette différence par des essais qui ne pouvaient manquer d'être longs et incommodes. M. Biot appliqua mes formules au cas considéré par M. Butt, et montra qu'on pouvait directement calculer la déviation d'une manière fort exacte ; mais la formule est plus générale : elle permet, comme on vient de le voir, l'emploi de deux étoiles qui ont la même ascension droite. Considérons maintenant le cas indiqué par M. Butt, c'est-à-dire deux étoiles qui diffèrent de 180° à peu près ; car si elles différaient exactement de 180° ou de 0°, l'observation serait impossible.

45. Supposons que la seconde étoile soit au méridien inférieur quand la polaire est au méridien supérieur, et dans ce cas, la seconde étoile sera ε de la grande Ourse.

Cette supposition ne change rien aux valeurs p et p' ci-dessus ; mais la 1re observation de ε qui devait être... $0^h 46' 17'' 52$
qui par l'erreur de la pendule était... $0.46.\ 7.32$
en y ajoutant la déviation........... $-\ 17.662$

fera trouver................. $\pi = \overline{0.45.49.658}$

La seconde observation.......... $12^h 46' 17'' 52$
et par l'erreur de la pendule......... $12.45.57.52$
en y ajoutant la déviation.......... $+\ 2.606$

$$
\begin{aligned}
\text{donnera....}\ \pi' &= \overline{12.45.59.926} \\
\text{ci-dessus...}\ \pi &= \ \ 0.45.49.658 \\
\pi - \pi' - 12^h &= \overline{11.59.49.732} \\
\text{ou} &\quad -\ 10.268 \\
p - p' - 12^h &= \ \overline{+\ 7.52.13} \\
\text{Différence} &= \ \overline{+\ 7.42.398}
\end{aligned}
$$

$$
\begin{aligned}
c.2\cos \text{H}... &\quad 9.88058 \\
\sin \Delta \sin \Delta' &-\ 8.20985 \\
c.\sin (-\Delta' - \Delta) &-\ 0.24455 \\
462''398 &\quad \overline{2.66502} \\
x = 10'' ...... &\quad 1.00000.
\end{aligned}
$$

Nous retrouvons donc encore notre déviation de $10''$.

Mais supposons 8″ d'erreur pour la polaire, et 1″ pour ε, c'est-à-dire 9″ en tout

$$
\begin{array}{rl}
 & 8.33494 \\
471''398 \ldots. & 2.67339 \\ \hline
x = 10''194 \ldots. & 1.00833.
\end{array}
$$

Notre déviation sera trop forte de $\frac{1}{40}$.

En nous bornant à la polaire, nous aurions à supposer 8″ d'erreur dans les observations

$$
\begin{array}{rl}
 & 8.37481 \\
429.862 \ldots. & 2.63333 \\ \hline
x = 10''189 \ldots. & 1.00814
\end{array}
$$

Il semble donc qu'une seconde étoile ôte plutôt de la précision qu'elle n'y ajoute.

On voit ce qu'on aurait à faire si c'était p qui fût un passage inférieur, Δ et sin Δ changeraient de signe, et du reste le calcul serait absolument le même.

46. Pour apprécier la précision relative de la méthode qui emploie une étoile, et de celle qui en emploie deux, différentions la formule (38), nous aurons

$$
\begin{aligned}
dx &= (dp - dp' - d\pi + d\pi') \cdot \frac{\sin \Delta \sin \Delta'}{2 \cos \mathrm{H} \sin (\Delta' - \Delta)} \\
&= \left(\frac{e - e'}{\sin \Delta} - \frac{\varepsilon - \varepsilon'}{\sin \Delta'} \right) \frac{\sin \Delta \sin \Delta'}{2 \cos \mathrm{H} \sin (\Delta' - \Delta)} \\
&= \frac{(e - e') \sin \Delta' - (\varepsilon - \varepsilon') \sin \Delta}{2 \cos \mathrm{H} \sin (\Delta' - \Delta)}.
\end{aligned}
$$

en comparant cette expression différentielle à celle de l'article 36, on trouve au facteur $\left(\frac{e - e'}{2 \cos \mathrm{H}} \right)$ le facteur $\frac{\sin \Delta'}{\sin (\Delta' - \Delta)}$ au lieu du facteur $\frac{1}{\cos \Delta}$; au facteur $\left(\frac{\varepsilon - \varepsilon'}{2 \cos \mathrm{H}} \right)$ le facteur $\left(\frac{\sin \Delta}{\sin (\Delta' - \Delta)} \right)$, au lieu de $\frac{1}{\cos \Delta'}$.

En réduisant ainsi les erreurs possibles e et e', ε et ε' des deux étoiles à une échelle commune, on voit que l'avantage de la méthode des deux étoiles est au moins douteux; généralement les facteurs $\frac{1}{\cos \Delta} = $ séc. Δ diffèrent peu de l'unité. Il n'en est pas toujours de même de $\frac{\sin \Delta'}{\sin (\Delta' - \Delta)}$:

au lieu que $\frac{\frac{1}{2}\,dR\,\sin\Delta}{2\cos\Delta\cos H}$ est toujours un terme fort petit. Ainsi généralement il paraît qu'une seule étoile est préférable à deux ; le procédé est
au moins plus commode.

Il n'est pas si aisé qu'on le penserait, d'observer les deux passages de
deux étoiles dans la même nuit ; il faut pour cela des étoiles brillantes
et des nuits de 13 heures, et dans ces nuits mêmes, on ne peut observer que les étoiles qui passent vers six heures du soir et six heures
du matin, ce qui restreint considérablement le nombre de celles qu'on
peut employer à cet usage. Je double ce nombre en me servant des
étoiles qui sont en conjonction, comme de celles qui sont en opposition
entre elles, et cependant il n'est pas encore considérable.

47. Puisqu'il n'y a nul avantage à combiner ainsi deux étoiles, on fera
bien de se borner à une seule, et surtout à la polaire, et puis à δ, β, γ
de la petite Ourse, et γ de Céphée ; on n'aura rien à craindre de l'irrégularité de la pendule ; on saisira toutes les occasions d'observer ces
étoiles jusqu'à ce qu'on soit parvenu à placer la lunette dans le méridien ; mais ensuite dans l'usage ordinaire, quand on aura un bon catalogue
d'étoiles, et pour ramener la lunette si elle venait à dévier, on observerait un certain nombre d'étoiles voisines du zénit, dont chacune donnerait une équation $P - p = nx$, on prendrait la somme $A = Nx$ de toutes
ces équations ; on observerait un nombre à peu près égal d'étoiles peu
élevées sur l'horizon ; on ferait la somme $A' = N'x$ des équations qu'elles
fourniraient ; on aurait $x = \dfrac{A - A'}{N - N'}$.

On corrigerait tous les passages observés, en ajoutant à chacun d'eux
son équation nx ; les passages ainsi corrigés doivent s'accorder avec les
passages calculés, si le catalogue est excellent et les observations de
même. Si les différences sont nulles, c'est que la pendule suivra le tems
sidéral ; si les différences sont à peu près égales pour les différentes
étoiles, elles donneront la correction de la pendule ; si l'accord n'est pas
parfait, ce sera une preuve que les observations et le catalogue ont de petites
erreurs que l'on corrigera par la comparaison avec les étoiles les plus sûres.
C'est la méthode que j'ai constamment suivie.

De l'équation 35 il suit que les erreurs $(p - p')$ de différentes étoiles
circompolaires sont entre elles comme les cotangentes des distances polaires. Si les étoiles observées ne satisfont pas au théorème, il s'ensuivra
qu'il se trouve quelque erreur, soit dans les observations, soit dans la

pendule. M. Cagnoli croit, comme moi, que l'on connaît toujours assez bien la marche de la pendule; l'erreur viendra donc des observations; mais on aura rarement plusieurs observations de ce genre à comparer.

48. Si la lunette est bien dans le méridien dans les deux points opposés H et O de l'horizon (fig. 143), mais que l'axe de rotation soit incliné, la lunette, au lieu de décrire le méridien HZPO, décrira le grand cercle HVO, l'astre A, à son passage par la lunette, aura un angle horaire ZPA. Or

$$\sin PA : \sin O :: \sin OA : \sin P = \frac{\sin O \, \sin OA}{\sin PA} = \frac{\sin ZV \, \sin OA}{\sin PA};$$

ZV étant perpendiculaire au méridien.

Ou

$$P = \frac{y \cos ZA}{\sin PA} = \frac{y \cos(\Delta - 90° + H)}{\sin \Delta}$$

$$= \frac{y \sin(\Delta + H)}{\sin \Delta} = \frac{y (\sin \Delta \cos H + \cos \Delta \sin H)}{\sin \Delta} = y(\cos H + \sin H \cot \Delta) = my;$$

quantité additive au passage pour avoir le passage vrai, quand la lunette incline vers l'orient.

49. Deux étoiles donneraient encore l'inclinaison y, au moyen d'une table des valeurs de m, et j'ai donné cette table, avec des exemples, dans la Connaissance des Tems de 1792; mais je pense qu'il vaut mieux corriger y au moyen du niveau, qu'il faut toujours consulter avant de faire une observation. Mais si l'on a négligé cette précaution, et qu'après l'observation on s'aperçoive que le niveau n'est pas exact, il faut alors voir de combien de parties il est en erreur, et combien de secondes valent les parties du niveau. Pour cela, rétablissez le niveau en tournant la vis verticale qui sert à rendre l'axe de rotation horizontal; notez le mouvement m donné à la vis. Choisissez une étoile qui passe au zénit; observez-la aux deux premiers fils avec l'axe bien horizontal; dérangez l'horizontalité en faisant pencher la lunette vers l'occident; observez aussitôt après le passage aux deux derniers fils.

Le passage au fil du milieu conclu des deux premiers fils (25), sera le passage vrai au méridien.

Le passage conclu des deux derniers fils, sera le passage retardé par l'effet de l'inclinaison donnée à l'axe.

La différence entre les deux passages divisée par le nombre de parties dont vous aurez fait varier le niveau, sera le rapport des secondes à ces parties. Ce nombre de secondes, multiplié par $15 \sin \Delta$, sera l'arc de grand cercle qui mesure l'inclinaison donnée à la lunette.

Soient P et P′ les deux passages, n le nombre des parties dont le niveau aura varié entre les deux passages, $\dfrac{15(\mathrm{P}-\mathrm{P}')\sin \Delta}{n}$ sera la valeur d'une partie du niveau en secondes du grand cercle.

Soit $d\mathrm{V}$ le mouvement donné à la vis verticale, pour produire la variation n, exprimé en parties du cadran, $\dfrac{15(\mathrm{P}-\mathrm{P}')\sin \Delta}{d\mathrm{V}}$ sera la valeur d'une partie de la vis en secondes, et $\dfrac{m}{d\mathrm{V}} . 15(\mathrm{P}-\mathrm{P}')\sin \Delta = y =$ inclinaison cherchée.

J'avais déterminé de cette manière les parties de la vis verticale de ma lunette méridienne, et j'avais trouvé que ces parties, ainsi que celles de la vis horizontale, qui sert à ramener la lunette dans le méridien, étaient égales, et qu'une partie du cadran valait $0'',5$ de tems à fort peu près, et qu'on pouvait, par estime, obtenir les dixièmes de seconde.

50. Enfin, en supposant x et $y = 0$, l'axe optique de la lunette pourrait avoir une inclinaison sur l'axe de rotation, et la lunette, au lieu de décrire le méridien (fig. 144), décrirait le petit cercle OAVR parallèle au méridien. L'angle horaire, à l'instant de l'observation en A, serait APZ et $\sin \mathrm{APZ} = \dfrac{\mathrm{BA}}{\sin \mathrm{PA}} = \dfrac{z}{\sin \Delta}$, z étant le petit angle d'inclinaison ZV, et cette quantité serait encore additive au passage observé. Deux étoiles différentes donneraient $dp = \dfrac{z}{\sin \Delta}$ et $dp' = \dfrac{z}{\sin \Delta'}$

$$dp - dp' = z\left(\frac{1}{\sin \Delta} - \frac{1}{\sin \Delta'}\right) = z\left(\frac{\sin \Delta' - \sin \Delta}{\sin \Delta \sin \Delta'}\right)$$
$$= \frac{2z \sin \tfrac{1}{2}(\Delta' - \Delta)\cos \tfrac{1}{2}(\Delta' + \Delta)}{\sin \Delta \sin \Delta'}.$$

51. En réunissant toutes ces corrections partielles, la correction entière du passage pour une lunette, qui aurait à la fois ces trois sources d'erreur, serait sensiblement

$$dp = \frac{z}{\sin \Delta} + x \sin \mathrm{H} - x \cos \mathrm{H} \cot \Delta + y \cos \mathrm{H} + y \sin \mathrm{H} \cot \Delta;$$

ou

$$dp \sin \Delta = z + x \sin \mathrm{H} \sin \Delta - x \cos \mathrm{H} \cos \Delta + y \cos \mathrm{H} \sin \Delta + y \sin \mathrm{H} \cos \Delta$$

ou

$$a = z - x \cos(H + \Delta) + y \sin(H + \Delta).$$

52. Cette formule nous donne les moyens de déterminer x, y et z tout à la fois, par l'observation de trois étoiles connues, et qui nous fourniront les trois équations

$$a = z - x \cos(H + \Delta) + y \sin(H + \Delta)$$
$$b = z - x \cos(H + \Delta') + y \sin(H + \Delta')$$
$$c = z - x \cos(H + \Delta'') + y \sin(H + \Delta'')$$

$$a - b = x\left[\cos(H + \Delta') - \cos(H + \Delta)\right] + y\left[\sin(H + \Delta) - \sin(H + \Delta')\right]$$
$$a - c = x\left[\cos(H + \Delta'') - \cos(H + \Delta)\right] + y\left[\sin(H + \Delta) - \sin(H + \Delta'')\right]$$

$$\frac{a - b}{\sin(H + \Delta) - \sin(H + \Delta')} = x\left(\frac{\cos(H + \Delta') - \cos(H + \Delta)}{\sin(H + \Delta) - \sin(H + \Delta')}\right) + y$$

$$\frac{a - c}{\sin(H + \Delta) - \sin(H + \Delta'')} = x\left(\frac{\cos(H + \Delta'') - \cos(H + \Delta)}{\sin(H + \Delta) - \sin(H + \Delta'')}\right) + y$$

$$\frac{a - b}{2\sin\tfrac{1}{2}(\Delta - \Delta')\cos\left(H + \dfrac{\Delta + \Delta'}{2}\right)} = x\,\text{tang}\left(H + \dfrac{\Delta + \Delta'}{2}\right) + y$$

$$\frac{a - c}{2\sin\tfrac{1}{2}(\Delta - \Delta'')\cos\left(H + \dfrac{\Delta + \Delta''}{2}\right)} = x\,\text{tang}\left(H + \dfrac{\Delta + \Delta''}{2}\right) + y$$

d'où rétablissant pour a, b, c leurs valeurs,

$$x = \frac{(dp\sin\Delta - dp'\sin\Delta')\cos\left(H + \dfrac{\Delta + \Delta''}{2}\right)}{2\sin\tfrac{1}{2}(\Delta - \Delta')\sin\tfrac{1}{2}(\Delta' - \Delta'')} - \frac{(dp\sin\Delta - dp''\sin\Delta'')\cos\left(H + \dfrac{\Delta + \Delta'}{2}\right)}{2\sin\tfrac{1}{2}(\Delta - \Delta'')\sin\tfrac{1}{2}(\Delta' - \Delta'')}$$

et par des calculs semblables

$$y = \frac{(dp\sin\Delta - dp'\sin\Delta')\sin\left(H + \dfrac{\Delta + \Delta''}{2}\right)}{2\sin\tfrac{1}{2}(\Delta - \Delta')\sin\tfrac{1}{2}(\Delta' - \Delta'')} + \frac{(dp\sin\Delta - dp''\sin\Delta'')\sin\left(H + \dfrac{\Delta + \Delta'}{2}\right)}{2\sin\tfrac{1}{2}(\Delta - \Delta'')\sin\tfrac{1}{2}(\Delta' - \Delta'')}.$$

Connaissant ainsi x et y, nous pourrions les éliminer des équations primitives, et trouver la valeur analytique de z; mais il sera plus court de mettre la valeur numérique de x et de y dans ces équations, pour avoir la valeur numérique de z.

Il suffit donc de connaître les distances Δ, Δ' et Δ'', et les corrections dp, dp' et dp'', qu'on doit faire aux passages observés.

53. Pour les Δ, rien de plus aisé, d'autant qu'il n'est pas besoin de les

connaître avec une grande précision. Pour les *dp*, il faut les connaître avec une précision extrême, et la chose n'est pas aisée. Le seul moyen est celui qu'on appelle des hauteurs correspondantes. Voici en quoi il consiste. Nous avons (IV. 12) conclu le midi de la pendule, ou le passage du soleil au méridien, par les ombres égales, qui sont les tangentes de distances égales au zénit ; en imitation de ce procédé, observez les instans de la pendule où une étoile sera arrivée à N, N', N", etc. degrés de distance au zénit dans la partie orientale du ciel ; observez de même les instans de la pendule auxquelles la même étoile sera revenue aux mêmes distances zénitales dans la partie occidentale du ciel. Ajoutez deux à deux les instans de distance N, etc. , et en général les instans de deux distances égales ; prenez les demi sommes, vous aurez autant de fois le passage au méridien que vous aurez de distances égales deux à deux. Prenez le milieu entre toutes ces déterminations qui doivent s'accorder à la seconde ; vous connaîtrez le tems T du passage au méridien, vous aurez le tems *t* de l'observation à la lunette ; T—*t*=*dp* sera la correction du passage observé : faites la même chose pour vos trois étoiles, vous aurez x, y et z par les formules précédentes.

54. Cette méthode est sujette à de grands inconvéniens. D'abord , elle est très-pénible , et les nuages la feront souvent manquer ; ensuite, vous ne pourrez guère répondre de o″,5 dans les passages vrais , et o″,5 peuvent produire des erreurs de plusieurs secondes dans les quantités x, y et z. Il est plus simple de s'assurer que la lunette n'a aucune inclinaison , ni y, ni z. Nous en avons donné les moyens ; mais si l'on n'avait pas eu le tems de les mettre en pratique , et qu'on eût fait quelques observations qu'on ne voulût pas perdre , il vaudrait mieux encore chercher y et z par expérience , et s'en servir pour corriger les observations.

Enfin x, y et z sont des quantités qui peuvent varier du jour au lendemain, ainsi ce serait toujours à recommencer. Il est d'ailleurs beaucoup plus facile de rectifier son instrument et de recommencer les observations , que de les corriger ainsi.

55. Supposons que $z=0$, c'est-à-dire, que l'axe optique soit bien rectifié , les formules deviennent

$$x = \frac{dp \sin \Delta \, \sin(H + \Delta') - dp' \sin \Delta' \sin(H + \Delta)}{\sin(\Delta - \Delta')}$$

$$y = \frac{dp \sin \Delta \, \cos(H + \Delta') - dp' \sin \Delta' \cos(H + \Delta)}{\sin(\Delta - \Delta')}$$

équations plus simples données par M. Cagnoli (*Société Italienne* , tome IX, pag. 33). Elles ont le même inconvénient que les précédentes, puisque les dp ne peuvent se déterminer que par les hauteurs correspondantes.

56. Dans l'équation primitive $a = -x \cos (H + \Delta) + y \sin (H + \Delta)$, supposons $a = 0$, ce qui est toujours possible, car la lunette, quand $z = 0$, traverse toujours le méridien en un point. Nous aurons

$$x \cos(H + \Delta) = y \sin(H + \Delta) \quad \text{et} \quad \frac{x}{y} = \tang(H + \Delta)$$

Δ sera la distance polaire du point où la lunette traverse le méridien, soit Δ''' cette distance particulière. L'équation

$$\frac{x}{y} = \tang(H + \Delta''') = \frac{\tang H + \tang \Delta'''}{1 - \tang H \tang \Delta'''}$$

$$\frac{x}{y} - \frac{x}{y} \tang H \tang \Delta''' = \tang H + \tang \Delta'''$$

$$\tang \Delta''' + \frac{x}{y} \tang H \tang \Delta''' = \frac{x}{y} - \tang H$$

$$\tang \Delta''' = \frac{\frac{x}{y} - \tang H}{1 + \frac{x}{y} \tang H} = \frac{x - y \tang H}{y + x \tang H}$$

Mettez pour x et y leurs valeurs données ci-dessus , vous aurez

$$\tang \Delta''' = \frac{dp \sin \Delta \sin \Delta' - dp' \sin \Delta \sin \Delta'}{dp \sin \Delta \cos \Delta' - dp' \cos \Delta \sin \Delta'} = \frac{dp - dp'}{dp \cot \Delta' - dp' \cot \Delta}$$

formule d'où il est impossible d'éliminer dp et dp'.

Si nous pouvions connaître Δ''', nous aurions $(H + \Delta''')$, nous connaîtrions au moins le rapport $\frac{x}{y} = \tang (H + \Delta''')$.

57. Soit u (fig. 145) le point où la lunette traverse le méridien, $Pu = \Delta'''$.
$Hu = 90° + Zu = 90° + PZ - Pu = 90° + 90° - H - \Delta''' = 180° - (H + \Delta''') = uO$
sans erreur sensible,

$$HO = x = u \sin uO = u \sin (H + \Delta''')$$

Abaissez Zb perpendiculaire sur uO

$$Zb = y = \text{inclinaison de la lunette} = u \sin Zu = u \sin (90° - H - \Delta''')$$
$$= u \cos (H + \Delta'''); \quad \frac{x}{y} = \frac{u \sin (H + \Delta''')}{u \cos (H + \Delta''')}$$

$$dp = APA' = \frac{AA'}{\sin \Delta} = \frac{u \sin uA}{\sin \Delta} = \frac{u \sin uA'}{\sin \Delta} = \frac{u \sin (PA' - Pu)}{\sin \Delta} = \frac{u \sin (\Delta - \Delta''')}{\sin \Delta}$$

et

$$dp' = \frac{u \sin (\Delta' - \Delta''')}{\sin \Delta'}$$

par conséquent

$$u = \frac{dp \sin \Delta}{\sin (\Delta - \Delta''')} = \frac{dp' \sin \Delta'}{\sin (\Delta' - \Delta''')}$$

Ainsi

$$x = \frac{dp \sin \Delta \, \sin (H + \Delta''')}{\sin (\Delta - \Delta''')} = \frac{dp' \sin \Delta' \, \sin (H + \Delta''')}{\sin (\Delta' - \Delta''')}$$

$$y = \frac{dp \sin \Delta \, \cos (H + \Delta''')}{\sin (\Delta - \Delta''')} = \frac{dp' \sin \Delta' \, \cos (H + \Delta''')}{\sin (\Delta' - \Delta''')}$$

58. Supposons $\Delta''' = 0$, c'est-à-dire, que la lunette traverse le méridien au pôle même

$$x = dp \sin H, \, y = dp' \cos H; \quad \frac{x}{y} = \frac{dp}{dp'} \cdot \frac{\sin H}{\cos H} = \frac{dp}{dp'} \, \text{tang} \, H = \text{tang} \, H;$$

donc
$$dp = dp';$$

ce qui est d'ailleurs évident, puisque la lunette décrit un cercle horaire. Dans ce cas, elle donnera les différences de passages exactes, quoiqu'elle soit hors du méridien; mais elle ne donnera pas le tems sidéral, ainsi que l'ont supposé long-tems les Astronomes; elle le leur donnera avec une erreur dp, qui sera la même pour toutes les étoiles.

59. Ainsi de ce qu'une lunette donnerait exactement les différences de passages de toutes les étoiles, il ne s'ensuit nullement qu'elle soit dans le méridien; il s'ensuit seulement que

$$\frac{x}{y} = \text{tang} \, H = \frac{\sin H}{\cos H}$$

ou que
$$x : y :: \sin H : \cos H.$$

Il n'est pas même nécessaire que le rapport soit exact; il suffit qu'il soit approché pour que les différences de passages soient sensiblement les mêmes que celles d'un bon catalogue.

60. On ne peut donc, sans connaître d'ailleurs les dp, corriger à la fois les x et les y ; mais supposez $y = 0$, vous pouvez déterminer x et z par deux étoiles ; ajoutez une troisième étoile, vous pourrez déterminer x, z et dh correction de l'horloge ; supposez $x = 0$, vous pourrez déterminer y, z et h.

Le plus utile des problèmes de ce genre, est celui où l'on se propose de déterminer l'erreur de la pendule et la déviation horizontale x

61. $$z = \frac{[(P - p) - (P' - p)] \sin \Delta \sin \Delta'}{2 \sin \tfrac{1}{2}(\Delta' - \Delta) \cos \tfrac{1}{2}(\Delta' + \Delta)}$$

Après quoi

$$dh = (P - p) - \frac{z}{\sin \Delta} = (P' - p) - \frac{z}{\sin \Delta'}$$

Ce cas est encore fort simple, mais peu utile. Il est difficile de mettre dans le méridien une lunette dont l'axe optique aurait une inclinaison inconnue, mais cette inclinaison pourrait survenir sans déviation.

Il n'y a d'usuel jusqu'ici que les formules des articles (32 et 33) qui servent à rectifier l'horloge et la déviation. Il ne faut pas commencer d'observations sans avoir rectifié l'horizontalité de l'axe, ce qui est l'affaire d'un instant; alors on peut déterminer l'erreur de la pendule et corriger les passages. J'ai fait un usage continuel de ces formules, que j'avais données dans la Connaissance des Tems de 1792.

62. Supposez $y = 0$

$$m = (P - p) = h - x \cos H \cot \Delta + x \sin H + \frac{z}{\sin \Delta}$$

$$m' = (P' - p') = h - x \cos H \cot \Delta' + x \sin H + \frac{z}{\sin \Delta'}$$

$$m'' = (P'' - p'') = h - x \cos H \cot \Delta'' + x \sin H + \frac{z}{\sin \Delta''}$$

$$m - m' = x \cos H (\cot \Delta' - \cot \Delta) + \frac{z}{\sin \Delta} - \frac{z}{\sin \Delta'}$$

$$= \frac{x \cos H \sin (\Delta - \Delta')}{\sin \Delta \sin \Delta'} + \frac{z (\sin \Delta' - \sin \Delta)}{\sin \Delta \sin \Delta'}$$

$$(m - m') \sin \Delta \sin \Delta' = x \cos H \sin (\Delta - \Delta') - 2z \sin \tfrac{1}{2}(\Delta - \Delta') \cos \tfrac{1}{2}(\Delta + \Delta')$$

$$(m - m'') \sin \Delta \sin \Delta'' = x \cos H \sin (\Delta - \Delta'') - 2z \sin \tfrac{1}{2}(\Delta - \Delta'') \cos \tfrac{1}{2}(\Delta + \Delta'')$$

$$\frac{(m-m')\sin\Delta\sin\Delta'}{2\sin\frac{1}{2}(\Delta-\Delta')\cos\frac{1}{2}(\Delta+\Delta')}=\frac{x\cos H\sin(\Delta-\Delta')}{2\sin\frac{1}{2}(\Delta-\Delta')\cos\frac{1}{2}(\Delta+\Delta')}-z$$

$$\frac{(m-m'')\sin\Delta\sin\Delta''}{2\sin\frac{1}{2}(\Delta-\Delta'')\cos\frac{1}{2}(\Delta+\Delta'')}=\frac{x\cos H\sin(\Delta-\Delta'')}{2\sin\frac{1}{2}(\Delta-\Delta'')\cos\frac{1}{2}(\Delta+\Delta'')}-z$$

$$\frac{(m-m')\sin\Delta\sin\Delta'}{2\sin\frac{1}{2}(\Delta-\Delta')\cos\frac{1}{2}(\Delta+\Delta')}=\frac{x\cos H\cos\frac{1}{2}(\Delta-\Delta')}{\cos\frac{1}{2}(\Delta+\Delta')}-z$$

$$\frac{(m-m'')\sin\Delta\sin\Delta''}{2\sin\frac{1}{2}(\Delta-\Delta'')\cos\frac{1}{2}(\Delta+\Delta'')}=\frac{x\cos H\cos\frac{1}{2}(\Delta-\Delta'')}{\cos\frac{1}{2}(\Delta+\Delta'')}-z$$

De cette formule, on tire aisément

$$x=\frac{\left(\dfrac{(m-m')\sin\Delta\sin\Delta'}{2\sin\frac{1}{2}(\Delta-\Delta')\cos\frac{1}{2}(\Delta+\Delta')}-\dfrac{(m-m'')\sin\Delta\sin\Delta''}{2\sin\frac{1}{2}(\Delta-\Delta'')\cos\frac{1}{2}(\Delta+\Delta'')}\right)}{\cos H\left(\dfrac{\cos\frac{1}{2}(\Delta-\Delta')}{\cos\frac{1}{2}(\Delta+\Delta')}-\dfrac{\cos\frac{1}{2}(\Delta-\Delta'')}{\cos\frac{1}{2}(\Delta+\Delta'')}\right)}$$

x connue, on en déduira z par l'une des deux équations où z est
dégagée, et ensuite h par l'une des trois formules primitives : cette solution est encore plus curieuse qu'utile.

63. Dans le cas de $x=0$, on aurait par des procédés semblables,

$$-y=\frac{\left(\dfrac{(m-m')\sin\Delta\sin\Delta'}{2\sin\frac{1}{2}(\Delta-\Delta')\cos\frac{1}{2}(\Delta+\Delta')}-\dfrac{(m-m'')\sin\Delta\sin\Delta''}{2\sin\frac{1}{2}(\Delta-\Delta'')\cos\frac{1}{2}(\Delta+\Delta'')}\right)}{\sin H\left(\dfrac{\cos\frac{1}{2}(\Delta-\Delta')}{\cos\frac{1}{2}(\Delta+\Delta')}-\dfrac{\cos\frac{1}{2}(\Delta-\Delta'')}{\cos\frac{1}{2}(\Delta+\Delta'')}\right)};$$

cette solution est encore moins utile que la précédente.

M. de Monteiro et M. Oriani ont donné des formules pour le cas
où l'on cherche à la fois x, y et z, quand on connaît d'ailleurs la marche
de la pendule et son avance ou son retard : leurs formules sont élégantes, quoique moins commodes que celles que j'ai données ci-dessus.
J'ai démontré celles de M. Oriani, dans la Connaissance des Tems
de 1810, page 388 et suiv.

64. Nous sommes entrés dans ces détails pour ne plus revenir sur
ce sujet. J'en ai donné davantage dans la Connaissance des Tems de
1810. Ce qui nous suffit pour le moment, c'est de savoir trouver la
correction des passages quand la lunette a une déviation inconnue.
Tout ce qu'elle suppose, c'est que l'on connaisse exactement la différence du passage de deux étoiles, qui diffèrent considérablement en

déclinaison ; et pour avoir cette différence, il a fallu l'observer exactement à une lunette qui n'avait aucune déviation ; mais la lunette ne reste pas toujours dans cette situation , elle peut s'en déranger dans une nuit , pendant un long cours d'observations; et voilà pourquoi je donne ici une méthode qui m'a été extrêmement utile , quand je vérifiais les catalogues de Flamsteed, Bradley, Mayer et Lacaille. Retournons à notre sujet, c'est-à-dire, à la manière de former ces catalogues.

65. Quand l'intervalle des fils de la lunette est de 36″ à l'équateur ; comme dans la lunette de Greenwich, avec un peu d'habitude, et en mettant d'avance la lunette à la hauteur de l'étoile , on peut observer le passage à la lunette et la distance au quart de cercle ; le pis-aller est de manquer le passage du milieu : mais quand l'intervalle des fils n'est que de 17″, comme dans la lunette de l'Observatoire impérial il faut être deux , ou l'on observe un jour le passage et le lendemain la distance.

66. Nous savons déjà que le passage des étoiles avance de 4′ chaque jour sur celui du soleil ; ainsi, dans une année, toutes les étoiles passeront successivement à la même heure du jour ou de la nuit ; mais en observant deux heures chaque jour au commencement et à la fin de la nuit, en quelques mois on pourrait achever le catalogue de trois ou quatre cents étoiles les plus remarquables , ce qui serait plus que suffisant pour commencer.

67. Je suppose que l'observateur ait observé d'abord une belle étoile de deuxième grandeur , qui est à l'angle d'un grand carré dont les deux étoiles les plus belles sont de 14° au-dessus de l'équateur, et les deux supérieures de 27°. Ce carré s'appelle le Carré de Pégase.

68. Que l'horloge ait marqué $0^h. 0'. 0''$ au passage de la dernière étoile (*algenib* ou γ de Pégase) ; si l'horloge a marqué quelque chose de plus , on prendra cet excès pour l'avance de la pendule, et le tems sidéral commencera du passage de cette étoile au méridien ; nous verrons bientôt plus loin, que si nous commençons par cette étoile, c'est seulement pour plus de simplicité dans quelques calculs ; mais le choix était absolument arbitraire et presque indifférent.

C'est à cette étoile que l'on comparera toutes les autres. Tous les jours la pendule devrait marquer $0'0'0''$ quand cette étoile sera sous le fil du milieu

milieu de la lunette ; la différence, s'il y en a, sera la correction de la pendule, et cette correction pourra varier, d'un jour à l'autre, d'une petite quantité dont on tiendra compte.

69. Ainsi je suppose qu'au passage d'*Algenib*, l'horloge marque 1′ 25″, et le lendemain, 1′27″,4 ; on dira que le premier jour la pendule était en avance de 1′25″, le lendemain, de 1′ 27″,4 ; que la correction de la pendule est d'abord — 1′.25″, et augmente de 2″,4 en 24^h, ou de 0″,1 chaque heure.

On saura donc facilement, pour chaque instant de la nuit, la correction de la pendule ; on appliquera cette correction à toutes les étoiles observées pour avoir tous les passages en tems sidéral compté depuis *Algenib* à une pendule qui suivrait exactement le tems sidéral.

70. Plusieurs circonstances, et entre autres l'éclat du jour, peuvent empêcher l'observation d'*Algenib*. On remarquera qu'environ deux heures après, on voit passer une autre étoile aussi belle, mais plus haute (*α* du Bélier), et trois heures après, une autre étoile plus belle (*α* de la Baleine). On s'attachera à bien connoître l'heure du passage de ces deux étoiles qu'on emploiera, au défaut d'*Algenib*, à déterminer la correction de la pendule ; ainsi de proche en proche, on aura une trentaine de belles étoiles, dont on connaîtra plus exactement les positions, pour qu'elles puissent se suppléer les unes les autres, et l'on aura ainsi, en tout tems, des moyens pour avoir avec précision le tems sidéral, et par conséquent, les différences de passages entre les étoiles observées, et l'heure sidérale que la pendule doit marquer, quand chacune de ces étoiles est au méridien.

71. Vous ferez le même jour, ou au jour le plus prochain, l'observation de la distance au zénit ; vous la corrigerez de la réfraction. Cette distance au zénit corrigée, étant nommée N, et la hauteur du pôle H, vous aurez la distance polaire $\Delta = 90° — H \pm N$: le signe — si l'étoile passe entre le zénit et le pôle, et le signe + si elle passe au midi du zénit : si elle passe au-dessous du pôle $\Delta = N — (90° — H)$.

Le tems du passage multiplié par 15, vous donnera l'ascension droite en degrés, minutes et secondes.

72. Ce catalogue est le vrai fondement de l'Astronomie. Nous pourrons par la suite découvrir quelques corrections légères, dont il aura

besoin ; mais si nous conservons la date des observations, nous serons
toujours en état de les corriger. Si nous n'avons pas encore un bon catalogue , nous en aurons du moins tous les matériaux.

73. Si l'on recommençait ce travail quelques années après, on trouverait quelques changemens dans les ascensions droites et les distances
polaires; mais comme ces changemens sont très-lents, on comparera
les observations qu'on aura faites, à celles de quelque Astronome plus
ancien , qui aura publié des observations avec leur date.

74. On prendra , par exemple, pour terme de comparaison, les observations consignées par La Caille dans le livre des Fondemens de l'Astronomie (*Astronomiæ fundamenta*. Paris , 1757).

On aura de cette manière, des observations des mêmes étoiles à cinquante ou soixante ans d'intervalle. Je suppose que l'on compare les
positions de 1750 à celles de 1800 ; la différence sera le mouvement
de l'étoile en 50 ans, et en divisant ce mouvement par 50, on aura
pour chaque étoile le mouvement annuel , soit en ascension droite, soit
en déclinaison.

75. Les petites corrections annoncées ci-dessus n'allant presque jamais
à une minute , on aura le mouvement annuel à moins de 1″; et presque
toujours bien mieux encore; et l'on cherchera si les changemens suivent
quelque loi visible et facile à reconnaître.

76. Pour donner un exemple que tout le monde puisse vérifier , j'ai
pris , dans l'ouvrage de Piazzi, les positions de 180 étoiles pour 1800 ;
je les ai comparées aux positions que La Caille leur assignait en 1750.
(*Voyez* le Catalogue ci-après, n° 90.)

Mais pour faire ce tableau , et rapporter tout à *Algenib* , ou γ de Pégase, j'ai retranché des ascensions droites de l'un et de l'autre catalogue les ascensions droites de γ Pégase; j'ai ainsi réduit à zéro l'ascension droite de cette étoile, précaution, au reste, qui n'était pas nécessaire pour obtenir les mouvemens en 50 ans.

77. On y remarque que les variations en ascension droite ne suivent
pas une loi bien évidente; elles sont assez petites et même presque nulles
pour les étoiles voisines de l'équateur , mais plus considérables pour les

étoiles voisines du pôle. Ces variations ne paraissent pas dépendre uniquement des distances au pôle, ni pour la quantité, ni pour le signe.
Laissons donc pour le moment les variations en ascension droite.

78. Au contraire, les variations de distance polaire suivent une loi
très-uniforme et très-régulière. La plus forte de ces variations est celle
d'*Algenib*; elle est de 20″, et une petite fraction pour chaque année;
elles vont ensuite en diminuant progressivement, et deviennent zéro
pour les étoiles qui passent 6^h après *Algenib*, ou qui sont plus avancées
de 90° en ascension droite. Ces différences étaient d'abord négatives;
elles deviennent positives jusqu'à 90° plus loin, ou jusqu'à 180° d'ascension droite, ou 12^h après *Algenib* : là les différences sont de nouveau de
20″ et une petite fraction.

Parvenues à ce point, qui est le *maximum*, elles diminuent jusqu'à 18^h
ou 270° d'ascension droite, alors, changeant de signe une seconde fois,
elles redeviennent négatives jusqu'à 24^h ou 360°, c'est-à-dire jusqu'au point
de départ.

79. Cette marche est d'une uniformité si frappante, qu'il n'est pas
possible d'en méconnaître la loi. On voit tout d'abord qu'une formule très-simple renfermera tout : le *maximum* est 20″06 à fort peu
près; les variations sont celles d'un cosinus, et la formule du mouvement annuel vers le pôle boréal, sera 20″06 cos Æ. Ce symbole désigne
l'ascension d'un astre, ou le tems sidéral de son passage converti en
arc. Ces ascensions sont les distances à *Algenib*, comptées sur l'équateur.

Calculez pour chaque étoile sa variation annuelle d'après cette formule, et vous serez étonné de la précision avec laquelle les observations seront représentées.

Essayez la même comparaison sur les catalogues plus anciens depuis
Tycho jusqu'à Piazzi, en les combinant comme vous voudrez : toujours
vous trouverez à très-peu-près — 20″ cos Æ.

80. Nous avons dit que la loi des variations en ascension droite est
plus compliquée que celle des variations des distances polaires, et cela
est vrai; mais avec un peu d'attention, on découvre assez facilement cette
loi. 1°. Pour les étoiles boréales la variation est positive dans les douze
premières heures, ou dans la première moitié de l'équateur; négative
dans les douze heures suivantes, ou dans la seconde moitié de l'équateur;
la loi dépend donc du sinus de l'ascension droite.

2°. Pour les étoiles australes, c'est précisément le contraire; la loi dépend donc aussi de la distance polaire, mais elle ne dépend pas du sinus de cette distance, puisque la distance n'étant jamais de 180°, les sinus seraient toujours positifs; elle dépend donc des cosinus, de la tangente ou de la cotangente.

3°. Les variations sont considérablement plus fortes quand les distances au pôle sont petites; elles dépendent donc de la cotangente plutôt que de la tangente; mais le cosinus donnerait aussi des variations plus fortes dans le voisinage du pôle; l'incertitude est donc seulement si la loi dépend de la cotangente ou du cosinus.

Mais pour le cosinus les accroissemens seraient lents dans le voisinage du pôle, et rapides vers l'équateur; c'est tout le contraire selon les observations.

Ainsi la formule ne peut être que $C \sin Æ \tang \Delta$, s'il y a une formule qui puisse représenter toutes ces variations d'ascension droite, C est un coefficient qu'il s'agit de déterminer.

81. Nous avons 180 de ces variations tirées des observations de La Caille et de Piazzi, divisons-les chacune par $\sin Æ \cotang \Delta$, en prenant pour chaque étoile son ascension droite et sa distance au pôle, nous aurons 180 fois la constante cherchée. Mais quand les variations sont petites, le résultat ne peut être que fort incertain. Choisissons donc de préférence les variations les plus fortes, et excluons toutes celles pour lesquelles le produit $\sin Æ \tang \Delta$ est moindre que l'unité; il nous reste encore un fort grand nombre de valeurs de la constante.

Toutes ces valeurs sont de $20''$, plus une petite fraction, comme pour les distances polaires; cet accord ne laisse plus aucun doute sur notre formule.

Ainsi la variation annuelle pour la distance polaire sera $-20'',06 \cos Æ$; et le mouvement rapporté à l'équateur ou la variation d'ascension droite $+20'',06 \sin Æ \cot \Delta$; par ce moyen nous pourrons avoir le mouvement diurne.

$$-0'',055 \cos Æ = \frac{-20'',06 \cos Æ}{365} \quad \text{et} + 0'',055 \sin Æ \cot \Delta = \frac{20'',06 \sin Æ \cot \Delta}{365};$$

ou en tems $+0'',003667 \sin Æ \cot \Delta$. Ainsi au bout de cent jours l'étoile doit arriver environ $\frac{1}{3}$ de seconde plus tard au méridien.

La formule pour les variations en ascension droite représente les observations avec une précision peut-être plus étonnante encore que celle des distances polaires, si l'on considère qu'elle dépend de deux argumens, et que les inégalités y sont plus considérables.

82. Remarquez que la variation changera de signe avec le sinus de $\mathcal{R}$ quand $\mathcal{R}$ passera 180°, et avec la cotangente de Δ quand Δ passera 90°; si les deux changemens ont lieu à la fois, le signe n'éprouvera point de changement. Cette remarque explique tout ce qu'on observe réellement.

83. Avec ces formules nous pourrons connaître les changemens qui doivent s'opérer dans la position des étoiles : nous pouvons réduire toutes nos observations à une même époque. Supposons que j'observe une étoile cent jours après le 1er janvier; je dirai cent jours plutôt l'étoile serait arrivée au méridien o',3667 sin $\mathcal{R}$ cot Δ plutôt; je retrancherai cette quantité du tems du passage observé : la distance au pôle aurait été plus forte de 5",5 cos $\mathcal{R}$, j'ajouterai donc 5",5 cos $\mathcal{R}$ à la distance observée.

84. Voilà donc un fait bien important, constaté sans beaucoup de peine; la moitié des étoiles se rapproche du pôle nord, et l'autre moitié s'en éloigne. Voilà bien des mouvemens différens en quantité et en direction; n'aurions-nous pas une manière simple d'expliquer tout cela? ne serait-ce pas le pôle qui se baissant vers une partie du ciel, s'éloignerait de la partie opposée? Un petit mouvement unique remplacerait ces milliers de mouvemens différens. Soumettons cette idée au calcul.

85. Soit P (fig. 146) la position du pôle en 1750; du point P décrivons d'un rayon arbitraire le cercle de l'équateur Aa; du pôle par l'étoile *Algenib* menons l'arc de grand cercle de 90° $=$ PA; A sera le point de l'équateur qui a o° d'ascension droite et qui passe au méridien quand l'horloge marque o^h.; B le point opposé sera celui qui passe à 12^h., ou qui a 180° d'ascension droite.

Prenons un arc Pp de 20",06, si nous voulons le mouvement annuel; nous prendrons un arc cinquante fois plus grand, ou de 1003" pour cinquante ans.

86. Soit une étoile quelconque E qui dans cette hypothèse sera demeurée immobile pendant toute l'année, ou pendant les cinquante ans, PE

et pE seront les distances de l'étoile au pôle aux deux époques,
(PE — pE) sera la variation de l'étoile en distance polaire.

87. Or le triangle PpE donne

$$\cos p\text{E} = \cos \text{P} \sin \text{PE} \sin \text{P}p + \cos \text{PE} \cos \text{P}p$$
$$= \sin \text{P}p \sin \text{PE} \cos \text{P} + \cos \text{PE} - 2 \cos \text{PE} \sin^2 \tfrac{1}{2} \text{P}p$$

$$\cos p\text{E} - \cos \text{PE} = \sin \text{P}p \sin \text{PE} \cos \text{P} - 2 \sin^2 \tfrac{1}{2} \text{P}p \cos \text{PE}.$$

$$2 \sin \tfrac{1}{2} (\text{PE} - p\text{E}) \sin \tfrac{1}{2} (\text{PE} + p\text{E}) =$$
$$2 \sin \tfrac{1}{2} x \sin (\text{PE} - \tfrac{1}{2} x) = \sin \text{P}p \sin \text{PE} \cos \text{P} - 2 \sin^2 \tfrac{1}{2} \text{P}p \cos \text{PE}$$
$$2 \sin \tfrac{1}{2} x \sin (\Delta - \tfrac{1}{2} x) = \sin \text{P}p \sin \Delta \cos Æ - 2 \sin^2 \tfrac{1}{2} \text{P}p \cos \Delta$$
$$2 \sin \tfrac{1}{2} x \cos \tfrac{1}{2} x \sin \Delta - 2\sin^2 \tfrac{1}{2} x \cos \Delta = \sin \text{P}p \sin \Delta \cos Æ - 2\sin^2 \tfrac{1}{2} \text{P}p \cos \Delta$$
$$2 \sin \tfrac{1}{2} x \cos \tfrac{1}{2} x - 2 \sin^2 \tfrac{1}{2} x \cot \Delta = \sin \text{P}p \cos Æ - 2 \sin^2 \tfrac{1}{2} \text{P}p \cot \Delta,$$

expression qu'on peut réduire en série par la formule (X. 226)

$$2 \sin \tfrac{1}{2} x \cos \tfrac{1}{2} x = \sin x = \sin \text{P}p \cos Æ - 2 \cot \Delta (\sin^2 \tfrac{1}{2} \text{P}p - \sin^2 \tfrac{1}{2} x)$$
$$= \sin \text{P}p \cos Æ - \tfrac{1}{2} \cot \Delta (\sin^2 \text{P}p - \sin^2 x),$$
$$\text{ou} - \sin d\Delta = \sin \text{P}p \cos Æ - \tfrac{1}{2} \cot \Delta (\sin^2 \text{P}p - \sin^2 \text{P}p \cos^2 Æ)$$
$$- \sin d\Delta = \sin \text{P}p \cos Æ - \tfrac{1}{2} \cot \Delta \sin^2 \text{P}p \sin^2 Æ \ldots \ldots (a);$$

négligez le terme du 2ᵉ ordre $\tfrac{1}{2} \cot \Delta \sin^2 \text{P}p \sin^2 Æ$, et mettez les arcs
au lieu des sinus, vous aurez

$$- d\Delta = x = \text{P}p \cos Æ, \quad \text{et} \quad \text{PE} - p\text{E} = \text{P}p \cos Æ; \quad p\text{E} = \text{PE} - \text{P}p \cos Æ.$$

C'est ce que nous avons trouvé par l'observation.

C'est aussi ce que donnerait directement le triangle Pup rectangle en u.
Pu = PE — pE = Pp cos Æ; mais l'équation rigoureuse $\sin x = \sin \text{P}p \cos Æ$
$- 2 \cot \Delta \sin \tfrac{1}{2} (\text{P}p + x) \sin \tfrac{1}{2} (\text{P}p - x)$ nous fait voir ce que nous négligeons. L'équation (a), plus commode, est encore très-exacte.

88. Le même triangle EPp donne encore $\sin p\text{PE} : \sin \text{P}p\text{E} :: \sin p\text{E} : \sin \text{PE}$,
ou

$$\sin Æ : \sin (Æ + dÆ) :: \sin (\Delta - x) : \sin \Delta$$
$$\frac{\sin(Æ + dÆ)}{\sin Æ} = \frac{\sin (\Delta - x)}{\sin \Delta}$$
$$\cos dÆ + \sin dÆ \cot Æ = \cos x - \sin x \cot \Delta$$

$$\sin d\mathcal{R}\,\cot\mathcal{R} = \cos x - \cos d\mathcal{R} - \sin x \cot \Delta$$
$$= 2\sin\tfrac{1}{2}(d\mathcal{R}-x)\sin\tfrac{1}{2}(d\mathcal{R}+x) - \sin x \cot \Delta$$
$$\sin d\mathcal{R} = -\sin x \cot \Delta \tan\mathcal{R} + 2\sin\tfrac{1}{2}(d\mathcal{R}-x)\sin\tfrac{1}{2}(d\mathcal{R}+x)\tan\mathcal{R}$$
$$= +\sin Pp \cos\mathcal{R}\cot\Delta\tan\mathcal{R} - 2\cot\Delta\sin\tfrac{1}{2}(Pp+x)\sin\tfrac{1}{2}(Pp-x)\cot\Delta\tan\mathcal{R}$$
$$+ 2\sin\tfrac{1}{2}(d\mathcal{R}-x)\sin\tfrac{1}{2}(d\mathcal{R}+x)\tan\mathcal{R}$$
$$= +\sin Pp \sin\mathcal{R}\cot\Delta - 2\cot^2\Delta\tan\mathcal{R}\sin\tfrac{1}{2}(Pp+x)\sin\tfrac{1}{2}(Pp-x)$$
$$+ 2\sin\tfrac{1}{2}(d\mathcal{R}-x)\sin\tfrac{1}{2}(d\mathcal{R}+x)\tan\mathcal{R}.$$
$$= +\sin Pp\sin\mathcal{R}\cot\Delta - 2\tan\mathcal{R}\left(\sin\tfrac{1}{2}(Pp+x)\sin\tfrac{1}{2}(Pp-x)\cot^2\Delta \right.$$
$$\left. - \sin(d\mathcal{R}-x)\sin\tfrac{1}{2}(d\mathcal{R}+x)\right).$$

Négligez les termes du second ordre, et mettez les arcs pour les sinus.

$$d\mathcal{R} = +Pp\sin\mathcal{R}\cot\Delta,$$

ce qui est précisément notre formule tirée de l'observation.

89. Nous venons de voir ce qui arriverait si le pôle descendait uniformément de P vers A sur l'arc de grand cercle PA ; mais supposons que le pôle au lieu de décrire Pp, arc de grand cercle, décrive en effet l'arc du petit cercle Pq autour d'un centre C ; cet arc se confondra sensiblement avec Pp, puisque Pp n'est que de 17′ en cinquante ans.

Des points P et C (fig. 147) menons les arcs PA et CA de 90° chacun, le point A sera le pôle de PC. Soit pareillement A′ le pôle de l'arc Cq.

Le pôle du monde P étant arrivé au point q, paraîtra se diriger vers le point A′, comme il paraissait se diriger vers le point A lorsqu'il était en P ; et comme nous comptons les ascensions droites du point vers lequel se dirige le pôle, nos ascensions droites se compteront du point A′, au lieu de se compter du point A. L'ascension droite de l'étoile E qui était EPA deviendra EqA′ ; l'étoile n'aura pas changé de place, mais le pôle et l'équateur s'étant déplacés, la distance polaire et l'ascension droite auront varié.

Premièrement le point o de l'équateur aura été transporté de A en A′, et l'arc AA′ sera égal à l'angle PCq ; car il est évident que le mouvement qui aura transporté CP en Cq, aura transporté le pôle A en A′ ; l'arc de petit cercle Pq mesurera l'angle PCq, comme l'arc de grand cercle AA′ mesure l'angle ACA′ $=$ PCq ; or $PCq = \dfrac{Pq}{\sin CP} = \dfrac{Pp}{\sin CP}$ comme $ACA' = \dfrac{AA'}{\sin CA} = AA'$.

Soit $CP = \omega$, on aura $PCq = \dfrac{Pq}{\sin \omega} = \dfrac{20'',06}{\sin \omega} = AA'$ pour un an; d'où

$$\sin \omega = \frac{Pq}{AA'}.$$

90. Sur $PA = 90°$ menons l'arc perpendiculaire AQ, ce sera l'équateur de 1750; sur $qA' = 90°$ menons l'arc perpendiculaire A'F, ce sera l'équateur de 1800 : prolongeons PA en A'', nous aurons $AA'' = Pp = AA' \sin AA'A''$, donc $\sin AA'A'' = \dfrac{AA''}{AA'} = \dfrac{Pq}{AA'} = \sin \omega$.

91. L'arc décrit par le pôle de CP fait donc avec l'équateur déplacé un angle $= \omega = CP$; donc $\operatorname{tang} A'A'' = \operatorname{tang} AA' \cos AA'A'' = \operatorname{tang} AA'$ $\cos \omega$, ou $A'A'' = \dfrac{Pq \cos \omega}{\sin \omega} = Pq \cot \omega$.

92. Ainsi le changement annuel de l'ascension droite qui n'était dans la première hypothèse que de $20''\sin Æ \cot \Delta$ (88) deviendra $+ 20'',06$ $\cot \omega + 20'',06 \sin Æ \cot \Delta$; mais la première partie de ce mouvement sera commune à toutes les étoiles quand on comptera, comme nous faisons ici, les ascensions droites de toutes les étoiles, en partant d'un point mobile le long de l'équateur, au lieu de compter d'un point fixe.

93. Le triangle CPE donne

$$\cos PE = \cos PCE \sin CP \sin CE + \cos CP \cos CE$$
$$= \sin ACE \sin \omega \sin \delta + \cos \omega \cos \delta,$$

ou

$$\cos \Delta = \sin L \sin \omega \sin \delta + \cos \omega \cos \delta.$$

Le triangle qCE donne

$$\cos qE = \cos qCE \sin Cq \sin CE + \cos Cq \cos CE$$
$$= \sin A'CE \sin \omega \sin \delta + \cos \omega \cos \delta.$$
$$\cos (\Delta - x) = \sin (L + dL) \sin \omega \sin \delta + \cos \omega \cos \delta.$$

De cette équation retranchez la précédente

$$\cos (\Delta - x) - \cos \Delta = \sin \omega \sin \delta \, [\sin (L + dL) - \sin L],$$

ou

ou bien

$$\sin \tfrac{1}{2} x \sin (\Delta - \tfrac{1}{2} x) = \sin \omega \sin \delta \sin \tfrac{1}{2} dL \cos (L + \tfrac{1}{2} dL)$$
$$= \sin \tfrac{1}{2} x \cos \tfrac{1}{2} x \sin \Delta - \sin^2 \tfrac{1}{2} x \cos \Delta ;$$

donc

$$\sin x - 2\sin^2 \tfrac{1}{2} x \cot \Delta = \frac{2 \sin \tfrac{1}{2} dL \sin \omega \sin \delta \cos (L + \tfrac{1}{2} dL)}{\sin \Delta}, \text{ formule rigoureuse } (a);$$

au lieu que les précédentes n'étaient que des approximations. Cette formule peut encore se réduire en série par la formule (X. 226.)

94. Le même triangle donne

$$\operatorname{tang} \mathcal{R} = \operatorname{tang} L \cos \omega - \frac{\cot \delta \sin \omega}{\cos L}$$

$$\operatorname{tang} \mathcal{R}' = \operatorname{tang} (L + dL) \cos \omega - \frac{\cot \delta \sin \omega}{\cos (L + dL)},$$

donc

$$\operatorname{tang} \mathcal{R}' - \operatorname{tang} \mathcal{R} = \cos \omega [\operatorname{tang} (L + dL) - \operatorname{tang} L]$$
$$- \cot \delta \sin \omega \left[\frac{1}{\cos (L + dL)} - \frac{1}{\cos L} \right],$$

ou

$$\frac{\sin (\mathcal{R}' - \mathcal{R})}{\cos \mathcal{R}' \cos \mathcal{R}} = \frac{\cos \omega \sin dL}{\cos L \cos (L + dL)} - 2 \cot \delta \sin \omega \frac{\sin \tfrac{1}{2} dL \sin (L + \tfrac{1}{2} dL)}{\cos L \cos (L + dL)}, \text{ ou}$$

$$\sin (\mathcal{R}' - \mathcal{R}) = \frac{\cos \mathcal{R}' \cos \mathcal{R}}{\cos L \cos (L + dL)} [\sin dL \cos \omega - 2 \sin \tfrac{1}{2} dL \sin (L + \tfrac{1}{2} dL) \cot \delta \sin \omega].$$

$$= \frac{2 \sin \tfrac{1}{2} dL \cos \mathcal{R} \cos \mathcal{R}'}{\cos L \cos (L + dL)} [\cos \tfrac{1}{2} dL \cos \omega - \sin (L + \tfrac{1}{2} dL) \cot \delta \sin \omega],$$

95. Mais nos deux triangles donnent

$$\frac{\cos \mathcal{R}}{\cos L} = \frac{\sin \delta}{\sin \Delta} \quad \text{et} \quad \frac{\cos \mathcal{R}'}{\cos (L + dL)} = \frac{\sin \delta}{\sin (\Delta + d\Delta)};$$

et en substituant ces valeurs, on aura

$$\sin (\mathcal{R}' - \mathcal{R}) = \frac{2 \sin \tfrac{1}{2} dL \sin^2 \delta}{\sin \Delta \sin (\Delta + d\Delta)} [\cos \tfrac{1}{2} dL \cos \omega - \sin (L + \tfrac{1}{2} dL) \cot \delta \sin \omega],$$

formule dans laquelle tout est connu quand on a calculé la précédente (82).

Pour avoir $\Delta + d\Delta$ ou $\Delta - x$, je suppose que l'on connaisse $dL = \mathrm{AA}'$. Nous en donnerons bientôt les moyens.

L est l'arc $AL = ACL$, $dL = ACA'$, et l'arc AL est l'arc de grand cercle dont C est le pôle (fig. 147).

96. Notre première formule (a), en substituant pour $\dfrac{\sin \delta}{\sin \Delta}$ la valeur $\dfrac{\cos Æ}{\cos L}$ devient

$$\sin x - 2 \sin^2 \tfrac{1}{2} x \cot \Delta = 2 \sin \tfrac{1}{2} dL \sin \omega \cos Æ \left(\cos \tfrac{1}{2} dL - \sin \tfrac{1}{2} dL \, \mathrm{tang}\, L \right).$$

Or le même triangle donne

$$\mathrm{tang}\, L = \frac{\cos \omega \sin Æ + \sin \omega \cot \Delta}{\cos Æ} , \dots (X.\,21)$$

et substituant cette valeur, on aura

$$\sin x - 2\sin^2 \tfrac{1}{2} x \cot \Delta = \sin dL \sin \omega \cos Æ - 2\sin^2 \tfrac{1}{2} dL \sin \omega \cos \omega \sin Æ$$
$$- 2\sin^2 \tfrac{1}{2} dL \sin^2 \omega \cot \Delta ,$$

ou bien, en supposant $2\sin^2 \tfrac{1}{2} x \cot \Delta = \tfrac{1}{2}\sin^2 dL \sin^2 \omega \cos^2 Æ \cot \Delta$,

$$\sin x = \sin dL \sin \omega \cos Æ - 2\sin^2 \tfrac{1}{2} dL \sin \omega \cos \omega \sin Æ$$
$$- 2\sin^2 \tfrac{1}{2} dL \sin^2 \omega \sin^2 Æ \cot \Delta ,$$

l'erreur sera insensible et l'on pourra faire, en substituant $D = 90° - \Delta$,

$$\sin x = \sin dL \sin \omega \cos Æ$$
$$- \tfrac{1}{2}\sin^2 dL \sin \omega \cos \omega \sin Æ \left(1 + \mathrm{tang}\, \omega \sin Æ \, \mathrm{tang}\, D \right)\dots(b).$$

formule qui ne dépend que de l'ascension droite et de la déclinaison au point de départ, et dont le premier terme est la formule commune, le second terme sera proportionnel au carré des tems ; puisque dL est proportionnel à la première puissance.

97. Nous avons trouvé (83)

$$\frac{(\sin Æ' - Æ)}{\cos Æ' \cos Æ} = \frac{\sin dL \cos \omega}{\cos L \cos (L + dL)} - \cot \delta \sin \omega . \frac{2 \sin \tfrac{1}{2} dL \sin (L + \tfrac{1}{2} dL)}{\cos L \cos (L + dL)} :$$

mais
$$\cot \delta = \sin L \cot \omega - \frac{\cos L \, \mathrm{tang}\, Æ}{\sin \omega} \quad (X.\,21) ;$$
donc

$$\frac{\sin(Æ' - Æ)}{\cos Æ' \cos Æ} = \frac{\sin dL \cos \omega}{\cos L \cos (L + dL)} - \frac{2 \sin \tfrac{1}{2} dL \sin (L + \tfrac{1}{2} dL) \cos \omega \sin L}{\cos L \cos (L + dL)}$$
$$+ \frac{2 \sin \tfrac{1}{2} dL \sin (L + \tfrac{1}{2} dL) \cos L \, \mathrm{tang}\, Æ}{\cos L \cos (L + dL)}$$
$$= \frac{\sin dL \cos \omega}{\cos L \cos (L + dL)} - \frac{2 \sin \tfrac{1}{2} dL \sin (L + \tfrac{1}{2} dL) \cos \omega \, \mathrm{tang}\, L}{\cos (L + dL)}$$
$$+ \frac{2 \sin \tfrac{1}{2} dL \sin (L + \tfrac{1}{2} dL) \, \mathrm{tang}\, Æ}{\cos (L + dL)} .$$

Développez; le premier membre devient $\dfrac{\tang\,d\!R}{\cos\!R\,(1 - \tang\,d\!R\,\tang\,\!R)}$;

le premier terme du second devient $\dfrac{\tang\,dL\cos\omega\,(1 + \tang^2 L)}{1 - \tang\,dL\,\tang\,L}$,

ou $\qquad$ $\tang\,dL\,\cos\omega + \tang\,dL\,\cos\omega\,\tang^2 L + $ etc. ;

le facteur $\dfrac{2\sin\frac{1}{2}dL\sin(L + \frac{1}{2}dL)}{\cos(L + dL)}$ devient

$$\tang\,dL\,\tang\,L + \tang^2 dL\,\tang^2 L + \text{etc.} + 2\sin^2\tfrac{1}{2}dL :$$

mais $\qquad$ $2\sin^2\tfrac{1}{2}dL = \tfrac{1}{2}\sin^2 dL = \tfrac{1}{2}\tang^2 dL$, sans erreur sensible.

Substituez ces valeurs, multipliez tout par $\cos^2\!R$, développez, réduisez, mettez pour $\tang\,L$ sa valeur (85), vous aurez une série S, et

$$\frac{\tang\,d\!R}{1 - \tang\,d\!R\,\tang\,\!R} = S \quad \text{d'où} \quad \tang\,d\!R = \frac{S}{1 + S\,\tang\,\!R}$$
$$= S - S^2\,\tang\,\!R + S^3\,\tang^2\!R - \text{etc.} ;$$

et en vous bornant à la première puissance de dL,

$$d\!R = dL\,\cos\omega + dL\,\sin\omega\,\sin\!R\,\cot\Delta.$$

Pour avoir une série exacte, il serait plus commode d'employer le moyen indiqué ci-dessus (82).

98. Nous verrons bientôt que le pôle de l'équateur décrit un cercle autour du pôle de l'écliptique, que CP ou ω est l'obliquité de l'écliptique, et que nos dernières formules sont celles qu'il faut employer pour calculer les mouvemens des étoiles. Dans l'usage ordinaire, et pour de petits intervalles, les astronomes se contentent des formules approximatives $d\!R = dL\,\cos\omega + dL\,\sin\omega\,\sin\!R\,\tang\,D$, D étant la déclinaison de l'étoile et $dD = dL\,\sin\omega\,\cos\!R$.

99. Ces formules qui ne sont guère bonnes que pour un an, servent à réduire, d'une année à la suivante, les catalogues d'étoiles qu'on met dans les Ephémérides. Différentions-les en faisant varier $d\!R$, dD, $\!R$ et

D; car dL est constant pendant fort long-tems, nous aurons

$$d^2 \text{\AE} = d\text{L}d\text{\AE} \sin \omega \cos \text{\AE} \ \text{tang} \ \text{D} + d\text{L} \sin \omega \sin \text{\AE} \ \frac{d\text{D}}{\cos^2 \text{D}}$$

$$= d\text{L}d\text{\AE} \sin 1'' \cos \text{\AE} \ \text{tang} \ \text{D} + d\text{L}d\text{D} \sin \omega \sin \text{\AE} \frac{\sin 1''}{\cos^2 \text{D}}$$

$$d^2\text{D} = - \ d\text{L}d\text{\AE} \sin \omega \sin \text{\AE}.$$

100. Ces expressions donneraient les variations qu'éprouvent les mouvemens annuels d'une année à la suivante, ou les différences secondes des ascensions droites et des déclinaisons en prenant les mouvemens annuels pour des différences premières. Ces expressions renfermant à la fois dL et dÆ ou dL et dD, seront proportionnelles aux carrés des tems.

101. En différentiant de même une autre fois, on aurait les différences troisièmes; mais pour le présent, et vu le peu d'exactitude des observations anciennes, on peut s'en tenir aux différences secondes, pour près de cent ans. Si l'intervalle est plus grand, on fera mieux de convertir les ascensions droites et les déclinaisons en longitudes et latitudes; ensuite on augmentera, ou diminuera L de la variation dL qui convient à l'intervalle, après quoi, avec $(\text{L}+d\text{L})$ et ω on calculera l'ascension droite et la déclinaison pour l'époque demandée. On fera donc

$$\text{tang} \ \text{L} = \frac{\cos \omega \sin \text{\AE} + \sin \omega \cot \Delta}{\cos \text{\AE}}; \quad \sin \delta = \frac{\sin \Delta \cos \text{\AE}}{\cos \text{L}};$$

puis

$$\text{tang} \ (\text{\AE} + d\text{\AE}) = \text{tang} \ (\text{L} + d\text{L}) \cos \omega - \frac{\sin \omega \cot \delta}{\cos (\text{L} + d\text{L})},$$

et

$$\sin (\Delta + d\Delta) = \frac{\sin \delta \cos (\text{L} + d\text{L})}{\cos (\text{\AE} + d\text{\AE})}.$$

Tout ceci suppose ω constant; s'il éprouve une variation, on calculera L et δ avec la valeur de ω pour l'époque du départ, et ensuite pour avoir $(\text{\AE}+d\text{\AE})$ et $(\Delta+d\Delta)$, on emploiera $(\omega+d\omega)$.

Voici les deux catalogues sur lesquels sont fondées toutes les recherches précédentes sur la précession.

ATALOGUE D'ÉTOILES DE LA CAILLE ET DE PIAZZI.

Noms, grandeurs étoiles.	Æ La Caille 1750.	Distance au pôle.	Æ Piazzi 1800.	Distance au pôle.	Changet sur l'équat.	Changet en dist. au pôle.	Mouvem. annuel.	Mouv. annuel.
e 2	0° 0′ 0″	76° 12′ 22″	0° 0′ 0″	75° 55′ 39″	....	—1003	....	—20″06
pée ... 3	6.31.12	34.50.17	6.34.24	34.33.40	+ 192″	— 997	+ 5″84	19,94
e 2	7.39.38	109.21.47	7.38.50	109. 5. 8	— 48	— 995	— 0,96	19,96
...... 2	10.35. 4	2. 1.58	12.21.48	1.45.36	+6404	— 982	+128,08	19,64
mède.. 2	13.51. 8	55.42.42	13.54.22	55.26.35	+ 196	— 967	+ 3,92	19,34
pée ... 3	24. 4.30	27.34.34	24.18.15	27.19.22	+ 825	— 912	+ 16,50	—18,21
...... 4	24.51.51	71.56.23	24.54.31	71.41.26	+ 160	— 897	+ 3,20	17,94
...... 3	25. 7.10	70.25.26	25. 9.59	70.10.28	+ 169	— 898	+ 3,38	17,96
mède.. 2	27. 4. 1	48.52.58	27.10.54	48.38.14	+ 413	— 884	+ 8,26	17,68
...... 3	27.11.13	88.27.11	27.11.23	88.12.25	+ 10	— 886	+ 0,20	17,72
...... 3	28.11.11	67.43.53	28.14.39	67.29.20	+ 208	— 873	+ 4,16	—17,46
e 3	36.34.41	90.45.45	36.34.21	90.32.27	— 21	— 798	— 0,42	15,96
e 3	37.29.43	87.49.52	37.30. 5	87.36.47	+ 22	— 785	+ 0,44	15,70
e 3	41.37. 1	37.29.41	41.51.48	37.17.19	+ 887	— 742	+ 17,74	14,84
e 2	42.12.42	86.54.24	42.13.17	86.42. 8	+ 55	— 736	+ 0,70	14,72
...... 3	42.54. 8	50. 1.40	43. 3.59	49.49.31	+ 591	— 729	+ 11,82	—14,58
...... 2	46.33.33	41. 3. 8	46.47.30	40.51.45	+ 813	— 683	+ 16,26	13,66
...... 3	50.11.42	100.19.10	50. 8.26	100. 8.35	— 194	— 635	— 3,88	12,70
...... 3	51.12.40	43. 2.15	51.27. 0	42.51.57	+ 860	— 618	+ 17,20	12,36
es 3	53. 4. 8	66.41.20	53.10. 4	66.31.22	+ 355	— 598	+ 7,12	11,96
...... 3	55.11.29	50.44.16	55.22.56	50.34.53	+ 687	— 565	+ 13,74	—11,20
h 3	56.29.59	104.14.19	56.26.14	104. 5. 8	— 225	— 555	— 4,50	11,10
...... 3	61.18. 2	74.59.52	61.22. 7	74.51.57	+ 245	— 475	+ 4,90	9,50
...... 3	63.24.48	71.23.47	63.30. 5	71.16.33	+ 317	— 434	+ 6,34	8,68
...... 1	65.18.11	74. 0.56	65.22.37	73.54.18	+ 267	— 398	+ 5,34	7,96
...... 3	73.47.54	95.25.48	73.46. 3	95.21.18	— 110	— 270	— 2,20	— 5,40
...... 1	74.28. 2	44.17.19	74.44.50	44.13.24	+1008	— 235	— 20,16	4,70
...... 1	75.32.18	98.30.35	75.29.41	98.26.35	— 157	— 240	— 3,14	4,80
...... 2	77.31.35	61.37.52	77.40.39	61.34.33	+ 545	— 199	+ 10,90	3,98
...... 2	77.50. 9	83.54. 3	77.51.54	83.50.37	+ 105	— 205	+ 2,10	4,12
...... 3	77.52.54	92.38.56	77.52. 7	92.35.32	— 47	— 204	— 0,94	— 4,08
...... 2	79.43. 0	90.30.18	79.42.37	90.27.26	— 23	— 172	— 0,46	3,44
...... 3	80.34.49	69. 2. 6	80.41. 9	68.59.33	+ 381	— 153	+ 7,62	3,06
...... 2	80.47.19	91.23. 1	80.46.47	91.20.28	— 31	— 153	— 0,62	3,06
...... 2	81.56.42	92. 5.48	81.55.49	92. 3.33	— 53	— 135	— 1,06	2,70
...... 3	83.52.58	99.46.40	83.49.52	99.45. 3	— 186	— 97	— 3,72	— 1,94
r 3	85.12. 4	45. 6.41	85.28.13	45. 5.22	+ 969	— 79	+ 19,38	1,58
...... 1	85.18.50	82.39.45	85.20.56	82.38.34	+ 127	— 71	+ 2,54	1,42
...... 3	89.50.48	67.26.46	89.57.50	67.26.55	+ 422	+ 9	+ 8,44	+ 0,18
...... 3	91.51.30	67.23. 3	91.58.38	67.23.50	+ 429	+ 47	+ 8,58	+ 0,94
ien ... 2	92.35. 8	119.58. 9	92.25.15	119.58.56	— 591	+ 47	— 11,82	+ 0,94
ien ... 2	92.40.34	107.51. 9	92.44. 7	107.52. 2	— 327	+ 53	— 6,54	+ 1,06
...... 2	95.42.59	73.24.40	95.48. 5	73.26.31	+ 307	+ 111	+ 6,14	+ 2,22
...... 3	97. 2.14	64.38.58	97.10. 1	64.41. 5	+ 467	+ 127	+ 9,34	+ 2,54
......	98.26.10	106.23.35	98.20.46	106.27. 5	— 324	+ 210	— 6,48	+ 4,20

NOMS et grandeurs des étoiles.	ÆR La Caille 1750.	Distance au pôle.	ÆR Piazzi 1800.	Distance au pôle.	Change^t sur l'équat.	Change^t en dist. au pôle.	Mouvem. annuel.
ε gr. Chien...3	102° 6′ 16″	118°38′57″	101°57′12″	118°42′29″	− 544″	+ 212	− 10″88
ζ ♊.........3	102.12.54	69. 5.14	102.19.20	69. 8.54	+ 986	+ 220	+ 19,72
δ gr. Chien...2	104.27.35	116. 0.53	104.19.35	116. 5. 2	− 480	+ 249	− 9,60
δ ♊.........3	106.11.31	67.34.52	106.18.12	67.39.40	+ 401	+ 248	+ 8,02
β pet. Chien..3	108.17.52	81.13.36	108.20.13	81.19. 4	+ 141	+ 328	+ 2,82
α ♊.........1	109.33. 9	57.35.24	109.43. 0	57.41.14	+ 592	+ 350	+ 11,84
Procyon......2	111.27. 6	84. 9.18	111.28. 4	84.16.22	+ 58	+ 424	+ 1,16
Pollux.......2	112.23.46	61.23.37	112.31.35	61.30.12	+ 469	+ 395	+ 9,38
ε ♋.........4	120.38.12	80. 3.51	120.40.38	80.12.29	+ 146	+ 518	+ 2,92
γ ♋.........4	127. 5.47	67.39. 1	127.11. 5	67.49.19	+ 318	+ 618	+ 6,36
δ ♋.........5	127.30.47	70.56.37	127.35.12	71. 7.10	+ 265	+ 633	+ 5,30
ι gr. Ourse...3	130.23.13	40.59.58	130.37.32	41.11. 1	+ 859	+ 663	+ 17,18
κ ♋.........5	131. 5.48	77.11.23	131. 8.43	77.22.36	+ 175	+ 673	+ 3,50
α Hydre......2	138.43.48	97.35.12	138.42. 2	97.47.49	− 106	+ 757	− 2,12
ε ♌.........3	142.48.11	65. 5.20	142.52.50	65.18.39	+ 279	+ 799	+ 5,58
κ ♌.........3	144.31.27	62.49.45	144.36.10	63. 3.27	+ 283	+ 822	5,66
ν ♌.........3	148.18.59	72. 1.39	148.21.56	72.16. 1	+ 177	+ 862	3,54
Regulus......1	148.39.31	76.49. 8	148.41.18	77. 3.34	+ 108	+ 866	2,16
ζ ♌.........3	150.35. 0	65.20.52	150.38.51	65.35.26	+ 231	+ 874	4,62
γ ♌.........3	151.26.11	68.54. 9	151.29.35	69. 9. 4	+ 204	+ 895	+ 4,08
ε gr. Ourse...2	161.32.32	32.17. 3	161.40.49	32.32.54	+ 497	+ 951	9,94
α gr. Ourse...2	161.54.51	26.54.19	162. 4.41	27.10.21	+ 530	+ 962	10,60
δ ♌.........2	165. 5.32	68. 6.36	165. 7.28	68.22.57	+ 116	+ 981	2,32
θ ♌.........3	165.10.23	73.12.24	165.11.36	73.28.43	+ 46	+ 979	1,73
β ♌.........2	173.53.24	74. 1.50	173.58.25	74.18.35	+ 1	+1005	0,02
β ♍.........3	174.19.11	86.49.34	174.19.53	87. 6.29	+ 42	+1015	0,84
γ gr. Ourse..2	175. 2.13	34.54.53	175. 4.26	35.11.35	+ 133	+1002	+ 2,66
κ Corbeau...4	178.47.42	113.20. 3	178.47.33	113.36.43	− 9	+1000	− 0,18
ε Corbeau...3	179.13.55	111.13.42	179.13.40	111.30.23	− 15	+1001	− 0,30
δ gr. Ourse...3	180.37.54	31.34.35	180.37.34	31.51.20	− 40	+1005	− 0,40
γ Corbeau...3	180.38.54	106. 9.10	180.38.49	106.25.44	− 5	+ 964	− 0,10
δ Corbeau...3	184. 8.40	105. 7.16	184. 8.46	105.23.58	+ 6	+1002	+ 0,12
β Corbeau...3	185.13.42	112. 0.37	185.14.18	112.17.16	+ 34	+ 999	+ 0,68
γ ♍.........3	187. 9.15	90. 4.20	187. 8.43	90.20.56	− 32	+ 996	− 0,64
ε gr. Ourse...2	190.38.11	32.42.39	190.33.40	32.57. 6	− 271	+ 987	− 5,42
δ ♍.........2	190.39.27	85.14.11	190.33.41	85.30.39	− 46	+ 988	− 0,92
ε ♍.........3	192.19.59	77.41.23	192.19. 1	77.57.42	− 48	+ 979	− 0,96
γ Hydre.....3	196.14.57	111.50.40	196.16.50	112. 6.38	+ 113	+ 958	+ 2,26
α ♍.........1	197.55. 2	99.50.50	197.55.50	100. 6.43	+ 48	+ 953	+ 0,96
ζ gr. Ourse...2	198.20.57	33.45.42	198.13.30	34. 1.32	− 438	+ 950	− 8,76
ζ ♍.........4	200.23.41	89.18.30	200.23.23	89.34. 2	− 18	+ 932	0,36
η gr. Ourse...2	204.19. 8	39.25.49	204.10.28	39.41. 0	− 520	+ 911	10,40
η Bouvier....3	205.35.40	70.20.13	205.33. 9	70.35.32	− 151	+ 919	3,02
α Dragon.....3	209.18.30	24.25.20	209. 0.31	24.39.52	−1079	+ 872	21,58
α Bouvier.....1	210.58. 7	69.30.21	210.53.51	69.46.11	− 256	+ 950	5,12
γ Bouvier....3	215.24. 2	50.35.10	215.16. 2	50.48.37	− 480	+ 807	− 9,60
ε Bouvier....3	218.25. 9	61.51.28	218.19.30	62. 4.29	− 339	+ 781	− 6,78
α ♎.........2	219.10.31	104.59. 8	219.13.18	105.12. 4	+ 167	+ 776	+ 3,34
ε pet. Ourse..3	222.50. 3	14.49. 9	222. 7.43	15. 1.38	−2540	+ 689	− 50,8
ζ Bouvier.....3	223. 2. 3	48.36.41	222.51.59	48.48.47	+ 604	+ 726	+ 12,08

M S grandeurs étoiles.	ÆR La Caille 1750.	Distance au pôle.	ÆR Piazzi 1800.	Distance au pôle.	Change^t sur l'équat.	Change en dist. au pôle.	Mouvem. annuel.	Mouv. annuel.
......2	225° 48′ 0″	98° 26′ 29″	225° 49′ 41″	98° 38′ 1″	+ 101	+ 692	+ 2″02	+ 13″84
er....3	226.15.31	55.44.16	226. 7.17	55.55.48	− 494	+ 692	− 9,88	13,84
Ourse..3	230.14. 4	17.16.32	229.33.23	17.27.16	− 2441	+ 644	48,82	12,88
nt....3	230.37.16	78.36.28	230.34.31	78.46.55	− 105	+ 627	2,10	12,54
nne...2	230.55.45	62.25.39	230.49. 7	62.36.11	− 398	+ 632	7,96	12,54
nt 2	232.53.49	82.46. 6	232.52. 6	82.56. 6	− 103	+ 600	− 2,06	+ 12,00
nt....3	233.34. 0	73.46.40	233.30.13	73.56.29	− 227	+ 589	− 4,54	11,78
t.....3	234.29.38	84.44.59	234.28.32	84.54.34	− 66	+ 575	− 1,32	11,50
......3	235.50.53	115.22.14	235.57.25	115.31.29	+ 392	+ 555	+ 7,84	11,10
......3	236.18. 7	111.53.14	236.23.42	112. 2.19	+ 339	+ 545	6,78	10,90
......2	237.38.19	109. 5.53	237.43.12	109.14.39	+ 293	+ 526	5,86	+ 10,52
chus..3	240.13. 8	93. 1.45	240.13.54	93. 9.59	+ 46	+ 494	0,92	9,88
chus..3	241.10.58	94. 3.37	241.12. 1	94.11.32	+ 63	+ 475	1,26	9,50
......3	241.24.47	114.57.59	241.31.36	115. 5.54	+ 409	+ 475	+ 8,18	9,50
le....3	242.37.35	70.14.28	242.32.12	70.21.58	− 323	+ 450	− 6,46	9,00
......1	243.26. 3	115.51. 6	243.33.13	115.58.25	+ 430	+ 439	+ 8,60	+ 8,78
le....3	244.46.33	67.56.50	244.40. 9	68. 3.51	− 324	+ 421	− 6,48	8,42
......3	244.59.39	117.40.11	245. 7.35	117.47. 7	+ 476	+ 416	+ 9,52	8,32
n.....3	245. 3.50	27.54.54	244.35.24	28. 1.44	− 1700	+ 410	− 34,00	8,20
chus..2	245.45.27	100. 2.14	245.48. 7	100. 8.54	+ 160	+ 400	+ 3,20	8,00
le....3	247.52.11	57.55.40	247.41.59	58. 1.35	− 608	+ 355	− 12,16	+ 7,10
......3	248.24.37	123.48.39	248.34.12	123.54.50	+ 585	+ 371	+ 11,70	7,42
le....3	252.34.57	58.41.15	252.25.20	58.46.12	− 577	+ 297	− 11,54	5,94
chus..2	253.55. 4	105.23.26	253.59.29	105.27.48	+ 265	+ 262	+ 5,30	5,24
le....2	255.42.54	75.18.14	255.38.44	75.22.11	− 250	+ 237	− 5,00	4,74
le....3	256. 5.40	64.50.52	255.58. 2	64.54.50	− 458	+ 238	− 9,16	+ 4,76
chus..3	256.34.22	114.43.17	256.41.49	114.47. 2	+ 447	+ 225	+ 8,94	4,50
chus..2	260.44.11	77.14.11	260.40.32	77.16.54	− 219	+ 163	− 4,38	3,26
n.....3	261. 6.10	37.30.10	260.44.35	37.32.40	− 1295	+ 150	+ 25,90	3,00
chus..3	262.41. 3	85.18.18	262.39.42	85.20.22	− 81	+ 154	− 1,62	3,08
chus..3	263.44.45	87.10.30	263.43.49	87.12.14	− 56	+ 144	− 1,12	+ 2,88
le....3	264. 4.15	62. 6.53	263.54.45	62. 9. 1	− 570	+ 128	− 11,40	2,56
le....3	266.49.20	52.42. 3	266.56.43	52.42.52	− 757	+ 49	− 15,14	0,98
......3	267.20.30	120.23.51	267.30.20	120.24.32	+ 590	+ 41	+ 21,80	0,82
on....3	267.36. 8	38.28.17	267.15.16	38.28.53	− 1236	+ 36	− 15,12	0,72
......3	271. 8.44	119.54.15	271.18.38	119.53.47	− 594	− 28	− 11,88	− 0,56
......3	271.47.54	124.28.16	271.59.12	124.27.41	+ 678	− 35	+ 13,56	0,70
......3	273. 2.19	115.31.55	273.10. 9	115.30.58	+ 470	− 57	+ 9,40	1,14
......1	277. 1.12	51.25.59	276.48.17	51.23.38	− 775	− 141	− 15,50	2,82
......3	277.24.41	117.13.10	277.33. 4	117.10.48	+ 503	− 142	+ 10,06	2,84
......2	279.50.27	116.34.48	279.58.39	116.31.42	+ 492	− 186	+ 9,84	− 3,72
......2	280. 6.53	56.54.34	279.56.15	56.51.26	− 638	− 187	− 12,76	3,74
......3	281.20.42	53.24. 9	281. 8.25	53.20.49	− 737	− 200	− 14,74	4,00
......3	281.34.23	120.12.33	281.43.55	120. 9. 0	+ 572	− 213	+ 11,44	4,26
......3	281 58.23	75.15. 2	281.53.49	75.11.26	− 274	− 216	− 5,48	4,32
......3	282.18. 0	57.38. 8	282. 7.39	57.34.29	− 621	− 219	− 12,42	− 4,38
ous...3	283. 8.48	95.14. 5	283.10.14	95.10. 7	+ 86	− 238	+ 1,72	4,76
......3	283.22.56	76.29.14	283.19. 2	76.25.15	− 234	− 239	− 4,68	4,78
......3	283.37.24	111.23.40	283.43.40	111.19.35	+ 373	− 251	+ 7,46	5,02
......4	286.31.52	131. 3.21	286.45.49	130.58.28	+ 837	− 293	+ 16,74	5,86

NOMS et grandeurs des étoiles.	Æ La Caille 1750.	Distance au pôle.	Æ Piazzi 1800.	Distance au pôle.	Change' sur l'équat.	Change' en dist. au pôle.	Mouvem. annuel.	M... an...
δ Dragon.....3	288° 0′ 27″	22° 46′ 38″	287° 22′ 45″	22° 41′ 23″	—1062	— 315	— 21″ 24	—
δ Aigle.......3	288. 7.33	87.21.40	288. 6.53	87.16.17	— 40	— 323	— 0,80	
ε Cygne.....3	290. 3.41	62.32.53	289.55.35	62.27. 2	— 486	— 351	— 9,72	
ι Antinous....4	290.50.53	91.49. 9	290.51.21	91.43. 0	+ 28	— 369	+ 0,56	
γ Aigle 3	293.29.36	79.58.37	293.26.55	79.51.45	— 161	— 412	— 3,22	
δ Cygne.......	294.11.34	45.27.59	293.56.32	45.20.58	— 902	— 421	— 18,04	—
α Aigle.......1	394.32.55	81.46.15	294.31. 3	81.38.55	— 112	— 440	— 2,24	
η Aigle.....5	294.50. 7	89.36.52	294.49.56	89.29.43	— 11	— 429	— 0,22	
ε Aigle.....3	295.39.38	84.11.50	295.38. 2	84. 4.46	— 96	— 424	— 1,92	
κ ♑........3	300.50.37	103.18. 0	300.59.56	103. 9. 9	+ 549	— 531	+ 10,98	
ε ♑........3	301.38.11	105.33. 0	301.42. 9	105.24. 2	+ 238	— 538	+ 4,76	—
γ Cygne.....4	303.12.56	50.31.44	303. 1.32	50.22.50	— 684	— 534	— 13,68	
ε Dauphin....3	305.13. 2	79.31.39	305.10.35	79.21.56	— 147	— 583	— 2,94	
ζ Dauphin....3	306.21.39	76.15.27	306.18.16	76. 5.25	— 203	— 602	— 4,06	
α Dauphin...3	306.54.28	74.57. 8	306.51. 0	74.47. 0	— 208	— 608	— 4,16	
α Cygne.....3	308. 7.44	45.36. 5	307.54.58	45.25.38	— 786	— 627	— 15,72	
ε Cygne.....3	308.55.27	56.57. 7	308.47.30	56.46.12	— 477	— 655	— 9,54	
κ Céphée....3	318. 2.46	28.27.58	317.42.38	28.15.32	—1208	— 746	— 24,16	
ζ ♒........3	319.29.58	96.39.22	319.31. 1	96.26.30	+ 63	— 772	+ 1,26	
ε Céphée....3	321.13.38	20.32. 0	320.45.50	20.18.56	—1668	— 784	— 33,36	
γ ♑........3	321.27. 6	107.46.40	321.30.36	107.33.23	+ 210	— 797	+ 4,20	—
ε Pégase.....3	322.52.25	81.15.29	322.51.10	81. 2. 1	— 75	— 808	— 1,50	
δ ♑........3	323.12.16	107.14.54	323.15.31	107. 1.31	+ 195	— 803	+ 3,90	
α ♒........3	328. 8.10	91.31.23	328. 8.14	91.17. 4	+ 4	— 859	+ 0,08	
γ ♒........3	332. 5.13	92.38.11	332. 5.30	92.23.18	+ 17	— 893	+ 0,34	
ζ Pégase.....3	337. 8.45	80.27.52	337. 8. 7	80.12.27	— 38	— 925	— 0,76	—
η Pégase.....3	337.43.41	61. 4.43	337.40.21	60.49.12	— 200	— 931	— 4,00	
δ ♒........3	340.14.23	107. 8.35	340.16. 0	106.52.45	+ 97	— 950	+ 1,94	
ο Andromède..3	342.30.57	49. 0.46	342.27. 0	48.44.44	— 237	— 962	— 4,74	
ε Pégase.....2	342.49.20	63.16. 4	342.47. 3	62.59. 3	— 137	— 971	— 2,74	
α Pégase.....2	342.58.55	76. 8. 1	342.57.48	75.52. 1	— 67	— 960	— 1,34	—
γ Céphée.....3	352.13.28	13.45.49	352. 4.42	13.29. 1	— 526	—1008	— 15,52	
α Andromède..2	358.46.49	62.17.25	358.46.53	62. 0.48	+ 4	— 997	+ 0,08	
ζ Cassiopée...3	358.53.49	32.13.48	358.54.35	31.57.12	+ 46	— 996	+ 0,92	

Pour ramener à γ de Pégase toutes les ascensions droites du Catalogue précédent , j'ai ret[ranché]
5′ 51″,6 des ascensions droites de La Caille pour le commencement de 1750 et 44′ 11″3 des asc[ensions]
droites de Piazzi pour le commencement de 1800. La différence 38′19″7 est le mouvement d[e l']
étoile en 50 ans, c'est le terme $dL \cos \omega$. Divisé par 50, il donne pour mouvement annuel de l'é[quateur]
sur l'équateur, 45″994 au lieu de 46″0 que j'ai trouvé par le soleil. Le second terme $dL \sin \omega \sin Æ$
est insensible pour cette étoile, et voilà pourquoi je l'ai choisie ; mais si j'avais fait un autre ch[oix]
mouvement en distance polaire n'aurait nécessairement ramené à γ de Pégase, où ce mouvem[ent]
le plus fort de tous. Ceci éclaircit ce que nous avons dit (68).

Le terme $dL \sin \omega \sin Æ \cot \Delta = 20″,06 \sin 0° 25′ \cot 76° 4′$ par un milieu entre 1750 et 1800[.]
quantité est de 0″,036 ; retranchez-la de 45″,994, il restera 45″,958 , valeur un peu plus fai[ble]
celle de 20″06 cot 23° 28′ 10″ = 46″,207 (91). Nous donnerons la raison de cette différence

102. Le plus ancien catalogue d'étoiles qui nous soit parvenu est celui de Ptolémée ; il renferme 1022 étoiles : les positions sont rapportées à l'écliptique, et les longitudes sont pour l'année 157 de notre ère, première du règne d'Antonin. Nous avons dit comment ces longitudes ont été observées ; on ne doit en attendre ni exiger une précision bien grande. Elles ne sont données qu'en degrés et fractions de degré, non en minutes ; on ne peut donc compter sur ces longitudes qu'à 6 ou même 10 minutes près, en supposant les observations parfaites et l'instrument bien vérifié.

En comparant ces longitudes avec celles qui avaient été observées 267 ans plutôt par Hipparque, Ptolémée mit hors de doute la précession des équinoxes annoncée et découverte par son prédécesseur ; il la conclut de 36″ par année, ou de 1° en cent ans : quantité beaucoup trop faible, puisque tous les astronomes s'accordent à la faire de 50″ au moins, et qu'elle serait même de plus de 52″, si l'on en jugeait par le catalogue de Ptolémée comparé aux catalogues modernes.

Si Ptolémée n'a trouvé que 2°40′ de précession en 267 ans, au lieu de 3°37′ que nous trouvons, il faut que les observations aient été bien grossières. Il observait avec le même instrument qu'Hipparque, il serait juste de partager l'erreur entre eux ; il faudrait en conclure qu'ils se sont trompés tous deux de 30′ chacun, et que les deux erreurs ont été de signe contraire, et ces suppositions sont tout-à-fait invraisemblables.

103. On a soupçonné que Ptolémée n'avait point observé réellement ce grand nombre d'étoiles, et qu'il n'avait fait que réduire à l'époque du règne d'Antonin le catalogue d'Hipparque, en ajoutant 2°40′ à toutes les longitudes, en conséquence de la quantité qu'il assignait à la précession des équinoxes.

De toutes les observations d'Hipparque, Ptolémée ne nous en a conservé que deux. Suivant Hipparque, la longitude de l'Epi de la Vierge était de. . . . . 5.24°. 0′

    Suivant le catalogue de Ptolémée, elle est de. 5.26.20

    La différence ou la précession dans l'intervalle. . . . . 2°.20′

    Suivant Hipparque, la longitude de Regulus est de. . 5.29.50

    Suivant le catalogue de Ptolémée. 4. 2.30

    La différence est de. 2.40

    Le milieu serait de 2.30

Mais Ptolémée lui - même, dans les dernières lignes du chapitre 2 du 7ᵉ livre de l'*Almageste*, nous dit qu'ayant observé les plus brillantes étoiles du zodiaque, il avait trouvé leurs distances réciproques, telles à peu près qu'elles ont été mesurées par Hipparque, tandis que leurs distances aux points solsticiaux et équiuoxiaux avaient changé de 2° ⅔ environ. M. Lalande en a conclu qu'il suffisait de retrancher 2° 40′ des longitudes de Ptolémée, pour retrouver le catalogue d'Hipparque ; c'est en effet ce qu'on peut faire de mieux ; mais remarquons que Ptolémée ne dit pas 2° 40′, mais 2° ⅔ environ, ce qui annonce moins de précision.

Il est certain que les longitudes de Ptolémée comparées à celles des modernes, de Flamstéed, par exemple, donnent une précession trop grande, parce qu'il avait supposé la précession trop petite entre Hipparque et lui. Ainsi, pour avoir cette précession plus exactement, il convient de retrancher en effet ces 2° 40′ de toutes les longitudes de Ptolémée, et de calculer la précession en divisant le mouvement total par le nombre d'années écoulées entre Hipparque et Flamstéed, c'est-à-dire par 1820.

Pour plus de sûreté, j'ai fait le calcul de deux manières ; 312 longitudes de Ptolémée, comparées à celles de Flamstéed, m'ont donné 52″,4 de précession ; mais en diminuant ces longitudes de 2° 40′, et divisant par 1820 ans au lieu de 1553, j'ai trouvé 50″,12 de précession.

319 autres étoiles du même catalogue m'ont donné la précession en 1555 de 55″.2 ; mais en retranchant 2° 40′, et divisant par 1820, elles ne donnent plus que 50″,4.

Enfin 156 autres étoiles ont donné 52″,22 et 50″ à fort peu près.

On voit que ce n'est pas sans raison qu'on a jeté des doutes sur l'authenticité du catalogue de Ptolémée ; il y a grande apparence qu'il n'est en effet que celui d'Hipparque, et la précession qui en résulte serait par un milieu 50″,25, peu différente de celle que nous trouvons aujourd'hui. Flamstéed, par un calcul pareil, a trouvé des résultats sans doute peu différens, puisqu'il s'est arrêté à 50″.

J'ai rejeté environ deux cents étoiles trop voisines du pôle pour être employées assez sûrement dans cette recherche, parce que les erreurs de l'observation devaient être énormes sur l'écliptique.

104. Je ne mets point au rang des catalogues l'opuscule que nous a laissé Eratosthène sous le nom de *Catasterismes*, ou constellations. C'est un petit traité où l'on trouve quelques notions superficielles de

mythologie et le nombre d'étoiles que l'on mettait alors dans chacune des
42 constellations qu'il a décrites. Le nombre total est de 639. Eratosthène
donne en outre les noms des cinq planètes, et finit par la voie lactée
qu'il met au nombre des cercles de la sphère.

Albategnius, 783 ans après Ptolémée, vérifia la position de quelques
étoiles, et les trouva plus avancées de 11° 50′. Il en conclut qu'elles
avançaient d'un degré en 66 ans.

Ulugh Beig, prince tartare, assassiné en 1449, nous a laissé un catalogue pour l'an 1437; on y trouve à fort peu près toutes les étoiles de
Ptolémée, rapportées de même à l'écliptique. Flamstéed, dans son *Histoire céleste*, a joint ce catalogue à celui de l'astronome grec.

Il a de même réimprimé les catalogues du prince de Hesse pour 1594,
et celui de Tycho pour 1601, et enfin celui d'Hévelius.

Celui du prince ne paraît pas jouir d'autant d'estime que celui de Tycho;
il avait été formé avec des instrumens à peu près semblables, mais peut-
être un peu moins exacts.

105. Il ne sera pas inutile de donner ici une idée des moyens qu'on
employait alors.

Tycho choisit huit belles étoiles, $\alpha\Upsilon$, $\alpha\vartheta$, Pollux, Regulus, l'Epi, la
Main du Serpentaire, l'Aigle, et Markab de Pégase. Toutes ces étoiles
sont peu éloignées de l'équateur et de l'écliptique. Il en observa les distances mutuelles et les déclinaisons, il en conclut les angles au pôle de
l'équateur, ou les différences en ascension droite par le théorème fondamental de la Trigonométrie, calculé à la manière des astronomes.
Toutes ces distances devaient faire un cercle entier ou 360°, il ne trouva
que 4″ d'erreur sur leur somme; accord presque inconcevable, et dû
probablement au hasard; car je me suis convaincu que Tycho ne pouvait
répondre de deux ou trois minutes dans aucune de ses observations, et
d'ailleurs ces observations de distances et de déclinaisons ont nécessairement été faites à différens intervalles, pendant lesquels les ascensions
droites avaient dû varier par la précession; les réfractions peu connues
encore, avaient dû altérer toutes les observations. Hévelius se plaint
que Tycho ne nous ait laissé sur toutes ces opérations aucun des détails
nécessaires pour qu'on puisse juger de leur exactitude.

Les distances des étoiles se mesuraient avec des sectans et des octans
qu'on trouve décrits et figurés dans l'*Astronomie mécanique* de Tycho, et
dans la *Machine céleste* d'Hévelius. Ces instrumens étaient garnis de

pinnules ou de cylindres à la manière de Ptolémée. On tâchait d'amener le plan de l'instrument dans le plan du grand cercle qui passait par les deux étoiles : un observateur visait avec l'une des alidades à l'une des deux étoiles, l'autre dirigeait l'alidade mobile à la seconde étoile ; l'arc intercepté du sectant ou de l'octant était la distance cherchée. Mais il était bien difficile que le plan de l'instrument se confondît bien exactement avec celui du grand cercle. Quand on visait à l'œil nu, on ne pouvait guère éviter une petite déviation, et l'angle devait en être affecté. Nous avons fait dans la mesure de la méridienne des observations de ce genre, en prenant des distances du soleil ou de la polaire à un objet terrestre. Les lunettes dont nous nous servions devaient rendre insensible l'erreur du plan, et d'ailleurs l'un des deux objets était fixe, au lieu que les deux étoiles changeaient continuellement de position, ce qui ajoutait encore à la difficulté. Mais quoi qu'on fasse, ce moyen d'obtenir les différences d'ascension droite sera toujours pour la précision et la facilité, bien inférieur à celui des passages au méridien, et c'est ce qui m'a porté toujours à combattre l'idée de Borda, qui n'était pas éloigné de penser qu'avec un cercle répétiteur on pourrait observer les distances et les angles au pôle avec la plus grande exactitude. Mais quand on parviendrait à faire en ce genre des observations parfaites, il resterait toujours la longueur et l'incertitude des réductions.

106. Soit A et B (fig. 148) les deux étoiles, ZA et ZB les deux distances au zénit, PA et PB les deux distances polaires, A*a* et B*b* les réfractions, *ab* la distance apparente

$$\cos Z = \frac{\cos AB - \cos ZA \cos ZB}{\sin ZA \sin ZB}, \quad \text{ou} \quad \cos Z = \frac{\cos D - \cos N \cos N'}{\sin N \sin N'}$$

$$\cos ab = \cos Z \sin n \sin n' + \cos n \cos n'$$

$$= \left(\frac{\cos D - \cos N \cos N'}{\sin N \sin N'} \right) \sin n \sin n' + \cos n \cos n',$$

d'où

$$\cos ab = \cos d = \cos n \cos n' + \frac{\sin n \sin n' \cos D - \sin n \sin n' \cos N \cos N'}{\sin N \sin N'},$$

et

$$\cos d - \cos D = \cos n \cos n' - \cos D$$
$$+ \frac{\sin n \sin n' \cos D - \sin n \sin n' \cos N \cos N'}{\sin N \sin N'}$$

$$2\sin \tfrac{1}{2}(D - d) \sin \tfrac{1}{2}(D + d) \sin N \sin N' =$$
$$\cos n \cos n' \sin N \sin N' - \sin N \sin N' \cos D$$
$$+ \sin n \sin n' \cos D - \sin n \sin n' \cos N \cos N';$$

Mais

$$(\sin \mathrm{N} \cos n)\,(\sin \mathrm{N}' \cos n')$$
$$=\tfrac{1}{4}\big(\sin(\mathrm{N}+n)+\sin(\mathrm{N}-n)\big)\big(\sin(\mathrm{N}'+n')+\sin(\mathrm{N}'-n')\big)$$
$$=\tfrac{1}{4}\big(\sin(\mathrm{N}+n)+\sin r\big)\big(\sin(\mathrm{N}'+n')+\sin r'\big)$$
$$=\tfrac{1}{4}\big(\sin(\mathrm{N}+n)\sin(\mathrm{N}'+n')+\sin r\sin(\mathrm{N}'+n')+\sin r'\sin(\mathrm{N}+n)+\sin r\sin r'\big)$$

on a de même

$$(\sin n \cos \mathrm{N})\,(\sin n' \cos \mathrm{N}')$$
$$=\tfrac{1}{4}\big(\sin(n+\mathrm{N})+\sin(n-\mathrm{N})\big)\big(\sin(n'+\mathrm{N}')+\sin(n'-\mathrm{N}')\big)$$
$$=\tfrac{1}{4}\big(\sin(\mathrm{N}+n)-\sin r\big)\big(\sin(\mathrm{N}'+n')-\sin r'\big)$$
$$=\tfrac{1}{4}\big(\sin(\mathrm{N}+n)\sin(\mathrm{N}'+n')-\sin r\sin(\mathrm{N}'+n')-\sin r'\sin(\mathrm{N}+n)$$
$$+\sin r\sin r'\big);$$

la différence de ces deux termes sera

$$\tfrac{1}{2}\sin r\sin(\mathrm{N}'+n')+\tfrac{1}{2}\sin r'\sin(\mathrm{N}+n).$$

C'est déjà la moitié du second membre.

$$\sin \mathrm{N}\,\sin \mathrm{N}' =\tfrac{1}{2}\big(\cos(\mathrm{N}-\mathrm{N}')-\cos(\mathrm{N}'+\mathrm{N})\big)$$
$$\sin n\,\sin n' =\tfrac{1}{2}\big(\cos(n-n')-\cos(n+n')\big).$$

La différence de ces deux termes est

$$\tfrac{1}{2}\big(\cos(\mathrm{N}-\mathrm{N}')-\cos(n-n')-\cos(\mathrm{N}+\mathrm{N}')+\cos(n+n')\big),$$

ou

$$\sin\tfrac{1}{2}(n-n'-\mathrm{N}+\mathrm{N}')\sin\tfrac{1}{2}(n-n'+\mathrm{N}-\mathrm{N}')$$
$$-\sin\tfrac{1}{2}(n+n'-\mathrm{N}-\mathrm{N}')\sin\tfrac{1}{2}(n+n'+\mathrm{N}+\mathrm{N}'),$$

ou

$$\sin\tfrac{1}{2}(r'-r)\sin\tfrac{1}{2}(\overline{\mathrm{N}+n}-\overline{\mathrm{N}'+n'})+\sin\tfrac{1}{2}(r'+r)\sin\tfrac{1}{2}(\overline{\mathrm{N}+n}+\overline{\mathrm{N}'+n'}),$$
$$=\sin\tfrac{1}{2}(r'-r)\sin\tfrac{1}{2}(\mathrm{N}+n)\cos\tfrac{1}{2}(\mathrm{N}'+n')-\sin\tfrac{1}{2}(r'-r)\cos\tfrac{1}{2}(\mathrm{N}+n)\sin\tfrac{1}{2}(\mathrm{N}'+n')$$
$$+\sin\tfrac{1}{2}(r'+r)\sin\tfrac{1}{2}(\mathrm{N}+n)\cos\tfrac{1}{2}(\mathrm{N}'+n')+\sin\tfrac{1}{2}(r'+r)\cos\tfrac{1}{2}(\mathrm{N}+n)\sin\tfrac{1}{2}(\mathrm{N}'+n'),$$

ou

$$\big(\sin\tfrac{1}{2}(r'+r)+\sin\tfrac{1}{2}(r'-r)\big)\sin\tfrac{1}{2}(\mathrm{N}+n)\cos\tfrac{1}{2}(\mathrm{N}'+n')$$
$$+\big(\sin\tfrac{1}{2}(r'+r)-\sin\tfrac{1}{2}(r'-r)\big)\cos\tfrac{1}{2}(\mathrm{N}+n)\sin\tfrac{1}{2}(\mathrm{N}'+n'),$$

ou enfin

$$2 \sin \tfrac{1}{2} r' \cos \tfrac{1}{2} r \sin \tfrac{1}{2} (N+n) \cos \tfrac{1}{2} (N'+n')$$
$$+\, 2 \sin \tfrac{1}{2} r \cos \tfrac{1}{2} r' \cos \tfrac{1}{2} (N+n) \sin \tfrac{1}{2} (N'+n').$$

Multipliez ces deux termes par — cos D, et vous aurez l'autre moitié du second membre, et par conséquent

$$2\sin \tfrac{1}{2}(D-d)\sin N \sin N' \sin\tfrac{1}{2}(D+d) = \tfrac{1}{2}\sin r \sin(N'+n') + \tfrac{1}{2}\sin r' \sin(N+n)$$
$$- 2 \sin \tfrac{1}{2} r \cos \tfrac{1}{2} r' \sin \tfrac{1}{2}(N'+n') \cos \tfrac{1}{2}(N+n) \cos D$$
$$- 2 \sin \tfrac{1}{2} r' \cos \tfrac{1}{2} r \sin \tfrac{1}{2}(N+n) \cos \tfrac{1}{2}(N'+n') \cos D,$$

et sans erreur sensible

$$(D-d) \sin N \sin N' \sin \tfrac{1}{2}(D+d) = \tfrac{1}{2} r \sin(N'+n') + \tfrac{1}{2} r' \sin(N+n)$$
$$- r \sin\tfrac{1}{2}(N'+n') \cos\tfrac{1}{2}(N+n) \cos D - r' \sin\tfrac{1}{2}(N+n) \cos\tfrac{1}{2}(N'+n') \cos D.$$

107. Par des moyens semblables, mais en prenant la valeur de cos Z dans le triangle Z*ab* pour la porter dans le triangle ZAB, on aura

$$(D-d) \sin n \sin n' \sin\tfrac{1}{2}(D+d) = \tfrac{1}{2} r \sin(N'+n') + \tfrac{1}{2} r' \sin(N+n)$$
$$- r \sin\tfrac{1}{2}(N'+n') \cos\tfrac{1}{2}(N+n) \cos d - r' \sin\tfrac{1}{2}(N+n) \cos\tfrac{1}{2}(N'+n') \cos d.$$

Cette dernière formule servira quand on connaîtra d au lieu de D, ce qui est le cas le plus ordinaire.

108. Soit
$$D-d = x, \quad d = D - x;$$
$$2\sin\tfrac{1}{2}(D-d) \sin\tfrac{1}{2}(D+d) = \sin x \sin D - 2\sin^2 \tfrac{1}{2} x \cos D,$$
$$x = \frac{\tfrac{1}{2} r \sin(N'+n') + \tfrac{1}{2} r' \sin(N+n)}{\sin N \sin N' \sin D} - \frac{r \sin\tfrac{1}{2}(N'+n') \cos\tfrac{1}{2}(N+n)) \cos D}{\sin N \sin N' \sin D}$$
$$- \frac{r' \sin\tfrac{1}{2}(N+n) \cos\tfrac{1}{2}(N'+n') \cos D}{\sin N \sin N' \sin D} + \tfrac{1}{2} x \sin x \cot D;$$

$$D = d + x; \quad 2\sin\tfrac{1}{2}(D-d) = \sin\tfrac{1}{2}(D+d) \sin x \sin d + \sin^2 \tfrac{1}{2} x \cos d;$$
$$x = \frac{\tfrac{1}{2} r \sin(N'+n') + \tfrac{1}{2} r' \sin(N+n)}{\sin n \sin n' \sin d} - \frac{r \sin\tfrac{1}{2}(N'+N') \cos\tfrac{1}{2}(N+N) \cos D}{\sin n \sin n' \sin d}$$
$$- \frac{r' \sin\tfrac{1}{2}(N+n) \cos\tfrac{1}{2}(N'+n') \cos d}{\sin n \sin n' \sin d} - \tfrac{1}{2} x \sin x \cot d.$$

Les deux premiers termes donnent une valeur assez approchée de x pour calculer le dernier terme qui est toujours d'un petit nombre de secondes.

On peut éliminer à son choix les N ou les n, au moyen des équations $N = n + r$ et $N' = n' + r'$.

109. Supposons $N = N'$, et par conséquent $n = n'$, $r = r'$, D ou d le diamètre d'une planète, x sera l'accourcissement causé par la réfraction dans le diamètre parallèle à l'horizon, et nous aurons

$$x = \frac{r \sin (N + n)\,(1 - \cos D)}{\sin^2 N \sin \frac{1}{2}(D + d)} = \frac{2r \sin 2N \sin^2 \frac{1}{2} D}{\sin N \sin D} = r \cot N \, \mathrm{tang} \tfrac{1}{2} D$$
$$= 57'' \mathrm{tang} \tfrac{1}{2} D = 57'' \mathrm{tang} \tfrac{1}{2} d :$$

c'est la formule que nous avons trouvée par une autre voie (XII. 65).

Prenez N et N' pour les distances zénitales extrêmes d'un diamètre incliné, la formule donnera l'accourcissement de ce diamètre.

110. Ces mêmes formules peuvent servir à trouver l'effet combiné de la parallaxe et de la réfraction; il suffit de mettre $(r - p)$ au lieu de r, $(r' - p')$ au lieu de r', et d'observer la règle des signes algébriques : p et p' sont les deux parallaxes de distance au zénit.

Au lieu de r, mettez $-p$; au lieu de r', mettez $-p'$, la formule donnera l'effet des deux parallaxes sur les distances mutuelles des planètes, et servirait à calculer leurs éclipses.

111. Pour essayer ces formules, supposons
$$Za = 60^\circ = n ; \quad Zb = 40^\circ = n' ; \quad ab = 50^\circ = d.$$

Ces trois côtés donneront $Z = 60^\circ\ 11'\ 0''6$. La réfraction pour 60° est $1'\ 38''$; elle est de $47''$ pour 40°. Nous aurons $N = 60^\circ\ 1'\ 38''$, $N' = 40^\circ\ 0'\ 47''$, $D - d = 1'\ 6''4$. Dans ce cas, Hévelius et Tycho se seraient trompés de $66'',4$ sur D, et le plus souvent un peu plus sur l'angle au pôle.

112. Tycho et Hévelius, avec leurs huit étoiles, trouvèrent $559^\circ\ 59'\ 56''$ pour la somme des angles au pôle qui devait être de 360°. Ils en conclurent que leurs observations étaient excellentes; ils ne remarquèrent pas que les positions de leurs étoiles amenaient des compensations nécessaires. La somme des distances était de $560^\circ\ 55'\ 44''$; celle des huit déclinaisons était de $113^\circ\ 40'$. En se trompant de ces $113^\circ\ 40'$ sur leurs déclinaisons, ils ne se seraient pas trompé de $56'$ sur la somme des angles au pôle; une erreur de quelques minutes seulement ne devait

donc pas altérer sensiblement cette somme. Cependant, en recommençant avec plus de scrupule les calculs d'Hévelius, j'ai trouvé l'erreur de 36".

113. Cette méthode donnait les différences d'ascension droite entre les étoiles. Il restait à déterminer l'ascension droite absolue de l'une quelconque d'entre elles, pour avoir toutes les autres.

Hévelius prenait de jour la distance de Vénus au Soleil, et dès que la nuit était venue, la distance de Vénus à quelques étoiles; par l'observation, ou par les tables, il pouvait tenir compte fort exactement des mouvemens de Vénus et du Soleil dans l'intervalle des observations. C'était aussi la méthode de Tycho et celle du prince de Hesse. Les Anciens employaient la Lune au lieu de Vénus, et les corrections du mouvement étaient bien plus grandes et plus incertaines, sans parler de l'inexactitude beaucoup plus grande des observations armillaires.

Tycho et le prince de Hesse négligeaient absolument les réfractions et les parallaxes. Hévelius négligeait ordinairement la réfraction pour les étoiles, parce qu'il la supposait de 5" seulement à 26° de hauteur, et de 26' à l'horizon; il en tenait compte pour les étoiles près de l'horizon; et pour Vénus et le Soleil, outre la réfraction, il employait la parallaxe et faisait son calcul en résolvant les triangles ZAB et Z*ab*. Mais malgré tant de soins et toute l'adresse de l'observateur, il était bien difficile de répondre de deux ou trois minutes sur les positions de certaines étoiles.

114. Ptolémée avait mis dans son catalogue 1022 étoiles en 48 constellations.

Ulug Beig avait le même nombre de constellations et 1017 étoiles seulement.

Tycho, qui avait un Observatoire plus septentrional, n'offre que 45 constellations et 777 étoiles seulement; il n'en put observer davantage.

Le catalogue de Riccioli contient 1468 étoiles; mais il ne les avait pas toutes observées lui-même; il en avait pris une partie dans les catalogues plus anciens.

Bayer, dans son *Uranométrie*, porte le nombre des constellations à 72, et celui des étoiles à 1762. C'est lui qui imagina de désigner les étoiles par des lettres grecques et latines.

Les étoiles d'Hévelius sont au nombre de 1888; il en donne les longitudes, les latitudes, les ascensions droites et les déclinaisons; il y
joint

joint les latitudes et les longitudes de tous les catalogues précédens ; le tout pour l'époque de 1661.

115. On conçoit facilement que pour y placer une étoile quelconque, il suffisait d'en mesurer la déclinaison et la distance à l'une des étoiles connues, ou la distance à deux étoiles connues sans la déclinaison.

Dans le premier cas il suffisait, après avoir corrigé la distance, de chercher l'angle au pôle par les trois côtés.

Dans le second cas, soit (fig. 149) E l'étoile nouvelle qu'on a comparée à deux étoiles connues A et B, on connaît les trois côtés AB, AE, BE.

On calcule l'angle EAB par les trois côtés. On connaît déjà PAB ; on a donc PAE avec AE et PA, on en conclut PE par le théorème I et APE, par le théorème III, ou par la règle des quatre sinus.

Pour vérification, on calcule EBA, d'où PBE, PE et BPE, par les mêmes formules. Si l'étoile se trouvait sur l'arc AB en F, on aurait AF, FAP et PA ; d'où PF et APF : le triangle AEB serait nul et le calcul plus court de moitié.

116. Ce travail immense dont les fondemens sont exposés d'une manière très-satisfaisante par l'auteur dans son *Prodromus Astronomiæ*, jouit à peine vingt ans de la faveur qu'il avait méritée. Quand il parut en 1690, la manière d'observer avait changé par l'application des lunettes aux quarts de cercle et par l'usage des pendules. Hévelius ne voulut jamais reconnaître l'avantage de ces inventions si heureuses. On lui objectait qu'avec ses pinnules il ne pouvait répondre d'une distance à deux ou trois minutes près. Halley fit exprès le voyage de Dantzick pour s'assurer avec quelle précision Hévelius avait pu observer. Il paraît par les observations faites en sa présence, que les erreurs allaient rarement à une minute. Mais si l'on ajoute l'erreur provenant des réfractions mal connues, les erreurs des déclinaisons qui pouvaient aussi monter à une minute, on sera convaincu que les erreurs des ascensions droites, déduites les unes des autres par une longue suite de calculs, pouvaient aller à quatre ou cinq minutes et au-delà, si l'étoile avait une déclinaison considérable, et l'on en verra la preuve, si l'on compare le catalogue d'Hévelius à celui des astronomes modernes.

Cette comparaison est toute faite dans le premier volume des *Tables astronomiques* de l'Académie de Berlin, où M. Bode a réuni les catalogues d'Hévelius, de Flamstéed, de La Caille, de Bradley, tous réduits à l'époque de 1800.

1.

117. Puisque nous avons rappelé ces méthodes anciennes et maintenant abandonnées, disons aussi quelques mots sur une méthode plus imparfaite encore, et qu'il faut connaître quand on veut calculer les comètes observées par Tycho et les astronomes de son tems ; c'est la méthode des alignemens. Voici en quoi elle consiste : tendez un fil à quelques pouces de distance de l'œil ; faites que ce fil coupe en deux la comète ou l'étoile dont vous cherchez la position. Si le fil passe en même tems par deux étoiles connues, vous êtes sûr que la comète est sur l'arc de grand cercle qui joint les deux étoiles : mais cela ne suffit pas encore ; il faudrait trouver deux autres étoiles que le fil pût couvrir sans cesser de couper la comète par le centre ; alors la comète serait dans l'intersection de deux arcs de grand cercle qui joignent les étoiles deux à deux.

Pour calculer ces observations, voici la méthode qui se présente tout d'abord. Supposons que par le premier alignement la comète se soit trouvée en C (fig. 150) sur l'arc de grand cercle AB, et que par le second elle ait été trouvée sur l'arc DE ; A, B, D, E sont des étoiles connues ; P est le pôle soit de l'équateur, soit de l'écliptique, selon que l'on connait les ascensions droites et les déclinaisons, ou bien les longitudes et les latitudes des quatre étoiles.

Dans le triangle DPA, calculez les angles PDA, PAD par les analogies de Néper ; déterminez aussi le côté AD.

Dans le triangle BPA, calculez l'angle PAB seulement.

Dans le triangle PDE, calculez l'angle en D ; alors dans le triangle DAC, vous aurez AD, DAC=PAC—PAD. ADC=360°—PDA—PDC. Vous calculerez CD ; vous aurez enfin PD, CD et PDC, d'où vous conclurez PC et DPC.

PC sera la distance polaire de la comète, et DPC l'angle au pôle entre l'étoile connue D et l'astre observé C. Au lieu des triangles APD, DCA et PDC, on peut calculer les triangles APE, ACE et CPE.

On peut faire deux combinaisons semblables autour de B.

Cette solution n'emploie que des analogies bien connues, mais elle est longue, et l'on a besoin de se guider par une figure. Vous pouvez voir un exemple de cette méthode dans la Cométographie de Pingré, tom. II, pag. 123. Elle exige en tout cinq triangles et 43 logarithmes, en se bornant aux calculs strictement nécessaires ; mais il n'est pas inutile de faire l'opération de plusieurs manières.

118. Voici une méthode qui serait moins embarrassante. Prolongez jusqu'à 90° les distances polaires PA, PB, PD, PE et PC (fig. 151).

Prolongez l'alignement BA jusqu'à l'équateur, ou l'écliptique en M et l'alignement DE jusqu'en N.

Par le triangle APB, déterminez l'angle A; vous connaissez AT, vous aurez TM et l'angle M.

Dans le triangle PDE, calculez l'angle E, vous aurez EQ, vous en conclurez QN et l'angle N; vous aurez donc dans MCN le côté MN $=$ MT $+$ TQ $+$ QN; calculez MC ou NC; vous aurez alors

$$\sin SC = \sin M \sin MC, \quad \tan MS = \cos M \tan MC,$$
$$\text{ou bien} \quad \sin CS = \sin N \sin NC, \quad \tan NS = \cos N \tan NC.$$

Cette méthode n'exige que la recherche de 41 logarithmes différens.

119. Voici enfin une méthode qui semble de beaucoup préférable aux deux autres pour la brièveté et la commodité. Elle n'exige aucune figure, et n'emploie que 33 logarithmes.

Soit δ la déclinaison de la comète, C son ascension droite;

$\mathcal{R}'$ et $\mathcal{R}''$ les ascensions droites des étoiles du premier alignement, D' et D'' leurs déclinaisons;

$\mathcal{R}'''$ et $\mathcal{R}^{IV}$ les ascensions droites du second alignement, D''' et D^{IV} leurs déclinaisons.

Nous aurons par l'équation (X. 97) qui exprime la relation entre les trois points d'un même grand cercle,

$$\frac{\tan D' \sin(\mathcal{R}''-C) + \tan D'' \sin(C-\mathcal{R}')}{\sin(\mathcal{R}''-\mathcal{R}')} = \frac{\tan D''' \sin(\mathcal{R}^{IV}-C) + \tan D^{IV} \sin(C-\mathcal{R}''')}{\sin(\mathcal{R}^{IV}-\mathcal{R}''')},$$

$\tan\delta =$

d'où

$$\tan D' \sin(\mathcal{R}^{IV}-\mathcal{R}''') \sin(\mathcal{R}''-C) + \tan D'' \sin(\mathcal{R}^{IV}-\mathcal{R}''') \sin(C-\mathcal{R}') =$$
$$\tan D''' \sin(\mathcal{R}''-\mathcal{R}') \sin(\mathcal{R}^{IV}-C) + \tan D^{IV} \sin(\mathcal{R}''-\mathcal{R}') \sin(C-\mathcal{R}''');$$
$$\tan D' \sin(\mathcal{R}^{IV}-\mathcal{R}''') \sin\mathcal{R}'' \cos C - \tan D' \sin(\mathcal{R}^{IV}-\mathcal{R}''') \cos\mathcal{R}'' \sin C +$$
$$\tan D'' \sin(\mathcal{R}^{IV}-\mathcal{R}''') \cos\mathcal{R}' \sin C - \tan D'' \sin(\mathcal{R}^{IV}-\mathcal{R}''') \sin\mathcal{R}' \cos C =$$
$$\tan D''' \sin(\mathcal{R}''-\mathcal{R}') \sin\mathcal{R}^{IV} \cos C - \tan D''' \sin(\mathcal{R}''-\mathcal{R}') \cos\mathcal{R}^{IV} \sin C +$$
$$\tan D^{IV} \sin(\mathcal{R}''-\mathcal{R}') \cos\mathcal{R}''' \sin C - \tan D^{IV} \sin(\mathcal{R}''-\mathcal{R}') \sin\mathcal{R}''' \cos C;$$

divisez par $\cos C$

$$\tang D'\,\sin(\text{Æ}^{IV}-\text{Æ}''')\,\sin\text{Æ}'' - \tang D''\,\sin(\text{Æ}^{IV}-\text{Æ}''')\,\sin\text{Æ}' -$$
$$\tang D'''\,\sin(\text{Æ}''-\text{Æ}')\,\sin\text{Æ}^{IV} + \tang D^{IV}\,\sin(\text{Æ}''-\text{Æ}')\,\sin\text{Æ}''' =$$
$$\tang D'\,\sin(\text{Æ}^{IV}-\text{Æ}''')\,\cos\text{Æ}''\,\tang C - \tang D''\,\sin(\text{Æ}^{IV}-\text{Æ}''')\,\cos\text{Æ}'\,\tang C -$$
$$\tang D'''\,\sin(\text{Æ}''-\text{Æ}')\,\cos\text{Æ}^{IV}\,\tang C + \tang D^{IV}\,\sin(\text{Æ}''-\text{Æ}')\,\cos\text{Æ}'''\,\tang C,$$

$$\text{et } \tang C = \frac{\left\{\begin{array}{l}\tang D'\sin(\text{Æ}^{IV}-\text{Æ}''')\sin\text{Æ}''-\tang D''\sin(\text{Æ}^{IV}-\text{Æ}''')\sin\text{Æ}'\\ -\tang D'''\sin(\text{Æ}''-\text{Æ}')\sin\text{Æ}^{IV}+\tang D^{IV}\sin(\text{Æ}''-\text{Æ}')\sin\text{Æ}'''\end{array}\right\}}{\left\{\begin{array}{l}\tang D'\sin(\text{Æ}^{IV}-\text{Æ}''')\cos\text{Æ}''-\tang D''\sin(\text{Æ}^{IV}-\text{Æ}''')\cos\text{Æ}'\\ -\tang D'''\sin(\text{Æ}''-\text{Æ}')\cos\text{Æ}^{IV}+\tang D^{IV}\sin(\text{Æ}-\text{Æ}')\cos\text{Æ}'''\end{array}\right\}}$$

divisé par

équation d'une symétrie remarquable.

L'ascension droite C ainsi trouvée, on trouve la déclinaison δ par l'une des formules primitives.

120. Si les étoiles sont connues par leurs longitudes et leurs latitudes, ce qui est plus aisé quand les observations sont anciennes, changez les D en λ, les Æ en L, et vous aurez

$$\tang \delta = \frac{\tang\lambda'\sin(L''-C)+\tang\lambda''\sin(C-L')}{\sin(L''-L')} = \frac{\tang\lambda'''\sin(L^{IV}-C)+\tang\lambda^{IV}\sin(C-L''')}{\sin(L^{IV}-L''')}$$

$$\tang C = \frac{\left\{\begin{array}{l}\tang\lambda'\sin(L^{IV}-L''')\sin L''-\tang\lambda''\sin(L^{IV}-L''')\sin L'\\ -\tang\lambda'''\sin(L''-L')\sin L^{IV}+\tang\lambda^{IV}\sin(L''-L')\sin L''\end{array}\right\}}{\left\{\begin{array}{l}\tang\lambda'\sin(L^{IV}-L''')\cos L''-\tang\lambda''\sin(L^{IV}-L''')\sin L'\\ -\tang\lambda'''\sin(L''-L')\cos L^{IV}+\tang\lambda^{IV}\sin(L''-L')\cos L'''\end{array}\right\}}$$

divisé par

alors C sera la longitude de la comète, et δ sa latitude.

Personne, ce me semble, n'avait encore fait cette application de la formule (X. 197), qui elle-même n'est pas assez connue.

On remarquera que les quatre indices I, II, III, IV se trouvent dans chacun des termes de la valeur de $\tang C$; que les termes du dénominateur ne diffèrent de ceux du numérateur que par le cosinus qui remplace le sinus, ensorte que l'un se conclut de l'autre par l'addition du $\log \cot L''$ ou $\cot L'$ ou $\cot L^{IV}$, ou enfin $\cot L'''$.

Je suppose, ce qui est toujours très-possible, que l'on fasse $L'' > L'$ et $L^{IV} > L'''$, c'est-à-dire que dans chaque alignement on place les deux longitudes selon l'ordre des signes.

121. Pour montrer l'usage de nos formules, choisissons l'exemple calculé par Pingré, dans sa Cométographie, tom. II, page 223.

1er *Alignement.*

$$L' = 2^s\ 10°\ 58'\ 42''\qquad \lambda' = 10°\ 24'\ 50''$$
$$L'' = 4.\ 9.29.59\qquad \lambda'' = 49.20.10$$
$$L'' - L = 1.28.31.17$$

2e *Alignement.*

$$L''' = 2^s\ 22°\ 53'\ 22''\qquad \lambda''' = 66°\ 3.50''$$
$$L^{IV} = 3.14.34.25\qquad \lambda^{IV} = 10.4.55$$
$$L^{IV} - L'' = 21.41.\ 3$$

tang λ'	9.2643099	— tang λ''' —	0.3527215
sin $(L^{IV} - L''')$	9.5676027	sin $(L'' - L')$	9.9508651
sin L''	9.8874078	sin L^{IV}	9.9857969
a....	8.7193204	c.... —	0.2693835
cot L'' —	9.9161002	cot L^{IV} —	9.4149545
m —	8.6354206	p.....	9.6843580
— tang λ —	0.0711031	tang λ^{IV}	9.2496923
sin $(L^{IV} - L''')$	9.5676027	sin $(L'' - L')$	9.9508651
sin L'	9.9756135	sin L'''	9.9966470
b —	9.6143193	d....	9.1772044
cot L'	9.5375051	cot L'''	9.0980185
n —	9.1518244	q....	9.2732229

$$a = 0.0523987\qquad b = -\ 0.4114521$$
$$d = 0.1503849\qquad c = -\ 1.8594446$$
$$+\ 0.2027856\qquad\qquad -\ 2.2708967$$
$$-\ 2.2708967$$
$$-\ 2.0681131 = \text{numérateur}$$
$$m = -\ 0.0431937\qquad p = +\ 0.4834349$$
$$n = -\ 0.1418484\qquad q = +\ 0.0187596$$
$$-\ 0.1850421\qquad\qquad +\ 0.5021945$$
$$+\ 0.5021945$$
$$+\ 0.3171524 = \text{dénominateur.}$$

$$
\begin{aligned}
\text{C. log dénomin.} \ldots &+ 0.4987321 \\
\text{log numérateur.} \,. &- 0.5155742 \\
\hline
\text{tang C} = 5^s\,8°\,43'\,8'' \ldots\ \ & 0.8143063
\end{aligned}
$$

Exactement comme Pingré,

$$
\begin{array}{ll}
\text{L}' = 2^s\,10°\,58'\,42'' & \text{L}'' = 4^s\,9°\,29'\,59'' \\
\text{C} = 5.\ 8.43.\ 8 & \text{C} = 3.8.43.\ 8 \\
\hline
\text{C} - \text{L}' = \quad 27.44.26 \qquad & \text{L}'' - \text{C} = \quad 1.0.46.51
\end{array}
$$

$$
\begin{array}{ll}
\text{tang } \lambda' \ 9.2643099 & \text{tang } \lambda'' \ 0.0711031 \\
\text{C. } \sin(\text{L}'' - \text{L}') \ 0.0691349 \ldots\ldots\ldots\ldots & 0.0691349 \\
\sin(\text{L}'' - \text{C}) \ 9.7096625 & \sin(\text{C} - \text{L}') \ 9.6678904 \\
\hline
0.1102827 \ldots \ 9.0425073 & \qquad 9.8081284 \\
0.6428776 & \\
\hline
0.7531603 \qquad 9.8768874, \quad & \text{tang } \delta = 36°\,59'\,8'', \text{ comme Pingré.}
\end{array}
$$

122. Nous n'avons fait que les calculs strictement nécessaires ; la seconde valeur de tang δ nous fournit une vérification utile ; en voici le calcul :

$$
\begin{array}{ll}
\text{L}''' = 2^s\,22°\,55'\,22'' & \text{L}^{\text{iv}} = 3^s\,14°\,34'\,25^s \\
\text{C} = 3.\ 8.43.\ 8 & \text{C} = 3.\ 8.43.\ 8 \\
\hline
\text{C} - \text{L}''' = \quad 15.49.46 \qquad & \text{L}^{\text{iv}} - \text{C} = \quad 5.51.17
\end{array}
$$

$$
\begin{array}{ll}
\text{tang } \lambda''' \ 0.3527215 & \text{tang } \lambda^{\text{iv}} \ 9.2496923 \\
\text{C. } \sin(\text{L}^{\text{iv}} - \text{L}''') \ 0.4323973 \ldots\ldots\ldots\ldots & 0.4323973 \\
\sin(\text{L}^{\text{iv}} - \text{C}) \ 9.4086276 & \sin(\text{C} - \text{L}''') \ 9.4358045 \\
\hline
0.6219357 \qquad 9.7937462 & 0.131188 \qquad 9.1178941 \\
0.131188 & \\
\hline
0.753125 \qquad 9.8768671, \quad & \text{tang } \delta = 36°\,59'\,4''.
\end{array}
$$

Ce second calcul est moins sûr que le précédent, à cause de la petitesse des angles (C — L''') et (L^{iv} — C). Une seconde d'erreur sur C, et par conséquent sur (L^{iv} — C), ferait varier le log du premier terme de 205, et le nombre de 0.000029, le logarithme tang δ de 185, et δ de 4''.

Au reste, on sent bien que pour avoir les deux δ entièrement égaux, il faudrait tenir compte des fractions de seconde dans tout le calcul, et ce genre d'observation est si peu exact, qu'il est même bien·superflu d'employer les unités de seconde ; on pourrait sans scrupule prendre tous les logarithmes à vue dans les tables de Callet ou de Gardiner, et sans aucune partie proportionnelle. Il est visible en effet que sans le plus grand hasard, une comète ou un astre quelconque ne peut se rencontrer bien exactement dans un plan avec deux étoiles connues, et que la difficulté augmente encore considérablement, si elle doit se trouver en même temps dans un autre plan avec deux autres étoiles. Les observateurs ne donnent pas eux-mêmes les alignemens comme bien rigoureux, ils avertissent que la comète paraissait à quelques minutes hors de l'alignement. Dans ce cas, après avoir résolu rigoureusement le problème et trouvé le point d'intersection, on placera la comète aux environs de ce point; d'après les notes de l'observateur.

123. Quelquefois on n'observe qu'un seul alignement à deux étoiles, et l'on y joint la distance à l'une des deux étoiles, AC, par exemple ; alors on se contente de chercher l'angle PAB, et le triangle PAC résout le problème.

Les distances peuvent se mesurer avec le cercle de Borda, ou avec les cercles ou sextans de réflexion dont nous parlerons au chapitre de l'Astronomie nautique. Cette ressource n'est pas à négliger dans les voyages ; mais dans les observatoires fixes, la machine parallactique, et surtout les instrumens placés dans le méridien, sont toujours préférables.

124. On détermine encore la position d'un astre par sa hauteur, et son azimut avec la hauteur du pôle ; il n'en faut pas davantage pour calculer l'angle horaire et la distance au pôle. Si l'on y joint l'heure de l'observation, on aura l'ascension droite du milieu du ciel et celle de l'astre.

125. Flamstéed est le premier astronome qui ait habituellement observé les ascensions droites et les déclinaisons au méridien avec une pendule et un mural. Les passages au méridien sont marqués dans son Histoire céleste, à moins d'une seconde près le plus communément ; on pourrait donc croire les différences d'ascension droites exactes à moins de 30″ de degré près. Mais, sans parler des déviations inégales du mural (27), il paraît que les secondes n'ont pas toujours été obser-

vées ou écrites avec un grand scrupule, et j'ai quelquefois trouvé jusqu'à quatre secondes de différence entre les deux mêmes étoiles observées à quelques jours d'intervalle, ce qui produit une erreur d'une minute de degré : d'ailleurs la nutation et l'aberration qui étaient inconnues au tems de Flamstéed, font qu'il est impossible de compter à une minute près sur les longitudes de ce Catalogue. Au reste, comme les observations sont imprimées, on peut y recourir pour en faire le calcul plus exactement.

Le catalogue de Flamstéed contient 2884 étoiles ; il a paru, en 1725, dans son Histoire céleste. Halley avait donné une édition moins complète de ce grand Ouvrage en 1712. Il remplaça Flamstéed à l'observatoire de Greenwich. Il y plaça une lunette méridienne pour observer les passages ; mais bientôt ayant obtenu un grand quart de cercle de Sisson, il y observa les passages aussi bien que les distances au zénit.Le recueil de ces observations ne paraîtra probablement jamais. Maskelyne, à qui j'avais demandé toutes les oppositions de Jupiter et de Saturne observées par Halley, m'avertit, en me les communiquant, qu'elles ne valaient guères mieux que celles de Flamstéed : *Vix ac ne vix quidem Flamstedianis anteponendæ.* Ce sont les termes de sa lettre.

En 1750, Zanotti fit paraître dans ses *Ephémérides* un catalogue des principales étoiles dont il avait déterminé les positions avec l'aide de Matheucci et de Brunelli. Il y donne la longitude et la latitude, l'ascension droite en tems sidéral et en tems solaire moyen et en degrés, la déclinaison et les mouvemens pour soixante ans. Ce catalogue a été réimprimé dans les *Ephémérides* de Berlin, où l'on attribue quelques erreurs en ascensions droites, à la position de la lunette qui ne tournait pas assez exactement dans le méridien.

126. Dès 1742 Lemonnier avait entrepris de déterminer de nouveau les ascensions droites des étoiles ; et à différentes époques, dans ses Observservations imprimées au Louvre, il a donné en plusieurs parties un catalogue d'étoiles zodiacales.

Vers le même tems, La Caille avait entrepris un travail semblable et plus considérable, fondé tout entier sur la méthode des hauteurs correspondantes, dont nous parlerons ci-après. Il compara ainsi Sirius et la Lyre au Soleil, pour en avoir les ascensions droites absolues : ces deux
étoiles

étoiles lui servirent ensuite à déterminer les autres au nombre de 395.
Une partie de ce travail fut faite au Cap de Bonne-Espérance,
et l'on y trouve les étoiles les plus brillantes dans toutes les parties du
ciel. Il y a joint les longitudes et les latitudes pour celles dont on
fait le plus d'usage. Lalande compléta cette partie du catalogue dans la
seconde édition de son *Astronomie*. La Caille avait profité de son séjour
au Cap, pour nous donner la pleine connaissance du ciel austral. Il plaçait dans le méridien une lunette garnie d'un réticule rhomboïde, et il
observait tout ce qui passait dans une nuit par le champ de sa lunette
immobile. De cette manière il détermina dix mille étoiles, toutes comprises entre le pôle austral et le tropique du Capricorne. On trouve ces
observations dans son *Ciel austral*, avec des tables qui abrégeraient les
calculs, car il ne les a faits lui-même que pour 1942 étoiles.

Les anciennes constellations formées, soit par les astronomes d'Alexandrie, soit par les navigateurs portugais, soit enfin par Halley qui avait
été observer à l'île Sainte-Hélène, ne suffisaient pas pour un si grand
nombre d'étoiles; La Caille en forma de nouvelles auxquelles il donna
la figure de divers instrumens qui servent aux savans et aux artistes. Il
en fit graver une carte qui a été depuis plusieurs fois réimprimée.

La méthode expéditive qu'il avait imaginée pour dresser son catalogue
austral, pouvait admettre des erreurs de 10 à 20″; mais cette exactitude
était suffisante pour des étoiles dont on ne peut faire un usage très-
fréquent. Celle des hauteurs correspondantes était trop pénible et trop
longue pour rectifier et compléter la partie boréale du ciel. La Caille
se procura une lunette méridienne, qui n'était à la vérité que d'une bonté
médiocre, et avec laquelle cependant il nous a donné un catalogue zodia-
cal, qui est en ce genre son meilleur ouvrage, et que j'ai trouvé plus
précis et plus sûr même que le catalogue de 400 étoiles qui lui a servi de
fondement.

Il comparait chacune des étoiles qu'il voulait vérifier, à trois ou quatre
étoiles de son premier catalogue, et par ce moyen les petites erreurs
dont les hauteurs correspondantes sont susceptibles, se trouvaient com-
pensées en grande partie; mais la mort le surprit avant la fin de ce travail; il n'eut pas le loisir d'en terminer les calculs, et l'astronome qui le
suppléa était un calculateur beaucoup moins sûr. On a trouvé des fautes
graves dans ce catalogue, qui parut dans les *Éphémérides* de 1765, et contient 515 étoiles.

1.   6o

127. Dans le tems que je m'occupais à vérifier tous les anciens catalogues, j'empruntai de Lalande les manuscrits de La Caille ; je recommençais tous les calculs, que je comparais à mesure avec mes observations. Je me proposais de vérifier ainsi toutes ces ascensions droites, les plus exactes peut-être de toutes celles qui ont été observées à cette époque, et qui pourront un jour être d'une grande utilité pour déterminer les mouvemens propres des étoiles. La méridienne est venue interrompre ces vérifications que je n'ai pas encore eu le loisir de reprendre. Il me reste même un grand nombre de passages au méridien observés par moi, dont les résultats sont encore à calculer, ou au moins inédits ; mais c'est la partie achevée qui m'a donné la précession de 5o″,1, et qui m'a fait penser que les étoiles zodiacales de La Caille méritaient la préférence sur toutes les autres.

128. Nous avons du célèbre Mayer un catalogue de 998 étoiles zodiacales, qui jouit d'une grande réputation, quoiqu'il m'ait semblé bien moins précis. Il a paru dans les œuvres posthumes de Mayer, publiées par M. Lichtenberg en 1775 ; il a été réimprimé dans la Connaissance des Tems de 1778, et dans les Éphémérides de Berlin. L'auteur n'avait donné que les ascensions droites et les déclinaisons ; j'en ai calculé les longitudes et les latitudes pour 1756, avec l'obliquité 23° 28′ 16″, établie par Mayer même, et j'ai fait tous les calculs par deux méthodes différentes, pour éviter les erreurs. M. Koch a fait un travail semblable dans les Éphémérides de Berlin, et il a réduit toutes les longitudes à 1800. Les miennes se trouvent dans la Connaissance des Tems de 1788.

Enfin nous avons de Bradley un catalogue de 587 étoiles, qui jouit d'une grande réputation, malgré des erreurs assez nombreuses que j'ai relevées dans la Connaissance des Tems de 1790 ; mais depuis ce tems, M. Hornsby en a publié une édition très-correcte dans le premier volume des observations de Bradley, et c'est son édition seule qu'il conviendra désormais de consulter. D'ailleurs on trouve dans le même volume toutes les observations sur lesquelles il est fondé, et dont on pourrait recommencer les calculs.

129. M. Maskelyne, successeur de Bradley, voulut examiner de nouveau et avec plus de soin encore les positions des 34 étoiles que Bradley avait prises pour termes généraux de comparaison. Il commença par déterminer leurs différences de passage relativement à la luisante de

l'Aigle. Cette étoile, comparée au soleil vers le tems des équinoxes, lui donna l'ascension droite absolue qui lui parut de 4″ plus grande que celle que lui avait assignée Bradley. Tous les astronomes adoptèrent ce beau travail, qui servit de base à toutes les observations qu'ils firent pendant trente ans. L'auteur y fit quelques petits changemens à diverses époques. De plus longues recherches le conduisirent à retrancher ensuite les 4″ de degré, ou les 0″,267 de tems qu'il avait ajoutées à l'ascension droite de l'Aigle et de toutes les autres étoiles.

Ce changement, qui tient à une si petite fraction, causa cependant une espèce de fermentation dans les esprits des astronomes. Lalande examina les observations que publiait M. Maskelyne ; il crut que la correction était encore plus forte, et devait passer 5″ ou 0″33 de tems.

Je me bornai à la correction proposée par M. Maskelyne, dans mes *Recherches sur la théorie du soleil;* mais après avoir déterminé l'époque de la longitude moyenne par plus de 1200 observations, soit de Bradley, soit de M. Maskelyne, je voulus vérifier aussi cet élément essentiel. Quatre équinoxes, deux de printemps et deux d'automne, déterminés chacun par plus de 500 observations faites au cercle de Borda, m'ont fait pencher vers la correction de 5″ qui se trouve entre celles de M. Maskelyne et Lalande. On peut dire au reste qu'un changement de 1″ de degré sur les ascensions droites ou la position du point équinoxial, est plutôt une confirmation qu'une correction des nombres de M. Maskelyne.

130. Les 34 étoiles sont presque suffisantes pour les besoins journaliers de l'Astronomie, quand l'observateur est muni d'une bonne lunette méridienne ; il est pourtant encore plus d'une occasion où l'on aurait besoin d'un catalogue plus étendu. Les comètes sont rarement visibles au méridien. Dans les tems nébuleux on peut quelquefois n'apercevoir aucune de ces étoiles principales, on a besoin souvent d'étoiles fort différentes en déclinaison, pour constater en peu de temps la déviation de l'instrument des passages. On est alors contraint de recourir aux catalogues anciens qui n'ont plus aujourd'hui la précision qu'ils avaient au tems de leur formation; ces raisons nous engagèrent, M. de Zach, à Gotha, et moi dans mon observatoire de la rue de Paradis, à vérifier ces catalogues auxquels on n'ose plus se fier. M. de Zach a publié son travail à la suite de ses Tables du soleil, première édition. Je n'ai

publié du mien que fort peu de fragmens ; je me propose d'y revenir. J'avois déjà observé quatre ou cinq fois au moins toutes les étoiles de La Caille , Mayer , Bradley , Zanotti ; j'étois occupé des étoiles de Flamstéed et d'Hévelius , qui ne se trouvaient dans aucun des catalogues précédens , et mes observations pourront faire connaître l'état du ciel vers 1790.

131. M. Cagnoli , vers 1785, s'occupait à Paris d'un catalogue entièrement nouveau, et tout fondé sur ses propres observations ; il a continué ce travail à Vérone, et il l'a publié dans les Mémoires de la Société italienne. Son catalogue contient 501 étoiles, pour chacune desquelles il a fait calculer par mes formules et celles de Lambert, des tables particulières d'aberration et de nutation qu'il a distribuées à tous les astronomes.

132. M. Piazzi a repris de même tout cet ouvrage par les fondemens , et il a publié à Palerme un catalogue de 6500 étoiles pour l'époque de 1800 , dont il a comparé les positions avec celles qui leur sont assignées dans les catalogues précédens. Pour les ascensions droites des principales étoiles, il s'accorde parfaitement avec M. Maskelyne. Pour les déclinaisons, les différences entre les deux astronomes sont plus grandes que celles qu'on croyait possibles dans l'état actuel de l'Astronomie. Les astronomes paraissent donner la préférence aux déclinaisons de M. Piazzi, déterminées avec un instrument plus moderne. D'autres ont cru trouver, dans les observations mêmes de M. Maskelyne, des moyens pour faire disparaître cette différence.

133. Nous ne terminerons pas ce chapitre sans parler de l'immense travail de M. Lefrançais-Lalande sur les étoiles boréales. Il en a déterminé 50000 avec un grand quart de cercle de Bird. Il en a publié les observations dans l'Histoire Céleste, imprimée au Louvre ; il s'occupe des calculs, et déjà il a publié plusieurs catalogues détachés de ce grand ouvrage, où l'on trouve les ascensions droites et les déclinaisons de plus de 2000 étoiles.

134. Nous avons cité plus haut l'Uranométrie de Bayer, où le ciel étoilé était figuré dans 51 cartes qui n'ont jamais pu être d'une utilité bien réelle aux astronomes, parce qu'il n'y a pas mis les cercles de déclinaison et de latitude en assez grande quantité.

On pourrait faire un reproche à peu près pareil aux 54 cartes qui composent le *Firmamentum Sobiescianum* d'Hévélius, beaucoup mieux exécuté d'ailleurs, mais dans lequel les figures d'hommes ou d'animaux trop fortement marquées, empêchent de distinguer les étoiles. Ptolémée prescrivait de faire les figures au simple trait, VIII, 3.

Jules Schiller avait eu l'idée bizarre de changer toutes les constellations du ciel pour substituer des saints et des patriarches aux figures auxquelles les astronomes sont accoutumés de tout temps. Cette tentative n'eut heureusement aucun succès.

135. Les astronomes se sont long-temps servis du grand Atlas en 28 feuilles que Flamstéed avait composé d'après son grand catalogue. Cet Atlas a été réduit par Fortin en un format beaucoup plus petit, et cependant presque aussi utile et beaucoup plus commode. M. Bode en a donné deux réductions du même format.

L'Atlas de Doppelmayer, publié en 1742, paraît fait pour les amateurs de l'Astronomie plutôt que pour les astronomes. On y voit, sur les mouvemens planétaires et cométaires, des choses qu'on ne trouve dans aucun autre. En général c'est un ouvrage d'un goût assez bizarre.

Celui dont on fait maintenant le plus d'usage est celui que M. Bode a publié à Berlin, et dans lequel il a placé les nouvelles constellations et un grand nombre d'étoiles tirées de l'Histoire Céleste française, et du Ciel Austral de La Caille, avec les noms arabes des principales étoiles. Ces cartes sont les plus détaillées et les plus complètes que nous possédions. On peut regretter seulement que les caractères et les lettres ne soient pas assez simples et assez faciles à lire.

136. M. Harding a déjà publié neuf feuilles du zodiaque des nouvelles planètes, c'est-à-dire de la zône du ciel où ces planètes accomplissent leurs révolutions. On y trouve toutes les étoiles observées jusqu'ici et un assez grand nombre d'autres qu'il a placées à vue d'après lui-même, en comparant ses cartes au ciel. Il a supprimé les figures, ou il n'en a marqué que les contours au simple trait, pour qu'on pût distinguer jusqu'aux moindres étoiles. Cette suppression offre plus d'avantages que d'inconvéniens. Il a supprimé les cercles de latitude pour ne donner que ceux de déclinaison, quoique les déclinaisons varient sans cesse par le déplacement de l'équateur.

Après ces grands ouvrages, il est assez inutile de parler des cartes partielles ou des planisphères dont l'usage est presque abandonné. Nous ne citerons que le zodiaque de Senex et celui de Dheuland, exécuté sous la direction de Lemonnier. Il peut être utile pour reconnaître les étoiles qui peuvent être éclipsées par la lune. Nous indiquerons encore les deux hémisphères de Vaugondi.

137. Un globe céleste est utile quelquefois pour trouver sans calcul l'état du ciel à un instant et pour une latitude donnée. Pour plus de commodité, le méridien doit être en cuivre avec un vertical mobile qu'on fixe par un bout au point que l'on prend pour zénit.

Quant aux grands globes que l'on voit dans quelques bibliothèques, ce sont des machines purement curieuses, et dont jamais astronome ne fera le moindre usage.

138. On a fait des globes dont les pôles sont mobiles et peuvent décrire un cercle à 23° ½ du pôle de l'écliptique ; ces globes peuvent représenter l'état du ciel en tout temps. En faisant rétrograder ces pôles de 28° environ, on aura leurs positions telles qu'elles étaient il y a deux mille ans, et l'on pourra sans calcul résoudre, au moyen du globe, tous les problèmes d'astronomie sphérique ; rendre sensible les levers et les couchers des différentes constellations, et mieux comprendre quelques passages des auteurs anciens : cette idée est ingénieuse et simple, mais il faut qu'elle soit exécutée avec précision. Ptolémée, VIII,3.

139. Voici le tableau des constellations tant anciennes que modernes. Elles ne comprennent pas toutes les étoiles qui sont dans les catalogues ; ainsi à la suite de chaque constellation, on trouve dans Ptolémée plusieurs étoiles qu'il appelle *informes* (ἀμόρφωτοι), parce qu'elles ne sont pas renfermées dans la figure, et qu'elles en sont seulement plus voisines que d'aucune autre.

Anciennement le Scorpion formait deux signes : *porrigit in spatium signorum membra duorum*. Ovid. Le premier qui s'appelait les Serres (χηλαὶ) porte aujourd'hui le nom de la Balance (ζυγὸς). Les savans ne sont pas d'accord entre eux sur l'époque à laquelle il a pris ce dernier nom qui se trouve déjà dans le texte de Ptolémée, mais non dans son catalogue. Voyez livre IX chapitre VII, où il rapporte une observation des Chaldéens, suivant laquelle Mercure était au-dessus de la *Balance australe*, et par conséquent, ajoute Ptolémée, dans 14½ degrés des *Serres, suivant nos principes*.

Les Constellations de Ptolémée sont au nombre de 48.

1. Petite Ourse, ou Cynosure queue du chien.
2. Grande Ourse.
3. Dragon.
4. Céphée.
5. Le Bouvier.
6. La Couronne boréale.
7. L'Agenouillé (Hercule).
8. La Lyre.
9. La Poule, ou le Cygne.
10. Cassiépée (Cassiopée).
11. Persée.
12. Le Cocher.
13. Ophiuchus, ou le Serpentaire.
14. Le Serpent.
15. La Flèche (et le Renard).
16. L'Aigle et Antinoüs.
17. Le Dauphin.
18. Section antérieure du Cheval (petit Cheval).
19. Le Cheval. Pégase.
20. Andromède.
21. Le Triangle.
   Toutes ces constellations sont au nord; les suivantes sont dans le zodiaque.
22. Le Belier (et la Mouche).
23. Le Taureau.
24. Les Gemeaux.
25. Le Cancer, ou l'Ecrevisse.
26. Le Lion (auquel il a joint quelques étoiles de la chevelure de Bérénice).
27. La Vierge.
28. Les Serres (la Balance).
29. Le Scorpion.
30. Le Sagittaire.
31. Le Capricorne.
32. Le Verseau.
33. Les Poissons.

Constellations australes.

34. La Baleine.
35. Orion.
36. Le Fleuve (l'Eridan).
37. Le Lièvre.
38. Le Chien.
39. Procyon, ou le Chien précurseur.
40. Argo.
41. L'Hydre.
42. La Coupe.
43. Le Corbeau.
44. Le Centaure.
45. La Bête (le Loup).
46. L'Autel.
47. La Couronne australe.
48. Le Poisson austral.

Les constellations ajoutées par Hévelius sont :

1. Antinoüs au-dessous de l'aigle.
2. Le Mont Menale auprès du Bouvier.
3. Les Chiens de chasse Asterion et Chara.
4. La Giraffe.
5. Cerbère entre les mains d'Hercule.
6. La Chevelure de Bérénice.
7. Le Lézard.
8. Le Lynx.
9. L'Ecu de Sobieski.
10. Le Sextant d'Uranie.
11. Le petit Triangle.
12. Le petit Lion.

Les constellations ajoutées par Halley dans la partie australe, sont :

1. La Colombe.
2. Le Chêne de Charles II.
3. La Grue (Voyez Bayer).
4. Le Phénix.
5. Le Paon.
6. L'Oiseau Indien ou sans pied.
7. La Mouche.
8. Le Caméléon,
   Sans compter le Cœur de Charles II, qu'il a placé sur le collier de Chara l'un des Chiens d'Hévelius.

Constellations australes

	de Bayer.	*de La Caille.*

<table>
<tr><td>

de Bayer.

1. L'Indien.
2. La Grue.
3. Le Phénix.
4. L'Abeille, ou la Mouche.
5. Le Triangle austral.
6. L'Oiseau de Paradis.
7. Le Paon.
8. Le Toucan.
9. L'Hydre mâle.
10. La Dorade.
11. Le Poisson volant.
12. Le Caméléon.

</td><td>

de La Caille.

1. L'Atelier du sculpteur.
2. Le Fourneau chimique.
3. L'Horloge astronomique.
4. Le Réticule rhomboïde.
5. Le Burin du graveur.
6. Le Chevalet du peintre.
7. La Boussole.
8. La Machine pneumatique.
9. L'Octant.
10. Le Compas et le Cercle.
11. L'Equerre et la règle.
12. Le Télescope.
13. Le Microscope.
14. La Montagne de la Table.
15. Grand et petit Nuage.
16. La Croix........*Royer.*

</td></tr>
</table>

Autres Constellations modernes.

Le Renne	*Lemonnier.*
Le Solitaire	*Idem.*
Le Messier.............	*Lalande.*
Le Taureau de Poniatowski.,	*Poczobut.*
Les Honneurs de Frédéric...	*Bode.*
Le Sceptre de Brandebourg..	*Idem.*
Le Télescope de Herschel. .	*Idem.*
Le Globe aérostatique	*Idem.*
Le quart de Cercle mural...	*Idem.*
Le Chat	*Idem.*
Le Loch.................	*Idem.*
La Harpe de George......	*Hell.*

Voyez, pour de plus grands détails, le catalogue de 17240 *étoiles nébuleuses et amas d'étoiles*, publié par M. Bode en 1801, pour servir de suite à son grand Atlas, et le premier volume de l'Astronomie de Lalande.

On appelle *nébuleuses* des étoiles qui ressemblent à des nuages et qui pour la plupart sont des *amas de petites étoiles* imperceptibles qu'on distingue dans les forts télescopes.

CHAPITRE

CHAPITRE XVII.

Route annuelle du Soleil.

Nous avons tiré des observations des étoiles tout ce qu'elles pouvaient nous donner quant à présent, employons les mêmes moyens pour examiner la marche du soleil, pour voir si nous ne pourrons pas éclaircir les doutes qui nous restent sur les mouvemens annuels soit du pôle, soit des étoiles.

1. Au moyen du catalogue d'étoiles, nous sommes en état de connaître et de rectifier chaque jour le mouvement de la pendule; alors la pendule nous donnera pour chaque moment du jour le point de l'équateur qui est au méridien, en supposant qu'elle marque zéro à l'instant du passage de γ de Pégase : car cette étoile étant à fort peu près celle vers laquelle se dirigeait le mouvement du pôle au commencement de 1800, son mouvement le long de l'équateur est vraiment insensible; en effet, dans le terme $20'' \sin \text{Æ} \cot \Delta$, le facteur $\sin \text{Æ}$ est presque $= 0$, et $\cot \Delta = \tang 14°$ est une petite fraction; ensorte que le mouvement annuel ne peut être au plus que de $0''1$ de degré. Nous pouvons donc supposer l'ascension droite de cette étoile constante pendant une année entière, du moins en supposant $\cot \omega = 0$ dans le terme $+ 20'' \cot \omega$; mais ce terme même étant commun à tous les astres, peut se négliger pour tous, quand on les compare les uns aux autres.

2. Supposons donc qu'on ait observé une étoile dont l'ascension droite en tems le premier janvier 1800, était de $\quad 5^\text{h} 41' 23'' 58$

soit le petit terme $\dfrac{20'' \sin \text{Æ} \cot \Delta}{15.365} \times$ nombre de jours écoulés depuis.. $= +$ $\qquad$ 0.46

la pendule aurait dû marquer au passage de l'étoile... $\quad$ 5.41.24.04

supposons qu'elle ait marqué..................... $\quad$ 5.43.59.58

la correction de la pendule sera.................. $\quad$ — 2.35.54

supposons encore que le soleil ait passé à........ $\quad$ 6.53.42.10

nous en conclurons que l'ascension dr. du soleil sera de $\quad$ 6.51. 6.56

c'est-à-dire que le soleil a passé $6^h\,51'\,6''\,56$ après γ Pégase que nous avons supposé passer à zéro.

3. Pour confirmer ce résultat, une heure ou deux après le passage du soleil, ou plutôt s'il est possible, on observe une autre étoile; si l'on trouve la même correction, l'ascension droite du soleil sera bonne; si l'on trouve quelques dixièmes de seconde de plus ou de moins, on supposera que la correction aura varié proportionnellement au tems, et l'on trouvera par une règle de trois, ce qu'elle a dû être à midi.

4. On emploie ainsi trois ou quatre étoiles pour avoir la correction plus exacte à midi vrai. L'ascension droite des étoiles a besoin encore de quelques corrections, qui ne sont connues que depuis 70 ou 80 ans, et que nous sommes obligés de négliger en ce moment sans beaucoup d'inconvénient.

5. Le passage du soleil au méridien ne suffit pas; on observe la distance du zénit au bord supérieur et inférieur; la demi-somme est la distance du zénit au centre du soleil. On corrige cette distance, en ajoutant la réfraction, et en retranchant la parallaxe qui est de $8''.6 \sin N$; enfin on ajoute la distance du pôle au zénit, la somme est la distance du soleil au pôle. La différence de distance des deux bords est le diamètre du soleil, sur quoi il est bon de faire une remarque.

6. Si l'on a, dans ces deux observations, rendu les bords du soleil tangens aux deux côtés opposés du fil, on aura le diamètre du soleil augmenté du diamètre du fil. Si l'on a observé le contact au même bord du fil, on aura le diamètre exact du soleil; mais la demi-somme des distances au zénit sera trop forte ou trop faible du demi-diamètre du fil, c'est-à-dire de 3 à $4''$ communément.

7. Il serait donc très-utile de connaître le diamètre du fil, ce qui n'est pas très-aisé. On roule un fil pareil à celui de la lunette autour d'un cylindre, en observant que tous les tours se suivent exactement sans intervalle ni superposition, ce qu'on examine à la loupe; on couvre ainsi le cylindre dans une longueur de quelques millimètres, on divise le nombre des millimètres par celui des tours; on divise ensuite le quotient par la longueur focale de l'objectif, et l'on a le sinus du diamètre du fil.

8. Le temps écoulé entre le passage du premier et du second bord du soleil au même côté du fil, donnera le diamètre horizontal en tems. Si l'on observe le contact aux bords opposés du même fil, on aura le diamètre du soleil augmenté du diamètre du fil; mais, de quelque manière qu'on ait observé, on multiplie le passage par $\dfrac{15 \sin \text{dist. polaire}}{1 + \dfrac{x''}{86400''}}$,

x'' étant le nombre de secondes que la pendule a marqué au – delà des 24^h entre les deux retours du soleil au méridien, et l'on a le diamètre observé réduit en parties du grand cercle; on en retranche le diamètre du fil s'il est nécessaire, et l'on a le diamètre horizontal. On le comparera au diamètre vertical avec lequel il doit s'accorder, si le soleil est parfaitement rond. Quelques astronomes ont cru y remarquer des différences qui ne sont pas encore suffisamment constatées.

9. En comparant les observations du soleil en différens tems, on remarquera facilement que les diamètres observés croissent et décroissent régulièrement pendant six mois; que le plus grand diamètre s'observe vers le solstice d'hiver, et le plus petit vers le solstice d'été. La différence monte à $\frac{1}{60}$ en plus ou en moins; d'où il résulte que la distance du soleil à la terre est plus petite de $\frac{1}{60}$ en hiver, et plus grande en été de $\frac{1}{60}$ que la distance moyenne qui a lieu vers les équinoxes. Les anciens qui n'avaient ni lunettes, ni bons instrumens, n'avaient pas remarqué ces différences, et ils supposaient le diamètre du soleil constant, quoique d'après leurs théories mêmes les distances dussent varier d'un trentième.

10. On remarque bien plus facilement que la distance du soleil au zénit va toujours croissant du solstice d'été au solstice d'hiver, et toujours décroissant du solstice d'hiver au solstice d'été; que ce mouvement vers l'un des pôles est fort lent vers les solstices, nul ou à peu près le jour du solstice, et qu'il va croissant du solstice à l'équinoxe suivant où il est le plus fort, et de $1'$ par heure à fort peu près. On remarquera en même temps que la variation de distance est alors la plus régulière; ensorte qu'on peut toujours supposer que d'un midi à l'autre, elle est proportionnelle au tems, et que de la distance au zénit observée au méridien, on peut toujours conclure avec sûreté la distance pour un instant quelconque de la journée.

11. Si l'on compare les ascensions droites déduites de plusieurs ob-

servations consécutives, on en conclura facilement que la variation
d'ascension droite est toujours sensiblement uniforme pendant 24^h,
quoique dans l'espace de trois mois le mouvement diurne sur l'équateur
puisse varier de près d'une minute de tems.

Ainsi de l'ascension droite du soleil observée à midi, on pourra
toujours conclure fort exactement l'ascension droite pour un instant
quelconque de la journée.

12. Je suppose qu'on ait observé le soleil pendant un an entier,
c'est-à-dire 365 jours ; si l'on continue ces observations, on verra tous
les mêmes phénomènes revenir dans le même ordre.

On trouvera les mêmes retours et les mêmes périodes annuelles des
mouvemens des distances au pôle et des diamètres, si l'on compare
les observations de ce siècle à celles d'un autre siècle, et particuliè-
rement aux observations de La Caille, le Monnier et Bradley ; mais
il n'est pas besoin d'attendre si long-tems pour commencer les calculs.

13. La première chose que nous ayons à vérifier, c'est la courbe
que décrit le soleil ; est-elle un grand cercle ? et dans ce cas à quel point
et sous quel angle traverse-t-elle l'équateur ?

Supposons que le premier jour on ait observé la distance du soleil
au pôle PA (fig. 152), et l'ascension droite du point D de l'équateur
qui passe au méridien avec le soleil ;

Qu'à un mois ou deux de là on ait observé la distance PC et le point
E de l'équateur qui passe avec le soleil, on connaîtra DE = différence
des ascensions droites $= d\,\mathcal{R} = $ P ; dans le triangle CPA, on connaît
PC, PA et P, on aura

$$\operatorname{tang} A = \frac{\sin P}{\sin PA \operatorname{cotang} PC - \cos PA \cos P}.$$

Le triangle rectangle ADF donne

$$\operatorname{tang} DF = \operatorname{tang} A \sin AD = \operatorname{tang} A \cos PA =$$
$$\frac{\sin P \cos PA}{\sin PA \cot PC - \cos PA \cos P} = \frac{\sin P \operatorname{cotang} PA \operatorname{tang} PC}{1 - \cos P \operatorname{cotang} PA \operatorname{tang} PC}$$
$$= \frac{\sin P \operatorname{cotang} \Delta \operatorname{tang} \Delta'}{1 - \cos P \operatorname{cotang} \Delta \operatorname{tang} \Delta'}.$$

14. Par ce moyen, si la route du soleil est un grand cercle avec

deux points A et C de cette courbe, nous aurons le cercle entier, l'une de ses intersections F avec l'équateur, et par conséquent aussi l'intersection ou le nœud opposé qui est nécessairement à 180° de F.

15. Nous aurons encore l'angle F et l'arc AF, ainsi que l'arc CF ; car $\tang F = \dfrac{\tang AD}{\sin DF} = \dfrac{\tang CE}{\sin EF} = \dfrac{\cotang \Delta}{\sin \mathcal{R}} = \dfrac{\cotang \Delta'}{\sin \mathcal{R}'}$; en comptant l'ascension droite du soleil du point équinoxial F.

On a de même $\cos AF = \sin \Delta \cos \mathcal{R}$; $\cos CF = \sin \Delta' \cos \mathcal{R}'$, et ces doubles valeurs s'accordent nécessairement si l'on a bien calculé.

16. Si toutes nos observations s'accordent pour l'angle et le point F de l'équateur, nous serons sûrs que la route du soleil est un grand cercle, et c'est ce que les astronomes ont toujours reconnu, ce qui n'a jamais fait le moindre doute, parce que toutes les observations se sont toujours accordées dans des limites qui étaient celles des erreurs probables de l'observation.

17. Supposons pour plus de simplicité $\Delta = \Delta'$ ou $\tang \Delta' \cotang \Delta = 1$, la formule devient $\tang DF = \dfrac{\sin P}{1 - \cos P} = \dfrac{2 \sin \frac{1}{2} P \cos \frac{1}{2} P}{2 \sin^2 \frac{1}{2} P} = \cotang \tfrac{1}{2} P$.

Dans ce cas le triangle est isoscèle ; abaissez la perpendiculaire PmM (fig. 152), elle coupera en deux également l'angle P et les bases AC, DE ; vous aurez $MD = ME = \tfrac{1}{2} DE = \tfrac{1}{2} P = APM = EPM$; donc $DF = 90° - \tfrac{1}{2} DE$, ce qui dispense de tout calcul trigonométrique.

Dans tous les cas, que PA et PC soient égaux ou inégaux, abaissez la perpendiculaire Pm, vous aurez

$$\tang Pm = \tang PA \cos APm = \tang PC \cos CPm$$

$$\tang PA \cotang PC = \frac{\cos CPm}{\cos APm} = \frac{\cos(P - x)}{\cos x} = \frac{\cos P \cos x + \sin P \sin x}{\cos x}$$

$$= \cos P + \sin P \tang x = \tang \Delta \cotang \Delta' ;$$

$$\sin P \tang x = \tang \Delta \cotang \Delta' - \cos P ;$$

donc

$$\tang x = \frac{\tang \Delta \cotang \Delta' - \cos P}{\sin P} = \frac{1 - \tang \Delta' \cotang \Delta \cos P}{\tang \Delta' \cotang \Delta \sin P}$$

et

$$\cotang x = \frac{\tang \Delta' \cotang \Delta \sin P}{1 - \tang \Delta' \cotang \Delta \cos P} = \tang DF \qquad (13);$$

donc AP$m = x = 90°$ — DF. Quelles que soient les distances PA et AL, la perpendiculaire tombera toujours sur les mêmes points m et M, tous deux à $90°$ de F, c'est-à-dire au point solsticial. Si les deux distances au pôle sont égales, le solstice sera au milieu de AC dans le cercle PM qui coupe en deux parties l'arc DE.

18. En comparant ainsi deux à deux les observations à peu près également éloignées du solstice, on aura PA et PC égaux à très-peu près. Si l'on avait une erreur dans les réfractions, dans la parallaxe, dans les divisions de l'instrument, l'erreur sera la même dans les deux observations ; elle ne changera pas le point d'intersection, elle n'altérera que l'angle F.

19. La formule que je viens de démontrer (13) est la plus générale que l'on puisse imaginer ; ce n'est pourtant pas celle dont se servent les astronomes ; ils s'attachent ordinairement à se donner PC $=$ PA (fig. 152), quoique jamais on ne puisse y parvenir par les seules observations ; quand ils ont observé PA, ils attendent que l'observation leur ait donné PK $<$ PA, mais de quelques minutes seulement ; le lendemain ils trouvent PI $>$ PA, alors ils font

$$\text{PI} - \text{PK} : \text{PI} - \text{PC} :: \text{HG} : \text{HE};$$

ils font DE $=$ DH — HE, et ils ont PC $=$ PA, et alors DF $= 90 - \frac{1}{2}$DE : ce calcul est, comme on voit, bien facile.

20. Mais on n'a pas toujours de cette manière un grand nombre de distances où l'on ait PA $=$ PI ; l'autre méthode (13) ne connaît presque pas de limites.

On combine deux à deux un grand nombre d'observations, et l'on a ainsi un grand nombre de fois la situation du point F, et l'on prend un milieu.

21. Au lieu de supposer $\Delta = \Delta'$, soit $\Delta + \Delta' = 180°$, alors

$$- \text{tang}\, \Delta' = \text{tang}\, \Delta; \quad \text{tang}\, \text{DE} = - \frac{\sin P}{1 + \cos P} = \frac{- 2 \sin\frac{1}{2} P \cos\frac{1}{2} P}{2 \cos^2\frac{1}{2} P}$$
$$= - \text{tang}\, \tfrac{1}{2} P = - \text{tang}\, \tfrac{1}{2}\, \text{DE}$$

dans la (fig. 153) F est sur le milieu de DE, mais plus avancé que D, au lieu que dans le premier cas il était moins avancé que D ; c'est ce que signifie le signe moins. Dans ce cas, les deux observations tombent de part et d'autre de l'équinoxe et à égales distances ; mais les distances au zénit peuvent alors être assez inégales ; les erreurs de réfraction et de division ne sont plus tout-à-fait les mêmes, ce qui serait un désavantage, s'il n'y avait pas un remède bien simple. Supposons que les erreurs des réfractions portent le soleil trop bas en e et d (fig. 153), le point F d'intersection sera porté en f trop avancé de l'arc Ff ; mais à l'équinoxe d'automne les mêmes causes portent le soleil plus bas en c et d, le point F sera porté en f trop peu avancé de l'arc Ff ; la distance entre les deux équinoxes, qui doit être de 180°, sera 180° — 2 Ff ; nous connoîtrons donc l'erreur Ff, nous en corrigerons chacun des deux points équinoxiaux de manière à trouver 180° entre les deux.

22. Cette dernière méthode paraît supposer à la vérité que l'on connaisse la latitude ou la distance du pôle au zénit ; mais, si l'on s'y trompe d'une certaine quantité, elle diminuera toutes les distances au pôle, ou les augmentera toutes de cette même quantité ; le point F sera déplacé en sens contraire dans les deux équinoxes consécutifs ; l'intervalle sur l'équateur entre les deux équinoxes sera 180° — 2Ff ou 180° — 2a. Soit F l'ascension droite du point équinoxial du printems, F' celle d'automne, comptées toutes deux de γ de Pégase ; on aura F' — F $=$ 180° — 2a, d'où F' $+$ $a =$ 180° $+$ F — a. F — a sera la position corrigée de l'équinoxe, en le supposant immobile. S'il avait un mouvement, cette position se rapporterait au milieu de l'intervalle, c'est-à-dire au tems du solstice d'été.

23. La même opération faite sur les observations de 1750 donne la position du point F au solstice d'été. En comparant cette position à celle de 1800, on aura le mouvement de F en 50 ans. Ainsi par les observations de La Caille et celles de Maskelyne, j'ai trouvé au point F un mouvement rétrograde de 46″.

En 1750, γ de Pégase et le point F différaient à peine de 6′ ; en 1800, la différence était augmentée de 58′ 20″ ou 2300″ dont le cinquantième est 46″. Il paraît donc que c'est du point équinoxial qu'il faut compter les ascensions droites des étoiles dans les calculs de la précession, car il est impossible de déterminer bien précisément vers quelle étoile le pôle paraît s'abaisser.

24. Mais, dans la supposition où le pôle décrirait un petit cercle autour d'un point C, nous avons vu (XVI. 92) que l'intersection de l'équateur avec le grand cercle décrit du pôle C, rétrograderait de $20''06$ cot CP, et que les ascensions droites se compteraient de cette intersection mobile. Ici nous voyons que le point équinoxial d'où se comptent naturellement les ascensions droites du soleil, rétrograde en effet de $46'$ par an. Ces rapprochemens suffiraient pour nous faire conclure que c'est aussi du point équinoxial qu'il faut compter les ascensions droites des étoiles, d'autant plus qu'en 1750 et 1800, ces points coïncident de manière à ne pouvoir être distingués. Nous en conclurons encore que c'est autour du pôle de l'écliptique que tourne le pôle du monde. Il ne restera plus le moindre doute, si nous égalons à $46''$ le mouvement $20'',06$ cot CP ; car nous en tirerons tang $CP = \dfrac{20'',06}{46.0} =$ tang $23°\ 28'$; donc le point C est le pôle même de l'écliptique.

25. Mais, dans cette même hypothèse, le coefficient

$$20'',06 = AA' \sin \omega \text{ (XVI. 89)}; \text{ donc } AA' = \frac{20'',06}{\sin 23°28'} = 5o',1;$$

donc les formules de tous ces mouvemens annuels seront,

Pour les points équinoxiaux et les longitudes.......................... $dL = 5o',1$

Pour les points équinoxiaux sur l'équateur et la première partie du mouvement en ascension droite (XVI. 86)......... $d\!R = 5o',1 \cos \omega$

Pour la seconde partie .... $d\!R = 5o',1 \sin \omega \cot \Delta \sin \!R$

Pour la distance polaire .... $d\Delta = 5o',1 \sin \omega \cot \!R.$

26. Ces formules sont l'expression fidèle des mouvemens observés. Ainsi nous voilà conduits à supposer que le pôle du monde décrit autour du pôle de l'écliptique un petit cercle dont la distance polaire est égale à cette obliquité; qu'il parcourt sur ce petit cercle un arc de $5o'',1$ par an, et qu'ainsi il en doit faire le tour en 25869 environ, si ce mouvement est uniforme.

27. Ce mouvement du pôle fait rétrograder le point équinoxial de $5o'',1$ par an le long de l'écliptique. Le point équinoxial vient donc à la rencontre du soleil, qui n'aura plus que $359°\ 59'\ 9'',9$ à faire sur l'écliptique, au lieu de $360°$ pour nous ramener l'équinoxe.

28.

28. L'équinoxe arrivera donc $20'\frac{1}{3}$ plutôt qu'il n'aurait fait sans ce mouvement rétrograde. Cette anticipation est connue sous le nom de *précession des équinoxes*. Mais, par extension, on désigne aussi sous le nom de *précession* tous ces mouvemens dont nous avons trouvé les formules.

29. Hipparque, qui les avait observés le premier, avait composé un *Traité de la rétrogradation* des points solsticiaux et équinoxiaux. Cet ouvrage est perdu; Ptolémée nous en a conservé quelques lignes dans lesquelles Hipparque témoigne que de son tems l'Épi de la Vierge ne précédait l'équinoxe d'automne que de 6°, au lieu de 8 qu'il trouvait par les observations de Timocharis. Remarquons, en passant, que ces nombres ronds de 6 et 8° n'annoncent pas une précision bien grande; deux degrés de précession à raison de 50' par an, indiqueraient un intervalle de 144 ans. Or, entre Timocharis qui observait environ l'an 295 avant notre ère, et Hipparque dont les dernières observations sont de l'an 125, il doit s'être écoulé de 160 à 170 ans. Il y avait donc environ un quart de degré d'erreur dans les observations; mais de toute manière ce mouvement de deux degrés donnerait une précession annuelle de 43 à 45″ qui tiendrait à peu près le milieu entre la valeur véritable et celle que lui assigne Ptolémée. Remarquons encore que la précession de 36″, et la différence qu'on suppose de 2° 40' entre les longitudes de Ptolémée et celles d'Hipparque, prouveraient un laps de tems de 267 ans entre ces deux astronomes; or Ptolémée ne suppose que 265 ans dans le calcul de l'observation dont il nous a laissé le détail. Mais, en retranchant 2° 40' des longitudes de Ptolémée, selon l'idée de Lalande, j'ai dû supposer 267 ans comme l'exige la précession de 36″. Au reste, deux ans de plus ou de moins, sur un intervalle de 1820 ans, ne changeraient rien à la conséquence que j'ai voulu tirer, et il n'en serait pas moins vrai que les longitudes de Ptolémée, comparées à celles de Flamstéed, font la précession trop forte au moins de 2″, au lieu que les longitudes d'Hipparque s'accordent bien mieux avec la précession que nous connaissons maintenant.

30. On trouve encore quelques observations d'Hipparque dans son Commentaire sur Aratus. Le Gentil a prétendu qu'elles pouvaient nous éclairer sur la véritable quantité du mouvement des équinoxes. J'ai refait tous les calculs après avoir pesé fort attentivement les expressions

d'Hipparque, et j'ai trouvé des valeurs qui variaient depuis 48 jusqu'à 52″. Ainsi l'on trouve tout ce qu'on veut dans ces observations qui d'ailleurs paroissent de la jeunesse d'Hipparque et d'un tems où il n'avait encore aucune idée de la précession, peut-être même aucun instrument, car il ne dit nulle part comment il a déterminé les positions qu'il rapporte probablement sur la parole des astronomes qui l'avaient précédé. Le Gentil concluait que la précession est de 49″,75. Je crois cette valeur beaucoup trop faible. J'ai trouvé 50″,1, ou un peu moins, par mes observations comparées à celles de Bradley, Mayer et La Caille. C'est tout ce qu'on peut faire de mieux pour le présent, et ce résultat me paraît plus certain que tout ce qu'on pourrait tirer d'Hipparque, de Ptolémée, de Tycho et même de Flamstéed.

31. Ptolémée, d'après les idées d'Hipparque, faisait tourner toute la sphère céleste en 36000 ans autour des pôles de l'écliptique, pour expliquer la précession ; il faisait tourner la sphère en 24 heures autour des pôles de l'équateur, pour rendre raison des phénomènes diurnes. On conçoit assez difficilement ce mouvement d'une même sphère autour de deux axes différens. Il fallait supposer deux calottes solides, transparentes et concentriques qui tournaient ensemble, mais avec des vitesses bien différentes. Tandis que la calotte intérieure tournait rapidement autour de l'équateur, et entraînait dans son mouvement la sphère des fixes, celle-ci devait rester un peu en arrière, la situation respective des deux sphères changeait tous les jours imperceptiblement, et ne devait se retrouver la même qu'après 36000 ans. Ce mécanisme peut encore se comprendre quoiqu'il soit impossible d'en assigner la cause physique ; mais que sera-ce si l'on rejette les cieux solides, et qu'on place les étoiles dans l'espace à des distances très-inégales de la terre ? et comment concevrait-on qu'elles s'accordassent toutes à revenir au méridien si exactement en 24^h, et à faire toutes ensemble une révolution en sens contraire en 25000 ans autour d'un autre axe que celui de l'équateur.

32. Nous pouvons épargner tous ces mouvemens d'une manière bien simple, si nous voulons abandonner l'idée de l'immobilité absolue de la terre. Qu'elle tourne autour de son axe en 24 heures sidérales, et nous supprimons des milliers de mouvemens dont la rapidité étonne l'imagination.

Les pôles de l'équateur sont les points où l'axe de la terre, prolongé par la pensée, percerait la voûte céleste. Si la terre était dans une immobilité parfaite, ces pôles seraient toujours les mêmes, mais imaginons que l'axe de la terre ait un mouvement conique fort lent autour des pôles de l'écliptique; qu'il se dirige successivement vers tous les points du petit cercle qu'on peut concevoir à 23°.28′ du pôle de l'écliptique, toutes les étoiles seront immobiles, elles conserveront la place qu'elles occupent dans l'espace; nous satisferons à moins de frais à toutes les apparences, et cette hypothèse aura du moins sur l'autre l'avantage de la simplicité. Nous avons dit (31) que l'on ne pouvait assigner aucune cause physique au mouvement de toutes les fixes et des pôles de l'équateur autour des pôles de l'écliptique, Newton a trouvé la cause du mouvement conique que nous pouvons attribuer à l'axe de rotation de la terre. Les géomètres modernes ont soumis ce phénomène au calcul. Tout est lié dans l'hypothèse moderne, tout est isolé et inexplicable dans l'hypothèse ancienne; mais n'admettons encore que ce que nous sommes parvenus à nous démontrer. Servons-nous des formules que nous avons trouvées pour la précession, puisqu'elles sont les résultats de phénomènes qu'elles représentent de la manière la plus parfaite, et ne prononçons rien encore sur le véritable système du monde.

33. Les anciens qui n'avaient pour déterminer les lieux des étoiles, d'autre moyen que de les comparer au soleil, en prenant la lune pour objet intermédiaire, avaient trouvé plus commode de rapporter tout à l'écliptique. Leurs armilles et leurs astrolabes leur donnaient immédiatement les longitudes et les latitudes; ils virent que les latitudes étaient constantes, que la précession en longitude était facile à calculer, au lieu que, faute de formules différentielles, ils eussent été contraints de recourir sans cesse au calcul trigonométrique, qui, par leurs méthodes, était si prolixe et si fastidieux. Il n'est donc pas étonnant que leurs catalogues soient rapportés uniquement à l'écliptique.

Cette disposition est la plus simple et en général la plus commode pour les calculs; mais, pour les observations modernes, il faut que les catalogues soient disposés selon les ascensions droites et les déclinaisons. Nous n'observons que des passages au méridien et des distances au pôle de l'équateur; c'est sur les données qu'elles nous fournissent immédiatement que j'ai voulu établir tout le système des connaissances astronomiques; et pour y procéder par ordre, j'ai dû suivre dans ce chapitre une route absolument nouvelle, et tirer des mouvemens observés les principes et les règles de calcul, sans me permettre aucune supposition arbitraire. Nous avons reconnu dans le pôle du monde un mouvement qui ne pouvait s'exécuter que dans un petit ou dans un grand cercle. Le grand cercle était un cas unique parmi une infinité que donnait le petit cercle. Après avoir commencé par le grand cercle à raison de sa simplicité, j'ai dû passer au petit cercle qui fournissait des formules plus générales et plus fécondes et les seules qui offrissent un système complet.

34. Quoique l'Astronomie moderne emploie principalement les ascensions droites et les déclinaisons, cependant on est obligé souvent de les transformer en longitudes et en latitudes ; réciproquement il faut revenir de l'écliptique à l'équateur. Les astronomes ont pour ce double problème trois méthodes principales auxquelles on en pourrait ajouter plusieurs autres.

35. La première est celle des formules trigonométriques: soit P (fig. 152) le pôle de l'équateur, C le pôle de l'écliptique, A le premier point de l'équateur, ou l'intersection de l'écliptique AD, avec l'équateur AQ, E une étoile quelconque, menez les arcs PE et CE : l'angle ACE=ACI=AL et la longitude de l'étoile $=L$, ainsi PCE $= 90° - L$. L'angle APE est l'ascension droite de l'étoile, donc CPE $= 90° + Æ$.

36. Cela posé, si nous nommons Δ la distance PE, δ la distance CE et ω l'arc CP, le triangle CPE donnera, d'abord $\cos Æ \sin \Delta = \cos L \sin \delta$, par la règle des quatre sinus, ensuite

$$\tan L = \cos \omega \tan Æ + \frac{\sin \omega \cotang \Delta}{\cos Æ} \ldots\ldots (X.21)$$

$$\cos \delta = \cos \omega \cos \Delta - \sin \omega \sin \Delta \sin Æ \ldots (X.22)$$

$$\tan Æ = \cos \omega \tan L - \frac{\sin \omega \cotang \delta}{\cos L} \ldots\ldots (X.21)$$

$$\cos \Delta = \cos \omega \cos \delta + \sin \omega \sin \delta \sin L \ldots (X.22)$$

$$dL = i.50'',1 \qquad d\delta = 0$$

$$dÆ = i.50'',1 \cos \omega + i.50'' \sin \omega \sin Æ \cot \Delta$$

$$d\Delta = - i.50'',1 \sin \omega \cos Æ.$$

i est le nombre d'années écoulées depuis l'époque du catalogue, et il est négatif pour un tems antérieur.

37. Quand on aura observé $\mathrm{\AE}$ et Δ, on conclura L et δ par les deux premières formules ; la longitude L augmentée de $i\ 50''_1$, sera la longitude, pour une époque quelconque ; δ est invariable ; ainsi, connaissant L et δ pour une époque donnée, on se servira des deux dernières formules pour trouver $\mathrm{\AE}$ et Δ pour cette époque ; si l'intervalle n'est que de peu d'années, on pourra se servir, pour changer l'époque du catalogue, des formules différentielles données ci-dessus (56). Nous avons aussi donné l'expression algébrique des variations $d\mathrm{\AE}$ et $d\Delta$ pour un tems quelconque. (93 et suivans.)

38. Tycho a donné pour ces doubles conversions la méthode suivante : vous connaissez par observation $\mathrm{\AE} = \mathrm{AF}$ (fig. 152) $\mathrm{D} = \mathrm{FE}$, et l'angle $\mathrm{BAF} = \omega$, le triangle rectangle ABF donne,

$$\mathrm{Cos\,B} = \sin \omega \cos \mathrm{\AE} ; \quad \tang \mathrm{BF} = \tang \omega \sin \mathrm{\AE} ; \quad \cotang \mathrm{AB} = \cos \omega \cotang \mathrm{\AE} ;$$

alors on connaîtra $\mathrm{BE} = \mathrm{EF} - \mathrm{BF}$; ensuite le triangle rectangle BLE donne $\sin \text{latitude} = \sin \mathrm{EL} = \sin \mathrm{B} \sin \mathrm{BE}$; $\tang \mathrm{BL} = \cos \mathrm{B} \tang \mathrm{BE}$, et enfin longitude de l'étoile $= \mathrm{AL} = \mathrm{AB} + \mathrm{BL}$.

39. Si vous connaissez AL et LE, dans le triangle rectangle ALG vous aurez $\cos \mathrm{G} = \sin \omega \cos \mathrm{L}$; $\tang \mathrm{LG} = \tang \omega \sin \mathrm{L}$, $\cot \mathrm{AG} = \cos \omega \cot \mathrm{L}$;

$$\mathrm{EG} = \mathrm{LG} + \mathrm{LE} ; \sin \mathrm{EF} = \sin \text{déclinaison} = \sin \mathrm{G} \sin \mathrm{EG} ;$$
$$\tang \mathrm{FG} = \cos \mathrm{G} \tang \mathrm{EG} \text{ et enfin } \mathrm{\AE} = \mathrm{AF} = \mathrm{AG} - \mathrm{FG}.$$

Cette méthode exige cinq formules, mais elles sont simples ; d'ailleurs les trois premières se réduisent en tables qui en effet seraient commodes, si l'obliquité de l'écliptique ω ne changeait continuellement.

40. M. Lalande n'emploie que quatre analogies. On a (fig. 152)

$$\cos \mathrm{AF} \cos \mathrm{FE} = \cos \mathrm{AE} ; \tang \mathrm{FAE} = \frac{\tang \mathrm{FE}}{\sin \mathrm{AF}} ; \mathrm{BAE} = \mathrm{FAE} - \omega ;$$
$$\tang \mathrm{AL} = \cos \mathrm{BAE} \tang \mathrm{AE} ;$$
$$\sin \mathrm{EL} = \sin \mathrm{AE} \sin \mathrm{BAE}$$

ou
$$\cos h = \cos \mathrm{\AE} \cos \mathrm{D} ; \tang x = \frac{\tang \mathrm{D}}{\sin \mathrm{\AE}} ; \tang \mathrm{L} = \cos(x - \omega) \tang h ;$$
$$\sin \lambda = \sin h \sin (x - \omega),$$

en nommant h l'hypotenuse AE et x l'angle FAE; ces formules sont aisées à retenir.

41. Si vous connaissez AL et EL, vous aurez

$$\cos AL \cos EL = \cos AE; \quad \tan EAL = \frac{\tan EL}{\sin AL}; \quad EAF = EAL + \omega;$$

$$\tan AF = \cos EAF \tan AE; \quad \sin EF = \sin AE \sin EAF,$$

$$\cos L \cos \lambda = \cos h; \quad \tan y = \frac{\tan \lambda}{\sin L};$$

$$\tan \mathcal{R} = \tan h \cos (y + \omega); \quad \sin D = \sin h \sin (y + \omega).$$

Ces formules se retiennent facilement; h est le même que dans les précédentes.

Si le point E, au lieu d'être au nord de l'écliptique, était au sud, le triangle EAL se renverserait, les mêmes analogies serviraient, en faisant λ et par conséquent y négatives.

42. Maskelyne a réduit à trois les quatre analogies de Lalande; il fait comme lui

$$\tan FAE = \frac{\tan FE}{\sin AF}, \quad \text{ou} \quad \tan x = \frac{\tan D}{\sin \mathcal{R}}; \quad \text{mais ensuite}$$

$$\tan AL = \cos EAL \tan AE = \frac{\cos EAL \tan AF}{\cos EAF};$$

alors $\tan EL = \sin AL \tan EAL$, c'est-à-dire,

$$\tan x = \frac{\tan D}{\sin \mathcal{R}}, \quad \tan L = \frac{\cos (x - \omega) \tan \mathcal{R}}{\cos x}, \quad \tan \lambda = \sin L \tan (x - \omega).$$

Dans l'autre cas, on a

$$\tan y = \tan EAL = \frac{\tan EL}{\sin AL} = \frac{\tan \lambda}{\sin L}, \quad \tan \mathcal{R} = \frac{\cos (y + \omega) \tan L}{\cos y},$$

$$\tan D = \sin \mathcal{R} \tan (y + \omega).$$

Par ce changement Maskelyne a remédié fort heureusement à un défaut assez considérable de la méthode de Lalande. Quand l'astre est voisin des points équinoxiaux, la première analogie de Lalande qui fait trouver l'inconnue par son cosinus, ne peut donner aucune précision. Maskelyne, au contraire, en évitant cette inconnue, qui n'est qu'un arc subsidiaire, n'emploie que la tangente qui n'est jamais sujette à cet inconvénient.

Les astronomes ont varié ces solutions de diverses manières trop peu importantes pour nous arrêter plus long-tems.

43. Ce mouvement conique de l'axe de la terre qui, en déplaçant continuellement l'équateur, fait rétrograder le point équinoxial de 50" par an le long de l'écliptique, et augmente d'autant les longitudes de toutes les étoiles, fait encore que le soleil ne répond plus aux mêmes étoiles auxquelles il répondait autrefois dans les mêmes saisons de l'année.

44. De tems immémorial, les astronomes ont divisé la route du soleil en douze parties que les Grecs appelaient Δωδεκατημόρια, ou douzièmes. Dans chacun de ces douzièmes, ils avaient formé des groupes d'étoiles qu'ils avaient nommés astérismes, constellations, animaux, ζωδία. Ces constellations n'étaient pas tout entières dans l'écliptique; elles s'étendaient de plusieurs degrés, soit au nord, soit au sud. Les Grecs appelèrent ζωδιακὸς, zodiaque, cercle ou zône des animaux, cette zône qui embrassait la route annuelle du soleil, et que cette route coupait en deux demi-zônes de largeur égale. La route du soleil que nous nommons écliptique, était nommée par les Grecs ὁ διὰ μέσων τῶν ζωδίων (κυκλὸς), c'est-à-dire, cercle (qui passe) par le milieu des animaux; ils le nommaient encore l'oblique λοξὸς et λοξίας.

45. Le Bélier, qui est la première de ces constellations, répondait autrefois au point équinoxial du printems, aujourd'hui la première étoile du Bélier a environ 1^s ou 30° de longitude, et cette longitude augmente tous les ans. Plus anciennement c'étaient les étoiles du Taureau ou de la seconde constellation qui étaient à l'équinoxe, et ouvraient l'année.

> *Candidus auratis aperit cum cornibus annum*
> *Taurus.* VIRGILE.

De même les étoiles qui répondaient autrefois au solstice d'été, à l'équinoxe d'automne, au solstice d'hiver, en sont aujourd'hui éloignées de toute la quantité de la précession.

46. Autrefois dire que le soleil entrait dans le Bélier, dans le Cancer, dans la Balance, dans le Capricorne, c'était la même chose que de dire le soleil a 0^s, III^s, VI^s et IX^s de longitude; ou le printems, l'été, l'automne et l'hiver commencent.

47. Aujourd'hui ces expressions ne sont plus synonymes, et cependant elles ont été long-tems confondues. Les astronomes ont long-tems écrit, le soleil est en ♈.15°.17′, pour dire il a 0ˢ.15°.17′ de longitude. Cette mauvaise habitude commence à se perdre, et l'on n'emploie plus guères les caractères des constellations pour exprimer la longitude des planètes. Cependant comme cet usage a été fort long-tems universel, pour lire les ouvrages qui ont aujourd'hui 50 ou 60 ans de date ou plus, il n'est pas inutile de se souvenir de la correspondance des deux expressions, et la voici :

♈ ,	♉ ,	♊ ,	♋ ,	♌ ,	♍ ,	♎ ,	♏ ,	♐ ,	♑ ,	♒ ,	♓ .
0,	1,	2,	3,	4,	5,	6,	7,	8,	9,	10,	11.
O,	I,	II,	III,	IV,	V,	VI,	VII,	VIII,	IX,	X,	XI.

48. On commence aussi à perdre l'habitude de désigner par des chiffres romains les nombres ordinaux des signes.

Signe ne signifie plus guères qu'un arc de 30°; les caractères sont exclusivement attribués aux constellations.

Les signes se divisaient autrefois en décans, ou tiers composés de dix degrés chacun; on ne fait plus usage de cette division.

49. Les tables des planètes sont toutes en signes et degrés, ainsi que les catalogues où les étoiles sont rapportées à l'écliptique. Au contraire, les ascensions droites sont données en degrés depuis o jusqu'à 360°; cependant la division en signes de 30° faciliterait la conversion en tems, puisque chaque signe vaudrait deux heures. Ainsi, pour convertir en tems $7^s\ 27°\ 39'\ 47''$, il suffirait de multiplier par 4 les secondes, les minutes et les degrés, et par 2 seulement les signes, et l'on aurait tout de suite $15^h\ 50'\ 39''\ 8'''$, au lieu que $237°\ 39'\ 47$, donnent d'abord $950'\ 39''\ 8''' = 15^h\ 50'\ 39''\ 8'''$.

Quelques astronomes, Lansberge par exemple, avaient introduit des doubles signes ou des soixantaines de degrés, ainsi ils auraient écrit $3^{soix.}\ 57°\ 39'\ 49''$; et multipliant tout par $\frac{4}{60}$, ils auraient eu plus facilement encore $15^h\ 50'\ 39''\ 8'''$, mais cette division n'était pas aussi commode pour les tables de sinus qui sont toutes en degrés.

CHAPITRE

CHAPITRE XVIII.

Circonstances du mouvement diurne.

1. $\mathbf{T}$OUT ce que l'on peut dire sur le mouvement diurne est compris dans la formule fondamentale de la trigonométrie.

Soit (fig. 153) P le pôle, Z le zénit, A le lieu d'un astre, on aura

$$\cos ZA = \cos PA \cos PZ + \sin PA \sin PZ \cos P.$$

Soit $P=o$, l'astre sera dans le vertical polaire PZ, et on aura $\cos P=1$, et par conséquent $\cos ZA = \cos PA \cos PZ + \sin PA \sin PZ = \cos(PA - PZ)$, d'où $ZA = \pm(PA - PZ) = \pm PA \mp PZ$, ce qui donne $PA = PZ \pm ZA$. D'où il suit encore que ZA est dans ce cas la plus courte distance de l'astre au zénit; en effet, dans toute autre supposition pour l'angle P, on aura toujours $ZA > PA - PZ$, soit que l'astre décrive le parallèle Aa, ou A′a', c'est-à-dire qu'il soit au nord ou au midi du zénit.

Ainsi, un astre quelconque est à sa plus grande hauteur ou à sa plus grande proximité du zénit, quand l'astre est dans le plan du vertical polaire en a ou a', où le parallèle Aa ou A′a' que l'astre paraît décrire dans son mouvement diurne, coupe ce vertical.

2. Au contraire, plus P sera grand, plus grande aussi sera la distance au zénit ZA; car plus P sera grand, plus cos P diminuera; plus cos ZA sera petit, et plus ZA sera grand. Si $P = 90°$, cos P sera zéro, $\cos ZA = \cos PZ \cos PA$; c'est ce qui a lieu six heures avant et six heures après le passage au méridien. Si $P > 90°$, cos P sera négatif, et diminuera d'autant plus la valeur de cos ZA jusqu'à ce que cos ZA devienne $= o$ ou $ZA = 90°$; c'est ce qui aura lieu quand l'astre sera à l'horizon, et la formule devient alors $o = \cos PA \cos PZ + \sin PA \sin PZ \cos P$, ou

$$\cos P = - \operatorname{cotang} PA \operatorname{cotang} PZ = - \operatorname{tang} D \operatorname{tang} H.$$

3. Cette valeur est la même pour le lever et pour le coucher; car

si SHNH′ représente l'horizon, les points H, H′, où ce cercle coupe le parallèle seront, le premier le point du lever de l'astre, et le second le point de son coucher ; et comme tous les points du parallèle de l'astre sont à la même distance du pôle P, on aura PH = PH′ et de plus ZH = ZH′ = 90°, donc l'angle ZPH = ZPH′ ; et puisque le mouvement diurne de l'astre est uniforme, les tems correspondans aux angles égaux ZPH, ZPH′ seront aussi égaux. Ainsi le passage par le vertical polaire tiendra le milieu entre le lever et le coucher, et partagera en deux également le tems que l'astre passe sur l'horizon. L'angle ZPH s'appelle l'angle semi-diurne, l'angle HPN s'appelle l'angle semi-nocturne. L'angle diurne est le tems que l'astre passe au-dessus de l'horizon ; l'angle nocturne est celui qu'il passe sous l'horison ; il n'est pas nécessaire d'ajouter que ces deux angles font 360° ou 24^h.

4. Cette circonstance a fait donner le nom de méridien ou de cercle du milieu du jour au vertical qui passe par le pôle ; dénomination prise du mouvement du soleil, mais qui s'applique par extension à tous les astres, en appelant jour de l'astre le tems qu'il passe sur l'horizon ; elle est même moins vraie pour le soleil que pour les étoiles, car les étoiles ne changent pas leur distance polaire du lever au coucher, au lieu que le soleil en change continuellement, ce qui peut aller à 16′ par jour à Paris ; ainsi pour le soleil le passage au méridien n'est pas le milieu du jour.

5. Différentions la formule précédente $\cos P = -\cot PA \cot PZ$, nous aurons, pour les endroits situés sous le même parallèle terrestre,

$$-d\mathrm{P} \sin \mathrm{P} = + \cotang \mathrm{PZ}\, \frac{d\mathrm{PA}}{\sin^2 \mathrm{PA}}, \text{ ou } d\mathrm{P} = - \frac{\cotang \mathrm{PZ}\,.\, d\mathrm{PA}}{\sin^2 \mathrm{PA} \sin \mathrm{P}}.$$

Soit PA = 90° et P = 90°, circonstances qui arriveront toutes deux à-la-fois (1), il restera

$$d\mathrm{P} = -d\mathrm{PA} \cot \mathrm{PZ} = -d\Delta \tang \mathrm{H} = + d\mathrm{D} \tang \mathrm{H};$$

à Paris, $d\mathrm{D} = 15′\ 40″$ par un milieu entre les deux équinoxes, $d\mathrm{P} = 15′\ 40″ \times 1.14 = 15′,667 \times 1.14 = 1′\ 11″,4 = 1′\ 12″$ environ, en tems.

Ainsi à l'équinoxe du printems à Paris, l'angle P du coucher est de 17′,85 plus grand que celui du matin, parce que la distance polaire PA va en diminuant ; à l'équinoxe d'automne, c'est le contraire, parce que PA est croissant. Ainsi le tems depuis midi jusqu'au coucher est quelquefois plus petit et quelquefois plus grand de plus d'une minute de tems, ou de 1′ 12″.

6. Au solstice, au contraire, les deux angles sont sensiblement égaux, parce que la distance polaire ne varie que de quelques secondes.

7. On peut remarquer en passant, que l'heure du coucher jointe à l'heure du lever, doivent toujours faire à très-peu près 12^h, car l'heure du matin se comptant depuis minuit, l'heure du lever est toujours $= 12^h$ — angle semi-diurne; le soir, au contraire, l'heure se compte depuis midi, et se trouve = angle semi-diurne : la somme serait 12^h juste, si les deux angles étaient égaux; mais elle peut être $12^h \pm 1'$ environ. Cette différence est la plus forte; le plus souvent la somme approche beaucoup plus d'être de 12^h.

8. La formule $\cos P = -\,\text{cotang}\,PA\,\text{cotang}\,PZ$ serait donnée directement par le triangle PAZ (fig. 154), ou mieux par le triangle POA rectangle en O, qui donne $\cos APO = \text{tang}\,PO \cdot \text{cotang}\,PA$. La différence des signes vient de ce que $APO + APZ = 180°$; ainsi l'un des angles est nécessairement obtus, et l'autre est aigu; l'arc semi-diurne et l'arc semi-nocturne sont toujours supplémens l'un de l'autre.

9. La même formule $\cos APZ = \cos P = -\,\text{cotang}\,PA\,\text{cotang}\,PZ$ nous montre que l'angle P sera plus grand que 90°, si $PA < 90°$. Ainsi la demi-durée du jour passe 6^h, quand l'étoile est entre l'équateur et le pôle élevé. Si l'on a au contraire $PA > 90$, on aura $P < 90°$, et la demi-durée du jour sera moindre de 6^h, lorsque le soleil sera entre l'équateur et le pôle abaissé. Si enfin $PA = 90°$, l'arc semi-diurne sera précisément de 6^h, et alors le parallèle du soleil sera l'équateur même.

10. Soit $PA' = 180° - PA$, vous aurez $\cos P = -\cot PA \cot PZ$, et $\cos P' = \cos ZPA' = + \cot PA \cot PZ$; les deux cosinus avec même valeur numérique, seront de signe contraire; les deux angles seront supplémens l'un de l'autre; ainsi quand, dans deux saisons différentes, les déclinaisons du soleil sont égales et de signe contraire, l'arc diurne d'une saison est l'arc nocturne de l'autre, et réciproquement.

11. Supposons maintenant $APZ > 90°$, $\cos APZ$ deviendra négatif, et on aura $\cos AZ = \cos PA \cos PZ - \sin PA \sin PZ \cos P$; de ce moment, le second membre de l'équation ira toujours en diminuant; $\cos ZA$ diminuera aussi, et par conséquent ZA augmentera, et d'autant plus que P deviendra plus grand.

12. Soit enfin $P = 180°$ ou $\cos P = -1$, la formule précédente deviendra $\cos ZA = \cos PA \cos PZ - \sin PA \sin PZ = \cos (PA + PZ)$ ou $\pm ZA = PA + PZ$, la distance sera composée de la distance PZ, augmentée de la distance PA, l'astre sera dans le méridien inférieur.

13. La plus courte distance au zénit est $PA - PZ$, la plus grande est $PA + PZ$. Remarquons en passant qu'un côté quelconque d'un triangle est toujours plus grand que la différence des deux autres côtés et plus petit que leur somme, ce qui est également vrai des triangles rectilignes.

14. Au méridien supérieur la distance au zénit est $PA - PZ$, cette formule est générale, mais il peut arriver cinq cas principaux.

1°. $PA' > PZ$; alors l'astre passe au méridien entre le zénit et le point sud de l'horizon (fig. 153).

2°. $PA = PZ$; alors l'astre traverse le méridien au zénit même.

3°. $PA < PZ$; alors $PA - PZ$ est négatif, l'astre passe au méridien entre le zénit et le pôle, ce qui n'arrive que dans la zòne torride, et quand la déclinaison du soleil surpasse la latitude.

4°. $PA = 90° + PZ$ l'astre se montrera un instant à l'horizon sud, et se couchera aussitòt.

5°. $PA > 90° + PZ$, il sera toujours invisible, et ne montera jamais sur l'horizon.

Il résulte encore de là que si l'on mesure la distance du soleil au zénit dans un lieu dont on connaisse la hauteur du pòle $= 90° - PZ$, on en conclura la distance du soleil au pòle; car $PA - PZ = ZA$ et $PA = ZA + PZ$; on donnera le signe plus à ZA, si le soleil passe au midi du zénit, et le signe moins, s'il passe entre le zénit et le pòle.

15. Au méridien inférieur $ZA = PZ + PA$, d'où il suit que si $PZ + PA = 90°$, l'astre sera dans l'horizon même, et ne se couchera jamais;

Si $PA + PZ < 90°$, l'astre restera toujours à une certaine hauteur sur l'horizon même dans son plus grand abaissement, et cette hauteur sera $90° - (PZ + PA)$. On pourra donc observer l'astre au méridien dans les deux positions à douze heures d'intervalle,

On aura au méridien supérieur $Za = PZ - Pa$
au méridien inférieur $Zb = PZ + Pa$ $\Big\}$ ..(fig. 155)

d'où l'on tire

$$Za + Zb = 2PZ \quad \text{ou} \quad 90° - Na + 90° - Nb = 2(90 - PN)$$

et par conséquent $\quad NP = \frac{1}{2}(Na + Nb)$

16. Ainsi les étoiles qu'on nomme *circompolaires*, parce qu'on les observe dans tous les points de leur révolution diurne autour du pôle, nous fournissent un moyen extrêmement simple de trouver la distance PZ du pôle au zénit, et la distance P*a* de l'étoile au pôle.

17. Le triangle POA (fig. 154) rectangle en O, donne

$$\sin PO \, \tan APO = \tan AO; \quad AO = PZA,$$

ou l'azimut de l'astre au levant et au couchant. Ces azimuts sont donc égaux, si l'astre ne change point de distance au pôle.

PO est constant pour un même lieu, et sin PO est toujours positif, donc AO est de même espèce que APO, ou l'arc semi-diurne donne AO $<$ 90°, si l'astre a une déclinaison boréale; car alors nous avons vu que son angle semi-nocturne est $<$ 90° ou $<$ 6^h.

Si APO $=$ 90°, AO sera aussi de 90°; car alors

$$\tan AO = \sin PO \, \tan 90° = \infty;$$

donc les étoiles qui sont à 90° des pôles, se lèvent à 90° des points nord et sud de l'horizon.

Si APO $>$ 90°, tang AO et tang APO sont négatives AO $>$ 90°; donc les étoiles australes et en général tous les astres qui sont à plus de 90° de distance du pôle élevé, se lèvent et se couchent plus près du point midi de l'horizon que du point nord.

18. L'usage le plus direct de l'équation fondamentale

$$\cos AZ = \cos PA \, \cos PZ + \sin PA \, \sin PZ \, \cos P$$

est pour trouver la hauteur ou la distance au zénit pour un instant quelconque; on y peut employer cette équation même ou l'une des transformations que nous avons données (X. 154); on peut l'employer à trouver l'heure par la distance au zénit observée, et l'on a pour lors

$$\cos P = \frac{\cos AZ - \cos PA \, \cos PZ}{\sin PA \, \sin PZ},$$

$$\sin^2 \tfrac{1}{2} P = \frac{\sin\left(\dfrac{PA + PZ + ZA}{2} - PZ\right) \sin\left(\dfrac{PA + PZ + ZA}{2} - PA\right)}{\sin PZ \sin PA}.$$

ou telle autre des transformations que nous avons indiquées.

On peut s'en servir à calculer l'azimut par la formule

$$\sin^2 \tfrac{1}{2} Z = \frac{\sin\left(\dfrac{PA + PZ + ZA}{2} - ZA\right) \sin\left(\dfrac{PA + PZ + ZA}{2} - PZ\right)}{\sin ZA \sin ZP}.$$

19. On n'emploie guères la distance au zénit observée pour calculer l'azimut, on suppose plus ordinairement l'angle horaire ; alors on a recours à notre quatrième formule de trigonométrie qui donne

$$\operatorname{cotang} P \operatorname{cotang} PZ = \frac{\operatorname{cotang} PA}{\sin P} - \frac{\operatorname{cotang} Z}{\sin PZ},$$

et par conséquent

$$\operatorname{cotang} Z = \frac{\sin PZ}{\sin P} \operatorname{cotang} AP - \cos PZ \operatorname{cotang} P.$$

20. On y voit d'abord que Z ne peut varier qu'avec P, puisque les distances polaires PA, PZ sont supposées constantes ; ainsi, à valeurs égales de P de part et d'autre du méridien, on aura des valeurs égales et correspondantes pour Z, ainsi que nous les avons trouvées pour les hauteurs.

21. Si $P = 0$, $\dfrac{1}{\sin P}$ et cotang P deviennent infinies, d'où $Z = 180°$, ou $= 0$, selon que PA est plus grand ou plus petit que PZ. Si $P = 180°$, $Z = 0$.

22. Si $Z = 90°$, $\cot Z = 0$ et on aura alors $\dfrac{\sin PZ}{\sin P} \cot AP = \cos PZ \cot P$, ou $\cos P = \operatorname{tang} PZ \operatorname{cotang} PA$, alors ZA est le premier vertical. Dans ce cas, $\cos ZA = \dfrac{\cos PA}{\cos PZ}$.

23. On peut calculer à la fois Z, A et ZA par trois analogies de Néper,

$$\operatorname{tang} \tfrac{1}{2} (Z - A) = \frac{\operatorname{cotang} \tfrac{1}{2} P \sin \tfrac{1}{2} (PA - PZ)}{\sin \tfrac{1}{2} (PA + PZ)},$$

$$\operatorname{tang} \tfrac{1}{2} (Z + A) = \frac{\operatorname{cotang} \tfrac{1}{2} P \cos \tfrac{1}{2} (PA - PZ)}{\cos \tfrac{1}{2} (PA + PZ)},$$

$$\text{et } \operatorname{tang} \tfrac{1}{2} ZA = \frac{\operatorname{tang} \tfrac{1}{2} (PA + PZ) \cos \tfrac{1}{2} (Z + A)}{\cos \tfrac{1}{2} (Z - A)}.$$

24. Si l'angle A est droit, PA est perpendiculaire au vertical ZA, le parallèle bAa de l'astre sera tangent au vertical, et se confondra avec lui sensiblement sur un petit arc; pendant que l'astre décrira cet arc, il ne changera pas d'azimut, tout son mouvement le portera vers le zénit; son mouvement en hauteur sera plus rapide qu'en aucun autre instant; l'observation de la hauteur se fait alors avec plus de précision : c'est le moment le plus favorable pour prendre les hauteurs correspondantes qui feront le sujet du chapitre suivant.

25. $\cos ZA = \cos P \sin PZ \sin PA + \cos PZ \cos PA,$

ou $\qquad \sin N = \cos P \cos H \cos D + \sin H \sin D,$

faites varier P et H en supposant tout le reste constant

$$o = - dP \sin P \cos H \cos D - dH \sin H \cos P \cos D + dH \cos H \sin D ;$$

$$\frac{dP}{dH} = \frac{\cos H \sin D - \sin H \cos D \cos P}{\sin P \cos H \cos D} ;$$

voulez-vous que $\frac{dP}{dH} = o$, vous aurez $\tang D = \cos P \tang H,$

ou $\quad \cot\Delta = \cos P \tang H$, ou $\cot H = \cos P \tang \Delta$, ou $\tang PZ = \cos P \tang PA,$

ce qui suppose l'angle $Z = 90°$; ainsi, quand on voudra trouver l'angle horaire P sans avoir besoin de connaître la hauteur du pôle H avec une grande précision, on attendra que $Z = 90°$, c'est-à-dire que l'astre soit dans le premier vertical.

26. Nous avons vu qu'une étoile qui ne se couche pas, peut être observée deux fois au méridien; elle peut également être observée deux fois dans chacun des verticaux qui ne s'éloignent pas trop du méridien; dans ces observations au même vertical, l'angle Z est le même, il n'y a de changé que la distance au zénit ZA, qui devient ZA' (fig. 155) et l'angle horaire qui devient ZPA' au lieu de ZPA; on a donc

$$\cot Z = \frac{\sin PZ}{\sin P} \cot PA - \cos PZ \cot P = \frac{\sin PZ}{\sin P'} \cot PA' - \cos PZ \cot P',$$

et comme $PA' = PA$, on aura

$$\cos PZ \,(\cot P' - \cot P) = \sin PZ \cot PA \left(\frac{1}{\sin P'} - \frac{1}{\sin P} \right),$$

d'où l'on tire

$$\sin (P - P') = \tang PZ \cot PA \cdot 2 \sin \tfrac{1}{2} (P - P') \cos \tfrac{1}{2} (P + P')$$
$$= 2 \sin \tfrac{1}{2} (P - P') \cos \tfrac{1}{2} (P - P'),$$

ou
$$\cos \tfrac{1}{2} (P + P') = \cos \tfrac{1}{2} (P - P') \tang PA \cot PZ ;$$

or, si vous avez observé les instans marqués par la pendule aux passages de l'étoile par le vertical en A et A′, vous connaîtrez l'intervalle entre les deux observations, et par conséquent P — P′ et $\tfrac{1}{2}$ (P — P′), vous en conclurez donc $\tfrac{1}{2}$(P + P′), car vous connaissez PA et PZ par ce qui précède. Développez $\cos \tfrac{1}{2}$(P+P′) et $\cos \tfrac{1}{2}$(P — P′) vous trouverez

$$\tang \tfrac{1}{2} P \tang \tfrac{1}{2} P' = \frac{\cos (H + \Delta)}{\cos (H - \Delta)}.$$

27. En supposant qu'une lunette décrit exactement un vertical, la formule précédente sert à vérifier si ce vertical est le méridien, ou de combien il s'en écarte. Pour cela, observez les deux passages à la lunette; si l'intervalle est de 12^h juste, la lunette est dans le méridien, car

$$\cos \tfrac{1}{2} (P - P') = \cos 6^h = \cos \frac{180°}{2} = \cos 90° = 0, \text{ et par conséquent}$$

$$\cos \frac{P + P'}{2} = 0 \text{ d'où P+P′}=180° \text{ et } P-P'=180, \text{ d'où l'on tire } P=180°$$

et $P' = 0$.

28. Abaissez Pm perpendiculaire sur ZAA′, il est clair que APm = $\tfrac{1}{2}$ (P — P′) et ZPm = $\tfrac{1}{2}$ (P + P′). La figure donne

$$\tang Pm = \tang PA \cos APm = \tang PZ \cos ZPm,$$

d'où
$$\cos ZPm = \cos APm \tang PA \cotang PZ.$$

Cette dernière formule est la même que celle que nous avons déduite ci-dessus du théorème général. La précédente montre que pour avoir Pm=0, il faut que $\cos APm$ soit $\cos 90° = \cos 6^h = \frac{\cos 12^h}{2}$ et le vertical ZAA′ coïncide alors avec le méridien. Elle montre encore que si l'étoile a été observée, lorsqu'elle montait de A en A′, et que l'intervalle soit moindre de 12^h sidérales, le vertical ZAA′ déviera du méridien du nord vers l'orient; si l'intervalle étant moindre de 12^h, l'étoile a descendu de A en A′, la lunette déviera du nord vers l'occident; ce sera le contraire si l'on veut compter la déviation du point sud de l'horizon.

Si

Si P—P′ surpasse 12^h·, ce sera le contraire, la lunette déviera vers l'occident dans le premier cas, et vers l'orient dans le second.

29. Ces formules sont rigoureuses et peuvent servir à apprécier les formules approximatives dont nous avons fait usage (XVI. 35). Supposons que la pendule bien réglée sur le tems sidéral, ait donné 11^h.52′.37″.87 depuis le passage inférieur de la polaire jusqu'au passage supérieur, c'est-à-dire 7′.22″.13 de moins que 12 heures sidérales. Il sera prouvé dès-lors que la lunette dévie du nord à l'est, comme dans la fig 155.

Nous aurons

$$\begin{aligned}
\text{P} - \text{P}' &= 15\,(11^h.52'.37''.52'''.12^{iv}) = \tfrac{60}{4}\,(712'.37''.52'''.12^{iv})\\
&= 178°.9'.28''.3''' = 178°.9'.28''.05
\end{aligned}$$

$$
\begin{array}{lll}
\cos \tfrac{1}{2}(\text{P}-\text{P}') = & 89°.\ 4'.44''.025\ldots\ldots & 8.2061674\\
\text{tang PA} = \Delta = & 1\ .42\ .20\ldots\ldots\ldots\ldots & 8.4738715\\[4pt]
\quad\text{tang P}m = & 0\ .\ 1'.38''.73\ldots\ldots & \overline{6.6800389}\\
\quad\text{tang H} = & 48\ .50\ .\ 0\ldots\ldots\ldots\ldots & 0.0582865\\[4pt]
\cos \tfrac{1}{2}(\text{P}+\text{P}') = & 89°.58'.\ 7''.085\ldots\ldots & \overline{6.7383254}\\
\quad\quad\text{P} = & 179\ .\ 2\ .51\ .110 &\\
\quad\quad\text{P}' = & 0\ .53\ .23\ .060 &
\end{array}
$$

La valeur Pm = 1′.38″.75, est la déviation de la lunette à la hauteur du pôle; pour en conclure la déviation horizontale ou l'angle au zénit PZA, le triangle PZm donne

$$\text{tang}\,x = \text{tang PZA} = \text{tang PZ}m = \frac{\cot \text{ZP}m}{\cos \text{PZ}} = \frac{\cot\tfrac{1}{2}(\text{P}+\text{P}')}{\sin \text{H}} = \frac{\cos\tfrac{1}{2}(\text{P}+\text{P}')}{\sin\tfrac{1}{2}(\text{P}+\text{P}')\sin \text{H}}$$

$$
\begin{array}{lll}
\cos \tfrac{1}{2}(\text{P}+\text{P}')\ \text{ci-dessus}\ldots\ldots & 6.7383254\\
\text{compl. } \sin \tfrac{1}{2}(\text{P}+\text{P}')\ldots\ldots & 0.0000001\\
\text{compl. } \sin \text{H}\ldots\ldots & 0.1233215\\[4pt]
\text{tang } x = 0°.2'.29''.9934 & \overline{6.8616470}\\
\tfrac{4}{60}\,x = 0'.9''.59'''.9736 = & 9''.99956
\end{array}
$$

l'erreur de nos formules approximatives n'est donc ici que de 0″,00044.

30. Cette méthode qui est rigoureuse quelle que soit la déviation, nous fournit un moyen pour déterminer et corriger la déviation d'une lunette.

I.   64

Après les deux observations de la polaire, dès qu'il fera jour, ou le soir, avant d'observer, remarquez sur quel objet se dirige la lunette dans sa position horizontale. Si elle se dirige sur un mur, faites-y une marque que le fil du milieu de la lunette coupe exactement par le milieu ; si vous ne rencontrez pas de mur, faites planter en M (fig. 156) à l'horizon une mire que votre fil partage en deux. Mesurez la distance OM de cette mire à l'intersection O des deux axes de votre lunette. Multipliez la distance OM par la tangente x que vous avez calculée. Supposons que OM $=$ 1000^m, vous aurez OM tang.$x =$ 0^m.7272 $=$ ME, prenez en partant de M et sur la direction ME perpendiculaire à MO, une ligne ME $=$ 0^m.7272, le point E sera dans le méridien de la lunette.

51. Si le point M est sur un mur dont la direction soit MV, il faudra mesurer grossièrement l'angle OMV ; dans le triangle OMe vous aurez les angles M et O, vous ferez sin e : MO :: sin O : M$e = \dfrac{\text{MO} \sin \text{O}}{\sin e} = \dfrac{\text{MO} \sin x}{\sin (\text{M} + x)}$. Connaissant la ligne horizontale Me, vous aurez le point e du mur où il faudra placer la marque méridienne.

Si l'espace est libre, faites placer en E une colonne ou une pyramide surmontée d'une plaque noircie, ronde et percée au milieu d'un trou rond à travers lequel vous puissiez voir le ciel comme un point blanc et lumineux ; quand le fil de votre lunette coupera en deux également ce point lumineux, vous serez sûr que votre lunette sera dans le méridien ; vous ferez cette vérification soir et matin, avant et après vos observations nocturnes.

Les vapeurs de l'horizon qui font souvent osciller la mire, jettent parfois quelqu'incertitude dans cette vérification. Tout ce qu'on peut faire alors, c'est de placer la lunette de manière que l'amplitude des oscillations soit la même à la droite et à la gauche du fil.

Cette marque devient invisible la nuit ; pour y suppléer, placez une seconde mire au-dessus de la première et dans le même vertical, mettez derrière une lanterne que vous ferez allumer tous les soirs, et vous pourrez consulter cette mire à toute heure de la nuit.

Si votre observatoire est dans une ville, il arrivera rarement que vous puissiez mesurer directement la distance OM de votre mire ; vous pourrez y suppléer par une opération trigonométrique.

Dans un terrain libre, choisissez deux points B et A dont vous mesurerez la distance, observez ensuite les angles BAO et ABO que fait votre base BA avec un signal planté au-dessus du point O de votre lunette.

Faites $\qquad \sin O : BA :: \sin B : OA = \dfrac{BA \sin B}{\sin O} = \dfrac{BA \sin B}{\sin (A+B)}$,

observez ensuite l'angle MAO et l'angle MOA.

$$\sin M : OA :: \sin MAO : OM = \frac{OA \sin MAO}{\sin M} = \frac{BA . \sin B}{\sin (A+B)} \cdot \frac{\sin A'}{\sin (A'+O)},$$

si deux triangles ne suffisent pas, formez en trois ou quatre.

Si tout cela est impossible, vous pourrez dans tous les cas mettre votre lunette dans le méridien sans sortir de votre observatoire.

Placez exactement la lunette ensorte que le fil du milieu soit sur la mire en M; tournez la vis horizontale du support de votre lunette jusqu'à ce que l'un des fils latéraux vienne en M remplacer le fil du milieu. Notez les pas de la vis et les parties de son cadran, vous aurez en parties de ce cadran l'intervalle de vos fils; mais vous connaissez la valeur de cet intervalle en secondes de tems par le passage des étoiles équatoriales (XVI. 20). Vous connoîtrez donc la valeur des parties du cadran en secondes sidérales.

Supposons que l'intervalle des fils soit de 17″, et que vous ayez tourné 34 parties; chaque partie du cadran vaudra $\dfrac{17''}{34} = 0'',5$; supposons encore que la déviation soit de 10′ sidérales, la lunette étant ramenée sur la mire M, vous aurez à tourner $10'' \times 0{,}5 = 20$ parties du cadran pour placer votre lunette dans le méridien. C'est ainsi que j'avais trouvé, pour ma lunette, la valeur $0'',5$ pour chaque partie du cadran de la vis horizontale.

32. Quand nous avons parlé (IX. 17) des rectifications de la lunette méridienne, nous n'avons pu exposer ce moyen pour placer la lunette, nous avons annoncé qu'il dépendait de la trigonométrie sphérique dont nous n'avions pas encore parlé; mais il faut montrer que ce moyen ne suppose que des connaissances que nous pouvions avoir antérieurement à la formation du catalogue d'étoiles.

Il suppose 1° que la déviation horizontale n'est pas trop grande, et que l'on connaît passablement la ligne méridienne. Nous avons enseigné à tracer cette ligne par des ombres égales, mesurées principalement vers l'un des deux solstices. On a donc pu placer les deux colonnes qui servent de support à l'instrument des passages, dans la direction est et ouest, ou dans le premier vertical.

Supposons que nous nous soyons trompés sur la direction de la méridienne de $30''$ de tems, qu'elle ne nous donne l'heure de midi qu'à une demi-minute près; le triangle PZS donnera

$$\sin N : \sin \Delta :: \sin P : \sin Z = \frac{\sin P \sin \Delta}{\sin N} \text{ et } dZ = \frac{dP \cos P \sin \Delta}{\sin N \cos Z}.$$

On peut toujours supposer $\frac{\cos P}{\cos Z} = 1$; et d'ailleurs au solstice

$$\Delta = 90° - 23°.28' = 66°.32'; \ N = H \mp \omega = 48°.50' \mp 23°.28' = 25°.22';$$
$$dZ = \frac{30'' \sin 66°.32'}{\sin 25°.22'} = 1'.4''.$$

Par l'erreur de la méridienne, la lunette aurait une déviation de $64''$; il faudrait donc tourner la vis de 128 parties, c'est beaucoup; si la vis ne peut faire tant de chemin, on déplacera les supports de la lunette pour les amener dans une position plus parallèle à la méridienne, et si l'on ne détruit pas tout-à-fait la déviation, on la diminuera du moins assez pour être corrigée par la vis.

La méthode suppose en second lieu que l'on connaisse l'intervalle des fils de la lunette, et cet intervalle sera connu par le tems que la polaire aura mis à passer d'un fil à l'autre (XVI. 20).

Elle suppose que l'on connaisse la distance de l'étoile au pôle; l'alidade de la lunette méridienne donnera cette distance à la minute, ce qui est plus que suffisant. On n'aura qu'à noter ce qu'elle marquait dans les deux passages, la différence des deux nombres sera le double de la distance polaire. Les deux distances zénitales observées au cercle, ou au quart de cercle dans la même nuit, donneraient la hauteur du pôle si elle n'était pas connue. Nous n'avons donc commis aucune pétition de principe; et à la réserve de la hauteur du pôle, la lunette méridienne fournit elle-même tout ce qu'on doit avoir pour la placer exactement dans le méridien.

33. Une des circonstances les plus remarquables du mouvement diurne, est le lever des astres ou leur ascension sur l'horizon. Avant qu'on eût imaginé les instrumens, on n'observait guère que ces levers ou ascensions; de là ces termes d'ascension droite, d'ascension oblique, de différence ascensionnelle, qu'on trouve dans tous les livres d'astronomie.

Supposons H = o, c'est-à-dire la hauteur du pôle nulle, les deux pôles *PP'* seront dans l'horizon (fig. 157), l'équateur EQ sera perpendiculaire à l'horizon et passera par le zénit Z. Les tropiques TR, T'R' seront également perpendiculaires à l'horizon, ainsi que tous les parallèles à l'équateur, tous les astres s'élèveront perpendiculairement à l'horizon, leur ascension sera droite. Quoique l'écliptique TER', qui va d'un tropique à l'autre, soit inclinée à l'horizon, chaque point de l'écliptique considéré en lui-même, s'élevera aussi perpendiculairement et comme le parallèle dans lequel il se trouve, ainsi le point solsticial R du Cancer suivra, dans sa révolution diurne, le parallèle RT, le point solsticial du Capricorne T' suivra le tropique R'T'.

Le point équinoxial E de l'écliptique se levera avec le point E de l'équateur, il aura même ascension; le point solsticial R se levera avec le point Q de l'équateur, car le cercle de déclinaison PRQR'P' par la révolution diurne, se confondra tout entier avec l'horizon, comme il se confondra tout entier 6 heures après avec le méridien PZP'; les points R et Q auront donc même ascension, le point Q de l'équateur par son ascension indique l'ascension du point R, il s'appelle l'ascension droite du point R, cette ascension droite est de 90° comme l'arc oblique ER.

Soit S un point quelconque de l'écliptique, par ce point menez le cercle de déclinaison PASP', les points S de l'écliptique et A de l'équateur auront même ascension droite, le point A par son ascension dans la sphère droite, indiquera l'ascension droite du point S, le triangle EAS rectangle en A donne

$$\text{tang } EA = \cos E \text{ tang } ES \quad \text{ou} \quad \text{tang } \mathcal{R} = \cos \omega \text{ tang } L.$$

Ainsi l'ascension droite d'un point quelconque S de l'écliptique, est indiquée par l'arc EA de l'équateur déterminé par le cercle de déclinaison PSA.

Ce même arc EA est l'ascension droite d'un astre quelconque S' qui se trouve sur le même cercle de déclinaison PSP' qui passe par le point S de l'écliptique.

34. Quand les pôles sont dans l'horizon, on dit que la sphère est droite, parce que l'équateur et tous ses parallèles sont droits sur l'horizon.

L'arc EA était appelé par les Grecs ascension dans la sphère droite ἐπ' ὀρθῆς σφαίρας ἀναφορά.

Cet arc mesure le tems que l'arc ES de l'écliptique emploie à se lever dans la sphère droite.

Il mesure également le tems que l'arc ES emploie à traverser le méridien, car le méridien d'un lieu est l'horizon d'un lieu placé à 90° de distance sur l'équateur ; ainsi le point S qui se lève avec le point A pour l'un de ces lieux, passera au méridien de l'autre avec ce même point A ; l'équateur et tous ses parallèles coupent tous les méridiens à angles droits, comme ils coupent l'horizon de la sphère droite. A l'équateur, il serait indifférent d'observer les passages des astres par l'horizon, ou par le méridien, ou par un cercle horaire quelconque.

On trouverait entre deux astres donnés les mêmes différences de passages, on pourrait indifféremment faire tourner l'instrument des passages, soit dans le méridien, comme nous le pratiquons, soit dans un plan horizontal, en rendant perpendiculaire l'axe de rotation, soit dans un plan incliné, pourvu qu'il passât par les deux pôles de la révolution diurne.

Quand les deux pôles de la révolution diurne ne sont pas dans l'horizon, on n'a plus le choix, il faut que l'instrument de passage tourne dans le méridien pour que la lunette passe dans sa révolution par les deux pôles du monde, si l'on veut que l'instrument soit vertical ; alors l'axe de rotation est horizontal.

Placez l'axe de rotation de la lunette parallèlement au plan de l'équateur, la lunette dans sa révolution passera par les pôles du monde, et donnera de même les différences de passage entre les astres, l'instrument des passages dans ce cas, prend le nom de machine parallactique ou d'équatorial, et la construction en deviendra plus compliquée, les vérifications moins faciles.

35. Quand l'un des pôles est élevé sur l'horizon et que l'autre est abaissé et invisible, on dit que la sphère est oblique, parce que l'équateur et tous ses parallèles sont inclinés à l'horizon, tous les astres montent obliquement sur l'horizon, et le point de l'équateur qui passe avec un astre au méridien, n'est plus le même que celui qui passe avec lui par l'horizon ou qui se lève en même tems que lui. Le point de l'équateur qui se lève en même tems que l'astre, indique son ascension oblique ; l'arc de l'équateur compté depuis le point équinoxial jusqu'au point qui se lève avec l'astre, est ce qu'on appelle l'*ascension oblique*.

Soit PZM le méridien (fig. 158) MEBI l'équateur, FAOS l'écliptique, menez les cercles de déclinaison PE, POB, PTI. Le point E de l'équateur se lèvera dans la sphère oblique avec le point O de l'écliptique, et avec l'astre T; l'arc AE sera ce qu'on appelle l'ascension oblique du point O de l'écliptique et de l'astre quelconque T qui est à l'horizon en même tems que le point E.

C'est par les arcs perpendiculaires POB, PTI que se déterminent les ascensions droites du point O de l'écliptique et du point quelconque T; c'est par des arcs obliques OE et TE que se déterminent les ascensions obliques des points O et T; ces arcs OE, TE sont les amplitudes des points O et T de la sphère céleste.

L'ascension droite du point O est l'arc AB, l'ascension oblique du point O est l'arc AE; la différence EB de ces deux arcs s'appelle la *différence ascensionnelle*.

Le triangle EOB rectangle en B, donne

$$\sin EB = \text{tang } BO \cot OEB = \text{tang } D \text{ tang } PER = \text{tang } D \text{ tang } H.$$

Le triangle TEI rectangle I, donne

$$\sin EI = \text{tang } TI \cot TEI = \text{tang } D \text{ tang } H.$$

Ainsi le sinus de la différence ascensionnelle

$$= \text{tang déclinaison tang hauteur du pôle}$$
$$= \text{tang déclinaison de l'astre tang obliquité de la sphère.}$$

36. L'arc AB = ascension droite du point O, mesure le tems que l'arc AO de l'écliptique emploie à traverser soit l'horizon de la sphère droite, soit le méridien de la sphère droite ou oblique.

AE mesure le tems que l'arc AO de l'écliptique et l'arc oblique AT emploient à traverser l'horizon de la sphère oblique.

On connait l'ascension droite AB ou AI du soleil ou de l'étoile; calculez EB ou EI par la formule (55), retranchez ce tems du tems de AB ou AI, vous aurez l'ascension oblique AE.

On voit par les écrits des anciens qu'ils avaient souvent recours à ce calcul, et qu'ils s'attachaient spécialement à déterminer le tems que les arcs de l'écliptique employaient à traverser l'horizon.

Rien de plus simple quand l'arc de l'écliptique a son origine au point équinoxial E. Le calcul est double si l'on veut déterminer le tems d'un arc OS; on calcule d'abord l'ascension oblique du point O, puis celle du point S, la différence est le tems de l'arc OS.

On voit qu'il suffit de calculer la différence ascensionnelle pour un quart de l'écliptique; dans le second quart on trouve dans un ordre inverse toutes les mêmes déclinaisons, et par conséquent les mêmes valeurs pour EB, mais les ascensions droites AB sont les supplémens à 180° de ce qu'elles étaient dans le premier quart : dans le troisième quart les déclinaisons reviennent les mêmes et dans le même ordre que dans le premier quart, mais elles sont négatives, l'arc EB devient donc négatif, au lieu de le retrancher il faut l'ajouter; les ascensions droites sont celles du premier quart augmentées de 180°. Dans le dernier quart on retrouve les mêmes différences ascensionnelles que dans le troisième; mais en ordre inverse, on les retranche des ascensions droites qui sont les supplémens à 360° des ascensions droites du troisième quart.

37. L'angle horaire du point orient E de l'équateur est toujours de 90° ou de 6^h, car le point E de l'horizon étant le pôle du méridien, l'angle EPR $= 90° =$ EPZ, l'angle EPO est l'excès de l'angle horaire ZPO sur 90°; c'est l'excès de l'arc semi-diurne du point O sur 6^h.

Or $\qquad$ EB = EPO = ZPO — ZPE = angle semi-diurne — 90°.

On a donc

$$\sin EB = \sin EPO = \cos OPR = — \cos OPZ = — \cos \text{ angle semi-diurne}$$
$$= \tang D \, \tang H$$
$$\text{et } \tang D \, \tang H = \sin \text{ excès de l'ang. semi-diurne sur } 90°.$$

38. La différence ascensionnelle peut servir à calculer la table des climats. Le mot $\varkappa\lambda\acute{\iota}\mu\alpha$ signifie inclinaison; on entend spécialement par le mot climat, une zône de la sphère terrestre dont la largeur est telle, que des deux parallèles à l'équateur qui la renferment, l'un a son plus grand jour plus long d'une heure, ou son plus grand arc semi-diurne plus grand d'une demi-heure que l'autre.

39. EB est d'autant plus grand, que la latitude H est plus forte et que la déclinaison est plus grande. La durée du jour augmente donc avec la déclinaison boréale et la latitude; le plus grand jour répond à la plus grande déclinaison qui est 23° 28'; mais ce jour le plus grand de l'année, est d'autant plus long que le pôle est plus élevé.

40. Si le pôle est dans l'horizon

$$\sin EB = \tang D \, \tang H = \tang 23° 28' \, \tang H = 0,$$

le

le demi-jour est donc de 6^h, ou l'angle semi-diurne est de 90°, puisque EB mesure l'excès semi-diurne sur 90°. Mais si l'on veut, par exemple, que la durée du jour soit de 13^h, l'angle semi-diurne sera de 6$^h\frac{1}{2}$=90°+7°$\frac{1}{2}$,et on aura

$$\text{EB} = 7° \ 30'; \sin 7° \ 30' = \tan 23° \ 28' \ \tan \text{H},$$

ou $$\tan \text{H} = \sin 7° \ 30' \ \cot 23° \ 28',$$

ce qui donnera $$\text{H} = 16° \ 44'.$$

41. En général, puisque $\tan \text{H} = \sin \text{EB} \ \tan 23° \ 28'$, en donnant successivement à EB les valeurs 7°.$\frac{1}{2}$, 15°, 22°$\frac{1}{2}$, 30, etc., en augmentant toujours de 7°$\frac{1}{2}$, on aura les latitudes extrêmes de tous les climats d'heures ; on appelle ainsi la zône terrestre où le jour est d'une heure plus grand à l'extrémité plus boréale. Le dernier se trouvera, en faisant $\tan \text{H} = \sin 90° \ \cot 23° \ 28'$, ce qui donne $\text{H} = 66°.32'$. Le soleil au jour du solstice d'été, ne se couchera point sous l'horizon du lieu dont la latitude est de 66°.32'.

La hauteur du pôle P (fig. 158) étant de 66°.32' ainsi que la distance polaire du soleil le jour du solstice, il s'ensuit que cet astre décrira un parallèle BR entièrement au-dessus de l'horizon, et qui ne rencontrera ce dernier cercle que dans le seul point R.

42. Si la latitude surpasse 66°.32' qui est le complément de 23°.28, on aura

$$\sin \text{EB} = \tan(25°28')\tan(66°32'+x) = \frac{\tan 23° \ 28' \ (\tan 66° 32'+\tan x)}{1 - \tan 23° \ 28' \ \tan x}$$
$$= \frac{1 + \tan 23° \ 28' \ \tan x}{1 - \tan 23° \ 28' \ \tan x} > 1.$$

L'arc EB sera donc imaginaire, et l'excès de l'angle semi-diurne sur 90° sera indéterminé et indéterminable par les moyens algébriques. Le soleil cessant de se coucher dès que $\text{D} > 90° - \text{H}$, tournera continuellement autour de l'horizon tant que la déclinaison ne sera pas devenue moindre.

43. Ainsi supposant que la déclinaison AB (fig. 159) = 90° — H et AP=H, si vous menez PCD tel que C ♎ = ♈ A, vous aurez CD = AB et le soleil sera visible pendant tout le tems qu'il mettra à décrire l'arc AC de l'écliptique. Si ce tems est d'un mois, le jour sera d'un mois ;

1*

PA sera la latitude du climat d'un mois; si AC est l'arc de 2, 3, 4, 5, 6 mois, le jour et le climat seront de ce nombre de mois.

44. Si le soleil qui fait sa route en 365^j 5^h 49$'$ se mouvait uniformément sur l'écliptique, il y ferait 59$'$ 8$''$ $\frac{1}{3}$ par jour, on pourrait donc prendre de part et d'autre du solstice, un arc de 15 jours, ou de 15 (59$'$ 8$''$) pour avoir la déclinaison et la latitude qui donnerait un jour d'un mois, et ainsi des autres; mais le mouvement du soleil est inégal, et nous n'avons que des moyens indirects pour résoudre ce problème, qui n'est au reste qu'une vaine spéculation.

45. D'ailleurs dans toute cette théorie des climats on ne considère que le centre du soleil; mais comme son diamètre est de 32$'$, il faudrait ôter 16$'$ de la déclinaison pour que le soleil disparût tout entier : nous savons de plus, que la réfraction élève le soleil de 32$'$ à l'horizon, il faudrait donc encore diminuer la déclinaison de 32$'$, ce qui prolonge considérablement la durée du jour; enfin la nuit n'est entière qu'à l'instant où le soleil est enfoncé de 18° sous l'horizon, ce serait donc 18° à retrancher de la déclinaison pour que la nuit fût close à l'instant où le soleil est au méridien inférieur : ainsi, pour un observateur qui aurait le pôle au zénit, le jour, au lieu d'être de six mois, durerait presque toute l'année.

46. Remarquons que le parallèle BR (fig. 158), qui est celui que les anciens appelaient *cercle arctique*, renferme tous les astres circompolaires qui ne se couchent jamais, et qu'il a dans l'autre hémisphère son correspondant éloigné de l'équateur d'un arc $=$ MH $=$ 90° $-$ H qui renferme aussi les astres qui tournent continuellement autour du pôle inférieur sans jamais se lever; et qu'ainsi les nuits du pôle austral sont égales aux jours du pôle boréal, et réciproquement. Pour le pôle P, le jour durerait depuis l'équinoxe du printems jusqu'à l'équinoxe d'automne; alors commencerait la nuit, qui durerait jusqu'à l'équinoxe du printems suivant; les deux pôles auraient chacun un jour et une nuit de six mois; mais nous avons vu combien il faut rabattre de ce qu'on lit à cet égard dans les Élémens de Cosmographie et de Géographie. Tout ceci s'applique également à l'hémisphère austral.

47. Pour terminer ce qui regarde l'Astronomie sphérique ancienne,

cherchons l'angle du vertical avec l'écliptique en un point et pour un moment quelconque ; cet arc d'ailleurs est encore utile pour les éclipses.

Le triangle OST (fig. 160) donne

$$\cot OST = \cos OS \, \tang O = \tang O \cos (EO - ES),$$

mais on a

$$\sin O = \frac{\sin QE \cos H}{\sin EO}$$

et

$$\cos O = \cos QE \sin \omega \cos H + \cos \omega \sin H \quad (X.\ 22);$$

on aura donc

$$\cot OST = \frac{\sin QE \cos H (\cos EO \cos ES + \sin EO \sin ES)}{\sin EO (\cos QE \sin \omega \cos H + \cos \omega \sin H)}$$

$$= \frac{\sin QE (\cot EO \cos ES + \sin ES)}{\cos QE \sin \omega + \cos \omega \, \tang H}$$

$$= \frac{\sin QE \sin ES + \sin QE \cos ES \left(\cot QE \cos \omega - \dfrac{\sin \omega \, \tang H}{\sin QE} \right)}{\sin \omega \cos QE + \cos \omega \, \tang H}$$

$$= \frac{\sin QE \sin ES + \cos \omega \cos QE \cos ES - \sin \omega \, \tang H \cos ES}{\sin \omega \cos QE + \cos \omega \, \tang H}$$

ou

$$- \cot ZSO = \frac{\cos M \sin S - \cos \omega \sin M \cos S - \sin \omega \, \tang H \cos S}{\cos \omega \, \tang H - \sin \omega \sin M}.$$

On voit que H est la hauteur du pôle, M le point de l'équateur au méridien, ou l'ascension droite du milieu du ciel, et S la longitude du point de l'écliptique par lequel passe le vertical.

48. Ptolémée a donné pour les différens climats, des tables de l'angle ZSO supplément de OST ; les cotangentes de ces angles ne diffèrent que par le signe.

49. Ptolémée calculait encore l'arc du vertical compris entre le zénit et le point de section de l'écliptique, sommet de l'angle dont nous venons de donner la formule ; cherchons cette distance.

Le même triangle donne

$$\cos ZS = \sin ST = \sin O \sin OS = \sin O \sin (EO - ES)$$

$$= \frac{\sin QE \cos H}{\sin EO} (\sin EO \cos ES - \cos EO \sin ES)$$

$$= \sin QE \cos H (\cos ES - \sin ES \cot EO)$$

$$= \sin QE \cos H \cos S - \sin QE \cos H \sin S \left(\cot QE \cos \omega - \frac{\sin \omega \, \tang H}{\sin QE} \right)$$

$$= \sin QE \cos H \cos S - \cos \omega \cos H \sin S \cos QE + \sin \omega \sin H \sin S$$

$$= \cos M \cos H \cos S + \cos \omega \cos H \sin S \sin M + \sin \omega \sin H \sin S$$

Cet arc servait à calculer la parallaxe de l'astre qui se trouvait au point S de l'écliptique. La même formule se déduit de celle que nous employons aujourd'hui pour trouver l'heure.

$$
\begin{aligned}
\sin ST ={}& \cos P \sin PZ \sin PS + \cos PZ \cos PS \\
={}& \cos P \cos H \cos D + \sin H \sin D \\
={}& \cos (EG - EM) \cos H \cos D + \sin H \sin D \\
={}& \cos EG \cos EM \cos H \cos D + \sin EG \sin EM \cos H \cos D + \sin H \sin D \\
={}& \cos H \cos M \cos S + \cos H \sin M \cos D \sin EG + \sin \omega \sin H \sin S \\
={}& \cos H \cos M \cos S + \sin \omega \sin H \sin S + \cos H \sin M \cos D \tan g D \cot \omega \\
={}& \cos H \cos M \cos S + \sin \omega \sin H \sin S + \cos H \sin M \sin D \cot \omega \\
={}& \cos H \cos M \cos S + \sin \omega \sin H \sin S + \cos H \sin M \sin \omega \sin S \cot \omega \\
={}& \cos H \cos M \cos S + \sin \omega \sin H \sin S + \cos H \sin M \sin S \cos \omega \\
={}& (\cos H \cos \omega \sin M + \sin H \sin \omega) \sin S + \cos H \cos M \cos S
\end{aligned}
$$

50. Avec ces formules, on pourrait calculer et vérifier les tables de Ptolémée. La hauteur du soleil ou de l'astre qui occupe le point S de l'écliptique est nécessaire pour calculer la parallaxe qui, comme on l'a vu, dépend de la distance de l'astre au zénit, ou du complément de la hauteur; et l'angle est nécessaire pour calculer l'effet de cette parallaxe en longitude et latitude.

51. Nous avons aujourd'hui des règles plus commodes et plus exactes, mais l'angle OST nous est utile encore pour trouver par quel point du disque du soleil doit commencer une éclipse, afin que l'observateur fixant les yeux sur ce point, y aperçoive l'entrée de la lune aussitôt qu'elle y fait une échancrure. On connaît la longitude S du soleil et l'angle OST (fig. 160); on connaît SN différence de la lune en longitude et NC latitude du centre de la lune, on en déduit l'angle NSC. On a donc au commencement de l'éclipse TSC et ZSC angle entre le vertical et la ligne des centres sur laquelle se trouve le point de contact des deux disques.

L'angle OST étant trouvé par la cotangente, on en sait toujours la valeur sans aucun doute. Si le numérateur est positif, le sinus de cet angle est positif; ainsi l'angle est $< 180°$; si le dénominateur qui est aussi le cosinus est positif, l'angle est entre 270° et 90°.

Problèmes d'astronomie sphérique.

Nous joindrons ici quelques problèmes utiles pour trouver l'heure, la hauteur du pôle et les déclinaisons des étoiles ; ils ne dépendent que du mouvement diurne, et n'exigent guères d'autres connaissances que celles de la trigonométrie sphérique.

52. *Deux étoiles ayant été observées dans l'horizon astronomique, on demande l'heure de l'observation et la hauteur du pôle.*

Soient A et B les deux étoiles ; P le pôle,

le triangle APO rectangle en O donne $\tang PO = \tang PA \cos APO$
le triangle BPO donne............ $\tang PO = \tang PB \cos BPO$

ou $\qquad \tang H = \cot D \cos P = \cot D' \cos P'$,

mais $\quad P' = \tfrac{1}{2}(P'+P) + \tfrac{1}{2}(P'-P)\,;\; P = \tfrac{1}{2}(P'+P) - \tfrac{1}{2}(P'-P)\,;$

donc

$$\cot D \cos\tfrac{1}{2}(P'+P)\cos\tfrac{1}{2}(P'-P) - \cot D \sin\tfrac{1}{2}(P'+P)\sin\tfrac{1}{2}(P'-P)$$
$$= \cot D' \cos\tfrac{1}{2}(P'+P)\cos\tfrac{1}{2}(P'-P) + \cot D' \sin\tfrac{1}{2}(P'+P)\sin\tfrac{1}{2}(P'-P)$$

et

$$(\cot D' - \cot D)\cos\tfrac{1}{2}(P'+P)\cos\tfrac{1}{2}(P'-P)$$
$$= -(\cot D' + \cot D)\sin\tfrac{1}{2}(P'+P)\sin\tfrac{1}{2}(P'-P)$$

$$\left(\frac{\cot D' - \cot D}{\cot D' + \cot D}\right)\frac{\cos\tfrac{1}{2}(P'-P)}{\sin\tfrac{1}{2}(P'-P)} = -\tang\tfrac{1}{2}(P'+P)$$

$$\frac{\sin(D-D')\cot\tfrac{1}{2}(P'-P)}{\sin(D+D')} = -\tang\tfrac{1}{2}(P'+P),$$

ou

$$\tang\tfrac{1}{2}(P'+P) = \frac{\sin(D'-D)\cot\tfrac{1}{2}(P'-P)}{\sin(D'+D)} = \frac{\sin(D'-D)\cot\tfrac{1}{2}(\text{Æ}-\text{Æ}')}{\sin(D'+D)}.$$

Cette formule suppose les angles comptés du méridien inférieur ou du cercle PO ; elle suppose que l'étoile Æ a la déclinaison D, et l'étoile Æ' la déclinaison D', que Æ > Æ' et D' > D ; si l'une des conditions manquaient, le second membre serait négatif, ou pour abréger on suivra exactement la règle des signes, et l'on donnera le signe — aux déclinaisons australes.

Si l'une des étoiles était de l'autre côté du méridien, son angle serait de plus de 180°

Les deux P étant ainsi trouvés, on aurait tang H par l'une ou l'autre des formules primitives.

Nous avons supposé les deux étoiles à l'horizon au même instant ; mais s'il y avait quelque intervalle entre les deux observations, on y remédierait de la même manière que dans le problème suivant.

53. *Deux étoiles ayant été observées dans le même almicantarat, c'est-à-dire à même distance du zénit, on demande l'heure si l'on connaît la latitude, et la latitude si l'on connaît l'heure.*

Nous supposons ici que les deux étoiles ont passé au méridien, et nous compterons les angles du méridien supérieur (fig. 162).

$$\cos ZB = \cos ZPB \sin PZ \sin PB + \cos PZ \cos PB$$
$$\cos ZC = \cos ZPC \sin PZ \sin PC + \cos PZ \cos PC$$

$$0 = \sin PZ (\cos ZPB \sin PB - \cos ZPC \sin PC) + \cos PZ (\cos PB - \cos PC)$$
$$0 = \cos H (\cos P \cos D - \cos P' \cos D') + \sin H (\sin D - \sin D')$$

d'où

$$\tang H = \frac{\cos P \cos D - \cos P' \cos D'}{\sin D' - \sin D} \quad \text{qui donne H, si l'on connaît P}$$

$$P = \tfrac{1}{2}(P' + P) - \tfrac{1}{2}(P' - P) ; \quad P' = \tfrac{1}{2}(P' + P) + \tfrac{1}{2}(P' - P) ;$$

cela posé, le numérateur devient

$$= \cos D \cos \tfrac{1}{2}(P' + P) \cos \tfrac{1}{2}(P' - P) + \cos D \sin \tfrac{1}{2}(P' + P) \sin \tfrac{1}{2}(P' - P)$$
$$- \cos D' \cos \tfrac{1}{2}(P' + P) \cos \tfrac{1}{2}(P' - P) + \cos D' \sin \tfrac{1}{2}(P' + P) \sin \tfrac{1}{2}(P' - P)$$
$$= (\cos D - \cos D') \cos \tfrac{1}{2}(P' + P) \cos \tfrac{1}{2}(P' - P)$$
$$+ (\cos D + \cos D') \sin \tfrac{1}{2}(P' + P) \sin \tfrac{1}{2}(P' - P)$$

et partant

$$\tang H = 2 \sin \tfrac{1}{2}(D' - D) \sin \tfrac{1}{2}(D' + D) \cos \tfrac{1}{2}(P' + P) \cos \tfrac{1}{2}(P' - P)$$
$$+ 2 \cos \tfrac{1}{2}(D' + D) \cos \tfrac{1}{2}(D' - D) \sin \tfrac{1}{2}(P' + P) \sin \tfrac{1}{2}(P' - P).$$

divisé par

$$2 \sin \tfrac{1}{2}(D' - D) \cos \tfrac{1}{2}(D' + D)$$

$$= \tang \tfrac{1}{2}(D' + D) \cos \tfrac{1}{2}(P' + P) \cos \tfrac{1}{2}(P' - P)$$
$$+ \cot \tfrac{1}{2}(D' - D) \sin \tfrac{1}{2}(P' + P) \sin \tfrac{1}{2}(P' - P),$$

ou
$$\frac{\tan\frac{1}{2}(D'-D)\tan H}{\sin\frac{1}{2}(P'-P)}$$

$$=\tan\tfrac{1}{2}(D'-D)\tan\tfrac{1}{2}(D'+D)\cot\tfrac{1}{2}(P'-P)\cos\tfrac{1}{2}(P'+P)+\sin\tfrac{1}{2}(P'+P)$$

$$=\tan x\cos\tfrac{1}{2}(P'+P)+\sin\tfrac{1}{2}(P'+P)$$

$$=\frac{\sin x\cos\tfrac{1}{2}(P'+P)+\cos x\sin\tfrac{1}{2}(P'+P)}{\cos x}$$

et

$$\frac{\tan\frac{1}{2}(D'-D)\tan H\cos x}{\sin\frac{1}{2}(P'-P)}=\sin\left(\frac{P'+P}{2}+x\right)$$

on fera donc $\tan x=\tan\frac{1}{2}(D'-D)\tan\frac{1}{2}(D'+D)\cot\frac{1}{2}(P'-P)$

$$\sin\left(\frac{P'+P}{2}+x\right)=\frac{\tan\frac{1}{2}(D'-D)\tan H\cos x}{\sin\frac{1}{2}(P'-P)}\qquad \text{et}\qquad \frac{P'+P}{2}=\left(\frac{P'+P}{2}+x\right)-x$$

$\left(\frac{P'+P}{2}\right)$ sera l'angle horaire pour le milieu de l'intervalle; on en déduira si l'on veut P′ et P, mais c'est un soin assez inutile.

54. Si les observations sont simultanées, $P'-P=(Æ-Æ')$, $Æ$ étant l'ascension droite de l'étoile B, $Æ'$ celle de l'étoile C qui passant la première au méridien, a le plus grand angle horaire, parce qu'elle est moins avancée en ascension droite.

S'il y a eu quelque intervalle entre les observations, il faut convertir cet intervalle en degrés, en le multipliant par $\left(\frac{36c^{\circ}}{24^{h}+x}\right)=n$;

alors $\qquad P'-P=Æ-Æ'+n(T'-T)=Æ-Æ'+nt.$

t sera négatif si T est plus grand que T′, c'est-à-dire si l'étoile $Æ'$ a été observée la première.

En effet, si l'étoile B a été observée la première, dans l'intervalle elle sera passée en B′. La différence $Æ-Æ'$ sera CPB′, et la différence des angles horaires CPB = CPB′ + B′PB.

Si elle a été observée la seconde, dans l'intervalle l'étoile C sera passé en C′. La différence d'ascension droite sera C′PB, et la différence

$$P'-P=CPB=C'PB-C'PA.$$

On n'aura jamais aucun embarras en rapportant $Æ$, D, T et P à l'étoile la plus avancée en ascension droite, $Æ'$, D′, T′ et P′ à l'étoile moins avancée.

On retranche nt, si l'étoile précédente a été observée la première, on l'ajoute si l'étoile suivante a été observée la première.

Exemple.

$$T = 20^h 46' 59''$$
$$T' = 20.40.\ 8$$
$$T' - T = -\ 6.51 = t$$
$$H = 51°.51'.47''$$

Ascensions droites en tems.

$$\mathcal{R} = 23^h 58' 33'' 14'''$$
$$\mathcal{R}' = 19.41.28.30$$

$$\alpha \text{ Andromède } \mathcal{R} = 359° 38'18'',5$$
$$\alpha \text{ Aigle } \mathcal{R}' = 295.22.\ 7,5$$
$$\mathcal{R} - \mathcal{R}' = 64.16.11,0$$
$$15t = -\ 1.42.45$$
$$\mathcal{R} - \mathcal{R}' + 15t = 62.33.26$$
$$\tfrac{1}{2}(\mathcal{R} - \mathcal{R}' + 15t) = 31.16.43$$
$$D = 28.\ 2.13$$
$$D' = 8.22.43$$
$$D' + D = 36.24.56$$
$$D' - D = -\ 19.39.30$$
$$\tfrac{1}{2}(D' + D) = 18.12.28$$
$$\tfrac{1}{4}(D' - D) = -\ 9.49.45$$

$$\tan \tfrac{1}{2}(D' - D) - 9.2386840 \quad \dots\dots\dots\dots\dots - 9.2386840$$
$$\tan \tfrac{1}{2}(D' + D)\ \ 9.5171084 \quad \tan H \dots\ 0.0998573$$
$$\cot\tfrac{1}{2}(\mathcal{R} - \mathcal{R}' + 15t)\ \ 0.2164549 \dots C.\sin\tfrac{1}{2}(\mathcal{R} - \mathcal{R}' + 15t)\ \ 0.2846652$$
$$\tan x = -5°21'33''\quad 8.9722473 \quad \cos x \dots\dots\ 9.9980974$$
$$\sin -24°.42'.57'' \dots\dots = \sin\left(\frac{P'+}{2} + x\right) - 9.6213039$$

$$\text{òtez} \dots\dots\ x = -\ 5°21'33''$$
$$\text{de} \dots \left(\frac{P'+P}{2}\right) + x = -\ 24.42.57$$
$$\text{vous aurez } \tfrac{1}{2}(P' + P) = -\ 19.21.24$$
$$\tfrac{1}{2}(\mathcal{R} - \mathcal{R}' + 15t) = \tfrac{1}{2}(P' - P) = +\ 31.16.43$$
$$P' +\ 11.55.19$$
$$P = -\ 50.38.\ 7$$

P' positif me montre que l'étoile ($\mathcal{R}'$) avait traversé le méridien ;
P négatif me montre que l'étoile ($\mathcal{R}$) était encore à l'orient.

$$P' \text{ en tems} \dots\dots\dots\ 0^h 47' 41''.16'''$$
$$\text{Tems de la pendule} \dots\dots\ 20.40.\ 8$$
$$\text{Passage à la pendule} \dots\dots\ 19.52.26.44$$
$$\text{Passage tems sidéral} \dots\dots\ 19.41.28.30$$
$$\text{Avance de la pendule} \dots\dots\ 10.58.14$$

P

P en tems............— $3^h 22'.32''.28'''$
Tems de la pendule........ $20.46.59$

Passage à la pendule........ $0.\ 9.31.28$
Passage tems sidéral........ $23.58.33.14$

Avance de la pendule........ $10.58.14$

Je donne aux arcs subsidiaires x et $\left(\dfrac{P'+P}{2}+x\right)$ le signe —, au lieu de les faire obtus et positifs, ce qui serait plus incommode ; je trouve par là $\frac{1}{2}(P'+P)$ négatif, et $\frac{1}{2}(P'-P)$ est positif ; $P'=\frac{1}{2}(P'+P)+\frac{1}{2}(P'-P)$ se trouve positif, $P=\frac{1}{2}(P'+P)-\frac{1}{2}(P'-P)$ négatif. Je transforme P' en tems, et je le retranche du tems T' pour avoir l'heure de la pendule au passage de l'étoile au méridien, je trouve $19^h 52' 26'' 44'''$; mais d'après $Æ'$ en tems, le passage devrait avoir lieu à $19.41.28.30$; j'en conclus que la pendule avance de $10' 58' 14'''$.

Je transforme P en tems, et je le retranche du tems de la pendule, pour avoir le passage en tems de la pendule, je trouve $0^h 9' 31'' 28'''$; mais d'après l'ascension droite, la pendule aurait dû marquer $23^h 58' 33' 14''$, la pendule avance de $10' 58'' 14'''$.

55. Connaissant ainsi P' et P, nous aurions les distances zénitales ZA, ZB ; et si nous avions mesuré les deux hauteurs qui sont inutiles au calcul, nous pourrions comparer ZA et ZC calculées aux distances observées, et corriger l'erreur de collimation de l'instrument, s'il en avait une.

56. Si les hauteurs n'étaient pas égales, le calcul serait un peu plus long, au lieu d'avoir o au premier membre de l'équation (53), nous aurions

$$\cos ZB - \cos ZC = \cos N - \cos N' = 2\sin\tfrac{1}{2}(N'-N)\sin\tfrac{1}{2}(N'+N);$$

l'équation qui nous a donné tang H, ne donnerait que la tangente d'un angle subsidiaire ω; nous en déduirions

$$\cos(H+\omega) = \frac{2\sin\tfrac{1}{2}(N'-N)\sin\tfrac{1}{2}(N'+N)\cos\omega}{\cos P\cos D - \cos D'\cos P'}.$$

Dans le cas où P serait connu, on calculerait x comme ci-dessus, et l'on aurait

$$\sin\left(\frac{P'+P}{2}+x\right) = \frac{\tang\tfrac{1}{2}(D'-D)\,\tang H\cos x}{\sin\tfrac{1}{2}(P'-P)} + \frac{\sin\tfrac{1}{2}(N'-N)\sin\tfrac{1}{2}(N'+N)\cos x}{\sin\tfrac{1}{2}(P'-P)\cos\tfrac{1}{2}(D'-D)\cos\tfrac{1}{2}(D'+D)\cos H},$$

1.   66

formule qui deviendrait celle de l'article 53 , si l'on avait $N' = N$.

L'erreur de collimation se porterait toute entière sur le facteur $\sin \frac{1}{2}(ZA + ZB)$, mais elle disparaîtrait dans le facteur $\sin \frac{1}{2}(ZA - ZB)$.

57. Les auteurs qui se sont occupés de ce problème, M. Gauss, et moi-même dans la Connaissance des Tems de 1810, nous avons tous pris une voie plus longue, mais qui ne supposait pas la hauteur du pôle.

Dans le triangle PAB fig. 163, abaissez la perpendiculaire Ax sur le plus grand côté PB.

$$\tang Px = \tang PA \cos P = \cot D' \cos(\text{Æ} - \text{Æ}' + nt) = \tang y$$
$$xB = PB - Px = 90 - D - y = 90° - (D + y)$$
$$\sin xB : \sin Px :: \tang P : \tang B = \frac{\tang P \sin y}{\cos(D + y)}$$
$$\cos Px : \cos xB :: \cos PA : \cos AB = \frac{\sin D' \sin(D + y)}{\cos y}$$

A présent dans le triangle ZBA vous connaissez les trois côtés, vous cherchez l'angle ZBA par l'une des formules (X.140), vous en concluez ZBP.

Avec ZB, PB et ZBP, vous aurez PZ et ZPB, la latitude et l'angle horaire; vous pourrez chercher de même les angles PAB et ZAB par les mêmes formules.

Vous en conclurez de même PZ et ZPA. Vous aurez donc la latitude et l'angle horaire, mais vous supposerez les distances zénitales, au lieu que dans l'exemple précédent nous supposions la hauteur du pôle, et nous étions en état de corriger les distances observées.

58. Cette solution peut se réduire en formules générales, que voici telles que je les ai données dans la Connaissance des tems de 1811.

$$\tang x = \cot D' \cos \theta \qquad\qquad \theta = (\text{Æ} - \text{Æ}' + nt)$$
$$\tang V = \frac{\tang \theta \sin x}{\cos(D + x)}$$

V est l'angle à l'étoile (Æ) qui passe la dernière,

$$\cos C = \frac{\sin D' \sin(D + x)}{\cos x} \quad \text{ou} \quad \cot C = \cos V \tang(D + x)$$
$$\sin^2 \tfrac{1}{2} W = \cos \frac{\left(\dfrac{h + h' + C}{2}\right) \sin \left(\dfrac{h + h' + C}{2} - h'\right)}{\cos h \sin C}$$

h et h' sont les hauteurs observées, si elles sont égales à $\cos W = \tang h \tang \frac{1}{2} C$

$$u = V \mp W$$
$$\tang z = \cos u \cot h$$
$$\tang P = \frac{\tang u \sin z}{\cos(D + z)}$$
$$\tang H = \cos P \tang (D + z) \quad \text{ou} \quad \sin H = \frac{\sin h (D + z)}{\cos z}.$$

En changeant D en D′, P en P′, h en h', et réciproquement, on aurait les angles à l'autre étoile, les segmens des autres côtés, et l'on arriverait au même résultat.

59. Remarquez que ce problème est dans les cas douteux; en effet, l'inconnue $\frac{1}{2}(P' + P)$ se trouve dans l'équation par son sinus et son cosinus; rien n'indique si l'arc $\left(\frac{P' + P}{2} + x\right)$ qu'on trouve par son sinus, est aigu ou obtus.

L'angle W, dans l'autre solution, se trouve par le carré de son sinus, ce carré peut avoir deux racines; $\cos W$ est commun à deux angles.

Mais il est rare que les deux solutions satisfassent également au problème astronomique. Ainsi dans le premier exemple,

$$x = -\ 5°.21'.33''$$
$$\left(\frac{P' + P}{2} + x\right) \text{obtus} = -\ 155.17.\ 3$$
$$\left(\frac{P' + P}{2} + x\right) - x = -\ 149.55.30$$
$$\theta = +\ 31.16.43$$
$$118.38.47$$
$$181.12.13,$$

ce dernier angle est impossible, l'étoile eût été près du méridien inférieur et par conséquent invisible.

Ce dernier problème serait plus utile que le précédent pour un voyageur qui serait muni d'un bon instrument, et qui ne serait pas bien sûr de la latitude. Mais il ne faut pas croire que ce moyen pût la donner avec la dernière précision. Il faut en général, quand on le peut, choisir les moyens les plus directs et les plus simples, et ne pas vouloir trop entreprendre à la fois.

60. Chacun des élémens qui entrent dans ce calcul a sans doute son

erreur, et toutes ces erreurs peuvent altérer sensiblement le résultat. Elles se compensent quelquefois en partie, mais il est aussi des cas où elles sont singulièrement grossies.

La formule tang x du n° 53, différentiée en faisant varier tous ses facteurs, donnerait

$$\frac{dx}{\cos^2 x} = \frac{\tfrac{1}{2}d(D'-D)\,\mathrm{tang}\tfrac{1}{2}(D+D)\cot\tfrac{1}{2}(P'-P)}{\cos^2\tfrac{1}{2}(D'-D)} + \frac{\tfrac{1}{2}d(D'+D)\,\mathrm{tang}\tfrac{1}{2}(D'-D)\cot\tfrac{1}{2}(P'-P)}{\cos^2\tfrac{1}{2}(D'+D)}$$
$$- \frac{\tfrac{1}{2}d(P'-P)\,\mathrm{tang}\tfrac{1}{2}(D'-D)\,\mathrm{tang}\tfrac{1}{2}(D'+D)}{\sin^2\tfrac{1}{2}(P'-P)}$$

$$= \frac{\tfrac{1}{2}(D'-D)\,\mathrm{tang}\,x\cot\tfrac{1}{2}(D'-D)}{\cos^2\tfrac{1}{2}(D'-D)} + \frac{\tfrac{1}{2}d(D'+D)\,\mathrm{tang}\,x\cot\tfrac{1}{2}(D'+D)}{\cos^2\tfrac{1}{2}(D'+D)}$$
$$- \frac{\tfrac{1}{2}d(P'-P)\,\mathrm{tang}\,x\,\mathrm{tang}\tfrac{1}{2}(P'-P)}{\sin^2\tfrac{1}{2}(P'-P)}$$

$$= \frac{d(D'-D)\,\mathrm{tang}\,x}{2\sin\tfrac{1}{2}(D'-D)\cos\tfrac{1}{2}(D'-D)} + \frac{d(D'+D)\,\mathrm{tang}\,x}{2\sin\tfrac{1}{2}(D'+D)\cos\tfrac{1}{2}(D'+D)}$$
$$- \frac{d(P'-P)\,\mathrm{tang}\,x}{2\sin\tfrac{1}{2}(P'-P)\cos\tfrac{1}{2}(P'-P)}$$

$$dx = \frac{d(D'-D)\sin x\cos x}{\sin(D'-D)} + \frac{d(D'+D)\sin x\cos x}{\sin(D'+D)} - \frac{d(P'-P)\sin x\cos x}{\sin(P'-P)}$$

$$= \tfrac{1}{2}\sin 2x\left(\frac{d(D'-D)}{\sin(D'-D)} + \frac{d(D'+D)}{\sin(D'+D)} - \frac{d(P'-P)}{\sin(P'-P)}\right)$$

Ainsi, pour que l'effet de ces différentes erreurs ne soit pas trop considérable, il ne faut pas que sin $(D'-D)$, sin $(P'-P)$ soient plus petits que $\tfrac{1}{2}\sin 2x$.

L'erreur de x se réunirait à d'autres erreurs dans le calcul de $\left(\frac{P'+P}{2}+x\right)$, et l'on aurait

$$d\left(\frac{P'+P}{2}+x\right)\cos\left(\frac{P'+P}{2}+x\right) = \frac{\tfrac{1}{2}d(D'-D)\,\mathrm{tang}\,H\cos x}{\cos^2\tfrac{1}{2}(D'-D)\sin\tfrac{1}{2}(P'-P)} + \frac{dH\,\mathrm{tang}\tfrac{1}{2}(D'-D)\cos x}{\cos^2 H\sin\tfrac{1}{2}(P'-P)}$$
$$- \frac{dx\sin x\,\mathrm{tang}\tfrac{1}{2}(D'-D)\,\mathrm{tang}\,H}{\sin\tfrac{1}{2}(P'-P)} - \frac{\tfrac{1}{2}d(P'-P)\cos\tfrac{1}{2}(P'-P)\,\mathrm{tang}\tfrac{1}{2}(D'-D)\,\mathrm{tang}\,H\cos x}{\sin^2\tfrac{1}{2}(P'-P)}$$

On voit que si $(P'-P)$ était un petit angle et $\left(\frac{P'+P}{2}+x\right)$ un grand angle, l'erreur sur $\left(\frac{P'+P}{2}+x\right)$ pourrait être énorme ou du moins on pourrait le craindre.

Le calcul serait encore bien plus compliqué dans les formules de l'article 56, mais ordinairement on suppose certains élémens bien connus, par exemple, ici les déclinaisons et les ascensions droites des deux étoiles. Alors l'effet des erreurs commencerait à la formule qui donne W. J'en ai donné les formules dans la Connaissance des Tems de 1811 ; mais, sans calcul, on voit qu'au méridien, l'erreur de la hauteur observée se porterait toute sur la latitude, et serait nulle sur l'angle horaire ; au premier vertical, au contraire, l'erreur de la hauteur n'influerait en rien sur la latitude, et serait au *maximum* sur l'angle horaire ; ainsi l'effet de l'erreur dh sur la latitude doit être proportionnel au cosinus de l'angle azimutal de l'astre observé. L'effet de dh sur l'angle horaire doit être proportionnel au sinus de ce même azimut, et de plus à la sécante de la hauteur du pôle, ce qu'on peut démontrer facilement ; en effet l'erreur sur la hauteur, ou sur la distance zénitale est de déplacer le zénit. L'étoile restant en A, si je fais la distance AE au lieu de AZ, je transporte le zénit en E ; abaissez EC perpendiculaire sur le méridien, vous aurez PC=PE à fort peu près, ZC sera la quantité dont la latitude sera augmentée, si ZE est la quantité dont on a diminué la distance zénitale, ainsi $dH = - dN \cos Z$.

L'effet de la même erreur sur l'angle horaire serait

$$ZPE = \frac{EC}{\sin EP} = \frac{ZE \sin Z}{\cos H} = \frac{dN \sin Z}{\cos H}.$$

Ce sont les formules que M. Gauss a données sans démonstration, et que le calcul analytique ne donnerait que d'une manière beaucoup plus longue et plus obscure.

61. On peut ainsi considérer séparément l'effet de chaque erreur, soit par une construction, soit par le calcul.

On peut en tenir compte dans le calcul logarithmique des deux inconnues, en mettant à côté de chaque logarithme la partie proportionnelle pour 1′ de variation dans chacun des angles. Ainsi, dans le calcul de x, article 54, je mets la variation pour $+1''$

à côté du log tang $\frac{1}{2}$ (D′ — D)....... — 9.2386840 + 125

à côté du log tang $\frac{1}{2}$ (D′ + D)....... 9.5171084 + 71

et du log cot $\frac{1}{2}$ (Æ — Æ′ + nt).. 0.2164549 — 47

tang x = — 5°.21′.33″—0″,6   8.9722473 + 149

Je fais l'addition des trois parties proportionnelles, elle me donne 149 ; mais le log de tang x varie de 226 par seconde, ainsi x augmenterait de $\frac{142}{225}$, ou de près de $\frac{2}{3}$ ou $0''{,}6$ pour des changemens de $1''$ en plus dans chacune des quantités qui entrent dans la valeur de sa tangente.

Je fais la même chose dans le calcul suivant :

$$
\begin{aligned}
\operatorname{tang} \tfrac{1}{2}\,(D' - D)\ldots. \quad &- \quad 9.2386840 \;+\; 125 \\
\operatorname{tang} H\ldots\ldots\ldots \quad & \quad 0.0998573 \;+\; 43 \\
C.\ \sin\tfrac{1}{2}\,(\mathcal{R} - \mathcal{R}' + nt)\ldots. \quad & \quad 0.2846652 \;-\; 35 \\
\cos x \ldots\ldots \quad & \quad 9.9980974 \;-\; 1 \\
\hline
\sin\!\left(\frac{P' + P}{2} + x\right) = - 24°.\,42'.\,57'' - 3'' \quad &- \quad 9.6213039 \;+\; 132
\end{aligned}
$$

$\log \sin\!\left(\dfrac{P' + P}{2} + x\right)$ varie de 46 pour $1''$, ainsi cet angle varierait de $\frac{132}{46}$, ou près de $3''$ par l'effet de toutes les erreurs supposées chacune $\quad 1''$

$$\left(\frac{P' + P}{2} + x\right) \text{ sera donc trop fort de} \quad 3''$$

$$x \text{ trop fort de}\ldots\ldots\ldots \quad 0{,}6$$

$$\frac{P' + P}{2} \text{ trop fort de}\ldots\ldots\ldots \quad 2''4$$

mais si nous avons supposé l'erreur $(D' - D)$ de $1''$, nous pourrions bien supposer celle de $\frac{1}{2}(D' + D)$ de $4''$, ainsi, dans la première opération, au lieu de la partie 71, nous aurions eu 284.

Dans $(\mathcal{R} - \mathcal{R}' + nt)$, au lieu de $1''$, nous en pourrions bien supposer $10''$, tant pour les deux ascensions droites que pour l'erreur en tems sur les deux observations, et la partie aurait été $- 470$.

x aurait donc varié de $+\dfrac{125''}{226}$ pour l'erreur de $\frac{1}{2}(D' - D)$, de $+\dfrac{284''}{226}$ pour celle de $\frac{1}{2}(D' + D)$, de $-\dfrac{470}{226}$ pour celle de l'angle au pôle. Nous pouvons réunir ces erreurs ou les laisser séparées ; mais en les évaluant chacune à part, le calcul se compliquerait beaucoup.

Au reste, si l'on ne peut, par ce moyen, corriger les erreurs, on en peut du moins entrevoir la limite.

Cette méthode est celle qu'on appelle des différences logarithmiques ; elle a été proposée par M. Legendre, et depuis par M. Borda. On en peut voir un exemple plus détaillé dans la Connaissance des Tems de 1811, page 471 et suivantes.

62. Si l'on a deux observations de la même étoile, au lieu de celles de deux étoiles différentes, le calcul se simplifie, parce que le triangle

APB est isoscèle, mais alors les deux hauteurs sont nécessairement inégales, à moins qu'elles n'aient été prises de part et d'autre du méridien ; dans ce cas, elles donneraient l'heure sans calcul, on aurait la latitude au moyen de l'angle horaire de la déclinaison et de la distance au zénit.

63. *On a observé deux étoiles dans le même vertical, on demande l'heure, les deux distances au zénit et l'azimut.*

On connoît PB et PA avec l'angle APB $= (Æ\!R — Æ\!R' \pm nt)$, on aura donc les angles A et B et le côté AB (fig. 165).

Dans le triangle APZ, on connaît l'angle A, AP et PZ, on aura APZ, BPZ, AZ et Z.

Ce problème est encore dans les cas douteux.

Au lieu de la différence d'ascension droite, on peut prendre pour donnée la différence des distances au zénit AB ; alors on aura les trois côtés du triangle APB, on calculera les deux angles, et l'on en déduira le reste comme ci-dessus.

64. On a, pendant 80 ans, inséré dans la Connaissance des Tems une planche pour faciliter les moyens de trouver l'heure par certaines étoiles qu'on pouvait observer dans un même vertical avec l'étoile polaire ; l'observation se faisait au moyen d'un fil à plomb, derrière lequel les deux étoiles devaient se trouver cachées en même tems. A côté de chaque étoile on trouvait sur la planche de la Connaissance des Tems, l'heure sidérale du phénomène.

Cette heure se calculait par le procédé que nous venons d'exposer, mais la solution peut se simplifier de plusieurs manières.

65. Soit A (fig. 164) l'étoile polaire, B une autre étoile, P le pôle, Z le zénit, ZAB le vertical dans lequel on a observé les deux étoiles ; on demande le tems sidéral, c'est-à-dire l'ascension droite du milieu du ciel, ou l'ascension droite du zénit.

Le triangle PBA donne, par le théorème III,

$$\cot B = \frac{\cot PA \sin PB - \cos PB \cos APB}{\sin APB} = \frac{\tan D \cos D' - \sin D' \cos (Æ\!R - Æ\!R')}{\sin (Æ\!R - Æ\!R')} ;$$

le triangle ZPB donne de même en mettant Z au lieu de A

$$\cot B = \frac{\cot PZ \sin PB - \cos PB \cos ZPB}{\sin ZPB} = \frac{\tan H \cos D' - \sin D' \cos P}{\sin P} .$$

Égalant ces deux valeurs de cotang B, chassant les dénominateurs, transposant et réduisant, on obtient

$$\tang H \cot D' = \cos P + \frac{\tang D - \tang D' \cos (\text{Æ} - \text{Æ}')}{\tang D' \sin (\text{Æ} - \text{Æ}')} \sin P$$
$$= \cos P + \tang x \sin P = \frac{\cos P \cos x + \sin P \sin x}{\cos x} = \frac{\cos(P - x)}{\cos x},$$

et

$$\cos(P - x) = \cos x \, \tang H \cot D' \, ; \quad P = (P - x) + x \quad \text{ou} \quad P = x - (x - P) ;$$

on fera donc

$$\tang x = \frac{\tang D \cot D'}{\sin(\text{Æ} - \text{Æ}')} - \cot(\text{Æ} - \text{Æ}') = \cot u - \cot(\text{Æ} - \text{Æ}')$$
$$= \frac{\sin (\text{Æ} - \text{Æ}' - u)}{\sin u \sin (\text{Æ} - \text{Æ}')} \text{ en supposant } \cot u = \frac{\tang D \cot D'}{\sin(\text{Æ} - \text{Æ}')}$$
$$\cos (P - x) = \cos (x - P) = \cos x \cot D' \tang H$$
$$P = (P - x) + x \quad \text{et} \quad P = x - (x - P).$$

66. On aura les deux angles horaires de l'étoile B; en effet nous avons supposé l'étoile B au-dessous de A, mais environ 12 heures après, le ciel sera retourné, les deux étoiles se retrouveront dans un même vertical ZBA, mais A sera inférieure à son tour; le triangle APB donnera

$$\cot PBA = \frac{\cot PA \sin PB - \cos PB \cos APB}{\sin APB} = \frac{\tang D \cos D' - \sin D' \sin (\text{Æ}' - \text{Æ})}{\sin (\text{Æ}' - \text{Æ})}$$
$$= - \frac{\tang D \cos D' - \sin D' \cos (\text{Æ} - \text{Æ}')}{\sin (\text{Æ} - \text{Æ}')}.$$

Le triangle BPZ donnera

$$\cot ZBP = \frac{\cot PZ \sin PB - \cos PB \cos ZPB}{\sin ZPB} = \frac{\tang H \cos D' - \sin D' \cos P'}{- \sin P'} :$$

Je donne le signe — à sin P', parce que le second angle horaire est nécessairement à l'orient, si le premier est à l'occident; ainsi les deux valeurs de cot B auront le signe —. La première, parce que l'étoile A qui était plus près du méridien, en est maintenant plus éloignée; et la seconde, parce que l'angle P est à l'orient; l'équation subsistera donc, et nous aurons également les trois équations qui servent à trouver l'angle horaire de l'étoile B; mais ces angles sont nécessairement de grandeur différente; le premier est plus grand, le second est moindre. On les
aura

aura tous deux par la double équation

$$P = (P - x) + x \quad \text{et} \quad P = x - (x - P).$$

La plus grande des deux appartient au passage inférieur, la plus petite au passage supérieur.

Dans le passage inférieur $\mathcal{R}'' = $ asc. dr. du zénit $= \mathcal{R}' + P$;

Dans le passage supérieur $\mathcal{R}'' = \mathcal{R}' - P$. Ces nombres multipliés par $\left(\frac{1}{60}\right)$, donneront l'heure sidérale.

67. Lambert a donné de ce problème une solution plus courte dans les Éphémérides de Berlin pour 1789, page 213.

Du pôle abaissez sur le vertical ZB la perpendiculaire PQ, nommez ω l'angle APB, φ le deuxième segment de l'angle vertical APQ ; $(\omega + \varphi)$ sera l'autre segment ; ψ le segment de l'angle vertical BPZ, et vous aurez

$$\tan PQ = \tan PB \cos(\omega + \varphi) = \tan PA \cos \varphi = \tan PZ \cos \psi$$
$$= \cot D' \cos(\omega + \varphi) = \cot D \cos \varphi = \cot H \cos \psi ;$$

d'où

$$\tan D' \cot D = \frac{\cos(\omega + \varphi)}{\cos \varphi} = \frac{\cos \omega \cos \varphi - \sin \omega \sin \varphi}{\cos \varphi} = \cos \omega - \sin \omega \tan \varphi$$

et

$$\tan \varphi = \cot \omega - \frac{\tan D \cot D'}{\sin \omega} = \cot \omega - \cot y = \frac{\sin(y - \omega)}{\sin \omega \sin y},$$

après quoi

$$\cos \psi = \tan H \cot D' \cos(\omega + \varphi) = \tan H \cot D \cos \varphi,$$

et enfin
$$P = \omega + \varphi + \psi.$$

Jusqu'ici cette solution a beaucoup d'analogie avec la précédente, mais mettez la première équation sous cette forme

$$\tan D' \cot D = \frac{\cos\left(\tfrac{1}{2}\omega + \tfrac{1}{2}\omega + \varphi\right)}{\cos\left(\tfrac{1}{2}\omega - \tfrac{1}{2}\omega + \varphi\right)} = \frac{\cos \tfrac{1}{2}\omega \cos\left(\tfrac{1}{2}\omega + \varphi\right) - \sin \tfrac{1}{2}\omega \sin\left(\tfrac{1}{2}\omega + \varphi\right)}{\cos \tfrac{1}{2}\omega \cos\left(\tfrac{1}{2}\omega + \varphi\right) + \sin \tfrac{1}{2}\omega \sin\left(\tfrac{1}{2}\omega + \varphi\right)}$$
$$= \frac{1 - \tan \tfrac{1}{2}\omega \tan\left(\tfrac{1}{2}\omega + \varphi\right)}{1 + \tan \tfrac{1}{2}\omega \tan\left(\tfrac{1}{2}\omega + \varphi\right)};$$

d'où

$$\tan \tfrac{1}{2}\omega \tan\left(\tfrac{1}{2}\omega + \varphi\right) = \frac{1 - \tan D' \cot D}{1 + \tan D' \cot D} = \frac{\sin D \cos D' - \sin D' \cos D}{\sin D \cos D' + \sin D' \cos D} = \frac{\sin(D - D')}{\sin(D + D')},$$

et

$$\tan\left(\tfrac{1}{2}\omega + \varphi\right) = \frac{\sin(D - D') \cot \tfrac{1}{2}\omega}{\sin(D + D')}.$$

Vous aurez ensuite

$$(\omega + \varphi) = \tfrac{1}{2}\omega + \varphi + \tfrac{1}{2}\omega\,; \quad \varphi = \tfrac{1}{2}\omega + \varphi - \tfrac{1}{2}\omega\,;$$

enfin ψ par l'une des deux équations ci-dessus;

et

$$P = \psi + (\omega + \varphi) \quad \text{dans le passage inférieur;}$$
$$P = \psi - (\omega + \varphi) \quad \text{dans le passage supérieur;}$$
$$\mathcal{R}'' = \mathcal{R}' + \psi + \omega + \varphi = \mathcal{R} + \varphi + \psi \quad \text{dans le passage inférieur;}$$
$$\mathcal{R}'' = \mathcal{R}' - \psi + \omega + \varphi = \mathcal{R} + \varphi - \psi \quad \text{dans le passage supérieur.}$$

68. Pour exemple de l'usage de ces formules, choisissons la polaire et β de la petite Ourse, nous aurons en 1810

$$\mathcal{R} = 0^s.13°.38'.20'' \qquad\qquad D = 88°.17'.40''$$
$$\mathcal{R}' = 7.\,12.51.10 \qquad\qquad D' = 74.56.\ 0$$
$$\omega = \mathcal{R} - \mathcal{R}' = 5.\ 0.47.10 \qquad D - D' = 13.21.40$$
$$\tfrac{1}{2}(\mathcal{R} - \mathcal{R}') = 2.\,15.23.35 \qquad D + D' = 163.13.40$$

Solution trigonométrique.

$$
\begin{array}{llll}
\text{Compl. } \sin \omega & 0.3115168 & -\cos \omega + & 0.2524334 \\
\text{tang } D & 1.5261285 & \sin D & 9.9848031 \\
\cos D' & 9.4148778 & & \\
& & 1.72680 + & 0.2372365 \\
+\,17.88640 & 1.2525231 & & \\
+\ \ 1.72680 & & & \\
\cot B = 19.61320 \ \log & 1.2925484 & B = & 2°55'\ 7''.5 \\
\text{C. } \sin D & 0.0151919 & & \\
\text{tang BPQ} & 1.3077403 & \text{BPQ} = & 87.10.53.0 = \omega + \varphi \\
& & \text{ZPQ} = & 89.\ 7.57 \ = \psi \\
\cos \text{BPQ} & 8.6917370 & \text{BPZ} = & 5^s 26°18'50'' = \psi + \omega + \varphi \\
\cot D' & 9.4300697 & \mathcal{R}' = & 7.\,12.51.10 = \mathcal{R}' + \psi + \omega + \varphi \\
\text{tang } H = 48°.50'.10'' & 0.0585290 & \mathcal{R}'' = & 1.\ 9.10.\ 0 \\
\cos \psi = 89.\ 7.57 & 8.1801357 & & 2^h 36'40''\ 0''' = \text{heure sidérale}
\end{array}
$$

Nous avons ici supposé l'étoile B inférieure à l'étoile A.

$$\text{Pour l'autre position } \psi = \quad 2^s.29°.\ 7'.57''$$
$$\omega + \varphi = \quad 2.\ 27.10.53$$
$$\text{P} = \psi - (\omega + \varphi) = \quad 0.\ \ 1.57.\ 4$$
$$\text{Æ}' = \quad 7.\ 12.51.10$$
$$\text{Æ}' - \text{P} = \quad 7.\ 10.54.\ 6$$
$$\text{heure du passage supérieur} = 14^h.43'.36''.24'''$$
$$\text{passage inférieur} = \quad 2.\ 36.40.\ 0$$
$$\text{intervalle} = 12.\ \ 6.56.24$$
$$2\ \psi = \quad 5.\ 28.15.54$$
$$\tfrac{4}{60}(2\ \psi) = 11.\ 53.\ \ 3.36$$
$$\text{supplément} = 12.\ \ 6.56.24$$
$$\text{ainsi l'intervalle} = 24^h - \tfrac{4}{60}(2\ \psi) = 24^h - \tfrac{8}{60}(\psi)$$

Cette solution exige 14 logarithmes.

Pour trouver $(\varphi + \omega) = \text{BPQ}$, nous avons fait $\tang \text{BPQ} = \dfrac{\cot \text{B}}{\sin \text{D}'}$, ce qui équivaut à $\cot \text{BPQ} = \tang \text{B} \sin \text{D}' = \tang \text{B} \cos \text{PB}$.

69. Pour la solution analytique.

$$\tang \text{D}.\dots\ 1.5261285$$
$$\cot \text{D}'.\dots\ 9.4300697$$
$$\text{C. } \sin (\text{Æ} - \text{Æ}').\dots\ 0.3115168$$
$$\cot u = \quad 3°.\ 5'.25''.\dots\ 1.2677150$$
$$\text{C} \sin (\text{Æ} - \text{Æ}') = \quad 5.\ 0.47.10\ \dots\ 0.3115168$$
$$\sin (\text{Æ} - \text{Æ}' - u) = \quad 4.27.41.45\ \dots\ 9.7278777$$
$$\text{C} \sin u.\dots\dots\dots\ 1.2683257$$
$$\tang x = \quad 2^s.27°.10'.53''.\dots\ 1.3077202$$

$$\cos x \ldots\; 8.6917373$$
$$\cot \text{D}' \ldots\; 9.4300697$$
$$\tang \text{H} \ldots\; 0.0583290$$

$$\cos (\text{P}-x) = \quad 2^s.29^\circ.\;7'.57''\ldots\; 8.1801360$$
$$x = \quad 2.\;27.\;10.53$$
$$\text{P} = \quad 5.\;26.\;18.50$$
$$\text{P} = \quad 11.\;28.\;2.56$$
$$\mathcal{R}' = \quad 7.\;12.51.10$$
$$\mathcal{R}' + \text{P} = \quad 1.\;9.10.\;0 \qquad \text{Passage inférieur.}$$
$$\mathcal{R}' + \text{P} = \quad 7.\;10.54.\;6 \qquad \text{Passage supérieur.}$$

Comme ci-dessus, on voit que $x = (\omega + \varphi)$

$$\text{P} - x = \quad \psi$$
$$\text{et} \quad x - \text{P} = -\psi$$

La solution est plus générale, et elle n'emploie que 10 log. différens.

70. Solution de Lambert.

$$\cot \tfrac{1}{2}\omega = \quad 75^\circ.23'.35'' \ldots\ldots\; 9.4159910$$
$$\sin (\text{D} - \text{D}') = \quad 13.\;21.40 \ldots\ldots\; 9.3637766$$
$$\text{C} \;\sin (\text{D} + \text{D}') = \quad 163.\;13.40 \ldots\ldots\; 0.5397524$$
$$\tang (\tfrac{1}{2}\omega + \varphi) = \quad 11.\;47.18 \ldots\ldots\; 9.3195200$$
$$\omega + \varphi = 2.\;\;27.10.53$$
$$\cos \varphi = -\;63^\circ.36'.17'' \ldots + 9.6479317$$
$$\cot \text{D} \ldots\ldots\ldots\ldots\ldots\ldots\; 8.4738715$$
$$\tang \text{H} \ldots\ldots\ldots\ldots\ldots\ldots\; 0.0583290$$
$$\cos \psi = 2^s.\;29^\circ.\;7'.57'' \ldots\ldots\; 8.1801322$$
$$\psi + \omega + \varphi = 5.\;26.18.50 = \quad \text{P}$$
$$\psi - (\omega + \varphi) = \quad 1.57.\;4 = -\text{P}'$$

Cette solution est la plus courte, elle n'emploie que huit logarithmes
en tout; elle permet de calculer ψ de deux manières.

$$\cos (\omega + \varphi) \ldots\ldots\; 8.6917373$$
$$\cot \text{D}' \ldots\ldots\; 9.4300697$$
$$\tang \text{H} \ldots\ldots\; 0.0583290$$
$$\cos \psi = 2^s.29^\circ.\;7'.57'' \ldots\ldots\; 8.1801360$$

71. Nous avons dit qu'on avait les deux solutions par la formule
$\mathcal{R}'' = (\mathcal{R} + \varphi \pm \psi)$.

$$\mathcal{R} = \quad 0^s.13°.38'.20''$$
$$\varphi = \quad 9.26.23.43 = - 63°.36'.17''$$
$$\mathcal{R} + \varphi = 10.10.\ 2.\ 3$$
$$\psi = \quad 2.29.\ 7.57$$
$$\mathcal{R} + \varphi + \psi = \ 1.\ 9.10.\ 0 = \mathcal{R}''$$
$$\mathcal{R} + \varphi - \psi = \ 7.10.54.\ 6 = \mathcal{R}''.$$

La première valeur de $\mathcal{R}''$ diffère moins de $\mathcal{R}$, c'est que l'étoile A est supérieure et B inférieure. La deuxième valeur de $\mathcal{R}''$ diffère moins de $\mathcal{R}'$, c'est que B est plus près du méridien, ou supérieure.

En ayant attention au signe de φ, on n'aura jamais d'embarras pour trouver les valeurs de $\mathcal{R}''$, celle qui différera plus de $\mathcal{R}'$, mettra B au-dessous de A.

72. D'après les formules (X. 190), nous aurions

$$\cos P = \frac{\sin H \sin D' \sin B \sin Z + \cos B \cos Z}{\cos^2 PQ}$$

et

$$\cos P' = \frac{\sin H \sin D' \sin B \sin Z - \cos B \cos Z}{\cos^2 PQ},$$

En voici le calcul :

Nous avons   cot B.... 1.2925484
et   cos B.... 9.9994362

donc   sin B.... 8.7068878
     cos D'.... 9.4148778

sin PQ = 0°.45'.30''... 8.1217656
     C. cos H.... 0.1816231

sin Z = 1°. 9'. 8''... 8.3033887

     C. cos² PQ.... 0.0000760
     cos Z.... 9.9999122
     — cos B —.... 9.9994362

0.9986755..— 9.9994244

$$
\begin{aligned}
&\text{C. cos PQ} \ldots\; 0.0000760 \\
&\text{sin H} \ldots\; 9.8766969 \\
&\text{sin D}' \ldots\; 9.9848081 \\
&\text{sin B} \ldots\; 8.7068878 \\
&\text{sin Z} \ldots\; 8.3033687 \\[4pt]
\hline
&+\; 0.0007445 \ldots\; 6.8718375 \\
&\mp\; 0.9986755 \ldots \\[4pt]
\hline
&-\; 0.9979310 \ldots\; 9.9991005 \;\cos\; 5^s.26^\circ.18'.49'' \\
&+\; 0.9994200 \ldots\; 9.9997480 \;\cos\; 0.\;1.57.\;3
\end{aligned}
$$

De ces deux angles horaires, le premier indique le passage inférieur; le second le passage supérieur.

Cette formule est trop longue pour la pratique, on ne peut la considérer que comme une vérification dans un cas douteux.

73. Nous aurions une vérification plus commode par notre formule (X.89) qui devient ici

$$
\operatorname{tang}^2 \tfrac{1}{2} P = \frac{\sin (D' - H)\,\cot \tfrac{1}{2}(B - Z)\,\cot \tfrac{1}{2}(B + Z)}{\sin (D' + H)}
$$

et

$$
\operatorname{tang}^2 \tfrac{1}{2} P' = \frac{\sin (D' - H)\,\operatorname{tang} \tfrac{1}{2}(B - Z)\,\operatorname{tang} \tfrac{1}{2}(B + Z)}{\sin (D' + H)}.
$$

En voici le calcul

$$
\begin{aligned}
\sin (D' - H) &= \quad 26^\circ.\;5'.50'' \ldots\; 9.6433496 \\
\text{C. } \sin(D' + H) &= \quad 123.46.10 \ldots\; 0.0802521 \\[2pt]
\hline
& \qquad\qquad\qquad\qquad\; 9.7236017 \\
\cot \tfrac{1}{2}(B - Z) &= \quad 0.53.\;0 \ldots\; 1.8119636 \\
\cot \tfrac{1}{2}(B + Z) &= \quad 2.\;2.28 \ldots\; 1.4492569 \\[2pt]
\hline
\operatorname{tang}^2 \tfrac{1}{2} P &\ldots\ldots\ldots\ldots\ldots\ldots\; 2.9848222 \\
\operatorname{tang}^2 \tfrac{1}{2} P' &\ldots\ldots\ldots\ldots\ldots\ldots\; 6.4623812 \\[2pt]
\hline
\operatorname{tang} \tfrac{1}{2} P &= 2^s.\;28^\circ.\;9'.25'' \ldots\; 1.4924111 \\
\operatorname{tang} \tfrac{1}{2} P' &= 0.\quad 0.58.32 \ldots\; 8.2311906 \\[4pt]
P &= 5.\;26.18.50 \ldots\ldots\; \text{B est inférieur et à l'ouest.} \\
P' &= 0.\quad 1.57.\;4 \ldots\ldots\; \text{B est supérieur et à l'est.}
\end{aligned}
$$

74. M. Lalande a donné dans son Astronomie, article 1054, les tems

$\left(\frac{4}{60}\right)$ Æ' pour les étoiles de la Connaissance des Tems pour les années 1686 et 1750; nous les donnerons ici pour 1686, 1750 et 1810 avec les différences pour 60 ans et pour dix ans, voyez 76.

Nous avons pris sans examen les nombres pour 1686, mais nous avons calculé tout le reste tant par notre formule analytique que par la formule de Lambert, modifiée comme on a vu (68); sa démonstration différoit aussi de la nôtre.

Nous avons ajouté à notre tableau, le tems du passage supérieur.

75. M. Lalande avait ajouté une colonne de la différence pour 5° de latitude; cette différence ne peut venir que de la valeur de ψ; or

$$\cos \psi = \cos \varphi \cot D \tang H$$
$$\cos \psi' = \cos \varphi \cot D \tang H'$$

d'où

$$\cos \psi - \cos \psi' = \cos \varphi \cot D (\tang H - \tang H')$$

$$2 \sin\tfrac{1}{2}(\psi'-\psi) \sin\tfrac{1}{2}(\psi+\psi') = \frac{\cos \varphi \cot D \sin (H - H')}{\cos H \cos H'}$$

$$= \frac{\cos \varphi \cot D \tang H \cot H \sin (H - H')}{\cos H \cos H'}$$

$$= \frac{\cos \psi \cot H \sin (H-H')}{\cos H \cos H'} = \frac{\cos \psi \sin (H - H')}{\sin H \cos H'}$$

$$2 \sin \tfrac{1}{2}(\psi' - \psi) = \frac{\cos \psi \sin (H-H')}{\sin \tfrac{1}{2}(\psi' + \psi) \sin H \cos H'}$$

$$\text{ou} \quad (\psi' - \psi) = \frac{\sin (H - H') \cot \psi}{\sin H \cos H'}$$

$$\tfrac{4}{60}(\psi' - \psi) = \frac{\sin (H - H') \cos \psi}{\sin 15'' \sin H \cos H'}.$$

$$
\begin{array}{lr}
\text{C. } \sin 15'' \ldots\ldots & 4.13833 \\
\sin 5° \ldots\ldots & 8.94030 \\
\text{C. } \sin 48°.50'.10'' \ldots\ldots & 0.12330 \\
\text{C. } \cos 43.50.10 \ldots\ldots & 0.14187 \\
\hline
36'.47'' \ldots\ldots & 3.34380 \\
\cot \psi \ldots\ldots & 8.18018 \\
\hline
33''.4 \ldots\ldots & 1.52398
\end{array}
$$

En diminuant la latitude de 5° dans le calcul ci-dessus, nous aurions eu $\psi = 89°\ 16'\ 18''$, au lieu de 89° 7′ 57″. La différence est 8′ 21″ dont le $\frac{1}{15}$ est 33′ 24‴ ou 33″,4.

Quand H diminue ψ augmente, ainsi $\mathcal{R}'$ augmentera pour l'un des deux passages, et diminuera pour l'autre, puisque $\mathcal{R}' = \mathcal{R} + \varphi \pm \psi$.

La valeur de cette variation sera donc de 36′ 47″ cot ψ, pour une diminution de 5° dans la latitude; elle serait de 44′ 58″ cot ψ pour une augmentation de 5° et de 40″85 dans notre exemple. Lalande donne 41″. Sa variation paraît donc calculée pour le nord et non pour le midi de la France, quoiqu'il paraisse dire le contraire.

76.   *Passage des étoiles par le vertical de la polaire, tems sidéral.*

NOMS DES ÉTOILES.	En 1686.	En 1750.	Passage inférieur pour 1810,	Différ. pour 60 ans.	Différ. pour 10 ans.	Passage supérieur pour 1810.
β gr. Ourse	$22^h 54'$	$22^h 56'\ 49''$	$22^h 59'\ 28''$	2′ 38″7	26″44	$10^h 51'\ 43''$
α gr. Ourse	22.57.	22.59.30.	23. 2. 8	2.37,7	26,29	10.54.33
γ gr. Ourse	23.41.	23.45.54.	23.48.53	2.59,6	29,93	11.24.19
δ gr. Ourse	0. 2.	0. 6.36.	0. 9.44	3. 7,8	31,30	12. 6.36
ε gr. Ourse	0.37.	0.42.55.	0 46.18	3.23,0	33,83	12.43.55
ζ gr. Ourse	1. 5.	1.11. 2.	1.14.38	3.36,1	36,02	13.16. 3
η gr. Ourse	1.25.	1.33.18.	1.36.59	3.40,7	36,78	13.19.57
β pet. Ourse	2.28,	2.32.34.	2.36.40	4. 6,4	41,07	14.43.36
γ pet. Ourse	2.51,	3. 0.34.	3. 4.48	4.14,0	43,45	15.13.21
β Dragon	5. 0.	5. 6.23.	5.10.55	4.32,2	45,37	17.25.10
α du Cygne	8.12.	8.17.21.	8.21.38	4.18,6	43,10	20.35.56
β Cassiopée	11.46.	11.51.13.	11.54.37	3.23,3	33,88	23.58.31
α Cassiopée	12.21,	12.24.54.	12.27.48	2.53,7	28,94	0.29.33
γ Cassiopée	12.38.	12.41.43.	12.44.30	2.47,0	27,83	0.45.10
δ Cassiopée	13. 8,	13.12.31.	13.15. 9	2.38,1	26,34	1.13.48
ε Cassiopée	13.40.	13.42.54.	13.45.20	2.26,2	24,20	1.42. 1
γ d'Andromède	13.54.	13.53.27.	13.55.49	2.21,9	23,66	1.51.50
α Persée	15.14.	15.17.57.	15.19.52	1.54,9	19,16	3.10.52
α du Cocher (la Chèvre)	17.12.	17.14.21.	17.15.57	1.35,9	15,78	5. 1.58
β du Cocher	17.56.	17.58. 9.	17.59.40	1.31,0	15,17	5.44.38

Pour avoir le tems vrai ajoutez la distance du Soleil à l'équinoxe, prise dans la Connaissance des tems pour l'instant de l'observation.

77.   *On a observé trois étoiles connues à une même distance zénitale; on demande la hauteur du pôle, l'heure et la distance zénitale.*

Soit N la distance zénitale inconnue (fig. 166).

$D = 90° - PA$; $D' = 90° - PB$; $D'' = 90° - PC$; $ZPA = P$, $ZPB = P + a$, et $ZPC = P + b$. P est inconnu, mais on connaît a et b.

En effet $a = APB = (Æ - Æ' \pm nt)$ le signe $+$, si l'étoile suivante a été observée la première,

$$b = APC = (Æ - Æ'' \pm nt').$$

Nous donnerons deux solutions qui ont chacune leur avantage.

La première, et celle qui se présente d'abord, est de poser les trois équations.

$$\cos N = \cos P \cos H \cos D + \sin H \sin D$$
$$\cos N = \cos (P + a) \cos H \cos D' + \sin H \sin D'$$
$$\cos N = \cos (P + b) \cos H \cos D'' + \sin H \sin D'',$$

ou $\dfrac{\cos N}{\sin H} = \sin D + \cos D \, (\cos P \cot H)$

$$= \sin D' + \cos D' \cos a \,(\cos P \cot H) - \cos D' \sin a \,(\sin P \cot H)$$
$$= \sin D'' + \cos D'' \cos b \,(\cos P \cot H) - \cos D' \sin a \,(\sin P \cot H).$$

Il n'y a que trois inconnues $\left(\dfrac{\cos N}{\sin H}\right)$, $(\cos P \cot H)$ et $(\sin P \cot H)$; on peut les éliminer par les méthodes ordinaires, et c'est le plus court, ou bien on fera

$$o = (\sin D' - \sin D) + (\cos D' \cos a - \cos D)(\cos P \cot H) - \cos D' \sin a (\sin P \cot H)$$
$$= (\sin D'' - \sin D) + (\cos D'' \cos b - \cos D)(\cos P \cot H) - \cos D' \sin b (\sin P \cot H)$$

et

$$o = \frac{\sin D' - \sin D}{\cos D' \sin a} + \left(\frac{\cos D' \cos a - \cos D}{\cos D' \sin a}\right)(\cos P \cot H) - (\sin P \cot H)$$
$$o = \left(\frac{\sin D'' - \sin D}{\cos D'' \sin b}\right) + \left(\frac{\cos D'' \cos b - \cos D}{\cos D'' \sin b}\right)(\cos P \cot H) - (\sin P \cot H).$$

Retranchez la seconde équation de la première, et vous aurez, en transposant,

$$(\cos P \cot H) = \frac{\left(\dfrac{\sin D' - \sin D}{\cos D' \sin a}\right) - \left(\dfrac{\sin D'' - \sin D}{\cos D'' \sin b}\right)}{\left(\dfrac{\cos D'' \cos b - \cos D}{\cos D'' \sin b} - \dfrac{\cos D' \cos a - \cos D}{\cos D' \sin a}\right)}$$

$$= \frac{\dfrac{2 \sin \frac{1}{2}(D' - D) \cos \frac{1}{2}(D' + D)}{\cos D' \sin a} - \dfrac{2 \sin \frac{1}{2}(D'' - D) \cos \frac{1}{2}(D'' + D)}{\cos D'' \sin b}}{\left(\dfrac{\cos D'' \cos b - \cos D}{\cos D'' \sin b} - \dfrac{\cos D' \cos a - \cos D}{\cos D' \sin a}\right)}$$

$$= \frac{2\sin\frac{1}{2}(D'-D)\cos\frac{1}{2}(D'+D)\cos D''\sin b - 2\sin\frac{1}{2}(D''-D)\cos\frac{1}{2}(D''+D)\cos D'\sin a}{(\cos D''\cos b-\cos D)\cos D'\sin a-(\cos D'\cos a-\cos D)\cos D''\sin b}$$

$$= \frac{2\sin\frac{1}{2}(D'-D)\cos\frac{1}{2}(D'+D)\cos D''\sin b - 2\sin\frac{1}{2}(D''-D)\cos\frac{1}{2}(D''+D)\cos D'\sin a}{\cos D'\cos D''\sin a\cos b-\cos D\cos D'\sin a-\cos D'\cos D''\cos a\sin b+\cos D\cos D''\sin b}$$

$$= \frac{2\sin\frac{1}{2}(D'-D)\cos\frac{1}{2}(D'+D)\cos D''\sin b - 2\sin\frac{1}{2}(D''-D)\cos\frac{1}{2}(D''+D)\cos D'\sin a}{\cos D''\cos D'\sin(a-b)-\cos D'\cos D\sin a+\cos D\cos D''\sin b}$$

$$= \frac{2\sin\frac{1}{2}(D'-D)\cos\frac{1}{2}(D'+D)\cos D''\sin b - 2\sin\frac{1}{2}(D''-D)\cos\frac{1}{2}(D''+D)\cos D'\sin a}{\cos D\cos D''\sin b-\cos D\cos D'\sin a-\cos D''\cos D'\sin(b-a)}.$$

On pourrait porter cette valeur dans les deux équations, dans lesquelles (sin P cot H) est dégagé, et en tirer une double valeur de
(sin P cot H), et divisant l'une par l'autre, les valeurs (sin P cot H)
et (cos P cot H), en tirer la valeur de tang P, ou bien faire

$$o = \frac{\sin D'-\sin D}{\cos D\sin a\,(\cos P\cot H)} + \frac{\cos D'\cos a-\cos D}{\cos D\sin a} - \operatorname{tang} P$$

$$o = \frac{\sin D''-\sin D}{\cos D''\sin b\,(\cos P\cot H)} + \frac{\cos D'\cos b-\cos D}{\cos D''\sin b} - \operatorname{tang} P.$$

Connaissant P et (cos P cot H), on aura H, et ensuite cos N par l'une
des trois équations primitives.

78. Ces formules serviront, si l'on n'a observé que trois étoiles. Si l'on
en a un plus grand nombre, on mettra dans chacune des équations
fondamentales, les valeurs numériques de sin D', de cos D' sin a et de
cos D' sin a.

On réunira toutes les équations en trois sommes, et les trois équations résultantes et ainsi formées, serviront à résoudre le problème
par la totalité des observations tout à la fois; rien n'empêche en effet
que dans une belle nuit, on n'observe ainsi à la même hauteur un assez
grand nombre d'étoiles, et l'on pourra espérer que, par cette réunion,
les erreurs se compenseront presque entièrement.

79. Mais, dans le cas de trois étoiles seulement, la solution suivante
est préférable. J'écris

$$\frac{\cos N}{\cos H}=\operatorname{tang}H\sin D + \cos D\,\cos(P+\tfrac{1}{2}a-\tfrac{1}{2}a)$$
$$=\operatorname{tang}H\sin D'+\cos D'\cos(P+\tfrac{1}{2}a+\tfrac{1}{2}a)$$

et

$$=\operatorname{tang}H\sin D+\cos D\cos(P+\tfrac{1}{2}a)\cos\tfrac{1}{2}a+\cos D\sin(P+\tfrac{1}{2}a)\sin\tfrac{1}{2}a$$
$$=\operatorname{tang}H\sin D'+\cos D'\cos(P+\tfrac{1}{2}a)\cos\tfrac{1}{2}a-\cos D'\sin(P'+\tfrac{1}{2}a)\sin\tfrac{1}{2}a,$$

d'où

$$o = \tang H (\sin D' - \sin D) + (\cos D' - \cos D)\cos(P + \tfrac{1}{2}a)\cos\tfrac{1}{2}a$$
$$- (\cos D' + \cos D)\sin(P + \tfrac{1}{2}a)\sin\tfrac{1}{2}a$$

et

$$\tang H = \left(\frac{\cos D - \cos D'}{\sin D' - \sin D}\right)\cos\tfrac{1}{2}a\cos(P + \tfrac{1}{2}a)$$
$$+ \left(\frac{\cos D + \cos D'}{\sin D' - \sin D}\right)\sin\tfrac{1}{2}a\sin(P + \tfrac{1}{2}a)$$
$$= \tang\tfrac{1}{2}(D' + D)\cos\tfrac{1}{2}a\cos(P + \tfrac{1}{2}a) + \cot\tfrac{1}{2}(D' - D)\sin\tfrac{1}{2}a\sin(P + \tfrac{1}{2}a)$$
$$= \tang\tfrac{1}{2}(D' + D)\cos\tfrac{1}{2}a\big(\cos(P + \tfrac{1}{2}a)$$
$$+ \cot\tfrac{1}{2}(D' - D)\cot\tfrac{1}{2}(D' + D)\tang\tfrac{1}{2}a\sin(P + \tfrac{1}{2}a)\big)$$
$$= \tang\tfrac{1}{2}(D' + D)\cos\tfrac{1}{2}a\big(\cos(P + \tfrac{1}{2}a) + \tang M'\sin(P + \tfrac{1}{2}a)\big)$$
$$= \frac{\tang\tfrac{1}{2}(D' + D)\cos\tfrac{1}{2}a}{\cos M'}\big(\cos(P + \tfrac{1}{2}a)\cos M' + \sin M'\sin(P + \tfrac{1}{2}a)\big)$$
$$= \frac{\tang\tfrac{1}{2}(D' + D)\cos\tfrac{1}{2}a\cos(P + \tfrac{1}{2}a - M')}{\cos M'} = \frac{\tang\tfrac{1}{2}(D' + D)\cos\tfrac{1}{2}a\cos(P + R')}{\cos M'};$$

En faisant, comme on voit,

$$\tang M' = \tang\tfrac{1}{2}a\cot\tfrac{1}{2}(D' - D)\cot\tfrac{1}{2}(D' + D) \quad \text{et} \quad R' = (\tfrac{1}{2}a - M').$$

Une troisième étoile donnera

$$\tang M'' = \tang\tfrac{1}{2}b\cot\tfrac{1}{2}(D'' - D)\cot\tfrac{1}{2}(D'' + D) \text{ et } R'' = \tfrac{1}{2}b - M'',$$

d'où

$$\tang H = \frac{\tang\tfrac{1}{2}(D'' + D)\cos\tfrac{1}{2}b\cos(P + R'')}{\cos M''} = \frac{\tang\tfrac{1}{2}(D' + D)\cos\tfrac{1}{2}a\cos(P + R')}{\cos M'}$$

et

$$\frac{\cos\tfrac{1}{2}a\,\tang\tfrac{1}{2}(D' + D)\cos M''}{\cos\tfrac{1}{2}b\,\tang\tfrac{1}{2}(D'' + D)\cos M'} = \frac{\cos(P + R'')}{\cos(P + R')} = \tang\varphi$$

$$\frac{\cos\left(P + \frac{R'' + R'}{2} + \frac{R'' - R'}{2}\right)}{\cos\left(P + \frac{R'' + R'}{2} - \frac{R'' - R'}{2}\right)} = \frac{\cos\left(P + \frac{R'' + R'}{2}\right)\cos\left(\frac{R'' - R'}{2}\right) - \sin\left(P + \frac{R'' + R'}{2}\right)\sin\left(\frac{R'' - R'}{2}\right)}{\cos\left(P + \frac{R'' + R'}{2}\right)\cos\left(\frac{R'' - R'}{2}\right) + \sin\left(P + \frac{R'' + R'}{2}\right)\sin\left(\frac{R'' - R'}{2}\right)}$$

$$= \frac{1 - \tang\left(\frac{R'' - R'}{2}\right)\tang\left(P + \frac{R'' + R'}{2}\right)}{1 + \tang\left(\frac{R'' - R'}{2}\right)\tang\left(P + \frac{R'' + R'}{2}\right)} = \tang\varphi;$$

d'où

$$\tang\left(\frac{R'' - R'}{2}\right)\tang\left(P + \frac{R'' + R'}{2}\right) = \frac{1 - \tang\varphi}{1 + \tang\varphi} = \tang(45° - \varphi)$$

et

$$\tang \left(P + \frac{R'' + R'}{2}\right) = \cot \tfrac{1}{2}(R'' - R')\ \tang\ (45° - \varphi).$$

80. On voit donc que le problème se réduit à faire

$$\tang\ M' = \tang\ \tfrac{1}{2}\,a \cot \tfrac{1}{2}(D' - D)\cot \tfrac{1}{2}(D' + D)$$

$$\tang\ M'' = \tang\ \tfrac{1}{2}\,b \cot \tfrac{1}{2}(D'' - D)\cot \tfrac{1}{2}(D'' + D)$$

$$R'' - R' = \tfrac{1}{2}\,a - M' \qquad R' = \tfrac{1}{2}\,b - M''$$

$$\tang\ \varphi = \frac{\cos \tfrac{1}{2} a}{\cos \tfrac{1}{2} b}\ \frac{\tang \tfrac{1}{2}(D' + D)}{\tang \tfrac{1}{2}(D'' + D)}\ \frac{\cos\ M''}{\cos\ M'}$$

$$\tang \left(P + \frac{R'' + R'}{2}\right) = \cot \tfrac{1}{2}\,(R'' - R')\ \tang\ (45° - \varphi)$$

$$P = \left(P + \frac{R'' + R'}{2}\right) - \left(\frac{R'' + R'}{2}\right)$$

$$\tang\ H = \frac{\cos \tfrac{1}{2} a\,\tang \tfrac{1}{2}(D' + D)\cos(P + R')}{\cos\ M'} = \frac{\cos \tfrac{1}{2} b\,\tang \tfrac{1}{2}(D'' + D)\cos(P + R'')}{\cos\ M''},$$

après quoi $\cos N = \sin H \sin D + \cos H \cos D \cos P$.

81. Cette solution a beaucoup d'analogie avec une solution de M. Gauss. *Voyez* Connaissance des Tems de 1812, p. 526.

Ce problème est assez intéressant et le calcul en est encore assez long pour être expliqué par un exemple :

α d'Andromède devait passer au méridien à.............................. 23$^\mathrm{h}$.58′.53″.19‴. 8

La hauteur a été observée quand la pendule marquait................... 21.33.26 $+$ dt

L'angle horaire était donc oriental,

ou............................... — 2$^\mathrm{h}$.25′. 7″.19‴. 8 $+$ dt

ou en degrés $15t = P = -$ 36°.16′.49″.95 $+ 15dt.$

dt est, comme on voit, la correction du tems sidéral marqué par la pendule ; cette pendule marchait d'ailleurs comme les fixes, et marquait 24$^\mathrm{h}$ justes entre deux passages de la même étoile au méridien.

La polaire devait passer au méridien à.. $\quad$ $0^h.55'.\ 4''.42$

La distance zénitale a été observée à.. $\quad$ $21.47.30$ $\qquad + \quad dt'$

L'angle horaire était oriental et...... $\quad - \quad 3.\ 7.34.42$ $\qquad + \quad dt'$

$$P + a = -\ 46°.53'.40''.30''' \qquad + \quad 15dt'$$
$$P \quad\quad = -\ 36.16.49.57 \qquad + \quad 15dt'$$
$$a = -\ 10.36.50.33$$
$$\tfrac{1}{2} a = -\ 5°.18'.25'',3.$$

La correction de la pendule étant la même pendant tout le jour, $15dt' - 15dt = 0$; si elle eût été différente, $15(dt' - dt)$ eût été connue, et se serait ajoutée à la valeur de a.

La lyre devait passer au méridien

à........................... $\quad 18^h.50'.28''.57'''.6$

La distance zénitale a été obser-

vée à....................... $\quad 22.\ 5.21$ $\qquad + \quad dt''$

L'angle horaire était occidental et $+\ 3.34.52.\ 2.4$

$$P + b = +\ 53°.43'.\ 0'',60 \qquad + \quad 15dt''$$
$$P \quad\quad = -\ 36.16.49.95 \qquad + \quad 15dt$$
$$b = +\ 89.59.50.55 \qquad + \quad 15(dt'' - dt)$$

$dt'' - dt$ est encore ici 0. $\qquad \tfrac{1}{2} b = \quad 44°.59'.55''.27.5.$

On avait de plus

$$D' = \quad 88°.17'.\ 5''.\ 7 \qquad\qquad D'' = 38°.57'.\ 6''.6$$
$$D = \quad 28.\ 2.14.\ 8 \qquad\qquad D = 28.\ 2.14.8$$
$$D' + D = 116.19.20.\ 5 \qquad\qquad D'' + D = 66.39.21.4$$
$$D' - D = 60.14.50.\ 9 \qquad\qquad D'' - D = 10.34.51.8$$
$$\tfrac{1}{2}(D' + D) = \quad 58.\ 9.40.25 \qquad\qquad \tfrac{1}{2}(D'' + D) = 33.19.40.7$$
$$\tfrac{1}{2}(D' - D) = \quad 30.\ 7.25.45 \qquad\qquad \tfrac{1}{2}(D'' - D) = \quad 5.17.25.9.$$

Ces préparatifs n'offriront jamais aucune difficulté, si l'on s'attache scrupuleusement à la règle des signes

$$\tan \tfrac{1}{2} a .. \quad 8.9679732 \qquad\qquad \tan \tfrac{1}{2} b +.. \quad 9.9999802$$
$$\cot \tfrac{1}{2}(D' - D).. \quad 0.2363792 \qquad \cot \tfrac{1}{2}(D'' - D).. \quad 1.0335869$$
$$\cot \tfrac{1}{2}(D' + D).. \quad 9.7930669 \qquad \cot \tfrac{1}{2}(D'' + D).. \quad 0.1820559$$
$$\tan M' = -5°.40'38.. \quad 8.9974193 \qquad \tan M' = +86°.30'.55''. \quad 1.2154210$$

$$C.\cos M'\ldots 0.0021309 \qquad \tfrac{1}{2}a = -\ 5°.18'.25''.300$$
$$\cos \tfrac{1}{2}a\ldots 9.9981343 \qquad M' = -\ 5.40.38$$
$$\text{tang}\,\tfrac{1}{2}(D'+D)\ldots 0.2069331 \qquad R' = +\ \overline{0.22.12.700}$$
$$\log N\ldots 0.2071983$$
$$\cos M''\ldots 8.7837753 \qquad \tfrac{1}{2}b = \ 44.59\ 55.275$$
$$C.\cos \tfrac{1}{2}b\ldots 0.1505051 \qquad M'' = \ 86\ 30.55$$
$$\cot \tfrac{1}{2}(D''+D)\ldots 0.1820539 \qquad R'' = -\ \overline{41.30.59.725}$$
$$\text{tang}\,\varphi = 11°.53'.41''\ldots 9.3235326 \qquad R' = +\ 0.22.12.700$$
$$45 \qquad\qquad R''+R' = -\ \overline{41.\ 8.47.025}$$
$$45°-\varphi = \overline{33.\ 6.19} \qquad R''-R' = -\ 41.53.12.425$$
$$\tfrac{1}{2}(R''+R') = -\ 20°.34'\ 23''.512$$
$$\tfrac{1}{2}(R''-R') = -\ 20.56.36.212$$

$$\text{tang}\,(45°-\varphi)\ldots\ldots\ldots\ldots\ldots\ldots\ldots\ldots + 9.8142630$$
$$\cot \tfrac{1}{2}(R''-R')\ldots\ldots\ldots\ldots\ldots\ldots\ldots - 0.4171036$$
$$\text{tang}\left(P+\frac{R''+R'}{2}\right) = -\ 59°.35'.14'\ldots\ldots\ldots - 0.2313666$$
$$\frac{R''+R'}{2} = -\ 20.34.23$$
$$P = -\ \overline{39.\ 0.51}\ldots\ldots\ldots -39°.\ 0'.51''$$
$$R' = +\ 0.22.13 \quad \text{Pendule} -\ 36.16.50$$
$$P+R' = -\ 38.38.38 \qquad\qquad = -\ \overline{2.44.\ 1} = 15dt$$
$$= -\ 10'.56''.\ 4''' = \quad dt$$

$$\text{Log N}\ldots 0.2071983$$
$$\cos (P+R')\ldots 9.8926737$$
$$\text{tang H} = 51°.51'51''\ldots 0.0998720$$
$$\cos H\ldots 9.7938516$$
$$\sin D\ldots 9.6721427$$
$$m = 0.5680171\ldots 9.5658663$$
$$\cos H\ldots 9.7938516$$
$$\cos D\ldots 9.9457839$$
$$\cos P\ldots 9.8904088$$
$$n = 0.4266230\ldots 9.6300443$$
$$m+n = \cos N = \overline{0.7946401}\ldots 9.9001705$$
$$N = 37°.22'.44''$$
$$\text{N observé} + \text{réfraction}\ldots = 37.22.20$$
$$\text{correction des distances observées}\ldots + 24.$$

Nous avons trouvé ci-dessus $dt = -10'. 56''. 4'''$, c'est la quantité qu'il faut appliquer à tous les instans marqués par la pendule, pour avoir le tems sidéral.

Cette solution a un avantage marqué sur la précédente. Le calcul en est très-facile. On voit que je fais tous les angles subsidiaires aigus, dans tous les cas, et négatifs quand leurs sinus, leurs tangentes ou leurs cotangentes ont le signe —.

On se doute que la méthode, curieuse d'ailleurs et utile à défaut d'autre moyen, ne saurait donner la latitude, ni la correction de la pendule avec la dernière précision. On sera fort heureux, si l'on a cette correction à 1 ou 2" près, et la latitude à 12 ou 15".

En différentiant les formules par rapport à a, b, D, D', D", on aurait des formules très-compliquées. On peut se servir des différences logarithmiques, en mettant pour da, db, etc., les valeurs possibles, et l'on verra de combien changeront les résultats.

82. Il pourrait arriver que les angles M' et M" fussent considérables, et leurs cosinus très-variables ; on peut les éliminer, en mettant pour $\frac{1}{\cos M'}$ sa valeur $\frac{\tan M'}{\sin M'}$ et pour cos M' sa valeur cot M' sin M", et mettant ensuite la valeur de tang M' et celle de tang M" dans la formule qui donne tang φ.

Ainsi

$$\tan \varphi = \frac{\cos \frac{1}{2} a \tan \frac{1}{2}(D'+D)\cos M''}{\cos \frac{1}{2} b \tan \frac{1}{2}(D''+D)\cos M'} = \frac{\cos \frac{1}{2} a \tan \frac{1}{2}(D'+D)\cos M'' \tan M'}{\cos \frac{1}{2} b \tan \frac{1}{2}(D''+D)\sin M'}$$
$$= \frac{\cos \frac{1}{2} a \tan \frac{1}{2}(D'+D)\cos M'' \tan \frac{1}{2} a \cot \frac{1}{2}(D'-D)\cot \frac{1}{2}(D'+D)}{\cos \frac{1}{2} b \tan \frac{1}{2}(D''+D)\sin M'}$$
$$= \frac{\sin \frac{1}{2} a \cot \frac{1}{2}(D'-D)\cos M''}{\cos \frac{1}{2} b \tan \frac{1}{2}(D''+D)\sin M'} .$$

Nous pourrions éliminer cos M" au lieu de cos M', et nous aurions de la même manière

$$\tan \varphi = \frac{\cos \frac{1}{2} a \tan \frac{1}{2}(D'+D)\sin M''}{\sin \frac{1}{2} b \cot \frac{1}{2}(D''-D)\cos M'} ,$$

d'où

$$\tan^2 \varphi = \frac{\sin \frac{1}{2} a \cos \frac{1}{2} a \cot \frac{1}{2}(D'-D)\tan \frac{1}{2}(D'+D)\sin M'' \cos M'}{\sin \frac{1}{2} b \cos \frac{1}{2} b \tan \frac{1}{2}(D''+D)\cot \frac{1}{2}(D''-D)\sin M' \cos M'}$$
$$= \frac{\sin a \sin 2 M'' \tan \frac{1}{2}(D'+D)\tan \frac{1}{2}(D''-D)}{\sin b \sin 2 M' \tan \frac{1}{2}(D''+D)\tan \frac{1}{2}(D'-D)} .$$

Nous pourrions les éliminer toutes deux à la fois et nous aurions

$$\tan \varphi = \frac{\sin \tfrac{1}{2}\, a \,\tan \tfrac{1}{2}\,(\mathrm{D}'' - \mathrm{D})\,\sin \mathrm{M}''}{\sin \tfrac{1}{2}\, b \,\tan \tfrac{1}{2}\,(\mathrm{D}'' - \mathrm{D})\,\sin \mathrm{M}'}$$

d'où l'on tirerait pour $\tan \varphi$ la même valeur que ci-dessus

$$\tan^2 \varphi = \frac{\sin a \,\sin 2\mathrm{M}''}{\sin b \,\sin 2\mathrm{M}'} \cdot \frac{\tan \tfrac{1}{2}\,(\mathrm{D}' + \mathrm{D})\,\tan \tfrac{1}{2}\,(\mathrm{D}'' - \mathrm{D})}{\tan \tfrac{1}{2}\,(\mathrm{D}'' + \mathrm{D})\,\tan \tfrac{1}{2}\,(\mathrm{D}' - \mathrm{D})};$$

on peut choisir entre ces cinq formules qui sont aussi faciles l'une que l'autre.

83. Si la latitude était connue, la troisième étoile deviendrait inutile ; nous aurions (79)

$$\cos (\mathrm{P} + \mathrm{R}') = \frac{\tan \mathrm{H} \cos \mathrm{M}' \cot \tfrac{1}{2}\,(\mathrm{D}' + \mathrm{D})}{\cos \tfrac{1}{2}\, a} \quad \text{et } \tan \mathrm{M}' \text{ comme ci-dessus.}$$

P connu, nous aurions la distance au zénit par la formule comme ci-dessus. Nous avions déjà résolu un problème de même genre (53) au moyen d'un angle auxiliaire x qui est le complément de M'. Les deux solutions ont beaucoup d'analogie.

84. *Connaissant trois hauteurs d'une même étoile avec l'intervalle des observations, trouver le tems sidéral, la hauteur du pôle et la déclinaison de l'étoile.*

Ce problème est encore plus curieux que vraiment utile, mais plusieurs géomètres et plusieurs astronomes l'ont résolu ; nous allons en donner aussi la solution. Deux distances zénitales donneront

$$\cos \mathrm{N} = \sin \mathrm{H} \sin \mathrm{D} + \cos \mathrm{H} \cos \mathrm{D} \cos \mathrm{P}$$
$$\cos \mathrm{N}' = \sin \mathrm{H} \sin \mathrm{D} + \cos \mathrm{H} \cos \mathrm{D} \cos (\mathrm{P} + a)$$
$$\cos \mathrm{N} - \cos \mathrm{N}' = \cos \mathrm{H} \cos \mathrm{D} \left(\cos \mathrm{P} - \cos (\mathrm{P} + a) \right)$$
$$2 \sin \tfrac{1}{2}\,(\mathrm{N}' - \mathrm{N}) \sin \tfrac{1}{2}\,(\mathrm{N}' + \mathrm{N}) = 2 \cos \mathrm{H} \cos \mathrm{D} \sin \tfrac{1}{2}\, a \sin (\mathrm{P} + \tfrac{1}{2}\, a)$$

une troisième distance comparée de même à la première donnera

$$2 \sin \tfrac{1}{2}\,(\mathrm{N}'' - \mathrm{N}) \sin \tfrac{1}{2}\,(\mathrm{N}'' + \mathrm{N}) = 2 \cos \mathrm{H} \cos \mathrm{D} \sin \tfrac{1}{2}\, b \sin (\mathrm{P} + \tfrac{1}{2}\, b)$$

et divisant l'une par l'autre

$$\frac{\sin \tfrac{1}{2}\,(\mathrm{N}' - \mathrm{N}) \sin \tfrac{1}{2}\,(\mathrm{N}' + \mathrm{N})}{\sin \tfrac{1}{2}\,(\mathrm{N}'' - \mathrm{N}) \sin \tfrac{1}{2}\,(\mathrm{N}'' + \mathrm{N})} = \frac{\sin \tfrac{1}{2}\, a \sin (\mathrm{P} + \tfrac{1}{2}\, a)}{\sin \tfrac{1}{2}\, b \sin (\mathrm{P} + \tfrac{1}{2}\, b)}$$

et

et

$$\frac{\sin \frac{1}{2}(N'-N)\,\sin \frac{1}{2}(N'+N)\,\sin \frac{1}{2}b}{\sin \frac{1}{2}(N''-N)\,\sin \frac{1}{2}(N'+N)\,\sin \frac{1}{2}a} = \frac{\sin\left(P+\frac{1}{2}a\right)}{\sin\left(P+\frac{1}{2}b\right)}$$

et

$$\operatorname{tang}\varphi = \frac{\sin\left(P+\frac{1}{2}a\right)}{\sin\left(P+\frac{1}{2}b\right)}$$

$$\operatorname{tang}\varphi = \frac{\sin\left(P+\frac{b+a}{4}-\frac{b-a}{4}\right)}{\sin\left(P+\frac{b+a}{4}+\frac{b-a}{4}\right)} = \frac{\sin\left(P+\frac{b+a}{4}\right)\cos\left(\frac{b-a}{4}\right)-\cos\left(P+\frac{b+a}{4}\right)\sin\left(\frac{b-a}{4}\right)}{\sin\left(P+\frac{b+a}{4}\right)\cos\left(\frac{b-a}{4}\right)+\cos\left(P+\frac{b+a}{4}\right)\sin\left(\frac{b-a}{4}\right)}$$

$$= \frac{1-\operatorname{tang}\frac{1}{4}(b-a)\cot\left(P+\frac{b+a}{4}\right)}{1+\operatorname{tang}\frac{1}{4}(b-a)\cot\left(P+\frac{b+a}{4}\right)}$$

et

$$\operatorname{tang}\frac{1}{4}(b-a)\cot\left(P+\frac{b+a}{4}\right) = \frac{1-\operatorname{tang}\varphi}{1+\operatorname{tang}\varphi} = \operatorname{tang}(45°-\varphi);$$

enfin

$$\cot\left(P+\frac{b+a}{4}\right) = \cot\frac{1}{4}(b-a)\operatorname{tang}(45°-\varphi),$$

ou

$$\operatorname{tang}\left(P+\frac{b+a}{4}\right) = \operatorname{tang}\frac{1}{4}(b-a)\operatorname{tang}(45°+\varphi)$$

$$P = \left(P+\frac{b+a}{4}\right)-\left(\frac{b+a}{4}\right):$$

P connu nous aurons

$$\cos H \cos D = \frac{\sin \frac{1}{2}(N'-N)}{\sin \frac{1}{2}a}\frac{\sin \frac{1}{2}(N'+N)}{\sin\left(P+\frac{1}{2}a\right)}$$

et

$$\cos H \cos D \cos P = \frac{\sin \frac{1}{2}(N'-N)}{\sin \frac{1}{2}a}\frac{\sin \frac{1}{2}(N'+N)\cos P}{\sin\left(P+\frac{1}{2}a\right)} = \cos Q.$$

Mais par la première équation $\cos N - \cos H \cos D \cos P = \sin H \sin D$. Donc

$$\sin H \sin D = \cos N - \cos Q = 2\sin \frac{1}{2}(Q-N)\sin \frac{1}{2}(Q+N)$$

Mais

$$\cos H \cos D + \sin H \sin D = \cos(H-D),\quad\text{ou}\quad \cos(D-H),$$
$$\cos H \cos D - \sin H \sin D = \cos(H+D).$$

Nous aurons donc H et D, si nous savons lequel est le plus grand de H ou de D; cette solution me paraît la plus commode qu'on ait

I. 69

encore donnée, elle se réduit aux formules

$$\tang \varphi = \frac{\sin \frac{1}{2}(N'-N)\,\sin \frac{1}{2}(N'+N)\,\sin \frac{1}{2}b}{\sin \frac{1}{2}(N''-N)\,\sin \frac{1}{2}(N''+N)\,\sin \frac{1}{2}a}$$

$$\tang\left(P+\frac{b+a}{4}\right) = \tang \tfrac{1}{4}(b-a)\,\tang(45°+\varphi)$$

$$\left(P+\frac{b+a}{4}\right) - \left(\frac{b+a}{4}\right) = P$$

$$R = \frac{\sin \frac{1}{2}(N'-N)\,\sin(N'+N)}{\sin \frac{1}{2}a\,\sin(P+\frac{1}{2}a)}$$

$$\cos Q = R \cos P$$

$$R + 2\sin\tfrac{1}{2}(Q-N)\sin\tfrac{1}{2}(Q+N) = \cos(D-H), \quad \text{ou} \quad \cos(H-D)$$

$$R - 2\sin\tfrac{1}{2}(Q-N)\sin\tfrac{1}{2}(Q+N) = \cos(D+H).$$

Voyez dans l'Astronomie des marins de Pézenas, la solution qu'Euler a donnée de ce problème. Nous prendrons dans cet ouvrage l'exemple auquel nous allons appliquer nos formules.

85. $N = 18°.45'$

$N' = 21.26$	$N' - N = 2°.41'$	$a = 7°.52'$
$N'' = 26.\ 6$	$N'' - N = 7.21$	$b = 20.36$
	$N' + N = 40.11$	$b + a = 28.28$
	$N'' + N = 44.51$	$\frac{1}{4}(b+a) = 7.\ 7$
	$\frac{1}{2}(N'-N) = 1°.20'.30''$	$\frac{1}{2}a = 3°.56'$
	$\frac{1}{2}(N''-N) = 3.40.30$	$\frac{1}{2}b = 10.18$
	$\frac{1}{2}(N'+N) = 20.\ 5.30$	$\frac{1}{2}(b-a) = 6.22$
	$\frac{1}{2}(N''+N) = 22.25.30$	$\frac{1}{4}(b-a) = 3.11$

$$
\begin{aligned}
\sin \tfrac{1}{2}(N'-N) &\ldots\ 8.3694823\\
\sin \tfrac{1}{2}(N'+N) &\ldots\ 9.5359560\\
\sin \tfrac{1}{2}b &\ldots\ 9.2523729\\
\text{C. } \sin \tfrac{1}{2}(N''-N) &\ldots\ 1.1931631\\
\text{C. } \sin \tfrac{1}{2}(N''+N) &\ldots\ 0.4185357\\
\text{C. } \sin \tfrac{1}{2}a &\ldots\ 1.1637031\\
\hline
\tang \varphi = 40.36.42 &\ldots\ 9.9332131
\end{aligned}
$$

$$\tan \varphi = 40°.36'.42''\ldots$$
$$45$$

$$\tan (45° + \varphi) = 85.36.42\ldots\quad 1.1149727$$
$$\tan \tfrac{1}{2}(b - a) = 3.11.\;0\ldots\quad 8.7452067$$
$$\tan \left(P + \frac{b + a}{4}\right) = 35.55.56\ldots\quad 9.8601794$$
$$\tfrac{1}{4}(b + a) = 7.\;7\quad\ldots$$
$$P = 28.48.56\ldots$$

$$\text{C. } \sin \tfrac{1}{2} a = 3.56.\;0\ldots\quad 1.1637031$$
$$\text{C. } \sin (P + \tfrac{1}{2} a) = 32.44.56\ldots\quad 0.2668363$$
$$\sin \tfrac{1}{2}(N' - N) \sin \tfrac{1}{2}(N' + N)\ldots\quad 7.9054383$$
$$R = 0.2167593\ldots\quad 9.3359777$$
$$\cos P\ldots\quad 9.9425912$$

$$\cos Q = 79°.\;3'.\;7''\ldots\quad 9.2785689$$
$$\tfrac{1}{2} Q = 59.31.33.5$$
$$\tfrac{1}{2} N = 9.22.30.\;\log 2\quad 0.3010300$$
$$\sin \tfrac{1}{2}(Q - N) = 30.\;9.\;3.5..\quad 9.7009455$$
$$\sin \tfrac{1}{2}(Q + N) = 48.54.\;3.5..\quad 9.8771259$$

$$\pm 0.7570096\ldots\quad 9.8791014$$
$$R + 0.2167593$$

$$\cos (H - D) = \text{somme}\ldots\ldots 0.9737689\ldots\quad 9.9884558$$
$$\cos (H + D) = \text{différence.} - 0.5402503\ldots\quad 9.7325950$$

$$H + D = 122.42.\;3$$
$$H - D = 13.\;9.\;8$$
$$\text{Somme} = 135.51.11 = 2\,D$$
$$109.32.55 = 2\,H$$
$$67.55.35 = D$$
$$54.46.27 = H.$$

Lever héliaque d'une étoile.

86. On appelle lever héliaque ou solaire d'une étoile le tems où on l'aperçoit le matin à l'horizon un peu avant le lever du soleil.

Soit une étoile boréale quelconque, si on l'aperçoit en N à l'horizon, (fig. 167) lorsque le soleil est encore au-dessous de l'horizon, en S à la distance ZS du zénit, ou abaissé de l'arc MS au-dessous de l'horizon, on dit qu'elle est à son lever héliaque.

On suppose connue la distance polaire PN de l'étoile, ou sa déclinaison $VN = 90° — PN = D$.

L'ascension droite $\Upsilon V = \mathit{\!R}$, et la hauteur du pôle $PI = H$.

Cela posé, $\sin RV = \tang NV \cot VRN = \tang D \tang H$; RV est la différence ascensionnelle $= d\mathit{\!R}$; $\Upsilon R = \Upsilon V — RN = (\mathit{\!R} — d\mathit{\!R})$. On connaîtra le point orient de l'équateur. Soit ω l'obliquité de l'écliptique.

Le triangle $O \Upsilon R$ donne

$$\cot \Upsilon O = \cot B = \frac{— \sin \omega \tang H}{\sin (\mathit{\!R} — d\mathit{\!R})} + \cos \omega \cot (\mathit{\!R} — d\mathit{\!R})$$

et

$$\cos RO\Upsilon = \cos \omega \sin H + \sin \omega \cos H \cos (\mathit{\!R} — d\mathit{\!R}) = \cos a.$$

On connaît pour l'instant de l'observation la longitude du soleil ΥS

$$OS = \Upsilon S — \Upsilon O = \odot — B = \text{arc de l'écliptique sous l'horizon.}$$

Alors

$$\sin MS = \sin OS \sin B = \sin (\odot — B) \sin a.$$

87. On aura donc par observation l'abaissement du soleil sous l'horizon, lorsque l'étoile N est visible à son lever pour la première fois ; la veille de ce jour le soleil était moins avancé d'un degré sur l'écliptique ΥS, l'angle SOM était le même, ainsi que ΥO, MS était plus petit, le soleil plus près de l'horizon et l'étoile invisible, parce que le crépuscule était plus fort; les jours suivans, au contraire, le soleil sera plus avancé, l'abaissement plus considérable, le crépuscule moindre, et l'étoile se verra mieux.

L'année suivante, quand l'étoile commencera à être visible de nouveau, on pourra en conclure que le soleil est revenu au même point de l'écliptique, et qu'on se retrouve au même jour de l'année dans la même saison.

Il n'est pas même besoin d'être en état de pouvoir faire le calcul trigonométrique pour tirer cette conséquence, et c'était par des observations pareilles, des levers héliaques de différentes étoiles, que les anciens réglaient leur année rustique et l'ordre de leurs travaux.

88. Mais la déclinaison de l'étoile varie, ainsi que l'ascension droite ; la hauteur du pôle reste la même.

La différence ascensionnelle changera donc chaque année. Un autre point de l'équateur se levera avec l'étoile, et par conséquent aussi un autre point de l'écliptique. L'angle oriental MOS changera, ainsi que OS et MS ; ainsi à la longue les levers héliaques seraient devenus des indications fautives ; mais les anciens n'avaient encore aucune idée de ces changemens.

L'arc de l'horizon MN entre les verticaux de l'étoile et du soleil, changera aussi, ce qui peut encore faire varier le jour du lever héliaque. En effet le point M de l'horizon, qui est le plus voisin du soleil, doit être le plus éclairé ; si l'arc MN augmente, le lever avancera, il retardera, si MN diminue.

89. Il nous est donc impossible aujourd'hui de juger bien exactement à quel jour de l'année une étoile, comme Sirius, devait se lever héliaquement, parce que les circonstances sont changées. L'arc MS que nous trouverons par observation, ne sera plus celui qui laissait voir l'étoile. Nous n'aurons qu'une approximation incertaine. Quoi qu'il en soit, pour trouver le jour où l'étoile doit être visible, nous ferons les analogies suivantes :

$\sin d\!\!R = \tan D \tan H$, en mettant pour D, R et ω les quantités qui avaient lieu alors, et pour H la latitude de l'observateur

$$\cot B = - \frac{\sin \omega \tan H}{\sin (R - d\!\!R)} + \cos \omega \cot (R - d\!\!R)$$

$$\cos a = \cos \omega \sin H + \sin \omega \cos H \cos (R - d\!\!R)$$

ou

$$\sin a = \frac{\sin (R - d\!\!R) \cos H}{\sin B}$$

$$\sin (\odot - B) = \frac{\sin MS}{\sin a} = \frac{\sin (N - 90^\circ)}{\sin a} \; ; \; \odot = (\odot - B) + B$$

en prenant pour MS la valeur que supposaient les anciens, et qui était de 10° pour Sirius.

90. Ces formules sont générales ; elles supposent la déclinaison D boréale ; si elle était australe, on ferait D négative, $d\!\!R$ serait négative, $(R - d\!\!R)$ deviendrait $(R + d\!\!R)$; moyennant ces attentions faciles, ces formules serviraient pour toutes les étoiles.

Supposez MS $= 0$ ou le soleil à l'horizon en même tems que l'étoile, et vous aurez le lever cosmique ou du monde. Il était toujours invisible, excepté pour Sirius, en quelques climats. Dans ce cas, $\odot = B$; et $\odot = 180° + B$ sera la longitude du soleil au lever acronyque ou au lever du soir de l'étoile. Acronyque signifie qui arrive à l'extrémité de la nuit, au commencement de la nuit. On disait qu'une planète était acronyque quand elle se levait le soir et se couchait le matin.

91. Pour le coucher héliaque, il y avait peu de chose à changer aux formules précédentes.

La différence ascensionnelle $d\text{Æ} = $ VR se trouve en faisant......
sin $d\text{Æ} = $ tang D tang H ; mais elle est additive à $\text{Æ} = \Upsilon$V, pour avoir le point couchant de l'équateur ou R (fig. 168).

L'angle ORΥ est aigu au lieu qu'il était obtus, ainsi cos OR$\Upsilon = \sin$ H changera de signe ainsi que tang H, dans l'expression de cot B.

On aura donc

$$\cot B = + \frac{\sin \omega \, \text{tang H}}{\sin (\text{Æ} + d\text{Æ})} + \cos \omega \cot (\text{Æ} - d\text{Æ})$$

l'angle B sera donc aigu ordinairement ou dans le premier quart

$$\cos a = - \cos \omega \sin H + \sin \omega \cos H \cos (\text{Æ} + d\text{Æ})$$

$\sin$OS$= \sin$(B$-\odot$)$= \frac{\sin \text{MS}}{\sin a}$; B$-$(B$-\odot$)$= \odot = $ longitude du coucher héliaque : en effet, si on avait encore vu l'étoile la veille, quand le soleil était moins avancé de 1° sur l'écliptique ΥS, et par conséquent plus enfoncé sous l'horizon, il est possible qu'on ne le voie plus quand le soleil est en S, et l'on pourra moins encore le lendemain, quand le soleil sera plus avancé de 1° sur l'arc ΥO et plus près de l'horizon.

92. Soit MS $= 0$, le point S se confondra avec le point O, vous aurez le coucher cosmique. OS sera l'arc parcouru par le soleil entre le coucher héliaque et le coucher cosmique qui vient après ; au lieu que le lever cosmique avait précédé le lever héliaque.

MS étant toujours zéro (B$+$180°) sera le lieu du soleil au coucher acronyque, c'est-à-dire quand l'étoile se couchera au lever du soleil à l'autre extrémité de la nuit.

93. Les Grecs distinguaient encore plusieurs autres espèces de levers et de couchers anatole, épanatole, proanatole, épitole, catadyse, épi-

cataclyse, procatadyse, prodyse (voyez Ptolémée, livre 8, chap. IV) ; mais toutes ces distinctions étoient des subtilités de nul usage, qui étaient sans doute méprisées de vrais astronomes. Ptolémée se contente de les définir, il y joint encore d'autres dénominations qui indiquent des passages au méridien, au lever et au coucher du soleil, et dont nous ne dirons rien, parce qu'elles sont plus inutiles encore.

94. Tous ces levers et couchers dépendent, comme on voit, des ascensions droites et des déclinaisons qui changent continuellement par l'effet de la précession ; ainsi, à différentes époques, ces levers et ces couchers répondent à des lieux différens du soleil sur l'écliptique, et par conséquent à différens jours de l'année. Les écrits des poëtes anciens, et entr'autres les fastes d'Ovide, sont pleins de ces indications. Les anciens calendriers marquaient les jours où les étoiles les plus remarquables commençaient et cessaient d'être visibles à l'horizon oriental ou occidental. Une observation de ce genre, en la supposant bien faite, nous mettrait en état de calculer l'année où elle aurait été faite. Mais, outre que les observations de ce genre sont fort peu susceptibles de précision, on ne peut d'ailleurs ajouter beaucoup de foi à ces calendriers et aux passages d'Ovide et d'Hésiode, par la raison que les anciens ignorant absolument la précession, devaient croire que ces phénomènes étaient toujours les mêmes; ils les considéraient donc comme des points fixes avec lesquels ils coordonnaient les travaux champêtres et les différentes saisons de leur année. Il est presque certain qu'aucun de ces levers n'appartient réellement à l'époque qui lui est assignée, et qu'ils avaient été déterminés dans des tems plus anciens. Ces observations composaient alors toute l'astronomie, et elles ont cessé d'avoir le même intérêt depuis que l'astronomie véritable a fixé par des méthodes plus sûres le commencement de l'année et celui des diverses saisons. Voyez sur ces phénomènes l'ouvrage du P. Pétau, tome III.

CHAPITRE XIX.

Des hauteurs correspondantes.

1. On appelle *hauteurs correspondantes* deux hauteurs égales du même astre, observées l'une à l'orient et l'autre à l'occident, pour en conclure l'instant précis du passage de cet astre par le méridien. Quand l'astre est assez lumineux pour avoir une ombre sensible, il suffit de mesurer cette ombre, et nous avons employé ce moyen pour trouver le midi et tracer la méridienne. Mais on obtient une précision bien plus grande, en observant les distances au zénit avec un quart de cercle mobile, un cercle, ou un sextant.

2. Le quart de cercle étant placé bien verticalement et le fil exactement sur le zéro, dirigez le plan de l'instrument dans le vertical de l'astre, et remarquez la hauteur à laquelle il est près d'arriver. Fixez la lunette sur le point du limbe le plus voisin; attendez que le centre de l'astre soit sur le milieu du fil horizontal, ou si l'astre a un diamètre sensible, attendez que le bord soit tangent au fil, notez exactement le tems de la pendule.

3. Amenez ensuite la lunette sur un autre point du limbe, faites une opération toute pareille, et répétez cette opération dix ou douze fois de suite à des distances zénitales qui croissent ou décroissent en progression arithmétique, comme de 20 en 20′, plus ou moins, suivant que le mouvement en hauteur sera plus ou moins rapide.

4. Après le passage au méridien, faites toutes les mêmes opérations dans un ordre inverse, à mesure que l'astre redescendra aux mêmes distances zénitales où vous l'aurez observé avant le passage.

5. Si vous en avez les moyens et le loisir, notez l'azimut de la première et de la dernière observation orientale, pour retrouver plus aisément l'astre après son passage, et n'être pas exposé à le prendre pour un autre, s'il est peu reconnaissable.

6.

6. Pour avoir plus d'observations en moins de tems, et avec moins de peine, amenez le curseur du micromètre à une minute ou deux de distance du fil fixe, et vous aurez, dans la même position de l'instrument, deux observations qui se suivront à quelques secondes d'intervalle.

7. Rangez vos observations comme dans le tableau suivant, que je prends au hasard dans le livre *Astronomiæ fundamenta* de La Caille, page 57.

Arcturus.

A l'orient.	Hauteurs	A l'Occident.	Sommes.
$10^h\,55'\,47''$	$43°\,10'$	$17^h\,11'\,55''5$	$28^h\,7'\,42''5$
51,5		50,5	42,0
57.57	43.30.	9.45,5	7.42,5
58. 2		40,5	42,5
11. 0. 7,5	43.50.	7.35,0	42,5
12,0		30,0	42,0
2.18,5	44.10.	5.24,5	7.43,0
23,0		20,0	43,0
. . . .	. . . .	. . . .	. . . .
11. 6.41,5	44.50.	1. 1,5	43,0
46,0		17. 0.56,5	7.42,5
			5,5
	Milieu......		28.7.42,55
	Moitié ou passage au méridien....		14.3.51,275

Dans la colonne seconde, vous voyez les hauteurs de 20 en 20', parce que l'étoile n'employait guères que 2' 10" à monter de 20'. A côté de chaque hauteur, vous voyez dans la première colonne, les observations aux deux fils horizontaux, et vous pouvez remarquer qu'elles se suivent à 4",5 ou 5" d'intervalle en tems, d'où il suit que l'intervalle des fils en degrés, était de $\frac{4.75 \times 20'}{130''} = \frac{9,5 \times 10'}{130''} = \frac{19.300''}{130''} = \frac{570''}{13} = 43'',846$, ou environ 44" de degré. L'observation a manqué à la hauteur 44°.30'.

La troisième colonne présente de même les tems des deux fils pour chaque hauteur après le passage, et ces tems augmentent de bas en haut. Pour former la quatrième colonne, additionnez les deux instans qui répondent à la même hauteur et au même fil, chacune de ces additions fournit une somme.

Ces sommes s'accordent toutes à une seconde près; le milieu entre les dix donne 28^h. 7'. 42''. 55 ; la demi-somme 14^h.3'.51''. 275 est le passage de l'étoile au méridien.

La plus faible aurait donné 51'',0, la plus forte 51'',5, ainsi vous pouvez compter sur l'exactitude du passage à $\frac{1}{4}$ de seconde près.

8. Puisque vous pouvez vous tromper de $\frac{1}{4}$ de seconde sur le passage au méridien, conclu des hauteurs correspondantes, il en résulte que vous ne pouvez compter qu'à une demi-seconde près sur la différence de passages entre deux étoiles, ou à 7'',5 en degrés. Une lunette méridienne médiocre, mais bien placée et sans déviation sensible, donnera ordinairement une précision bien plus grande; mais elle donnerait moins bien, si la déviation était inconnue et la différence de déclinaison assez grande.

9. La demi-somme des tems marquera l'instant du passage, en supposant que l'étoile se meuve uniformément, et que la marche de la pendule ait la même régularité.

Quant à l'étoile, il n'y a pas le moindre doute; pour la pendule, cela n'est pas tout-à-fait aussi certain, mais il s'en faut de bien peu, surtout depuis que les verges des pendules astronomiques sont à compensation.

Admettons cette uniformité, puisque nous ne pouvons faire autrement; la demi-somme sera l'instant que marquait la pendule, quand l'étoile était au méridien; la demi-différence sera l'angle horaire en tems; ces angles horaires seront dans notre exemple :

Premier fil.	Différences.	Second fil.	Différences.
3^h 8' 4'' 0		3^h 7' 59'' 5	
	2' 9'' 75		2' 10'' 25
3. 5.54.25		3. 5.49.25	
	2.10.25		2.10.25
3. 3.44. 0		3. 3.39. 0	
	2.11. 0		2.10. 5
3. 1.33. 0		3. 1.28. 5	
	4.22. 0		4.23.25
2.57.10. 0	ou	2.57. 5.25	ou
	2.11. 0		2.11.625

10. On voit que les variations de l'angle horaire pour 20′ de changement dans la hauteur, sont fort régulières, et l'on s'aperçoit même qu'elles sont plus grandes, quand les angles sont plus petits, et que l'étoile est par conséquent plus près du méridien, et cela doit être, parce que le mouvement en hauteur diminue à mesure que l'instant du passage approche. Il en résulte que pour avoir la plus grande exactitude, il faut prendre les hauteurs correspondantes à la plus grande distance du méridien, en évitant toutefois le voisinage de l'horizon, où l'on aurait à craindre l'inconstance des réfractions qui pourraient altérer inégalement les hauteurs. On fait communément ces observations trois ou quatre heures avant et après le passage.

11. Le principe de cette méthode pour trouver les passages au méridien, est facile à comprendre. Soit PZM le méridien (fig. 169) P le pôle, Z le zénit, AMB un almicantarat, c'est-à-dire un petit cercle qui est parallèle à l'horizon, et qui a le zénit pour pôle. AmB le parallèle que décrit l'étoile; ces deux petits cercles se coupent aux points A et B; on a, par observation, ZA $=$ ZB; la distance polaire ZA ne changeant pas dans l'intervalle de quelques heures, PB $=$ PA; PZ est constant. Les triangles PZA, PZB ont leurs trois côtés égaux chacun à chacun. Ils ont leurs trois angles égaux, pareillement chacun à chacun, puisqu'on aurait, pour les calculer, des quantités parfaitement égales. Ainsi, quand on a deux distances égales au zénit, on a deux angles horaires égaux. Le méridien PZ coupe également l'angle polaire APB et les arcs des parallèles AMB, AmB.

12. Mais supposons que la distance polaire ait diminué dans l'intervalle; quand l'angle horaire occidental ZPB sera égal à l'angle horaire oriental ZPA, l'astre sera en B′ et plus près du zénit; pour faire l'observation correspondante, on sera obligé d'attendre qu'il soit descendu en b à la distance Zb $=$ ZB $=$ ZA, et l'angle ZPb sera plus grand que ZPB ou ZPA; en effet PM $=$ PZ $+$ ZM $=$ PZ $+$ ZA $>$ PA (XVIII, 13) or PA $=$ Pm, donc PM est plus grand que Pm, donc le cercle AMB qui est au-dessous de AmB, sera au-dessus après l'intersection en B, et s'approchera de plus en plus du pôle P. Donc ZPb sera plus grand que ZPA; le demi-intervalle des tems donnera

$$\tfrac{1}{2}(AP b) = \tfrac{1}{2}(APZ + ZP b) = \tfrac{1}{2}(APZ + ZPB + BP b)$$
$$= \tfrac{1}{2}(APZ + APZ + BP b) = APZ + \tfrac{1}{2}BP b,$$

donc la correction du midi sera $-\tfrac{1}{2}BP b$, ou en tems $-\tfrac{1}{30}(BP b)$.

13. Ainsi, dans le cas où l'astre se rapproche du pôle, la correction du passage sera — $\frac{1}{30}$ BPb; il reste à trouver la valeur de cet angle.

Le triangle APZ donne

$$\cos ZA = \cos APZ \sin PZ \sin PA + \cos PZ \cos PA.$$

Le triangle bPZ

$$\cos Zb = \cos bPZ \sin PZ \sin Pb + \cos PZ \cos Pb,$$

donc

$$\cos ZA - \cos Zb = 0$$
$$= \sin PZ (\cos APZ \sin PA - \cos bPZ \sin Pb) + \cos PZ (\cos PA - \cos Pb)$$
$$= \cos APZ \sin PA - \cos bPZ \sin Pb + (\cos PA - \cos Pb) \cot PZ$$
$$= \cos P \cos D - \cos P' \cos D' + (\sin D - \sin D') \tang H$$

et

$$(\sin D' - \sin D) \tang H$$
$$= \cos P \cos D - \cos P' \cos D' = \cos P \cos D - \cos P' \cos (D + D' - D) \ldots (x)$$
$$2 \sin \tfrac{1}{2} (D' - D) \cos \tfrac{1}{2} (D' + D) \tang H$$
$$= \cos P \cos D - \cos P' \cos D \cos (D' - D) + \cos P' \sin D \sin (D' - D)$$
$$= \cos P \cos D - \cos P' \cos D + 2 \cos P' \cos D \sin^2 \tfrac{1}{2} (D' - D) + \cos P' \sin D \sin (D' - D)$$
$$= (\cos P - \cos P') \cos D + 2 \cos P' \cos D \sin^2 \tfrac{1}{2} (D' - D)$$
$$+ \cos P' \sin D \, 2 \sin \tfrac{1}{2} (D' - D) \cos \tfrac{1}{2} (D' - D)$$
$$= 2 \sin \tfrac{1}{2} (P' - P) \sin \tfrac{1}{2} (P' + P) \cos D + 2 \sin \tfrac{1}{2} (D' - D) \cos P' \left(\cos D \sin \tfrac{1}{2} (D' - D) \right.$$
$$\left. + \sin D \cos \tfrac{1}{2} (D' - D) \right)$$
$$= 2 \sin \tfrac{1}{2} (P' - P) \sin \tfrac{1}{2} (P' + P) \cos D + 2 \sin \tfrac{1}{2} (D' - D) \cos P' \sin \left(D + \frac{D' - D}{2} \right)$$
$$= 2 \sin \tfrac{1}{2} (P' - P) \sin \tfrac{1}{2} (P' + P) \cos D + 2 \sin \tfrac{1}{2} (D' - D) \sin \tfrac{1}{2} (D' + D) \cos P';$$

d'où

$$\sin \tfrac{1}{2} (P' - P) \sin \tfrac{1}{2} (P' + P) \cos D$$
$$= \sin \tfrac{1}{2} (D' - D) \cos \tfrac{1}{2} (D' + D) \tang H - \sin \tfrac{1}{2} (D' - D) \sin \tfrac{1}{2} (D' + D) \cos P'$$

et

$$\sin \tfrac{1}{2} (P' - P) = \frac{\sin \tfrac{1}{2} (D' - D) \cos \tfrac{1}{2} (D' + D)}{\cos D \sin \tfrac{1}{2} (P' + P)} (\tang H - \tang \tfrac{1}{2} (D' + D) \cos P').$$

14. C'est l'équation que j'ai donnée sans démonstration dans la préface de mes Tables du Soleil, mais elle renferme encore D et P', quan-

tités qui dépendent, l'une du premier instant, et l'autre du dernier. Pour ramener tout aux quantités moyennes, reprenons l'équation (x), en y mettant pour D sa valeur $\dfrac{D'+D}{2} - \dfrac{D'-D}{2}$, et pour D' sa valeur $\dfrac{D'+D}{2} + \dfrac{D'-D}{2}$, nous aurons

$$2 \sin \tfrac{1}{2} (D' - D) \cos \tfrac{1}{2} (D' + D) \, \text{tang } H$$

$$= \cos P \left[\cos \left(\frac{D'+D}{2} \right) \cos \left(\frac{D'-D}{2} \right) + \sin \left(\frac{D'+D}{2} \right) \sin \left(\frac{D'-D}{2} \right) \right]$$

$$- \cos P' \left[\cos \left(\frac{D'+D}{2} \right) \cos \left(\frac{D'-D}{2} \right) - \sin \left(\frac{D'+D}{2} \right) \sin \left(\frac{D'-D}{2} \right) \right]$$

$$= (\cos P - \cos P') \cos \left(\frac{D'+D}{2} \right) \cos \left(\frac{D'-D}{2} \right)$$
$$+ (\cos P + \cos P') \sin \left(\frac{D'+D}{2} \right) \sin \left(\frac{D'-D}{2} \right)$$

$$= 2 \sin \tfrac{1}{2} (P' - P) \sin \tfrac{1}{2} (P' + P) \cos \left(\frac{D'+D}{2} \right) \cos \left(\frac{D'-D}{2} \right)$$
$$+ 2 \cos \tfrac{1}{2} (P' - P) \cos \tfrac{1}{2} (P' + P) \sin \tfrac{1}{2} (D' + D) \sin \tfrac{1}{2} (D' - D)$$

et divisant tout par $2 \cos \tfrac{1}{2} (D' - D) \cos \tfrac{1}{2} (D' + D)$

$$\text{tang } \tfrac{1}{2} (D' - D) \, \text{tang } H = \sin \tfrac{1}{2} (P' - P) \sin \tfrac{1}{2} (P' + P)$$
$$+ \cos \tfrac{1}{2} (P' - P) \cos \tfrac{1}{2} (P' + P) \, \text{tang } \tfrac{1}{2} (D' + D) \, \text{tang } \tfrac{1}{2} (D' - D)$$

et
$$\sin \tfrac{1}{2} (P' - P)$$
$$= \frac{\text{tang } \tfrac{1}{2} (D' - D)}{\sin \tfrac{1}{2} (P' - P)} \left(\text{tang } H - \text{tang } \tfrac{1}{2} (D' + D) \cos \tfrac{1}{2} (P' + P) \cos \tfrac{1}{2} (P' - P) \right) \dots \ (\text{M})$$

ou

$$\text{tang } \tfrac{1}{2} (P' - P)$$
$$= \frac{\text{tang } \tfrac{1}{2} (D' - D)}{\sin \tfrac{1}{2} (P' + P)} \left(\frac{\text{tang } H}{\cos \tfrac{1}{2} (P' - P)} - \text{tang } \tfrac{1}{2} (D' + D) \cos (P' + P) \right) \dots \ (\text{N}).$$

L'équation (M) peut se mettre sous la forme suivante :

$$\sin \tfrac{1}{2} (P' - P) = \frac{\text{tang } (D' - D)}{\sin \tfrac{1}{2} (P' + P)} \left(\text{tang } H - \text{tang } \tfrac{1}{2} (D' + D) \cos \tfrac{1}{2} (P' + P) \right)$$
$$+ \frac{2 \, \text{tang } \tfrac{1}{2} (D' - D) \, \text{tang } \tfrac{1}{2} (D' + D) \cos \tfrac{1}{2} (P' + P) \sin^2 \tfrac{1}{2} (P' - P)}{\sin \tfrac{1}{2} (P' + P)}$$
$$= \frac{\text{tang } \tfrac{1}{2} (D' - D)}{\sin \tfrac{1}{2} (P' + P)} \left(\text{tang } H - \text{tang } \tfrac{1}{2} (D' + D) \cos \tfrac{1}{2} (P' + P) \right)$$
$$+ 2 \, \text{tang } \tfrac{1}{2} (D' - D) \, \text{tang } \tfrac{1}{2} (D' + D) \cot \tfrac{1}{2} (P' + P) \sin^2 \tfrac{1}{2} (P' - P).$$

L'équation (N) se peut mettre sous la forme suivante :

$$\operatorname{tang} \tfrac{1}{2}(P'-P) = \frac{\operatorname{tang} \tfrac{1}{2}(D'-D)}{\sin \tfrac{1}{2}(P'+P)} \left(\operatorname{tang} H - \operatorname{tang} \tfrac{1}{2}(D'+D) \cos \tfrac{1}{2}(P'+P) \right)$$
$$+ \frac{\operatorname{tang} \tfrac{1}{2}(D'-D) \operatorname{tang} H \operatorname{tang} \tfrac{1}{2}(P'-P) \operatorname{tang} \tfrac{1}{4}(P'-P)}{\sin \tfrac{1}{2}(P'+P)}.$$

15. Négligez les termes du troisième ordre, ces deux équations se réduiront l'une et l'autre à

$$(P'-P) = \frac{D'-D}{\sin \tfrac{1}{2}(P'+P)} \left(\operatorname{tang} H - \operatorname{tang} \tfrac{1}{2}(D'+D) \cos \tfrac{1}{2}(P'+P) \right)$$

et la correction du passage conclu par un milieu

$$+ \frac{D'-D}{2 \sin \tfrac{1}{2}(P'+P)} \left(\operatorname{tang} \tfrac{1}{2}(D'+D) \cos \tfrac{1}{2}(P'+P) - \operatorname{tang} H \right)$$

puisqu'on doit prendre avec un signe contraire, la moitié de $(P'-P)$; ainsi l'on aura en tems, correction du passage

$$= + \frac{D'-D}{30 \sin \tfrac{1}{2}(P'+P)} \left(\operatorname{tang} \tfrac{1}{2}(D'+D) \cos \tfrac{1}{2}(P'+P) - \operatorname{tang} H \right)$$
$$= \frac{(D'-D)}{30} \left(\operatorname{tang} \tfrac{1}{2}(D'+D) \cot \tfrac{1}{2}(P'+P) - \frac{\operatorname{tang} H}{\sin \tfrac{1}{2}(P'+P)} \right).$$

16. $\tfrac{1}{2}(D'+D)$ est la déclinaison qui avait lieu à l'instant moyen, $\tfrac{1}{2}(P'+P)$ est l'angle horaire moyen. Soit δ cette déclinaison et Π cet angle horaire.

$$\text{Correction} = \frac{D'-D}{30} \left(\operatorname{tang} \delta \cot \Pi - \operatorname{tang} H \operatorname{coséc.} \Pi \right).$$

C'est l'équation qu'on obtiendrait en différentiant l'équation primitive de l'angle horaire. On peut en effet s'en contenter le plus souvent, et nous pouvons nous en convaincre en évaluant les termes que nous avons mis à part, en transformant (M) et (N).

17. Le terme négligé

$$\operatorname{tang} \tfrac{1}{2}(D'-D) \operatorname{tang} \tfrac{1}{2}(D'+D) \sin^2 \tfrac{1}{2}(P'-P) \cot \tfrac{1}{2}(P'+P),$$

se réduit à zéro si l'on a $\tfrac{1}{2}(P'+P) = 90°$, et le terme

$$\frac{\operatorname{tang} \tfrac{1}{2}(D'-D) \operatorname{tang} H \operatorname{tang} \tfrac{1}{2}(P'-P) \operatorname{tang} \tfrac{1}{4}(P'-P)}{\sin \tfrac{1}{2}(P'+P)}$$

est alors une sorte de *maximum*, puisque son dénominateur est le plus grand possible.

Pour toutes les planètes dont on peut prendre les hauteurs correspondantes $\frac{1}{2} (D' + D) < 30°$.

Supposons $(D' - D) = 2°$, ce qui n'arrive jamais, $\frac{1}{2} (D' + D) = 30°$, ce qui est encore impossible, et $(P' - P) = 2°$, ce qui est exorbitant. Le terme négligé n'irait encore qu'à $0'',67$ cot Π et cot Π est une fraction très-petite : ce terme peut donc toujours se négliger. Le terme........ $\frac{\tan\frac{1}{2}(D' - D)\,\tan H\,\tan\frac{1}{2}(P' - P)\,\tan\frac{1}{4}(P' - P)}{\sin\frac{1}{2}(P' + P)}$ dans les mêmes supposi-

tions deviendra $\frac{1''.09\,\tan H}{\sin\frac{1}{2}(P' + P)}$ et pourrait bien difficilement monter à $2''$, quantité fort au-dessous de l'erreur des observations, puisqu'elle ne passe guères $0'',13$ de tems; il serait donc fort inutile de s'embarrasser de ces petits termes. Nous ferons donc dans tous les cas, correction du passage

$$= + \frac{D' - D}{30}\left(\tan\tfrac{1}{2}(D' + D)\cot\tfrac{1}{2}(P' + P) - \frac{\tan H}{\sin\frac{1}{2}(P' + P)}\right),$$

soit τ et τ' les instans marqués par la pendule, et $(D' - D)$ le changement pour une heure.

$$\text{Correction} = \frac{(D' - D)(\tau' - \tau)}{30}\left(\tan\tfrac{1}{2}(D' + D)\cot\tfrac{1}{2}(\tau' - \tau) - \frac{\tan H}{\sin\frac{15}{2}(\tau' - \tau)}\right).$$

En effet $(\tau' - \tau)$ était exprimé en heures et décimales $(D' - D)(\tau' - \tau)$ sera le mouvement en déclinaison pendant l'intervalle; $\frac{15}{2}(\tau' - \tau)$ sera $\frac{1}{2}(APb) = \frac{1}{2}$ mouvement angulaire autour du pôle.

18. Il est visible que si la déclinaison allait en diminuant, au lieu d'augmenter $(D' - D)$ serait une quantité négative, et la correction changerait de signe.

19. Il arrive souvent que les nuages empêchent de prendre à l'occident les hauteurs correspondantes aux hauteurs orientales observées ; si les nuages viennent à se dissiper un peu trop tard, on peut prendre les hauteurs occidentales, et attendre environ 18^h pour observer les hauteurs orientales correspondantes. Si c'est une étoile qu'on a ainsi observée, le milieu entre les hauteurs observées donnerait, sans correction, le passage au méridien inférieur, car il est visible que les

angles extérieurs NPA, NPB, sont égaux comme les angles intérieurs dont ils sont les supplémens.

20. Si c'est le soleil ou une planète, on aura de même le passage au méridien inférieur par la formule. Les angles $\frac{1}{2}(P'+P)$ ne sont plus $\frac{15}{2}(\tau'-\tau)$, mais bien $\frac{15}{2}(24^h-\tau'-\tau)=15\left(12^h-\frac{\tau'-\tau}{2}\right)$, τ' étant toujours le tems des secondes observations, la formule sera donc, correction du passage

$$=\frac{(D'-D)(\tau'-\tau)}{30}\left[\tang\tfrac{1}{2}(D'-D)\cot 15\left(12^h-\frac{\tau'-\tau}{2}\right)-\frac{\tang\,H}{\sin 15\left(12h-\frac{\tau'-\tau}{2}\right)}\right]$$

$\cot 15\left(12^h-\frac{\tau'-\tau}{2}\right)$ sera presque infailliblement une quantité négative qui fera changer de signe à l'un des termes de la correction.

Si la déclinaison a augmenté, comme le suppose $(D'-D)$ positif, l'astre sera plus loin du méridien dans les hauteurs orientales; l'angle horaire oriental, compté du méridien inférieur, sera le plus petit des deux, et en effet les deux termes sont négatifs à cause de $15\left(12^h-\frac{\tau'-\tau}{2}\right)$ dont la cotangente est négative.

21. Il peut arriver qu'on prenne deux jours des hauteurs orientales d'une étoile, sans pouvoir obtenir aucune hauteur occidentale; ces hauteurs, si elles sont des mêmes degrés, donneront encore au moins la marche de la pendule. Deux jours avant celui des observations rapportées ci-dessus, La Caille avait encore observé Arcturus, et trouvé les quantités suivantes :

$10^h\ 55'\ 58''$	$43°\ 10'$	$17^h\ 12'\ \ 5''5$
$56.\ \ 2,5$		0.5
$11.\ \ 0.18,5$	43.50	$7.45.0$
23		40

Les quatre hauteurs orientales donnent $11''$ pour retard de la pendule en deux jours sidéraux, les quatre occidentales ne donnent que $10''$ chacune. Ces différences prouvent encore qu'il est difficile de répondre d'une demi-seconde, et peut-être même d'une seconde sur chacune des hauteurs en particulier. Nous avons vu que l'étoile employait $5'$ de tems à monter de $45''$ environ, c'est à raison de $1''$ de tems pour

9″ de degré. Est-on bien sûr de remettre à l'occident la lunette sur le même point de la division, à quelques secondes près, et peut-on estimer à ¼ de seconde le moment où l'étoile est coupée exactement en deux par le fil d'une lunette qui grossit peu?

22. A la hauteur de 43° à laquelle La Caille avait observé Arcturus, il n'avait guères à redouter l'inconstance des réfractions. Mais l'hiver, quand le soleil s'élève peu sur l'horizon, si l'on était réduit à l'observer à 10° ou 11° de hauteur, la réfraction serait de près de 5′ ou 300″. Six degrés de changement dans le thermomètre donneraient pour facteur de la correction 0,033. Six lignes de changement dans la hauteur du baromètre, donneraient 0,019, total 0,052; la différence de réfraction serait 0.052 × 300″ = 15″,6. Les variations seront bien rarement aussi fortes, même à 10° de hauteur. Supposons que dans les observations rapportées ci-dessus, le changement de réfraction ait été de 3″ en plus à l'occident, la réfraction plus grande aurait retardé toutes les observations occidentales du tems nécessaire à l'étoile, pour descendre de 3″. Or les observations nous prouvent que l'étoile descendait de 1200″ ou 20′ de degré en 131″ de tems. Nous dirons donc

$$1200'' : 3'' \quad \text{ou} \quad 400 : 1 :: 131'' : \frac{131''}{400} = 0'',3275;$$

et le quatrième terme de cette proportion serait la quantité qu'il aurait fallu retrancher de toutes les observations occidentales, avant de les comparer aux observations orientales, ou bien on aurait retranché la moitié 0″,16375 du passage conclu des observations non corrigées. On voit par cet exemple que rarement cette correction peut mériter qu'on y songe; et les astronomes en effet la négligent le plus souvent. Au reste, elle est très-facile au moyen de ce procédé qui a été indiqué par M. Flaugergues.

23. Notre formule suppose le mouvement horaire en déclinaison (D′—D). On le prend ordinairement dans une éphéméride avec la déclinaison de la planète, pour l'instant du passage au méridien, car cette déclinaison diffère très-peu de la demi-somme ½(D′+D).

Mais quand on veut faire une table générale de cette correction, il faut avoir l'expression générale du mouvement horaire en déclinaison. Or

$$\sin D = \sin I \sin L$$

$$\sin D' = \sin I \sin L'$$

$$\sin D' - \sin D = 2 \sin \tfrac{1}{2} (D' - D) \cos \tfrac{1}{2} (D' + D) = \sin I (\sin L' - \sin L)$$
$$= 2 \sin I \sin \tfrac{1}{2} (L' - L) \cos \tfrac{1}{2} (L' + L)$$

$$\sin \tfrac{1}{2} (D' - D) = \frac{\sin I \sin \tfrac{1}{2} (L' - L) \cos \tfrac{1}{2} (L' + L)}{\cos \tfrac{1}{2} (D' + D)} = \frac{\sin 23°28' \sin \tfrac{1}{2} (L' - L) \cos \tfrac{1}{2} (L' + L)}{\cos \tfrac{1}{2} (D' + D)},$$

pour le soleil, nommez u l'anomalie, Π le périgée.

$$\sin \tfrac{1}{2} (D' - D) = \frac{\sin 23° 28' \sin \tfrac{1}{2} \left[(u' + \Pi) - (u + \Pi) \right] \cos \tfrac{1}{2} (u' + \Pi + u + \Pi)}{\cos \tfrac{1}{2} (D' + D)}$$

$$= \frac{\sin 23° 28' \sin \tfrac{1}{2} du \cos \left(\dfrac{u' + u}{2} + \Pi \right)}{\cos \tfrac{1}{2} (D' + D)}$$

$$= \frac{\sin 23° 28' \sin \tfrac{1}{2} du \cos (u'' + \Pi)}{\cos D''} = \frac{\sin 23° 8' \cos (u'' + \Pi) \sin \tfrac{1}{2} du}{\left[1 - \sin^2 \omega \sin^2 (u'' + \Pi) \right]^{\frac{1}{2}}}.$$

Or nous verrons ci-après que

$$du = \frac{\sqrt{1 - e^2} (1 - e \cos u'')^2 dm}{(1 - e^2)}$$

$$= \frac{(1 - 2e \cos u'' + e^2 \cos^2 u'') 147''8}{\sqrt{1 - e^2}}.$$

En développant cette série, et mettant pour la longitude Π du périgée la valeur actuelle, j'ai trouvé le mouvement horaire en déclinaison

$$= + 0'',1811 + 60'',150 \cos \odot - 1'',044 \sin 2 \odot + 0'',1774 \cos 2 \odot$$
$$- 1'',273 \cos 3 \odot + 0'',413 \sin 4 \odot - 0,0405 \cos 5 \odot$$

(voyez la Préface de mes *Tables du Soleil*). Le trentième est

$$= 0'',006057 + 2'',005 \cos \odot - 0'',0348 \sin 2 \odot + 0'',005913 \cos 2 \odot$$
$$- 0'',04243 \cos 3 \odot + 0'',01578 \sin 4 \odot - 0'',00135 \cos 5 \odot.$$

Telle est la quantité qui doit être multipliée par

$$(\tau' - \tau) \left(\tang \tfrac{1}{2} (D' + D) \cot \tfrac{1}{2} (\tau' - \tau) - \frac{\tang H}{\sin \tfrac{1}{2} (\tau' - \tau)} \right).$$

24. Quand on réunit ensemble les deux termes, la table ne peut servir

que pour les lieux dont la hauteur du pôle est $=$ H; quand on veut faire une table générale, on est obligé de laisser les deux termes séparés. Le premier est général et convient à tous les lieux; le second se calcule pour la hauteur du pôle H $= 45°$, parce que tang $45° = 1$, les nombres de cette seconde partie doivent être multipliés par tang H. Ces tables ont pour argumens la longitude du soleil et $\frac{1}{2}(\tau' - \tau)$.

25. On n'a fait de ces tables que pour le soleil, qu'on a souvent occasion d'observer. On prend rarement des hauteurs correspondantes des planètes; on a des moyens plus exacts et moins pénibles pour obtenir leurs passages, ou leurs ascensions droites. Quand par hasard on les observe, on a recours à la formule; en voici un exemple. Le même jour où La Caille avait fait les observations rapportées ci-dessus, il avait aussi observé le passage de Saturne à $15^h 0'$. $48'',0$ par les hauteurs correspondantes; la déclinaison était $14°$. $32'$. $43''$ A; elle avait diminué de $2'$. $19''$. 4 en deux jours.

Pour en conclure le mouvement diurne, écrivez deux fois $\quad 1'\ 9'',70$

mouvement pour 24^h, ou M $=$.............................. $\quad 1.\ 9.70$

Ajoutez le mouvement pour 12^h, ou la moitié.......... $\quad 34.85$

La somme sera le mouvement pour 60^h................. $\quad 2'\ 54'',25$

Et le mouvement pour $60'$ ou une heure sera........... $\quad 2'',904$

On pourrait employer le mouvement diurne dans la formule, alors le diviseur 30 se changerait en $30 \times 24 = 720$.

Le tems des observations occidentales était $\tau' = \quad 17^h.17'.\ 2''$

$\qquad\qquad$ orientales...... $\tau = \quad 12.44.32$

$\qquad\qquad\qquad\qquad \tau' - \tau = \quad 4.32.30$

$\qquad\qquad\qquad\qquad \tfrac{1}{2}(\tau' - \tau) = \quad 2.16.15 \quad = \quad 136'.15'$

multipliez par 60 et divisez par 4, vous aurez

$$\frac{136° 15'}{4} = 15\left(\frac{\tau' - \tau}{2}\right) = 34°.3'.45''$$

$\frac{1}{2}(D'+D) =$ déclin. à l'instant du passage non corrigé $= -14°.2'.55''$.

Le mouvement en déclinaison rapprochait la planète du pôle boréal; $(D'-D)$ a le signe $+$.

$$
\begin{array}{ll}
\text{D}' - \text{D} = 2.904 \dots \; 0.46500 & \text{M} = 69''.70 \dots \; 1.84523 \\
\qquad\quad \text{C. } 30 \dots \; 8.52288 & \qquad\;\; \text{C. } 720 \dots \; 7.14267 \\
\cline{1-1}\cline{2-2}
\qquad\qquad\qquad\;\; 8.98588 & \qquad\qquad\qquad - \; 8.98590 \\
\text{tang} \tfrac{1}{2}(\text{D}'+\text{D}) = 14°.32'.43'' \; - \; 9.41405 & \text{tang H} \dots \; 0.05854 \\
\cot\tfrac{1}{2}(\text{P}'+\text{P}) \dots \; 0.16999 \dots & \text{C. sin} \dots \; 0.25178 \\
\qquad\; - \; 0''.0371 \; - \; 8.56992 & \\
\qquad\quad - \; 0.1978 \dots & \dots \; - \; 9.29622 \\
\end{array}
$$

$$
\begin{aligned}
&- \; 0.2349 \quad \text{correction du passage.} \\
&15^{\text{h}}.0'48''.0 \qquad \text{passage moyen.} \\
&15^{\text{h}}.0'47''.7651 \quad \text{passage corrigé.}
\end{aligned}
$$

Saturne est, après Uranus, de toutes les planètes celle pour laquelle il serait le plus permis de négliger cette correction, et elle produit encore ici $3''5$ à retrancher de l'ascension droite en degrés.

26. Pour les autres planètes, la correction serait plus forte. Pour la lune, elle serait très-considérable, mais rarement on en prend des hauteurs correspondantes, parce que ses mouvemens en ascension droite et en déclinaison, ne sont pas assez uniformes pendant six heures.

27. Pour le soleil, l'équation des hauteurs correspondantes peut aller à $27''$ à Paris; quand elle est au *maximum*, elle pourrait être plus forte encore dans les lieux ou la hauteur du pôle est plus considérable; voilà pourquoi nous avons dit (IV 213) que les ombres égales ne donnaient qu'à peu près la direction de la méridienne; on en voit la raison.

28. La correction de la méridienne tracée par deux ombres égales se trouvera très-simplement de la manière suivante :
Les triangles ZPA et ZPb donnent

$$
\begin{aligned}
\cos \text{PA} &= \cos \text{PZA} \, \sin \text{PZ} \, \sin \text{ZA} + \cos \text{PZ} \cos \text{ZA} \\
\cos \text{P}b &= \cos \text{PZ}b \, \sin \text{PZ} \, \sin \text{Z}b + \cos \text{PZ} \cos \text{Z}b,
\end{aligned}
$$

d'où à cause de $\text{ZA} = \text{Z}b$

$$
\begin{aligned}
\cos \text{P}b - \cos \text{PA} &= (\cos \text{PZ}b - \cos \text{PZA}) \sin \text{PZ} \sin \text{ZA} \\
\sin \text{D}' - \sin \text{D} &= \big(\cos(180° - b\text{ZM}) - \cos(180° - \text{AZM})\big)\cos \text{H} \sin \text{N} \\
&= (\cos \text{AZM} - \cos b\text{ZM}) \cos \text{H} \sin \text{N} \\
2\sin\tfrac{1}{2}(\text{D}'-\text{D})\cos\tfrac{1}{2}(\text{D}'+\text{D}) &= (\cos \text{Z} - \cos \text{Z}') \cos \text{H} \sin \text{N} \\
&= 2 \sin\tfrac{1}{2}(\text{Z}'-\text{Z}) \sin\tfrac{1}{2}(\text{Z}'+\text{Z}) \cos \text{H} \sin \text{N},
\end{aligned}
$$

et
$$\sin \tfrac{1}{2} (Z' - Z) = \frac{\sin\frac{1}{2}(D'-D)\cos\frac{1}{2}(D'+D)}{\sin\frac{1}{2}(Z'+Z)\cos H \sin N} = \frac{\sin\frac{1}{2}(D'-D)\cos D''}{\sin Z'' \cos H \sin N}$$

mais le triangle PZA donnera

$$\sin Z : \sin PA :: \sin P : \sin ZA , \quad \sin P = \frac{\sin Z \sin ZA}{\sin PA}$$

et
$$\frac{1}{\sin P} = \frac{\sin PA}{\sin Z \sin ZA} = \frac{\cos D}{\sin Z \sin N} ;$$

on aura de même

$$\frac{1}{\sin P''} = \frac{\cos D''}{\sin Z'' \sin N} ,$$ sans erreur sensible ; on aura donc

$$\sin \tfrac{1}{2} (Z' - Z) = \frac{\sin\frac{1}{2}(D'-D)}{\cos H \sin P''} = \frac{\sin\frac{1}{2}(D'-D)}{\cos H \sin \frac{15}{2}(\tau'-\tau)}.$$

L'observation donne $(\tau'-\tau)$, on connaît H, on aura $(D'-D)$ par la table suivante. Soit (fig. 170) CM le rayon ou la longueur des ombres CA et Cb, l'arc compris $Ab = Z'+Z$, $An = \frac{1}{2}Ab$, nM la correction azimutale, dD le mouvement horaire en déclinaison pris dans la table, vous aurez

$$nM = \frac{CM . dD \sin 1'' (\tau'-\tau)}{\cos H \sin \frac{15}{2}(\tau'-\tau)}.$$

Vous prendrez nM vers l'ombre du matin, si dD a le signe $+$, et vers l'ombre du soir, s'il a le signe $-$; la ligne CM menée au point M ainsi trouvée, sera la méridienne.

Dans l'exemple qui suit la table dD étant négative, il faut porter nM vers l'ombre du soir.

29. Il ne manque donc pour être en état de calculer cette formule, que d'avoir pour tous les jours de l'année le mouvement horaire en déclinaison. La table suivante le donne pour tous les jours de l'année qui est la seconde après la bisextile, afin qu'elle puisse servir pour toutes les années sans distinction.

Les années qu'on nomme *Bissextiles* sont de 366 jours, au lieu que les années communes ne sont que de 365. Les Bissextiles arrivent de quatre en quatre ans. Voyez ci-après le Chapitre du Calendrier.

Mouvement horaire en déclinaison.

Mois et jours.		Mouvem. horaire.	Différ.	Mois et jours.		Mouvem. horaire.	Différ.
Janvier.	1	$+12''62$	$11''09$	Juillet.	10	$-18''96$	$9''16$
	11	23.71	9.91		20	28.12	8.21
	21	33.62	8.46		30	36.33	6.96
	31	42.08	6.76	Août.	9	43.29	5.46
Février.	10	48.84	5.03		19	48.75	4.75
	20	53.87	3.38		29	53.50	3.00
Mars.	2	57.25	1.62	Septembre.	8	56.50	1.71
	12	58.87	$+0.21$		18	58.21	0.33
	22	59.08	-1.29		28	58.54	1.17
Avril.	1	57.79	2.79	Octobre.	8	57.37	2.75
	11	55.00	4.04		18	54.62	4.29
	21	50.96	5.63		28	50.33	6.04
Mai.	1	45.33	6.91	Novembre.	7	44.29	7.71
	11	38.42	8.05		17	36.58	9.25
	21	30.37	9.04		27	27.53	10.62
	31	21.33	9.87	Décembre.	7	16.71	11.50
Juin.	10	11.46	10.24		17	-5.21	11.75
	20	$+1.22$	10.29		27	$+6.54$	11.71
	30	-9.07	9.89	Janvier.	6	18.25	

Supposons que le 22 août, on ait tracé une méridienne par deux ombres égales d'un mètre chacune, ou de 443 lig. 3, que l'intervalle des deux observations ait été de six heures, $\frac{1}{2}(\tau'-\tau) = 3^h$; $\frac{1}{2}(\tau'-\tau) = 45°$, et que la latitude ou $H = 48° 50'$.

Le 19 août, la table donne $d\mathrm{D}\ldots\ldots = -48'',75$

Pour trois jours, la différence $4'',75$ donne $\qquad 1.435$

$\qquad\qquad\qquad d\mathrm{D}$ sera $\qquad -\overline{50.185}$

$$
\begin{aligned}
&\sin 1''\ldots\ldots && 4.68557 \\
d\mathrm{D} = {}&- 50'',185\ldots && -\ 1.70057 \\
\tfrac{1}{2}(\tau'-\tau) = {}&3^h.0\ldots\ldots && 0.47712 \\
&\mathrm{C.\ cos\ H}\ldots\ldots && 0.18161 \\
\mathrm{C.\ cos} = {}&45° = \mathrm{P}''\ldots\ldots && 0.15051 \\
&-\ 0^m.001568\ldots && -\ \overline{7.19538} \\
&443^{li}.3\ldots\ldots && 2.63679 \\
&-\ 0^{li}.6795\ldots && -\ \overline{9.83217.}
\end{aligned}
$$

Il faudra donc prendre un arc de 1,568 millimètres ou $\frac{1}{3}$ de ligne, en allant de n vers b, pour avoir la vraie méridienne CM′.

30. La formule $= \dfrac{\frac{1}{2}(D' - D)}{\cos H \sin \frac{15}{2}(\tau' - \tau)}$ serait la correction des azimuts correspondans, et servirait à trouver sur un cercle azimutal le point qui est dans le méridien. Supposons qu'en prenant les deux hauteurs correspondantes, on ait aussi marqué les azimuts Z et Z′, l'arc Z′—Z serait l'arc azimutal parcouru par le soleil dans l'intervalle $(\tau' - \tau)$; $\frac{1}{2}$ (Z′ + Z) serait le point méridien de l'arc, si la déclinaison n'avait point changé; mais si elle avait changé de (D′ — D); $\dfrac{\frac{1}{2}(D' - D)}{\cos H \sin \frac{15}{2}(\tau' - \tau)}$ serait la quantité dont l'azimut occidental surpasserait l'azimut oriental et la quantité qu'il faudrait retrancher du point $\frac{1}{2}$ (Z′ + Z).

Le point dans le méridien serait $\frac{1}{2}$ (Z′ + Z) — $\dfrac{\frac{1}{2}(D' - D)}{\cos H \sin \frac{15}{2}(\tau' - \tau)}$.

31. Nous avons raisonné pour établir notre équation des hauteurs, comme si l'on observait le centre de l'astre; or quand on observe le soleil, c'est toujours le bord que l'on rend tangent au fil horizontal; mais peu importe, il en résulte seulement que la hauteur est plus ou moins grande de 15 à 16′; cette hauteur n'est pas dans la formule, c'est le lieu du centre qui détermine les deux triangles égaux; c'est donc la déclinaison du centre qu'il faut employer, et non celle du bord.

32. Il est inutile d'avertir que c'est toujours le même bord qu'il faut observer, et rendre tangent au même point du fil, sans quoi l'on n'aurait pas de hauteurs correspondantes.

Dans l'équation pour midi, les deux termes sont de même signe, quand la déclinaison est australe, ou en général, de dénomination contraire à la hauteur du pôle, c'est-à-dire australe, si la hauteur du pôle est boréale; et boréale, si c'est le pôle austral qui est élevé sur l'horizon. Les signes des deux termes sont contraires quand la déclinaison est boréale, à moins que $\cos \frac{1}{2}$ (P′ + P) ne soit négatif, ce qui n'arrive jamais, à moins que l'intervalle $\tau' - \tau$ ne surpasse 12^h.

Ainsi même, quand D′ > D, l'équation est communément soustractive, quoique la formule offre le signe +, mais c'est que dans nos climats, $\tan H > \tan \frac{1}{2}$ (D′+D), et surtout que $\tan \frac{1}{2}$ (D′ + D) $\cos \frac{1}{2}$ (P′ + P).

33. L'équation est o dans tous les climats, quand $(D'-D)=o$; elle est encore o, quand on a tang $\frac{1}{2}(D'+D)\cos\frac{1}{2}(P'+P)=$ tang H, ce qui ne peut avoir lieu rigoureusement que pour un seul instant d'un seul jour ou deux tout au plus dans une année, et seulement entre les deux tropiques.

Le changement continuel de la déclinaison fait encore qu'à la rigueur il faudrait calculer l'équation pour chaque couple de hauteurs correspondantes; mais il est aisé de voir par la table, que l'équation varie fort peu pour le tems qu'on emploie à faire l'une ou l'autre série d'observations. Il arrive rarement que la correction varie de $1'',2$ pour $20'$ de différence dans l'heure; jamais elle ne varie davantage; ainsi, en prenant la correction pour l'observation qui tient le milieu entre toutes, on a le même résultat que si l'on calculait l'équation pour chaque couple. Mais si les observations étaient inégalement distantes, comme il arrive quand elles ont été contrariées par les nuages, on ferait bien de les calculer pour plusieurs couples, ce qui est très-facile avec la table.

34. Nous avons dit qu'il y avait de l'avantage à observer les hauteurs quand elles changent rapidement. Le moment où cet avantage est le plus grand, est quand le mouvement est vertical, ou quand il approche le plus de l'être. Il est vertical, quand le cercle vertical de l'astre est tangent au parallèle diurne, ou quand le vertical fait un angle droit avec le cercle de déclinaison. Dans ce cas, $\cot D = \cot H \cos P$, d'où $\cos P = \text{tang } H \cot D$; mais il faut pour cela, que $H+D<90°$, sans quoi $\cot D \text{ tang } H > 1$ et $\cos P$ est imaginaire. Ainsi à Paris, ou $H=48°\,51'$, tandis que D ne peut aller à 30^s pour aucune planète, jamais le vertical n'est tangent au parallèle diurne de la planète; le vertical le coupe toujours en deux points. Pour connaître ces points, on calculerait N par les formules $\text{tang } x = \cos Z \cot H$, $\cos y = \dfrac{\sin D \cos x}{\sin H}$, $N = x \pm y$; on a de plus (fig. 155) $\sin A = \dfrac{\sin Z \cot H}{\cos D}$ qui nous montre que A sera d'autant plus ouvert, et le mouvement diurne d'autant moins oblique au vertical, que sin Z sera plus grand, ce qui a lieu au premier vertical où $Z=90°$; d'où il résulte encore que l'on doit prendre les hauteurs au premier vertical, ou le plus près qu'on pourra de ce vertical, pourvu que l'astre ne soit pas trop voisin de l'horizon.

35. Quand on choisit une étoile pour régler une pendule par des hauteurs

hauteurs correspondantes, rien n'empêche d'en choisir une dont le parallèle puisse toucher un vertical. Dans le grand nombre d'étoiles qu'on peut prendre, il y en a toujours quelqu'une qui satisfait à l'équation $\cos P = \tang H \cot D$, et qui donne $H+D < 90°$, alors $\cos P$ indique l'heure à laquelle il convient de faire l'observation.

36. Si $\tang H \cot D = 1$, $\cos P = 1$ et $P = 0$, cette étoile passe au méridien par le zénit même; on pourrait en prendre une dixaine de hauteurs sur l'arc ZA de son parallèle, et tout aussitôt après, les dix correspondantes sur l'arc ZB, en moins d'une demi-heure de tems, on aurait le passage de l'étoile au méridien, et par conséquent l'heure sidérale, si l'étoile est bien connue. On dépendrait moins de l'inconstance des tems, mais il y a quelques inconvéniens qui compensent tant d'avantages. D'abord le nombre des belles étoiles qui passent près du zénit, est nécessairement très-borné; l'observation est peu commode, elle exige un oculaire avec un miroir incliné à 45° (VIII. 10) qui rend l'étoile plus difficile à voir dans les lunettes des petits instrumens qu'on emploie à ces observations; il en résulte que cette pratique est peu usitée.

Fig. 171.

37. La méthode qui détermine le midi par les hauteurs correspondantes, quoique facile à imaginer, n'est pourtant pas fort ancienne; elle paraît avoir pris naissance à l'Observatoire de Paris, où même elle ne fut pas employée tout d'abord. Au lieu d'observer le soir, des hauteurs égales à celles du matin, on y observait les hauteurs diminuées ou augmentées de l'effet que devait produire sur ces hauteurs le changement que la déclinaison avait éprouvé dans l'intervalle.

38. La formule des hauteurs est $\sin h = \cos P \cos H \cos D + \sin H \sin D$. Différentions cette formule, en regardant comme constans H et P

$$dh \cos h = dD \cos D \sin H - dD \sin D \cos H \cos P$$
$$dh = \frac{dD \cos D \sin H}{\cos h} (1 - \tang D \cot H \cos P).$$

Nous supposons dD positif, quand le mouvement en déclinaison se fait vers le pôle élevé.

39. Ainsi le 2 février 1674, Picard avait observé $h = 11° 59' 50''$, D était 16° 55' A; le mouvement diurne vers le pôle élevé 17' 10''; le mou-

I.
72

vement horaire $42''9$ $\mathrm{P} = 5^{\mathrm{h}}\ 14' = \dfrac{194°}{4} = 48°\ 30'$

$\mathrm{P} = 5.233 \quad 2\mathrm{P} = 6^{\mathrm{h}}467$

$$d\mathrm{D} = 42''.9 \times 6^{\mathrm{h}}.467$$

$$\left.\begin{array}{l} 42''9 \ldots\ 1.63246 \\ 6^{\mathrm{h}}.467 \ldots\ 0.81068 \end{array}\right\} \quad \log(\mathrm{D'{-}D}) \ldots\ 2.44314$$

$$
\begin{array}{ll}
\mathrm{C.}\ \cos h \ldots\ 0.00959 & (\mathrm{D'{-}D})\ 277''.4 = 4'.37''.4 \\
\sin \mathrm{H} \ldots\ 9.87679 & \\
\cos \mathrm{D} \ldots\ \underline{9.98079} & \mathrm{C.}\ \cos h \ldots.\ 0.00959 \\
+\ 204''.32 \ldots\ 2.31031 & \cos \mathrm{H} \ldots\ldots\ 9.81825 \\
-\ \mathrm{tang\ D} + .\ 9.48308 & \sin \mathrm{P} \ldots\ldots\ \underline{9.87446} \\
\cot \mathrm{H} \ldots\ 9.94146 & \sin \mathrm{A} \ldots\ldots\ 9.70230 \\
\cos \mathrm{P} \ldots\ \underline{9.82126} & \\
+\ 35''.98 \ldots\ \underline{1.55611} & \cos \mathrm{A} \ldots\ldots\ 9.93641 \\
\overline{240''.30} = 4'\ 0'',3 & d\mathrm{D} \ldots\ldots\ \underline{2.44314} \\
h = 11.59.50 & 239''.64 \ldots\ldots\ 2.37955 \\
h' = \overline{12.\ 5.50} & dh = 3'.59''.54.
\end{array}
$$

Ainsi, pour avoir le même angle le soir que le matin, il fallait observer $h' = 12°\ 5'\ 50''$, et c'est ce que fit Picard.

$$
\begin{array}{lr}
\text{Le matin la pendule marquait} \ldots\ldots & 8^{\mathrm{h}}.59'.20' \\
\text{Le soir elle marquait} \ldots\ldots\ldots\ldots & 3.\ 27.18 \\
\hline
& 0.\ 26.38, \\
\text{d'où il suit qu'à midi elle avançait de} \ldots & 13.19.
\end{array}
$$

Picard ne connaissait pas la formule différentielle employée ci-dessus, il calculait sans doute l'angle au soleil par la formule $\sin \mathrm{A} = \dfrac{\sin \mathrm{P}\ \cos \mathrm{H}}{\cos h}$, et $dh = d\mathrm{D} \cos \mathrm{A}$, et le calcul est un peu plus court.

40. Bailli, en rendant compte de cette manière d'éluder l'effet du changement en déclinaison, ne s'est pas donné la peine de faire le calcul, et il s'est persuadé faussement qu'on avait augmenté la hauteur du changement de la déclinaison qui était de $4'$. Ce changement était $4'\ 37''\ 4$, et l'on avait augmenté la hauteur de $4'\ 37''\ 4 \cos \mathrm{A} = 4'\ 0''$.

Bailly ajoute que le 31 juillet, Picard commença à calculer l'équation des hauteurs correspondantes ; en effet la pendule marquait

le matin... 9^h $9'$ $13''5$

le soir... $3.$ $1.26.5$

Somme... $0.10.40.0$

Midi non corrigé...................................... 5.20

Midi corrigé.. $5.29.5$

Picard faisait donc l'équation $+ 9'',5$, ma table donne $8'',0$, cela s'accorde à peu près, mais Picard n'avait pas observé des hauteurs absolument égales; elles étaient plus fortes de $5''$ le soir.

Le 7 août, les hauteurs du soir étaient plus fortes de $20''$, de $10''$, $25''$ et de $10''$. Il parait qu'il n'était pas encore en possession de la méthode, car le 12 août, les hauteurs du soir sont plus fortes de $4'$ $20''$ et de $4'$ $25''$. Le 22 août, c'est encore à peu près la même chose.

Enfin, c'est le 19 février 1675, qu'on voit pour la première fois de véritables hauteurs correspondantes (*Histoire céleste* de Lemonier, p. 97). Depuis ce tems, Picard n'a plus cessé d'employer cette méthode dont il paraît l'inventeur.

41. Flamstéed réglait sa pendule sur de simples hauteurs, en calculant l'angle au pôle par les trois côtés du triangle.

Lemonnier et La Caille se servaient toujours des hauteurs correspondantes. Cette méthode n'est plus guères suivie que par les voyageurs, et même la plupart préfèrent aujourd'hui les simples hauteurs et le calcul de l'angle horaire.

42. Si la méthode des hauteurs correspondantes est plus pénible et plus sujette à manquer, il faut avouer, au moins, qu'elle est beaucoup plus sûre. En effet, en différentiant l'équation,

$$\sin h = \cos P \cos H \cos D + \sin H \sin D.$$

En faisant tout varier, on aura

$$dh \cos h = - dP \sin P \cos H \cos D - dH \cos P \sin H \cos D$$
$$- dD \cos P \cos H \sin D + dH \cos H \sin D + dD \sin H \cos D$$
$$dP \sin P \cos H \cos D = dH (\sin D \cos H - \cos D \sin H \cos P)$$
$$+ dD (\sin H \cos D - \cos H \sin D \cos P) - dh \cos h.$$
$$dP = \frac{dH}{\sin P}(\tang D - \tang H \cos P) + \frac{Dd}{\sin P}(\tang H - \tang D \cos P) - \frac{dh \cos h}{\sin P \cos H \cos D}.$$

et

$$d\tau = \frac{dH}{15 \sin P}(\tan g\, D - \tan g\, H \cos P) + \frac{dD}{15 \sin P}(\tan g\, H - \tan g\, D \cos P)$$
$$- \frac{dh \cos h}{15 \sin P \cos H \cos D}.$$

Il est aisé que les trois erreurs dH, dD et dh produisent quelques secondes d'erreur sur le tems; mais choisissez l'heure P, .telle que tang D $=$ tang H cos P, c'est-à-dire observez dans le premier vertical, vous n'aurez rien à craindre de dH, ce qui est utile en voyage.

Mettez cette valeur de tang D dans le terme

$$\frac{dD}{15 \sin P}(\tan g\, H - \tan g\, D \cos P) = \frac{dD}{15 \sin P}(\tan g\, H - \tan g\, H \cos^2 P)$$
$$= \frac{dD \,\tan g\, H \sin^2 P}{15 \sin P} = \frac{dD \,\tan g\, H \sin P}{15};$$

il sera fort peu de chose pour le soleil, car dD ne passe guères 2″. Il ne restera donc guères que $\dfrac{dh \cos h}{15 \sin P \cos H \cos D} = \dfrac{dh}{15 \cos H}$; car il est aisé de voir, fig. 172, que si Z$=$90°, on a cotD cos P$=$cot H et cos D sin P$=$cos h.

43. On peut essayer quelques autres combinaisons de ce genre, pour faire disparaître ou atténuer les erreurs; mais la plus simple de toutes est de faire deux observations du même astre, de manière qu'on ait sin P′ $= -$ sin P, alors toutes les erreurs se compensent, c'est ce qui a lieu en effet dans les hauteurs correspondantes où d'ailleurs $dh=0$, et c'est ce qui fait le mérite de la méthode.

44. Quelques astronomes considèrent encore les hauteurs correspondantes comme le moyen unique pour s'assurer qu'un instrument des passages est exactement dans le méridien; je crois au contraire qu'une lunette méridienne fournit elle-même des moyens plus sûrs et moins pénibles.

Quel astronome se croira plus sûr des hauteurs correspondantes que La Caille, qui en a pris toute sa vie, et qui en a imprimé un volume tout entier; il les employa en effet pour placer sa lunette méridienne; et j'ai vu par ses manuscrits que jamais il n'en put venir à bout, et qu'il lui laissa une déviation qu'il n'essaya plus de corriger. La position de son observatoire ne lui permettait pas d'observer d'autre étoile circompolaire que la polaire même, et je ne vois pas qu'il l'ait tenté.

45. Nous avons vu que les hauteurs correspondantes se prennent à des intervalles de 0° 20′ sur le limbe; quand l'astre monte plus lentement, on peut les prendre de 10′ en 10′; mais communément le tems serait trop court pour faire les préparations avec l'exactitude nécessaire. On peut déterminer d'avance le tems qu'un astre emploie à monter ou baisser d'une quantité donnée.

Le théorème fondamental donne

$$\cos N = \cos P \cos H \cos D + \sin H \sin D$$

$$\cos N' = \cos P' \cos H \cos D' + \sin H \sin D'$$

$$\cos N - \cos N' = \cos H (\cos P \cos D - \cos P' \cos D') + \sin H (\sin D - \sin D'),$$

et

$$(\sin D' - \sin D)\operatorname{tang} H = \frac{\cos N' - \cos N}{\cos H} + \cos P \cos D - \cos P' \cos D'$$

$$2\sin\tfrac{1}{2}(D' - D)\cos\tfrac{1}{2}(D' + D)\operatorname{tang} H = \frac{2\sin\tfrac{1}{2}(N - N')\sin\tfrac{1}{2}(N + N')}{\cos H}$$

$$+ \cos P \left(\cos\tfrac{1}{2}(D' + D)\cos\tfrac{1}{2}(D' - D) + \sin\tfrac{1}{2}(D' + D)\sin\tfrac{1}{2}(D' - D) \right)$$

$$- \cos P' \left(\cos\tfrac{1}{2}(D' + D)\cos\tfrac{1}{2}(D' - D) - \sin\tfrac{1}{2}(D' + D)\sin\tfrac{1}{2}(D' - D) \right)$$

$$2\sin\tfrac{1}{2}(D' - D)\cos\tfrac{1}{2}(D' + D)\operatorname{tang} H - \frac{2\sin\tfrac{1}{2}(N - N')\sin\tfrac{1}{2}(N + N')}{\cos H}$$

$$= (\cos P - \cos P')\cos\tfrac{1}{2}(D' + D)\cos\tfrac{1}{2}(D' - D)$$

$$+ (\cos P + \cos P')\sin\tfrac{1}{2}(D' + D)\sin\tfrac{1}{2}(D' - D))$$

$$= 2\sin\tfrac{1}{2}(P' - P)\sin\tfrac{1}{2}(P' + P)\cos\tfrac{1}{2}(D' + D)\cos\tfrac{1}{2}(D' - D)$$

$$+ 2\cos\tfrac{1}{2}(P' + P)\cos\tfrac{1}{2}(P' - P)\sin\tfrac{1}{2}(D' + D)\sin\tfrac{1}{2}(D' - D)$$

$$\frac{2\sin\tfrac{1}{2}(D' - D)\cos\tfrac{1}{2}(D' + D)\sin H - \sin\tfrac{1}{2}(N - N')\sin\tfrac{1}{2}(N + N')}{\cos H \sin\tfrac{1}{2}(P' + P)\cos\tfrac{1}{2}(D' + D)\cos\tfrac{1}{2}(D' - D)}$$

$$= \sin\tfrac{1}{2}(P' - P) + \frac{\operatorname{tang}\tfrac{1}{2}(D' - D)\operatorname{tang}\tfrac{1}{2}(D' + D)\cos\tfrac{1}{2}(P' + P)\cos\tfrac{1}{2}(P' - P)}{\sin\tfrac{1}{2}(P' + P)}$$

$$\sin\tfrac{1}{2}(P - P') = \frac{\sin\tfrac{1}{2}(N - N')\sin\tfrac{1}{2}(N + N')}{\cos H \sin\tfrac{1}{2}(P + P')\cos\tfrac{1}{2}(D' + D)\cos\tfrac{1}{2}(D' - D)}$$

$$- \frac{\operatorname{tang}\tfrac{1}{2}(D' - D)}{\sin\tfrac{1}{2}(P' + P)}\left(\operatorname{tang} H - \operatorname{tang}\tfrac{1}{2}(D' + D)\cos\tfrac{1}{2}(P + P')\cos\tfrac{1}{2}(P - P') \right).$$

46. Cette expression est générale et rigoureuse, $(N - N')$ est la quantité dont l'astre se rapproche du zénit, $(P - P')$ le changement correspondant de l'angle horaire, $(D' - D)$ celui de la déclinaison. On néglige ordinairement ce changement qui, pour le soleil, n'est guères que de 60″ cos longit. ☉ dans une heure, et de 1ˢ cos ☉ par minute.

Cette expression serait l'équation du midi conclu de hauteurs qui seraient inégales, quelle que pût être l'inégalité.

Si $N - N' = 0$, on retrouve l'équation des hauteurs correspondantes.

Si $N - N' = \delta = $ diamètre du soleil, on a le tems que le soleil emploie à monter ou descendre de tout son diamètre ; et dans ce cas,

$$\sin \tfrac{1}{2}(P - P') = \frac{\sin \tfrac{1}{2}\delta \sin \tfrac{1}{2}(N + N - \delta)}{\cos H \sin \tfrac{1}{2}(P + P) \cos \tfrac{1}{2}(D' + D) \cos \tfrac{1}{2}(D' - D)}$$
$$- \frac{\tan \tfrac{1}{2}(D' - D)}{\sin \tfrac{1}{2}(P + P')} \left(\tan H - \tan \tfrac{1}{2}(D' + D) \cos \tfrac{1}{2}(P' + P) \cos \tfrac{1}{2}(P - P') \right),$$

ou

$$\sin \tfrac{1}{2}(P - P') = \frac{\sin \tfrac{1}{2}\delta \sin (N - \tfrac{1}{2}\delta)}{\cos H \sin \tfrac{1}{2}(P + P') \cos \tfrac{1}{2}(D' + D) \cos \tfrac{1}{2}(D' - D)}$$
$$- \frac{\tan \tfrac{1}{2}(D' - D)}{\sin \tfrac{1}{2}(P + P')} \left(\tan H - \tan \tfrac{1}{2}(D' + D) \cos \tfrac{1}{2}(P' + P) \cos \tfrac{1}{2}(P - P') \right).$$

En négligeant les termes du troisième ordre, on a en tems

$$47. \quad d\tau = \frac{(P - P')}{15} = \frac{\delta \sin (N - \tfrac{1}{2}\delta)}{15 \cos H \sin \tfrac{1}{2}(P + P') \cos \tfrac{1}{2}(D' + D)}$$
$$+ \frac{(D' - D)}{15 \sin \tfrac{1}{2}(P + P')} \left(\tan \tfrac{1}{2}(D' + D) \cos \tfrac{1}{2}(D' + D) \cos \tfrac{1}{2}(P + P') - \tan H \right).$$

Faites $N = 90°$, vous aurez le tems que le soleil emploie à traverser l'horizon astronomique ; faites $N = 90° + 33'$, vous aurez le tems qu'il met à se lever ; en vertu de la réfraction, ce tems doit être un peu plus court, mais la différence est insensible.

48. On voit qu'en supposant $\delta = 30'$, le soleil se leverait en

$$\frac{2' \sin (90° - 15')}{\cos H \sin \tfrac{1}{2}(P + P') \cos \tfrac{1}{2}(D' + D)} = \frac{2' \cos (0°.15')}{\cos H \sin P \cos D}.$$

On voit encore que le soleil emploie d'autant plus de tems à se lever de tout son diamètre, que la hauteur du pôle est plus considérable, sa déclinaison plus grande, car alors $\cos D$ et $\sin P$ seront au *minimum*.

Que le soleil emploie $4'$ à se lever, $(D' - D)$ sera au plus de $4''$, et $\frac{4''}{15 \sin \tfrac{1}{2}(P' + P)}$ n'ira pas à $0'',4$. Ce tems peut donc se négliger, à moins qu'on ne veuille la précision la plus rigoureuse.

49. On peut demander aussi combien de tems le soleil emploierait à

traverser un vertical quelconque; soit Z ce vertical auquel le disque du soleil sera tangent en C, lorsque le centre sera en A, et tangent en D, quand le centre sera en B : menez l'arc de grand cercle AEB.

$$\sin AC = \sin \tfrac{1}{2} \delta = \sin EA \sin E = \sin BD = \sin EB \sin E \dots\dots (\omega),$$

on en conclut $EB = EA$, et par suite $ED = EC$, puisqu'on a aussi

$$\tang EC = \tang EA \cos E = \tang EB \cos E = \tang ED;$$

or

$$\cos AB = \cos 2\,EA = \sin D \sin D' + \cos D \cos D' \cos APB.$$
$$1 - 2\sin^2 EA = \sin D \sin D' + \cos D \cos D' - 2\cos D \cos D' \sin^2 \tfrac{1}{2} APB$$
$$= 1 - 2\sin^2 \tfrac{1}{2}(D'-D) - 2\cos D \cos D' \sin^2 \tfrac{1}{2} APB;$$
$$\sin^2 EA = \sin^2 \tfrac{1}{2}(D'-D) + \cos D \cos D' \sin^2 \tfrac{1}{2} APB = \frac{2\sin^2 \tfrac{1}{2}\delta}{\sin^2 E} \ (\omega);$$

d'où

$$\sin^2 \tfrac{1}{2} APB = \frac{\dfrac{\sin^2 \tfrac{1}{2}\delta}{\sin^2 E} - \sin^2 \tfrac{1}{2}(D'-D)}{\cos D \cos D'} \ \dots\dots (A).$$

Le temps du passage par un vertical est toujours plus long que celui du passage par le méridien, qui est de 2′ 7″ ou 2′ 20″ pour le soleil; $\tfrac{1}{2}(D'-D)$ ne peut guères passer 1″, ou peut le négliger d'abord, et supposer $D' = D$, nous aurons alors

$$\sin^2 \tfrac{1}{4} APB = \frac{\sin^2 \tfrac{1}{2}\delta}{\sin^2 E \cos^2 D} \quad \text{et} \quad \sin \tfrac{1}{2} APB = \frac{\sin \tfrac{1}{2}\delta}{\cos D \sin E} \dots\dots (a),$$
$$\tang PE = \cot D \cos \tfrac{1}{2} APB \dots\dots\dots\dots\dots\dots\dots\dots\dots\dots (b),$$
$$\tang E = \cot ZEP = \frac{\tang H \sin PE}{\sin ZPE} - \cos PE \cot ZPE \dots\dots (c),$$
$$= \frac{\tang H \cos D}{\sin(ZPA - \tfrac{1}{2} APB)} - \sin D \cot(ZPA - \tfrac{1}{2} APB) \dots\dots (d).$$

Supposons pour $\tfrac{1}{2} APB$ une valeur de 16 à 20′ de degré, nous aurons PE par la formule (b), E par la formule (c) ou (d); alors calculant $\tfrac{1}{2}$ APB par la formule (a), si nous retrouvons la valeur supposée, le problème sera résolu; mais dans tous les cas nous aurons une valeur plus approchée de $\tfrac{1}{2}$ APB, avec laquelle nous recommencerons le calcul des formules b, c et A, que nous substituerons à la formule (a). On pourrait même, par le triangle scalène PAB, déterminer PE, PEB, qui ne serait plus un angle droit, BEZ, $E = PEB - PEZ$, enfin APB; mais tant de scrupule serait inutile pour le soleil. Les astronomes négligent tout-à-fait $\tfrac{1}{2}$ APB dans le calcul de E, et supposent $PE = PA$. Nos formules sont plus exactes sans être plus pénibles. Pour la lune, on ne peut négliger $\tfrac{1}{2}(D'-D)$.

Tables générales de la correction du midi des hauteurs correspondantes.

TABLE I.

$\odot$	log dD/360° (−)	Differ.	log dD tang D/360 (+)	Differ.	$\odot$	log dD/360° (−)	Differ.	log dD tang D/360 (+)	Differ.
0°	0.5968	—	0.0000		45°	0.4527	—	9.9201	
1	0.5966	2	8.4384	+8.4384	46	0.4453	74	9.9208	+7
2	0.5963	3	8.7391	3007	47	0.4376	77	9.9209	+1
3	0.5958	5	8.9147	1756	48	0.4296	80	9.9205	4
4	0.5953	5	9.0390	1243	49	0.4213	83	9.9196	9
5	0.5945	7	9.1351	961	50	0.4127	86	9.9182	14
6	0.5938	8	9.2134	783	51	0.4038	89	9.9162	20
7	0.5929	9	9.2793	659	52	0.3946	93	9.9136	26
8	0.5919	10	9.3361	568	53	0.3850	96	9.9104	32
9	0.5908	11	9.3859	498	54	0.3750	100	9.9067	37
10	0.5895	13	9.4302	443	55	0.3647	103	9.9024	43
11	0.5881	14	9.4700	398	56	0.3539	108	9.8975	49
12	0.5866	15	9.5060	360	57	0.3427	112	9.8920	55
13	0.5850	16	9.5388	328	58	0.3311	116	9.8858	62
14	0.5833	17	9.5689	301	59	0.3190	121	9.8789	69
15	0.5814	19	9.5967	278	60	0.3064	126	9.8713	76
16	0.5794	20	9.6225	256	61	0.2932	132	9.8631	82
17	0.5773	21	9.6461	238	62	0.2795	137	9.8540	91
18	0.5750	23	9.6683	222	63	0.2652	143	9.8443	98
19	0.5726	24	9.6889	206	64	0.2502	150	9.8336	106
20	0.5701	25	9.7081	192	65	0.2345	157	9.8220	116
21	0.5674	27	9.7261	180	66	0.2181	164	9.8096	124
22	0.5646	28	9.7430	169	67	0.2009	172	9.7962	134
23	0.5616	30	9.7588	158	68	0.1828	181	9.7817	145
24	0.5585	31	9.7735	147	69	0.1637	191	9.7661	156
25	0.5552	33	9.7874	139	70	0.1436	201	9.7493	168
26	0.5518	34	9.8004	130	71	0.1224	212	9.7312	181
27	0.5483	35	9.8125	121	72	0.0999	225	9.7116	196
28	0.5446	37	9.8239	114	73	0.0760	239	9.6906	210
29	0.5407	39	9.8345	106	74	0.0505	255	9.6677	229
30	0.5366	41	9.8444	99	75	0.0233	272	9.6430	247
31	0.5324	42	9.8535	91	76	9.9941	292	9.6161	269
32	0.5280	44	9.8621	86	77	9.9627	314	9.5868	293
33	0.5234	46	9.8700	79	78	9.9286	341	9.5546	322
34	0.5187	47	9.8773	73	79	9.8914	372	9.5193	353
35	0.5137	50	9.8839	66	80	9.8505	409	9.4801	392
36	0.5086	51	9.8900	61	81	9.8053	452	9.4364	437
37	0.5033	53	9.8955	55	82	9.7546	507	9.3870	494
38	0.4978	55	9.9005	50	83	9.6970	576	9.3306	564
39	0.4920	58	9.9049	44	84	9.6304	666	9.2650	655
40	0.4860	60	9.9088	39	85	9.5515	789	9.1870	780
41	0.4798	62	9.9121	33	86	9.4549	966	9.0911	959
42	0.4734	64	9.9149	28	87	9.3305	1246	8.9670	1241
43	0.4668	66	9.9171	22	88	9.1545	1758	8.7916	1754
44	0.4599	69	9.9189	18	89	8.8542	3003	8.4915	3001
45	0.4527	72	9.9201	+12	90	......	−8.8542	......	−8.4915

SUITE DE LA TABLE I.

⊙	$\log \frac{d\,\mathrm{D}}{360}$ +	Différ.	$\log \frac{d\,\mathrm{D}\,\tan\mathrm{D}}{360}$ −	Différ.
90°	......		......	
91	8.8512	+3016	8.4886	+3014
92	9.1528	1762	8.7900	1757
93	9.3290	1247	8.9657	1241
94	9.4557	968	9.0898	962
95	9.5505	789	9.1860	780
96	9.6294	666	9.2640	655
97	9.6960	575	9.3295	564
98	9.7535	507	9.3859	493
99	9.8042	452	9.4352	437
100	9.8494	407	9.4789	391
101	9.8901	372	9.5180	353
102	9.9273	340	9.5533	321
103	9.9613	314	9.5854	293
104	9.9927	291	9.6147	268
105	0.0218	271	9.6415	246
106	0.0489	254	9.6661	228
107	0.0743	238	9.6889	210
108	0.0981	225	9.7099	195
109	0.1206	211	9.7294	180
110	0.1417	200	9.7474	168
111	0.1618	189	9.7642	155
112	0.1807	181	9.7797	144
113	0.1988	171	9.7941	133
114	0.2159	164	9.8074	124
115	0.2323	155	9.8198	114
116	0.2478	149	9.8312	106
117	0.2627	143	9.8418	97
118	0.2770	136	9.8515	90
119	0.2906	131	9.8605	82
120	0.3037	126	9.8687	75
121	0.3163	120	9.8762	68
122	0.3283	116	9.8830	61
123	0.3399	111	9.8891	54
124	0.3510	106	9.8945	49
125	0.3616	103	9.8994	42
126	0.3719	99	9.9036	37
127	0.3818	95	9.9073	30
128	0.3913	92	9.9103	25
129	0.4005	89	9.9128	20
130	0.4094	85	9.9148	14
131	0.4179	82	9.9162	8
132	0.4261	79	9.9170	+3
133	0.4340	76	9.9173	−2
134	0.4416	+74	9.9171	7
135	0.4490		9.9164	

⊙	$\log \frac{d\,\mathrm{D}}{360}$ +	Différ.	$\log \frac{d\,\mathrm{D}\,\tan\mathrm{D}}{360}$ −	Différ.
135°	0.4490	+71	9.9164	−13
136	0.4561	68	9.9151	18
137	0.4629	66	9.9133	23
138	0.4695	64	9.9110	29
139	0.4759	61	9.9081	34
140	0.4820	59	9.9047	39
141	0.4879	57	9.9008	44
142	0.4936	55	9.8964	50
143	0.4991	52	9.8914	56
144	0.5043	51	9.8858	62
145	0.5094	49	9.8796	67
146	0.5143	47	9.8729	73
147	0.5190	45	9.8656	80
148	0.5235	44	9.8576	86
149	0.5279	42	9.8490	92
150	0.5321	40	9.8398	100
151	0.5361	38	9.8298	106
152	0.5399	37	9.8192	114
153	0.5436	35	9.8078	122
154	0.5471	34	9.7956	130
155	0.5505	32	9.7826	139
156	0.5537	30	9.7687	148
157	0.5567	29	9.7539	158
158	0.5596	28	9.7381	169
159	0.5624	27	9.7212	180
160	0.5651	25	9.7032	193
161	0.5676	24	9.6839	207
162	0.5700	22	9.6632	221
163	0.5722	21	9.6411	239
164	0.5743	20	9.6172	256
165	0.5763	18	9.5916	278
166	0.5781	17	9.5638	301
167	0.5798	16	9.5337	329
168	0.5814	15	9.5008	360
169	0.5829	14	9.4648	398
170	0.5843	12	9.4250	443
171	0.5855	11	9.3807	498
172	0.5866	10	9.3309	569
173	0.5876	9	9.2740	659
174	0.5885	8	9.2081	783
175	0.5893	7	9.1298	961
176	0.5900	6	9.0337	1243
177	0.5906	4	8.9094	1756
178	0.5910	3	8.7338	3007
179	0.5913	+2	8.4331	−8.4331
180	0.5915	+	0.0000	

I.

SUITE DE LA TABLE I.

⊙	$\frac{\log dD}{360}$ +	Différ.	$\frac{\log dD\,\tan D}{360}$ −	Différ.
180°	0.5915		0.0000	
181	0.5916	+ 1	8.4334	+8.4334
182	0.5916	0	8.7344	3010
183	0.5915	— 1	8.9104	1760
184	0.5913	2	9.0305	1201
185	0.5910	3	9.1315	1010
186	0.5906	4	9.2101	786
187	0.5900	6	9.2763	662
188	0.5893	7	9.3335	572
189	0.5885	8	9.3836	501
190	0.5876	9	9.4283	447
191	0.5866	10	9.4684	401
192	0.5855	11	9.5048	364
193	0.5843	12	9.5380	332
194	0.5829	14	9.5686	306
195	0.5814	15	9.5967	281
196	0.5798	16	9.6228	261
197	0,5781	17	9.6470	242
198	0.5763	18	9.6696	226
199	0.5744	19	9.6906	210
200	0.5723	21	9.7104	198
201	0.5701	22	9.7289	185
202	0.5678	23	9.7462	173
203	0.5653	25	9.7625	163
204	0.5627	26	9.7778	153
205	0.5600	27	9.7922	144
206	0.5571	29	9.8057	135
207	0.5541	30	9.8184	127
208	0.5509	32	9.8303	119
209	0.5476	33	9.8414	111
210	0.5441	35	9.8518	104
211	0.5405	36	9.8616	98
212	0.5367	38	9.8708	93
213	0.5327	40	9.8793	85
214	0.5286	41	9.8872	79
215	0.5243	43	9.8945	73
216	0.5198	45	9.9012	67
217	0.5151	47	9.9074	62
218	0.5102	49	9.9130	56
219	0.5051	51	9.9181	51
220	0.4998	53	9.9226	45
221	0.4943	55	9.9266	40
222	0.4886	57	9.9301	35
223	0.4826	60	9.9331	30
224	0.4764	62	9.9355	24
225	0.4700	— 64	9.9374	+ 19

⊙	$\frac{\log dD}{360}$ +	Différ.	$\frac{\log Dd\,\tan D}{360}$ +	Différ.
225°	0.4700		9.9374	
226	0.4633	— 67	9.9388	+ 14
227	0.4563	70	9.9396	8
228	0.4490	73	9.9399	+ 3
229	0.4414	76	9.9396	— 3
230	0.4335	79	9.9388	8
231	0.4253	82	9.9375	13
232	0.4168	85	9.9357	18
233	0.4079	89	9.9333	24
234	0.3986	93	9.9303	30
235	0.3889	97	9.9267	36
236	0.3788	101	9.9225	42
237	0.3683	105	9.9176	49
238	0.3574	109	9.9120	56
239	0.3460	114	9.9058	62
240	0.3340	120	9.8989	69
241	0.3215	125	9.8913	76
242	0.3084	131	9.8829	84
243	0.2947	137	9.8737	92
244	0.2803	144	9.8636	101
245	0.2652	151	9.8526	110
246	0.2494	158	9.8408	118
247	0.2338	166	9.8280	128
248	0.2153	175	9.8141	139
249	0.1967	186	9.7990	151
250	0.1771	196	9.7837	163
251	0.1563	208	9.7651	176
252	0.1343	220	9.7460	191
253	0.1109	234	9.7254	206
254	0.0859	250	9.7030	224
255	0.0591	268	9.6787	243
256	0.0303	288	9.6523	264
257	9.9992	311	9.6233	290
258	9.9654	338	9.5915	318
259	9.9286	368	9.5565	350
260	9.8880	406	9.5176	389
261	9.8431	449	9.4741	435
262	9.7926	505	9.4250	491
263	9.7352	574	9.3688	562
264	9.6688	664	9.3034	654
265	9.5901	787	9.2255	779
266	9.4935	966	9.1297	958
267	9.3688	1247	9.0055	1242
268	9.1929	1759	8.8298	1757
269	8.8912	— 3017	8.5285	— 3013
270	......		......	

SUITE DE LA TABLE I.

Left half (270°–315°):

$\odot$	$\dfrac{\log d\mathrm{D}}{360}$	Différ.	$\dfrac{\log d\mathrm{D}\,\tan\mathrm{D}}{360}$	Différ.
270°	......		......	
271	8.8939	+ 3003	8.5312	+ 3001
272	9.1942	1757	8.8313	1753
273	9.3699	1246	9.0066	1241
274	9.4945	965	9.1307	958
275	9.5910	787	9.2265	779
276	9.6697	665	9.3044	654
277	9.7362	574	9.3698	562
278	9.7936	505	9.4260	492
279	9.8441	450	9.4752	435
280	9.8891	406	9.5187	389
281	9.9297	369	9.5576	351
282	9.9666	338	9.5927	318
283	0.0004	312	9.6245	291
284	0.0316	289	9.6536	265
285	0.0605	268	9.6801	244
286	0.0873	251	9.7045	224
287	0.1124	235	9.7269	208
288	0.1359	221	9.7477	191
289	0.1580	208	9.7668	177
290	0.1788	196	9.7845	163
291	0.1984	186	9.8008	152
292	0.2170	177	9.8160	140
293	0.2347	167	9.8300	129
294	0.2514	159	9.8429	120
295	0.2673	152	9.8549	109
296	0.2825	144	9.8658	102
297	0.2969	138	9.8760	92
298	0.3107	132	9.8852	85
299	0.3239	126	9.8937	77
300	0.3365	120	9.9014	70
301	0.3485	115	9.9084	63
302	0.3600	110	9.9147	56
303	0.3710	106	9.9203	49
304	0.3816	102	9.9252	43
305	0.3918	97	9.9295	37
306	0.4015	94	9.9332	31
307	0.4109	89	9.9363	25
308	0.4198	86	9.9388	19
309	0.4284	83	9.9407	14
310	0.4367	80	9.9421	8
311	0.4447	76	9.9429	+ 3
312	0.4523	74	9.9432	− 2
313	0.4597	70	9.9430	8
314	0.4667	+ 68	9.9422	13
315	0.4735		9.9409	

Right half (315°–360°):

$\odot$	$\dfrac{\log d\mathrm{D}}{360}$	Différ.	$\dfrac{\log d\mathrm{D}\,\tan\mathrm{D}}{360}$	Différ.
315°	0.4735	+ 65	9.9409	− 18
316	0.4800	63	9.9391	24
317	0.4863	60	9.9367	29
318	0.4923	58	9.9338	34
319	0.4981	56	9.9304	39
320	0.5037	54	9.9265	45
321	0.5091	52	9.9220	50
322	0.5143	49	9.9170	55
323	0.5192	47	9.9115	61
324	0.5239	46	9.9054	67
325	0.5285	44	9.8987	73
326	0.5329	42	9.8914	79
327	0.5371	40	9.8835	85
328	0.5411	39	9.8750	91
329	0.5450	37	9.8659	97
330	0.5487	35	9.8562	104
331	0.5522	33	9.8458	111
332	0.5555	32	9.8347	118
333	0.5587	30	9.8229	126
334	0.5617	29	9.8103	134
335	0.5646	28	9.7969	143
336	0.5674	27	6.7826	153
337	0.5701	25	9.7673	163
338	0.5726	24	9.7510	173
339	0.5750	22	9.7337	184
340	0.5772	21	9.7153	197
341	0.5793	20	9.6956	211
342	0.5813	19	9.6745	226
343	0.5832	17	9.6519	243
344	0.5849	16	9.6277	260
345	0.5865	15	9.6017	281
346	0.5880	14	9.5736	305
347	0.5894	12	9.5431	332
348	0.5906	11	9.5099	363
349	0.5917	10	9.4736	402
350	0.5927	9	9.4334	446
351	0.5936	8	9.3888	501
352	0.5944	7	9.3387	572
353	0.5951	6	9.2815	662
354	0.5957	5	9.2153	786
355	0.5962	4	9.1367	965
356	0.5966	2	9.0402	1246
357	0.5968	1	8.9156	1759
358	0.5969	0	8.7397	3010
359	0.5969	− 1	8.4387	−8.4387
360	0.5968		0.0000	

TABLE II.

Panel I (0ʰ – 4ʰ)

t = demi-intervalle	log t / sin(15°.t) +	Diff.	log t / tang(15°.t) +	Differ.
0ʰ 0′	.....		.....	
5	0.5821	+1	0.5820	−2
10	0.5822	2	0.5818	4
15	0.5824	2	0.5814	5
20	0.5826	3	0.5809	6
25	0.5829	4	0.5803	8
30	0.5833	4	0.5795	9
35	0.5837	5	0.5786	10
40	0.5842	6	0.5776	12
45	0.5848	7	0.5764	13
50	0.5855	7	0.5751	15
55	0.5862	8	0.5736	16
1. 0	0.5870	9	0.5720	18
5	0.5879	9	0.5702	20
10	0.5888	10	0.5682	21
15	0.5898	11	0.5661	22
20	0.5909	11	0.5639	24
25	0.5920	12	0.5615	26
30	0.5932	13	0.5589	28
35	0.5945	14	0.5561	29
40	0.5959	14	0.5532	31
45	0.5973	15	0.5501	33
50	0.5988	16	0.5468	35
55	0.6004	17	0.5433	37
2. 0	0.6021	17	0.5396	39
5	0.6038	18	0.5357	41
10	0.6056	19	0.5316	43
15	0.6075	19	0.5273	45
20	0.6094	20	0.5228	48
25	0.6114	21	0.5180	50
30	0.6135	22	0.5130	53
35	0.6157	22	0.5077	56
40	0.6179	23	0.5021	58
45	0.6202	24	0.4963	61
50	0.6226	25	0.4902	64
55	0.6251	26	0.4838	67
3. 0	0.6277	26	0.4771	70
5	0.6303	27	0.4701	74
10	0.6330	28	0.4627	78
15	0.6358	29	0.4549	82
20	0.6387	29	0.4467	86
25	0.6416	30	0.4381	90
30	0.6446	31	0.4291	95
35	0.6477	32	0.4196	101
40	0.6509	33	0.4095	106
45	0.6542	34	0.3989	112
50	0.6576	34	0.3877	118
55	0.6610	+35	0.3759	−125
4. 0	0.6645		0.3634	

Panel II (4ʰ – 8ʰ)

t = demi-intervalle	log t / sin(15°.t) +	Differ.	log t / tang(15°.t) ±	Differ.
4ʰ 0′	0.6645	+36	0.3634	−132
5	0.6681	37	0.3502	140
10	0.6718	38	0.3362	149
15	0.6756	39	0.3213	159
20	0.6795	40	0.3054	169
25	0.6835	41	0.2885	181
30	0.6876	42	0.2704	194
35	0.6918	43	0.2510	209
40	0.6961	43	0.2301	236
45	0.7004	44	0.2075	245
50	0.7048	45	0.1830	267
55	0.7093	46	0.1563	293
5. 0	0.7139	47	0.1270	322
5	0.7186	49	0.0948	358
10	0.7235	50	0.0590	402
15	0.7285	51	0.0188	455
20	0.7336	52	9.9733	523
25	0.7388	53	9.9210	612
30	0.7441	54	9.8598	734
35	0.7495	55	9.7864	911
40	0.7550	56	9.6953	1191
45	0.7606	57	9.5762	1702
50	0.7663	59	9.4060	−2951
55	0.7722	60	9.1109	
6. 0	0.7782	61	....	
5	0.7843	62	9.1230	+3071
10	0.7905	63	9.4301	1823
15	0.7968	65	9.6124	1312
20	0.8033	66	9.7436	1032
25	0.8099	67	9.8468	855
30	0.8166	69	9.9323	734
35	0.8235	70	0.0057	645
40	0.8305	72	0.0702	578
45	0.8377	74	0.1280	524
50	0.8451	75	0.1804	481
55	0.8526	76	0.2285	447
7. 0	0.8602	78	0.2732	416
5	0.8680	79	0.3148	392
10	0.8759	81	0.3540	371
15	0.8840	83	0.3911	353
20	0.8923	85	0.4264	336
25	0.9008	87	0.4600	323
30	0.9095	88	0.4923	310
35	0.9183	90	0.5233	300
40	0.9273	92	0.5533	290
45	0.9365	95	0.5823	281
50	0.9460	97	0.6104	274
55	0.9557	+99	0.6378	+267
8. 0	0.9656		0.6645	

Panel III (8ʰ – 12ʰ)

t = demi-intervalle	log t / sin(15°.t) +	Differ.	log t / tang(15°.t) −	Differ.
8ʰ 0′	0.9656	+101	0.6645	+261
5	0.9757	103	0.6906	256
10	0.9860	106	0.7162	251
15	0.9963	109	0.7413	247
20	1.0075	111	0.7460	244
25	1.0186	114	0.7904	240
30	1.0300	116	0.8144	237
35	1.0416	120	0.8381	235
40	1.0536	123	0.8616	234
45	1.0659	126	0.8850	232
50	1.0785	129	0.9082	231
55	1.0914	133	0.9313	229
9. 0	1.1047	137	0.9542	230
5	1.1184	141	0.9772	230
10	1.1325	145	1.0002	230
15	1.1470	150	1.0232	230
20	1.1620	154	1.0462	232
25	1.1774	159	1.0694	233
30	1.1933	164	1.0927	236
35	1.2097	170	1.1163	238
40	1.2267	176	1.1401	240
45	1.2443	182	1.1641	244
50	1.2625	189	1.1885	248
55	1.2814	196	1.2133	253
10. 0	1.3010	205	1.2386	257
5	1.3215	213	1.2643	263
10	1.3428	222	1.2906	271
15	1.3650	233	1.3177	279
20	1.3883	244	1.3456	287
25	1.4127	257	1.3743	297
30	1.4384	270	1.4040	308
35	1.4654	286	1.4348	322
40	1.4940	303	1.4670	336
45	1.5243	323	1.5006	354
50	1.5566	346	1.5360	375
55	1.5912	372	1.5735	398
11. 0	1.6284	403	1.6133	427
5	1.6687	439	1.6560	462
10	1.7126	483	1.7022	503
15	1.7609	538	1.7525	555
20	1.8147	606	1.8080	623
25	1.8753	697	1.8703	710
30	1.9450	819	1.9413	831
35	2.0269	998	2.0244	1006
40	2.1267	1277	2.1250	1285
45	2.2544	1790	2.2535	1795
50	2.4334	+3040	2.4330	+3043
55	2.7374		2.7373	
12. 0	.....		.....	

5o. L'usage de ces tables est extrêmement simple aussi bien que le principe sur lequel elles sont construites. On a vu (17) que la formule de la correction du midi, est

$$C = -\frac{dDt}{15}\cdot\frac{\tan H}{\sin(15^\circ t)} + \frac{dD\tan D}{15}\cdot\frac{t}{\tan(15^\circ.t)}, \text{ en faisant } t = \tfrac{1}{2}(\tau' - \tau),$$

dD étant le mouvement horaire en déclinaison, D la déclinaison à midi, H la hauteur du pôle et t le demi-intervalle entre les observations, exprimé en heures et parties décimales de l'heure.

Si dD est le mouvement diurne en déclinaison, la formule devient

$$C = -\frac{dD}{360^\circ}\cdot\frac{t}{\sin(15^\circ.t)}\tan H + \left(\frac{dD\tan D}{360^\circ}\right)\frac{t}{\tan(15^\circ.t)}.$$

Les facteurs $\frac{dD}{360^\circ}$ et $\left(\frac{dD\tan D}{360^\circ}\right)$ peuvent se réunir en une même table qui dépend de la longitude du soleil; cette table est la table I, on y trouve les logarithmes des deux facteurs; on s'est borné à quatre décimales qui suffisent.

Les facteurs $\frac{t}{\sin(15^\circ.t)}$ et $\frac{t}{\tan(15^\circ.t)}$ ont fourni la table II qui offre pareillement les logarithmes à quatre décimales.

51. Quand on a réuni en un seul les deux premiers logarithmes tirés des deux tables, il reste encore à y ajouter log. tang H, pour avoir le logarithme du premier terme. La somme des deux autres logarithmes est le logarithme du second terme.

Pour la correction de minuit, on change le signe du premier terme seulement.

Dans tous les cas, on commencera par donner à la tangente de la hauteur du pôle le signe qui lui convient, c'est-à-dire $+$, si elle est boréale, $-$ si elle est australe.

La table II servirait pour toutes les planètes. La table I n'est bonne que pour le soleil.

52. Exemple. Longit. $\odot = 56^\circ,7$; demi-intervalle des observations $= t = 4^h\ 13'$.

Avec la longitude du soleil, la table première donne

I. 74

```
                pour 56°.......... 0.5539 —   9.8975 +
                pour 0.7..........   — 78      — 38
la table II  pour 4ʰ 10'........ 0.6718 +   0.3362 +
                pour 3' = ⅗ = 0,6  + 23       — 89
                                              ──────────
                tang 48.50...... 0.0583     0.2210 +

                      — 11″98  1.0785 —
                      +  1.66
                      ──────────────
Correction.....— 10.52.
```

53. Les parties proportionnelles sont faciles à prendre dans la table **I**, elles le seront de même dans la table **II**, quoiqu'elles n'aillent que de 5 en 5' de tems. Chaque minute d'excédant est un cinquième ou $\frac{1}{10}$ de la différence; doublez donc le nombre des minutes excédantes, et faites de ce double une fraction décimale qui servira de multiplicateur à la différence de la table pour 5'.

```
Soit ☉ = 88.3     t = 6ʰ 22'
        88.0...... 9.1545 —   8. 7916 +
        0.3......   — 901      — 900
        6ʰ 20'..... 0.8033 +   9. 7436 —
        2.....     + 26      + 413
                             ──────────
    tang H.... 0.0583       8. 4865 —
        ──────────
        — 0.848   9.9286 —
        — 0.031
        ──────────
        — 0″879.
```

54. On pourrait être inquiet de la grandeur et de l'inégalité des différences, mais supposons que le logarithme que nous avons trouvé 9.9286 soit 0.0187, seulement comme nous l'aurions, en négligeant la partie proportionnelle, assurément l'erreur ne saurait être aussi forte, nous aurions 1″.044 avec une différence de 0″165.

Dans le second terme, quand nous aurions négligé totalement la partie proportionnelle, nous aurions 0″.0376, l'erreur ne serait encore que de 0″.0066.55, plus de scrupule serait donc bien inutile : voici pourtant une manière exacte d'opérer, quand on est tout près du terme où les quantités qu'on cherche seront o :

$$\odot \ldots\ldots 88° 3' \qquad t = 6^h 22'$$

$$\text{à} \qquad 90.0 \quad \text{le terme cherché serait o;}$$

$$\text{différence}\ldots \quad 1.7 = \frac{1°,7}{2°} \quad \text{ou} \quad 0.85 \text{ de } 2° \text{ d'intervalle}$$

```
log.   o°85......  9.9294............ 9.9294
       88. o......  9.1545 —  ........ 8.7916 +
       6ʰ 20......  0.8033 +  ........ 9.7436 —
       2......  +   26 ²²⁄₂₀ = 1, 1..  0.0414
                                       ─────────
tang H......  0.0583   — o″,o32 8.5o6o —
       — o″887 9.9480 —
       — 0.032
       ──────────
       — 0.919.
```

Je vois qu'à 88.3, le terme cherché doit être $\frac{17}{20}$ de ce qu'il est à 88°, j'ajoute donc log $\frac{17}{20} = 0.85$ au log de 88°; voilà pour la table première.

A la table II, pour le premier log, je prends à l'ordinaire la partie proportionnelle, parce que les secondes différences sont peu de chose. Mais au second logarithme, je vois qu'à 6ʰ, le terme était o, et qu'à 6ʰ 22', il doit être $\frac{22}{20}$ de ce qu'il est à 20'; j'ajoute donc log $\frac{22}{20} = 1, 1$ au log de 6.20, et j'ai fort exactement la correction — 0.919, au lieu de o″.88 que m'avait donné la méthode ordinaire; l'erreur était donc de o″.04 seulement.

55. Autre exemple $\odot = 270°,6 \qquad t = 6^h 3$

```
Log o.6......  9.7781.......... 9.7781
     271......  8.8939 —  ...... 8.5312 —
       6ʰ......  0.7781 + 6ʰ5... 9.1230 —
3' = o.6......        36... o′6... 9.7781
                                   ─────────
tang H......  0.0583.......... 7.2104 +
     — o″525 9.5120 —
     + 0.002
     ──────────
     — 0.523.
```

A $270°.6$, le terme doit être $\frac{6}{15}$ de ce qu'il sera à $271°$, j'ajoute log $0,6$ aux logarithmes de la première table.

A $6^h 5'$, le terme sera $\frac{3}{5} = 0.6$ de ce qu'il est à $6^h 5'$; j'ajoute donc log 0.6 au logarithme de $6^h 5'$, mais seulement à la deuxième colonne, car à la première, les différences croissent régulièrement.

56. Ainsi, quand on sera dans le voisinage de zéro, à la distance $\frac{n}{D}$ de zéro, on ajoutera le log n au log que la table donne pour la distance D; ci-dessus, par exemple, la distance $\frac{n}{D} = \frac{17}{20}$, j'ai ajouté log $\frac{n}{D}$ au log qui répondait à D. Au log pour $20'$, j'ai ajouté celui de $\frac{17}{20}$. Dans l'autre exemple, $\frac{n}{D} = 0.6$; au log pour D, j'ai ajouté log 0.6; à la distance $\frac{3}{5}$, j'ai ajouté au log pour $5'$ log 0.6. La règle est simple et générale et l'usage en est peu fréquent.

57. Autrefois on aimait à faire que les tables subsidiaires pussent dispenser d'ouvrir la table des logarithmes; on y prenait à vue les choses dont on avait besoin, et c'est bien certainement le meilleur parti, quand les quantités fournies par la table ne doivent pas être multipliées par un nombre de plus de deux ou trois chiffres.

A présent, on paraît préférer les tables qui n'empêchent pas qu'on n'ait à recourir aux tables logarithmiques; on cherche seulement à faciliter et abréger l'opération; il y a telle table cependant qui fait précisément l'effet contraire, et qui donne plus d'ouvrage que le calcul direct de la formule.

58. Pour juger de l'avantage des tables présentes, j'ai calculé les mêmes exemples par les tables numériques que j'ai mises à la suite de mes Tables du Soleil. Je n'ai pas trouvé que le calcul numérique, y compris la multiplication par la tangente $1,144$, fût plus long; il tient moins de place, même en prenant de triples parties proportionnelles; mais le calcul logarithmique est peut-être un peu plus commode. Les nouvelles tables sont aussi un peu moins volumineuses, autre avantage qui n'est pas à négliger, et c'est ce qui nous a engagé à les publier.

FIN DU PREMIER VOLUME.

TOME III.